제4판

핵심 발생학

JONATHAN M.W. SLACK · LESLIE DALE

핵심 발생학

ESSENTIAL DEVELOPMENTAL BIOLOGY

제4판

대표역자 전용필

김대성 김슬기 박태주 백혜린
선웅 염은별 오요한 이성호
이현식 최돈찬 최순철 홍석호 공역

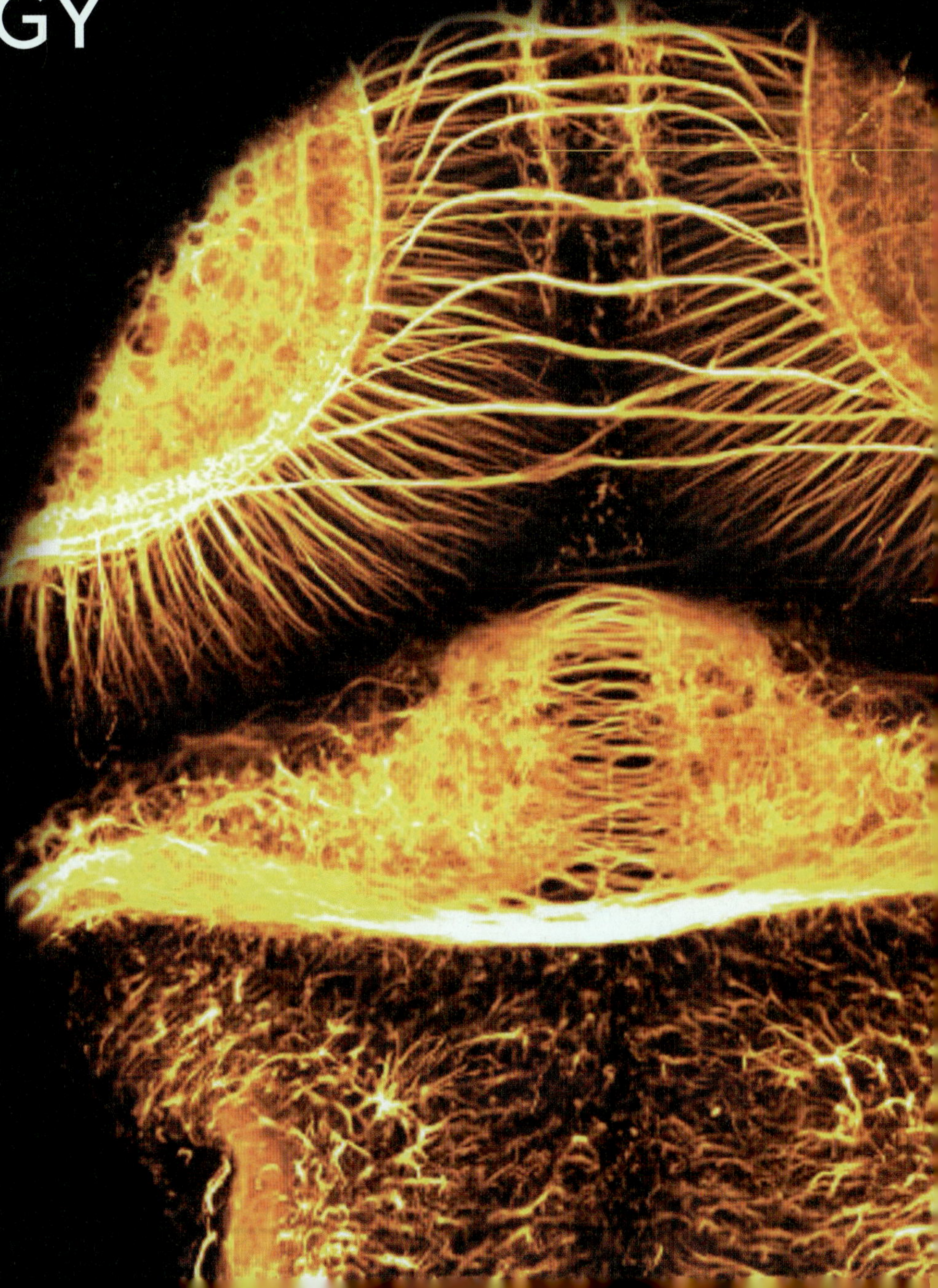

WILEY Blackwell

월드사이언스
worldscience.co.kr

Slack / Essential Developmental Biology, 4th Edition

핵심 발생학 제4판

인　　쇄 | 2024년 2월 5일
발　　행 | 2024년 2월 15일

저　　자 | JONATHAN M.W. SLACK · LESLIE DALE
역　　자 | 전용필 · 김대성 · 김슬기 · 박태주 · 백혜린 · 선웅 · 염은별
오요한 · 이성호 · 이현식 · 최돈찬 · 최순철 · 홍석호
발 행 인 | 신정숙
발 행 처 | (주)도서출판 월드사이언스

주　　소 | 서울특별시 서초구 도구로115 월드빌딩 3층
등록일자 | 1988년 2월 12일
등록번호 | 제 16-1601호
대표전화 | (02) 581-5811~3
팩　　스 | (02) 521-6418

U R L | http://www.worldscience.co.kr
E-mail | worldscience@hanmail.net

I S B N | 978-89-5881-322-4

저자 서문

이 책은 동물의 발생생물학과 관련된 기초 개념과 현상을 포함하고 있다. 대학 1학년부터 4학년에 이르기까지의 학부생과 대학원 1년차 학생에게 핵심 교재가 되도록 계획하였다. 또한 생명과학을 기반으로 하는 코스와 의학 관점의 코스 모두에 적합하게 되어 있다. 세포와 분자생물학의 기초 지식이 요구되지만, 동물의 해부학적 이해, 조직학적 이해라는 기본적 지식이 선결되어야 한다.

이를 위해, 4판에서는 두 분이 저술 작업에 참여하였다. Leslie Dale은 University College London의 세포와 발생생물학 교육 책임자로서, 그의 귀중한 교육 경함과 함께, 수석 저자인 Jonathaan Slack과의 매일 매일의 접촉을 통하여 최첨단 전문지식을 덧붙이기 위한 노력을 하였다. 그 예로 두 종류의 기술적 진보가 교재에 포함된 것이다. 첫 번째는 단일세포전사체염기서열법(single cell transcriptome sequencing)으로 분자 수준에서 발생 운명과 수임(분화 허락, 약속)을 관찰할 수 있는 새로운 길을 열었다. 두 번째는 유전 조작을 매우 넓게 수행할 수 있는 CRISPR-Cas9과 이외의 방법이다.

책은 크게 4부로 구성되어 있으며, 각 부분을 구성하는 각각의 주제는 논리적 전개를 전제로 배열하고자 하였다. 제1부는 기본적 개념과 기술을 소개하고 있다. 제2장 "발생이 어떻게 작동하는가?"는 입문 강의로 적합하도록 매우 간략하게 발생 기작을 요약하고자 계획하였다. 이전에는 부록 형태로 두었던 신호계의 생화학 부분을 4장으로 옮겨 실었다. 이에 따라, 지금에 이르러서 실험발생학의 이론 개념이 이들 밑바탕에 있는 분자 경로와 함께 제시되게 되었다. 또한 1부는 형태형성에서 필수적인 "조직으로의 세포의 조직화(Cells into Tissues, 6장)"와 세포 접촉과 세포골격의 기반적 역할을 다루고 있다. 한편, 이 주제에서 예로 든 것들 일부는 그 특성상 파편적이어서 일관성이 결여되어 있는 것들도 다수 포함되어 있다.

제2부는 6개의 중요 모델 생명체인 제노푸스, 제브라피시, 닭, 생쥐, 초파리, 예쁜꼬마선충의 초기 발생에서 공통된 신체면 단계까지의 발생을 다루고 있다. 또한 이번 판에서는 새로운 모델로서, 사람 배아 그 자체를 포함시켰다. 물론 이들 6개의 동물모델이 사람을 이해하기 위한 것이지만, 현시점에서는 사람의 발생에 대한 지식이 어느 정도 충분히 축적되었다고 판단되어 필요와 가치성에 따라서 독립된 장으로 구성하였다.

제3부는 기관 발생을 다루고 있다. 대부분은 척추동물에 할애되어 있으며, 나머지는 초파리의 성충판에 할애하였다. 기존의 것은 완전히 다시 썼고 내용을 갱신하였다. 특히, 인간의 발생 결함과 관련하여 현재 분자 수준에서 밝혀진 것들에 관심을 가지고 다루었다.

제4부는 조직 구성과 줄기세포, 성장, 노화와 암, 재생의학, 진화, 재생과 같은 현재 매우 높은 관심을 끌고 있는 주제를 다루고 있다. 현재 판에서 재생은 24장에 두었는데, 그 이유는 23장의 "진화와 발생"에서 다룬 동물 분류가 일부 재생 모델의 특성을 이해함에 있어서 도입적인 측면으로 유용성이 있기 때문이다.

이전 판에서처럼, 새로운 'Essential Developmental Biology, 핵심 발생학' 판에서도 효과적인 교육에 있어서 필수적이라 생각하는 네 부분에서 경쟁 상대 책과 다른 면을 가지고 있다.

- 초기 발생을 다룰 때 모델 생물체를 구분함. 이는 학생들이 생

각할 때 제노푸스 배아줄기세포를 이용하여 적중 실험을 할 수 있다거나 또는 빈딘(bindin)이 포유동물의 수정에 필수적이다라는 식의 혼동을 방지할 수 있다.

- 역사와 실험적 우선성에 대한 숙고는 학생들이 배우고 있는 지식 창출이 20-30년 전에 진행되었더라면 무엇을 먼저 누가 했을까를 고심하지 않기 때문에 피하고자 하였다.
- 그러나 우리가 하는 것을 어떻게 믿게 되었는가에 대한 역사적 고찰은 하였다. 이해는 단순히 암기를 위해 유전자 이름을 길게 나열한 리스트에서 오는 것이 아니기 때문에, 발생 현상을 어떻게 연구하는가에 대한 설명을 지속적으로 하였고, 어떠한 증거의 선정이 특정 유형의 결과를 증명함에 필요한가를 지속적으로 설명하였다.
- 책을 집필함에 있어서 다음과 같은 기조를 유지하고자 힘썼다. 짧고 축약적인 측면을 유지하고자 논의하고자 하는 기관계의 수를 제한하였다. 그리고 매우 흥미로울 수 있으나 생물학적으로 확연히 구분된 식물과 복잡성이 덜한 진핵생물의 발생 영역은 생략하였다.

1판에서 3판은 사용자와 논평가 모두로부터 좋은 평판을 받아 왔으므로, 4판이 대학생과 대학원생 수준의 교육을 함에 있어서 세계적으로 보다 많은 이들이 이 책을 선택하여 이용하기를 바라 마지 않는다.

배움의 장애물

학생들은 종종 발생학을 어려운 과목으로 생각한다. 하지만, 이해를 방해하는 특정 장애물을 대상으로 공부를 시작하고 나서 만나면 어렵게 느끼지 않을 것이다. 배아 각 부분의 이름과 상호관계는 학생들에게 일반적으로 생소하기 때문에, 이 책에서는 다룬 배아 부분의 수를 사실(발생 현상을 밝힘)을 위한 실험을 이해하는데 필요로 하는 최소수로 유지하고자 하였고, 명명을 일정하게 통일하였다(예를 들면, "anterior"를 동일 의미를 가지는 "rostal" 또는 "cranial"과 혼용하여 사용하지 않고 "anterior"로 통일하였음).

예를 들어, 경쟁 관계에 있는 책에서는 종이나, 성게 낭배형성, 제노프스 중배엽 유도, 닭 체절형성에서 혼동이 있는 경우가 있다. 이는 어떠한 과정이 어떤 생물체에서 진행되는지를 혼돈을 주어 의심하게 함에 따라 학생들이 떠나게 하는 이유가 된다. 이러한 혼동을 피하기 위해, 제2부, 제3부, 제 4부에서 모델 생물체의 종을 구분하여 서술함을 유지함으로써, 어떤 생물체에서 어떠한 현상이 발견되어 설명되고 있는지를 확연하게 하였다.

비록 대다수의 학생이 단순 Mendel 유전 법칙의 형태를 이해하고 있으나, 이는 발생 유전에서 중요한 특정 주요 특징을 이해함에 필연적인 적합성은 없다. 이 중에는 한 유전자가 여려 개의 돌연변이 대립형질을 가질 수 있음(예를 들어, 기능 상실, 지속 발현, 우성 음성), 유전자 이름이 종종 정상적 기능에 따르기보다는 기능 상실 결과인 표현형에 따름(예, 초파리에서 dorsal 유전자의 정상적 기능은 놀랍게도 배쪽의 발생을 촉진하는 것!)이 있다. 게다가, Wnt 신호경로처럼 억제 단계가 있는 신호경로는 손상에 따른 어떤 것의 상실을 도표에 나타냄에 있어서의 어려움으로 곤란에 처할 수가 있다. 이를 극복하기 위해, 이 판에서는 초반부의 각 장에서 온전히 설명하고 후반부에서 적절히 강화함으로써 이 사안을 해결하고자 하였다. 우리는 억제 경로를 구성하는 것들의 상태를 보여주는 차트를 준비하여 특정 구성체의 변화에 대한 결과를 한눈에 알아볼 수 있게끔 하였다. 또한, 우리는 기능 상실, 기능 획득, 우성 음성 돌연변이를 확실히 구분하여 기술하였다.

유전자 명명은 교과서를 만듦에 있어서는 풀기 힘든 문제 중의 하나인데, 이는 사용한 모델 생물체에 따른 명명에 관한 조약의 차이에 의한 것도 있으나, 다른 이유의 하나는 그들 유전자가 돌연변이를 통해 밝혀진 것에 따라 명명된 것과 그들 유전자의 산물인 단백질이 가지는 반대적인 생화학적 특성으로 주어진 명명 간의 차이가 있기 때문이다. 이 책에서는 특정 종과 관련된 내용의 문구에는 종 특이적 조약을 따랐지만 어떤 특정 유전자가 한 종 이상에 관련된 경우의 문구에서는 첫 알파벳을 대문자로 하고 익텔리체로 하는 유전자 명명 조약을 따랐다.

학생들이 종종 유전자와 그 산물을 구분하지 못해서 유전자 심볼은 이탤릭체로, 단백질은 표준체로 표기하여 구분을 용이하게 할 수 있도록 돕고자 도모하였다. 또한 어느 유전자의 발현양 증가와 이미 있는 산물의 생화학적 기능의 활성이 다름을 이해할 필요가 있다. 따라서 이 판에서 이 두 상황을 위해 상향조절(upregulation)과 활성(activation)으로 각각 표현하였고 또한 억압(리프레션, repression)과 방해(억제, inhibition)로 각각 발현이 감소하는 것과 활성이 감소하는 것을 표현함으로써 보다 쉽게 구분 할 수 있게 하고자 시도하였다.

우리는 또한 노치 수용체(Notch receptor)처럼 이름과 기능의 일상적 합침 제안을 신중하게 받아들이지 않았다. 십중팔구 이것은 Notch 분자 그 자체보다 Notch의 수용체를 의미함을 알 수 있고 오해를 방지함에 있어서 유용하다.

마지막으로, 우리는 유전자의 수, 신호계, 그 이외의 구성 분자를 상세히 설명하는 정도를 일정하게 유지하고자 노력하였고, 특정 과정의 작용을 설명함에서 최소로 하고자 노력하였다. 즉, 다양한 유사 구성물 또는 중복 구성물은 거론되지 않았고, Cell에 발표된 최소의 구체성이 생략되었음을 의미한다.

배움 효과

학생들이 이 책의 차례에 따라 코스를 완성하였을 때 발생생물학에서의 주된 원리와 방법을 이해할 수 있을 것이다. 만약 대학원에 진학을 원한다면, 발생학에 있어서의 대학원 프로그램을 위한 보다 충실한 준비가 있어야 한다. 만약 제약회사에 취업하여 일하기를 원한다면, 약품 개발이나 약품 스크리닝 목적으로 사용되는 발생 체계에 기반한 분석을 평가할 수 있어야 한다. 만약 고등학교에서 교편을 잡고자 한다면 날로 증가하는 발생학과 관련된 언론 매체에서 다루는 주제와 관련된, 때로는 틀리고 감각적인 내용의 기사를 이해할 수 있어야 한다. 기사가 기적의 줄기세포 치료, 인간 복제, 4개의 발을 가진 닭, 머리 없는 개구리를 다룬다면 교사는 결과의 실체와 그 뒤에 숨어 있는 진짜 동기를 이해하고 설명할 수 있어야 한다. 과학적 연구의 결과가 널리 퍼져나가는 것이 우리의 관심사이다. 또한 이것이 깨우침의 원천이지 감각적이지 않은 것이 됨이 또한 우리의 관심사이다.

감사의 글

각 장을 검토해주신 모든 분께 감사를 드립니다: Marc Amoyel, Barbara Conradt, Vilaiwan Fernandes, Harv Isaacs, Eric Lambie, JP Martinez-Barbera, Stephen Price, Claudio Stern, Karl Swann, 그리고 Masazumi Tadda.

우리는 또한 지속적인 지원을 아끼지 않으신 Wiley-Blackwell 사의 편집부 직원분들과 이 책 저술에 오랜 시간을 할애할 수 있도록 지원한 우리 가족분들께 감사를 드립니다.

역자 서문

발생학은 생명과학과 그 계열의 플랫폼으로 그 역할을 해 왔고, 이에 대한 철학적 이해와 지식적 이해는 생명과학의 새로운 지평을 열어 왔습니다. Essential Developmental Biology 3판의 역을 시작으로 한국발생생물학회와 역자들은 발생생물학 의미를 내포한 용어의 정의를 추구하여 왔으며, 아직 미비한 면이 없지 않아 있으나 이번 4판에서 이를 더욱 확장하고자 하였습니다. 역에 참여한 분들은 생명과학 계열 및 의학 계열의 대학에서 다년간 발생학을 가르치고 계시는 전문가들로 구성되어 있으며, 관련 분야의 연구에 매진하고 계신 분들이다. 이분들의 열정에 힘입어 이번 역서를 무사히 마치게 됨을 감사드린다. 또한 주식회사 월드사이언스의 한용희 이사님과 정창기 실장님의 지속적 지원과 협조로 무사히 마칠수 있게 되었음을 감사드립니다.

부디 이 역서가 저자들이 서문에서 밝히 목적을 달성함에 도움을 더하여, 다양한 분야에서 그 뜻을 펼칠 우리 미래의 역군들이 성장함에 큰 도움이 되기를 바라 마지 않습니다.

역자 대표　전용필

대표역자

전용필 성신여자대학교 생명과학전공/바이오생명공학과

역자

김대성 고려대학교 생명공학부

김슬기 서울대학교 의과대학

박태주 울산과학기술원 생명과학과

백혜린 서울대학교 의과대학

선 웅 고려대학교 의과대학

염은별 경북대학교 생명공학부

오요한 한양대학교 의생명과학과

이성호 상명대학교 생명공학전공

이현식 경북대학교 생명공학부

최돈찬 용인대학교 생명과학과

최순철 울산대학교 의과대학

홍석호 강원대학교 의과대학

차례

Part 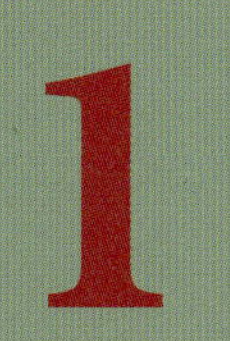 1

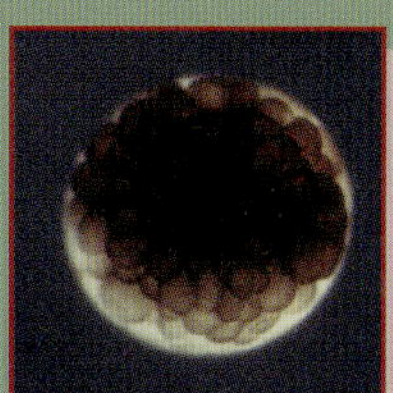

기반

Groundwork

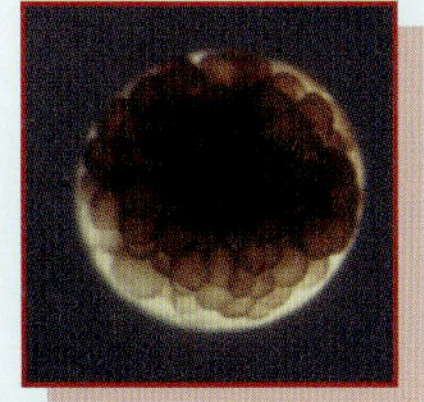

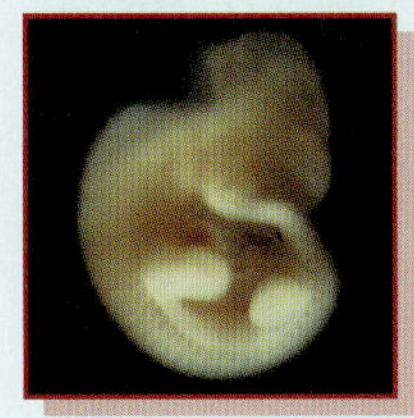

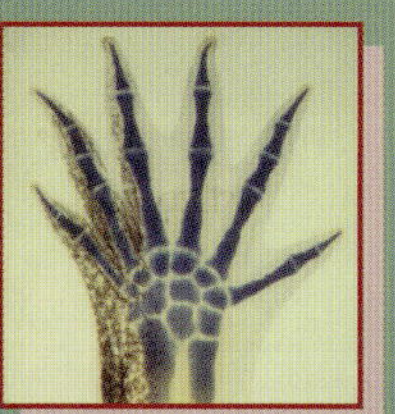

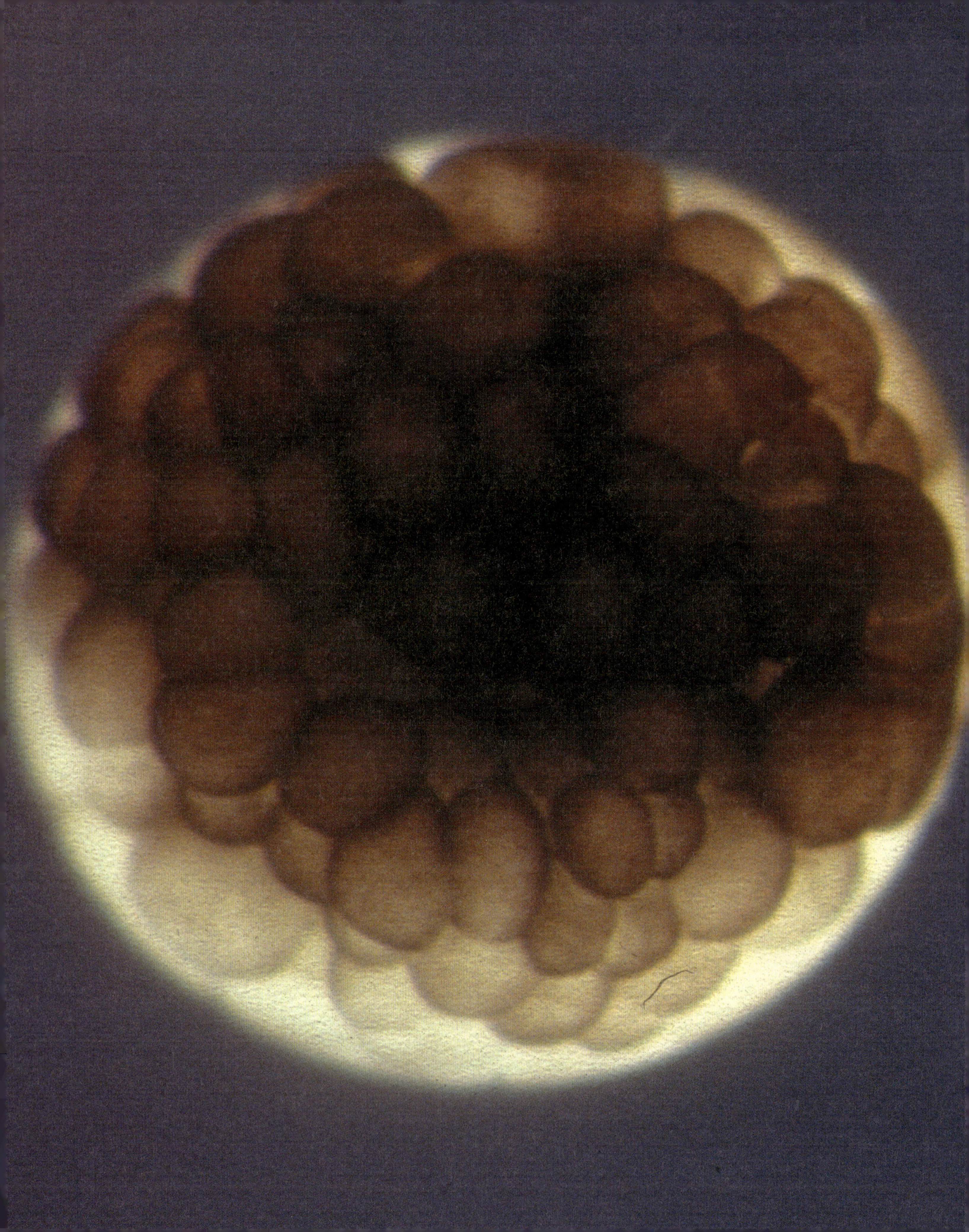

Chapter 1

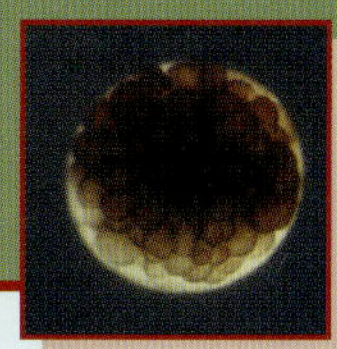

흥미로운 발생학

The excitement of developmental biology

발생학은 생명 양상이 시간에 따라 어떻게 변해가는 지를 연구하는 학문이다. 발생은 배아 단계에서 아주 분명하게 관찰되는데, 여러 세포 유형, 조직, 신체 부분들로 구성된 복잡한 동물로 수정란이 발생한다. 하지만, 발생은 또한 잃어버린 신체 부분의 재생 시에도, 그리고 유충을 거치는 동물이 성체 형태로의 변태 과정 중에도, 심지어 신체 내부에서 새로운 세포로 계속 분화하는 과정에서도 일어난다.

발생학은 현대 생물학에서 독특하고 핵심적인 위치를 차지하고 있다. 이렇게 말하는 이유는 분자/세포생물학, 유전학, 형태학 등의 분야를 통합체이기 때문이다. 분자생물학과 세포생물학은 유전자 및 세포 각자가 어떻게 작용하는 지를 알려준다. 발생 과정에는 세포 간 신호전달 인자, 수용체, 세포 내 신호전달 경로, 유전자의 발현을 조절하는 전사인자 등의 작용이 포함되어 있음을 의미한다. 유전학은 유전자 각각의 기능과 그 유전자가 다른 유전자들의 활성에 어떻게 관련되어 있는지를 바로 알려준다. 형태 또는 해부학적인 구조는 분자들이 작용하는 과정의 결과도 되고 원인도 된다. 발생의 초기 과정은 배아를 단순히 부분으로 잘게 나누는 것이기 때문에, 신호전달 과정과 반응 과정이 계속 일어날 수 있는 토대가 되어, 점진적으로 더 복잡한 형태가 만들어진다.

따라서 발생학은 위에서 언급한 세 분야의 과학적 연구 성과가 포함되어 있는 종합적인 학문이다. 발생학적인 문제를 생각할 때, 이미 언급한 세 영역 모두가 전체적인 그림을 그리는 데 요구되므로, 그 세 영역에서 나오는 개념을 동시에 사용할 수 있어야 한다.

주제의 근원

현대의 생물학적 연구에서 가장 놀라운 결론은 발생학적인 기전들이 사람을 포함하는 모든 동물들에서 매우 비슷하다는 점이다. 이러한 사실은 분자에 기초를 둔 발생학적 과정을 조사할 수 있게 된 이후에서야 비로소 알게 되었다. 1980년 이전에는 사실상 이러한 기전에 대해 아무것도 알지 못했지만, 40년이 지난 후에는 많은 것이 알려짐에 따라 이를 주제로 하여 대학교 교재를 쓸 수 있게 되었다. 그 기간 동안에 발생학은 생물학 연구 중에 가장 흥미로운 분야가 되었다. 역사적으로 전통이 있는 현대의 세 가지 학문 분야인 실험발생학(experimental embryology), 발생유전학(developmental genetics) 및 분자생물학(molecular biology) 등은 사실상 현재의 단일 세계관으로 모두 융합되었다.

실험발생학(experimental embryology)은 19세기 후반 이후로 계속 진행되었다. 실험발생학 초기 수십 년 동안에는 주로 양서류와 성게의 배아에 미치는 미세 외과수술 실험이 이루어졌다. 이러한 실험들로부터 **배아 유도(embryo induction)**라는 기전의 존재가 입증되었다. 즉, 배아 내에서 세포의 발생 경로를 조절하는 화학적 신호가 있음이 증명된 것이다. 이 신호들이 언제 그리고 어디에서 작용하는 지를 밝혀냈지만, 그 신호들의 정체를 확인할 수는 없었고, 그 신호에 대해 반응을 나타내는 분자들의 특징도 검증할 수 없었다.

발생유전학(developmental genetics)도 20세기 초반 이후로 있었지만, 1970년대 후반에서야 실질적으로 발전하였고, 이때 초파리(*Drosophila*)의 발생에 영향을 미치는 수천 가지의 돌연변이가 조사되는 등 유전학적 검사가 대량으로 진행되었었다. 이러한 **돌연변이 검사(mutagenesis screening)**를 통해 초파리뿐만 아니라 모든 동물에서 발생을 조절하는 유전자가 상당수 확인되었다.

분자생물학(molecular biology)은 1953년에 DNA의 3차원 구조가 발견되면서 효율적으로 시작되었고, 1970년대에 실질적인 유전자 조작 과학으로 발전하였다. 가장 중요한 혁신적인 기술로는 화학적으로 다룰 수 있을 만큼 품질이 좋게 각각의 유전자를 증폭시킬 수 있는 **분자클로닝(molecular cloning)**, DNA와 RNA 샘플을 확인할 수 있는 **핵산혼성화법(nucleic acid hybridization** 핵산상보결합화), 유전자의 1차 구조 및 그 단백질 산물을 결정하기 위한 **DNA 염기서열 분석법(DNA sequencing)** 등이 있다. 이러한 방법이 결합되어, 발생학적 문제를 포함하여 광범위한 생물학적 문제들에 적용될 수 있을 것이다. 이 방법은 처음에 초파리에서 발생 관련 유전자를 클로닝하는 데 사용되었다. 초파리의 핵심 유전자 대부분이 다른 동물에서도 존재하고, 흔히 발생 과정이 유사하게 조절된다고 밝혀짐에 따라 아주 중요하게 되었다. 분자생물학적 방법은 또한 척추동물의 배아에 바로 적용되어서, 이전에는 신비하게 여겨졌던 유도 인자와 그 인자들이 조절하는 유전자를 확인하는 데 사용되었다.

분자생물학적 기술을 적용시키면, 발생 기전을 분자 수준에서 처음으로 자세히 이해할 수 있게 되었다는 의미이다. 특히 유전자 활성 부분은 온전한 조직 표본의 제자리혼성화법(제자리부합법)을 사용하여 바로 가시화될 수 있을 것이다. 또한 유전자를 새로 도입시켜서 발생 경로를 실험적으로 변경시킬 수 있고, 유전자를 선택적으로 제거할 수 있으며, 유전자 사이의 조절 관계를 변경시킬 수 있음을 뜻한다. 또한 모든 동물이 발생을 조절하기 위해 아주 비슷한 기전을 사용하고 있음도 밝혀냈다. 이 결과는 초파리, 제브라피시(zebra fish), 개구리, 생쥐 등에서 발생이 일어나는 방식을 이해함으로써, 사람의 발생 과정을 실제로 알아낼 수 있다는 의미를 내포하고 있으므로 특히 흥미롭다.

발생학의 영향력

흥미로운 지식 이외에도, 발생학의 어떤 세부 영역들은 사회에 의미심장하고 현실적인 영향력을 발휘했다. **체외수정(*in vitro fertilization, IVF*)**은 현재 일상적인 방법이 되어, 수백만 명의 난임(불임) 부부가 아기를 낳을 수 있게 해 주었다. 선진국에서는 신생아의 2~3%나 되는 많은 아이들이 IVF로 출생하는 것으로 추정된다. 이것을 변형시킨 방법으로는 정자 공여를 통한 인공 수정법(artificial insemination by donor, AID), 난자 공여 방법, 수정란 냉동 보관법 등이 있다. 2010년에 에드워드(Robert Edward)는 이러한 기술을 개발한 공로로 노벨 생리의학상을 수상했다. 어미들 간의 AID, IVF, 배아 냉동, 배아 착상 등이 농장 동물들에게도 아주 중요하다는 점은 널리 평가받지 못했다. 그럼에도, 이러한 기술들은 수년 동안 가축에 사용되어 최상의 동물이 번식할 수 있는 잠재력을 높였다.

발생학은 또한 사람 배아가 **기관형성(organogenesis)** 시기[즉, 전신의 몸체제(body plan)가 형성된 후, 그리고 각각의 기관들이 형성되는 동안] 동안이 손상에 특히 민감하다는 점을 알려주었다. **기형학(teratology)**은 배아에 미치는 화학물질, 바이러스 감염, 방사선 등과 같이 환경에 존재하는 물질의 효과를 연구하는 분야이다. 이 분야는 임산부가 이러한 물질의 영향에서 벗어나야 할 필요성을 깨닫게 해주었다. 예를 들면, 콜레스테롤 수치를 낮추기 위해 사용되는 스태틴(statin) 계열의 약물은 신호전달 분자인 소닉 헤지호그(sonic hedgehog)의 콜레스테롤 변경 기능을 약화시킬 수 있다. 결과적으로, 발생 과정 중에 소닉 헤지호그 신호전달에 의존하는 기관계, 즉 중추신경계, 사지, 척추 같은 체계에 다양한 결함이 나타날 수 있다. 비록 정상 범위의 스태틴 용량이 사람에게는 기형을 일으키지 않을지 몰라도, 이 결과는 임신 초기에 그 약품들을 피해야 할 타당한 사유가 된다.

발생학은 사람에서 나타나는 다수의 **선천성 결함(birth defect)**에 대한 유전자 및 염색체의 기본을 이해할 수 있게 해준다. 예를 들면, 다운증후군(Down's syndrome)은 21번 염색체가 하나 더 존재하기에 일어나며, 성염색체 이상도 비교적 흔하게 많이 나타난다. 이러한 현상은 양수에서 채취한 세포나 DNA로 탐지될 수 있고, 수백만 명의 임신부가 해마다 선택하는 **양수천자 검사(amniocentesis test)**의 기초가 된다. 그런 결함은 또한 임신 초기 단계에서 채취할 수 있는 태반의 일부인 **융모막 융모(chorionic villi)** 시료로도 탐지할 수 있다. 또한 체외수정에 이어지는 임신 초기에 떼어낸 할구 각각에서 그러한 결함을 검사하는 일이 현재는 가능하다(**preimplantation diagnosis, 착상 전 유전 진단**). 선천성 결함은 발생을 조절하는 유전자들에서 일어나는 돌연변이로 인해 많이 일어난다. 분자생물학적인 기술을 사용하여 부모의 DNA 또는 착상 전 배아나 융모막 융모의 DNA에서 선천성 결함을 검사할 수 있다.

발생학 연구를 통해 성장 조절 물질 몇 가지도 새로 확인할 수 있었으며, 이들 중 일부는 임상시험 중에 있다. 예를 들면, 조혈성장인자인 조혈인자와 과립구-대식세포 집락자극인자

(granulocyte-macrophage colony-stimulating factor, GM-CSF)는 둘 다 항암 화학요법이나 다른 이유로 인해 혈구 세포 전부가 고갈되는 환자를 치료하기 위해 수년 동안 사용되었다. 혈소판 유래성장인자(platelet-derived growth factor, PDGF) 같은 몇 가지 다른 성장인자도 상처 치료를 돕기 위해 사용되었다.

발생학은 또한 다른 과학 분야에도 커다란 영향을 미쳤다. 발생학은 특히 유전자를 변경시켜 생쥐를 실제로 만들어낸 방법처럼, 사람의 질병에 관한 **동물 모델(animal models)**로서 현재 흔히 사용되고 있어서, 병리생리학적 기전을 더 자세히 연구할 수 있게 해주고, 새로운 실험적인 치료법을 시험할 수 있게 해준다. 생쥐에서 표적으로 삼은 돌연변이가 가끔 돌연변이 이외의 다른 원인으로 발생하는 인체 질병과 유사한 경우가 종종 있기 때문에, 동물 모델이 사람의 유전병 모델로만 제한되는 것은 아니다.

마지막으로 중요한 점은 발생학은 또한 줄기세포 생물학의 산파역이 되었다는 것이다. **배아줄기세포(embryonic stem cell)**가 발생학자에 의해 발견되었고, 인간 배아줄기세포는 1998년에 처음으로 분리되었다. 이 줄기세포는 **다능성 줄기세포(pluripotent stem cell)**로서, 체외에서 **유도분화(directed differentiation)** 방법을 사용하여 배아줄기세포로부터 신체의 어떠한 세포 유형도 얻을 수 있다. 이 배아세포의 유도분화 방법은 발생학자가 세워 놓았던 배아에서의 정상적인 신호와 반응 결과의 이해력에 주로 의존하고 있다. 또한 현재는 피부나 혈액의 정상 세포에서 특정 유전자를 과발현시켜서 **유도만능줄기세포(induced pluripotent stem cell, iPS cell)**를 만들어내는 것도 가능하다. 사람의 다능성 줄기세포, 특히 심근과 간에서 얻은 기능성 세포 유형은 현재 신약의 안전 검사용으로 사용되고 있다. 몇 가지 임상시험이, 예를 들어, 황반변성 치료를 위한 망막 색소 상피조직과 파킨슨병 치료를 위한 도파민 신경 세포처럼 다양한 여러 질병 치료용으로서, 다능성 줄기세포에서 유래한 세포를 이식하기 위해 연구하고 있다.

미래의 영향력

과거에 발생학의 영향력이 아주 컸다할지라도, 미래의 영향력은 확실히 훨씬 더 지대해 질 것임에 틀림없다. 특히 사람의 유전자 조작과 관련되어 있는 혜택 중 몇 가지는 심각한 윤리적, 법률적 문제를 일으킬 수도 있다. 이러한 문제들은 사회가 전반적으로 해결해야 할 것이며, 그 주제를 다루는 현재의 전문가인 과학자들만의 문제는 아닐 것이다. 이러한 이유로, 발생학을 가능한 한 폭넓게 이해하는 점이 중요한데, 이는 과학의 진가를 올바르게 인식해야지만 사람들이 올바른 정보에 근거하여 선택할 수 있기 때문이다.

다능성 줄기세포로부터 온전한 배우자를 만들어낼 수 있으므로, 생식 보조 분야는 더 확대될 것이다. 가까운 미래에, 줄기세포 결과에 의해 만들어진 배아를 출산될 때까지 발생을 진행시키기 위해서 생물학적 어머니나 대리모의 자궁에 여전히 착상시켜야 할 필요가 있다 할지라도, 이 방법은 불임인 사람들에게 그들 자신의 유도만능줄기세포로부터 유도된 아이를 갖게 해 줄 것이다.

유전자 단 하나의 이상으로 인해 발생되는 전체적인 변이를 포함하는 기존의 **산전 진단검사(prenatal screening)**가 확대될 것을 기대할 수 있다. 비록 이 방법을 사람의 선천성 결함을 제거하기 위한 더 나은 과정으로서 환영한다 해도, 문제가 함께 제기될 것이다. 예를 들면, 개인의 유전자 구성에 관해 시험을 더 많이 하면 할수록, 어떤 질병이나 다른 질병에 감염되기 쉽다는 것이 밝혀짐으로써, 보험이나 특히 구직 기회를 점점 더 많이 잃게 되는 것 등이다.

사람의 세포, 조직, 기관 등을 **이식(transplantation)**용으로 만들어내는 발생학의 응용 영역이 확실히 확대될 것이다. 현재 환자 맞춤형 유도만능줄기세포로부터 이식편을 만드는 일이 가능한데, 이 이식은 면역학적으로 환자에 아주 적합하게 될 것이다. 줄기세포 기술은 **조직공학(tissue engineering)** 방법과 연합해서, 세포 구성성분으로 시작하여 더 복잡한 조직이나 기관을 잠재적으로 만들어낼 수 있다. 여기에는 3차원 세포외 기질, 즉 세포가 자라고 상호작용하는 **비계(지지틀, scaffold)**를 새로운 유형으로 만들어내는 기술이 포함된다. 조직공학은 상호작용하는 여러 세포 유형을 포함하는 조직, 즉 적절한 혈관과 신경을 갖춘 조직을 만들어낼 수 있게 하기 위해 발생학으로부터 많은 정보를 얻어야 할 것이다. 줄기세포 기술에는 또한 **유전자 치료법(gene therapy)**도 포함되어 있는데, 이 치료법은 치료 목적으로 특정 유전자를 넣거나 변경시키는 일이다. 그러므로, 줄기세포에서 유래한 이식편도 변경된 특정 유전자를 갖고 있어서, 환자가 고통 받는 문제를 해결할 수 있을 것이다.

끝으로, 발생학을 농업에 응용할 수 있는 가능성 또한 빠뜨리지 말아야 한다. 농장동물의 경우에서는 소, 돼지, 양, 가금 등을 지금 그대로의 모습으로 유지하려는 대중의 소망 때문에 그 가능성이 제한될 수도 있다. 하지만 이미 기술은 개발되어 성장이 빠른 물고기를, 양의 젖에서 약제를, 알에서 백신을 만들어내고 있고, 의심할 바 없이 미래에는 다른 가능성도 자연스럽게 나타날 것이다.

Chapter 2 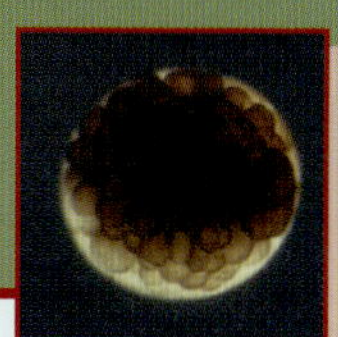

발생의 작동 방식

How development works

배아 발생에서 일부 기본 과정과 기전은 현재 아주 잘 이해되고 있지만, 다른 것은 그렇지 않다. 2장에서는 현재 이해되고 있는 수준에서 발생의 작동 방식을 요약할 것이다. 그 기전들이 이와 같이 일어난다고 믿는 이유에 대한 근거와 특정 개체에서 일어나는 발생 과정의 여러 실례는 이어지는 여러 장에서 설명될 것이다. 그리고 거론되는 유전자와 분자의 명칭에 관한 더 많은 정보는 4장에서 찾을 수 있다.

배아 발생은 수정란인 단세포가 여러 해부학적으로 부분으로 이루어진 복잡한 개체로 변환하는 과정이다. 복잡하게 일어나는 이 현상을 5종류의 유형으로 나누어 생각할 것이다.

1. **지역 특성화(regional specification)**에서는 이전까지 유사했던 세포덩어리에서 패턴이 어떻게 나타나는지를 다룬다. 예를 들면, 발생 초기의 배아는 **포배(blastula)** 또는 **배반엽(blastoderm)**이라는 단계를 거치는데, 이때의 배아는 아무런 특징이 없는 구형 또는 판형 모양의 세포로 구성된다(**그림 2.1**). 여러 국소 부위에 있는 세포는 머리, 몸통, 꼬리 같은 신체의 여러 부분을 형성하기 위해 프로그램되어 있어야 한다. 초기 단계는 보통 수정란 안의 특정 자리에 있는 조절 단백질[**결정인자(determinants)**]과 관련이 있다. 후기 단계에는 보통 **배아 유도(embryonic induction)**로 알려진 세포 내 신호전달 과정이 있는데, 이 과정에서는 세포 각각이 위치하고 있는 부위에서 발생 조절 유전자가 여러 가지 조합으로 상향 조절을 유도한다.
2. 세포 **분화(cell differentiation)**는 여러 종류의 세포가 생겨나는 기전을 말한다. 척추동물의 몸에는 표피부터 갑상선, 림프구, 신경세포까지 전문화된 세포 유형이 수백 종류가 있다. 세포 유형 각각은 특정 유전자로 암호화되는 특정 단백질을 지니고 있어서 독특한 특징을 나타낸다. 세포 분화 연구는 이 유전자가 작동하는 방식과 유전자의 활성이 계속 유지되는 방식을 다룬다. 세포 분화는 줄기세포가 만들어내는 세포가 연속적으로 대체되는 지역에서는 평생 지속된다.
3. **형태형성(morphogenesis)**은 발생 중에 있는 기관이나 개체가 그 모양을 3차원으로 형성하는 세포와 조직의 움직임을 말한다. 이 과정은 **세포골격(cytoskeleton)**의 역동성, 세포의 역학 및 점탄성 특성에 좌우된다. 일부 형태형성 과정은 조직 재생이 일어나는 성체에서도 지속된다.
4. **성장(growth)**은 개체의 전반적인 크기 증가와 신체 부분 사이의 비례 조절을 말한다. 발생의 어떤 다른 면보다 일반인이 더 잘 알고 있지만, 분자 기전의 용어로는 아직도 잘 이해되고 있지 않다.
5. 어쨌든 발생의 각 과정은 때를 맞춰 조정된다. 하지만, **발생시간(developmental time)**은 그 과정 중에 설명도 할 수 없게 남아 있다. 종이 다르면 발생이 다른 속도로 진행된다는 것은 알고 있지만, 그 이유는 여전히 모른다. 이 방면에 대해 모르는 부분이 아직 많다.

아주 간결한 요약

다음은 발생의 작동 방식에 대한 핵심 요약이다. 2장의 나머지 부

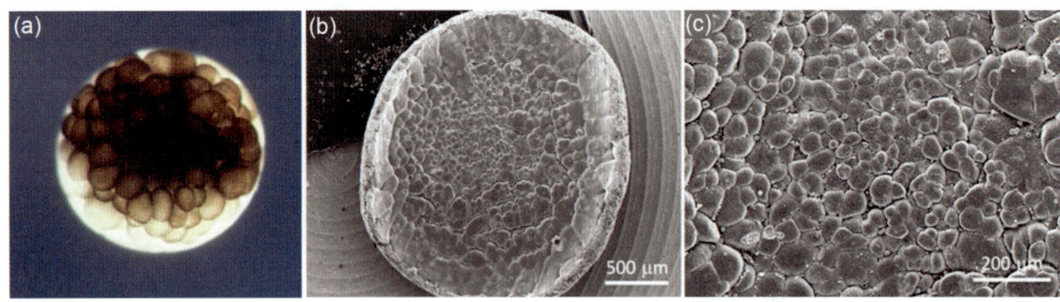

그림 2.1 (a) 개구리 배아의 포배. (b, c) 닭 배아의 포배. 저배율과 고배율의 주사전자현미경 사진. (인용) (a) Jonathan Slack; (b, c) Nagai et al. (2015) Development. 142, 1279-1286의 그림을 재구성함.

분에서는 기본적인 발생 과정을 다소 상세하게 탐구할 것이다. 이어지는 여러 장에서는 이러한 과정이 특정 모델 동물에서, 또는 기관 발생 상황에서 어떻게 작동하는지를 설명할 것이고, 기본 모델에 대한 실험 근거를 보여줄 것이다.

암수 **배우자(gamete)**는 형성 중에 **감수분열(meiosis)**을 거쳐서, 각 염색체를 한 세트만 갖도록 **염색체(chromosome)** 수를 반으로 줄인다. 이 과정에서 만들어지는 정자와 난자는 **수정(fertilization)** 과정에서 융합하여 **수정란(zygote, 접합자, 접합체)**을 형성한다. 수정란은 **난할(cleavage)**이라는 분열 시기를 거쳐서 **포배(blastula)** 또는 **배반엽(blastoderm)**이라고 부르는 비슷한 세포들로 이루어진 구형 또는 판형(얇은 층) 모양을 형성한다. 일반적으로, 난할의 분열은 빠르지만 성장은 일어나지 않아서, 딸세포들은 모세포의 절반이 되고 전체 배아의 크기는 거의 같게 된다. **낭배 형성(gastrulation)**이라고 부르는 일련의 형태형성 움직임 과정에서는 본래의 배아세포 덩어리가 **외배엽(ectoderm)**, **중배엽(mesoderm)**, **내배엽(endoderm)**이라는 다수의 세포로 되어 있는 3개의 층상 구조로 전환되는데, 이 층을 **배엽층(germ layers)**이라 한다. 난할 및 낭배기 과정 중에 국소적으로 특징적인 변화들이 처음으로 일어난다. 3개의 배엽층 형성 이외에도, 배아를 유지하고 영양분을 공급하는 데 필요한 **배외(extraembryonic)** 구조를 만들어내서, 장차 앞-뒤(anteroposterior) 축의 신체 부위(머리, 몸통, 꼬리 등) 사이에서 여러 발생 차이가 확고해진다.

국소적인 특징은 수정란의 한쪽 부위에 편재되어 있는 **세포질 결정인자(cytoplasmic determinant)**에 의해 시작되는데, 그 부위에서 형성되는 세포는 그 인자를 물려받게 된다. 바로 그 부위가 신호를 보내는 중심지가 되고, 그 부위를 지니고 있는 세포는

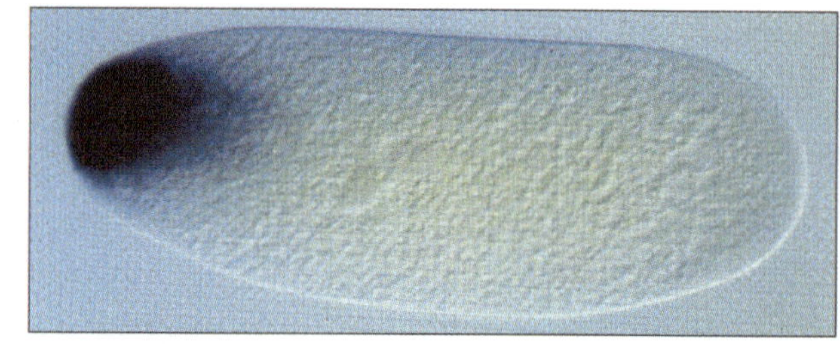

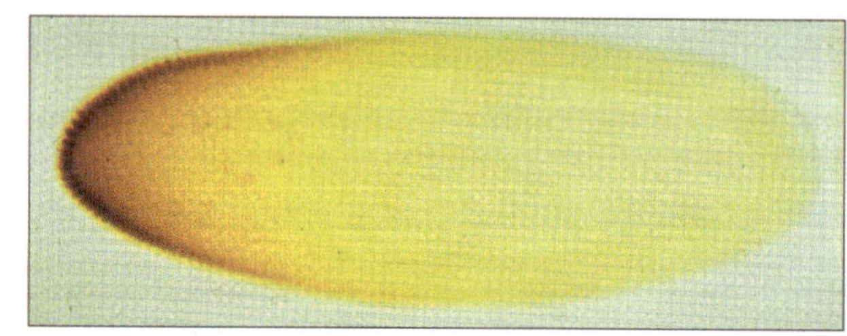

그림 2.3 유도신호를 방출하는 초파리 알의 결정인자. (a) 결정인자는 전방 끝에 위치하고 있는 *bicoid* mRNA이다(제자리혼성화법: 파란색). (b) 유도신호는 bicoid 단백질의 농도 구배이다(면역염색법: 갈색). (인용) Ephrussi and Johnston (2004) Cell. 116, 143-152의 그림을 재구성함.

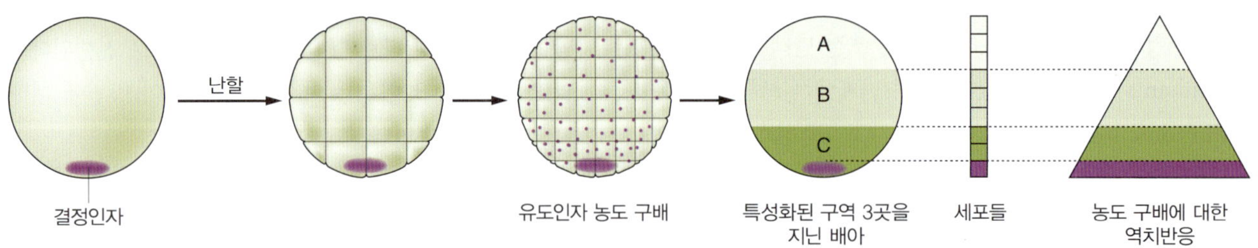

그림 2.2 초기 단순 상태로부터 복잡성의 형성. 배아는 아래 말단인 식물극에 세포질 결정인자를 갖고 있으며, 이 인자는 형태형성인자의 공급원으로 작용한다. 두 구역 B와 C의 형성을 조절하는 유전자는 적절한 역치 농도에서 상향 조절되어 있다. A 구역은 어떤 유도인자가 없을 때 자동적으로 생기는 구역이다.

유도인자를 내보낸다(**그림 2.2**와 **그림 2.3**). 유도인자는 한 곳에서 만들어지고 멀리 확산되어 분해되기에 농도 구배가 형성되는데, 공급원인 세포 근처에서 가장 높고 멀어질수록 낮아진다. 이 결정인자를 포함하고 있지 않는 배아의 나머지 세포는 특정 발생 조절 유전자를 상향 조절하여 그 유도인자의 농도에 따라 적절하게 반응한다. 이렇게 되면 연속적인 구역들이 설정되고, 그 인자에 의해 확립된 신호전달 중심지로부터 점진적으로 더 먼 거리까지 정돈된다. 각 구역마다 발생 조절 유전자의 조합이 차등적으로 상향 조절된다. 이 유전자들은 **전사인자(transcription factor)**를 암호화하고 있어서, 각 지역에서 유전자 활성의 조합을 새로이 상향 조절한다. 결국 이러한 구역 몇 군데에서는 새로운 신호전달의 중심지가 만들어져서, 최초의 신호전달 중심지에서 발산되는 유도인자와 다른 별도의 유도인자를 내보낸다.

배아는 모두 최초의 유도인자가 확산되는 방향으로 정해지는 축 주위로 방사대칭이어야 할 것이다. 실제로, 어떤 배아 유형은 방사대칭이지만, 동물 발생에서는 좌우대칭이 더 흔하다. 이러한 현상이 생기는 이유는 보통 첫 번째 결정인자의 중심에서 벗어나서 또 다른 결정인자가 있기 때문인데, 이에 따라 그 세포의 세분된 구역이 2개의 평행하지 않은 신호에 의해 초기에 생기게 마련이다. 이것이 구역을 초기의 좌우대칭 패턴으로 자연스럽게 만들어낸다(**그림 2.4**). 결정인자는 모든 동물의 수정란에서 나타난다. 어떤 경우에는 그 결정인자가 난자 형성 과정 중에 난자의 특정 부위에 위치한 특정 RNA 또는 단백질로 구성되어 있다. 다른 경우에 결정인자는 어떤 물질을 수정란의 한 곳으로, 다른 물질을 수정란의 다른 곳으로 격리시키는 **대칭 파괴(symmetry breaking)** 과정의 결과로서, 국소 부위에 국한된다(**그림 2.5**). 수정란이 둥근 구면상으로 대칭이거나 또는 방사상으로 대칭임에도 불구하고, 내부 구조 패턴을 확립할 수 있게 되는 이유를 설명하는 것이 대칭 파괴 과정이다.

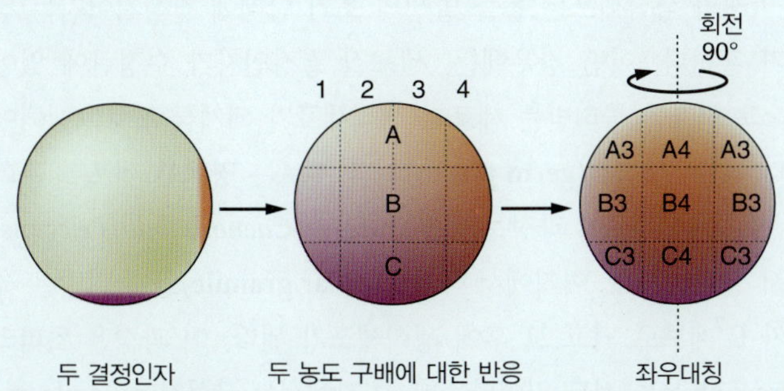

그림 2.4 두 결정인자에 의한 좌우대칭 형성. 두 가지 농도 구배(자주색과 주황색)로 배아가 두 축에 따라 몇 구역으로 나누어진다. 이에 따라 나타나는 배아에서는 정중면 주위로 대칭적으로 배열된 구역이 조성된다.

초기의 발생 과정 중에 나타나는 배엽층인, **외배엽(ectoderm)**, **중배엽(mesoderm)**, **내배엽(endoderm)** 등의 형성을 책임지는 물질들이 있다. 이들 물질은 특정 전사인자들의 발현과 관련되어 있다. 이러한 전사인자의 여러 기능 중 하나는, 그런 전사인자가 작용하고 있는 세포에 특정한 점착력과 운동성 특징을 주는 유전자의 발현을 상향 조절하는 것이다. 이러한 여러 형태형성 특징으로 인해, 각 배엽층의 세포가 이동해서 외배엽은 외부에, 중배엽은 가운데에, 내배엽은 내부에 위치하게 되는 얇은 층을 형성한다(**그림 2.6**). 세 배엽층을 자리 잡게 하는 형태형성 이동 과정을 전체적으로 **낭배형성(gastrulation)**이라 부른다. 형태형성 이동 과정에서 배아의 모양과 구조가 변할 뿐만 아니라, 얇은 세포층들이 공간적으로 위치를 새로 잡아 세포 집단 사이에서 신호전달과 반응 주기를 새롭게 만들어낼 수도 있다.

전형적인 배아 발생 과정에서는 신호 진원지에서 나오는 유도신호의 분비 및 그 신호에 대한 주변 세포의 반응과 관련되어 동일한 유형의 과정이 주기적으로 더 많이 일어날 것이다. 유전자의 특정 조합으로 활성이 나타나는 것으로 정의되는 새로운 세포 지역 각각은, 그 세포 표면에 존재하는 특정 수용체, 특정 신호전달 경로, 신호가 오면 일단 상향 조절하는 특정 발생 조절 유전자 등이 존재하기 때문에, 그런 유도신호에 반응하는 특정 능력을 지니고 있다. 여러 유형의 유도인자 수는 비교적 적지만, 시간에 따라 능력이 변할 수 있으므로, 세포 집단은 동일한 신호에 대해 시간이 지나면 다른 방식으로 반응할 수 있다. 이러한 이유로, 연속적으로 일어나는 유도신호와 반응의 결과로서 세포는 형태형성 움직임과 더불어 최종적으로 아주 복잡해진다.

성장은 대개 자율적이다. 세포가 위치하고 있는 각 지역마다 성장 속도는 활성 유전자의 조합에 의해 제어된다. 독립적으로 살아가는 배아는 외부에서 양분이 공급되지 않으므로 중량이 늘지 않는다. 하지만 태반이나 또는 배외 난황을 통해 음식을 제공받는

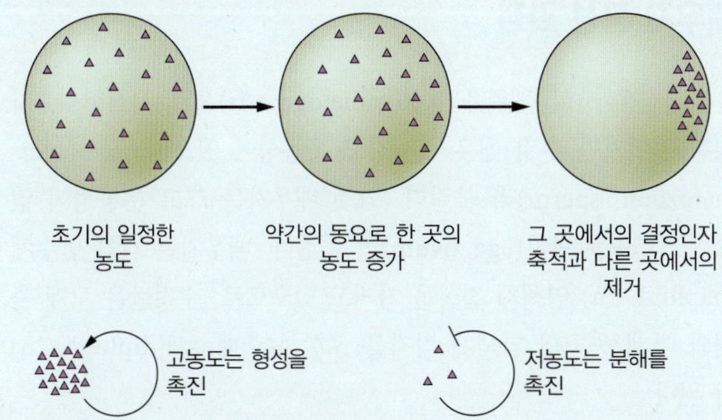

그림 2.5 대칭분해 과정에 의한 결정인자들의 국소화.

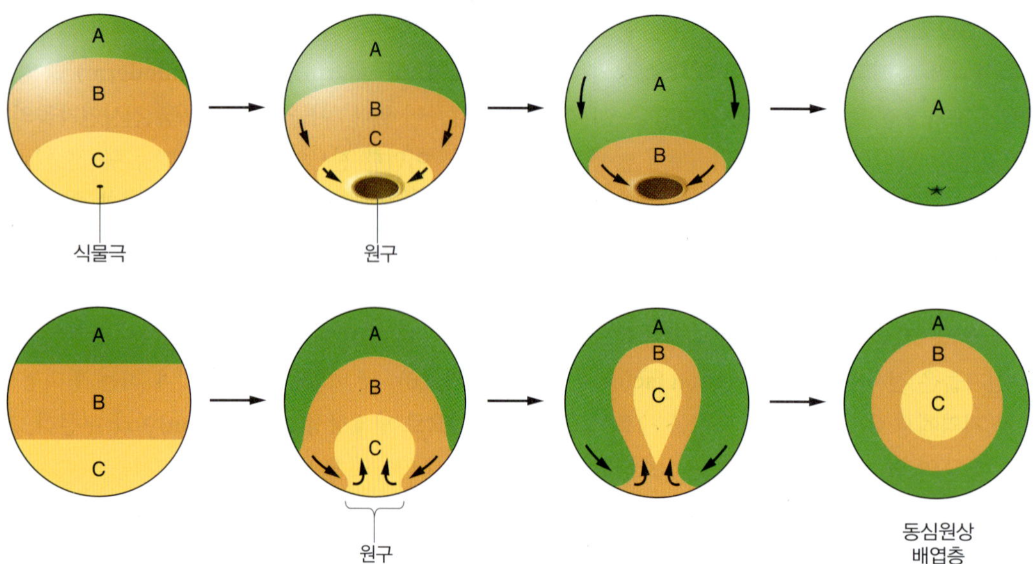

그림 2.6 낭배 운동: 위는 배아의 표면 모습이고, 아래는 배아의 해부 단면. 아주 단순화한 이러한 예에서 C 구역이 아래쪽의 식물극을 통해 함입하고, B 구역이 뒤따라오면서, 세 구역은 결국 동심원 배열이 된다. 실제로, 낭배 운동은 동물의 유형에 따라 아주 다양하다.

배아는 아주 빠르게 성장할 수 있고, 이러한 생물에서는 각 부분 사이의 상대적인 성장 속도 변화로 인해서 최종적인 해부학적 구조가 전체적으로 만들어진다.

모든 과정은 때에 맞춰 조정될 필요가 있다. 예를 들면, 유도인자의 분비와 확산이 표적 유전자의 신호 인식 및 활성과 시간적으로 일치되지 않는 경우, 그 과정은 작동하지 않을 것이다. 그 과정이 조절되는 방법은 아직 모른다. 여러 과정의 진행을 조절하며, 배아의 모든 부분과 의사소통할 수 있는 주시계(主時計, master clock)가 있을 수도 있고, 단순히 시간에 맞추는 여러 과정이 국소적으로 일어나는 인과관계의 내인성 속도에 좌우되는 것일 수도 있다. 최근의 연구 결과는 여러 생물에서 발생 속도는 전반적으로 단백질 분해 속도와 연관되어 있음을 암시한다.

배우자 형성 과정

유성생식은 사실 배우자 형성(gametogenesis)으로 시작한다. 자명한 일이지만 수컷 배우자는 작고 운동성이 있으며, 정자(spermatozoon, sperm)라 불린다. 암컷 배우자는 크고 운동성이 없으며, 알 또는 **난자(egg, ovum)**라 불린다. 배우자는 각각 **반수체(haploid**, 1n) 염색체 집합을 가지고 있으므로, 수정란은 모계 출처와 부계 출처의 염색체 각각을 포함하는 **배수체(diploid**, 2n)가 된다.

배우자는 배아의 **생식세포(germ cell)**에서 생겨나며, 생식세포는 집합적으로 **생식계열(germ line)**이라 불리운다. 생식세포는 장차 배우자로 될 수 있는 세포로 구성되고, 다른 모든 세포는 **체성** 조직(**somatic** tissue) 혹은 체세포(soma)라고 불리운다. 생식세포를 3배엽층과 혼동하지 말아야 하는데, 이 3배엽층은 발생의 아주 초기 단계에서 따로따로 형성된다. 생식계열의 중요성은, 생식계열의 유전 정보는 다음 세대로 전달될 수 있지만, 체세포의 유전 정보는 다음 세대로 전달될 수 없다는 데에 있다. 따라서 돌연변이를 일으킨 배우자가 돌연변이를 포함하는 수정란을 만들어낸다면, 생식세포의 DNA에서 일어나는 돌연변이는 다음 세대로 전달될 것이다. 대조적으로, 체세포 돌연변이는 발생의 어느 단계에 있는 세포에서도 일어날 수 있어서, 동물 각자의 일생에는 중요하게 작용할 수 있지만, 다음 세대에까지 영향을 미치지는 않는다.

미래의 생식세포는 동물 발생의 초기 단계에 결정지어지는 경우가 흔하다. 어떤 경우에는, 세포질 결정인자가 수정란에 있어서, 그 인자를 물려받는 세포가 생식세포가 되게끔 프로그램되어 있다. 이는 **생식질(germ plasm)**이라 부르는 명백한 세포질 분화와 관련이 있다. 이 과정은 **예쁜꼬마선충**(*Caenorhabditis elegans*)에서 일어나는데, 여기에서 **극과립(polar granule)**을 물려받은 세포가 P 계보로 되고 그 후에 생식세포가 된다. 이 과정은 **초파리**(Drosophila)에서도 일어나는데, 여기에서는 **극형질(pole plasm)**을 물려받은 세포가 극세포로 되고 나중에 생식세포가 된다. 이 과정은 또한 **개구리**(Xenopus)에서도 일어나는데, 여기에서는 미토콘드리아가 풍부한 국소화된 생식질이 존재한다. 다른 종에서는 수정란에 생식질이 눈에 띄게 존재하지 않지만, 생식세포는 여전히 발생 과정에서 비교적 이른 시기에 나타난다.

배아 발생 중에 생식세포는 증식 기간을 거치며, 형성 부위에서부터 어느 정도 멀리 떨어져 있는 **생식소(gonad)**까지 이동하게 된다. 생식소는 중배엽에서 생겨나는데, 초기에는 전적으로 체세포 조직으로 구성된다. 생식세포들이 도착한 후에, 그 구조에 완전히 융합되어, 후기 배아 기간에 **배우자 형성 과정(gametogenesis)**을 겪는다. 발생 중기의 어떤 단계에 **성결정(sex determination)**이라는 중요한 결정이 이루어져서, 생식소가 난소 또는 정소로 된다. 다소 놀랍지만, 이 과정에 관한 분자 기전이 주요 실험 모델 종마다 다르므로, 이 장에서는 설명할 수 없다. 하지만 생식세포는 결국 수컷에서는 정자로 되고 암컷에서는 난자가 된다는 점이다. 다른 모델 종과는 다르게, 예쁜꼬마선충은 보통 **자웅동체(hermaphrodite)**이므로 한 개체 내에서 생식세포가 정자와 난자를 다 만들어낸다. 그러나 예쁜꼬마선충 수컷 개체도 있으므로, 성결정 기전이 수컷-암컷을 결정하는 것이 아니라 수컷-자웅동체에서 결정되는 것이다.

감수분열

배우자 생성에서 가장 중요한 세포 과정은 **감수분열(meiosis)**이다. 이것은 세포주기 형태가 변형된 것이며, 여기에서 염색체 수가 반으로 줄어든다(그림 2.7). **체세포분열(mitosis)**에서와 마찬가지로, 감수분열에서도 염색체 각각이 복제되어 2개의 동일한 자매 **염색분체(sister chromatid)**를 형성하는 합성기(S phase, S기)가 먼저 일어나므로, 그 과정은 반수체 전체의 4배에 해당하는 전체 DNA 양을 갖는 핵으로부터 시작한다. 체세포분열에서 자매 염색분체들은 2개의 동일한 배수체 딸세포로 분리된다. 하지만 감수분열에서는 세포 분열이 2번 연속적으로 일어난다. 제1감수분열에서 모계와 부계로부터 온 동등한 염색체인 상동염색체들이 서로 짝을 이룬다. 이 단계에서 염색체들은 **이가(二價, bivalent)**라고 언급되며, 4개의 염색분체로 구성되어 있다. 2개는 모계로부터 그리고 또 나머지 2개는 부계로부터 유래한다. 염색분체 사이에서 **교차(crossing over)**가 일어날 수 있으므로, 다른 유전자 좌위에 있는 **대립유전자(allele)**들이 재조합(유전자 변이, gene variant)을 일으킬 수 있다. 그러므로 부모 한쪽의 염색체에 있는 2개의 유전자 좌위에 있는 대립유전자들은 분리되어 다른 배우자에게로 가면 다른 자손에서도 발견될 수 있다. 염색체에 있는 어느 대립유전자가 재조합으로 분리되는 빈도는 대략 유전자 좌위의 물리적 거리와 관련이 있어서, 재조합 빈도를 측정하여 유전자 지도를 작성할 수 있는 기초가 되는 이유가 되기도 한다. 재조합은 또한 자매 염색분체 사이에서도 일어날 수 있지만, 여기에서 유전자 좌위는 DNA 복제로 바로 형성되어 모두 똑같으므로 유전적인 영향력은 없게 된다.

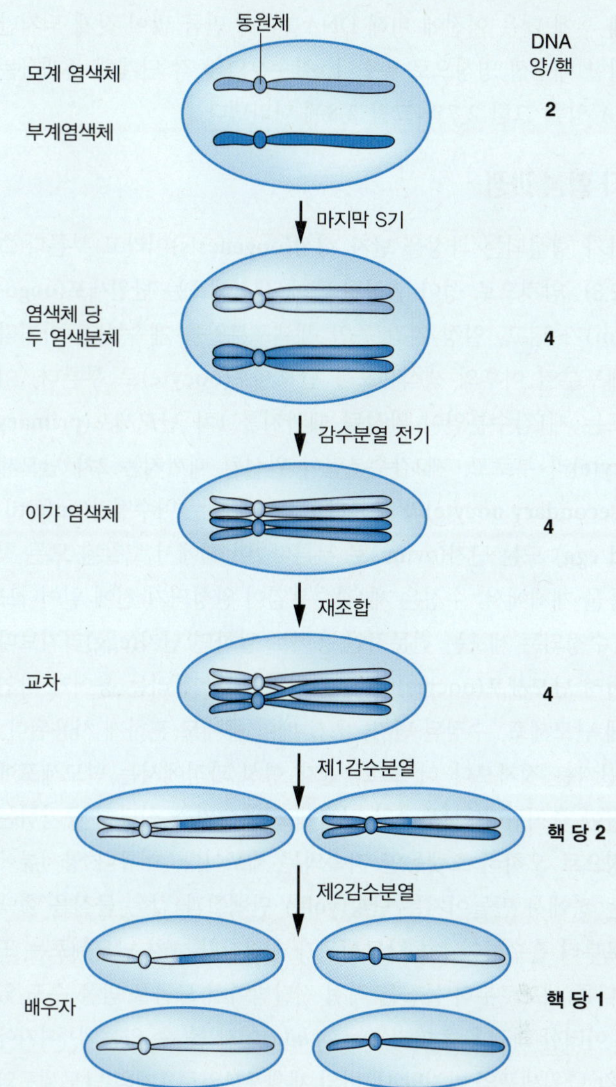

그림 2.7 감수분열 동안 염색체의 행동. 핵 당 DNA 양은 각 단계에 나타냈다.

제1감수분열에서, 네 가닥의 이가 염색체는 상동의 쌍으로 분리되어 두 딸세포로 나눠진다. DNA 복제는 더 이상 일어나지 않고, 제2감수분열에서 각 염색체의 2개 염색분체가 배우자로 각각 나눠진다.

반수체(haploid, 1n)와 **이배체(배수체, diploid**, 2n)라는 용어는 DNA의 실제 양이라기보다는 핵에 있는 상동 염색체 세트의 수에 대한 언급으로 보통 사용되어 왔음을 명심해야 한다. DNA

복제 후에 핵은 이전에 비해 DNA를 2배 만큼 많이 갖게 되지만 동일한 배수성 명칭으로 말한다. 감수분열의 각 단계에 존재하는 DNA 양을 그림 2.7과 그림 2.8에 나타냈다.

난자 형성 과정

난자가 형성되는 과정을 **난자 형성(oogenesis)**이라고 부른다(그림 2.8). 암컷으로 성이 결정된 후에 생식세포는 **난원세포(oogonium)**가 되고, 일정 기간 동안 체세포분열을 계속한다. 마지막 체세포분열 이후의 생식세포를 **난모세포(oocyte)**로 부른다. 이 세포는 제1감수분열이 완성될 때까지를 **1차 난모세포(primary oocyte)**라 부르고, 제2감수분열이 완성될 때까지는 **2차 난모세포(secondary oocyte)**라 부른다. 그 이후에는 미수정란(unfertilized egg) 또는 난자(ovum)로 부른다. 이 책에서 고찰된 모든 척추동물 개체에서, 수정은 제2감수분열이 완성되기 전에 일어나므로, 수정되는 세포는 전문적인 용어로 말하면 **난자(egg)**라기보다 오히려 **난모세포(oocyte)**이다. 그렇지만 "난자"라는 용어가 막연하게 난모세포, 수정된 난자, 초기 배아 등에도 흔하게 사용된다.

난자는 정자보다 더 크고, 난자 형성 과정에서는 난모세포에 물질이 축적된다. 보통 1차 난모세포는 크기가 상당히 증가하는 과정으로 오히려 오랫동안 지속되는 세포이다. 어류나 양서류에서는 간에서 만들어지는 **난황(yolk)** 단백질과 같은 물질을 혈액으로부터 흡수하여 1차 난모세포가 성장한다. 1차 난모세포는 또한 다른 세포로부터 물질을 직접 전달받아서 도움을 받을 수도 있다. 이러한 과정은 초파리(*Drosophila*)에서 볼 수 있는데, 여기에서 각 난원세포의 마지막 네 번의 체세포분열로 1개의 난모세포와 15개의 **영양세포(nurse cell)**를 포함하는 난방(egg chamber)을 만들어낸다. 그러면 영양세포는 세포질 다리(cytoplasmic bridge)를 통해 난모세포로 전달될 물질을 만들어낸다. 난자를 많이 만들어내는 동물은 보통 평생 동안 더 많은 난모세포를 생성시킬 수 있는 난원세포 집단을 유지한다. 포유동물은 출생 전에 1차 난모세포를 모두 만들어내기 때문에 이 과정과는 다르다. 사람의 경우 임신 7개월 이후에는 난모세포가 더 이상 만들어지지 않으며, 그 때부터 1차 난모세포는 사춘기 때까지 휴지기로 남아 있게 된다.

배란(ovulation)은 감수분열의 속행 과정으로 난소에서 난모세포(난자)가 방출되는 현상이다. 배란은 호르몬의 자극으로 일어나며, 난모세포의 핵(**germinal vesicle, 난핵포**)이 붕괴되고 세포분열 방추사가 세포의 변두리로 이동하는 과정이 포함된다. 이 때의 감수분열은 난모세포를 절반씩 둘로 나누는 대신 작은 **극체(polar bodies)** 하나가 봉오리처럼 삐져나오게 한다. 제1감수분열은 1차 난모세포를 분열시켜 2차 난모세포와 1차 극체를 만들어 내는데, 이 극체는 복제된 반수체 염색체 집합(즉, 1n의 정보 내용과 2배의 DNA 양)을 포함하고 있는 조그마한 돌출물이다. 제2감수분열에서는 2차 난모세포가 난자 하나와 2차 극체 하나로 나누어지는데, 이 2차 극체는 반수체 염색체 집합(이 경우에 1n의 정보 내용과 1배의 DNA 양)을 담고 있는 또 다른 조그마한 돌출물로 구성되어 있다. 이 극체들은 곧 퇴화되어 발생 과정에서 더 이상 아무 역할도 하지 않는다.

정자 형성 과정

성결정 과정으로 수컷이 만들어지면, 생식세포는 정자 형성 과정을 겪는다(그림 2.8). 정소에 있는 체세포성 생식세포를 **정원세포(spermatogonium)**라 한다. 이 중 일부는 **줄기세포(stem cell)**로서, 자기 자신을 더 많이 만들어낼 수 있고 **전구세포(progenitor cells)**도 더 많이 만들어낼 수 있는데, 전구세포는 정자로 분화하기 전에 몇 번 더 분열한다. 마지막 체세포분열 후의 수컷 생식세포를 1차 정모세포라 부른다. 감수분열은 동일하여, 제1감수분열로 2차 정모세포 둘이 만들어지고, 제2감수분열로 4개의 정자세포(spermatids, 정세포)가 형성되며, 이들이 성숙하여 운동성 있는 정자가 된다.

초기 발생

수정

수정 과정은 동물군 사이에서도 상당한 차이가 있지만 공통되는 특징이 몇 가지 있다. 정자가 난자와 융합할 때, 난자의 구조가 아주 빠르게 변하여 뒤따르는 다른 정자의 융합을 막는다. 이 현상을 **다수정(다정자수정, polyspermy)** 방지라고 부른다. 융합으로 이노시톨 3인산(inositol triphosphate) 신호전달 경로가 활성화되어(4장 참고) 세포 내 칼슘이 빠르게 증가한다. 증가한 칼슘에 의해 **피질과립(cortical granules)**의 세포외방출(exocytosis, 세포외유출, 외포작용)이 일어나는데, 이 과립 내용물이 수정막을 형성하거나 형성에 도움을 준다. 또한 난자의 대사 활성을 유발시켜서 단백질 합성 속도를 증가시키며, 척추동물에서는 제2감수분열을 재개하게 한다. 덧붙이면, 칼슘은 세포질을 재배열시켜서 배아의 미래 지역특이성에 중요한 결정인자가 자리잡게 한다. 예를 들면, 개구리의 Wnt 경로에서 여러 성분의 등쪽 배치 또는 예쁜꼬마선충에서 극과립의 격리가 이러한 방식으로 일어난다. 정자와 난자의 전핵은 융합하여 하나의 배수체 핵을 형성하는데, 이 단계에

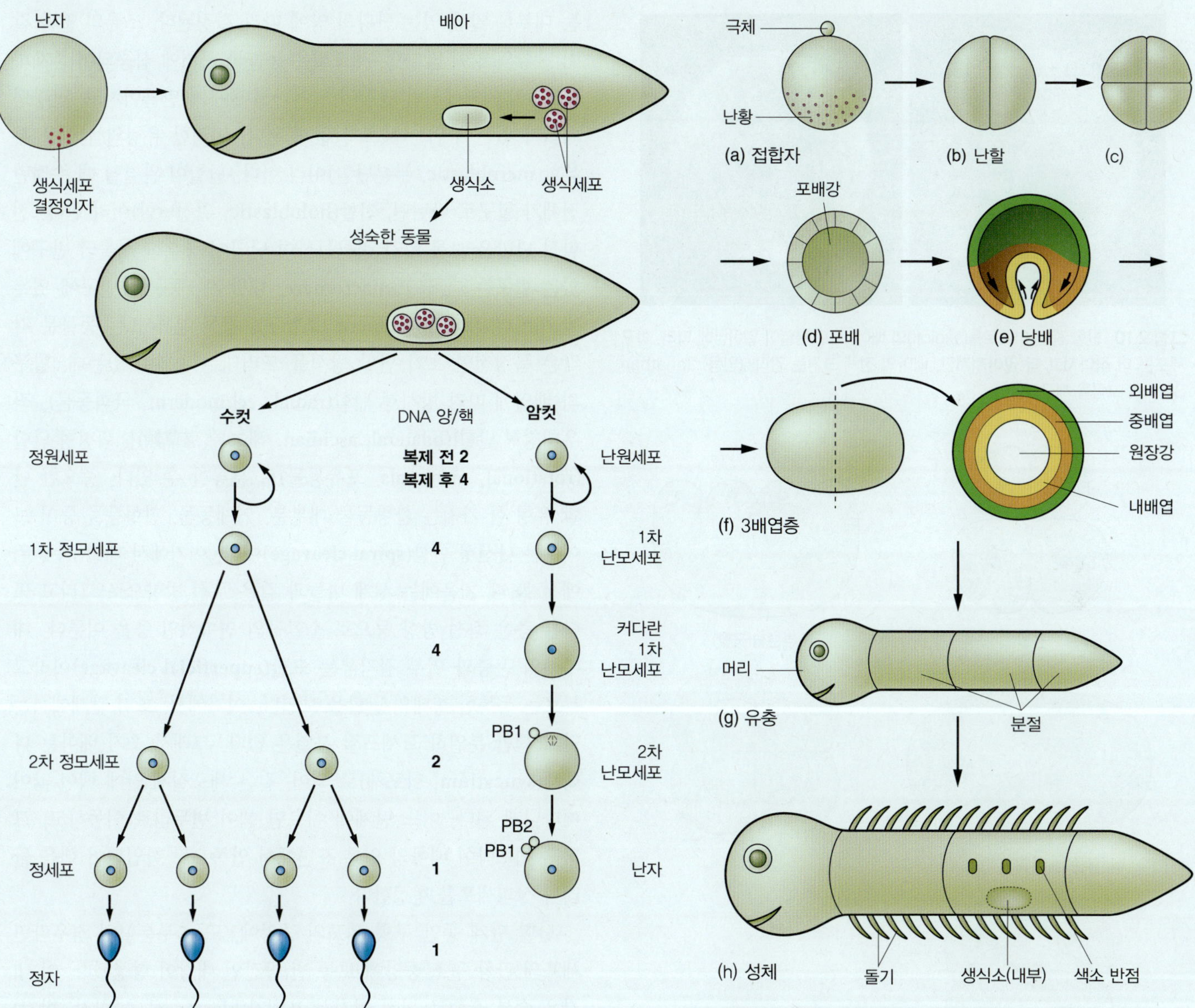

그림 2.8 전형적인 배우자 형성 과정 순서. 생식세포가 처음에 세포질 결정인자로부터 형성되고, 발생 중에 이동하여 생식소로 들어간다. 정자 형성 과정은 일반적으로 감수분열당 4개의 반수체 정자를 생산한다. 난자 형성 과정은 일반적으로 난자 1개와 2개의 극체를 형성한다(PB1은 똑같은 염색체 수를 갖고 있지만 DNA 양은 PB2의 2배이다.).

그림 2.9 난할, 낭배, 몸 체제 형성, 구조의 분화를 나타내는 일반화된 초기 발생 순서.

있는 수정란을 **접합자(zygote)**라 부른다.

난할

초기 발생의 개괄적인 순서를 **그림 2.9**에 나타냈다. 동물 배아의 전형적인 접합자는 작고, 구형이며, 수직 축에 대해 분극되어 있다. 보통 극체를 포함하고 있는 상반구를 **동물반구(animal hemisphere)**라 부르고, 난황이 풍부한 하반구를 **식물반구(vegetal hemisphere)**라 부른다. 초기의 세포 분열을 **난할(cleavage)**이라 한다. 난할은 정상적인 세포 분열과 다른데, 이는 계속되는 세포 분열 사이에 성장 단계가 없기 때문이다. 그래서 세포 분열 각각은 모세포를 절반 크기의 딸세포 둘로 나눈다(**그림 2.10**). 난할의 산물을 **할구(blastomere)**라고 부른다.

세포외 난황덩어리 없이도 자유롭게 생활하는 배아에서는 성장 없는 세포 분열이 상당 기간 진행될 것이다. 모체가 자양분을 공급하는 포유동물이든 조류나 파충류처럼 커다란 난황덩어리로 있는 알의 형태이든, 어떤 형태라도 양분이 공급되는 배아는 발생 초기에 제한된 기간에만 난할을 겪으며, 그 이후에 진정한 성장이

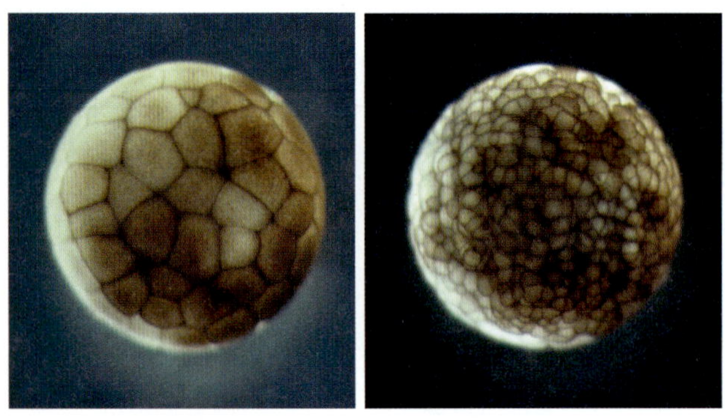

그림 2.10 난할 중인 아호로틀(axolotl)의 배아. 세포 분열이 일어남에 따라, 할구 세포는 더 작아지고 더 많아지지만, 배아의 전체 크기는 같다. (인용) Jonathan Slack의 그림을 재구성함.

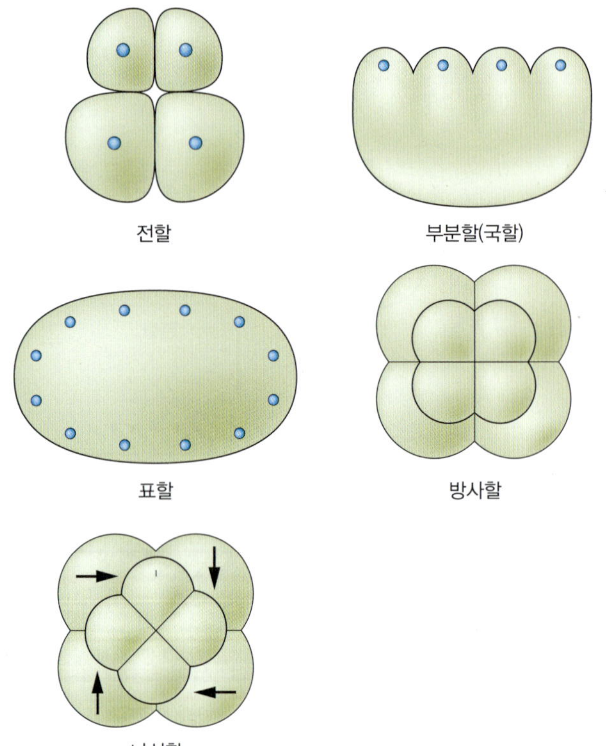

그림 2.11 동물의 배아에서 발견되는 여러 유형의 난할.

시작된다. 여러 종에서 배아 자신의 유전체(genome)는 난할 단계의 일부 또는 전 기간 동안 활성이 없는 상태로 남아 있으며, 단백질 합성은 난자 형성 과정 중에 이미 전사된 전령 RNA(messenger RNA, mRNA, **모계 mRNA**)에 의해 일어난다. 난할 단계에 있는 배아의 특징은 모계의 유전자형에 의해 좌우되고 배아 자체의 유전자형에는 의존하지 않기 때문에, 이 과정을 유전적 **모계효과(maternal effect)** 단계라 한다(3장 참고).

동물군마다 난할의 방식이 다르게 나타나는데(**그림 2.11**), 이는 대부분 알에 있는 난황의 양에 따라 결정된다. 조류의 알과 같이 난황의 양이 많다면, 세포질은 동물극 근처에 집중되어 존재하므로, 이 지역에서만 난할이 일어나서 할구가 만들어지고, 난황덩어리가 있는 부위는 세포가 없게 된다. 이러한 유형의 난할을 **부분할(meroblastic**, 부분난할)이라 한다. 난할이 완결될 때 수정란 전체가 할구로 나뉘면, **전할(holoblastic**, 완전난할)이라 한다. 전할성 난할은 보통 약간 불균등하여 난황이 풍부한 식물극 반구에 있는 할구는 더 크고(**macromere, 대할구**), 동물극 반구에 있는 할구는 더 작다(**micromere, 소할구**). 동물 분류 또는 동물문 각각은 특징적인 초기 난할 방식을 드러내는 경향이 있는데, 할구의 배열에 따라 방사형 난할(radial, echinoderm, 극피동물), 좌우대칭형 난할[(bilateral, ascidian, 해초류(海草類)], 회전형 난할(rotational, mammals, 포유동물)로 분류할 수 있다. 중요한 난할 유형 한 가지는 환형동물 대부분, 연체동물, 편형동물 등이 보여주는 **나선형 난할(spiral cleavage)**이다. 여기에서 대할구는, 위에서 볼 때 처음에는 시계 바늘과 같은 우선 방향으로 그리고 또 다른 층은 좌선 방향 등으로 소할구의 연속적인 층을 이룬다. 대부분의 곤충과 일부 갑각류는 **표할(superficial cleavage)**이라고 부르는 독특한 형태의 난할을 보인다. 여기에서, 초기 단계에서는 단지 핵만 분열하고 세포질 분열은 없다. 그래서 초기 배아는 **다핵체(syncytium**, 합포체)로 되어, 같은 세포질체 안에 핵이 많이 떠다니게 된다. 어느 단계에 이르면 핵이 변두리로 이동하고, 그 직후 세포막이 배아의 외부 표면에서 안쪽으로 함입되어 핵을 둘러싸 상피세포를 형성한다.

난할 단계 동안 구형 세포의 중앙에, 또는 부분할의 경우라면 세포의 판상 구조 중앙에 보통 빈 공간인 내강이 형성된다. 이 내강은 수분 흡수로 점점 커져서 **포배강(blastocoel**, 난할강, 할강)으로 된다. 발생 과정 중 이 단계에 있는 배아를 **포배(blastula)** 또는 **배반엽(blastoderm)**이라 부른다. 세포들은 흔히 캐드히린(cadherin)이라 부르는 세포 부착 분자로 결합되어 서로 단단히 붙어 있고, 포배강의 외부 환경과 내부 환경 사이에 봉합구조를 형성하는 **밀착 연접(tight junction)**이라는 체계를 대부분 지니고 있다.

낭배 형성

포배 형성에 이어서 모든 동물의 배아는 **낭배 형성(gastrulation)**이라 부르는 세포 및 조직의 이동 단계를 보이는데, 이때 단순한 구형의 세포 또는 판상의 세포가 **낭배(gastrula)**로 알려진 3개의 층으로 된 구조로 전환된다. 낭배 형성기 때의 자세한 형태형성

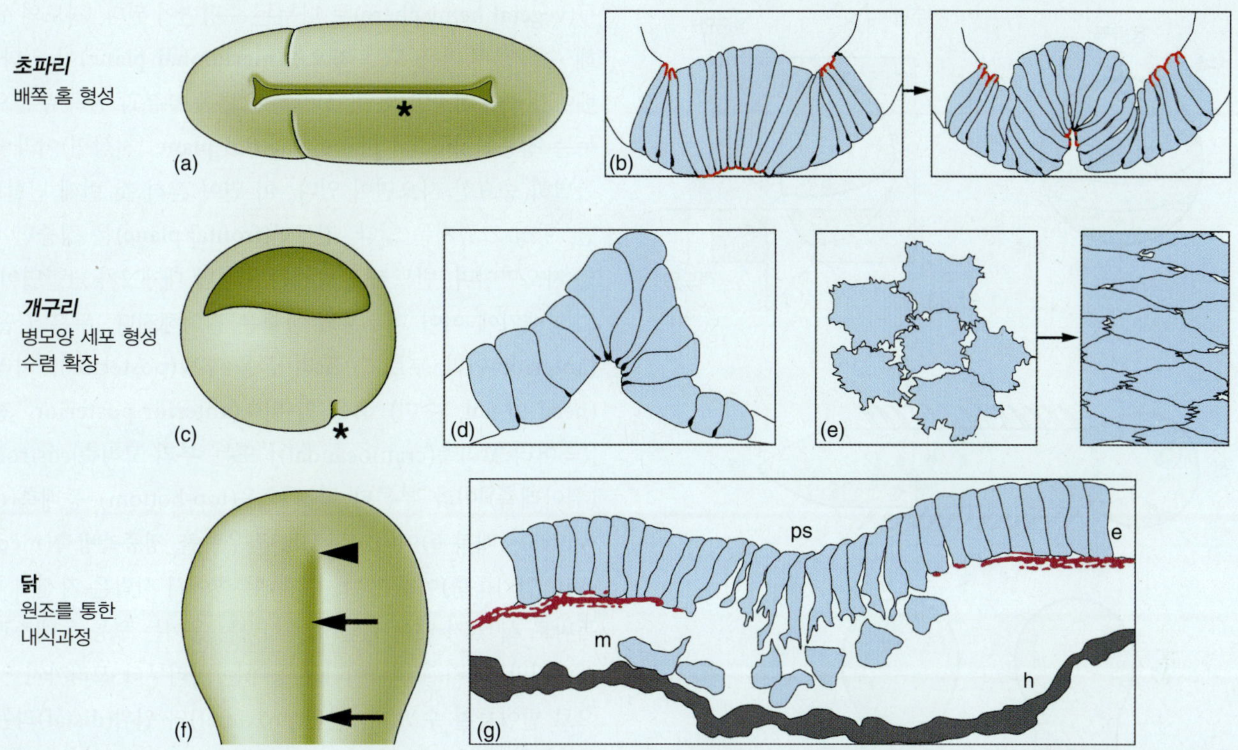

그림 2.12 낭배기 중에 일어나는 여러 과정들. (a, b) 초파리에서의 배쪽 홈(ventral furrow) 형성. *는 배쪽 홈을 나타낸다; (c-e) 개구리의 낭배; (c) 이등분된 배아. *는 배순부를 나타낸다; (d) 원구에 나타나는 병모양 세포들(bottle cells); (e) 축을 신장하게 하는 세포의 삽입(수렴 확장). (f, g) 닭 배아의 원조를 통한 세포의 내식 과정.

이동은 연관된 동물군 사이에서도 변화무쌍하지만(**그림 2.12**), 결과는 비슷하다. 낭배 형성기 중에 조성된 3개의 조직층을 **배엽층(germ layers)**이라고 부르는데, **생식세포(germ cell)**와 혼동하지 말아야 한다. 전통적으로 바깥층을 **외배엽(ectoderm)**이라 하며, 나중에 피부와 신경계를 형성한다. 중간층은 **중배엽(mesoderm)**이며, 나중에 근육, 연결조직(결합조직), 배설기관, 생식소를 형성한다. 안쪽 층은 **내배엽(endoderm)**이며, 나중에 장의 상피조직을 형성한다. 생식세포는 보통 낭배 형성기에 나타나지만, 3개의 배엽층 중 어느 것에도 속해 있지 않다고 간주된다.

주요 신체 형태형성 이동이 완결되면, 거의 모든 유형의 동물 배아는 일반적인 **몸 체제(body plan**, 체형 계획) 단계에 도달하고, 이 단계에서 주요 신체 부분 각각이 정해진 세포 지역에 생겨나지만, 여전히 내부적으로는 더 분화되어야 한다. 이 단계는 흔히 **계통발생 단계(phylotypic stage**, 문형 단계, 계통형 시기)라고 불리는데, 그 이유는 하나의 분류학적 문(門, phylum) 전체가 그렇지는 않겠지만, 어떤 동물군 안에 소속된 여러 구성원들 사이의 유사성이 가장 크기 때문이다(23장 참고). 예를 들면, 척추동물은 모두 계통발생 단계를 **꼬리원기** 단계(**tailbud** stage)에서 보여주는데, 이 시기에 척삭, 신경관, 쌍으로 된 체절, 인두궁(branchial arch, 아가미궁, 새궁), 꼬리돌기(tailbud, 미아) 등을 구비한다(**그림 2.13**). 곤충은 모두 계통발생 단계를 **확장된 배대(extended germ band)** 시기에 보여주며, 이 시기에 두부 체절 6개, 부속지 포함 흉부 체절 3개, 다양한 수의 복부 체절을 갖는다.

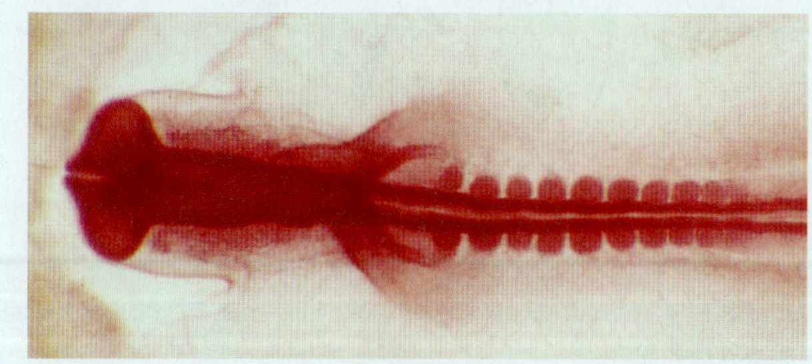

그림 2.13 세포 응축에 따라 나타나는 주요 신체 구조를 보여주는 닭 배아의 단계 10. (인용) Jonathan Slack의 그림을 재구성함.

축과 대칭

여러 표본의 방향을 일관된 방식으로 알 수 있도록 순서대로 배아를 설명해 주는 용어가 필요하다(**그림 2.14**). 만약 알이 동물극과 식물극을 지니고 있고 거의 원형이라면, 두 극을 잇는 선은 동-식물극 축이 된다. 미수정란은 보통 이 축 주위로 방사대칭이지만,

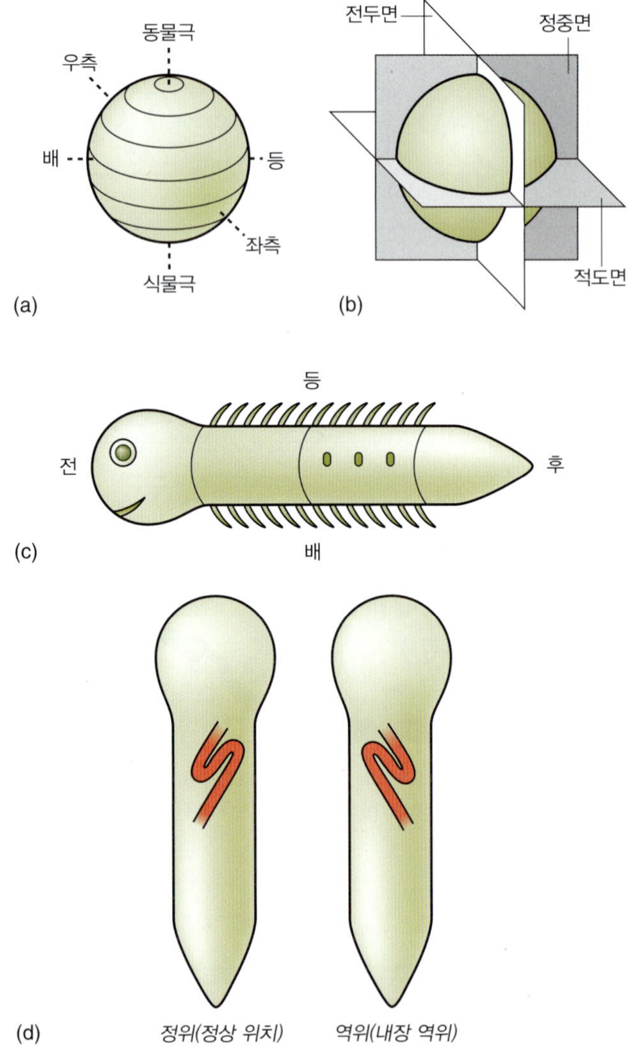

그림 2.14 축과 대칭. (a) 등배 비대칭 구조를 획득한 후 수정란의 축들. (b) 초기 배아의 해부 단면. (c) 좌측에서 본 동물의 주요 축들. (d) 좌우대칭의 변이를 보여주는 동물의 배쪽 모습.

수정 후에는 초기의 방사대칭이 붕괴되고 좌우대칭이 만들어지는 세포질 재배열 과정이 일어난다. 초파리 같은 몇몇 생물에서 이 단계는 다소 이른 난모세포 때에 일어나며, 포유동물 같은 동물들에서는 나중인 다세포 단계 때에 일어날 수 있다. 하지만, 성체 때에도 방사대칭인 성게 같은 동물 그리고 성체 때에는 대칭이 아닌 복족류 같은 동물에서도, 여전히 초기 배아는 좌우대칭이다. 대칭의 변화란, 동물이 이제 뚜렷이 구분되는 **등쪽**(**dorsal**, upper, 상부) 측면과 **배쪽**(**ventral**, lower, 하부, 복부) 측면을 지니고 있다는 의미이다.

만일 동물극과 식물극이 위와 아래에 있다면, 적도면은 마치 지구의 적도처럼, 알을 **동물**반구(**animal** hemisphere)와 **식물**반구(**vegetal** hemisphere)로 나누는 수평면이 된다. 경도의 원에 대해 수직인 평면은 모두 **자오면**(**meridional plane**)이 된다. 일단 배아가 좌우대칭이 되면, 신체를 오른쪽 부분과 왼쪽 부분으로 나누는 **정중면**(**medial plane**, **sagittal plane**, 시상면)이라 불리는 특별히 중요한 자오면이 있다. 이 면이 흔히 첫 번째 난할면이지만, 항상 그렇지는 않다. **전두면**(**frontal plane**)은 정중면에 직각인 자오면이며, 반드시 그렇지는 않지만 대개 2차 난할면이 된다.

낭배기에 이어 대부분의 동물은 길쭉해진다. 두부 끝을 **전방**(**anterior**)이라 부르고, 꼬리 끝을 **후방**(**posterior**), 머리-꼬리(head-to-tail, 수미) 축을 **앞-뒤축**(**anterior-posterior**, **전후축**)[(= 머리-꼬리축(craniocaudal)] 또는 부리-꼬리축[rostrocaudal(위아래축)]이라 부른다. 상하축을(top-bottom) **등배축**(**dorso-ventral**, 배복축)이라 부르고, 좌우축을 **정중측방축**(**mediolateral**, 안가쪽축)이라 한다. 인체해부학에서 사람은 자신의 다리로 똑바로 서 있기 때문에 앞-뒤축이라는 용어는 보통 등배축과 동의어이지만, 머리-꼬리축이라는 용어는 머리부터 꼬리까지 잇는 축으로 받아들일 수 있다. **근위**(**proximal**)와 **원위**(**distal**)라는 용어는 보통 부속지와 관련되어 사용되는데, 근은 "몸통에 가까운"이라는 뜻이고, 원은 "몸통에서 먼"이라는 뜻이다.

일반적으로, 주요 신체 부분들은 낭배가 완성된 후 어느 시점에 세포덩어리로 눈에 보이게 될 것이다. 환형동물, 절지동물, 척삭동물 등을 포함하는 분류학상의 문에 해당하는 동물에서는 앞뒤축에 **분절**(**segmentation**)이 뚜렷하게 나타난다. 생물이 분절로 되어 있다고 지칭하려면 서로 유사하거나 동일한 구조가 반복되어야 하고, 그 구조가 신체에서 작은 부분이 아니라 주요한 부분이어야 하며, 모든 배엽층으로부터 만들어져야 한다.

비록 대부분의 동물이 압도적으로 좌우대칭이라 하더라도, 정확하지는 않으며, 우측과 좌측을 다소 다르게 만들어내는 체계적인 일탈 과정이 있다. 예를 들면, 포유동물에서 심첨(cardiac apex, 심장첨부), 위, 비장(지라) 등은 좌측에 있고, 간, 대정맥, 커다란 폐엽은 우측에 있다. 이러한 비대칭적 배열은 **정위**(***situs solitus***, 정상 위치, 정상 배열)로 알려졌다. 일부 돌연변이체 또는 실험 상황에서 일어나는 바와 같이, 만일 그 배열이 거꾸로 되어 있다면, **역위**(***situs inversus***, 내장 역위, 내장 전이)라 부른다(**그림 2.14d**).

발생 조절 유전자

신체 여러 부분의 임무수행 과정은 특정 집합의 발생 조절 유전자가 발현되어 조절된다. 이들 유전자를 종종 **호메오** 유전자

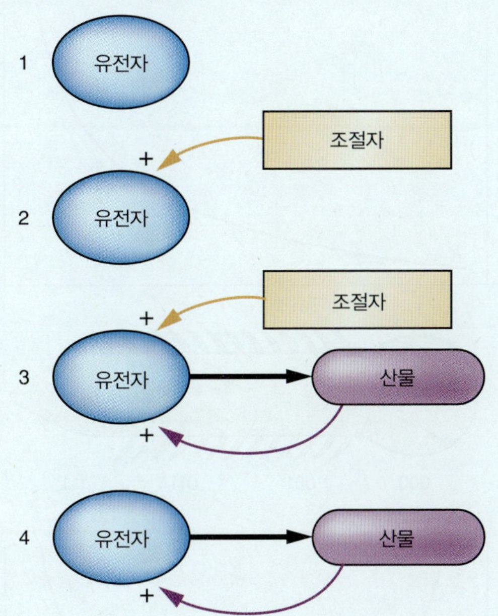

그림 2.15 쌍안정 스위치의 작동. 그림은 시간에 따른 순서를 보여준다. 두 번째 단계에서 유전자가 조절자에 의해 상향 조절된다. 세 번째 단계에서 생성된 산물에 의해서도 상향 조절된다. 네 번째 단계에서 조절자가 사라져도 산물에 의해서 계속 켜져 있게 된다.

(homeotic gene) 또는 **선택** 유전자(selector gene)라고 부른다. 배아에서 이들 유전자의 발현은 2장의 초반부에서 설명된 바와 같이 세포질 결정인자 또는 유도인자에 의해 조절된다.

발생 조절 유전자는 사실상 모두 전사인자인 단백질을 암호화하는데, 이 인자의 기능은 다른 유전자의 활성을 조절하는 것이다. 그러한 유전자에 대해, 억제제의 부재가 활성제의 존재와 동등하게 취급될 수 있기 때문에, "켜진(작동)(on)" 상태와 마찬가지로 많은 정보가 "꺼진(억제)(off)" 상태로도 암호화되어 있음을 반드시 인식하고 있어야 한다. 비록 유전자 발현이 항상 일어날 수 있다하더라도, 발생 조절 유전자의 경우에는 정상 상태에서 켜지거나 꺼지는 과정을 확실히 하는 기전이 흔히 존재하는데, 이 기전은 결정인자 또는 유도신호에 대해 빠르고 불연속적인 **역치(threshold)** 반응을 확실히 나타내는 자연스러운 방법이다. 발생 조절 유전자에 대해 단지 두 가지의 별도 활성 상태가 있다는 것을 확실히 하는 한 가지 방법은 **그림 2.15**에 나타낸 바와 같이, 양성되먹임 조절 작용(positive feedback regulation)을 지니고 있다는 점이다. 이러한 유형의 체계는 안정된 상태 두 가지를 보유하고 있으므로 **쌍안정 스위치(bistable switch)**라고 부른다. 그 유전자는 조절자와 유전자 산물 모두가 없으면 꺼진다. 그 유전자는 조절자에 의해 처음 작동되어, 유도인자에 의해 활성화된 세포질 결정인자 또는 신호전달 경로로 진행될 수 있다. 일단 유전자 산물이 축적되었다면, 조절자가 사라져도 그 유전자는 작동되는 상태로 남아 있게 된다. 이 모델은 발생 과정에서 결정적으로 중요한 유전자 조절의 특징 세 가지를 보여준다. 첫째, 조절자에 대한 반응에서 빠르고 불연속적인 역치(threshold)를 만들어낼 수 있다. 둘째, 그 체계는 조절자에 노출되었던 기억을 지니고 있다. 이는 유전자가 조절자에 일시적으로 노출되었어도, 그 유전자가 영원히 작동하는 상태로 남아 있기 때문이다. 셋째, 쌍안정 스위치는 동역학적 현상이다. 이는 그 쌍안정 스위치가 유전자 산물의 연속적인 생성 및 제거 과정에 좌우된다는 점을 의미한다. 결합과 분해라는 이 단순한 평형 열역학적 특성은 역치 또는 기억력을 갑자기 만들어낼 수 없다. 유전자를 활성화시키는 정확한 역치가 아주 일반적이라 하더라도, 그 역치는 대개의 경우 단순한 양성되먹임 회로에 의해서라기보다 훨씬 더 복잡한 기전에 의해 유지되므로, 많은 유전자 산물들이 관련되어 있다.

형태형성인자 농도 구배

유도신호의 특성을 통해서 배아가 초기의 단순한 형태로부터 복잡해지는 방법을 알 수 있다. 신호를 내는 어떤 지역과 그 신호에 반응하는 다른 지역, 즉 적어도 두 지역이 난할 단계의 배아에서 필요하다. 신호에 대한 역치 반응이 단지 한 가지만 있다하더라도, 반응을 나타내는 조직은 2구역으로 나눠질 것이고, 그렇게 하여 2구역에서 3구역으로 증가한다. 그러나 유도인자의 여러 농도에 대해 역치 반응은 보통 하나 이상 있다. 만일 유도인자가 농도 **구배(gradient)**로 분포되어 있다면, 여러 역치 반응이 한 단계에서 복잡한 패턴을 형성할 수 있다. 그러한 농도 구배가 구역의 유형을 조절하고, 공간에서 구역의 순서, 새로운 일련의 구조들의 전반적인 방향이나 극성을 조절한다. 유도인자가 농도 구배에 따라 여러 가지 반응을 나타낼 때, 이를 **형태형성인자(morphogen)**라고 부른다.

안정된 농도 구배는 형태형성인자를 맥동적으로 단순히 한번 분비하여서는 조성될 수 없다. 그러한 맥동적 분비는 확산으로 퍼져나갈 것이고, 사실상 그 농도는 배아 전체에 일정하게 될 것이다. 농도 구배는 단지 형태형성인자가 어떤 한 지역에서 연속적으로 생성되고(**source, 생산 부위**, 생산 근원) 다른 지역에서 분해되는(**sink, 제거 부위**) 상황에서만 조성된다. 이 현상으로 생산 부위로부터 제거 부위로 물질이 이동하는 농도 구배가 만들어질 것이다. 여러 자연체계의 작동 원리에 적합하게 보이는 모델의 경우, 신호를 보내는 지역에 있는 형태형성인자가 일정한 농도를 유지하고 있으며, 반응하는 조직에서는 그곳의 국소 농도에 비례하는 속도로 제거된다. 정상 상태에 도달할 때 거의 지수 형태의 농도 구배가 만들어진다.

농도 구배에는 중요한 특징 두 가지가 있다. 역치 반응에 따라 반응하는 세포 지역을 여러 가지 상태의 임무수행 방식으로 세분할 수 있는데, 반응하는 조직에 대한 패턴뿐만 아니라 **극성**(polarity)도 자동으로 부여한다. **그림 2.16**은 이러한 유형의 체계에서 나타나는 기본적인 특성 세 가지를 예로 보여준다. 그림 (a)에서 반응하는 세포 지역은 3개의 발생 조절 유전자 활성에 의해 중첩되는 형태(nested pattern)의 네 구역으로 세분된다. 유전자 활성 상태는 단지 두 가지만 있기 때문에, "1"은 "on"을 의미하고, "0"은 "off"를 의미하는 2진법 숫자로 나타낸다. 농도 구배가 작용하여 그 지역을 000, 001, 011, 111 등으로 암호화하는 네 구역(머리 및 세 가지의 몸통 분절)으로 세분할 수 있다.

두 번째 그림에서(**그림 2.16b**) 세포가 반응하는 반대편 끝에 또 하나의 생산 부위를 이식했다고 가정하자. 양쪽 끝에 생산 부위가 있고 중앙 지역 전체에서 제거되므로, 농도 구배는 U자 모양이 될 것이다. 똑같은 역치 반응은 이제 다른 패턴 111, 011, 001, 011, 111 등을 만들어낼 것이다. 이는 거울면대칭 중복이라고 부르는 구조형인데, **거울면-대칭(mirror-symmetrical)**의 대칭면에서 하나로 합쳐질 수 있는 2개의 비슷한 절반 모양이기 때문이다. 극성은 오른쪽 절반에서는 정상이지만 왼쪽 절반 지역에서는 역전되어 있다. 거울면-대칭 중복은 신호를 보내는 중심을 이식한 배아 실험에서 아주 흔하게 일어나는데, 예를 들어 2번째 형성체(organizer, 8장 참고)가 만들어지면 이중 등쪽 부위 개구리 배아가 되며, 극성화 활성대(zone of polarizing activity, ZPA)를 이식하면(17장), 이중의 뒷다리가 만들어진다. 아래 그림(**그림 2.16c**)에서는 형태형성인자의 통행을 방해하는 불투과성 장애물이 삽입된 또 다른 유형의 실험을 보여준다. 왼쪽 측면에서는 형태형성인자가 생성되지 않으므로 그 농도는 곧 영(zero)으로 떨어지는 반면, 우측 측면에서는 실제로 정상 수준보다 고농도로 쌓이게 된다. 이는 제거 능력이 생산 부위와 비교할 때 줄어들었기 때문이다. 제거 속도는 농도에 비례하기 때문에, 전반적인 농도는 증가하여 정상 상태를 다시 확립해야 한다. 동일한 역치 반응이 작동하여, 좌측 절반의 패턴이 사라졌을 뿐만 아니라, 농도 증가가 후반부 구역 대부분의 용량을 높였기 때문에 우측 절반의 패턴도 마찬가지로 사라진다. 이 예를 통해 발생체계의 특징이 첫눈에 분명하지 않게 보일 수 있음을 알 수 있다. 발생체계는 가끔 직관에 반할 수 있으며, 실험 결과들을 해석하기 위해서는 작동 중에 있는 유전자와 신호전달 분자뿐만 아니라 근본적인 역학 기전의 특성을 이해해야 한다.

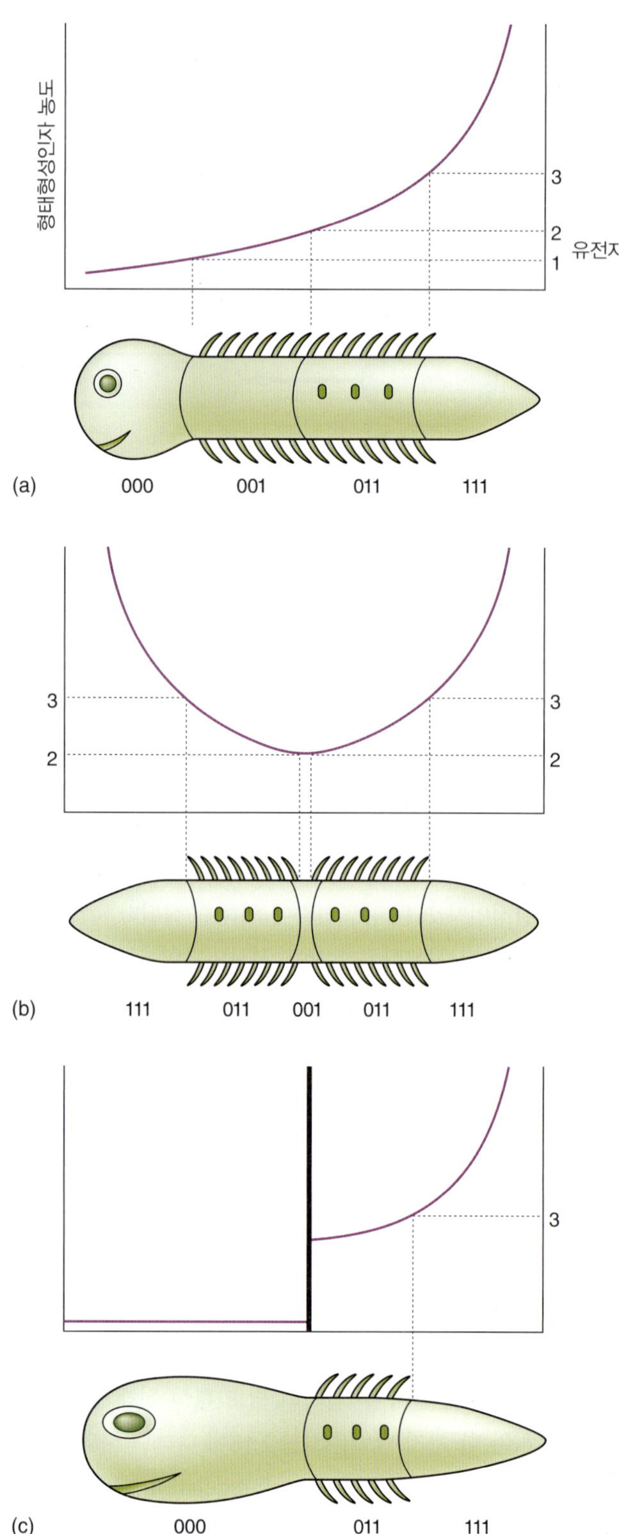

그림 2.16 형태형성인자 농도 구배의 특성. (a) 머리와 분절 3개로 된 동물의 정상 발생. (b) 후방 공급원을 전방으로 이식하면 U자 모양의 농도 구배가 형성되고 이중 후방 동물을 만들어낸다. (c) 불투과성 장애물을 삽입하면 그 패턴에 커다란 틈이 만들어진다.

호메오 돌연변이

호메오 돌연변이(homeotic mutation)는 어떤 신체 부분을 다른 부분으로 전환시킬 수 있는 변이를 말한다. 이 돌연변이는 곤충과 절지동물에서 처음 발견되었지만(**그림 2.17**), 어느 다세포생물에서라도 일어날 수 있다. 이것이 일어나는 방식은 간단한 모델로 설명된다. **그림 2.18**의 생물이 돌연변이이고 연속적인 상황에서 두 번째 유전자가 영원히 불활성화되어 작동할 수 없다고 가정하자. 이 경우에 암호화는 정상적인 000, 001, 011, 111에서 000, 001, 001, 101로 바뀔 것이다. 달리 말하면, 두 번째 신체 분절은 이제 첫 번째 신체 분절의 또 다른 복사본으로 바뀌었다(**그림 2.18a, b**). 세 번째 꼬리 분절에서 일어나는 현상은 논리적인 회로에 관해 더 많이 알지 못하여 예측할 수 없는데, 이 분절이 현재 정상적인 생물에서는 발견되지 않는 새로운 암호를 지니고 있기 때문이다. 이것은 기능 상실(loss-of-function) 호메오 돌연변이 행동을 설명해주는 예가 된다. 어느 한쪽 염색체에 정상 복사본이 있으면 기능이 복원될 수 있으므로, 이러한 돌연변이는 유전적으로 **열성(recessive)**이다.

반면에, 유전자 2에 돌연변이가 일어나서 상시적 활성(常侍的活性, constitutive activity), 다시 말해 그 유전자가 모든 곳에서 항상 작동하게 되었다고 가정하자. 이제 암호화 순서는 010, 011, 011, 111로 될 것이다. 여기에서 첫 번째 신체 분절은 두 번째 신체 분절의 복사본이 되었고, 머리는 비정상적인 암호를 갖게 된다(**그림 2.18c**). 이것은 기능 획득(gain-of-function) 돌연변이이다. 적절치 못한 활성은 돌연변이를 일으킨 유전자의 한쪽 사본으로도 일어날 것이므로, 그것은 유전적으로 **우성(dorminant)**이다.

이 예는 고도로 단순화된 방식으로 동물의 앞-뒤축 패턴 형성에 대한 Hox 유전자 체계의 작용 방식을 설명해준다. 일반적으로, 기능 상실 돌연변이는 그림 2.18b에 나타낸 바와 같이 **전방화(anteriorization)**를 만들어내는데, 이때 분절의 구조가 몸의 위치에서 기대될 수 있는 구조보다 더 앞쪽으로 된다. 반면에, 기능 획득 돌연변이는 **후방화(posteriorization)**를 만들어내는데, 이때 분절의 구조가 그림 2.18c에 나타낸 바와 같이 몸의 위치에서 기대될 수 있는 구조보다 더 뒤쪽으로 된다. 이 모델은 또한 발생에서 지역 특성화의 **조합적인** 본질(**combinatorial** nature)을 설명해준다. 두드러지게 나타나는 해부학적 변형체가 가끔은 유전자를 개별적으로 조절하여 만들어질 수 있다하더라도, 신체 부분의 실제 구조는 사실상 정상 발생에서 3~4개 유전자의 조합으로 형성된다는 것이다.

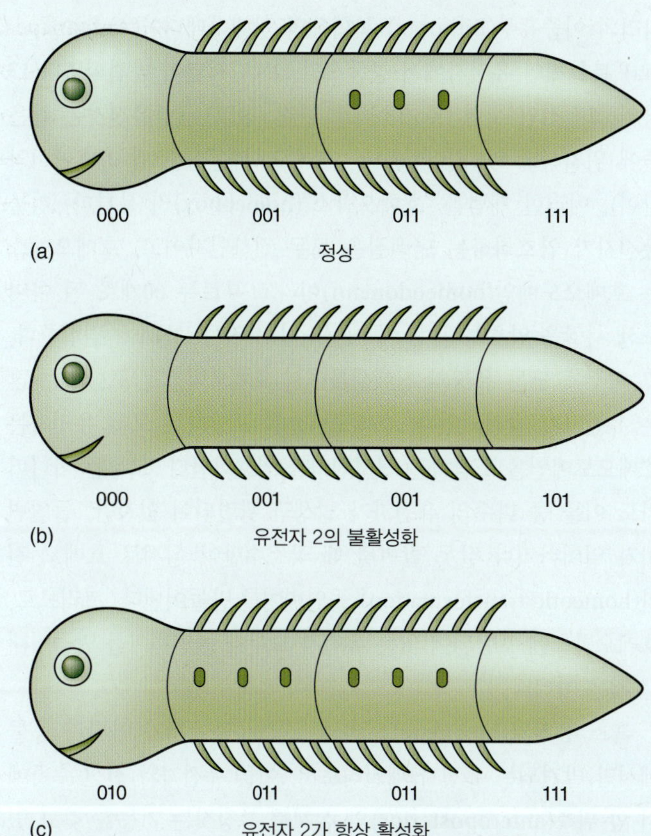

그림 2.18 호메오 돌연변이. (a) 정상적인 유전자형과 표현형. (b) 유전자 2의 기능 상실 돌연변이는 두 번째 신체 분절이 첫 번째 분절을 닮도록 한다. (c) 유전자 2의 기능 획득 돌연변이는 첫 번째 신체 분절이 두 번째 분절을 닮도록 한다. 이 예에서 비정상적인 암호화(010과 101)가 호메오 효과를 만들어내지 않는다고 가정한다.

그림 2.17 날개가 4개 달린 초파리. 초파리에서 호메오 돌연변이의 고전적인 예. 우측 사진에서, *Ubx* 유전자의 기능 상실 돌연변이가 일어나서 평형곤이 두 번째 날개 쌍으로 전환되었다. (인용) John Wiley & Sons의 허락을 얻어 그림을 재구성함.

호메오, 호메오박스, 혹스

호메오 유전자의 작용에 관한 정의와 호메오 유전자의 분자적 실체의 관계에 대해 상당한 혼동이 일어날 수 있다. 1984년에 초파리의 이중흉부(Bithorax) 복합체와 안테나페디아(Antennapedia) 복합체의 유전자에서 공통적인 DNA 서열이 발견되었다(13장의 고전적인 실험 "호메오박스 발견" 참고). 이 유전자는 같은 줄에 위치하고 있기(homeotic, 호메오) 때문에(그림 2.17에서와 같이), 이러한 개념을 **"호메오박스"(homeobox)**라 부른다. 이들 유전자가 암호화하는 단백질은 모두 전사인자이고, 호메오박스는 호메오도메인(homeodomain)이라고 부르는 60개로 된 아미노산 서열을 암호화하며, 이 아미노산 서열이 DNA에 결합한다. 그 이후에 모든 유형의 진핵생물에서 호메오박스를 포함하는 많은 유전자가 발견되었다. 호메오박스를 포함하는 모든 유전자는 호메오도메인을 포함하는 전사인자를 암호화한다. 모두는 아니더라도 이들 중 다수의 유전자가 발생과 관련되어 있지만, 돌연변이가 일어나거나 잘못 발현될 때 극소수만이 실제로 호메오 전환(homeotic transformation) 돌연변이를 만들어낸다. 그러므로, 호메오박스에 포함되어 있는 유전자 모두가 돌연변이를 만들어내는 것은 아니다.

혹스 유전자(hox gene)는 다른 진핵생물에서가 아니라 동물에서만 발견되는 유전자 패밀리로서, 이들 유전자가 전신 수준에서 **앞-뒤축(anteroposterior)**의 실체를 특징짓는 기능을 갖고 있다(23장의 그림 23.9 참고). *hox* 유전자는 호메오박스 유전자의 일반적인 분류상 부분집합이고, 분명히 초파리의 이중흉부 유전자군과 안테나페디아 유전자군과 상동이다. 다수의 동물에서 *hox* 유전자는 그 염색체 상에 서로서로 인접한 여러 유전자와 함께 단 하나의 유전자군을 형성한다. *hox* 유전자는 몸 체제 구성 시기인 초기 단계에 활성화되고, 일반적으로 의문시되는 동물 그룹의 **계통발생 단계(phylotypic stage)** 전후에 최대한으로 발현된다. 그 유전자군에 있는 유전자들 각각은 특정 앞-뒤축 수준에서 발현되는데, 명확한 전방 경계가 있고 점차적으로 후방으로 가면서 발현이 줄어든다. 이들 유전자는 중추신경계와 중배엽 둘 다에서 발현된다. 놀랍게도 신체에서 *hox* 유전자의 공간적 발현 순서는 전방에서 후방으로 흔히 염색체 상의 유전자 배열 순서와 같다. 무척추동물은 단지 하나의 *hox* 유전자군을 지니고 있지만, 척추동물은 4개 이상의 유전자군을 갖고 있으며, 각각은 다른 염색체에 위치하고 있다. *hox* 유전자는 앞-뒤축 방향으로 신체 수준을 암호화하기 때문에, 그 유전자들은 흔히 호메오 돌연변이를 나타내고 위에서 설명한 패턴을 따르는 경향이 있다. 기능 상실 돌연변이는 전방화를, 기능 획득 돌연변이는 후방화를 유도한다.

성장과 죽음

성장은 보통 세포 분열 과정을 포함하며, 동물 세포주기의 분자생물학은 아주 잘 이해되고 있다. **그림 2.19**에는 전형적인 세포주기를 나타내었고, **그림 2.20**에는 초기 배아의 체세포분열 특징을 나타내었다. 관습적으로 세포주기는 4단계로 설명된다. M기는 체세포분열 단계를 나타내고, S기는 DNA 복제 단계이며, G1과 G2

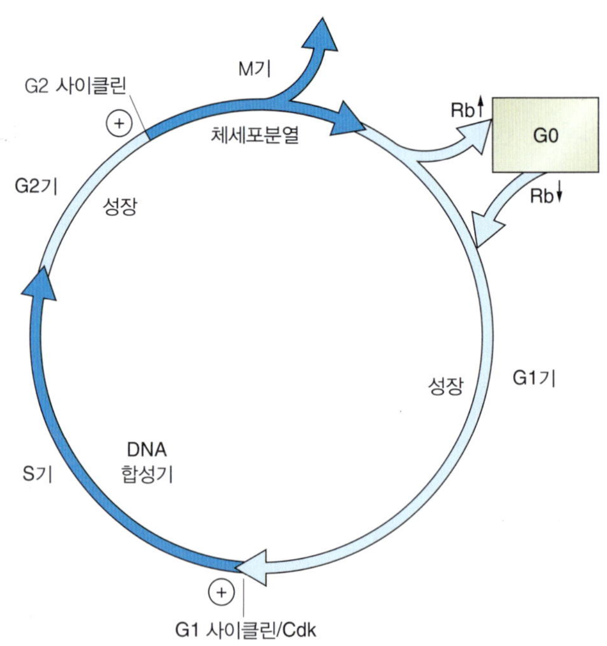

그림 2.19 G1, S, G2, M기로 구성된 전형적인 진핵세포의 세포주기. ⊕ 기호는 M기와 S기의 입구에 있는 점검점(checkpoint)을 나타낸다.

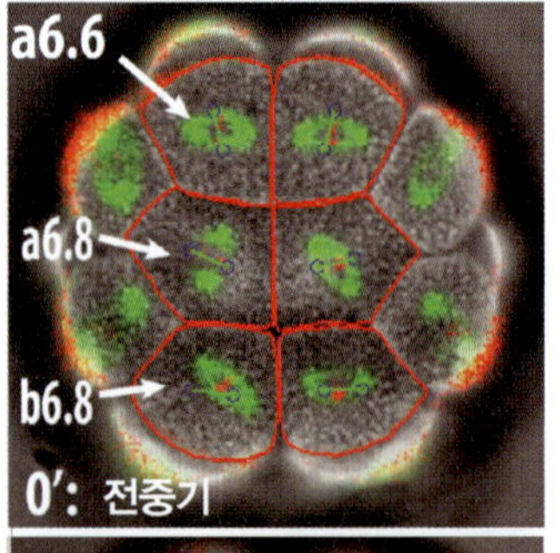

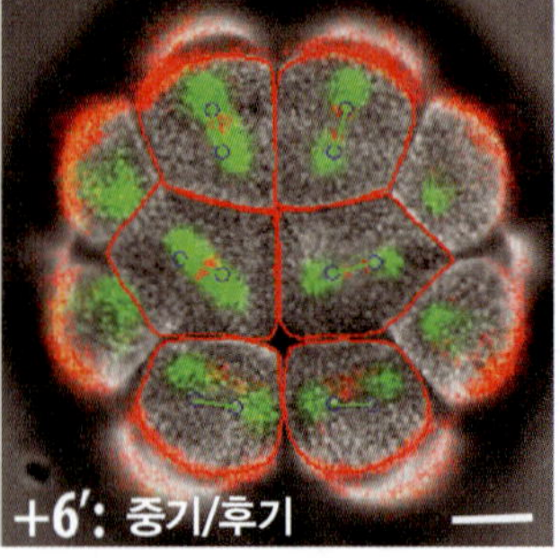

그림 2.20 멍게 배아의 난할 중 체세포분열. 이 견본에서 방추사 단백질은 녹색 형광 단백질(green fluorescent protein, GFP)과 융합시키고(초록색), 염색체 단백질은 적색 형광 단백질(red fluorescent protein, RFP)과 융합시킨(적색) 형질전환 동물이다. 세포의 윤곽선 또한 적색으로 나타내었다. (인용) Dumollard et al. (2017). Elife. 6, e19290의 그림을 재구성함.

기는 그 사이의 중간 단계이다. 성장하고 있는 세포에서 크기 증가는 그 세포주기 내내 계속됨으로써, 세포 단백질의 대부분이 합성된다. 정상적으로 세포주기는 성장 속도와 대등하다. 만일 그렇지 않다면, 세포 분열이 일어날 때마다 세포들의 크기가 커지거나 줄어들 것인데, 그 예로는 배아의 난할 중에 일어나는 분열이 있다. DNA 복제가 완성되기 전에 체세포분열이 확실히 시작되지 않게 하기 위해, 그 세포주기에 설정된 내적 조절 과정이 여럿 있다. 이러한 조절 과정은 세포주기의 여기저기에 있는 **점검점(check point)**에서 작용하는데, 적절한 조건이 충족되지 않으면 그 과정이 중단된다.

세포주기 조절은 사이클린(cyclin)이라고 부르는 많은 단백질과 여러 사이클린-의존성 단백질 키나아제(cyclin-dependent protein kinase, Cdk)로 구성되는 대사성 진자(metabolic oscillator, 대사성 발진기)에 의존한다. M 점검 지점을 지나 체세포분열 과정으로 들어가기 위해서는 사이클린과 Cdk의 복합체[M기 촉진인자 또는 **성숙촉진인자(maturation promoting factor**, MPF, 성숙유도인자)라고 부르는]가 활성화되어야 한다. 이 인자는 체세포분열에 필요한 여러 성분(핵 붕괴, 방추사 형성, 염색체 응축)을 인산화시켜서 활성화한다. M기에서 벗어나기 위해서는 사이클린 분해를 경유하는 MPF의 불활성화가 필요하므로, M기 끝에 가면 MPF는 사라지게 된다.

G1 점검점은 여러 집합의 사이클린과 Cdk에 의해 작동되는 비슷한 과정에 좌우되어 지나가게 되는데, 이 집합의 활발한 복합체는 DNA 복제 효소를 인산화하여 활성화시킨다. 이 점검점은 또한 세포 크기가 결정되는 지점이다. 다소 변경이 있을 수 있는 특별한 경우를 제외하면, G1, S, G2, M기라는 세포주기는 보편적이다. 초기 발생의 빠른 난할 주기에는 G1기와 G2기가 짧거나 없고, 크기 검사도 없어서, 세포들은 세포 분열 때마다 용적이 반으로 줄어든다. 감수분열 주기에서 핵분열이 두 번 일어나고, 그 사이에 S기가 없지만 분열을 완수하기 위해 활성이 동일한 MPF 복합체를 필요로 한다.

초기 배아의 난할 세포 분열은 세포외 성장인자가 없는 상태에서 일어난다. 하지만 발생의 후기 단계에서 그리고 특히 성숙한 개체에서, 세포 대부분은 성장인자에 의해 자극받아야 활동한다. 성장인자가 없을 때에 세포는 G0라고 부르는 상태로 들어가는데, 이때는 Cdk와 사이클린이 없다. 성장인자가 회복되면 이러한 단백질들의 재합성이 유도되고, G1 점검점에서 시작되는 주기가 속개된다. G0 상태를 유지하는 인자 중 하나는 Rb1(retinoblastoma transcriptional corepressor 1, 망막아종 전사 억제보체 1)이라는

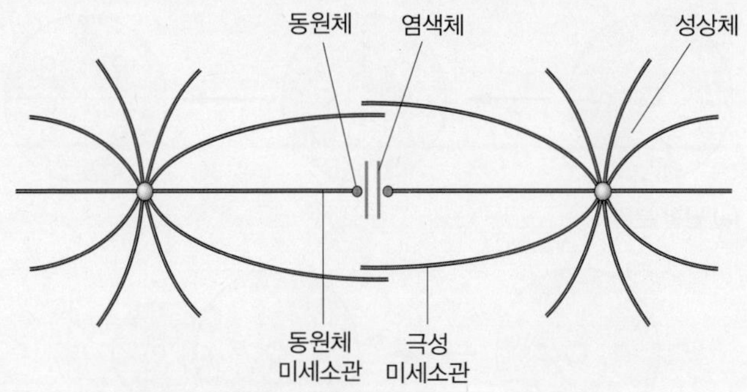

그림 2.21 체세포분열 방추사의 미세소관 배열.

단백질이다. 성장인자가 있을 때, 이 단백질은 인산화되어 불활성화된다. Rb1이 없을 때에는 E2F라고 부르는 전사인자가 활성화되고, S기를 시작하기 위해 필요한 사이클린, Cdk들, 기타 성분들의 재합성이 최고점에 달하게 되어 계단식 유전자 발현이 시작된다.

미세소관은 세포 분열 중에 아주 두드러지게 나타난다. 이 미세소관의 마이너스 종단(minus end)은 중심체(centrosome)에서 나오는데, 이 중심체는 미세소관을 새로 조립하게 할 수 있는 미세소관 형성 중심지이다. 중심체는 체세포분열 전기에 나뉘어져서 방사상의 미세소관 집합체가 되는데, 이는 성상체(aster)로 알려져 있다. 두 성상체는 핵의 반대편으로 이동하여, 2개의 체세포분열 방추사 극을 형성한다(**그림 2.21**). 방추사는 두 가지 유형의 미세소관을 포함하고 있다. 극성 미세소관(polar microtubule)은 중심 근처에서 서로 만나 연결되고, 길어지면서 양극을 갈라놓는다. 염색체 각각은 동원체(kinetochore)라고 부르는 특별한 부위를 지니고 있는데, 이 부위는 동원체 미세소관이라는 또 다른 미세소관 그룹과 결합한다. 세포 분열 후기에는 상동 염색체의 동원체가 분리된다. 극성 미세소관은 계속하여 길어지는 반면에, 동원체 미세소관은 양끝에서 튜불린(tubulin)이 소실되어 짧아짐에 따라서, 염색체 집합이 방추사의 반대편 극쪽으로 끌리게 된다.

크기의 증가를 의미하는 진정한 성장은 세포 분열과 정확히 같지는 않다. 그 둘이 다르다는 분명한 예는 세포 분열이 성장 없이 일어나는 배아의 난할 세포 분열이다(**그림 2.22a**). 발생 후기의 성장은 분열할 때마다 세포 수가 2배로 증가할 필요가 있지만, 보통은 세포 크기 증가도 포함되어 있고 세포외 기질 양의 증가도 포함되어 있다. 세포외 물질은 초기 발생에서는 넓지 않지만, 나중에는 뼈와 연골 같은 골격조직의 실질적인 비례 관계에서 기질 물질을 구성한다.

사실 제노푸스, 제브라피시, 성게처럼 자유롭게 생활하는 배아

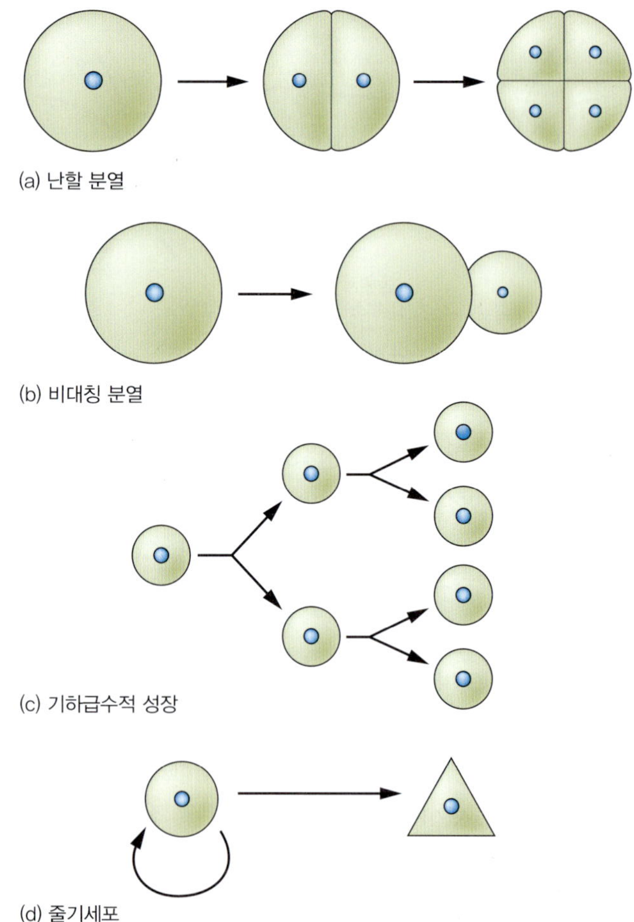

그림 2.22 동물의 배아에서 발견되는 세포 분열 유형. (a) 난할 분열은 부피를 반으로 줄인다. (b) 비대칭 분열은 2개의 딸세포를 다른 유형으로 만들어낸다. (c) 기하급수적 성장은 대개 체외 배양에서 나타난다. (d) 줄기세포는 또 다른 줄기세포와 분화되는 세포를 만들어낸다.

유형에서 발생 과정 중에 실질적인 성장은 전혀 없다. 그들은 물을 흡수하기에 어느 정도 확장하지만, 스스로 섭식할 수 있을 때까지는 실질적으로 증가하지 않는다. 대조적으로, 포유동물의 태반처럼 외부에서 영양분이 공급되는 배아 유형이나 조류와 파충류에서처럼 커다란 배외 난황덩어리를 갖고 있는 배아 유형은 발생 과정 내내 광범위하게 성장한다. 이것은 실험용으로서 의미가 있는데, 자유롭게 생활하는 배아의 세포로 물질을 주입하면 그 물질이 성장으로 희석되지 않고 상당한 기간 동안 활성을 가진 채로 남아 있을 수 있기 때문이다.

어떤 배아의 세포에서는 눈에 띄게 **비대칭분열(asymmetric division)**이 진행되는 것을 볼 수 있다(**그림 2.22b**). 이것은 보통 세포 분열 전의 세포질 비대칭 형성과 연관되어 있고, 두 딸세포들이 물려받은 세포질 **결정인자(determinant)**가 핵에서 다른 패턴의 유전자 발현을 불러일으켜서 다른 발생 경로를 불러내기 때문이다. 결정인자의 본질은 이제 아주 잘 이해되고 있으며, 국소적인 mRNA와 PAR 단백질 복합체 같은 자가 조직 단백질 복합체를 포함하고 있다(13장과 14장 참고).

세포는 일반적으로 조직배양에서 기하급수적으로 성장하는 능력이 있지만(**그림 2.22c**), 이 현상은 동물에서 아주 드물게 발견된다. 비록 어떤 분화된 세포 유형이 계속 분열할 수 있다 하더라도, 일반적으로 분화는 세포 분열을 늦추거나 중단하게 만드는 경향이 있다. 후기 배아 단계에서 세포 분열 대부분은 **줄기세포(stem cell)**와 **이행(전이)증폭세포(transit amplifying cell)**라고 부르는 직계 자손들 사이에서 발견된다(20장 참고). 줄기세포는 자신을 만들어낼 수 있고 특정 조직 유형으로 분화되는 자손을 생성할 수 있는 세포이다(**그림 2.22d**). 이것은 필연적으로 줄기세포 분열 모두가 비대칭으로 되어야 한다는 의미는 아니라서, 일정한 기간에 걸쳐 자손의 절반은 재생될 것이고 나머지 절반은 분화될 것이다. "줄기세포"라는 용어는 또한 포유동물의 초기 배아에 기원하는 **배아줄기세포(embryonic stem cells, ES cells)**에도 사용된다. 이 줄기세포는 조직배양에서 무제한 늘어날 수 있고, 배아의 세포수를 다시 늘릴 수 있으며, 모든 조직 유형에 적용할 수 있다(11장, 12장, 22장 참고).

프로그램화된 세포사(programmed cell death) 또한 발생에서 중요하다. 가장 흔한 방식은 **세포자멸사(apoptosis)**라고 불리우며, 이는 생체 활성을 갖는 세포의 내용물을 주변으로 흘리지 않고서 세포를 제거하는 방법이다. 여기에는 카스파제(caspase)라고

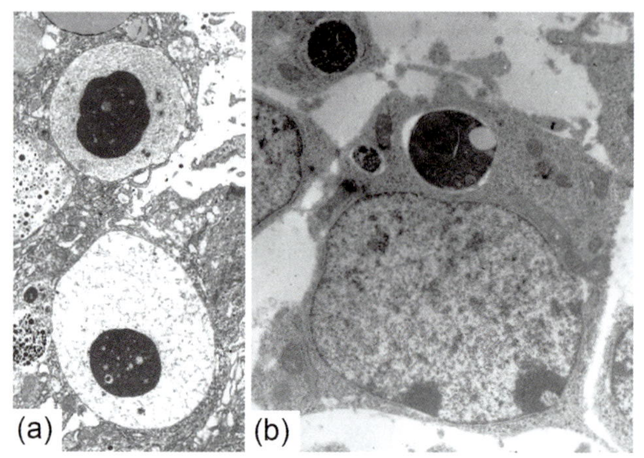

그림 2.23 세포자멸사. (a) 생쥐의 유선 상피조직에서 보이는 세포 2 개의 세포자멸사. 핵들이 응축되어 있다. (b) 생쥐 배아에서 이웃 세포가 식작용을 하여 세포자멸사를 겪는 세포. (인용) Lockshin and Zakeri (2004). Int. J. Biochem. Cell Biol. 36, 2405-2419의 그림을 재구성함.

기억해야 할 핵심 사항들

- 동물의 발생 과정에서 주요 과정은 지역 특성화, 세포 분화, 형태형성, 성장, 시간적인 조절 등이다.
- 배우자는 생식계열 세포에서 감수분열로 생긴다.
- 발생 초기 단계에 일어나는 과정은 알에 이미 만들어져 있는 성분이 관여하기에 모계의 유전체에 좌우된다.
- 자발적인 대칭 분해 과정이 보통 세포질 결정인자의 국부화를 야기하고, 지역 특성화의 초기 단계를 조절한다.
- 나중의 지역 특성화는 유도인자의 활성이 포함되고, 보통은 여러 발생 조절 유전자를 다른 농도에서 상향 조절할 수 있는 형태형성 농도 구배 형태로 나타난다.
- 배아에서 각 구역의 세포는 특정 조합의 발생 조절 유전자 활성으로 특정된 발생 임무를 부여받는다. 이들 유전자에 돌연변이가 일어날 경우, 신체의 한 부위가 다른 부위로 전환되는 호메오 전환 돌연변이가 야기된다.
- 초기 발생에는 포배 또는 배반엽이 형성될 때까지 진행되는 난할 기간이 포함되어 있다. 이것은 낭배기라고 부르는 형태형성 운동 단계가 이어지고, 이 동안에 3배엽인 외배엽, 중배엽, 내배엽 등이 형성된다.
- 성장은 정상적으로 세포 분열에 좌우된다. G1, S, G2, M 단계로 구성된 세포주기는 보편적이지만, 감수분열 및 난할 분열 같은 특수한 발생 과정에서는 변경되어 있다.

부르는 단백질분해효소 활성이 최대가 되는 분자 경로가 포함되어 있다(14장 참고). 이 과정을 통해 핵이 응축하고, 세포가 오그라들며, 다른 식작용을 할 수 있는 다른 세포가 삼키도록 유도하는 신호가 표면에 나타난다(**그림 2.23**). 세포자멸사는 보통 세포에서 성장인자가 사라지면서 시작되지만, 가끔은 신호에 대한 활발한 반응으로 나타날 수도 있다. 척추동물의 발생에서, 세포자멸사는 특히 표적기관으로부터 유용한 성장인자에 반응하는 운동신경세포 집단의 감소라는 측면에서 특히 중요하며(16장 참고), 손/발가락 사이의 조직이 예정세포사로 제거되기 때문에 손/발가락이 형성되는 사지 발생에 중요하다(17장 참고).

Chapter 3

발생에 대한 연구: 발생유전학

Approaches to development: developmental genetics

발생 돌연변이

유전체의 전체 유전자들 중에서 약 1~2% 정도 만이 발생과 관련된 특별한 기능을 가지고 있다. 정상적인 개체 발생이 이루어지기 위해서는 더 많은 유전자가 필요하지만, 이러한 유전자의 일차적인 기능에 대한 연구는 발생보다는 세포생물학이나 물질대사의 중심 영역에 놓여 있다.

현재는 발생 과정에서의 유전자 발현을 상당히 상세하게 조사할 수 있으며, 이 방법에 대해서는 5장에서 간략하게 소개한다. 그러나 특정 시기와 위치에서 mRNA 또는 심지어 단백질의 존재가 각 상황에서의 유전자 산물이 실제로 각자의 기능을 가지고 있다는 것을 보장하지는 않는다. 유전자의 기능은 발현 없이는 발휘할 수 없지만, 그 발현은 기능 없이도 일어날 수 있기 때문이다. 발생생물학에서는 유전자의 기능과 발현을 조사하기 위해서 **돌연변이(mutants)**가 매우 중요하게 이용되었다. 돌연변이 생물체가 지니는 특정 유전자의 돌연변이는 우발적으로 생길 수도 있고, 화학적 돌연변이원이나 방사능 조사에 의해 유도되거나 "표적" 돌연변이(targeted mutations)를 통해 특별하게 고안될 수도 있는데, 그 대표적인 예로 **CRISPR-Cas9 시스템**이 있다.

돌연변이는 변이의 분자적 기작에 따라서 몇 가지 계열로 나뉜다. 화학적 돌연변이 생성은 대개 하나의 DNA 염기가 다른 것으로 바뀌는 **점 돌연변이(point mutations)**를 형성한다. 이는 하나의 아미노산이 다른 것으로 치환되는 결과를 가져오거나, 새로운 종결 코돈이 생성된다면 미성숙한 아미노산 사슬의 종결을 가져올 것이다. 단일 뉴클레오타이드가 첨가되거나 상실되면 단백질에서 이후의 아미노산 서열을 전부 바꾸어 버리는 **해독틀 이탈 돌연변이(frameshift mutations)**가 일어날 것이다. X-선 조사는 대개 DNA 가닥이 통째로 상실되도록 하는데, 이러한 방법은 하나 이상의 유전자를 포함할 수 있다. **우발적 돌연변이(spontaneous mutations)**는 위의 어떤 유형이 될 수도 있으며, 또한 유전체 내에서 위치를 변경할 수 있는 DNA 서열인 **전이요소(transposable elements)**의 삽입을 포함할 수도 있다. CRISPR-Cas9에 의해 만들어진 표적 돌연변이는 작은 결실이 생기거나 제공된 DNA 서열과의 재조합이 발생하면 임의의 새로운 서열이 될 수 있다.

호메오 돌연변이(homeotic mutations)는 신체의 한 부분이 다른 부분과 비슷하게 바뀌도록 만든다. 이런 돌연변이가 일어나는 호메오 유전자는 대개 전사인자로서의 유전정보를 가지고 있으며, 그 정상 기능은 세포의 운명 결정(commitment) 상태의 정보를 담고 있는 발생 조절 유전자이다. 그러나 많은 발생 조절 유전자는 호메오 돌연변이를 나타내지 않는다.

하나의 유전자의 다른 판본을 **대립유전자(alleles)**라고 한다. 유전자는 대개 **야생형(wild type)**이라 부르는 하나의 정상 대립유전자만 존재할 수도 있지만, 많은 다른 돌연변이 대립유전자가 있을 수도 있다(**그림 3.1**). 개체의 핵 DNA 전체를 **유전체(genome)**라 하며, 가지고 있는 대립유전자의 특정 조합을 **유전자형(genotype)**이라 한다. 발생학에서 유전자형이란 대개 특정 상황에서 하나 또는 소수의 유전자 **좌(座 = 자리, loci)** 구성 요소를 가리키기 위해서 사용된다. 개체의 총체적 특성은 **표현형(phenotype)**이라 일컫는데, 발생학에서는 대개 나타난 모습과 관련된다. 정상 또는 야생형 표현형은 야생형 유전체에서 비롯되며, 돌연변이 표현형

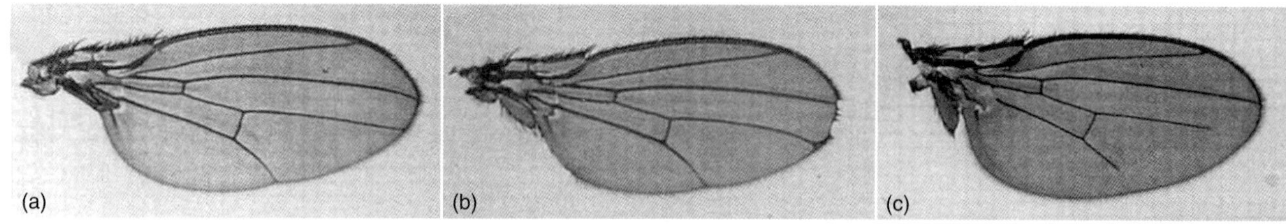

그림 3.1 한 유전자의 서로 다른 대립유전자는 서로 다른 표현형을 만든다. (a) 야생형 *초파리* 날개. (b) 날개 가장자리에서 *새김눈*(notches)을 보여주는 Notch의 우세한 돌연변이. (c) 짧아진 시맥을 보여주는 *Notch*의 열성 대립유전자. (인용) AAAS의 허락을 얻어 Artavanis-Tsakonas et al. Science 1995; 268; 225-232의 그림을 재구성함.

은 유전체에서 발생하는 하나 또는 그 이상의 돌연변이에서 비롯된다. 유전자의 일차 염기서열과 정상 발현 형태를 종합하면 돌연변이 표현형이 상당히 많은 정보를 제공하지만, 단순히 돌연변이 표현형을 관찰하는 것만으로는 특정 유전자의 기능 전부를 추론하는 것은 불가능하다.

똑같은 유전자이면서 다른 표현형을 가진 몇몇 돌연변이 대립유전자의 효과를 살펴보는 것으로 정상 유전자 기능에 관하여 상당히 많은 것을 추론할 수 있다. 가장 흔한 형태의 돌연변이는 돌연변이의 단백질 산물이 야생형보다 활성이 떨어지는 것을 의미하는 **기능 상실(loss-of-function)**이다. 기능의 완전한 상실을 **기능 소멸 돌연변이(null mutation)**라 하는데, 이것은 활성을 갖는 유전자 산물이 완전히 결여되었음을 나타낸다. 가끔은 기능 상실 정도가 조금씩 다른 대립유전자의 집합이 존재하는데, 비정상적 표현형의 심각성 정도에 따라 정돈한 것을 **대립유전자 시리즈(allelic series)**라고 한다(**그림 3.2**). 대립유전자 시리즈에 의해 나타나는 표현형의 집합은 단일 돌연변이 대립유전자의 표현형보다 야생형 유전자의 기능을 훨씬 더 잘 드러나게 할 수 있다. 약한 기능 상실 돌연변이체는 기능 소멸의 경우에 비해 훨씬 더 생존 가능성이 높고 성체 때까지 더 잘 살아 남을 수 있을 것이다. 기능 상실 돌연변이는 주로 유전적으로 **열성(recessive)**인데, 그 작용이 정상 유전자 생성물을 생산해 내는 다른 염색체의 야생형 대립유전자에 의해서 가려지기 때문이다. 때때로 어떤 돌연변이는 유전자 산물의 50% 정도의 기능 상실로 비정상적 표현형을 일으키기에 충분해서 유전적으로 **우성(dominant)**이 되기도 한다. 이런 형태의 우세를 **반가불충분성(半價不充分性, haploinsufficiency)**이라 한다. 이것은 50%만의 기능만 상실하는 이형접합일 때에 비하여, 100% 기능을 상실하는 동형접합일 때 그 이상이 심각하게 나타나는 특성이 있다.

또한 **기능 획득(gain-of-function)**의 표현형을 보여주는 우성 돌연변이도 있다. 예를 들면, 세포 표면 수용체는 리간드가 세포 외 영역에 결합하면 정상적으로 활성화된다. 그러나 수용체 유전자에서 기능 획득 돌연변이가 일어나면 리간드가 존재와 상관없이 항상 신호를 보낼 수도 있다. 마찬가지로, 전사인자는 정상의 경우 조절 작용에 대한 반응으로 목표 유전자를 작동시키지만, 이것의 기능 획득 돌연변이가 일어나면 항상 활성화되어 있으며, 더 이상 조절에 반응하지 않을 수 있다. 항상 활성화되어 있는 유전자 산물을 **구성요소(constitutive)**라고 하는데, 기능 획득 돌연변이는 대개 정상 유전자 산물의 구성요소 버전을 나타낸다. 이러한 돌연변이는 주로 유전적으로 우성인데, 그 이유는 다른 염색체

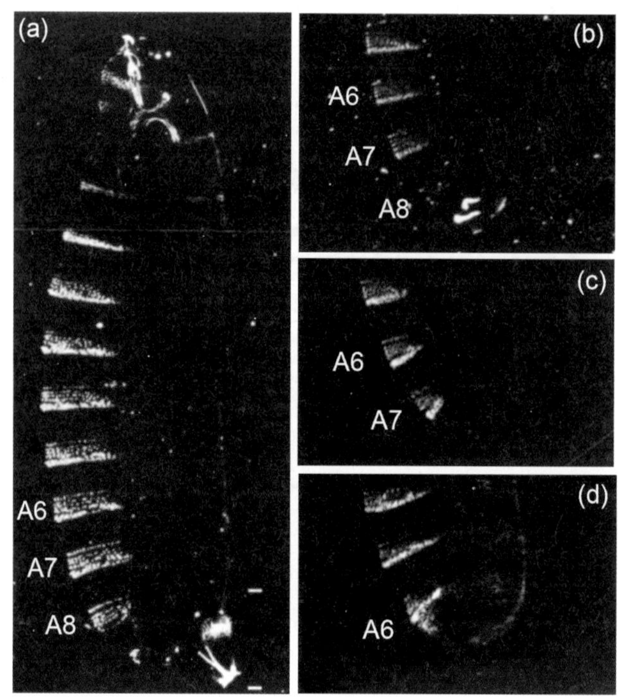

그림 3.2 *초파리*의 *tailless* 유전자의 대립유전자 시리즈의 예. (a-d) *초파리* 유충의 각피 준비: (a) 야생형. (b-e) 연속적으로 점점 더 심각한 기능 상실을 보여주는 *tailless*의 다른 대립유전자들의 돌연변이의 뒤쪽 끝. 더 심각한 돌연변이체일수록 몸체의 앞쪽과 뒤쪽 양쪽에서 점진적으로 구조를 상실한다. 별표(*)는 7번째 복부 분절을 나타낸다. (인용) Company of Biologists Ltd.의 허락을 얻어 Strecker et al. Development 1988; 721-734의 그림을 재구성함.

의 대립유전자에 의해 만들어진 야생형 유전자 산물이 존재함에도 불구하고 기능 획득이 지속되기 때문이다. 우성 돌연변이는 또한 유전자가 정상적으로 기능하지 않는 곳에서 활성화되는 **이소성(ectopic)** 발현을 유발할 수 있다. 또한, 상시적이지는 않지만 유전적으로 우성인 다른 형태의 돌연변이는 **우성 음성(dominant negative)**이다. 여기서 돌연변이는 그 자체로는 기능을 가지지 않는 유전자 산물을 생산하지만 이것이 야생형의 기능을 방해한다. 예를 들어, 이러한 돌연변이는 활성화되기 위해 이합체를 만드는 것이 필요할 때 일어날 수 있다. 우성 음성과 정상적 형태의 이합체가 불활성화 상태라면, 이형접합자에서의 종합 활성도는 대체로 열성 돌연변이 특성의 50% 이하가 될 것이다. 돌연변이의 열성 형질은 일반적으로 기능의 상실을 나타내는 것이지만, 우성은 반가불충분성, 이소성, 상시성, 혹은 우성, 음성 효과와 같은 것 때문일 수 있으며, 어떤 경우인지를 알기 위해서 더 많은 연구가 필요하다. 원칙적으로, 우성 돌연변이 형태는 유전자 역가 분석에 의해 구분될 수 있는데, 왜냐하면 반가불충분성 대립유전자는 이것의 여벌을 넣어 주어도 거의 효과가 없는 반면에 기능 획득 대립유전자는 여벌을 넣어 주면 효과를 증가시키기 때문이다. 그러나 이러한 연구를 항상 쉽게 수행할 수 있는 것은 아니다.

여러 가지 다른 기능을 가진 유전자를 **다면발현성(pleiotropic)** 유전자라 한다. 이것은 발생을 조절하는 유전자의 경우에 빈번하게 나타나는 유형으로서 발생 중 몇몇 다른 시간과 장소에서 발현되도록 조절하기 위해 대체로 복잡한 조절 부위를 가지고 있다.

유전자는 최초로 발견된 돌연변이 표현형 때문에 이름 붙여진 경우가 많고, 이로 인해 혼란이 생긴다는 것을 명심해야 한다. 기능 상실 표현형이라면 야생형 유전자의 기능은 그 이름이 나타내는 것과 반대가 될 수도 있을 것이다. 예를 들면, 초파리(*Drosophila*)의 *dorsal*(등쪽이라는 의미) 유전자는 사실상 배 쪽(*ventral*) 발생을 시작하는 데 필요하고, *white* 유전자는 빨강(*red*) 눈 색소를 만드는 데 필요하다. *dorsal* 유전자 없이는 배쪽 구조는 발생할 수 없으며, 전체 배아는 초기 설정 경로를 따라 전체적으로 등쪽형이 된다. *white* 유전자가 없으면 빨강 색소가 생성되지 않으므로 눈은 흰색이 된다. 또 다른 혼란의 원인은 다른 종의 생명체의 상동 유전자들이 종종 다른 이름을 가지고 있다는 것이다. 이는 그 돌연변이를 일으키는 실제 유전자가 밝혀지기도 전에 돌연변이 표현형에 따라 이름이 붙여졌기 때문이다. 더구나 척추동물의 생화학적 연구에 기초하여 이름을 붙인 유전자 산물이 발생유전학에서 이용되는 무척추 동물 모델에서의 돌연변이의 이름으로 알려져 있는 경우도 흔하다. 예를 들어, 척추동물에서 β-카테닌(β-catenin)으로 알려진 분자는 초파리에서는 *armadillo* 유전자, 예쁜꼬마선충(*Caenorhabditis*)에서는 *wrm-1* 유전자에 의해 암호화되어 있다.

성염색체

성 결정의 기전은 동물 그룹 사이에 본질적으로 아주 다르지만, 대개 두 성별 사이의 다른 염색체에 의해 결정되며, 이를 **성염색체(sex chromosomes)**라고 한다. 성염색체가 아닌 염색체를 **상염색체(autosomes)**라고 한다. 포유동물에서, 암컷은 2개의 X 염색체를 가지는 반면, 수컷은 하나의 X와 하나의 Y를 가진다. 조류에서는 2개의 서로 다른 형태의 염색체를 가진 것이 암컷이다. 수컷은 2개의 Z 염색체를 갖고, 암컷은 하나의 W와 하나의 Z 염색체를 가진다. 초파리의 경우, 암컷은 XX, 수컷은 XY이지만, Y 염색체는 성 결정에 관여하지 않으며, 성 결정은 X 염색체와 상염색체의 비율에 의해 결정된다.

성-연관(sex-linked) 돌연변이는 성염색체에 존재하고, 따라서 그 효과는 각각의 성에 좌우된다. 예를 들면, X 염색체에서의 단일 사본 열성 돌연변이는 암컷에 있는 야생형 사본(XX)에 의해서 가려지게 되지만, 수컷(XY)의 경우 Y 염색체에는 해당하는 유전자 좌위가 없기 때문에 표현형으로 나타난다. 대부분의 성 관련 유전자는 성 결정과 아무 관련이 없다는 점에 유의해야 한다. 예를 들어, 눈 색소 침착을 조절하는 초파리의 *white* 유전자는 X-연관이다.

모계성과 접합자성

일반적으로, 유전학에서는 어떤 동일한 개체의 유전형에 따라서 대응하는 표현형이 나타난다고 생각한다. 그러나 배아 발생의 가장 초기 사건들의 경우에는 그렇지 않은 경우가 종종 있다. 이것은 몇몇 초기 발생학적 사건들이 배아 자체의 상태보다는 모계의 상태에 의존하기 때문이다. 예를 들면, 세포질 결정인자가 난자 형성 과정 동안 난자의 특정한 부분에 자리하면, 이 과정에 관련된 모든 유전자는 모계성이 될 것이다(**그림 3.3**). 만약 모계 유전체의 돌연변이로 인해 결정인자가 형성되지 않으면 부계의 정자로부터 여벌의 유전자를 받더라도 아무 소용이 없게 되는데, 왜냐하면 이것이 기능을 수행하기에는 가능한 시간이 이미 지났기 때문이다. **모계 효과(maternal effect)** 유전자는 개체의 표현형이 자기 자신의 표현형보다 모계의 표현형에 의존하는 유전자다. 그 좋은 예가 생쥐의 *Stella* 유전자이다. 이것은 생식세포와 초기 배아

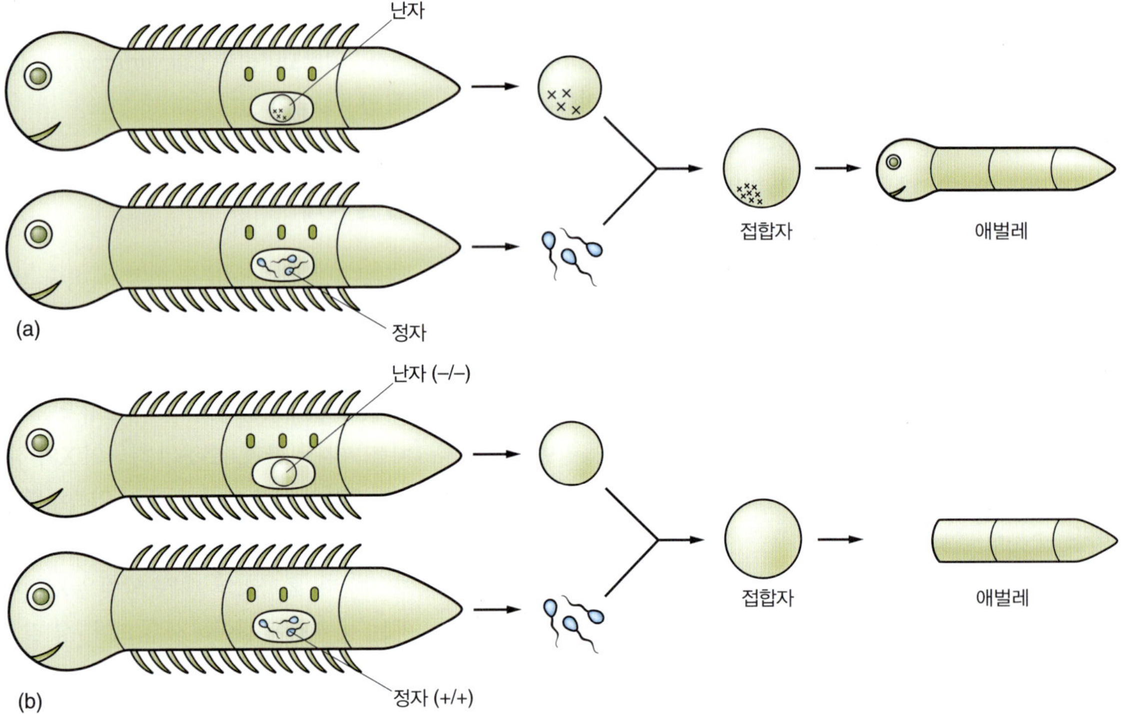

그림 3.3 모계 효과 유전자. (a) 정상 발달, 여기서는 난자에 머리 결정인자를 축적하기 위해 모계 효과 유전자가 필요하다. (b) 돌연변이 어미는 결정인자가 결여된 난자를 생산하고, 결과적으로 새끼는 머리가 없다.

할구에서 발현되는 유전정보를 가지고 있다. 만약 그 유전자가 기능을 못하게 되면, 암컷 생쥐는 정상적이기는 하지만 그 배아는 불완전하고 아주 빨리 죽게 된다.

발생의 모계 조절 기간은 수정에서 끝나지 않는데, 그 이유는 대부분의 동물에서 **접합자(zygotic)**의 유전체라 불리는 배아 자체의 유전체 형태가 가장 초기의 난할 단계 동안 불활성화 상태로 있기 때문이다. 접합자 유전체가 일단 활성화되고 나면 일반적 상황인 정상 상황이 다시 만들어지고, 따라서 배아의 표현형은 배아의 유전형과 상응하게 될 것이다. 접합자 유전체는 난할의 초기부터 후기 포배에 이르는 다른 단계들에서 동물군마다 다르게 활성화된다.

유전적 경로

어떤 유전자 집합이 하나의 경로나 과정에 관련되어 있다면, 유전적 데이터로부터 이들이 작용하는 순서를 유추하는 것이 가능한 경우가 종종 있다. 2개의 일반적인 상황이 있을 수 있는데, 하나는 여러 돌연변이군이 비슷한 표현형을 가진 경우이고, 또 다른 하나는 서로에게 약간의 반대적 의미인 2개의 표현형을 가진 돌연변이군이 있는 경우다.

몇 개의 유전자가 유사한 돌연변이 표현형을 가지는 경우, 유전자 **구제 프로토콜(rescue protocol)**에 따라 그 작용 순서를 정립할 수 있다(**그림 3.4**). 동물의 세 번째 배마디를 형성하도록 하는 경로에 3개의 유전자가 있고, 각 유전자는 그 업스트림 상의 이전 유전자에 의해 작동 스위치가 '켜진다'고 가정해보자. 모든 유전자에서의 기능 상실 돌연변이는 똑같은 표현형, 즉 세 번째 배마디의 상실을 나타낸다. 이제 각 정상적인 유전자 산물 *a*, *b*, *c*를 유전자 *b*에 돌연변이가 일어난 배아 내에 주입한다고 가정해보자. 분명히 산물 *a*는 아무런 효과가 없게 되는데, 그 이유는 경로가 *b*단계에서 막히게 되기 때문이다. 산물 *b*는 그 자신의 유

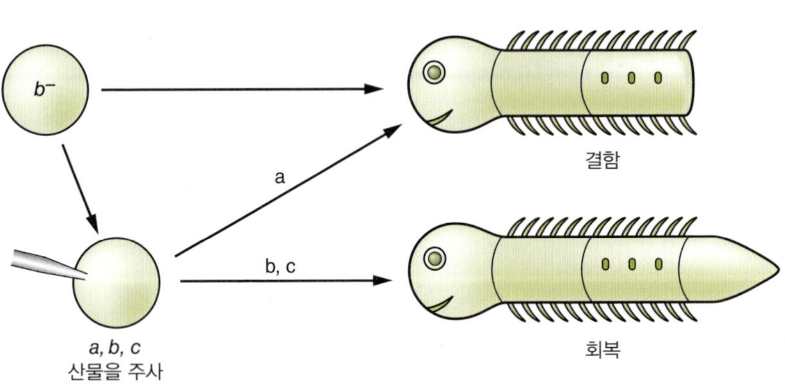

그림 3.4 회복 실험을 통한 유전 경로의 규명. *a*, *b*, *c*는 직선 경로에서 서로를 상승 조절하는 유전자의 집합으로서 체절 3의 형성에 필요하다. *a*, *b*, *c* 각각의 유전자 산물을 *b* 유전자가 돌연변이된 배아에 주사하면 *b*와 *c*는 야생형의 표현형을 회복시키지만 *a*는 그렇게 하지 못한다.

전자의 돌연변이를 구하게 되면서 정상적 표현형을 보이게 한다. 그러나 *c*의 경우도 *b*의 돌연변이를 구제할 수 있는데, *c*가 경로에서 더 아래쪽에 놓여 있기 때문이다. 우리는 이런 자료로부터 경로가 *a* → (*b*, *c*)를 따라 간다고 결론을 내릴 수 있지만, *b*와 *c*의 순서를 정하기 위해서는 *c*의 기능 상실 돌연변이가 *b*나 *c* 생성물의 주입으로 회복될 수 있는지를 알기 위한 유사한 실험을 해야 할 필요가 있다. 예를 들면, 이런 유형의 분석은 초파리에서 후방군(posterior group) 돌연변이에 사용된 적이 있는데, *nanos*가 작용 경로의 가장 마지막 인자임을 밝힐 수 있었다.

한 돌연변이군의 구성원이 2개의 반대되는 표현형 중 하나를 가지고 있는 경우에도 유전자는 작용 경로에서 연쇄적 단계의 정보를 가질 수 있다. 그러나 이때는 일부 또는 모든 단계가 상향 조절보다는 억제 작용일 경우가 많다(**그림 3.5**). 색소는 배마디 2의 점들에서 3개의 유전자 작용 경로를 따라 만들어지는데, 여기서 *a*는 *b*를 억제하고, *b*는 *c*를, *c*는 색소 형성을 억제한다. 정상의 경우, 유전자 *a*는 점을 제외한 모든 곳에서 활성화되기에 오직 점에서만 색소가 생기게 된다. 여기에서 두 가지 형의 기능 상실 돌연변이를 얻을 수 있다: b^-는 모든 곳에서 색소가 나타나지 않고, a^- 또는 c^-는 모든 곳이 색소로 뒤덮인다. 이러한 유전자 작용의 서열은 이중 돌연변이의 표현형을 조사해서 추론할 수 있다. 각 경우에서 이중 돌연변이의 표현형은 나중에 작용하는 유전자 돌연변이와 똑같다. 예를 들면, b^-c^-는 *b* 다음에 *c*가 작용하기 때문에 온몸에 색소가 나타난다. 각 이중 돌연변이 조합의 표현형을 살펴봄으로써, 유전자를 경로에 따라 배열할 수 있다. 많은 예들 중에서 이런 유형의 분석은 초파리의 *dorsal* 그룹 유전자의 순서를 정하기 위해 사용되었다. 억제되는 경로는 매우 일반적이고 많은 혼란을 일으킬 수 있다. 이것을 가장 잘 이해할 수 있는 방법은 그림 3.5에서와 같이 2개의 가능한 조건의 경로에서 각 유전자의 상태를 기술하는 것이다. 즉, 첫 번째 단계가 활성화되는 조건과 첫 번째 단계가 억제되는 조건에서 각 유전자의 상태를 정확하게 기록하는 것이다. 발생학에서 종종 2개의 조건은 똑같은 경로가 다른 조절에 놓여 있는 등쪽과 배쪽 면과 같이 배아 내에서의 다른 부분에 해당한다. 이 2개의 조건은 또한 유도인자가 있거나 없는 것과 관련될 수 있다. 이런 방법은 **상위성(上位性, epistasis)** 분석의 예인데, 유전학에서 하나의 유전자가 다른 유전자의 발현을 방해하면, 이 유전자가 다른 유전자에 대해 **상위적(epistatic)**이라고 하기 때문이다. **그림 3.6**은 생쥐의 털색에 있어 상위의 실제 예를 보여준다.

발생에서 유전자 작용의 순서를 정하는 또 다른 방법은 **온도 민감성 돌연변이(temperature-sensitive mutation)**를 이용하는 것이다. 이것은 경로 상황과 달리, 여러 유전자 산물 간의 어떤 특별한 관계에 의존하지 않고, 서로가 기계적으로 완전히 독립적인, 그리고 시간에 따른 사건의 순서를 정할 때 사용될 수 있다. 온도 민감성 돌연변이는 **비허용적(nonpermissive**, 주로 높은)인 온도에서는 표현형을 나타내고, **허용적(permissive**, 주로 낮은)인 온도에서는 표현형을 보이지 않는다. 그들은 주로 약한 기능 상실의 대립유전자이다. 그들은 단백질 산물의 구조 변화로부터 발생하고, 정상적으로 배아 생존에 적합한 범위에서의 온도 변화에 민감하다. 유전자 작용의 시간은 발생의 다른 단계에서 온도 민감성 돌연변이 배아 그룹을 비허용적인 온도에 둠으로써 유추할 수 있다. 만약 그 개체가 궁극적으로 돌연변이 표현형을 나타낸다면, 이는 그 유전자 산물이 정상적으로 기능할 시간에 불활성화되었음을 의미하는데, 다시 말하면 높은 온도에 노출된 기간에 그 유전자가 필요했다는 것을 의미한다. 하나의 예는 유전자 *cyclops*의 활성화 시점이 될 수 있는데, 이 유전자는 제브라피시의 신경

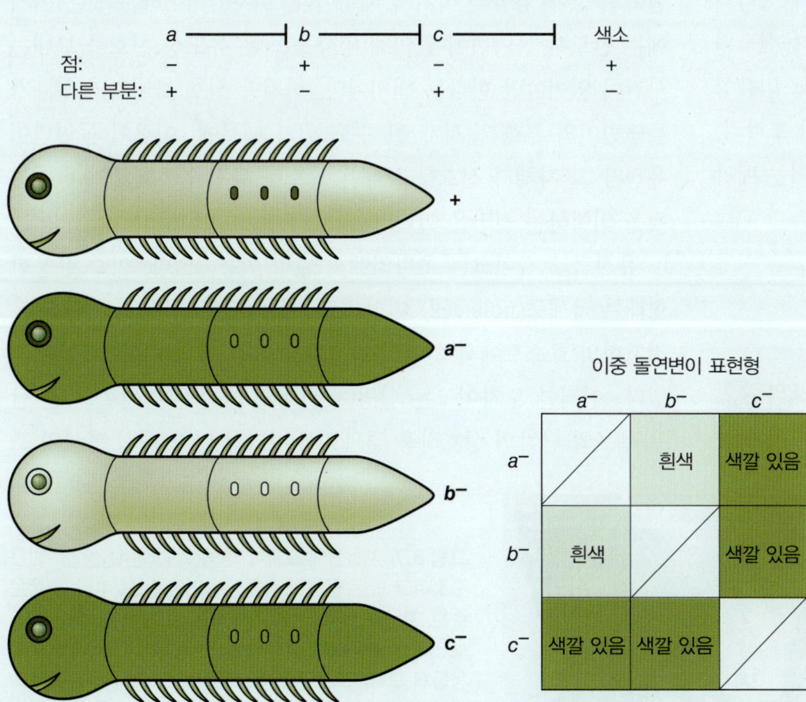

	a^-	b^-	c^-
a^-		흰색	색깔 있음
b^-	흰색		색깔 있음
c^-	색깔 있음	색깔 있음	

그림 3.5 억제성 경로의 분석. 정상적으로 유전자 *a*는 체절 2의 3개의 점에서 불활성화되고, 결과적으로 녹색을 생성한다. 만약 *a*나 *c*가 불활성이면, 전체 개체는 색을 띠게 되고, 만약 *b*가 불활성이면 색이 없게 된다. 이중 돌연변이의 표현형은 *b*가 반드시 *a* 다음, *c* 전에 작용해야 한다는 것을 보여준다.

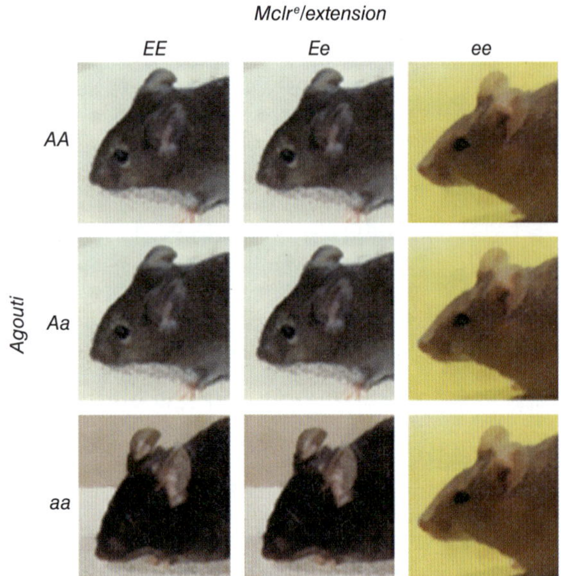

그림 3.6 상위성(epistasis)의 예. 두 가지 생쥐 털색 돌연변이인 *agouti*(*a*)와 *extension*(*e*)의 이형접합자(*AaEe*) 간의 교배에서 *extension* 표현형이 이중 동형(aaee) 새끼들에서 우세하게 작용하여 9:3:3:1 대신에 9:3:4 비율로 나타난다. 그림은 이형접합자 교배로 나타날 수 있는 9가지의 가능한 유전자형에서 나타나는 털색을 보여준다. (인용) Nature Publishing Group의 허락을 얻어 Phillips Nat. Rev. Genet, 855-867(2008)의 그림을 재구성함.

관의 바닥판(마루판) 형성을 유도하는 데에 필요하다. 바닥판을 형성하기 위해서, 배아는 60%와 90% **피포(epiboly)** 단계 사이에서 허용적인 온도에서 길러져야 하는데, 이것은 이때가 유전자의 기능이 필요한 바로 그 시점이라는 것을 보여준다. 온도 민감성 돌연변이는 생쥐 같은 항온동물보다는 예쁜꼬마선충이나 초파리, 제브라피시 같은 변온 생물체에서 더 많이 사용되는데, 이는 배아가 노출될 수 있는 온도 범위가 훨씬 넓기 때문이다.

유전적 모자이크

유전적 모자이크(genetic mosaics)는 다른 유전자형 세포의 혼합으로 구성된 생물체이다. 체세포 돌연변이는 항상 발생하기 때문에 모든 다세포 생물의 모든 세포는 체세포 돌연변이를 가지고 있으며, 이러한 의미에서 모든 생물은 높은 수준의 모자이크를 나타낸다. 그러나 이 용어는 일반적으로 특정 유전자의 맥락에서 사용되며, 모자이크는 배아 내의 어느 부분에서 어떤 특별한 유전자가 필요한지에 관한 정보를 알려주기에 발생생물학에서 중요하다. 모자이크의 잘 알려진 예는 **자웅 모자이크(gynandromorph)**인데, 이는 반은 수컷, 반은 암컷 조직으로 이루어진 동물로서(**그림 3.7**), 첫 난할 때 성염색체의 상실이 일어나서 생긴다.

발생 분석에 있어서 가장 유용한 형태의 모자이크는 개체들 간에 다양하며, 몸체 구조에 대해 상대적으로 불규칙한 경계를 갖고 있다. **그림 3.8**에 나타난 바와 같이, 돌연변이가 생겨서 두 번째 체절에서 정상적으로 나타나던 점을 상실하게 하는 예를 생각해보자. **그림 3.8b**와 **c**는 돌연변이 세포로 구성된 몸체 부분과 정상인 야생형 세포 부분을 가진 유전적 모자이크를 보여준다. **그림 3.8b**는 그 세포들이 돌연변이 유전형이면 항상 점들이 없어지는 상황을 보여준다. 이 경우 돌연변이는 **자율적(autonomous)**이다. 돌연변이는 단지 유전자가 활성을 갖는 부분에만 영향을 준다. **그림 3.8c**는 점들이 돌연변이 조직에서 형성될 수 있지만, 오직 야생형이 바로 옆에 놓여있을 때만 가능한 상황을 보여준다. 이는 **비자율적(nonautonomous)**인 것으로 야생형 유전자가 발현 영역 바깥쪽 구조에 영향을 미치기 때문이다. 비자율적이라는 것은 여기에는 반드시 돌연변이에 의해 영향을 받은 유도성 신호를 보내는 사건이 있어야만 한다는 의미이다. 하지만 신호 보내기의 실패가 돌연변이의 후행 순서가 될 수도 있기 때문에, 이것이 돌연변이 유전자 그 자체가 신호를 보내는 요소를 유전 암호화해야 한다는 것을 의미하는 것만은 아니다.

유전적 모자이크는 초파리에서 널리 이용되었다. 아주 유용한 형태는 극세포(pole-cell) 이식으로 만들어졌는데, 이것은 다른 유전자형의 호스트에서 하나의 유전형을 가진 생식세포로 이루어져 있다. 이러한 모자이크는 난방(egg chamber)의 체세포 기원 난포 세포와 난자의 상호작용 결과로서 나타난 난자 패턴 형성의 조

그림 3.7 자웅동체 모자이크(Gynandromorphs): 반은 수컷이고 반은 암컷인 동물. (a) 연미복밀화부리. 왼쪽은 수컷, 가운데는 자웅동체, 오른쪽은 암컷. (인용) Bell Museum, University of Minnesota. (b) 제비꼬리나비의 자웅동체 모자이크. (인용) Cambridge University Press의 허락을 얻어 Giuseppe Fusco, Università degli Studi di Padova, Italy, Alessandro Minelli, Università degli Studi di Padova, Italy, pp 297-341(2019)의 그림을 재구성함.

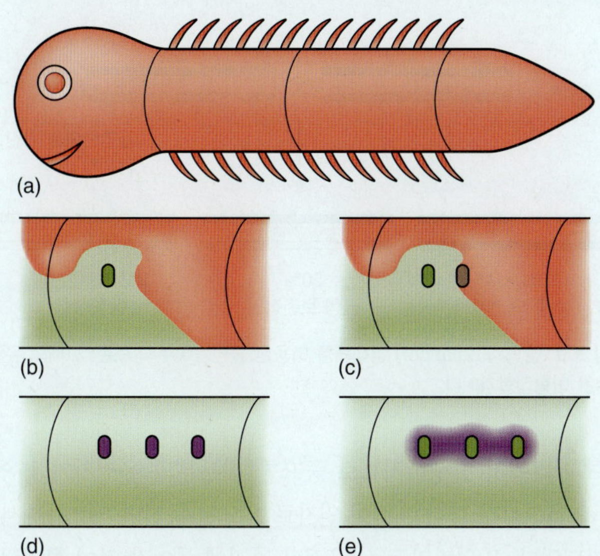

그림 3.8 유전적 모자이크 분석의 이용. (a) 체절 2에 있는 3개의 점이 사라진 유전자 돌연변이. (b)와 (c)의 유전적 모자이크에서 빨간색 조직은 x에 대한 소멸(null) 돌연변이고, 초록색 조직은 야생형이다. (b)의 경우 야생형 조직 지역에서 점이 나타나므로, (d)의 야생형 발현 형태와 같이 이 유전자는 자율적 기능을 가져야 한다. (c)의 경우 돌연변이 조직 지역에서 점이 나타나므로, (e)에서의 발현 형태와 같이 이것은 비자율적인 기능을 가져야 한다.

절인자에 대한 이해를 가능하게 해주었다. 모자이크는 예쁜꼬마선충에서도 이용되었는데, 여기에서 모자이크는 작은 복제 염색체 조각을 잃어버려 우발적으로 생긴다. 제브라피시의 모자이크는 이식을 통해서 만들 수 있는데, 이는 아주 초기에 표지된 세포를 분산시키는 세포의 혼합이 일어나기 때문이다. 포유동물의 경우, **모자이크(mosaic)**라는 용어는 유전적으로 서로 다른 두 종류의 세포(예를 들면, X-불활성화 모자이크, 11장 참고)로 구성된 자연 발생적 개체에만 한정적으로 사용하고, 세포 주입이나 포배의 뭉침에 의해 실험적으로 만들어진 배아에는 **키메라(chimera)**라는 용어를 사용한다.

유전적 모자이크를 모자이크 행동을 보여주기 위해 언급되는 배아와 혼동하지 말아야 한다(4장 참고). 이것은 배아 일부를 외과적으로 제거해서, 운명 지도와 정확하게 일치하도록 만들어지는 최종 해부학적 구조에 결손을 일으키는 것을 의미한다. 모자이크 행동은 **조절적(regulative)** 행동과 대비되는 것일 뿐이며, 유전적 모자이크와는 아무런 관계가 없다.

돌연변이 선별

순방향 유전학(forward genetics)이란 용어는 때때로 흥미로운 돌연변이 표현형의 발견으로 시작된 연구를 기술할 때 사용된다. **역방향 유전학(reverse genetics)**은 대조적으로 알려진 유전자의 기능을 조사하는 것을 의미한다. 오늘날 발생유전학의 대부분은 알려진 유전자를 사용한 다양한 실험으로 구성되어 있다. 그러나 생물학적 기능과 유전자의 첫 번째 관련성은 종종 돌연변이에 의해 발견된다. 오늘날에도, 돌연변이 유발은 스크리닝(screening)의 기초가 되는 특정 기능을 가진 유전자를 검색하는 유일한 완전히 편향되지 않은 방법이다.

많은 흥미로운 돌연변이는 무작위로 일어났지만, 더 많은 돌연변이가 초파리, 예쁜꼬마선충, 제브라피시, 생쥐 같은 것을 대량으로 스크리닝할 때 발견되었다. 이 같은 스크리닝의 세세한 부분은 매우 복잡할 수 있는데, 특히 초파리의 경우, 다룰 개체의 수를 줄이기 위한 다양한 스크리닝 기법이 있다. 그러나 그 원리는 기본적인 멘델 유전학에 의존하므로 단순하다. 예를 들어, 화학적 돌연변이원으로 처리하여 수컷 집단을 돌연변이시킨다. 수많은 돌연변이가 정원세포의 줄기세포에서 만들어지므로, 이 동물들은 그때부터 잠재적으로 유전체의 어떤 유전자에서 돌연변이가 일어난 정자를 생산하게 될 것이다. 이 돌연변이 처리된 수컷들을 정상적인 암컷과 짝지우면 F1의 자손 세대가 생산된다. 각각의 F1 개체들은 하나의 돌연변이를 가지고 있을 것이고, 각 개체를 만들어낸 정자가 아마도 다른 돌연변이 정원세포로부터 기인하였기에 모든 개체는 서로 다른 돌연변이를 가지고 있을 것이다. 어떤 우성 돌연변이든 F1 개체에서 표현형 변화로 즉시 명백하게 드러날 것이다. 그러나 훨씬 더 흔한 열성 돌연변이는 F1 동물이 모두 이형접합체이므로 눈에 띄지 않을 것이다. 따라서 이 F1 개체들을 독립된 용기에 넣어 야생형과 교배시키면 F2 세대 집단이 생산되는데, 만약 F1 개체가 돌연변이를 갖고 있다면 이때 만들어진 F2 개체의 절반은 이형접합체일 것이다. F2 집단의 개체 쌍 사이에서 검정교배를 한다고 하자. 만약 돌연변이가 존재했다면 4번 중 1번의 교배는 이형접합자 간에 이루어질 것이고, 25%가 동형접합 돌연변이인 3세대(F3)가 생산될 것이고, 이 3세대를 배아 단계에서 시험하고 평가한다. 발생 돌연변이 정의에 따라 생명체의 해부학적 구조의 교란이 동형 열성 돌연변이는 해부학적으로 비정상이어야 한다. 단순하게 이 돌연변이는 배아를 해부현미경으로 관찰하는 것만으로도 검출할 수 있다. 혹은 보다 집중적으로 스크리닝을 한다면 특별한 구조나 세포 유형의 변화를 보여주는 면역염색(immunostaining)이나 제자리혼성화법(*in situ* hybridization)을 통해서 돌연변이의 표현형을 관찰할 수 있다.

초기 발달에 필수적인 유전자를 망가뜨리는 돌연변이는 어떤 것이라도 배아에 치명적일 확률이 높고, 정상적 유전자 기능이 필요한 시점 이후의 발달을 방해한다. 그래서 동형접합인 F3 돌연변이 배아는 초기 발생 단계에서 죽을 수 있으므로, 이 개체들이 소멸되기 전에 미리 조사해야 한다. 동형접합 치사 돌연변이 계통은 유지할 수 없으므로 이형접합 부모들을 유지해서 이 돌연변이를 보존해야 한다는 점은 말할 것도 없다. 이것은 25%가 동형접합이 되는 배아 집단을 만드는 방법으로 지속될 수 있고, 원래의 F2 동물이 너무 노화되면 이를 이형접합 새끼로 대체할 수 있다. 열성 변이 스크리닝에 대해서는 9장(제브라피시)과 13장(초파리)에서 추가로 기술할 것이다.

초파리에서는 선별에 필요한 노동을 줄여 주는 매우 정교한 방법이 있다. 가장 중요한 점은 **균형 염색체(balancer chromosome,** 밸런서 염색체, 평형기 염색체)를 사용한다는 점이다. 이 염색체는 다수의 역위(inversion)를 가지고 있어서 균형 염색체와 야생형 상동 염색체 간에 재조합이 일어나지 않는다. 또 치명적인 열성 돌연변이도 가지고 있어 이 염색체에 대하여 동형접합이 되면 생존할 수가 없다. 이 염색체는 또한 1개만 있어도 모든 초파리를 쉽게 판별할 수 있는 표식 유전자를 가지고 있다. 균형 염색체는 여러 가지로 사용되지만, 가장 중요한 것 중 하나는 단순히 열성 치사 유전자 계통을 유지하는 것이다. 그 방법은 **그림 3.9**에 나와 있다. 초파리 계통은 한 벌의 균형 염색체와 돌연변이를 가지는 한 벌의 상동 염색체를 가지고 있다. 각 세대마다 1:2:1의 비율로 동형접합 균형자, 이형접합 돌연변이주, 동형접합 돌연변이주가 나온다. 이 새끼들 중에서 오직 이형접합 돌연변이주만이 생존하여 계통을 유지할 수 있다. 동형접합 돌연변이 배아는 실험에 사용할 수 있다. 이것은 각각의 개체가 이형접합자인지 검사하지 않고도 반복적 교배를 통해 돌연변이 품종 계통을 유지할 수 있다는 말이 된다.

유전자의 클로닝

분자 수준의 유전자 클로닝이 도입되기 오래 전부터 발생유전학이 존재했지만, 이제는 실험에서 원하는 유전자를 DNA 클론으로 사용하는 것을 필요로 한다. 예전에 이런 실험은 매우 어려웠지만, 요즘은 고해상도의 유전체 지도와 유전체 염기서열을 이용할 수 있어 매우 쉬워졌다. 어떤 유전자의 전체 암호화 서열을 박테리아 플라스미드나 클로닝 벡터에 삽입하고, 그 유전자를 증폭하여 이제 기술될 **역방향 유전학** 조사에 사용할 수 있는 양만큼 정제할 수 있으면, 이 유전자를 클로닝(cloning)한 것으로 간주한다.

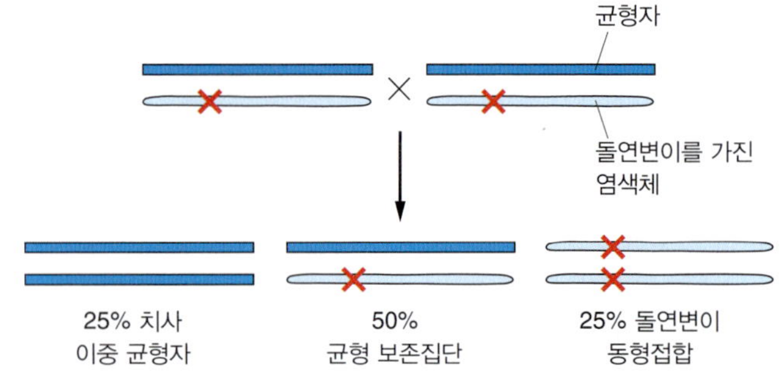

그림 3.9 균형자(balancer) 염색체를 이용한 돌연변이주의 보존. 교배의 유일한 생존은 이형접합자이다.

초파리에서 발생학적으로 중요한 대부분의 유전자가 **P-인자**(P-element)라 불리는 전이 인자로 유도된 돌연변이를 통해서 클로닝되었다. P-인자가 관심 유전자 자리에 들어간 것이 확인되면, 이것을 유전체 라이브러리에서 DNA 클론을 분리하는 탐침으로 사용할 수 있다. 요즘은 사람의 유전학에서 뿐만 아니라 대부분의 실험동물에서 **위치 클로닝법(positional cloning)**이라는 방법으로 유전자를 클로닝한다. 여기에서는 미소위성 염색체(microsatellite chromosome)의 다형성이나 제한효소 조각 길이 다형성(Restriction Fragment Length Polymorphism, RFLP)을 이용하여 돌연변이 부위를 세밀하게 확인한다. 이런 부위는 유전체 전 부위에 걸쳐 퍼져 있으며, 유전체 염기서열을 알고 있다면 이 모든 부위의 위치를 정확히 알 수 있다. 우리는 DNA 젤에서 특정 밴드가 나타나도록 하여 DNA 표본에서 각각의 다형성을 검출할 수 있는 **중합효소 연쇄반응(Polymerase Chain Reaction, PCR)** 프라이머 쌍을 만들 수 있다. 그래서 충분한 숫자의 새끼를 생산할 수만 있다면, 단 한 번의 교배로 돌연변이가 일어난 유전자 부위를 정확하게 집어낼 수 있다. 이 과정에 대한 원리가 **그림 3.10**에 나와 있다. 일반적으로, 실험군인 부모 개체는 치사 돌연변이 유전자 g에 대하여 이형접합이며, $g^{+/-}$로 표시된다. 이것을 다형 유전자 자리가 구분되는 다른 품종의 개체와 교배시킨다. 그러면 F1 개체는 돌연변이 대립유전자인 g에 대하여 50%가 이형접합일 것이고, 이러한 개체만 그림에서 보여진다. F1 개체는 서로 교배된다. 둘 다 g에 대한 이형접합체인 경우에만 $g^{-/-}$ 변이체가 F2 세대가 된다. 이 집단에서, 각각의 돌연변이에서 DNA를 분리하고, 야생형을 가지는 즉 g^+g^+ 또는 g^+g^-인 한배 새끼의 DNA도 분리한다. 이것들을 다형성 표지군에 대하여 개별적으로 유형 분석을 한다. **그림 3.10**에서 나타난 대로, 감수분열 중 염색체 배합이나 교차가 일어날 때 돌연변이 자리와 매우 가까이 위치한 다형성 표식은 이 돌연변이와 함께 분리되고, 다른 표식들은 별도로 분리된

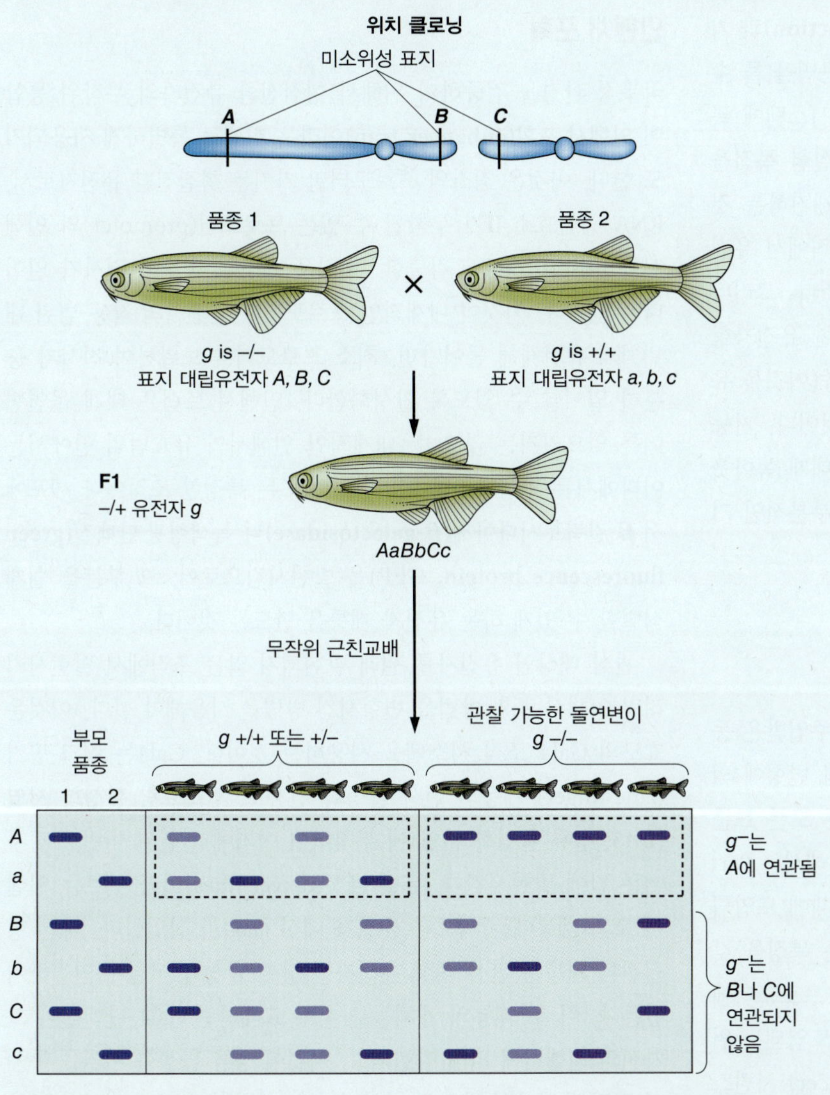

그림 3.10 위치 클로닝법(positional cloning). 위치 클로닝법의 원리를 매우 단순화하여 표현하였다. 클로닝하려는 돌연변이가 *g*라 부르는 유전자에 있다고 하자. 부모 품종이 *A*, *B*, *C*와 *a*, *b*, *c*의 대립유전자를 가지는 3개의 유전자 표지를 가정하자. 각각의 다형성 유전자 좌위(loci)에 대한 PCR 프라이머를 이용하여 돌연변이와 야생형 2세대 개체들을 분석한다. 반응 혼합액을 젤 전기영동으로 분리하면 각각의 특정 대립형질이 특정한 DNA 조각 크기로 나타난다. g^- 돌연변이 대립유전자는 A에 연관되어 있고, g^+ 대립유전자는 *a*에 연관된 것을 볼 수 있다. 이것은 돌연변이 유전자좌가 *Aa* 유전자좌 가까이에 있음을 의미한다.

다. 대개는 동일한 DNA 표본에 대하여 돌연변이 유전자 좌위에 점점 더 가까이 위치한 표식을 찾기 위해서 여러 차례 지도 그리기(mapping)를 해야 한다. 그러면 결국 유전체 염기서열에서 수 개의 유전자만을 가진 것으로 알려진 작은 염색체 부위가 드러난다. 이 유전자 각각을 후보로 삼아 검사한다. 여기서 한 가지 고려할 사항은 염기 서열로부터 추정되는 단백질의 잠재적 특성이다. 예를 들어, 돌연변이가 세포의 자율적인 기능과 관련된다면 이것이 신호물질일 가능성은 낮다. 또 다른 고려사항은 후보 유전자의 발현 양상과 돌연변이 작용이 나타나는 부위의 상관관계이다. 유전자가 적정한 장소에서 발현되지 않는다면 그 유전자는 좋은 후보가 아니다. 유전자의 발현 양상은 알려진 염기서열을 기반으로 만든 탐침을 이용한 제자리혼성화법(5장 참고)을 통해 확인할 수 있다. 좋은 후보가 발견되면, 돌연변이 DNA의 해당 부위에 대하여 염기서열을 분석하여 실제로 돌연변이를 가지고 있는지 조사한다. 최종 검증은 정상 유전자를 도입해서 이 유전자가 돌연변이를 정상 형태로 회복시킬 수 있는지 확인하여 이루어진다.

DNA 염기서열 결정 기술의 큰 개선과 자금 지원 기관의 유전체 염기서열에 투입한 막대한 자원은 모든 모델 생물체와 점점 더 많은 다른 생물체들의 정확한 분석과 주석된 유전체를 알 수 있게 해 주었다. 이것은 합리적으로 정확한 유전자 수를 추정할 수 있게 했고, 간접적으로 생명체의 복잡성도 확인할 수 있게 했다. 단백질 정보를 가진 유전자를 기준으로 단세포 세균은 약 2,000~4,000개, 효모 같은 단세포 진핵생물은 약 6,000개, 초파리는 약 13,000개, 예쁜꼬마선충은 약 19,000개, 그리고 포유동물은 약 20,000~25,000개의 유전자를 가진다. 척추동물의 유전자 수는 그들의 해부학적 구조나 행동의 복잡성에 비춰서 너무 적은 것으로 보일지 모른다. 그러나 이 복잡성은 수많은 비번역 RNA뿐만 아니라 매우 활발하게 나타나는 선택적 이어맞추기(alternative splicing)나 번역후 변형(post-translation modifications)을 생각하면 타당성을 이해할 수 있다. 더구나 유전자 발현의 조절은 매우 복잡하며, 특히 발생을 조절하는 유전자는 더욱 그렇다. 이것은 모두 척추동물의 해부학적 구조의 복잡성을 생성하기 위한 유전자가 부족하지 않음을 의미한다.

기능 획득 및 기능 상실 실험

실험에서 단순한 돌연변이 유발에 의존하지 않고, 보다 복잡하고 직접적인 방법을 사용하여 유전자 발현을 바꾸는 방식으로 유전자를 조작하는 분자생물학 시대에 유전학의 영역은 크게 확장되었다. 실험 방식은 일반적으로 **기능 획득(gain-of-function)**과 **기능 상실(loss-of-function)**이라는 두 가지 유형의 접근법을 들 수 있다. 명칭이 암시하듯이, 이것은 연구 대상이 되는 시스템에 특정 유전자 산물을 추가하거나 제거하는 방식이다. 실험 목적을 달성하기 위해서 생식계통에 유전자를 주입하거나 제거하는 것이 반드시 필요한 것은 아니다. 연구 대상인 특정 조직에서 유전자 발현이 달라지면 그 유전자의 기능을 분석할 수 있다. 그러나 유전자의 변화가 생식계통에 포함되고 변화된 동일한 유전자형을 가진 개체들을 충분하게 얻을 수 있는 유전적 품종(이것을 유전 계보라 부른다)을 가질 수 있다면 더 바람직할 것이다. 기능 획득은 대개 **과발현(overexpression)**, 기능 상실은 대개 **녹아웃(knockout)**이라 한다. **녹다운(knockdown)**은 보통 부분적인 기능 상실에 사용된다.

유전자 변형

유전자 변형 동물은 실험자에 의해 여별의 유전자를 주입받은 동물이다. 따라서 **형질전환 유전자(transgene)**란 유전자 변형에 의해 어떤 생물체에 도입된 유전자를 의미한다. 요즘은 모든 표준 모델 생물에 대한 유전자 변형 방법이 있으며, 이에 대해서는 Part 2에 기술되어 있다. 초기의 유전자 변형 방법은 유전체에 도입되는 유전자 부위가 무작위적이거나 통제되지 않는다는 특징을 갖고 있다. 형질전환 유전자는 그 발현이 삽입부 내부의 프로모터에 의해 발현이 조절되고, 그들이 통합한 유전체 내에서 도입되는 위치의 효과가 가능한 한 나타나지 않도록 스페이서(spacer) 시퀀스를 포함하도록 설계되었다. 생쥐에 **녹인(knock-in)** 기법이 도입된 이후, 심지어 표적 변형을 위한 CRISPR-Cas9 시스템이 도입된 이래로, 도입 유전자는 유전체 내의 특정 부위를 표적으로 하고 있으며, 조절 및 발현의 특이성은 선택한 위치에 따라 달라진다. 대부분의 새로운 유전 형질전환은 특정 부위를 표적으로 하고 있지만, 형질전환이 비정상적인 국소성을 가지고 있고 발현 특성이 내인성 유전자와 다른 많은 레거시 균주가 여전히 사용되고 있다는 것을 기억해야 한다.

다른 방법으로는 유도할 수 없는 형질전환 유전자에 유도성을 부여하는 것이 바람직하다. 많이 사용하는 시스템은 대장균 유래의 테트라사이클린(tetracycline) 시스템이다. 여기에는 두 가지 형태가 있으며, 테트라사이클린 유사체인 독시사이클린(doxycycline)을 추가하여 발현을 억제하거나 상향 조절할 수 있다(15장 설명 참조).

인핸서 포획

국부적 환경을 검증하기 위해서 형질전환 유전자의 무작위 통합이 **인핸서 포획(enhancer trap)**이라는 형태로 특별하게 사용되기도 한다. 이것은 최소의 프로모터만 가지는 형질전환 유전자로서, RNA 중합효소 II가 부착될 수 있는 프로모터(promoter)와 인핸서를 가지고 있지만 검출할 수 있을 정도로 충분한 전사가 일어나지 않는다. 이것이 내재적인 프로모터나 인핸서의 작용 범위 내 위치의 유전체에 들어가면, 최소 프로모터를 보완하여 전사가 충분히 일어날 수 있도록 활성화한다. 인핸서 트랩은 대개 돌연변이를 일으키지는 않으며, 내재적인 인핸서의 유효범위 안에서는 어디에서든 활성화된다. 그 주요 용도는 특정한 조직이나 세포에서 **β-갈락토시다아제(β-galactosidase)**나 **녹색형광 단백질(green fluorescence protein, GFP)**을 발현시킴으로써, 그 부분을 쉽게 식별할 수 있게 하는 유전자 계통을 만드는 것이다.

관심 대상인 유전자를 원래 발현되지 않는 조직에서 발현시키려면 인핸서 포획 방법을 변형시킨 방법을 사용해야 한다. 이것은 효모의 Gal4 조절 시스템을 사용하는 것이다. Gal4는 징크-핑거(zinc-finger) 계통의 전사 활성화 인자로, **업스트림 활성화 서열(*UAS*, 상류 활성화 서열)**에 부착하여 여기에 연결된 어떤 유전자이든 간에 발현시킨다. **유발 계통(driver lines)**이라 부르는 인핸서 포획 계통에는 리포터 유전자 대신 *Gal4*를 삽입한다. 다른 형질전환 계통은 관심 대상 유전자를 상류 활성화 서열에 연결하여 만든다. 이 두 계통의 개체들을 서로 교배하면 Gal4 단백질이 그 자신의 인핸서에 의해 발현되고, 이것이 상류 활성화 서열을 통해서 표적 유전자의 발현을 향상시킨다. 따라서 표적 유전자의 공간적 발현 양상은 Gal4를 촉진하기 위해 사용하는 인핸서에 따라 결정된다. 이 시스템은 19장에서 좀 더 자세히 설명되어 있다. 초파리에서 개발되었고, 제브라피시에서도 광범위하게 사용되고 있다.

그 밖의 기능 획득 기법

일시적으로 유전자를 과발현시키는 매우 유용한 방법은 관심 유전자의 mRNA를 시험관에서 합성하여 단일세포에 주입하는 것이다. 이 기술은 제노프스나 제브라피시처럼 커다란 난자를 가진 생물체에 적합하다. 왜냐하면, mRNA를 주입하기 쉽고, 주입된 mRNA가 분해되거나 성장하면서 희석되기 전까지는 초기 발생 과정에 영향을 미치기 때문이다. RNA는 최소 하루 동안 지속될 수 있고, 이 정도면 초기 발생 과정에서 충분히 영향을 미칠 수 있다. DNA의 전기천공법(electroporation)은 특히 닭의 배아에 일시적으로 DNA를 도입할 때 사용한다.

표적 돌연변이 생성

유전체에서 원하는 부위에 특별하게 가공된 돌연변이를 일으키는 기술은 오랫동안 생쥐에서만 이용할 수 있었다. CRISPR-Cas9 시스템의 출현으로 충분한 유전체 정보를 가진 생물이라면 표적 시스템을 설계할 수 있게 되었다. 표적 돌연변이 생성은 주로 **녹아웃**, 즉 발생학적 또는 의학적으로 중요하다고 생각되기에 선택된 특정 유전자의 기능 상실 돌연변이를 만드는 데 사용되었다. 동일한 방법이 **녹인**, 즉 유전체 환경의 조절적 특성을 이용하기 위해 원하는 변형을 포함한 형질전환 유전자를 특정한 부위에 삽입하는 데도 이용될 수 있다.

CRISPR-Cas9 이전에는 필요한 선택 단계를 수행할 수 있는 **배아줄기세포(embryonic stem cells, ES cells)**를 사용해야 했기 때문에 표적 돌연변이 생성은 생쥐에서만 수행되었다. DNA를 세포나 배아에 주입하면 보통은 대부분의 통합이 유전체의 잘못된 장소에서 일어나므로, 투입된 DNA가 내재성 유전자를 정확하게 대체한 극소수의 상동염색체 재조합을 분리하기 위해서는 선별 단계가 필요하다. 선별은 많은 수를 필요로 하는데, 이것은 배양이 가능하고 배아로 다시 주입할 수 있는 세포를 이용할 수 있는지 여부에 따라 결정되었다. 생쥐의 배아는 배아줄기세포가 이 역할을 한다. 세포 내에서 유전자 병형이 이루어지고 원하는 변형을 정확하게 포함하는 세포의 클론을 얻기 위해 선별이 적용된다. 그런 다음, 배아줄기세포는 생쥐의 배반포에 주입되어 배아를 생산하는 데 사용된다. 이 방법과 함께 적절한 번식 절차를 사용하면(11장에서 설명), 원하는 변형을 포함한 생쥐를 만들 수 있다(웹사이트 내 애니메이션 2 "상동 재조합" 참고).

CRISPR-Cas9

CRISPR은 "clustered regular interspaced palindromic repeats"을 의미하지만, 이름이 붙은 유전체 수정 시스템은 그러한 반복을 포함하지 않는다. 이 시스템은 바이러스에 대한 박테리아의 방어기작에서 유래됐다. CRISPR-Cas9는 핵산내부가수분해효소인 Cas9과 한쪽 끝에서 Cas9에 결합하고 다른 쪽 끝에서 DNA의 표적 서열을 인식하는 가이드 RNA로 구성된다(**그림 3.11**). 결합 후 Cas9는 DNA의 이중가닥 절단을 수행한다. 이는 비상동 말단 결합이라고 불리는 내인성 과정에 의해 복구되고, 절단된 부위에서 종종 작은 삽입 또는 결실을 형성하여 유전자의 불활성화를 유발한다. 외인성 상동 DNA 서열의 존재 하에서, 이중가닥 절단은 재조합을 유발하여 외인성 서열을 포함하는 변형된 DNA를 생성할 가능할 가능성이 높다. CRISPR-Cas9는 유전체 DNA에 서열 특이적인 변화를 주는 매우 간단하고 신뢰할 수 있는 시스템이다. 효율이 높기 때문에 필요한 선별이 훨씬 적고 배양 세포뿐만 아니라 수정란에도 직접 적용할 수 있다. 세포 내 유전자의 모계 유래 유전체와 부계 유래 유전체를 모두 변경할 수도 있다. 즉, 녹아웃 계통은 긴 육종 프로토콜 없이 단일 단계로 만들 수 있다. 방법의 유연성을 높이기 위해 Cas9 활성을 억제할 수 있는 비독성 저분자 물질이 최근에 발견되었다. BRD0539라 불리는 저분자 물질이 Cas9의 작용 기간을 정확하게 통제하기 위해 사용될 수 있다.

표적 유전자 변형의 다른 방법으로는 zinc-finger 핵산 가수분해 효소 또는 TALEN(transcription activator-like effector nucleases)이 있다. 이들은 모두 특정 DNA 서열을 인식하도록 설계된 유형의 단백질이며, CRISPR-Cas9가 성공하지 못한 여러 응

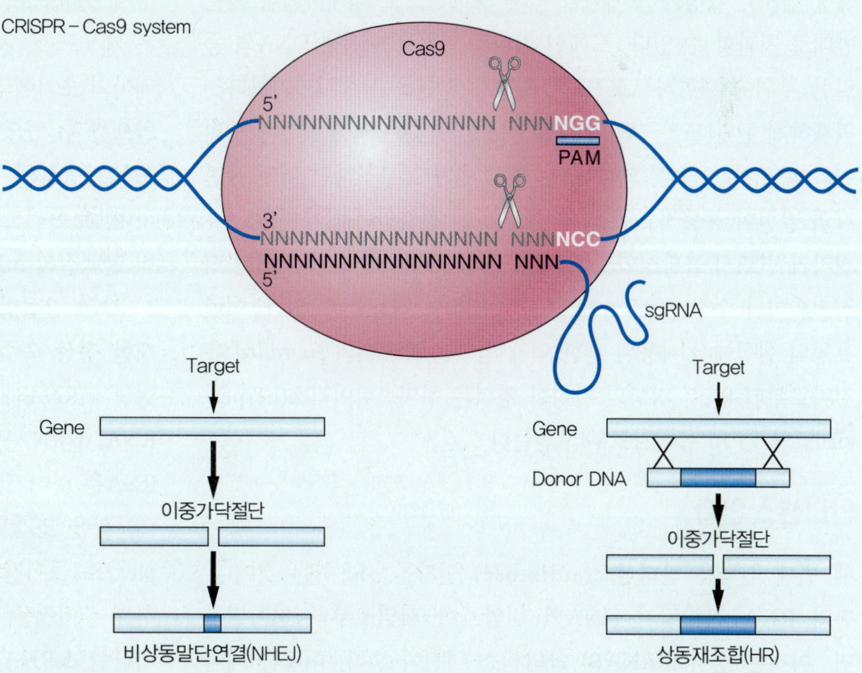

그림 3.11 DNA 변형을 위한 CRISPR-Cas9 시스템. 가닥 RNA(sgRNA)가 protospacer adjacent motif(PAM)에 근접한 상보 서열을 인식한다. Cas9 핵산분해효소가 DNA내에서 이중가닥절단(DSB)을 생성한다. 비상동말단연결에 의해서 DNA에 복구되면, 돌연변이가 일어날 것이다. 상동 DNA가 존재한다면, 새로운 서열로 내재된 서열을 대체하기 위한 재조합이 일어날 것이다.

용 프로그램에 계속 사용되고 있다.

그 밖의 기능 상실 체계

녹아웃을 만들기 위한 표적 유전자 변형 외에도 알려진 유전자를 특이적으로 억제하는 또 다른 방법들이 개발되었다. 그 방법들은 본질적으로 녹아웃보다는 특이성이 덜하므로, 사용할 때는 특이성에 대한 실험을 우선 실시하는 것이 중요하다.

우성 음성 억제인자

한 가지 방법은 **우성 음성**(**dominant-negative**) 반응물을 과잉 생산하는 것이다. 예를 들어, DNA 결합 영역이 상실된 전사인자는 과잉 발현될 때 야생형 전사인자가 필요로 하는 정상 보조인자를 격리하여 우성 음성 억제자로 작용한다. 유전자 산물의 우성 음성 버전은 형질전환 유전자로 유전체의 어느 부위에 들어가더라도 정상 유전자의 생성을 저해할 수 있다. 또 다른 대안으로 시험관 내에서 우성 음성 단백질의 mRNA를 생산하여 수정란에 주입할 수도 있다.

두 번째로는 전사인자에서 주로 사용된 **도메인 교환**(**domain swap**) 방법이 있다. 전사인자는 모듈 형식으로 구성되기 때문에(4장 참조), 활성화 도메인을 억제 도메인으로 대체하거나 혹은 반대로 치환할 수 있다. 도메인 치환된 인자는 여전히 DNA의 동일한 부위에 결합하므로 표적 유전자 발현을 상향시키기보다는 억제하게 된다(또는 그와 반대로 작용). 이것은 기능 상실 돌연변이와 똑같지는 않다. 왜냐하면, 표적 인자가 부착하면 어떤 유전자의 발현이 능동적으로 억제되고, 또한 전사인자를 제거해도 유전자가 반드시 불활성화되는 것은 아니기 때문이다. 이것 또한 형질전환이나 수정란으로 mRNA를 주입하여 적용할 수 있다. 이런 유형의 실험에서 사용된 흔한 억제 영역은 초파리의 *engrailed* 유전자로부터 얻고, 정상의 활성화 영역은 허피스바이러스(herpesvirus)의 *VP16* 유전자로부터 얻는다.

안티센스 인자

세 번째 전략은 **안티센스**(**antisense**) 인자를 사용하는 것이다. 만약 RNA 전사체가 DNA의 비암호화 서열로부터 전사된다면, 이것은 정상 mRNA의 안티센스 버전이 된다. 이것을 배아로 주입하면 정상 mRNA와 혼성화하여 번역에 사용할 수 없게 만들고, 빠르게 분해되도록 한다. 예전에는 전체 길이의 안티센스 RNA를 도입하거나 안티센스 올리고디옥시뉴클레오타이드(oligodeoxynucleotides)를 외부에서 주입하는 경향이 있었다. 그러나 현재 주로 사용하는 방법은 **모폴리노**(**morpholinos**)를 사용하는 방법과 **간섭 RNA**(**RNAi**)를 사용하는 방법으로 구분된다.

모폴리노(**morpholinos**)는 올리고뉴클레오타이드 유사체로 당-인산 골격이 하나의 모폴리노 고리로 치환되어 있다. 정상 올리고뉴클레오타이드와 달리, 이것은 모든 세포와 세포 외액에 존재하는 핵산분해효소의 분해 작용에 저항할 수 있다. 그러나 적당한 간격으로 배열된 이 저항성 골격에 보통의 4가지 염기가 결합되어 있어, 모폴리노는 여전히 정상적인 핵산과 혼성화될 수 있다. 모폴리노는 대개 20개 정도의 잔기를 가지는 길이로 합성되고, 번역 시작 부위처럼 쉽게 접근할 수 있는 mRNA 부위에 상보적이 되도록 고안한다. 모폴리노와 mRNA의 혼성체는 대개 분해되지는 않지만 단백질을 합성하지 못한다. mRNA가 분해되지 않기 때문에 특정 단백질의 합성이 차단되었다는 것을 보려면, 웨스턴 블로팅, 면역침전법, 또는 제자리 면역염색법 등에 사용할 수 있도록 그 단백질에 대한 항체가 필요하다. 모폴리노는 또한 mRNA 전구체의 스플라이싱 부위를 표적화할 수 있으며, 종종 비정상적인 스플라이싱 및 비정상적이고 종종 불활성인 단백질을 암호화하는 mRNA를 제공한다. mRNA의 스플라이스 변이체는 PCR을 사용하여 쉽게 검출할 수 있다. 모폴리노는 일반적으로 세포막을 투과하지 못하므로, 주로 세포 안으로 모폴리노를 쉽게 주입할 수 있는 제노프스, 제브라피시, 성게, 멍게와 같이 자유 생활을 하는 배아의 초기에 적용된다. 모폴리노는 표적-이탈(off-target) 효과를 일으킬 수 있으며, 그 특이성에 대한 논쟁이 있다. 대조군은 염기 조성은 동일하지만 서열이 다른 모폴리노로 영향을 미치지 않아야 하며, 모폴리노에 의해 인식되지 않는 변형된 5' 서열을 갖는 표적 단백질의 mRNA를 동시 주입하여 표현형이 회복되어야 한다.

RNA 간섭법(**RNA interference, RNAi**)은 RNA 바이러스에 대한 정상 숙주의 방어 작용과 관련된다. 일부 배아 유형에서는 정상 mRNA와 동일한 서열의 **이중가닥 RNA**(**double-stranded RNA, dsRNA**)를 주입하면 특정 mRNA가 파괴된다. 이중가닥의 RNA는 다이서(dicer)라 불리는 효소에 의해(약 21~23개 염기쌍의) 짧은 조각으로 잘린다. 이것이 침묵 복합체(silencing complex)로 들어간 다음, 상보적인 염기서열을 가지는 mRNA에 부착해서 이것을 풀어 헤치고 때로는 절단한다. 포유동물 세포에서 기다란 dsRNA는 비특이적으로 모든 유전자의 번역을 방해하지만, 짧은(21~23 bp 길이) 조각은 특이성이 높고, 번역을 억제하거나 특이적 mRNA를 파괴하는 데 직접 사용될 수 있다. dsRNA는 세포로 잘 들어가지 못하지만 플라스미드를 세포로 주입할 때 사용하는 것과 동일한 유형의 지질 형진전환 물질을 사용해서 도입할 수 있다. 요즘은 대량의 dsRNA 라이브러리를 만드는 것이 가능하기에 돌연변이를 선별하기 위해서 화학적 돌연변이 형성 대신에 이 방법이 사용된다. 이 방법은 특히 예쁜꼬마선충, 초파리 그리고 플라나리아에서 잘 작동한다.

항체와 저해제

특이적 억제의 마지막 방법은 관심 유전자의 단백질 산물에 대응하여 생산된 특이적 **중화 항체(neutralizing antibody)**로 배아를 처리하는 것이다. 항체는 온전한 배아를 뚫고 들어가지 못하므로 관심 부위에 주사해야만 한다. 이 방법의 일반적인 문제점은 특정 단백질에 부착하는 대부분의 항체가 그 단백질의 활성을 중화하지 못한다는 것이다. 그래서 항체가 정말로 목표 단백질을 중화하는지 별도의 시험을 시행할 필요가 있다.

배아의 유도인자에 의해 활성화된 신호전달 경로에 특이적 억제 효과가 있는 수많은 저분자 억제제들이 판매되고 있다. 이들 분자는 흔히 일시적이고 비유전적인 실험으로 사용된다. 자유로운 배아나 체외 배양 중인 조직에 이러한 억제 물질을 처리하거나, 필요하다면 제노프스나 제브라피시 배아에 이를 주입하는 것은 어렵지 않다. 예로는 섬유세포 성장인자(fibroblast growth factor, FGF) 신호전달을 억제하는 데 사용되는 SU5402와 액티빈(activin) 신호전달을 억제하는 데 사용되는 SB431542가 있다. LDN193189는 골 형성 단백질(bone morphogenetic protein, BMP) 신호전달을 억제하는 데 사용된다. 하지만 어떤 억제물질도 절대적으로 특이적이지는 않으므로, 표적 이탈(off-target) 효과를 배제하기 위해서는 반드시 대조군 실험을 시행하는 것이 중요하다.

유전자 중복

유전자 중복은 진화적으로 새로운 특성이 나타나는 주요 원천 중의 하나다. 만일 어떤 유전자가 중복되면 이 염기서열의 변화에 대한 압박은 완화된다. 극단적으로, 한 벌의 유전자는 계속 기능을 유지하고, 다른 한 벌은 새롭게 유익한 기능을 누적시킬 수 있다. 다른 한편으로는 두 번째 여벌의 유전자에서 기능을 상실할 때까지 해로운 돌연변이가 누적되어서 결국은 발현되지 않게 될 수 있다(유사유전자, pseudogene). 보다 일반적으로는 각각의 사본이 원래 기능의 일부만 나타낼 수 있도록 염기서열이 서로 달라져 갈 것이다. 중복이 일어난 직후에는 기능이 거의 겹치겠지만, 수백만 년이 지나고 나면 기능이 서로 멀어질 것이다. 예를 들면, 제브라피시의 *cyclops*와 *squint*(사시라는 의미) 유전자는 척추동물 발생에서 매우 중요한 내배엽/중배엽 유도인자를 암호화하는 *nodal* 유전자의 중복에서 생겨났다. 그러나 *cyclops*와 *squint*는 이제 서로 다른 발생 단계에서 작용할 정도로 기능이 달라졌다.

유전자 중복의 극단적 사례는 염색체 수가 배가되어 전체 유전체가 중복되는 경우에 나타난다. 이것은 개체를 **2배체(diploid, 2n)**가 아니라 **4배체(tetraploid, 4n)**가 되게 하므로 4배체화(tetraploidization)라 부른다. 4배체화는 즉시 방대한 분량의 유전자 배열을 만들어내고, 후계 혈통의 진화에서 적응 가능성을 엄청나게 확대한다. 척추동물에서 다수 유전자로 구성된 유전자 패밀리의 패턴은 척추동물의 기원이 된 시대에 두 번에 걸친 4배체화가 발생했고, 일시적으로 유전자의 수가 2만개에서 약 8만개로 증폭되었을 것으로 추정하게 한다. 비록 현존하는 척추동물에서 단백질을 암호화한 유전자의 수를 볼 때 유전자 숫자가 후속 진화 시기 동안에 크게 줄어들기는 하였지만, 유전자 수의 증가가 그들의 적응과 진화적 성공에 대한 설명이 될 수 있을 것이다. 4배체화는 여러 계통에서 추가적으로 일어난 것으로 추정된다. 예를 들면, 제노프스는 약 1700만 년 전에 4배체화를 겪은 것으로 보인다. 왜냐하면, 2개의 밀접하게 관련된 2배체 종이 **이질사배체화(allotetraploidization)**되고, 대부분의 유전자에서 염기서열의 약 10% 정도만 다른 2벌의 유전자가 얻어지기 때문이다. 이것은 **위대립유전자(pseudoallele, 유사대립형질, 위대립형질)**로 알려져 있는데, 마치 대립유전자처럼 보이며 비슷한 발현 양상과 기능을 가지고 있다. 그러나 각기 다른 유전자 좌위(*loci*)를 차지하므로 대립형질은 아니다. 제브라피시를 포함한 경골어류는 이들이 처음 하나의 계통으로 나타난 약 4억 2천만 년이나 되는 훨씬 먼 과거에 4배체화를 거친 것으로 보인다. 이 사건이 발생한 지 너무 많은 시간이 지남에 따라 각각의 유전자 쌍은 이제 그 염기서열과 기능이 충분히 분산되었고, 따라서 오늘날의 경골어류는 이배체 생물로 간주된다.

발생유전학의 한계

발생유전학의 표준 프로토콜은 그 성공적 응용에도 불구하고 몇 가지 한계를 지니고 있다. 한 가지 문제는 유전자 중복에서 발생하는데, 그 이유는 이것으로 인해 유전자 사이의 **중복성(redundancy, 중첩성)**, 즉 2개 또는 그 이상의 유전자 간의 기능적 중복이 나타나기 때문이다. 이것은 특히 반복적인 유전자 중복과 발산으로 인해 척추동물에서 문제가 된다. 2개의 유전자가 최근의 유전자 중복의 결과가 아닌 한, 그 둘의 기능이 정확하게 동일할 것 같지는 않다. 그러나 생명체가 야생의 모든 생존의 도전에 노출되지 않는 실험실 수준에서 검사했을 때 유전자 기능이 크게 겹치는 사례가 매우 많다. 그 결과 하나의 유전자를 불활성화하는 돌연변이가 일어나도 표현형에 이상이 나타나지 않거나, 최소한 비정상적 표현형이 그 유전자의 진짜 기능과 일치하지 않는다. 돌연변이 선별 과정은 대개 하나의 돌연변이를 찾도록 설계하기 때문에 유전체에서 광범위한 중복성은 발견될 수 있는 정보성 표현형의 수를 크게 제한한다.

표적 돌연변이가 일어나면, 특이적 표현형이 없어도 돌연변이를 만들고 특성을 분석할 수 있다. 그리고 사실은 수많은 녹아웃된 생쥐들이 표현형 이상을 나타내지 않거나 매우 최소한의 표현형 이상을 보인다. 그러나 하나의 표현형 이상은 다중유전자 패밀리(multigene family)에 속하는 여러 개의 유전자에서 일어난 돌연변이가 교배에 의해 결합되었을 때 종종 발견된다. 예를 들어, 근육 발생 유전자인 *MyoD*와 *Myf5*의 생쥐 녹아웃은 개별적으로는 제한된 효과를 보인다. 그러나 결합되면 거의 완전히 근육 발생을 억제한다. 비슷하게 개별 Hox 유전자의 적중은 대개 별 효과가 없지만, 모든 상동 집단[**유사유전자(paralog)**군, 23장 참고]의 구성요소가 적중되면 이상이 심각해진다.

발생 유전자가 서로 다른 발생 단계에서 여러 가지 기능을 가지면 유전적 분석에서 독특한 유형의 문제가 발생한다. 기능 완전 상실 돌연변이에서 배아는 그 유전자의 첫 번째 기능이 나타나지 않기 때문에 죽을 것이다. 이것은 그 표현형이 그 이후의 기능에 대해서 어떤 정보도 제공하지 않음을 의미한다. 그 예가 섬유세포 성장인자 4(*fgf4*, *fibroblast growth factor 4*) 유전자의 생쥐 녹아웃이다. FGF4는 낭배 형성, 뇌 발생, 사지 발달에서 중요한 기능을 가지고 있지만, 이것이 착상 전 단계의 배외 지지조직에서 세포 분열에 필요하므로, 기능 상실 돌연변이는 초기에 죽는다. 이 경우의 문제는 4배체 보상(11장 참고) 같은 일부 정교한 실험 전략을 이용하여 극복할 수 있다. 그러나 이것은 기능 상실 돌연변이가 왜 유전자 기능에 대하여 반드시 많은 것을 알려주지 않는지를 보여준다.

발생유전학의 임무는 개별적 유전자의 기능이라는 용어로 발생 과정을 분석하는 것이다. 여기에는 연구 대상이 어떤 과정이든 대체로 몇몇 유전자의 작용으로 설명할 수 있고, 각각의 작용은 기능 획득과 기능 상실 실험을 통해서 연구할 수 있다는 암묵적인 가정이 포함된다. 다행히 발생생물학에서 이것은 대체로 옳은 가정으로 판명되었다. 그러나 일부 과정은 수백, 수천 개의 유전자 활동으로 나타나고, 각각이 전체의 활성에 작은 효과만을 미치기 때문에 분석이 불가능하다. 예를 들면, 이것은 유전체 수준의 연관 분석을 통해서 매우 흔한 사람 질병에 대한 유전적 취약성을 조사할 때 발견되었다. 이런 상황에 대한 해법은 수학적 모델링에서 찾아질 수 있다. 유전적 시스템에는 수많은 수학적 모델이 있다. 이것들은 람다 파지(phage lambda)와 같은 단순한 시스템의 매우 정량적인 모델에서부터 복잡한 시스템의 더욱 정성적인 모델까지 광범위하며, 모든 유전자 산물의 모든 분자적 세부사항까지 알지 못하더라도 일부 역동적인 성질을 파악하려고 시도한다. 이 주제는 기본적 발생생물학 교재의 범위 밖이지만, 미래에는 점점 더 중요해질 가능성이 높다.

기억해야 할 핵심 사항들

- 돌연변이는 발생 유전자를 규명하고 발생 기전을 규명하는 데에 매우 중요하다.
- 일반적으로 돌연변이는 기능 상실로 이어지면 유전적으로 열성이고, 기능 획득으로 이어지면 유전적으로 우성이다.
- 유전자는 기능 상실 돌연변이의 표현형에 따라 이름을 붙임에 따라, 이름이 실제 기능과 반대인 것처럼 보인다. 동일한 유전자가 다른 생물체에서는 다른 이름을 가질 수 있다.
- 초기 발생 과정에 영향을 미치는 돌연변이는 대개 모계 효과를 보이고, 후기 과정에 영향을 미치는 돌연변이는 접합자형이다.
- 조절 경로나 생화학 경로는 유전학 실험으로 추론할 수 있다. 특히 조합된 효과가 상반된 표현형을 보이는 두 가지 돌연변이로 결정되는 상위성(epistasis) 실험을 이용할 수 있다.
- 발생 돌연변이의 선별은 돌연변이 유발 후 동형접합 개체를 만드는 번식을 통해 이루어진다.
- 돌연변이가 확인되면 위치 클로닝법으로 유전자를 클로닝할 수 있다.
- 형질전환 개체는 유전체에 별도의 유전자를 삽입한 개체로서 모든 실험실 모델 생물종으로 만들 수 있다.
- CRISPR-Cas9 시스템을 바탕으로 한 표적 돌연변이 유발은 현재 대부분의 생물에 적용된다.
- 우세한 억제물질, 안티센스 올리고뉴클레오타이드나 RNAi를 주입하는 것을 포함하여, 특정 유전자의 활성을 억제하는 많은 실험 방법이 있다.
- 진화과정에서 유전자 중복이 광범위하게 존재한다는 사실은 많은 유전자가 중첩되는 기능(redundancy)을 가지고 있어서 기능 상실 돌연변이만으로 어떤 유전자의 완전한 활성을 밝힐 수 없다는 것을 의미한다.

Chapter 4

발생에 대한 연구: 실험 발생학

Approaches to development: experimental embryology and its molecular basis

역사적으로 실험 발생학자들은 발생 기전에 대하여 가장 많은 아이디어를 제공했고, 오늘날에도 여전히 사용되고 있는 기본 개념의 틀을 형성한 사람들이었다. 이 장에서는 주요 발생학의 개념을 설명하는 것으로 시작하여 현재 발생학적 수임(commitment)과 유도(induction) 과정의 기저가 되는 분자와 생화학적 경로를 알아보고자 한다.

정상 발생

정상 발생(normal development)이란 실험적인 교란이 없을 때, 표준 실험실 조건에서 정형적인 배아 발생이 일어나는 발생 과정을 의미한다. 실험적 조작의 효과를 이해하기 위해서는 정상적 발생에 대한 충분한 지식이 필요하다. 배아를 설명하기 위해서 수많은 표준 서술용어들이 사용된다(**그림 4.1**). 몇 가지의 용어는 이미 2장에서 소개했다. 동물 앞쪽 끝은 **전반부(anterior**, 앞쪽 또는 **cranial**, 머리부 또는 **rostral**, 부리쪽)라고 한다. 뒤쪽 끝은 **후반부(posterior, 뒤쪽)** 또는 **꼬리부(caudal, 미부)**라고 한다. 위쪽 표면은 **등쪽(dorsal**, 배(背))이고, 아래쪽 표면은 **배쪽(ventral**, 복(腹))이다. 해부학적으로 인간은 직립이기에 전방 및 후방이라는 용어는 배쪽 및 등쪽과 동의어로 사용된다. 현미경 절편에서 동물의 긴 축을 가로질러 얻은 절편을 **횡단면(transverse)**이라 하고, 긴 축에 평행한 면을 **종단면(longitudinal)**이라 한다. 수직 종단면이 중앙에 있을 때는 **시상단면(sagittal)**이라 하고, 중앙에서 한쪽으로 치우치면 **부시상단면(parasagittal)**이라 한다. 등쪽과 배쪽을 나누는 수평 종단면을 **앞뒤단면(frontal)** 또는 **관상단면(coronal)**이라 한다.

실험실 연구에 이용되는 모든 모델 종에 대해 **발생단계 시리즈(stage series)** 표가 간행되어 있는데, 이 발생단계 시리즈는 해부현미경 하에서 외부 모습으로 구분할 수 있는 여러 표준단계들로 발생 과정을 묘사한다. 배아의 발생은 예측 가능하므로, 배아가 어떤 특별한 시간에 단계 10에 이르렀다면 얼마만큼의 시간이 지나서 단계 20에 이르게 될 것이라는 것을 확신할 수 있다. 포유류와 조류의 경우라면 발생은 언제나 표준 생리적 온도에서 일어나게 되지만, 제노프스나 제브라피시 같은 체외 발생 배아의 경우 발생 속도는 온도에 따라 달라지는데, 낮은 온도에서 더 오래 걸린다. 이와 같은 표가 존재하기에, 연구자가 그날의 실험실 온도와는 상관없이 같은 단계의 배아를 이용하여 실험 절차를 표준화할 수 있다.

3장에서 설명했듯이, 난자 형성(oogenesis) 과정 중 난자에 축적된 요소에서 비롯된 발생 양상은 **모계 요인(maternal)** 양상이라 하고, 수정 후 배아 자체에 의해 새로 만들어진 구성요소에 의해 나타난 발생 양상을 **접합자 요인(zygotic)** 양상이라 한다.

운명지도

운명지도(fate map)란 정상적인 발생 과정에서 배아의 각 부분이 무엇이 될 것인지를 보여주는 그림이다. 이것은 배아의 각 부분이 어디로 움직이고, 형태를 어떻게 바꿀 것이며, 어떤 구조로 바뀔 것인지를 보여준다. 형태 발생 과정 중 이동이나 성장으로 인해 운명지도가 각 단계별로 변하므로, 일련의 운명지도는 수정란에서 성체가 되기까지 각 부분의 발생 경로를 보여주게 된다. 운명지도의 정확성은 발생 과정에서 세포가 얼마나 많이 뒤섞이는

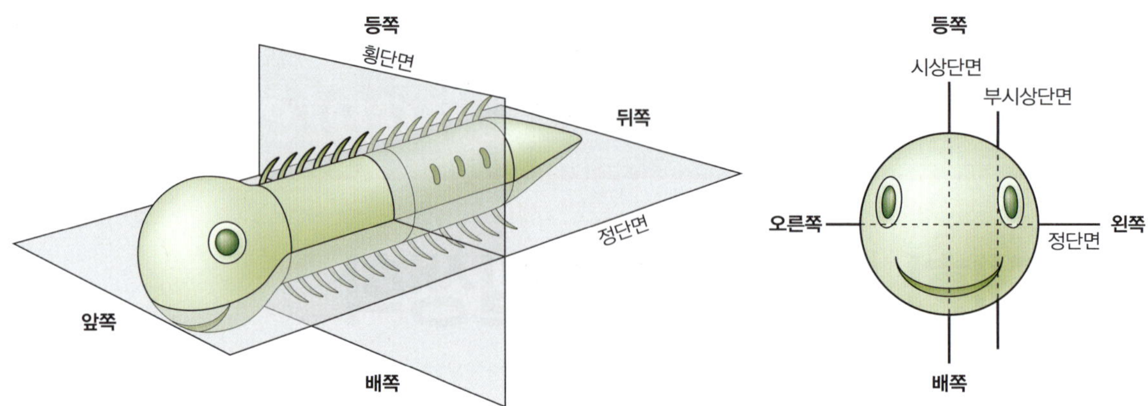

그림 4.1 배아를 묘사하기 위해 사용하는 축과 절단면.

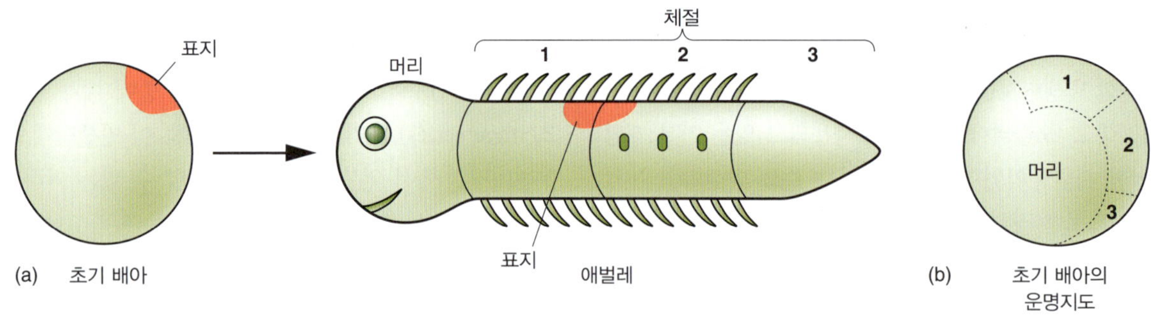

그림 4.2 운명지도. (a) 초기 배아의 특정 부위에 표지를 하면 그 성체 동물의 재현 가능한 부위에 그 표지가 나타난다. (b) 초기 배아의 가능한 운명지도.

지에 달려 있다. 선충류인 **예쁜꼬마선충**(*Caenorhabditis elegans*)처럼 아무런 세포의 뒤섞임이 없다면 운명지도는 하나의 세포수준까지 정확할 수도 있다. 대부분의 배아 유형에서는 유사한 세포들 사이에 뒤섞임이 일어나므로, 운명지도는 그 정도까지 정확할 수는 없다. 그럼에도 불구하고 운명지도는 발생학에서 기본적인 개념이며, 초기 발생 결정과 관련된 거의 모든 실험의 해석은 운명지도의 지식에 의존한다.

최근 단일 세포의 전사체 서열을 통해 운명지도를 구축하는 것이 점점 실현되고 있다. 이 방법에는 몇 가지 보조 정보가 필요하므로, 5장에서 설명하겠다. 전통적인 운명지도를 만드는 방법은 이 장에서 기술한다. 이론적으로 운명지도는 하나의 세포 또는 배아 부분을 표지하고, 후기 발생단계에서 그 표지된 부분의 위치와 모양을 확인하여 만든다(**그림 4.2**). 이용되는 표지 방법은 세포의 바깥쪽 일부에 표지를 적용하거나 세포의 세포질 안으로 표지를 주입하거나 또는 숙주 배아(host embryo)에서 같은 역할을 하는 부위에 해당 부분의 표지된 조직을 이식해 줄 수도 있을 것이다. **그림 4.3**은 제노프스 배아의 인접한 초기 할구에 녹색형 광단백질(GFP) 전령 RNA(mRNA)를 주입하고서 신경배 단계에

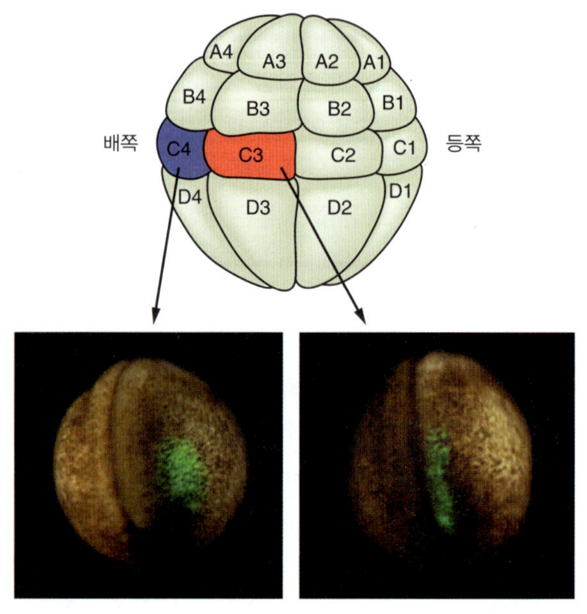

그림 4.3 (왼쪽) 제노프스(*Xenopus*)에서 운명지도 만들기 실험. 32 세포기에 C3나 C4 할구에 Gfp mRNA를 주입했다. (인용) Jonathan Slack.

서 표지 부분의 위치를 추적하는 방식으로 시행되는 운명지도 실험을 보여준다. 많은 개개의 표지 실험 결과는 하나의 특별한 단계를 보여주는 운명지도로 만들기 위해 종합된다. 전통적인 운명지도가 발생의 **수임(受任, commitment)**에 관한 어떤 것도 보여주지는 않는다는 것을 반드시 인식해야 한다. 배아의 모든 부분은 발생을 통해 어떤 **운명(fate)**을 가지고 있지만, 특별한 구조나 세포 형태를 형성하기 위한 수임은 주로 일련의 세포 간의 상호작용을 거치면서 획득되는 것이다. 단일 세포 전사체(single cell transcriptomics) 서열에서 구축한 운명지도에서는 수임에 관한 정보는 제공하지 않지만, 이는 정상적인 세포 운명을 전적으로 대변하고 있지 않다.

오래된 발생학 문헌에서는 실험적으로 분리된 부분이 완전히 운명지도에 따라 발생한다면 이 배아를 **모자이크(mosaic)**라고 하고, 분리된 부분이 운명지도에서 예상된 것보다 더 많은 구조를 형성한다면 **조절적(regulative)**이라고 한다. 실제로, 모든 형태의 배아는 배아의 부분과 발생 단계에 따라 모자이크적인 양상과 조절적인 행동을 모두 보여준다. 조절적인 행동에 대한 설명은 제노프스에서 발견되는 ADMP-Chordin 체계의 예(8장 참고)와 같이 배아 크기의 변화에 따라 조절될 수 있는 이중 농도 구배의 체계를 이용한다. 이런 의미의 "모자이크"는 다른 유전자형의 세포들로 이루어진 개체인 **유전적 모자이크(genetic mosaics)**와는 아무런 관련이 없고(3장 참고), 이런 의미의 발생학적 **조절(regulation)** 또한 유전자 조절이나 생리학적 수준에서의 조절과는 다르다는 점에 주목해야 한다.

클론 분석

클론 분석(clonal analysis)은 하나의 세포가 표지되고 뒤의 단계에서 자손 세포들의 위치나 세포 형태를 확인하는 운명지도 그리기의 한 형태이다. 이러한 표지는 세포 사이에 퍼지지 않는 가시적인 물질을 주입하여 수행할 수 있다(**계보 표지, lineage label**). 이 방법은 세포가 비교적 크고, 현저하게 성장하지 않는 개체인 초기 단계의 **제노프스**(그림 4.3), 제브라피시, 성게와 같은 배아에 적합하다. 닭이나 생쥐 배아처럼, 실제로 성장하는 생명체의 경우에 이러한 표지는 성장에 의해 빠르게 희석되므로, 희석되지 않게 세포 분열마다 복제되고 지속될 수 있는 유전자 표지(genetic label)를 도입하는 것이 바람직하다. 유전자 표지는 복제능력이 없는 레트로바이러스를 사용하여 삽입하거나 보이는 마커를 생성하는 유전자 재조합 사건을 통하여 유발할 수 있다.

클론 분석의 가장 유용한 면은 세포가 표지되는 시기에 어떤 특별한 구조나 세포 형태가 되도록 수임되어 있는지 여부를 알 수 있다는 것이다. A라는 특별한 구조를 만들기로 수임 받은 세포라면, 그 세포의 후손들은 다른 것이 아닌 오직 A 구조에서만 증식하게 될 것이다. 만약 클론이 A와 B의 두 구조에 모두 분포된다면, A나 B 구조만을 배타적으로 수임할 수 있는 표지를 만들 수 없다(**그림**

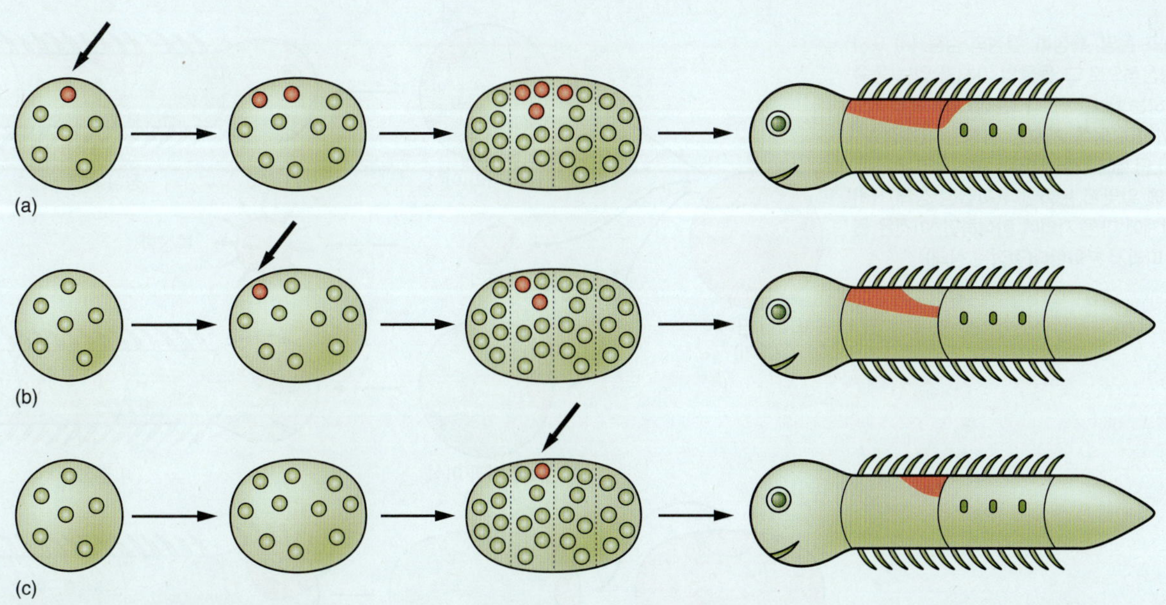

그림 4.4 클론 분석. 제한 없는 클론은 운명 결정이 없음을 의미한다. 그러나 그 역은 항상 사실은 아니다. (a) 결정이 이루어지기 전에 하나의 세포를 표지하면 자손 세포는 뒤쪽 경계까지 퍼져 분포한다. (b) 결정이 일어나기 전에 세포를 표지하더라도 클론이 너무 적으면 자손 세포는 경계를 넘지 못한다. (c) 결정이 이루어진 후에 표지된 세포는 경계를 넘지 못한다.

4.4). 때때로 나중에 적용된 표지는 A나 B 한 곳에서만 나타나는 반면, 일찍 적용된 표지는 A와 B 구조에 모두 분포하는 것으로 알려져 있다. 이는 세포들이 두 표지 사이의 기간에 수임이 이루어졌기 때문일 것이다. 하지만 단순히 나중에 유도된 클론이 더 작아서 다른 구조보다 대량으로 만들 기회가 더 적었기 때문일 수도 있다. 따라서 클론 분석은 수임의 **결여**를 증명할 수는 있지만, 수임의 **존재**를 증명할 수는 없다.

클론 분석은 특별히 초파리(*Drosophila*)의 체절형성과 척추동물의 후뇌 패턴 분석에 광범위하게 이용되었다. **구획(compartment)**이란 단어는 때때로 배아에서 경계가 클론 제한의 경계인 배아 부분을 가리킬 때 이용된다. 일단 구획이 만들어지고 나면 어떤 세포도 들어가고 나올 수가 없게 된다. 다시 말하자면, 구획 내의 모든 세포는 처음 만들어진 세포의 후손인 것이다. 하나의 구획은 체절이나 기관원기와 같이 가시적인 구조에 해당하고, 기저막 같은 세포 이동의 생리적 경계나 외부의 세포와 비교되는 구획 내 세포의 차별적인 부착력에 따라 유지된다. 그래서 구획의 세포들은 함께 달라붙어 있고 이웃한 세포들과 섞일 수 없는 것이다. 몇몇의 경우, 그중에서도 특히 초파리의 성충판(imaginal disc)의 전후반부 구획 경계 같은 경우는 클론 제한의 경계가 눈에 보이는 해부학적인 경계와 상응하지 않는다(19장 참고). 클론 분석은 조직-특이적 줄기세포 연구에도 널리 사용되어 왔다. 줄기세포가 표지된 경우, 줄기세포 자체와 줄기세포로부터 발생하는 분화된 세포 집단 전체가 영구적으로 표지되어 있을 것이고, 이 특징은 줄기세포의 동정에 있어서 매우 중요하다(20장 참고).

발생 수임

발생이 진행됨에 따라서, 이전에는 수임되지 않았던 세포들이 특별한 몸의 부분이나 세포 유형을 만들기 위한 수임(受任, commitment, 약속)을 받게 된다. 우리는 이제 수임을 세포 안에 존재하는 전사인자의 조합으로 암호화된다고 간주하고, 제자리혼성화법(*in situ* hybridization) 또는 **단일 세포 전사체 분석(single cell transcriptome sequencing)**을 이용하여 해당 유전자의 발현을 관찰함으로써 직접적으로 확인할 수 있다. 그러나 역사적으로 수임은 발생학적 실험을 통해 조사되었다. 이것은 오늘날에도 여전히 유용한 2개의 조작적 정의, 즉 **특성화(specification**, 특화, 특정화)와 **결정(determination)**이라 불린다(웹사이트에서 동영상 3: 수임의 검증 참조). 

세포나 조직의 잘라낸 조각이 배아로부터 분리된 후 자율적으로 특별한 구조로 발생하게 된다면, 이것은 그 조직이 되도록 특성화된(specified) 것이라 말한다(**그림 4.5a, b**). 만약 이런 실험이 아주 많이 이루어지고 그 결과가 종합된다면, 배아의 **특성화 지도(specification map)**를 만들 수 있을 것이다. 이것은 어떤 특별한 발생 단계에 세포가 무엇을 하도록 예정되었는지를 보여준다. 한

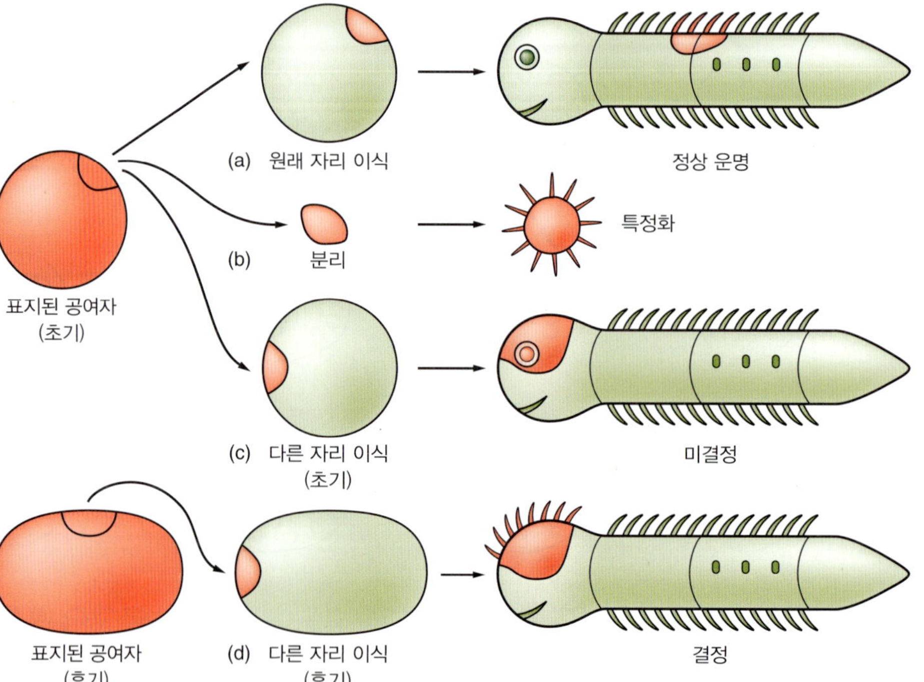

그림 4.5 세포 운명, 특정화, 결정의 검증. (a) 표지된 지역은 정상적으로 그 동물의 가시가 있는 등쪽 부분을 형성하는 데 관여한다 (운명). (b) 분리해도 이 조직은 여전히 등쪽 가시를 형성한다(특정화). (c) 발생 초기 단계에 다른 지역에 이식하면, 이것은 새로운 자리에 알맞게 분화한다(미결정 상태). (d) 발생 후기 단계에 다른 자리에 이식하면, 이것은 원래의 위치에 따라서 분화한다(결정된 상태).

부위의 특성화는 정상 발생에서 그 부위의 운명과 일치할 필요는 없다. 예를 들면, **제노프스** 포배의 신경판이 될 부위는 분리하여 배양하면 신경상피가 되는 것이 아니라 표피로 분화한다. 신경상피를 형성하기 위해서는 중배엽으로부터 유도 신호를 받아야 한다.

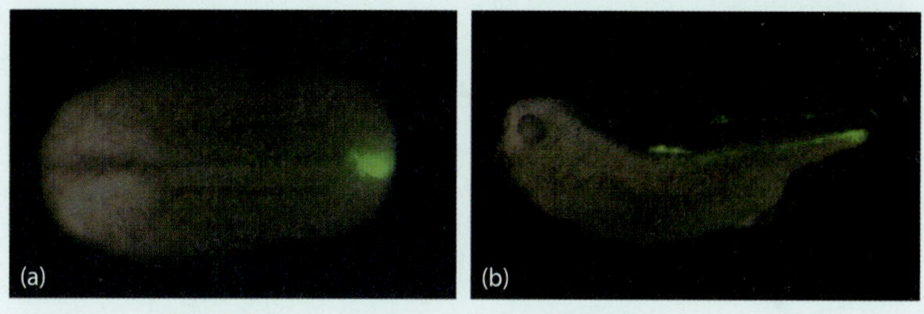

그림 4.6 (a) 제노푸스 신경배의 후기 신경주름에 형질전환된 Gfp-표지 조직의 이식. (b) 이식체는 나중에 척수와 신경능선 형성에 기여한다. (인용) Jonathan Slack.

조직의 **결정된(determined)** 부위는 역시 분리된 상태에서 자율적으로 발생하지만, 배아에 존재하는 환경들 범위 내에서 그 수임이 비가역적이라는 점에서 다르다. 다시 말해, 배아의 다른 부위로 옮겨진 이후에도 여전히 자율적인 발생을 계속한다는 것이다(**그림 4.5c, d**). 아주 많은 발생학 실험은 조직의 일부분을 한 부분에서 다른 부분으로 이식시키고, 이것이 이식된 새로운 위치 또는 원래 있던 예전 위치에 따라 발생하는지를 묻는 것으로 이루어졌다. 이식하는 조직은 주로 5장에서 묘사되어지는 방법 중의 하나로 표지할 수 있으며, 이식된 조직과 숙주 조직이 구분될 수 있다. 연습을 통해 이식을 상당히 정확하게 시행할 수 있다. **그림 4.6**은 GFP로 표지된 조직을 폐쇄된 제노프스 신경배의 뒷부분 신경주름 부위로 이식한 조직을 보여준다. 또 다른 배아의 똑같은 위치로의 이식을 **동소성(orthotopic)** 이식이라 하는데, 운명지도를 그리는 일반적인 방법 중 하나이다. 숙주의 다른 부위로의 이식은 **이소성(heterotopic)** 이식이라 하며, **결정(determination)**의 여부를 시험함을 의미한다. 그때 이소성 이식의 발생 경로가 바뀌지 않는다면, 그 조직은 결정되어진 것이라고 정의한다. 만약 이소성 이식이 자신의 새로운 위치에 따라 발생한다면, 이식 시점에 비록 예정화되었을지라도 아직 결정되지 않았다고 보는 것이다. 다른 발생 단계에서 행해진 일련의 이식은 그 조직이 결정되는 시점을 보여준다. 예를 들면, 포배 단계에서 제노프스 배아의 신경판이 될 부분은 배아의 다른 부분으로 이식되면 표피나 중배엽을 형성하게 될 것이므로, 이 단계에서는 결정되지 않는 것이다. 이것은 낭배 형성기에 신경판을 만들도록 결정되어, 이 단계 이후에는 배아의 다른 부분으로 이식해도 항상 신경상피로 분화될 것이다. 분자 수준에서 볼 때, 분자적 의미에서, 결정은 세포가 그 상태에 적합한 전사 인자의 특이적인 레퍼토리를 발현하는 것뿐만 아니라, 그 전사 인자에 대한 유전자 본연의 신호에 대한 반응성 또는 **수용능(competence)** 상실을 의미한다.

이론적으로, 세포의 예정화 또는 결정화 또는 수용능의 상태는 전사체의 서열 분석으로 알 수 있지만, 실제로는 조작적 발생학적 특성과 유전자 발현 사이에 대응은 단순하지 않을 수 있다. 일반적으로, 수용능은 특정 세포 표면 수용체의 존재와 특정 유전자와 관련된 신호전달 경로로 여겨질 수 있다. 예정화에는 여러 발생 경로가 포함될 수 있으므로, 필연적으로 하나 이상의 수용능에 대한 구성 요소를 포함하고 있다. 결정화는 비가역적임으로, 초기에 켜진 신호 이외의 수단으로 그 존재와 활성이 유지되는 고정된 활성 전사인자에 의한 것으로 간주될 수 있다.

어떤 배아의 발생에서든 진행성인 물리적 세분화와 관련된 수임에는 체계가 있다(**그림 4.7**). 처음에는 외배엽, 중배엽, 내배엽의 3개의 배엽으로 형성된다. 이후 각각의 배엽은, 예를 들면 외배엽이 표피, 신경상피로 분화되는 것처럼 세분화될 것이다. 더 시간이 지난 후에 신경상피는 후뇌의 개별적 능형분절처럼 더 작은 단위로 세분화될 것이다. 이것은 배아 내 어떤 부분의 세포가 전사인자의 다른 조합으로 각각 정의되어지는 몇몇 수임 상태를 거

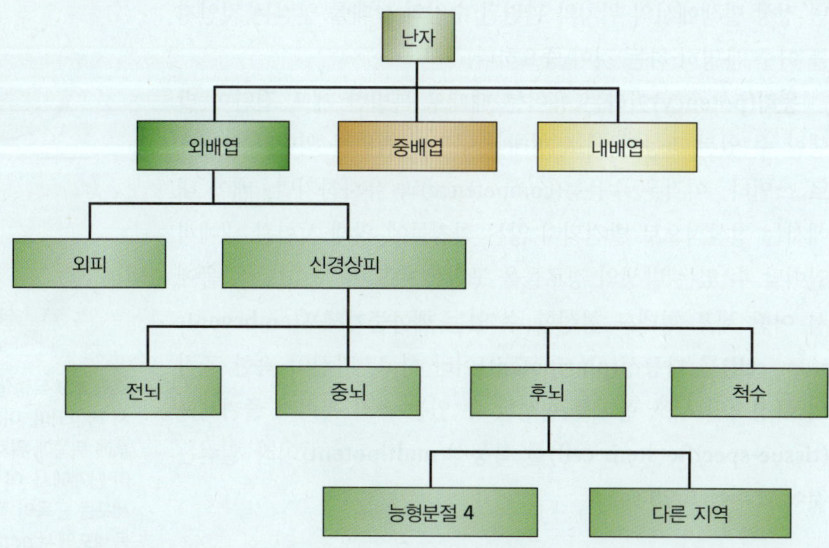

그림 4.7 발생 중 지역 특성화의 계층도. 후뇌의 능형분절(rhombomere) 4가 되는 세포는 먼저 외배엽이 되도록 "결정되어야"하고, 그 다음 신경상피가 되고, 이어서 후뇌가 되고 최종적으로 능형분절이 된다.

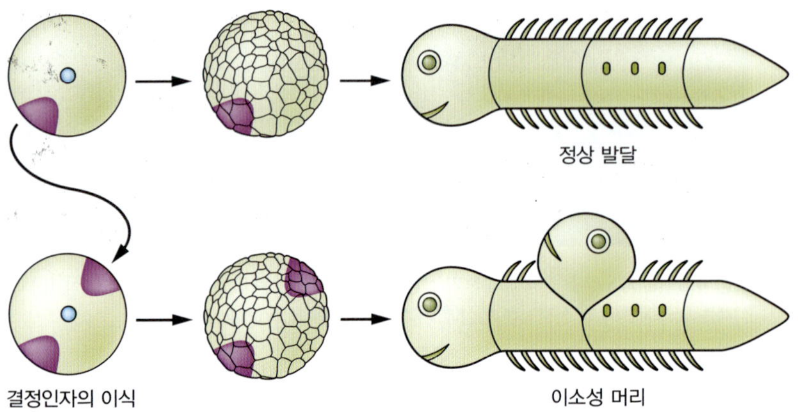

그림 4.8 배아의 머리 정보를 암호화하고 있는 세포질 결정인자의 작동. 정상 발생에서 이 결정인자는 이 물질을 물려받은 세포로부터 머리가 형성되는 것을 보장한다. 만약 이 결정인자가 다른 곳에 이식되면, 이것은 이소성(ectopic) 머리 형성을 야기한다.

치게 된다는 것을 의미한다. 분화와 결정을 정의하는 발생학적인 방법은 이런 체계의 어떤 단계에도 적용될 수 있다.

수임 체계의 초기 단계들은 위치에 따라 이름 붙여진 몸 부분들과 종종 상응하지 않는다(예를 들어, 등/배, 전방/후방). 이것은 발생생물학 공부를 시작하는 학생들에게 매우 혼란스러울 수 있다. 실험 조작은 수임 상태를 변화시킬 수 있어서 "X의 과도한 발현이 등쪽 세포 집단을 Y 배쪽으로 만든다"는 말에 쉽게 접하게 될 것이다. 이것은 배아의 등쪽 위치의 세포들이 배쪽 지역에서 정상적으로 발견되는 것과 똑같은 정도의 수임 상태를 획득하게 되었다는 것을 의미한다. 따라서 출판물을 읽을 때, 위치와 관련된 'dorsal'과 같은 용어가 말 그대로 위치를 말하는 것인지, 아니면 정상 발생에서의 위치와 관련된 수임의 상태를 일컫는 것인지를 아주 분명히 하는 것이 중요하다.

능력(potency)이라는 용어는 때때로 특별한 세포 집단이 발생할 수 있는 가능한 세포 형태나 구조의 범위를 의미하는 것으로 쓰인다. 이것은 수용능(competence)과 유사하지만, 배아 내에서는 정상적으로 발견되지 않는 환경들에 의해 시험관 내에서 일어날 수 있는 발생의 경로들을 포함할 수도 있다. 요즘은 몸에서 어떤 세포 형태도 형성할 수 있는 **배아줄기세포(embryonic stem cell)**를 **다능성(pluripotent)**이라 하고, 자신이 속한 조직의 특징적인 세포 형태를 형성할 수 있는 **조직 특이적 줄기세포(tissue-specific stem cell)**를 **복능성(multipotent)**이라 일컫는 것이 표준이 되었다.

세포질 결정인자

세포질 결정인자(cytoplasmic determinants)란 난자나 할구에 들어 있는 물질로서, 난할시기에 세포에 의해서 전해지며, 세포 수임에 따른 특별한 상태가 나타나도록 보장한다(웹사이트에서 동영상 4: 세포질 결정인자의 작용 참조). 당연히 세포 분열은 비대칭적이며, 2개의 딸세포는 다른 발생 경로를 따를 것이다. 만약 결정인자를 포함한 세포질이 그 난자의 다른 부분에 옮겨 붙이면, 그 세포질은 이것을 포함한 새로운 세포가 적절한 구조를 형성하도록 할 것이다(**그림 4.8**).

세포질 결정인자는 배아 발생의 가장 초기 단계 동안 매우 중요한데, 왜냐하면 이들이 배아에서 초기 두세 군데 명백히 특화된 지역의 형성을 결정하기 때문이다. 이러한 초기 영역 간의 상호작용의 결과, 이후 복잡한 형태가 발달한다. 결정인자는 때때로 세포골격과 연관되어 세포 곳곳에 분포하는 mRNA로서, 초파리 알에 있는 *bicoid*와 *nanos* mRNA 또는 우렁쉥이 알의 뒷부분 결정을 암호화하는 *macho-1* mRNA(**그림 4.9**)가 있다. 이들은 물론 단백질일 수도 있다. 예쁜꼬마선충 발달 초기 단계에 단백질 PAR3, PAR6와 aPKC를 포함한 복합체는 배아의 앞부분에 국한되어 분포하고, 처음 2개 할구의 운명을 조절한다(14장 참고). 다른 동물의 상피 극성화와 줄기 혹은 전구 세포로부터의 신경 생성에서도 이와 유사한 체계가 관련되어 있다.

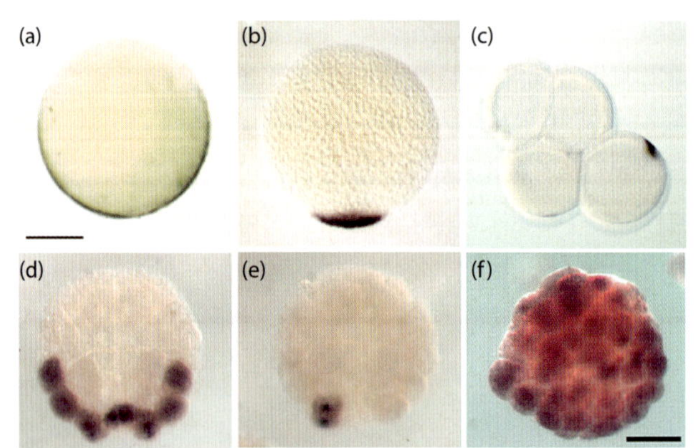

그림 4.9 우렁쉥이속의 멍게에서 *macho-1*. (a) *macho-1* mRNA는 모계에 의해서 생성되며, 여기서는 미수정란을 보여준다. (b) 이는 식물극에 위치하다가 수정 후에 뒤쪽에 위치한다. (c) 8세포 단계에서, 이는 2개의 후식물성 할구에 위치한다. 이 단계에서, 이 유전자는 번역이 되고 단백질 생성물은 핵 내로 이동한다. 파생된 세포는 근육이 될 수도 있고, FGF가 있을 때 중간엽이 될 수도 있다. (d-f) 예상 근육세포에서 *actin* mRNA. (d) 정상 발생. (e)에서, 대부분의 *macho-1*는 antisense oligodeoxynucleotide을 처리한 미수정란에서 발현이 저하됐다. (f)에서, *macho-1* mRNA가 주입됐고, 모든 세포는 actin을 발현한다. (인용) (a-e) Makabe and Nishida(2012). WIRES Dev. Biol. 1, 501-518.

유도

발생에서 대부분의 지역 특성화는 **유도인자(inducing factors**, 웹사이트에서 동영상 5: 유도 참고)라고 불리는 세포 외 신호물질의 작용으로 나타난다. 이들 대부분은 또한 다른 경우에서는 성장인자, 세포 촉진인자 또는 호르몬 등으로 알려져 있다. "발생 수임"에서 언급했듯이, 유도성 신호에 반응하는 능력을 **수용능(competence)**이라 하는데, 이는 특정한 수용체의 존재뿐만 아니라 전사인자의 조절과 연관된 신호물질의 전환 경로의 작동도 필요로 한다.

구체적인 예를 들자면, 제노프스 배아에서 중배엽은 식물 지역에서 방출된 Nodal이라는 신호 분자에 대한 반응으로 동물반구에서 유도된다(**그림 4.10**과 **4.11**; 8장 참고). 이 신호들은 T box 단백질인 Brachyury와 같은 중배엽 상태를 규정하는 여러 전사인자의 발현을 증가시킨다. 동물반구의 나머지 부분은 격리되었을 때와 마찬가지로 외배엽이 된다. 이러한 상호작용은 함께 배양된 포배의 작은 조각들 간에도 일어날 수 있고, 그래서 다른 단계의 배아들로부터 얻은 조각들을 이용하면 포배 단계에서 이러한 상호작용이 일어남을 보여줄 수 있다. 이와 같은 상호작용을 **지시적 유도(instructive induction)**라 하는데, 그 이유는 유도 전에는 반응하는 조직이 중배엽이나 외배엽 중 어느 것도 될 수 있고, 정상 발생 과정에서 이러한 상호작용이 배아의 복잡성을 증가시키기 때문이다.

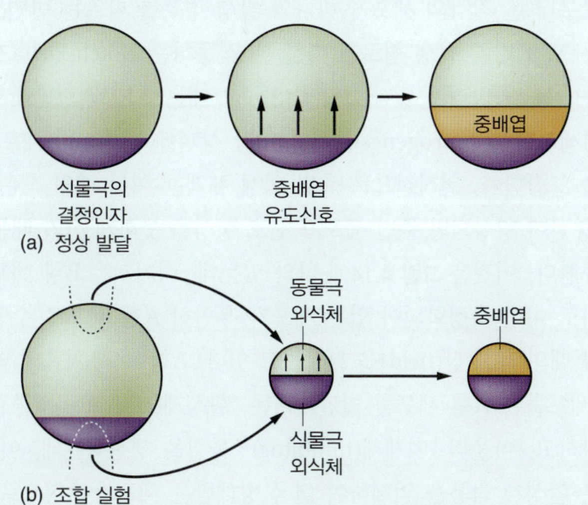

그림 4.10 제노프스에서 중배엽 유도. (a) 정상 발생에서 중배엽이 형성될 때. (b) 동물극-식물극 조합에서 중배엽이 형성될 때.

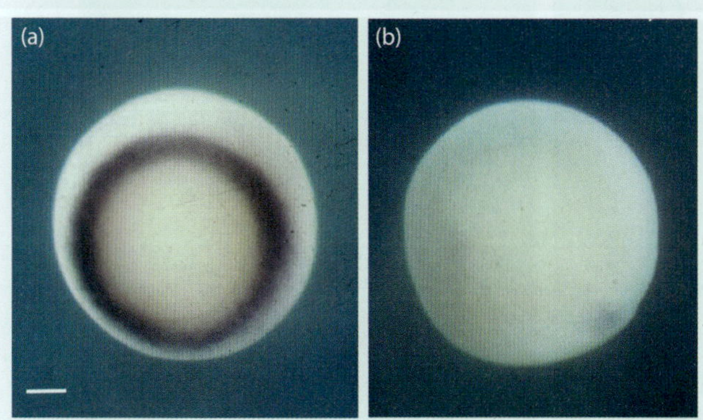

그림 4.11 제노프스에서 중배엽 유도. (a) 정상적인 배아에서 *brachyury* 유전자의 발현은 중배엽 형성을 나타낸다. (b) 우성 열성 돌연변이 FGF 수용체에 대한 mRNA를 배아에 주입하며, 중배엽 유도가 이뤄지지 않는다. Scale bar: 200 μm. (인용) Jonathan Slack.

지시적 유도는 지역 특성화의 관점에서 서로 다른 결과를 나타내는 두 가지 유형이 있다(**그림 4.12**). 신호를 보내는 중심은 세포층의 한쪽 끝에 놓여서 신호 물질 농도 구배의 원천이 될 수도 있다. 주변 조직은 다른 농도에 대해서 다른 **역치 반응(threshold response)**을 보이는 수용능 차이를 가지고 있어서, 농도 구배에 반응하여 일련의 영역을 형성한다. 이 경우 하나 이상의 실질적 결과가 나타나게 되는데, 이때 신호 물질을 **형태형성인자(morphogen)**라고 한다(2장 그림 2.16과 내용 참조). 형태형성인자의 농도 구배의 잘 밝혀진 예는 신경관과 사지 싹에서 나타나는 소닉 헤지호그(Sonic hedgehog) 단백질과 제노프스 초기 배아의 활성 BMP(bone morphogenic protein), 그리고 초파리 성충판의 Dpp(Decapentaplegic)가 있다. 중배엽 유도 과정에도 여러 가지 중배엽 영역이 확립되기에 형태형성인자를 포함하고 있다(8장 참고).

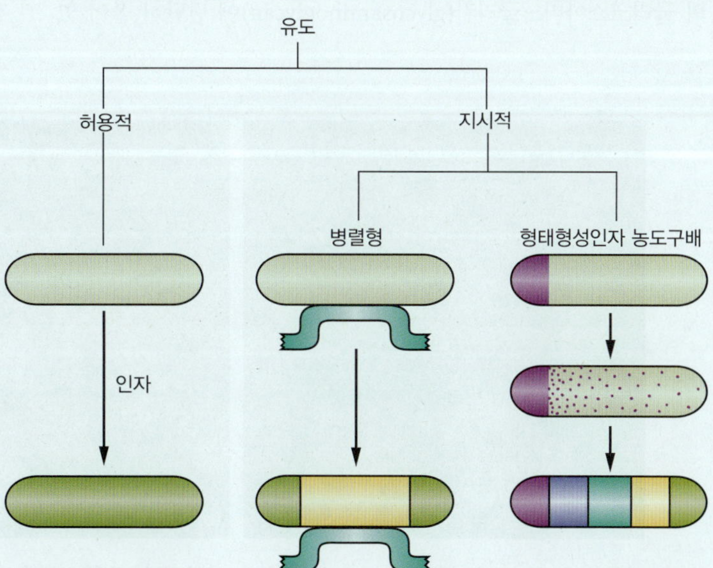

그림 4.12 허용적 유도와 지시적 유도 유형. 허용적 유도에서는 하나의 특이적인 상태만 나타난다. 지시적 유도는 병렬(appositional) 유형과 형태형성인자 유형이 있다.

또 다른 가능성은 신호를 보내는 중심이 하나의 세포층에 놓여 있고, 반응하는 세포들은 다른 세포층에 놓여 있는 경우다. 이 둘이 가까이 놓이면, 신호 중심에 바로 인접한 반응 조직의 일부에서 나타나는 역치 반응의 결과에 의해 적절한 구조가 유도된다. 예를 들면, 척추동물의 신경배에서 아래 놓여 있는 조직의 영향을 받아 두부 상피세포로부터 코, 렌즈, 귀의 **기원판(紀元板, placodes)**이 유도될 때 이러한 일이 일어난다. 상피세포는 신호가 있을 때는 기원판을 형성하고, 신호가 없을 때는 보통 상피세포로 분화된다. 이것을 **병렬 유도(appositional induction)**라 한다. 전형적으로 반응 조직에서는 하나의 역치 반응만 나타나고, 이런 이유로 이 유도인자는 비록 똑같은 물질이 다른 상황에서 형태형성인자로 작용할 수도 있음에도 불구하고 형태형성인자라 부르지 않는다.

또 다른 유도성 상호작용도 있는데, 이를 **허용적(permissive)**이라 부른다. 이 경우에 신호는 반응 조직의 성공적인 자가-분화에 필수적이지만, 선택된 발생 경로에 영향을 주지는 못한다(그림 4.12). 허용적 상호작용은 후기 발생에 매우 중요하다. 콩팥의 발달을 예로 들자면, 간충직은 요관 싹으로부터 오는 허용적 신호를 받아서 세관을 형성하게 될 것이다. 신호가 없으면, 발생에 실패하고 어떤 다른 조직도 형성하지 못한다. 지시적 유도와 허용적 유도의 본질적인 차이는 지시적 유도는 수용 조직에서 하위 구분을 나타나게 하는 반면, 허용적 유도는 그렇지 않다는 것이다.

일반적으로, 유도 신호는 세포 사이에서의 세포외 공간을 통해 확산되는 것이라 가정되었다. 그러나 관련된 많은 인자들은 세포외 글리코스아미노글리칸(glycosaminoglycan)에 단단히 붙어 있는 성장인자들이다. 이런 이유와 또 다른 이유로 다른 확산 경로가 고려되었는데, 그중 하나가 많은 발생 조직에서 발견되는 **세포돌출부(세포사(細胞絲), cytonemes)**라 불리는 가느다란 세포 내 돌기를 통한 수송이다. 유도인자가 세포 사이의 공간을 통해서 이동하는 경우에도 공간에서의 그들의 분포는 내포작용 혹은 외포작용과 관련된 세포돌기에 따라 달라질 수 있다. 유도인자의 수송은 하나 이상의 기전이 밝혀진 초파리의 성충판에서 가장 잘 알려져 있다(19장 참고).

측면 억제

유도라고 할 수는 있으나 대개 이와 별개로 생각되는 세포 전달의 또 다른 중요한 분류는 **측면 억제(lateral inhibition)**이다(웹사이트에서 동영상 6: 가장자리 억제 참고). 이것은 단일 형태의 집단으로부터 온 각각의 세포가 하나의 발생 경로를 따르는 반면, 주변 세포가 다른 발생 경로를 따를 때 작동하는 Notch-Delta계의 행동에서 잘 알려져 있다(그림 4.13). 그 예는 초기 신경판에서의 **신경세포형성(neurogenesis)**이나 내장 상피에서 내분비 세포 형성을 포함한다. 원칙적으로 측면 억제 체계는 여러 개의 작은 신호 중심이 형성되면 주변 세포가 신호 형성을 못하게 하기 때문에 작동한다. 이것은 그림 4.14에 나와 있는데, 여기서는 B형 세포가 되기로 이미 특정화되어 있는 세포가 우연히 A형 세포로 수임되어갈 때의 세포 장(field)을 묘사하고 있다. A형이 될 처음의 약간의 세포들은 A형 세포를 발달시키는 "활성제(activator)" 물질을 생산하고, 아울러 "억제제(inhibitor)" 물질을 생산하는데, 이 물질은 활성제 작용을 억제하여 결국 방해받은 세포가 A형으로 진

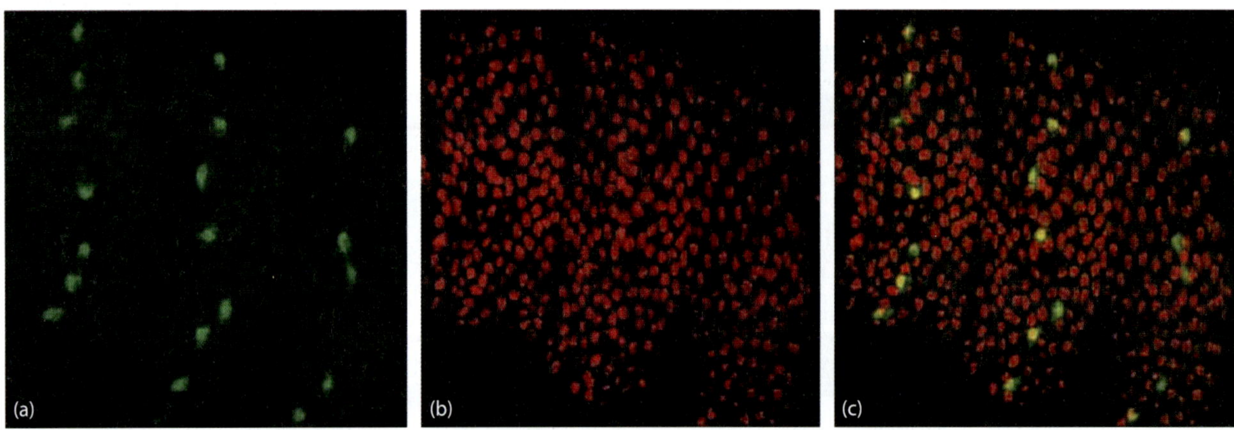

그림 4.13 초파리의 성충판(Imaginal Disc)에서는 측면 억제 과정을 따라서 감각신경의 조상형 세포가 개별 세포로 발생한다. (a) SuH (녹색) 단백질에 대한 면역염색법으로 가시화된 초기 감각세포. (b) 일반적 핵염색(프로피디움 요오드). (c) 겹쳐진 모습. (인용) Company of Biologists Ltd.의 허락을 얻어 Gho et al. Development 1996; 122:1673-1682의 그림을 재구성함.

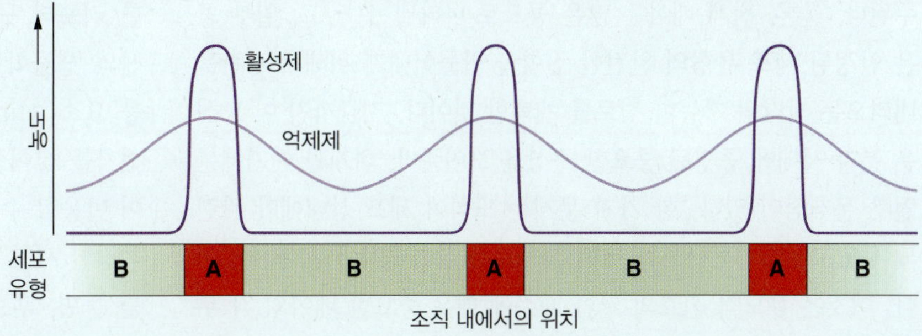

그림 4.14 측면 억제. A형 세포는 활성제와 억제제 모두를 생산한다. 활성제가 지배적인 곳에서는 A형 세포가 안정화되지만, 억제제가 우세한 곳에서는 A형 세포가 억제된다.

행할 수 없게 만들고, 그 대신에 도로 B형 세포가 되게 한다. 이 체계가 어떤 양식을 만드는 이유는 활성제가 아마도 세포 간 접촉을 통해서만 활성화되고 짧은 작용범위를 갖는 반면, 억제제는 확산에 의해 자유롭게 이동하여 긴 작용범위를 갖기 때문이다. 이는 원천 가까이에서 활성제가 억제제를 압도해서 두 가지 물질 모두를 생산하는 세포형 A의 형성과 유지를 보장한다는 것을 의미한다. 주변 지역에서는 억제제가 활성제를 압도하게 되고 세포형 A의 형성을 억압한다. 특정 범위를 벗어나면 억제제의 활동이 A형 세포의 다른 신호 중심의 형성을 막기에는 불충분하게 되고, 그 결과로 비교적 일정한 방식으로 세포 영역을 가로질러 공간적으로 분포하는 많은 신호 중심이 형성된다. 최종 형태가 얼마나 규칙적인지는 기전의 세세한 부분에 달려 있다.

발생의 확률적 요소

발생은 종종 동질성의 초기 상태로부터 공간적 패턴이 만들어지는 것을 포함하는 것으로 보인다. 이는 측면 억제 체계가 작동하거나 세포질 결정인자가 세포의 어느 한 끝 부분이 아닌 다른 끝에 자리하게 될 때 일어난다. 또한 단일 유형인 조상형으로부터 복잡한 세포형이 분화하는 경우에도 나타날 수 있고, 심지어는 동일한 환경에서 체외 배양되는 경우에도 일어날 수 있다. 이 모든 과정은 **대칭 파괴(symmetry breaking)**를 포함한다. 특정 물질의 농도 또는 특정 유전자의 활성에서 나타나는 아주 작으면서 자연스럽게 일어나는 변동은 특별한 위치에서 양성 피드백의 결과로 증폭되고, 증폭에 따르는 결과로서 인접한 부분에서는 억제된다. 이러한 변동의 원천은 무엇일까? 궁극적으로, 이것은 세포 내 소수의 조절 분자 때문이다. 각각의 세포 내에는 수백 벌의 특정 전사인자가 들어 있을 수 있으며, 이들은 거대한 양의 DNA 서열을 검색하여 DNA에서의 결합 위치를 발견해야만 한다. 각각의 유전자는 두 벌 밖에 없고, 특정한 시간에 특정 조절의 각 사본은 결합된 전사인자를 갖거나 갖지 않을 수 있다. 개별 분자가 머무는 시간은 꽤 길어서 수분 정도 되는데, 그래서 명백히 동일한 세포 집단은 조절 부위의 점유라는 관점에서 볼 때 실제로 이질적이다. 양성되먹임 체계가 존재한다고 하면, 이러한 변동은 쉽게 증폭되어 눈에 띄게 되고, 그 구성은 비가역적으로 달라진다.

"후성학적 경관"

발생학적 수임은 1940년대의 발생학자이자 유전학자인 와딩턴(C.H. Waddington)에 의해 처음 소개된 이래로 가장 주목할 만한 시각적 표현의 주제이다. 이것이 바로 "후성학적 경관(epigenetic landscape)"이다(**그림 4.15**). 그의 도식은 최근에 다시 인기를 얻어 부활했으며, 다시금 빈번하게 인용된다. 전형적인 도식은 자연의 경관이 물에 의해 깎여지는 것처럼, 사면을 따라 내려가면서 가지를 치는 일련의 계곡들이 나타나는 경관을 묘사하고 있다. 공을 정상에 놓아두면, 공은 계곡을 따라 굴러 내릴 것이다. 각 분지에서 공은 맞닥뜨리는 미세한 교란에 의해서 오른쪽이나 왼쪽으로 움직이게 되고, 이와 같은 각각의 경로 선택은 대칭을 깨뜨리게 된다. 결국 공은 계곡의 가장 낮은 지점들 중 한 곳에서 멈추게 될 것이다. 공은 배아에서 세포를 나타내고, 계곡은 발생학적 수임의 상태를, 각각의 분지는 발생학적 선택을 나타내는 것으로 간

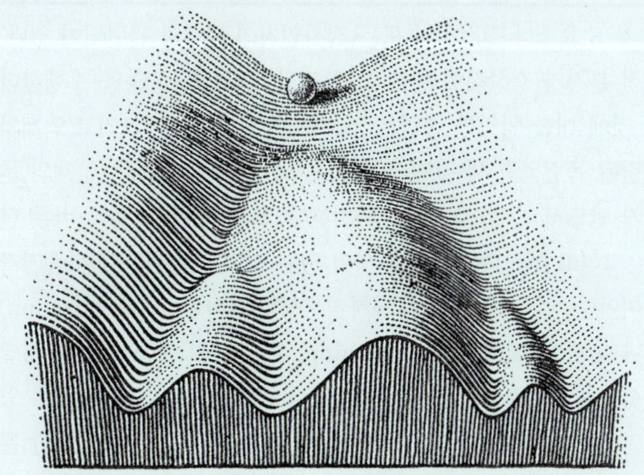

그림 4.15 와딩턴의 "후성학적 경관". 공은 하나의 세포를 나타내고 계곡은 세포가 택할 수 있는 다른 발생상의 선택을 의미한다.

주된다. 물론, 전체 배아는 많은 공으로 나타낼 수 있고, 일부 공은 안정된 세포 유형의 완전한 집합을 만들어내기 위해서 경관을 내려오는 각각의 가능한 경로를 채택할 것이다. 지금까지 이 도식은 분자 시대에 증명된 중요한 구상을 보여준다. 하지만 여기에는 일부 문제점이 있다. 한 가지 문제는 도식이 세포 상태에만 관련되어 있고, 배아의 구조를 어떤 식으로든 잡아내지 못한다는 것이다. 이것은 유도적 신호의 교환 때문에 매우 중요한 배아의 각 부분들 간의 상호작용은 나타내지 못함을 의미한다. 또 다른 더 추상적인 문제점은 표면이 나타내는 것이 무엇이지를 정확하게 결정하는 것이다. 몇몇 이론가들은 이것을 "잠재적 에너지 표면"으로 간주하는데, 이것은 모든 수준의 유전자 산물과 세포에서 발견되는 다른 물질들을 나타내는 다차원 상태 공간에 내포되어 있다. 이러한 표면이 실제로 존재하는지 아니면 추정되어질 수 있는지는 불분명하다.

와딩턴 자신은 발생의 큰 요소가 유전자 발현의 조절로 이루어져 있음을 인식하면서, 발생의 효과적인 동의어로 **후성유전학(epigenetics)**이라는 용어를 도입했다. 그러나 오늘날 이 용어는 다른 느낌으로 사용된다. **후성학적(epigenetic)**이라는 것은 DNA 단독보다는 염색사 구조라는 관점에서 유전자 발현을 이해하는 것을 의미한다. 이것은 전사 활동을 총체적으로 가능하게 하거나 방해하는, 유전자 발현 조절자로서의 DNA 메틸화와 히스톤이나 다른 염색체 단백질의 수많은 화학적 변이의 중요성을 인식하는 것이다(아래 참고).

증명을 위한 척도

발생학에 있어 많은 연구 작업이 특정 발생적 수임 상태를 정의하는 유도 요소나 결정인자 또는 전사인자의 규명과 관련되어 있다. 특정 분자가 정상적인 발생 동안 정말로 특정한 기능을 수행한다는 것에 대한 엄격한 증명은 최소한 **발현**, **활성도**, 그리고 **억제**와 관련된 독립적인 세 갈래의 증명을 요구한다. "발현"은 문제의 분자가 반드시 존재하는 것을 의미한다. 그것이 바른 장소, 바른 단계, 그리고 생물학적으로 활성이 있는 형태로 발현한다는 증거가 있어야만 한다. 이는 주로 **제자리혼성화법(*in situ* hybridization)**이나 **면역염색법(immunostaining)** 혹은 **단일 세포 전사체 서열분석(single cell transcriptome sequencing)**으로부터 얻을 수 있지만, mRNA의 존재가 폴리펩타이드의 번역을 보장하지 못할 뿐 아니라, 단백질의 존재가 번역 후 활성화 가공 과정을 보장하지도 않는다는 것을 반드시 기억해야 한다. 추가적인 증거는 적당한 리포터 구조물들로부터 얻을 수 있는데, 예를 들어서 레티노산의 생물학적 활성 수준은 리포터 유전자에 붙는 레티노산 반응 요소(retinoic acid response element, RARE)로 이루어진 유전자를 넣어줌으로써 감지할 수 있는 것이다. 레티노산에 노출되어 반응할 수 있는 부분들에서 수용체가 발현한다. 문제의 분자가 적당한 시험 체계에서 적절한 생물학적 활성을 가져야만 한다. 예를 들면, 후보 유도인자는 목표 조직으로부터 정확한 반응을 불러일으킬 수 있어야만 한다. 후보 세포질 결정인자의 경우, 세포의 또 다른 부분이나 다른 할구로 주입되어질 수 있어야만 하고, 주입된 부분이 결정인자에 의해 야기되는 과정을 따라 발생할 수 있어야만 한다.

억제는 어떤 분자가 생체내 상태에서 억제된다면, 이것이 관련되었다고 여겨지는 과정이 일어나지 않음을 의미한다. 몇몇의 유사한 분자가 어떤 과정에 책임이 있다면(**중복성**, 3장 참고), 결과를 얻기 위해서는 그 모두를 억제시키는 것이 필요할 지도 모른다. 억제는 유전자를 불활성화시키는 돌연변이에 의한 DNA 단계, 안티센스 모폴리노(morpholino)나 RNAi를 사용하는 RNA 단계, 정상 유전자 산물에 대한 특정 억제자를 도입하는 단백질 단계에서 이루어질 수 있을 것이다. 세포외 물질은 때때로 특정 중화 항체에 의해 성공적으로 억제될 수도 있다. 비록 잘 밝혀진 돌연변이는 반드시 하나의 유전자에 특이적이지만, 다른 방법을 포함한 억제 실험은 그렇게 특이적이지 않아서 주의 깊은 평가를 요구한다. 발생학의 논문을 평가할 때 이러한 세 가지 증명 기준을 염두에 두면 매우 유용하다. 그중 하나가 누락된 경우에는 분자가 효과를 일으키는 경우가 충분히 입증되지 않는다.

전사인자

발생 수임 상태는 세포 내에 존재하고 활성화되는 전사 인자의 조합에 크게 의존한다. 3장에서 언급했듯이, **전사인자(transcription factors)**는 유전자의 활성을 조절하는 단백질이다. **호메오 도메인(homeodomain)** 및 **징크-핑거(Zinc-finger)** 도메인과 같은 DNA-결합 도메인의 유형에 따라 분류된 많은 패밀리가 있으며, 발생에 가장 중요한 전사인자는 "전사인자 패밀리" 절에 나열되어 있다. 대부분은 핵 단백질이지만, 일부는 활성화되어 핵으로 들어가기 전까지 세포질에 존재한다. 이러한 활성화는 종종 세포 간 신호전달에 반응하여 일어난다.

단백질의 각 유형의 DNA-결합 도메인은 일반적으로 DNA내에서 20개의 뉴클레오타이드 또는 그 이하의 상응하는 표적 서열

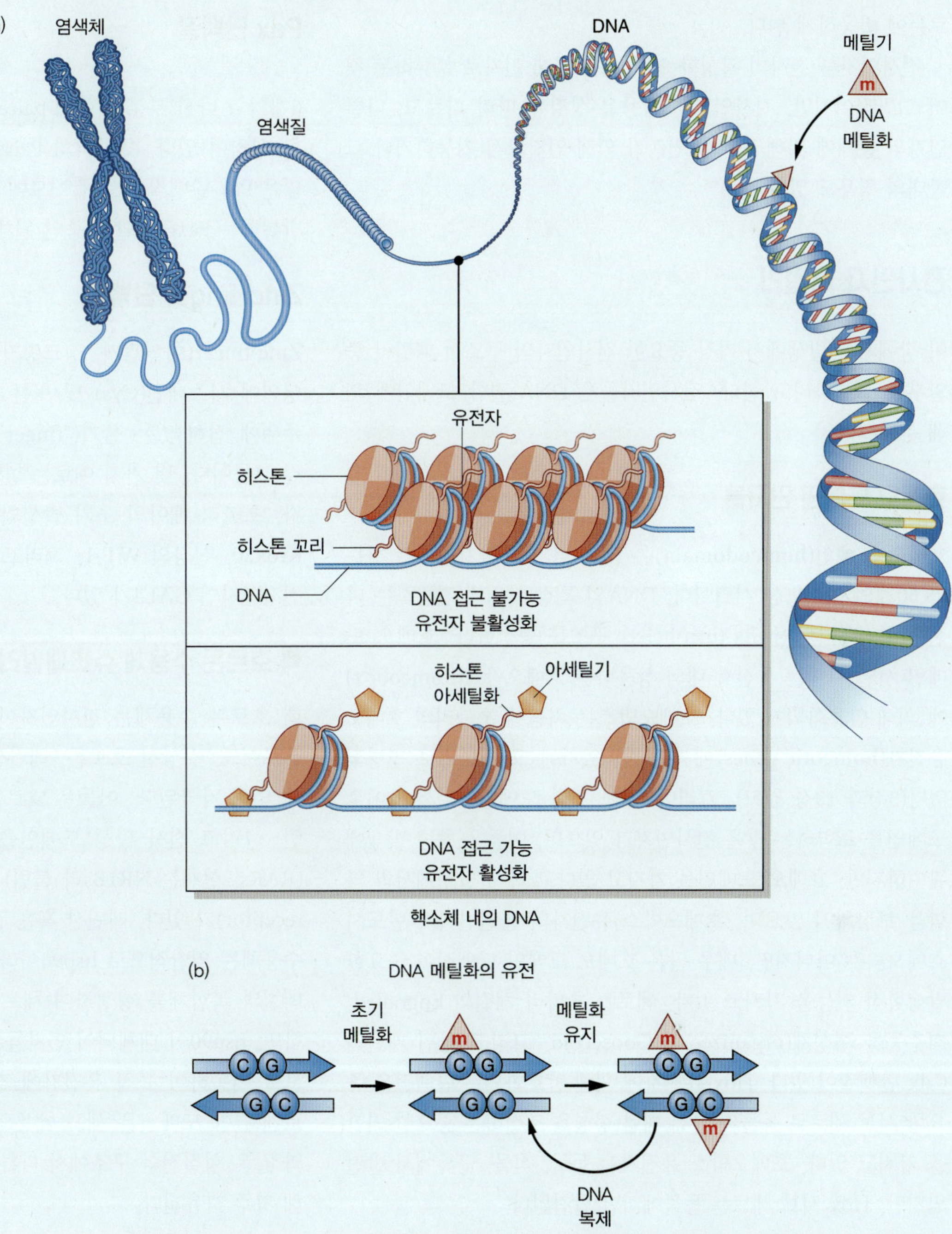

그림 4.16 (a)히스톤 아세틸화에 의해 염색질의 열린 구조. (인용) National Instituite of Health. (b) DNA 메틸화 패턴이 DNA 복제와 세포 분열을 통해 어떻게 전달되는지 보여줌. 메틸화는 이미 헤미메틸화된 CGs에 메틸화를 하는 유지 메틸화효소에 의해 DNA 복제 과정에서도 보존됨.

을 갖는다. 이들은 표적 유전자의 조절 영역의 서열 분석에 의해 확인할 수 있지만, 특정 전사인자가 실제로 특정 표적 유전자를 생체 내에서 조절한다는 증거는 실험에 의해 확립되어야 한다. 전사인자의 활성화 도메인은 종종 **"산성 덩어리(acid blob)"**를 형성하는 산성의 아미노산을 많이 포함하며, 이는 일반적인 전사 복합체의 형성을 촉진한다. 전사인자는 종종 히스톤 아세틸화 효소를 동원하는데, 이들은 히스톤의 아미노기를 중화하여 염색질을 열고 DNA에 다른 단백질의 접근을 허용한다(**그림 4.16a**). 일반적으로 전사인자의 분자적 구성은 모듈식임으로, 실험실에서 기존 인자의 개별 도메인을 재조합하여 새로운 인자를 만들 수 있다. 예를 들면, 전사 활성화 인자는 활성화 도메인을 억제 도메인으로 교체함으로써 억제 인자로 전환될 수 있다. 핵 내 호르몬 수용체 패밀리에서는 한 인자의 호르몬 결합 부위를 다른 인자의 DNA-결합 부위 및 작동체(effector) 부위와 결합할 수 있다. 예를 들어, 수용체의 레티노산 결합 부위가 갑상선 호르몬 결합 부위로 대체되면, 일반적으로 레티노산에 반응하는 유전자가 대신 갑상선 호르몬에 반응하게 된다.

전사인자를 전사의 활성화 인자 또는 억제 인자로 분류하는 것이 일반적이지만, 전사인자의 작용은 상황에 따라 다르고, 다른 인자의 존재에 의해 활성화 인자가 억제 인자로서 기능하거나 그 반대의 경우도 있다.

전사인자 패밀리

이 장에서는 발생에서 가장 중요한 전사인자의 구조적 패밀리 중 일부를 설명하려고 한다. 전사인자들은 DNA-결합 도메인에 의해 분류된다.

호메오 도메인 인자들

호메오 도메인(homeodomain)은 많은 염기성 잔기를 포함하는 약 60개의 아미노산 서열이며, DNA의 특정 부위에 결합하는 나선형-회전-나선형(helix-turn-helix) 구조를 형성한다. 호메오 도메인 서열 자체는 유전자 내의 상응하는 **호메오박스(homeobox)**에 의해 암호화되어 있다. 호메오박스는 처음에 초파리의 **호메오 유전자(homeotic genes)**에서 발견되었기에 그 이름으로 명명되었다(3장과 13장 참고). 그러나 DNA-결합 도메인으로서 호메오 도메인을 포함하는 많은 전사인자가 있으며, 이들은 종종 발생에 관여하지만, 호메오 도메인을 가지고 있다고 해서 발생에서의 역할을 보장하지 않으며, 호메오박스 유전자의 돌연변이가 반드시 호메오틱은 아니지만, 매우 많은 호메오 도메인 단백질이 중요한 발생학적 기능을 가지고 있다. 예로는 초파리 체절의 Engrailed, 척추동물 형성체(organizer)의 Goosecoid, 그리고 앞뒤 패턴의 Cdx 단백질이 있다. Hox 유전자에 의해 암호화되는 단백질은 중요한 서브 세트로 동물의 앞뒤 패턴 형성을 조절하는 중요한 역할을 가지고 있다. 호메오박스 유전자는 동물, 식물, 균류에서 발견되지만, Hox 서브 세트는 동물에서만 발견된다.

LIM-호메오 도메인 단백질

LIM 도메인은 단백질 간의 상호작용을 담당하는 시스테인이 풍부한 아연 결합(zinc-binding) 영역이지만, 그 자체는 DNA-결합 도메인이 아니다. LIM-호메오 단백질은 DNA에 결합하는 호메오 도메인과 함께 2개의 LIM 도메인을 가지고 있다. 예로는 척추동물 배아의 형성체 영역의 Lim-1, 운동 뉴런의 Islet-1, 팔다리 싹의 Lhx 인자, 초파리의 날개의 Apterous가 있다.

Pax 단백질

6개의 α-나선 부분과 함께 paired 도메인이라고 불리는 DNA 결합 영역이 있다. 초파리의 Paired 단백질에서 이름이 유래됐다. 많은 Pax 단백질은 호메오 도메인을 포함하고 있고, 그 예로 눈에 발현하는 Pax6와 발생 중인 원체절의 Pax3가 있다.

Zinc-finger 단백질

Zinc-finger(아연핑거, 징크핑거, 아연집게) 단백질은 DNA-결합 영역에 시스테인(Cys) 및/또는 히스티딘(His) 잔기가 아연 원자 주위에 접혀 있는 돌기("finger")를 포함하는 크고 다양한 단백질 그룹이다. 몇 가지 예로는 혈액과 장 발생에 중요한 GATA 인자, 초파리 배아의 초기 발생의 Krüppel, 후뇌의 마름뇌분절의 Krox20, 신장의 WT-1, 그리고 과발현 실험에 사용되는 효모의 전사인자인 GAL4가 있다.

핵 호르몬 수용체 슈퍼패밀리(superfamily)

핵 호르몬 수용체는 전사인자이기도 한 세포 내 수용체로서 스테로이드, 갑상선 호르몬, 레틴산과 같은 친유성 **리간드(ligand)**에 의해 자극된다. 이들은 호르몬-결합 도메인, DNA-결합 도메인, 그리고 전사 활성 도메인을 가진다. 예로는 레틴산 수용체(RARs, 현재는 NR1Bs라 불림) 그리고 엑디손 수용체(ecdysone receptor)가 있다. 레틴산 혹은 갑상선 호르몬이 아닌 스테로이드 수용체는 일반적으로 hsp90이라고 하는 열 충격(heat shock) 단백질과 복합체를 형성하여 세포질에서 유지된다. 호르몬이 결합하면, hsp90이 대체되어 인자들은 활성 이량체를 형성한 다음 핵으로 이동하여 표적 유전자에 결합한다. 이러한 이유로, 에스트로겐-결합 도메인은 세포 계통의 표지에 많이 사용되는 Cre-ER과 같은 형질전환 구조에서 다른 단백질에 유도성을 부여하기 위해 자주 사용된다.

Basic helix-loop-helix(bHLH) 단백질

bHLH 전사인자는 이종이량체로서 작용한다. 이들은 염기성 DNA-결합 영역과 단백질 이량체화에 관여하는 소수성 helix-loop-helix(염기성 나선-고리-나선) 영역을 포함하고 있다. 이량체를 구성하는 하나의 인자는 생물체의 모든 조직에서 발현되고, 다른 인자는 조직 특이적으로 발현된다. HLH를 포함하지만 서열의 염기성 부분을 포함하고 있지 않다. 이들은 다른 bHLH 단백질과 함께 불활성 이량체를 형성하여 활성을 억제한다. bHLH 단백질의 예로는 척추동물에서 어디서나 발현하는 E12와 E47과 근육 조직에서 발생하는 인자인 MyoD, 그리고 초파리 pair-rule(쌍지배) 단백질인 Hairy가 있다. 염기성 영역을 가지지 않는 억제인자의 예로는 근육 조직 형성의 억제인자인 Id가 있다.

Fox 단백질

Fox 단백질은 또 다른 형태의 DNA-결합 영역을 형성하는 100개의 아미노산으로 이루어진 winged helix 도메인을 가지고 있다. 초파리에서 배아의 말단에 영향을 주는 *forkhead* 돌연변이에서 유래하였기에 "Fox" 단백질로 알려졌다. Fox 인자는 또한 척추동물의 앞뒤축과 장 형성에 중요하다.

T-box 인자

T-box 인자는 생쥐에서 "T", 다른 동물에서는 Brachyury로 알려진 원형(prototype) 유전자의 산물과 유사한 DNA-결합 도메인을 가지고 있으며, 척추동물의 배아의 중배엽에서 T-box 인자가 발현한다. 여기에는 내배엽 결정 인자인 VegT와 사지 신원(limb identity) 인자인 Tbx4와 Tbx5가 포함된다.

High mobility group(HMG, 쾌속단백질군)-box 인자

HMG-box 인자는 다른 인자와 달리 특이적인 활성화 혹은 억제 도메인을 가지고 있지 않다. 대신 이들은 DNA를 구부리고 다른 조절 부위를 전사 복합체와 접촉시켜서 기능한다. 예로는 정소 결정 인자인 SRY, 연골 분화의 "master switch"인 Sox9, 그리고 Wnt 신호에 의해 활성이 조절되는 TCF와 LEF 인자가 있다.

그 밖의 유전자 활성 조절 인자들

마이크로RNAs

유전자 발현의 일부 음성 제어는 작은 RNA 분자에 의해 번역 수준에서 일어난다. 마이크로 RNA(miRNAs)는 이중가닥의 RNA 분자로 길이가 21-23 뉴클리오타이드 정도가 된다. 그들은 이중가닥 영역(hairpin)을 포함하는 긴 1차 전사체로 생성된다. miRNAs는 Drosha라는 핵산분해효소에 의해 더 작은 분자가 되어 세포질로 내보내지고 또 다른 핵산분해효소인 Dicer에 의해 최종 길이로 처리된다. 한쪽 혹은 양쪽 가닥은 Dicer와 Argonaute 단백질을 포함하고 있는 RNA-유도 침묵 복합체(RNA-induced silencing complex, RISC)에 통합된다. RISC 복합체는 편입된 miRNA에 의한 인식을 통해서 표적 mRNA에 결합하게 된다. 일반적으로, 그 영향으로 단백질 번역을 줄이거나 RNA를 불안정하게 한다. 경우에 따라서는 mRNA가 절단될 수 있다.

척추동물의 유전체에는 약 800개의 microRNA가 있고 무척추동물에는 약 150개가 존재한다. 이들은 완벽한 서열 매치 없이 억제 효과를 일으킬 수 있으며, 따라서 하나의 miRNA가 다른 많은 mRNA들을 표적할 수 있다. miRNAs 외에도 다른 두 종류의 작은 억제 RNA(siRNAs)로 내재성 siRNAs와 Piwi-관련 PiRNAs가 있다. 이들 또한 억제성이지만 다른 모드의 생성 과정을 거친다. 작은 RNA 외에도 많은 긴 비코딩 RNA(long noncoding RNAs, Lnc-RNAs)가 있고, 이들 중 일부도 유전자 발현을 조절한다.

miRNAs에 의해 사용된 기작은 외인성 이중가닥 RNA에 의해 일어날 수 있으며, 이는 유전자 녹다운을 위한 **RNA 간섭(RNA interference, RNAi)** 방법의 기초가 되었다.

염색질 구조

후기 배아 발달에서는 세포가 채택하는 분화의 상태는 보통 초기의 수임보다 훨씬 더 안정적이다. 분화된 상태의 안정성은 전사인자뿐만 아니라 염색질 구조의 리모델링에도 의존한다. 대부분의 DNA는 히스톤이라고 불리는 단백질과 함께 복합체를 형성해서 뉴클레오좀(nucleosome)이 되어 30 nm의 필라멘트와 고차 구조로 배치된다(**그림 4.16a**). 염색질의 활성화된 영역에서는 뉴클레오좀이 어느 정도 움직일 수 있는데, 이는 DNA에 전사인자의 접근을 허용한다. 이것을 **진정염색질(euchromatin)**이라고 한다. 다른 영역에서는 고도로 응축되고 불활성이며, 이를 **이질염색질(heterochromatin)**이라고 한다. 포유류 이외의 척추동물의 유핵 적혈구의 극단적인 예에서, 유전체는 이질염색질이고 불활성이다. 염색질의 구조는 **크로모박스(chromobox)** 단백질에 의해 어느 정도 조절이 된다. 예를 들면, 초파리의 Polycomb은 많은 유전자의 발현에 영향을 미치지만 전사인자는 아니다.

염색질 상태의 중요한 요소는 히스톤, 특히 히스톤 3의 변형이다. 라이신의 아세틸화는 염색질 구조를 열리게 해서 전사 복합체가 DNA에 결합할 수 있게 한다. 라이신 혹은 아르기닌의 메틸화는 변형의 부위에 따라 양성 혹은 음성의 영향을 미칠 수 있으며, 히스톤의 다른 화학적 변형도 있다. 초기 발생에서, 주요 발생 유전자의 염색질 구조는 종종 "고정"되어 동일한 위치에서 활성화 및 억제 변형을 모두 가지며, 이는 쉽게 상향 또는 하향 조절될 수 있음을 의미한다.

DNA 자체는 CG 디뉴클레오타이드(dinucleotide) 서열의 시토신 잔기에 메틸화될 수 있다. 한쪽 가닥의 CG는 다른 역평행가닥의 GC와 쌍을 이루므로, 잠재적인 메틸화 부위는 항상 두 가닥에서 서로 반대쪽에 있게 된다. 새롭게 나타난(de novo) methylase를 포함한 많은 DNA 메틸 전달효소는 이전에 비메틸화인 CGs를 메틸화하고, 유지 메틸화효소는 한쪽에서 메틸기를 가지고 있는 다른 CG 부위를 메틸화한다. 이 부위가 메틸화되면, 복제에 의해 생성된 헤미메틸화된 부위가 유지 메틸화효소의 기질이 되게 때문에 후속 DNA 복제 라운드에서도 계속 유지된다(**그림 4.16b**). 다른 가능한 디뉴클레오타이드와 비교하면, 척추동물의 유전체에서는 디뉴클레오타이드 CG가 전반적으로 부족하고, 많은 CG는 유전자의 5' 말단 부근의 영역에 군집화되어 있다. 이러한 "CpG 섬(island)"는 주로 메틸화되지 않고 하우스 키핑(housekeeping) 유전자의 위치를 나타내는 것으로 여겨진다.

DNA 메틸화 자체가 히스톤 탈아세틸화 효소를 동원하여 유전자의 억제 상태가 유지하는 데 도움이 된다. 히스톤 변형 상태는 DNA 메틸화와는 독립적으로 변형 효소와 염색질의 특정 영역 사이의 영구적 결합에 의해 세포 분열을 통해 전달될 수 있다. 따라서 DNA 메틸화와 히스톤 변형은 모두 상향 조절 또는 억제의 원래 신호가 사라진 후에도 발생하는 유전자의 활성 상태를 유지하는 수단을 제공한다.

신호전달 시스템

초기 발생에서 활성화되는 유도인자는 몇 가지 중요한 분자 패밀리가 있으며, 이 분자는 다른 맥락에서 성장인자, 사이토카인(cytokines), 또는 호르몬(hormones)으로도 알려져 있다. 유도인자 대부분은 단백질이지만 레틴산과 같은 작은 지용성 분자도 몇 가지 있다. 대부분은 신호전달 세포에서 분비되지만 몇몇은 직접 인접한 세포와의 결합을 통해서만 상호작용할 수 있는 내인성막 단백질이다. 그들은 특이적인 **수용체(receptors)**와 결합하고, 세포 내에서 **신호전달 경로(signal transduction pathway)**를 활성화한다. 이것은 특정 유전자의 상향 조절, 억제, 세포 골격 또는 세포 대사의 변화를 통한 세포 행동의 변화로 이어질 수 있다. 세포가 보여줄 수 있는 **수용능(competence)**은 그것이 가지고 있는 수용체와 이들이 신호전달 경로에 어떻게 결부되는지, 또 이들 경로가 어떻게 유전자 발현을 조절하는지에 따라 달라진다. 앞선 "유도" 절에서 언급했듯이, 여러 농도에서 하나 이상의 반응을 유도할 수 있는 유도인자를 **형태형성인자(morphogen)**이라고 한다. 이는 신호전달 센터에서 방출되는 농도 구배가 근원에서부터의 다양한 거리에 따라 다양한 반응을 유도하고, 이전에는 존재하지 않았던 "형태(morphology)"를 생성하기 때문이다.

단백질의 분비

유도인자를 포함한 모든 분비 단백질은 일반적으로 N-말단 아미노산의 소수성 서열인 신호 펩타이드를 포함한다. 단백질 합성 동안, 이것은 신호 인식 입자에 의해 인식되고 리보솜을 소포체의 전위 채널(translocation channel)에 결합시킨다. 합성이 진행됨에 따라, 성장하는 폴리펩타이드는 이 채널을 통해 소포체 내강(lumen)으로 보내진다. 마지막으로, 신호 펩타이드가 절단되고 단백질이 방출된다. 소포체에 들어가면 단백질의 이차 구조에 필요한 이황화 결합이 형성되는 등 추가로 처리된다. 이들은 분자 내 또는 분자 간일 수 있으며, 동종이량체 혹은 이종이량체의 형성이 된다. 대부분 세포의 표면과 세포 외 단백질은 세린, 트레오닌 또는 아스파라긴 잔기에 탄수화물사슬(carbohydrate chain)이 첨가되어 당화되며, 그 예로는 Notch가 있다("Notch 시스템" 절 참고). 단백질은 소낭(vesicle)의 형태로 골지체로 운반되며, 여기서 탄수화물의 추가 처리가 수행되고, 세포외 유출(exocytotic) 소낭의 형태로 세포 표면으로 운반되어 방출된다.

신호 전달

레틴산, 갑상선 호르몬, 또는 스테로이드와 같은 지용성 저분자인자는 확산에 의해 세포에 들어갈 수 있다(**그림 4.17a**). RARs(또는 NR1Bs) 자체는 전사인자이며, 레틴산이 결합하면 활성화되고 RXR(또는 NR2B)라 불리는 관련 수용체 그룹과 이종이량체를 형성한다. 이종이량체는 DNA에서 RARE와 결합하고 표적 유전자를 상향 조절한다(**그림 4.18**). 레틴산은 후뇌, 췌장 및 기타 기관의 형성에서 기능을 갖는 특히 중요한 유도인자이며, 10^{-7}m 부근에서도 활성화시킬 수 있다. 이들의 합성에 중요한 속도 결정 효소는 레틴알데히드 탈수소효소(RALDH)이고, 분해는 Cyp26-type P450 효소에 의한 산화에 의해 일어난다. 스테로이드의 경우, 수용체는 일반적으로 세포질에 존재하며 열충격 단백질 90(heat shock protein 90, hsp90)과 복합체를 형성한다. 스테로이드가 그 수용체에 결합하면 hsp90에서 유리되어 표적 유전자를 조절할 수 있는 핵으로 들어간다(**그림 4.17a**). 단백질 유도인자는 세포막을 가로질러 확산할 수 없기 때문에 특정 세포 표면의 수용체에 결합하여 작용한다. 여기에는 세 가지 주요 클래스가 있다. 발달에서 특히 중요한 효소 연결 수용체, G-단백질 연결 수용체, 그리고 이온 채널 수용체. 발생에서 중요한 주요 효소 연결 수용체는 티로신 키나아제(kinase) 또는 세린/트레오닌 키나아제이다(**그림**

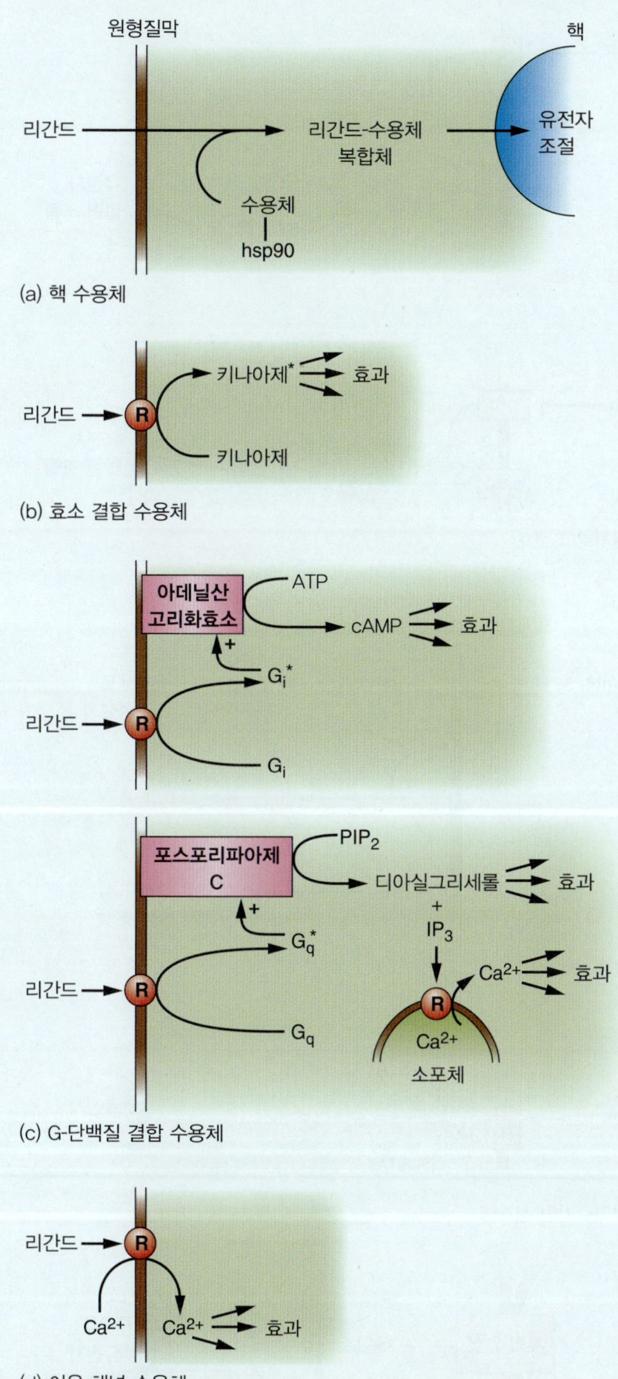

그림 4.17 신호전달의 일반적인 모드. (a) 스테로이드 호르몬에 의해 사용되는 핵 수용체 기작. (b) 효소 결합 수용체. (c) G-단백질 결합 수용체. (d) Ligand-gated 이온 채널.

4.17b). 모두 세포 외부에 리간드-결합 도메인, 단일 막 관통 도메인, 그리고 세포질 도메인에 효소 활성 부위를 갖는다. 티로신 키나아제 수용체의 경우, 리간드 결합은 수용체의 이량체화를 야기하고, 자가인산화(autophosphorylation)를 일으켜서, 각각의 수용체 분자가 인산화되고 다른 수용체 분자가 활성화된다. 인산화된 수용체는 다양한 표적을 활성화시킬 수 있다. 이들 중 다수는 인산화에 의해 활성화되는 전사인자이고, 이들은 표적 유전자의 상향 조절을 위해 핵으로 이동한다. 다른 경우에는 사슬의 하류에서 서로 활성화하는 키나아제 경로가 있으며, 전사인자의 활성화로 이어진다. 대략적으로, 인자들의 각 클래스에는 고유한 관련 수용체와 특정 신호전달 경로가 있다. 가장 중요한 유도인자 패밀리와 신호전달 경로는 아래에 나타내었다.

G-단백질 연결 수용체에는 여러 종류가 있다(**그림 4.17c**). 가장 많이 알려진 막을 7번 관통(seven-pass)하는 막단백질은 단일 폴리펩타이드 사슬로 구성되어 있고 막을 7번 통과한다. 예로는 헤지호그(Hedgehog) 신호전달 경로에 있는 Smoothened 단백질이다. 이들은 α, β, γ 아단위(subunit, 소단위)로 구성된 삼량체 G-단백질과 관련이 있다. 리간드가 결합하면, 활성화된 수용체가 α 아단위의 GDP를 GTP로 교환하고, 활성화된 α 아단위는 유리되어 다른 막 구성성분과 상호작용할 수 있다. 가장 흔한 표적은 아데닐산 고리화효소(adenylyl cyclase)로서, 이는 ATP(adenosine triphosphate)를 cAMP(cyclic adenosine monophosphate)로 전환시킨다. cAMP는 세포 내 대사와 유전자 발현 모두에 영향을 미치는 다양한 추가 표적 분자를 인산화하는 단백질 키나아제 A(protein kinase A, PKA)를 활성화한다.

G-단백질 연결 수용체의 또 다른 큰 그룹은 이노시톨 인지질(inositol phospholipid) 경로를 활성화하기 위해서 다른 삼량체 G-단백질을 사용한다(그림 4.17c). 여기서는 G-단백질이 인지질 분해효소 Cβ를 활성화시키고, 이는 포스파티딜이노시톨 이인산(PIP2)을 디아실그리세롤(DAG)과 이노시톨삼인산(IP3)으로 분해한다. DAG는 단백질 키나아제 C와 같은 중요한 막 결합 키나아제를 활성화환다. 단백질 키나아제A와 같이, 이들은 다양한 상황에서 다양한 표적을 가지며 대사 반응과 유전자 발현의 변화를 일으킬 수 있다. IP_3가 소포체의 IP_3 수용체(IP_3R)와 결합하고, 세포질로 Ca^{2+}을 받아들이는 Ca^{2+} 채널을 연다. 일반적으로, 세포질의 Ca^{2+}은 약 10^{-7}M의 매우 낮은 농도로 유지된다. 원형질막에서 이온 채널을 열거나 IP_3 활성의 결과로 칼슘 이온 농도가 증가하면 다양한 표적 분자에 넓은 범위의 영향을 미칠 수 있다. 중요한 발생학적 예로는 수용체 CXCR4가 있다. 이것은 케모카인(chemokine) SDF1(CXCL12)에 반응하고 개별 세포 이동을 포함하는 과정에 자주 관여한다.

이온 채널 수용체(**그림 4.17d**)는 다른 유형만큼 발생에서 현저한 역할을 하지는 않지만, 수정에 중요한 역할을 하고 있는 등 다

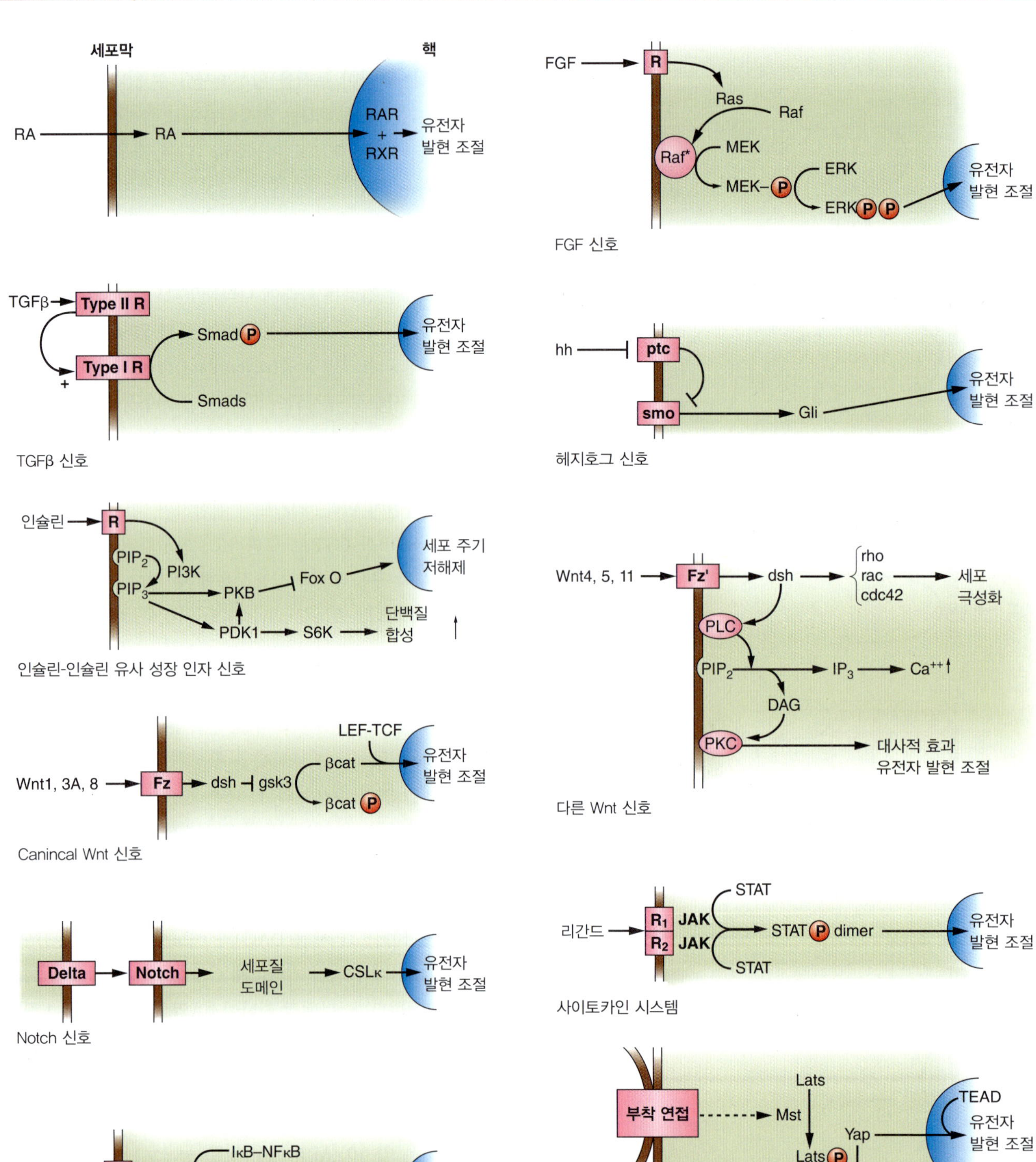

그림 4.18 신호 전달의 다양한 특이적인 경로

른 곳에서의 중요성이 과소평가되었을 수도 있다. 이들은 자극을 받으면 열리게 되어 NA^+, K^+, Cl^- 또는 Ca^{2+}을 통과시킨다.

단백질 신호 인자 패밀리

배아 유도 인자로서 활성을 보이는 신호전달 단백질의 몇 가지 중요한 부류가 여기에 열거되어 있다. 대부분의 인자가 척추동물과 무척추동물 모두에 존재하지만, 서로 다른 경로를 통해 발견되면서 다른 이름을 가지는 경우가 많다. 여기에는 일반적인 척추동물의 이름이 사용됐다. 일반적으로, 예쁜꼬마선충 혹은 초파리와 같은 무척추동물은 특정 인자에 대한 하나의 유전자를 가지고 있는 반면에, 척추동물종은 반드시 동일하지는 않지만 유사한 생물학적 활성을 가진 단백질을 암호화하는 유전자의 대표 패밀리를 포함한다. 일반적인 알려진 신호전달 기작은 그림 4.18에서 간단한 형식으로 보이지만, 실제는 많은 다른 변형 요소와 신호 사이의 상호작용으로 인해 훨씬 더 복잡하다.

종양 증식 인자 *β*(TGF*β*) 슈퍼패밀리(superfamily)

종양 증식 인자 β(Transforming growth factor β, TGFβ)는 원래 "형질전환된"(암-유사) 세포에 의해 분비된 미토젠(mitogen, 조직 배양에서 세포 증식을 촉진하는 인자)으로 발견되었다. 이들은 신호전달 분자의 크고 다양한 슈퍼 패밀리의 본보기로 밝혀졌으며, 모두 많은 기본적인 구조적 특징을 공유한다. 성숙 단백질(mature factor)은 약 25kDa의 이황화-결합 이량체이다. 이들은 생물학적 활성을 나타내기 위해서 단백질 분해적으로(proteolytically) 절단되고 성숙한 형태로 만들어야 하는 더 긴 전구체 형태로 합성된다.

TGFβ 자체는 세포 분열을 억제하고 세포외 기질 물질의 분비를 촉진한다. 이들은 발생 과정의 기관 형성 단계에서 주로 관여한다. 액티빈 유사 인자(activin-like factors)는 척추동물의 배아에서 내배엽과 중배엽의 유도에 관여하는 Nodal 관련 패밀리를 포함한다. 골 형성 단백질(BMPs)는 설치류에서 연골과 뼈의 이소성 형성을 촉진하는 요인으로 발견되었다. 이들은 골격의 발달에 관여하고 척추동물의 초기 체제의 특정화에서 배쪽화 인자로도 관여한다.

TGFβ 슈퍼패밀리에 대한 많은 수용체가 존재한다. 다른 인자에 대한 그들의 특이성은 복잡하고 중복되지만, 일반적으로 각기 다른 소집단의 수용체가 각각 TGFβ 자체, 액티빈 유사인자, 그리고 BMP에 따로 결합한다. 모든 경우에서, 리간드는 먼저 type II 수용체에 결합하여 2개의 type II 수용체 분자와 2개의 type I 수용체 분자가 복합체를 형성할 수 있게 한다. type I, type II 수용체는 모두 세린-트레오닌 키나아제이지만, type I 수용체는 type II 수용체와의 복합체에서만 활성화된다. 활성화는 세포질에서 Smad 단백질의 인산화를 일으킨다. Smad 1, 5 및 8은 BMP 수용체의 표적이고, Smad 2와 3은 액티빈/Nodal 수용체의 표적이다. Smad 4는 두 경로 모두에서 필요하며, Smad 6는 Smad 4의 결합을 대체하여 두 경로를 억제한다. 인산화된 Smad는 핵으로 이동해서 표적 유전자를 조절하는 전사인자 역할을 한다(그림 4.18).

섬유아세포 성장인자(FGF) 패밀리

이름에서 알 수 있듯이, 섬유아세포 성장인자(Fibroblast growth factor, FGFs)는 조직 배양에서 섬유아세포의 미토젠으로 발견되었다. 이들은 많은 중요한 생물학적 활동을 가진 큰 패밀리를 형성하고 있다. FGF는 모든 세포 표면에 발견되는 글리코사미노글리칸(glycosaminoglycan)인 헤파란 황산염(heparan sulfate)에 단단히 결합하는 단량체 폴리펩타이드이다. 이들은 초기 앞뒤 패턴 형성, 뇌의 영역화, 팔다리 신장 촉진 등 매우 광범위한 발생학적 기능을 가지고 있다.

FGF 수용체는 티로신 키나아제 클래스이다. 척추동물은 서로 다른 유전자로 암호화되는 4개의 수용체를 가지고 있고, 이들 각각은 리간드 특이성을 보이는 다른 스플라이스 유형이다. 특히, FGFR2b 스플라이스 유형은 FGF7과 FGF10에 특이적이고 FGFR2c 스플라이스 유형은 FGF4와 FGF8에 특이적이다.

FGF와 헤파란 황산염의 복합체는 수용체에 결합하고 수용체 이량체를 형성한다. 이것은 자가인산화 및 세포 외 신호 조절 키나아제(extracellular signal regulated kinase/ERK) 신호전달 경로의 활성화로 이어진다. 이 경로에서 일련의 작용이 일어난다. 첫 번째 단계는 결합된 GTP를 GDP로 교환하여 Ras를 활성화하는 것이다. 그런 다음, 활성화된 Ras는 Raf 단백질을 세포막에 결합시켜 Raf 단백질을 활성화한다. Raf는 MEK(mitogen-activated, ERK-activating kinase)라고 불리는 다른 키나아제를 인산화하고, MEK는 ERK를 인산화한다. 활성화된 ERK는 핵 내로 들어가 인산화를 통해서 다양한 전사인자를 활성화한다(그림 4.18). ERK는 MAP(mitogen-activated protein) 키나아제의 동의어로 사용했었지만, 이 용어는 현재 ERK 자체뿐만 아니라 JNK와 p38을 포함하는 키나아제의 그룹을 가리킨다.

인슐린(insulin) 패밀리

인슐린(insulin)과 인슐린-유사 성장 인자(insulin-like growth factors)와 같은 인자들은 특히 성장 조절에 있어서 중요하다. 이들은 이황화다리(disulfide bridges)에 의해 결합된 2개의 α 사슬과 2개의 β 사슬의 사량체인 티로신 키나아제 유형의 수용체에 결합한다. IRS1(insulin receptor substrate1)을 포함한 어댑터 단백질을 인산화하여 포스파티딜이노시톨 3키나아제(phosphatidylinositol 3-kinase, PI3 kinase)의 활성화를 유도한다. 이것은 다양한 포스파티딜이노시톨 기질을 인산화하여 3-포스포이노시티드(3-phosphoinositides) 그룹으로 생성하기 위해 세포막에서 일어난다. 이들은 인지질로서 생물학적 활성을 발휘하는데, 이 장에서 앞서 설명한 G-단백질 결합 경로에 관여하는 유리 이노시톨 1,4,5-트리포스페이트(ionositol 1,4,5-triphosphte)와 혼동해서는 안 된다. 3-포스포이노시티드는 프로틴 키나아제 B(Akt로도 함)와 PDK1를 활성화하고, 단백질 합성 및 성장을 촉진하는 효과를 가진 추가 기질을 인산화한다(그림 4.18).

인산가수분해효소 PTEN는 PKB를 탈인산화하고 인슐린 신호전달을 길항한다. *Pten*은 종양 억제 유전자이고 기능 상실 돌연변이는 암에서 흔하다.

다른 티로신 키나아제 관련 인자들

상피 성장인자(Epidermal growth factor, EGF)는 갓 태어난 생쥐의 조기 발치를 일으키는 단백질로 밝혀졌다. 이것은 TGFβ와 동시에 분리된 인자인 TGFα와 구조적으로 유사하기에 유사한 이름이 부여되었지만, 생화학적으로는 완전히 다르다. EGF/TGFα 인자들은 초파리의 모체 단계의 패턴 형성에서 매우 중요하다. FGF 수용체와 마찬가지로, EGF 수용체는 티로신 키나아제이며 ERK 경로도 활성화한다.

유사한 그룹의 인자는 뉴레귤린(neuregulins)이며, 모두 단일 유전자로부터의 상이한 스플라이싱에 의해 형성된다. 이들은 다른 그룹의 수용체 티로신 키나아제(예: ErbB2)와 결합하고 종종 뉴런에 의해서 분비된다. 이들은 팔다리 재생에 필요한 신경 유래 인자 중 하나이다.

생쥐의 Steel 유전자의 산물인 줄기세포 인자(the stem cell factor, SEF)는 수용체 KIT를 활성화한다. 이 시스템은 조혈, 생식 세포 및 멜라닌 세포의 발달에 중요하다.

혈소판-유래 성장인자(Platelet-derived growth factor, PDGF)는 태아 혈청의 주요 성장인자이며, 조직 배양에서 세포 분열을 촉진하는 데 중요하다. 인자에는 A형과 B형, 수용체에는 α형과 β형이 있다. 이 시스템의 녹아웃 또는 억제는 많은 발생학적 과정을 실패하게 한다.

간세포 성장인자(Hepatocyte growth factor, HGF)는 FGF 및 EGF 클래스와는 다른 리간드이다. c-Met라는 다른 티로신 키나아제 수용체에 결합한다. 이는 간의 재생과 팔다리로의 근아세포(myoblasts)의 이동에 중요하다. HGF는 처음에 발견된 활성이 상피세포의 상피 중간엽 이행(epithelial-to-mesenchymal transition)을 일으켰기에 "산란 인자(scatter factor)"라고도 불린다.

뉴로트로핀(neurotrophins)은 독점적인 것은 아니지만, 주로 신경계에서 중요하다. 이들은 뉴런의 생존에 필수적이며, 축삭이 돌출된 표적 세포에 의해 종종 분비된다. 뉴로트로핀은 신경 성장 인자(NGF), 뇌-유래 신경 영양 인자(BDNF), 뉴로트로핀 3 및 4(NT3 및 NT4)를 포함한다. 수용체는 Trk("트랙"으로 발음) 단백질로 불리며, 티로신 키나아제형 수용체이다. 신경교 유래 뉴트로픽 인자(Glial-derived neutrophic factor, GDNF)에는 또 다른 티로신 키나아제 수용체인 Ret도 있다.

Ephrin은 티로신 키나아제 수용체의 Eph 클래스의 리간드이다. Ephrin A 서브 그룹은 글라이코실포스파티딜이노시톨(glycosylphosphatidylinositol, GPI) 앵커 형식으로 생산 세포에 붙어 있으며, 주로 Eph A 수용체에 결합한다. Ephrin B 서브 그룹의 구성원은 그 자체가 막 관통 단백질이며, 주로 Eph B 수용체에 결합한다. 따라서 ephrin-Eph 시스템은 서로 접촉하는 세포 사이에서 작동하며, 신호전달은 양방향으로 발생할 수 있다. Ephrin은 낭배 형성, 후뇌에서의 분할의 확립 및 신경계에서의 지형도의 확립에 관여하는 것으로 알려져 있다.

Hedgehog 패밀리

Hedgehog는 처음으로 초파리에서 유전자 돌연변이로 알려졌는데, 이는 분할(segmentation) 패턴을 방해하고 그 유충이 고슴도치처럼 보였다. Sonic Hedgehog는 신경관의 등배 패턴 형성과 경추(vertebrae)의 형성, 그리고 팔다리의 앞뒤 패턴 형성에 매우 중요하다. Indian Hedgehog는 골격 발달에 중요하다. 전체 길이의 Hedgehog 폴리펩타이드는 자가 단백질 분해효소(autoprotease)로 그 자체를 활성화되는 N-말단과 불활성화되는 C-말단 부분으로 절단한다. N-말단 단편은 일반적으로 완전한 활성에 필요한 지방 아실 사슬(fatty acyl chain) 및 콜레스테롤의 공유 결합 첨가에 의해 변형된다. Hedgehog 신호전달 구성 요소의 대부분은 1차 섬모에 위치하며, 이러한 온전한 섬모는 그 기능에 필수적이다.

Hedgehog 수용체는 Patched라고 불리며, 이는 초파리 돌연변이의 표현형에서 이름을 따서 명명됐다. 이것은 G-단백질 결합 클래스이다. 이들은 본질적으로 활성화되어 있는 상태이며, 이는 리간드의 결합에 의해서 억제된다. 활성화되면, 다른 세포막 단백질인 Smoothened의 활성을 억제하고 Gli형 전사인자의 단백질 분해에 의한 절단을 억제한다. 전체 길이의 Gli 인자는 핵으로 이동하여 표적 유전자를 활성화할 수 있는 전사 활성화 인자이지만, C-말단 영역이 제거되면 억제인자가 된다. Hedgehog가 없으면, Patched는 활성이고 Smoothened는 비활성이며 Gli도 비활성이다. Hedgehog가 있으면, Patched가 억제되고 Smoothened가 활성화되며 Gli가 활성화된다(그림 4.18). 단백질 키나아제 A의 활성화 또한 Gli를 억제하고, 따라서 Hedgehog 신호전달을 길항한다.

Wnt 패밀리

Wnt 패밀리는 생쥐 암 유전자(oncogene)와 초파리의 *wingless* 돌연변이에서 처음 발견되었다. Wnt 인자는 활성에 필수적인 공유결합된 지방족 아실기(fatty acyl group)를 포함하는 단일 사슬 폴리펩타이드이며 물에 거의 녹지 않는다.

Wnt 수용체는 초파리의 돌연변이에서 유래하여 Frizzled라고 부른다. 각기 다른 리간드 유형에 대한 다양한 클래스의 수용체가 있으며, 이들은 서로 교차 반응하지 않는다. Wnt1, Wnt3A 또는 Wnt8은 Frizzled를 활성화하고 Dishevelled라는 다기능 단백질을 통해서 글리코겐 신타아제 키나아제3(glycogen synthase kinase3, Gsk3, 글리코겐 합성 키나아제)를 억제한다. Gsk3가 활성화되면 세포 부착과 유전자 조절 모두에 관여하는 중요한 분자인 β-catenin을 인산화한다. Gsk3가 저해되면 β-catenin은 인산화되지 않는 채로 남아 있으며, 이 상태에서 전사인자 Tcf1과 결합하여 핵으로 운반할 수 있다(그림 4.18). 이 경로는 제노프스의 초기 등배 패턴 형성, 초파리의 분할, 그리고 신장의 발달 등 많은 발생에서 중요하다.

Wnt4, Wnt5 그리고 Wnt11을 포함한 다른 Wnt는 2개의 다른 신호전달 경로를 활성화하는 다른 Frizzled 하위 집합에 결합한다. **평면 세포 극성(Planar cell polarity)** 경로에서 Dishevelled 단백질의 도메인은 small GTPase 및 세포골격과 상호작용하여(다음 장에서 언급함) 세포의 분극화를 일으킨다. Wnt-Ca 경로에서는 포스포리파아제 C(phospholipase C)가 Frizzled에 의해 활성화되어 디아실글리세롤(diacylglycerol)과 이노시톨 1,4,5-트라이포스페이드(inositol 1,4,5 trisphosphate)를 생성하며, 위에서 설명했듯이 G-단백질 결합 수용체 아래에서 세포질의 칼슘을 증가시킨다(그림 4.18).

Notch 시스템

Delta-Notch 시스템에서, 리간드(Delta, Jagged)와 수용체(Notch)는 모두 내인성 막 단백질이다. 따라서 ephrin-Eph 시스템의 경우와 마찬가지로, 이들의 상호작용은 이들을 만드는 세포가 접촉하는 경우에만 발생한다. 이 흥미로운 이름은 초파리의 날개 구조에서 처음 발견된 돌연변이의 표현형에서 파생되었다. Notch에 대한 리간드의 결합은 막 내 단백질 분해효소인 γ-세크레타제(γ-secretase)에 의한 Notch의 세포질 부분의 절단을 유발하여, 전사인자인 CSL-κ(CBF1, SuCH 및 Lag1 그룹, = 초파리에서 hairless의 억제제)을 세포질로 방출시킨다. 이것은 핵으로 이동하고 표적 유전자를 활성화한다(그림 4.18). γ-세크레타제는 뇌에 축적될 때 알츠하이머병으로 이어지는 펩타이드를 생성하는 프로테아제와 동일하다.

Notch는 O-결합 사당(O-linked tetrasaccharides)을 가질 수 있으며, 이 탄수화물의 존재는 그 특이성에 영향을 주고, Delta에 대한 감수성을 높이며, Jagged(초파리의 Serrate와 같음)에 대한 감수성을 저하시킨다. 제어는 종종 O-결합 Fucose에 GlcNAc를 추가하는 글리코실전달효소(glycosyl transferase)인 Fringe의 활동을 통해 수행된다.

Delta-Notch 시스템은 많은 발생 과정에서 중요하다. 한 유형의 세포가 두 번째 유형의 배경 안에서 개별적으로 분화하는 측면 억제 상황에서 특정한 역할을 한다. 이것은 신경 발생 및 장 상피에서 세포 분화 중에 일어난다.

사이토카인(cytokine) 시스템

일부 전형적인 사이토카인(인터페론, interferons), 조혈 성장인자(hematopoietic growth factors), 성장 호르몬 및 백혈병 억제인자(leukemia inhibitory factor, LIF)를 포함하는 일반적인 신호분자와는 다소 다른 그룹이 이러한 시스템을 통해 작동한다. 동종이량체 또는 이종이량체일 수 있는 수용체는 JAK(Janus 키나아제)로 불리는 세포 내 티로신 키나아제에 결합한다. 리간드가 수용체 분자와 결합하면 JAK는 인산화되고 상호간 및 그 수용체를 활성화하는데, 이러한 활성 복합체는 STAT형 전사인자를 인산화할 수 있다. 인산화를 통해 STAT형 전사인자는 수용체에서 떨어져 나와 이량체화되고 ,이들은 핵으로 들어가서 표적 유전자를 상향 조절할 수 있다(그림 4.18).

염증 시스템

인터루킨 1(interleukin 1, IL1) 및 종양 괴사 인자(tumor necrosis factor, TNF) 패밀리를 포함하는 염증 유발 사이토카인은 전사인자인 NFκB의 활성화에 관여하는 수용체가 있다. NFκB는 일반적으로 IκB라는 다른 단백질에 의해 세포질에서 불활성 형태로 복합체를 형성하여 존재한다. 리간드가 수용체에 결합하면, 세포질 키나아제가 활성화되어 IκB를 인산화시켜서 복합체로부터 이들을 해리시키고, 유리된 NFκB가 핵으로 이동하여 표적 유전자의 스위치가 켜진다(그림 4.18). IκB는 또한 단백질 키나아제 C에 의해 인산화될 수 있다. IL1과 TNF는 발생생물학에서 특히 두드러지지 않지만, 이 시스템은 초파리의 NFκB의 동족체인 Dorsal이 중요한 등배 패턴 형성에 작용한다.

Hippo pathway

이 경로(그림 4.18)는 초파리에서 기능 상실 돌연변이 시 과성장을 일으키는 *hippo*라는 유전자의 이름을 따서 명명되었다. 척추동물에서, Hippo 동족체는 Mst라고 한다. 이들은 키나아제이며, Lats라는 다른 그룹의 키나아제를 활성화한다. 그런 다음, Yap과 Taz이라는 전사인자를 인산화시켜 세포질에 보관한다. Yap과 Taz가 탈인산화되면, 이들은 핵 안으로 이동하여 TEADs라고 불리는 공활성인자(coactivator)와 결합하여, 세포 분열을 촉진하고 세포사멸을 줄이는 유전자를 상향 조절한다. 이 경로의 활성화는 세포 접촉을 통해 달성될 수 있으며, 또한 이는 접촉에 의한 억제 가능성에 대한 기작을 제공한다: 조직 배양 세포가 서로 연결될 때의 성장 감소.

축삭 유도 시스템

축삭 유도에 주로 관여하는 확산인자는 네트린(netrin)과 세마포린(semaphorin)을 포함한다. 세마포린의 수용체는 뉴로필린(neuropilin)으로 불리고 플렉신(plexin)과 복합체를 형성하며, small GTPase(아래 참고)와 Ras를 통해서 세포 골격의 형성에 영향을 미친다. 또한 혈관 내상피 성장인자(vascular endothelial growth factor, VEGF)에 반응하여 혈관 형성에 영향을 미친다. 네트린 수용체는 DCC(deleted in colon carcinoma) 및 RCM(예쁜꼬마선충에서는 UNC-5)이라고 한다. DCC는 세포 내 티로신 키나아제와 상호작용하며, RCM은 cAMP와 원형 구아노신 모노포스페이트(cyclic guanosine monophosphate, cGMP)를 통해

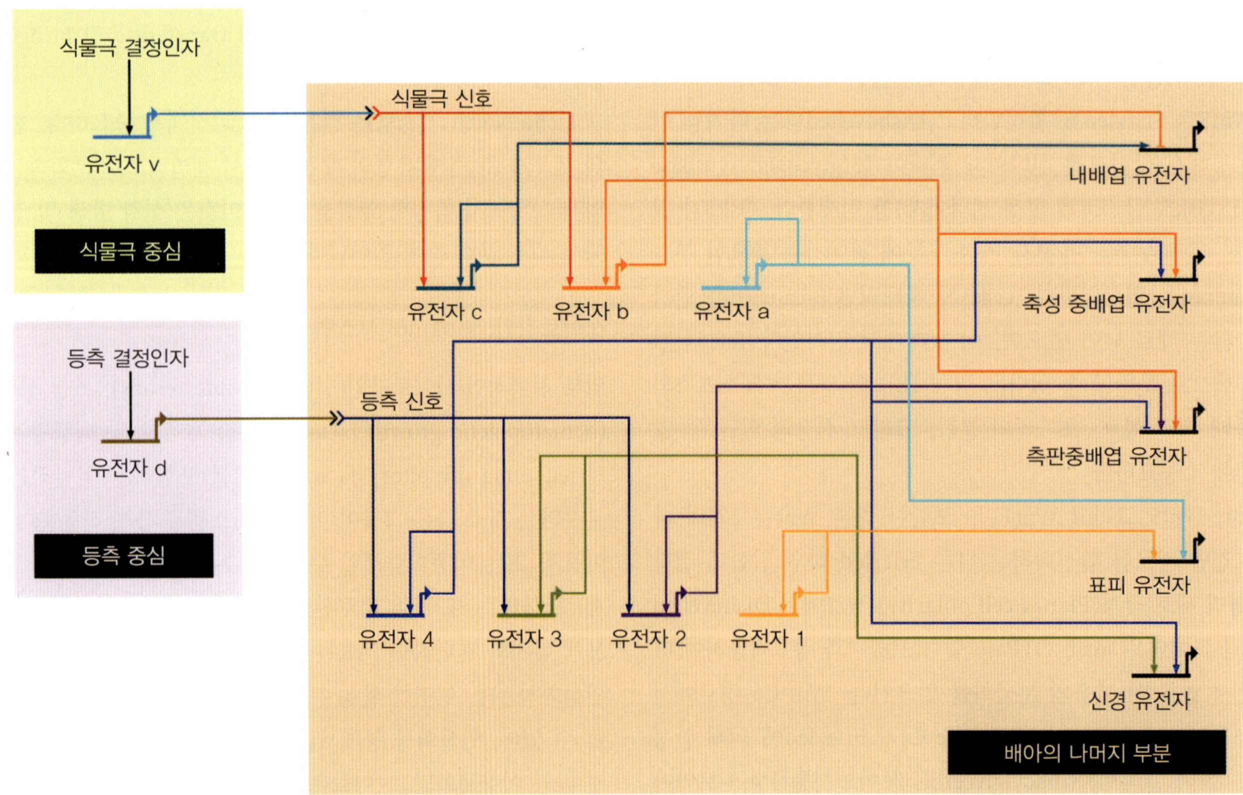

그림 4.19 Biotapestry 프로그램으로 만들어진 그림 2.2와 2.4 배아에 대한 모델

그 기능을 수행한다. Slit 단백질은 Roundabout(Robo)-유사 수용체의 리간드이다. 이들은 주로 축삭 반발 활동을 나타낸다. 이들의 활성을 위해서는 헤파란 황산(heparan sulfate)이 필요하며, 세포 내 효과는 small GTPase의 작용을 통해 세포 골격의 형성 과정에서 나타난다.

유전적 조절 네트워크

발생유전학은 단일 유전자의 기능에 초점을 맞추는 경향이 있지만, 실제로 모든 생물학적 시스템은 복잡한 네트워크에서 기능하는 유전자가 관여하고 있다. 발생생물학의 과제는 발생 과정의 근본적인 **유전적 조절 네트워크(genetic regulatory networks, GRN)**를 발견하고 설명하는 것이라고 종종 이야기되고 있다. **그림 4.19**는 그림 2.2와 2.4에 표시된 가상 배아의 영역 특성화(regional specification)의 첫 번째 단계를 나타내는 Biotapestry라는 대중적인 프로그램으로 그려진 네트워크를 보여준다. 여기에는 각각 유도인자의 분비를 일으키는 식물극의 결정인자와 등측 결정인자의 작용이 포함된다. 각각의 인자는 일련의 발생 조절 유전자를 활성화시키고, 이들 유전자는 배아의 처음 5개 주요 영역의 하위 구분인 표피, 신경판, 축 중배엽, 측판중배엽 및 내배엽의 기능 특성을 담당하는 유전자를 차례로 조절한다. 이는 제노프스의 배아와 다소 비슷하지만, 척추동물의 초기 발생 원리의 일부를 포착하려고 하는 모델이다. 발생 조절 유전자는 자가 조절되는 것으로 여겨지므로, 유도인자가 없어도 그 활성을 유지한다. 그들은 기능성 유전자와 양성적, 음성적 링크를 형성한다. 이 모델은 하나의 시점만을 보여주지만, 이는 쉽게 연속적 시점 상에서의 특성을 보여줄 수 있다. Biotapestry에 의한 이러한 표현은 그 가치가 충분하고 광범위한 데이터에 적합한 표준화된 형식을 제공하지만, 일부분의 공간적 관계, 특히 배아 모양을 구축하는 형태 형성의 움직임을 강조하지는 못한다. 이러한 움직임의 개요는 6장에 설명되어 있다.

기억해야 할 핵심 사항들

- 운명 지도는 배아의 각 부분이 어디로 움직일지, 그리고 이것이 무엇이 될지를 보여준다. 그러나 이것은 표지를 할 시점에 배아의 각 부분의 수임(commitment) 상태를 보여주는 것은 아니다.
- 발생 수임은 가변적(특성화)일 수도 있고 안정적(결정)일 수도 있다. 특성화(specification)는 분리되었을 때 발생을 통해서 특정 구조나 세포 유형이 형성된다는 것을 나타낸다. 결정은 배아의 다른 지역에 이식되어도 특정 구조나 세포 유형이 형성된다는 것을 나타낸다.
- 클론 분석은 단일 세포를 표지하여 발생 기전을 추론하는 과정으로 구성된다. 만일 한 세포의 후손 세포들이 두 구조 사이를 걸쳐 분포하면, 이 세포는 표지를 한 시점에 특정 구조가 되도록 결정되지 않았음을 의미한다.
- 세포질 결정인자는 이것을 물려받은 세포가 특정한 발생 경로로 들어가도록 규정한다.
- 유도인자는 이것에 노출된 세포의 발달 경로를 바꿀 수 있는 세포외 신호전달 물질이다. 많은 유도인자들이 다른 맥락에서는 성장인자나 호르몬으로 불린다. 만약 이 인자가 단순히 표적 세포의 지속적 발달을 위해 필요하다면 이것은 허용적 인자라고 불린다. 이 인자가 없거나 있을 때 다른 발달 경로를 따른다면 이것은 지시적 인자라고 불린다. 만약 다른 농도에서 한 가지 이상의 양성적인 반응이 나타나면 이것은 형태형성인자라고 불린다.
- 측면 억제 시스템은 단일 세포 조직에서 두 가지 혼합된 세포 집단을 만든다. 이것은 분화하는 세포가 주변의 다른 세포의 분화를 억제하는 방식으로 세포 간의 초기의 작은 차이를 증폭해서 나타난다.
- 특정 유전자 산물이 특정 과정에 관련된다는 것을 증명하려면 적절한 발현 패턴, 적절한 생물학적 활성, 그리고 적절한 절제(ablation) 결과의 증거들이 필요하다.
- 발생에서 세포 관련 수임 상태는 세포에 존재하고 활성화된 전사 인자의 레퍼토리와 중요한 발생 유전자를 둘러싸는 염색질의 구성에 따라 다르다. 발생에 중요한 전사인자에는 여러 패밀리가 있다.
- 배아 유도인자를 구성하는 신호전달 분자는 분비 단백질 패밀리의 작은 세트에 속하며, 각각은 특정 수용체 및 세포 내 신호전달 경로에 결합한다. 일부 지질, 특히 레티노산은 유도인자로도 작용한다.

Chapter 5

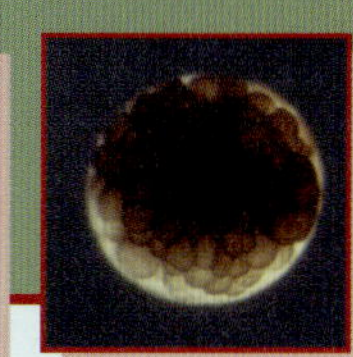

발생에 대한 연구: 세포 및 분자생물학 기법

Approaches to development: cell and molecular biology techniques

우리는 3장과 4장에서 유전학과 실험발생학을 이용하여 발생학을 연구하는 방법에 대하여 알아보았다. 이 장에서는 세포 및 분자생물학에서 유용하게 사용되고 발전하였으며 배 발생 연구에도 적합한 기법에 대하여 다룰 것이다. 기관 형성의 연구에 특별히 적합한 기술은 15장에서 논의할 것이다.

현미경적 연구

배아는 매우 작으므로, 배아 연구를 위해서는 현미경의 사용이 불가피하다. 실험에서는 **해부 현미경(dissecting microscope)**을 사용하는 손 조작이 자주 이루어진다. 이 현미경은 10배에서 50배 범위에서 확대되고, 표본과 대물렌즈 사이에 충분한 작업 거리가 있는 양안 현미경이다(**그림 5.1a**). 해부 현미경은 3차원 상(3D)을 제공하여, 관찰자가 정확한 깊이를 감지할 수 있게 하여 미세 수술이나 미세 주입 같은 조작을 할 수 있도록 도와준다. 대부분의 복합 현미경과는 달리, 해부 현미경은 상을 뒤집지 않는다. 만일 제노프스나 닭의 배아처럼 표본이 불투명하면 투사 조명이 사용된다. 이것은 광원으로부터 표본에 빛이 쪼여진다는 뜻이다. 살아있는 표본은 강한 투사 광선으로 인해 과열되지 않는 것이 중요하므로, 밝으면서도 차가운 조명을 제공하는 광섬유 광 가이드를 사용한다. 제브라피시, 성게, 생쥐 배아처럼 표본이 투명하면 대개 하단 투과광이 사용된다.

복합 현미경(compound microscope)(**그림 5.1b**)은 해부학적 절편이나 초파리(*Drosophila*), 예쁜꼬마선충(*Caenorhabditis elegans*), 제브라피시의 배아 또는 착상 전의 생쥐처럼 충분히 작아서 부분적으로 투명한 전 표본을 검사하는 데 사용된다. 복합 현미경은 40배에서 1,000배까지 확대되며, 이러한 최대 확대 한계는 약 0.2 μm 보다 가까이 있는 두 점의 구분을 방해하는 빛의 파동 특성에 의해 결정된다. 최상의 해상도를 위해서는 높은 수치의 조리개를 가진 대물렌즈가 필요한데, 이는 수집할 수 있는 광추 크기의 척도이다. 높은 수치의 조리개는 배율이 높고 작업 거리가 짧다는 것을 의미하는 경향이 있으며, 최상의 렌즈가 제대로 작동하려면 기름에 담겨져 있어야 한다. 발생학에서, 우리는 종종 긴 작업 거리가 필요하고 기름 침지보다 물을 선호하기에 얻을 수 있는 해상도에 대한 불가피한 절충이 존재한다.

대부분의 복합 현미경은 상을 뒤집는다. 이것은 광학 시스템의 자연스러운 결과이며, 바로 잡으려면 추가 렌즈가 필요하므로 보통 교정하지 않는다. 대부분 상황에서, 이런 뒤집힘은 문제가 되지 않는다.

광학기술

복합 현미경에서 가장 흔하게 이용되는 몇 가지 광학 기술이 있다. 염색된 부분(**그림 5.2a**) 또는 작고 투명한 표본을 살펴보기 위해서는 일반적인 투과광이 사용된다. 염색은 전통적 조직학 염색일 수도 있고, 리포터 단백질이나 특정 항원의 검출 과정에서 생겨난 발색 조직화학적 반응 산물일 수도 있다(이 장에서 더 설명함).

위상차 현미경(phase contrast microscopy) 검사는 표본 내의 굴절 지수의 작은 차이를 빛 강도에서 큰 차이로 변환하는 기술이

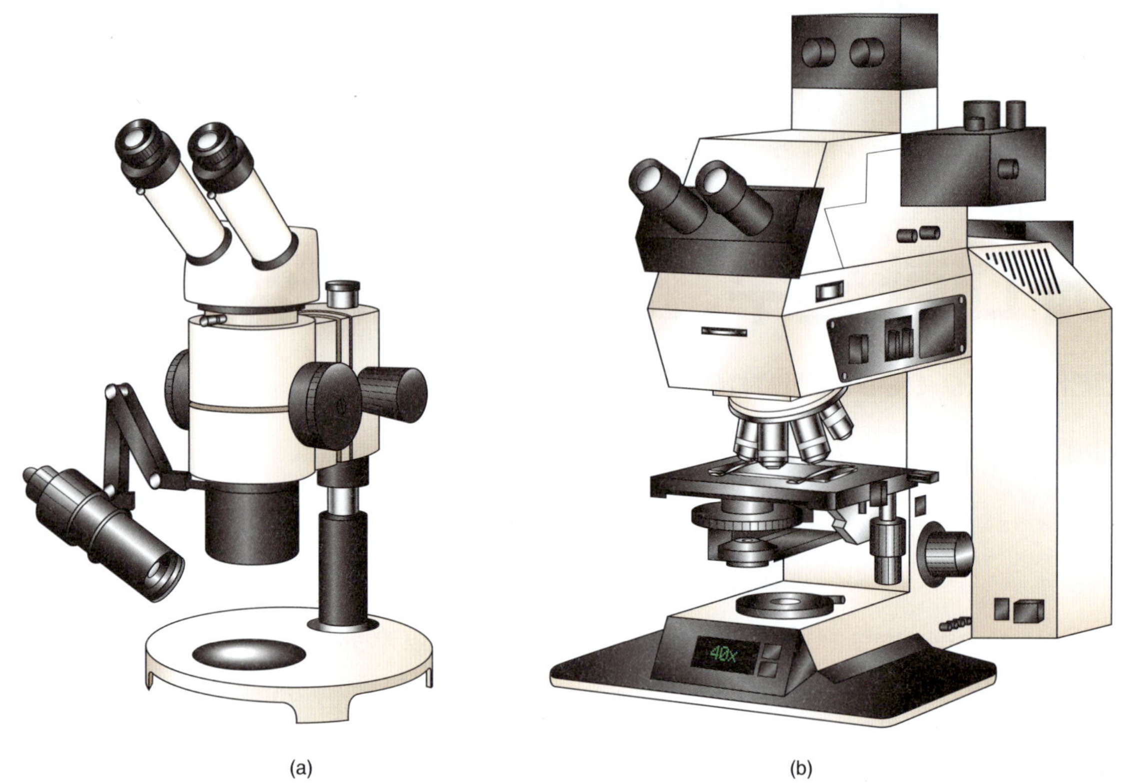

그림 5.1 현미경의 기본 유형들 (a) 해부 현미경. (b) 복합 현미경

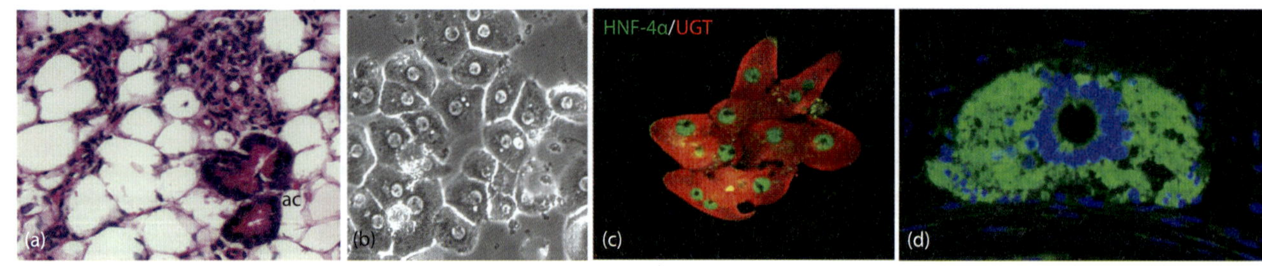

그림 5.2 본문에서 설명한 방법으로 표본을 시각화함. (a) 헤마톡실린(hematoxylin)과 에오신(Eosin)으로 염색된 재생 중인 췌장의 절편. 2개의 재생 중인 선방(ac)이 뚜렷하게 보인다. (b) 배양 중인 쥐 간세포의 위상차 현미경 사진. (c) 간세포의 면역형광 사진. 녹색은 전사인자 HNF-4α이고, 빨간색은 UGT 효소이다. (d) 제노프스 올챙이의 재생된 척수 절편. 파란색은 DNA를 형광 염색한 DAPI이고, 녹색은 신경섬유 단백질의 면역 염색이다. (인용) (a-d) Jonathan Slack.

다(그림 5.2b). 이는 체외 배양에서 살아 있는 세포나 분리된 생식세포를 살펴볼 때 주로 사용되는 방법이며, 포유류의 착상 전 단계의 배아같이 투명한 배아에도 사용된다.

노마르스키(Nomarski) 광학이라고도 부르는 **미분 간섭 대비법(differential intereference contrast)**은 작은 굴절지수를 관찰자가 인식할 때 눈에 확 띄는 높낮이 차이로 변환시킨다. 또한 표본 내 광학 절편의 예리한 해상도를 제공하여 표본을 통해서 현미경 초점을 위아래로 움직여 맞출 때, 서로 다른 광학 절편들을 볼 수 있게 해 준다. 노마르스키 광학은 작고 투명한 표본의 단세포를 아주 선명하게 보여주고, 예쁜꼬마선충의 모든 세포 계보를 밝히는 것을 가능하게 한 것도 이 기술이다. 이는 착상 전 포유류 배아와 예쁜꼬마선충, 제브라피시, 초파리 배아에도 사용된다.

형광 현미경(fluorescence microscopy) 검사법은 다양한 목적을 위해 사용되지만, 이들은 모두 표본 내의 형광물질, 즉 **형광 색소(fluorochrome)**의 위치를 가시화해야만 한다(그림 5.2c, d와 그림 5.3). 이들은 형광 항체 염색, 형광 제자리혼성화법(fluorescent *in situ* hybridization, FISH), 그리고 표지하기 위해서 세포 일부분에 주입된 형광 색소의 가시화를 포함한다. 형광의 원리는 형광

그림 5.3 형광현미경 기술. (a) 형광 색소의 전형적인 여기(excitation) 스펙트럼과 방출(emission) 스펙트럼. (b) 형광 현미경 구성 요소들의 배열

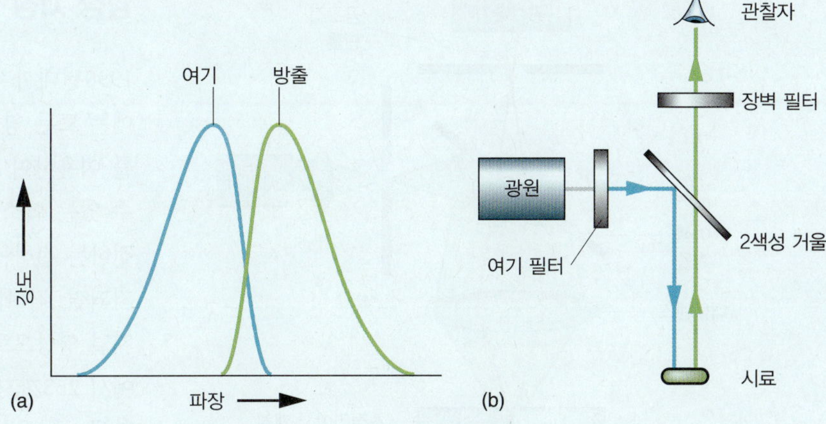

색소가 특정한 에너지의 빛을 흡수하고 더 낮은 에너지의 빛을 방출하는 것이다. 낮은 에너지란 긴 파장이나 스펙트럼의 빨간색 끝으로 치우친 색깔을 의미한다. 특정한 형광 색소는 자극 파장에 따라 형광 강도가 달라지는 것을 보여주는 **여기(勵起, excitation)** 스펙트럼을 가진다. 또한 방출된 형광 강도가 파장을 따라서 어떻게 분포되는지를 보여주는 **방출(emission)** 스펙트럼을 갖게 된다(**그림 5.3a**). 여기와 방출 스펙트럼은 물질의 특성이다. 형광 현미경에는 자극 광선을 표본 위로 쏘아 주는 부속물이 있다. 이것은 강력한 램프로 구성되어 있는데, 예전에는 수은 아크등이었지만, 요즘은 주로 발광다이오드(LED) 램프를 사용한다. 사용한 형광 색소에 적합한 좁은 자극 파장을 필터로 선택하면 2색성의 거울이 자극 광선을 표본 위로 반사해 준다. 2색성의 거울은 특정한 제한선 아래의 파장들은 반사하고 이 제한선 이상의 파장들은 통과시킨다. 표본으로부터의 방출은 좀 더 긴 파장이므로, 2색성의 거울을 통과하여 전달될 수 있을 것이며, 관찰자는 이를 볼 수 있다(**그림 5.3b**). 형광 현미경은 보통 사용되는 형광 색소당 1개씩, 몇 개의 필터 세트를 가지고 있다. 만약 표본이 2개 또는 3개의 형광 색소들과 함께 잘 분리된 방출 최대치를 포함하고 있다면, 적절한 필터 세트를 이용하여 각각의 색소를 별도로 관찰할 수 있다. 녹색 형광 단백질이나 다른 유사한 형광 단백질을 다양하게 적용함으로써 나타나는 전 표본 형광을 관찰하려는 필요성에 의해(아래 참고), 형광 해부 현미경이 널리 사용되고 있다.

공초점, 다광자 현미경과 광 시트 현미경

일반적인 형광 현미경법은 초점면의 위쪽과 아래쪽 세포에서 오는 형광이 상을 교란시킬 수 있기 때문에 절편이나 매우 얇은 작은 온조직 표본에만 제한적으로 사용된다. 그러나 좀 더 두꺼운 표본(100~200 μm)으로부터 나온 형광도 **공초점 주사 현미경(confocal scanning microscope)**을 사용하면 쉽게 관찰할 수 있다(**그림 5.4a**). 이것은 레이저를 조명으로 사용하기에 레이저의 특성인 단일 파장으로 여기가 이루어지는 장치다. 전체 표본을 비추는 대신 한 번에 한 지점만을 비춰 준다. 하나의 특정 광학 절편의 모든 지점이 차례로 투사되고, 각 지점으로부터 나오는 형광이 검출기에 기록되어 그 절편의 상을 새로 재구성하는 데 사용한다. 오직 한 번에 한 지점만 보이기 때문에 광학 절편의 품질이 매우 우수하다. 초점이 맞는 평면의 위나 아래쪽 지점으로부터의 빛은 분산되어 신호에 별 영향을 미치지 않는다. 공초점 현미경의 이미지는 당연히 컴퓨터에 저장된 디지털 이미지다.

이광자 현미경 혹은 **다광자 현미경(multi-photon microscope)**은 공초점 현미경보다 훨씬 더 좋은 형광 표본의 광학 절편을 제공하며, 생체 조직을 최대 1 mm까지 볼 수 있다. 여기서 레이저는 형광 색소를 여기할 때 필요한 에너지보다 더 약하다. 따라서 2개 또는 그 이상의 광자가 하나의 형광 색소 분자를 동시에 때려야만 여기될 수 있고, 이런 상황은 광자가 매우 밀집되어 있는 여기 광선의 초점 지점에서만 일어날 수 있다(**그림 5.4b**).

최근에 광 시트 현미경이 발생학에 도입되었다(**그림 5.4c**). 이 현미경의 레이저는 시료를 통해 얇은 빛의 시트를 생성하고, 90°로 부착된 대물렌즈를 사용하여 시트에 의해 조명된 영역을 이미지화한다. 시료를 스캔하여 일련의 이미지를 사용하여 3D 이미지를 생성할 수 있다. 표본은 보통 일반적인 현미경처럼 수평이 아닌 수직으로 유지된다. 라이트 시트(light sheet)는 매우 얇으므로(1~6 μm) 시료 내의 광학 섹션을 밝힐 수 있다. 전체 시트를 한 번의 노출로 이미징할 수 있기 때문에 필요한 광 강도는 공초점 현미경보다 훨씬 적으며 살아있는 표본에 대한 광독성도 훨씬 낮다.

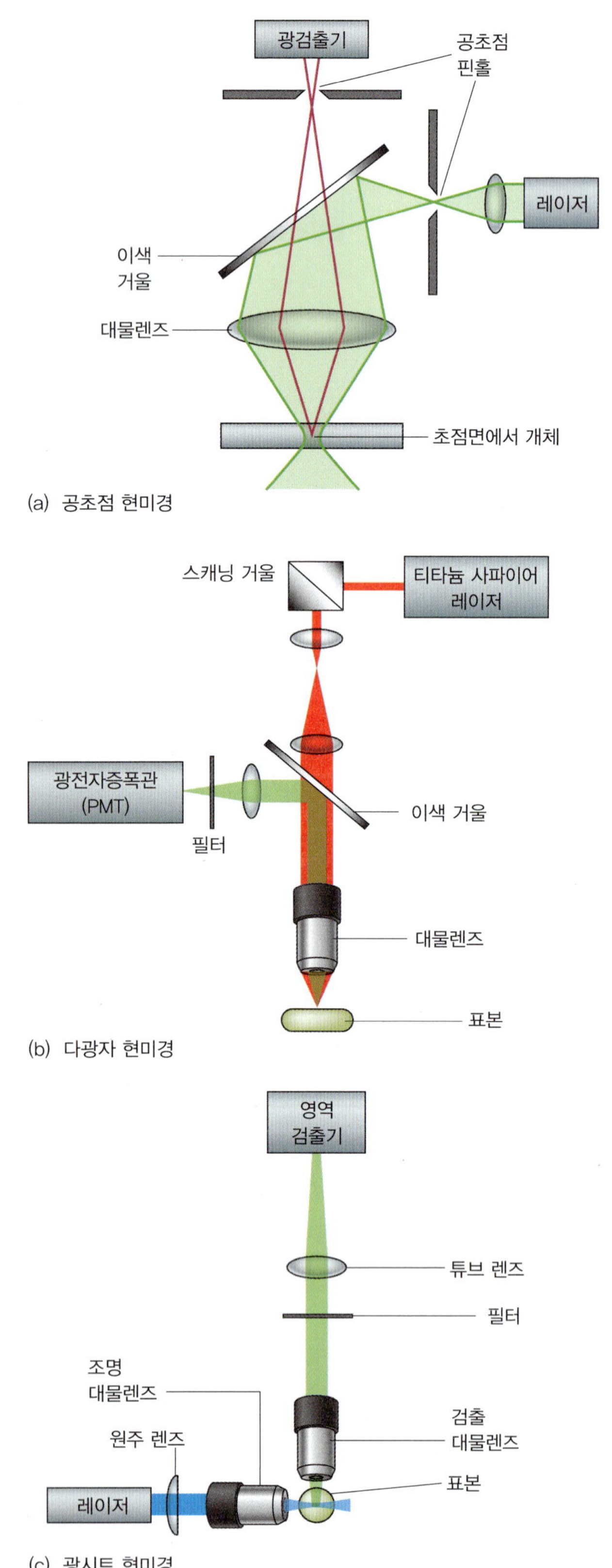

그림 5.4 세 가지 고급 유형의 현미경 구성 요소 배치도. (a) 공초점 현미경. (b) 다광자 현미경. (c) 광시트 현미경

영상 저장

1990년대까지는 현미경 영상이 사진으로 기록되었으나, 오늘날에는 모든 영상을 **전하결합소자(charge coupled devices, CCDs)**를 이용하여 수집한다. CCD 카메라의 검출 칩은 전하를 축적할 수 있는 화소들의 배열을 가지는데, 화소가 주어진 시간 동안 축적하는 전하는 이것에 떨어지는 빛의 강도에 비례한다. 노출이 감지되면, 각 화소의 전하들이 검출기에 의해 순서대로 읽혀지고 디지털 영상으로 변환된다. 8비트 영상의 경우, 각 화소의 강도는 0에서 255까지의 숫자로 나타내어진다. 24비트의 컬러 영상은 빨간색, 초록색, 파란색 세 가지 각각의 색에 대해서 하나의 8비트 숫자를 갖는다.

영상이 한번 기록되면, 이것은 컴퓨터로 보내져 스크린에 나타나고, 여러 가지 형태의 분석이 이루어질 수 있다. 예를 들면, 대조와 밝기를 달리해서 영상을 부드럽거나 선명하게 할 수도 있고, 밀도 측정이 이루어질 수 있으며, 다른 단색광 채널을 통해 얻어진 여러 개의 형광 영상들을 조합하여 동일한 영상에서 여러 가지 색깔이 나타나게 할 수도 있다. 디지털 영상 수집의 다른 이점은 영상의 신호/잡음 비율을 여러 번의 노출 획득과 이것들의 평균을 통해서 개선할 수 있다는 것이다. 신호는 각 노출에서 일정하므로 평균에 영향을 받지 않는 반면, 노이즈(잡음)는 노출마다 달라서 평균하면 매우 낮아지고 균일해진다. 영상의 강조에는 많은 가능성이 있기 때문에 과학 잡지는 현재 어떤 절차를 사용할 수 있는지에 대한 엄격한 지침을 수립하고 있다.

저속촬영(시간경과, time-lapse) 영상법이란 세포의 형태 발생과 관련된 이동, 기관 배양, 배아의 연구에서 특히 유용하다. 개별적인 영상을 일정한 간격으로 획득하여 짧은 기간에 재생한다. 예를 들면, 4시간 동안 매분마다 하나의 영상을 기록하고 초당 30프레임의 속도로 재생하면, 4시간의 과정은 8초 안에 재생될 것이다. 가장 일반적인 문제는 표본이 영상을 획득하는 동안 시야에서 벗어난다는 것이다. 시간 경과 기록 장치가 장착된 현대의 현미경은 프로그램으로 조절할 수 있는 재물대 조절 장치를 가지고 있어서, 예정된 간격으로 일련의 표본을 촬영할 수 있고, 현미경은 각각을 거꾸로 빛의 경로로 되돌려 준다. 더 정교한 모델은 위치나 초점면의 작은 이탈을 수정할 수 있다. 포유류나 조류 배아, 또는 기관 배양을 촬영하기 위해서 항온 조직 배양기와 유사한 환경 조정실이 필요한데, 이것은 배아를 37°C와 5% CO_2 또는 다른 적절한 환경에 유지시킬 수 있다. 광 시트 현미경은 살아있는 표본의 형태 형성 과정을 관찰하는 데 매우 적합하지만, 이미지를 저장하기 위한 큰 데이터 사용 때문에 전산적인 요구사항이 상당히 많다.

해부학적 그리고 조직학적 방법

검체 준비 및 현미경 검사 방법이 발전함에 따라, 점점 더 많이 온조직 표본을 사용하게 되었다. 그러나 **조직학적 단면 표본(histological sections)**에 대한 필요성은 계속 있을 것이므로, 학생들은 표본이 어떻게 만들어지는지 그리고 그것들을 보는 것에 익숙해질 필요가 있다. 온조직 표본 또는 단면 표본을 준비하는 첫 번째 단계는 표본을 고정하는 것이다. **고정(fixation)**이라는 것은 표본을 죽이고 이것을 삼투 충격이나 어느 정도의 조작에 대해 견딜 수 있을 만큼 기계적으로 충분히 견고하게 만드는 것이다. 고정액은 다양한 방법으로 작용한다. 가장 흔하게 사용되는 것은 **포르말린(formalin)**인데, 이는 포름알데히드 화합물이 농축된 용액이다. 이것은 고분자의 아미노기나 설프히드릴기와 반응해서 약간의 변성과 교차 연결을 일으킨다. **파라포름알데히드(paraformaldehyde)**는 포름알데히드의 고체 중합체이다. 물에 녹으면 분해되어 포름알데히드가 되고, 4% 파라포름알데히드에는 10% 포르말린과 거의 같은 농도의 포름알데히드가 포함된다. **글루타르알데히드(glutaraldehyde)**는 2개의 알데히드기를 가지고 있으며, 아주 효과적인 분자간 교차 연결제이다. 다른 일반적인 고정액 성분은 산과 유기 용매들이다. 이들은 변성제나 침전제로 작용한다. 이들은 고정제로서의 효과는 낮아지지만, 다른 시약에 대한 투과성이 높아진다.

온조직 표본

온조직 표본(wholemounts)은 현미경 하에서 온전한 형태로 관찰할 수 있는 작은 크기의 표본을 말한다. 이들은 3차원으로 복잡한 구조를 갖는 배아 전체 또는 모낭이나 장 융모와 같은 조직의 샘플일 수 있다(그림 5.5a). 온조직 표본을 성공적으로 사용하는 핵심은 표본을 투명하게 만드는 적절한 방법을 찾는 것이며, 이를 **투명화(clearing)**라고 한다. 생물학적 표본은 일반적으로 막, 지질 방울, 특히 난황 과립에 의한 광산란으로 인해 불투명하다. 그러나 주변 매체의 굴절률(RI, refractive index)이 자신의 굴절률과 일치하면 투명해진다. 골격 표본을 투명화하는 전통적인 방법 중 하나는 수산화칼륨(KOH) 용액에 담그는 것이다. 이것은 표본에서 대부분의 단백질과 지질을 용해시키고, 글리세롤 내에서 투명하게 만든다(RI = 1.47)(그림 5.5b). 더 현대적인 방법은 표본의 내용물을 더 많이 남아 있게 하고자 하는데, 이를 위한 효과적인 투명화는 샘플을 유기 용매 또는 용매 혼합물에 담그면 가장 쉽게 이뤄질 수 있다. 예를 들어, 살리실산메틸(RI = 1.54)을 사용하여 태아의 팔다리를 투명화하고, 벤질 알코올과 벤조산의 혼합물(RI = 1.56)을 사용하여 다소 난황이 풍부한 제노프스 배아를 투명화할 수 있다. 하지만 유기용매는 탈수 후에만 사용할 수 있어서 형광 단백질의 형광을 없애는 경향이 있다. 과산화효소(peroxidase)의 디아미노젠지딘(diamenozenzidine) 반응의 갈색 생성물은 매우 내성이 있지만, 용매는 표본의 많은 변형과 조직화학적 기질을 용해시킬 수 있다.

샘플의 탈수를 필요로 하지 않고, 형광 단백질의 보유에 적합한 수성 투명제 및 덮힘매질(개용매질, mountant)은 글리세롤 또

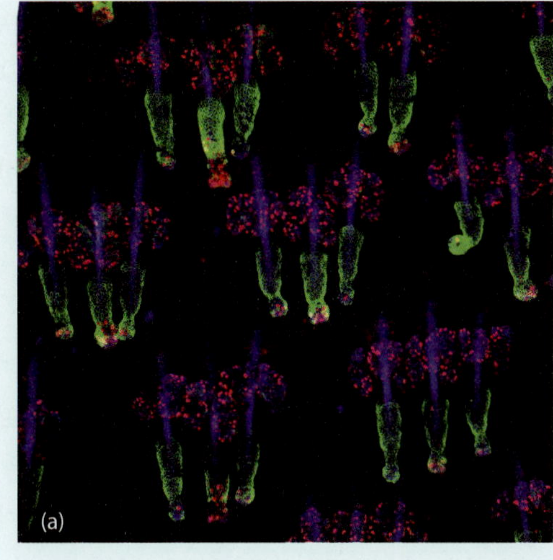

그림 5.5 온조직 표본의 예시들. (a) 공초점 현미경으로 시각화한 쥐의 모낭. keratin 15(녹색, 줄기 세포 지역을 보여줌). Ki67(빨간색, 빠르게 분열 중인 세포를 보여줌)에 대한 면역형광염색된 색들. (b) 뼈에 대한 연골과 아리자린을 alcian blue를 이용하여 염색된 전통적인 골격 샘플. 표본은 배아 발생 과정 중에 복제된 우파루파의 사지이다. (인용) (a) Yaron Fuchs; (b) Jonathan Slack..

는 수크로오스가 기반인 경향이 있지만, 이들은 일반적으로 완전히 투명하지 않다. 최근에는 X-선 조영제인 디아트리조산(diatrizoic acid)과 히스토덴즈(Histodenz)가 사용되고 있으며, 둘 다 요오드가 풍부하고 과도한 점도 없이 1.46의 RI를 달성할 수 있다. 또한 4M 요소를 기반으로 하는 방법은 단백질을 변성 및 추출하고 시료를 부풀게 해서, RI가 수성 매질의 RI로 떨어지도록 하는 데 사용될 수 있다. 현재 완전한 투명성을 제공하고 단백질 형광의 유지와 양립할 수 있는 투명제는 없지만, 작은 온조직 표본의 경우 기존의 수성제로도 만족스러운 결과를 얻을 수 있다.

절편(단면표본, sections)

절편을 준비하기 위해서는, 일단 표본이 고정되면 이것을 매우 얇은 슬라이스로 자를 수 있게 하는 단단한 지지물질 속에 포매(embedding)시켜야 한다. 가장 흔한 물질은 파라핀 왁스이다. 표본에 왁스를 침투시키려면 **탈수(dehydrated)**시켜야 하는데, 점차적으로 증가하는 농도를 가진 일련의 에탄올 수조들을 통과시킴으로써 가능하다. 이 농도 시리즈가 필요한 까닭은 물에서 순수 에탄올로 직접 옮기면, 용매에 의해서 가해지는 혼합력으로 인해 조직 손상이 일어나기 때문이다. 일단 물이 제거되고 나면, 표본은 크실렌 같이 왁스와 쉽게 섞이는 용매에서 평형화한다. 그 다음에 약 60℃ 정도의 녹은 왁스에 넣어두는데, 왁스가 모든 부분에 철저하게 침투될 때까지 넣어둔다. 왁스가 굳어지고 나면, 그 결과로 생긴 블럭을 실온에서 영구적으로 보관할 수 있다. 절편을 만들기 위해서는 블럭을 예리한 칼날 위로 수 마이크론(micron)씩 전진하는 **미세절편기(microtome)**에 장착한 뒤, 원하는 두께를 정한 다음 작동시켜 자른다. 이에 따라, 절편들이 서로 이어진 형태, 즉 리본이 만들어진다(**그림 5.6**). 이 절편을 목적에 따라 현미경 슬라이드에 옮겨 부착시키고, 유기 용매를 이용하여 왁스를 제거한다. 이후 이를 염색을 하거나 면역 염색이나 제자리혼성화를 진행할 수 있다.

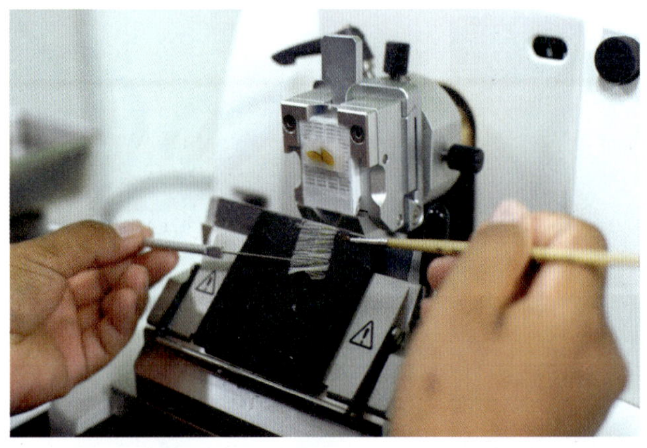

그림 5.6 마이크로톰을 이용한 연속적인 파라핀 절편 준비. (인용) Puntasit Choksawatdikorn/123RF.

배아를 대상으로 한 연구에서 절편의 방향은 매우 중요하다. 대개 전체 표본에서 구조들의 위치를 분석하여야 하기 때문인데, 절편이 연속적으로 완전히 연결된 리본 세트를 얻는 것이 필요하다. 파라핀 왁스는 잘린 절편들이 자연스럽게 리본을 형성하므로, 이러한 연구실험에서 매우 유용한 정착 물질이다. 파라핀 왁스의 불리한 점은 표본을 유기 용매로 탈수시켜야 하며, 정착할 때 60°C까지 가열해야 한다는 것이다. 이는 표본의 단백질이나 핵산의 손상을 일으킬 수 있고, 면역 염색이나 제자리혼성화를 어렵게 할 수도 있다.

절편을 확보함에 있어서 동결 절편법도 상당히 자주 사용된다. 여기에서 표본은 고정할 필요가 없고, 대신에 높은 농도의 설탕(sucrose)을 포함한 매질에서 신속하게 동결되어야 한다. 이것을 블럭으로 잘라서 **동결절편기(cryostat)**에 장착하는데, 이 기계는 냉각된 공실 안에서 작동하는 미세절단기이다. 동결 절편의 질은 주로 파라핀 왁스를 사용할 때 만큼 좋지는 않고, 리본을 형성하지 않기 때문에 연속적인 절편을 얻는 것도 매우 어렵다. 그러나 몇 개의 대표적인 절편만 필요할 때는 유용한 기술이다.

특정 목적하에서, 파라핀 왁스는 이 목적에 부합하는 충분히 좋은 품질의 절편을 제공하지는 않는데, 이는 약 5 μm보다 더 얇게 자르는 것이 어렵기 때문이다. 1 μm 정도로 자르거나 심지어 전자현미경에 사용하기 위해서 μm 이하의 두께로 자를 수 있는 다양한 플라스틱 기반의 정착 물질들도 있다. 그러나 이러한 물질들은 주로 면역 염색과 제자리혼성화법에 적합하지 않으며, 연속적인 절편들을 제공하지도 못한다. 절편의 **투과전자현미경(Transmission electron microscopy)** 관찰은 발생학에서 드물게 사용되는데, 왜냐하면 조직이나 배아에서 세포형의 양상을 규명하는 데 필요한 것보다 더 크게 확대되기 때문이다. 그러나 투과전자현미경은 온조직 표본의 생생한 3차원적 영상을 보여줄 수 있고, 형태 형성을 위한 이동 과정에서 세포의 배열을 보여주는 데도 사용된다.

미세주입

배아의 단 하나의 세포에 물질을 삽입하는 것이 통상적으로 왜 바람직한가에 대해서는 다양한 이유가 있다. 유전자 과잉 발현을 포함한 제노프스 배아에서의 실험 대부분은 시험관 내에서 합성

mRNA를 만들어 수정란에 주입시킴으로써 실행할 수 있다. 형질전환 유전자 생쥐를 만들려면 수정란의 난자 핵으로 DNA를 주입할 수 있어야 하고, 형질전환 유전자 초파리를 만들려면 DNA를 생식세포가 막 생기기 시작하는 뒷부분 끝(posterior end)에 주입해야만 한다. 미세주입(microinjection) 방법은 특정 항체나 안티센스 올리고뉴클레오타이드(antisense oligonucleotide)와 같은 억제자를 세포로 주입하는 데 이용될 수도 있다. 미세주입은 또한 모든 다양한 세포-표지 실험에 필수적인데, 여기서 특별한 세포 계보나 이식은 **계보 표지(lineage label)**라고 부르는 눈에 띄는 물질이 있어야 규명될 수 있다.

미세주입에 필요한 장비는 목표 세포의 크기에 달려 있다. 그러나 이것은 주입할 때 시각적 조절을 가능하게 하기 위해 항상 현미경 위에 장착된다(**그림 5.7**). 또 주입 바늘을 붙들고 실험자의 수동적 조작을 목표 세포의 크기에 부합하도록 하기 위해서는 어떤 형태의 미세 조작 장치가 필요하다. 주입 바늘 그 자체는 유리관으로 만들어진다. 유리관은 유리를 녹는점까지 가열하고, 그것을 잡아 뽑기 위해서 적절하게 당겨 주는 바늘 뽑기 기계를 이용하여 미세한 끝을 가진 주입 바늘로 만든다. 주입될 물질은 모세관 끝으로 빨아들이거나 뒤쪽 끝에서 주사바늘로 주입하여 바늘에 집어넣는다. 그리고 바늘을 유연성 있는 관으로 주입 조절기와 연결한다. 이 조절기는 바늘로 압력의 예리한 파동을 가하여 날카로운 바늘 끝으로 소량의 물질을 밀어내는 압력장치다. 이것은 바늘을 가로질러 전기장을 가하여, 바늘 끝으로 적절한 전하를 띤 분자들을 이동시킬 수 있는 이온영동(iontophoretic) 장치로 대체할 수도 있다. 두 경우 모두 바늘이 채워지고, 조절기에 연결되어 미세조작기(micromanipulator)에 붙여진다. 실험자는 현미경을 들여다보면서 대상 세포를 찌르고, 바늘 끝 밖으로 물질을 밀어내도록 조절기를 조작한다. 계보 표지를 할 때처럼 기질이 형광을 띨 때는, 현미경에 형광 부착물을 장착하여 곧바로 주입효과를 관찰할 수 있게 한다. 제노프스 배아는 해부 현미경 아래에서 주입할 수 있지만, 더 작은 표본은 복합 현미경 수준의 배율이 필요하다. 어떤 조립은 직립 현미경을 사용하고, 다른 것은 도립 현미경을 사용할 수 있지만, 어떤 경우에도 현미경의 광학장치는 상을 뒤집지 않도록 배열되어야 하고, 기계장치는 렌즈가 움직이는 동안 미세조작기가 부착된 재물대가 고정될 수 있게 해야 한다. 이는 정상형의 직립 복합 현미경의 표준형이 아닌 특별한 형태다.

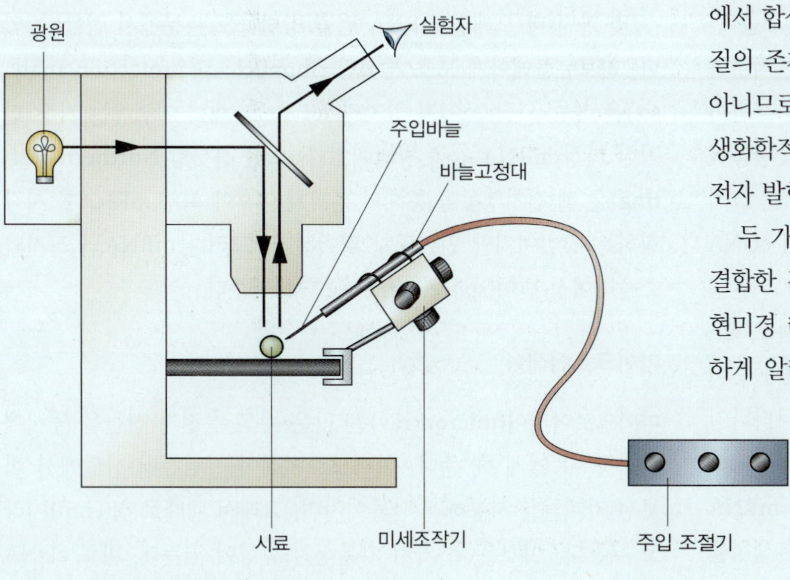

그림 5.7 형광현미경에 미세주입을 위한 설치

분자생물학적 방법에 의한 유전자 발현 연구

발생을 연구할 때 연구 대상 유전자의 정상적인 발현 양상을 아는 것은 매우 중요하다. 유전자들이 어떤 발생 단계에서 활성화되는지, 배아의 어느 부분에서, 그리고 어느 정도로 활성화되는지를 알 필요가 있다. 발현 양상을 결정하는 방법에는 두 종류가 있다: 해부학적 정보는 없지만 잠재적인 전체 전사체나 단백질의 정보를 정량적 측정을 가능하게 하는 생화학적 방법, 매우 적은 유전자 생성물과 제한된 정량이지만 정확한 해부학적 정보를 주는 제자리(*in situ*) 방법. 두 가지 경우 모두 mRNA와 단백질을 연구하는 데는 별개의 방법이다. 하나의 유전자 전사가 반드시 나중에 단백질로 번역되는 것을 보장하는 것도 아니고, 이것이 다른 장소에서 합성되어 이동되었을 수도 있기 때문에, 특정 장소에서 단백질의 존재가 이것이 그곳에서 합성되었다는 것을 의미하는 것도 아니므로, 가능하다면 두 가지 모두를 사용하는 것이 바람직하다. 생화학적 방법은 다양한 발생 단계의 배아를 조사하여 단계별 유전자 발현에 대한 정보를 얻는 데 자주 사용된다(**그림 5.8**).

두 가지 방법 중 하나를 통해서 생화학적 측정과 공간 위치를 결합한 결과를 얻을 수 있다. 하나는 15장에서 설명하는 세포의 현미경 **레이저 캡처(laser capture)**이다. 이를 통해 표본의 정확하게 알려진 위치에서 단일 세포 또는 작은 세포 그룹을 분리하고 발현 분석에 사용할 수 있다. 다른 하나는 단일 세포 서열 데이터(single cell sequence data)의 생물 정보학적 재구성이며, 운명 지도 방법으로 아래에 설명되어 있다.

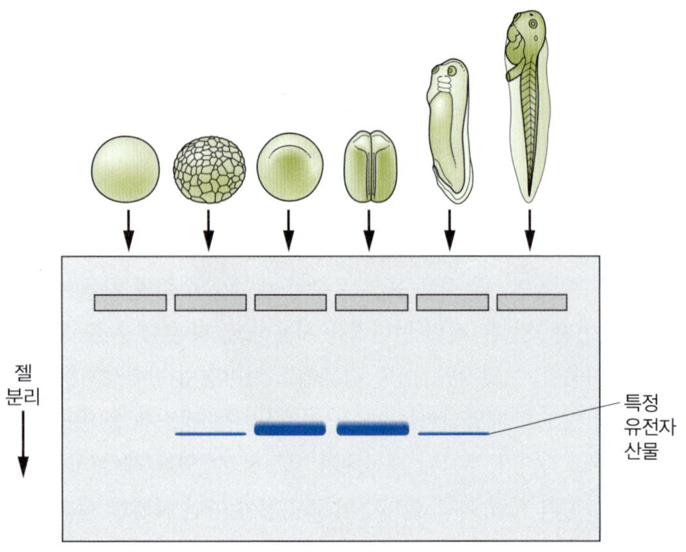

그림 5.8 특정 유전자 산물의 "단계 시리즈". 이것은 각각 다른 단계의 전 배아에서 추출하여, 적당한 기술로 분리된 mRNA이거나 단백질일 수 있다.

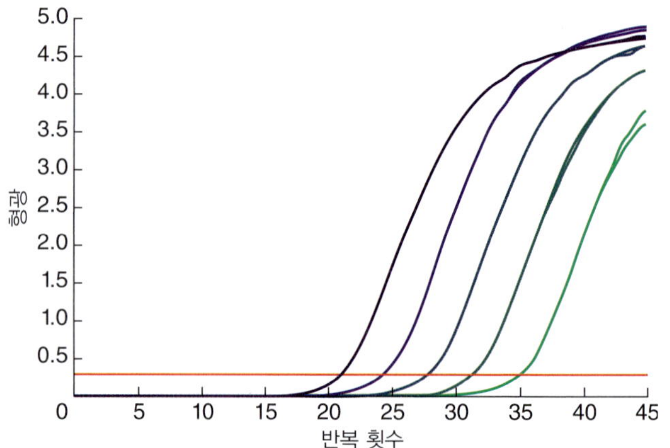

그림 5.9 실시간 PCR을 이용한 mRNA의 상대적 풍부성 측정. 각각의 굴곡이 있는 선은 한 쌍의 특정 프라이머를 사용하여 하나의 표적 서열을 증폭한 것을 보여준다. 이 장치는 이중나선 DNA가 임계 농도만큼(빨간색 선) 합성되었을 때의 반복 횟수를 측정한다.

mRNA를 위한 방법

역전사 중합효소 연쇄반응(reverse transcription polymerase chain reaction, RT-PCR)은 mRNA를 검출하고 측정하는 표준 방법이다. 총 RNA를 시료로부터 추출하고 역전사효소를 사용하여 cDNA로 역전사시킨다. 그런 다음, 표적 cDNA에서 일정한 간격으로 떨어진 부위에 상응하도록 선택된 2개의 올리고뉴클레오타이드(프라이머, primer)를 넣어 준다. 2개의 올리고뉴클레오타이드 상응 부위 사이의 DNA 염기서열이 합성(synthesis), 녹임(melting), 혼성(hybridization)의 반복적인 주기에 의해 증폭되는데, 이것은 각 반응 단계가 순차적으로 일어날 수 있도록 온도를 변화시키는 프로그램 가능한 가열 블럭 내에서 이루어진다. 적절한 횟수만큼 주기를 반복한 후, 반응 혼합물을 젤에 전개하면 브롬화에티디움(EtBr) 염색에 의해 DNA 띠가 나타난다. 만약 반응이 일어났다면, 2개의 프라이머 사이의 cDNA 지역에 해당하는 크기의 띠가 나타나야 한다. 띠가 없다면 표본 내에 특정 표적 cDNA가 없음을 의미한다. 검사된 것은 급격한 증가기가 끝나고 안정기에 도달한 시점, 즉 반응이 끝났을 때 축적된 산물의 농도이므로, 이 방법은 가장 좋을 때라도 반(semi) 정량적이다. 게다가 이 반응의 지수적 특성 때문에, RT-PCR은 인위적 실수가 나타나기 쉬우므로 정확한 결과를 얻기 위해서는 주의 깊은 통제가 필요하다. **실시간 PCR(real-time PCR)** 방법을 이용하면 특정 mRNA 수준을 좀 더 정확하게 정량할 수 있다. 여기서는 증폭된 생성물의 형성률이 실시간으로 관찰된다. 이를 위한 다양한 방법들이 있지만 가장 흔하게 이용되는 것은 SYBR Green 염색약을 넣어 주는 방법인데, 이 시약은 두 가닥 DNA에 붙을 때는 밝게 형광을 내고 한 가닥 DNA에 붙을 때는 형광을 나타내지 않는 성질이 있다. 따라서 형광의 증가는 증폭된 생성물의 축적과 일치한다. 이것은 지수적 방식으로 일어나며, 두 가닥 생성물이 임계치를 넘어서면 주기 수가 기록된다(**그림 5.9**). 초기 급격한 증폭의 단계는 최종 안정화 단계보다 훨씬 더 직접적으로 시작 농도와 관련되기 때문에, 이것은 대조군의 mRNA의 농도와 견주어서 시작하는 농도를 정확하게 측정할 수 있음을 의미한다. 대조군은 보통 정성적 RT-PCR에 있어 탑재 대조 표본에 쓰이는 것처럼, 보통은 어디서나 발현되는 mRNA이다.

몇 가지 더 오래된 mRNA 검출 방법들도 논문에서 접할 수 있다. **리보뉴클레아제 보호 분석법(ribonuclease protection analysis)**은 요즘은 잘 쓰이지 않지만 RT-PCR 채택 이전에는 가장 민감한 특정 mRNA 검출 방법이었다. **노던 블롯팅(Northern blotting)**은 젤 전기영동을 통해서 분리한 이후에 특정 mRNA를 시각화하는 방법이지만 민감도가 떨어진다. 그러나 mRNA의 크기와 스플라이싱 변이(splice variants)를 보여준다.

마이크로어레이

마이크로어레이(microarray)는 많은 수의 유전자 산물을 동시에 살펴볼 수 있게 해 준다. 마이크로어레이는 컴퓨터 산업에서 비롯된 기계들을 사용해서 만들어지며, 그래서 때때로 칩(chip)이라고 부른다. 이것은 두 가지 기본적인 유형이 있는데, 바로 cDNA 어레이와 아피메트릭스(Affymetrix) 올리고뉴클레오타이드 어레이이다. cDNA 어레이는 가까이 배치된 규칙적인 점들의 배열로 이루어지는데, 각각 다른 cDNA들을 슬라이드 글라스 위에서 격자 형태로 배열한다. 때때로 cDNA 대신 기다란 합성 올리고뉴클레오타이드가 사용되기도 한다. 아피메트릭스 시스템에서는 많은 수의 짧은 올리고뉴클레오타이드가 슬라이드 위에서 직접 합성된다. 여기에서는 유전자 1개의 염기서열을 몇 개의 올리고뉴클레오타이드로 나눠어 칩 상의 특정 위치에 위치하게 한다. 두 경우 모두 어레이는 핵산 혼성화법을 사용하여 연구에 활용된다. mRNA는 배아나 조직 표본으로부터 추출되고 cDNA로 역전사시킨다. 이것은 형광 염료로 표지하여 적합한 조건에서 마이크로어레이에 혼성화한다. 그런 다음, 칩 판독기로 어레이를 스캔하는데, 이 판독기는 각각의 점에 붙어 있는 염료로부터 나오는 형광을 측정할 수 있다. 어레이의 특정 cDNA를 고려하면, 형광 강도는 탐침에 있는 상보적 cDNA의 양을 나타내고, 따라서 조직 표본의 특정 mRNA의 양을 의미한다. 발생학에서 마이크로어레이는 2개의 발생 단계 사이 또는 유도인자로 처리된 것과 처리되지 않은 세포 간의 차이를 비교하는 데 사용한다(**그림 5.10**). 두 가지 mRNA는 주로 염색약 Cy3(녹색)와 Cy5(적색)의 염료처럼 서로 다른 형광 염료로 표지되며, 혼성화된 후 녹색과 적색 형광의 비율이 측정된다. 유전자 발현이 바뀌지 않는 유전자는 두 가지 탐침이 모두 결합함에 따라 황색을 띠는 반면, 발현이 증가하거나 감소하는 유전자는 각각 적색이나 녹색을 나타내게 될 것이다. 마이크로어레이 분석은 cDNA 정체와 각 점의 위치를 정확하게 짝 지울 수 있는 매우 정교한 소프트웨어를 사용한다.

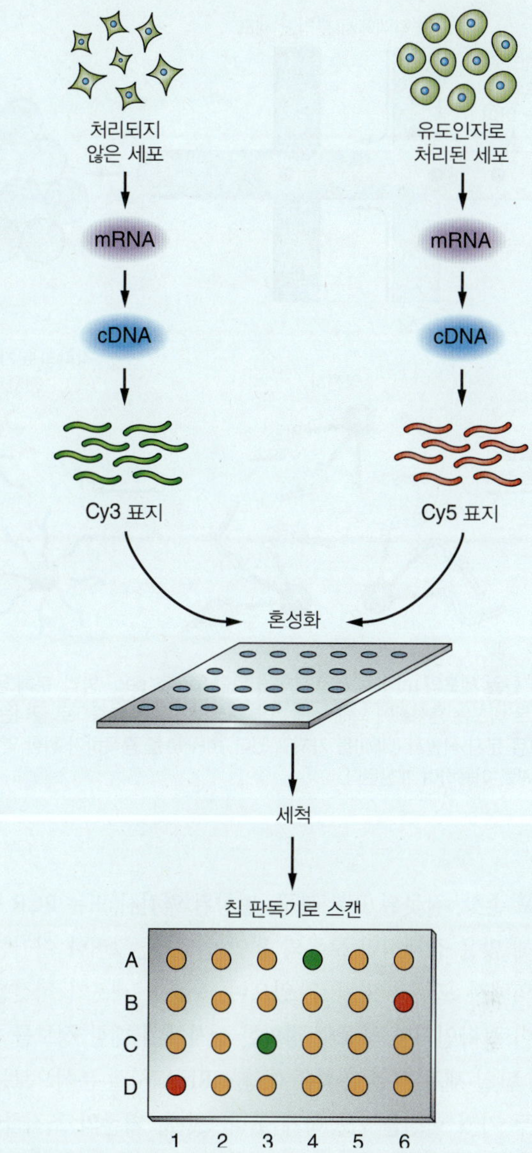

그림 5.10 두 세포집단의 유전자 발현을 비교하기 위한 마이크로어레이(microarray)의 사용. 실험 결과는 유도인자의 처리로 B6과 D1 유전자가 상승 발현되고, A4 유전자와 C3 유전자가 감소 발현된 것을 보여준다.

심층 염기서열결정법

빠르고 합리적인 가격으로 DNA 염기서열을 결정하는 차세대(next generation) 염기서열 장비의 탁월한 능력은 유전체학에 혁신을 일으켜 왔고, 발현 분석 방법을 변화시켰다. **RNA-Seq**은 cDNA 표본에서 전체 전사체(transcriptome)의 구성을 측정할 수 있다. 이것은 보통 10,000,000에 해당하는 매우 많은 수의 cDNA 염기서열을 결정함으로써 가능해진다. 조사되는 각각의 엑손은 이미 알려진 개체의 유전체와 비교하여 확인하고, 각 유전자 산물의 빈도는 다른 것들과 상대적으로 비교하여 측정한다. 본래 RNA 추출과 역전사 반응에서 치우침이 없다면, 이것은 전체 전사체의 정량적인 구성을 보여줄 수 있다. 생물학적 복제 샘플의 수를 늘리면 더 정확한 결과를 얻을 수 있다.

유전자 발현 분석은 단지 mRNA 산물의 상대적인 풍부함뿐만 아니라, 염색체 수준에서 어떤 것이 일어나는 지에 대한 더 많은 지식을 요구한다. 심층 염기서열 결정법은 DNA 메틸화에 대한 유전체 범위의 기술을 할 수 있도록 DNA 메틸 분석과 합쳐지거나, 흥미있는 특정 단백질의 결합을 유전체 범위에서 보여주기 위한 염색질 면역 침강 반응(ChIP, 면역화학적 방법 참고)과 합쳐질 수 있다.

단일 세포 서열 분석

전사체를 서열화하는 기술은 점점 더 민감해졌고, 이제 단일 세포의 전사체 서열을 배열하는 것이 가능해졌다. 이러한 작은 표본의

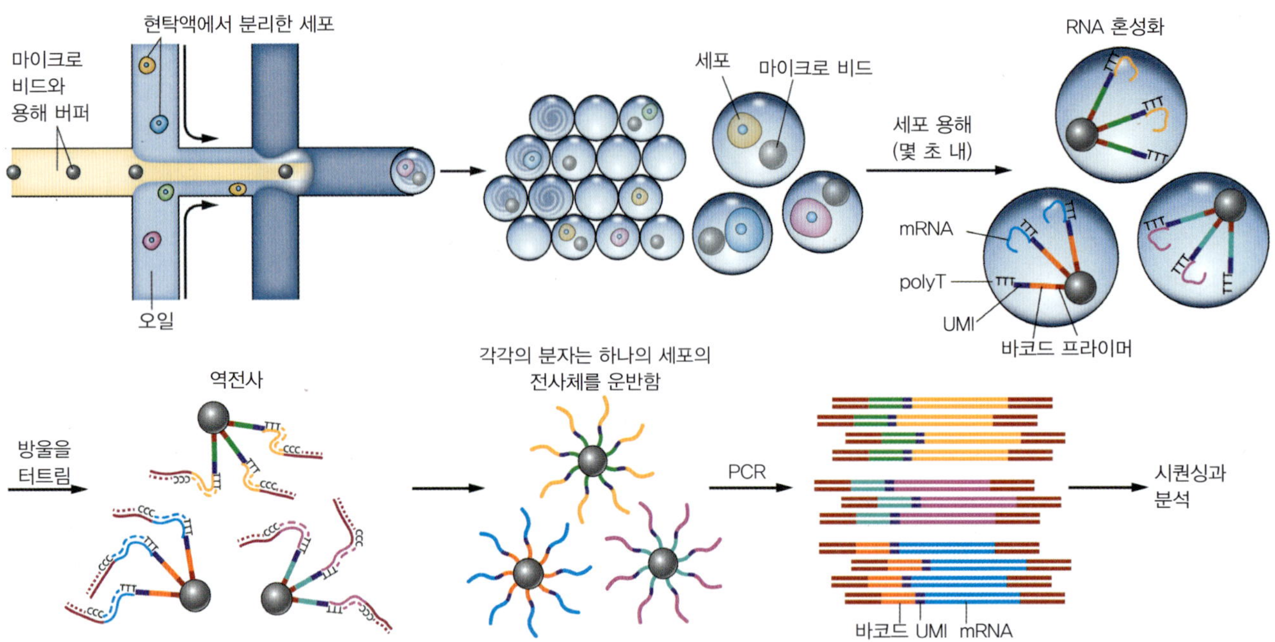

그림 5.11 단일 세포의 mRNA 서열 분석을 위함 "drop-seq" 방법. 분해 용매의 단일 세포와 마이크로 비드가 포함된 안쪽의 오일의 흐름에서 연속적인 방울이 형성된다. 마이크로 비드는 혼성화에 의해 mRNA를 포착하기 위해 다중 T로 끝나는 DNA 서열을 운반한다. 비드의 각 DNA 서열은 또한 비드의 "바코드"와 비드의 다른 분자와는 다른 고유 분자 식별자 (UMI)를 가지고 있다. mRNA를 증폭하기 위한 역전사와 생성물의 서열 분석은 대량으로 이뤄진다. 각각의 세포에서의 mRNA 분자의 수는 바코드와 UMI를 이용하여 계산된다.

경우 세포 손상, 잘못된 표본 복구, 편향된 역전사 또는 PCR 증폭으로 인해 많은 잠재적인 오류의 원인이 있다. 그러나 이러한 것들은 주의해서 모두 제어될 수 있으며, 충분한 세포가 적절한 서열의 깊이로 확인되면 상당히 정확한 전사체에 대한 정보를 얻을 수 있다. 단일 세포 서열 분석은 대량 mRNA 서열 분석으로는 불가능한 두 가지 혁신을 가능하게 한다. 첫째, 기존의 조직학이나 소수의 단백질 또는 mRNA 마커를 사용하여 가능했던 것보다 더 정확한 **세포 상태(cell states)**와 **세포 유형(cell types)**을 밝힐 수 있다. 이러한 목적을 위해서는 세포 유형, 특히 세포 주기 기작의 구성 요소 내에서 일반적으로 발현이 변동하는 유전자를 고려하지 않는 것이 필요하다. 둘째, 발생이 진행됨에 따라 전사체의 변화가 원활하고 지속적으로 변화한다는 가정 하에 세포 상태 간의 발생 서열을 추론할 수 있다. 만약 시작 조건이 어떤 독립적인 방법으로 식별될 수 있다면, 일련의 세포 상태는 발달 순서를 제공하기 위해 "pseudotime"으로 배열될 수 있다. 적절한 소프트웨어를 사용하면 한 세포의 딸세포가 2개의 다른 상태를 획득하는 발달 분기점을 재구성할 수 있다.

단일 세포 서열 분석을 위한 방법은 여전히 빠르게 개발되고 있지만, 현재는 "Drop-Seq" 방법을 주로 사용하고 있다. 이것은 마이크로 유체 장치를 사용하여 단일세포를 포함하는 작은 방울(droplet)과 용해 완충액의 작은 방울을 결합한다. 각 방울에는 세포에서 mRNA의 포획을 허용하는 DNA 서열의 많은 사본을 운반하는 마이크로 비드가 포함되어 있다(**그림 5.11**). 방울의 흐름은 세포 또는 마이크로 비드가 매우 낮은 다중도로 포함되기 때문에 대부분의 방울은 비어 있다. 이것은 단일 마이크로 비드와 세포만이 방울 내에서 함께 있을 가능성을 증가시키고, 마이크로 비드와 세포를 포함하는 방물만이 추가 분석을 위한 결과물을 생성한다. 비드의 DNA는 실험에 따라 다르지만, 가장 간단한 경우에는 4개의 섹션이 포함된다. (1) PCR 증폭용 프라이머, (2) mRNA가 유래하는 특정 세포를 확인하기 위한 "바코드", (3) 고유 분자 식별자(Unique molecular identifier, UMI). 이것은 캡처된 각 mRNA 분자에 고유한 라벨을 추가할 수 있게 하는 축중 서열이다. (4) 세포의 mRNA의 다중(A) 꼬리와의 혼성화를 위한 다중 T. 마이크로 비드가 세포에서 mRNA를 포획하면 대량으로 실시할 수 있다. 서열 분석은 대량으로 수행되지만, 결과는 바코드를 사용하여 세포 별로 컴퓨터에서 재정렬할 수 있다. 또한 그 세포로부터의 개별 mRNA는 필연적으로 발생하는 증폭 바이어스를 피하는 UMI를 확인함으로써 계산될 수 있다. 단일 세포

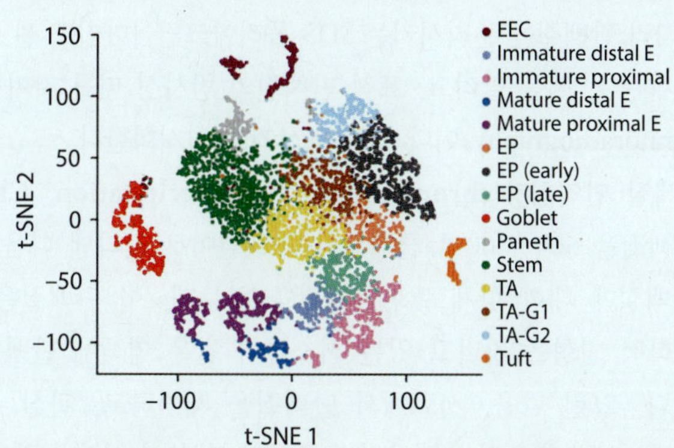

그림 5.12 단일 세포 서열 분석을 바탕으로 한 쥐의 장 표피의 세포 유형화의 예. EEC, 장 내분비 세포, E: 장세포; EP, 장세포 전구세포; TA, 변화 증폭 세포; G1, G1/S 세포 주기 단계; G2, G2/M 세포 주기 단계. 이 데이터는 t-SNE 방법으로 Haber, A. L. et al. (2017). Nature. 551, 333–339.에서 얻은 결과를 2차원으로 간소화시킨 것임.

서열 분석의 읽기 수는 대량 시퀀스보다 적은 경향이 있다. 세포당 약 20,000개의 판독 값은 세포 유형을 식별하기에 충분한 정보를 제공하지만, 분석에 포함된 세포가 많을수록 좋은 결과를 얻을 수 있다.

데이터 분석은 엄청난 생물정보학적 과제를 가지고 있다. 전사체의 서열은 매우 다차원적이며, 이는 각각의 mRNA 종들이 다른 모든 종들과 독립적으로 세포 유형들 사이에서 다를 수 있다는 것을 의미한다. 한 장의 종이 또는 화면은 2차원 또는 많아도 3차원만 표현할 수 있으므로 이를 시각화하기가 어렵다. 수학적 이유로 세포 유형을 밝히거나 세포 상태를 발생학적 서열과 연관시키는 데 필요한 전사체 간의 연관성의 계산도 어렵다. 따라서 분석을 용이하게 하기 위해 데이터의 차원을 줄이는 것이 일반적이다. 이를 수행하는 일반적인 방법은 주성분 분석(principal component analysis, PCA)이다. 이 방법은 데이터가 상관적 관계가 있는 방식으로 변화하는 mRNA의 선형 조합으로 집계한다. 일반적으로 소수의 주성분이 전체 변동의 대부분을 포착한다. 그러나 시각적 표시는 2차원 또는 3차원으로 제한되므로 시각적 표현에서 변형의 일부가 손실되는 것은 불가피하다는 점에 유의해야 한다. 차원을 줄이는 데는 여러 가지 방법이 있지만, 인기 있는 비선형 방법은 'T-분포 확률적 임베딩(t-SNE, '티스니'라고 발음)이다. 이것은 계산 시간이 걸리지만 2차원 또는 3차원 시각화에 적합하다. 그러나 시각적 표현은 사용되는 차원 축소 방법에 관계없이 항상 변형의 일부를 생략한다. 장 상피세포 유형의 2차원 t-SNE 표시의 예가 **그림 5.12**에 나와 있다.

세포 상태 및 발생 경로의 정의와는 별도로, 발생학자에게 관심이 있는 단일 세포 서열 분석의 또 다른 응용은 **유전적 조절 네트워크(genetic regulatory networks**, GRN; 3장 참조)을 추정하는 것이다. 이것은 전사 산물이 발생이 진행됨에 따라 또는 변화에 반응하여 발현에서 직접적인 혹은 반대의 상관관계를 보여주는 유전자 그룹의 발견에 의해 이루어진다. 단일 세포 서열 분석은 관심 있는 유전자의 *cis*- 조절 서열에 대한 독립적인 데이터와 함께 개별 유전자 효과의 분석을 기반으로 하는 방법보다 완전한 유전적 조절 네트워크를 밝힐 수 있다.

단백질을 위한 방법

배아 또는 세포에 존재하는 단백질이 반드시 mRNA와 일대일 대응되는 것은 아니므로, 단백질을 직접 검사하는 것도 바람직할 수 있다. 이를 위한 기술의 집합을 **"단백질체학(proteomics)"**이라 한다. 마이크로 어레이에서처럼, 이들은 특정 발생 과정 동안 어떤 단백질의 발현 수준이 변하는지를 찾기 위한 초기 연구에 사용된다. 전체 단백질 추출물은 2차원의 젤 전기영동에서 분리된다. 이때 첫 번째 차원은 등전점(isoelectric point)에 의해서 등전위 초점 젤에서 분리되고, 두 번째 차원은 분자량에 의해서 SDS-폴리아크릴아미드 박판 젤에서 분리된다. 이것은 점의 분포를 보여주는데, 각 점은 하나의 단백질을 나타낸다. 조사하려는 2개의 시료 추출물을 비교하면 점 분포에서 소수의 차이가 나타날 수도 있다. 그러면, 개별적 단백질을 질량 분광법(mass spectrometry)으로 확인할 수 있다. 질량분광기는 단백질을 이온화하고 휘발시킨 다음 전기장 내에서 가속하여 검출기까지의 비행시간을 측정하는 방식으로 작동한다. 이것은 매우 정밀하게 분자량을 측정할 수 있게 해 준다. 유전체의 염기서열이 확인된 생물체의 시료는 단백질 분자량을 측정함으로써 그 정체를 규명할 수 있다. 왜냐하면, 유전체에서 나타난 각각 폴리펩타이드의 알려진 아미노산 성분으로부터 분자량을 계산할 수 있기 때문이다. 다른 방법으로는 탠덤 질량 분광법(tandem mass spectrometry)으로 개별적인 단백질의 아미노산 서열을 결정할 수 있다. 트립신으로 단백질을 여러 개의 펩타이드로 쪼갠다. 이들은 질량 분광법의 첫 번째 주기에서 분리되고, 각각의 펩타이드는 이온 충격으로 깨어지며, 그 조각들은 질량 분광법의 두 번째 주기에서 분리된다. 매우 복잡한 소프트웨어를 이용하면 특징적인 쪼개짐 형태를 통해 단백질의 아미노산 서열을 알아내는 것이 가능하다.

면역화학적 방법

시료에서 특정 단백질을 측정하는 방법은 주로 그 단백질에 대응하여 만들어진 특정 **항체(antibody)**를 가지고 있는지 여부에 달려 있다. 이 항체는 **단일클론(monoclonal)**이거나 **다클론성 항체(polyclonal antibody)**일 수도 있는데, 순수한 단백질이나 단백질 일부를 가지고 동물을 면역화시켜서 얻을 수 있다.

웨스턴 블롯(Western blot)은 반정량적으로 특정 단백질의 양을 보여주는 방법이다. 시료의 총단백질을 추출하여 폴리아크릴아미드 젤로 분리시킨다. 그리고 젤의 내용물을 막 위로 옮긴다("blotted"). 이 막을 용액 상태에서 특정 항체와 함께 두면, 이 항체는 특정 목표 단백질의 띠에만 결합하고 젤 상에서 분리된 다른 성분에는 붙지 않는다. 이 결합된 항체는 두 번째 항체에 의해 눈에 보이게 되는데, 이 두 번째 항체는 첫 번째 항체의 불변부에 대응하여 만들어진다. 이 두 번째 항체는 상업적으로 구매할 수 있는데, 검출하기 쉽게 변형될 수 있다. 예를 들면, **양고추냉이 과산화효소(horseradish peroxidase, HRP)**와 결합시켜 이용하는데, 이것은 아주 민감한 화학발광 기질을 사용할 수 있다. 화학발광 기질은 자발적으로 붕괴되면서 빛을 방출하는 인광성 반응 산물을 만들게 된다. 기질 혼합물에서 배양한 다음, 반점을 X-ray 필름에 노출시키거나 인광영상 장치에 넣으면, 반응 산물의 발광이 항체가 결합한 지점에서 기록되는데, 이것은 본래 시료에서 목표 단백질의 위치와 양에 상응하게 된다. 밴드의 강도는 대략적인 양을 나타낸다.

면역침강법(immunoprecipitation)은 특정 항체에 의해 인지된 단백질을 분리해 내는 방법이다. 이 기술은 배아나 조직 시료에서 특정 단백질이 새로 생성되었는지 여부를 알기 위해 자주 이용된다. 웨스턴 블롯에 의해서 일정한 상태(steady state)의 농도는 나타낼 수 있지만, 새로운 합성률은 웨스턴 블롯에 의해 보이는 일정한 상태의 농도와는 아주 다를 수 있다. 예를 들면, 배아는 난자로부터 많은 양의 특정 모계 단백질을 물려받고 더 이상 만들지 않을 수 있다. 이런 경우에는 살아 있는 표본을 방사성 아미노산, 주로 ^{35}S-메티오닌이나 ^{35}S-시스테인이 포함된 용액으로 배양하면 표지 기간 동안 합성된 모든 단백질은 방사능을 띠게 된다. 총단백질을 추출하고 특정 항체와 배양하면, 이 항체는 표적 단백질에 결합하여 면역 복합체를 만든다. 아가로즈 비드(agarose beads)에 결합되어 있는 단백질 A와 혼합물을 배양하면 면역 복합체를 분리할 수 있다. 단백질 A는 면역글로불린 G(IgG)형 항체의 불변부에 강하게 결합하는 박테리아 단백질이다. 이것이 면역 복합체를 포획해서 비드에 고정하게 된다. 오염 단백질을 제거하기 위해 비드를 씻어내고, 결합되어 있는 항체와 목표 단백질을 방출시키기 위해 강력한 변성 완충액에서 끓여 준다. 이것을 분자량에 따라 단백질을 분리시키는 SDS 폴리아크릴아마이드 젤 상에서 전개한다. 젤을 말리고, 표적 단백질의 방사성 띠를 자가방사선법(autoradiography)이나 인광 영상기로 가시화한다.

염색질 면역침강(chromatin immunoprecipitation, ChIP)은 염색질을 500~200 뉴클레오타이드 길이로 잘라낸 다음, 관심 단백질에 대한 항체로 면역침강을 하는데, 이 단백질은 특정 화학적 변형을 지니고 있는 히스톤과 같은 염색체 단백질일 수 있다. 그런 다음, 시료에서 단백질을 제거하고, 관심 부분(예를 들어, 발생 조절 유전자의 프로모터 부분)이 얼마나 많이 침전되었는지 RT-PCR로 분석한다. 이 기술은 수천 개의 유전자 좌위(loci)를 동시에 살펴볼 수 있도록 하기 위해 마이크로어레이 분석과 결합되었다(ChIP-Chip). 또한 전체 유전체를 살펴보기 위해서 심층 염기서열법과 결합되기도 한다**(ChIP-Seq)**. 비용이 많이 들지만, ChIp-Seq는 염색질 구성에 대한 유전체 전체 조사의 표준이 되었다.

제자리 방법에 의한 유전자 발현 연구

위에서 언급했듯이, 제자리(*in situ*) 방법은 표본에서 특정 mRNA 또는 단백질의 존재에 대한 정확한 공간 정보를 제공하지만, 일반적으로 유전자 산물의 작은 세트만 확인되고 정량화가 제한된다. 만약 표본이 작고 투명하다면, 제자리 과정을 온조직 표본으로 수행할 수 있는데, 이는 빠르고 선명한 3차원적인 결과를 보여줄 수 있다는 이점이 있다. 만약 표본이 온조직 표본으로 만들기에 너무 크거나 불투명하다면 제자리 방법은 단편에 적용되어야 하며, 발생학적 연구에서라면 이것은 주로 관심 있는 전체 부분 혹은 전체 배아의 연속적인 단편이 될 것이다.

제자리혼성화법

다른 기술보다 온조직 **제자리혼성화법(*in situ* hybridization)**은 현대 발생학의 특징이 되었는데, 이는 유전자의 활성 도메인의 관찰이 매우 간단하기 때문이다. 이전에는 복잡한 유전자 실험에서 간접적으로만 추측할 수 있었다.

제자리혼성화법은 표본에서 특정 mRNA가 위치한 부분을 보여준다. 검출할 mRNA에 상보적인 안티센스 탐침은 시험관 내에서 만들어진다. 이 탐침을 표본에 혼성화하여 가시화한다(**그림 5.13a, 5.14**). 탐침은 쉬운 관찰을 위해 화학적 그룹을 포함하는데, 이 그룹은 합성에 사용하는 뉴클레오시드 삼인산 중 하나에 붙는다. 이것이 합성 과정에 탐침에 편입되고, 그 혼성화 능력에

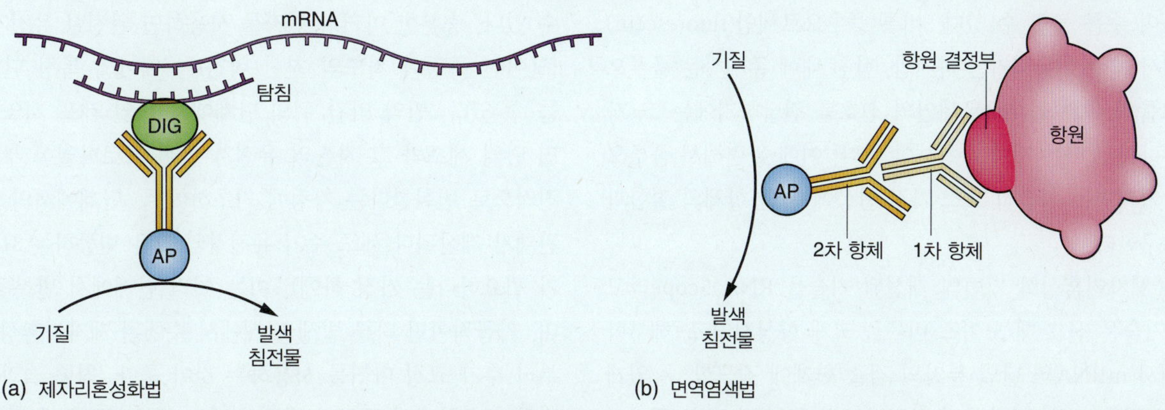

그림 5.13 (a) 특정 mRNA 관찰을 위한 제자리혼성화법. DIG, 디옥시제닌은 탐침에 연결되고 특이적인 항체에 의해 인식된다. AP, 알칼리 탈인산화효소, 항체에 연결된 효소이고 조직화학적 반응에 의해 위치를 나타낸다. (b) 특정 항원 관찰을 위한 면역염색. 표적 에피톱을 인식하는 첫 번째 항체와 첫 번째 항체를 인식하는 두 번째 항체. 여기서도 알칼린 탈인산화 효소 조직 화학적 방법이 탐지 방법으로 사용된다.

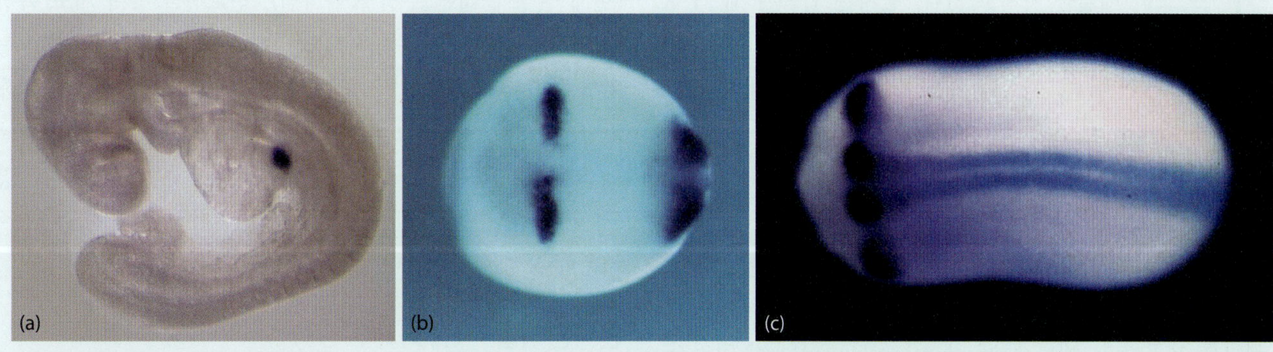

그림 5.14 온조직(wholemount) 제자리혼성화의 예. (a) 9.5일된 생쥐 배아의 초기 간 싹에서 전사인자 C/EBPα의 mRNA. (b) 동일한 유전자가 발현되는 두 영역: 제노프스 신경배에서 유도인자인 FGF3의 mRNA. (c) 제노프스의 닫힌 신경배에서 다른 색으로 보여준 두 유전자의 발현. 진한 파란색은 전사인자 HoxA4의 mRNA를 보여주고, 청록색은 전사인자 cdx4의 mRNA를 보여준다. (인용) Jonathan Slack.

는 영향을 주지 않는다. 가장 많이 사용되는 그룹은 특정 항체를 통해서 인식되는 디그옥시제닌(digoxigenin, DIG, 식물성 스테롤)과 플루오르세인(fluorescein), 아비딘(avidin)과 스트렙타비딘(strepavidin)의 특이적인 결합으로 인식되는 비오틴(biotin), 또는 과산화효소의 조직화학 반응을 통해서 인식되는 양고추냉이 과산화효소(Horseradish peroxidase)가 있다. 제자리혼성화법은 원래 방사성 표지된 탐침을 사용하여 절편에서 수행되었으며, 암시야 광학을 사용하여 표시된 방사성을 이용한 방사선 접사는 여전히 문헌에서 찾아볼 수 있다.

온조직 표본의 제자리혼성화를 위해서는 큰 탐침 분자가 세포로 침투할 수 있게 표본을 프로테아제(protease)나 합성세제(detergent)로 짧은 시간 동안 처리하여 투과성을 갖게 할 필요가 있다. 온조직 표본이든 조직 단면이든 혼성 반응은 밤새워 진행하고, 표본을 철저하게 세척한 다음, 효소가 연결된 항탐침 항체를 더해 준다. 이런 항체의 예를 들면, DIG일 경우 알칼리 탈인산화효소가 연결된 안티-DIG 항체 같은 것이다. 이 항체의 위치는 적당한 기질 혼합물에 둠으로써 밝힐 수 있는데, 기질은 반응 위치에서 진한 색상을 띤 불용성 침전물을 만든다. 따라서 효소가 있는 곳에서 색상이 형성되고, 어디에 탐침이 결합하고 있는지, 따라서 어디에 특정 mRNA가 존재하는지를 보여주는 것이다.

어떤 기질들은 형광을 내고 형광현미경으로 볼 수 있는 신호를 만든다. 제자리혼성화에서 형광은 종종 "FISH"라는 약자로 알려져 있다. 이것은 하나 이상의 탐침을 이용할 때 아주 편리한데, 발현 영역 내에서 분리되거나 중복되는 부분을 검출하기 위해 다른 형광 통로를 통해 눈으로 볼 수 있다. 한 번에 둘 이상의 탐침을 보기 위해서는 탐침에 다른 화학적 표지를 이용하는 것이 필요하고, 다른 항체와 기질 혼합물로 검출할 수 있다. 기존의 형광현미경에서는 3~4개 이상의 신호를 분리하는 것은 어렵지만, 스펙트럼 이미징(spectral imaging)이라고 불리는 기술로 많은 파장에서 측정을 수행하고, 다른 형광 염료의 발광 스펙트럼을 컴퓨터로 분리하여 수를 늘릴 수 있다. 비록 플루오르세인(fluorescein)이 탐침에서 자주 이용되기는 하지만, 탐침 내에 존재하는 플루오르세인 그룹의 수가 플루오르세인의 신호를 전달하기에는 그 자체로 충분하지 않다는 것에 주목해야 한다. 이에 관련해서 플루오르세인의 가시화는 여전히 효소-기질 반응에 의한 항체의 결합과 증폭을 요구한다.

최근에 제자리혼성화 기법의 개선된 기술을 RNA Scope라고 한다. 이 기술은 신호 대 노이즈 비율을 크게 향상시키고, 해부학적 표본에서 mRNA의 단일 분자의 검출 한계에 접근할 수 있게 한다. 포르말린 고정, 파라핀 조직의 고정 세포, 온조직, 절편에 사용할 수 있다. 이 경우 mRNA 내의 인접한 표적 서열에 상보적인 2개의 탐침이 사용된다. 각 탐침은 스페이서(spacer)와 14 뉴클레오타이드 꼬리 배열을 가지고 있다. 탐지는 연속된 세 가지 혼성화 단계를 필요로 한다. 이 절차에는 상당한 증폭이 수반되며, 일반적으로 훨씬 더 큰 신호를 제공하기 위해 여러 개의 기본 탐침 쌍이 사용된다.

단일 세포 서열 분석을 통한 운명 지도 작성

제자리혼성화 결과의 광범위한 데이터베이스 활용은 단일 세포 전사체 데이터를 배아의 공간적으로 지도화할 수 있도록 필요한 참고 정보를 제공한다. 예를 들어, *tbxt(brachyury)*는 잘 알려진 초기 중배엽에서 발현되는 전사인자 유전자이므로, 높은 수준의 *tbxt* mRNA를 가진 세포는 확실하게 중배엽에 속한다고 분류할 수 있다. 충분한 마커 유전자를 사용하면 완전한 유전자 발현 지도(이전 특정화 지도의 최신 버전)를 배아의 특정 단계에서 만들 수 있다. 만약 약간 뒤의 단계에서 단일 세포 서열이 수집되면 단일 세포와 그 자손의 유전자 발현 프로파일이 부드럽고 점진적으로 변화한다는 가정에 기초하여 두 단계에서의 세포 계통 관계가 계산된다(세포 주기 유전자와 같은 변동하는 요소의 제거가 필요하다는 가정 하에). 이는 여러 단계에서 반복될 수 있으며, 가급적이면 다른 발생 단계에서 수행된 제자리혼성화 결과로부터 추가 교정 마커를 사용하는 것이 좋다. 최종 결과는 배아의 변화하는 형태에 투영된 계통의 궤적 세트, 즉 운명 지도가 된다. 각 위치에서 세포의 유전자 발현 프로파일이 알려져 있기에 이것은 실제로 운명 지도 이상의 것이다. 이것은 또한 특정화 지도(현재 발생에 대한 수임을 나타냄), 신호전달 능력 지도(특정 유도 인자의 생산) 및 수용능 지도(특정 유도 인자에 반응하는 능력)이므로, 원칙적으로 이 지도는 특정 유형의 배아 발생에 대해 알고 싶은 대부분의 정보를 제공한다. 다행히, 단일 세포 서열 분석에 의해서 생성된 제노프스, 제브라피시 및 생쥐 배아의 운명 지도는 세포의 수동 라벨링에 의해 생성된 이전 운명 지도와 만족스러운 유사성을 보여준다.

면역염색법

제자리혼성화 외에도 특정 항체로 면역 염색하는 것 또한 발생학에서 특이적인 기질을 국소화하는 매우 중요한 기술이다(**그림**

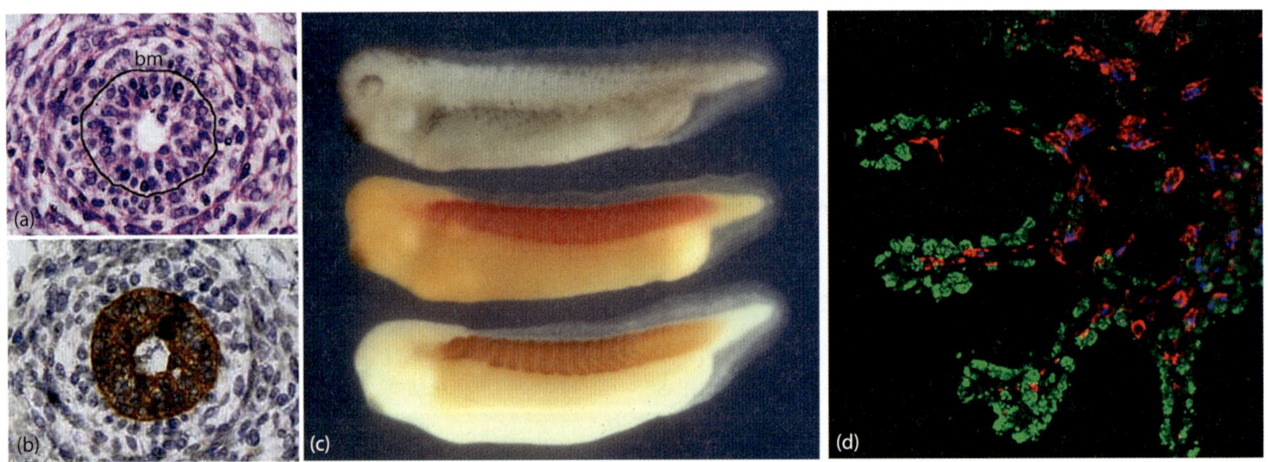

그림 5.15 면역염색의 사례들. (a, b) 13.5일된 생쥐 배아에서 식도의 횡단 절편을 헤마톡실린-에오신으로 염색하거나(a), 디아조벤지딘(diazobenzidine) 반응(갈색)으로 사이토케라틴 8 (cytokeratin 8)을 면역염색하고, 여기에 헤마톡실린 핵염색을 더하였다(b). bm: 기저막(basement membrane)의 위치. (c) 제노프스 꼬리싹(tailbud) 단계 배아의 근육항원에 대한 온조직 면역염색(중간과 아래). 항체는 둘 다 같지만 알칼리 탈인산화효소와 패스트 레드(Fast Red)로 검출하거나(중간), 디아조벤지딘(diazobenzidine)으로 HRP를 검출하였다(아래). (d) 생쥐 배아 췌장 배양체의 온조직 염색. 세 가지 형광 항체가 사용되었다: 아밀라아제(녹색), 인슐린(빨간색), 글루카곤(파란색). (인용) Jonathan Slack.

5.13b, 5.15). 동물에게 주사함으로써, 대부분의 단백질이나 탄수화물 분자에 대한 항체를 만드는 것이 가능하고, 이에 대해서 면역체계가 반응하게 한다. 화학적 성질에 상관없이 특정 항체의 목표물을 **항원**(antigen)이라 한다. 항체에 의해 인식되는 항원 분자의 특정 부분을 **항원 결정부**(epitope)라 부른다. **다클론성 항체**(polyclonal antibodies)는 흔히 토끼에서 만들어지지만, 종종 양이나 염소에서도 만들어진다. 반복해서 면역화 과정을 거치면, 혈청 내에는 특정 항체의 높은 농도, 즉 역가(titer)가 형성되어야 한다. 비록 항체가 특정 항원에만 특이적이더라도, 항체는 몇몇 B 림프구 클론의 생성물들로 이루어지며, 각각은 다른 항체 유전자로부터 항체를 만든다. 특정 항체뿐만 아니라, 혈청에는 무관한 항원을 인식하는 수천 개의 항체와 수천 개의 비항체 단백질들이 들어 있다. 이러한 다른 성분은 바탕 염색 또는 비특이적 염색을 야기할 수 있으며, 따라서 항체는 항상 사용 전에 혈청으로부터 부분적으로 정제될 필요가 있다. 항체 분자는 항원을 인식하는 변이부와 면역 글로불린 분류군과 종에 대한 특이성을 가지는 불변부로 이루어진다. 빈번하게 이용되는 부분적 정제 방법은 단백질 A 컬럼이다. 면역화학 방법에서 언급했듯이, 단백질 A가 IgG-형 항체 분자의 불변부에 결합한다. 따라서 단백질 A 컬럼은 특정 항체를 포함한 모든 IgG를 분리하게 되고, 모든 다른 혈청 성분을 남겨 놓는다. 만약 충분한 항원이 이용가능하다면, 더 좋은 방법은 항원이 붙어 있는 친화력(affinity) 컬럼을 만들어 혈청으로부터 특정 항체만을 선별하면서 다른 단백질뿐만 아니라 모든 다른 항체를 제거하는 것이다.

단일클론 항체(monoclonal antibodies)는 주로 생쥐를 면역시킨 다음에 생쥐의 비장 세포를 골수종이라 불리는 사람의 암세포와 융합하여 만든다. **하이브리도마**(hybridoma)라 불리는 혼성세포는 항체 생성 능력과 시험관 내에서 무한히 성장을 할 수 있는 능력을 모두 가지고 있다. 원하는 하나의 클론을 찾기 위해 융합된 세포의 클론을 담고 있는 수많은 멀티웰 배양접시를 선별한다. 일단 원하는 세포가 분리되기만 하면, 이것을 배양할 수 있고 특정 단일클론 항체의 공급원으로 배양 배지를 회수할 수 있다. 단일클론 방법의 이점은 시작하기 위해 순수한 항원이 필요하지 않다는 것이다; 사실상 전적으로 특성을 모르는 조직 추출물도 면역화에 이용할 수 있다. 개개의 하이브리도마가 만든 항체가 흥미있는 발현 양상을 띠는지 검색할 수 있으며, 똑같은 항체를 가진 발현 라이브러리를 검색함으로써 분자생물학적 의미의 클론을 만들 수 있다. 다른 한편으로, 단일클론 항체를 만들기 위해서는 다클론성 항체에 비하여 더 많은 작업과 기술이 필요하고, 개개의 단일클론 항체는 보통 다클론성 항체만큼 자기 항원에 대해 높은 친화력을 갖지 못한다.

제자리혼성화를 할 때, 면역 염색은 **온조직 표본**(wholemounts)이나 **절편**(sections)을 가지고서 시행할 수 있다. 온조직 표본은 표본에서 항원의 위치에 관한 하나의 3차원적인 영상을 보여준다는 이점이 있는 반면, 절편은 본질적으로 더 높은 해상도를 제공한다는 것이다. 두 경우 모두, 표본을 적당한 기간 동안 특정 항체와 함께 배양하고, 씻고, 2차 항체와 함께 배양한다. 이 2차 항체는 1차 항체의 종-특이적 불변부를 인식하도록 만들어진, 상업적으로 이용가능한 항체이다. 이는 검출에 적합한 작용기를 갖고 있는데, 이것은 염색약 알렉사(Alexa) 시리즈의 염색약 같은 형광 그룹이거나 알칼리 탈인산화효소와 HRP 같은 효소이다. 만약 형광 2차 항체를 사용한다면, 표본을 바로 형광 현미경으로 살펴볼 수 있다. 만약 효소-연결 2차 항체를 사용한다면, 색소 침전물이 생기도록 표본을 기질 속에서 배양하고, 투과 현미경에 올려서 관찰할 수 있다.

효소-연결 방법들은 주로 형광성 방법보다 좀 더 민감한데, 그 이유는 효소-기질 반응이 추가적인 증폭 단계를 제공하기 때문이다. 또한 침전물이 한번 만들어지고 나면, 표본을 탈수하여 비수용성 장착 매질을 사용할 수 있다. 위에서 언급했듯이, 비수용성 매질은 대개 수용성 보다 더 좋은데, 이것이 더 높은 굴절 지수를 가지고 있고, 표본이 거의 투명하게 되기 때문이다. 형광 면역염색법에 있어서 면역복합체는 그대로 유지되어야 하며, 이것 때문에 표본을 탈수시킬 수 없다. 똑같은 이유로, 면역복합체가 결국 분리되기 때문에 형광 항체로 염색된 표본은 영구적일 수 없다. 반면, 형광 방법은 더 적은 단계를 거치기에 더 간단하고, 각 형광색소를 형광 현미경의 개별 통로를 통해서 별도로 조사할 수 있으므로, 겹치는 부분에서 하나 이상의 항원을 조사하기에 가장 좋은 방법을 제공한다.

리포터 유전자

리포터 유전자(reporter gene)란 생물체 내의 특별한 사건 양상을 지켜보기 위해서 사용할 수 있는, 비교적 쉽게 검출할 수 있는 산물의 유전정보를 담고 있는 유전자를 말하는데, 발생학에서는 이 리포터 유전자를 이용하는 것이 편리한 경우가 많다(**그림 5.16**). 예를 들면, 리포터는 형질전환 유전자의 존재나 활성을 표시하거나 특별한 세포 유형을 쉽게 보이게 표지하거나 특정 세포 사이의 신호전달 경로의 활성을 나타내기 위해 이용될 수 있다. 리포터는 또한 유전자의 조절 부분을 분석하기 위해 집중적으로 이용된다. 조절 부분으로 추정되는 짧은 염기서열을 보고자 유전자에 붙여서 형질전환 유전자로서 배아 내로 도입할 수 있다. 만약 그 염기서열이 활성을 가진다면, 리포터의 발현을 야기하게 되고 활성을 가진 부분을 가시화할 수 있다. 리포터 발현을 공간적 해상도는 좋지만 정량적이지는 못한 제자리혼성화법으로 관찰할 수도 있다. 어떤 목적에서는 공간 해상력은 없지만 정량적인 생화학적 방법을 사용하는 것이 더 좋을 수도 있다.

대체로 가장 유명한 리포터 유전자는 **β-갈락토시다아제(β-galactosidase)** 유전정보를 가진 대장균 *lacZ*이다. 그 이름은 1950년대의 유전자 조절의 고전적 연구 주제였던 *lac* 오페론의 "Z" 유전자라는 사실로부터 유래되었다. β-갈락토시다아제는 갈락토오스의 1-탄소에 β 연결로 결합되어 있는 화학적 그룹으로 이루어진 물질인 β-갈락토시드 전 영역을 가수분해시킬 수 있는 커다란 사합체(tetramer) 효소다. 다양한 발색 기질 또는 형광 기질을 이용하여 β-갈락토시다아제 활성을 생화학적으로 측정할 수 있지만, 발생학에서 이 리포터는 주로 제자리 방식으로 이용된다. 이를 위해 사용하는 기질은 5-bromo-4-chloro-3-indoyl-β-D-galactose, 또는 짧게 X-Gal이다. 갈락토오스로부터 가수분해될 때, 분자의 X 부분이 즉각 녹색-파란색의 불수용성 침전물을 형성한다(그림 5.17a, b). 반응의 민감성이 좋아서 아주 낮은 수준의 발현도 검출될 수 있게 해준다. β-갈락토시다아제는 매우 민감하며, 대부분의 동물 조직이 교차 반응을 일으킬 수 있는 효소를 가지고 있지 않아 배경 염색이 상당히 낮다는 두 가지 이유 덕분에 유용한 리포터가 된다. 이것은 알데히드 고정 후에도 작용할 수 있기에 통상의 염색이나 면역 염색 방법과 같은 다른 기술들과도 조합될 수 있다.

β-갈락토시다아제 단백질이 아주 안정해서 그 존재는 유전자 활성의 현재뿐만 아니라 과거도 알려준다는 점을 명심해야 한다. 따라서 β-갈락토시다아제 효소가 존재하지만 이것을 암호화하는 mRNA가 없는 그런 배아 부분을 찾는 것이 가능하다. 이런 현상은 **내구성(perdurance)**이라 알려져 있으며, 크게 성장하지 않는 배아에서 특히 중요하다. 신속하게 자라는 유형에서는 일단 유전자가 한번 꺼지면 희석에 의해서 단백질 수준이 급격하게 떨어질 것이다.

β-갈락토시다아제는 폴리펩타이드가 다른 단백질의 서열과 융합되어졌을 때도 보통 **융합 단백질(fusion protein)**로서 활성을 유지한다. 이것은 생쥐 적중 기술에서 **β-geo**라 불리는 구조물 이용을 포함한 몇 가지 응용에서 중요하다. β-geo는 β-갈락토시다아제 효소와 **네오마이신(neomycin)** 저항 유전자의 산물과의 융합물로서, 하나의 분자 내에 양쪽의 생물학적 활성을 모두 갖고 있다.

리포터 유전자의 아주 중요한 두 번째 그룹은 **녹색 형광 단백질(green fluorescent protein, GFP)**에 기반을 두고 있다(그림 5.16a, c, 17c-f). 이는 해파리(*Aequorea victoria*)로부터 유래했으며, 이름이 암시하는 바와 같이 강한 녹색 형광을 방출하는 단백질이다. β-갈락토시다아제처럼 다른 단백질과 융합되었을 때도 대개 활성을 유지한다. 형광의 강도를 증가시키거나 형광의 색을 변화시키기 위해 GFP 유전암호를 가진 염기서열에 다양한 변형이 도입되었고, 따라서 요즘은 빨강, 노랑, 또는 파랑 형광을 방출하는 몇 가지 변형 단백질이 이용 가능하다. 형광 단백질의 중요한 이점 중 하나는 이것이 살아 있는 표본에서 쉽게 관찰되기에 고정된 표본에서의 검출뿐만 아니라 표지된 세포에서의 실시간 연구도 가능하다는 것이다. 고정 후에 몇몇 형광은 보통 사라지지만, 그 분자는 특정 항체를 이용해서 여전히 검출될 수 있다. 형광 리포터를 사용하여 살아있는 시료에서 mRNA를 직접 관찰할 수도 있다. 일반적인 방법은 박테리오파지 MS2 시스템을 사용한

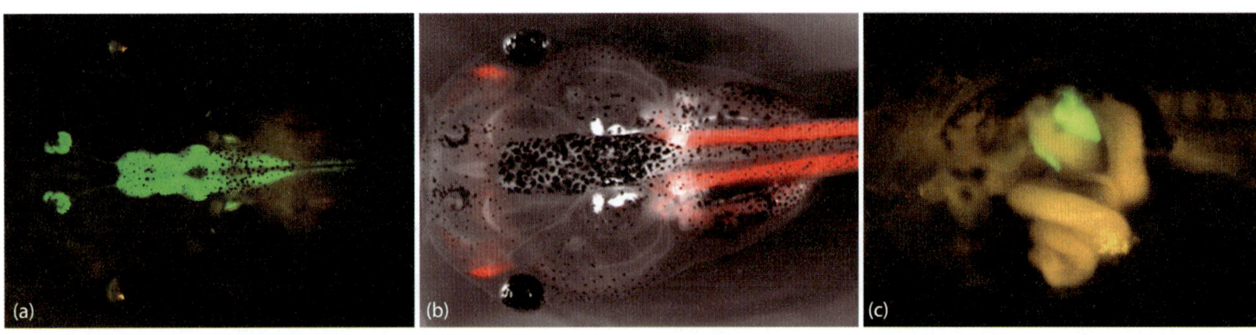

그림 5.16 제노프스 올챙이에서의 리포터 유전자. (a) 중추신경계에서 GFP를 발현시키는 *N*-튜불린(*N-tubulin*) 리포터를 가진 제노프스 올챙이. (b) 근절과 턱근육에서 tdTomato(적색 형광 단백질)를 발현시키는 근육 액틴 프로모터. (c) 췌장(2개의 녹색 싹)에서만 발현되는 GFP를 발현시키는 엘라스타제(elastase) 프로모터. (인용) Jonathan Slack.

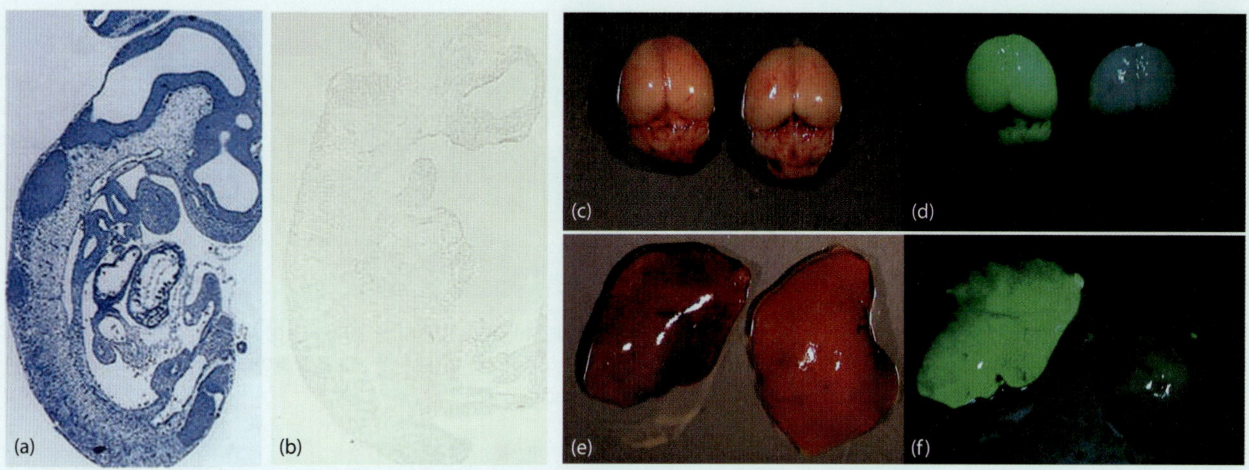

그림 5.17 널리 퍼지게 발현된 지표로 표시된 형질전환 쥐. (a, b) X-Gal 반응으로 시각화한 β-갈락토시다아제를 발현하는 9.5d 배아의 절편. (b) 배경 염색이 완전히 없는 비형질전환 배아. (c-f) 대조군 쥐와 GFP 발현하는 쥐의 뇌와 간. (c, e) 명시야 관찰, (d, f) 형광 시각화. (인용) (a, b) LacZ로 염색된 E9.5 배아의 시상 단면. (b, c) Lobe et al. (1999) Dev. Biol. 208, 281-292 ; (c-f) Okabe et al. (1997) FEBS Letters. 407, 313-319.

다. 이것은 MS2 RNA stem loop 구조와 MS2 코팅 단백질 사이의 긴밀한 결합에 달려 있다. 이 실험 생물에는 두 가지의 형질전환이 포함되어 있다. 하나는 편재적으로 발현하고 MCP-GFP 같은 코트 단백질의 가시성 버전을 암호화한다. 다른 하나는 MS2 stem loop가 많이 삽입된 리포터이다. 리포터 RNA는 MCP-GFP의 결합으로 생체 내에서 직접 관찰할 수 있다.

흔하게 이용되는 또 다른 리포터는 반딧불이의 **루시페라제(luciferase)**이다. 이것은 아데노신 3인산(ATP)가 있을 때 기질인 루시페린(luciferin)의 붕괴를 촉매하는 효소다. 반응 결과 빛의 **방출(발광, luminescence)**이 나타난다. 방출 스펙트럼은 녹색에서 꼭짓점을 나타내지만 더 긴 파장에까지 뻗어 나가는데, 조직을 쉽게 침투한다. 발광은 세포나 조직 외식체로부터의 신호를 측정하기 위해 종종 발광검출기(luminometer)를 이용해서 측정된다. 하나의 광자도 검출할 수 있는 아주 냉각된 CCD 카메라를 가진 영상 장치를 이용하여 제자리 검출법으로도 측정할 수 있다. 이런 장치들은 생쥐 전체 표본과 같이 더 큰 표본들에서 루시페라제가 표지된 이식 조직을 확인하기 위해 주로 이용되지만 작은 표본에도 이용할 수 있다. 바다표고(*Renilla*)로부터 얻은 다른 루시페라제는 다른 기질인 코엘렌테라진(coelenterazine)을 이용하며 파란색을 방출한다. 이는 주로 반딧불이 루시페라제의 표준화 대조군으로 이용된다.

세포 표지 방법

세포 표지 방법은 여러 가지 다양한 이유로 사용된다. 이 방법은 발생 과정에서 배아 지역의 정상적 운명을 보여주는 **운명지도 작성(fate mapping)**에 사용된다. 이들은 **클론 분석(clonal analysis)**을 하기 위해 단일 세포를 표지하는 데에도 사용된다. 또 mRNA나 항체 같은 다른 물질을 주입하여 세포를 표지하는 데에도 사용된다. 또는 전체 배아를 표지하기 위해서도 사용되는데, 이 배아는 표지된 이식 조직의 제공자로서 사용될 수 있다. 발생학에서 사용되는 표지는, 보통 표지된 세포의 모든 자손 세포만 표지되는 것을 의미하는 **계보 표지(lineage label)**를 하기 위한 것인데, 가끔 이런 이상적인 조건은 실제로 이루어지지 않는다. 모든 유형의 동물 배아세포가 상당한 거리를 움직일 수 있고, 관찰만으로는 개별적 세포의 경로를 추적하는 것이 불가능하기에 세포 표지는 매우 중요하다.

세포외 표지

가장 오래된 세포외 표지는 20세기 초 세포 운명지도를 그리기 위해 도입된 **생체 염료(vital dye)**이다. 가장 흔하게 사용된 것은 나일 블루(Nile Blue)와 뉴트럴 레드(Neutral Red)다. 이들은 생체 염료라 불리는데, 그 이유는 살아 있는 세포가 상당한 강도의 색깔로 염색될 수 있고 독성도 나타나지 않기 때문이다. 이들을 배양액에 넣어 주어 전체 표본을 표지할 수도 있고, 염료를 함유한 작은 한천 블록을 배아에 국부적으로 붙여서 배아의 특정 지역을 표지할 수도 있다(**그림 5.18a**). 이 방법들은 아직도 가끔 사용되는데, 빠르고 간단하고 싸기 때문이다. 그러나 이는 진정한 계보 표지는 아니다. 표본 깊숙이 색소를 넣는 것이 어렵고, 색소는 퍼지고 희미해져서 원래 표지한 지점을 대략적으로 나타내기

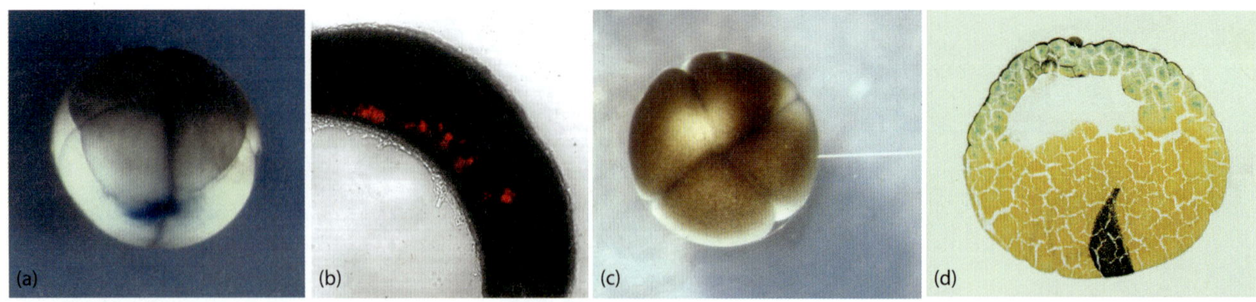

그림 5.18 표지 기술. (a) 생체 염색. 제노프스 배아의 등쪽에 주입된 생체 염료 나일 블루(Nile blue)의 조각.(b) 한 조각의 DiI이 제노푸스 배아의 초기 내배엽에 주입되었다. 나중에 표지된 세포들이 장 상피에 분산되며, 이것은 세포 삽입(intercalation) 운동을 보여준다. (c) 4세포 단계 제노푸스 배아의 미세주입. (d)HRP를 주입한 하나의 식물극 할구. 이것은 절편 상에서 조직화학적인 방법으로 가시화되었다. (인용) Jonathan Slack.

만 할 뿐이다.

보다 최근에는 카보시아닌 염료인 **DiI**와 **DiO**가 작은 조각을 포함한 세포외 표지를 하는 데 우선적으로 사용된다(**그림 5.18b**). 이 염료들은 "미세주입"에서 언급한 미세주입 장치의 세포외 형태를 이용하여 적용된다. 염료는 소수성이 강해서 표지된 세포의 지질 막에 녹아들기 때문에, 자손 세포에도 잘 보존된다. 이 염료들은 강한 형광을 내는데, DiI는 빨간색, DiO는 녹색을 방출하기에 형광현미경으로 관찰할 수 있다. 비록 DiI와 DiO 그 자체는 유기용매에 의해 표본으로부터 제거되지만, 조직학적 가공을 하는 동안 유지될 수 있는 화학적 유도체가 이용가능하므로 파라핀 왁스 절편에서 사용될 수 있다.

세포 내 표지

가장 흔하게 사용되는 세포 내 표지는 **형광 덱스트란(fluorescent dextrans)**이다. 덱스트란은 포도당의 중합체로 물에 녹기 쉽고 대사적으로 안정하다. 수용성 분자는 지질 원형질막을 지나는 확산에 의해 세포로 들어가거나 나올 수 없고, 비록 작은 분자들이 세포와 세포 간의 간극연접을 통해 세포에서 세포로 이동할 수 있지만 분자량 약 1,000 이상의 분자를 옮길 수는 없다. 따라서 분자량 약 10,000 정도의 덱스트란은 주입된 세포에만 제한적으로 머무르게 된다. 덱스트란을 보일 수 있게 하려면, 이것을 플루오르세인이나 로다민(rhodamine)과 같은 형광 색소에 붙여 주고, 고정하기 위해서는 아미노산인 리신에 붙이는데, 이 아미노산은 알데히드 고정액과 쉽게 반응하는 자유 아민기를 가지고 있다. 흔하게 이용되는 이 그룹의 물질은 FDA(플루오르세인 덱스트란 아민)와 RDA(로다민 덱스트란 아민)이다.

또 다른 흔한 세포 내 표지 물질은 역시 주입된 후 세포 내에 머무르는 HRP이다(**그림 5.18d**). 과산화효소는 과산화수소에 의한 여러 가지 물질의 산화 과정을 촉매하는데, 보통 사용되는 물질은 디아미노벤지딘(diaminobenzidine)으로, 이것은 갈색의 불용성 물질로 변환되어 파라핀 왁스 조직학에서도 안정하다. 이 갈색의 결과물은 포르말린으로 고정된 온조직 표본에서도 관찰될 수 있지만, 효소 자체는 파라핀 왁스 조직학엔 불안정하므로, 온조직 표본 염색을 하기에 너무 큰 표본은 냉동 절편법으로 잘라야 한다.

유전적 표지

이 장에 기술된 물질들은 포유류나 조류 발생의 제한된 기간 동안 성공적으로 사용되기도 했지만, 발생 중에 거의 혹은 전혀 자라지 않는 배아(예를 들면, 제노프스나 제브라피시 같은 자유생활 종)에서 가장 유용하다. 성장하지 않으면, 그 물질들은 희석되지 않고 며칠 동안 뚜렷이 보이게 남아 있을 수 있다. 그러나 성장하면 이것들은 빠르게 희석되고 보이지 않게 된다. 이러한 조건에서 가장 좋은 표지는 모든 세포 주기마다 복제되고, 희석되지 않는 세포 유전체로 합류되는 것들이다. 생쥐와 초파리의 많은 초기 실험에서 비록 이런 표지들이 심각한 결점을 가지고 있었음에도 사용되었다. 예를 들어, 생쥐의 포도당 인산 이성화효소 동종효소계(glucose phosphate isomerase isozyme system)는 다른 생쥐 품종에 존재하는 다른 전기영동 이동성을 갖는 효소를 이용한다. 그러나 이것은 제자리법으로는 구분할 수 없었으며, 오직 조직 절편의 생화학적 분석을 통해서만 구분할 수 있었기에 공간적 해상도가 아주 낮았다. 초파리의 *yellow* 돌연변이와 *multiple wing hairs* 돌연변이는 광범위하게 사용되었지만, 성체의 파리와 표피에서만 발현되었다. 이들은 유충이나 성체의 내부 조직 분석에는 적절하지 않았다.

요즘은 훨씬 더 좋은 유전자 표지를 사용할 수 있는데, 이것은

기억해야 할 핵심 사항들

- 해부 현미경은 시료를 다루고 조작하거나 커다란 온조직 표본을 검사할 때 사용한다. 복합 현미경은 절편이나 작은 온조직 표본을 검사할 때 사용한다.
- 온조직을 준비하는 것은 고정과 높은 굴절률을 가진 용매에서의 투명화를 포함한다.
- 절편을 준비하는 것은 고정, 탈수, 파라핀 왁스 매립, 마이크로톰에서 절단, 염색하기 전에 절편에서 왁스 제거 과정을 포함한다.
- 유전자 발현은 mRNA와 단백질을 측정함으로써 연구할 수 있다. 특정 mRNA 연구방법은 정량, 실시간 RT-PCR을 포함한다. 마이크로어레이(microarrays)와 RNAseq은 동시에 많은 유전자의 전사를 측정할 수 있게 한다. 특정 단백질 연구 방법은 면역침전법과 웨스턴 블롯(western blotting)을 포함한다. 일반적으로 생화학적 방법은 정량화는 잘 되지만 공간 해상도는 낮다.
- 역으로 해부학적 방법은 좋은 공간 해상도를 보이지만 정량적 정보는 제한된다. 가장 중요한 해부학적 방법으로는 RNA를 확일할 수 있는 제자리 혼성화법과 단백질을 확인할 수 있는 면역염색법이다.
- 좋은 공간적 그리고 정량적 정보는 레이저 캡처와 결합한 단세포 RNA 서열 분석 또는 알려진 공간 마커를 기반으로 한 계산 재구성을 통해 서 얻을 수 있다.
- 대부분 *lacZ*이거나 형광 단백질을 암호화하는 유전자인 리포터 유전자는 형질전환체에서 프로모터 분석이나 다른 많은 목적에 사용된다.
- 운명지도 작성을 위해 사용되는 세포 외 표지로는 전지용성 카보시아닌 염료가 있다. 형광 덱스트란은 대개 세포 내 표지로 사용한다.
- 유전적 표지는 배아가 성장해도 희석되지 않으므로, 포유류나 조류 배아에 대한 연구에 매우 유용하다.

모든 조직과 모든 발생 단계에서 발현되고, 제자리법으로 관찰할 수 있다. 예를 들면, 모든 조직에서 β-갈락토시다아제나 GFP를 발현하는 형질전환 생쥐 계통이 있다(그림 5.17). 이 효소들은 쉽게 검출할 수 있고, 표지된 것과 표지되지 않은 기원으로부터 온 세포들이 함께 있는 실험에서도 표본을 염색함으로써, 어떤 세포가 각각 원래의 어떤 요소로부터 왔는지 알아낼 수 있다.

복제가 불가능한 레트로바이러스를 사용하면 유전적 표지를 하는 것이 가능하다. 레트로바이러스는 RNA 바이러스로 역전사효소를 가지고 있다. 바이러스가 세포에 감염되면 역전사효소가 세포의 염색체 안으로 끼어들어갈 수 있는 바이러스 유전체의 DNA 사본을 만든다. 그리고 모든 자손에 남아 있게 된다. 복제 능력이 없는 바이러스는 바이러스 입자를 조립하는 데에 필요한 유전자가 없으므로, 바이러스 유전체는 염색체에 단순하게 머물러 있다. 그리고 더 이상의 바이러스를 생산하거나 세포를 파괴할 수 없게 된다. 복제 불가능한 바이러스는 포장 세포주(packaging cell lines)라 불리는 특별한 세포주에서 증식할 수 있는데, 이 세포주는 잃어버린 바이러스 유전자를 가지고 있어서 바이러스가 잃어버린 기능을 보상할 수 있다. 세포를 표지하는 데 사용하는 레트로바이러스는 보통 강력한 프로모터 서열인 바이러스 **LTR(long terminal repeat)**에 의해서 구동되는 *lacZ* 유전자를 가지고 있다. 이들은 주로 **클론 분석(clonal analysis**, 4장 참고)에 사용되기 때문에 각각의 감염 초점이 하나의 표지된 세포의 자손을 나타내기 위해서는 감염이 넓게 퍼지면 안 된다.

Chapter 6

세포에서 조직으로

Cells into tissues

2장에서 설명한 바와 같이, 수정란의 분열은 공 모양(**포배기**) 또는 편평한 형태(**배반엽**)로 배열된 세포의 군집을 형성한다. 동시다발적으로 일어나는 국부적 특성화의 초기 과정은 대개 형태형성 인자의 농도 구배를 통해 다양한 전사인자 조합의 발현을 조절하여 세포 군집의 각각 다른 지역에 특정한 발생학적 분열을 유도한다. 발생의 중요한 양상은 이러한 세포들이 일련의 개별적인 또는 집단적인 세포의 이동을 거쳐 **조직**으로 구성되는 과정이며, 이를 **형태형성(morphogenesis)**이라 한다. 형태형성이라는 용어는 일반적으로 전반적인 발생 및 발달 과정을 지칭하기 위해 사용되는 단어이지만, 이번 6장에서는 세포와 조직의 이동이라는 더 좁은 의미의 형태형성 과정을 이야기할 것이다. 형태형성 과정은 세포의 극성화, 접착, 운동성과 같은 세포의 다양한 일반적인 특성에 의해 일어나며, 서로 다른 발생 상황에서 동일한 과정이 반복적으로 일어나기 때문에 그 자체만으로도 하나의 주제로 분리된다. 다른 유사한 유기체 사이에는 형태형성에 있어서 약간의 차이가 있다. 예를 들어, *Xenopus*와 zebrafish의 낭배 형성의 세부 과정은 두 종간의 국부적 특이화의 과정이 매우 유사함에도 불구하고 몇몇 특정 과정에서 차이를 보인다. 그러나 형태형성 과정의 특정한 예는 세포의 일반적인 특성에 의존하는 소수의 기본적인 과정의 조합으로 구성된다. 이번 6장에서는 이러한 배아 발생 과정의 형태형성 과정을 탐구하며, 초기 발생과 기관 형성을 다룰 뒷장에서는 낭배 형성 및 기타 형태 발생학적 움직임의 특정 사례에 대한 설명과 함께 다룰 것이다.

배아를 구성하는 세포

배아는 두 가지 주요한 조직 형태를 가지며, 상피조직(epithelium)과 간충직(중간엽조직, mesenchyme)으로 구분된다(그림 6.1). **상피조직(복수; epithelia)**은 각 세포가 특수한 접합부에 의해 이웃한 세포들과 결합되어 **기저막(basment membrane)** 위에 배열된 시트 형태의 세포 군집이다. 세포의 기저부 표면은 기저막에 맞닿아 있고 세포의 정단 표면은 반대쪽에 있어서, 뚜렷한 정단-기저 **극성**(apico-basal **polarity**)을 보여준다. 세포의 정단 표면에는 대개 섬모가 존재하며, 기저막은 상피조직 스스로 분비하여 형성시킨 기저판(basal lamina)과 하부의 결합조직으로부터 생성되는 **세포외 기질(extracellular matrix)**로 구성된다. 접합 복합체에는 **밀착 연접(tight junction)**, **부착 연접(adherens junction)**, **데스모좀(desmosome)**의 세 가지 종류가 있다. 밀착 연접은 세포 간 액체의 누출을 방지하고, 정단(apical)과 기저측면막(basolateral membrane)의 구성요소를 분비한다. 부착 연접은 세포의 미세섬유 네트워크를 연결하는 부착점이며, 데스모좀은 케라틴 미세섬유 다발에 부착된 점 형태의 접점이다. 부착 연접과 데스모좀을 통한 세포-세포 간 연결은 인접한 세포(동종 결합)의 유사한 분자에 결합하는 캐드헤린(cadherin)에 의해 만들어지며, 이를 위해 칼슘 이온이 필요하다. 세포는 세포-매트릭스 접착 접합부와 헤미데스모좀(hemidesmosomes)에 의해 기저막에 고정된다. 이들은 세포-세포 접합부와 유사하지만, 세포를 기저막의

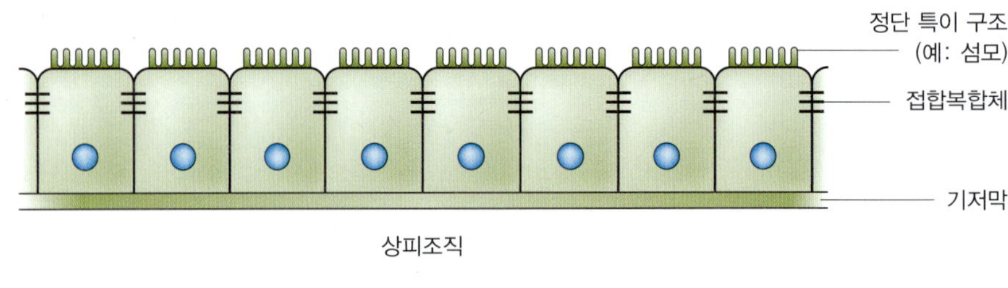

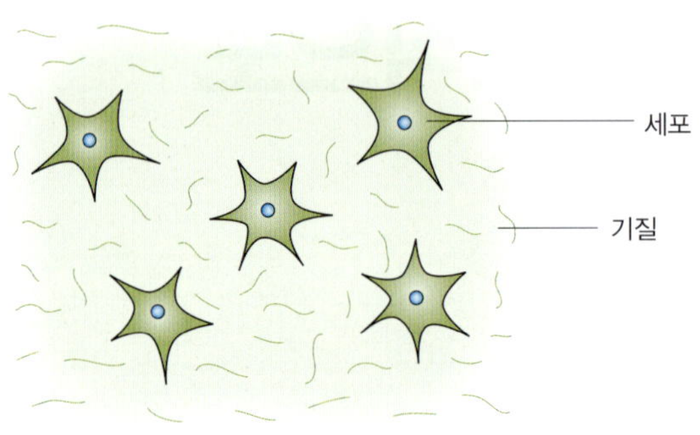

그림 6.1 상피와 중간 조직은 초기 배아의 대부분을 구성하는 2개의 조직 유형이다.

세포외 기질에 부착하기 위해 인테그린(integrin)을 사용한다. 종종 외배엽(ectoderm)으로부터 생겨나는 것으로 생각되지만, 상피는 배아의 3개의 배엽 중 어느 것에서도 유래될 수 있다. **간충직(mesenchyme)**은 느슨한 세포외 기질에 산재해 있는 성상 세포를 설명하는 용어이다. 초기 배아에서 간충직은 상피 조직 사이의 많은 공간을 채우고 중배엽 또는 신경 능선에서 생성될 수 있다.

세포골격

세포골격은 세포 형태의 조절과 세포 이동 과정에 있어서 중요하다. 세포 극성 및 소기관 또는 mRNA와 같은 특정 물질의 세포 내부에서의 위치는 세포골격에 의해 조절된다. 세포골격의 세 가지 주요 구성요소는 튜불린(tubulin)으로 만들어진 **미세소관(microtubule)**; 액틴(actin)으로 만들어진 **미세섬유(microfilament)**; 상피 세포의 사이토케라틴; 간충직 세포의 비멘틴, 뉴런의 신경필라멘트 단백질, 신경아교세포의 신경아교섬유산성 단백질(GFAP)의 네 가지 유형으로 나뉘어진 **중간섬유(intermediate filaments)**이다. 미세소관과 미세섬유는 진핵 세포의 보편적인 구성요소인 반면에, 중간섬유는 동물에서만 발견된다.

미세소관

미세소관(**그림 6.2**)은 튜불린으로 구성된 직경 24 nm의 속이 빈 관 형태이다. 튜불린은 세포 내에 가장 많은 단백질 중 하나로, α- 및 β-유형 아단위(서브유니트)의 이종이량체인 구형 단백질 계열의 총칭이다. 미세소관은 고정된 마이너스 끝과 자유로운 플러스 끝을 가진 극성 구조이다. 간충직 세포와 섬유아세포에서 마이너스 말단은 중심체(centrosome)에 부착되고, 플러스 말단은 세포 주변으로 방사된다. 상피 세포에서, 마이너스 말단은 정단 표면에 부착되고 미세소관은 정단에서 기저부로 이어진다. 미세소관은 수축성이 없지만, 중합 및 해체에 따른 길이 변화를 통해 효과를 발휘한다. 튜불린 이량체는 미세소관의 플러스 말단에서 추가되거나 제거될 수 있다. 미세소관은 튜불린 이합체가 추가되어 성장하거나 이합체가 유리되어 수축하는 등 매우 역동적이고, 개별 세관은 몇 분에 걸쳐 성장 및 축소될 수 있다. 이량체는 β 아단위에 결합된 구아노신 삼인산(GTP)을 포함하고, 성장하는 플러스 말단에서 이것은 미세소관을 안정화시킨다. 그러나 성장 속도가 느려지면 GTP에서 구아노신 2인산(GDP)으로의 가수분해 속도가 이합체가 추가되는 속도를 따라잡게 된다. 결합된 GTP가 GDP로 전환되면 세관의 플러스 말단 끝이 불안정해지고 해중합(탈중합, depolymerization)이 시작된다. 약물 콜히친(colchicine)과 콜세미드(colcemid)는 이합체 튜불린에 결합하여 중합을 방해한다. 이 약물들의 이러한 효과는 유사 분열 시 스핀들의 분해를 유발하여 세포를 유사 분열 과정에서 중지시키기 때문에 세포 동역학 연구에 사용되며 핵형 확인을 위해 염색체를 퍼트릴 때 사용되기도 한다.

세포의 모양과 극성은 세포 피질의 특정 부분에 캡핑 단백질을 위치시킴으로써 조절되며, 이 단백질은 미세소관의 플러스 말단에 결합해서 미세소관을 안정화시킨다. 세포 내 세포소기관 등

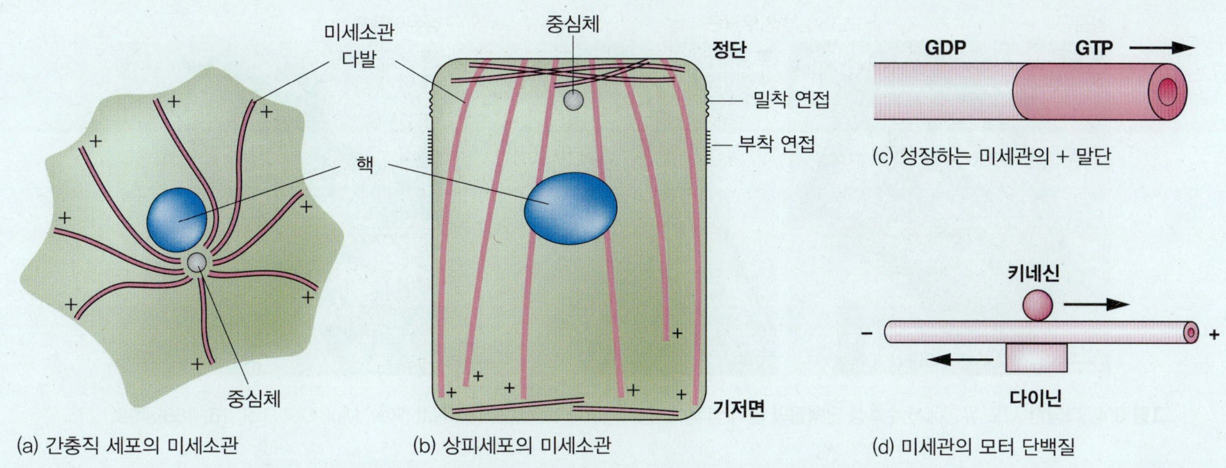

그림 6.2 미세소관. (a) 간충직 세포에서, 미세소관은 중심체에서 세포 주변부로 성장한다. (b) 상피세포에서, 미세소관은 정단에서 기저부로 성장한다. (c) 미세소관의 플러스 말단에는 GTP와 결합된 캡 구조가 있다. (d) 운동성 단백질은 미세소관을 따라 위아래로 움직이며 화물을 운반할 수 있다.

의 구조물 위치 또한 미세소관에 크게 의존한다. 세포 내에는 아데노신 삼인산(ATP)의 가수분해에 의해 구동되며 미세소관을 따라 이동하는 특수한 모터 단백질이 존재하는데, 이들 **모터 단백질(motor protein)**은 다른 분자를 세포 내의 특정 위치로 운반할 수 있다. 키네신(kinesin)은 미세소관의 플러스 쪽 끝으로 이동하고, 다이닌(dynein)은 마이너스 쪽 끝으로 이동한다. 발생학적 맥락에서, 이들은 제노푸스의 Dishevelled 단백질 또는 초파리의 *bicoid* mRNA와 같은 난자에 있는 물질의 위치 선정에 매우 중요한 역할을 한다.

미세섬유

미세섬유(그림 6.3)는 직경이 약 7 nm이며, 대부분의 동물 세포에서 가장 풍부한 단백질인 액틴의 중합체로 구성된다. 척추동물에는 근육에서 발견되는 α-액틴과 근육세포 외 다른 세포에서 발견되는 β/γ 액틴 같은 몇 가지 다른 유전자 생성물이 있다. 모든 종류의 액틴에서, 단량체 형태는 G-액틴, 섬유성의 중합체 형태는 F-액틴이라고 불린다. 액틴 필라멘트는 불활성 마이너스(끝이 뾰족한) 말단과 새로운 단량체가 첨가되는 성장 플러스(바늘 모양) 말단을 가지고 있다. G-액틴은 ATP를 포함하고, 이것은 필라멘트에 첨가된 직후 아데노신 이인산(ADP)으로 가수분해된다. 미세소관과 유사하게, 빠르게 성장하는 미세섬유는 플러스 말단을 안정화하는 ATP 캡을 가지고 있다. 미세섬유에서는 종종 같은 전체 길이로 필라멘트를 유지하면서 플러스 끝에 단량체가 연속적으로 첨가되고 마이너스 끝에서 제거되는 "트레드밀링(treadmilling)" 현상이 발생한다. 미세섬유의 중합 과정은 사이토

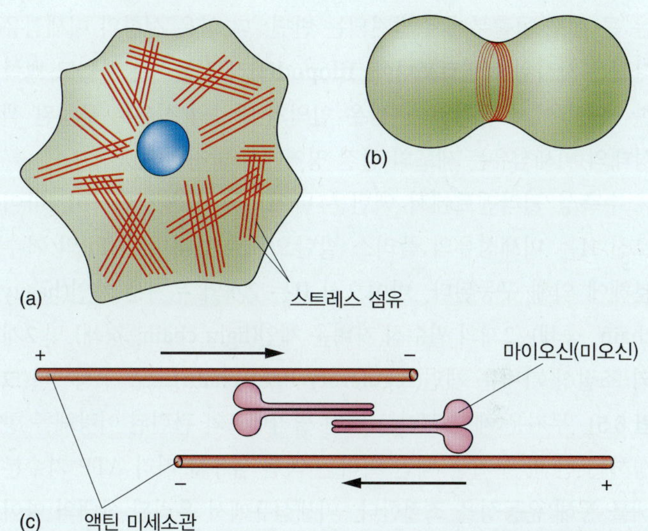

그림 6.3 미세섬유. (a) 미세섬유 다발은 종종 액틴과 마이오신을 포함하는 "스트레스 섬유"로서 세포에서 볼 수 있다. (b) 세포 분열은 액토마이오신 섬유의 피질 밴드의 수축에 의존한다. (c) 마이오신에 의해 구동되는 미세섬유 다발의 수축.

칼라신(cytochalasin)이라고 불리는 약물 그룹에 의해 억제되고, 중합된 미세섬유는 팔로이딘(phalloidin)이라고 불리는 다른 약물에 의해 안정화된다.

미세섬유는 관련된 부속 단백질의 특성에 따라 다양한 방법으로 배열될 수 있다(**그림 6.4**). 수축성 조립체는 마이오신 II와 관련된 미세섬유를 포함한다(**그림 6.3c**). 이들은 섬유아세포가 기층에 견인력을 가해 자신을 앞으로 당기는 스트레스 섬유 또는 세포 분열을 담당하는 수축 고리(contractile ring)에서 발견된다. 이들은 초파리 배아의 등쪽 폐쇄(dorsal closure)에서와 같이 세포 사

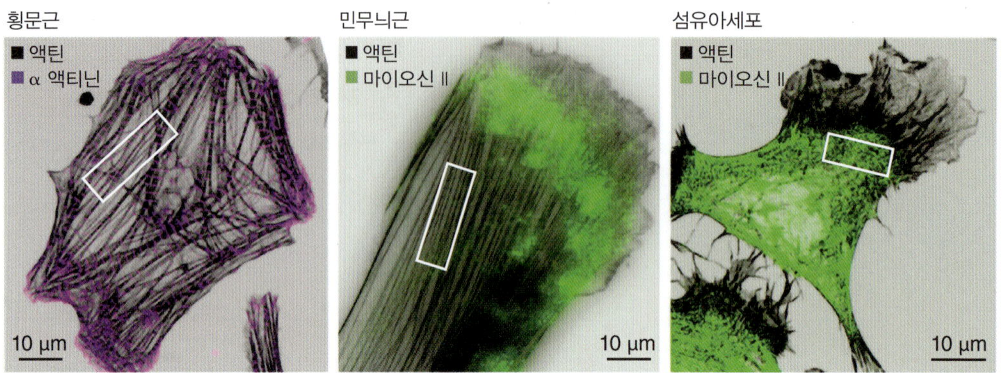

그림 6.4 다양한 세포 유형에서 수축성 단백질의 면역 염색. (인용) Murrell et al.(2015). Nat. Rev. Mol. Cell Biol. 16, 486-498.

이의 틈을 막는 역할을 하는 거대세포 조임줄(supracellular purse strings)을 구성하는 수축성 다발에서도 발견된다. 가지가 있는 구조의 미세섬유는 **박판족(라멜리포디움, lamellipodia)**이라고 불리는 큰 세포 돌출부에서 발견되는 반면, 더 얇은 선형의 미세섬유 다발은 **사사위족(필로포디아, filopodia)**라고 불리는 가늘고 뾰족한 돌출부에서 발견된다. 짧은 임의의 방향의 섬유로 구성된 젤 상태의 미세섬유는 세포의 겉질 영역에서 발견된다.

수축성 필라멘트에서 액틴은 마이오신 II와 결합하며, 마이오신 II는 미세섬유의 플러스 말단으로 이동하며, ATP의 가수분해에 의해 구동된다. 마이오신 II는 2개의 무거운 체인(heavy chain, 중쇄), 2개의 필수적 가벼운 체인(light chain, 경쇄) 및 2개의 조절성 가벼운 체인(regularoty light chain)으로 구성된다(그림 6.5). 무거운 체인 꼬리는 액틴 필라멘트와 관련된 이량체를 형성하는 반면, 무거운 체인 머리는 액틴 섬유를 따라 ATP 가수분해를 통해 운동성을 조절한다. 미세섬유에서 유리된 상태의 마이오신 II는 폐쇄된 비활성 상태로 존재하는데, 이는 조절성 가벼운 체인의 인산화에 의해 열려서 액틴과 결합할 수 있다. 섬유 다발의 수축을 위해, 마이오신은 양쪽 끝에 운동 조절 센터가 있는 짧은 양극성 필라멘트로 조립된다. 인접한 미세섬유가 반대 방향으로 배열된 경우, 마이오신의 운동 활동은 필라멘트를 서로 끌어당겨 필라멘트 다발의 수축을 초래한다(그림 6.3c).

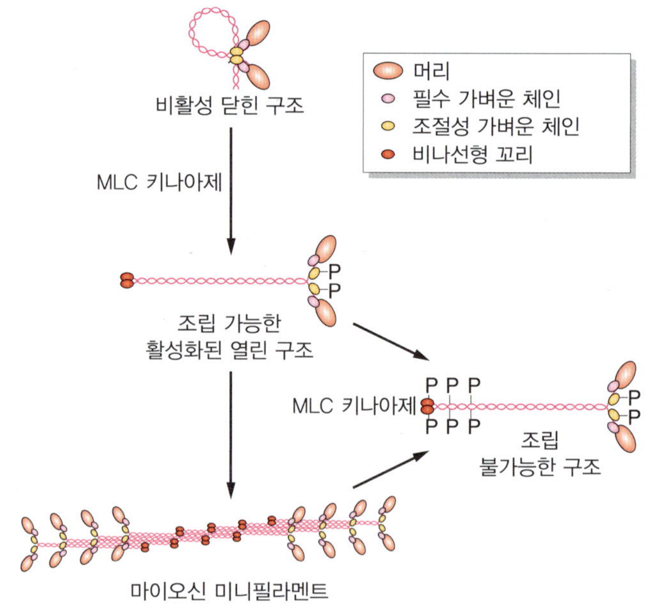

그림 6.5 인산화에 의한 마이오신 II의 활성화. MLC 키네이스는 종종 소형 GTP 결합 단백질 Rho에 의해 활성화된다.

소형 GTP 결합 단백질

세포 외 신호에 반응하여 세포의 모양과 움직임을 조절하는 세 가지 잘 알려진 GTP-결합 단백질 계열이 있다. Rho, Rac, Cdc42. 이것들은 결합된 GTP를 포함하는 활성 형태와 GDP를 포함하는 비활성 형태를 가지고 있다. 활성화는 GTP와 GDP를 교환하는 구아닌 뉴클레오타이드 교환 인자(GEF, guanine nucleotide exchange factor)에 의해 제어된다. 불활성화는 GTPase의 낮은 활성을 자극하는 GTPase 활성화 단백질(GAP)에 의해 제어된다. 이러한 GTP-결합 단백질은 수많은 티로신 인산화요소, G-결합 수용체 및 사이토카인 유형 수용체에 반응하여 활성화될 수 있다. 많은 단백질이 활성화된 형태의 소형 GTP-결합 단백질과 상호작용할 수 있다. Rho는 마이오신 II의 활성화를 통해 수축성 섬유의 조립을 촉진한다. 이 과정은 마이오신 II의 조절성 가벼운 체인을 인산화하는 Rho 관련 인산화 효소(ROCK)의 활성화를 통해 발생한다(그림 6.5). Rac은 액틴 중합을 촉진하여 라멜리포디아와 세포 주름 형성을 활성화한다. Cdc42는 필로포디아의 형성을 활성화한다. 또한 3개의 GTP-결합 단백질은 모두 세포외 기질에 대한 인테그린 함유 접합인 초점 접착(focal adhesion)의 형성을 촉진한다. 또한 이들은 c-Jun N-말단 인산화효소(JNK) 및 p38 미토겐활성 단백질 인산화효소(MAPK) 경로를 통해 유전자 활성에 영향을 미칠 수 있다.

세포외 기질

상피 또는 간충직으로 배열된 세포 외에도 배아는 세포외 물질도 포함한다. **세포외 기질(extracellular matrix)**은 형태형성 과정에서 세포의 이동을 위한 역학적 접착면으로 작용하거나, 지협적인 세포의 특성 변화에 관련된 신호 분자를 저장하는 것과 같이 매우 중요한 역할을 한다. 사실상 세포 표면 또는 세포외 기질의 거의 모든 단백질은 당단백질이며, 번역 후 세포에서 분비되기 전에 소포체 또는 골지체에 올리고당 잔기가 연결된다. 이러한 탄수화물 그룹은 종종 단백질의 생물학적 활동에 거의 영향을 미치지 않지만, 단백질의 물리적 특성과 안정성에는 영향을 미칠 수 있다.

배아에서 세포외 기질의 주요 성분은 다음과 같다.

글리코사미노글리칸(GAGs)은 아미노산과 아우론산의 이당류가 반복적으로 구성된 가지가 없는 다당류로, 일반적으로 일부 황산기로 대체된다. GAG는 프로테오글리칸의 구성 요소로서, 분비되기 전에 골지체에서 GAG 사슬이 중심 단백질에 연결된다. 프로테오글리칸 한 분자는 하나 이상의 GAG 사슬이 연결되어 있다. GAG는 음전하가 높고, 적은 양으로 많은 양의 물을 젤로 고정시킬 수 있다. 각각 다른 성분의 이당류로부터 조립되는 중요한 GAG는 헤파란 황산염(heparan sulfate), 콘드로이틴 황산염(chondroitin sulate) 및 케라탄 황산염(keratan sulfate)이다. 항응고제 헤파린과 밀접한 관련이 있는 헤파란 황산염은 섬유아세포 성장인자(FGF)와 같은 다양한 성장인자를 수용체에 전달하는 데에 필요하기 때문에 세포 신호전달에 특히 중요하다. 히알루론산(= 히알루로난)은 프로테오글리칸의 구성성분이 아니라 자유롭게 생성되기 때문에 다른 GAG와 다르다. 글루쿠론산과 *N*-아세틸글루코사민의 반복적인 이당류로 구성되며, 황산화되지 않는다. 이들은 세포 표면의 효소에 의해 합성되며 초기 배아에 풍부하다. 히알루로난은 많은 양의 물을 고정시키고 종종 물 흡수에 의해 팽창력을 발생시키기 때문에 특히 중요하다.

콜라겐(collagen)은 대부분의 동물에서 무게 기준으로 가장 풍부한 단백질이다. α 사슬이라고 불리는 폴리펩타이드는 프롤린과 글리신(글라이신)이 풍부하다. 분비되기 전에, 3개의 α 사슬이 서로 꼬여 단단한 삼중나선 구조를 형성한다. 세포외 기질에서, 삼중나선은 전자현미경에서 볼 수 있는 콜라겐 섬유를 형성하기 위해 함께 응집된다. 콜라겐에는 많은 종류가 있으며, 삼중나선의 유사하거나 다른 종류의 α 사슬로 구성될 수 있다. 제1형 콜라겐은 가장 풍부하며 대부분의 세포외 물질의 주요 성분이다. II형 콜라겐은 척추동물 배아의 연골과 척수에서 발견된다. IV형 콜라겐은 상피 조직의 기저층의 주요 구성 요소이다.

피브로넥틴(fibronectin)은 이황화-결합 이량체로 구성되며, 콜라겐, 헤파란 황산염, 세포 표면의 인테그린 등에 결합하는 부분을 포함하고 있다. 특히 피브로넥틴의 인테그린-결합 도메인은 아미노산 서열인 아르기닌-글리세린-아스파르트산(= RGD)을 포함하고 있으며, 대체 스플라이싱에 의해 생성되는 여러 다양한 형태의 피브로넥틴이 있다.

라미닌(laminin)은 특히 기저층에서 발견되는 크기가 큰 세포외 당단백질이다. 3개의 이황화-결합 폴리펩타이드가 십자형으로 결합되어 구성된다. 이들은 IV형 콜라겐, 헤파란 황산염 및 또 다른 기질 당단백질인 엔텍틴과의 결합 도메인을 가지고 있다.

세포 이동

많은 형태형성과정은 개별 세포의 움직임에 의해 일어난다. 이러한 세포의 이동은 긴 동선을 이동하는 신경능선세포나 생식세포의 이동에서 명확하게 보여진다. 하지만 상피세포판의 접착이나 형태 변화와 같이 짧은 동선의 이동 또한 중요하다. 간충직 세포는 상피세포보다 활동적이지만, 상피에서도 세포의 여러 움직임이 존재한다.

세포의 이동 기작은 섬유아세포가 기층(substratum)으로 이동하는 과정에서 가장 많이 연구되어 왔다(**그림 6.6**). 활동성 세포들은 방향성을 가지고 있다. 이동하는 방향 앞쪽의 선두 자리에서 그들은 미세섬유가 풍부한 편평한 프로세스인 박판족(라멜리포디움)을 확장한다. 뒤쪽의 추종자리에는 미세섬유와 양극성 마이오신 미니필라멘트를 포함하는 수축성 스트레스 섬유가 있다. 앞쪽 선두자리에서는 인테그린에 의한 신생 초점 접착을 통해 세포외 기질에 부착하고, 신생 초점 접착 부위는 액틴 관련 단백질의 복합체에 의해 미세섬유 다발에 연결되어 3~10 μm의 성숙된 초점 접착으로 변형된다. 그런 다음, 마이오신 분자가 미세섬유의 플러스 말단으로 이동하고 후방 말단의 유착이 분해되는 능동적인 수축 과정에 의해서 세포의 몸체가 앞으로 당겨진다. 배아의 세포는 본질적으로 이것과 같은 방식으로 움직이는 것으로 생각되지만,

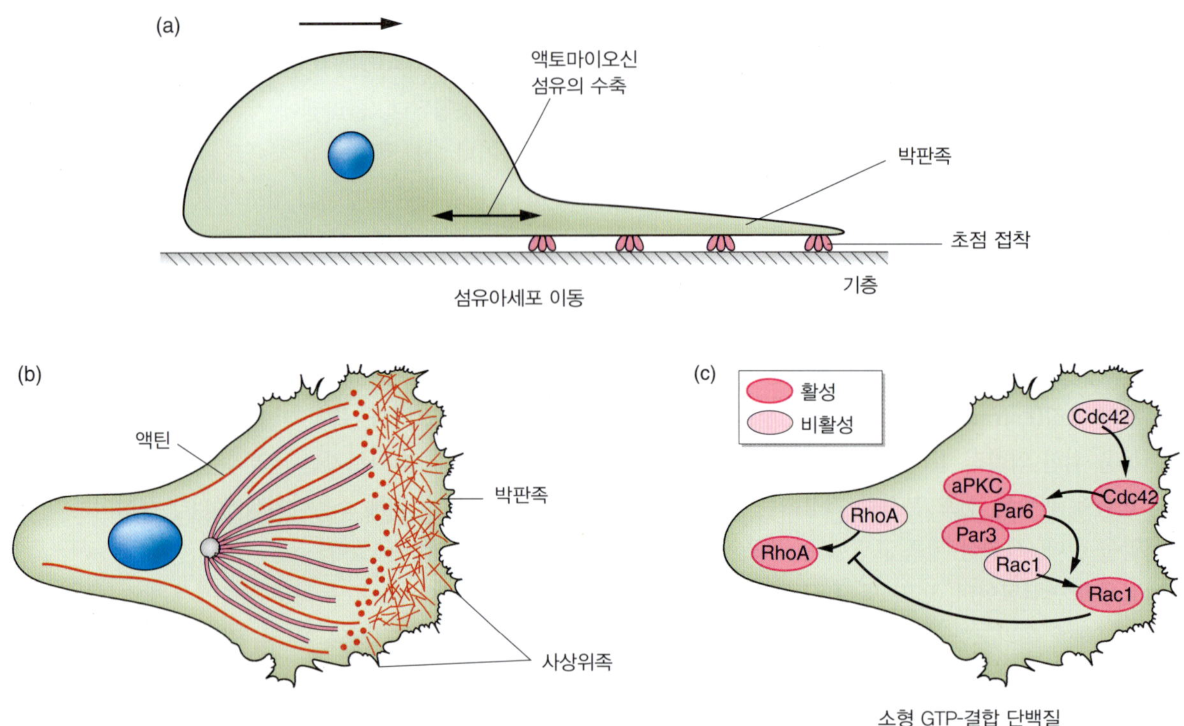

그림 6.6 세포 운동. (a) 섬유아세포의 세포 운동성. 세포는 초점 접착(focal adhesion)에 의해 고정되고 수축성 필라멘트에 의해 앞으로 당겨진다. (b) 운동 세포에서 미세섬유의 배열. (c) 세포의 다른 부분에서 작은 소형 GTP-결합 단백질의 역할.

단일 박판족 대신 접촉을 형성하기 위해서 여러 개의 얇은 사상위족(필로포디아)을 확장할 수 있다.

세포는 세포외 기질 성분에 부착된다. 피브로넥틴, 비트로넥틴 및 테나신은 세포막에서 발견되는 인테그린에 결합하는 RGD 서열을 함유한다. 피브로넥틴은 종종 세포 이동을 위한 기질로 사용되는데, 예를 들어 피브로넥틴이 제노푸스 배아의 포배강을 덮고 있어서 세포의 배아 내부로의 이동을 가능하게 하다. 때때로 세포 이동의 방향은 세포가 이동할 때 발생하는 견인력에 의해 변화되는 세포외 기질 구성요소의 정렬에 따라 달라진다. 이러한 유형의 양성 피드백 시스템은 종종 이전에는 존재하지 않았던 구조를 생성할 수 있다. 예: 균일한 세포 시트에서 세포 클러스터의 출현, 또 다른 유형의 **대칭 깨짐(symmetry breaking)**(2장에서 언급됨)을 초래한다.

개별적인 세포 이동은 종종 신호 센터에서 방출되는 물질의 농도 구배를 따라 일어난다. 농도 구배는 세포의 양쪽에서 수용체 활성화에 약간의 차이를 유발하는데, 이는 세포 전면의 Rac 활성화(그리고 돌출)와 후면의 Rho 활성화(그리고 수축성 섬유) 형태로 증폭된다. 이러한 농도 구배의 차이는 종종 케모카인 CXCL12 (stromal cell-derived factor 1, SDF1) 및 수용체 CXCR4에서 찾아볼 수 있다. CXCL12의 농도 구배는 제브라피시 위관에 존재하여 등쪽 조직의 수렴 운동을 유도하는 것으로 알려져 있으며, 제노푸스 신경배의 후두부 기원판 근처에서 신경능선세포를 끌어당기거나, 생식 세포가 이동하는 경로를 따라 농도 구배가 존재한다. 세포는 또한 세포외 물질에서 접착성이 증가하는 방향으로 이동하는데, 이 과정을 **Haptotaxis**라고 한다.

이동 중인 세포가 만나면, 종종 **접촉성 이동 억제(contact inhibition of migraion)**가 발생한다. 이 과정에서 운동 세포의 주름 형태의 세포막은 다른 세포와 접촉할 때 정지하며, 새로운 접촉은 Rac의 억제와 Rho의 활성화로 이어진다. 세포외 기질을 통해 이동하는 세포는 기질분해효소(MMP) 또는 ADAM 프로테아제(A Dubractin And Metalloprotease)를 포함한 프로테아제의 분비에 의해 분해될 수 있다.

상피 조직

위에서 언급했듯이, 상피세포는 측면 가장자리에서 접합 복합체에 의해 연결된다(**그림 6.7**). 세포의 가장 정단에 존재하는 접합부는 claudin(20-27 kD, transmembrane tetraspan) 및 occludin(65

그림 6.7 상피세포의 구조

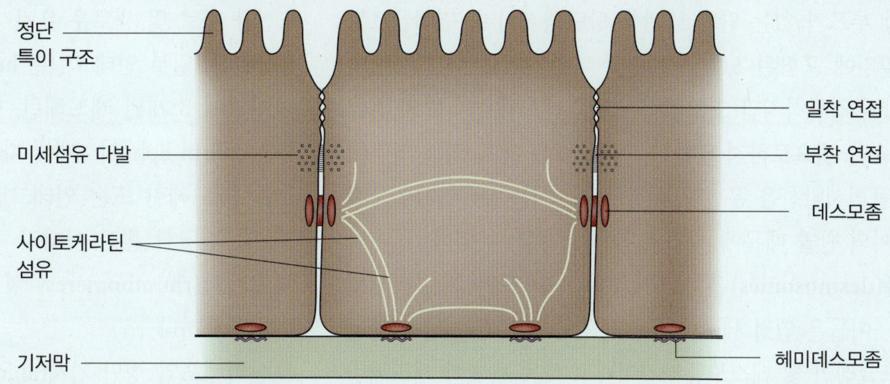

kD, tetraspan) 단백질로 구성된 occludens junction으로도 알려진 **밀착 연접(tight junction)**이다. 이들은 단단한 밀봉 구조를 형성하기 위해 인접한 세포의 대응물에 결합하는 막 단백질 복합체이다. 이들 밀착 연접은 ZO 계열을 포함한 다양한 단백질에 의해서 액틴 세포골격에 연결된다. 긴밀한 접합부는 정단 및 기저 환경을 분리하여, 상피와 그들 사이의 화학 조성과 전위차를 유지시킨다. 무척추동물은 단단한 접합부가 없지만 기능적으로 동등한 구조를 갖는다. 예를 들어, 초파리에는 구조적으로 구별되지만 유사한 기능을 가진 격벽 연접(septate junction)이 있다. 밀착 연접과 달리, 이들은 부착 연접의 아래에 위치한다.

부착 연접(adherens junction)은 세포 간 접착의 주요 부위이며, 액틴 세포 골격과 강력하게 상호작용한다. 주요 구성 요소는 칼슘-의존 세포 접착 단백질인 **캐드헤린(cadherin)** 계열이다. 캐드헤린은 칼슘 이온이 있을 때 다른 세포의 유사한 분자에 단단히 부착할 수 있는 단일-통과 막관통 당단백질이다. 캐드헤린은 배아의 구성 세포를 부착시키는 주요 요인으로, 단순히 칼슘을 제거함으로써 배아 조직을 세포로 분해할 수 있다(**그림 6.8a**). 캐드헤린의 세포질 쪽 말단은 카테닌이라는 단백질을 포함하는 복합체에 의해 세포골격의 액틴 다발에 고정되어 있다. 이들 중 하나인 β-카테닌은 Wnt 신호전달 경로의 구성 요소이기도 해서 세포 신호전달과 세포 접합 사이의 잠재적 연결 고리를 제공한다. 캐드헤린은 원래 발견된 조직의 이름을 따서 처음 명명되었으므로, E-cadherin은 주로 상피에서 발생하고, N-cadherin은 주로 신경조직에서 발생한다. 뼈와 전뇌의 R-cadherin; 표피의 기저층에 있는 P-cadherin; 내피 세포의 VE-캐드헤린과 같은 것들은 데스모솜과 관련된 캐드헤린이다. 또한 중배엽에서 외배엽을 분리하는 데 관여하는 프로토캐드헤린과 평면 세포극성에 관여하는 비정형 캐드헤린이 있다(아래 "평면 극성 및 수렴 확장" 절 참조).

세포 부착은 칼슘과 관계 없는 단백질에 의해 생성될 수도 있

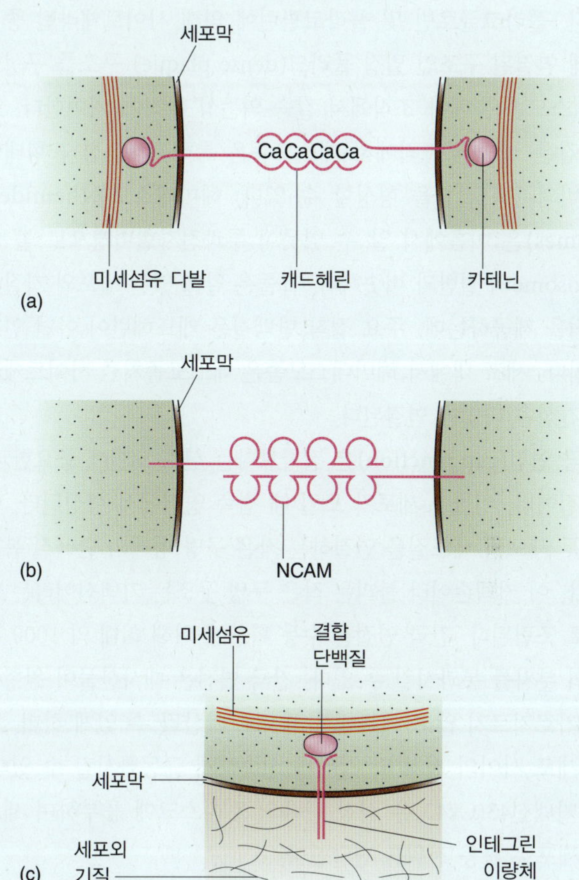

그림 6.8 세포 접착 분자. (a) 캐드헤린은 칼슘 의존적 결합을 형성한다. (b) 그림에서와 같이 NCAM은 칼슘 없이 결합을 형성한다. (c) 인테그린은 세포외 기질에 연결된다.

다. 신경세포 부착 분자(NCAM; **그림 6.8b**)는 대체 스플라이싱에 의해 형성된 다양한 단백질군으로 구성된다. NCAP 단백질은 신경계에서 가장 흔하지만 다른 곳에서도 발생하다. 이 단백질은 항체 분자에서 발견되는 루프와 유사하게 세포 외부 영역에 다수의

이황화-결합 루프가 있는 단일 막관통 당단백질이며, 면역글로불린 슈퍼패밀리에 포함된다. 캐드헤린과 마찬가지로 다른 세포의 유사한 분자와 결합하지만(호모필릭 결합), 캐드헤린과 달리 결합을 위해 칼슘을 필요로하지 않는다. NCAM은 세포 외부 영역에 많은 양의 폴리시알산을 운반할 수 있으며, 이는 두 세포의 음전하 농도 사이의 반발 때문에 세포 부착을 억제할 수 있다.

데스모좀(desmosomes)은 상피세포의 측면 표면에 점 형태의 부착물이다. 이들은 인접 세포에 동종성 칼슘 의존성 결합을 형성하는 데스모글레인 및 데스모플라킨이라고 하는 특별한 캐드헤린을 함유하고 있다. 데스모좀 단백질의 세포 내부 도메인은 데스모플라킨, 플라코글로빈 및 플라코필린에 의해 사이토케라틴 중간섬유에 연결된 구조인 밀집 플라크(dense plaque) 구조를 구성한다. 데스모좀은 배아 조직에서 칼슘-의존성 부착에 기여한다. 표피와 같은 성숙한 조직에서 데스모좀은 특히 강한 접착 형태인 칼슘-비의존적 결합을 형성할 수 있다. **헤미데스모좀(hemidesmosomes)**은 이름에서 알 수 있듯이 투과전자현미경으로 볼 때 desmosome의 절반과 비슷하다. 그들은 밑에 있는 세포외 기질에 부착점을 제공하는데, 주요 접착 단백질은 캐드헤린이 아닌 인테그린이다. 세포 내에서 헤미데스모좀은 데스모좀처럼 사이토케라틴 중간섬유 다발에 연결된다.

간극 연접(gap junction)은 접착보다는 신호 교환에 중요한 세포 연접이다. 이들은 세포가 모일 때 접촉 영역에서 형성된다. 이들은 두 세포의 세포질을 연결하는 작은 구멍 형태의 단백질 복합체이다. 이 커넥손이라 불리는 작은 구멍 구조는 커넥신이라는 단백질로 조립된다. 간극 연접은 수동 확산에 의해 최대 약 1000 분자량의 분자를 통과시킬 수 있다. 간극 연접은 대사산물이 원형질막을 가로지르지 않고 세포에서 세포로 확산될 수 있게 하며, 결합된 세포 사이의 전기 막 전위를 신속하게 균등화시킬 수 있다. 또한 커넥신43(Cx43)은 심장 근육의 Z-디스크에 풍부하며 세포에서 세포로 활동 전위를 전달한다.

상피의 기저면에는 기저판이 있다. 세포의 기저판 부착은 주로 세포외 기질의 성분과 상호작용하는 세포 표면 당단백질인 **인테그린(integrin)**에 의해 매개된다(**그림 6.8c**). 인테그린은 α 및 β 서브유닛의 이종이량체이며, 결합을 위해 마그네슘 또는 칼슘 이온이 필요하다. 인테그린은 다양한 α 및 β 타입이 있기 때문에 매우 다양한 이종이량체를 형성할 수 있다. 인테그린은 세포질 내부 도메인에 의해 미세섬유 다발에 부착되어, 캐드헤린과 마찬가지로 외부 환경과 세포골격 사이의 연결 고리를 제공한다. 인테그린은 또한 때때로 특정 세포외 기질 성분에 노출된 후 세포 내 신호전달 경로 및 새로운 유전자 전사의 활성화를 유도하는 것으로 생각된다. 일부 인테그린은 hemidesmosomes에서도 발견된다.

여기에 소개된 캐드헤린, CAM 및 인테그린 외에도 세포 부착은 ephrin-Eph 시스템에 따라 달라진다. 이러한 단백질은 claudins, 캐드헤린 또는 인테그린과 연관될 수 있으며, 양방향으로 신호를 전달할 뿐만 아니라 접착에 기여한다. 그들은 후뇌의 분절 능형체(rhombomeres) 형성과 체절을 통한 척수 신경 경로에 특히 중요하다.

상피세포의 정단-기저(apico-basal) 극성은 PAR 단백질과 관련된 대칭 파괴 과정에서 발생한다(**그림 6.9**). 이들은 예쁜꼬마선충(*C. elegans*)의 접합체에서 극성을 결정하는 역할을 수행하는 것으로 발견되었지만, 다른 많은 상황에서도 극성을 제어하는 것으로 밝혀졌다. 이 시스템은 서로를 밀어내고 추가 구성 요소를 자가 촉매 방식으로 격리시키는 기능을 하는 다양한 단백질 복합체가 관여하기 때문에 대칭을 깨는 특성을 가지고 있다. 상피세포에서 2개의 복합체는 정단 부위에 위치해 있으며, 밀착 연접 형성과 관련이 있는 PAR3 복합체(PAR3+PAR6+aPKC로 구성됨) 및 Crumbs 복합체(Crumbs+PALS1+PATJ로 구성됨)이다. 또 다른 복합체는 PAR1 단백질과 함께 기저측면 세포막에 위치하며, Scribble 컴플렉스(Scribble+Discs Large[DLG]+Lethal Giant Larvae[LGL])로 구성된다. Scribble, PAR1 복합체는 PAR3, Crumbs 복합체와 자가촉매 반응에 의한 상호 반발 기능을 보유하고 있다. Scribble 복합체 구성 요소의 흥미로운 이름은 이러한 단백질을 암호화하는 유전자가 처음 발견된 초파리 돌연변이에서 유래되었다.

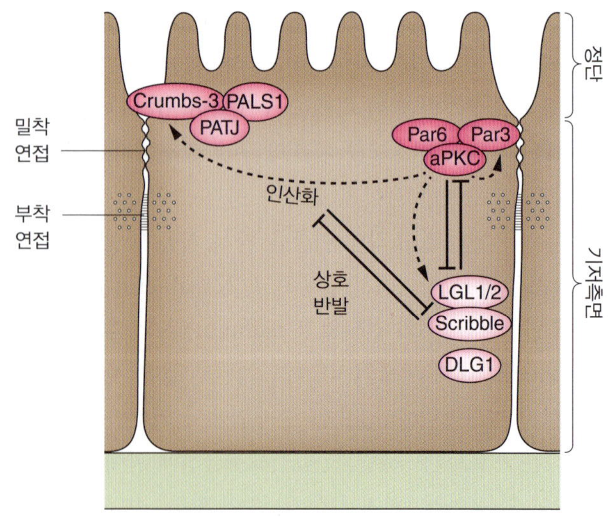

그림 6.9 상피세포에서 극성 복합체의 위치.

이 대칭 파괴 과정은 세포 접촉으로 시작된다. 세포의 접촉은 캐드헤린 분자의 군집화를 유도하여 세포 내 Rac1과 Cdc42의 활성화를 야기하게 된다. 이는 PAR3 복합체의 aPKC를 자극하여 밀착 연접과 부착 연접의 생성을 촉진한다. 동시에, PAR1은 PAR3를 인산화시켜 기저측면에서 제거시키고, PAR3가 축적된 영역은 정단 영역이 되며, PAR3는 PAR3 복합체와 Crumbs 복합체의 다른 구성 단백질을 유도하여 복합체를 생성한다.

형태 발생 과정

배아는 단순한 구 형태 또는 세포 시트 형태로부터 다층의 조직으로 구성된 신장된 형태로 변환해야 하므로, 세포 모양의 변화와 이동은 초기 발달의 기본이 된다. 이러한 다층의 신장된 배아 형태가 달성되는 과정을 **낭배형성(gastrulation)**이라고 한다. 낭배형성의 세부 사항은 매우 유사한 종 간에도 상당히 다를 수 있지만, 기본 세포 과정은 매우 유사하다. 발달의 후기 단계에서, 동일한 형태형성 기전이 개별 조직 및 기관의 형태 형성에서 반복적으로 재사용된다. 그들은 미세섬유 복합체의 수축으로 인한 세포의 모양 변화에 의해; 세포 부착 분자인 캐드헤린, CAM 및 인테그린의 유전자 발현 변화에 의해; 그리고 세포 분열 속도의 국부적 변화에 의해 진행된다. 이러한 이벤트는 지역 특이적인 메커니즘(유도 신호 및 조절 유전자)의 제어를 받는다(웹사이트의 동영상 1 "형태 발생 과정" 참조).

세포 접착

형태형성의 가장 기본적인 유형은 한 세포를 다른 세포에 부착하는 것이다. 세포는 접착 분자에 의해 부착된다. 그중에는 칼슘 이온이 있는 상태에서 세포를 서로 붙게 하는 캐드헤린(cadherins); 칼슘을 필요로 하지 않는 세포 부착 분자(CAM); 및 세포를 세포외 기질에 부착시키는 인테그린이 있다. "배아를 구성하는 세포" 절에서 본 바와 같이, 척추동물 상피세포는 밀착 연접, 부착 연접 및 데스모좀에 의해 함께 결합되며, 후자의 두 가지 유형은 주요 접착 단백질로서 캐드헤린을 포함한다. 간충직 세포 또한 캐드헤린에 의해 접착되지만 일반적으로 더 느슨하다. 초기 배아 세포의 부착은 일반적으로 캐드헤린에 의해 유지되는데, 이는 대부분의 초기 배아 유형이 배지에서 칼슘을 제거함으로써 단일 세포로 완전히 분리될 수 있다는 사실에서 알 수 있다.

세포 접착에는 약간의 질적 특이성이 있다. 캐드헤린 기반 연접은 동종단백질 간 접착(호모필릭 접착)이므로, E-cadherin을 발현하는 세포는 N-cadherin을 발현하는 세포보다 E-cadherin 세포끼리 서로 더 강하게 부착된다. NCAM과 같은 칼슘 비의존성, 면역글로불린 수퍼패밀리 기반 접착 시스템은 신경세포 및 신경교세포 발달에 특히 중요하며, 유사한 세포의 접착을 촉진한다. 접착 시스템의 이러한 질적 특이성은 서로 다른 유형의 세포 응집체를 부착시키기 위한 메커니즘을 제공하고, 개별 세포가 다른 도메인으로 떠도는 것을 방지한다. 서로 다른 접착 시스템을 가진

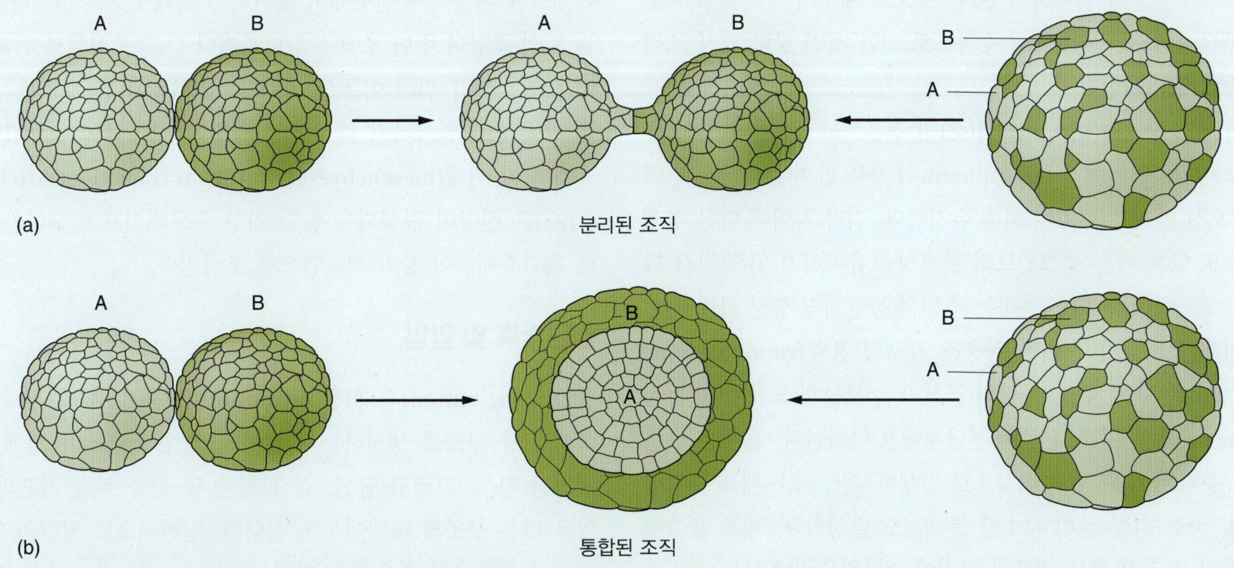

그림 6.10 세포 접착 행동. (a) 질적으로 다른 접착 분자를 가진 세포는 일반적으로 서로 분리된다. (b) 접착력의 양적 차이가 있는 세포는 일반적으로 서로를 둘러싸고 있으며, 중앙에 더 많은 접착력이 있는 세포가 위치한다. 중앙 패널은 절단면을 나타낸다.

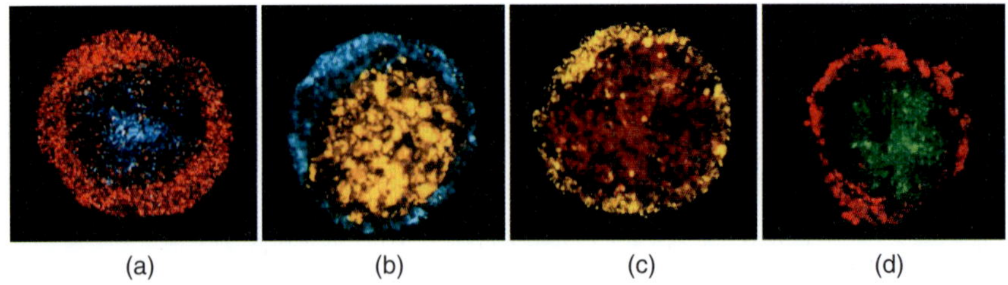

그림 6.11 닭의 배아 조직의 계층 구조는 상대적 접착력에 따라 서로를 둘러싸고 있다. 각각의 조직은 다른 형광 염료로 염색되었다: 주황색: 신경 망막; 파란색: 간; 노란색: 심실; 빨간색: 착색된 망막; 녹색: 사지 중간엽. (인용) Foty and Steinberg(2013). Wiley Interdiscip. Rev. Dev. Biol. 2, 631-645.

세포가 혼합되면 별도의 영역으로 분류돼서, 결국 아령 모양의 구성을 형성하거나 심지어 완전히 분리된다(**그림 6.10a**).

특이성의 질적 측면에 더하여 세포 분류 행동은 단순히 동일한 시스템의 접착 강도가 다르기 때문에 발생할 수 있다는 것도 알려져 있다. 세포 유형 A가 세포 유형 B보다 접착력이 더 높으면, 결국 B가 A를 둘러싸게 된다(**그림 6.10b**). 이 과정은 세포 응집체 내부에서 세포들의 무작위 움직임을 기반으로 하며, 초기의 세포 구성 형태가 다를지라도 동일한 최종 형태에 도달한다. 예를 들어, 두 가지 유형의 세포를 무작위로 섞어 놓거나 각 세포 타입으로 구성된 두 세포 블록을 압축시켜 놓아도 최종적으로 같은 형태에 도달한다. 모든 실험적 예시는 **그림 6.11**에 나와 있다. 정량적으로 이것은 조직 표면 장력으로 표현될 수 있다. 표면 장력이 높을수록 조직이 단단하여 세포덩어리의 압축성은 낮아진다. 서로 다른 세포 집단의 표면 장력과 서로를 둘러싸는 능력 사이에는 상관 관계가 있으므로, 더 큰 표면 장력을 보유한 세포로 구성된 세포덩어리는 중앙에 위치하게 된다. 세포와 세포의 경계에서 작용하는 액토마이오신 케이블의 수축으로 인한 계면 장력 역시 조직 표면 장력에 기여한다.

초파리의 성충판(imaginal disc)의 전후 구획 경계의 형성(19장 참조)은 두 영역에서 DE-cadherin의 차등 발현에 의존하며 액토마이오신 케이블 수축에 의해 유지된다. 접착 차이에 따른 경계 형성의 또 다른 예는 세그먼트의 완전성을 유지하기 위해 각각 특정 Eph 또는 ephrin이 작용하는 후뇌의 능형체의 형성 과정이다.

응집체를 형성하기 위한 간충직 세포의 **응축(condensation**; **그림 6.12a**)은 보통 체절, 사지의 골격 또는 모낭의 모유두(dermal papillae)와 같은 구조 형성의 전단계에서 나타난다. 응축은 부분적으로 증가된 세포-세포 접착으로 발생하지만, 국소 세포 분열의 증가 및 국소 기질 분비 감소를 통해서도 발생한다. 세포 응축에 대한 대칭 파괴 양상은 세포외 기질에 견인력을 발휘하는 세포와 세포에 기계적 힘을 가하는 기질의 상호작용으로 인해 발생할 수 있으며, 이는 세포 표면 분자의 신호 기능을 통해 이동 또는 부착성에 영향을 미친다. 이러한 대칭 파괴 현상으로 인해서, 세포가 균일하게 배열된 시트 형태의 조직이 여러 덩어리가 일정 간격으로 생성되는 형태로 변환된다.

상피조직과 간충직 사이의 변환

배아의 형태 형성은 종종 상피에서 개별 세포로의 **박리(delamination)**를 포함하며, 간혹 간충직 세포가 상피조직으로 변환된다. 첫 번째 과정은 **상피-간충직 이행(epithelial-mesenchymal transition(EMT)**이라고 한다(**그림 6.12b**). 예를 들어, 양막 동물 낭배의 원조(primitive streak)에서 나오는 중배엽 세포의 사출 과정 또는 신경관에서 나오는 신경능선세포의 형성에서 볼 수 있다. EMT는 전사 인자 Snail의 상향 조절로 인해 발생하는 캐드헤린 생산의 감소에 의해 발생한다. 또한 Crumbs 복합체 구성원의 합성이 억제되고 세포 극성이 손실된다. 세포 접합부가 분해되고, 미세소관 배열이 중심체에서 발산되는 형태로 재구성된다. EMT는 악성 종양이 주변 조직을 침범하거나 다른 조직에서 전이성 종양을 형성하기 위해 이동성 세포를 생성할 때 유사한 분자 기전을 사용하여 일어나기 때문에 상당한 관심을 불러일으켰다. **간충직-상피 이행(mesenchye-to-epithelial transition, MET)**(**그림 6.12c**)은 신장이 형성되는 동안 가장 두드러지게 발생하는데, 이때 측판중배엽이 상피 세뇨관으로 조립된다.

정단수축 및 함입

함입(invagination)과 **회절(involution)**(**그림 6.12d**)은 단순 상피에서 다층 구조를 생성하는 과정이다. 함입과 회절은 낭배 형성, 신경관 형성, 그리고 땀샘, 감각 기관 및 곤충 부속 기관과 같은 많은 다른 구조의 형성에서 발견되며, 일반적으로 정단의 액토마이오신 복합체의 수축으로 인해 발생하는 국소적인 수축에서 시작된다. 정단수축은 예를 들어 제노푸스 낭배기 배아의 병 세포

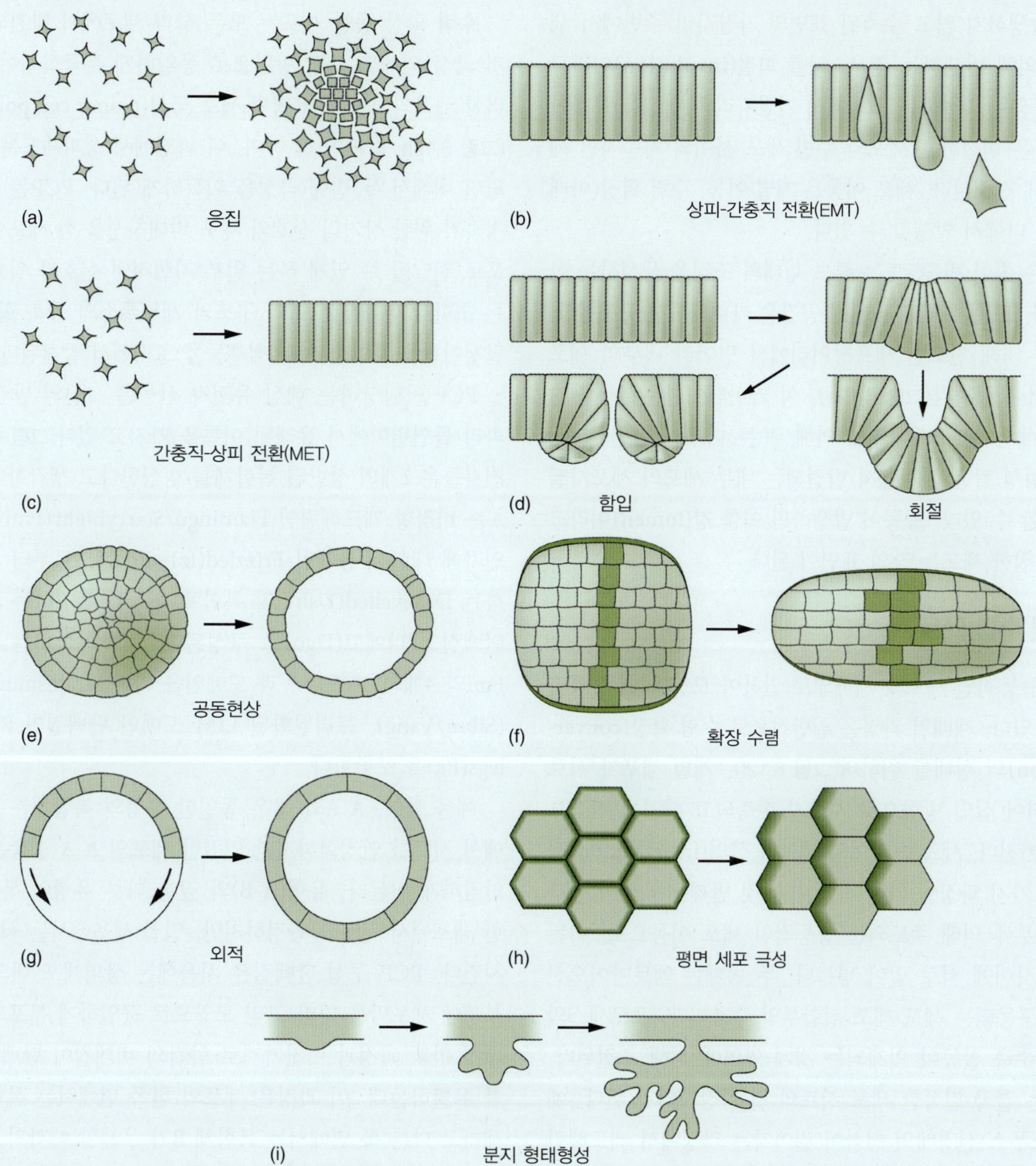

그림 6.12 배아에서 발견되는 일반적인 유형의 형태 발생적 행동. (a) 세포 응집체의 형성. (b) 상피-간충직 전이. (c) 간충직에서 상피로의 전이. (d) 정단수축에 의해 시작되는 회절 및 함입. (e) 공동 형성. (f) 능동적인 세포 삽입에 의한 수렴 확장. (g) 능동적 확산(epiboly). (h) 평면 상의 세포에 의한 극성 획득. (i) 분지 기관의 형성.

(bottle cell) 형성, 초파리의 낭배형성 전 예상 중배엽, 그리고 신경관의 복부 및 배측 경첩 지점에서 발생한다. "소형 GTP-결합 단백질" 절에서 설명한 바와 같이, 액토마이오신 수축은 마이오신 가벼운 체인을 인산화시키는 ROCK와 이를 활성화시키는 Rho의 활성화에 의해 진행된다.

함입(invagination) 과정에서 수축으로 인해 세포 시트가 휘어지기 때문에 세포의 수축된 영역이 내부로 돌출된다. 이 돌출된 부분이 안쪽으로 함입되는 과정은 여러 가지 다른 메커니즘에 의해 발생할 수 있다. 이 과정은 일반적으로 함입 세포와 주변 사이의 차등 접착으로 진행된다. 예를 들어, 신경판에 발현되는 NCAM과 표피에 발현되는 E-캐드헤린은 신경관의 폐쇄 및 완전한 함입을 위해 필요하다. 또한 세포 부착에 따라 달라지는 독특한 메커니즘에서, 성게 배아의 원장은 초기 함입된 세포에서 낭배를 가로질러 길게 생성된 필로포디아에 의해 배아 내부로 끌어당겨진다.

세포의 조직 내부로의 초기 진입 과정이 세포 시트의 부분적인 휘어짐에서 발생하지 않고 수축된 표면의 가장자리 주변에서 세포의 이동에 의해 발생하는 경우, 이를 **회절(involution)**이라고 한다. 회절 과정은 회절하는 조직에서 가장자리의 형성을 포함한다. 회절 과정은 회절하는 세포와 주변 세포 사이의 차등적인 세포 부착에 의해 진행된다. 세포 이동은 개별 이동, 수렴 확장(아래 참조) 또는 둘 다에서 발생할 수 있다.

함입 과정은 속이 빈 공 또는 튜브 형태의 조직을 생성하는 한 가지 방법이다. 또는 유체로 채워진 공간은 **카비테이션(공동현상, cavitation)**에 의해 견고한 세포덩어리에서 덩어리 내부의 세포들이 비워져서 생성된다(그림 6.12e). 이 카비테이션은 2차 신경관 형성 과정에서 세포 재배열에 의해, 또는 마우스 난원통(egg cylinder)의 형성 같은 과정에서 발견되는 내부 세포의 세포사멸에 의해 발생할 수 있다. 공동이 발생하면 이를 **강(lumen)**이라고 하며, 강에 인접한 세포는 강의 표면이 된다.

평면 극성 및 수렴 확장

세포 시트는 능동적인 세포의 재배열로 인하여 모양이 매우 극적으로 변할 수 있다. 재배열 과정은 일반적으로 **수렴 확장(convergent extension)**의 형태를 취하며(그림 6.12f), 개별 세포가 서로 사이에 삽입되어 삽입 방향으로 시트가 수축되고 삽입에 직각으로 시트가 길어진다. 세포들 사이로 세포가 삽입(intercalation)되는 현상은 두 가지 과정에 의해 진행된다. 첫 번째는 액틴이 풍부한 세포 돌출부에 의해 주도되는 능동적인 세포 이동으로, 이는 세포를 세포 사이에 서로 밀어 넣는다. 두 번째는 액토마이오신 수축에 의해 구동되는 세포-세포 접합부의 수축이다. 프로세스의 전체 방향은 수축 활동이 억제되는 경계 영역에 의해 조절된다. 이러한 경계는 결국 길쭉한 세포 시트의 긴 가장자리가 된다. 예를 들어, 제노푸스 신경배의 척삭이 길어지는 과정에서 캐드헤린이 세포 표면에서 제거되어 세포의 이동을 촉진한다.

또한 낭배형성기에서 일어나는 현상 중 하나는 **외적(epiboly)**인데(그림 6.12g), 세포 시트가 확장되어 다른 개체군을 둘러싸게 된다. 외적이 진행되는 기전은 다소 다양할 수 있다. 제노푸스와 제브라피시 낭배형성 과정은 동물극 반구 조직이 전체 배아를 덮기 위해 확장되는 외적 현상이 나타난다. 그러나 제노푸스에서, 이 과정은 세포의 방사상의 삽입(radial intercalation)에 의해 더 넓은 면적의 더 얇은 시트를 생생하게 되며, 이는 수렴 확장과 일부 유사성을 보인다(8장 참조). 대조적으로, 제브라피시에서는 미세소관에 의해 진행되며, 난황 세포 융합층(yolk syncytial layer)의 확장에 의해 일어난다(9장 참조).

수렴 확장 동안 세포는 모든 상피 세포에서 발견되는 정단-기저 극성 외에도 측면 방향으로 동일하게 분극화되어야 한다. 이러한 세포의 방향성을 **평면 세포 극성(planar cell polarity; PCP)**(그림 6.12h, 6.13)이라 하며, 이 과정에서 상피세포는 상피조직의 평면 내에서 두 번째 극성을 획득하게 된다. PCP는 방향성을 지정하기 위한 장거리 신호와 세포 비대칭성을 한 세포에서 다음 세포로 전달될 수 있게 하는 일부 지협적인 신호가 필요하다. PCP는 초파리의 대부분 표피 구조와 제노푸스의 등축 형성, 표피 및 달팽이관을 포함한 여러 척추동물 조직에서 발견된다.

PCP를 담당하는 핵심 유전자 산물은 그들의 발견을 이끈 초파리 돌연변이에서 유래된 이름을 가지고 있다(그림 6.14). 이 유전자들은 2개의 상반된 복합체를 형성한다고 생각한다. 컴플렉스 A는 비정형 캐드헤린인 Flamingo/Starrynight(Fmi/Stan), Wnt 인자에 대한 수용체인 Frizzled(fz), Frizzled로부터 신호를 전달하는 Dshevelled(Dsh) 및 복합체 형성을 촉진하는 안키린 반복 단백질인 디에고(Dgo)로 구성된다. 컴플렉스 B는 A에 포함된 Fmi와 4개의 세포막 통과 도메인을 가진 Strabismus/Van Gogh (Stbm/Vang), 프리닐화된 LIM 도메인 단백질인 Prickle-spiny legs(Pk)을 포함한다.

예를 들어, A-A와 같은 동일한 유형의 복합체는 동일한 세포에서 서로를 안정화하지만 인접한 세포의 A-A 접촉은 서로를 불안정하게 만든다. 유형(A-B)와 같은 다른 유형의 복합체는 동일한 세포에서 서로 불안정하지만, 인접 세포에서는 서로를 안정화시킨다. PCP 구성 단백질은 처음에는 상피세포 내의 정단 아래 부분에 세포막을 따라 고리 모양으로 균일하게 분포되지만, 모든 대칭 파괴 과정과 마찬가지로 약간의 비대칭이 단백질의 재분배를 유발하는데, 이 과정은 세포의 한쪽 면에서는 복합체 A가 우세하고 다른 쪽 면에서는 복합체 B가 우세할 때까지 계속되어 하나의 세포 내에 비대칭적인 분배 구조를 형성한다. 초기 비대칭은 조직 경계 부분과 장거리 신호 모두에 의해 발생한다. 비정규 Wnt 신호는 PCP 및 수렴 확장을 위해 제노푸스 및 제브라피시에서 필요하며, 초파리 날개 디스크에서는 Wingless/Dwnt4의 경사도가 세포의 방향을 지정해서 Wnt 신호가 높은 쪽에 복합체 A가 위치하고 날개 디스크의 말단 쪽이 되게 한다.

튜브 형성 및 분지적 형태 형성

척추동물의 신경관, 내장, 신장 세관과 초파리의 혈액 모세관 또는 기관지(호흡관)에 이르기까지 배아의 발생 과정 중에는 크기가 매우 다양한 관(튜브) 형태의 구조가 형성된다. 크기가 큰 튜브 구

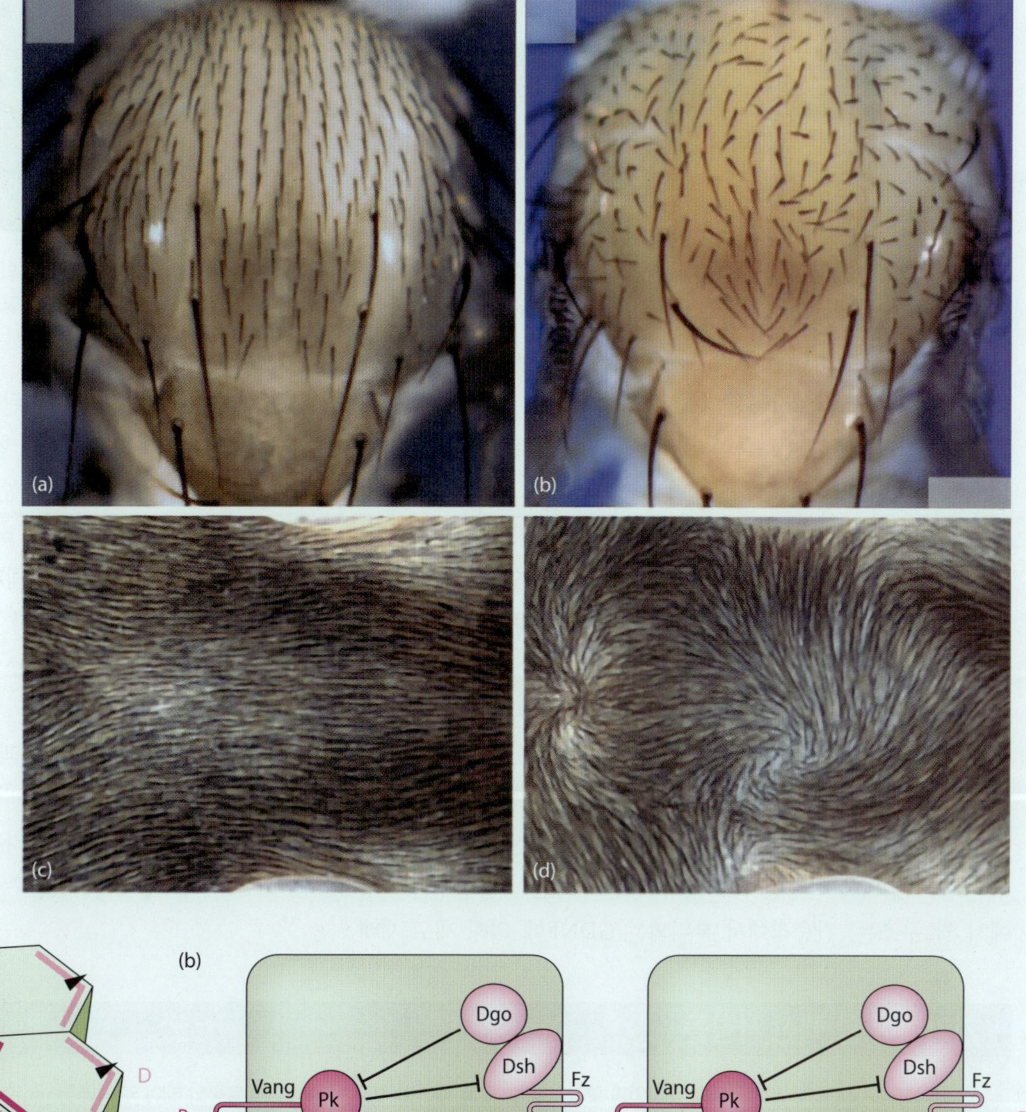

그림 6.13 평면 세포 극성. (a) 정렬된 물리적 감각 강모를 가진 정상 초파리 흉곽. (b) 세포 극성이 흐트러진 fz 돌연변이. (c) 정상 생쥐의 목 부위에 정렬된 털. (d) fz 돌연변이의 털 소용돌이. (인용) Singh and Mlodzik(2012). Wiley Interdiscip. Rev. Dev. Biol. 1, 479-499.

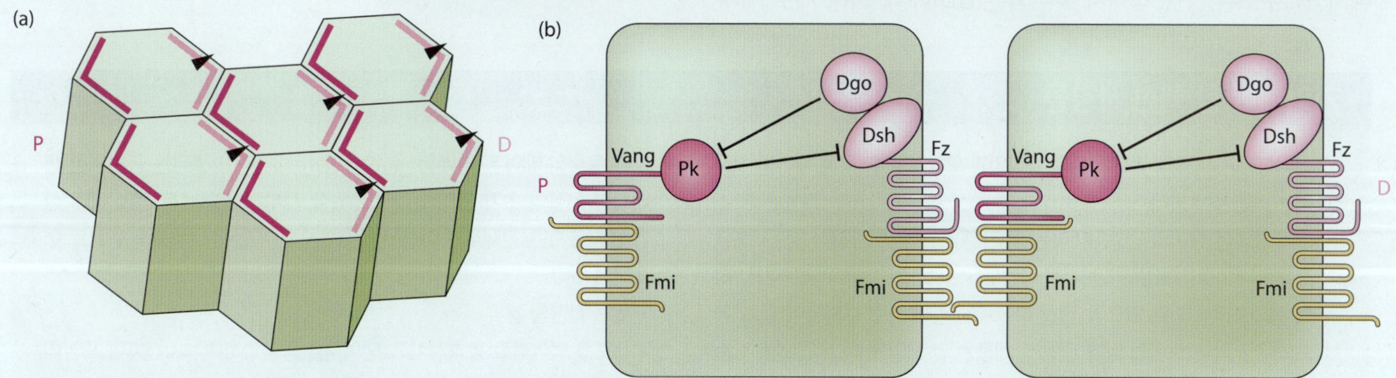

그림 6.14 평면 세포 극성 획득의 기초가 되는 메커니즘. 두 단백질 복합체는 세포 내에서 서로를 밀어내지만 세포 사이에서는 서로 달라붙는다. P 근위; D 말단.

조는 위에서 설명한 것처럼 국부적인 정단수축에 의해 시작되는 함입(invagination)에 의해 상피조직에서 형성된다(**그림 6.12d**). 초파리의 기관지(tracheae) 같은 작은 관은 작은 봉우리를 형성하여 발생하며, 유사한 정단 수축 및 함입이 있지만 이 경우에는 세포 분열이 없다. 튜브는 제브라피시 내장 또는 꼬리 신경관(2차 신경관)의 형성에서와 같이 작은 내강의 형성 및 융합으로 간충직으로부터 형성된다. 모세혈관의 형성을 위해 세포 내부의 내강이 세포막과 융합한 다음 인접한 세포의 내강과 결합해서 세포외 내강을 형성한다. 관 구조의 신장은 세포 자체의 길이 신장(초파리 기관 및 타액선), 수렴 확장(척추 신경관), 세포 증식(유선, 뮐러관), 관 외부로부터의 세포 모집(초파리 말피기세관)과 같은 다양한 생물학적 기전에 의해 발생한다. 이러한 예는 언급된 기전이 주로 사용되지만 둘 이상의 기전이 함께 작동할 수 있다.

초기 발달과 달리, 기관 형성의 특징적인 형태형성 활동의 한 유형은 **분지 형태형성(branching morphogenesis)**이다. 이 분지 형성 과정은, 상피조직의 싹 구조가 간충직 세포덩어리 속으로 자라나며, 이 싹 구조 상에 성장점의 수가 점진적으로 증가하여 분지 구조를 생성한다(**그림 6.12i** 및 **6.15**). 분지 형태형성을 진행하는 단일화된 기전은 없다. 초파리 기관계의 형성에서, 세포는 분열하지 않고 세포 재배열에 의해 기관이 분지한다. 이 과정에서 정단 세포는 주변의 FGF 신호에 반응하여 형성된다. 이는 델타(delta)를 발현시키고 인접한 세포에서 Notch 신호를 활성화해서, 인접한 세포들이 정단 세포가 되는 것을 억제한다. 줄기 부분은 세포 삽입(intercalzation)에 의해 길어지게 되고, 기존의 정단 세포에서 멀리 떨어진 세포들이 새로운 정단 세포로 변하게 된다. 유사한 과정이 척추동물의 모세혈관 성장에서도 사용된다. 여기서 주변의 VEGF는 수용체인 VEGFR2를 통해 작용하여 정단 세포를 유도한다. 이들은 *delta4*를 상향 조절하고,인접한 세포에서 Notch 신호를 자극하여 VEGFR2를 억제하고 정단 세포의 형성을 방해한다.

다른 시스템에서는 분지 형태의 신장을 위해 국소적인 세포 증식이 필요하다. 발달 중인 폐에서 간충직의 FGF10은 FGF 수용체인 FGFR2B를 통해 신호를 보내 세포의 내강 쪽에 정단수축을 유도하여 봉우리를 형성한다. 신장 과정은 FGF 신호에 의한 세포 수의 증가에 의해 진행된다. 포유류 신장의 요관이 형성되는 과정에서 싹 구조는, 간충직에서 분비되는 GDNF에 의해 세포 재배열과 함께 분지 과정이 촉진된다. 침샘에서 분지 과정은 싹 구조의 형성보다 클레프트(Cleft) 형성에 의해 더 많이 발생하는 것으로 보고되었다. 클레프트 형성 과정은 EGF 신호에 반응하여 발생하며, 세포외 기질에 대한 국소 접착(focal adhesions)의 형성에 의해 안정화된다. 피브로넥틴은 클레프트에 침착되고 세포 표면 인테그린에 부착하게 된다. 인테그린과 피브로넥틴의 결합에 의해 생성된 세포 내부 신호는 세포 증식을 유도하여 클레프트를 더욱 깊게 만든다.

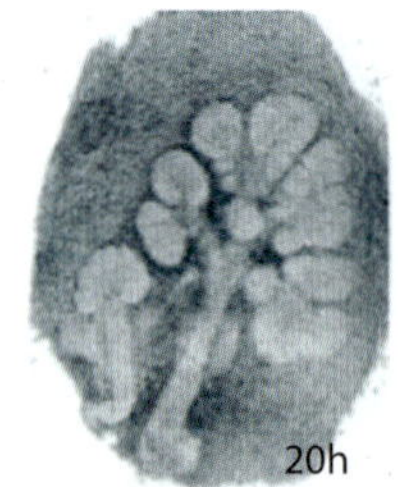

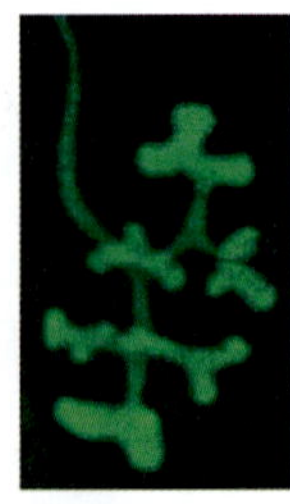
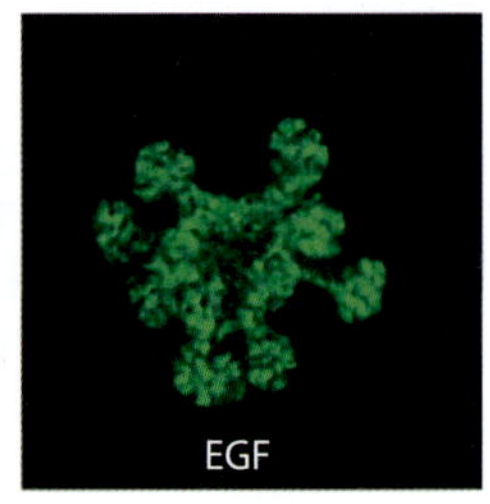

그림 6.15 분지 형태형성의 예. (a) 위상차 현미경으로 본 생쥐 침샘. (b) 생쥐 폐. (c) 생쥐 유선. (b)와 (c)는 형광 단백질로 표지. (인용) (a, c) Andrew and Ewald (2010). Dev. Biol. 341, 34-55. (b) ELSEVIER.

이러한 예들은 모두 분지 과정에서 필수적인 간충직과 상피세포 사이의 상호작용을 보여준다. 그러나 이 과정을 유도하는 핵심 리간드는 조직마다 다르며, 리간드에 의한 자극이 분지를 유도하는 방식도 시스템마다 다를 수 있다.

기억해야 할 핵심 사항들

- 형태형성은 세포와 세포 시트의 움직임과 모양 변화를 통해 배아를 형성하는 과정을 말한다.
- 초기 배아는 상피와 간충직이라는 두 가지 기본적인 형태를 가진 세포를 포함한다. 상피세포는 정단-기저 극성(apical-basal polarity)을 가진 시트 형태로 배열되어 있으며, 접합 복합체에 의해 서로 부착되어 있고, 세포외 기저막에 위치해 있다. 간충직 세포는 별 모양을 하고 있으며, 느슨한 세포외 기질로 둘러싸여 있다.
- 세포의 모양, 극성 및 움직임은 세포골격에 따라 달라진다. 주요 구성 요소는 튜브린(tubulin)으로 구성된 미세소관, 액틴으로 구성된 미세섬유, 그리고 중간섬유이다. 중간섬유는 상피의 사이토케라틴, 간충직의 비멘틴, 뉴런의 신경 필라멘트 단백질, 신경아교세포의 신경섬유성 산성 단백질로 구성된다.
- 세포외 기질의 주요 성분은 글리코사미노글리칸, 콜라겐, 피브로넥틴 및 라미닌이다.
- 배아에서의 세포 접착은 주로 칼슘 의존성인 캐드헤린과 칼슘이 필요하지 않은 CAM(세포 접착 분자)에 의존한다.
- 모든 동물의 배아는 낭배형성(gastrulation)이라고 불리는 광범위한 형태형성 운동의 초기 단계를 가지고 있다. 세부적인 내용은 종에 따라 상당히 다르지만, 전체적인 과정은 아래와 같은 제한된 다세포 행동으로 이루어져 있다.
  - 세포 집단의 분류.
  - 세포를 덩어리로 응축시키고, 덩어리를 공동화하여 속이 빈 공 모양의 것을 만든다.
  - 상피-간충직 이행(EMT) 및 간충직-상피 이행(MET).
  - 시트 또는 덩어리의 내부로 세포가 함입(Invagination)되거나 회절(involution)됨. 회절은 내부로 이동하는 세포 집단이 자유로운 가장자리를 가지고 있다는 점에서 함입과는 다르다.
  - 수렴 확장(convergent extension): 길이 신장 방향에 대해 직각으로 세포를 삽입하여 구동되는 세포 시트의 활성 신장.
  - 외적(epiboly): 세포들이 다른 세포덩어리 위에 퍼져 감싸게 되는 과정.
  - 관 모양 구조의 형성 및 나무와 같은 구조를 형성하기 위한 분지 형태형성.

Part 2

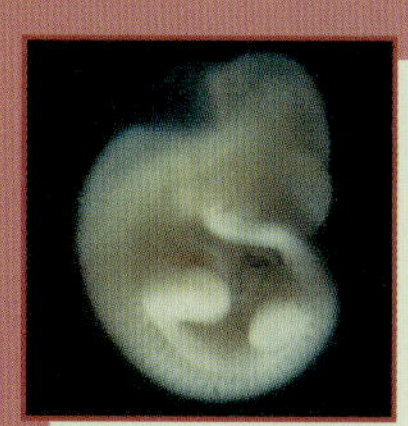

주요 모델 생물

Major model organisms

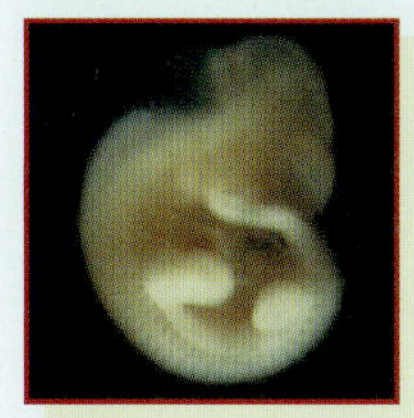

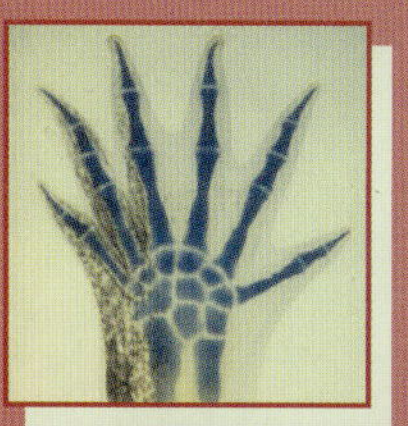

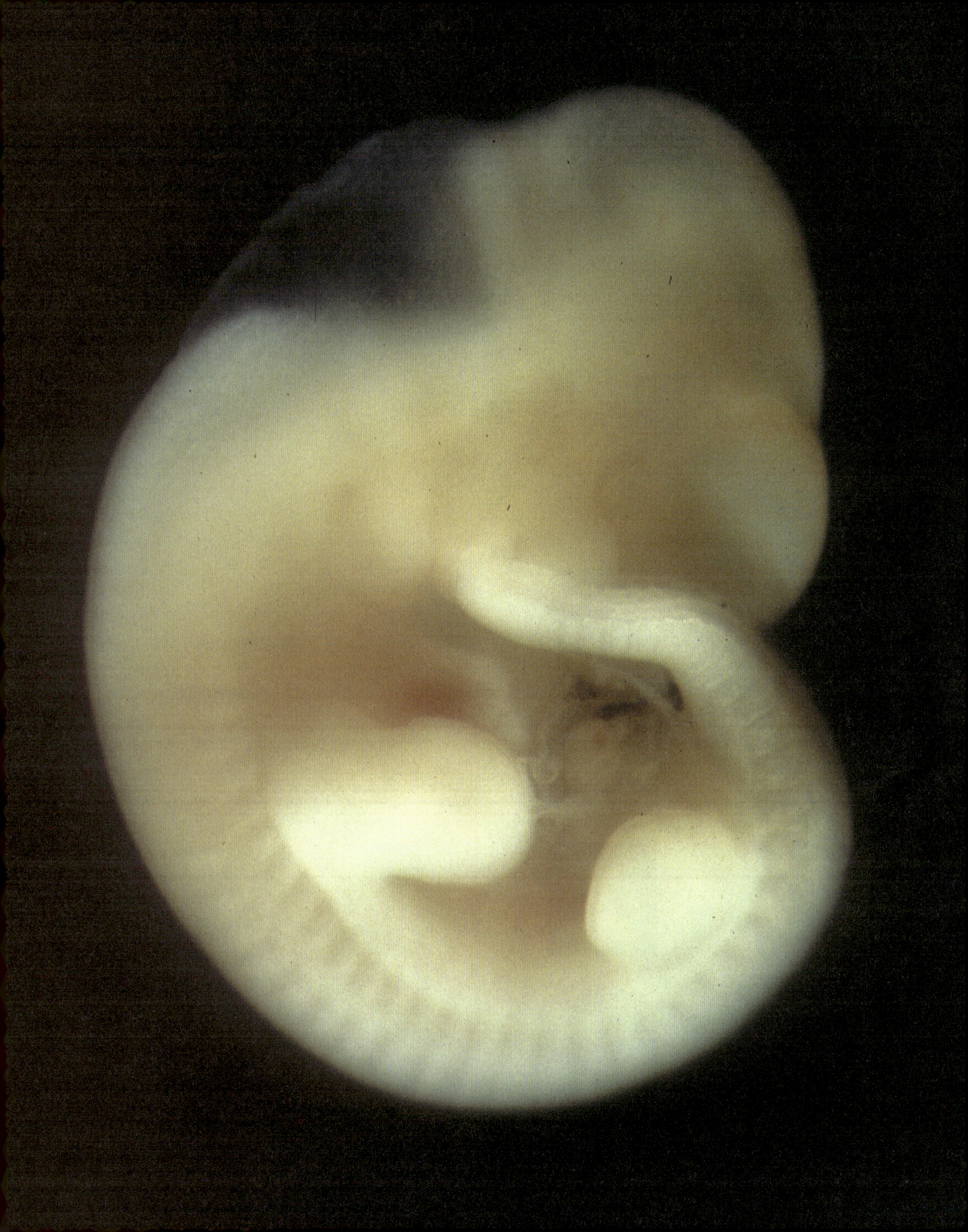

Chapter 7

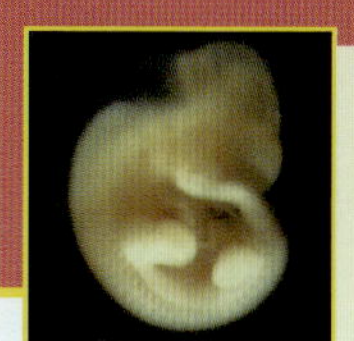

주요 모델 생물

Major model organisms

현대 발생학은 백만 종 이상의 동물들 중에서, 특히 **"모델 생물(model organisms)"**이라고 불리는 소수의 동물을 집중적으로 연구한다. 이 생물들에 대한 연구 동기는 단순히 이 생물들 자체의 발생만을 이해하는 데 있는 것이 아니라, 이들의 발생을 모든 동물의 발생 방식에 대한 예로서 활용하기 위함이다. 많은 발생학 연구는 의학연구재단으로부터 연구비를 지원받기 때문에, 현재의 연구목표는 다를지라도 궁극적으로는 인간이 어떻게 발생하는지 이해하는 것을 목표로 삼는다. 이 때문에 인간에게서도 공통적으로 나타나는 발생 과정을 연구하는 데에 자주 관심을 갖게 된다. 이 장에서는 연구 활동이 왜 소수의 종에 집중되고 있는지와 각 종들의 상대적 강점과 약점은 무엇인지 설명한다. 교재에서는 대표성이 있는 부분에 밑줄을 그어 강조하고 있다. 마찬가지로 여기서는 가장 중요한 6가지 모델 생물인 생쥐, 닭, 개구리 제노푸스(*Xenopus*, 아프리카발톱개구리), 제브라피시, 초파리 그리고 예쁜꼬마선충(*Caenorhabditis elegans*)을 상세히 다룬다. 이 6종 다음으로 인기 있는 모델 생물인 성게(sea urchin)를 포함하여 여러 다른 종들에 대한 연구도 활발히 이루어지고 있지만, 6대 모델 생물을 이용하여 연구하고 있는 발생학 연구자의 수가 전 세계적으로 가장 많다.

6대 모델 생물

이 책에서 상세하게 다룰 모델 생물들은 **표 7.1**에 그리고 이 생물들의 계통수는 **그림 7.1**에 각각 나타내었다. 이 생물들은 단지 2종의 무척추동물과 4종의 척추동물에 불과하기에 동물계 전체를 잘 반영하지는 못한다. 그러나 이 모델 동물들은 진화학적 거리를 기준으로 충분히 넓게 분포되어, 이 6종이 공유하는 발생학적 특징들은 전체 동물계에서 공유될 가능성이 높다.

이 6종 생물들은 발생학 연구를 할 때 실험적 이점을 갖기에 선택되었다. 일부 과학자는 종종 자신이 보기 좋아하고 같이 일하기 편리한 생물을 연구대상으로 선택하기도 한다. 하지만 **표 7.2**에 요약한 바와 같이, 보다 객관적이고 실용적인 점들이 특별한 목적을 위해 고려된다.

6대 모델 생물 모두 연중 이용이 가능하다. 상시 이용이 불가능했다면, 이들 생물은 모델 생물로 선택되지 않았을 것이다. 한 생물을 실험 생물로 개발하기 위하여 실험실 환경에 적응시키기는 쉽지 않으며, 새로운 종에 대한 실험실 적응 시도는 그 자체로 하나의 큰 연구과제가 된다. 비록 일부 해양 무척추동물들이 발생학 연구에 사용되기는 하였지만, 6대 모델 생물은 모두 해양생물이 아니다. 이는 아마도 해양생물을 실험실에서 관리하는 데 따르는 추가적인 어려움 때문일 것이다.

수적인 면에서, 개구리, 제브라피시, 초파리 그리고 예쁜꼬마선충으로부터 수천 개의 알을 얻는 일은 쉽다. 달걀은 연구실에서 바로 산란되지 않고 상업적인 부화장으로부터 구입하며, 대형 배양기는 수백 개의 달걀을 수용한다. 생쥐는 다른 5종에 비해 상대적으로 적은 수의 새끼를 낳지만 짝짓기를 한 암컷 한 마리가 평균 12개의 배아를 생산하기에 적당한 수를 얻는 것이 아주 어려운 일은 아니다.

현대 발생학 연구는 매주 또는 매일 발생 중인 배아가 필요하기에 비용도 중요한 고려사항이다. 예쁜꼬마선충은 박테리아로

표 7.1 이 책에서 자세히 다룬 생물

학명	일반명	문, 아문, 강
Caenorhabditis elegans	예쁜꼬마선충	선형동물문, 쌍선충강
Drosophila melanogaster	초파리	절지동물문, 단지아문
Brachydanio rerio	제브라피시	척삭동물문, 척추동물아문, 어강
Xenopus laevis	제노푸스(아프리카발톱개구리)	척삭동물문, 척추동물아문, 양서강
Gallus domestica	닭	척삭동물문, 척추동물아문, 조강
Mus musculus	생쥐	척삭동물문, 척추동물아문, 포유강

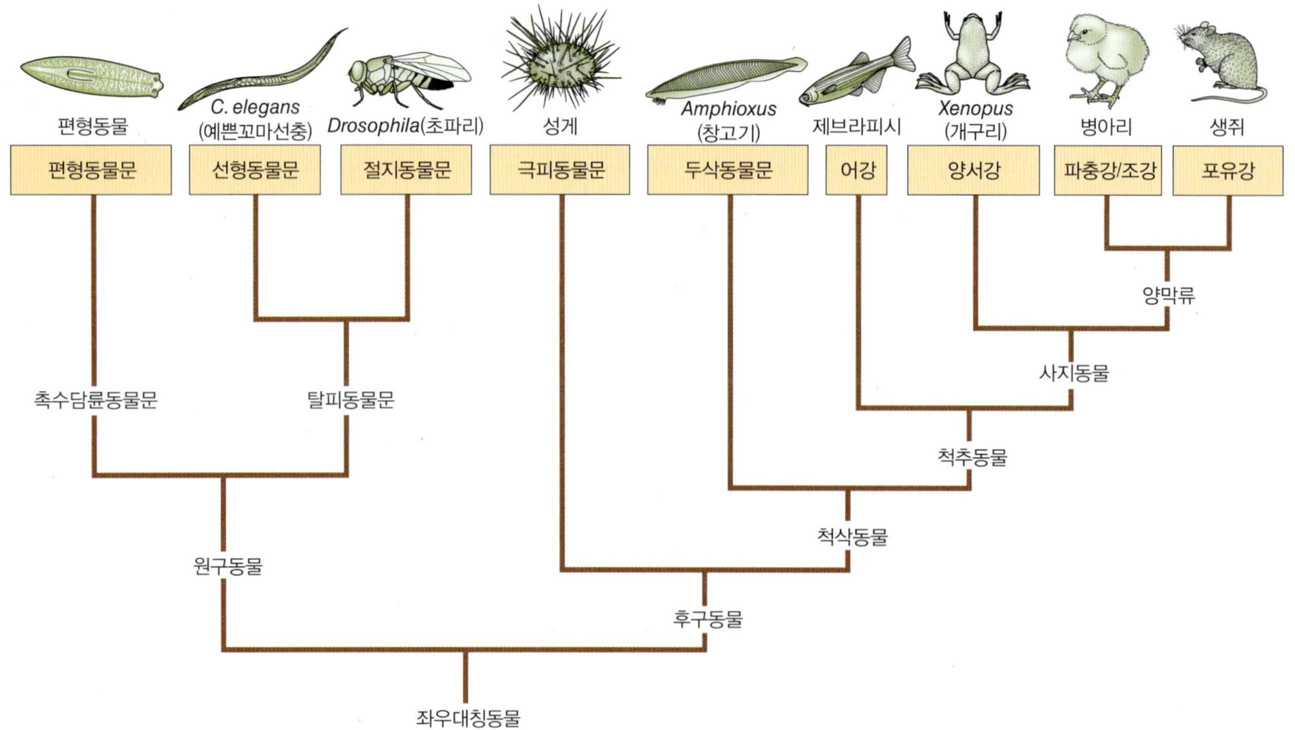

그림 7.1 발생학에서 사용하는 6대 모델 생물의 진화학적 위치를 보여주는 계통수.

표 7.2 6대 모델 생물의 실험적 장점과 단점

	예쁜꼬마선충	초파리	제브라피시	제노푸스	닭	생쥐
배아의 수	많음	많음	많음	많음	적음	적음
비용	저비용	보통	보통	보통	저비용	고비용
접근성	우수	우수	우수	우수	우수	열악
미세조작	제한적	제한적	양호	우수	우수	제한적
유전학	우수	우수	양호	미확립	미확립	우수
유전자 목록	밝혀짐	밝혀짐	밝혀짐	밝혀짐	밝혀짐	밝혀짐

덮인 한천 평판배지(agar plate) 상에서 잘 자라고, 유전적으로 서로 다른 예쁜꼬마선충을 냉동보존할 수도 있으므로 비교적 저비용이 소요된다. 초파리의 경우는 관리비용이 저렴할 수도 있지만, 여러 유전적 집단을 유지하기 위해 온도 및 습도가 조절되는 특별한 초파리실과 많은 관리 시간이 필요할 수 있다. 또한 초파리의 냉동보존이 어려워 연구에 사용되는 초파리 군집을 유지하기 위해서는 상당한 노력이 필요하다. 제브라피시는 비싼 사육시설과 대규모의 실험어 관리를 요구한다. 제브라피시를 사용한 연구는 비교적 많은 초기 자본이 요구되며, 운영비는 초파리 실험실과 유사하다. 제브라피시 수조만큼 복잡하지는 않지만 개구리도 수조시설을 필요로 한다. 이 종은 유전학적인 연구를 하지 않으므로 사육관리 비용이 저렴하고, 따로 보살펴야 하는 유전적 집단이 거의 없다. 닭은 부화장에서 구입하기에 사육관리 비용이 매우 저렴하며 실험실에는 부화기만 있으면 된다. 그러나 닭의 유전적 교배가 요구되는 실험을 하거나 아주 초기 발생 단계에 대한 연구를 하는 경우라면 닭 번식 시설을 갖추어야 하며, 크기가 큰 동물이기 때문에 많은 비용이 발생한다. 생쥐는 작고 비용이 많이 들지 않을 것으로 보이지만, 실제로는 6대 모델 생물 중 가장 비용이 많이 드는 생물이다. 포유동물 번식을 위해 조달되어야 할 것과 실험동물 사육시설에 대한 법규 등을 고려할 때, 생쥐의 성공적인 교배를 위해서는 많은 시간과 공간이 요구된다. 그러나 생쥐의 정자 및 배아의 동결보존이 가능해짐에 따라서 유전적 집단의 유지를 위해 요구되는 장기적인 비용은 절감되었다.

연구에 사용되는 실험동물의 윤리적인 사용과 소요되는 동물의 수를 최소화하기 위해, 여러 나라의 정부와 연구재단에서는 생물학 연구에 있어서 척추동물을 사용하는 것에 점차 많은 규제를 가하고 있으며, 가능하면 생명체를 사용하지 않는 시험관 대체 연구를 권장하고 있다. 이에 최근 줄기세포와 기관유사체(orgarnoid)를 사용한 연구가 증가하고 있으나, 배아의 발생과 같은 복잡한 생명현상 연구에서는 불가피하게 실험동물을 사용하게 된다. 실험동물 사용 규제의 증가는 척추동물 사육 및 연구에 복잡한 시설이나 장비를 필요로 하게 되며, 이는 연구비용 증가로 이어진다. 이에 비교적 규제가 적은 무척추동물을 사용하는 연구가 다시 주목을 받고 있다.

접근성과 미세조작

"접근성"은 여러 발생 단계의 배아를 얼마나 쉽게 연구에 사용할 수 있는가를 의미한다. 해부에 의해 어떤 발생 단계의 배아이든 다 얻을 수 있지만, 많은 실험들은 배아에 필요한 처리를 하고 계속 살아 있는 상태를 유지하면서 처리의 결과에 의해 배아의 발생이 어떻게 달라지는지를 살펴보아야 한다. 바로 이런 점에서, 체외수정을 하는 자유생활 생물이 선호된다. 이를 충족시키는 생물은 제노푸스와 제브라피시이다. 초파리도 수정 후 바로 산란한다. 예쁜꼬마선충 배아는 혼자서 잘 생존할 수 있지만, 난할 기간 중 어미를 해부하여야 얻을 수 있다. 닭의 배아는 암탉의 수란관을 따라 이동하면서 난할을 경험하며, 산란 시점에 이미 60,000개의 세포로 구성되는 2개의 배엽을 갖는다. 이 단계 이후에는 알의 껍질에 조그만 구멍을 하나 뚫기만 하면 되기 때문에 쉽게 닭의 배아에 접근할 수 있다. 이 배아들은 접착 테이프로 구멍을 붙이고 습기가 충분한 환경에서 배양하면 아주 잘 생존한다. 생쥐는 접근성이라는 측면에서는 우수한 모델 생물이라고 보기 어렵다. 최초 4일 동안, 생쥐의 배아를 어미의 자궁에서 분리하여 시험관 내에서 배양할 수 있다. 그런 다음, 배양한 배아는 어미의 자궁에 이식되며, 태반으로부터의 영양공급에 의존해 생존한다. 착상하지 않은 배아를 시험관 내에서 착상 후기 단계까지 기르는 것은 매우 어렵다. 착상한 지 얼마 안 되는 배아를 어미의 자궁에서 분리하면 시험관 내에서 1~2일 밖에 생존하지 못한다. 그러나 생쥐나 병아리 배아로부터 얻은 발생 단계의 기관 및 조직은 오랜 시간 동안 배양이 가능하며 시험관 내에서 잘 분화한다. 이 때문에 이러한 발생 단계에서 분리된 기관 및 조직은 기관 형성 연구에 주로 사용된다.

배아 발생실험을 위한 또 다른 요구조건은 미세수술의 수월성이다. 미세수술은 하나의 세포나 작은 조직 조각을 떼어내서 다른 배아의 다른 위치에 이식하거나 단일 세포 내부에 필요한 물질을 주입하는 것과 같은 절차들을 의미한다. 이 모든 과정이 제노푸스에서는 비교적 쉽다. 양서류는 알이 크기에 미세수술이 해부현미경 하에서 별다른 장비의 도움 없이 이루어질 수 있으며, 미세주사도 상대적으로 저렴하고 간단한 장비만 있으면 가능하다. 닭의 배아에서도 역시 발생 후기에 미세조작이 손쉽게 이루어질 수 있다. 다른 동물들은 미세조작에 어려움이 따른다. 제브라피시의 경우 발생 초기에 세포를 떼어내거나 주사하는 것이 가능하다. 예쁜꼬마선충과 초파리 알은 크기가 작고 질긴 껍질에 둘러싸여 있다. 생쥐의 배아는 착상 전에는 크기가 작고 착상 후에는 배양이 어렵다.

한편, 예쁜꼬마선충과 물고기의 배아는 투명하다는 특별한 장점이 있어서 타종보다 생체 내 세포의 이동을 추적하는 연구가 수월하며, 레이저 빔을 사용하여 특정 세포만 죽일 수 있는 기법이 사용되기도 한다.

유전과 유전체 지도

우리가 관심을 가지고 있는 모든 생물은 유전자를 갖고 있지만, 그 생물이 모두 실험실에서 유전적 교배 실험을 할 수 있는 기술을 뒷받침해 주는 "유전학"의 대상은 아니다. 제노푸스는 이상적인 유전학적 모델은 아니지만 여전히 중요한 모델생물이며, 다른 수단을 통해 유전자 기능 획득(gain-of-function)이나 기능 상실(loss-of-function) 실험을 수행할 수 있다.

초파리 유전학은 발생학 연구의 모델로 채택되기 이전에 이미 수십 년 동안 정교하게 발전해 왔다. 2주의 짧은 생활사, 그리고 많은 개체를 간편하게 보관할 수 있는 수월성은 초파리 유전학 발전에 결정적 도움이 되었다. 또한 밸런서 염색체(balancer chromosome)의 존재(3장 참고)는 상동일 경우 죽게 되는 돌연변이주의 보존을 쉽게 해 주었다. 예쁜꼬마선충도 유전학 연구에 아주 적합한 생물인데, 초파리와 마찬가지로 수명이 짧고 많은 수를 보관하기 편리하다. 이 선충은 자가수정 자웅동체이기 때문에 유전적 교배 과정을 거치지 않아도 새로운 돌연변이가 자동적으로 상동인 상태로 분리된다. 생쥐의 유전학 역시 수십 년 동안 발전해 왔지만 정교함에 있어서 초파리에 미치지 못하는데, 그 이유는 치사 돌연변이를 다루기 어렵고, 돌연변이체를 연구하기 위해 요구되는 많은 수의 개체를 관리하는 데 고비용이 발생하기 때문이다. 그러나 최근 가능해진 정교한 표적 돌연변이 유도 기술은 쥐를 이용한 대규모 유전 연구의 가능성을 열었다. 제브라피시는 실험동물로서 짧은 역사를 갖기 때문에 오래된 모델 동물에서 사용하는 정교한 유전학적 기술을 적용하기 힘든 부분이 있다. 수명과 사육 가능 개체수라는 측면에서는 무척추동물 모델보다는 열등하지만 척추동물 모델 중에서는 우수하다. 제노푸스 라에비스(*Xenopus laevis*)는 생활사가 길어서 유전학적으로 깊이 있게 연구되지 못했는데, 이는 새로 태어난 개체가 성적인 성숙에 도달하는 데 최소한 9개월이 걸리기 때문이다. 그러나 근연종인 제노푸스 트로피칼리스(*Xenopus tropicalis*)는 4개월 만에 성 성숙에 도달하여서 일부 실험실에서는 유전학적 연구가 가능한 모델로 채택되었다.

최근의 대규모 유전체 염기서열 분석 연구결과에 의해 모든 모델 생물의 거의 완벽한 유전체 염기서열이 알려졌다. 이 덕분에 이제 발생학 분야에서는 새로운 유전자를 찾기 위한 대부분의 수고를 덜 수 있게 되었다. 과거에는 관심을 가진 생물에서 이미 알려진 유전자의 상동유전자를 얻기 위해 많은 시간과 노력을 투자하여 스스로 클로닝해야 했다. 심지어 점 돌연변이(point mutation)가 일어난 유전자를 클로닝하기 위해 여러 해를 소비해야 하기도 했다. 완벽한 유전자 목록과 지도가 이용가능하게 되면 어떤 유전자든지, 최소한 큰 유전체 DNA 조각의 형태로라도, 모두 데이터 저장소로부터 얻을 수 있다. 게다가, 완전한 유전자 목록을 통해 하나의 유전자 계열에 속하는 모든 유전자를 미리 알 수 있다. 동일 계열의 유전자 사이에 상당한 기능적 중복성이 존재하기 때문에 과발현 또는 기능 상실 실험의 결과를 올바로 해석하므로, 동일 계열의 유전자들을 모두 파악하는 것이 매우 중요하다.

불행하게도, 개구리 제노프스의 한 종인 *Xenopus laevis*는 **이질사배체(유사사배체, 이종사배체, allo-tetrapoid)**인 것으로 판명되었다. 이는 약 1,700만 년 전 2배체의 유사종 사이에 교잡으로 4배체 종이 생겨나고, 이후 한 쌍의 유전체에 돌연변이가 축적되거나 소멸하였지만 발생을 조절하는 다수의 유전자는 여전히 2쌍으로 존재하기 때문이다. 이 과정에서 서로 달라진 유전자 쌍들은 일반적으로 유사한 발현 특성과 기능을 유지한다. 이들 유전자는 염기서열이 상동염색체의 동일한 위치에 존재하는 대립형질 유전자처럼 보이기에 가끔 "**위대립유전자(유사대립형질, 유사대립유전자, pseudoallele)**"라고 불리지만, 이들은 대립형질 유전자가 아니다. 이질사배체는 염기서열을 밝혀야 할 유전체가 더 많고 유전자의 기능 중첩이 많아 실험연구자들이 선호하지 않는다. 그 때문에 *Xenopus laevis*의 유전체 염기서열은 이배체인 *Xenopus tropicalis*에 비해 뒤늦게 분석되었지만, 현재는 유전체의 염기서열 분석이 완료되었다. 다행스럽게도, 두 *Xenopus* 종 사이의 염기서열 차이는 한 종의 유전자 탐침자(probe)가 다른 종의 동일계 유전자와 상보결합 반응을 유도할 수 있을 정도로 적다.

제브라피시를 포함한 경골어류 역시 추가적인 유전체 중복화를 겪게 되지만, 이는 훨씬 더 과거의 사건(약 4억 2천만 년 전)이었기 때문에 유전자 짝들은 서로 다른 길을 걸어 큰 분화를 경험하였다. 그 유전자들 중 상당수는 다른 기능을 획득하였으며, 일부 유전자는 소실되었다. 이 때문에, 비록 발생 과정에 중요한 역할을 하는 많은 유전자가 위대립유전자를 갖는 경향이 있기는 하지만, 제브라피시는 실질적인 이배체이다.

적합성과 속도

표 7.2는 6대 모델 생물의 장단점에 대해 요약한 표이다. 이 표는 제시된 모델 생물 모두 장점과 단점을 가지고 있으며, 어떤 종도 모든 면에서 완벽한 모델 생물은 아니라는 사실을 보여 준다. 모

든 점을 고려하여 보면, 생쥐와 닭이 다른 생물들보다 점수가 낮은데, 실제로 이들 동물이 실험 연구의 대상으로서 비교적 선호되지 않았기에 초기 발생 중 기초적인 과정의 일부가 다른 생물보다 훨씬 늦게 밝혀졌다. 그러나 생쥐와 닭은 "적합성"이라는 또 다른 중요한 점에 의해 6대 모델 생물로서 선호되고 있다. 이 두 동물은 모두 **양막류(amniotes)**이며, 생쥐는 포유동물이다. 이것은 이 동물들이 다른 모델 생물보다 인간과 훨씬 유사하다는 사실을 의미한다. 이런 점 때문에 지난 여러 해 동안 생쥐와 닭은 의학 분야 연구비의 상당 부분을 지원받을 수 있었다. 분자 수준에서는 다른 모델 생물도 예전에 생각해 왔던 것보다는 인간과 훨씬 더 유사하다. 하지만 우리 자신이 포유류에 속하므로, 우리는 늘 포유류의 발생에 훨씬 더 많은 관심을 가져왔다. 뿐만 아니라 발생학이 더 깊이 있게 발전할수록 종 사이의 차이에 더 많은 관심이 기울여졌다. 모든 동물들은 앞뒤 형태형성과 관련된 Hox 유전자를 갖는다. 그러나 그 유전자의 수와 발현 영역은 하등 척추동물이나 무척추동물 모델보다는 생쥐의 경우가 인간과 훨씬 더 유사하다.

오늘날과 같은 경쟁적 세계에서는 모든 실험에 오랜 시간이 소요되는 연구 모델로 연구를 수행하기 힘들다. 이런 맥락에서, 6대 모델 생물의 발생 속도를 비교하여 **그림 7.2**에 나타내었다. 이 그림을 보면, 성숙에 이르는 시간적 차이는 3일인 예쁜꼬마선충에서부터 9개월인 개구리에 이르기까지 모델 생물 사이에 큰 차이를 보인다. 빠른 속도를 갖는 모델이 유전학 연구를 위해 사용되는데, 세대가 짧은 예쁜꼬마선충이나 초파리는 적은 비용과 인력으로 실험을 완성할 수 있어서 생쥐나 제브라피시와 비교하여 뚜렷한 이점을 갖는다. 그림의 가장 위쪽 부분은 배아 시기에 해당하며, 모든 발생 실험이 며칠 내에 수행될 수 있음을 보여준다. 왜냐하면, 실험의 종료 지점이 발생의 종료 지점을 의미하는 것이 아니라 연구대상이 되는 발생학적 과정이 완료되는 발생 단계이기 때문이다. 생쥐를 이용한 많은 발생 실험은 임신 중기까지 이어지지만, 대부분의 제노푸스 실험은 발생 초기와 관련되며, 수정 후 2~3일 이내에 종료된다.

기타 모델 생물들

매우 다양한 생물이 일회성 또는 그 이상으로 발생학 연구에 이용되었지만, 그중에 어느 것도 6대 모델 생물이 되지는 못했다. 일부 그룹의 연구자들은 한 종에 대해 집중적으로 연구하기보다는 한 분류군 내에 있는 여러 유사 종에 관해 연구하는 경향이 있다. 이런 형태의 연구에 관련된 종들이 중요 모델 생물이 되기는 어렵다. 분자생물학적 수준에서 연구가 진행되는 시대가 되어, 유전자 탐침의 호환성이 높을 때 연구는 빠르게 진행된다. 또한 전 유전체의 염기서열은 특정 유전자 계열에 속하는 모든 유전자들을 파악할 수 있게 하고 돌연변이체를 신속하게 찾아낼 수 있게 해 준다. 하지만 한 분류군 내의 여러 종들에서 유전자들의 염기서열이나 유전체 구성은 필연적으로 다르다. 따라서 하나의 모델동물에 대한 전 세계 연구자들의 전체적인 동의가 없으면 조화로운 연구가 불가능하다. 재생 연구(24장 참고)에 이용되는 여러 종의 플라나리아와 유미목 양서류(예, 도롱뇽)는 유전자 탐침을 이용한 상호결합 반응이 일어나기에는 유연관계가 너무 멀고, 이 때문에 연구 진행은 느려진다.

기타 모델 생물 중 매우 중요한 동물 중 하나는 성게이다. 이 종은 배아 발생학 연구의 초기 모델 생물이었으며, 분자생물학이 발전하기 이전 시대에는 훨씬 중요한 위치를 차지하고 있었다. 성게는 19세기 후반 배아의 조절(하나의 할구로부터 유생 전체 형성)을 보여준 최초 실험들에 이용되었으며, 1930년대 몸 구조를 결정하는 물질의 식물극으로부터 동물극으로의 농도 구배 존재를 밝히는 실험에 이용되었다. 보다 최근에는 발생 시 유전자 발현 조절 네트워크 모델을 구축하기 위하여 사용되었다. 성게는 많은 양의 알을 얻어 대량으로 인공수정시키기 쉬운 생물이다. 성게 배아는 투명하여 살아 있는 상태로 형태형성 과정을 관찰할 수 있다. 그러나 생활주기가 길고 변태가 일어나는 전체 기간 동안 사육하기 어려우며, 실험적 교배를 통한 유전학 연구에는 적합하지 않다. 미세수술 실험들이 행하여지기는 하였지만 배아가 작아서(직경 100 μm 이하) 그러한 수술은 매우 어렵다. 성게는 생화학적 연구를 위해 많은 양의 배아를 필요로 하던 1960~1980년 사이에 전성기를 누렸다. 이러한 연구는 세포분열주기를 통제하는 사이클린(cyclin)이라는 단백질의 발견으로 정점에 이른다(2장 참고). 성게는 또 수정을 연구하기에 편리한 동물이지만, 연구를 통해 밝혀진 것은 분자 수준에서 성게와 포유동물의 수정 기전이 많이 다르다는 것이다.

멍게류(Ascidians)는 연구재료로서 꽤 많은 애호가를 가진 **무척추 척삭동물(chordates)**이다. 멍게 역시 20세기 초 전통적인 세포 계보 연구에 활용된 괄목할 만한 역사를 지니고 있다. 이 종을 이용한 세포 분리 및 이식 실험에서는 세포질 내 결정인자의 존재가 밝혀졌으며, 그 인자들 중 일부는 현재 알려져 있다. **삿갓조개류(*Patella*)**나 **바다달팽이류(*Ilyanassa*)**와 같은 다양한 복족류 역시 세포 계보 및 세포질 내 결정인자 연구에 이용되었다. 그러나 이 해양 무척추동물로부터 알아내려고 했던 세포질 내 결정인자

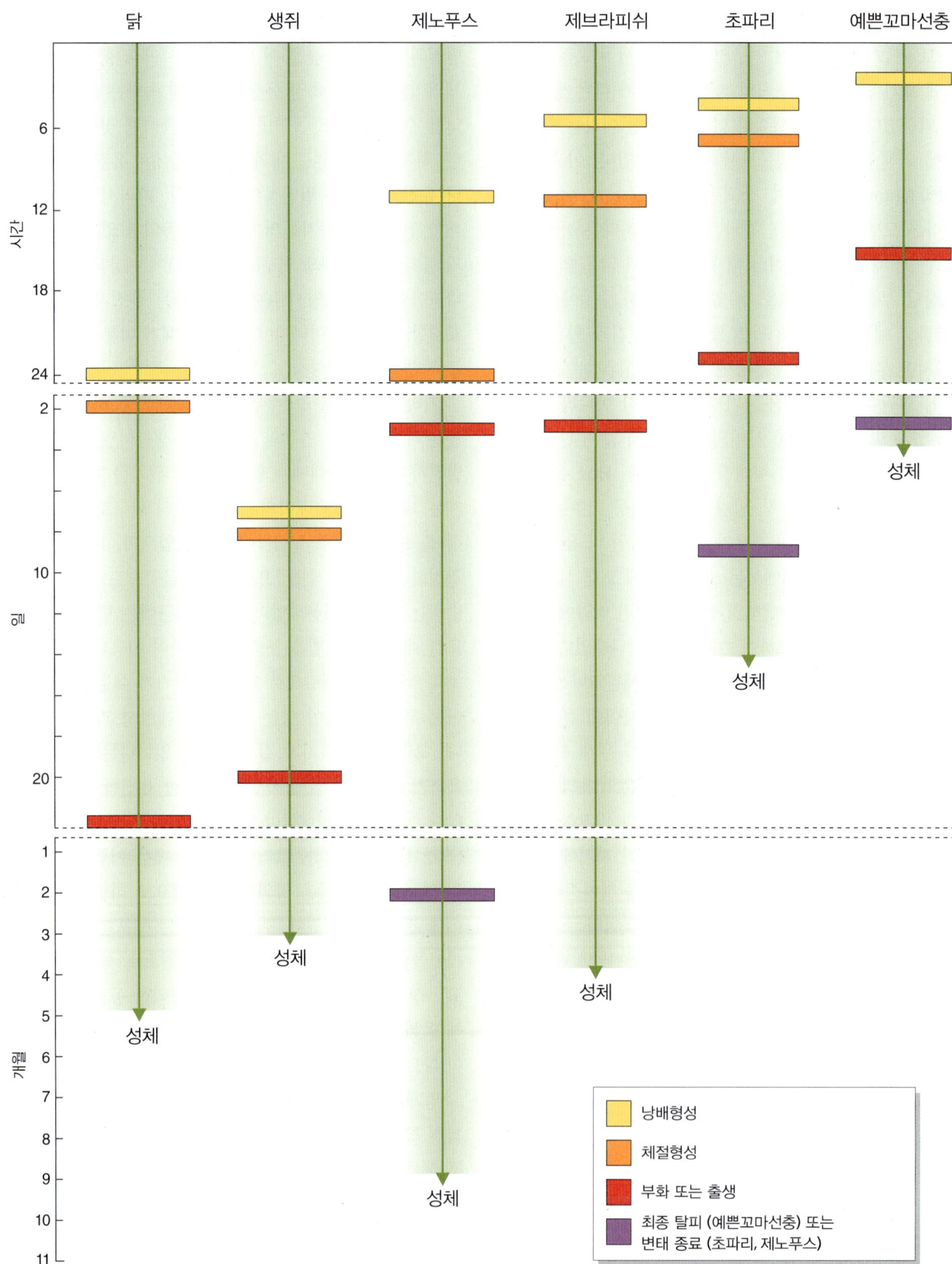

그림 7.2 6대 모델 생물에 대한 비교발생학적 이정표. 이 도표는 세 가지 시간 단위를 사용하여 펼쳐져 있으며, 자유생활을 하는 생물의 발생은 서식지 온도에 크게 좌우되기 때문에 이 도표에 사용한 시기는 다소 유동적일 수 있다. 이 표에서 "낭배형성(Gastrulation)"은 배엽 형성의 시작점을 의미하고, "체절형성(Segmentation)"은 시각적으로 확인할 수 있는 체절형성기의 시작점을 의미한다. "성체(Adult)"는 정상 번식이 가능한 개체를 의미한다. 모든 시간은 수정 후에 측정된다(닭의 경우는 일상적인 닭 배양일에 1일을 더함).

의 분자생물학적 특성과 기능에 대한 정보는 나중에 예쁜꼬마선충에 대한 집중적 연구를 통해 밝혀졌다(14장 참조).

편형동물인 **플라나리아(planarian)**는 동물계에서 가장 극적인 재생 행위를 보여주고 있으며, 최근 연구에서 발견된 플라나리아의 만능 줄기세포는 재생연구와 줄기세포의 중요한 연결고리를 제공했다(24장 참조). 현재까지 재생 연구에는 다양한 플라나리아 종이 사용됐지만, 현재는 *Schmidtea mediterranea* 종이 대부분 연구에서 사용되고 있다. 또한 지난 수 세기 동안 다리와 꼬리가 재생되는 유미목의 여러 양서류가 재생 연구에 사용되어 왔지만, 현재는 *Ambystoma mexicanum*이라는 도롱뇽이 주로 사용된다.

세포성 점균류 *Dictyostelium*, 비세포성 점균류 *Physarum* 그리고 미세조류 *Volvox* 등을 포함한 일부 복잡성이 덜한 진핵생물도 그 생물이 보여주는 특성들, 예를 들면 주화성에 의한 세포 응집, 핵분열의 동시성, 형태형성을 위한 세포 이동 등과 관련하여 연구되어 왔다. 그러나 이들 생물 모두 인간과는 진화학적 거리가 매우 멀고 심지어는 무척추동물과도 거리가 멀다. 그리고 이들 생물은 동물이 공유하고 있는 기본적인 발생 기전을 가지고 있지 않다.

역사적으로 모델 생물의 대표주자가 되는 데는 실패하였지만, 몇 가지 특수한 기술적 이점으로 인해 틈새시장에서 계속 사용되어 온 보조 생물들이 있다. 생리학 연구를 위한 우수 모델인 쥐(rat)는 착상 후 초기에 배아를 배양하기가 생쥐(mouse)보다 쉬워서 기형발생 연구에 자주 이용된다. 메추라기(quail)는 닭보다 실험실에서 기르고 번식시키기 쉬워서 어미에 대한 실험적 처리가 필요한 연구(예, 비타민 A 부족 연구)에 사용될 수 있다. 메추라기는 또한 메추라기 특이 항체를 갖는 이식조직의 표지를 위해 닭과 연계하여 사용되어 왔다. 앞서 언급한 것처럼, *Xenopus tropicalis*는 *Xenopus laevis*보다 간단한 유전체를 가지며, *Xenopus laevis*를 이용하여 할 수 없는 유전실험의 가능성을 제공한다. 송사리과 물고기인 메다카(medaka)는 일본에서 실험실 환경에 길들여진 물고기로 일정 기간 동안 형질전환 어류를 만드는 데 있어서 제브라피시보다 뛰어났다.

끝으로, 인간에 대한 연구 모델로 여겨져서가 아닌 동물 진화를 이해하려는 노력의 측면에서 연구된 생물들이 있다. 여기서는 실험을 위한 편리성이 아닌 진화학적 계통수에서의 위치가 연구대상 생물을 결정짓는다. 예를 들면, **창고기(amphioxus)**는 어느 정도 척추동물의 공통조상을 닮았을 것으로 생각되는 **두색류(cephalochordate)**이다. 단일한 Hox 유전자 집단을 갖는 등 창고기가 보여주는 특성은 척추동물 계보에서 원시적인 것으로 여겨진다. 우리에게 친숙한 담수산 히드라(*Hydra*)와 같은 **자포동물(cnidarian)**은 이들도 모든 동물들의 공통조상과 닮았을 수 있다는 점에서 비교연구의 대상이 된다. 이들 생물은 또한 아주 뛰어난 재생력을 갖는다(23장 참조). 초파리 이외에도 **잠자리**(*Platycnemis*), **귀뚜라미**(*Acheta*), **딱정벌레**(*Tenebrio*) 및 **누에나방**(*Bombyx*) 등과 같은 많은 곤충들이 발생학적 연구에 사용되었다. 이들 중 일부는 뒤쪽 부분이 형성될 때 배반엽이 성장하여 초파리와는 아주 다른 발생 양식을 보여준다. 이들 생물은 초파리 연구에 사용된 높은 수준의 분자생물학적인 연구기법을 적용할 수 있으며, 이 때문에 오늘날 진화학적 비교 연구를 위해 주로 사용된다.

이들 생물 모두 생물학적으로 중요한 정보를 제공하지만, 6대 모델 생물이 대부분의 현대 발생학 연구에 사용되고 있다. 표준화된 모델 생물 사용의 편리함은 연구비 지원기관이 인간 이외의 다른 것에 대한 연구를 지원하는 좋은 이유가 된다.

Chapter 8

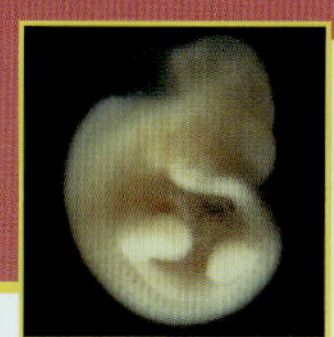

제노푸스
Xenopus

과거에는 여러 양서류가 실험생물로 사용되었지만, 최근에는 사육관리와 산란유도의 수월성 및 배아(embryo)의 강인함 등의 장점이 있는 **제노프스(아프리카발톱개구리, *Xenopus laevis*)**가 실험용 양서류의 세계 표준이 되었다. 개구리는 암수 모두가 융모성 성선자극호르몬(chorionic gonadotropin) 주사에 의해 산란 및 방정이 유도되므로, 연구에 필요한 배아를 비교적 손쉬운 방법으로 얻을 수 있다. 또한 인공수정을 통해 유도산란된 다수의 알을 동시에 수정시킬 수 있다. 따라서 수정 시간을 정확하게 알 수 있으며, 동시에 수정된 배아들은 같은 발생 단계를 거쳐 발생하게 된다. 개구리의 초기 배아는 직경이 1.4 mm 정도로 부위별 미세수술을 할 수 있을 만큼 충분히 크다. 개구리의 알은 많은 난황 과립과 여러 영양물질을 저장하고 있어서 배아의 일부를 잘라내어 아주 단순한 배지에 이식해도 며칠 동안 생존하면서 분화가 진행된다. 이렇게 얻어진 배아 조각은 많은 실험을 위한 기반을 제공한다. 또한 형광 표지기법을 이용한 발생 과정의 세포 계보 연구는 매우 정확한 발생 운명지도의 제작을 가능하게 하였다. 시험관 내에서 **합성한 mRNA**를 수정란에 주사하여 유전자를 과발현시키는 방법, 안티센스 **모폴리노(morpholino)** 또는 **우성 음성 돌연변이(dominant negative mutant) mRNA**를 주입하여 유전자 작용을 억제하는 방법 등도 도입되어 초기 발생 과정의 이해를 증진시키는 데 크게 기여하였다. 가장 최근에는 **징크핑거 핵산가수분해 효소(zincfinger nucleaser)**, TALLEN, CRISPR/Cas9과 같은 기술이 사용되고 있으며, 이러한 다양한 **형질전환(transgenesis)** 기술의 사용으로 개구리가 기관형성, 재생, 변태에 관한 분자유전학적 연구에도 사용되고 있다.

이 책의 주요 관심사는 발생학 연구에 사용되는 제노프스에 관한 내용이지만, 발생학 이외에도 제노프스는 세포생물학 등의 연구에도 사용되고 있다. 제노프스의 난자는 세포의 모든 특징을 보유한 크기가 매우 큰 하나의 세포여서, mRNA 또는 다른 유효 물질을 세포 내부로 미세주입할 수 있을 뿐만 아니라, 매우 복잡한 생리학적 연구에도 수월하게 사용될 수 있다. 또한 난자로부터 추출한 추출액은 세포주기 조절, DNA 복제, 핵의 생성, 방추사 형성 등 다양한 세포 내부의 현상을 시험관에서 재현할 수 있는 용도로 사용된다. 실제로, 현재 알려진 많은 세포 내부 현상이 제노프스의 난자 추출물을 이용한 연구를 통해 규명되었다.

*Xenopus leavis*는 **이질사배체(유사사배체, 이종사배체, allo-tetraploid)** 종으로, 발생학적으로 중요한 많은 유전자가 2개의 다른 유전자좌에 위치해 있다. 이러한 4배체의 특성으로 인해 현재의 유전학적 연구 기법을 사용하는 데 어려움이 있다. 따라서 2배체이면서 4개월 만에 성체로 자라나는 *Xenopous traopicalis*가 유전학 연구 모델로 사용되고 있다. 다행히도, 이 두 종의 발생 과정과 그간의 연구 결과는 매우 유사하다. 하지만, *Xenopous traopicalis*의 배아는 지름이 0.8 mm로, *Xenopus leavis*에 비하여 훨씬 작기에 미세조작 실험이나 연구에 필요한 충분한 배아를 얻기가 더 어렵다. 이 책에서 다루는 대부분의 발생학 연구 결과는 *Xenopus leavis* 연구로부터 도출되었지만, 두 종의 연구 결과를 설명함에 있어서 속명인 제노프스(Xenopus)를 사용할 것이다.

최근 개구리의 유전자와 단백질 이름을 소문자로 표기하기로 한 규약이 발표되었다. 이 규약이 완전히 확립되지는 않았지만, 이 장에서는 이 규약을 따르기로 한다. 개구리의 유전자나 단백질

이름 앞에는 가끔 생물종을 나타내기 위해 "X" 또는 "x"를 붙인다. 예를 들어, *Xbra*는 *Xenopus brachyury* 유전자를 의미하고, *Xgsc*는 *Xenopus goosecoid* 유전자를 의미한다. 하지만 이 규약은 일관되게 사용되고 있지 않으므로, 이 책에서는 "X"를 삭제하였다. 또한 오래전부터 사용되었던 유전자 이름이 변경된 경우에는 변경 전의 유전자명을 괄호로 표기하였다.

난자의 형성, 성숙 그리고 수정

개구리의 난소는 여러 층의 난포세포와 혈관에 둘러싸여 있는 많은 수의 **난모세포(oocyte)**로 구성된다. 개구리 난소 내부의 **난원세포(oogonia)**는 성체 기간 내내 존재하며 살아 있는 동안 계속 분열한다. 난원세포는 마지막 체세포분열 후 일차난모세포가 된다. 이후 여러 개월에 거쳐 이 난모세포의 성장이 일어나는데, 이 기간 동안 배아의 초기 발생에 필요한 영양물질이 난자에 축적된다(그림 8.1). 난모세포의 핵은 아주 크며, **난핵포(germinal vesicle**, 핵막)라고 불린다. 염색체는 감수분열 전기의 특징인 네 가닥으로 된 **2가염색체(bivalent)**로 되어 있으며, 난모세포 성장기간 중에는 높은 전사 활성을 유지하고, 많은 수의 고리 모양 염색질이 돌출되어 있다. 이러한 모습 때문에 이 염색체들을 **램프브러시 염색체(솔 염색체, lampbrush chromosome)**라고 부른다.

초기 발생 과정 중의 단백질 합성을 지원해 주기 위해서, 이 난모세포는 많은 리보솜(ribosome)과 tRNA를 축적해 둘 필요가 있다. 이 때문에 ribosomal RNA(rRNA)를 암호화하고 있는 유전자 집단이 난모세포 성장기 초기에 1,000배로 증폭되며, 이들 유전자는 모두 rRNA 합성을 위한 주형(template) DNA 역할을 한다. 성장기에는 또 많은 양의 **난황(yolk)** 단백질을 획득한다. 난황 단백질의 주요 성분은 **비텔로제닌(vitellogenins)**이라 불리는 당화 단백질이다. 난황 단백질은 난모세포에서 만들어지는 것은 아니며, 어미 개구리의 간에서 만들어져 혈류를 통해 생식소로 전달되고 최종적으로 난모세포에 의해 흡수된다. 난황형성이 일어나기 전(previtellogenic = preyolky)의 난모세포는 투명하지만, 난황과립이 축적되기 시작하면 불투명해진다. 난모세포가 완전히 성장하면 전사는 중단되지만, 단백질의 합성과 분해는 계속 일어난다. 이는 특정 mRNA가 고갈되면, 이 RNA는 대체될 수 없고, 1~2일 이내에 그 단백질 생성물이 사라진다는 것을 의미하기에 실험적 목적을 위해 중요하다.

성장기 동안, 난모세포의 **동물극-식물극 극성(animal-vegetal polarity)**이 형성된다. 난황형성 이전에 특별한 세포질 부위가 만들어지는데, 이곳에는 미토콘드리아가 풍부하므로 미토콘드리아 구름(mitochondial cloud) 또는 발비아니체(Balbiani body)라고 불린다. 이곳이 **생식질(germ plasm)**의 전구체이며, 이곳의 위치가 앞으로 이 난자의 식물극을 결정짓는다. *vegT*를 포함한 많은 mRNA가 이 미토콘드리아 구름과 관련되어 있으며, 난황형성기

그림 8.1 제노푸스의 난형성. (a) I 단계에서 VI 단계까지의 난모세포 사진(단계를 구분하여 나타내기 위해 로마 숫자를 사용함). (b) 난자형성 각 단계에서 일어나는 일들을 도식화하여 나타냄. (인용) (a) 부분은 Smith et al.(1991)의 허락을 얻어 그림을 재구성하였음. Methods Cell Biol. 36, 45-60.

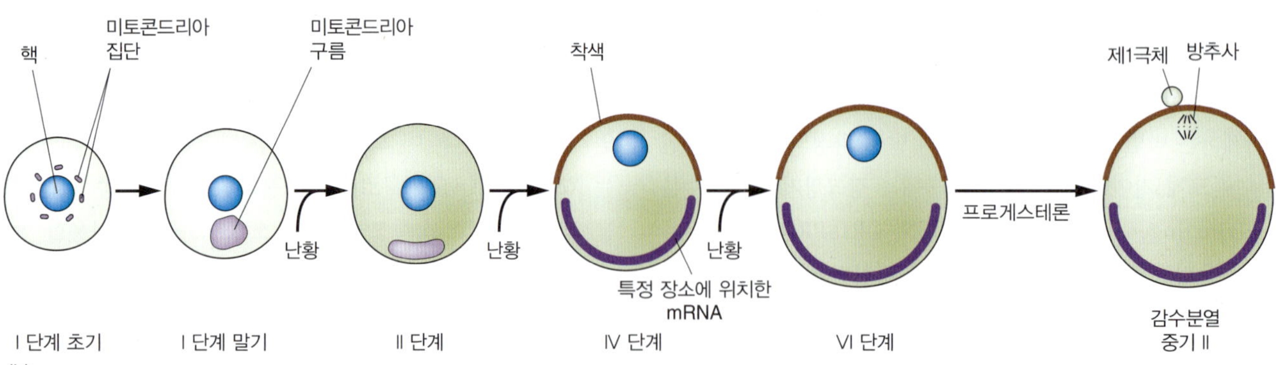

초기에 식물극 쪽 피질에 나타난다. 난핵포를 포함하고 있는 반구는 **동물반구(animal hemisphere)**라고 불린다. 난황형성기 중기에 이곳은 색소과립으로 인해 어두운 색을 띤다. 반면 식물반구는 밝은 색을 유지한다. 색깔 차이가 나타나는 단계 쯤에 이르르면, *vg1*을 포함한 두 번째 그룹의 mRNA가 식물극 피질에 위치하게 된다. 안티센스 올리고뉴클레오타이드 처리에 의해 *vegT* RNA가 분해되면 다른 mRNA의 위치가 변화하는 것에서 알수 있듯이, 초기 RNA의 배치는 *vegT* RNA 자체에 좌우된다.

완전히 성장한 일차 난모세포의 크기는 직경이 약 1.2 mm이다. 어미 개구리의 뇌하수체로부터 분비되는 생식소자극호르몬에 반응하여 성숙이 이루어진다. 이 호르몬은 혈류를 따라 이동하여 난소 난포세포(follicle cell)로부터 프로게스테론(progesterone) 분비를 촉발시킨다. 이 황체호르몬은 난모세포에 있는 스테로이드 수용체와 결합하여 발암성단백질(oncoprotein)의 하나인 mos의 번역을 활성화시키고, 이 mos는 인산가수분해효소 Cdc25를 활성화시켜 다시 **성숙촉진인자(maturation promoting factor, MPF** = Cdk와 사이클린의 복합체로 M phase를 시작하기 위하여 필요하며, M phase promoting factor라고도 함, 2장 참고)를 활성화시킨다. 난핵포가 붕괴되어 첫 번째 감수분열이 일어나며, 그 결과로 제1극체(pola body)가 형성된다. 이 분열 결과는 엄밀하게는 제2감수분열 중기에 멈춘 이차난모세포이지만, 종종 **미수정란(unfertilized egg)**이라고 불리기도 한다. 이 중기 멈춤(metaphase arrest)은 세포정지 요인(cytostatic factor)이라고 알려진 mos와 Cdk2의 복합체가 사이클린의 파괴를 억제하기 때문이다. 난자는 체강에 떨어졌다가 수란관 앞쪽 끝 난소술(fimbriae, 깔때기 모양의 구조)을 통해 수란관으로 들어가고, 이 관을 따라 이동하면서 젤리층으로 둘러싸이게 된다.

정상적인 짝짓기에서는 수컷이 암컷을 잡고 배설강에서 나오는 난자를 수정시키지만, 실험실에서는 일반적으로 난자가 든 용기에 정자를 넣어 인공수정시킨다. 수정이 일어나면서 이차난모세포는 수정란, 즉 **접합자(zygote)**가 된다. 정자의 침입에 의해 야기된 세포 내 칼슘 농도 증가는 세포정지 요인을 파괴하고, 그 결과 사이클린의 붕괴가 일어나면 멈춰 있던 제2감수분열이 진행되어 제2극체가 방출된다. 칼슘은 또한 난자의 표면 근처에 있는 **피질 과립(cortical granule)**의 세포외 유출을 야기한다. 유출된 과립 중의 단백질과 탄수화물 성분이 난자 표면에서 **난황막(vitelline membrane)**이 떨어져 나와 부풀어 오르게 해서, 난자가 중력의 영향 하에서 자유롭게 회전할 수 있게 하는데, 이로 인해 동물반구가 위쪽에 위치하게 된다.

정상 발생

기본적인 동물의 몸 체제(general body plan)를 갖출 때까지의 발생 단계를 **난할기(cleavage)**, **낭배기(gastrulation)** 그리고 **신경관형성기(neurulation)**로 나눌 수 있는데, 개구리에서 이 단계들은 수온 24°C에서 24시간 이내에 완료된다. Nieuwkoop과 Faber는 발생 단계를 수치화하여 나누었는데, 단계 8은 포배기 중기(mid-blastula), 단계 10은 초기 낭배, 단계 13은 초기 신경관형성기, 단계 20은 신경관형성기의 종료기에 해당한다(그림 8.2).

정자는 동물반구에 진입하여 **피질회전(cortical rotation)**이라 불리는 세포질의 재배치를 개시시킨다(그림 8.3a). 이것은 난자 내부에 대해 피질층이 회전하는 것이며, 식물극에 일시적으로 출현하는 미세소관의 일률적인 배열과 관련되어 있다. 이 회전은 정자 진입 부위 반대쪽에 있는 미래에 등쪽이 될 동물반구의 멜라닌 색소 착색 감소를 유도한다. 난자 내부에서, 등 결정인자가 식물극으로부터 미래의 등쪽 부위로 이동함으로써 정자 진입 부위의 반대쪽에 등 구조 형성이 확실해진다(그림 8.3b). 일부 다른 개구리류에서도 유사한 착색 변화가 일어나며, 그 결과 **회색신월환(grey crescent)**이라고 알려진 표층의 특징이 유발된다.

난할

최초의 난할은 수직으로 일어나서 난자를 좌우 반구로 양분한다. 두 번째 난할도 수직으로 일어나는데, 최초 난할 방향에 직각 방향으로 진행되며 미래의 등쪽과 배쪽을 나눈다. 세 번째 난할은 위할(equatorial cleavage)로 동물반구와 식물반구를 나눈다. 이어지는 난할은 개체마다 어느 정도 차이는 있지만, 8개의 세포가 4개 층을 이루고 있는 32세포기의 배아를 어렵지 않게 얻을 수 있다. 다른 종들처럼, 초기 난할에서 유래한 세포를 **할구(blastomere)**라고 부른다. 난할이 진행되면서 동물반구의 가운데에는 **포배강(blastocoel)**이라고 부르는 빈 공간이 형성되는데, 이때의 배아를 **포배(blastula)**라고 부른다. 포배의 바깥쪽 표면은 난자의 원형질 막으로 구성된다. 외곽 세포 주위의 완전한 밀착 연접(tight junction)망이 포배강을 외부로부터 차단하여 거의 모든 물질의 침투가 제한된다. 이 때문에 방사성 표지 물질을 비롯한 다른 물질을 배아에 넣으려고 할 때는 미세주사법(microinjection)을 적용하여야 한다. 난모세포는 이와 달리, 성숙시기에 도달할 때까지 아미노산이나 당류의 침투가 가능하다. 포배의 내부세포들은 캐드헤린(cadherin)에 의해 서로 연결되어 있으며, 배지로부터 칼슘 이온을 제거하면 쉽게 분리된다. 부착반(desmosome)은 신경배

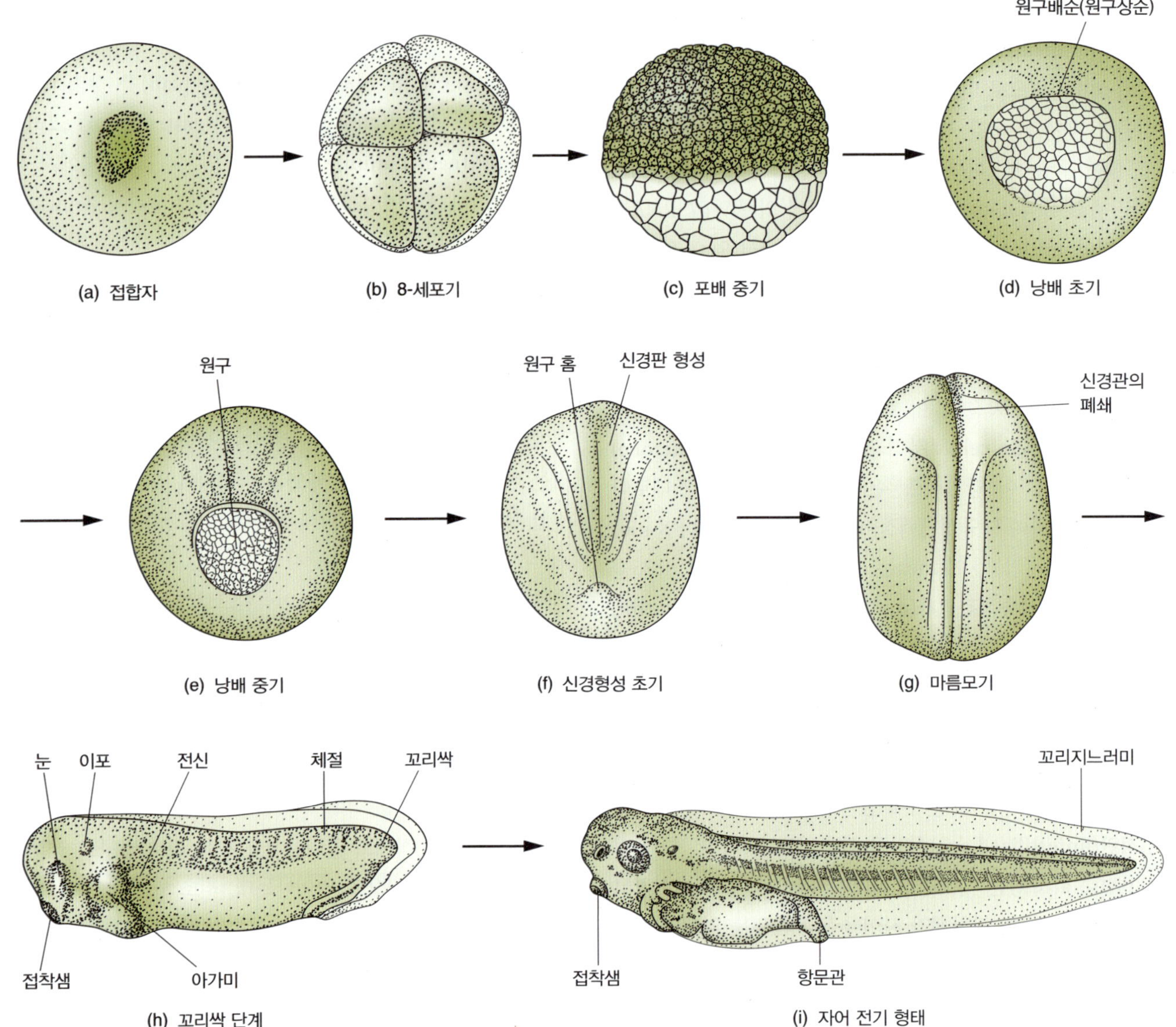

그림 8.2 제노푸스의 발생 단계. 이 그림에서는 단계를 구분하기 위하여 Nieuwkoop-Faber의 수치를 사용함. (a) 동물극 쪽에서 내려다 본 접합자(수정란); (b) 동물극 쪽에서 내려다 본 8세포기, 4단계; (c) 옆에서 본 포배 중기, 8단계; (d) 식물극 쪽에서 본 초기 낭배, 10단계; (e) 식물극 쪽에서 본 중기 낭배, 11단계; (f) 등쪽에서 본 신경형성기, 14단계; (g) 등쪽에서 본 신경형성 후기 "마름모꼴", 22단계, 약 1일; (h) 꼬리형성기, 30단계, 약 2일; (i) 예비 유생, 40단계, 약 3일.

기(neurula stage) 이전에는 발견되지 않지만, 초기 난할기의 모든 세포는 **간극 연접(gap junction)**에 의해 연결되어 있다.

난할을 22℃에서 약 25분에 한번씩, 12회째 분할까지 빠르게 진행된다. 난할이 이렇게 빨리 일어날 수 있는 이유는 보통의 세포주기에서 G1과 G2기가 없이 일어나기 때문이다. 그 이후 **포배 중기 이행(포배-중기 전이, mid-blastula transition, MBT)**라고 알려진(실제로는 포배 말기에 해당) 중요한 변화가 일어난다. 이 때가 되면 50분에 한 번씩 일어나던 난할의 속도가 점차 늦어져서 낭배기 초기에는 240분까지 늦어지며, G1, G2기가 다시 진행되고 세포 분열의 동시성이 상실된다. 또한 세포 간 부착력이 강해져서 포배가 울퉁불퉁하지 않고 표면이 매끄러운 구형으로 보인다. MBT는 drf1이라 불리는 DNA 복제 시작에 필요한 단백질의 결핍에 의해 조절된다. 비록 난할기 동안에도 일부 유전자의 약한 전사(transcription)를 감지할 수 있기는 하지만, 배아 자체의 유전체로부터 본격적인 전사가 일어나기 시작하는 시기는 바로 이 MBT 단계이다.

배아 유전체의 본격적인 전사가 시작되면 특정 전사인자에 대한 특이적 결합 반응을 이용해서 초기 발생이 예정된 부분을 눈

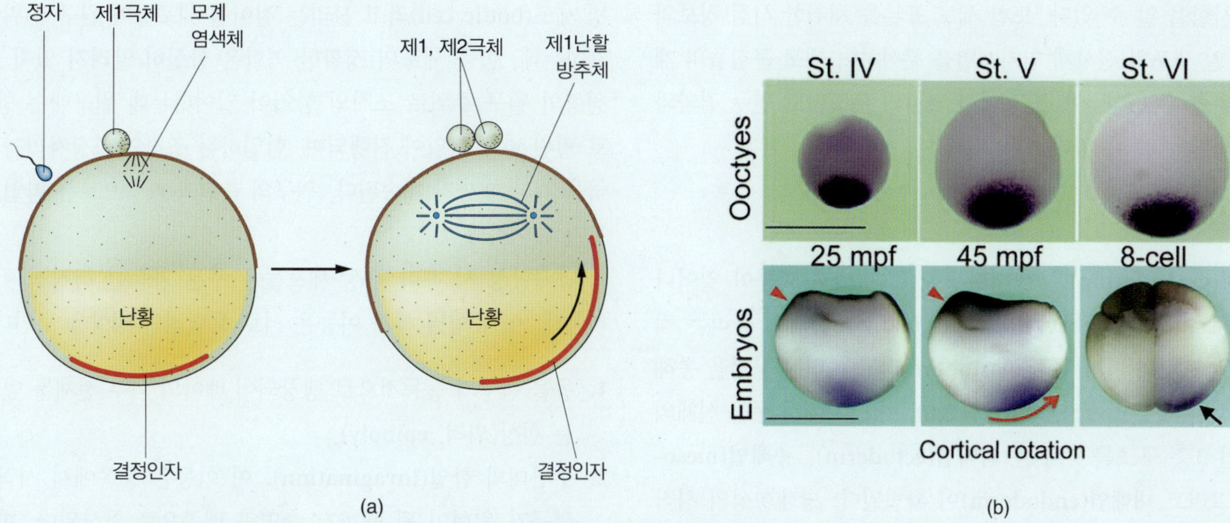

그림 8.3 피질 회전. (a) 난자의 피질이 정자 진입 지점을 향해서 안쪽 세포질에 대해 약 30° 각도로 회전함. (b) Wnt 억제인자인 *huluwa* mRNA의 발현 패턴을 보여주는 배아 조직 염색 결과. 난모세포의 식물극에 위치한 *huluwa* mRNA가 피질 회전 후에 등쪽으로 이동한다. 적색 세모: 정자 진입 지점, 축척자: 1 mm. (인용) Yan et al. 2018. Science. 362, eaat1045.

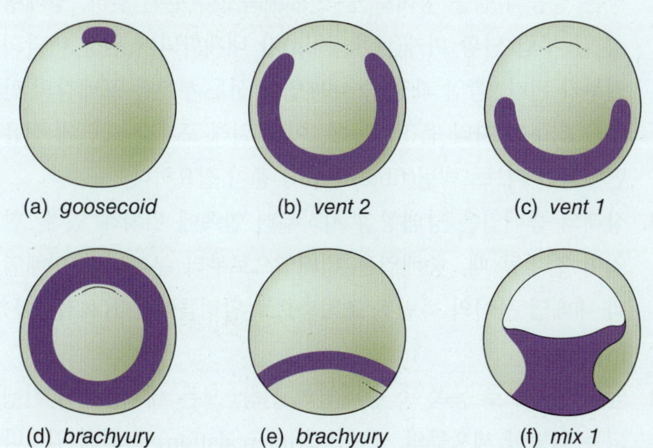

그림 8.4 접합자 유전자의 초기 발현 영역. (a-d)는 식물극 쪽에서 본 모습; (e)는 측면에서 본 모습; (f)는 옆에서 자른 절단면.

으로 확인할 수 있게 해준다(**그림 8.4**). 연구된 많은 유전자들 중 여기서는 소수의 예만 보여준다. 중배엽 전체는 T-box 유전자인 *brachyury*의 발현으로 시각화될 수 있는데, 이 유전자는 후기 중배엽 유전자의 발현을 유도하고 낭배기 배아 조직의 이동에 의한 형태형성을 조절하는 데 필요하다. **슈페만 형성체(Spemann's organizer)**를 형성할 등쪽 부위는 *siamois*, *goosecoid*, *not*, *lhx1* (= *lim1*) 등을 포함하는 많은 전사인자의 발현으로 특징지어진다. 이 모든 전사인자는 체축 분화에 필요하며, 특히 *siamois*는 형성체의 초기 형성에 관련되어 있고, *goosecoid*는 낭배의 움직임에 필요하다. 복부 중배엽은 *ventx1*과 *ventx2*를 내포 형식(nested pattern)으로 발현한다. 이들 유전자의 발현 조합으로 측판(lateral plate)(*ventx1+2*)과 체절(*ventx2* only) 영역이 결정된다. 내배엽은 *mix1*이나 *sox17*과 같은 여러 전사인자들이 발현되는 영역으로서 시각화될 수 있다. 이들 전사인자는 나중에 특정 내배엽 유래 조직 내 다양한 유전자의 발현 유도를 위해 요구된다.

최근, 단일세포 전사체 분석(single cells mRNA sequencing) 기법이 제노푸스의 초기 배아의 전사체 분석에 사용되었으며, **그림 8.5**에 분석 결과의 일부분을 표기하였다. 이 분석기법에 의해 세포의 운명결정 단계를 매우 정확하게 규정할 수 있다. 하지만, 단세포 분석 결과 보여지는 세포의 운명결정 단계들이 소수의 표지유전자를 사용하거나 실험적인 발생학을 통해 규명된 결과와

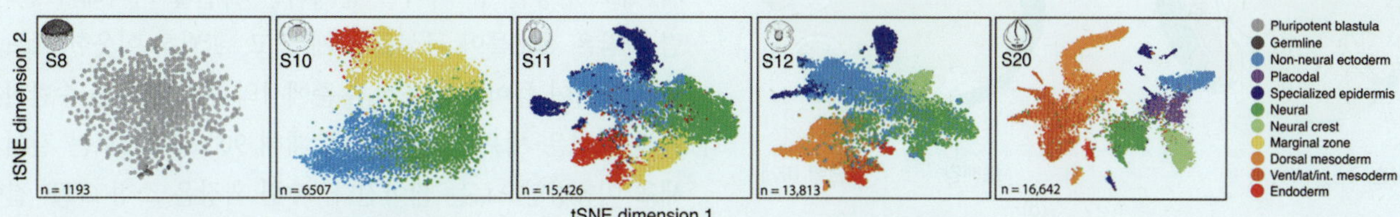

그림 8.5 제노푸스 초기 배아의 단일 세포 전사체 분석 결과. 이 그림은 동일한 유전자 발현 그룹들을 2차원적으로 표시하고 있다. 기존에 알려진 세포 분화 표지를 기준으로 각 세포 유형의 분화와 운명 결정 단계를 유추할 수 있다.

매우 유사함을 알 수 있다. 또한 세포 표본을 채취한 시점 정보와 함께, 단일 세포의 전사체 염기서열을 분석하여 세포 군집들의 계통을 유추할 수 있다. 이 결과 역시 기존의 운명지도 연구 결과와 매우 유사함을 알 수 있다.

낭배형성

낭배형성(gastrulation)은 형태형성을 위한 세포 이동이 일어나는 단계로 이 과정 중에 **주변대**(marginal zone)라고 불리는 적도선 주위 조직의 띠가 **원구**(blastopore)라고 불리는 구멍을 통해서 배아 내부로 말려 들어간다(**그림 8.6**). 이 단계에서 동물 신체의 전형적인 3층 구조를 이루는 **외배엽**(ectoderm), **중배엽**(mesoderm) 그리고 **내배엽**(endoderm)이 확립된다. 낭배형성의 시작은 등쪽 식물극 사분면에 색깔을 띠는 패인 부분의 출현으로 알 수 있다. 이곳이 원구의 **등쪽 입술**(원구배순, 원구상순, **dorsal lip**)이다. 원구는 측면으로 늘어나다가 곧 완전한 원이 된다. 완전한 원형일 때 원구배순으로 불리는 부분이 완전한 원의 등쪽 체절이고, 배쪽 입술로 불리는 부분이 완전한 원의 배쪽 부분이 된다.

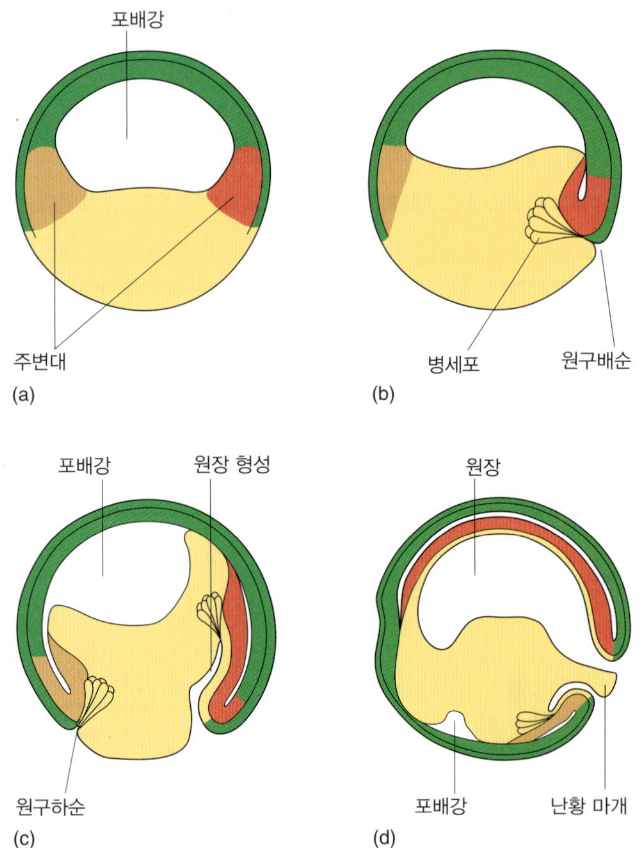

그림 8.6 낭배형성. (a) 포배; (b) 초기 낭배; (c) 중기 낭배; (d) 말기 낭배. 외배엽: 녹색, 등쪽 중배엽: 적색, 배쪽 중배엽: 주황색, 내배엽: 황색

병 세포(bottle cell)라고 불리는 길어진 세포들이 원구 주위에 존재하는데, 이들 세포의 정확한 역할은 확실히 알려져 있지 않다. 원형의 원구 주위로 조직의 함입이 일어나는데 원구배순 방향으로 훨씬 넓게 함입이 진행되며, 함입하는 조직의 가장자리가 동물극을 지날 때까지 계속된다. 원구의 측면과 배쪽으로는 함입의 정도가 미미하다.

낭배형성 시 배아 구성 세포들은 구분 가능한 특징적 이동을 하는데, 이 유형별 세포 이동은 서로 독립적인 경향을 보인다.

1. 동물 반구가 능동적으로 팽창되어 배아의 외부 전체를 덮게 되는 현상(**외적, epiboly**).
2. **주변대의 함입**(**invagination**). 이 이동은 등쪽에서 시작하여 원구가 원형이 될 때까지 측면과 배쪽으로 확산된다. 함입에 의해 형성된 빈 곳은 **원장**(**原腸, archenteron**)이라고 불리며, 낭배형성이 진행됨에 따라 포배강을 대체하면서 팽창한다. 원장은 일종의 원통 형태로 등쪽이 배쪽보다 훨씬 길다. 낭배형성 끝 무렵 난황 마개(yolk plug)가 내재화되어 원장 바닥의 일부가 된다. 함입 과정 중 내배엽의 선두 부분은 포배강의 안쪽을 기듯이 따라 움직이는데, 이를 위해 포배강 표면에 섬유단백질인 피브로넥틴(fibronectin) 층이 필요하다.
3. 장래의 중배엽은 낭배형성 시작부터 안쪽에 위치해 있다. 함입이 진행될 때, 중배엽은 내배엽으로부터 분리되며 외배엽과 내배엽 사이의 독립된 조직층으로 말려들어간다(**회절한다; involute**).
4. 앞뒤 방향으로 등쪽 축 중배엽의 신장. 모든 세포층에서 진행되는 활발한 세포들의 사이삽입(intercalation)에 의해 일어나는 이 현상은 **수렴 확장**(**convergent extension**)이라고 불리며, 주변대의 내재화와 포배강의 폐쇄를 돕는다.
5. 배쪽 측면 중배엽의 등쪽 중앙선을 향한 이동.

낭배형성의 세포학적 기전에 대한 이해는 아직 불완전하다. 대부분의 관심이 수렴 확장에 집중되어 왔지만, 수렴 확장은 매우 조직적인 낭배형성 과정을 이루어 내기 위해 요구되는 여러 가지 세포 행동들 중 하나일 뿐이라는 사실을 기억해야 한다. 수렴 확장은 세포들이 극성을 갖게 되고, 활발히 이웃한 세포들 사이로 움직여 들어가서 조직 수준에서의 형태 변화를 수반하는데, 이때 조직은 세포 이동 방향에 대해 90° 방향으로는 길어지고, 세포 이동방향으로는 짧아진다. 수렴 확장은 소형 GTP 결합 단백질인 Rho와 Rac를 필요로 하는데, 이들 단백질의 기능을 억제하는 우성 음성 돌연변이(dominant negative mutant) 단백질

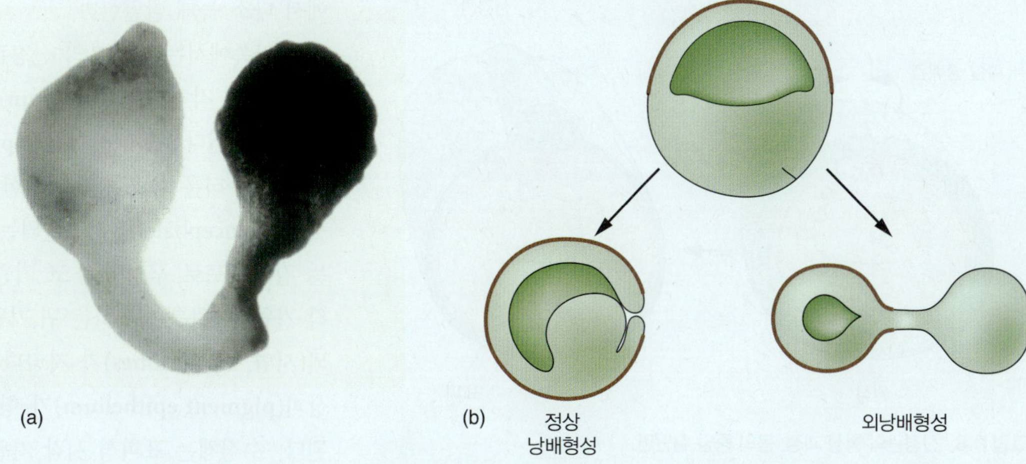

그림 8.7 외낭배형성. (a) 배아를 등장의 염류 용액에 수용하면 외낭배형성이 일어난다. (b) *Xenopus*의 외낭배. 좌측은 정상적 내중배엽을 갖는 것, 우측은 외낭배. (인용) (a) Jonathan Slack.

을 처리하면 수렴 확장 과정이 차단된다. Rho와 Rac은 Wnt의 평면극성(planar polarity) 경로(부록 참고)에 의해 활성화되는데, Wnt5a가 주된 결합물질일 것으로 추정된다. 축주변 프로토캐드헤린(paraxial protocadherin)이라고 불리는 캐드헤린 타입의 부착 단백질인 pcdh8(paraxial protocadherin8) 측축 중배엽(paraxial mesoderm)에서 발현되어 세포질 영역을 통해 Rho와 Rac 활성 생성을 돕는다. 뿐만 아니라 수렴 확장하는 등쪽 세포들은 세포 내 칼슘량이 증가하는 것으로 미루어, Wnt의 Ca^{2+} 경로가 낭배형성 중 세포 부착을 조절한다고 생각된다.

낭배형성의 끝 무렵 동물극 쪽 외배엽이 배아의 외부 전체를 뒤덮는다. 그리고 난황을 많이 함유한 식물반구 쪽 조직은 안쪽에서 내배엽 덩어리가 된다. 주변대였던 곳은 중배엽의 원통형 층을 생성하는데, 이 층은 등쪽을 따라 틈 형태의 원구로부터 앞쪽까지 똑바로 뻗어 있고, 배쪽으로는 원구로부터 제한된 거리에 뻗어 있다. 이 중배엽층은 일정 기간 동안 앞쪽 배쪽에 불완전하게 남아 있는다.

낭배형성 후 3개 배엽층의 운명은 다음과 같다: **외배엽(ectoderm)**은 표피, 신경계, 안구, 귀 및 **접착샘(시멘트선,** cement gland)이 되고; **중배엽(mesoderm)**은 두부 중배엽, 척삭, 체절, 신장, 측판, 혈액, 혈관, 팔다리, 생식소 등이 되며; **내배엽(endoderm)**은 위장의 표피층, 폐, 간, 췌장, 방광 등이 된다.

주변대의 함입 과정에서, 원장은 포배강을 대체하여 주된 체강이 되고 배아는 회전하여 등쪽이 위를 향하게 된다. 배아는 이제 진정한 의미의 **전후축(anteroposterior axis)**을 갖게 되는데, 이 축은 머리 쪽의 내배엽 선도 부분과 꼬리 쪽의 원구부를 연결하는 축이다.

만약 배아가 일상적인 저장용액이 아닌 포배강과 유사한 삼투도의 염류가 들어 있는 용액에 수용되면 낭배형성 이동에 심각한 혼란이 일어난다. 안쪽으로 함입되는 대신, 외배엽으로부터 내중배엽(endomesoderm)이 팽출해서 아령 모양 구조체를 형성한다(그림 8.7). 이 현상은 **외낭배형성(exogastrulation)**으로 알려져 있다. 비록 중추신경계가 심하게 기형적이고 꼬리가 형성되지 않기는 하지만, 외낭배의 외배엽과 내중배엽 모두 놀라울 정도로 정상적인 세포 배열을 갖는다.

비록 외관상으로는 유사하지만, 제노푸스의 낭배형성 이동은 다른 양서류와는 다소 다른 부분도 있다.

신경 형성 및 그 이후 단계

낭배형성 다음의 발생 단계는 등쪽 외배엽이 중추신경계가 되는 **신경배(neurula)** 단계이다. 이 시기에는 배아 등쪽 표면의 대부분을 덮고 있으며, 융기한 **신경주름(neural fold)**의 안쪽 조직인 **신경판(neural plate)**이 열쇠 구멍 형태의 영역으로 가시화된다. 신경판에서 발현되는 유전자에는 sox2, 포유동물에서 신경줄기세포와 관련되어진 유전자, 그리고 신경세포 접착 분자인 N-CAM 유전자 등이 있다. 신경관의 여러 부분에서는 각 지역에 특이적인 전사인자가 발현되는데, 신경관의 앞머리 쪽에서는 *otx2* 유전자가 발현되고, 후뇌 부분에서는 *egr2*(= *krox20*)가, 척추 부분에는 *hoxb9* 유전자가 발현된다. 신경주름 부분에서는 전사인자인 *snail 2* (= *slug*)가 발현되어 **신경능(neural crest)** 조직의 발생을 유도한다. 신경주름은 신속하게 융기해서 **신경관(neural tube)**을 형성하기 위해 함께 움직인다. 이 신경관은 형성된 후 신경주름 밖에 있는 외배엽인 **표피(epidermis)**에 의해 덮이게 된다(그림 8.8). 신경형성 기간 및 신경형성 후에 몸이 현저하게 길어지는데, 이는 몸통 및 꼬리 영역이 신경배의 후방 4분의 1로부터 유래된다는 것

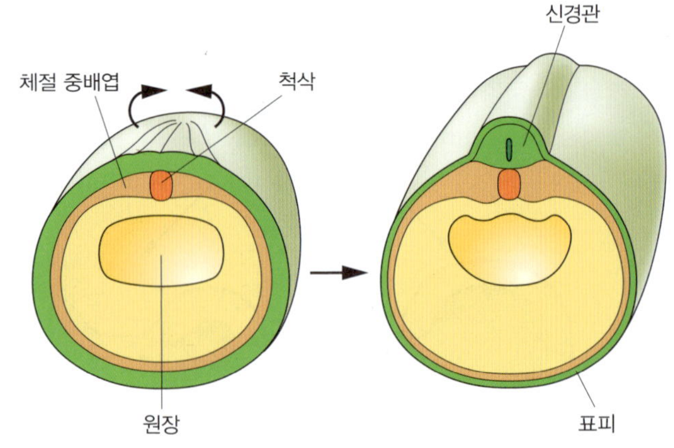

그림 8.8 신경관의 형성 과정. 몸의 중앙 절단면.

을 의미한다. 이러한 몸의 신장(elongation)은 척삭과 다른 조직 모두에서 수렴 확장의 지속적 과정에 의해 추진된다. 신경관, 척삭(notochord) 그리고 체절은 집합적으로 **등쪽 축(dorsal axis)**이라고 일컫는다.

꼬리싹(꼬리원기, tailbud) 단계에 이르면, 몸의 모든 부분이 각각 최종적인 위치에 자리 잡게 된다(그림 8.9a, b). **척삭(notochord)**은 중배엽의 등쪽 중앙선으로부터 형성되며, 여러 줄의 분절화된 **체절(somites)**이 양측면에 나타나고, **측판 중배엽(lateral plate mesoderm)**은 나중에 사지의 원기, **신장(kidney)** 및 체강 상피로 발달한다. 중배엽의 배쪽 후방부에는 한 줄의 혈도(blood islands)가 존재하며, 이들이 초기 올챙이에게 적혈구를 제공한다. 또 다른 혈액세포 무리는 나중에 등쪽 대동맥으로부터 발달한다. 후방 신경판과 그 아래의 중배엽을 구성하고 있는 후방 끝부분의 복합적 영역은 꼬리싹이 되고(그림 8.9c), 이 원기로부터 1~2일에 걸쳐 꼬리의 척색, 신경관 및 체절이 생성된다. 신경주름이 원구 위에서 닫히기 때문에 신경관 내강과 소화관 사이에 **신경-장 도관(neuroenteric canal)**이라 불리는 연결 부위가 만들어진다. 이 연결은 하루 정도 지속되다가 폐쇄된다. 인두(pharynx), 폐, 위, 간, 췌장 및 창자를 구성하는 내장 상피는 내배엽으로부터 발달하지만, 분화는 외배엽성 및 중배엽성 조직들보다 훨씬 나중에 진행된다. 항문에서 종료되는 **항문오목(원시항문, proctodeum)**은 신경-장 도관과 폐쇄된 신경관의 외부 사이에 형성된다. 입은 전방 끝부분에 새롭게 형성되는 구멍에서 다소 늦게 발달한다.

머리쪽에서는 전방부의 신경관 부분은 3개의 소낭을 형성하는데, 이들이 각각 **전뇌(forebrain)**, **중뇌(midbrain)** 및 **후뇌(hindbrain)**가 된다. 표피는 **기원판(placode)**이라 불리는 원통형의 다양하고 두터운 세포층을 형성한다. 이 기원판들은 다음과 같다: 종뇌(telencephalon)에 연결되는 후구신경 축삭돌기의 유래가 되는 감각세포로 구성되는 코 기원판; 눈의 수정체를 형성하는 시각 기원판; 귀를 형성하는 귀 기원판. 눈은 컵 형태로 함입하는 **전뇌(시엽, optic lobes)**가 자라나와 발달하는데, 바깥층에는 **색소상피(pigment epithelium)**가 형성되고 안쪽 층에는 망막이 형성된다. 수정체는 표피성 시각 기원판의 표면으로부터 함입하고 **안배(optic cup)**에 의해 둘러싸이게 된다. 시신경은 **망막(retina)**으로부터 안병(optic stalk)으로 자라나와 중뇌에 있는 **시개(시각 덮개, optic tecta)**로 돌출한다(16장 참고).

신경관의 등쪽 편에 놓이게 될 신경판의 주름들로부터 유래한 일부 세포들이 **신경능선(neural crest)**을 형성한다. 이 신경능선은 다양한 형태의 조직을 형성하게 되는 이주성 조직(migratory tissue)이다. 머리쪽에서 신경능선은 두개골의 골격조직 대부분을 형성하며, 몸통에서는 교감신경절인 등쪽 뿌리 신경절과 색소세

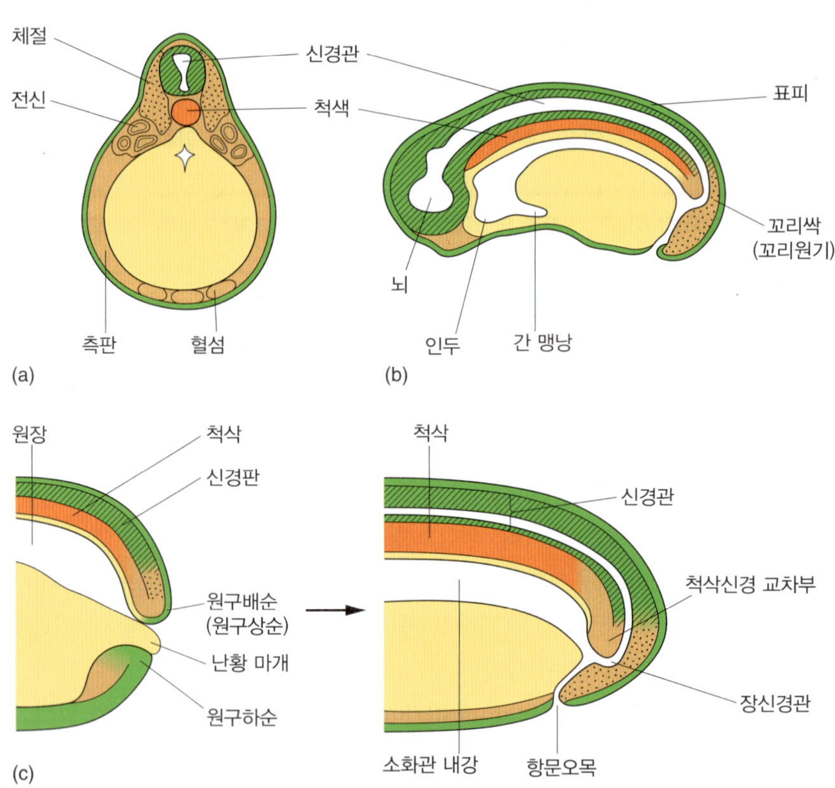

그림 8.9 꼬리형성기. (a) 몸통의 횡단면; (b) 전후축 방향 중앙 절단면; (c) 원구잔기 위쪽으로 신경판 폐쇄에 의한 꼬리싹의 형성.

포의 일종인 **멜라노사이트(melanocyte)**를 형성한다. 몸통의 미주신경부와 엉치뼈 부위에서 신경능선은 내장의 부교감 신경절을 형성한다. 신경능선에 대한 보다 자세한 내용은 이 책의 16장에 소개되어 있다.

앞쪽으로, 두부 중배엽은 턱근육의 일부와 새궁(branchialarches)을 형성한다. 심장은 신경형성기 끝 무렵 배쪽 중앙선으로 이동하여 융합하는 전방측면 중배엽의 배쪽 가장자리로부터 형성되어 35 발생 단계에 심장박동이 시작된다. 접착샘이라고 알려진 구조가 장래의 입 아래쪽, 전방측 표피로부터 형성된다. 접착샘은 후기 신경형성기부터 볼 수 있는 머리의 두드러진 외부 형태이며, 점액질을 분비하여 배아를 식물등에 부착시키는 역할을 한다. 배아가 헤엄칠 시기에 사라진다.

운명지도

양서류의 수정란에서부터 낭배형성에 이르기까지의 배아에 대한 다양한 **운명지도(Fate map)**가 출판되었다. 1983년까지, 모든 연구들은 염료 뉴트럴 레드 또는 나일 블루에 의한 국소적 **생체염색(vital staining)**에 의해 이루어졌다. 이러한 국소적 염색은 염료가 스며든 작은 한천 조각을 배아 표면에 처리함으로써 이루어졌다.

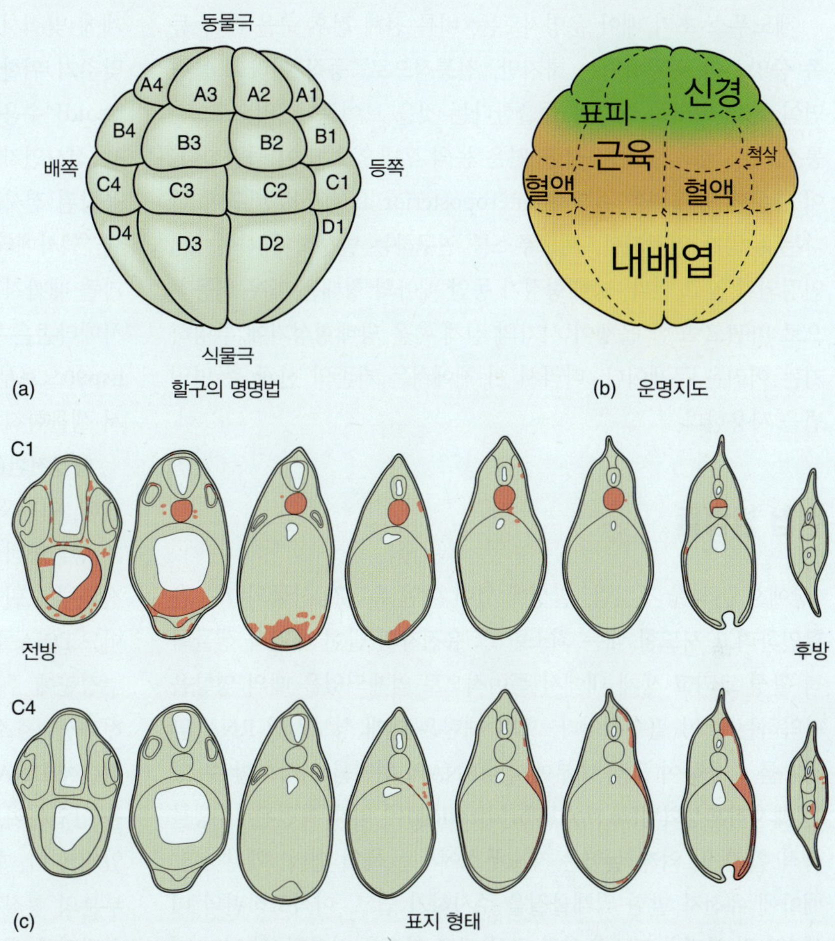

그림 8.10 32세포기의 제노푸스 운명지도. (a) 32세포기 할구들에 각 할구들의 명칭 체계; (b) 32세포기에 예상되는 조직 유형 운명지도; (c) 할구 C1과 C4 유래 표지 세포 분포의 재구성. 이 그림은 몸의 앞뒤 방향을 따라 같은 간격으로 절단한 횡단면을 보여줌.

보다 최근에는 양고추냉이 과산화효소(HRP, horseradish peroxidase) 또는 플로레신-덱스트란-아민(FDA, fluorescein-dextran-amine), DiI와 같은 **형광 계보표지(lineage labels)**가 선호되었다(5장 참고). FDA는 세포에 주입할 수 있으며, 세포 내부에 전체에 퍼지게 되나 인접 세포로는 확산되지 않는다. 세포 막에 결합하는 지용성 염색약인 **DiI**는 세포 표면 염색용으로 사용된다. 초기 배아는 크기의 변화가 거의 없기 때문에, 이러한 종류의 수동적 표지들은 희석되지 않으며 여러 날 동안 유지된다. 이 계보 표지들은 지역 세포가 어느 정도는 뒤섞인다는 사실을 밝혔는데, 이는 운명지도가 아주 정확할 수는 없음을 의미한다. 왜냐하면, 다른 배아 개체로부터 얻어진 결과들을 종합해 보면, 이 세포 혼합이 장래의 영역 사이에 약간의 중복을 초래하기 때문이다. 이런 점이 생체 염색법에서는 그렇게 명확하지 않았기 때문에, 오래된 교과서에 있는 운명지도는 현실에서는 존재하지 않는 가상의 정확도를 나타낸다. 현대의 운명지도는 **그림 8.10a, b**에 나타내었고, **그림 8.10c**는 등쪽 할구(C1)와 배쪽 할구(C4)를 계보 표지로 채운 결과를 보여준다. 또한 제4장의 그림 4.3 C3, C4 할구에 형광 표지를 미세주입한 결과 배아를 보여준다.

이 운명지도의 중요한 특징은 다음과 같다.

1. 신경판은 동물반구의 등쪽 절반으로부터 발생하고 표피는 배쪽 절반으로부터 발생한다.
2. 중배엽은 포배의 적도 주변 넓은 띠로부터 발생하는데, 많은 부분이 동물반구에서 발생한다.
3. 내배엽은 식물반구에서 발생한다.
4. 체절근육은 주변대 범위 대부분에서 발생하는데, 많은 부분이 포배의 배쪽 절반에서 발생한다.
5. 몸의 전방 끝부분에 있는 등쪽과 배쪽 구조 모두 포배의 등쪽 면으로부터 유래한다.

제노푸스 초기 배아 운명지도는, 비록 전체 전후 축을 따라 등쪽 중앙선이 위치하기는 하지만, 전통적으로 "등쪽"이라고 불린 면이 몸의 머리쪽 끝으로 돌출한다는 것을 보여준다. 역으로, 전통적으로 "배쪽"이라고 불린 면은 몸의 후방으로 많이 돌출한다. 이 때문에 등배축을 전후축(anteroposterior axis)으로 바꿔야 한다는 논의가 있었지만, 제노푸스를 연구하는 발생학자 사이에서 인정되지 않고 있다. 낭배형정기 동안 배아의 형태는 매우 역동적으로 바뀌고 또한 올챙이 시기의 신체 축을 낭배형성기에 투영하기는 어려운 문제이다. 따라서 이 책에서는 기존의 신체 축 명명법을 사용한다.

실험 방법들

4장에서 논의한 것처럼, 발생에 있어 어떤 유전자 산물의 기능을 확인하려고 시도할 때는 최소한 그 유전자의 발현 패턴과 생물학적 활성 그리고 생체 내에서 특이적으로 억제되었을 때의 영향을 파악하는 것이 필수적이다. 발현 패턴은 대개 상보적인 RNA 탐침자를 사용하여 조직 내부에서 mRNA의 위치를 시각화할 수 있는 **제자리혼성화법(*in situ* hybridization)**에 의해 확인된다. 생물학적 활성 및 억제 실험은 제노푸스에서는 특히 쉽다. 왜냐하면, 배아에 유전자 발현 억제물질을 주사하기 쉽고, 이식조직편의 미세수술적 분리나 UV 조사와 같은 보조 기술을 사용할 수 있기 때문이다.

기능 획득

생물학적 활성 측정을 위하여 주입될 물질은 대개 시험관에서 합성된 mRNA이다(그림 8.11a, b). 이 RNA 합성은 박테리오파아지의 RNA 중합효소에 대한 프로모터(Sp6, T3 또는 T7)와 poly(A) 첨가 부위를 지닌 플라스미드를 사용하여 수행된다. mRNA는 수정란 전체에 주사될 수도 있고 난할 중 특정 할구에 주입될 수도 있는데, 주입 위치에서 효과를 발휘한다. 이 mRNA는 난자의 단백질 합성 기구에 의해 번역되며, 비록 언젠가는 분해되지만, 초기 발생기 동안에는 계속 보존되고 활성을 유지할 가능성이 크다. 대개, 동일한 플라스미드가 발현 연구를 위해 요구되는 특이적 제자리 혼성 반응용 탐침(*in situ* probe)의 준비에 사용될 수 있다. 이 탐침 합성을 위한 전사는 반대 방향 프로모터로부터 진행된다.

발생 과정에 활성을 나타내는 많은 분자가 시기에 따라 다른 효과를 갖기 때문에, 주입한 유전자 산물의 활성을 특정 발생단계에 맞춰서 유도하는 것이 바람직하다. 전사인자의 발현시기를 맞추기 위한 유용한 방법의 하나가 당질코르티코이드(glucocorticoid) 수용체로부터 유래한 호르몬 결합 영역을 조사하고자 하는 전사인자 단백질에 첨가하는 것이다. 이 호르몬 결합 영역과 융합된 전사인자 단백질은 세포질 단백질인 hsp90과 결합함으로써, 덱사메타손(dexamethasone)과 같은 당질코르티코이드가 첨가될 때까지 세포질 내에서 격리되어 존재한다. 지용성 물질인 덱사메타손은 배아에 침투하여 수용체와 결합함으로써 전사인자를 hsp90으로부터 분리시키고, 이 분리된 전사인자는 핵으로 이동해서 생물학적 활성을 발휘한다(그림 8.11c).

형질전환(transgenesis)에 의해 유전자를 도입하는 것도 가능한데, 이는 특히 주사한 RNA가 파괴될 수 있는 때인 발생 후반기의 생물학적 사건들을 연구하는 데 중요하다. 현재 제노푸스 형질전환체를 만들 수 있는 여러 가지 방법이 개발되어 있다. 플라스미드 DNA를 부풀어 있는 정자의 머리에 주입한 후, 이를 다시 미수정란에 주입하여 형질전환된 접합자를 만든다(그림 8.11d). 유전자전위효소 또는 절단 빈도가 적은 제한효소가 존재할 때는 수정란에 DNA를 주입할 수도 있다. 형질전환체에는 GFP 염기서열을 삽입하여, 녹색 형광을 이용해서 형질전환된 배아를 파악할 수 있게 한다. 한 세대가 길어서 잦은 번식을 할 수 없기 때문에, 대부분의 형질전환체가 창립자(founder)로 이용된다. 이는 각 개별 형질전환 배아가 서로 다른 삽입 부위와 사본수(copy number)를 가지게 됨을 의미한다. 그리고 이 때문에 순종 형질전환체 계열과 비교하여 생물학적 행동의 변이가 유발될 수 있다. *X. laevis*의 아종인 *X. tropicalis*는 생의 주기가 더 짧으므로 번식이 필요한 유전학적 실험에 주로 이용된다.

특정 RNA의 **과발현(overexpression)**이 전체 배아의 발생에 미치는 효과는 관찰된 결함이 비특이적이기 때문에 많은 정보를 제공하지 못하는 경우가 많다. 하지만, 과발현과 조합한 다른 두 가지 절차는 아주 유익한 결과를 제공한다. 그중 하나는 동물극 상단조직 자동유도 분석(animal cap autoinduction assay)이다(그림 8.12a). 만약 배아에 중배엽 유도 또는 신경판 유도 체계의 구성성분을 주입한 다음 **동물극 상단 조직(animal cap)**라고 부르는 포배의 동물극쪽 영역을 외부로 분리해 내면, 이 조각은 자발적인 발생 유도가 이루어질 것이다. 이것은 상단조직 내부 세포들 중 일부 또는 전부가 유도인자를 생성 분비하고, 모든 세포가 이 인자에 반응할 수 있기 때문이다. 처리하지 않은 동물극 쪽 덮개는 상피세포로 이루어진 공 모양의 덩어리로 발달한다. 등쪽 축(axis) 조직 형성이 유도된 조각에서는 수렴 확장 과정이 일어나 길게 늘

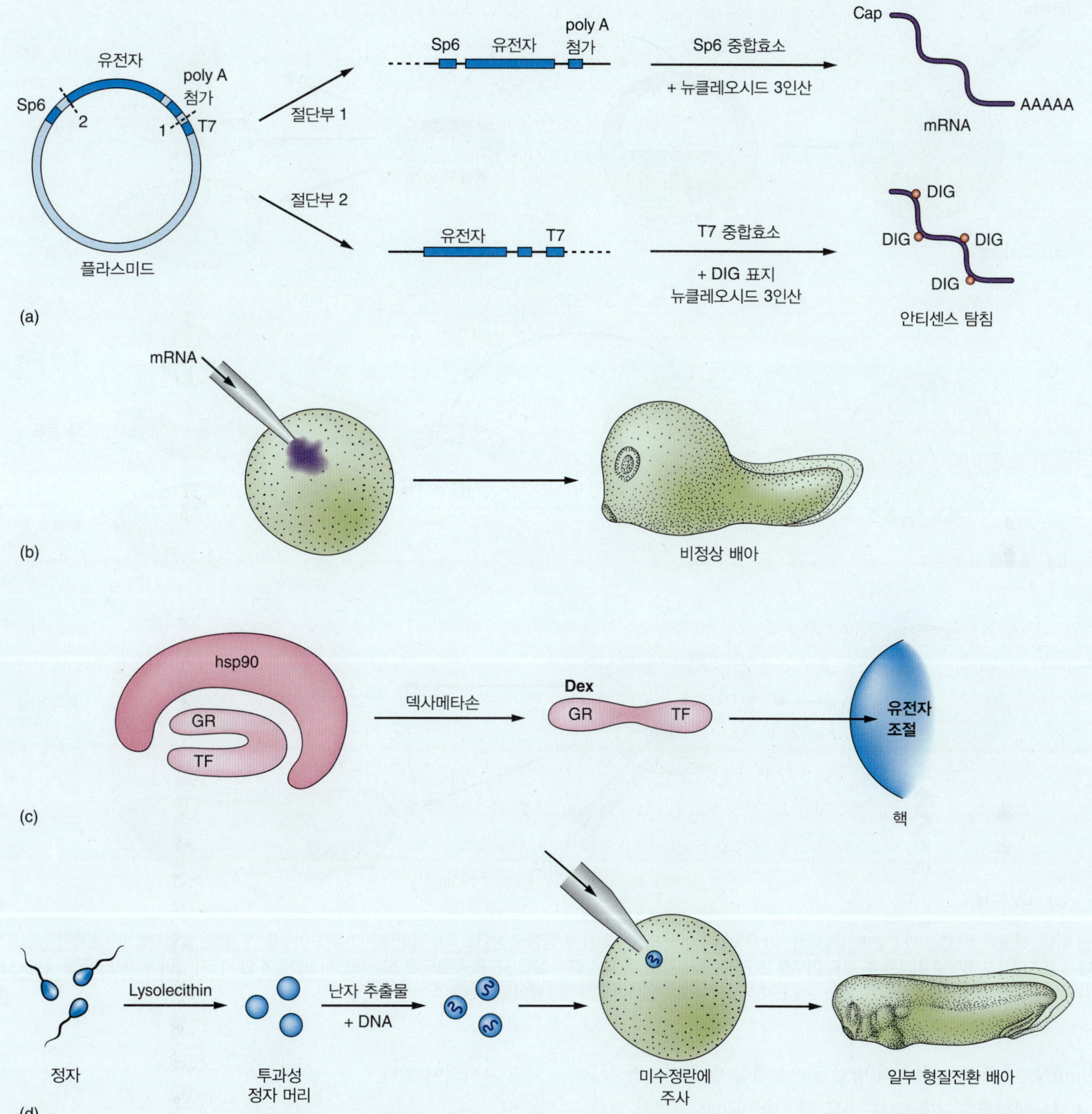

그림 8.11 (a) 시험관 내에서 플라스미드로부터 mRNA나 혼성화 탐침(hybridization probe)을 준비하는 과정. (b) 수정란에 합성 mRNA 주사. (c) 덱사메타손에 의한 당질코르티코이드 수용체 융합 단백질의 활성화. (d) 형질전환기법에 의한 유전자의 도입.

어난 형태가 된다. 배쪽 조직 형성이 유도된 조각은 반투명 주머니 모양으로 부풀어 오른다. 이러한 변화들은 해부현미경 하에서 관찰 가능하므로, 이 방법은 아주 간단하고 편리한 분석방법이다.

세포외 인자의 연구를 위해서는 배아 조각에 시험용 단백질을 처리한 후 발생 경로상에서 변화를 관찰해 볼 수 있다(**그림 8.12b**). 배아의 외부 표면은 물질 투과가 안 되므로, 이 처리는 잘린 곳이 아물기 전의 배아 조각에 실시하여야 한다. 이 분석이 mRNA의 주입에 의한 것인지 또는 단백질 처리에 의한 것인지에 따라 결과의 시각화는 일반적인 조직학, 분자 탐침을 이용한 *in situ* 잡종화, 특정 표지에 대한 면역조직학적 염색 또는 특

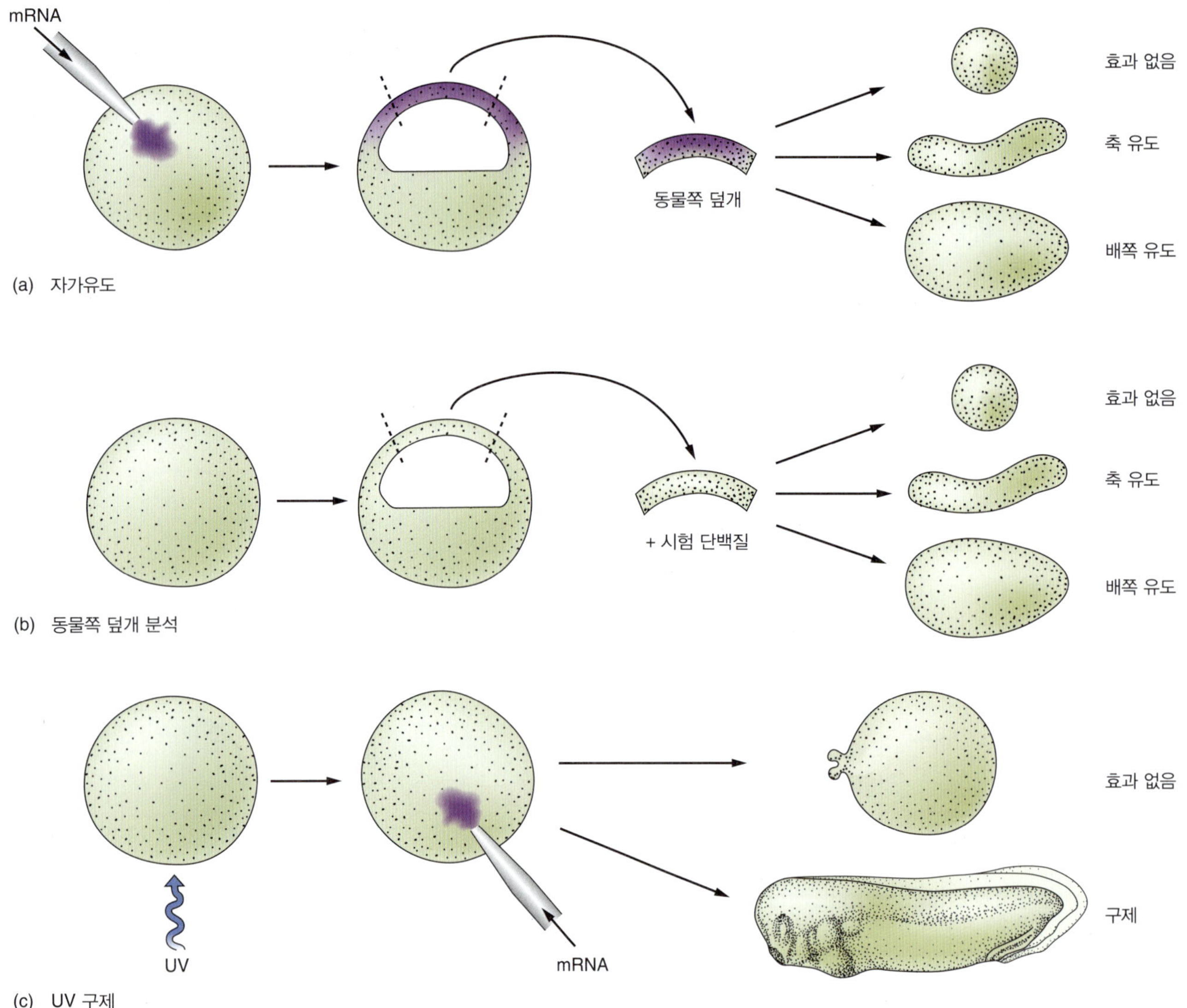

그림 8.12 동물극 상단조직과 UV 배아의 이용. (a) 유도인자 mRNA를 주입한 후 동물극 상단조직을 떼어내 자가유도 여부를 연구하는 실험기법. (b) 동물극 상단조직을 떼어내 유도인자 단백질을 처리한 후 유도 여부를 연구하는 실험기법. (c) UV-회복 실험. UV를 식물극에 조사하면 피질회절이 일어나지 않아 배아가 배쪽화 된다. UV를 조사한 수정란에 등쪽 축을 유도할 수 있는 유도인자의 mRNA를 주입하면 정상적인 배아로 발생한다.

정 mRNA에 대한 생화학적 방법들로 보완할 수 있다(5장 참고).

RNA 과발현과 조합된 또 다른 중요한 방법은 자외선 조사 구제법(UV radiation rescue method)이다. 수정란에 UV를 비추어 모든 등쪽 축 구조가 결여된 배아를 만들어낼 수 있다. 등쪽 축 유도 체계의 어떤 성분에 대한 정보를 갖는 mRNA를 주사하면 그런 배아의 등쪽 축 일부 또는 전체를 복구할 수 있고, 그 결과는 시각적인 조사에 의해 쉽게 측정될 수 있다(**그림 8.12c**). 머리는 주로 포배의 등쪽 부분으로부터 형성되며, 머리 형성의 정도는 mRNA 주사에 따른 등쪽 구제 정도의 준정량적 척도가 된다. 이러한 분석기법은 웹사이트 동영상 9: "동물극 상단조직과 UV 분석"에서도 묘사되어 있다.

기능 상실

억제 실험들을 위한 아주 효과적인 다섯 가지 표준 방법이 있다. 첫 번째, 가장 일반적으로 사용되는 방법은 수정란에 **안티센스 모폴리노 올리고(antisense morpholino oligos)**를 주사하는 것이다(**그림 8.13a**). 모폴리노는 상보적인 mRNA에 결합하여 번역을 차단하거나 pre-mRNA의 스플라이싱을 억제한다. 번역을 차단하는 모폴리노의 경우에는 모폴리노가 효과가 있었으며, 실제로 단백질 합성을 차단했는지를 보여주기 위해서는 표적 단백질에 대

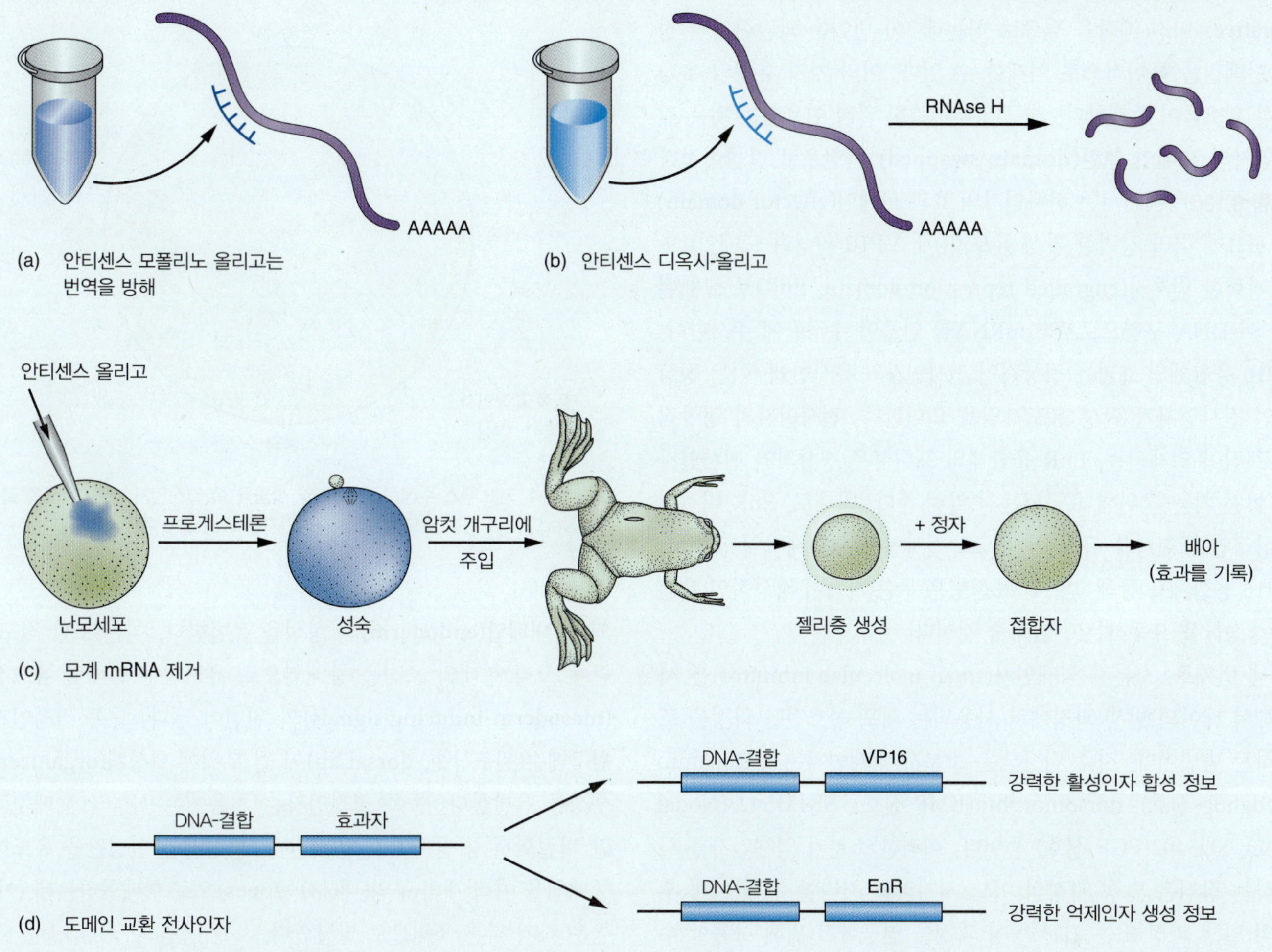

그림 8.13 특이적 유전자 활성 저해 방법. (a) 안티센스 모폴리노 올리고. (b) 안티센스 디옥시-올리고. (c) 특정 모계 mRNA를 제거한 난모세포로부터 배아를 얻는 과정. (d) 도메인 교환(domain swapped) 전사인자들.

한 항체를 준비해야 한다. 스플라이싱 억제 모폴리노는 mRNA의 엑손을 결손시키거나 인트론을 포함시켜서 기능이 상실된 단백질을 생산하거나 절단된 단백질을 생산시킨다. 스플라이싱 과정의 결함은 역전사 중합효소 반응(reverse transcription polymerase chain reaction; RT-PCR) 후, 전기영동법을 통해 cDNA의 크기 변화를 확인함으로써 확인 가능하다. 최근, 안티센스 모폴로노의 표적 mRNA에 대하여 특이성에 대하여 의문이 제기되기도 했으나, 여전히 사용 중이다.

두 번째, 만약 모계 활동 유전자를 억제해야 할 필요가 있다면, 안티센스 디옥시올리고뉴클레오타이드(antisense deoxyoligonucleotides)도 효과적이다(**그림 8.13b**). 이 물질은 난모세포에 주사되는데, 그 이유는 나중에 수정란의 발생에 필수적인 다양한 모계 인자가 난모세포에 축적되어 있기 때문이다. 이 안티센스 올리고는 모폴리노와 마찬가지로 표적 mRNA 메시지에 결합한다. 하지만, 생성된 RNA-DNA 결합체는 핵산분해효소 RNAse H의 표적이 되는데, 이 효소는 표적 메시지를 파괴한다. 이때 RT-PCR을 통하여 표적 mRNA의 파괴 여부를 확인할 필요가 있다. 발생이 진행되는 배아에서 이러한 실험의 발생학적 효과를 확인하기 위하여 처리한 난모세포를 배아로 만들어야 한다. 이것은 쉽지 않은 절차인데, 먼저 처리한 난모세포를 프로게스테론과 함께 시험관에서 성숙시키고 생체 염료로 색깔을 입힌 다음, 배란하는 개구리의 복부에 다시 이식해 넣어 그 알들이 수란관을 따라 내려와 젤리 물질에 포장되게 한다. 그것들은 암컷에 의해 산란된 후 수정됨으로써, 채색된 배아의 발생 과정을 관찰할 수 있게 된다(**그림 8.13c**). 최근에는 시험관에서 성숙된 난모세포에 정자를 직접 주입시켜 수정시키는 방법이 개발됨에 따라서 난모세포를 다시 암컷에게 이식하는 작업을 하지 않아도 된다.

세 번째 억제 방법은 유전자 생성물의 **우성 음성(dominant**

negative) 버전 제작을 필요로 하는데, 이 변이는 과발현되면 정상 단백질을 특이적으로 억제할 수 있다. 여러 가지 유형의 우성 음성 요소들이 존재한다. 개구리에서 특히 널리 이용되는 것은 전사인자의 **도메인 교환(domain swapped)** 버전으로 만들어진다(그림 8.13d). 여기서는 전사인자의 효과 도메인(effector domain)이 필요에 따라 강력한 활성 유도자(예, VP16 활성화 도메인) 또는 강력한 억제자(engrailed repression domain, EnR)로 교체된다. 이 DNA 구성으로부터 mRNA를 만들어 수정란에 주사한다. VP16 융합체의 효과는 정상적인 전사인자와 유사한데, 이는 정상적인 전사인자가 활성 유도자임을 의미한다. 전사인자의 정상적인 표적이 억제되는, EnR 융합체의 표현형은 정상적인 전사인자가 어떤 기능을 위해 요구되는지 알려 준다. 반대로, EnR 버전이 정상적인 표현형을 유도한다면 그 전사인자는 억제자일 것이고, VP16 융합체를 통해 얻어진 표현형은 무슨 기능이 정상적인 유전자 생성물을 요구하는지 알려줄 것이다.

네 번째로, 소분자 억제인자(small moleculae inhinitor)를 사용해서 배아의 발생 과정에서 사용되는 세포 신호전달 과정을 조절하는 방법이다. 자주 사용되는 소분자 억제인자는 cyclopamin (hedghog 신호), dorsomorphin(BMP 신호), SB431542 (Nodal 신호), SU5402(FGF 신호) 등이다. 이러한 소분자 억제인자를 사용하는 장점은 발생 과정의 어느 시기라도 처리할 수 있기에 후기의 발생 과정 또는 기관 형성 과정을 연구하기 위해 사용할 수 있다는 점이다.

끝으로, 개구리는 배아 줄기세포를 갖고 있지 않다. 따라서 생쥐에서처럼 표적 돌연변이 생성에 의한 유전자 제거(gene knock-out) 방법은 존재하지 않는다(11장 참고). 하지만, **징크-핑거 핵산가수분해효소(zinc-finger nucleases)**, **TALEN**, **CRISPR-Cas9** 등의 유전자 조작기술이 제노푸스에도 사용되고 있다(3장 참고). 이들 기술은 DNA 두 가닥을 잘라 절단된 DNA의 수선 과정을 통해서 작은 삽입 또는 삭제를 만들어내며, 종종 기능 상실 돌연변이를 초래한다. 현재까지 이 방법으로 생산된 돌연변이체는 많지 않지만 계속 증가할 것이다.

지역 특성화(특정화) 과정

과정의 요약

제노푸스의 난자는 **식물극(vegetal)** 및 **등쪽(dorsal)** 결정인자라는 두 가지의 결정인자를 갖는다(그림 8.14). 식물극 결정인자는 난자 형성 기간 중 식물극 쪽 피질에 mRNA 배치 결과로서 확립

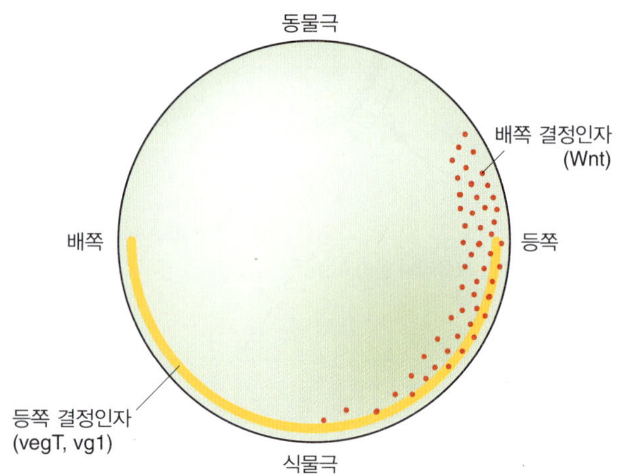

그림 8.14 제노푸스 수정란의 등쪽 및 식물극 쪽 결정인자 분포도. 배쪽 결정인자는 vegT, vg1 등이 있으며, 등쪽 결정인자는 Wnt 신호 유전자이다.

되며, **내배엽(endoderm)**의 형성을 유발한다. 이는 또한 적도 부근에 고리 형태의 조직을 중배엽으로 유도하는 **중배엽 유도신호(mesoderm-inducing signals)**의 원천이 된다. 등쪽 결정인자는 **원구배순(원구상순, dorsal lip)**이 될 부위에 **형성체(organizer)**의 생성을 유발한다. 등쪽 결정인자는 처음에는 식물극에 배치되지만 피질회전 중 등쪽으로 옮겨진다. 형성체는 신경판을 유도하며 중배엽을 여러 개의 구역(대(帶), zones)으로 형태화하는데, 이 대들은 각기 다른 조직으로 발달한다.

결정인자

두 가지 결정인자에 대한 증거는 초기의 절제실험 및 분리실험에서 얻어졌는데, 이 실험 결과에 따르면 완전한 몸의 형태형성은 식물극 및 등쪽 부위 모두를 요구한다. 최초 2개의 할구 분리는 완전한 쌍둥이를 생산할 수 있으며, 포배를 좌우로 양분하여도 완전한 쌍둥이가 생산된다. 이 경우 식물극 결정인자와 등쪽 결정인자가 각각의 반쪽에 포함된다. 그러나 만약 초기 난할 단계나 포배 단계의 배아를 등쪽과 배쪽으로 나누면(아직 분화되지 않았지만 장래의 등쪽과 배쪽이 될 부분을 말함), 등쪽 절반은 등쪽이 비정상적으로 큰 개체로 발달하고, 배쪽 절반은 극단적으로 복부의 특성만을 갖는 "배부분(belly piece)"만을 형성한다. 등-배 분리에서, 등쪽 절반은 식물극 및 등쪽 조직 모두를 갖지만 배쪽 절반은 등쪽 조직을 갖지 않는다. 등쪽 결정인자 존재에 대한 직접적인 증거는 난모세포의 식물극 쪽 세포질을 UV-유도 복측화(UV-ventralized) 배아에 이식하여 얻어졌다. 이 절차는 부분적으로 등쪽 축 형성을 회복시켜 주었다. 등쪽 결정인자는 huluwa와 같은

Wnt 신호 경로를 구성하는 것으로 밝혀졌으며, 식물극 결정인자는 전사인자인 VegT를 부호화하는 mRNA를 구성하는 것으로 밝혀졌다(그림 8.3b)

제노푸스 수정란에 존재할 것으로 믿어지는 또 다른 결정인자는 **생식질(germ plasm)**이다. 생식질은 막에 둘러싸여 있지 않은 섬유상 입자 물질로 전자현미경으로 관찰가능하다. 외관상 다른 동물들의 생식질과 유사하며, 가끔 "구름(nuage)"이라고 불린다. 이 생식질은 제2난모세포의 미토콘드리아 구름(발비아니체)으로 나타나며, 성숙한 난모세포 및 초기 배아의 식물극 쪽 피질 부위에 위치하게 된다. 생식질은 *cat2* mRNA(대개 *nanos*와 상동형인 *xcat2*로 불린다, 13장 참고)를 함유한다. 비록 생식질의 존재가 실제로 원시생식세포(primodial germ cell)를 의미하는지 완벽하게 확실하지는 않지만, 이 생식질은 발생 후기에 원시생식세포 표지인자를 발현하는 세포에 의해 유전된다.

초기 등-배 형태형성

등쪽 결정인자는 수정 후 일어나는 피질회전(피층회절, cortical rotation)에 의해 식물극으로부터 등쪽 측면으로 옮겨진다(그림 8.3). 피질회전은 첫 번째 세포 분열 과정의 중간쯤에 일어나고, 첫 세포 분열이 끝나갈 때쯤 끝난다. 이 과정에서 수정란의 피질이 내부 세포질 위에 약 30° 정도 회전하며, 식물극 쪽이 동물극 쪽에 위치한 정자가 들어온 부분과 반대쪽으로 이동한다. 그 결과, 등쪽 부분이 정자가 들어온 반대 부분에 형성된다. 이동은 회전을 감지하여 일시적으로 형성되는 평행한 미세소관의 배열과 키네신(kinesin), 다이네인(dynein) 등과 같은 관련 운동 단백질에 의해 좌우된다(6장 참조). 이 미세소관은 정자의 성상체(aster)로부터 뻗어 나오며, 식물극 피질과 만나면 키네신 관련 단백질에 의해 세포 표면에 고정된다. 이로 인해 무질서하게 배열되었던 미세소관들이 수평적으로 다발을 이루며, 이 미세소관 다발 +쪽 끝 부분이 등쪽 방향으로 정렬된다. 이 미세소관 다발은 첫 번째 세포 분열이 끝날 때쯤 사라진다.

피질 회전 자체는 등쪽 결정인자를 수정란의 등쪽으로 직접 이동시키지는 않는 것으로 생각된다. 동영상 촬영 기법으로 촬영한 영상에 따르면 소포체 형태의 소기관 또는 GFP 융합단백질이 식물극에서 등쪽으로 미세소관을 따라 약 60~90° 정도 이동한는 것을 관찰할 수 있는데, 이는 30°의 피질 회전보다 더 많이 이동하는 것이어서 피질 회전으로는 설명할 수 없다. 이러한 분자와 소포체의 이동은 등 구조를 유도하는 활성 분자의 분포화 일치한다. 이러한 분자의 이동은 키네신과 같은 단백질에 의존하는 것으로 알려져 있으며, 미세소관의 +쪽 끝 부분으로 분자 화물(cargo)을 이끌고, 미세소관을 타고 걷듯이 이동한다. 미세소관을 따라 이동하는 GFP 유함 단백질은 Wnt 신호를 전달하는 단백질로, dvl1(dishevelled)과 frat1(= Gsk3-binding protein) 등이 알려져 있다.

피질 회전은 노코다졸(nocodazole) 같은 미세소관 중합 해체 약품 또는 키네신 관련 단백질에 대한 중화 항체 주사에 의해 방해된다. 또한 회전이 시작되기 전에 식물반구를 UV로 조사하여도 피질 회전이 방해된다. 이러한 처리를 받은 수정란이 발생하면 배아는 방사대칭이 되며, 극단적으로 배쪽의 특징만을 갖는다(그림 8.15, 8.16a, b). 이런 배아의 중배엽은 주로 혈도(혈섬, 피섬, blood islands)를 구성하는데, 이런 혈도는 정상 발생 시에는 배쪽 중앙선에 나타난다. 노코다졸, 중화 항체 처리, UV 조사 등의 처리들은 등쪽 구조 발생을 위한 피질 회전의 중요성을 보여준다. 정자 성상체와 미세소관 배열과의 관계는 등쪽이 정자 진입 지점의 반대쪽에 형성된다는 사실을 설명해 준다.

등쪽 결정인자 자체는 Wnt 신호전달 경로의 구성 요소들로 이루어져 있는데, 이 구성요소들은 β-카테닌(β-catenin)의 안정화를 야기한다. *wnt*, β-카테닌, *huluwa* 등의 mRNA를 주입하면, UV-복측화 배아의 등쪽 축 형성을 회복시킬 수 있거나 정상 배아에 두 번째 등쪽 축 형성을 유도할 것이다. β-카테닌의 핵심 역할에 대한 증거는 안티센스 올리고뉴클레오타이드를 이용하여 난자로부터 β-카테닌 mRNA를 제거함으로써 얻어졌다. 이 처리를 받은 난자가 성숙하여 수정되면 복측화된 배아로 발달한다. β-카테

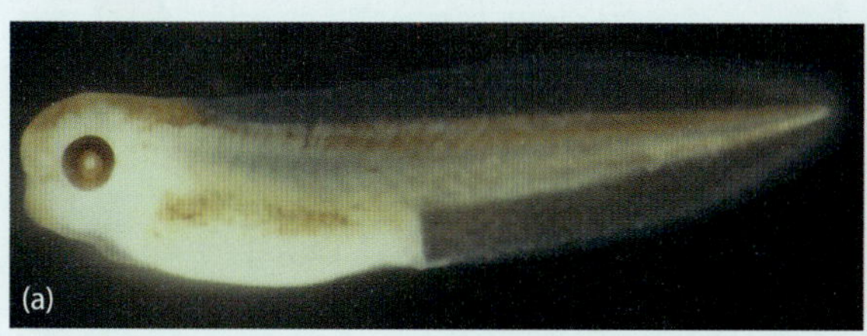

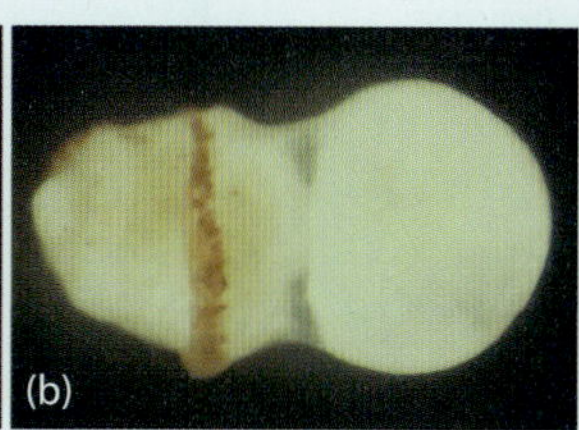

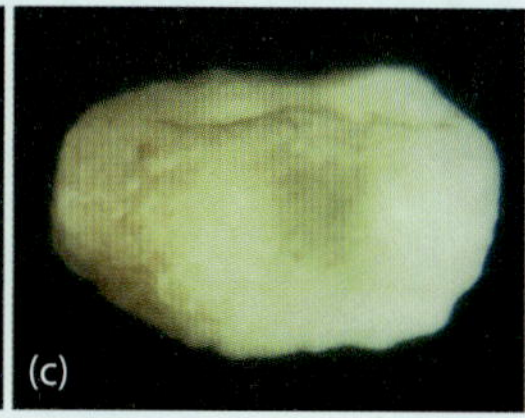

그림 8.15 발생 3일째에 리튬 및 UV-처리 배아의 모습. (a) 정상 발생; (b) 128-세포기에 리튬을 처리한 것; (c) 제1난할 이전에 UV를 처리한 것.

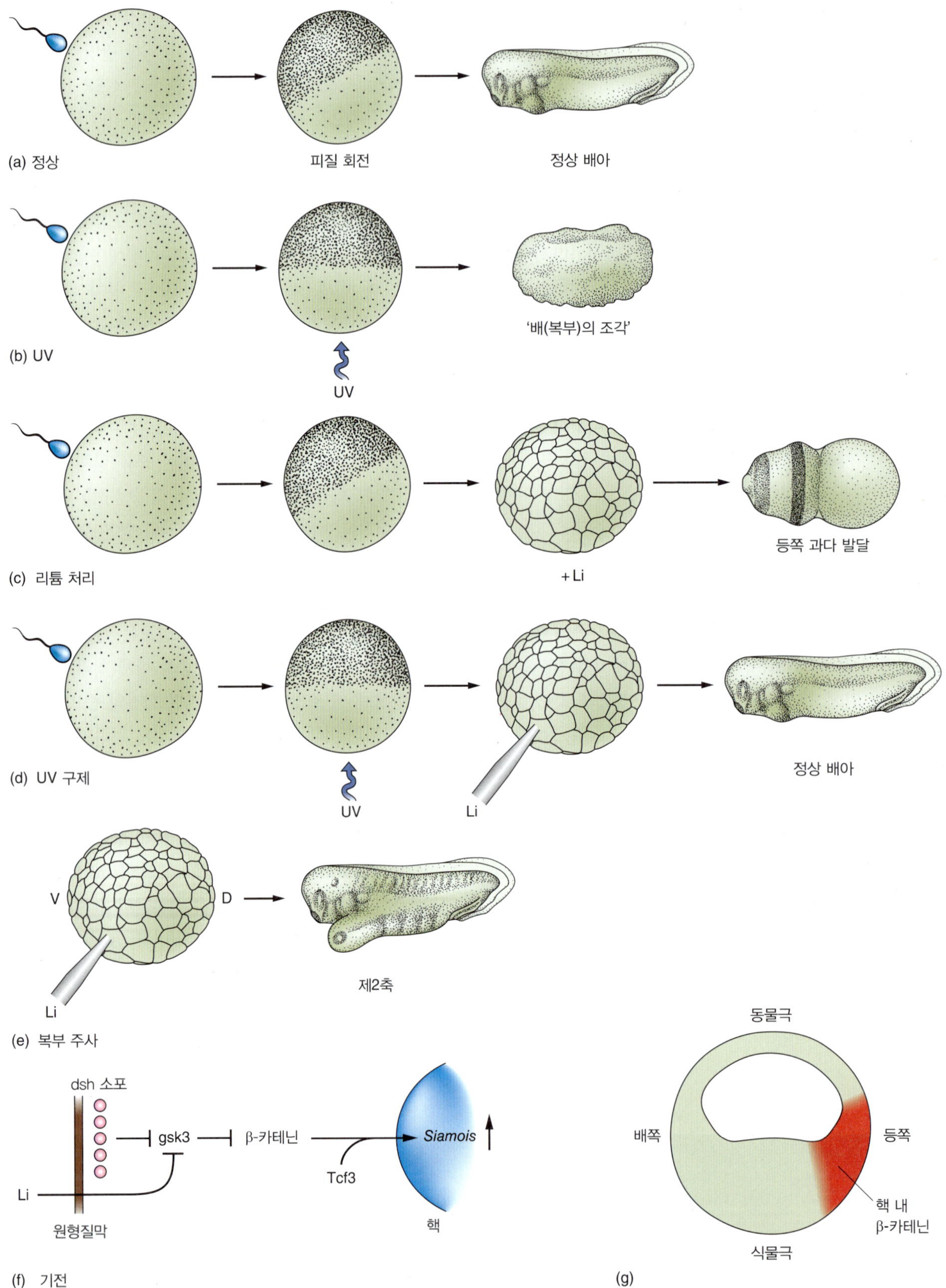

그림 8.16 등-배축 형성에 대한 실험들. (a) 정상 발생. (b) UV 처리에 의한 배쪽화. (c) 리튬 처리에 의한 등쪽 과다 발달 배아. (d) 국소적 리튬 이온 주사로 UV 처리 배아 구제. (e) 국소적 리튬 이온 주사로 정상 발생 개체에 제2의 축 유도. (f) 제노푸스 난자에서 Wnt 경로. Gsk3는 등쪽에서는 결정인자에 의해 억제되지만 다른 부위에서는 활성을 가짐. 리튬도 gsk3를 저해할 수 있음. (g) 포배 말기에 핵 β-카테닌의 위치.

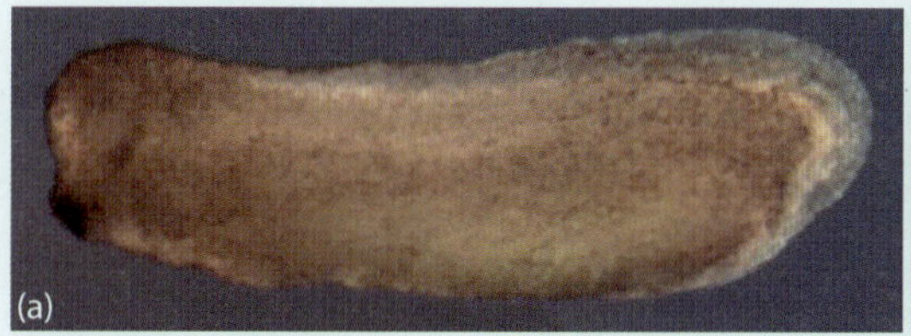

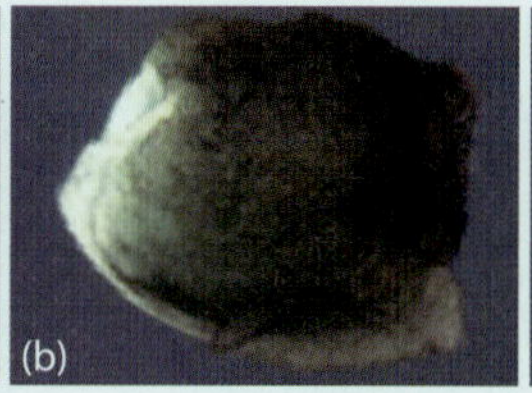

그림 8.17 난자에서 *wnt11* mRNA를 제거하고 나서 배아를 유도한 효과. (a) *wnt11*를 제거하지 않은 것; (b) *wnt11*를 제거한 것; (c) *wnt11* 제거 개체에 *wnt11* mRNA를 주사한 것. (인용) Elsevier의 허락을 얻어 Tao et al. Cell 2005; 120: 857-871의 그림을 재구성함.

닌 모폴리노를 수정란에 주입해도 같은 결과를 얻을 수 있다. 등쪽 결정인자는 단순한 세포외 리간드가 아니라 아마도 여러 가지의 Wnt 경로 구성요소를 포함할 것이다. 비록 다른 Wnt 패밀리 구성원이 과발현 분석에서 더 활성이 있기는 하지만, 난모세포 내에 존재하는 것은 *wnt5a*와 *wnt11*이다. 이 중 *wnt11* mRNA는 식물반구에 분포하고 있으며, 피질 회전 시에 등쪽을 향해 이동한다. 난모세포에서 *wnt11*을 제거하고서 배아 발생을 유도하면 복측화가 일어나지만(**그림 8.17**), *β*-카테닌 mRNA를 함께 주사하면 정상적인 배의 발생이 진행된다. 이 실험 결과는 wnt11이, 비록 wnt5a처럼 다른 Wnt 경로를 거쳐 신호를 전달하는 것으로 일반적으로 생각되기는 하지만, *β*-카테닌을 거쳐서 작용한다는 것을 시사한다. 유사한 결과가 dishevelled와 gsk3, fzd7 같은 wnt 경로의 다른 구성 요소를 이용한 발생실험에서 얻어졌다. 배아의 배쪽 측면부(ventrolateral region)에서 Wnt 경로의 활성화 억제는 Wnt co-receptor lrp와 상호작용하는 dickkopf와 같은 모계 mRNA에서 유래한 Wnt 신호 저해단백질 의해 유지된다.

이와 관련하여 새로운 기전이 제브라피시를 이용한 연구에서 최근에 알려진 경우도 있다(9장 참조). 이 연구에서는 모계 mRNA인 *huluwa*가 식물극에 위치해 있다가 초기 난할 단계에서 등쪽으로 이동하는 것으로 알려졌다(그림 8.3b). Huluwa 단백질은 Wnt 리간드의 유무와 관계 없이 Wnt-*β*-카테닌 신호를 활성화하는 막단백질이다. 제브라피시를 이용한 실험에서 알려진 결과, 모계 huluwa 기능 상실 돌연변이는 핵내에 존재하는 *β*-카테닌의 양이 줄어들어 형성체(organizer)가 형성되지 않는다. 이 돌연변이 배아는 복측화되어 척삭, 전척삭판(prechordal plate), 신경관 등의 등쪽 구조가 만들어지지 않는다. 반면, huluwa mRNA를 주입하면 배아가 등측화되거나, 두 번째 등쪽 축을 만든다. 제노푸스의 huluwa 역시 식물극 쪽에 위치해 있다가 피질 회전이 일어날 때 등/식물극(dorsovegetal) 쪽으로 이동한다(그림 8.3b). 또한 huluwa를 표적하는 모폴리노를 주입하면 복측화되며, *huluwa* mRNA를 배쪽 할구에 주입하면 두 번째 등쪽 축이 생겨난다. 이러한 연구결과로 미루어, 제노프스의 난할 단계 배아에서도 Wnt 리간드에 의해 또는 리간드가 필요 없는 두 방법에 의해 Wnt-*β*-카테닌 신호가 등쪽에서 활성화되는 걸 알 수 있다.

β-카테닌은 정상 발생 과정의 16~32 할구 시기 배아의 등쪽에 있는 핵내부로 들어가는데, 이는 면역염색 기법으로 확인할 수 있다. 핵 내부의 *β*-카테닌은 등쪽 식물극에서 관찰되며, 신경판 초기 형성에 중요한 부위인 적도의 윗부분까지도 관찰된다.

만약 초기 배아에서 Wnt 경로 구성 요소의 과발현을 유도한다면, 그리고 주사량이 원래의 등쪽 측면이 두 번째 등쪽을 생성하지는 않을 만큼 적당하다면, 그 결과는 큰 머리 부분을 갖지만 몸통과 꼬리는 충분히 발달하지 않는 '등쪽 과다 발달 배아(hyperdosal embryo)'가 될 것이다. 등쪽 과다 발달 배아는 리튬염(lithium salt)을 초기 포배에 처리하여도 간단히 유도될 수 있다. 이 배아는 UV 처리한 배와 정반대의 구조를 가질 것이며, 극단적인 경우 방사대칭에 가까운 머리를 갖는다(그림 8.15, **8.16c**). 이러한 결과는 중배엽 전체가 형성체 조직으로 발달하도록 유도되었기 때문에 나타난다. UV-유도 복측화 배아는 리튬을 국소적으로 주사하여 정상적인 발생을 하게 해서 복구할 수 있으며(**그림 8.16d**), 정상 배아의 등쪽에 국소적으로 리튬을 주사하면 제2의 등쪽 축이 유도될 것이다(**그림 8.16e**). 리튬이 이러한 효과를 갖는 것은 이 물질이 gsk3의 저해제이기 때문이며, 그래서 Wnt 신호와 같은 효과를 낸다. 리튬은 또한 인산 이노시톨(inositol phosphate) 경로를 저해하여 부가적인 효과를 나타낼 수도 있다. 정상 발생을 위한 과정이 첫 번째 세포 분열 주기부터 시작됨에도 불구하고, 이 리튬 효과는 포배 초기까지 발휘될 수 있는데, 그 이유는 **MBT(mid blastula transition,** 포배 중기로의 이행(전이)) 이전까지는 수정란 자체의 전사가 거의 없고, 따라서 *β*-카테닌의 표적 유전자가 이 단계 전까지는 적절히 발현되지 않기 때문이다. *β*-카테닌의 직접적인 표적은 TCF/LEF 전사인자이다. 모계 tcf3는 등쪽을 유도하는 유전자의 발현을 억제하며, 안티센스 올리고로 *tcf3* mRNA를 제거할 경우 등측화된 배아가 발생한다. Tcf3은 *β*-카테닌에 의해 억제자에서 촉진자로 전환되며, Tcf3는 억제활성을 상실한다. 그 결과, *gsc*, *sia1*, *nodal3*(*xnr3*)과 같은 등쪽 특이적인 유전자가 후기 포배기 배아의 등쪽에서 발현되게 된다.

리튬 이온의 등측화 효과는 MBT 이전의 제노푸스 배아에 처리할 경우에만 발생한다. 이 시기 이후에 리튬 이온을 처리하며 오히려 배아를 약하게 배측화시킨다. 이는 Wnt-β-카테닌 신호의 역할이 MBT 이후에 달라지기 때문인데, *wnt8* 유전자가 초기 낭배형성기 배아의 배쪽과 측판중배엽 쪽에서 발현하여 등쪽 구조의 발달을 억제하는 역할을 한다.

유도성 상호작용

운명지도는 3개의 배엽이 각각 다른 동-식물 영역으로부터 기원함을 보여준다: 식물 영역으로부터는 내배엽, 적도 영역으로부터는 중배엽, 그리고 동물 영역으로부터는 외배엽. 하지만, 포배에서 잘라낸 작은 조각을 이용한 외부 이식 실험은(**그림 8.18**) 중배엽을 형성하는 영역이 운명지도에서 제시한 것보다는 동물극으로부터 더 멀리 떨어져 있음을 보여준다. 운명지도는 또한 등쪽 축 구조(특히 체절들)가 대부분의 등쪽 영역에서 배쪽 경계에까지 이르는 넓은 영역으로부터 기원함을 보여준다. 그러나 외부 이식 연구는 제한된 등쪽 식물 영역만이 등쪽 축 구조를 형성할 것으로 제시한다. 외부 이식편의 분화는 분리 시 조직의 특수화 상태를 반영한다. 따라서 운명지도와 이식편 발달의 불일치는 최종 운명에 도달하기 위해 유도성 상호작용이 필수적임을 의미하며, 중배엽 및 등쪽 축 구조 형성에서는 이러한 유도성 상호작용이 더욱 중요한다.

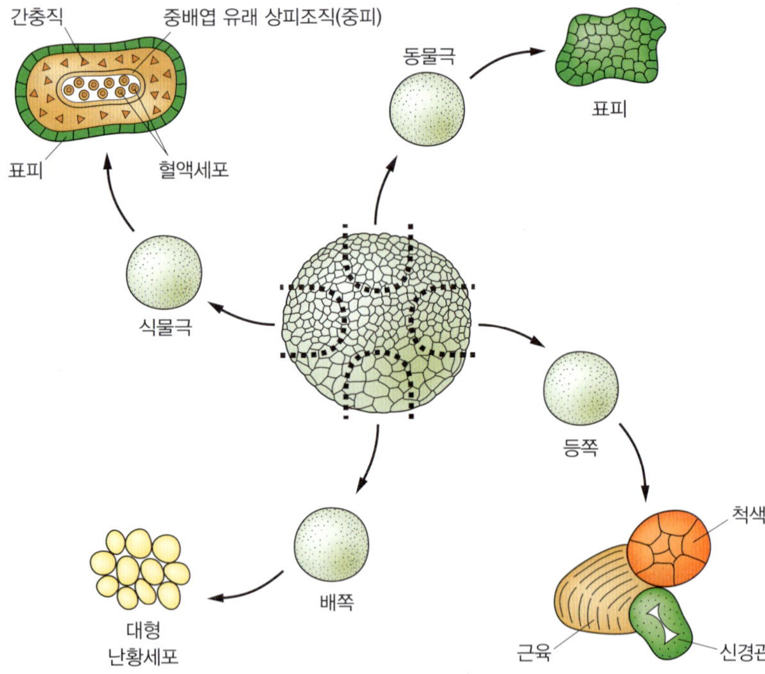

그림 8.18 포배(blastula)의 여러 부위로부터 분리한 외부 이식편(explant)의 분화.

배엽 형성

배엽 형성을 위한 일차적 원인은 난모세포 발달 기간 중 모계 mRNA의 식물반구 배치이다. 이 모계 mRNA 중의 하나가 vegT라고 불리는 T-box형 전사인자에 대한 mRNA이다. 이 mRNA는 **내배엽 결정인자**로 여겨지는데, 그 증거는 다음과 같다: 1. *vegt* mRNA는 장래 내배엽 부위에 위치, 2. 이 mRNA를 배아의 다른 부위에 주사하면 내배엽 표지물질을 유도, 3. 난모세포에서 모계 *vegt* mRNA를 안티센스 올리고뉴클레오타이드를 주사하여 제거한 후 이 난모세포를 성숙 및 수정시키면 내배엽이 결여된 배아를 생성.

내배엽(endoderm)은 특정한 전사인자들을 발현하는 부위로 규정할 수 있는데, 이 모든 관련 전사인자들의 발현은 직간접적으로 모계 vegt에 좌우된다. 이들 내배엽 특이적인 전사인자는 vegt가 제거되면 발현되지 않는다. *sox17a*, *mix1*과 같은 전사인자들은 직접적으로 vegt에 의해 전사가 유도된다. 이들 유전자는, 비록 세포가 분리되어 세포 간 신호전달이 불가능하게 될지라도, MBT 시기부터 상승 발현한다. 하지만 호메오도메인 인자 *mixer*와 징크-핑거인자 *gata4*를 포함하는 다른 내배엽 전사인자들의 발현은 vegt-보유 세포들로부터 나오는 신호에 좌우되며, 이 신호가 차단되면 발현이 유도되지 않는다. 나중에, 내배엽은 소화계 및 호흡계의 여러 조직을 형성할 부위(대, zone)들로 세분화되며, 이러한 분화는 Parahox cluster 전사인자 유전자의 발현 상승을 수반한다: 장래의 전장(foregut)에는 *pdx1* 유전자 그리고 장래의 창자에는 *cdx* 유전자이다.

중배엽(mesoderm)은 포배의 적도 영역에서 유래하며, T-box 전사인자인 brachyury를 포함한 다양한 전사인자들의 발현에 의해 특징지어진다. 32세포기 배아의 C 계열 할구에서 생성되는 중배엽은(그림 8.10) 내배엽을 형성하는 데 필요한 것보다 낮은 농도의 내배엽 결정인자에 의해 형성될 수도 있다. 반면, B 계열 할구에서 생성되는 중배엽은 **유도작용(induction)**에 의해 형성된다(**그림 8.19**; 웹사이트 동영상 5 “Induction” 참조). 동물극 상단 조직(동물반구로부터 분리한 이식편)은 분리 배양하면 **표피(epidermis)**로 발달한다. 만약

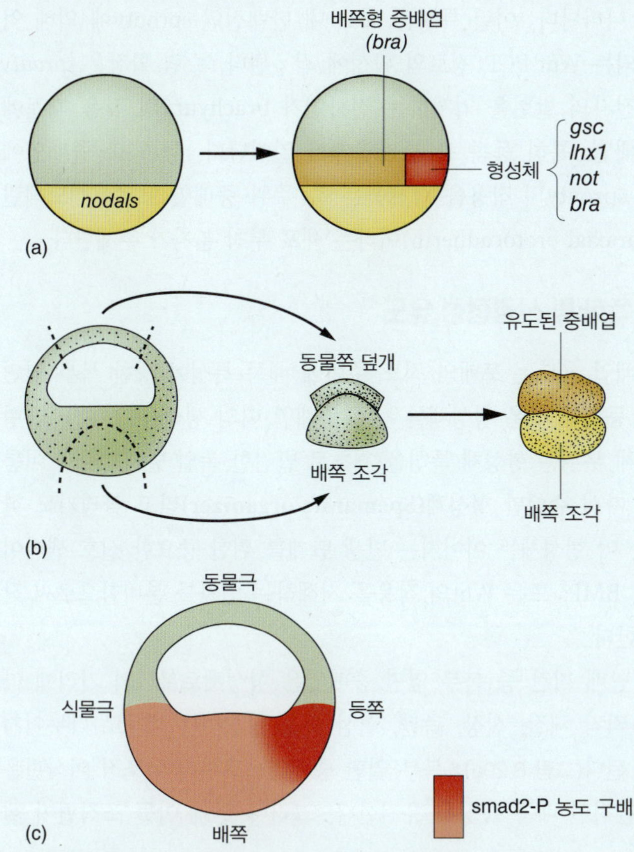

그림 8.19 중배엽 유도. (a) 정상 발생; (b) 동물극 쪽 덮개를 식물극 외부 이식편과 합하여 유도한 중배엽; (c) 포배 말기에 인산화된 smad2의 위치.

이 동물극 상단 조직이 내배엽과 합쳐지면, 이 상단 조직 부위에 많은 양의 중배엽 조직이 유도된다(**그림 8.19b**). 32세포기의 식물극 D1 할구를 동물극 할구와 붙여 놓으면 동물극 할구를 등쪽 중배엽으로 유도할 수 있으며, 같은 방법으로, D2-D4 할구는 배쪽 중배엽을 유도할 수 있다. 이와 같은 연구결과는 식물극 할구별로 상당히 다른 유도작용 활성도가 존재한다는 것을 의미한다.

중배엽 유도의 원인이 되는 인자는 종양성장인자(transforming growth factor-β, TGF-β)과에 속하는 단백질, 특히 nodal-관련 인자이다(생쥐에서의 *nodal*을 보려면 10장 참고). 유도인자의 이 부분집합은 세포질에서 smad2와 smad3 단백질을 인산화하는 세포표면 수용체를 활성화시키며, 활성화된 smad 단백질은 핵으로 이동하여 표적 유전자의 발현을 상승시킨다. *Nodal*-관련 인자의 중요성에 대한 증거는 충분하다. 첫째, *nodal5*, *nodal6* 등 몇몇 *nodal* 유전자는 vegt에 의해 발현이 유도되어 식물반구에서 발현된다. *nodal5*, *nodal6*은 128 세포기에 유전자 발현을 감지할 수 있을 정도로 배아의 발생 과정에서 매우 초기에 발현하는 유전자에 속한다. *vegt* mRNA가 결핍된 식물극 조직을 이식하면 *nodal* 유전자가 발현되지 않으므로 중배엽이 형성되지 않는다. 둘째, *nodal* 유전자를 동물극 상단조직에 처리하면 중배엽을 유도한다. 고농도의 *nodal*은 등쪽 중배엽을 유도하고, 저농도의 *nodal*은 배쪽 중배엽을 유도한다. *nodal* 유전자의 발현량은 식물극 등쪽 할구에 가장 높으며, 동물극 상단조직과 인접하면 등쪽 중배엽의 형성을 유도한다. 배아의 이 부분은 vegT와 핵 내부의 β-카테닌이 함께 존재하며, 이 두 인자는 *nodal* 유전자를 매우 강하게 발현시키기 위해 필요하다. 셋째, 이 인자들의 작용을 억제하면, 특히 cerberus-short이라고 불리는 특이적 억제제로 억제할 경우, 중배엽 유도가 방해된다. 안티센스 모폴리노를 사용한 유전자 억제 실험 결과, *nodal5*와 *nodal6*이 가장 중요한 중배엽 유도인자임이 알려져 있다.

또한 *vg1* mRNA는 난모세포의 식물극 반구에 분포하며 중배엽을 유도한다. 안티센스 올리로뉴크레오타이드 기술로 *vg1* mRNA를 난모세포에서 제거하면 중배엽 조직이 줄어든다. 그러나, vg1 단백질은 그 자체만으로는 중배엽을 유도하지 못한다. 이는 TGF-β과에 속하는 단백질의 특성인 2중 복합체 형성과 단백질의 활성화를 위한 절단 과정 등이 원활하게 일어나지 않기 때문이다. vg1은 분비 형태의 2중 복합체 형성이 가능한데, vg1의 C-말단 활성 부위와 BMP의 N-말단 부위를 연결해서 vg1의 이중복합체 형성이 가능한 mRNA를 동물극 상단조직에 발현시키면 nodal과 비슷한 정도의 중배엽을 유도한다. 이러한 현상의 이유가 최근 제브라피시를 이용한 연구에서 규명되었다(9장 참조). 이 연구에 따르면, 제브라피시 vg1(gdf3)은 동종 2중 복합체(vg1:vg1)를 형성할 수 없으며, nodal 단백질과 이종 2중 복합체(vg1:nodal)를 형성하는 것으로 알려졌다. 제노푸스에서도 이와 같다면, 제노푸스 vg1 단백질은 *nodal5* 또는 *nodal6*와 복합체를 만들어 중배엽을 유도할 가능성이 있다.

중배엽 유도와 관련된 신호전달은 포배 후기에도 시각적으로 관찰될 수 있다. 인산화된 형태의 smad2와 smad3에 대한 특이적 항체는 이들이 식물 영역과 적도 영역에 존재함을 보여준다. 이러한 사실은 배아 내의 신호가 적도 영역까지는 영향을 미치지만 동물극까지는 미치지 못함을 의미한다. 이는 또한 중배엽 유도가 대체로 *nodal*-관련 유전자들의 발현이 상승된 이후에 일어남을 의미한다. 중배엽 유도 신호에 반응할 수 있는 외배엽의 능력은 포배 초기에 증가했다가 낭배 초기에 줄어든다. 이 능력과 관련된 것 중 하나가 동물반구 내에 활발한 섬유모세포 성장인자(fibroblast growth factor, FGF) 신호이며, 이 때문에 FGF 신호에 대한 길항제는 중배엽 유도를 차단한다. FGF 또한 중배엽에 발현되며, 중배엽 특성화 및 유지 그리고 brachyury의 발현을 위해 필요하다.

낮은 농도에서 작용하는 일부 nodal 단백질은 *brachyury*와 같은 범-중배엽성 유전자와 *vents* 같은 배쪽 유전자를 상승 조절한다. 배아의 등쪽 적도 영역에서는 고농도의 nodal 신호와 β-카테닌이 함께 작용하여 *lim1*은 아니지만, *gsc, not, lhx1*과 같은 형성체 부위에서 활성화되는 전사인자의 발현을 촉진한다. 형성체 유도 능력을 갖는 내배엽 부위를 네덜란드 발생학자 이름을 따라 **뉴쿱센터(Nieuwkoop center)**라고 부르기도 한다. 동물반구 내에서도 반응 능력에 차이가 있어서, 등쪽 영역으로부터 등쪽 축 유도를 얻어 내기 훨씬 쉽다. 이것은 등쪽 결정인자에 의해 야기된 β-카테닌 활성화가 동물반구로 확장되기 때문이다.

중배엽 유도 확산의 한계는 부분적으로 유도인자의 범위에 좌우되지만, 또한 난모세포 동물반구에 배치되는 mRNA에 의해 부호화된 저해물질에 의해서도 좌우된다. 이들 중 하나가 RING 패밀리 유비퀴틴 결합효소인 trim33(ectodermin)이다. 이 물질은 유비퀴틴을 부착시켜 smad4의 농도를 감소시키는데, smad4는 nodal과 BMP 신호 경로 모두에서 필수적인 부분이다.

중배엽의 세포 특성은 낭배 기간 중 수렴 확장 운동의 형태로 나타난다. 이런 특성은 세포 내 단백질인 sprouty에 의해 억제되는 Wnt-PCP 경로의 활성에 좌우된다. 수렴 확장은 *sprouty* 유전자의 발현을 억제하는 전사인자 brachyury의 작용 때문에 중배엽, 특히 등쪽 축 중배엽에서 일어난다. 등쪽 축 중배엽에는 sprouty의 작용을 방해하는 축 주위 중배엽 프로토캐드헤린(paraxial protocadherin)이라는 세포 부착 분자가 존재한다.

등쪽화 및 신경형성 유도

중배엽 유도는 포배의 적도 주변에 배쪽 특성이 강한 복부 옆면과 등쪽에 작은 형성체를 갖는 중배엽 띠의 생성을 초래한다. 형성체 부위는 형성체 특성을 최초로 발견한 독일 발생학자의 이름을 따서 **슈페만 형성체(Spemann's organizer)**라고 불리기도 한다. 이 형성체는 이어지는 발생 단계를 위한 중요한 신호 센터이며, BMPs 또는 Wnt의 작용을 저해하는 인자를 분비함으로써 작용한다.

낭배 기간 중 복부 옆면 중배엽은 형성체로부터의 거리에 따라 각각 체절, 신장, 측판, 혈섬 등을 형성하는 대들로 나누어지게 된다(그림 8.20a). 복부 옆면 중배엽으로부터의 조직 이식편은 극단적인 배쪽 특징을 유지한다. 그러나 만약 이들 조직편이 실

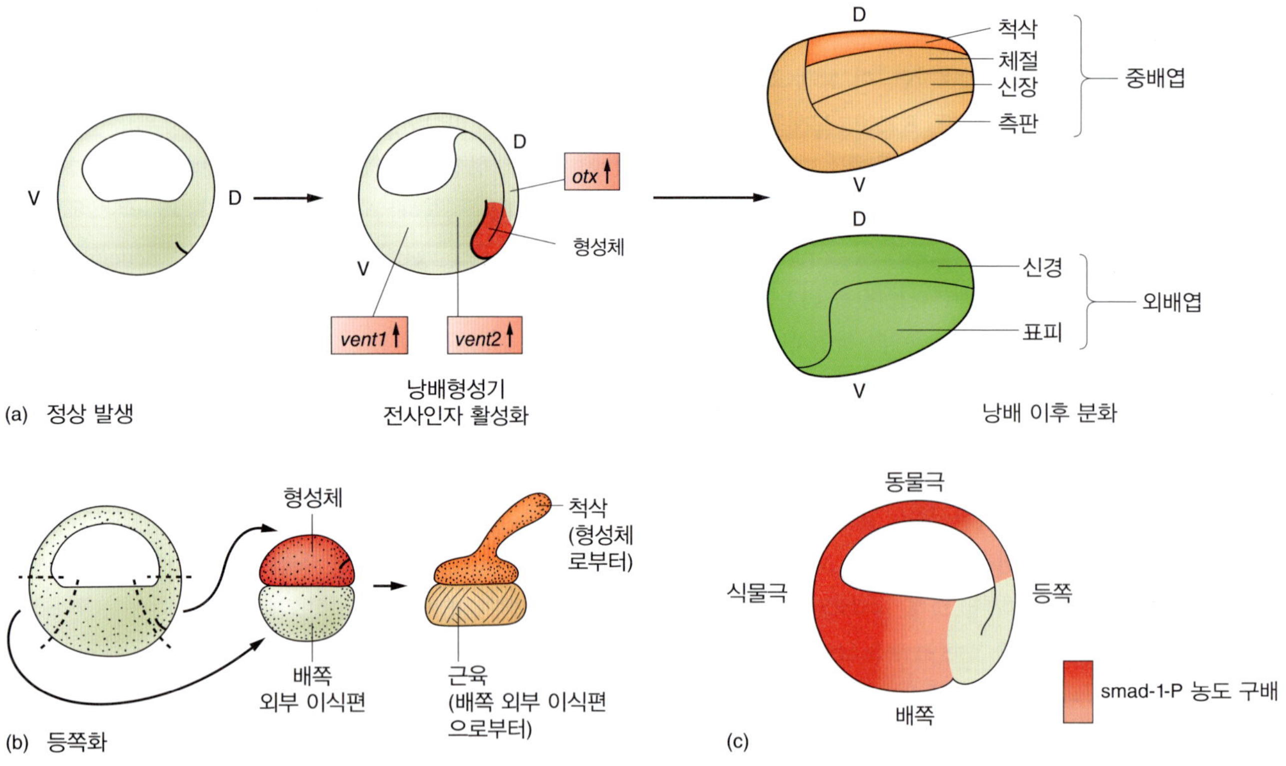

그림 8.20 중배엽의 등쪽화. (a) 정상 발생; (b) 배쪽 외부 이식편을 형성체와 합쳐서 유도한 근육; (c) 낭배 초기에 인산화된 smad1의 위치.

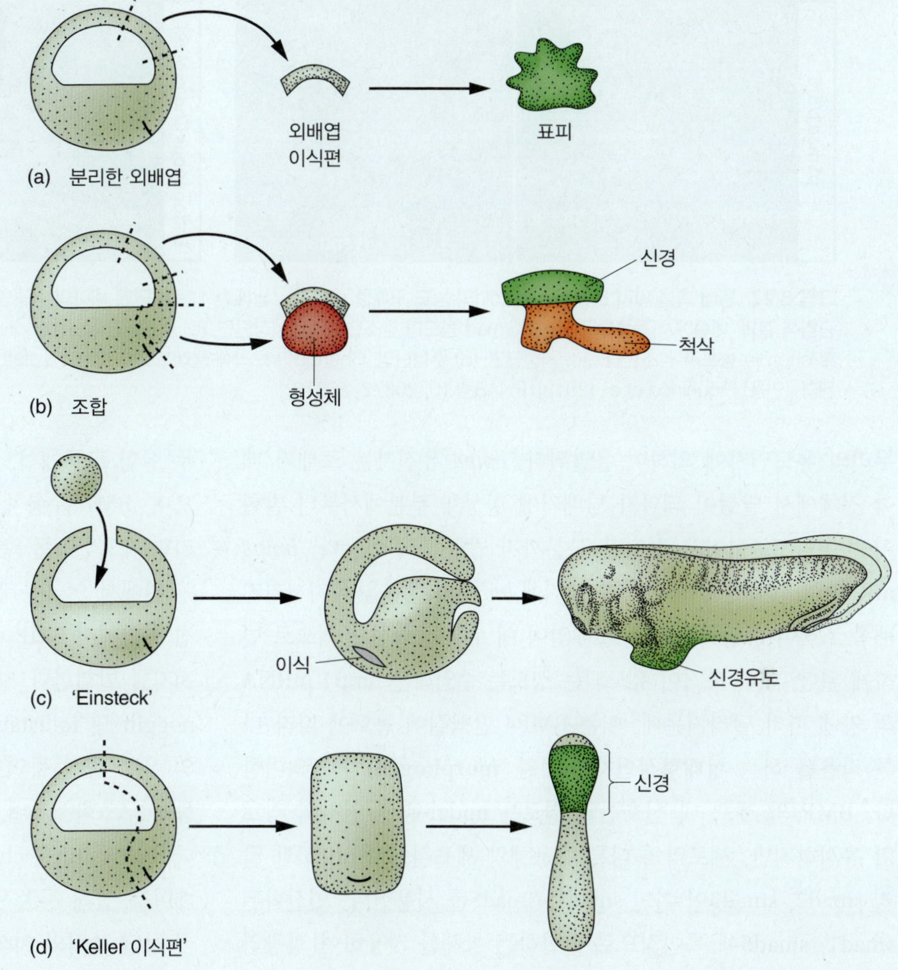

그림 8.21 신경 유도. (a) 장래의 뇌로부터 분리한 외배엽이 표피로 전환; (b) 외배엽이 형성체와 합쳐져서 신경형성; (c) Einsteckung 절차에 의해서 배쪽 외배엽에 신경형성이 일어날 수 있음; (d) Keller 외부 이식편.

험적으로 형성체 조직과 합쳐진다면, 그 조직편은 등쪽화될 것이고 큰 근육덩어리와 전신 세관(pronephric tubules)을 형성할 것이다(그림 8.20b).

또한 낭배 기간 중, 형성체의 영향으로 외배엽으로부터 신경판이 유도된다. 낭배의 외배엽이 형성체와 접촉하면 sox2를 포함하는 다양한 전사인자와 세포 부착 물질인 N-CAM을 발현하는 특징을 갖는 **신경표피(신경상피, neuroepithelium)**를 형성한다. 실험적으로 신경표피 형성을 유도하는 여러 방법이 있다. 가장 간단한 방법은 반응성이 있는 외배엽을 형성체 조직과 합하는 것이다(그림 8.21b). 또 다른 방법은 Einsteckung 절차인데, 이 방법에서는 형성체 조각을 낭배 초기의 포배강 안에 삽입하여 낭배형성 운동에 의해 배쪽 외배엽 방향으로 압착되게 하는 것이다(그림 8.22c). 마지막으로, **형성체 이식**에 의해서(아래 참고) 제2등쪽 중배엽축 위에 있는 외배엽으로부터 제2의 신경판이 형성된다.

만약 포배가 일반적으로 사용하는 묽은 용액이 아닌 배아에 등장인 염용액에서 배양된다면, 이 포배들은 함입하는 대신 안쪽 중배엽이 동물반구로부터 자라나와서 **외낭배(exogastrulate)**를 형성하게 된다(그림 8.7). 중배엽이 외배엽과 층을 이루는 대신 끝을 마주대고 늘어선다. 중배엽과 외배엽이 인접해 있으면서 층을 이루지 않는 또 다른 상황은 **켈러 외부 이식편(Keller explant)**이다. 이것은 원구배순으로부터 동물극으로 신장하는 등쪽 조직의 외부 이식편이며, 낭배의 다른 특징이 결여된 수렴 확장 운동을 보여준다(그림 8.21d). 중배엽이 외배엽 아래 위치하지 않는 이 두 상황에서도 여전히 약간의 신경형성 유도가 일어나 다수의 구조에서 올바른 앞뒤 형태가 만들어진다. 이는 신호가 한 층으로부터 다른 층으로 전달(**병렬 유도, appositional induction**)될 뿐만 아니라, 조직의 면을 따라서도 전달(탄젠트유도, 직렬유도, tangential induction)될 수 있음을 보여준다.

정상 발생에서 낭배형성기 배아의 등배축 패턴 형성은 BMP 계역의 유도인자에 의해 조절된다. 형성체로부터 분비된 같은

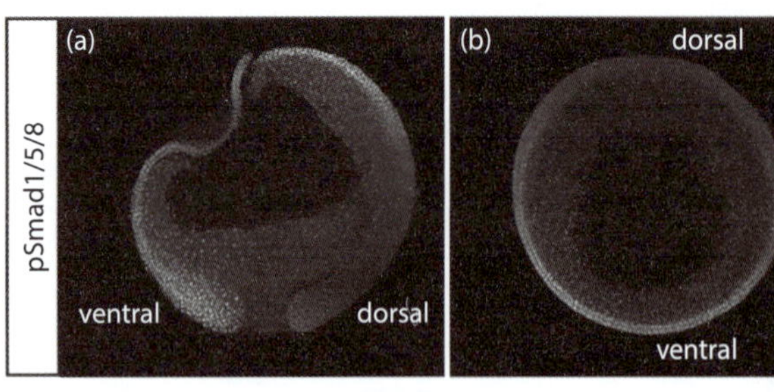

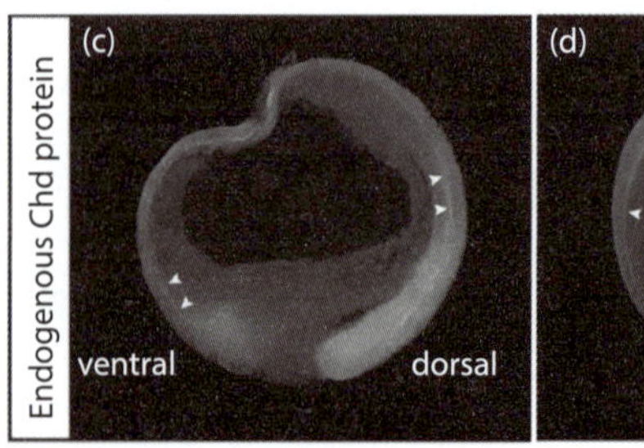

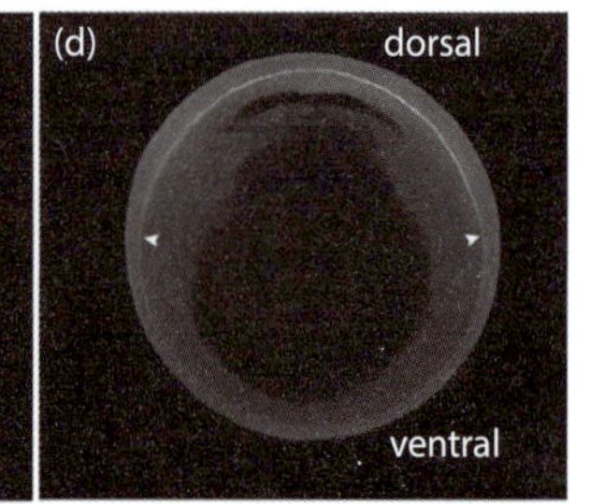

그림 8.22 등배 축을 따라 BMP와 chordin의 농도 구배를 보여주는 낭배기 11-12단계 배아의 형광염색 사진. (a, b) 인산화된 smad 항체를 사용한 형광염색 결과, 배쪽에서 등쪽으로 인산화 smad 농도가 감소한다. (a) 시상단면, (b) 수평단면 (c, d) chordin 항체를 사용한 형광염색 결과, 등쪽에서 배쪽으로 chordin 농도가 감소한다. (c) 시상단면, (d) 수평단면. Chordin이 브라쉐 클레프트(Brachet's cleft)로 알려진 외배엽과 내중배엽 사이의 틈에서 감지된다. (인용) Plouhince et al. (2013). PNAS. 110, 20372-20379.

무리의 유도인자에 의하여 유발된다. *bmp4* 유전자는 포배기 배아 전체에서 발현이 되다가 낭배기에 형성체 부분에서부터 발현이 줄어들고, 이어서 신경판 부분까지 발현이 줄어든다. *bmp4* mRNA를 배아에 주입해 등쪽 부위에 *bmp4*의 발현을 유지시키면 배쪽 조직이 형성돼서 모든 중배엽이 배 부위의 혈섬 조직으로 변하게 된다. 배쪽 조직이 유도되는 정도는 주입하는 bmp4 mRNA의 양에 따라 달라지는데, 이는 BMP4 단백질에 농도에 따라 다른 작용을 하는 **형태형성인자(형태원, morphogen)**임을 의미한다. BMPs의 세포 내 신호전달 경로는 nodal-관련 인자의 경로와 유사하지만, 세포막의 다른 수용체와 세포질에서 nodal과 달리 smad2, smad3이 아닌 smad1, smad5를 사용한다. 인산화된 smad1, smad5에 특이적으로 결합하는 항체를 사용하여 형광염색을 해보면, 낭배형성기 중후기 배아의 등쪽에서 배쪽 방향으로 인산화된 smad1, smad5가 핵에 더 많이 존재함을 볼 수 있다(그림 8.22a,b). 높은 BMP 활성은 호메오박스 유전자인 *ventx1*과 *ventx2* 유전자의 발현을 유도하는 반면, 낮은 활성은 *ventx2* 유전자 만을 발현시킨다(그림 8.4, 8.20a). 두 *ventx* 유전자가 발현되는 부위는 나중에 측판(lateral plate)이 된다. 가운데 배쪽 부위에서 측판은 혈섬을 형성하는데, 이 혈섬에서 BMP 신호는 장차 조혈 줄기세포의 생성을 유도하는 전사인자인 *tal1(SCL)* 유전자의 발현을 촉진한다(17장 참조). *ventc1*은 발현되지 않고 *ventc2*만 발현되는 부위는 나중에 체절이 되며, 머지않아 *myf5*와 같은 **근원성 인자(myogenic factor)**에 대한 유전자의 상승 조절을 보인다. BMP 신호는 또한 형성체에서 발현되는 유전자의 발현을 억제하므로, 형성체 부분에서는 BMP 신호가 없어야만 한다.

형성체가 형성되기 위해서 BMP 신호가 저해되어야 한다는 사실은 안티센스 모폴리노를 사용하여 *bmp2, bmp4, bmp7* 3개의 BMP 유전자의 발현을 저해한 실험과, BMP 활성을 막는 BMP 수용체의 우성 음성 돌연변이를 이용한 실험을 통해 규명되었다. 두 실험 모두에서, BMP 신호를 억제할 경우 배아를 등쪽화시켰으며, BMP 수용체의 우성 음성 돌연변이를 배쪽 할구에 발현시키면 제2의 등쪽 축 구조가 생성되었다.

위에서 언급한 전사인자에 더하여, 형성체는 BMP 분자에 직접 결합해서 BMP 수용체에 결합을 방해하는 여러 분비단백질 유전자를 발현한다. 이 유도인자는 구조적으로 매우 다른 chordin, noggin 및 follistatin이다. *chordin* 또는 *noggin*은 BMP 수용체의 우성 음성 돌연변이와 비슷한 효과를 보이는데, 배아 전체를 등쪽 구조화시키며, 배쪽 혈구에 주입하면 제2 등쪽 축이 형성된다. Follistatin은 chordin 또는 noggin보다 다소 약하게 작용하여 배아를 쉽게 등쪽 구조화시키지는 못한다. 이 세 단백질은 동물극 상단 조직의 이식편을 중화시키는 작용을 한다. Chordin 안티센스 모폴리노만을 수정란에 주입하면 단지 머리쪽 신경판의 정상적인 발생 과정만을 방해하지만, 3개의 유전자를 표적하는 세 종류의 모폴리노를 주입하면 BMP 신호를 활성화시켜 배어 전체를 배쪽 구조로 변화시킨다. 이와 같이 이 세 단백질은 중복된 역할을 수행하고 있어 3개 중에서 2개만 있어도 정상적으로 작용한다. 면역염색법으로 chordin을 염색해 보면 낭배형성기 중기에 chordin 단백질이 형성체에서 가장 강하고, 주위로 확산되어 농도 구배를 형성함을 확인할 수 있으며, 등쪽이 배쪽보다 약 5배 정도 높은 농도를 유지하고 있다(그림 8.22c,d). 이러한 BMP 저해 단백질의 농도 구배는 BMP 신호의 등-배 축 활성에 차이를 일으켜서 등-배 조직의 운명을 결정하게 된다.

Chordin 단백질의 농도 구배는 *tll1(tolloid-like 1)*과 같은 여러 분비 단백질의 복잡한 상호작용으로 조절된다. Tll1 단백질은 단백질 절단효소로서 chordin을 잘라 BMP 단배질과의 결합력을 약화시키는 역할을 한다. 따라서 tll1에 의재 잘려나간 chorcin은 BMP와 결합할 수 없고, chordin으로부터 유리된 BMP 단백질은 수용체에 결합하여 BMP 신호를 활성화할 수 있다. *tll1* 유전자는 보통 BMP 신호에 의해서 배아의 배쪽 조직에서 발현되어 BMP 신호를 증폭시키는 역할을 한다. 수정란에 *tll1* mRNA를 주입하면 chordin 레벨을 줄여 배아를 배쪽 구조화시키고, tll1 모폴리노를 주입하면 반대로 chordin 레벨을 상승시켜 배아를 등쪽 구조화시킨다. 이 두 경우 모두 chordin 농도 구배가 심각하게 방해된 경우이다. 제노푸스의 등-배 조직의 운명을 결정하는 세포 외부 단백질의 네트워크는 초파리에서도 매우 비슷하게 작용한다. 이는 진화적으로 이러한 단백질 네트워크가 아주 오랫동안 유지되고 있다는 사실을 의미한다. 실제로, 이 세 유전자를 암호화한 유전자가 대부분의 다세포 동물에 존재하고 있다.

BMP 억제인자만으로 배쪽 외배엽을 신경계통 조직으로 유도할 수 없기 때문에 BMP 신호의 억제가 신경계통 조직 분화에 충분하지 않은 것으로 알려져 있다. 32세포기의 운명지도를 보면 A4 할구는 배쪽 표피로만 발달하는데(그림 8.10), 이 A4 할구는 BMP 억제인자 mRNA를 주입해도 세포의 운명이 변하지 않는다. 이를 통해 신경계통 조직의 유도에 또 다른 신호가 필요하다는 걸 알 수 있다. 닭의 배아를 이용한 실험을 통해 FGF 신호가 초기 신경계통 조직의 유도에 필요함이 알려졌다(10장 참조). 그러나 비슷한 현상이 제노푸스에서도 일어나는지는 확실치 않다. FGF 신호는 제노푸스의 동물극 상단조직을 신경계통 조직으로 유도할 수 있지만, 이는 FGF 신호가 직접 신경계통 조직으로 유도하는 것이 아니라, BMP 신호를 억제하여 신경계통 조직을 유도한 결과라고 분석된다. FGF 신호에 의해 mapk1(mitogen-activated protein kinase 1, ERK2) 단백질이 활성화되고, 이는 smad1 단백질을 인산화시켜 활성을 억제한다. 이러한 mapk1 단백질의 기능은 동물극 상단조직 세포를 조직으로부터 흩트려놓으면 신경계통의 세포로 분화하는 이유를 설명할 수 있다: 조직이 아닌 단일 세포로 흩어지면 상처 회복 과정의 신호 전달을 통해 mapk1 단백질이 활성화되기 때문이다.

BMP 신호 저해에 덧붙여, Wnt 저해의 한 요소도 정상적인 등쪽화 과정에 수반된다. MBT 이후, *wnt8* 유전자가 중배엽의 비형성체(nonorganizer) 부위에서 활성화되고, 이에 따라 Wnt 경로는 이제 **배쪽화하는 효과**(*ventralizing effect*)를 갖게 된다. 비록 Wnt 경로가 난자에서 피질회전이 진행되면서 등쪽화하는 기능을 갖지만, MBT 이후에는 전사인자 tcf3가 lef1에 의해 대체된다. 이 두 인자 모두 β-카테닌과 협동하지만, 표적 유전자와 관련해서는 다른 특이성 범위를 보여주는데, tcf3는 등쪽화, lef1은 배쪽화하는 유전자에 각각 작용한다. 이것은 이 두 전사인자를 무력화시키는 돌연변이에서 반대 효과를 나타내기 때문에 과학적으로 설명 가능하다: tcf3 음성 돌연변이에서는 배쪽화가 그리고 lef1 음성 돌연변이에서는 등쪽화가 유도된다. 분화 능력의 이러한 변화는 MBT 이후 리튬을 처리하면 등쪽화가 아닌 배쪽화 효과가 나타난다는 지금까지의 난해한 사실을 설명한다. 형성체로부터의 등쪽화 신호는 적어도 하나의 frzb(frizzbee로 발음)라고 불리는 Wnt 저해요소를 포함하는데, 이 저해요소는 wnt8의 작용을 저해하며 Wnt 수용체의 세포외 부분을 닮았다.

비율 조절

오랫동안 주의를 끌어온 초기 발생 시 부위별 특수화의 한 측면은 **비율 조절(proportional regulation)**을 나타내는 여러 유형의 초기 배아가 갖는 능력이다. 다시 말하자면, 만약 배아로부터 물질이 제거되면 최종적으로 만들어질 형태에서 빠진 부분이 생기는 것이 아니라 정상 형태의 축소된 형태가 만들어진다(4장 참고). 실제 발생에서 완벽한 형태 비율이 이루어지지는 않지만, 각 형태의 발생은 정상 발생을 지향한다. 형태형성인자의 단순확산 경사는 비율 조절을 설명하지 않는다; 사실, 실제 발생은 잘린 표면에 형태형성인자가 축적되기 때문에 반조절적 모습을 보여준다(그림 2.16c). 조절적 행동을 보여줄 수 있는 모델은 항상 다른 확산 특성을 갖는 2개의 경사를 가지며, 그 둘 사이에 농도의 비교를 수반한다.

제노푸스에서만 조절 기전이 밝혀졌다. 핵심은 등쪽 부위에서 반등쪽화 형태형성 단백질(antidorsalizing morphogenic protein, ADMP)이라 불리는 BMP형 유도인자의 발현이다. 형성체에서 발현됨에도 불구하고, 이 단백질은 BMP와 유사하게 배쪽화하는 특성을 보인다. mRNA 또는 모폴리노를 주입하여 단백질의 활성을 조절하며 배아에 형성된 기관의 비례가 바뀌게 된다(**그림 8.23**). 이 단백질의 전사는 BMP 신호에 의해 억제된다. 그래서 만약 배쪽 조직의 양이 실험적으로 감소된다면 BMP 경사가 낮아질 것이며 *admp* 발현 도메인은 확대될 것이다(**그림 8.24**). Admp 단백질은 BMP 억제인자인 chording과 결합하고, admp:chordin 복합체는 형성체에서 배쪽으로 확산한다. Tolloid 단백질이 chordin 단백질을 절단하면 admp 단백질이 이 복합체로부터 분리되어 활성화되며, 새로운 배쪽 구역에 *bmp* 유전자의 발현을 증가시키게 된다. 이러한 분자 기작으로 등쪽 절반 배아가, 비록 완전히 정상 비율로 회복되지는 않더라도, 완전한 등-배 형태를 형성하는지를 설명할 수 있다.

이 분자 요소를 제거하면, 비율을 조절하기 위한 능력은 상실된다. 그래서 이 4가지 요소(*bmp2*, *bmp4*, *bmp7* 그리고 *admp*)

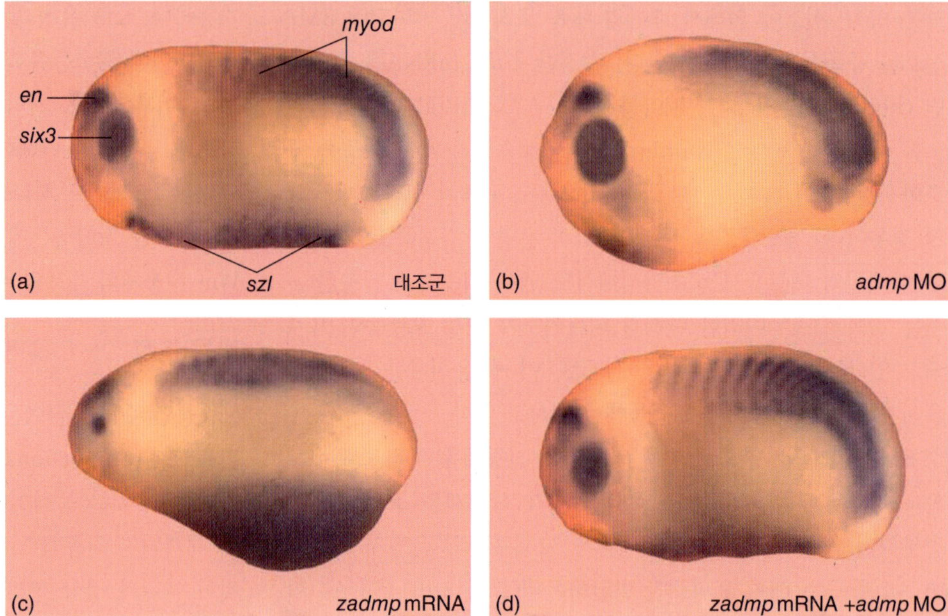

그림 8.23 admp의 배쪽화 활성. (a) 4가지 유전자의 정상적 발현 영역을 보여주는 대조군 발생배. (b) *admp* 모폴리노는 형태의 등쪽화를 초래함. (c) 제브라피시 *admp* mRNA 과발현은 배쪽화를 초래함. (d) 제브라피시 *admp*는 모폴리노에 의해 인식되지 않기 때문에 함께 주사하면 *admp* 모폴리노의 효과를 상쇄함(대조군과 유사한 발생). (인용) Elsevier의 허락을 얻어 Reversade and De Robertis, 2005의 그림을 재구성함.

를 제거하기 위해 모폴리노를 주사한 배아는 완전한 신경형성을 하지만 비율 조절을 보이지 않는다(**그림 8.25**).

전-후 형태형성

낭배형성 시기 동안 특정 영역의 등쪽에서 배쪽으로의 형태형성만 진행되는 것이 아니고 앞쪽에서 뒤쪽으로의 형태형성도 진행된다. 신경 유도 활성은 형성체와 형성체로 발달할 중심축 중배엽 둘 다에 의해 나타난다. 두 경우 모두 유도는 부위별 특이성을 보여준다. 앞쪽 형성체 또는 앞쪽 축 중배엽은 뇌 구조를 유도하지만, 뒤쪽 형성체 또는 뒤쪽 축 중배엽은 모두 뇌와 척수를 유도한다. 완전한 신경축이 뒤쪽 형성체에 의해 유도될 수 있기 때문에 중추신경(CNS) 형성 기간 중 뒤쪽 신호가 앞뒤 형태형성을 통제한다고 오랫동안 생각되어 왔다.

초기 앞뒤 형태형성은 낭배형성 전에 형성체 내부에 두 영역의 형태로 존재하는데, 이 두 영역은 ß-카테닌과 nodal-관련 신호의 비율 차이로부터 유래되었으며, 두 신호는 각각 피질회전과 중배엽 유도로부터 발생한다. 앞쪽 부분은 나중에 앞쪽 내배엽과 전척삭(prechordal) 중배엽이 될 것이다. 이 부분은 낭배형성 기간 중 섬유질 기부에 부착한 채로 외배엽의 포배강 표면을 따라 포복하면서 동물극을 향해 움직여간다. 이 부분은 *goosecoid*를 포함하는 특정 전사인자 유전자의 발현으로 특징지어진다. 이 부분은 외배엽으로부터 *otx2*(전뇌/중뇌) 및 *ag1*(접착샘)과 같은 앞쪽 유전자의 발현을 유도한다. 이 부분의 앞쪽 유도 활성은 cerberus(Wnts와 BMPs 그리고 nodal-관련 인자의 저해인자)와 dickkop(Wnt 저해인자)를 포함하는 분비인자들에 기인한다. 이는 BMP 억제인자를 함께 주입한 연구결과로 입증되었다. 앞에 언급한 것과 같이, BMP 억제인자 mRNA만을 배아에 주입하면 제2 등쪽 축을 유도한다. 그러나 제2 등쪽 축은 머리구조가 잘 발달하지 않는다. 반면, BMP 억제인자와 dkk1 또는 우성 음성 Wnt8 등의 Wnt 억제인자 mRNA를 함께 주입하면 머리구조까지 완벽한 제2 등쪽 축이 형성된다. 또한 cerberus의 유전자 이름은 cerberrus를 배쪽에 발현시키면 머리가 형성되는 현상에서 유래되었다.

뒤쪽 부분은 장차 척삭과 체절이 되며, 낭배형성 기간 중 수렴 확장에 의해 현저히 길어진다. 이 부분은 호메오박스 유전자 *not*와 T-box 유전자 *brachyury*를 포함하는 다른 전사인자 유전자 무리의 발현으로 특징된다. 이러한 유전자의 발현은 *otx2*, *hoxb9*과 같은 외배엽으로부터 앞쪽 유형 유전자와 뒤쪽 유형 유전자 둘 다의 발현을 유도하며, 뒤쪽화 활성은 FGFs와 Wnts의 분비에 기인한다. 이 모든 것들은 *cdx* 유전자에 의해 암호화된 한 무리의 전사인자를 상승 조절하며, 그 결과 뒤쪽 Hox 유전자에 상동적인 무리(Hox6-13)가 상승 조절된다(**그림 8.26**). Hox 유전자 중 이 부분 집합은 몸통과 꼬리 부분의 형태를 특정하는데, 이 유전자는 낭배형성 기간 중 순차적으로 발현된다.

몸통-꼬리 부위를 유도하기 위해 FGF와 Wnt 신호가 요구된다는 증거는 충분히 많다. 낭배형성 기간 중 몇 개의 FGFs와 Wnts가 원구 주변인 뒤쪽 부위에서 발현된다. 이들의 활성은 ERK

그림 8.24 분리한 등쪽 절반 배아의 비율 조절. 등쪽 절반의 분리는 BMP 활성 영역을 감소시켜서 *bmp* 발현의 소멸을 유도한다. 이는 *admp* 발현 영역의 증가를 야기하고, 이 증가한 *admp* 활성은 새로운 배쪽에 *bmp* 발현을 재확립한다. 이것은 매우 단순화된 그림이며, 실제 상황에서는 다른 인자들이 작용하여 BMP 저해 인자의 전사에 부가적 효과를 나타낸다.

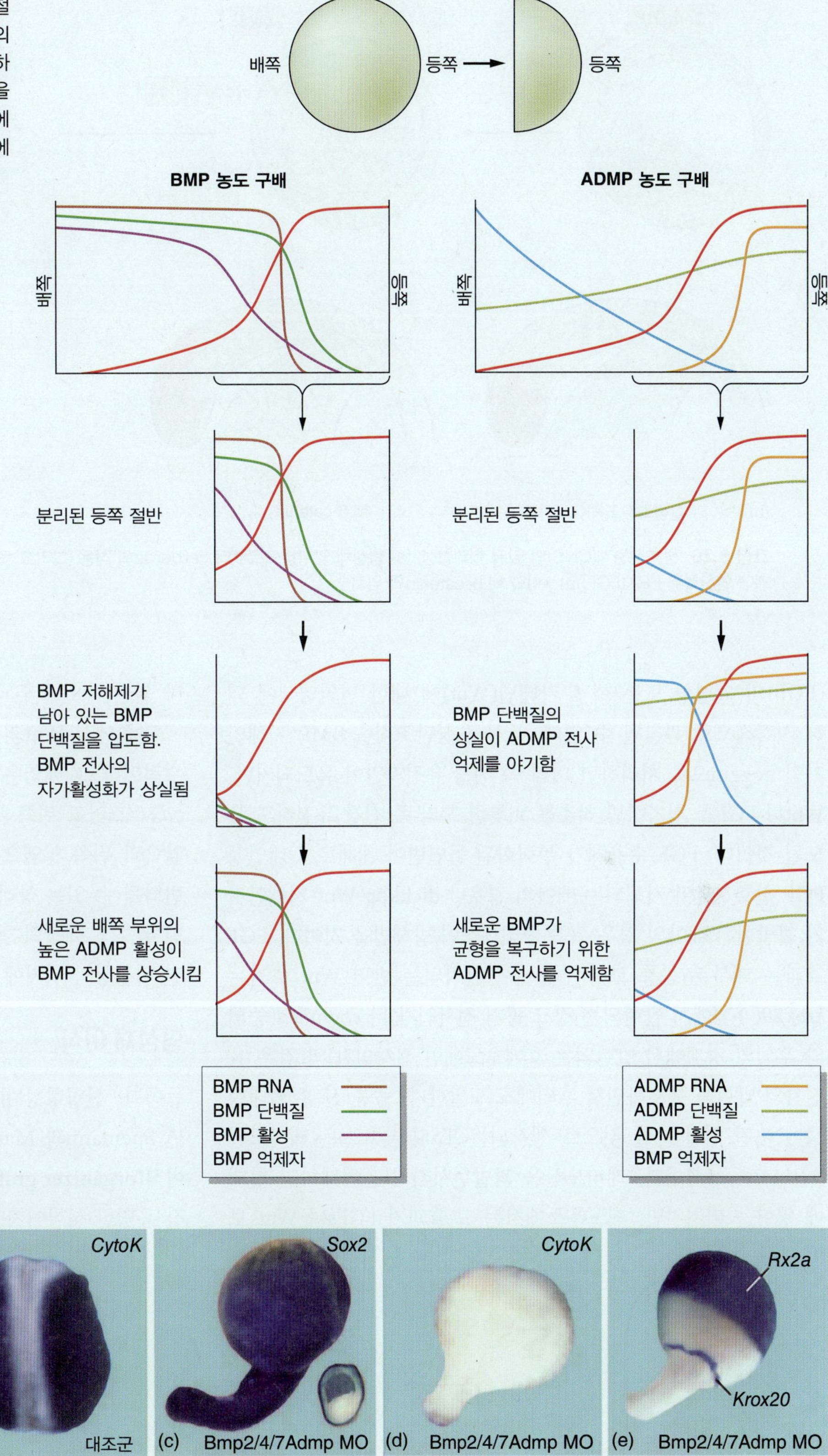

(a) 대조군 *Sox2* (b) 대조군 *CytoK* (c) Bmp2/4/7Admp MO *Sox2* (d) Bmp2/4/7Admp MO *CytoK* (e) Bmp2/4/7Admp MO *Rx2a* *Krox20*

그림 8.25 배아에서 모폴리노를 이용하여 세 가지 BMPs와 *admp*를 모두 제거한 효과. (a, b) 신경상피 전사인자를 부호화하는 *sox2* 그리고 표피성 사이토케라틴 mRNA가 발현되는 대조군들. (c, d) 4가지 인자 모두 부재 시 배아 전체의 신경조직화. (e) 전뇌(*rx2a*)와 후뇌(*krox20*) 표지의 발현으로 확인되듯이 앞뒤 형태는 유지됨. (인용) Elsevier의 허락을 얻어 Reversade and De Robertis, 2005의 그림을 재구성함.

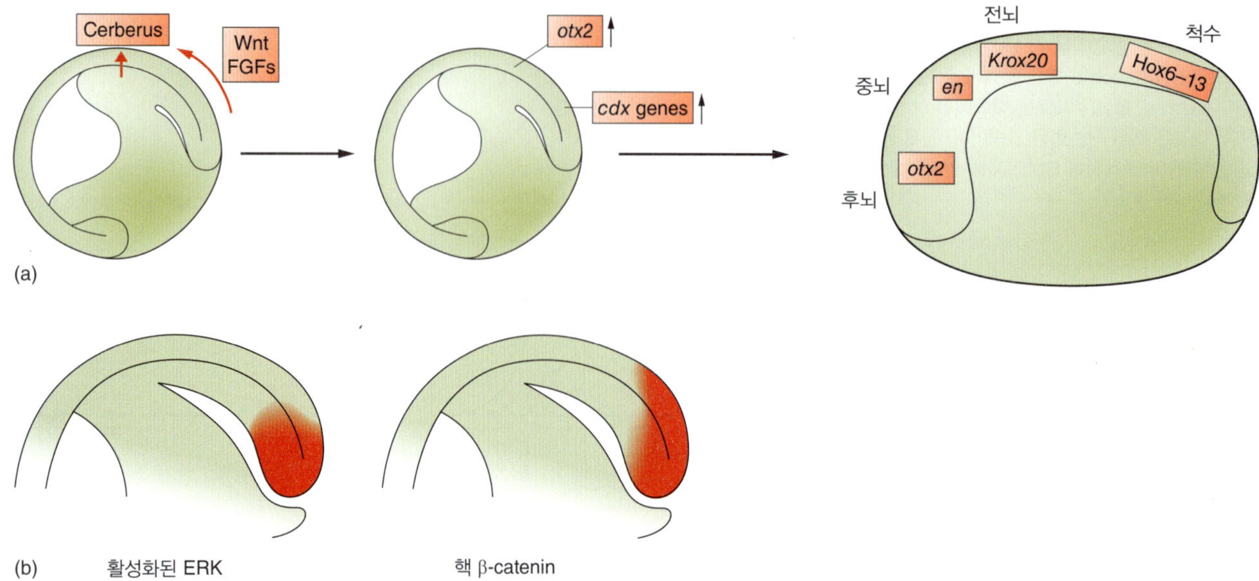

그림 8.26 중추신경계(CNS)의 앞뒤 형태형성. (a) 형성체 앞부분으로부터 cerberus의 작용. 그리고 뒷부분으로부터 FGFs와 Wnts의 작용. (b) 낭배 말기에 인산화된 ERK(FGF target)와 핵 β-catenin의 위치.

(FGF)의 활성형 또는 핵 β-카테닌(Wnt)에 대한 면역염색에 의해 시각적으로 관찰될 수 있다. 동물극 상단조직을 BMP 저해인자인 noggin으로 처리하면 머리 쪽 신경 유전자만이 유도되지만, Wnt나 FGF를 첨가하면 척추를 비롯한 꼬리 쪽 신경 유전자도 유도될 것이다. FGF 수용체가 무력화된 돌연변이 개체로서 내인성 FGF 신호전달이 저해되는 배아의 경우나 dickkop Wnt 저해인자가 과발현된 배아의 경우 뒤쪽 형태형성이 방해받을 것이다. FGF 효과는 대부분 몸통-꼬리 부위에서 감지되는 반면 Wnt 효과는 *krox20*(후뇌에서 발현되는 징크-핑거 전사인자)나 *engrailed*(중뇌와 후뇌의 경계에서 발현되는 호메오도메인 전사인자)와 같은 유전자의 발현을 통제하면서 후뇌에도 도달한다. 종종 전-후 형태형성에 어떤 역할을 할 것으로 생각되는 또 다른 요소는 레티노산(retinoic acid)이다. 레티노산을 과발현시키거나 억제하면 형태에 영향을 미치지만, 제노푸스에서는 그 효과가 FGFs나 Wnts보다 훨씬 적으며 후뇌에 크게 집중된다.

앞쪽에서 Wnt의 억제는 전장(foregut)의 형성을 위해서도 필수적이다. 내배엽은 초기에 앞부분에서 전사인자 유전자 *hhex*와 *pdx1* 그리고 뒤쪽 부분에서 전사인자 유전자 *cdx*의 발현에 의해 앞쪽과 뒤쪽 영역으로 나뉜다. 이 영역은 초기 약 24시간 동안은 변화될 수 있는 상태로 유지된다. 앞부분에서 Wnts를 과발현시키면 위, 간, 췌장의 형성을 억제할 것이며, 뒤쪽에서 Wnt를 억제하면 비정상적 위치에 이러한 조직의 발생이 유도될 것이다.

형성체 이식

등쪽화, 신경형성 유도 및 앞뒤 형태형성의 세 과정 모두가 1924년 Spemann과 Mangold에 의해 최초로 수행된 바 있는 **형성체 이식(organizer graft)**에서 나타난다. 이것은 배아 발생학에서 가장 유명한 실험이지만, 이 실험의 진정한 중요성은 다양한 과정이

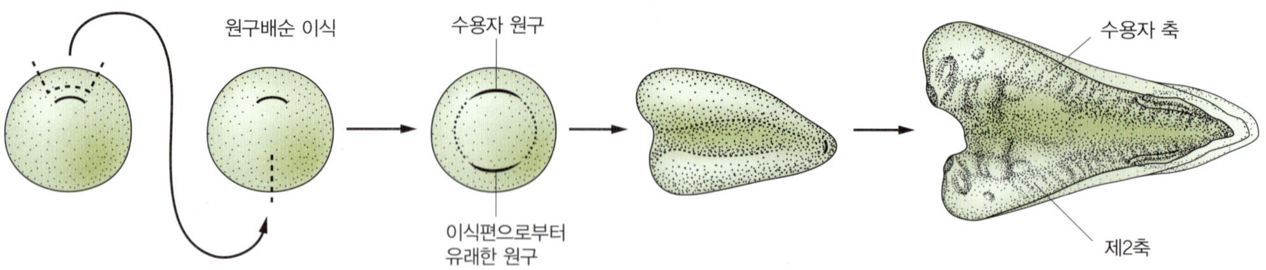

그림 8.27 형성체 이식. 이식편은 제2축의 척삭 및 머리쪽 중배엽을 형성하고 수용자 개체에 다른 부위를 유도함.

이해된 아주 최근에 와서야 명확해졌다. 이 이식 실험에서는 원구 배순 위쪽의 조직 한 조각이 배쪽 주변대로 이식된다(**그림 8.27**). 이 이식으로 2개의 등을 갖는 배아가 형성되는데, 첫 번째 등은 이식편을 수용한 배아(숙주)로부터 유래하고 두 번째 등은 이식편으로부터 유래한다(**그림 8.28**). 이식편 위쪽 외배엽은 두 번째 신경관을 형성한다. 낭배형성이 진행됨에 따라 숙주와 이식편의 축은 점차로 더 뒤쪽 부분을 형성해 간다. 이식이 성공적일 경우, 각각의 등쪽을 중심으로 형성된 두 배아가 배쪽이 붙은 상태로 대칭형으로 발달한다.

이식한 형성체의 움직임은 미리 프로그램되어 있으며 자발적이다. 따라서 이식편은 함입하며 수렴 확장에 의해 활발하게 길어진다. 이 이식편은 등쪽화 신호(BMP와 Wnt 저해인자)를 방출한다. 이 인자들은 인접한 중배엽으로 확산하며, BMP 신호의 감소는 *vent1*의 발현 증가를 억제하여 이식편의 양측에 체절을 형성하기 위한 근원성 유전자(*myf5, myoD*)들의 발현 증가를 유발한다. 동일한 물질들이 인접한 외배엽으로 확산하여 *sox2*와 *ncam* 같은 광범위 신경 유전자들의 발현을 증가시킨다. 낭배형성 기간 중 이식편은 FGFs와 Wnts를 방출하며, 이 신호들은 몸통-꼬리 부위 발달에 필요한 *cdx* 및 *hox* 유전자를 유도한다.

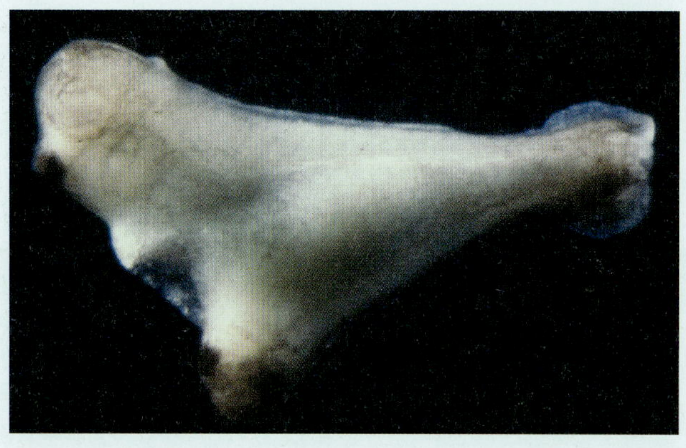

그림 8.28 형성체 이식. 제노푸스 낭배기 배아에 형성체 이식을 진행함. 숙주의 정상적인 등쪽 축이 위쪽에, 2차 축이 아래쪽에 생성됨. (인용): Jonathan Slack.

형성체 이식편으로부터 만들어지는 두 번째 축은 종종 머리를 형성하지 못하는 경우가 있지만, 이식편이 형성체의 아주 앞쪽 부분까지 포함하고 있으면 그 부분에서 cerberus와 dickkopf를 방

고전적인 실험들

유도인자의 발견

배아 발생을 조절하는 유도인자는 1980년대에 제노푸스를 이용하여 발견되었다. 이 유도인자가 오늘날 다능성 줄기세포(pluripotent stem cell)의 분화를 통제하기 위하여 사용되는 인자이다(21장 참고).

이 발견의 핵심적 절차는 분리해낸 동물극 쪽 덮개에 정제된 단백질 용액을 처리한 후 해부 현미경 하에서 이 외부 이식편의 형태 변화를 관찰하는 것이었다. 이 분석으로 FGFs와 activin(TGF-β 관련 인자와 또는 nodal과 유사한 인자)의 유도 특성이 밝혀졌다.

다른 중요한 기술은 시험관에서 제작한 mRNA를 수정란 또는 UV-배쪽화 난에 주사하는 것이었다. 이 방법을 통해 등쪽 축 형성에 대한 Wnt 경로의 역할이 밝혀졌다. 또한 이 방법을 통해 발현 유전자 클로닝 절차 도입이 가능해졌다. 발현 클론의 전체 라이브러리는 2개의 부분집합으로 나누어지는데, 이들은 전사된 mRNA와 주사에 의해 분석된 혼합 mRNA이다. 이 방법은 noggin의 발견 및 형성체의 작용 방식을 이해하는 데 기여했다.

최초의 유도인자

Slack, J.M.W., Darlington, B.G., Heath, J.K. & Godsave, S.F.(1987) Mesoderm induction in early Xenopus embryos by heparin-binding growth-factor. *Nature* **326**, 197–200.

Kimelman, D. & Kirschner, M.(1987) Synergistic induction of mesoderm by FGF and TGF-beta and the identification of an messenger-RNA coding for FGF in the early Xenopus embryo. *Cell* **51**, 869–877.

Smith, J.C., Price, B.M.J., VanNimmen, K. & Huylebroeck, D. (1990) Identification of a potent Xenopus mesoderm-inducing factor as a homolog of activin-A. *Nature* **345**, 729–731.

Wnt로부터 축의 복제(axis duplication)

Smith, W.C. & Harland, R.M. (1991) Injected XWnt-8 RNA acts early in Xenopus embryo to promote formation of a vegetal dorsalizing center. *Cell* **67**, 753–765.

Sokol, S., Christian, J.L., Moon, R.T. & Melton, D.A. (1991) Injected Wnt RNA induces a complete body axis in Xenopus embryos. *Cell* **67**, 741–752.

BMP 억제인자의 발견

Smith, W.C. & Harland, R.M. (1992) Expression cloning of noggin, a new dorsalizing factor localized to the Spemann organizer in Xenopus embryos. *Cell* **70**, 829–840.

Sasai, Y., Lu, B., Steinbeisser, H., Geissert, D., Gont, L.K. & De Robertis, E.M. (1996) Xenopus chordin: a novel dorsalizing factor activated by organizer-specific homeobox genes. Cell **79**, 779–790

출해서 인접 외배엽에 머리를 형성한다. 그 결과 완전한 제2의 발생배가 만들어진다. 이상과 같이, 형성체 이식은 난할 초기와 낭배형성 종료 시점 사이에 작동하여 3개의 배엽을 만들고, 각 배엽에 등배 형태, 앞뒤 형태 등을 형성하는 모든 순차적인 유도적 상호작용의 조율된 작용을 잘 보여준다.

새로운 연구 방향

제노푸스 발생은 잘 이해되어 있지만 여전히 새로운 발견의 기회가 남아 있다.

제노푸스 발생 초기와 관련하여 남아 있는 한 가지 중요한 기회는 형태형성 이동에 대한 연구이며, 아주 부분적으로만 이해되어 있다. 동물극 상단조직이나 등쪽 주변대 부분을 분리하여 배양할 수 있는 능력은 이 분야를 연구하는 데 큰 장점이 된다. 동물극 상단조직이나 주변대는 실시간으로 관찰가능하며, 수정란에 mRNA를 주사하거나 생물학적 활성이 있는 물질을 처리하여 변화를 쉽게 유도할 수 있다.

TALEN, CRISPR-Cas9과 같은 최신 유전자 편집 기술의 발달에 의해 발생 과정에 중요한 유전자의 돌연변이를 유도할 수 있게 되었다. 이러한 유전자 편집 기술이 조직절편 배양 및 이식기술과 함께 사용되면서 제노푸스는 기관형성, 변태, 재생 그리고 인간의 유전질환 등의 연구를 위해서 사용됨에 따라 중요성이 커지고 있다. *Xenopus laevis*와 *Xenopus tropicalis*의 유전체 염기서열이 알려지고, RNA-seq, CHIP-seq과 같은 유전체 분석기술이 제노푸스 모델에 사용되면서 발생 과정의 유전자 조절 네트워크에 대한 이해를 증가시키고 있다.

또한 2012년 노벨생리의학상을 수상한 존 거든(Sir. John B. Gurdon)경이 사용한 핵치환 기술은 현재 다시 사용되고 있다. 이러한 연구는 궁극적으로 핵의 재프로그램을 조절하는 중요한 인자에 대한 이해를 불러올 것이다.

기억해야 할 핵심 사항

- 제노푸스 배아 발생에 대한 설명은 일부 세부적인 부분의 특이성을 제외하고는 일반적인 동물의 발생과 같다. 난할은 빠르고 동시성 있게 진행되어 포배를 형성한다. 낭배형성 이동은 3개의 배엽과 등-배축 및 전-후축의 부위별 형태형성을 유도한다.
- 정확한 운명지도는 개별 세포에 형광 덱스트란을 주사하여 작성되었다.
- 유전자 생성물의 과발현은 대개 수정란에 mRNA를 주사하여 수행된다. 특정 유전자 생성물의 저해는 안티센스 모폴리노의 주사나 과발현 시 그 특정 유전자의 단백질 생성을 저해하는 mRNA의 주사에 의해 수행된다.
- 배아의 각 부위별 형태는 난자에 있는 두 가지 결정인자에 의해 지정된다. 식물극 쪽 결정인자는 난자형성 과정 중에 식물극 쪽 피질에 배치되어지는 T-box 전사인자 vegT에 대한 mRNA를 포함한다. 등쪽 결정인자는 정자 진입시 유도되는 피질 회전 중 식물극 쪽으로부터 등쪽으로 이동하는 Wnt 경로 요소를 포함하고 있다.
- Vegt 단백질은 내배엽 특이적 전사인자(예, sox17)와 nodal형 유도인자들의 유전자 발현을 증가시킨다. Nodal 인자는 인접한 세포의 적도띠에서 분비되어 중배엽 특이적 전사인자(예, brachyury)의 발현을 유도한다.
- 등쪽에서는, Wnt 경로가 등쪽 특이 전사인자(예, *siamois*)를 부호화하는 유전자의 발현을 증가시킨다. 중배엽성 전사인자와 등쪽 전사인자 모두를 가지고 있는 부위는 형성체가 된다.
- 형성체는 낭배형성기 과정에서 등쪽 신호를 내보내는 센터가 된다. 이곳에서 BMP 저해인자(*noggin*, *chordin*)의 유전자 발현이 증가한다. 이들은 분비되어 배쪽으로부터 등쪽까지 BMP 활성 기울기를 생성한다. 낮은 BMP 활성은 동물극 쪽(외배엽 쪽)에 sox2와 같은 전사인자의 발현을 가능하게 해서 신경판 형성이 일어나게 한다. 낮은 BMP 활성은 또한 적도역에 myf5와 같은 전사인자를 유도해서 근절(myotome)을 형성하게 한다.
- 전-후 형태형성은 낭배형성 중 원구 부위로부터 방출되는 뒤쪽화 신호에 좌우된다. 이 신호는 FGFs와 Wnts로 구성되며, 각 유전자가 어느 특정 앞뒤 형성 단계에서 상승 발현되고, 그 이후에는 지속적으로 발현되는 방식으로 Hox 유전자의 발현 상승을 유발한다. 머리의 형성은 형성체의 가장 머리쪽 부분에서 발현되는 Wnt, BMP, nodal 억제인자에 의해 유도된다.

Chapter 9

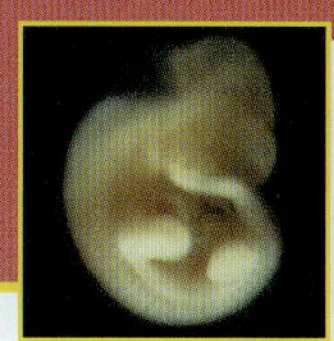

제브라피시

The zebrafish

제브라피시(zebrafish)가 발생학을 위한 모델동물로 도입된 주된 이유는 이 척추동물이 유전학적으로 분석하기가 용이하였기 때문이다. 이 동물의 성체는 크기가 작아 많은 수의 개체를 순환식 수족관에서 기를 수 있으며, 보통 이 수족관은 여러 개의 작은 수조들로 구성되어 있어서 유전적으로 특징을 달리하는 다양한 개체군을 분리하여 사육할 수 있다. 이 동물은 수정 후 3~4개월부터 번식이 가능하고, 2주일 간격으로 다시 번식시킬 수 있다.

제브라피시를 이용한 연구에서 당초의 연구방법은 돌연변이를 유발시킨 후, 그 결과로 얻어진 돌연변이체를 관찰하는 방식이었다. 즉, 기능을 없애는 돌연변이를 통해 발생학적으로 중요한 여러 유전자의 기능을 파악할 수 있다. 이번 장에서 언급된 몇몇 핵심적인 발생유전자의 목록은 **표 9.1**과 같다. 대부분의 이 유전자 각각에 상응하는 상동유전자(homolog)가 다른 척추동물 모델에서도 존재하지만, 이들 유전자는 당초 돌연변이를 통해 발견되었고, 이들의 실제 기능이 알려지기 전에 명명되었기에, 종종 제브라피시 고유의 이름을 갖고 있다. 보통 이들 유전자는 열성 대립형질을 따라 명명되었으므로, 그 이름을 소문자로 된 머리글자로 표기한다. 이 책에서는 제브라피시 고유의 유전자 이름을 보다 익숙한 이름 뒤 괄호 안에 제시하였다.

제브라피시는 이 장에 기술된 초기 발생뿐 아니라, 기관형성 연구에서도 그 중요성이 점차 증가하고 있어 이와 관련된 내용도 이 책의 뒷장에서 다시 다루어질 것이다. 또한, 이 동물은 발생학 이외의 분야, 특히 약물 스크리닝을 위한 시험용 플랫폼으로서도 크게 각광받고 있는데, 그 이유는 특정한 생화학적 경로를 방해함으로써 나타나는 해부학적 결과들을 시각적으로 쉽게 확인할 수 있기 때문이다.

정상 발생

난자 형성

포유동물과 달리, 제노푸스와 제브라피시의 난모세포는 성체시기 동안 난원세포로부터 유래한다. 1차 난모세포는 감수분열 전기에 위치함으로 인해, 세포 내 염색체는 2가 염색체 형태로 배열되어 있고, 각 염색체는 마지막 DNA 복제로부터 형성된 2개의 염색분체로 구성된다. 난모세포의 성장은 5단계(I~V)로 나뉘며, 성장하는 동안 이 세포의 직경은 대략 7 μm에서 750 μm로 늘어난다(**그림 9.1**). 난모세포에서는 유전자 전사가 활발히 일어나며 특히, 성장 초기 단계에서는 **솔 염색체(램프브러시 염색체, 램프솔 염색체, lampbrush chromosome)**가 관찰된다. II 단계 난모세포에서는 1,000개 이상의 인(nucleolus)이 나타나는데, 이는 rRNA 합성이 활발하게 일어나고 있음을 보여준다. I~II 단계에서는 핵 근처에 **발비아니체(balbiani body)**가 형성되며, 이 구조에 직접 맞닿아 있는 핵 부위에는 염색체의 끝단인 텔로미어가 일시적으로 모여들어 염색체 부케(chromosomal bouquet)라는 구조를 만든다. 발비아니체는 모계 mRNA, 단백질 및 미토콘드리아로 구성된 집합체로서 향후 난모세포의 식물극 부위를 지정한다. 제노푸스에서처럼 이 집합체는 모계 RNA를 배치하는 것과 연관이 있으며, 이는 체축(동-식물극 축과 등-배 축) 형성과 생식 세포 분화에 필수적이다. 하지만, 제브라피시 난모세포의 식물극에는 *vegt*와 *vg1* 각 유전자의 mRNA가 위치하고 있지 않으므로, 동-식물극 축을

표 9.1 제브라피시의 일부 발생 유전자 목록

유전자	다른 척추동물의 상동유전자	발생학적 기능	유전자 산물
acerebellar	*Fgf8*	후면부화	IF
bonnie-and-clyde	*Mixer*	내배엽을 지정	T-box TF
bozozok		형성체를 지정	Paired homeodomain TF
bucky ball	*Velo1*	동-식물극 형성	비정형 단백질(IDP)
casanova	*Sox32*	내배엽을 지정	Sox type TF
chordino(dino)	*Chordin*	BMP 단백질 억제	IF
cyclops	*Nodal*	중내배엽 유도	IF
faust	*Gata5*	심장/내배엽	Zn finger TF
ichabod	*β-catenin*	등쪽 축 형성	Co-TF
mini fin	*Tolloid*	꼬리 형태형성	Protease
notail	*brachyury/Tbxt*	후방 중배엽을 지정	T-box TF
one-eyed pinhead	*Cripto*	Nodal 작용을 위해 필요	IF
radar	*Gdf6a*	*Bmp*의 발현을 촉진	IF
ogon	*sFRP/sizzled*	Tolloid 작용을 억제	분비단백질
silberblick	*Wnt11*	수렴 확장을 위해 필요	IF
snailhouse	*Bmp7*	배쪽화 작용	IF
spadetail	*Tbx16*	몸통 중배엽을 지정	T-box TF
spiel-ohne-grenzen	*Oct4*	내배엽 형성에 필요	POU-type TF
squint	*Nodal*	중내배엽 유도	IF
swirl	*Bmp2b*	배쪽화 작용	IF
tokkaebi	*Syntabulin*	배쪽화 작용	모터 단백질 linker
trilobite/strabismus	*Vang1,2*	수렴 확장을 위해 필요	막단백질
vent(vega2)	*Vent1,2*	배쪽을 지정	Homeodomain TF
vox(vega1)	*Vent1,2*	배쪽을 지정	Homeodomain TF

Note: 유전학에서의 관례에 따라, 이들 유전자는 기능 상실 표현형(loss-of-function phenotype)에 근거하여 명명되었음. 보통 야생형에서의 기능은 명칭이 의미하는 것과 반대임: 예를 들면, *notail*과 *acerebellar*의 야생형 대립형질은 각각 꼬리와 소뇌를 만드는 데 필요하다. BMP, 골 형태형성 단백질; IF, 유도인자; TF, 전사인자.

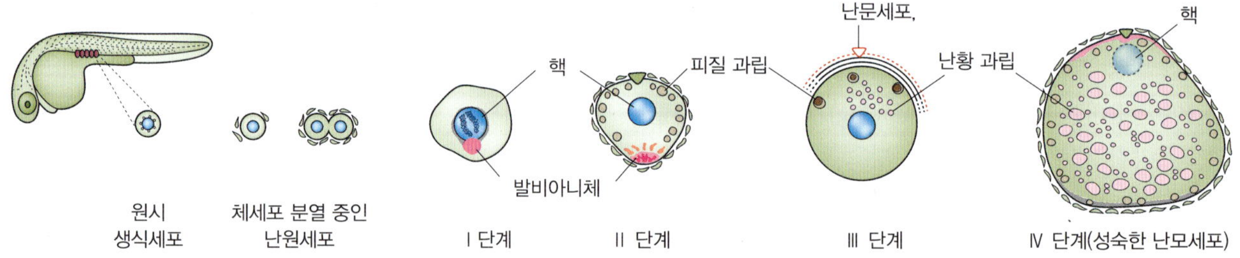

그림 9.1 제브라피시에서 난모세포 형성 과정.

결정하는 모계 조절 기전이 제노푸스의 경우와는 다르다. I~II 단계 동안, 난모세포를 둘러싸고 있는 난포세포는 그 모양이 원주형에서 편평형으로 바뀌고, 향후 난막이 되는 난황막을 분비한다. 난문세포(micropylar cell)라고 불리는 하나의 난포세포는 동물극 부위에서 난모세포와의 접촉을 유지함으로써, 난문(micropyle)이라고 불리는 작은 구멍이 난황막에 남아 있게 되고, 이곳은 나중에 정자가 침입하여 난자를 수정시키는 통로 역할을 한다. III 단계에는 난황 과립이 형성됨에 따라 난모세포가 불투명해지며, 이 과립은 난포세포가 매개하는 과정을 통해 혈액으로부터 흡수된 vitellogenin 단백질로 구성되어 있다. 배란은 생식소자극호르몬의 상승으로 유발되는데, 이 호르몬의 상승은 난포세포를 자극하여 $17\alpha,20\beta$-dihydroxy-4-pregnene-3-one($17\alpha,20\beta$-DP)라는 스테로이드성 호르몬을 생산하게 한다. 이 스테로이드는 난모세포 내의 핵 호르몬 수용체를 자극하여, 광범위한 연쇄적 신호를 활성화시킴으로써 4번째 성숙 단계에 해당하는 여러 현상들을 유도한다. 이 현상들에는 난모세포 중앙에서 동물극 쪽으로 핵이 이동하고, 연이어 핵막이 소실되며, 성숙촉진인자[세포 주기 단계 중 M기를 개시하는 데 필요한 사이클린-의존 인산화효소(cdk)와 사이클린(cyclin)의 복합체]가 증가하고, 감수분열을 재개함으로써 제1 감수분열을 종료함과 아울러 제1 극체를 떨어뜨리는 일이 있다. IV 단계 난모세포는 그 직경이 700~750 μm이고, 난황 과립이 변형되면서 반투명한 모습을 띤다. 난소강(ovarian cavity)으로 나온 난모세포는 V 단계 세포로서 이제는 난자라고도 부른다. 짝짓기와 동시에 이 난자들은 난소강으로부터 방출된다.

수정과 난할

실험실에서, 제브라피시는 보통 28.5°C에서 키우며, 발생 시기는 이 온도를 기준으로 한다. 인공수정도 가능하지만, 대부분의 제브라피시 배아는 자연 교배를 통해 얻는다. 알을 얻기 위해서는 암컷과 수컷을 구멍난 판이 바닥에 설치된 수조에 하룻밤 동안 함께 놓아두는데, 설치된 이 판 밑으로 수정된 알이 가라앉음으로써, 그 부모 물고기들이 알을 먹어치우는 위험을 피할 수 있다. 물고기들은 보통 아침녘에 교배하는데, 난자와 정자를 수중으로 방출함에 따라 체외수정이 일어난다. 포유류의 정자와 달리, 제브라피시의 정자는 첨체(acrosome)를 갖고 있지 않다. 수정 중, 정자는 난문을 통해 침입한 후, 난자 표면에 있는 미세융모에 결합하여 난자와 융합한다. 수정에 이어, 세포질 내 칼슘 이온의 양이 증가하면 수정란의 표면 아래에 위치한 피질 과립이 세포막과 융합하여 과립 내 물질을 분비함으로써 난막이 수정란 표면으로부터 분리되어 떨어진다. 그리고 10분 이내에 제2 감수분열이 종료됨과 더불어 제2 극체가 떨어져 나간다. 이어서, 세포질 흐름이 현저하게 생기면서 난황을 포함하지 않는 세포질이 동물극 쪽으로 이동하여 세포질 덮개(cytoplasmic cap)라고 불리는 뚜렷한 격리 구역을 형성한다. 수정 후 약 17분 쯤에 전핵융합(pronuclear fusion)이 일어나고, 약 40분 쯤에는 첫 번째 난할이 일어난다.

제브라피시의 발생 과정은 그림 9.2와 같이 요약된다. 난할은 동물극 부위에서만 일어나는 **부분할(meroblastic)**이다. 첫 번째 난할 이후로, 세포 분열은 대략 매 15분마다 일어나고 처음 5회는 보통 수직으로 나뉘어져서, 단일층으로 된 32개의 할구(blastomere)를 형성한다. 이 시기에 할구는 세포질 다리(cytoplasmic bridge)를 통해 비세포성 난황괴(난황세포)에 연결되어 있다. 여섯 번째 난할은 보통 수평으로 일어나서 2개 층으로 된 할구를 형성하는데, 이 중 외곽층은 난황괴와 연결이 되어 있지 않다. 아홉 번째 난할(열 번째 세포주기) 이후에 일어나는 **중기포배 이행(mid-blastula transition, MBT)**까지 난할은 동시성 있게 진행된다(synchronous cleavage). 제노푸스와 마찬가지로, MBT 이후에는 난할의 동시성이 상실되고, 세포 분열 속도가 느려지며, 세포의 이동성은 커지면서, 수정란 자체의 유전체로부터 전사가 급격히 증가한다(MBT 이전에도 몇몇 유전자의 전사가 일어난다). MBT 시기에 난황세포와 세포질이 연결되어 있는 할구[윌슨세포(Wilson cell)]는 난황세포 안으로 가라앉아 일종의 다핵세포체(syncytium)를 이루는데, 이것을 **난황다핵층(난황다핵세포층, yolk syncytial layer, YSL)**이라고 부른다. 난황다핵층의 핵들은 3~4회 빠르게 분열한 후 분열을 멈춘다. YSL은 배아의 주변부를 두텁게 둘러싸고 있으면서 배반엽(blastoderm)의 아래쪽으로도 뻗어 들어간다. 한편, 난황세포의 나머지 부분은 얇고 핵이 없는 세포질 층으로 둘러싸인다. 배반엽 본체는 편평상피 세로로 구성된 외곽 세포층을 형성하는데, 이를 **외피층(enveloping layer, EVL)**이라고 한다. 이 세포층이 나중에 유생 표피의 외곽층인 외피(periderm)가 된다. 배반엽의 대부분은

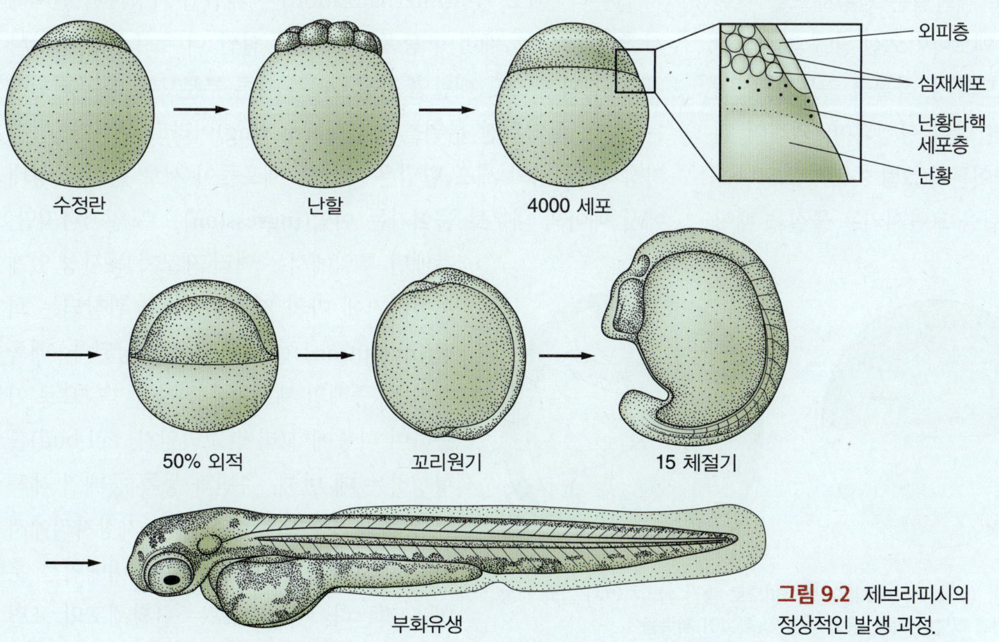

그림 9.2 제브라피시의 정상적인 발생 과정.

심층세포(심재세포, deep cell)로 구성된 덮개 모양의 세포층으로, 이 덮개의 두께는 대략 6~8개 세포를 쌓아 놓은 정도이다. 심층세포는 이동성이 높기 때문에, 낭배형성 이전 시기에 운명지도를 작성하는 것이 쉽지 않다.

낭배형성

제브라피시 낭배형성 중 관찰되는 형태 발생을 위한 세포 이동(morphogenetic movements)의 전반적인 과정은 그림 9.3에서와 같다. 여러 가지 상이한 과정이 관찰되는데, **외적(epiboly)**, **회절(involution)**, **방향성 이동(directed migration)**, **수렴(convergence)** 및 **확장(extension)**이 그것이다.

MBT 직후, 난황다핵층과 배반엽은 식물극 방향으로 이동을 시작하는데, 이를 **외적**이라고 한다. 이로써 난황세포가 팽창된 배반엽으로 둘러 싸이게 된다. 이 시기에 제브라피시의 발생 단계는 난황세포가 얼마만큼 에워싸여 있는가에 따라 정해지는 외적의 백분율로 나타낸다. 난황세포가 배반엽 안쪽으로 부풀려져 반구형 모양을 형성하는 한편, 심층세포가 보다 표면에 위치한 세포층과 방사형으로 층간 삽입(intercalation)을 할 때, 외적이 시작된다. 결국, 배반엽의 가장자리가 식물극 쪽으로 이동해 갈수록 배반엽 층은 더욱더 얇아진다. 외적은 난황세포에 의해 형성된 세포골격의 영향으로 일어난다. 외적 50% 단계(대략 발생 6시간째)에, 배반엽 외피층의 바로 아래쪽 식물극 부위에 위치한 난황다핵층 주변에 액토마이오신(actomyosin)으로 구성된 골격 망이 형성되기 시작한다(그림 9.4a). 이 골격 망이 수축됨으로써, 결국 배아의 원구(blastopore)가 닫히고 배반엽은 난황세포를 완전히 에워싸게 된다. 자외선을 쬐여 이 액토마이오신 망을 파괴하면 외적은 지연된다. 이 외에도, 난황세포의 동-식물극 축을 따라 미세소관으로 구성된 세로 방향의 골격 망이 형성되며, 외적이 진행됨에 따라 이 골격 망의 길이는 줄어든다(그림 9.4b). 노코다졸(nocodazole)과 같은 미세소관의 중합을 교란시키는 물질을 배아에 처리해도 외적은 방해된다.

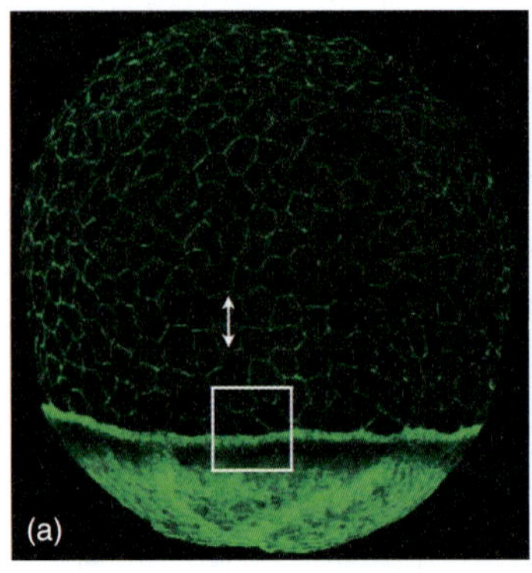
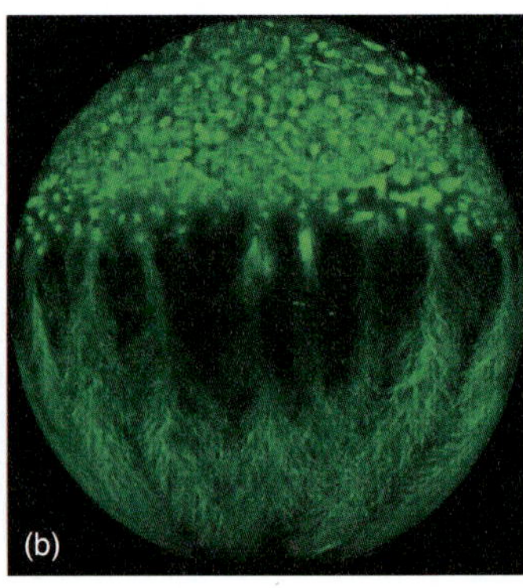

그림 9.4 (a) 팔로이딘(phalloidin)으로 염색된 외적 75% 단계의 배아를 공초점현미경으로 찍은 모습. 가장자리 주변에서 고리 모양으로 분포된 미세섬유가 관찰됨. (b) GFP로 표지된 미세소관 결합 단백질을 발현하는 배아를 공초점현미경으로 찍은 모습. 난황세포에서 미세소관 배열이 관찰됨. (인용) Bruce(2016). Dev. Dyn. 245, 244-258에서의 그림을 재구성함.

제브라피시에서, "낭배형성(gastrulation)"이란 용어는 보통 외적에 적용되는 말이기 보다는 오히려 배반엽 가장자리를 배아 안쪽으로 함입시켜서 **하배엽(hypoblast)**이라는 보다 하단에 위치하는 세포층을 형성하게 하는 세포 이동을 일컫는다. 배반엽 가장자리 세포들은 양극성을 지닌(bipotential) **중내배엽(mesendoderm)**성 세포이지만, 낭배 이동 시작 시점에는 일반적으로 중배엽 혹은 내배엽 중 어느 하나로 분화되도록 제한되어 있다. 낭배 이동은 외적 50% 단계에서 시작하는데, 이때 배반엽 가장자리 세포들은 일시적으로 식물극 방향으로의 이동을 멈춘다. 오직 심층세포만이 낭배 이동에 관여하고, 외곽의 외피층은 참여하지 않는다. 세포 함입(internalization)은 배반엽 가장자리 전체에서 일어나지만, 배아의 등쪽 부위에서 훨씬 더 두르러지게 나타난다. 결과적으로, 배반엽 가장자리가 다른 부분보다 더 두터워지는데, 이 두터워진 부위를 **배환(germ ring)**이라고 부른다. 등쪽 가장자리에서의 세포 함입은 개개의 세포들이 서로 분리된 상태에서 배아의 내부로 들어가는 **이입(ingression)**으로 일어나지만, 측배면 부위에서는 여러 세포가 동시성 있게 이동하기에 마치 제노푸스에서 관찰되는 **회절(involution)** 현상이 더욱 연상된다. 배쪽에 있는 중배엽 세포들은 식물극 방향으로 이동하여 나중에 꼬리싹(꼬리원기, tail bud)를 형성하는 데 반해, 측면과 등쪽 중배엽 세포는 동물극 방향으로 이동한다. 가장자리에서 가장 먼저 함입된 세포는 보통 내배엽성 운명을 갖는다. 이들 세포는 난황세포의 표면

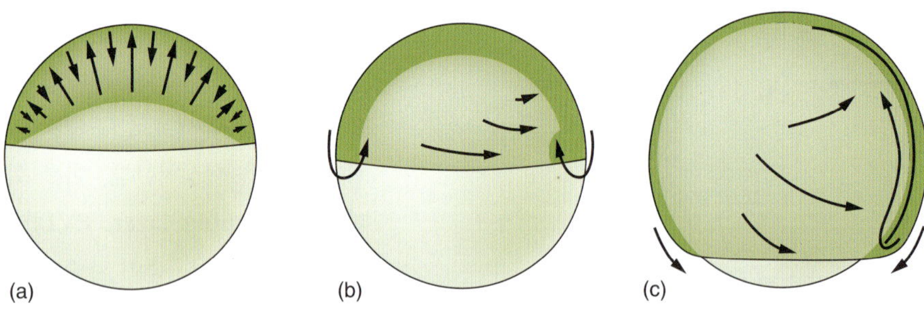

그림 9.3 제브라피시 낭배 형성 중 세포 이동. (a) 외적: 세포들이 방사형으로 층간 삽입하면서 결국 팽창됨; (b) 회절과 등쪽으로의 수렴; (c) 수렴 확장과 더불어 외적, 등쪽 수렴 및 회절이 지속됨.

에서 방향성 없이 동물극 쪽으로 이동[무작위적인 이동(random walk)이라고 부름]함으로써, 결국 주변 세포로부터 멀어져 간다. 측면 세포는 등쪽 중심선으로 수렴 이동을 하며, 이로 인해 등쪽 부위가 두꺼워져서 **배순(胚盾, embryonic shield)**이라는 구조가 형성되는데, 이 구조는 제노푸스의 **원구배순(dorsal lip)** 또는 양막류 배아의 결절(node)에 해당한다. 세포 함입이 계속 일어나면서 배순은 수렴 확장에 의해 앞뒤로 상당히 길어지고, 이것이 결국 전후 체축의 중앙선이 된다. 제노푸스의 경우처럼, Wnt-PCP 경로는 수렴 확장이 일어나기 위해 필수적이며, 이 이동 과정은 *wnt11*(*silberblick*)의 기능을 없앤 돌연변이에 의해 억제된다. 측면 조직을 구성하는 세포도 측-중앙 및 방사형의 층간 삽입을 행하지만, 등쪽 세포보다는 활발하지 못하다. 종합적으로 보면, 이러한 과정들로 인해 난황세포의 앞쪽-배면 부위에는 중배엽이 존재하지 않는다(그림 9.5).

전조세포(forerunner cell)라고 불리는 작은 세포집단이 등쪽 가장자리에서 배순에 앞서 이동한다. 이들은 등쪽 윌슨 세포로부터 유래되어 낭배 이동이 종료될 즈음, **쿠퍼 소포(Kupffer's vesicle)**라고 불리는 일시적인 상피 구조를 형성한다. 이 구형의 구조는 꼬리싹에 대해 배쪽 부위에 위치하면서 난황괴에는 인접해 있다. 이 구조에는 운동성 섬모가 늘어서 있어서 일관되게 반시계 방향의 유체 흐름을 만들어 뇌, 심장, 소화기와 같은 기관 내 좌우 비대칭성을 형성하는 데 기여한다. 이러한 과정은 닭과 쥐의 결절에서 일어나는 것과 유사하다(10장, 11장 참조). 쿠퍼 소포 그 자체는 최종적으로 꼬리쪽 척삭과 근육이 된다. 외적과 중내배엽 함입은 약 발생 10시간 쯤 되었을 때 완료되는데, 이 시점에는 난황세포가 배반엽에 의해 완전히 에워싸이고, 등쪽 축은 이미 형성된 상황이다.

신경형성 및 이어지는 발생단계들

제브라피시 **신경판(neural plate)**은 낭배형성이 종료될 무렵, 배순의 외곽층에서 등쪽 외배엽이 두꺼워지면서 생긴다. 하지만, 다른 척추동물 모델에서처럼, 이 신경판은 극성을 가진 상피조직은 아닌 것 같다. 대략 발생 10~11시간 즈음, 신경판의 좌우 측면은 배아의 중심선으로 수렴함으로써, 약 13시간 쯤에는 **신경용골(neural keel)**이라는 단단한 세포덩어리를 형성한다. 이러한 수렴 과정은 Wnt-PCP 경로에 의해 조절되는 것으로 여겨지는데, 이 경로가 억제되어 있는 돌연변이체(예를 들어, *trilobite*/*strabismus*)의 신경관은 정상 배아보다 그 폭이 더 넓고 두껍다는 점이 이러한 가설을 뒷받침한다. 발생 15~17시간째부터 신경주는 모양이 변하여 보다 둥근 형태의 **신경막대(neural rod)**가 된다. 신경막대를 구성하는 세포에는 정단-기저부 극성(apical-basal polarity)이 점차 수립되는데, 이때 신경막대 좌측과 우측 각각에

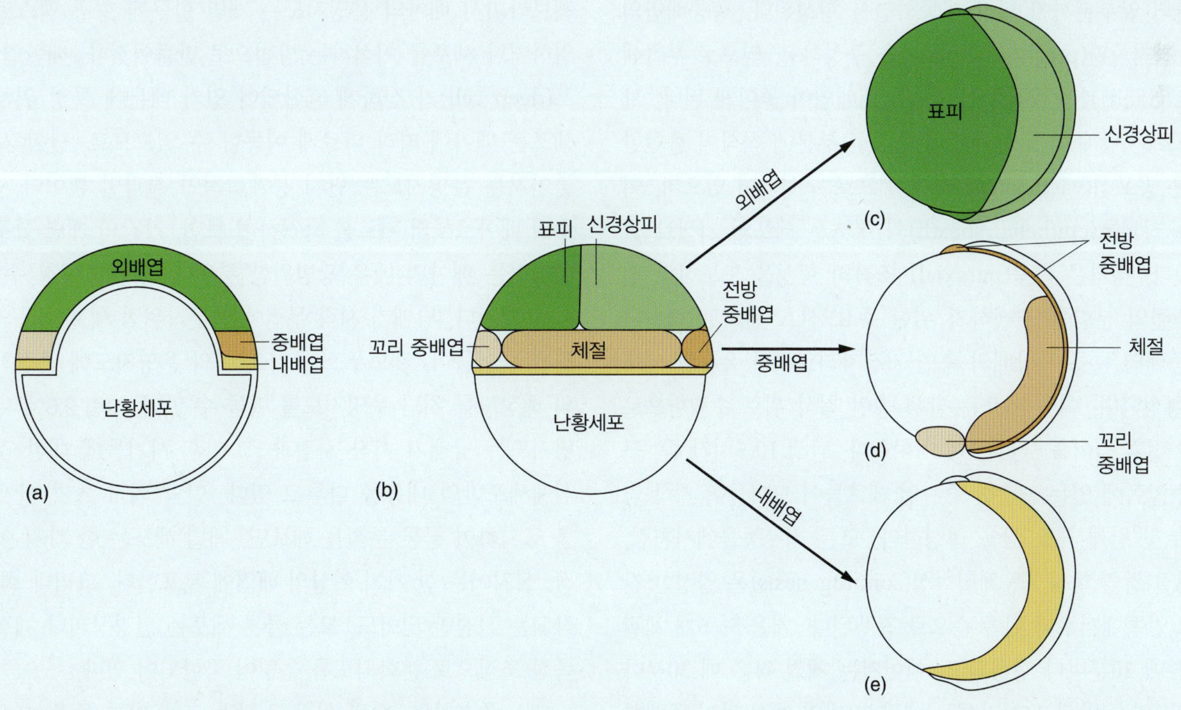

그림 9.5 제브라피시 낭배형성 과정 중 각 배엽의 형성: 외적 50% 단계에서 (a) 중앙 단면과 (b) 겉모습;(c-e) 낭배형성 말기의 배엽들. (인용) Solnica-Krezel (2002). Pattern Formation in Zebrafish, © 2002 Springer Nature.

놓인 세포의 정단부는 배아 중심선에서 서로 맞닿아 있다. 이제 신경막대의 배쪽 중심선에서 하나의 구멍이 생기고 점차 등쪽으로 퍼져나가면, 소위 신경관(neural tube)의 중심 내강이 완성된다(대략 발생 18시간째). 다른 척추동물에서는 신경판이 등쪽 방향으로 접힌 후, 측면 끝단이 서로 융합하여 신경관이 형성됨으로써 중심 내강이 완성된다(8장, 10장, 11장 참조). 따라서 물고기에서의 신경형성 과정은 다른 척추동물의 경우와는 상당히 다르다. 하지만 결과적으로 형성된 신경관은 매우 유사하다.

발생 10시간째 무렵에, 신경판 후면부의 좌우측 각각에 세로 방향으로 놓인 세 줄의 신경전구세포(감각신경세포, 연합신경세포, 운동신경세포) 집단이 출현하면서 신경세포형성이 시작된다. 신경전구세포는 온조직 제자리혼성화법(wholemount *in situ* hybridization)이라는 실험 기법으로 *neurogenin1*과 같은 신경형성(proneural)에 관여하는 유전자의 발현을 확인함으로써 시각화할 수 있다. 이 전구세포는 Notch 수용체에 결합하는 리간드인 Delta 단백질을 발현함으로써 이웃한 다른 세포에서 Notch 신호를 활성화하여 이 주변 세포가 신경세포가 되는 것을 방해한다. 신경전구세포들이 이후 10시간 이상의 기간 동안 분화를 거듭하면서 축삭 돌기가 뻗어나가 다른 신경세포나 체절(somite)로부터 유래한 골격근과 같은 중추신경계 이외의 조직에 연결된다.

축중배엽(axial mesoderm)은 배순 세포가 동물극을 넘어서, 소위 배아의 앞부분까지 확장 이동하면서 형성된다. 축중배엽의 전면부는 전척삭판(prechordal plate)을 구성하고, 옆으로 부화샘(hatching gland)과 인두(pharyngeal) 내배엽이 놓이게 된다. 보다 뒤쪽으로는 낭배 후기 단계부터 중심선 부분에 척삭이 출현한다. 척삭은 공포성(vacuolated) 거대 세포로 구성되어 있으며, 이들 세포는 상피초(epithelial sheath)와 두꺼운 세포외 기질로 둘러싸여 있다. 척삭은 측축(paraxial) 조직의 형성을 도모하고 신경관과 체절의 분화를 조절하기 위한 주요 신호 센터로 작용한다. 측축중배엽은 초기 낭배의 측면 가장자리로부터 유래한 세포에 의해 형성되며, 이들 세포는 발생 중인 척삭 위로 수렴함으로써 배아의 전후 길이를 늘리는 데 기여한다. 발생 10.5시간 쯤, 근축 중배엽 앞쪽에 있는 느슨한 중간엽 세포들이 모여들어 척삭 옆에 놓이는 첫 번째 체절 쌍을 형성한다. 모든 척추동물에서처럼, 새로운 채절 쌍의 형성, 즉 체철형성(somitogenesis)은 일정한 간격을 두고 앞쪽에서부터 뒤쪽 순으로 진행된다. 처음 5~6개 체절 쌍은 대략 매 20분마다 형성되고, 이어지는 체절 쌍은 매 30분마다 만들어지면서 발생 24시간에는 대략 30개의 체절 쌍이 존재한다. 체절은 연이어 분화하여 골격근과 축골격을 형성한다.

낭배 중기 즈음에는 내배엽 세포들이 뚜렷한 모양의 세포층을 형성하는데, 이 층은 크고 편평하며 양극성(bipolar)을 지닌 세포들로 구성된다. 이들 세포는 많은 수의 사상족(filopodia)을 갖고 있다. 낭배형성 동안, 이 내배엽 세포들은 등쪽으로 수렴하고 전후 체축을 따라 퍼져나감에 따라 배쪽에는 저밀도의 세포층만 남게 된다. 발생 20시간 즈음, 이들 세포는 막대 모양의 단단한 다세포 구조를 형성하며, 이 구조는 추후 소화기 및 이와 관련된 기관(간, 이자, 부레)의 내배엽성 성분을 구성한다. 이 막대구조 내 세포는 재배열되면서 발생 42시간 즈음에는 내강을 둘러싸고 있는 극성을 띤 상피조직을 형성한다.

배아의 기본적인 몸 구조는 대략 발생 14시간 무렵에는 시각적으로 확인되며, 척추동물의 소위, **계통형 시기(phylotypic stage;** 종간의 형태적 유사성이 최대인 시기)에 이르게 되는 시점인 발생 24시간까지 중축은 곧게 펴진다. 난막으로부터의 부화는 발생 48~72시간 동안에 일어난다. 경골어류(골격어류 중 가장 큰 집단)에서 부력을 조절하는 주요 기관인 부레는 발생 4일째에 부풀어져 있어 선명하게 눈으로 확인되며, 먹이 섭취는 수정 후 5일째 무렵에 시작된다.

운명지도

제브라피시 배아의 운명지도는 개별 할구에 형광 덱스트란을 주입하거나 세포를 이식하는 방법으로 만들어졌다. 배반엽 심층 세포(deep cell)가 심하게 혼합되어 있기 때문에 특정 위치에 있는 세포는 배아에 따라 다르게 이동할 수 있으므로, 난할 시기에 만들어지는 운명지도는 단지 통계학적인 결과일 뿐이다. 즉, 많은 수의 배아로부터 자료를 축적하여 보면, 각각의 개별 할구는 이후 발생하는 배아의 매우 광범위한 부위에 영향을 미칠 수 밖에 없다는 것이다. 낭배기 시작 무렵에는 무작위적 세포 이동의 범위가 훨씬 줄어들어, 제노푸스 초기 낭배의 운명지도에 근접하는 수준의 해상도를 지닌 운명지도를 만들 수 있다. **그림 9.6**에 나타낸 운명지도는 낭배기 시작 시점과 그 이후 시기들에 대한 것으로서, 심재세포만의 내용을 다루고 있다. 만약 외적 초기 단계에 세포를 표지하여 클론 분석을 해보면, 개별 세포는 한 가지 이상의 조직, 심지어는 한 가지 이상의 배엽에 분포한다. 그러나 회절 이 시작되는 시점만 되어도, 모든 클론 세포는 신경상피나 체절과 같은 특정 조직으로 분화되도록 운명이 국한되어 있다.

제노푸스처럼, 수렴 확장 과정과 그에 따른 등쪽 수렴이 일어난다는 사실에서 알 수 있는 점은, 배반엽의 등쪽 중심선에서 유

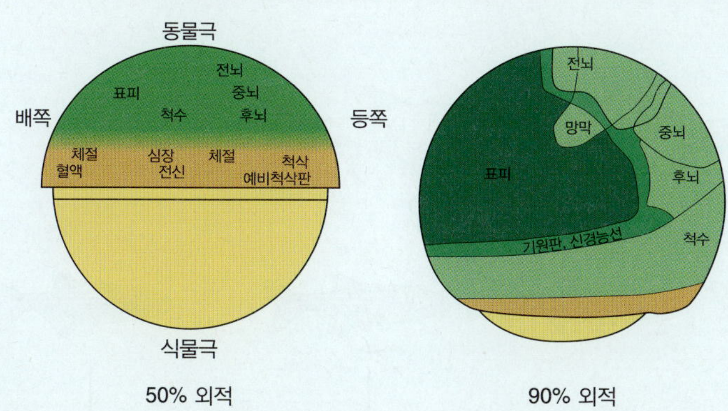

그림 9.6 발생 단계별 제브라피시 운명지도. (인용) Annual Reviews의 허락을 얻어 Schier and Talbot(2005). Ann. Rev. Genet. 39, 561-613에서의 그림을 재구성함.

래한 세포는 대부분 꼬리싹(tail bud) 단계 배아의 앞쪽과 등쪽 중심선으로 뻗어나가는 반면에, 배반엽의 배쪽으로부터 유래한 세포는 대부분 뒤쪽으로 뻗어나간다는 것이다.

이제 세포의 운명은 여러 상이한 발생 단계에서 생성되는 mRNA를 단일 세포 수준에서 시퀀싱함으로써 분별할 수 있는데(5장 참조), 이 기술이 최근 제브라피시 배아에 적용되고 있다. **그림 9.7**은 이러한 일부 결과를 나타낸다. 단일 세포 시퀀싱 기술로 확인된 세포의 상태는 기존의 실험발생학 기법 혹은 보다 제한된 마커 유전자를 활용한 연구를 통해 추정된 세포의 상태와 근본적으로 동일하지만, 이 신기술을 활용하면 훨씬 더 정확하게 세포의 운명이 결정된 상태를 명확히 할 수 있다. 뿐만 아니라, 비록 이전에 추론한 것과 결과가 기본적으로 동일하긴 하지만, 서로 다른 세포 집단의 형통을 유추할 수 있는데, 이는 고전적인 운명지도와도 일관된 결과이다. 밝혀진 결과에 따르면, 외피층과 더불어 원시생식세포(primordial germ cells)는 가장 이른 시기에 확립되는 혈통 중 하나이고, 한편 축중배엽(척삭 및 전척삭판)은 비축성(non-axial) 중배엽에 앞서 확립되는 특징이 있다. 축중배엽 혈통 내에서도, 처음에 세포는 척삭 및 전척삭판 모두와 연관된 유전자를 발현하다가도 혈통이 두 가지로 갈라지면 분리된 각 세부 형통은 나름의 특징적인 유전자 발현 유형을 획득하게 된다.

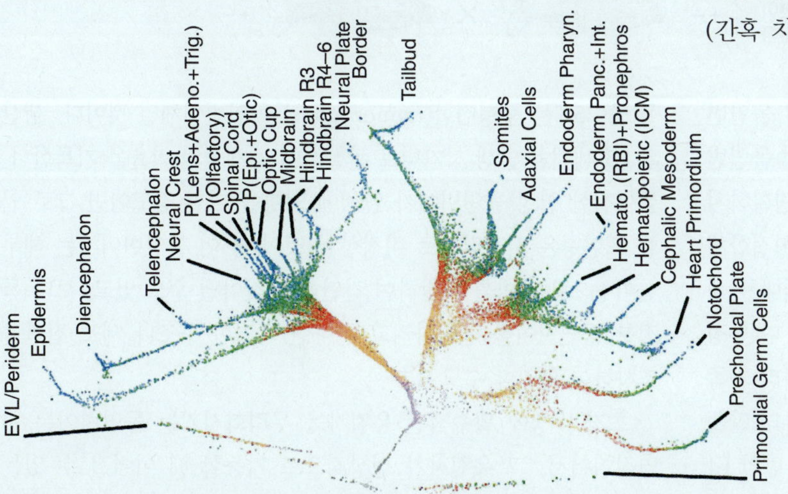

그림 9.7 제브라피시 초기 배아형성 과정에서 나타나는 발생상의 분화를 요약한 트리. 색깔을 달리하여 발생 시기를 구분하였으며, 최종적으로 형성된 집단을 다음과 같이 표시하였다. EVL, enveloping layer; P, placode; Adeno., adenohypophyseal; Trig., trigeminal; Epi., epibranchial; Panc.+Int., pancreatic + intestinal; RBI, rostral blood island; ICM, intermediate cell mass. (인용) Farrell, et al. (2018). Science. 360, eaar3131. © 2018 American Association for the Advancement of Science.

유전학

돌연변이 유도 검사

제브라피시는 발생유전자 돌연변이를 찾기 위한 여러 차례의 대규모 돌연변이 유도 실험의 대상으로 활용되었다. 이 유도 실험의 가장 일반적인 방법은 3세대에 걸친 번식을 통해 열성 돌연변이(간혹 치사 돌연변이)를 발굴하는 것이다(**그림 9.8**). 돌연변이는 소수의 창립자(founder) 수컷에 에틸 니트로소유레아(ethyl nitrosourea, ENU)라고 하는 돌연변이 유발 화학물질을 처리하여 유도한다. 이러한 처리는 정원세포를 포함한 분열하는 세포에서 높은 빈도로 점돌연변이를 유발하고, 그 빈도는 생식세포 500개당 어떤 특정 유전자에서 대략 하나의 돌연변이가 발생하는 비율 정도이다. 화학물질이 처리된 수컷은 2주에 걸쳐 회복시키는데, 이 기간 동안 이미 정자형성 과정 중에 있던 정자는 소실되고, 돌연변이가 일어난 정원세포로부터 새로운 정자가 생산된다.

종래의 돌연변이 선별 과정에서는, 돌연변이가 일어난 수컷을 정상 암컷과 교배시켜 F1 세대를 생산한다. F1 세대 각 개체들은 모두 어떤 돌연변이를 갖고 있을 수 있으며, 이 각각의 개체는 F1 세대의 다른 개체와 서로 다를 수 있다. 그 이유는 상이한 유전자 좌위

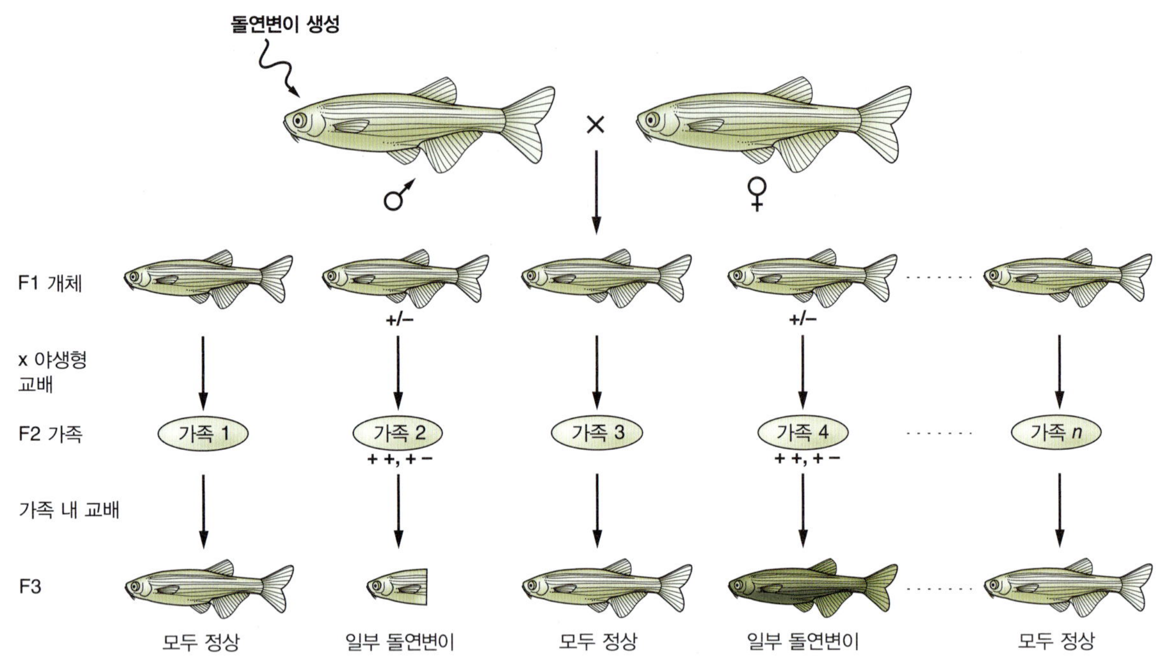

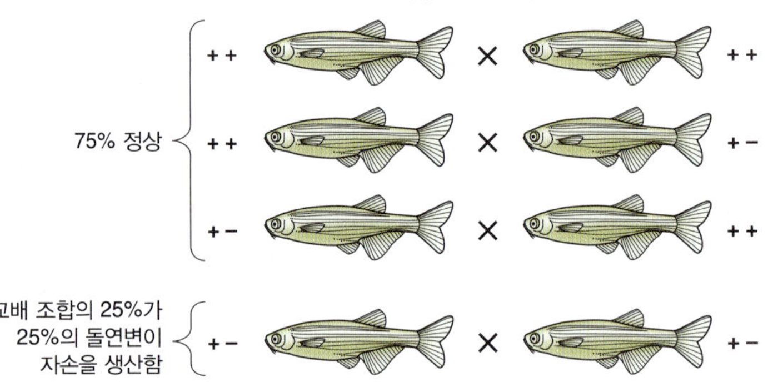

그림 9.8 제브라피시에서 돌연변이 유도 선별법. 이 그림은 열성 접합자를 선별하기 위한 가장 간단한 방법을 보여준다. 각 F1 세대 개체들을 이종교배시켜 F2 세대의 가족들을 생산한다. F2 세대 각 가족 내에서 개체들끼리 동종교배시켰을 때, 그 가족이 어떤 돌연변이를 보유하고 있다면, 4쌍의 교배 중 한 쌍은 +/- 인 두 개체들 사이에서 일어날 것이고, 이 교배로부터 생산된 자손 중 25%는 비정상적인 표현형을 나타내는 -/- 개체일 것이다.

에서 돌연변이가 일어난 정말 많은 수의 정원세포로부터 돌연변이 정자가 생산되기 때문이다. 발생에 영향을 미치는 우성 돌연변이는 F1 세대 개체의 표현형을 변화시키기 때문에 바로 명확하지만, 보다 흔한 열성 돌연변이는 F1 세대 개체가 모두 이형접합체(heterozygous)이기에 육안으로 확인할 수 없다. 다음 세대를 생산하기 위해 F1 세대 각 개체를 별도의 수조에 넣어서 또 다른 정상 개체와 교배시킨다. 이 교배로 F2 세대에 해당하는 여러 가족이 양산되며, 이 각각의 가족은 하나의 창립자 물고기로부터 만들어져서 하나 또는 그 이상의 열성 돌연변이를 갖고 있다. 만약 F1 세대 개체가 하나의 열성 돌연변이를 갖고 있다면, 얻어진 F2 세대 개체의 절반은 그 돌연변이에 대해 이형접합의 특성을 가지게 될 것이다. F2 세대 각 가족 내에서 개체끼리 짝을 지어 동종교배를 실시한다. 만약 어떤 돌연변이가 존재한다면, 네 번 중 한 번의 교배는 이형접합체 사이에서 일어날 것이고, 생산된 F3 세대 개체들 중 25%는 동형접합(homozygous) 돌연변이체일 것이다. 생산된 F3 세대를 발생 시기별로 관찰하여 개체들의 비율을 기록한다. 동형접합 열성 돌연변이가 발생에 영향을 미칠 정도이면 그로 인한 표현형은 시각적으로 비정상일 것이다. 이 돌연변이체는 해부현미경으로 배아를 관찰하여 간단하게 찾아낼 수도 있고, 보다 특정한 돌연변이를 선별하려고 한다면 특별한 구조나 세포 집단을 조사하여 확인할 수도 있다.

초기 발생에 필수적인 유전자를 무력화시키는 돌연변이는 치명적이어서, 그 유전자가 정상적으로 기능할 때 이어질 수 있는 이후의 발생 과정을 방해할 수 있다. 그로 인해, F3 세대 동형접합 돌연변이 배아는 발생 초기 단계에 죽을 수 있으므로, 이들 개체의 상태가 악화되기 전에 관찰하여 그 비율을 기록할 필요가 있다. 어떤 흥미 있는 표현형이 F3 세대 중에서 발견된다면, F2 세대 부모를 야생형 물고기와 이종교배시켜서 발생과 무관한 다른 돌연변이의 부담은 줄이고, 영구적인 혈통도 확립한다. 확립된 혈통은 지속적으로 유지해야 하는데, 그 방법은 이종교배를 통해 얻은 개체들 중 이형접합체를 발굴하고 유지하면서, 동형접합 돌연변이 배아가 필요할 때 이 이형접합체를 교배시키는 것이다. 돌연변이 혈통을 액체질소에 냉동한 정자 또는 정소의 형태로도 보관할 수 있으며, 이러한 보관 방법은 많은 수의 혈통을 유지해야 하는 수고로움을 줄일 수 있다. **그림 9.9**는 제브라피시 돌연변이 선별 과정에서 알려진 일부 돌연변이체를 보여준다.

1990년대 초창기 돌연변이 선별 연구는 F3 세대 배아를 단순하게 해부현미경으로 관찰함으로써 발생학적으로 중요한 모든 유전자에 있어 가능한 모든 돌연변이들을 찾겠다는 의도로 진행되었다. 하지만 이후 분명해진 사실은, 돌연변이 선별을 광범위하지 않게, 특화된 방식으로 수행하면 보다 많은 돌연변이를 발굴할 수 있다는 점이다. 그로 인해, 아주 최근 연구에서는 어느 특정한 기관계를 세밀하게 관찰하려는 경향이 있다. 이러한 일부 연구에서는 면역염색 또는 제자리혼성화(*in situ* hybridization) 기법을 이용하여 관심 있는 구조를 시각적으로 부각시키기도 하고, 또 다른 경우에는 부모 세대 혈통이 형질이 전환되어 개체 내 관심 있는 구조가 GFP나 또 다른 형광 단백질을 발현하는 특징을 지님으로써 형광해부현미경으로 쉽게 식별할 수 있다.

돌연변이 연구 결과는 처음에는 표현형에 따라 분류한 다음, **상보성 분석(complementation analysis)**을 실시해서 비슷한 표현형을 갖는 돌연변이가 동일한 유전자의 서로 다른 대립유전자에서 일어난 것인지 여부를 결정한다. 이 분석은 2가지 혈통 각각의 이형접합체를 서로 교배시키는 방식으로 진행한다. 만약 돌연변이가 정말로 같은 유전자에서 일어났다면 자손의 25%가 그 표현형을 가질 것이고, 그 돌연변이가 서로 다른 유전자에서 일어났다면 어느 자손도 그 표현형을 나타내지 않을 것이다. 그런 다음, 그 돌연변이의 위치를 고전적인 유전자 지도 작성법으로 파악한 후, 이 유전자 지도에서의 위치를 시발점으로 활용해서 그 유전자의 **위치추적 클로닝(positional cloning)**을 수행한다. 이전에는 이 클로닝이 느리고 힘이 많이 드는 절차였지만, 요즘에는 완벽한 유전체 염기서열과 많은 수의 DNA 다형성 정보를 이용할 수 있어서 그 절차가 비교적 쉬워졌다(3장, 그림 3.10 참조). 그러나 많은 수의 제브라피시 돌연변이체는 위치추적 클로닝 없이도, 제노푸스 또는 다른 모델동물에서 발견된 어떤 기능 상실 돌연변이와 그 표현형이 유사한 것에 근거하여 후보 유전자를 검증하는 가운데 규명되기도 하였다.

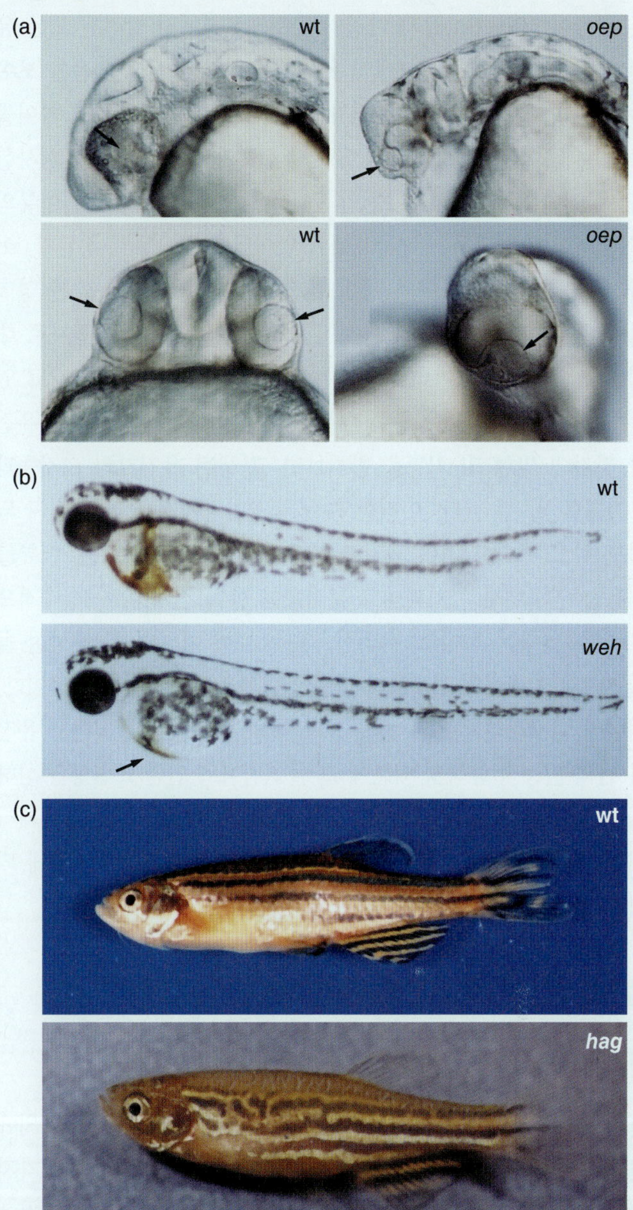

그림 9.9 제브라피시 돌연변이 유도 선별 과정에서 규명된 돌연변이체의 예. (a) *one-eyed pinhead*(*oep*)는 단안증을 유발함(화살표는 수정체를 가리킴, 중앙의 외눈을 주의해서 볼 것). 위쪽은 측면의 모습; 아래쪽은 앞에서 본 모습. wt: wild type(야생형). (b) *weissherbst*(*weh*)는 혈액 생성을 감소시킴. 2일된 배아의 헤모글로빈에 대해 O-dianisidine 염색을 실시한 결과. wt: wild type. (c) *hagoromo*(*hag*)는 우성 돌연변이로서 성체에서 줄무늬 형태를 파괴시키며, 삽입 돌연변이 유도 기술에 의해 생성됨. wt: wild type. (인용) Nature Publishing Group의 허락을 얻어 Patton and Zon(2001). Nat. Rev. Genet. 2, 956-966에서의 그림을 재구성함.

유전체 중복

유전체 염기서열 분석결과에서 얻은 증거들은, 제브라피시가 다른 경골어류(teleost)들과 마찬가지로 포유류에서 발견된 모든 유전자 각각에 대해 종종 2개의 유사한 유전자를 갖고 있음을 보여주고 있다. 이와 관련된 유전자는 높은 수준의 염기서열 차이를 보이는데, 이는 꽤 오래전에 유전체 전체가 중복되었음을 시사한다. 이러한 일이 약 4억 2천만 년 전에 오늘날 모든 경골어류의 공통 조상에 해당하는 생물체에서 일어났을 것으로 추정된다. 이 사건의 영향으로, 하나의 생쥐 유전자가 하나 이상의 발현 영역과 발생학적 기능을 갖는 특성이 어류에서는 2가지 유전자로 대리된다. 즉, 2가지 어류 유전자는 하나의 생쥐 유전자가 갖고 있는 발현 영역과 기능을 종종 나누어 가지기 때문에, 이 어류 유전자 각각의 발현 및 기능을 합쳐보면 그 생쥐 유전자의 그것들과 유사함을 알 수 있다. 이러한 사실은 실험자에게 유리한 점이 되기도 하고 불리한 점이 되기도 한다. 불리한 측면으로는, 어류를 이용한 연구에서는 가려내고 분석해야 할 유전자 수가 상대적으로 다소 많다는 점이고, 유리한 측면으로는 어류의 기능 상실 돌연변이체가 생쥐의 경우보다 더 오래 살아남을 수 있다는 점이다. 왜냐하면, 2개의 유전자 중 어느 하나의 기능이 상실되어도 유전자 간의 기능적 중복성 덕분에 그 돌연변이로 인한 표현형은 심하게 영향을 받지 않으며, 이로 인해 돌연변이체는 더 후기 단계까지 발생을 진행할 수 있거나 심지어는 장기간 생존할 수 있게 되기 때문이다.

돌연변이 연구를 위한 다른 방법들

반수체 조사

그림 9.8에 제시된 열성 돌연변이 선별과 같은 일반적 방법 외에도, 제브라피시에는 돌연변이를 선별할 수 있는 또 다른 두 가지 기법이 활용 가능하며, 이 방법은 특정한 상황에서 적용하기에 유리한 점이 있다. 그중 하나는 **반수체(haploid)** 배아를 생성하는 것이다(**그림 9.10**). F1 세대 암컷 물고기를 취하여, 복부를 부드럽게 압박해서 미수정란을 얻는다. 정자에 자외선(UV)을 강하게 조사하여 생존할 수 없게 한 다음, 앞서 얻은 미수정란을 이 정자와 인공수정시킨다. 이 정자는 수정란의 발생을 활성화시킬 수는 있지만, 정자의 핵은 전달되지 않으므로 배아는 모계의 전핵(pronucleus)만을 가진 반수체이다. 반수체 배아에서는 열성 돌연변이의 효과가 즉각적으로 나타나기 때문에 F2 세대 가족을 생산할 필요 없이, 흥미로운 돌연변이를 바로 식별할 수 있다. 그러나 반수체 배아는 장기간 생존할 수 없다. 반수체 배아는 발생 며칠만에 죽기 때문에, 돌연변이는 어미로부터 시작되는 고전적인 번식 방법을 통해 유지될 필요가 있다. 더욱이, 반수체 배아는 돌연변이가 없더라도 그 자체가 비정상적이다. 따라서 돌연변이 선별은 전형적인 반수체 증상에 의해서는 가려지지 않는 생물학적 특성에 대해서만 가능하다.

반수체 증상은 난자를 **자성발생 이배체(gynogenetic diploids)**로 전환시키면 회피할 수 있다. 앞선 방법과 마찬가지로, 암컷 물고기를 압박하여 미수정란을 얻은 후 생존력이 없는 정자와 수정시킨다. 그런 다음, 그 반수체 수정란에 짧게 압력을 가해서 제2극체가 수정란으로부터 떨어지지 않고서 다시 알 속으로 들어가게 하면, 극체의 핵이 모계 전핵과 융합한다. 이처럼 제2감수분열에 따른 분리를 역행함으로써, 난자의 전핵은 이배체가 되고 온전히 모계로부터 유래한 유전물질로만 구성된다. 그러나 감수분열 시 교차가 일어나지 않았다면 유전자 자리는 오직 동형접합이 될 것이다. 만약 2가 염색체 단계에서 교차가 일어났다면, 하나의 돌연변이 유전자는 제1 극체로 들어가서 소실되고 해당 자성발생 이배체는 잠재적으로 교차점에서 멀리 떨어진 모든 유전자 좌위에 대해 이형접합이 될 것이다. 따라서 이 방법은 동원체

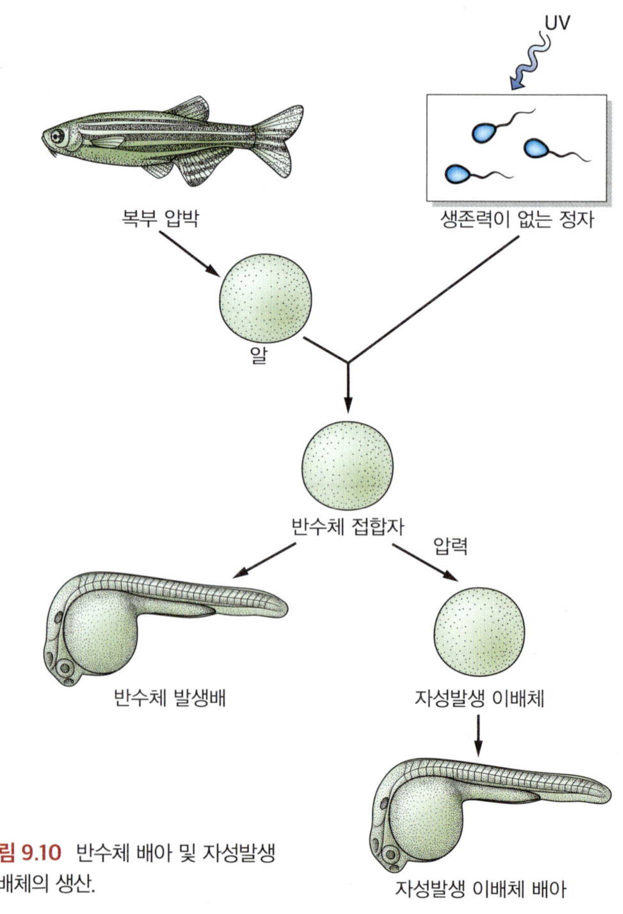

그림 9.10 반수체 배아 및 자성발생 이배체의 생산.

(centromere) 주변에 위치해서, 교차로 인해 소실될 확률이 낮은 유전자에 대해서 상당히 유용할 수는 있지만, 이러한 견해가 일반적으로 타당하다고 보기는 어렵다.

삽입 돌연변이 유도

위치추적 클로닝에 유용한 유전체 염기서열과 고해상도의 유전 표지자(genetic markers)가 존재하기 전에는, 결과적으로 분자 탐침(probe)을 삽입하는 어떤 절차로 인해 돌연변이가 유도되면, 이것이 훨씬 더 쉽게 유전자를 클로닝할 수 있는 단서가 되었다. 이를 계기로 복제-장애가 있는 **레트로바이러스**(replication-defective **retroviruses**)의 도입을 기초로 한, **삽입 돌연변이 유도(insertional mutagenesis)**라는 실험 기법이 고안되었다. 이 방법은 비설치류(nonrodent) 감염을 가능하게 하는 새로운 포장 단백질을 가진 Moloney leukemia virus(MLV)를 만들고, 이를 고농도로 포배에 주입하는 과정을 포함하고 있다. 이 배아를 성체까지 기르면, 대부분은 바이러스가 생식계에 삽입되어 있어 그 바이러스를 보유한 자손을 생산한다. 바이러스 삽입으로 인한 돌연변이 대부분은 열성이며, 이 돌연변이를 동형접합으로 만들기 위해서는, ENU를 활용한 선별 과정에서의 F1 세대 개체를 교배시킨 것과 동일한 방식으로 창립자 물고기의 자손을 교배시킨다. 레트로바이러스의 삽입을 활용하여 여러 **인핸서 포획(enhancer trap)** 혈통을 만들기도 하는데, 이 혈통은 형광 단백질을 발현하는 특정한 세포나 구조를 갖고 있다. 삽입 돌연변이 유도와 인핸서 포획 혈통은 *Tol2*, *Sleeping Beauty*와 같은 이동성 유전인자(transposable element)를 이용하여 만들 수도 있다. 이 형질전환된 혈통은 다른 유전적 선별이나, 형광을 띤 구조의 발생에 영향을 미치는 유용한 작은 분자를 발굴하기 위한 화학적 선별을 개시하는 재료로서 특별히 유용하다.

역유전학 실험 기법

역유전학이란 이번 장에서 기술한 것과 같은 돌연변이 유도 선별 과정에서는 발견되지 않고, 단지 그 존재만이 알려져 있는 유전자들의 기능을 연구하는 것이다. 제브라피시에서 역유전학 방식의 연구를 수행함에 있어 주로 사용하는 실험 기법으로는 mRNA 주입, 안티센스 모폴리노(antisense morpholino) 주입 및 형질전환이 있으며, 보다 최근 기술로는 전사활성자유사 효과자 핵산가수분해효소(전사활성자유사 효과자 뉴클레아제, transcription activator-like effector nucleases, TALENs)와 CRISPR-Cas9(3장 참조)을 이용한 적중 돌연변이 유도가 있다.

제노푸스의 경우처럼, 배아에 합성 mRNA를 미세주입함으로써 유전자의 산물을 **과발현**시키는 효과를 낼 수 있다. 발생 초기에 동물극 쪽으로 세포질 흐름이 일어나므로, mRNA를 새로 산란된 난자의 난황괴에 주입하면, 이후 배아의 할구들로 운반될 수 있다. 주입된 mRNA가 배아 전체를 채울 수도 있지만 반드시 그렇지는 않고, 보통은 특정 mRNA와 *Gfp* mRNA를 함께 주입함으로써 이후에 해당 mRNA의 산물이 작용하는 영역을 시각적으로 확인할 수 있다. 주입된 mRNA는 바로 번역되어져서 그 단백질의 농도가 MBT 이전에 활성을 나타낼 만큼까지 증가한다. RNA와 이의 단백질 산물은 아마도 24시간 후에는 분해될 것이므로, 이 기술은 아주 이른 발생 단계에 변화를 도입하는 데 가장 유용하다.

과발현 효과는 제브라피시를 형질전환시키는 것으로도 얻을 수 있다. 즉, 여분의 관심 있는 유전자를 유전체에 삽입하는 것이 그 방법이다. 처음에는 **형질전환** 제브라피시를 수정란에 DNA를 주입하여 만들었는데, 이 방법은 모자이크 발현을 초래하며, 원조 물고기 중 아주 적은 비율만이 생식계를 통해서 그 형질전환 유전자를 전달한다. 그러므로, 최근에는 다른 방법이 사용되고 있다. 그중 한 가지는 삽입시킬 DNA의 양 끝단에 드물게 절단하는 제한효소 I-SceI(meganuclease)의 인식부를 붙인 다음, 이 제한효소를 제작한 DNA와 함께 주입하는 것이다. 이 효소는 18개의 뉴클레오타이드 길이의 특이적 염기서열을 인식하여 절단하며, 단순한 DNA 주입보다 동일서열반복체(concatemer) 형성은 줄이면서, 훨씬 높은 효율로 유전체에 DNA가 삽입되는 것을 촉매한다. 또 다른 방법으로는 전위인자(트렌스포존, transposon) *Tol2*를 DNA 벡터로 이용하는 것인데, 이 경우 전위효소를 암호화하는 mRNA를 함께 주입한다. 이 방법은 주로 단일삽입을 유도하며 생식계를 통한 전달률이 상당히 높은 편이다.

조건부 형질전환으로는 Gal4 시스템(3장 참조)이 선호되며, 많은 추진자(driver) 계통이 제작되었다. 이것들은 대부분 인핸서 포획 계통인데, 내재성 인핸서가 특정 세포 유형 또는 기관에서 Gal4의 초활성형인 Gal4VP16의 발현을 추진한다. 열충격 프로모터(heat shock promoter)인 *Hsp70*도 잘 작동하며 물고기를 37°C에 1시간 노출시켜서 형질전환 유전자의 활성을 유도하는 데 종종 사용된다.

제브라피시에서 특정한 유전자 산물을 제거하기 위한 방법으로는 RNAi가 일반적으로 신뢰를 받고 있지 않으며, 대체재로서 **안티센스 모폴리노 올리고(antisense morpholino oligonucleotide)**

가 현재 널리 이용되고 있다(3장 참조). mRNA와 마찬가지로, 몰폴리노는 수정란 또는 초기 분열기 할구에 주입되어야 하며, 그 효과는 48시간까지 지속된다. 하지만 최근 연구에 따르면, 많은 수의 몰포리노에 의해 양산된 배아의 표현형이 해당 유전자 돌연변이체의 표현형과 항상 일치하지는 않는다. 이는 아마도 몰포리노의 비특이적(off target) 영향에 따른 것으로 추정되는데, 결국 목표로 하는 것 이외의 mRNA가 영향을 받았을 수 있다. 하지만 또 한편으로는 그 돌연변이가 기능 상실 돌연변이가 아니기 때문일 수도 있고, 혹은 돌연변이가 모계 mRNA에 영향을 주지 않아 몰폴리노 보다 더 약한 표현형을 나타냈을 수도 있다. 뿐만 아니라, 돌연변이는 보상 반응(compensatory responses)의 영향을 받을 수 있는데, 이러한 반응은 몰폴리노를 이용한 실험에서는 관찰되지 않았다. 예를 들어, 어떤 돌연변이 발생에 대한 반응으로 밀접하게 관련되어 있는 유전자가 함께 상향 조절(upregulation)을 받는다면, 돌연변이로 인한 유전자 기능손실을 보상함으로써 그 표현형은 예상보다 심하지 않게 된다. 이러한 사실들로 볼 때, 몰폴리노를 이용함에 있어 적절한 대조군 실험을 수행하는 것이 중요하다. 관련 없는 모폴리노를 주입했을 때, 이것이 아무런 효과를 나타내지 않았다는 것만으로는 충분한 대조군 결과가 될 수 없다. 이상적인 방법은, 첫째, 표적 단백질의 생산이 몰폴리노에 의해 억제된다는 것을 웨스턴 블로팅(western blotting)으로 증명하고, 둘째, 동일한 단백질을 암호화하면서도 몰폴리노에 영향을 받지 않게 조작된 RNA를 과발현함으로써 몰폴리노로 인한 배아의 표현형이 회복될 수 있음을 보여주는 것이다. 동일한 mRNA에 작용하는 몇 가지 서로 다른 몰폴리노가 모두 같은 표현형을 나타낸다면, 이는 그 작용의 특이성을 증명하는 또 다른 대조군 실험이 될 수 있다.

이제는 특정 부위로 핵산분해효소(nuclease)를 겨냥하여 유전체를 편집할 수 있는 기술이 관심 있는 어떤 유전자에 돌연변이를 유도하기 위하여 활용된다. 그동안 돌연변이는 아연핑거 핵산가수분해효소(징크핑거 뉴클레아제, zinc finger nuclease, ZFNs) 또는 TALENs, 그리고 보다 최근에는 CRISPR-Cas9을 활용한 기법으로 유도하였다. 하지만 최근에는 CRISPR-Cas9을 활용한 기술을 더 선호하는 것 같다. 이 기술들로 목표하는 유전자의 이중가닥에 모두 파손을 일으키면, 실수가 빈번한 DNA 복구 기전이 파손된 부위를 복구하는 과정에서 결손내지는 삽입 돌연변이를 양산한다(3장 참조). 이 실험을 위해, 관련 시료는 보통 단일세포인 수정란에 주입하며, 이로써 생식계에 돌연변이를 도입하게 된다. 기술의 효율이 매우 높아서, 단 한 번의 과정으로 동형접합 돌연변이체를 만들 수 있으므로, 배아의 표현형을 곧바로 분석할 수 있다. 대부분의 연구에서는 기능 상실 돌연변이를 만들고자 하기 때문에, 정말 기능을 없애는 돌연변이가 맞는지 그리고 그 돌연변이가 완전한 소실(null)인지 아니면 부분적인 소실(hypomorphic)인지를 증명하는 것이 중요하다. 최근 연구에 따르면, 이렇게 양산된 돌연변이는 보상 기전(예를 들어, 밀접하게 관련된 유전자가 상승 조절되는 것)의 영향을 받을 수 있기 때문에 목표 유전자의 기능을 규명하기 어렵게 된다.

4장에서 논의한 것처럼, 특정 유전자의 산물을 발생에서의 특정한 기능과 연관시키기 위해서는 유전자 발현 형태, 생물학적 활성 그리고 그 유전자 기능 제거의 효과 등을 조사하여야 한다. 어떤 제브라피시 유전자 하나가 클로닝되면, 그 발현 형태는 제자리혼성화 또는 면역염색을 통해 확인할 수 있다. 생물학적 활성에 대한 일부 정보는 야생형 배아에 mRNA를 과발현시켜 얻을 수 있으며, 보다 더 특이적인 정보는 다양한 돌연변이 수용자에서 과발현을 통해 확보할 수 있다. 유전자 연구의 출발점이 종종 기능 상실 돌연변이체이기에 기능 상실 효과는 이미 알려져 있을 수 있다. 만약 그렇지 않다면 CRISPR-Cas9을 활용한 기법으로 돌연변이를 만들거나, 적절한 대조군을 갖춘 상태에서 몰폴리노를 통해 해당 단백질의 기능을 하향 조절(downregulation)할 수 있다.

발생학적 기법들

제브라피시 배아는 제노푸스만큼 미세조작(micromanipulation)을 위해 선호되는 동물모델은 아니지만, 세포 표지와 이식실험들은 여전히 수행가능하다. 미세조작에는 고정된 재물대와 이동식 경통을 갖춘 직립 광학현미경이 일반적으로 사용된다. 이러한 현미경 구조는 미세조작기를 움직이지 않는 재물대에 고정시킬 수 있어서 안정성을 제공한다. 형광 덱스트란은 미세주입이 가능해서, 분열기 할구에 이것을 주입함으로써 보통 세포 표지를 위해 사용된다. 난할 초기에는 난황세포에 세포질 다리가 연결되어 있기 때문에, 이 세포질 다리가 지속하는 동안, 확산이 매우 느려 주입된 할구에만 국한되어 있을 수 있는 고분자 덱스트란이 선호된다. 친유성 염료인 DiI는 세포막에 붙기 때문에, 배아 표면에 위치하는 세포를 표지하고자 할 때 사용된다. 발생학자는 모든 세포에서 형광 단백질을 발현하여 세포질, 핵과 세포막을 표지하고 있는 여러 형질전환 제브라피시 혈통들도 활용한다. 일반적으로, 이식은 미세주입 장비를 사용해서 공여자(donor)로부터 세포를 빨아 들여 수용자(host)에 주입하는 방식으로 진행된다. 이러한 이식은 외적 초기(외적 50% 단계까지)와 체절형성기 동안에 가장 쉽게 수행할 수 있다. 낭배형성기 동안, 세포 이동은 매우 무작위적으로 일어나므로, 주입된 세포 집단은 일반적으로 상당히 넓게 분산된다.

지역 특정화

모계 결정인자들

생식질

전자현미경으로 관찰해 보면, 생식질(germ plasm)은 모양이 일정하지 않고 전자 밀도가 높은 집합체로서 I 단계 난모세포의 **발비아니체(balbiani body)**와 결합되어 있다(그림 9.1). 발비아니체는 다른 모델동물에서 **원시생식세포(primordial germ cell, PGC)** 형성과 관련된 mRNA를 포함하고 있으며, *dazl*, *nanos*, *vasa*를 각각 암호화하는 mRNA가 이에 해당한다. 발비아니체는 난모세포의 핵 근처에서 형성된 후, 장차 식물극이 되는 곳에 있는 난모세포 피질로 이동한다. 여기서 발비아니체가 분산되면, *dazl* mRNA는 식물극 피질에 쌓이게 되는 반면에, *vasa* mRNA는 난모세포 피질 전체로 이동하며, *nanos* mRNA도 자신의 위치에서 이탈하여 다른 부위에 위치하게 된다. 첫 번째 난할 동안 이 mRNA는 난할막의 두 지점으로 재배치된 후, 두 번째 난할막에서는 네 지점으로 재배치되고, 이 이동 과정은 모두 미세소관의 기능에 의존되어 있다. 분열기에 생식질을 제거하면 이후 생식세포 형성이 저해될 것이다. mRNA가 분포하는 이 4개 영역은 분산하지 않고 유지되다가, 배반엽 가장자리 내에 있는 4개의 작은 할구 집단으로 전달된다. 이들이 원시생식세포(PGC)이며, 보통은 *vasa* mRNA의 발현으로 확인된다. 초파리(*Drosophila*)나 예쁜꼬마선충(*C. elegans*)에서와는 달리, 제브라피시의 PGC에서는 유전자 전사가 활발히 일어난다. 첫 번째 난할이 일어나는 방향은 장차 형성될 등-배 축에 대해 무작위적이기 때문에 PGC 집단은 형성되는 체축에 따라 배열되지는 않지만, 낭배형성 기간 중에 이동하여 배아의 1번 체절이 위치하는 부위의 좌우 양쪽에 각각 분포 영역을 형성한다. 이후, 몸의 후방으로 이동하여 8번째 체절 근처에 위치한 생식소로 통합되어 들어간다. 이 기간 동안, PGC의 운명을 유지하기 위해서는 RNA-결합 단백질인 Dead end 1(dnd1)이 필요하다. 배아의 생식계에서 *dnd1*의 기능이 상실되는 돌연변이가 일어나면, PGC는 3가지 모든 배엽을 구성하는 다양한 체세포로 분화한다.

등쪽 결정인자들

제브라피시 난모세포의 동-식물극 축이 명확히 정해지는 시점은 발비아니체가 I 단계 난모세포의 피질로 이동한 후 분산되면서, **모계 결정인자(maternal determinants)**를 장차 식물극이 되는 곳에 놓이게 할 때이다. 유전학적 검사를 통해서 발굴된 *bucky ball*(*buc*) 유전자는 발비아니체 형성에, *microtubule actin cross-linking factor 1*(*macf1*) 유전자는 발비아니체 분산에 필수적임이 확인되었다. 이 두 유전자 중 어느 하나에 돌연변이가 일어난 난자는 그 구조가 대칭적이어서, 식물극이나 특정하게 위치한 생식질을 갖고 있지 않다. 제노푸스에서와는 다르게, *vegt*(*spadetail*)와 *vg1*(*gdf3*) 각각에 해당하는 제브라피시 상동유전자에 대한 모계 mRNA는 난모세포의 식물극에 위치하고 있지 않다. 하지만 Wnt계에 속하는 2가지 인자 *wnt6a*와 *wnt8a*에 대한 모계 mRNA는 식물극에 위치한다. 최근의 한 연구에서도, *huluwa* mRNA가 I 단계 난모세포의 발비아니체에 위치하다가 이후에는 식물극 쪽으로 이동함을 확인하였다(그림 9.11). 이 유전자는 막관통 단백질(transmembrane protein)을 암호화하는데, 이 단백질은 Wnt 신호와 흡사한 신호를 유도하는 특징이 있다(추가적인 설명은 뒤에서 이어짐).

제노푸스에서는 정자 진입 지점이 난자의 방사대칭을 깨뜨려 등-배축을 지정하는 것에 반해, 제브라피시에서는 정자가 동물극에 있는 난문을 통해 진입해야 하므로 등-배 대칭을 파괴하는 직

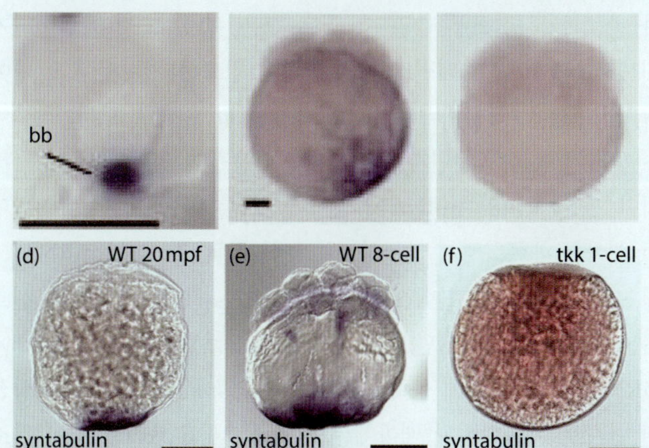

그림 9.11 식물극에 분포하는 모계 mRNA들. 온조직 제자리혼성화(Whole-mount *in situ* hybridization)로 *huluwa*와 *syntabulin* mRNA 각각의 발현 분포를 분석한 결과. 상단 행: *huluwa* mRNA는 야생형 난모세포의 발비아니체(왼쪽 그림)와 4-세포기 배아의 등쪽-식물극 부위(가운데 그림)에 위치하며, *huluwa* 돌연변이 배아(오른쪽 그림)에서는 부재하다. 하단 행: *syntabulin* mRNA는 야생형 수정란(왼쪽 그림)과 8-세포기 배아(가운데 그림)의 식물극에 분포하며, syntabulin 돌연변이(*tokkaebi*) 배아(오른쪽 그림)에는 없다. (인용) Nojima et al. (2010). Development. 137, 923-933에서의 그림을 재구성함.

접적인 원인이 여전히 불명확하다. 난황 제거 실험에 의하면 식물극에는 등쪽 결정인자가 있으며, 이 인자는 초기 난할기까지 배아의 등쪽으로 이동한다. 제브라피시 배아에서는 뚜렷한 피질 회전이 관찰되지 않았지만, 미세소관 중합을 해체하는 약물인 노코다졸(nocodazol)을 처리하면 체축 형성이 억제되는데, 이는 등쪽 센터를 확립하는 데 있어서의 미세소관의 역할을 시사한다. 모계 *syntabulin* mRNA는 발비아니체를 통해 식물극에 위치하며, 등쪽 결정인자의 이동에 필수적이다(그림 9.11). 따라서 *syntabulin*의 기능이 상실된 난자로부터 형성된 돌연변이 배아(이를 *tokkaebi*라 명명함)는 배쪽화(몸체가 등쪽 구조를 갖고 있지 않는)된다. Syntabulin은 일종의 연결 단백질로서, 등쪽 결정인자를 미세소관을 따라 이동하는 키네신 모터 단백질에 연결시켜 주는 기능을 한다. 등쪽 결정인자가 등쪽 부위에 위치하게 되면, 고전(canonical) Wnt 신호 경로를 활성화시켜서 대략 128-세포기에는 세포핵 내 β-카테닌(β-catenin) 단백질의 양을 증가시킨다. 이러한 현상은 면역염색법을 통해 육안으로 확인할 수 있다. 제브라피시에 존재하는 2개의 β-카테닌 유전자 중 하나인 *ichabod*의 기능이 상실된 배아도 배쪽화된다.

제노푸스에서처럼, 등쪽 축의 형성은 GSK3의 과발현에 의해 억제되며, GSK3의 기능을 무력화시키는 돌연변이는 제2의 체축을 유도할 수 있다. 유사한 결과들을 Wnt-β-카테닌 경로를 활성화시키거나 억제하는 다른 물질들을 통해 얻을 수 있는데, 한 예로 리튬을 MBT 이전에 처리하면 배아의 등쪽화를 유도할 수 있다. 이러한 사실로부터 알 수 있는 점은, 등쪽 발생이 일어나기 위해서는 Wnt-β-카테닌 경로의 활성이 필요하다는 것이고, 나아가 한 가지 시사하는 바는, *wnt6a*와 *wnt8a* mRNA 모두 혹은 어느 하나가 등쪽 결정인자로서 작용할 가능성이 있다는 것이다. 하지만, 모계 *wnt8a* mRNA에 영향을 미치는 기능 상실 돌연변이는 배아를 배쪽화하지 않는다. 최근에 발견된 *huluwa* mRNA(그림 9.11)는 막관통 단백질을 암호화하며, 이 단백질은 Wnt 신호와는 무관하게 β-카테닌 분해 복합체의 기능을 억제한다. *huluwa* mRNA는 4-세포기에 등쪽으로 이동한다. *huluwa*의 기능이 상실된 난자로부터 형성된 배아에는 세포 핵 내 β-카테닌 양이 감소하고, 배순이 형성되지 않는다. 결국, 이 배아는 배쪽화되어서, 이후에 척삭, 전척삭판 및 신경관 구조를 갖지 않게 된다. 반대로, *huluwa* mRNA를 주입하면 배아를 등쪽화하는데, 만약 하나의 배쪽 할구에 *huluwa* mRNA를 주입하면 제2의 등쪽 축이 유도된다.

증거에 따르면, 제브라피시 배아의 등쪽을 결정하는 모계 유래의 기전은 제노푸스의 경우와 유사하여, β-카테닌 활성이 장차 등쪽이 되는 부위에 형성체(organizer) 형성을 유도한다. huluwa를 포함한 여러 Wnt 신호경로 구성 인자가 이 과정에 참여하고 있다.

접합자에서 진행되는 생물학적 사건(Zygotic events)

몸의 형태를 구축하는 유도적 사건의 순서는 약간의 차이는 있지만, 제노푸스에서와 매우 유사하다(그림 9.12). 중배엽 환을 형성하는 초기 중배엽 유도가 일어나면서, 형성체 부위(배순)는 배아의 등쪽에 위치한다. 형성체 부위로부터 방출된 신호의 영향으로 외배엽에서는 신경조직으로의 분화가, 중배엽에서는 등쪽과 배쪽 각각의 특징적인 분화가 유도된다. 일부 관련된 유전자의 발현 부위를 그림 9.13에 나타내었다.

중내배엽 유도(Mesendoderm induction)

제노푸스에서 일컫는 "중배엽 유도"와 매우 유사한 과정이 제브라피시에서도 일어나지만, 보통은 이 현상을 "중내배엽 유도"라고 말한다. 제브라피시 배아의 **난황세포(yolk cell, 난황괴)**는 소위 제노푸스 배아의 식물반구에 해당하는 것으로서 중내배엽을 유도하는 신호를 방출한다. 만약 난황다핵층을 포함한 난황세포를 동물극 쪽 덮개와 포개어 합치면 그 경계 주변에 중배엽과 내배엽이 유도되는데, 이는 *brachyury*와 같은 표지 유전자의 발현을 통해 확인된다. 16-세포기 이전에 배아로부터 난황세포를 제거하면 중배엽 형성이 방지된다. 초기 단계에 RNAse 효소를 난황세포에 주입하면 유도가 저해되는데, 이는 중내배엽 유도 신호의 생성을 위해서는 적어도 얼마 간의 모계 RNA가 필요함을 시사한다.

제노푸스와는 다르게, 제브라피시 배아는 모계로부터 VegT(Tbx16) 단백질을 물려받지 않으며, 모계 Vg1(Dvr1/GDF3) 단백질은 배아의 동물반구에 위치하고 있다. *vg1* 유전자가 상실된 동형접합 돌연변이체는 뚜렷한 표현형을 나타내지 않는다. 하지만,

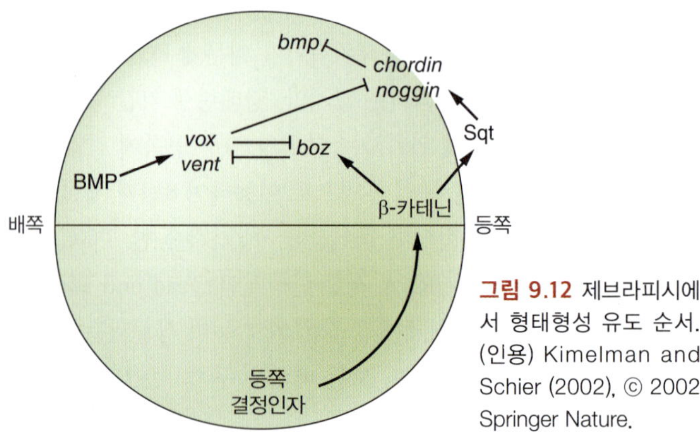

그림 9.12 제브라피시에서 형태형성 유도 순서. (인용) Kimelman and Schier (2002), © 2002 Springer Nature.

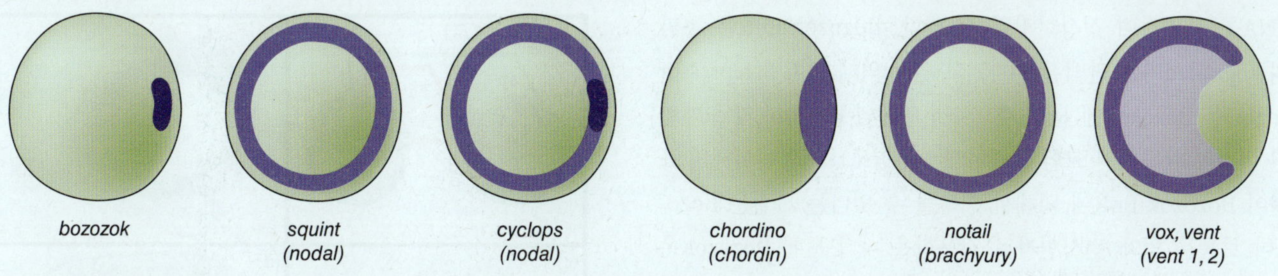

그림 9.13 초기 배아에서 일부 핵심 유전자의 발현 양상. 일반적인 척추동물 유전자의 이름은 제브라피시 고유의 이름 아래쪽 괄호 안에 제시됨.

이 유전자에 대해 동형접합 돌연변이체인 암컷과 야생형 수컷을 교배하여 얻은 배아는 내배엽뿐만 아니라 머리와 몸통을 구성하는 중배엽을 형성하지 못한다. 이는 모계 Vg1이 중내배엽을 형성하는 데 있어서 핵심적인 역할을 수행함을 시사한다. 하지만, Vg1 단백질은 활성화된 형태로 변형되지 않아서 세포 외로 분비되기보다는 소포체에 머물러 있는 특성을 갖는다. 또한, *vg1* mRNA를 과발현시켜도 배아 발생에는 아무런 영향을 주지 않는다. 최근 증거에 따르면, 이 결과의 이유는 Vg1이 기능을 하려면 Nodal형의 단백질과 결합하여 이종이량체를 형성해야 하기 때문이다.

제브라피시에는 3개의 Nodal형 단백질이 있는데, 그중 *cyclops*와 *squint*에 의해 각각 암호화된 두 가지만 중내배엽 유도에 필요하다. 이 두 가지 중 어느 한 가지만 기능이 상실된 돌연변이체에는 눈에 결함이 있을 뿐이지만, 두 가지 모두 기능 상실된 돌연변이체는 생식환(germ ring)을 갖고 있지 않으며 중내배엽을 거의 형성하지 못한다. 이와 비슷한 표현형은 *one-eyed-pinhead*(*oep*) 또는 *smad2*의 기능이 상실된 돌연변이체에서도 관찰된다. Oep는 Cripto에 해당하는 제브라피시 상동형이고, 이 Cripto는 EGF-CFC class에 속하는 세포외 인자로서 Nodal 리간드가 수용체를 활성화시키는 데 필수적이며(10장 참조), Smad2는 Nodal 신호를 전달하는 세포 내 매개체이다. Cerberus-short을 과발현시켜도 중내배엽이 상실되는데, 이 조각 단백질은 Nodal에 길항작용을 하는 제노푸스 cerberus 단백질로부터 유래한 것이다. 반대로 *nodal* mRNA 또는 Nodal 수용체 mRNA의 과발현은 제브라피시 **동물극 쪽 덮개(animal cap)**에 중배엽을 유도할 것이다.

*cyclops*와 *squint*는 그 어느 것도 난자 단계에서부터 발현되지 않고, 수정 후 접합자의 유전체로부터 발현된다. 이러한 *cyclops*의 발현은 중내배엽 자체에서 일어나며, *squint*는 YSL에서 먼저 발현되고 난 후 중내배엽에서 발현된다. 결국, Cyclops와 Squint의 발현은 모계 Vg1의 발현과 겹치게 되면서 Nodal과 Vg1으로 이루어진 활성화된 이종이량체를 형성할 수 있게 된다.

중내배엽 유도 신호는 배반엽의 가장자리 전 영역에서 작동하며, 난황에 가장 가까이 위치하면서 가장 높은 농도의 신호를 받는 세포층은 내배엽이 되고, 좀 더 멀리 떨어져 있는 세포층은 중배엽이 된다. 전반적으로 신호가 전달되는 범위는 짧아서, 1000-2000 세포기에는 대략 4개 세포층 정도가 그 범위에 해당한다. Nodal-특이적 수용체의 작용을 차단하는 저해제를 MBT 이전에 처리했다가 제거해 버리면 중내배엽 유도를 방해하지 않는다. 따라서 유도신호의 주된 확산은 MBT 시기에 수정란 자체의 유전자 발현이 상승된 후에 일어난다고 볼 수 있다.

전사인자를 암호화하는 유전자로서 초기 내배엽의 특징이 되는 것으로는 *mixer*(*bonnie*와 *clyde*), gata5(*faust*) 그리고 sox32(*casanova*)가 있으며, 이들은 모두 Nodal 신호의 직접적인 표적 유전자이다. *sox32*는 과발현 시 내배엽을 유도할 수 있을 정도로, 중요한 지위를 갖는다. 흥미롭게도 Sox32가 작용하기 위해서는 Oct4(Spiel-ohne-grenzen)의 협조를 필요로 하는데, Oct4는 포유류에서 다능성 인자로 여겨지며(11, 22장 참조), 제브라피시에서는 난자 단계에서 뿐만 아니라 수정란 자체적으로도 발현된다. 중배엽에서 *brachyury*는 환 주변 전체에 발현되며, *goosecoid*는 만들어지고 있는 형성체(배순) 부위에서만 발견된다. Nodal은 이 두 유전자의 발현을 모두 상승시키는데, 이때 *goosecoid*의 발현은 Nodal의 농도가 보다 높은 상태에서, *brachyury*의 발현은 상대적으로 낮은 상태에서 유도된다. 따라서 배아의 등-배 축에 따른 Nodal 신호 세기의 차이가 중배엽에서 부위별 특징적인 패턴을 조절할 것으로 여겨진다. 하지만 형성체는 모계로부터 유래한 어떤 기전에 의해 등쪽에서 β-카테닌이 활성화됨으로써 형성된다.

형성체

등쪽에서 β-카테닌의 양이 상승하면 형성체(organizer)의 특성을 결정짓는 유전자의 발현이 증가한다. 이 중에는 *bozozok*(일명 *dharma* 혹은 *nieuwkoid*)이라고 명명된 유전자가 있는데, 이는 호메오도메인 전사인자를 암호화한다. *bozozok*의 기능이 상실된 돌연변이체는 배쪽화되며, 이러한 표현형은 Bozozok-EnR mRNA를 주입하여 정상화시킬 수 있다. Bozozok-EnR은 초파리의 engrailed라는 단백질이 가지고 있는 억제 도메인(repressor domain)을 Bozozok에 붙인 것으로서 일종의 Bozozok의 도메인 교환 버전이다(도메인 교환 관련하여 3장 참조). 돌연변이체의 표현형이 Bozozok-EnR에 의해서 회복될 수 있다는 사실은 Bozozok이 보통은 억제 전사인자로 작용함을 나타낸다. Bozozok은 보통 여러 배쪽화 유전자의 발현을 억제하는데, 이 중에는 BMP 계열 유전자(*swirl*과 *snailhouse*), zygotic Wnt 신호 관련 유전자(*wnt8a*) 및 전사인자를 암호화하는 유전자(*vent*와 *vox*)가 있다. 한편, Bozozok은 *chordin*(*chordino*)의 발현을 증가시키는데, 이는 형성체 유전자로서 분비된 BMP의 기능을 방해하는 억제 단백질인 Chordin을 암호화한다. Bozozok은 전사 억제자이므로, 이로 인한 *chordin*의 발현 증가는 아마도 간접적인 영향의 결과일 것이다.

제브라피시에서 형성체 부위는 배순(embryonic shield)이라고 불리는데, 그럼에도 불구하고 *chordin*의 발현 영역은 대략 원둘레의 90°에 해당할 정도로 배순보다 더 멀리 확장한다. 배순 부분을 배쪽에 이식하면 제2의 축(axis)이 유도되는데, 이 축은 수용자로부터 유래한 체절 및 신경관을 포함한다(**그림 9.14**). 배순의 이러한 유도현상은 제노푸스의 슈페만 형성체의 특성과 동일하다. 배순을 제거해도 모든 등쪽 축이 없어지지는 않지만, *chordin*의 발현 영역 전체를 제거하면 모든 등쪽 축이 사라진다. 배순 조직은 나중에 부화샘(hatching gland), 머리쪽 중배엽, 척삭, 체절, 등쪽 내배엽 그리고 배쪽 신경관을 형성할 것이다.

다른 척추동물에서처럼, 초기 배아의 등-배 형태형성은 배쪽에서부터 등쪽에 이르는 BMP 신호의 기울기에 좌우되는데, 가장 높은 농도의 BMP 신호는 가장 배쪽화된 세포 유형(상피와 혈액)을 유도한다. 세포 내 BMP 신호전달자인 Smad1과 Smad5 단백질의 인산화된 유형을 인식할 수 있는 항체를 이용하여 이러한 BMP 신호 기울기를 시각적으로 확인할 수 있다. 인산화된 이 단백질의 농도는 배쪽에서 가장 높고, 형성체 쪽으로 갈수록 점차 감소한다(**그림 9.15**). 2개의 BMP 유전자, *bmp2b*(*swirl*)과 *bmp7*(*snailhouse*)는 growth & differentiation factor 6a(Gdf6a, *radar*에 의해 암호화됨)를 포함하는 모계 BMP 신호에 의해 낭배의 배쪽 부분에서 발현된다. *bmp2b*와 *bmp7* 중 어느 하나의 기능이 상실된 돌연변이체는 등쪽화되는데, 이는 배쪽 발달을 위해 BMP 신호가 필요함을 보여준다. 이번 장에서 언급한 것처럼, 낭배 이동은 비대칭적이기 때문에 제브라피시에서 등쪽화가 일어나면, 척삭, 체절 및 신경관뿐 아니라 머리까지도 비대해지는 반면에, 배쪽화가 일어나면 머리는 작아지지만 후면 구조와 혈섬은 확대된다. 따라서 등쪽화된 배아는 전면부화(anteriorized)가 되었다고도 할 수 있는 반면에, 배쪽화된 배아는 후면부화(posteriorized)가 되었다고도 할 수 있다.

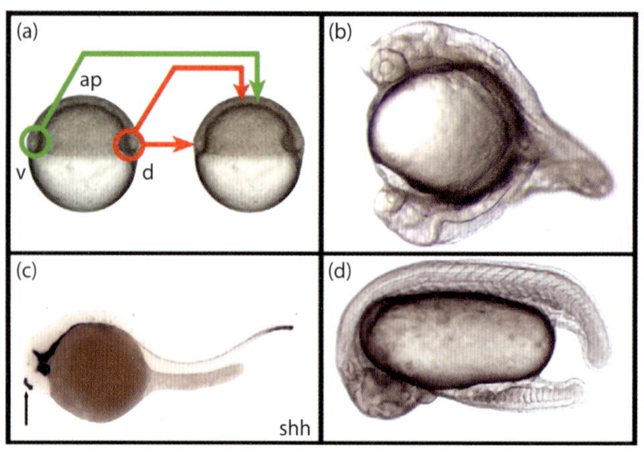

그림 9.14 초기 낭배기 형성체의 조직화 특성. (a) 등쪽(빨강)과 배쪽(초록) 가장자리 조직을 이식한다. (b) 등쪽 가장자리 조직을 배쪽 가장자리 부위로 이식하면 제2의 머리와 몸통을 형성한다. (c) 등쪽 가장자리 조직을 동물극 부위에 이식하면 이소성(ectopic)의 척삭을 유도한다(화살표). 척삭은 *Sonic Hedgehog*의 발현으로 표시함. (d) 배쪽 가장자리 조직을 동물극 부위에 이식하면 제2의 꼬리가 형성된다. (인용) Fauney et al.(2009). Development. 136, 3811-3819.

배쪽 특성을 갖는다는 것은 그 조직에 두 호메오도메인 전사인자인 Vent와 Vox가 발현되고 있음을 시사하며, 이 두 전사인자는 각각 제노푸스의 ventx1과 ventx2에 해당하는 상동형이다. 이들은 필요 이상으로 서로 중복된 기능을 갖지만, 두 유전자의 기능이 모두 상실된 돌연변이체는 등쪽화된 표현형을 나타난다. 이 인자의 발현은 Bozozok에 의해 억제되며, 이 인자 자신도 *bozozok*의 발현을 억제한다. 이로 인해, 어느 한 세포는 형성체와 배쪽측면 중 어느 한 가지 분명한 특성만을 갖게 되며, 중간 수준의 특성을 채택하지는 않는다.

제노푸스에서처럼, 형성체에서는 Chordin 유전자(*chordino*), Noggin 유전자(*noggin1*) 및 Follistatin 유전자(*flst2*)가 발현된다. *chordin*의 기능이 상실된 돌연변이체도 배쪽화된 표현형을 나타내지만, 몰폴리노를 이용하여 이 세 가지 유전자의 기능을 모두 억제하면 배아의 배쪽화가 더 심해지는데, 이는 세 유전자 간에 어느 정도 기능의 중복성이 있음을 시사한다. 이 세 가지 단백질은 직접 BMP 단백질에 결합하여 후자가 자신의 수용체를 활성화하지 못하게 한다. 결국, 등쪽에서부터 배쪽에 이르는 이 억제단백질의 기울기가 반대로 배쪽에서부터 등쪽에 이르는 BMP 활성의 기울기를 형성하는 데 기여하는 것으로 판단된다. 제노푸스에서처럼, Chordin 활성은 Tolloid (Minifin)와 다른 여러 인자들을

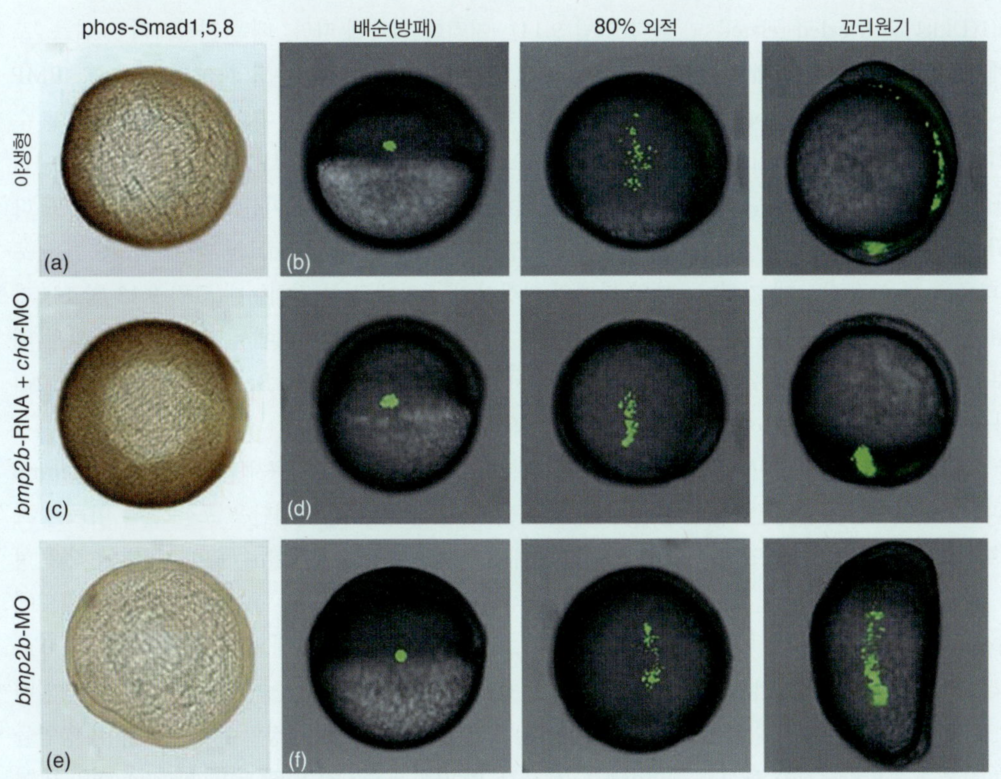

그림 9.15 세포 이동에 미치는 BMP 기울기의 영향. 측면 중배엽에 있는 작은 세포 집단에 빛을 쪼여 형광물질를 활성화시킴으로써 이들 세포가 형광을 띠게 하였음. 보통, 이들 세포는 등쪽으로 수렴하여 주된 몸의 축 좌우 양쪽에 분포한다(b). (d)에 보여지는 배아는 BMP를 과발현시킴과 아울러 chordin의 기능을 억제함으로써 심하게 배쪽화되었고, 여기서 표지된 세포 집단은 꼬리쪽으로 이동함. (f)에 보여지는 배아는 등쪽화되었고, 표지된 세포들은 수렴에 실패하여 측면에 남아 있음. (a, c, e) 외적 85% 단계의 배아들을 식물극 쪽에서 바라본 모습이다. 인산화된 Smad1, 5, 8에 대한 면역염색 결과를 나타내고 있음; 오른쪽이 등쪽임. (b, d, f) 살아 있는 배아들로서 측면 중배엽에 표지된 세포 집단이 모여 있음. (인용) Elsevier의 허락을 얻어 Hardt et al. (2007). Current Biology 17, 475-487의 그림을 재구성함.

포함하는 분비 단백질 간의 복잡한 망을 통해 조절된다. Tolloid는 금속결합단백질분해효소(metalloprotease)로서 Chordin을 분해함으로써 BMP 신호를 증가시킨다. BMP의 상동형인 antidorsalizing morphogenetic protein (ADMP)는 제브라피시의 형성체에서 발현되는데, 이는 제노푸스에서 규명된 것과 유사하게 비율을 조절하는 기전이 제브라피시에도 존재함을 시사한다.

제노푸스에서처럼, *wnt8a*는 외적 70% 무렵 배쪽-측면에서 발현이 증가되며, 배쪽화 기능을 갖고 있는 데 반해, 더 이른 시기의 Wnt 경로는 등쪽화 효과를 나타낸다. Wnt8a는 *vent*와 *vox*의 발현을 촉진하는 반면에, *bozozok*의 발현은 억제한다. *wnt8a*의 기능을 없애는 돌연변이는 형성체를 확대시킴으로써 이후에 등쪽화된 표현형을 야기시킨다.

외배엽에서, BMP 신호는 다층상피조직 발달을 위한 핵심적인 전사인자 ΔNp63(p63의 한 형태)의 발현을 증가시켜서 상피의 분화를 개시한다. 상피는 배쪽화된 배아에서 확장되는 반면에, 신경판은 등쪽화된 배아에서 확장된다.

앞뒤 형태형성

배아의 뚜렷한 앞뒤 특성은 늦은 포배기에서부터 낭배기 전체에 걸쳐 형성된다. 중배엽에서, 앞뒤 형태는 전척삭판과 척삭으로 구성되며, 척삭은 후뇌, 몸통 그리고 꼬리 영역으로 뻗어 있다. 척삭의 좌우에는 체절(somite)이 발달하는데, 이들 체절은 몸통 부분에서는 갈비뼈를 포함한 척추를 형성하고 꼬리 부분에서는 갈비뼈가 없는 척추를 만든다. 신경판에서, 앞뒤 형태(anteroposterior pattern)는 전뇌, 중간뇌, 후뇌 및 척수로 구성된다. 후뇌는 마름뇌분절(rhombomere)이라는 8개의 영역으로 더 세분화된다.

배순을 구성하는 세포 중 가장 이른 시기에 회절하는 세포는 *goosecoid*를 발현하고 전척삭판을 구성하며, 보다 늦게 회절하는 세포는 *brachyury*를 발현하고 척삭을 형성한다. *brachyury* (*notail*)의 기능이 상실된 돌연변이체는 척삭과 뒤쪽 구조를 갖고 있지 않으며, 형성된 전반부 체절은 이상한 모양을 띠고 있다. 배순의 초기 세분화는 아마도 난황세포에서 유래한 Nodal 신호와 모계 기원의 *β*-카테닌 활성이 융합된 결과에 기인한 것이다. 회절이 진행되면, 앞뒤 형태는 뒤쪽에서 나오는 Wnt와 FGF 인자의 작용으로 안정화되고 정교해진다.

여기서 기술하였듯이, 접합자의 *wnt8a*는 낭배의 배쪽-측면 중배엽에서 발현된다. 이 유전자는 배쪽화뿐 아니라 후면부화(posteriorizing)시키는 기능을 갖고 있는 것 같다. 기능 상실 돌연변이는 머리가 크고, 꼬리는 짧은 등쪽-전면부화된 배아를 양산하는 반면에, 이 유전자가 과발현하면 배아가 후면부화되어서 꼬리가 더 작아진다. Wnt8a 신호는 Dickkopf1(Dkk1)과 frizzled related protein(sFRP)와 같은 배아의 앞쪽에서 발현되는 분비 억제 단백질에 의해 조절된다. Dkk1은 공동수용체(coreceptor) Lrp6에 결합해서 Wnt 신호를 억제하며, sFRP는 세포 밖으로 분비된 후 Wnt 리간드에 직접 결합하여 작용한다. 이러한 Wnt 억제 단백질은 뒤쪽에서부터 앞쪽에 이르는 Wnt 활성의 기울기를 형성함으로써 배아의 전-후 축에 따른 서로 다른 특성을 정하는 데 기여한다. Wnt를 발현하는 세포 혹은 Wnt 단백질을 실은 구슬을 전뇌 근처에 이식하면, 보다 후면화된 구조가 농도 의존적으로 유도된다. 전척삭판이나 전뇌와 같은 배아의 앞쪽 구조가 형성되려면 Wnt 신호가 억제되어야 하며, 이러한 이유로 *wnt8a* 돌연변이 배아에서는 이러한 구조가 확장되어 있다. Wnt 단백질은 합성된 이후에 지질이 첨가되면서 구조적인 변형이 일어나는데, 이로 인해 Wnt 단백질은 세포 밖에서 확산하는 데 있어 제약을 받는다. 하지만 Wnt 활성의 기울기가 어떻게 형성되는지는 분명하지 않다.

3개의 FGF 유전자 *fgf3*, *fgf8*, 그리고 *fgf24*는 중배엽에서 발현되는데, 초기에는 등쪽 가장자리에 그리고 이후에는 생식환 주변 전체에서 발현된다. FGF 수용체의 기능을 무력화시키는 유전자가 과발현하면 몸통과 꼬리가 상실되며, 이는 T-box 전사인자를 암호화하는 유전자(*brachyury*와 *tbx16*)의 발현이 촉진되지 않는 것과 관련이 있다. FGF8은 *acerebellar* 유전자에 의해 암호화되며, 이 유전자 기능 상실 돌연변이의 표현형인 소뇌 결실(loss of cerebellum)은 중뇌와 후뇌의 경계에 Fgf8이 부재한 결과이다(16장 참조). 그러나 *acerebellar* 돌연변이체에 몰폴리노를 주입하여 Fgf24의 활성을 제거하면 뒤쪽 결함이 양산된다. 따라서 FGF8과 FGF24는 함께 후면화시키는 FGF 활성의 대부분을 담당한다. 형광을 띠도록 표지된 FGF 단백질의 분포를 관찰한 연구에 따르면, 이 신호 단백질의 기울기는 세포 밖에서 확산을 통해 형성된다. 종합적인 증거로 볼 때, FGF와 Wnt 신호는 모두 제브라피시 배아에서 뒤쪽 구조를 결정하는 데 필수적이다.

꼬리 발생

낭배이동이 종료될 무렵, 배아의 뒤쪽 끝단에 있는 한 복잡한 부위가 **꼬리싹(꼬리원기, tail bud)**가 되며, 이는 꼬리쪽(그리고 몸통 뒤쪽 부분) 척삭, 신경관 및 체절을 형성한다. 포배기 혹은 낭배기 배아의 배쪽 가장자리를 포배기 수용자의 동물극에 이식하면 제2의 꼬리가 만들어진다(그림 9.14). 이러한 결과에 따라, 배쪽 가장자리 부위를 "꼬리 형성체"라고 표현되었다. 이러한 유도 현상은 Nodal과 BMP를 각각 암호화하는 mRNA를 섞어서 같이 주입해도 확인할 수 있다. 이때 중요한 것은 주입하는 Nodal과 BMP의 양적 비율인데, Nodal에 비해 BMP를 대략 25배 이상으로 주입해야만 또 다른 꼬리를 유도할 수 있다. BMP와 Nodal의 발현은 보통 늦은 포배와 낭배의 가장자리 전반에 걸쳐 겹치는데(그림 9.13 참조), 가장 높은 농도의 BMP는 배쪽 가장자리에서 관찰된다. 따라서 배쪽 가장자리에서 형성된 Nodal 신호와 BMP 신호의 비율이 꼬리를 만드는 최적의 조건임을 알 수 있다.

꼬리싹은 다분화성 신경-중배엽 전구세포(neuromeso demral progenitors, NMPS)로 구성된 세포 집단을 포함하며, 이들은 꼬리쪽의 신경외배엽과 측중배엽을 형성할 수 있다. 어떤 조직을 형성하느냐는 배아의 뒤쪽에서 발현되는 Wnt에 노출되는 정도에 따라 결정된다(**그림 9.16**). 이들 전구세포가 적절한 수준의 Wnt 신호 영역에 위치할 때에는 *brachyury*(중배엽)와 *Sox2* (신경외배엽)를 발현한다. 꼬리싹이 뒤쪽으로 성장할수록 세포는 이 영역을 벗어난다. 세포가 Wnt에 노출되지 않게 되면 *brachyury*의 발현은 감소하지만 *Sox2*의 발현은 여전히 지속되며, 이들 세포가 배아 뒤쪽의 척수를 형성한다. 지속적으로 Wnt 신호에 노출된 세포는 측축중배엽을 형성한다. 이러한 이유는, Wnt 신호가 *brachyury*의

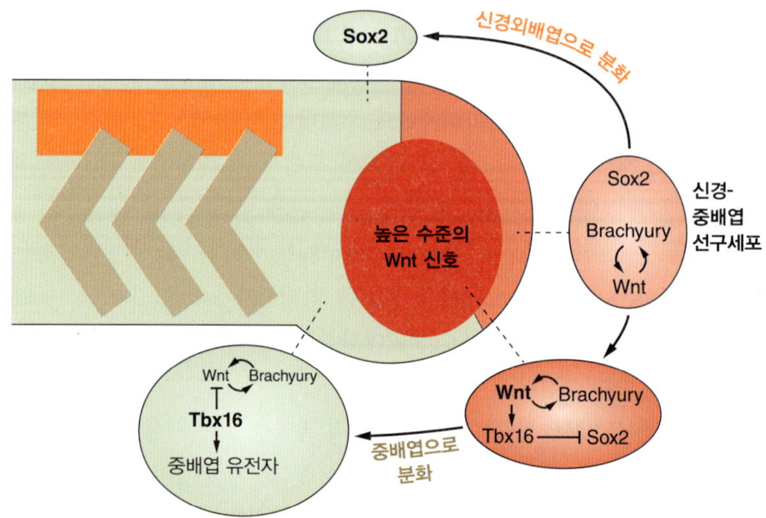

그림 9.16 제브라피시 꼬리 원기에서의 중배엽과 신경외배엽 형성에 관한 모델. 신경-중배엽 전구세포들(NMPs)은 Brachyury의 발현을 유지하는 보통 수준의 Wnt 신호(밝은 주황색)가 있는 영역에 위치한다. 이들 세포는 Sox2도 발현한다. 이 영역을 벗어나서 Wnt 신호를 잃은 세포들은 지속적으로 Sox2를 발현하고 결국, 신경외배엽이 됨. 지속적으로 Wnt 신호에 노출된 세포들은 Brachyury의 발현은 유지하고 Tbx16의 발현은 촉진하며, 후자의 전사인자는 Sox2의 발현을 억제함. 이 세포들은 측축중배엽이 되어서 체절을 형성함. (인용) Kimelman(2016). Essays Dev. Biol. Pt A. 116, 517-536의 그림을 재구성하였음.

발현은 유지함과 동시에 *tbx16*의 발현을 촉진해서 간접적으로는 *Sox2*의 발현을 억제하기 때문이다. Brachyury 자체도 배아 뒤쪽 Wnt의 발현을 유지하는 기능이 있어, 이 두 유전자는 상호 간의 발현을 자가촉매적 반복 과정(autocatalytic loop)를 통해 조절한다. 이 과정을 통해 생성된 중배엽 세포는 앞에서부터 뒤쪽 순으로 체절을 형성한다(17장 참조). 제브라피시에서 *brachyury* 돌연변이는 *notail*로 알려져 있는데, 그 이유는 이 돌연변이로 인해 배아의 뒤쪽 구조가 상실되기 때문이다. *Tbx16* 돌연변이(*spadetail*)가 일어나면 세포는 중배엽 대신 신경세포의 운명을 갖게 된다.

제브라피시의 다른 역할

이 책은 발생학 교과서이며, 이 장에서는 주요 모델 동물의 초기 발생에 초점을 맞추고 있다. 그러나 현재 제브라피시는 초기 발생보다 훨씬 매우 넓은 범주로서 의생물학적 연구에 활용되고 있다. 발생의 분자유전학적 특성이 다른 척추동물과 대체적으로 유사하기 때문에, 제브라피시 돌연변이체는 질병 모델로 채택되었다. 일부 돌연변이는 인간 질병 돌연변이와 상동성이 있으며, 또 다른 돌연변이는 인간 질병 상태에서 발견되는 것과 유사한 생리학적 결과를 야기시킨다. 제브라피시의 심혈관계, 소화계, 중추신경계는 포유동물의 해당되는 기관계와 대체적으로 유사하며, 이러한 특성은 하나의 잇점이 될 수 있다.

배아의 발생이 신속하고, 그 외형이 투명하기 때문에 제브라피시를 기반으로 수백 또는 수천 가지의 물질을 시험하여 살아 있는 상태에서 그 효과를 확인할 수 있으며, 형광 단백질의 발현으로 강조된 관심 있는 구조를 더욱 쉽게 관찰할 수 있다. 따라서 제브라피시는 물질 라이브러리(compound library)를 탐색하여 특정 표적에 대해 생물학적 활성을 지닌 물질을 선별하는 데 유용하고, 또한 후보 약물에 대한 예비차원의 독성 연구에도 이용할 수 있다.

색소 세포 발생에 필요한 유전자 돌연변이를 병합하여, 완전히 투명한 성체 제브라피시를 만들었으며, 이 돌연변이 제브라피시는 외부에서 이식한 조혈계 세포를 살아 있는 상태에서 실시간으로 관찰할 수 있게 해준다(20장 참조). 이러한 예는 유전적으로 다루기 쉬운 작은 척추동물이 제공할 수 있는 모든 기회가 발생학과 기타 여러 분야에 다 주어짐을 잘 보여준다.

기억해야 할 핵심 사항

- 제브라피시는 유전학 실험에 아주 적합한 척추동물이다. 배아 발생은 빠르고, 세대 간격은 짧으며, 많은 수의 개체를 사육시설에 수용할 수 있다.
- 많은 발생 돌연변이체가 돌연변이 유도 탐색 과정에서 분리되었다. 돌연변이가 일어난 유전자는 위치추적 클로닝 또는 후보 유전자 시험을 통해 규명되었다.
- 배아의 외형이 투명하므로, 살아 있는 발생 개체에서 세포의 행동을 시각적으로 확인할 수 있다.
- 대체적으로, 초기 발생 시 운명지도와 유도 절차의 순서는 제노푸스의 경우와 유사하다. Wnt 신호 경로는 초기 등-배축 형성에 필요하고, Nodal 단백질은 중배엽 유도에 필요하며, BMP 억제 단백질은 형성체의 등쪽화 효과를 위해 필요하다. 배아의 전후 형태형성에는 FGFs와 Wnts 신호가 관여한다.
- 제브라피시는 인간의 생리와 질병 관련한 연구 및 약물 스크리닝과 독성 시험을 위해 실험적으로 편리하게 활용할 수 있는 중요한 모델 동물이다.

고전적인 실험

활용된 유전학적 실험 기법이 간단하기 때문에, 1990년대에 행해진 독창적인 돌연변이 유도 선별법은 발생상의 돌연변이체를 발굴하기 위한 수정란 돌연변이 유도 탐색법의 한 페러다임을 대표한다. 여기에 더해, 몰폴리노를 활용한 방법을 통해 알려진 유전자의 기능 상실에 따른 효과를 연구하였고, 보다 최근에는 TALENs과 CRISPR-Cas9과 같은 기술을 사용해서 적중된 돌연변이 유도 연구를 수행하고 있다.

Haffter, P., Granato, M., Brand, M. et al.(1996) The identification of genes with unique and essential function in the development of the zebrafish, *Danio rerio*. *Development* **123**, 1-36.

Driever, W., Solnica Krezel, L., Schier, A.F. et al.(1996) A genetic screen for mutations affecting embryogenesis in zebrafish. *Development* **123**, 37-46.

Nasevicius, A. & Ekker, S.C.(2000) Effective targeted gene "knockdown" in zebrafish. *Nature Genetics* **26**, 216-220.

새로운 연구 방향

제브라피시는 지속적으로 다음의 4가지 분야에서 중요한 기여를 할 것이다.

1. 발생 단계 중 기관형성에 관한 연구 분야이다. 특정 기관을 표적으로 하는 돌연변이 유도 탐색은 그 기관을 형성함에 있어 핵심적인 역할을 지닌, 기존에 알려져 있지 않던 유전자를 발굴하는 기회가 될 것이다. 이러한 실험에 더해, 이미 알려져 있는 유전자를 표적으로 하는 역유전학적 기법(예, CRISPR-Cas9)을 활용하게 될 것이다.
2. 형태형성 이동에 관한 연구 및 세포를 시각적으로 확인할 필요가 있는 다른 응용 분야에서 배아의 투명성은 고해상도의 연구를 실시간으로 가능하게 할 것이다. 또한, 개별 세포 집단은 형질전환 표식에 의해 표지될 수 있다.
3. 심혈관계 질환, 대사 질환, 신경발생학적 질환과 같은 인간 질병에 관한 연구 분야이다.
4. 특정한 분자 경로에 대해 활성을 나타내는 작은 분자화합물이나 특정 질병 모델에 대해 효과가 있는 약물을 탐색하고, 약물과 기타 다른 물질의 독성을 시험하는 등의 연구를 모델 동물을 이용해서 대용량으로 진행한다.

Chapter  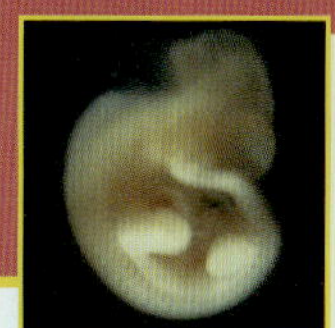

닭

The chick

겉보기에, 닭의 발생 과정은 물고기나 양서류 등과 매우 다르고 포유류와 훨씬 비슷해 보인다. 이렇듯 형태적으로 초기 배아 발생 과정이 아주 다르게 보일지라도, 분자 수준에서는 매우 비슷하다. 닭은 후기 배아 발생 과정을 연구하기 위해 매우 활발하게 사용되어 왔으므로, 이 장에서 일반적인 척추동물의 기관형성(organogenesis) 과정에 대한 개요를 기술한다. 3부에서는 생쥐와 다른 척추동물에서 발견된 관련 증거들을 포함하여 보다 자세하게 이 기전을 다루게 될 것이다.

수정란은 보통 상업적인 양계장에서 얻어 사용하므로, 여러 품종의 것을 이용하게 된다. 따라서 산란 시 정확한 발생 단계 역시 약간 차이가 나긴 하지만, 보통 산란 시 배아는 난황 위에 있으며, 발생 단계에 따라 20,000~60,000개의 세포로 이루어진 편평한 **배반엽(blastoderm)** 상태이다. 배아 발생은 저온상태에서 억제되므로, 계란을 14°C 상태로 며칠 동안 보관할 수 있다. 계란을 38°C에서 배양하면, 발생이 다시 진행된다. 제노푸스나 제브라피시와는 달리, 닭은 계란 속에 충분한 영양분을 이용하여 배 발생 동안 급격히 성장한다.

산란 후부터 모든 발생 과정 동안 배아에 쉽게 접근할 수 있으므로, 실험과학자에게 닭은 생쥐에 비하여 큰 장점이 있다(그림 10.1). 초기 배반엽은, 일차 몸 체제(body plan)가 뚜렷해질 만큼 충분히 오랫동안 체외 배양할 수 있다. 한편, 껍질에 구멍을 뚫어 배아가 계란에 들어 있는 채로 배아를 조작한 뒤, 다시 구멍을 접착 테이프로 막은 다음 후기 발생 단계까지 계란 상태로 배양할 수도 있다. 게다가, 작은 조직 조각을 잘 발달된 배아의 **장요막(chorioallantoic membrane)** 위에 이식하면, 다른 부위와 효과적으로 분리된 채로, 이 조직 조각에 혈관이 형성되면서 성장 및 분화한다. 일부 기관원기(organ rudiments)는 체외 배양 또한 가능하다. 이식하는 조직을 구분하기 위해서, 닭과 메추라기 등 서로 다른 종의 상호 이식 방법이 활발하게 사용되어 왔다. 메추라기 배아는 닭에 비하여 약간 작고 조금 빠르게 발생하기는 하지만, 해부학적으로 닭 배아와 매우 유사하다. 메추라기 유래 세포는 핵소체(nucleoli)와 결합되어 있는 **이형염색질(heterochromatin)** 응축을 보이므로 포일겐(Feulgen) 염색으로 DNA를 염색하면 독특한 어두운 방울 모양을 보여 쉽게 식별이 가능하므로, 전통적으로 활발히 사용되어 왔다. 종 특이적인 항체를 사용하여 메추라기 이식 조직을 구분하는 것도 가능하다. 요즘 발생학자들은 세포 전체나 세포질, 핵, 세포막 등에서 형광 단백질을 발현하는 닭 변종(strain)을 사용하기도 한다. 닭은 생활사가 길어서 전통적인 유전학적 연구에는 그다지 적합하지 않다. 그러나 이제는 CRISPR-Cas9 기술을 이용하여 생식세포에 유전자 변형을 도입할 수 있다. 레트로바이러스(retrovirus)나 **전기천공법(electroporation)**처럼 닭 배아에 유전자를 과발현시킬 수 있는 방법도 몇 가지 있다. 전기천공법은 배아의 관심 영역에 DNA를 주입하고, 일련의 저전압 전기 충격을 배아에 가하여, 큰 조직 손상 없이 세포 속으로 DNA가 도입되게 하는 방법이다. DNA는 음전하를 띠고 있기 때문에 양전극 방향으로 이동하는 동안, 세포 속으로 들어간다. 이 방법은 보통 발현하지 않는 시공간에 유전자 발현을 일으키는 기능 획득(gain-of-function) 실험에 사용된다. 기능 상실(loss-of-function) 실험은 관심이 있는 단백질의 기능을 억제하는 우성 음성(dominant-negative) 유전자를 전기천

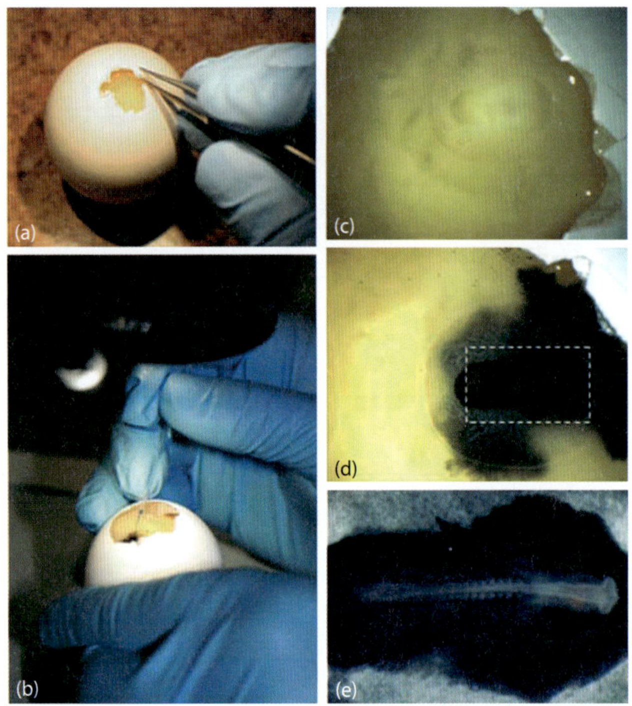

그림 10.1 미세수술을 위한 계란의 준비. (a) 계란에 창을 만든다; (b) 관찰이 용이하도록 배반엽 아래 잉크를 주입한다; (c) 입사광 아래의 배반엽; (d, e) 잉크 주입 후. (인용) Rashidi (2009) BioEssays. 31, 459-465.

공법으로 도입하거나, 단백질의 생성을 억제하는 안티센스 모포리노 올리고뉴클레오타이드(antisense morpholino oligonucleotide)를 이용하면 된다. 닭에서 전기천공법을 사용하면, 기능 상실 효과를 원하는 발생 단계와 특정 세포군으로 한정할 수 있으므로 큰 장점이 된다. 배아의 유도 과정을 조사하기 위해서는, 순수 분리한 **성장인자(growth factor)**를 흡수한 친화성 크로마토그래피(affinity chromatography) 구슬을 배아의 원하는 위치에 이식해서 배아에서의 국소적 기능을 조사할 수 있다. 이러한 구슬은 대량으로 인자를 결합시킬 수 있어 며칠 간 천천히 결합된 인자를 풀어내므로, 형성체인 신호 중심에서 유도인자가 방출되는 정상적인 과정을 다소 흉내낼 수 있다. 이러한 종류의 실험은 관심 인자를 발현하는 포유류 세포덩어리를 이식하는 방식으로 수행되기도 하였다.

정상 발생

껍질과 알부민층(흰자 부위), 그리고 난황으로 된 계란의 구조는 매우 익숙하다. 그러나 진짜 알 부분은 성숙한 난자로 된 난황(oocyte)뿐이다. 수정란의 경우, 난황막(vitelline membrane)에 둘러싸여 있으며 눈에 잘 띄지 않는 **배반엽(blastoderm)** 세포를 포함하고 있다. 포유류와 마찬가지로 조류에서 난자 생성(oogenesis)은 태아기에만 일어나고, 일생 동안 생산하는 병아리 수에 해당하는 난자를 공급하는 것으로 받아들여지고 있다. 대략 산란 1~2주 이전까지, 암탉의 난자는 매우 작으나, 며칠만에 대략 55 g의 무게에 다다를 때까지 엄청난 성장이 진행된다. 산란 시 난자는 난소에서 나와 **수란관(oviduct)**으로 들어가며, 만약 암탉이 최근 교미했다면 이곳에서 수정될 것이다. 수란관에서 이동하는 데 대략 24시간 걸리고, 이 과정 동안 수정란에는 알부민층과 껍질막(shell membrane), 그리고 껍질 자체가 형성된다. 이후 계란은 질(vagina)을 통하여 산란된다.

난할(cleavage)은 **부분할(meroblastic)**로 진행되는데, 수정란(그리고 난자)의 난황과 접하고 있는 지름 2~3 mm에 이르는 세포질 부분에서만 진행된다(그림 10.2). 초기 난할은 수란관을 이동하면서 진행하고 둥근 배반엽을 형성하는데, 처음에는 단일 세포층이고 이후에는 몇 겹의 세포층이 된다. 난할의 패턴은 수정란마다 매우 다양하며, 배반엽 층의 배쪽(ventral)과 옆쪽(lateral) 면은 큰 세포질 다리(cytoplasmic bridge)에 의하여 한동안 연결되어 있다. 알은, 자궁(uterus)이라 불리는 수란관의 아래쪽에 대략 20시간 동안 머무는데, 이곳에서 자궁의 연동운동(peristalsis)에 의해 서서히 회전하면서 주변에 석회화된 껍질이 형성된다. 배반엽이 수백 개의 세포로 구성되었을 때, 그 아래에 배하강(subgerminal cavity)이라 부르는 공간이 열린다(V기, 그림 10.2). 배반엽 아래쪽 표면의 세포는 공간 쪽으로 떨어져나가 죽게 되는 것 같은데, 이러한 과정을 지나 자궁기가 끝날 때 쯤 배반엽의 가운데 부분이 얇아져서 한두 층의 상피세포층이 구성된다. 이 부위가 반투명하기 때문에, 이 곳은 **투명구역(명역, area pellucida)**이라고 불린다. 바깥쪽의 보다 불투명한 배반엽 부분은 **불투명구역(암역, area opaca)**이라고 불리고, 두 부위의 연결 부위를 **주변대(주변구역, 주변대역, marginal zone)**라고 한다. 닭 배아의 '주변대'가 양서류 배아의 주변대와 상동 구조가 아님에 주의하라.

이후, **하배엽(배납엽하층, hypoblast)**이라 불리는 아래층이 형성되는데, 이들은 부분적으로는 투명대 전체에서 소수의 세포가 이입(primary hypoblast, 일차하배엽)되는 과정과, 부분적으로는 뒤쪽 주변대의 깊숙한 안쪽에서 세포들이 퍼져 나오(secondary hypoblast, 이차하배엽; 또는 내배층, endoblast)는 과정을 통하여 만들어진다. 일차하배엽(앞으로는 합배엽으로 칭함)은 *Goosecoid*(*GSC*), *Hex*, *Cerberus*(*CER1*), *Otx2*, *CRESENT*(*FRZB2*) 등의 유전자를 발현하는데, 이는 배내층(endoblast)과는 다른 유전

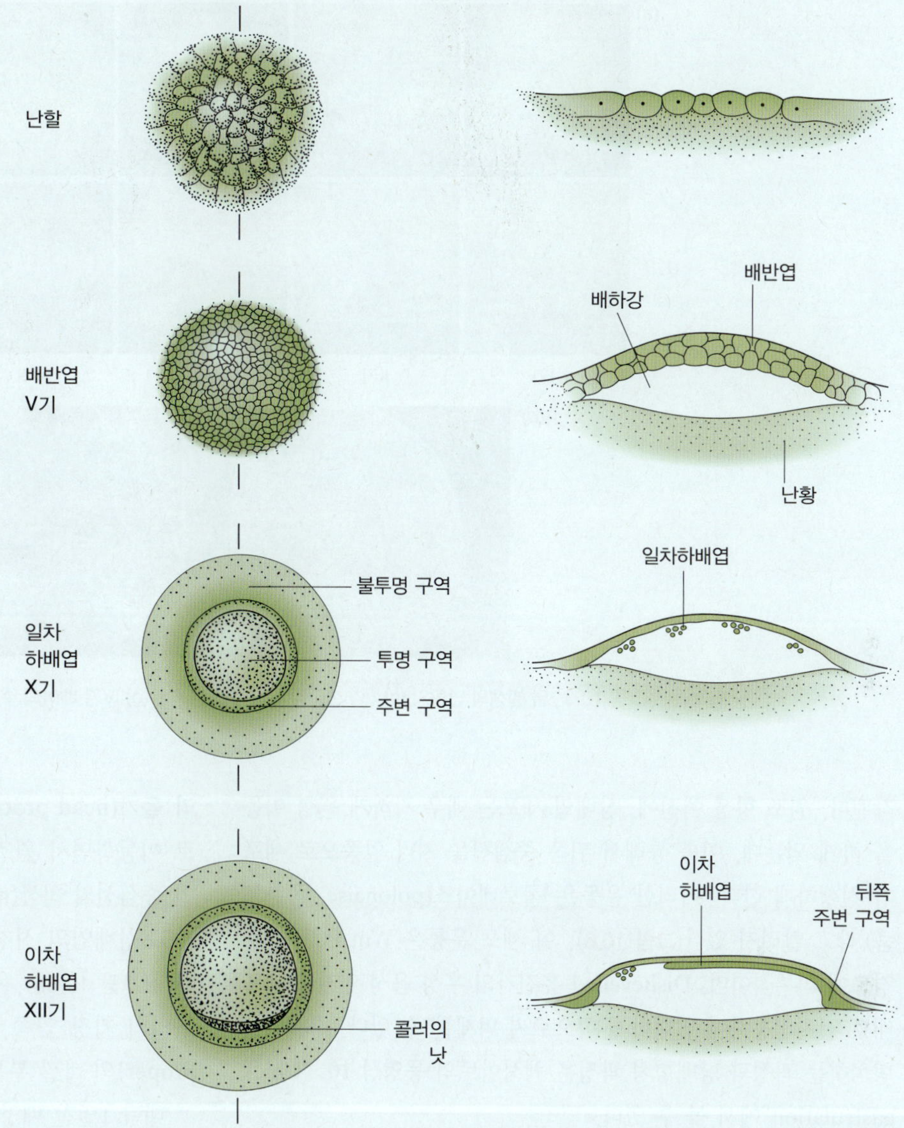

그림 10.2 닭 배반엽의 산란 시기까지의 발생. 세로선은 오른쪽 그림의 절단면을 나타낸다. (인용) Nagai 등. (2015). Development. 142,1279-1286.

자 발현 양상이다. 하배엽과 배내층은 둘 다 배아 이외의 구조에만 기여한다. 하배엽은 아마도 생쥐 난원통(egg cylinder)의 앞 장측내배엽(anterior visceral endoderm)과 상동 부위인 것 같지만(11장 참고), 제브라피시의 하배엽은 배아의 일부가 되므로, 닭의 하배엽이나 배내층 둘 다 제브라피시의 하배엽과는 다르다. 위쪽 층의 세포는 이제 **상배엽(epiblast)**이 된다. 상배엽 뒤쪽 경계의 밑 쪽에 초승달 모양의 세포 집단은 **콜러낫(Koller's sickle)**이라 불린다(XI기; 그림 10.2).

산란 시에 알은 통상 배내층 형성이 막 시작되고 있는 상태이다. 초기 발생 과정의 단계는 Eyal-Giladi와 Kochav가 기술한 일련의 단계에 따라 구분하는데, 각각은 로마숫자 표기법을 이용한다. **그림 10.3**에는 각 단계를 보여주는 사진이 있다. 이 단계에서, I은 수정란, X은 단층 배반엽 시기, XIII은 완전한 두 개의 세포층이 있는 배반엽 시기이다. 실험적으로 쉽게 접근이 가능해지는 산란 후 시기는 대략 X-XI 시기이다. 이 이후의 발생 단계는 아라비아 숫자를 사용하는 Hamburger와 Hamilton(HH)를 이용해서 기술된다(HH1-HH46).

몸 체제(body plan) 형성 시기의 형태는 **그림 10.4**와 **10.5**에 묘사되어 있다. HH2기에 투명대의 뒤쪽 경계면에서 **원조(原條, primitive streak)**라고 부르는 밀집된 세포 집단이 생겨나고, 중심부에 도달할 때까지 길어진다(2기, 그림 10.4). 이 과정이 닭 배아에서 낭배형성(gastrulation)의 시작이 된다. 원조는 투명 구역의 중심부까지 늘어나는데, 그 위에 둔 작은 구슬을 앞쪽으로 밀어 내는 것으로 봐서, 능동적인 신장에 의해 진행되는 것으로 생

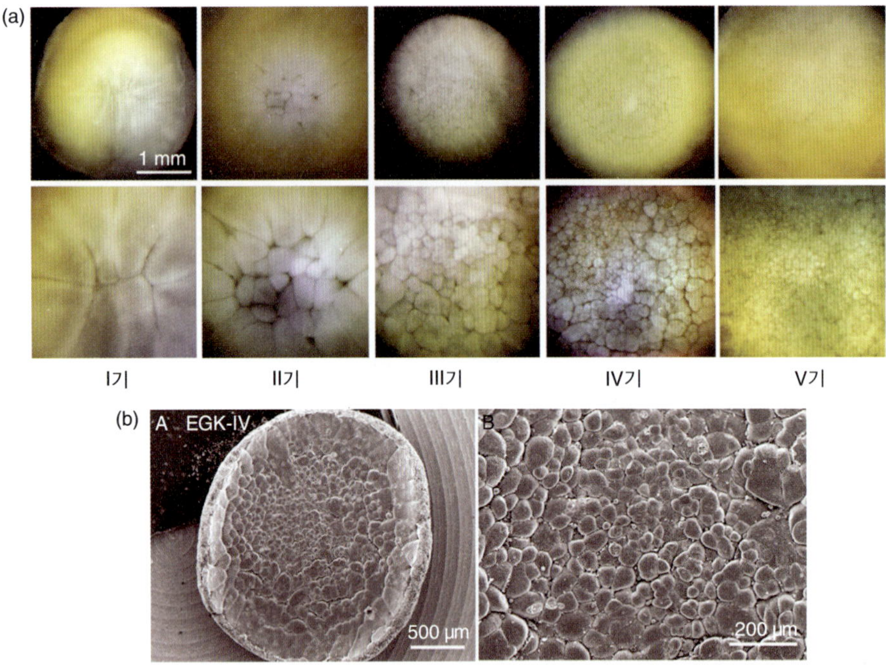

그림 10.3 닭 발생의 난할기 (a) 해부현미경 하에서의 I-V기. (b) IV기 배아의 주사전자현미경 사진.

각된다. 원조 형성 이전에, 상배엽 세포는 매우 강하게 원형 이동을 하게 되는데, 이를 통해서 뒤쪽 중심선을 지나 앞쪽으로 세포가 진행하게 한다. 이러한 운동은 '폴로네이즈(polonaise, 폴란드 춤)'라고 알려져 있다(그림 10.6). 이 세포 운동은 Wnt-PCP 신호 경로에 의존적이며, Dishevelled 유전자의 우성 음성 인자를 세포 내로 전기천공하여 발현하게 함으로써 억제할 수 있다. 하배엽을 형성하는 과정과 낭배형성 과정은 웹사이트의 동영상 10: "Chick gastrulation"에서 볼 수 있다.

일부 세포는 원조(原條, primitive streak) 속에 남아 있으나, 대부분 이 부위를 거쳐 이동하는 세포들로 이루어져 있다. 상배엽 세포가 원조를 거쳐 좌우로 이동하여 나와 **중배엽(mesoderm)**과 **완성 내배엽(최종 내배엽, definitive endoderm)**이 된다(그림 10.5a). 완성 내배엽의 세포들은 아래층의 중심부로 이동해서 바깥쪽 테두리에 있는 하배엽과 배내층 세포를 대체한다. 투명구역은 점점 원반형 모양에서 서양배 모양으로 변하며, **헨센결절(Hensen's node)**이라 부르는 세포 결집층이 원조의 앞쪽 끝에 나타난다(4기, 그림 10.4). 헨센결절은 어류와 양성류의 형성체(organizer) 부분을 특징짓는 다양한 전사인자인 goosecoid (*GSC*), *NOT*, *FOXA2* 등을 발현한다. 결절(node)은 예정 척삭세포(presumptive notochord cells)를 포함하고, 이들 중 일부는 앞쪽으로 이동해서 머리 중배엽과 머리 부분의 척삭으로 구성된 **머리 돌기(head process)**를 이룬다(6기, 그림 10.4). 결절은 이 뒤로 이동하면서 원조가 퇴화하는데, 이 과정에서 몸의 주요 구조인 중심선의 **척삭(notochord)**, 그 양쪽에 있는 **체절(somite)**, 그리고 상배엽의 **신경판(neural plate)**이 융기하여 신경구를 형성한다(그림 10.5b). **원시생식세포(primodial germ cells)**는 투명구역의 가장 앞쪽 끝 부분에서 출현하는데, 배아 부위(embryo proper)의 바깥 부분이다.

대략 1일간 배양하면, 배아의 앞쪽 끝은 **머리 주름(head fold)**이라고 부르는 배반엽의 돌출이 생겨나서 눈에 띄게 두드러지며, 하나의 체절(somite)과 앞쪽 신경주름(neural fold)이 하강하는 결절을 따라 생겨나게 된다(7기, 그림 10.4, 10.7). 이 시기부터 배아 부위는 둘러싸고 있는 배아외부조직(extraembryonic tissue)과 서서히 구획된다. 이 과정은 배아의 주변에서 3배엽을 모두 포함하고 있는 주름이 생성되면서 푹 파인 부분이 만들어지면서 처음에는 머리 그리고 나중에는 꼬리와 몸통 부위가 배아외부조직의 표면에서 위로 돌출되는 과정을 통해서 진행된다(그림 10.7).

둘째 날 초반에, 배반엽의 배아외부조직 바깥쪽에 혈도(blood island)가 나타나고, 심장 원기(heart primodium)가 앞쪽 중배엽의 오른쪽과 왼쪽 원기(rudiments)들이 합쳐지면서 형성된다(10기, 그림 10.4). 이 시기에 이르면 앞쪽의 몸통 주름이 머리를 주

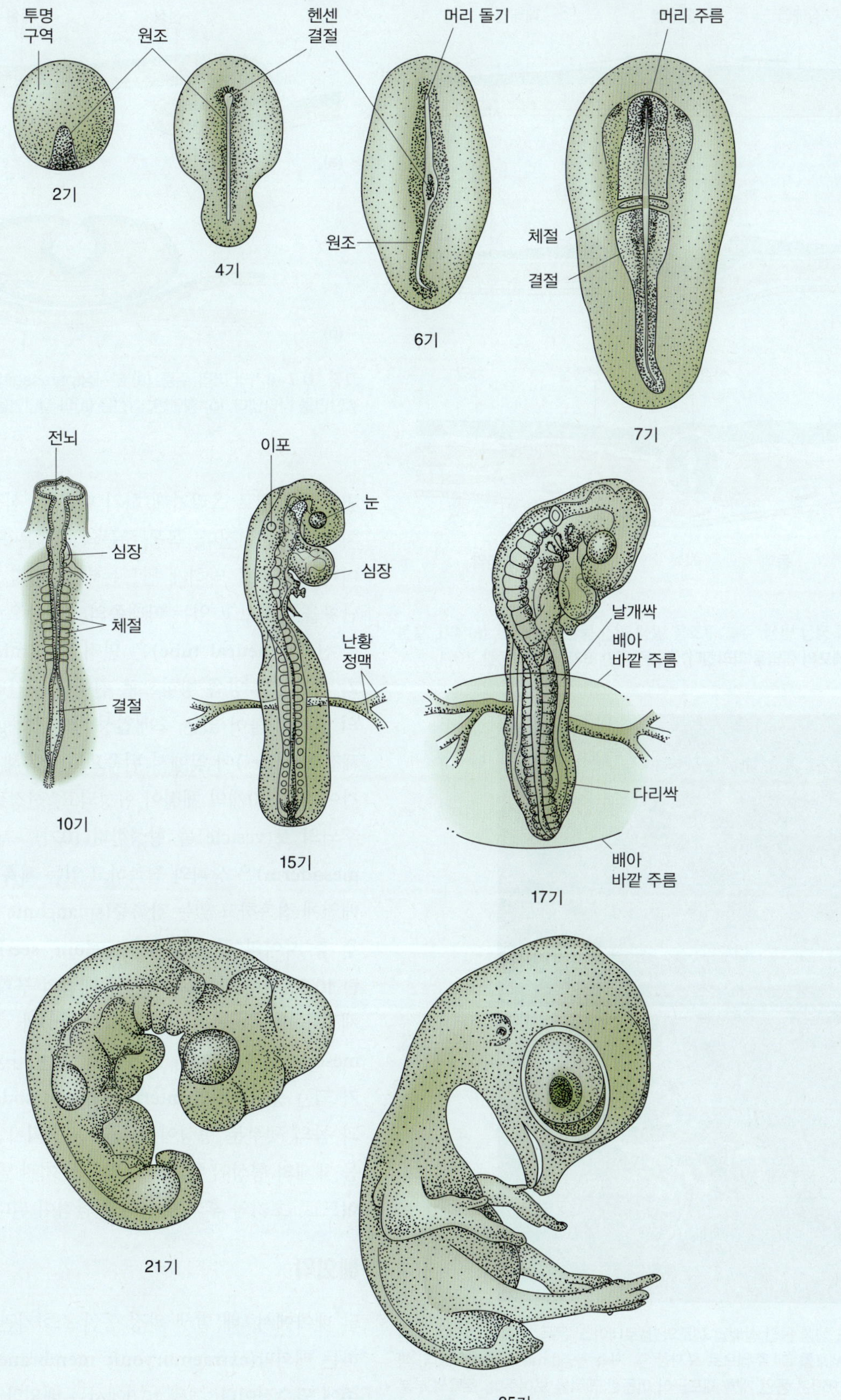

그림 10.4 닭의 정상 발생. 7기는 대략 배양 1일 후, 12기는 2일 후, 17기는 3일 후, 24기는 4일 후, 35기는 9일 후이다.

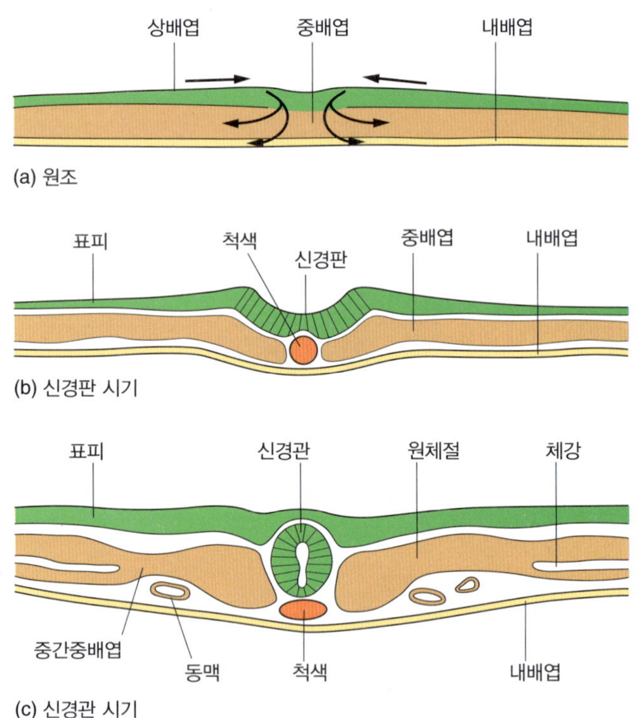

그림 10.5 닭의 정상 발생. 주축 구조물 발생 기간 동안의 횡단면. (a) 4기, 결절 뒤쪽. 화살표는 세포의 함입을 가리킨다; (b) 몸 중간, 8기; (c) 몸 중간, 10기.

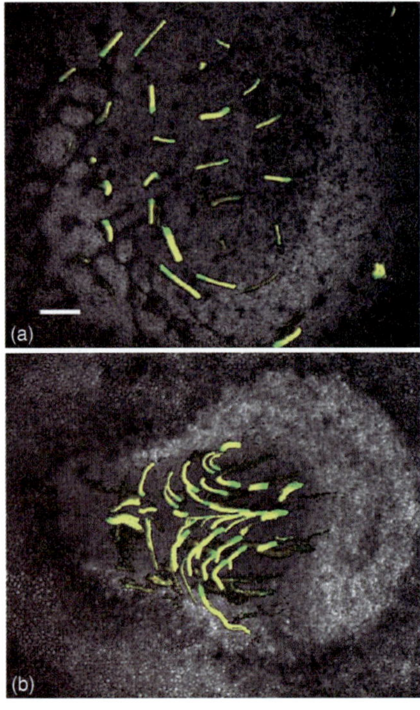

그림 10.6 원조 생성 동안 상배엽 세포의 '폴로네이즈' 운동. 뒤쪽이 그림에서 왼쪽이다. 소량의 세포를 DiI 주입으로 표지한 후, 저속 촬영(time-lapse)하였다. 색깔이 있는 줄은 160분 동안 개별 세포군이 이동한 궤적을 보여주며, 초록색 부분은 최근 40분 동안을 나타낸다. (a) 1기의 표지 결과; (b) 3기의 표지 결과. (인용) Cuia 등 (2005). Dev. Biol . 284: 37-47.

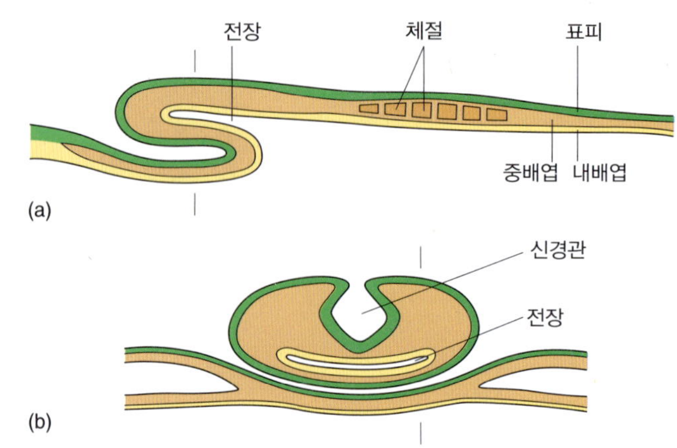

그림 10.7 8기의 머리 주름. (a) 부시상(parasagittal) 절단면. 실선은 (b)에서의 절단면을 나타낸다. (b) 횡단면. 실선은 (a)의 절단면을 나타낸다.

변부보다 위로 올라가게 하기 때문에, 심장은 앞 가운데-배쪽 위치에서 만들어진다. 몸통 주름의 형성은 또한 전장(foregut)이 주머니 모양으로 막히게 만드는데, 나머지 예정 장 내배엽은 아직 난황을 바라보고 있는 아래쪽의 세포층으로 남아 있다.

신경관(neural tube)은 먼저 중뇌(midbrain) 위쪽에서 닫히기 시작해서 양쪽 방향으로 진행해 나간다. 또한 척삭과 신경관의 옆쪽에 붙어 있는 중배엽성 체절판(segmental plate)으로부터 **체절(Somites)**이 앞에서 뒤쪽으로 반복해서 생성된다. 대략 36시간이 되면 10개의 체절이 형성되고, 신경관은 막혀서 전뇌, 중뇌, 후뇌의 포(vesicle)를 형성한다(10기). **측판중배엽(lateral plate mesoderm)**은 상피와 접촉하고 있는 **체측층(somatic layer)**과 내배엽에 접촉하고 있는 **장측층(splanchnic layer)**으로 나누어진다. 두 층 사이의 공간은 **체강(coelom**, see-loam으로 발음한다; **그림 10.5c**)이 된다. 추가적인 중배엽의 구획화가 길이 방향으로 전체절 중배엽(presomitic mesoderm)과 측판중배엽(lateral plate mesoderm) 사이에서 일어난다. 이는 나중에 신장, 부신, 생식소가 되는 **중간중배엽(intermediate mesoderm)**이다. 결절의 퇴행과 몸의 뒷부분 형성이 한동안 지속되지만, 이 시기는 일반적인 몸 체제의 형성이 완료되고 각각의 기관 발생이 시작되려 하는 때이므로, 초기와 후기 발생의 전환점이 된다.

배외막

닭 배아에서, 배 발생 과정 동안 소화기관 및 호흡기관으로 작동하는 **배외막(extraembryonic membranes)**이 형성되는 것은 생존에 필수적이다. **그림 10.8**에서는 배외막 구조의 배열에 대한 도식을 보여준다. 이들 막 중 하나인 양막(amnion)은 파충류, 조

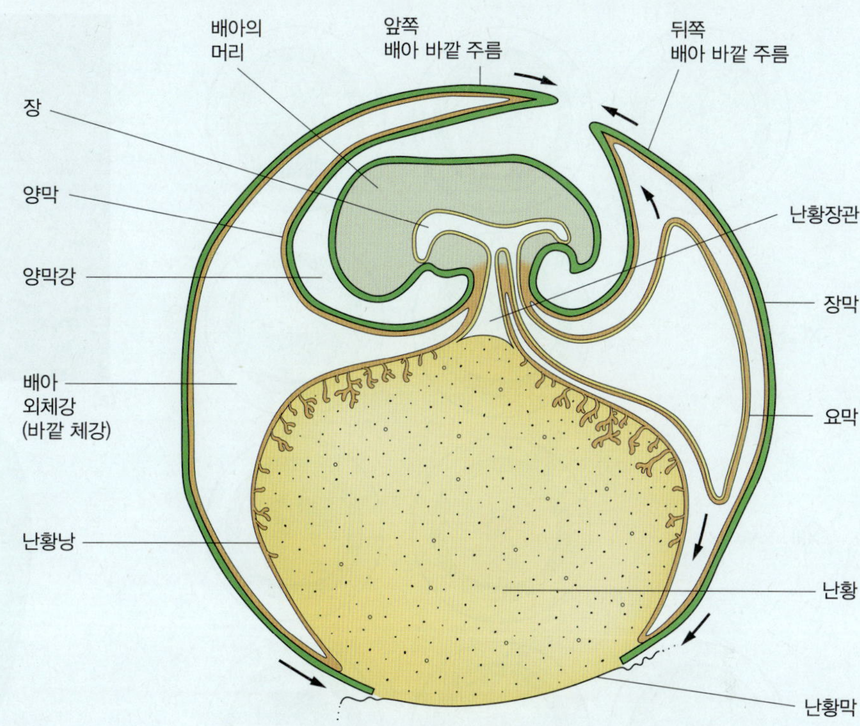

그림 10.8 닭의 배외막 형성. (인용) Hilderbrand (2005). Analysis of Vertebrate Structure, 4판, Wiley.

류, 포유류가 포함된 사지 척추동물 집단인 유양막류(amniotes)라는 이름의 유래이다. 어류와 양서류는 양막이 없기에 무양막류(anamniotes)라고 한다.

낭배기가 진행되는 때부터, 외부의 **불투명구역(area opaca)**이 난황 표면 위로 넓어져서 배외외배엽과 배외내배엽으로 이루어진 막을 형성한다. 중배엽은 보다 제한적으로 퍼져서 언제든지 배외 혈관계 부위와 함께한다(심장과 순환 절을 참고). 처음엔 체강이 배아와 배외 지역 사이에 연속적으로 존재한다. 내장층, 조혈 조직, 내배엽으로 구성된 안쪽 배외층을 **난황낭(yalk sac)**이라고 한다. 난황낭은 점차 난황덩어리 전체를 감싸고, 난황의 소화 산물은 혈관으로 흡수되어 배아로 이동된다. 바깥쪽 배외층은 체절층과 외배엽으로 이루어져 있으며, 장막(chorion, 융모막)이라 불린다. 3일 동안, 장막의 주름이 형성되기 시작하여 배아의 앞쪽 끝을 덮고, 대응하는 주름이 뒤쪽에서부터도 성장한다. 이들 주름은 그림 10.4에 실선으로 표시되어 있다. 이들 주름은 중앙에서 융합되어 배아를 덮는 2개의 완전한 막을 형성한다. 바깥쪽 막은 여전히 장막이라 부르며, 안쪽 막은 **양막(amnion)**이라 부른다.

요막(allantois)은 장측 중배엽(splanchnic mesoderm)으로 덮인 내배엽 층으로 이루어져 있다. 요막은 후장(hindgut)에서부터 자라나와 배외 체강으로 들어간 후 장막 아래쪽 표면과 융합되면서 확장된다. 요막은 두 가지 기능을 하는데, 하나는 요산이 축적되는 배설용기 기능이고, 또 하나는 배아의 주요 호흡 기관로의 기능이다. 두 막의 융합으로 형성된 **장뇨막(chorioallantoic membrane, CAM)**은 계란껍질의 바로 아래에 있으며, 가스 교환을 위한 혈관이 많이 분포되어 있다. 과거에, 장뇨막은 연구자들이 배아로부터 분리한 여러 기관의 원기(organ rudiments)를 배양하기 위한 계란 내(*in ovo*) 장소로 많이 이용되었다.

발생 운명지도

배반엽 세포의 일부분만이 배아 자체가 되고, 나머지는 배외 구조가 된다. 초기 배아의 발생 **운명지도**(fate map)는 광범위하게 연구되어 왔으며, 최근에는 나중 시기까지 가시화할 수 있는 DiI나 DiO 형광염색으로 특정 영역을 소량 표지하는 방법을 이용하고 있다. 이들 연구를 통해서 원조와 결절은 투명 구역의 가장 뒤쪽과, 주변대의 뒤쪽에서 유래한다는 것이 밝혀졌다(그림 10.9).

각각의 배아에서 세포의 무작위적인 이동 정도가 다양해서, 발생 초기 운명지도는 그다지 정확하지 않다. 결절과 원조를 통하여 많은 세포가 이동하기는 하지만, 몸 전체적으로 분포하는 후손 세포를 만드는데 관여하는 결절 상에 머무는 세포도 있다. 초기 결절과 원조를 통과하는 세포는 보통 앞쪽 조직이 되는 반면, 시간이 지나 결절과 원조가 퇴행하면서 점점 더 뒤쪽 조직이 된다. 세포들이 섞임에도 불구하고, 이 시기에 따른 발생 운명지도를 만

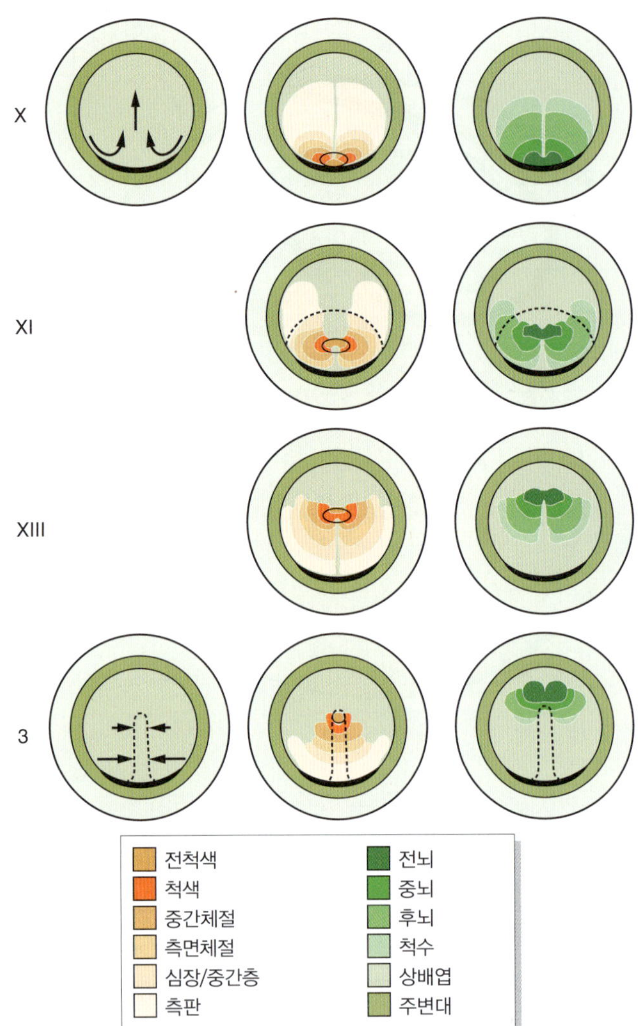

그림 10.9 부분적인 생체염색약 표지로 추정한 초기 닭 배반엽의 발생 예정지도. 중배엽성과 신경 구조는 별도로 표시하였다. 가장 현저한 세포의 운동은 이 시기 끝에 진행되는 폴로네이즈 운동과, 원조의 후방부 끝쪽을 통한 세포의 함입이다.

를 만들 수 있다. 결절은 전조 중배엽(prechordal mesoderm)과 척색, 그리고 각 결절 중앙 부위의 세포가 된다(**그림 10.10a**). 대부분의 측축중배엽(paraxial mesoderm), 중간중배엽(intermediate mesoderm), 측판중배엽(lateral plate mesoderm)은 원조로부터 만들어진다. 배외중배엽은 원조의 뒤쪽에서 만들어지는 반면, 모든 내배엽은 원조 앞쪽에서 형성된다(**그림 10.10c**). 대부분의 뇌 예정 부위는 HH4기의 결절 앞부분에서 유래한다(**그림 10.10b**). 결절의 양쪽에 위치하는 상배엽의 작은 부위가 결절이 퇴행하는 동안 길어지면서 이포(귀소포, otic vesicle)의 뒤쪽에 있는 신경계 전체가 형성된다.

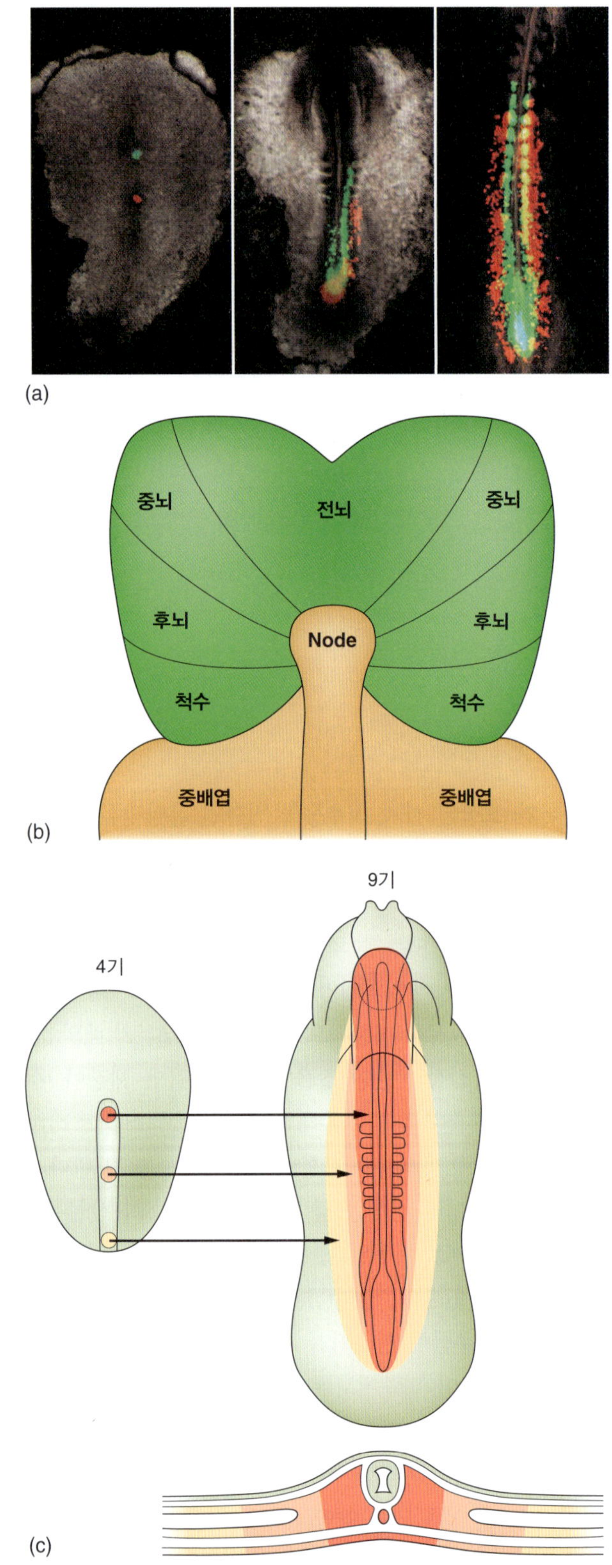

그림 10.10 결절 시기 닭 배아의 발생 예정지도. (a) DiI (빨간색)와 DiO (초록색)로 서로 다른 조 부위를 표지한 결과, 결절에서 등쪽 중심선 구조 쪽으로의 투사 그리고 보다 뒤쪽 조에서 측판중배엽으로의 투사가 관찰된다. (b) 4기의 중추신경계 예정 지역. (c) 시조에서 중배엽과 내배엽의 유래. (인용) Iimura 등. (2007). PNAS. 104, 2744-2749.

초기 배아의 지역 특정화

1828년 von Baer는 대부분의 알에서 전-후축을 예견할 수 있는 규칙을 제안하였다. 이 규칙에 의하면, 만약 알을 수평하게 하여 뾰족한 쪽 끝을 오른쪽으로 둔다면, 배아의 꼬리는 관찰자 쪽을 향하게 된다. 이러한 원칙이 형성되는 것은 배아가 자궁 안에 있는 동안 지속적으로 회전하고, 이 회전이 알의 뾰족하고 뭉툭한 끝 쪽에 상응하여 대략 같은 방향이기 때문이다(그림 10.11). 배아와 난황은 알의 바깥쪽과 함께 회전하지 않지만, 그럼에도 불구하고 회전 방향으로 기울어지게 되고, 실제로 결정적인 시기인 수란관에 있는 14~16시간 동안 단순한 기울어짐이 극성을 만드는 데 충분하기 때문에, 배반엽에서 원조를 형성하는 뒤쪽 부위가 배반엽의 가장 위쪽 끝에서 형성된다.

이러한 대칭의 깨짐이 어떻게 진행되는지 분자 및 세포 수준에서의 기전은 아직 규명되지 않았지만, BMP4와 VG1 신호전달 단백질 간의 상호작용이 관련되어 있는 것 같다. 이들 단백질을 암호화하는 유전자는 배반엽 전반에서 발현되지만, X기에 이르면 BMP4 mRNA는 앞쪽 극에서, VG1 mRNA는 뒤쪽 극에서 국한되어 발현된다. 이것이 닭 배아에서 앞-뒤 극성의 최초 신호이다. 수학적인 모델링에 의하면, BMP4와 VG1 사이의 음성 상호작용이 관여하는 자기조직화 과정이 앞-뒤 극성 형성을 만드는 것 같다.

닭의 배반엽은 배아의 조절에서 훌륭한 예시를 제공한다(4장 참고). 초기 배반엽은 원조와 배아 축을 형성할 수 있는 최대 8개의 조각으로 자를 수 있다. 분리한 앞쪽 반에서 원조는 항상 뒤쪽 끝에서 형성되는데, 상응하는 뒤쪽 반에서 원조가 형성되는 시기에 비하면 8시간 늦게 진행된다. 초기에 헨센결절을 제거한 후에도 완전한 축이 형성될 수 있다. 결절은 손상된 제일 끝에서 다시 형성되며, 이 과정은 원조 가운데 부분을 필요로 한다. 일단 결절이 형성되면, 근처에서 다른 결절이 생기는 것을 억제한다.

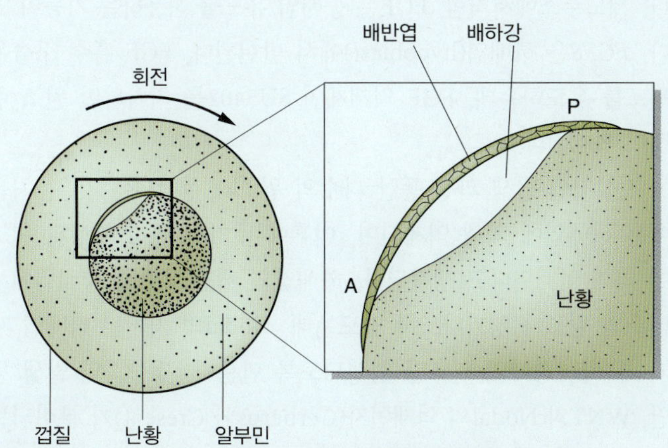

그림 10.11 자궁(수란관) 내 회전에 의한 닭 배반엽의 전-후쪽 극성의 획득. A, 앞쪽; P, 뒤쪽.

초기 유도 상호작용

닭에서도 제노푸스나 제브라피시에서 발견된 것과 동일한 과정의 중배엽 유도, 등쪽화(dorsalization), 전-후쪽 유형화(anteroposterior patterning)가 관찰된다. 세부적으로는 약간 차이가 있지만, 이 과정에 참여하는 유전자와 그 산물은 매우 유사하다.

중배엽 유도

원조는 T-박스 전사인자 Brachyury를 발현하는데, 이 발현은 양서류에서는 중배엽-유도 신호에 의해 유도된다. 보통 원조는 상배엽(epiblast)의 가장 뒤쪽, 콜러낫(Koller's sickle)에서 유도되는 투명 상배엽(pellucida epiblast)에서 형성된다. 상배엽의 뒤쪽 주변대(posterior marginal zone, PMZ)를 상배엽의 앞쪽 조각과 결합하면, PMZ가 콜러낫을 유도하고 이후 새로운 원조가 그 뒤쪽 끝이 뿌리를 PMZ에 두는 극성을 가지면서 형성된다(그림 10.12). 메추라기 조직을 닭 배아에 이식하는 방법으로 조사한 결과, 이는 수여자 조직에서 형성된 새로운 원조가 실질적인 유도에 의한 것이 확인되었다. PMZ에서 오는 원조-유도 신호에 반응하는 상배엽의 반응능은 배내층이 형성되는 XI기에서 상실된다. 이에 관련된 유도인자는 VG1, WNT, Nodal, FGF의 조합이다(8장 참고). 닭에서, *VG1*은 콜러낫에서 발현하며, 이후 원조 자체에서도 발현한다(그림 10.13). 앞쪽 상배엽 조각의 경우 VG1 발현이 뒤쪽 끝 부분에서 활성화된다. *VG1* 발현이 증대되는 데 어느 정도 시간이 걸리는데, 이것이 앞쪽 조각에서 원조 형성이 늦어지는 것의 이유인 것 같다. WNT 인자는 주변대에서 발현하며, 특히 *WNT8C* RNA는 뒤에서(높고) 앞쪽으로(낮은) 농도 구배를 형성하는 형태로 발현한다. VG1은 주변대에서 발현될 때만 원조를 유도할 뿐이며, VG1과 WNT1의 조합을 발현하는 세포덩어리나 친화성 작은 구슬에 흡수시켜 투명 구역의 앞쪽에 두면 PMZ의 활성을 모사하여 원조를 유도한다. PMZ 이식이나 Vg1 + Wnt의 조합이 하는 가장 빠른 일 중의 하나는 주변 투명 구역에서 *NODAL*의 발현을 유도하는 것이다. 이는 아마도 원조-유도 신호의 범위와 강도를 확장하는 중계 기전(relay mechanism)으로 생각된다. 또한 제노푸스나 제브라피시에서와 마찬가지로 VG1은 Nodal과 이종이배체(heterodimer)를 형성하여 중배엽을 유도하는 것 같다.

정상적인 발생에서 WNT와 Nodal의 필요성은, WNT 억제제

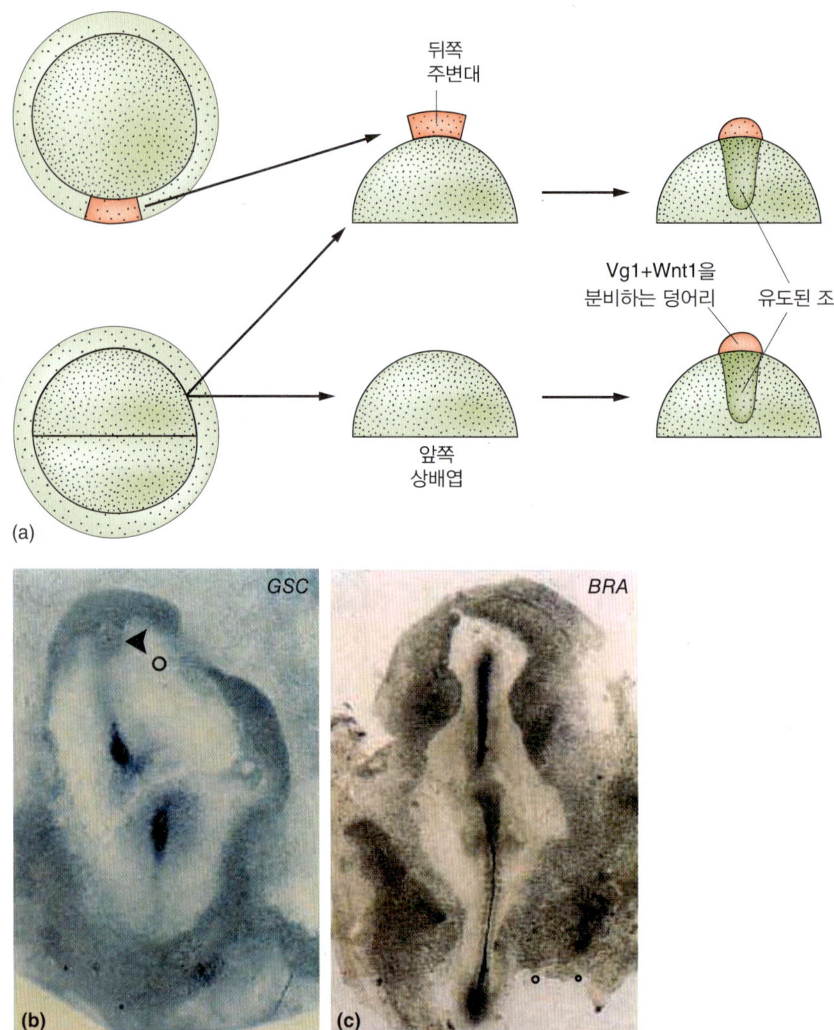

그림 10.12 (a) 뒤쪽 주변대, 또는 VG1과 Wnt1 분비 물질의 이식을 통한 원조의 유도. (b, c) 이미 Wnt를 발현하고 있는 주변대에 VG1 덩어리 이식에 의한 조의 유도. (b)에서 이식 위치는 검은색 화살표로, 원래의 뒤쪽은 탄소입자(흰색 화살표)로 표시하였으며, 배양 24시간 째 원조는 goosecoid(*GSC*)의 제자리 혼성화법을 통하여 가시화하였다. 검은색 화살표 주변의 동그라미는 작은 공기방울이다. (c)에서 원조는 배양 24시간에 brachyury(*T*)의 가시적 분자결합화로 가시화하였다. (인용) (b,c) Shah 등. (1997). Development. 12, 5127-5138.

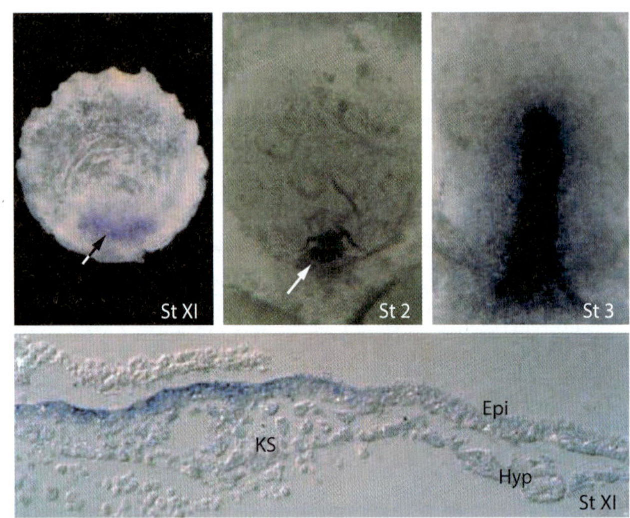

그림 10.13 닭 배반엽에서 *VG1*의 발현. 뒤쪽 주변대(화살표)의 상배엽에서 발현이 시작되었으며, 이후 그 발현이 원조로 확장된다. KS, 콜러낫(Kollar's sickle); epi, 상배엽; hyp, 하배엽. (인용) Shah 등. (1997). Development. 12, 5127- 5138.

인 FRZB8 또는 Nodal의 억제제인 Cerberus short(CER-S)을 XI기 이전에 처치하면 원조 형성이 억제된다는 사실에 의해 입증된다. 제노푸스에서처럼, FGF는 중배엽 유도를 허용하는 기능이 있다. *FGF8*은 하배엽(hypoblast)에서 발현된다. FGF 흡수 구슬은 원조를 유도하는데, FGF 억제제인 SU5402를 처치하면 원조 형성이 억제된다.

정상적인 발생 과정 동안 다수의 원조가 형성되는 것은, 처음에는 하배엽에 의해 억제되며, 이후에는 가장 먼저 형성된 원조에 의해 억제된다고 생각된다. 하배엽의 제거는 종종 상배엽에서 다수의 원조가 생겨나도록 만드는데, Nodal의 처치는 하배엽 제거 후에도 하나의 원조만 형성되도록 만든다. 정상적인 발생 동안, WNT와 Nodal의 억제인자(Cerberus와 Cresent)가 분비되는 일차하배엽의 이동은, 이들 억제인자를 분비하지 못하는 배내층에 의해서 Nodal이 VG1 구역 주변에서 원조를 형성할 수 있는 상황을 만들어낸다.

처음 형성된 원조가 또 다른 원조 형성을 억제한다는 증거는 VG1 덩어리의 이식 실험에서 얻어졌다. 배반엽 앞쪽 반을 분리해 내면, 일반적으로 뒤쪽 경계면에 하나의 원조가 형성된다. 만일 VG1을 분비하는 덩어리를 옆에 이식하면 이식된 곳에 원조를 유도하며, 원래의 원조 형성을 억제한다. 만일 2개의 덩어리를 5시간 이내에 이식하면 2개의 원조가 유도되지만, 5시간 이상 시간 차를 두면 먼저 이식한 덩어리만 원조를 유도한다. 이는 이미 존재하는 원조가 그 근처에 또 다른 원조가 생기는 것을 억제하는 인자를 방출함을 시사한다.

형성체 효과와 전-후쪽 유형

다음의 유도 상호작용은 헨센결절의 영향에 의한 외배엽과 중배엽의 지역화(영역화, regionalization)로, 어류와 양서류에서 등쪽화/신경유도라고 설명되는 과정이다. 닭의 배반엽은 편평하기 때문에, 이 시기의 가운데-옆쪽 축은 제노푸스나 제브라피시의 등-배 축과 동일하다. 초기 닭 배아에서 '등-배 축'은 대부분 등쪽 표면에서 배하강(胚下腔, subgerminal cavity) 쪽으로 이어지는 축을 의미한다. 이는 제노푸스의 동물-식물극 축으로, 등-배 축과는 다르다. 그러므로, 닭에서 이 형성체 효과를 '등쪽화'로 표현하는 것은 적절하지 않다. 몸통 주름이 형성되어 배 부분이 닫힌 후, 척삭(notochord), 체절(somite), 측판(lateral plate)은 등-배 축을 따라 위치하고, 이때부터는 제노푸스와 닭에서 동일하게 명명할 수 있다.

중배엽에 미치는 영향을 고려하는 한, BMP 처치는 측판에 의한 체절 형성을 억제할 수 있으며, Noggin의 처치는 추가의 체절 형성을 유도한다. 이는 제노푸스처럼 중외측 중배엽 유형화는 점진적인 BMP 활성의 억제에 의존적이라는 점을 시사한다. 그러나 FGF, WNT, 레티노산의 기능에 대한 증거로 볼때 신경유도 과정은 단지 BMP의 억제로 일어나는 것보다는 매우 복잡하다.

원조 형성 전에, 닭의 상배엽은 *ERN1*, *SOX3*, *OTX2* 등 몇몇 '신경판 바로 전(preneural)' 유전자를 발현한다. 이 유전자는 이후 신경판(neural plate)에서 발현되지만, 따로 분리된 상배엽이 결절로부터 오는 신호 없이는 실제 신경상피로 진행되지 않는 것으로 봐서, 초기 발현 그 자체로는 신경상피세포의 특성화를 일으키지 않는다. 대신, 전원조(prestreak) 시기 상배엽 이식체는 눈의 렌즈의 분화 표지자인 δ-*Crystallin*을 발현한다. 전원조 시기의 신경판 바로 전 상태는 아래에 있는 하배엽에 의해서 유도되는데, 이는 HH4 기에서 숙주의 반투명 구역 앞쪽에 이식하면 *ERN1*, *SOX3*, *OTX2*의 발현 또한 유도한다.

다음 단계에는 헨센결절이 필요한데, 결절을 투명 구역으로부터 너무 멀리 떨어져 있지 않은 반투명 구역의 앞쪽(anterolateral)에 이식하면, 이차 축이 형성된다. 이차 축에 있는 신경관과 체절 등 대부분의 조직은 숙주로부터 만들어지지만, 척삭은 이식받은 조직에서 유래한다(**그림 10.14**). 비록 불투명 구역은 보통 배외조직이 될 운명을 가지고 있지만, 결절이 이식되면 완벽하게 지역적으로 패턴화된 신경계로 유도될 수 있다는 점에 주목하는 것은 중요하다. 어린 결절은 이 분석에서 완전한 신경계를 유도할 수 있지만, 이러한 활성은 HH4기 이후 급격히 감소하여 HH8기에는 완전히 소실된다. 결절 이식에 대한 상배엽의 반응 능력은 HH4

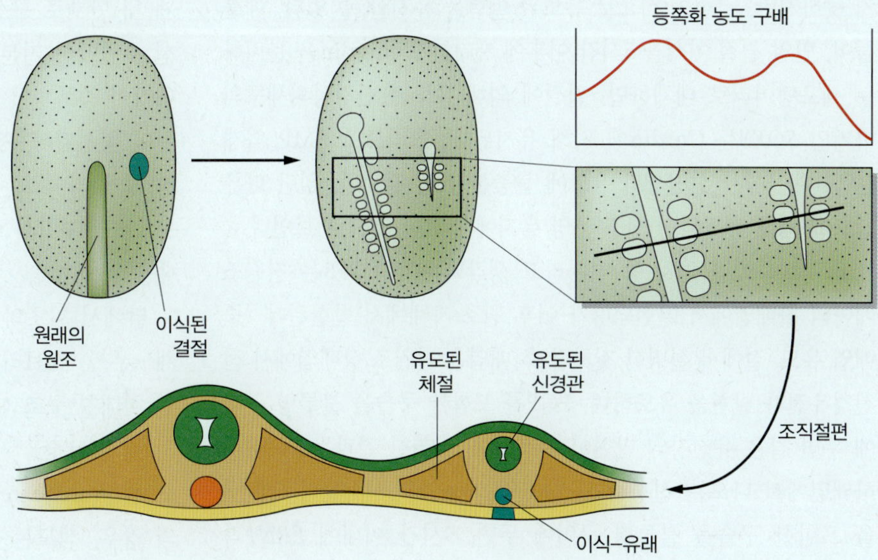

그림 10.14 투명 구역에 이식된 결절은, 척삭은 이식 조직에서 유래하고 신경관과 체절은 이식받은 조직에서 유래되어 부분적인 이차 축을 유도한다.

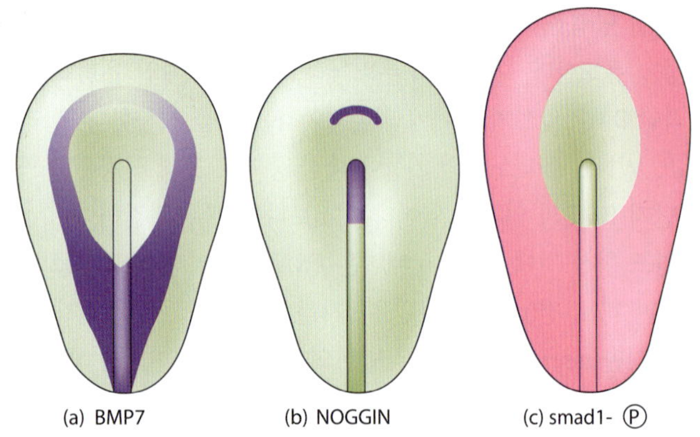

그림 10.15 (a) BMP; (b) BMP 억제자; (c) 인산화된 Smad1의 검출에 의한 BMP 신호의 가시화를 통한 발현 부위.

기 이후 매우 빠르게 사라진다.

헨센결절의 활성은 제노푸스의 형성체 활성과 매우 비슷하며, 사용되는 관련 신호 역시 비슷할 것이다. 헨센결절을 제노푸스 낭배기 동물극 조각 두 장 사이에 샌드위치처럼 끼워넣으면, 보통은 신경관에서 발현되는 유전자가 동물극에서 발현된다. BMP 억제자인 chordin이 결절에서 발현되며, 몇몇 BMP가 배반의 가족 부분에서 발현되는 것으로 봐서, 결절의 활성은 BMP의 억제로 인한 것으로 생각된다. 또한 면역염색으로 분석해 보면 예정 신경판 부위에 인산화된 Smad1의 감소가 있는데, 이는 BMP 신호의 감소를 시사한다(**그림 10.15**).

그러나 BMP 억제자를 분리한 상배엽 조직에 처리했을 때 예상되는 신경유도 현상이 보이지 않는 점을 생각하면, 닭 신경계 유도에 있어서 BMP 억제의 역할에는 논란의 여지가 있다. BMP 억제는 반응성 있는 불투명 구역에서 신경표지자의 발현을 유도하지 못하지만, 결절 이식으로 유도된 발현을 유지할 수 있다. 예를 들어, 만일 결절 이식을 5시간 이후에 제거하고 chordin을 분비하는 세포덩어리로 대체하면, 결절에 의해 유도된 신경상피세포의 마커인 *SOX3*는 Cordin에 의해 유지된다. 그러므로 BMP 억제는 닭 배아에서 신경상피 유도에 불충분한 것 같지만, 일단 다른 신호에 의해 유도되면 신경 운명 유지에 필요한 것으로 보인다.

FGF8이 이런 인자 중 하나라고 생각되는데, FGF8은 전원조 배아의 하배엽에서 발현되다가 이후 원조 자체에서 발현된다. '중배엽 유도' 절에서 설명한 것처럼, 하배엽은 전원조 상배엽에서 전신경유전자 발현을 유도하며, FGF를 포함한 구슬을 불투명 구역에 두면 같은 유전자의 발현이 촉진된다. 이러한 결과는 FGF8이 하배엽에서 나오는 신경 유도 신호일 가능성을 시사한다. FGF8을 포함한 구슬을 불투명 구역에 두면, 5시간 이내에 *ERN1*과 *SOX3* 등 전신경 유전자의 발현이 유도되고, 신경판 표지자의 발현은 그보다 조금 늦게 일어난다. 이는 FGF 신호가 신경 유도의 가장 빠른 반응을 일으키는 데 충분하다는 것을 보여준다. 그러나 FGF 구슬은 형태적으로 신경판 자체, 또는 SOX2와 같이 확실한 표지자 발현을 유도하지는 않는다. 그러므로 신경판 유도를 위해서는 BMP 억제제, WNT, 레티노산 등 추가 신호가 반드시 필요하다.

전-후방으로의 유형화 형성은 아마도 제노푸스나 제브라피시처럼 FGF 때문이다. FGF는 원조에서 발현하고, 뒤쪽 신경관을 유도한다. 이들은 *CDX* 유전자 발현 유도를 통해 이러한 일을 하며, 이는 결국 뒤쪽 Hox 유전자(*HOX6-13*)의 발현을 일으킨다.

좌-우 비대칭

2장에서 언급한 것처럼, 척추동물은 완전한 좌우대칭이 아니다. 닭에서 이러한 차이는 초기 발생(HH4) 중 헨센결절이 약간 왼쪽으로 휘면서 오른쪽이 좀 더 융기되면서 생겨난다. 이어서 곧 심장관(heart tube)이 S자형을 이루며, 전체 배아가 위에서 볼 때 머리가 오른쪽 방향으로 휘어진다. 위와 장이 발달하면서, 이들은 상당히 비대칭성으로 된다. 많은 숫자의 원시생식세포(primodial germ cells)는 두 성 모두에서 왼쪽에 더 많으며, 암컷에서 왼쪽 난소와 뮬러관만 남아서 기능을 한다. 비대칭성은 뇌의 구조와 기능에까지 확장된다.

닭에서 비대칭적 발현 양상 덕분에, 이 과정에 관여하는 몇몇 유전자가 동정되었다. 이들의 작용 순서가 RCAS 바이러스 또는 친화성 구슬에 흡착된 단백질의 지엽적인 도입이 발현 양상에 미치는 영향에 대한 실험을 통해서 규명되었다. 이 과정은 크게 네 단계로 구성되어 있다. 가장 먼저, 배아의 결절 또는 중심선 주변에서 기본적인 좌우 대칭이 붕괴한다. 다음으로, 초기 비대칭이 증폭되어 중심선의 좌우에서 서로 다른 체제의 유전자 발현이 형성된다. 세 번째로, 대부분의 비대칭적인 기관 형성에 가장 크게 기여하는 측중배엽으로 이 정보가 퍼져나간다. 마지막으로, 세포 부착과 이동 과정에 대한 조절이 실제로 비대칭적인 형태를 가져온다.

닭에서 최초의 대칭 붕괴 현상은 아직 명확하지 않으나, 생쥐, 제노푸스, 제브라피시에서는 일차 섬모(primary cilia)의 내재적인 비대칭 구조 때문이라는 증거가 많이 있다. 이들 섬모는 생쥐의 결절(11장), 제브라피시의 쿠퍼낭(Kupffer's vesicle), 제노푸스 원장(archenteron)의 지붕판(roof plate)에서 관찰된다. 각각의 경우, 섬모는 일련의 과정을 일으키는 왼쪽으로의 액체 흐름

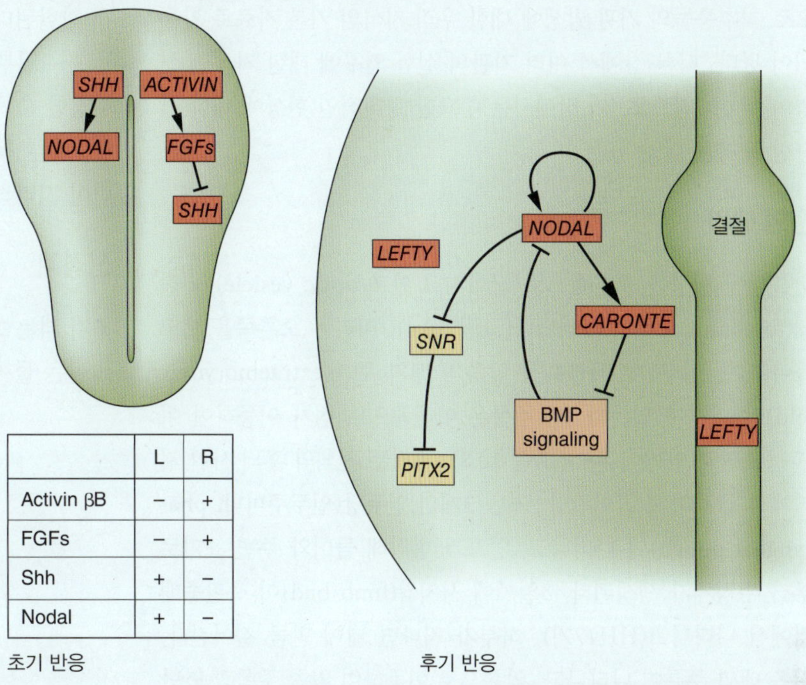

	L	R
Activin βB	−	+
FGFs	−	+
Shh	+	−
Nodal	+	−

그림 10.16 닭 배아에서 좌-우 비대칭의 발생. 초기 과정을 통하여 nodal이 왼쪽에서 더 잘 발현되게 만든다. 이후 과정에 의해 PITX2의 발현이 왼쪽에 집중된다.

을 만들어내는데, 섬모 활동을 억제하는 저해제를 처리하거나 돌연변이의 경우 왼쪽-오른쪽 비대칭의 발생이 억제된다. 현재 닭에서는 섬모의 개입에 대한 증거가 없으며, 비대칭적인 H^+/K^+ ATPase의 활성에 의한 원조 왼쪽의 세포막 탈분극이 초기 중요한 대칭 붕괴 과정으로 생각된다. 이러한 비대칭 형성은 HH5기에 *SHH*를 발현을 결절의 왼쪽에, *ACTIVIN* 수용체 *IIa*는 오른쪽에 더 많이 분포하게 만든다.

*NODAL*은 모든 종류의 척추동물에서 왼쪽에서 더 많이 발현하며, Nodal을 오른쪽에 주입하면 다양한 기관이 무작위적으로 비대칭화된다는 점에서, NODAL이 비대칭적으로 발현하는 유전자 중에 핵심 인자로 생각된다. 그러나 Nodal의 상위 또는 하위에서 작용하는 요소는 척추동물 종에 따라서 변이가 상당히 심하다. 닭에서 Nodal은 HH6기에 퇴행하고 있는 결절의 왼쪽 좁은 부위에서 발현하기 시작하여, HH7기에는 보다 넓은 측판중배엽으로 퍼져나간다. *NODAL*의 왼쪽 발현은 SHH와 BMP2에 의해서 조절되는데, 후자는 *NODAL* 발현을 억제한다. BMP들은 배아의 양쪽에서 발현되지만, SHH은 BMP 억제자인 Caronte의 발현을 왼쪽에서 촉진시킨다. 결과적으로, Caronte는 왼쪽에서 BMP 신호를 억제하므로, *NODAL* 발현이 측판중배엽에서 일어나도록 만든다. SHH을 오른쪽에 주입하면 *NODAL*의 발현을 높인다. Nodal 신호는 보통 NODAL 발현을 높이기 때문에, 무한정 발현이 확산되는 것을 억제하는 기전이 필요하다. 이러한 전파가 제한되도록 하는 것은 또 다른 TGF*β*-유사인자인 Lefty인데, 이 단백질은 *NODAL* 도메인의 양쪽 모두에서 발현한다. Lefty 단백질은 Nodal의 저해자로, 이 신호 활성을 줄인다. 이렇게 연속되는 유전자의 최종 산물은 호메오도메인 전사인자인 PITX2로서, HH8 시기에 왼쪽에서 발현된다. Nodal 신호는 *PITX2* 전사를 스스로 억제하는 징크-핑거(zinc finger) 전사인자인 Snail의 전사를 억제하여 이것을 조절한다. PITX2는 궁극적으로 비대칭적인 기관형성을 조절하는 전사인자이다.

배아의 오른쪽에서 Activin 신호는 *BMP4*와 *FGF8*의 전사를 둘 다 활성화시키는데, 이에 따라 오른쪽에서 *SHH* 발현이 억제된다. 만일 HH5기 결절의 오른쪽에서 BMP 신호가 차단되면, HH6/7기에 *SHH*이 양쪽에서 발현된다. Activin과 FGF8은 *SNAIL*의 발현을 높여서, 배아 오른쪽에서 *Nodal*의 발현을 억제한다. 전 과정은 **그림 10.16**과 웹사이트의 동영상 11 '좌-우 비대칭'에서 볼 수 있다.

비록 이 기전의 일부 과정은 다른 척추동물에서 이용되지 않으나, *Nodal*과 *PITX2*는 항상 왼쪽에서 발현되며, 각각 핵심적인 신호전달 과정과 세포 분화 조절의 최종 조절자인 것으로 생각된다.

닭의 기관형성 과정에 대한 설명

닭 배아 후기 발생은 오랫동안 잘 연구되어 왔기 때문에, 일반적으로 척추동물의 기관 발생에 대한 우리 지식의 기본 자료로 활용되어 왔다. 다른 장에서 여러 기관의 실험 연구에 대한 자세한 설명이 이루어지므로, 이 장에서는 주요한 형태적인 현상에 대한 간단한 요약을 담았다.

전체 배아

이틀째에 심장은 오른쪽으로 굽어지고 **안포(optic vesicle)**가 전뇌(forebrain)로부터 나타난다(그림 10.4). 머리는 오른쪽을 보고 돌아가며, 이 시기(HH14기) 앞쪽의 배외 주름(extraembryonic fold)이 머리를 덮는다. 이 주름은 아래쪽으로 점차 이동하여 이후 융모막과 양막이 된다(그림 10.8). 머리는 전뇌와 후뇌 사이 지역에서 급격하게 굽어진다. 처음 3개의 **인두낭(인두주머니, pharyngeal pouch)**이 나타나고, 안포가 함입해 들어와 주변 표피로부터 수정체가 생성된다. 3일째에 사지싹(limb bud)이 측판중배엽에서 나타나고(HH17기), 하루가 지나면 넓이 만큼 길어진다. 뒤쪽 배외 주름이 나타나고, 앞쪽으로 이동하여 앞쪽 주름과 만난다. 사지싹이 보이고 나서 잠시 후, 이들 주름은 융합하여 양막 공간 속에 배아를 감싼다(그림 10.8). 눈의 색소침착은 대략 3.5일째에 나타난다.

3일째에 원래의 머리 주름은 깊어져서 앞쪽 몸통 주름이 되어 몸의 앞쪽 반이 주변부로부터 위로 올라오게 된다(그림 10.7, 10.8 참조). 이를 통하여 앞쪽 장 문맥(anterior intestinal portal)에서 시작하여 내배엽 아래 공간(subendodermal space)으로 이어지는 막힌 관인 **전장(foregut)**이 형성된다. 나흘째가 되면 상응하는 뒤쪽 몸통 주름이 생겨나 배아 뒷부분을 들어 올려 **후장(hindgut)**이 형성된다. 배쪽에 남아 있는 장의 뚫린 구멍은 점점 작아지다가 결국 좁아져서 난황낭(yolk sac)과 중장(midgut)이 합쳐진 난황장관(vitellointestinal duct)이 된다(그림 10.8 참조). **요막(allantois)**은 후장에서 유래하여 융모막과 양막 사이 공간으로 빠르게 확장한다.

입은 전장의 앞쪽 끝에 형성된다. 얼굴은 쌍으로 된 융기인, 입 위쪽의 이마코(frontonasal) 융기와 위턱(maxillary) 융기, 그리고 입 아래쪽의 아래턱(mandibular) 융기가 서로 융합되어 형성된다. 각각의 쌍이 중심선에서 융합되면 얼굴이 형성된다. 부리는 5.5일 쯤에 형성되는데 윗부분은 위턱, 아래 부분은 아래턱 융기에서 유래한다. 배아의 바깥쪽 **표피(epiderm)**는 미분화된 형태로 인해서 때로는 며칠 동안 **외배엽**이라 불리기도 하는데, 원조 시기 이후로는 신경관 형성이 불가능하기 때문에 이는 잘못된 것이다. 닭에서 깃털싹(feather germ)은 대략 6일째부터 표피에서 관찰된다.

3~4일부터 배아의 뒤쪽 끝은 **꼬리싹(tail bud)**을 만든다. 이는 다양한 축 구성 조직인 척삭, 신경관, 체절, 후장으로 구성되어 있다. 다른 척추동물에서와 달리, 닭에서는 가장 뒤쪽의 4~5 체절만이 꼬리싹에서 유래한다. 20~21일이 되면 부화된다.

신경계

초기 뇌는 그림 10.17에서 볼 수 있다. 3개의 일차 뇌포(brain vesicles)는 둘째 날부터 관찰되며, **전뇌(forebrain), 중뇌(midbrain),**

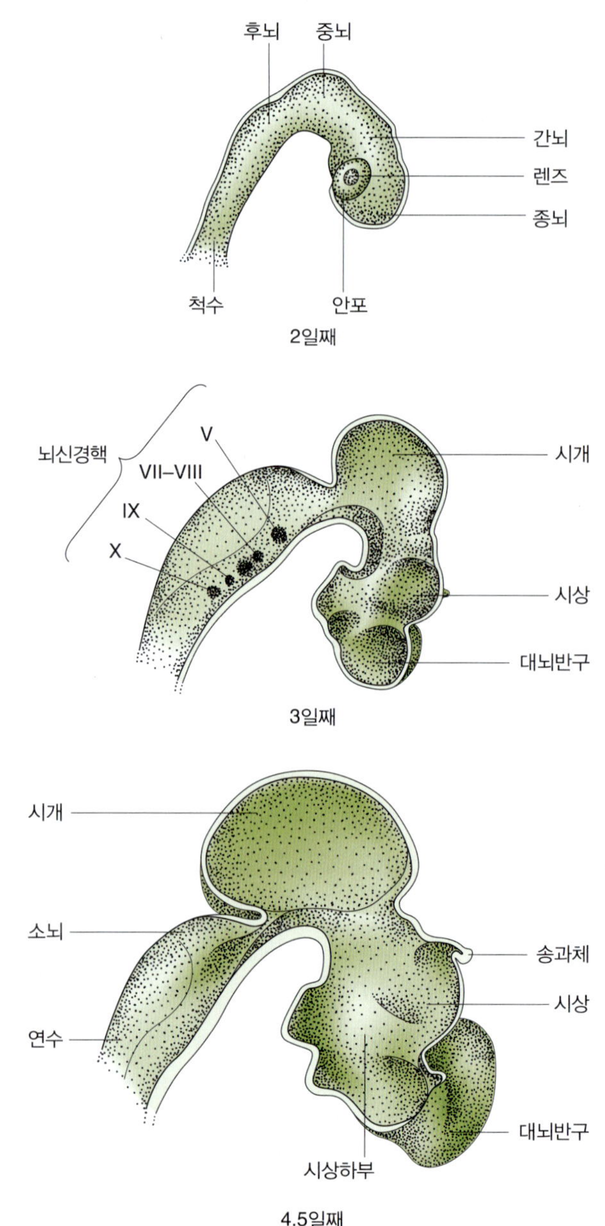

그림 10.17 발생 2일부터 4.5일까지 닭 배아 뇌 모양의 변화.

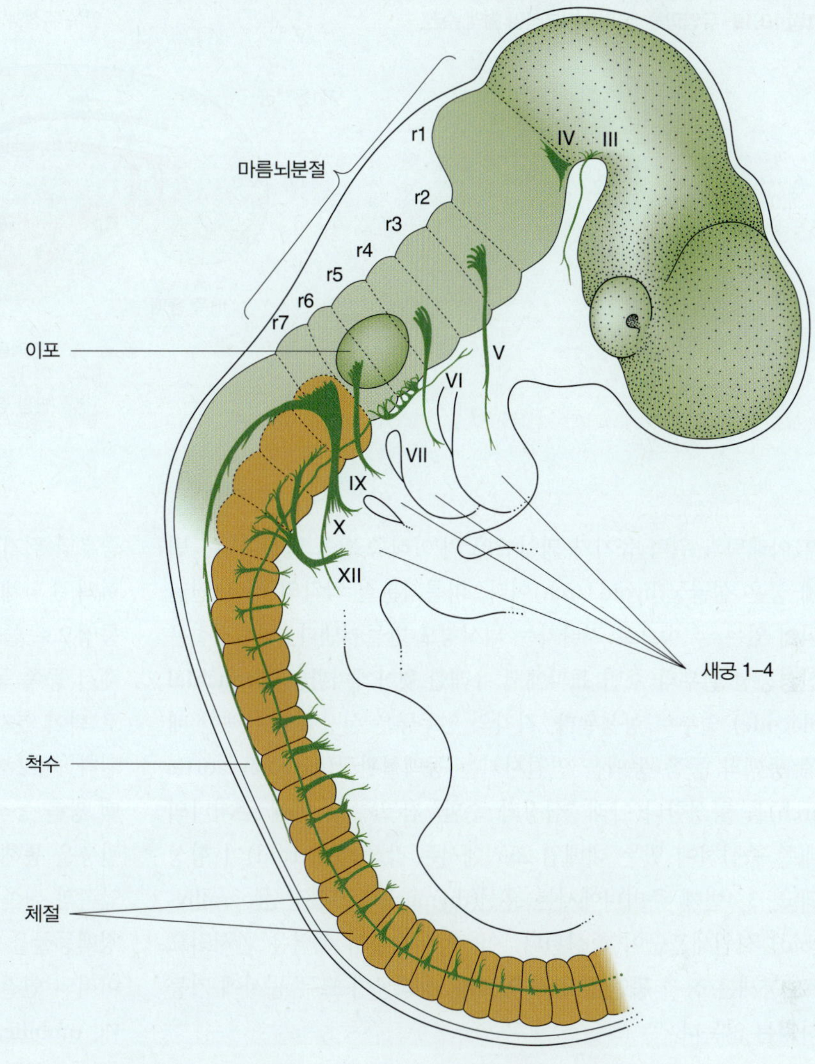

그림 10.18 3일째 닭 배아의 인두궁(pharyngeal arch) 부위. 마름뇌분절(rhombomere)은 r1-r7로, 연결된 뇌신경은 V-XII로 표시하였다. 마름뇌분절의 각 뇌신경 쌍은 하나의 궁으로 들어간다. 이포(otocyst)는 r5-6에 위치한다. (인용) Lumsden 등. (1991). Phil. Trans. Roy. Soc. 331, 281-286.

후뇌(hindbrain)로 되어 있다. 전뇌의 앞쪽 부분은 이후에 대뇌반구가 되는 종뇌(telencephalon)이며, 뒷부분은 안포를 만들어내는 간뇌(diencephalon)이다. 중뇌는 이후 시신경 입력을 받는 영역인 **시개(optic tectum)**을 형성한다. 후뇌는 몸의 운동을 조절하는 소뇌와 다양한 생명 유지 기능의 조절 중추인 연수(medula oblongata)가 된다. 신경관의 나머지 부분은 척수가 된다. 10쌍의 뇌신경이 뇌에서 나와 다양한 감각기와 근육에 신경분포되고, 척수는 척추 사이로 척수신경 쌍을 낸다.

신경관의 등쪽 부위에서는 이동성 세포 집단인 **신경능선(neural crest)**이 형성된다. 이들 세포는 머리 부위에서는 뇌신경절을 형성하고, 두개골 형성의 많은 부분에 기여한다. 몸통 부분에서는 척수신경절, 자율신경절, 부신수질, 색소세포를 형성한다. 더 자세한 신경계와 신경능선의 발생에 관한 내용은 16장에서 다룬다.

인두궁 부분

후뇌가 있는 부위의 몸체는 눈에 띄는 체절 양상을 보인다(**그림 10.18**). 이는 서로 다른 배엽에서 유래한 요소로 이루어져 있다. 인두의 내배엽에서 옆쪽으로 한 쌍의 **인두낭(pharyngeal pouch)**이 발생한다. 이들은 '아가미 구멍(gill slit)' 또는 인두 틈새(branchial cleft)라 불리는 유명한 구조로, 비록 닭에서는 잠시만 열리게 되지만, 모든 척추동물의 배아에서 관찰되는 퇴화 기관이다. 후뇌 자체도 7개의 **마름뇌분절(rhombomere)**로 나누어진다. 마름뇌분절 1은 소뇌가 된다. 마름뇌분절 2~7의 각 쌍은 신경능선 세포를 만들어, 인두를 둘러싸 틈새를 구분하는 연골 성분의 **아가미궁(branchial arch)** 하나씩을 만들어낸다. 이들 중 첫 번째는 첫 번째 틈새의 앞쪽에 있는 아래턱궁(mandibular arch)으로, 이

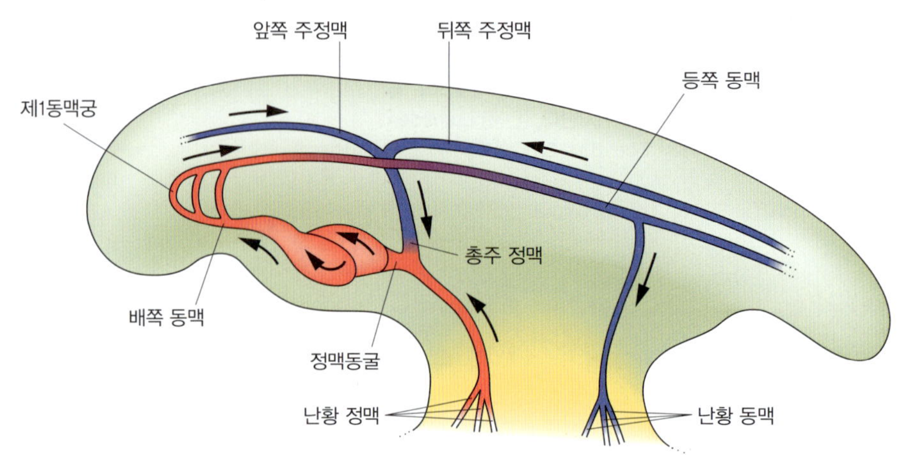

그림 10.19 유양막류 배아의 기본적인 혈액 순환.

후 아래턱과 위턱 융기가 되어 얼굴의 아래쪽 반을 만든다. 두 번째 궁은 설골궁(hyoid arch)이다. 마름뇌분절 각각의 쌍은 연관되어 있는 궁 속으로 지나가는 뇌신경도 만들어낸다. 뇌신경절은 신경능선 일부와 주변 표피에서 유래한 **윗아가미판(epibranchial placode)** 일부로 형성된다. 각각의 인두궁은 심장에서 유래한 배쪽 동맥과 등쪽 동맥을 연결시키는 동맥혈관궁(vascular aortic arch)을 형성한다(아래 "심장과 순환" 참고). 두 번째 주머니의 배쪽 중심선에 있는 내배엽 조직에서는 갑상선(thyroid)이 형성되고, 3-4번째 주머니에서는 흉선(thymus)과 부갑상선(parathyroid) 시원세포군이 형성된다. 이 전체 체절의 배열은 한시적으로, 틈새는 잠시 동안만 열려 있으며, 동맥궁이 모두 동시에 기능하지는 않는다.

심장과 순환

심장은, 후뇌 수준에 있는 내장 중배엽(splanchnic mesoderm)과 장(gut) 사이의 내피세포 밀집 쌍에서 유래한다. 이들은 처음에는 분리되어 있는 관을 형성하고, 대략 7개의 체절이 만들어진 둘째 날 이른 시기에 두 관이 배쪽 중심선에서 융합하여 **심내막(endocardium)**이라 부르는 하나의 관을 형성한다. 심장의 근육벽인 **심근(myocardium)**은 주변의 내장 중배엽에서 유래한다. 융합이 일어나면서, 심장은 뒤쪽으로 이동하고, 앞쪽 몸의 접합이 이어진다. 48시간이 되면, 심장은 정맥동굴(sinus venous), 심방(atrium), 심실(ventricle), 유출로(outflow tract)가 뒤에서 앞쪽으로 연결되어 있는 꼬인 관 모양이 된다.

심장 형성 초기 동안, 혈섬(blood island)과 혈관 체계가 불투명 구역에 나타난다. 혈관은 투명 구역으로 자라 들어와서 배아 안쪽의 중배엽에서 유래한 혈관과 합쳐진다. 심장은 둘째 날 중간쯤부터 뛰기 시작하여, 셋째 날이 되면 배아와 난황덩어리 사이의 혈액 순환체계가 확립된다. 심장으로부터 혈액 흐름은 짧은 배쪽 동맥으로 들어간 후 처음 3개의 인두궁 각각에 있는 동맥궁을 통해서 등쪽 동맥으로 들어간다(**그림 10.19**). 이들은 처음에는 쌍으로 되어 있지만, 점차 앞쪽에서 뒤쪽으로 합쳐져서 하나의 동맥이 된다. 이로부터 전체 배아뿐만 아니라, 몸통 수준에 있는 난황 동맥 쌍을 통하여 배아 밖까지 혈액이 흐른다. 혈액은 배외 모세혈관층을 통해서 산소를 포함하게 된 후, 난황 정맥을 통해 배아의 앞쪽과 뒤쪽 두 방향에서 배아로 들어오고, 배아의 정맥계 내에서 정맥동굴을 통해 하나로 합쳐진다. 몸통의 접힘은 배아와 난황덩어리의 연결을 줄이기 때문에, 난황 동맥과 정맥은 함께 탯줄(제대, umbilical cord) 속으로 이동해 들어간다. 이후 6일째부터 대부분의 혈류는 **요막(allantois)**이 주요 호흡 기관이 되므로 이쪽을 향하게 된다(그림 10.8). 심장, 혈액, 혈관계에 대한 보다 자세한 설명은 16장에서 다룬다.

몸통 중배엽

부화유도 3일째 날개싹을 관통하는 절단면에서 중배엽 구조의 배치는 **그림 10.20**에서 볼 수 있다. **체절(somite)**은 척삭 양쪽의 중배엽에서 나오며, **축축중배엽(paraxial mesoderm)**이라 불린다. 첫째 날이 끝나면서부터 체절은 앞에서 뒤쪽 순서로 생겨난다. 가시적인 체절화 현상은, 체절이 간충직 형태에서 상피성 세포로 두러싸인 단단한 구형으로 전환되어 하나씩 형성되는 것과 관련된다(**그림 10.21a, b**). 체절은 4일 동안 총 45개가 될 때까지 계속 형성된다. 이후 이들은 3종류의 구조가 된다(**그림 10.21c**).

척삭 측면인 안쪽 부분은 **골분절(硬節, sclerotome)**이라 불리며, 이후 척추와 갈비뼈가 된다. 척추의 형성은 체절과 서로 다른

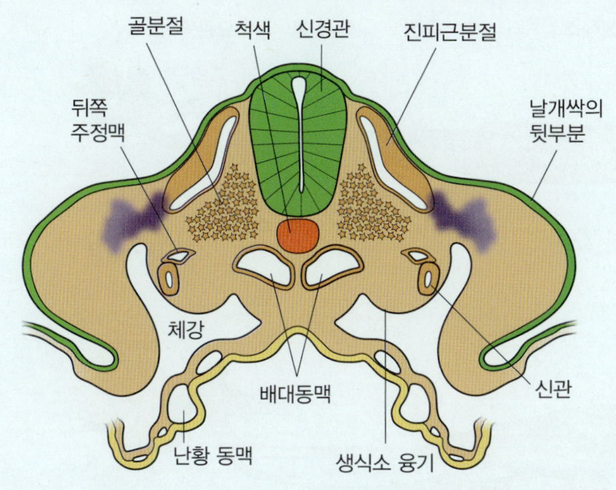

그림 10.20 3일째 닭 배아의 몸통 수준 횡단면. 파란색은 사지싹으로 이동하는 근육원세포를 표지한다.

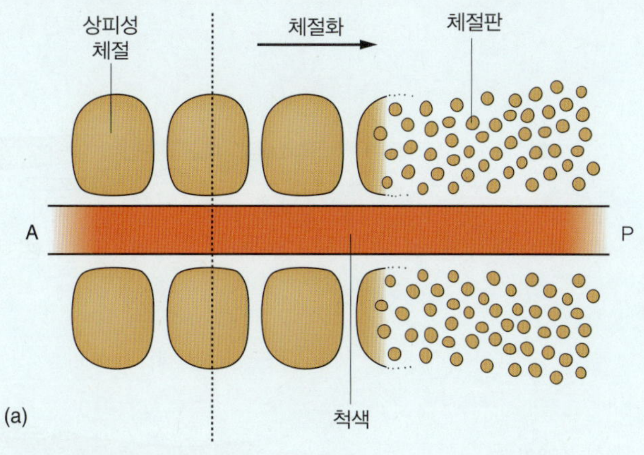

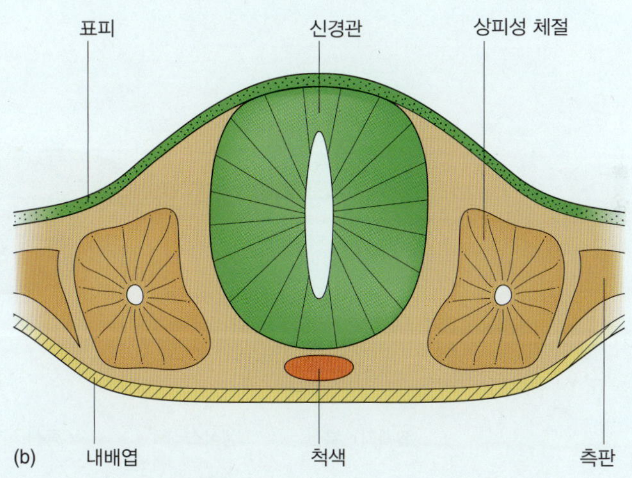

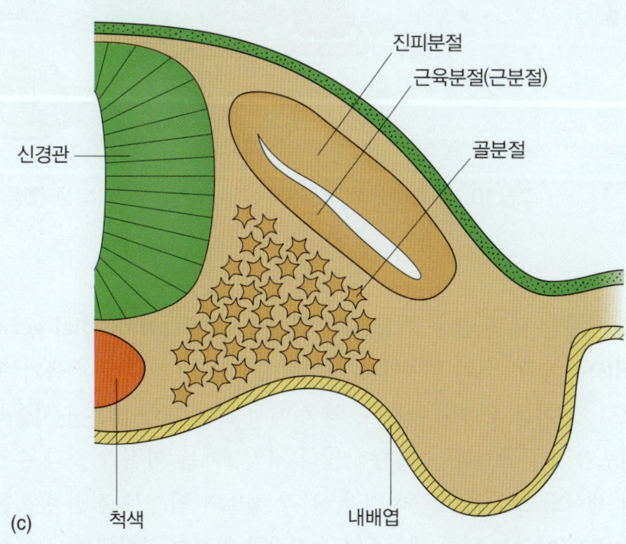

그림 10.21 체절형성. (a) 체절은 순차적으로 앞쪽(A)에서 뒤쪽(P)으로 형성된다. (b) 최근 형성된 체절(a)의 횡단면으로서, 상피성 체절을 보여준다. (c) 이후 체절로부터 형성된 진피분절(dermatome), 근분절(myotome), 골분절(sclerotome).

것이어서, 각각의 척추뼈는 한 체절의 뒤쪽 골분절과 다음 체절의 앞쪽 골분절에서 만들어지는데, 이 과정을 재체절화(resegmentation)라고 한다. 체절의 바깥쪽은 **진피근분절(피부근육분절, dermomyotome)**이며, 이로부터 피부의 진피와 몸통의 **체절적 근육(근절, myotome)**을 구성하는 세포가 나온다. 닭에서 가장 앞쪽 두 체절은 형성 직후 흩어지며, 그 다음 4개의 체절은 척추가 아닌 두개골의 후두부 부분을 만들어내는 후두부 체절이다.

신장은 중간중배엽으로부터 발생한다(**그림 10.22**). 처음 **전신(前腎, pronephros)**은 7~15번 체절 수준에서 2~3일째 발생한다. 신관(nephric duct)은 전신 영역으로부터 아래쪽으로 총배설강(cloaca)까지 뒤쪽으로 자란다. 물고기와 양서류에서 전신은 기능을 하지만, 유양막류에서는 16~27번 체절 수준의 중간중배엽에서 **중신(中腎, mesonephros)**이 형성되면서 전신은 퇴화한다. 닭에서 사구체(glomerulus)와 신관에 붙은 세관(tubule)으로 되어 있는 중신의 발생은 3~4일째에 진행된다. 조류에서 이 중신은 배아 시기 동안 기능적인 신장이다. 중신은 부화 후에 **후신(後腎, metanephros)**으로 대치된다. 후신은 대략 5~8일부터 중간중배엽의 뒤쪽 끝에서부터 발달한다. 요관싹(ureteric bud)이 신관의 가지로 자라나와 주변의 중배엽으로 들어가서, 간충직에서 상피로의 이행에 의한 후신세관의 형성을 유도한다.

신장보다 배쪽 가운데의 중간중배엽 끈으로부터 부신샘과 **생식소(gonads)**가 만들어진다. 피질은 중간중배엽에서 유래하고, 신경능선에서 유래한 수질과 부신은 4~8일에 걸쳐 점차 치밀해진다. 생식소는 중간엽과 상층의 체강 상피(coelomic epithelium)로부터 유래하는데, 이들은 함께 **생식 융기(genital ridge)**라고 부

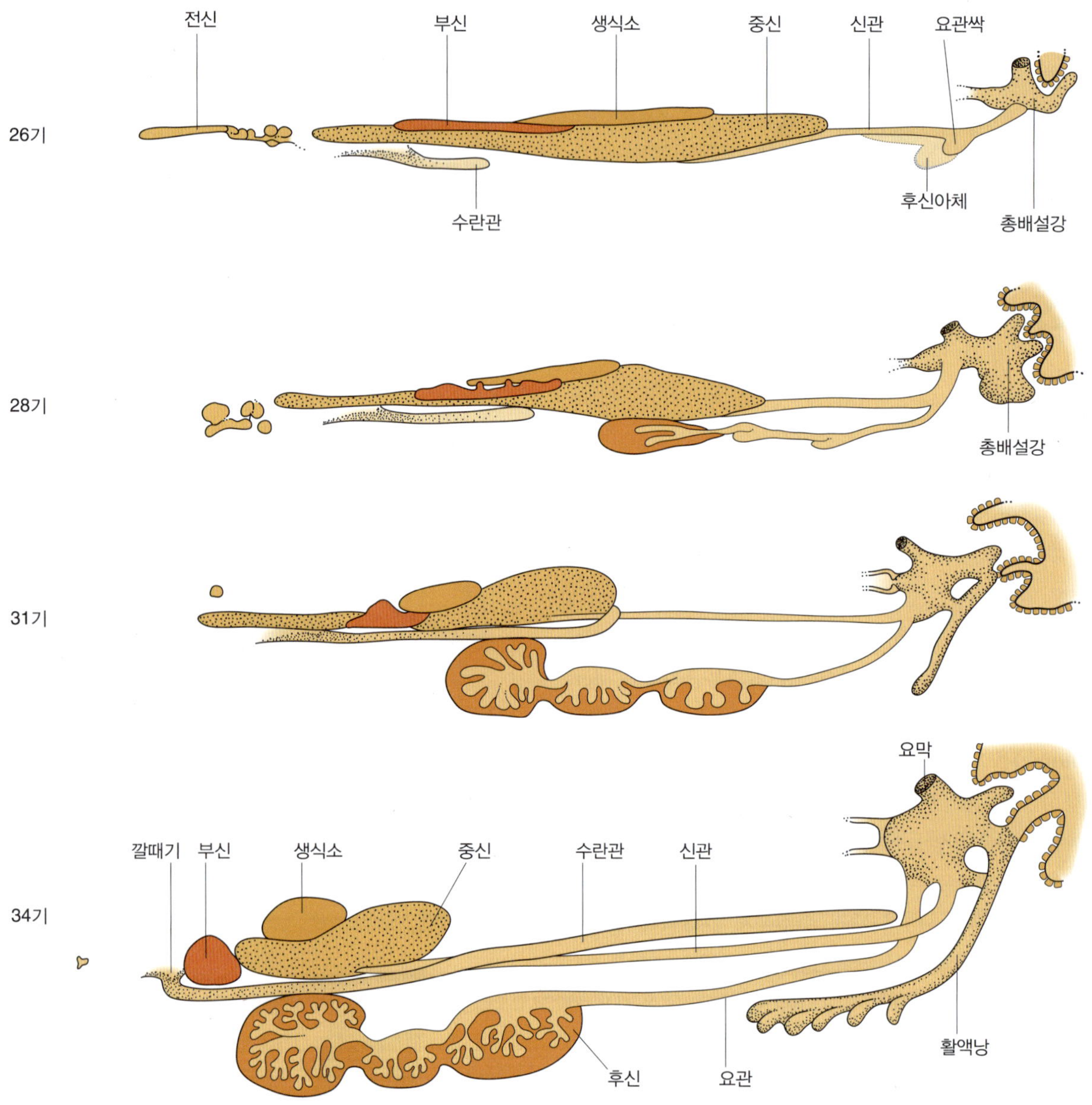

그림 10.22 중간중배엽으로부터 신장, 생식소, 부신의 발생. (인용) Witschi (1956).

르는 체강 내 돌출을 형성한다. **원시생식세포(primordial germ cells)**는 앞쪽 배외 위치에서 생성되며(**그림 10.23**), 생식 융기 속으로 긴 이동 끝에 들어간다. 양 성에서 모두 보다 많은 원시생식세포가 오른쪽보다는 왼쪽에 많다. 4일째에는 아직 암컷과 수컷의 생식소 모양은 비슷하지만, 각각 정소와 난소로 점점 분화한다. 암컷에서는 왼쪽 생식소와 수란관만 완전히 분화되며, 오른쪽 생식소와 수란관은 퇴화된다. 수컷에서는 양쪽의 생식소와 생식관들이 모두 유지된다.

사지는 3일째에, 싹 모양으로 측판중배엽과 이를 덮고 있는 상피로부터 나타난다. 이들은 점점 길어지고, 4일째부터는 가까운 쪽에서 먼 쪽 순서로 분화되기 시작한다. 조류에서 앞쪽 사지싹은 날개가 되고, 뒤쪽 사지싹은 다리가 된다. 주요 중배엽 유래 기관의 발생에 대한 보다 자세한 설명은 17장에 있다.

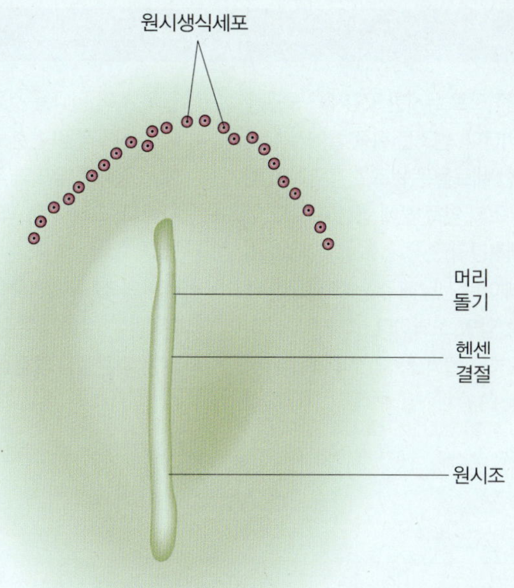

그림 10.23 원시생식세포의 배외 위치.

고전적인 실험

왼쪽-오른쪽 비대칭

척추동물의 배아는 어느 정도 좌우대칭이며, 오랫동안 비대칭이 형성되는 기전은 신비롭게 생각되어 왔다. 1995년, 몇몇 주요 유전자[*NODAL*, *SONIC HEDGEHOG*(*SHH*), *ACTIVIN* 수용체 *IIA* (*ACVR2A*)]들의 비대칭적인 발현 양상이 초기 닭에서 관찰되었으며, 이들이 서로 상호 조절되어 초기 대칭성 붕괴 현상이 이후 심장과 내장의 비대칭성 완성 경로를 형성한다.

Levin, M., Johnson, R. L., Sterna, C. D., Kuehn, M., & Tabin, C. (1995). A molecular pathway determining left-right asymmetry in chick embryogenesis. *Cell*, **82**(5), 803-814.

이어서, 생쥐의 결절에 섬모가 있고, 이들이 분자적인 비대칭을 가지고 있기에 액체를 주로 왼쪽으로 보냄이 알려졌다.

Nonaka, S., Tanaka, Y., Okada, Y., Takeda, S., Harada, A., Kanai, Y.,... &Hirokawa, N. (1998). Randomization of left - right asymmetry due to loss of nodal cilia generating leftward flow of extraembryonic fluid in mice lacking KIF3B motor protein. *Cell*, **95**(6), 829-837.

일차 섬모가 생쥐, 제브라피시, 제노푸스에서 좌우 비대칭을 형성하는 요인으로 생각되지만, 닭에서도 같은 역할을 하는지는 증명되지 않았다.

새로운 연구방향

초기 닭 배아는 아직도 신비로운 배아 발달 조절을 연구하는 좋은 기회를 제공한다. 대부분 종류의 배아에서 지속적인 신호 중심이 조절에 필요하지만, 닭의 주된 신호 중심인 헨센결절은 제거 후에 그 자신이 대치 가능하다.

후기 닭 배아는 쉽게 미세조작이 가능하므로, 지속적으로 기관형성 과정을 연구하는 좋은 연구 재료를 제공할 것이다. 현재 많은 연구가 닭에서 미세수술과 유전자 결손 생쥐의 조직을 이용한 실험이 결합되어 진행되고 있다.

기억해야 할 핵심 사항

- 닭은 유양막류로, 포유동물의 배아와 전반적으로 유사한 모양새를 보인다.
- 초기 발생은 편평한 배반엽으로부터 일어난다. 원조는 뒤쪽 끝에서 유도되고, 앞쪽으로 길어진다. 낭배형성기 동안 세포들은 원조를 통과하여 배아 몸통의 주요 부분이 된다. 헨센결절은 조의 앞쪽 끝에 형성되고, 그 아래 있는 몸 체제 형성과 함께 뒤쪽으로 내려간다.
- 닭은 배아를 보조하고 영양분과 산소를 배아로 전달해 주는 데 필요한 배외 막을 가지고 있다. 이는 난황막, 융모막, 양막, 요막이다.
- 원조의 발생 예정지도는 원조의 전-후쪽 축이 일차 몸 체계의 가운데-바깥쪽 축이 된다는 것을 보여준다.
- 유도 상호작용의 순서는 제노푸스와 비슷하다. 원조의 유도는 제노푸스에서 중배엽 유도와 유사하고, 헨센결절의 행동은 제노푸스 형성체와 유사하다. 그러나 이 과정을 조절하는 분자 요소 일부는 동일하지 않을 수 있다.
- 배아의 좌-우 비대칭 형성은 축 왼쪽에서 Nodal이 발현하는 것에 의존한다.
- 닭은 기관형성 과정을 연구하는 데 매우 중요하다(이후 장들을 참고).

Chapter  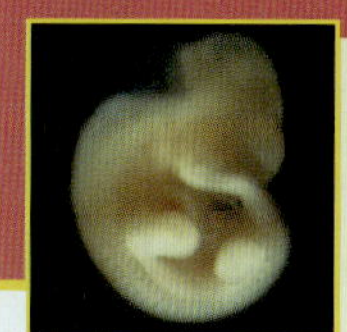

생쥐

The mouse

이제까지 다뤄진 다른 모델 동물과 달리 생쥐는 **모체의 자궁 내에서 발달하는 배아로 자라나서 태어나는(viviparous)** 동물이다. 결과적으로, 착상 이후에는 실험적 접근이 불가능하게 되므로 제노푸스, 지브라피시 또는 닭 모델에 비해 미세 수술기법의 적용이 어렵다. 이러한 이유로 생쥐를 이용한 발달학 연구는 좀 더 큰 수준의 유전자 조작에 의존할 수밖에 없었다. 동형 접합성으로 교배된 생쥐의 계통이 존재하며, 이들은 다양한 실험 방법의 적용에 장단점을 가지고 있다. 각 계통의 생쥐는 특정 털 색깔(예: 검정, 알비노 또는 **아구티**)을 가지고 있으며, 특정 털 색깔은 한 개 이상의 계통을 사용하는 실험에서 유전자 구성을 빠르게 보여주는 표시 역할을 한다. 생쥐를 이용한 연구에서는 유전자 이름을 첫 글자를 대문자로 쓴 이탤릭체로 표시하는 것이 관례이며, 단백질 이름의 경우 사람의 경우와 마찬가지로 대문자로 쓰는 것이 관례이다. 예를 들면, *Oct4*와 *Fgf4*는 유전자 이름을 표시하지만 OCT4나 FGF4는 단백질 이름을 표시하는 것이다.

생쥐는 주로 밤에 교미(짝짓기)를 한다. 따라서 배아의 나이는 종종 날의 숫자, 그리고 그 절반으로 표시한다. 예를 들면, E7.5라고 표시한 7일 반된 배아의 경우는 생쥐가 교배한 후 8일째 되는 생쥐를 의미한다. 짝짓기가 끝난 후 암컷의 생식기에 보이는 단단한 흰색 덩어리, 혹은 "플러그(plug)"라고 불리는 구조를 확인함으로써 교미한 날짜를 결정할 수 있다. 보통 "E"라는 표식은 배아 발생의 단계를 표시하는 일반적인 방법이지만, Theiler(타일러)에 의해 제안된 다른 배아 발달 단계 수도 사용된다: 1~5단계는 착상 전, 6~14단계는 몸 체제 형성(body plan formation)과 **방향전환(turning)**을 포함하는 착상 후 초기 단계를 의미한다. 15~27단계는 기관형성과 출생 직전 까지의 태아의 생장을 포함하는데, 이는 수정 후 약 20일까지 진행된다.

배란(ovulation)은 짝짓기 후 몇 시간 후에 일어나며, 난자는 **난관(oviduct)** 상부 끝단까지 이동하여 그곳에서 수정이 된다. 착상 전 초기 배아 발생 단계에서 배아는 난관에 위치하지만, 그 다음 모체의 자궁으로 옮겨간다. 이 기간에 배아는 수집될 수 있고 시험관 내의 단순 배양액에서 배양될 수 있다. 이 초기 단계의 배아를 미세 수술 조작하는 것이 가능하며, 이는 형질전환이나 유전자 적중과 같은 미세 조작을 포함할 수 있다. 조작된 착상 전 배아를 후기 단계의 배아로 혹은 성체 생쥐로 만들기 위해서는 정관절제술을 받은 수컷과 교미를 하여 배아를 받아들일 수 있는 **가상임신(pseudopregnant)** 상태로 만들어진 **대리모(foster mother)**의 자궁에 이식하여야 한다. 그 후 이식된 배아는 그들이 발달해야 할 충분한 기간 동안 대리모의 자궁 내에서 자라고 정상적인 방법을 통해 태어나게 된다.

자궁 내에서 성장하여 출산되기 때문에 착상 후의 포유동물 배아는 상당한 영양분의 공급을 외부로부터 받아 발달 과정 동안 매우 빠르게 자라게 된다. 이러한 점에서 생쥐는 닭과 유사하고, 제노푸스나 지브라피시와는 다르다. 닭과 마찬가지로, 마지막 단계에서 개별 기관이나 발달 중인 조직을 배아로부터 적출하여 시험관 내에서 배양하는 것이 가능하며, 그러한 조건에서 여러 실험적 조작을 하는 것이 가능하다. 이들 실험적 방법의 범위는 쥐에서 형질전환 혹은 유전자 적중 계통으로부터 조직을 얻을 수 있게 되면서 크게 넓어졌다.

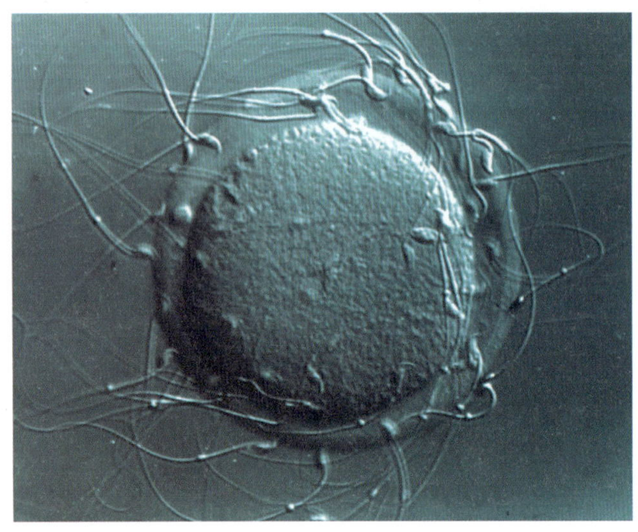

그림 11.1 수정되지 않은 생쥐 난자의 투명대에 결합한 생쥐 정자들. (인용) Wasserman 등(2001). Nat. Cell. Biol. 3, E59-E64, 네이처 출판 그룹의 허락을 받음.

포유동물의 수정

생물학적 관점에서, 수정 기전은 수컷과 암컷의 생식세포를 단위로 모이게 함과 동시에(그림 11.1), 다른 종과의 **교잡(hybridization)** 혹은 하나의 난자가 복수의 정자와 수정(**다(정자)수정, polyspermy**)이 되는 것을 막아야 한다. 또한 수정은 사람의 생식을 위해서도 매우 중요한 기술적 주제이다. 그 기전들은 다양한 동물 모델에서 연구되었으며, 이러한 연구는 심지어 성게와 같은 해양 무척추동물까지도 포함한다. 하지만 수정 과정의 분자적 기전은 다른 많은 발생 과정보다도 더 다양하며, 실제로 성게와 포유동물 사이에는 공통점이 그다지 많지 않다는 사실이 밝혀졌다. 이러한 이유로 무척추동물 모델의 가치는 다소 떨어졌고, 생쥐와 같은 포유동물이 수정 연구를 위한 모델 동물로서 좀 더 가치가 높아졌다. 다행스럽게도, 생쥐의 수정 과정의 많은 특징은 또한 다른 포유동물에서도 관찰된다(웹사이트의 동영상 12 "Mammalian fertilization"을 참고).

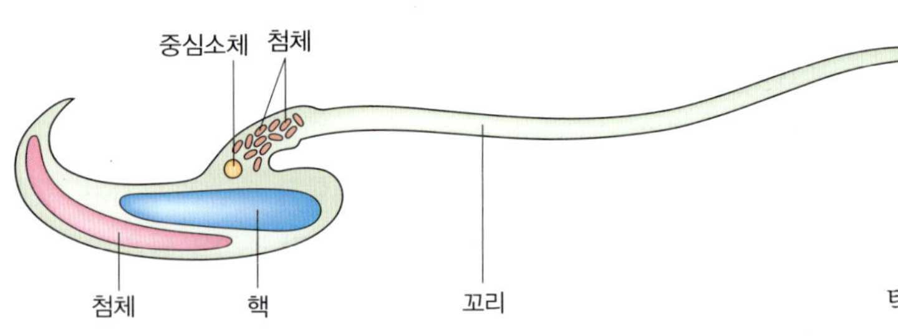

그림 11.2 생쥐 정자의 모습

정자는 매우 특화된 세포이다(그림 11.2). 이들은 반수체의 핵과 매우 응축된 DNA를 가지고 있으며, 염색체 단백질 성분의 많은 부분을 차지하는 프로타민(protamines)이라는 단백질을 가지고 있다. 프로타민은 강한 염기성의 단백질로 히스톤보다 DNA을 좀 더 조밀하게 응축되게 해주는 역할을 한다. 핵의 앞부분에는 커다란 골지체와 유사한 **첨체(acrosome)**라는 구조가 놓여 있으며, 핵 후방에는 **중심소체(centriole)**과 중간 정도 크기의 미토콘드리아가 풍부하다. 꼬리는 9 + 2 구조의 미세소관 구조의 강화된 편모(flagellum)이다. 정자의 헤엄치는 운동은 미세소관에 붙어 있는 다이닌(dynein) 팔에 의한 ATP 분해 과정을 통해 이루어진다.

정자는 배출 이후 곧바로 수정에 참여할 수 있는 능력이 없다. 그들은 암컷의 생식기관 내에 일정기간 머물러야 하며, 그러는 동안 **수정능 획득(수정 능력 획득, capacitation)**이라는 과정을 통해서 수정할 수 있는 능력을 습득한다. 이 현상은 주로 자궁과 난관(수란관)에서 일어나며, 그 곳에서 정자는 에스트로젠과 같은 물질의 분비에 반응한다. 생체 내에서의 그 정확한 기전은 정확히 알려지지 않았으나, 체외에서 정자를 알부민, 칼슘 혹은 중탄산염(bicarbonate)을 포함하는 단순합성 배지에서 배양하여 수정능 획득을 시킬 수 있다. 수정능 획득의 주요한 한 요소는 콜레스테롤의 소실이며, 콜레스테롤이 풍부한 배양액에서는 수정능 획득이 일어나지 않는다. 콜레스테롤 소실은 세포막의 칼슘과 중탄산염에 대한 투과성을 높이는데, 이는 아데닐산 고리화효소(adenylyl cyclase)라는 효소를 직접적으로 활성화시켜 cAMP의 생성과 단백질 인산화효소-A(protein kinase A)의 활성도를 높이는 결과를 갖는 것으로 보인다. 이러한 반응은 결과적으로 단백질의 티로신 인산화나 막전위를 약 −30 mV에서 50 mV로 변화하거나 세포 내 칼슘과 pH의 증가, 그로 인한 운동성의 증대를 가져온다. 수정능 획득 과정은 또한 정자가 난자와 접촉하는 것에 방해가 되는 당단백질을 사라지게 하고, 몇몇 첨체의 단백질을 세포 표면에 노출시키는 것도 동반한다.

질에 축적되었던 정자는, 자궁과 난관을 따라 이동하여 난관의 좀 더 상단 지역에 위치하고 있는 난자와 수정된다. 이러한 과정은 암컷 생식기관의 근육운동에 어느 정도 의존되며, 정자-특이적 인자 또한 요구된다. 자궁과 난관의 경계 부분인 자궁 난관 접속부(uterotubal junction)는 비정상적인 모양의 정자 이동을 선택적으로 막는 역할을 하는 것으로 보인다. 흥미롭게도, 암컷의 생식기관이 아닌 정자에서만 특이적으로 발현되는 유전자를 적중하면 정자의 모양은 정상적이지만 자궁 난관 접속부를 건너가지 못하는 정자가 생성되기도 한다. 그 한 예로 퍼틸린(fertilin)이라고 하는 단백질 복합체의 구성체를 암호화하고 있는 유전자이며, 시험관 내 실험을 통해 밝혀진 바에 따르면 이 단백질 복합체는 정자가 난자와 결합하는 것을 조절하는 역할을 한다. 퍼틸린은 ADAM1과 ADAM2(ADAM = A Disintegrin And Metalloprotease)로 구성된 단백질 복합체이며, ADAM3라는 인자가 정자의 세포막에 위치하는 데 필요하다. *Adam2*나 *Adam3*의 동형접합 변이는 정자가 자궁 난관 접속부를 통과하지 못하여 남성 불임을 유발한다. 하지만 *Adam3* 변이를 가진 정자를 난관에 곧바로 주입하면, 수정은 일어날 수 있다. 이러한 사실은 퍼틸린과 ADAM3가 난자와 정자의 결합에 필요한 인자가 아니라, 정자가 암컷의 생식기관을 따라 이동하는 데 필수적이라는 점을 시사한다.

인간의 **난자**뿐만 아니라 생쥐의 **난자(oocyte)**는 두 번째 감수분열의 중기(second meiotic metaphase)에서 멈춰 있다. 이러한 상태로 난소 여포세포(ovarian follicle cell) 혹은 **난구세포(cumulus cell)**와 함께 싸여 있는 복합체로서 난소로부터 배출된다. 한 번에 하나의 난자가 배출되는 인간과는 달리, 생쥐에서는 대개 6~12개의 난자가 한꺼번에 배출된다. 난자 그 자체는 다공성의 **투명대(zona pellucida, ZP)**라고 하는 투명한 세포외 기질로 둘러싸여 있으며, 이 물질은 난자 자체에 의해서 분비가 된다. 이 구조 외곽에는 약간의 난구세포들이 놓여 있으며, 이들은 히알루론산(hyaluronic acid)이 풍부한 세포외 기질에 의해 둘러싸여 있다. 난자-난구 복합체는 난관의 입구인 누두(infundibulum)에 의해 픽업되며, 이 과정에는 이 복합체의 세포외 기질이 누두의 섬모에 결합하는 과정이 필수적이다. 그런 다음, 세포외 기질을 휘젓듯이 압박하여 난관의 좁은 목(ostium)을 통해 들어오게 한다.

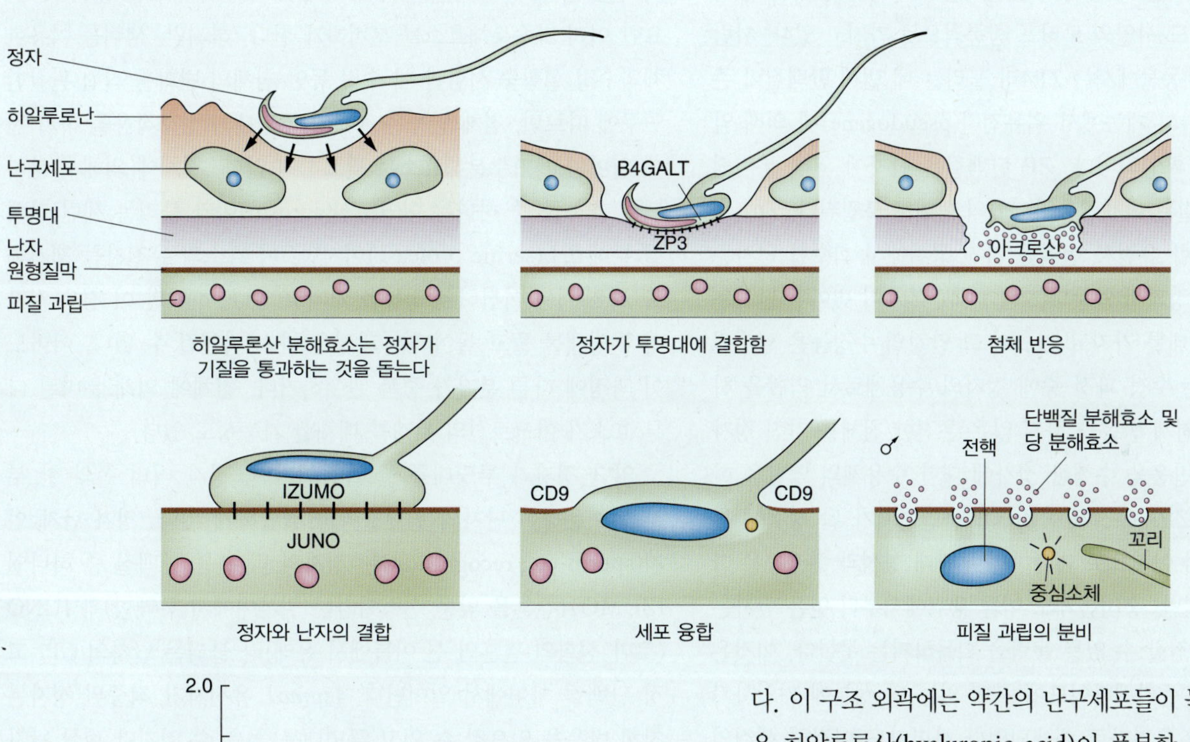

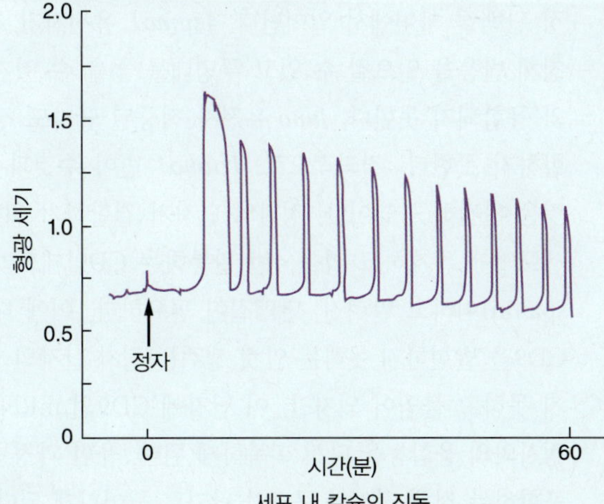

그림 11.3 생쥐의 수정 과정

정자는 난관에서 난자를 만나게 된다. 정자-난자 상호작용 주요 과정은 **그림 11.3**에 나타내었다. 정자는 막에 결합된 히알루론산 분해효소(hyaluronidase)의 도움을 받아 난자-난구 복합체의 세포외 기질을 통과할 수 있다. 그런 후 정자는 투명대에 결합하게 되는데, 이 부분이 종 특이성을 결정하는 주

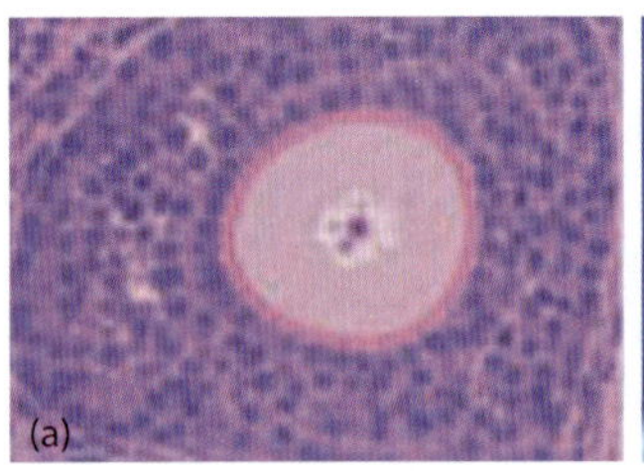
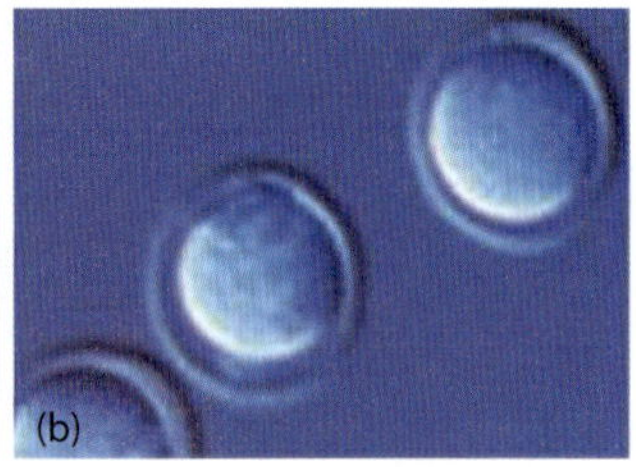
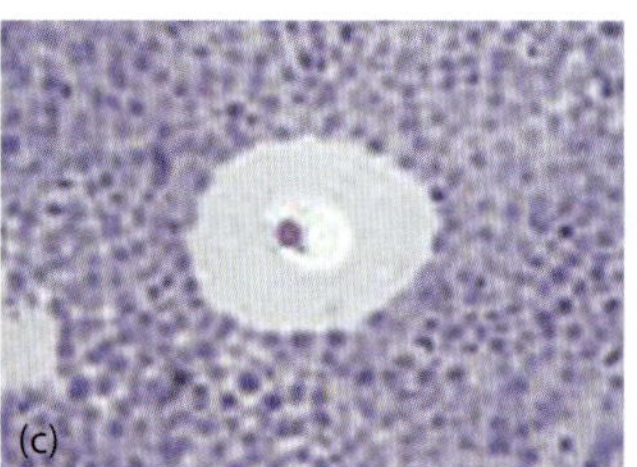
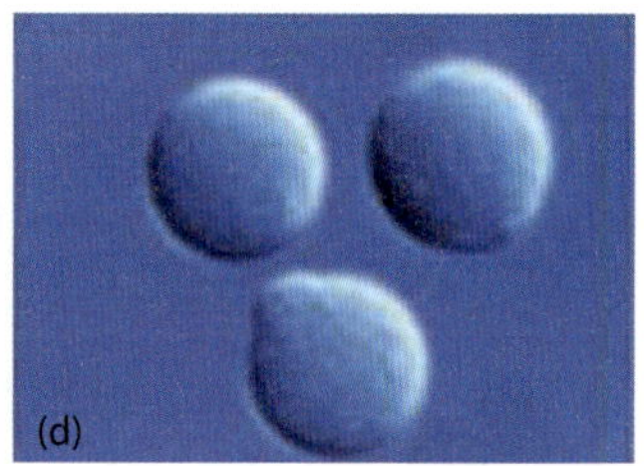

그림 11.4 ZP3의 기능소실 돌연변이로 투명대가 없는 난자가 생성됨. (a, b) 정상, (c, d) ZP3 유전자 적중. (인용) Dean (2004). BioEssays, 26, 29-38, John Wiley & Sons 사의 허락을 받음.

요 포인트가 된다. 만약 투명대가 제거가 되면 이종 간의 수정이 가능해지는데, 이러한 현상을 이용해서 햄스터의 난자를 이용하여 인간 정자의 수정 효율성을 시험하기도 한다. 투명대는 ZP1, ZP2, ZP3이라 불리는 세 종류의 당단백질로 구성되어 있으며, 각각은 "ZP" 펩타이드 서열의 모티프 공통적으로 가지고 있다. 사람과 다른 몇몇 포유동물에서는 ZP4라 불리는 네 번째 단백질이 존재하며, 이는 생쥐의 게놈에서 위유전자(pseudogene)에 의해 암호화되는 것으로 확인되었다. ZP 단백질은 난자에 의해 분비되며, 길게 상호 연결된 미세섬유(fibril)의 형태로 조립된다. *Zp1* 혹은 *Zp2*의 상동접합 유전자 변이를 가진 생쥐에서 회수한 난자는 투명대가 없고 수정되지 않는다(**그림 11.4**). *Zp1*이 변이된 난자는 깨지기 쉬운 투명대를 가지고 있으며 그 암컷의 수정능은 떨어진다. ZP2와 ZP3는 수정 과정 중에 정자의 수용체로서 역할을 하며, 특히 ZP3는 첨체 반응을 하지 않은 온전한 첨체를 가진 정자에, ZP2는 첨체 반응을 수행한 정자에 대한 수용체의 역할을 한다. 만약 사람의 *ZP3* 유전자를 *Zp3*가 돌연변이가 된 생쥐에 **녹인(knock-in)**시켜 이것으로 대체하면 투명대 형성과 수정능은 다시 회복된다. 하지만, 흥미롭게도 이들 생쥐에서부터 얻은 난자는 인간의 정자와 수정할 수 있는 능력을 획득하지는 못한다. 이것은 종 특이성이 ZP3 폴리펩타이드에 붙어 있는 당 성분에 기인하기 때문이며, 인간의 유전자로 대체되었다 하더라도 여전히 생쥐의 당전달효소(glycosyl transferase)에 의해서 당질 구조가 조립됨에 따라 여전히 생쥐 특이적 구조를 형성하기 때문이다.

정자의 세포 표면에는 β-1,4-galactosyl trasferase(B4GALT)라는 단백질이 있어 이를 이용하여 투명대를 인지하는데, 이 단백질이 투명대에 결합하게 되면 **첨체 반응(acrosome reaction)**을 유발하게 된다. 이러한 결합에 대한 근거로서, B4GALT는 ZP3 올리고당에 강하게 결합하고, *B4galt* 유전자가 변이된 생쥐의 정자는 투명대에 결합할 수 있는 능력이 떨어짐에 따라서 첨체 반응을 유발하지 못하는 것을 들 수 있다. B4GALT는 세포막을 한 번 가로지르는 영역과 세포질 내에 G-단백질을 활성화시키는 영역을 가지고 있다. G-단백질의 활성화에 이어 막전위의 변화가 발생하고, 전압-반응성 칼슘 통로를 열게 돼서 세포질 내 칼슘의 농도와 세포 내 pH를 높이게 된다. 이는 첨체(acrosomal vesicle)의 신속한 세포외 배출을 야기하고, 정자가 투명대를 뚫는 데 필요한 여러 가수분해효소를 분비하게 한다. 하지만, 생쥐를 이용한 체외수정 실험중 시험관 내 수정 동안 첨체의 변화를 직접 관찰한 연구에 따르면, 첨체 반응은 정자가 투명대와 상호작용을 하기 전에 일어나고 가수분해효소는 필요하지 않다. 첨체에 의해서 분비되는 효소들 중 하나는 아크로신(acrosin)이라 불리는 세린 단백질 분해효소(serine protease)이지만, 이 효소의 유전자를 제거해도 그 생쥐는 여전히 수정능을 가지고 있다. 하지만 이 경우 정자가 투명대를 뚫고 들어가는 과정은 다소 지연될 수 있다. 아마도 이 과정에 다른 분자가 중복 관여하거나, 첨체에 의해 분비된 다른 효소가 아크로신의 부재를 대체할 가능성도 있다.

일단 정자가 투명대를 뚫고 들어가면, 정자 머리 쪽의 한 부분을 이용하여 난자의 원형질막과 결합하게 된다. **정자-난자 인지(sperm-egg recognition)**는 정자의 막 관통 단백질 중 하나인 IZUMO1(결혼을 앞둔 신랑이라는 일본어에서 유래함)과 JUNO(로마 신화의 결혼의 신 이름에서 유래)라 불리는 난자의 GPI-고정 단백질 사이에서 일어난다. *Izumo1* 유전자가 적중된 정자는 첨체 반응을 일으킬 수 있고 투명대를 뚫을 수 있지만 정상 난자와 융합되지 못한다. *Juno* 유전자 적중된 난자도 정상 정자와 융합하지 못한다. 결과적으로, *Izumo1* 변이 수컷과 *Juno* 변이 암컷은 완전히 불임이다. 정자와 난자가 결합하기 위해서는 난자의 세포막에 존재하고 막을 4번 관통하는 CD9[테트라스페닌(tetraspanin)이라고 알려진] 단백질이 필요하다. 이에 대한 근거로서, CD9을 발현하지 못하는 암컷 생쥐는 정자-난자의 융합도 보여주지 못하고 불임이 되지만, 이 난자에 CD9의 mRNA를 주입하면 정자와의 융합능을 다시 회복하게 된다. 융합 과정 동안에 꼬리를 포함하는 전체 정자의 구조가 난자로 들어가게 된다.

세포의 융합 직후에 일어나는 세포 내 칼슘 농도의 증가는 차

후에 일어날 수정 과정에 필수적이다. 세포 내 칼슘 농도의 증가는 아마도 동물계 전체에 걸쳐 관찰되는 수정 과정에서 일어나는 유일한 공통 현상인 것으로 보인다. 생쥐를 포함한 많은 포유동물에서 초기 칼슘 농도의 급격한 증가가 일어난 이후 몇 시간 동안 칼슘 농도의 주기적인 증감이 관찰된다(그림 11.3). 이런 종류의 칼슘 농도 변화는 에쿼린(aequorin)이라고 부르는 형광 단백질 혹은 퓨라2(fura2)라고 부르는 형광 염료를 난자에 주입하여 형광의 변화를 통해 관찰할 수 있다. 세포질 내 칼슘의 유입은 정자가 제공하는 포스포리파아제 C 제타(phospholipase C zeta, PLCζ)에 의해 생성된 이노시톨 삼인산(inositol triphosphate, IP3)의 자극에 의해 촉발된다. PLCζ를 난자에 단독으로 주입하였을 때도 칼슘 농도의 주기적 변화를 유도할 수 있으며, 정자 세포질을 추출한 것에 항체를 이용해서 PLCζ의 활성을 중화시키면 칼슘 농도의 변화를 일으킬 능력을 없앨 수 있다. 좀 더 최근에는 CRISPR-Cas9 기술을 이용해서 *Plcζ* 유전자를 적중할 수 있게 되었다. *Plcζ* 유전자가 적중된 수컷 생쥐로부터 분리한 정자를 난자에 주입하였을 때 칼슘 농도의 변화를 일으키지 못하는 것으로 관찰되었으며, 시험관 내 수정 동안에 다수정의 빈도가 훨씬 높아져 있는 것을 확인할 수 있었다. 하지만, 비록 그 전체적인 과정의 진행에 있어 정상 정자로 형성된 접합자에 비해 확연한 지연이 있기는 하였지만, 몇몇 접합자들은 여전히 포배 단계까지 발달할 수 있었다. *PLCζ*에 변이를 가지고 있는 몇몇 환자에게서 난임이 나타나고, 이들의 정자를 이용한 시험관 수정에서 칼슘 농도의 변화가 나타나지 않거나 난자 활성화가 이루어지지 않는다는 점은 주목할 만하다.

칼슘의 주입이나 소포체 등에 저장되어 있던 칼슘을 배출하게 하는 칼슘 이오노포어(ionophore)의 처리는 정자에 의한 수정에서 볼 수 있는 난자의 활성화와 동일한 현상을 유발할 수 있다. 그러한 난자는 **단위생식적(parthenogenetic**, '부계의 핵을 가지고 있지 않은'이라는 뜻)이며, 이것 때문에 그러한 난자들은 더 진척된 배아 단계로 발달하지 못한다("핵치환과 각인" 절을 참고).

칼슘 농도의 변화에 의존적인 현상으로 **피질 과립(cortical granule)**의 세포외 배출, 두 번째 감수분열의 완성, DNA 생합성의 재개, 모계 mRNA가 폴리좀(polysome)형이 됨. 그리고 일반적인 대사 활성화도 포함한다. 이러한 현상은 대부분 칼슘/칼모듈린(calmodulin)-의존적 단백질 키나제 II의 γ 아형에 의해 매개된다. 피질 과립은 원형질막의 바로 아래에서 발견되며, 그 안에서 발견되는 내용물로는 당질 분해효소와 단백질 분해효소가 있는데, 특히 단백질 분해효소의 경우 ZP2, ZP3 등을 변형시켜 다시는 정자와 결합하지 못하게 한다. 생쥐에서 이러한 과정은 다수정을 막는 주요 요인으로 작용한다. 하나 이상의 정자가 들어오는 것은 생존이 어려운 다배수체 배아(polyploid embryos)를 형성할 수 있으므로 다수정을 막는 기전은 수정 과정에서 매우 중요하다.

두 번째 감수분열이 끝나고서 여분의 염색체를 포함하는 두 번째 **극체(polar body)**가 빠져나오게 되면, 모체 게놈은 이제 반수체가 된다. 정자의 핵은, 난자에 존재하는 펩타이드 글루타치온(peptide glutathion)에 의해 프로타민의 이황화 결합이 환원됨에 따라 응축 상태에서 풀리게 된다. 프로타민은 점차 히스톤에 의해 대체되고, 정자의 DNA은 활발하게 탈메틸화가 된다. 하지만 이때 **각인좌위(imprinted loci)**에는 영향이 없다("핵이식과 각인" 절을 참고). 이제 두 전핵(pronuclei)이 천천히 서로 모이면서 DNA 복제가 일어난다. 포유동물에서 두 전핵은 진정한 접합자 핵을 형성하기 위해 융합되지 않는다. 대신 두 전핵이 만나면서 핵막이 깨지고, 염색체가 체세포분열 스핀들을 두고 늘어서면서 첫 번째 분열을 준비하게 된다. 두 전핵은 핵인을 형성하게 되는데, 이때 정자에는 핵인이 없기 때문에 난자의 핵인에 존재하는 구성에 의존할 수 밖에 없다.

정자는 핵뿐만 아니라 약간의 미토콘드리아도 제공하지만, 이들은 곧 퇴행하여 후에 일어날 발생 과정에 참여하지 않는다. 오로지 모체의 미토콘드리아만이 오래 살아남게 된다. 하지만 생쥐를 제외한 대부분의 포유동물에서 **중심소체(centriole)**는 정자에서 기원하며, 나중에 분열하여 첫 번째 체세포분열 스핀들을 형성하게 되는 정자 **성상체(aster)**를 위한 **미세소관 조립센터(microtubule organizing center)**가 된다. 하지만 생쥐에서는 2개의 중심소체 모두 모계에서 유래하며, 바로 이것이 왜 생쥐에서 인위적인 난자의 활성화 후에 단위생식 발달이 일어날 수 있는지에 대한 이유를 설명해 준다.

생쥐의 정상적인 발달

착상 전 단계

착상 전의 발달 과정이 그림 11.5에 모식도로 표시되었다. 수정 후 처음 몇 번의 난할은 매우 느리게 일어난다. 제노푸스와 지브라피시와는 대조적으로, 접합자 게놈의 발현은 이미 2-세포기 때 일어난다. 첫 번째 난할은 약 24시간 후에 일어나며, 두 번째 및 세 번째 난할은 비록 완전히 동시에 일어나지는 않지만 약 12시간의 간격으로 뒤따른다. 이런 느린 템포의 초기 발생 과정은 아마

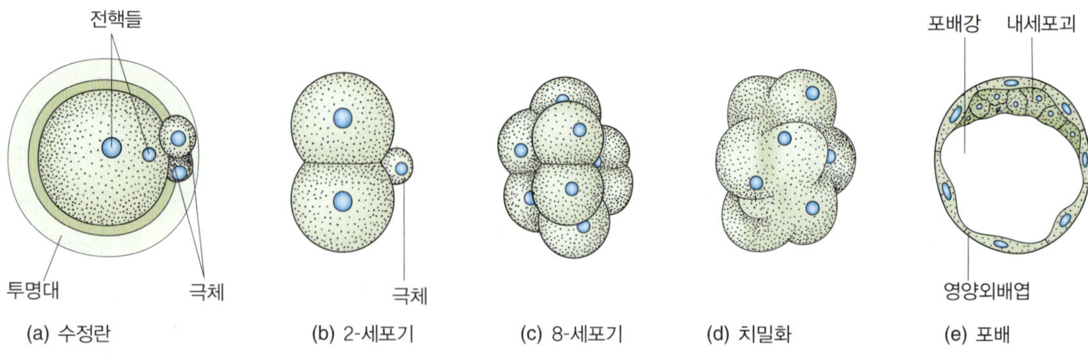

그림 11.5 착상 전 발생. 투명대는 계속 존재하지만, 그림 (b)-(e)에서는 이를 생략하고 그렸다.

도 자궁이 착상을 하기 위한 적응의 시간인 것으로 보인다. 8-세포기 초반에 개개의 세포는 그 모양이 여전히 구분되지만, **치밀화(compaction)**이라고 불리는 과정 동안 배아가 거의 구체에 가까운 모양을 갖추면서 점차 구분이 어려워진다(**그림 11.5d**). 이 과정 동안 할구는 세포 간 접촉을 극대화하기 위해 납작해지며, 이 과정은 칼슘-의존적 결합 분자인 E-cadherin에 의존한다. 만약 모체와 접합체의 E-cadherin 모두가 없는 배아의 경우에 치밀화가 진행되지 않는다. 할구는 방사형 방향으로 극성화되는데(**그림 11.6**), 이는 외부 표면에 **미세융모(microvilli)**가 출현하면서 좀 더 명확해질 뿐 아니라 세포 내부의 다양한 변화도 동반하게 된다. **간극연접(gap junction)** 또한 이 시기에 형성되며 저분자 물질이 배아 전체로 퍼지도록 하는 데 기여한다.

치밀화에서부터 대략 32세포기까지의 배아를 **상실배(morular)**라고 부른다. 이 시기 동안 부착 연접(desmosome)과 밀착 연접(tight junction)이 나타나고, 배아 내부와 외부 사이에 투과성 봉인(permeability seal)을 형성하면서 배아 내부에 액체로 찬 **포배강(blastocoel)**을 형성하게 된다. 이러한 현상은 수정 후 약 3일 후에 진행되며, 이 시기 즈음에 배아가 난관으로부터 자궁으로 이동하게 된다. 배아 내에서 내부 공간은 확장되어 포배(blastocyte)가 되는데, 이는 **영양외배엽(trophectoderm)**이라고 부르는 상피세포 형상의 외부 세포층과 그 내부에 붙어 있는 **내세포괴(내세포덩어리, inner cell mass)**이라고 부르는 세포덩어리로 구성된다(**그림 11.5e**). 60-세포기에 이르러 약 3/4 가량의 세포는 영양외배엽을 구성하고 나머지 1/4 가량이 내세포덩어리에 존재한다. 영양외배엽은 영양외배엽의 분화에 필요한 CDX2와 TEAD4라고 하는 전사인자를 발현하며, 이들은 세포막에 FGF의 수용체인 FGFR2를 발현한다. 반면에 내세포괴는 전분화성과 관련된 특정 전사인자 그룹을 발현하는데("배아줄기세포" 부분 참조), 이는 전사인자인 NANO, OCT4(혹은 POU5F1이라 불리움)과 SOX2, 그리고 신호인자인 FGF4를 포함한다.

E3.5에서 E4.5까지 영양외배엽과 내세포괴 모두 두 가지 조직 유형으로 다양화된다(**그림 11.7a**). 영양외배엽은 괴 위에 놓여지는 극 영양배엽(polar trophectoderm)과 나머지 부분을 차지하는 벽 영양세포(mural trophectoderm)이 된다. 극 영양외배엽이 지속적으로 분열하는 반면에 벽 영양외배엽은 체세포분열 없이 DNA가 지속적으로 복제하는 다사성 거대 세포로 변환된다. 이들 세포에서 DNA 양은 64배에서 512배로 증가하게 된다. 내세포괴는 **시원 내배엽(primitive endoderm)** 혹은 하배엽(hypoblast)이라고 불리는 외부층과 **시원 외배엽(primitive ectoderm)** 혹은 **상배엽(epiblast)**라 불리는 내부층의 두 층으로 나뉘게 된다.

초기 착상 후 단계

자궁에서, 포배는 투명대로부터 빠져나와 그 자체가 자궁벽에 착상이 된다. 착상은 자궁이 포배를 받아들일 수 있는, 교배 후 4.5일 정도의 매우 짧은 기간 동안에만 일어날 수 있다. 자궁은 자궁간막(mesometrium)이라 불리는 막에 의해 체벽에 붙어 있으며, 이 막구조는 자궁 혈관과 향후 태반이 형성될 자궁의 내막을 가지고 있다. 포배가 착상할 때 내세포괴가 자궁간막에서 반대쪽이 되

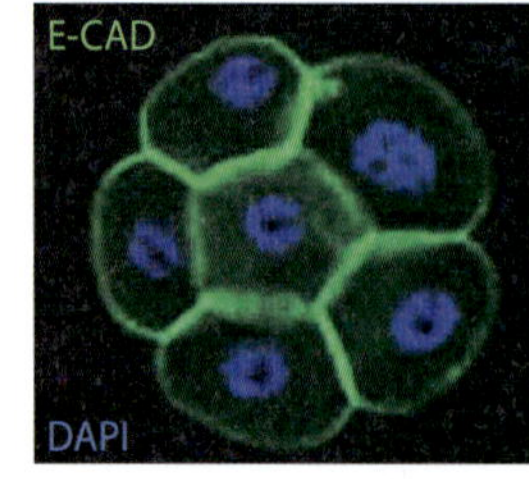

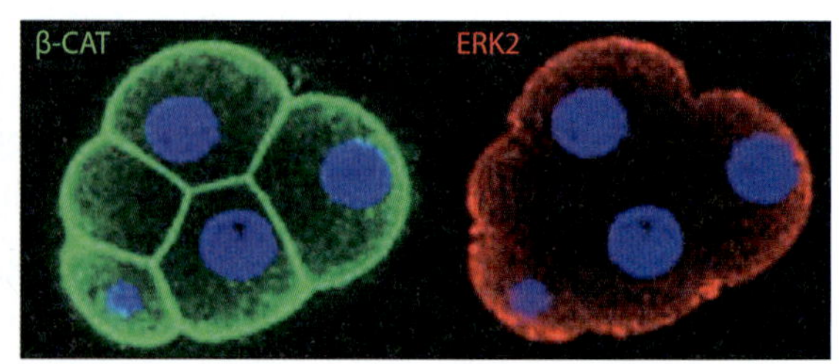

그림 11.6 8-세포기에서 시작된 세포의 극성화. E-cadherin(E-CAD)은 세포 간 접촉 부위에 집중적으로 발현되는 반면에, β-catenin(β-CAT)와 ERK는 각각의 세포 외부에 집중되어 있다. DAPI는 DNA에 결합하는 파란색 형광물질이며 세포 핵을 표지한다. (인용) Lu 등 (2008). Nat. Gent. 40, 921-926. 네이처 출판 그룹의 허락을 받음.

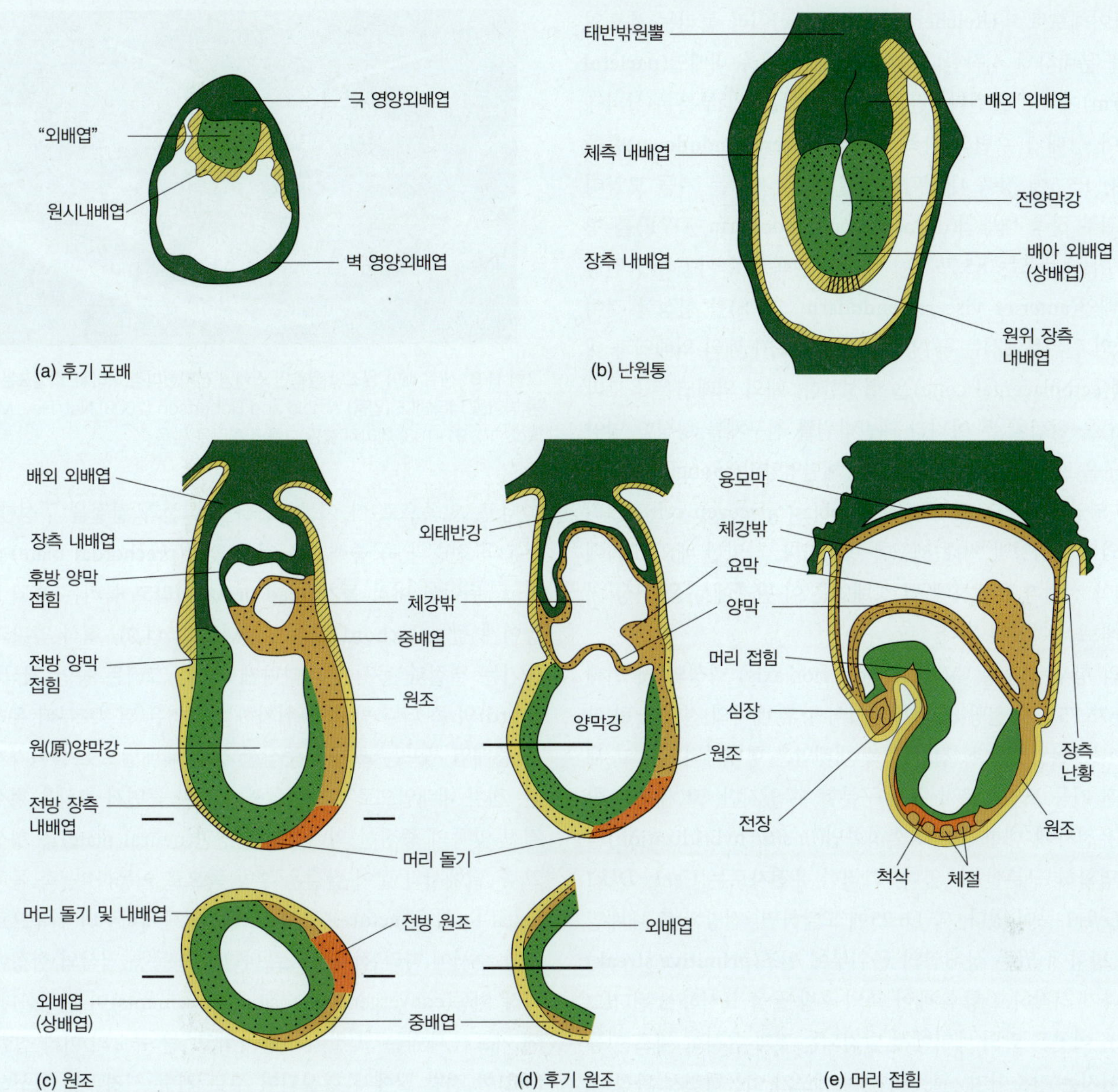

그림 11.7 착상 전후 및 착상 후 초기 발생. (c,d) 이 그림은 각각의 선이 표시한 수준에서 시상면(sagittal) 및 횡단면(transverse) 절단면을 보여준다. 생장 때문에 머리 접힘 단계 배아는 난원통 단계보다 8배 더 길다.

게끔 방향을 잡는다.

초기 착상 후 발달 과정이 그림 11.7에 표시되어 있다. 착상 후 영양외배엽은 **영양막(trophoblast)**이 되며, 이들은 자궁 상피의 결합조직 분열을 촉진하여 **탈락막(decidumm; 복수형, decidua)**을 형성하게 한다. 이 단계가 진행됨으로써, 배아는 모체로부터 영양분을 공급받게 되고 크기와 무게가 증가하게 된다. 닭에서처럼, 접합체는 비단 배아뿐 아니라 배외막(extraembryonic membrane)의 상당히 복잡한 조직을 형성함으로써 수정의 완전한 산물인 **태아(conceptus)**을 형성한다.

E4.5와 E5.0 사이에서, 배아는 점차 길어져 **난원통(egg cylinder)**를 형성하고, 원시 외배엽 내에 빈 공간을 형성한다(그림 11.7b). 이제 배아는 원시 외배엽이 내부에, 그리고 원시 내배엽이 외부에 존재하는 깊은 컵 모양을 이룬다. 이는 세로 절단면에서 U자형의 모습을, 가로 절단면에서 O자형의 모양이다. 극 영양외배엽과 가장 가까운 원시 외배엽의 근위부는 배외 외배엽을, 원위부는 배아 외배엽 혹은 상배엽을 이룬다. 원시 내배엽에서 유래한 세포는 밖으로 이동해서 벽 영양외배엽의 전체 내부 표면을 덮게 되고, 라미닌(laminin), 엔탁틴(entactin)과 제4형 콜라겐을 포함

하는, 라이헤르트 막(Reichert's membrane)이라 불리는 세포외 기저막을 분비하기 시작한다. 이들 세포는 **체측 내배엽(parietal endoderm)**이라고 불린다. 원시 내배엽의 나머지 부분은 상피세포로 남아 상배엽 주변의 **장측 내배엽(visceral endoderm)**층을 형성한다. E5.5에 장측 내배엽의 원위부 끝 세포는 기둥 모양이 되어 원위부 장측 내배엽(distal visceral endoderm, DVE)를 형성한다. 이들 세포는 E5.75까지 배아의 앞쪽으로 이동하여 전방 장측 내배엽(anterior visceral endoderm, AVE)를 형성할 것이다. 배아의 원위부에서는 극 영양외배엽 세포가 배외 외배엽과 태반밖원뿔(ectoplacental cone)을 형성한다. 배외 외배엽은 융모막(chorion)을 형성할 뿐 아니라 태반밖원뿔 전구체를 형성할 영양막 세포군을 포함한다. 태반밖원뿔은 해면영양막(spongiotrophoblast)와 영양막 글리코겐 세포(trophoblast glycogen cell), 그리고 태반의 2차 영양막 거대 세포를 형성한다. 다양한 배외 조직에 비해, 배아 전체가 유래하게 될 상배엽은 이 단계에서 육안 상 미분화 상태로 남아있게 된다.

배아의 향후 전후방 축(anteroposterior axis) 형성의 첫 번째 신호는 E75.75까지 전방 장측 내배엽이 향후 배아의 전방이 될 부분으로 이동하는 것이다. 전방 장측 내배엽은 형태학적으로 그 세포가 가진 기둥 모양으로써 쉽게 구분할 수 있지만, 그 세포가 발현하는 유전자에 대한 제자리혼성화법(*in situ* hybridization)을 통해서 명확히 구분할 수 있다. 그러한 유전자로는 *Cer1*, *Dkk1* 그리고 *Lefty1* 등이 있다. 약 E6.25에 도달하면, 전방 장측 내배엽의 반대 방향에 있는 상배엽의 근위부에 **원조(primitive streak)**가 나타나기 시작하고 향후 배아 축의 후방 끝을 표시하게 된다(그림 11.7c). 이곳은 닭의 배아에서 발견되는 것과 유사한 세포 이동이 이루어지는 장소이며, 원조를 거쳐 세포가 이동하면서 **완성 내배엽(definitive endoderm)**과 중배엽을 형성한다(그림 11.8). 이 단계까지 난원통은 어느 정도 좌우로 좁아져 있게 된다. 원조는 난원통의 원위부 끝에 도달할 때까지 길어지며, 그때 **결절(node)**은 E7 근처에서 원위부의 끝에 도달한다. 결절은 닭의 헨센 결절(Hensen's node)와 유사한 구조이며, 상배엽의 다른 위치에 이식되었을 때 형성체(organizer)와 같은 기능을 보여준다. 완성 내배엽 세포는 전방 원조까지 형성되며, 이들은 점차 바깥쪽 장측 내배엽 세포의 대부분들을 대체한다. 오랫동안 장측 내배엽이 배외 조직 형성에 기여한다고 알려져 있었지만, 최근 시원 내배엽을 표지한 후 수행된 라이브상(live imaging)은 원시 내배엽이 배아의 완성 내배엽의 형성에도 어느 정도 기여한다는 것을 보여주었다.

E7.5에 이르러 축 중배엽(axial mesoderm)이 원조 앞쪽에 형성되고, 앞쪽으로 더 이동하면서 중심선과 결절을 구성한다. 대부분의 전방의 축 중배엽은 척삭 앞판(prechordal plate)을 형성하고, 뒤이어 **머리 돌기(head process)**라고 불리는 후뇌 아래에 놓이게 될 notochord 일부가 된다(그림 11.9). 척삭 앞판과 머리 돌기는 결절과 동시에 나타나게 되고, 그러는 동안 **척삭(notochord)**의 좀 더 후방 쪽에 위치하는 영역은 결절로부터 유래한다. 축 중배엽 세포는 초기에 중심선 장측 내배엽으로 들어가게 되지만, 점차 내배엽으로부터 이탈하여 감싸 들면서 축삭을 형성한다. 결절 앞쪽의 중심선 외배엽은 신경판(neural plate)을 형성한다. 그 후 닭에서와 같이 결절은 후방 쪽으로 이동하며, 축 몸체 구조(axial body structure)는 이 트랙의 앞쪽에서부터 뒤쪽으로의 전후방 순서에 따라 점차적으로 나타나고 몸통 척삭의 형성에 수렴 확장 이동(convergent extension movements)이 관여한다. E8.5에 이르러 배아는 그 길이가 능가하고, 큰 규모의 머리 접힘(head fold)이 전방 끝에서 형성되어 주로 전방 신경관을 형성하게 된다. **체절(somite)**은 E8에 이르러 전후방 순서에 따라 형성되는데, 약 1.5시간당 한 개 꼴로 나타난다.

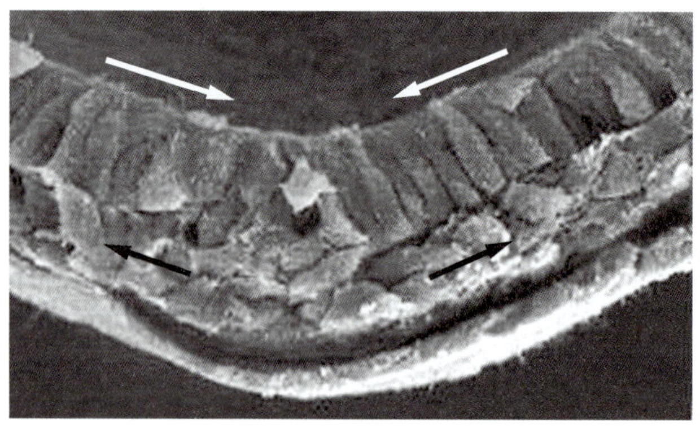

그림 11.8 생쥐 배아 원조의 횡축면 스캐닝 전자현미경 이미지. 화살표는 세포 이동 방향을 나타낸다. (인용) Arnold and Robertson (2009) Nat. Rev. Mol. Cell. Biol., 10. 91-103. 네이처 출판 그룹의 허락을 받음.

언뜻 보기에 생쥐 배아의 형태적 발생은 다른 척추동물의 배아 발달과 많이 달라 보이지만, 낭배기 형성 동안에 나타나는 유전자 발현의 현상은 유사함을 비교적 잘 유지하고 있다. 예를 들어, 전방 장측 내배엽은 *Cer1, Gsc, Hex* 그리고 *Otx2*와 같은 유전자의 발현에서 닭 낭배의 1차 하배엽과 유사하다(10장). 후에 *Otx2*는 앞쪽 신경판에서, *Brachyury*(*tbxt* 혹은 *T*라고도 불리는)와 *Mesp1*은 중배엽에서, 그리고 *Foxa2*는 완성 내배엽에서 발현된다(그림 11.10). 전사인자 유전자인 *Brachyury*는 대개 생쥐에서 *T*라고 불리며, 사실 원래 생쥐 변이가 이 유전자 군에게 "T box"라는 이름을 주었다.

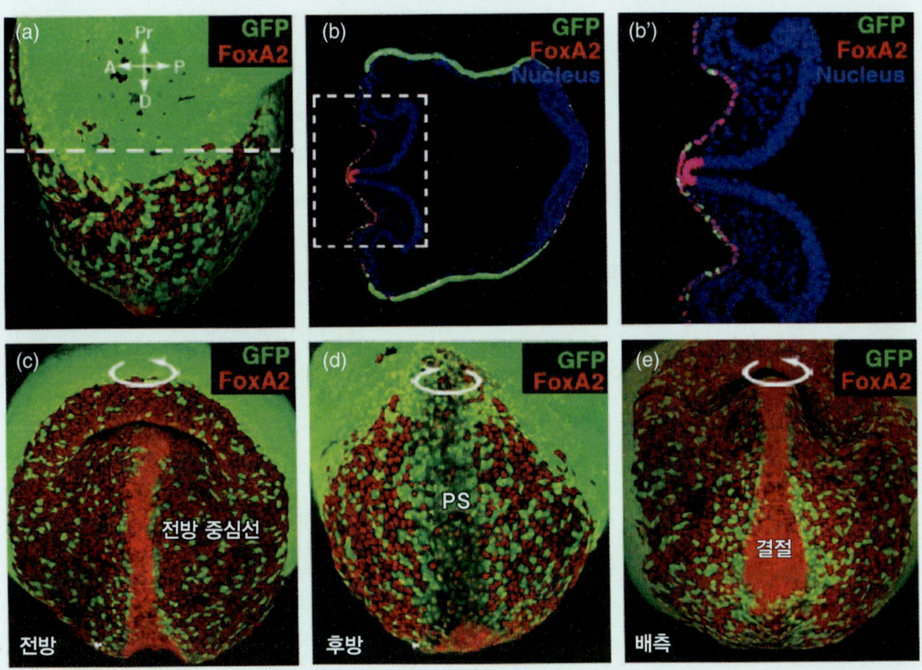

그림 11.9 생쥐 배아의 머리 접힘 단계의 모습. FOXA2는 빨간색으로 염색되었으며, 형성되고 있는 척삭과 중심선 내배엽에서 발현한다. 이 배아는 AFP-GFP를 발현하도록 형질전환되어 초록색은 장측 내배엽을 나타낸다. PS- 중심선. (인용) Balmer 등(2016) Dev. Dyn. 245, 547-557.

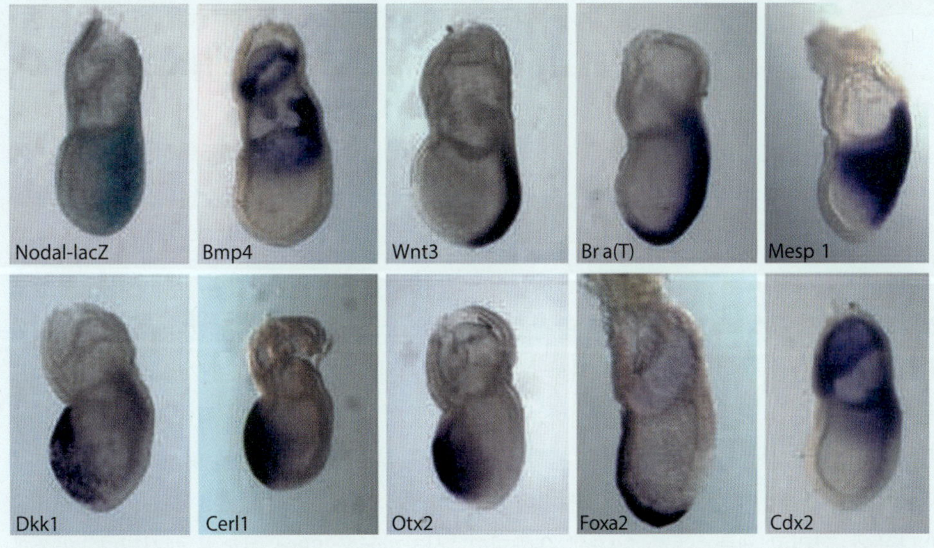

그림 11.10 원조 단계에서 발현하는 다양한 유도 인자와 전사인자의 유전자. 배아의 전방은 왼쪽으로, 축은 난원통의 아랫쪽 부분 주변으로 늘어난다. (인용) Arnold and Robertson (2009). Nat. Rev. Mol. Cell. Biol. 10, 91-103 네이처 출판그룹의 허락을 받음.

양막 접힘은 후방 원조와 배외 외배엽이 맞닿는 부분에서 약 임신 7일째에 형성된다. 이는 외배엽과 내배엽으로 이루어지는데, 그들은 전양막강(proamniotic cavity)으로 밀고 들어간다. 배아에서 가장 가까운 쪽의 접힘 부분은 **양막(amnion)**이 되고, 태반밖원뿔과 가까운 곳은 **융모막(chorion)**이 된다. 양막 접힘에 의해 전양막 공간(proamniotic space)은 3개의 공간으로 나뉘는데, 각각 배아 위쪽의 양막강(amniotic cavity), 양막과 융모막을 나누는 외체강(exocoelom) 그리고 배외외배엽과 나란한 태반외강(ectoplacental cavity)이다. **요막(allantois)**는 외체강 안쪽으로 자라는데(**그림 11.7e**), 이는 원조의 후방 끝 쪽으로부터 배외 중배엽을 형성한다. 이것은 자라서 융모막과 맞닿게 되고, 나중에 태반의 배아 혈관을 형성한다. 닭(10장)과 사람(12장)의 요막과는 달리, 생쥐의 요막은 내배엽층을 포함하지 않는다.

태반 그 자체는 자궁의 자궁간막 쪽으로 향하는 태반밖원뿔 영역으로부터 형성 된다. 영양막 거대 세포는 극 영양막을 동반하여 탈락막 조직(decidual tissue), 중배엽, 그리고 융모막과 요막으로부터 오는 혈관 내로 침범한다. 모체쪽으로부터 성숙한 태반은 다음의 세 층들로 구성된다: 모체 탈락 조직, 태아의 혈관을 가진 거대 영양막, 그리고 배외 내배엽과 나란한 움(틈, crypts)(**그림 11.11**). 태반은 태아에게 영양분을 공급하는 기관으로서의 역할뿐만 아니라 임신을 유지하는 데 중요한 프로게스테론과 에스트로젠, 그 외 많은 다른 호르몬을 생산하는 내분비 기관으로서 역할을 수행하므로 매우 중요하다.

임신 8.5일 경에 이르러서 **방향전환(회전, turning)**이라고 불리는 놀라운 현상이 일어난다. 이는 배엽(germ layers)을 배아 내에서 적절한 방향으로 위치시킨다. 이 현상은 배아가 그 길이 방향으로 회전하는 것으로 잘 묘사된다. 이 현상은 등쪽이 오목한 U자 모양의 구조로서 시작되고, 회전은 그것을 등쪽 부위가 볼록한 뒤집힌 형태의 U자 모양으로 바꾼다(**그림 11.12**). 이러한 방향의 전환은 급격한 배아외

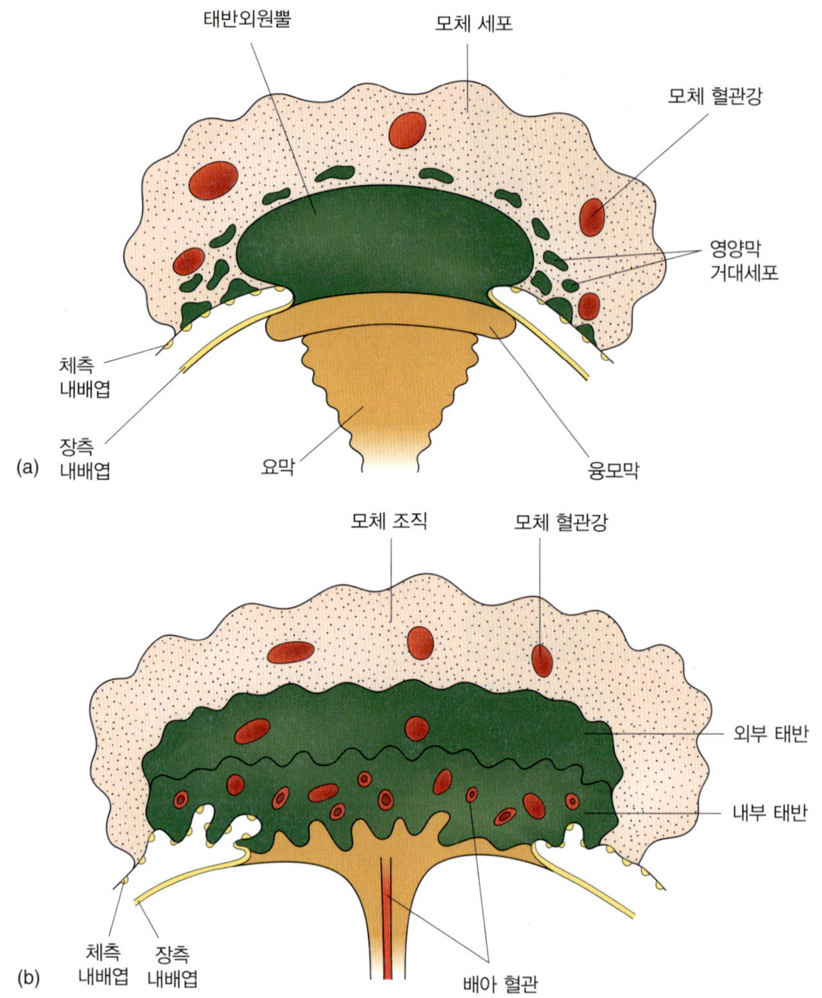

그림 11.11 생쥐 태반의 개략적 모습: (a) E8.5, (b) E14.5. (인용) Hogan 등(1994). Manipulating the Mouse Embryo. The laboratory manual. 2nd edn. 콜드스프링 하버 연구소 출판사의 허락을 받음.

막의 배열 변화로 귀결된다. 이로 인해서, 양막은 커져서 형성 초반에 보이듯이 등쪽 표면만을 덮는 것이 아닌, 전체 배아를 둘러싸게 된다. 장측 내배엽과 내배엽으로 구성된 막은 외체강을 감싸고 있는데, 이 또한 늘어나서 전체 배아를 덮게 되며, 이 부분을 장측 난황막(visceral yolk sac)이라고 부른다. 회전 후 막의 마지막 배치는 양막을 내부에, 장측 난황막을 그 다음에, 그리고 체측 내배엽과 맞닿은 영양외배엽에서 형성되는 벽측 난황막을 가장 외부에 둔다. 회전에 의해 중장(midgut)이 신속히 닫히고, 그것은 배쪽으로 노출된 내배엽의 넓은 부위로 시작하여, 난황-장 관(vitellointestinal duct), 난황혈관(vitelline vessel)과 요막으로 구성된 작은 탯줄관(umbrical tube)으로 제한되게 된다. 회전은 오직 난원통 타입의 배아를 가진 설치류에서만 관찰되는 현상이며, 상배엽이 납작한 인간의 배아에서는 일어나지 않는다(12장 참조).

기관형성 단계

축이 형성되는 약 E9.5일까지, 배아는 회전하고, 장은 닫혔으며, 배아는 초기 단계의 몸 축 형성과 후기 **기관형성(organogenesis)** 단계의 경계에 도달하였다. 생쥐에서의 기관형성은 닭의 경우와 많은 부분에서 유사하다. 따라서 여기에서는 배아의 외부 모습을 보여주는 **그림 11.13**에서와 같이 간단하게 짚고 넘어가고자 한다. 자세한 기관형성 과정은 15~18장에서 다루고자 한다.

신경관(neural tube)의 닫힘은 회전 과정과 동시에 일어난다. 신경판의 측면 끝은 등쪽으로 접혀 서로 만나게 되고, 등쪽 중심선에서 융합되어 신경관을 형성한다. 융합은 후뇌-경추 부위와 단뇌(종뇌)-중뇌 부위에서 일어나며, 이 부위에서 시작되어 전후방 양방향으로 진행된다. 단뇌의 가장 전방 쪽에서도 유사한 현상이 개시되어 닫힘이 이곳 후방쪽으로 지속된다. 이 전방 신경공(anterior neuropore)은 E9에 닫히고 후방 신경공(posterior neuropore)은 E10-E10.5경에 닫힌다. **안포(눈 소포, optic vesicle)** 한 쌍은 E9.5경에 전방 신경관에서 형성되고, E11.5에 수정체를 형성하게 된다. **신경능세포(neural crest cell)**은 E8.5에서 E10.5 사이에 신경관의 등쪽 중심선에서 생겨난다. 이들 세포는 닭에서처럼 두부의 골격과 배근신경절(dorsal root ganglia), 슈반세포, 교감신경절, 색소세포, 부신수질, 그리고 장신경절(enteric ganglia)을 형성한다. 체절은 E14까지 계속해서 형성되어, 이 시기에 이르러 65개가 되며, 대부분 꼬리에 존재하는데, 이는 닭의 체절보다 훨씬 길다. 다른 척추동물에서처럼 체절은 척추와 근분절(myotome)을 형성하고 피부를 구성하는 데 기여한다. 한 쌍의 원시심장(paired heart primordia)은 E8.5에 융합되고, 심장박동은 E9에 이르러 개시된다. 왼쪽과 오른쪽의 심방은 E11.5에 분리가 되고, 심실은 E14에 이르러 분리된다. 장은 닭에서와 마찬가지로 전장(foregut)과 후장 주머니(hindgut pocket)에서 유래하지만, 닭과는 달리 중장의 닫힘은 회전 과정에 의해 촉진되어 좀 더 빨리 일어난다. 6개의 **인두궁(pharyngeal arch)**은 E9에 형성되며, 이 중 다섯 번째는 흔적기관이다. 입은 E9에 형성된다.

체절의 측면은 **중간중배엽(intermediate mesoderm)**인데, 이

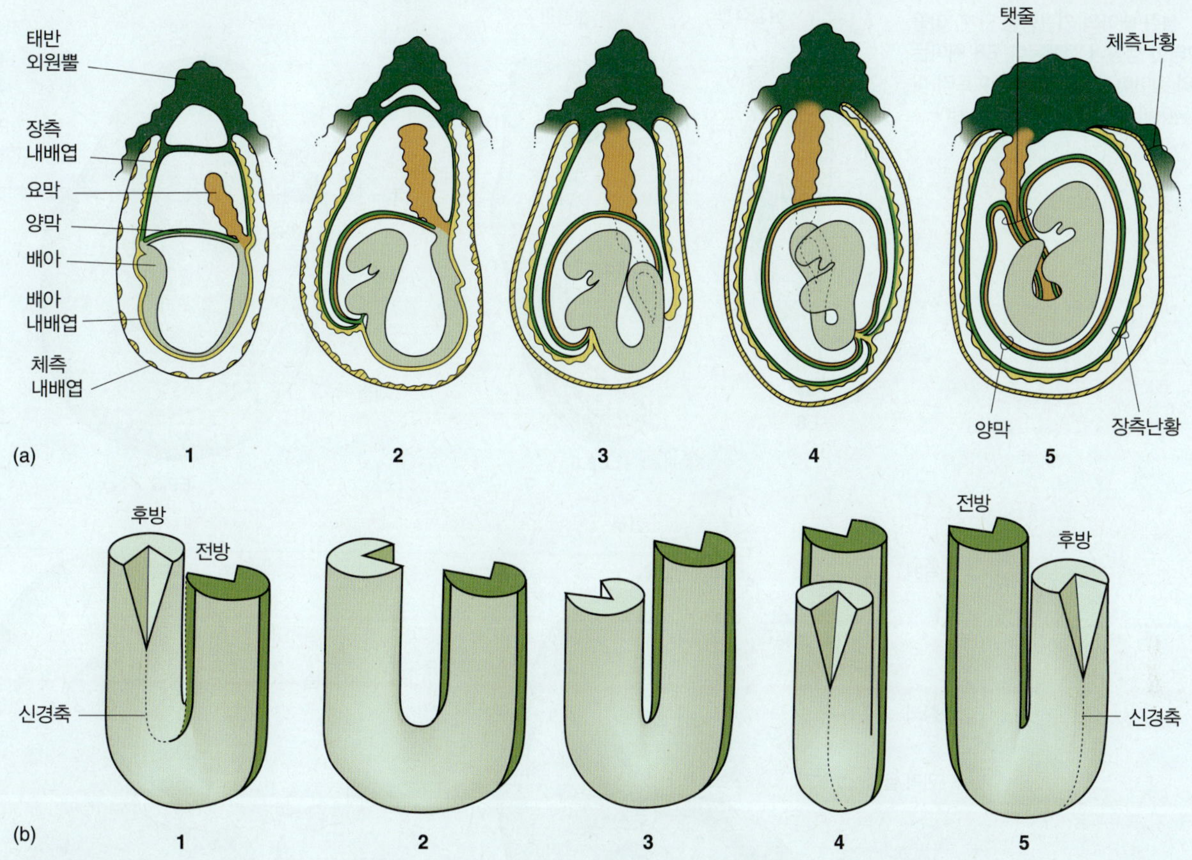

그림 11.12 생쥐 배아의 선회. (a) E7.5에서 E9.5까지, 배아는 긴 축을 주변으로 회전하여 장의 배쪽 닫힘이 일어난다. (b) 선회의 개략적 모습. (인용) Kaufman (1990). Chapter 4 in Postimplantation mammalian embros. 옥스포드 대학교 출판사의 허락을 받음.

들은 신장과 생식소(gonads)가 된다. 전신관(Pronephric duct)은 약 E9일 경에 경부에서 나타나 후방 쪽으로 확대되지만 기능을 하는 신단위(네프론, nephron)는 형성되지 않는다. E10에 **생식 융기(genital ridges)**가 몸통의 중앙부와 꼬리의 중앙부에 걸쳐 보이기 시작하며, 중신 원기(mesonephric primordia)가 이 융기의 옆쪽 부분에서 형성된다. 이들은 흔적기관으로 기능을 하지 않는다. 신관(Nephric duct)는 중신 원기를 따라 확대되어 총배설강(cloaca)과 만나기 전에 후방 중간 내배엽 쪽으로 들어간다. E11.5에 후방 신관은 **요관싹(ureteric bud)**을 만들어내고 이것은 주변에 있는 신장형성 중배엽(nephrogenic mesoderm)으로 자라 들어가서 **중신(metanephros)**를 형성하는데, 이것이 기능성의 신장이다. 요생식 융기(urogenital ridge)의 중간 부분은 **생식소**를 형성한다. **원시생식세포(primodial germ cells, PGCs)**는 후방의 양막 접힘에 있는 배외 중배엽에서 유래한다. 이들은 E10에 후장으로 들어가서 장간막(mesentery)을 따라 이동하여 E11과 E13 사이에 생식소에 도달한다. 중간중배엽의 측면 중배엽은 **측판중배엽(lateral plate mesoderm, LPM)**인데, 이것은 체강 형성과 함께 바깥쪽의 **체측판(somanopleure**, 피부와 체중배엽)과 안쪽의 장측판(splachnopleure, 내배엽과 장측 중배엽)으로 구분된다. 팔다리싹(사지싹, Limb bud)은 E9.5에서 E10에 체측판으로부터 유래하는데, 상지싹(forelimb bud)은 체절의 8-12 부분에서 하지싹(hindlimb bud)는 23-28 부분에서 나타난다. 생쥐의 피부는 다른 포유동물처럼 모낭(hair follicle)으로 덮여 있으며, 이는 E14일 이후에 나타난다.

운명지도

오랫동안 포유동물의 배아는 그 높은 조절 능력(아래에 설명됨) 때문에 수정란 단계에서는 운명지도를 정의할 수 없다고 믿어져 왔다. 하지만 수정란도 극성을 가지고 있으며, 그것은 초기 발달단계를 거치면서 계속 유지되는 것으로 인식되고 있다(**그림 11.14a-d**). 이러한 사실은 오랫동안 세심한 지속적인 관찰과 수정란 표면

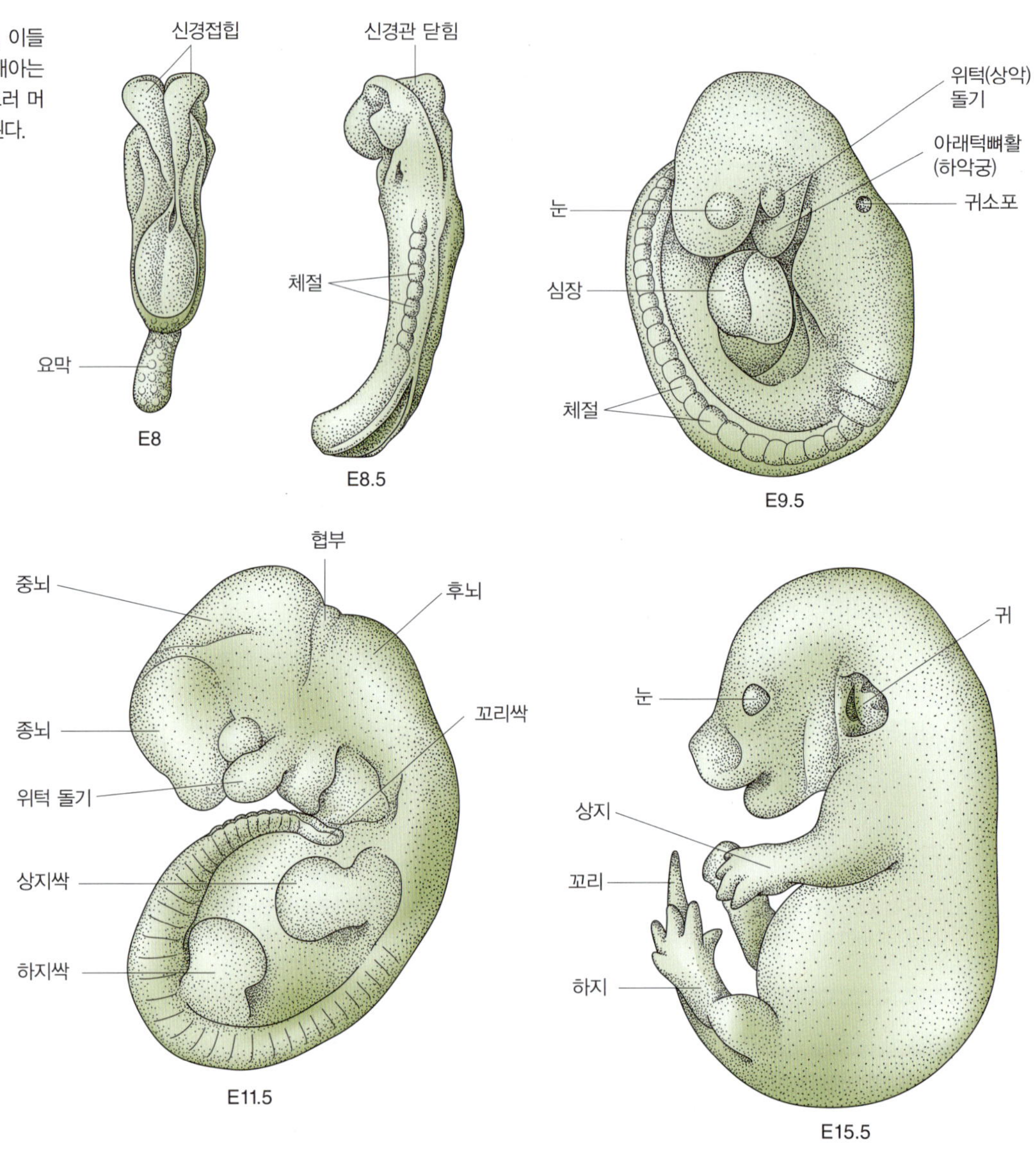

그림 11.13 생쥐 배아의 기관형성 단계, 이들 단계 동안 상당한 생장이 진행된다. E8 배아는 1 mm 정도의 길이이지만, E15.5에 이르러 머리 끝에서 엉덩이까지 13 mm로 자라게 된다.

의 일부를 형광 레시틴이 코팅된 구슬 혹은 다른 표지자들을 이용한 표지를 복합적으로 진행하여 확인되어 왔다. 난자의 동물극은 제2 극체의 위치를 통해 확인이 가능하다. 첫 번째 분열은 대략 자오선 방향으로 일어나며, 이때 포배의 배아쪽 극(embryonic pole, 내세포괴를 가진 끝)과 배아 반대쪽 극(abembryonic pole, 벽 영양외배엽의 끝)이 될 가능성이 높은 할구가 형성된다. 또한 첫 번째 분열이 일어나는 면과 정자가 들어가는 위치가 일치한다는 근거도 있다.

겨자무과산화효소(horseradish protein, HRP) 혹은 형광 덱스트란을 주입하여 각각의 할구를 표지하는 실험을 통하여 영양외배엽이 상실배의 겉쪽에 위치한 극세포로부터 기원함에 비해서, 내세포괴는 내부의 비극성 세포로부터 기원한다는 것을 증명되었다. 포배가 팽창하는 시기까지 이 두 세포군 간에 세포의 교환은 없다. 착상 초기 배아에서 극 영양외배엽의 표지된 단일세포는 벽 영양외배엽의 분열이 끝난 세포집단을 형성하는데, 이것은 극지역이 벽 영양외배엽을 위해 활발히 분열하는 영역임을 보여준다.

또한 포배와 후기 난원통 단계의 축 사이에 관계를 예측할 수 있다(**그림 11.14e, f**). 만약 포배의 동물극 끝에 있는 세포를 표지하기 위해 형광 단백질을 발현하기 위한 mRNA를 주입하면, 그들이 결국 난원통의 장측 내배엽의 원위부에 위치한다는 것을 발견할 수 있다. 그와 반대로, 만약 식물극 끝에 있는 내세포괴 세포를 표지한다면, 그들은 결국 난원통의 근위부에 위치하게 될 것이다. 이 세포의 근위부-원위부 배열은 형태형성을 위한 움직임(morphogenetic movements)의 초창기에 일어나며, 이것은 배아

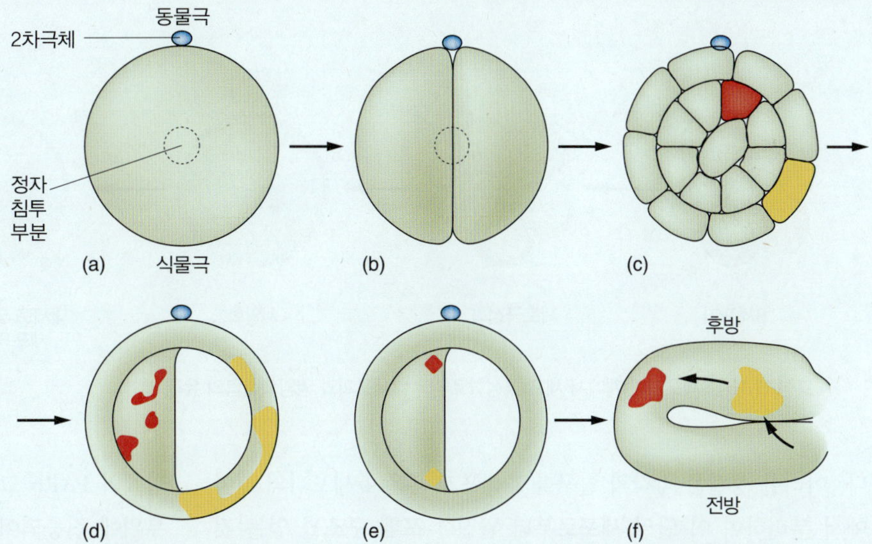

그림 11.14 초기 단계에서의 운명지도. (a) 2차 극체는 접합자의 동물극을 표시한다. (b) 1차 분열은 자오선 주변에서 일어난다. (c,d) 치밀화된 포배에서, 표시된 내세포는 그들이 내세포괴로 들어가며 외부의 세포는 영양외배엽으로 들어간다. (e,f) 내세포괴에서, 표시된 동물세포는 난원통에서 원위부가 되고, 표시된 식물세포는 근위부가 된다.

의 원조를 형성하게 된다. 이에 뒤이어, 접합자의 원래 동물극이 배아의 후위부가 되며, 이는 형성 중인 원조 쪽이 되는데, 그때가 이들이 난원통 단계에서 보이기 시작할 때이다.

착상 후의 운명지도 작성은 배아 세포에 HRP 혹은 DiI를 주입하여 표지한 후, 시험관 내에서 48시간까지 배양하며 수행되었다(**그림 11.15**). 이러한 방법에 의해 원조와 양막 그리고 요막이 모두 상배엽의 후방 끝단에서부터 생성되었다는 것을 알게 되었다. 원조는 점차 멀리 밀려나가고 배외 조직은 성장 혹은 상배엽의 컵 주변 세포들의 측방 이동에 의해 전방의 요막 공간을 확장된다. 원조의 전방 부분은 결절이 되는데, 이 부분은 몸의 전체 길이를 따라 척삭과 체절의 일부가 된다. 세포는 또한 체절과 중앙선의 측방에 위치하는 신경판으로도 들어간다. 원조의 가운데 부분은 주로 몸의 후위 절반을 차지하는 측판중배엽인 반면, 원조의 후방 지역은 주로 양막과 장난황낭(visceral yolk sac), 요막의 중배엽이다. 생쥐의 원조는 닭의 그것과 비슷한 방식으로 작동하는 것으로 보이는데, 주로 표층의 세포들은 측방으로 이동하여 원조 방향으로, 그리고 결국 원조를 가로질러 완성 내배엽과 중배엽이 된다. 닭에서와 같이, 후방의 원조는 중심선의 후방 부위가 되지 않는다. 대신 몸의 측면 부위에 위치하게 된다. 거의 모든 연구들에서 표지된 세포와 표지되지 않은 세포의 상당한 혼합을 관찰하였으며, 이는 착상 후 생쥐의 운명지도는 통계적인 구성이고, 향후 형성될 영역 간의 경계는 뚜렷하지 않다는 점을 보여준다.

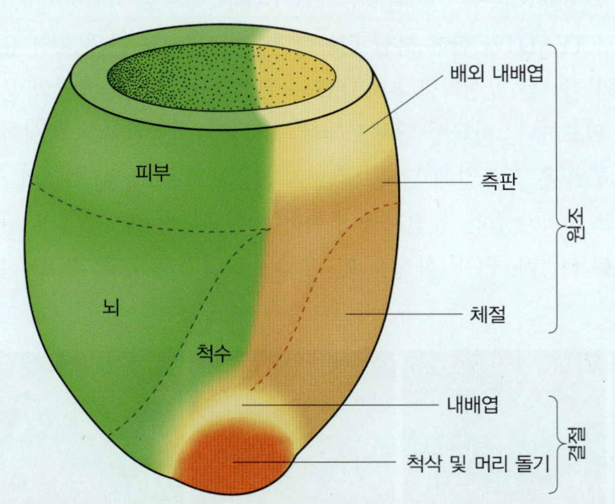

그림 11.15 후기 원조 단계에서 운명지도. 가장자리는 세포가 섞여 실제로 훨씬 더 희미하게 보인다.

Cre-Lox 표지 방법(15장에서 좀 더 구체적으로 다룰 것이다) 또한 운명지도 작성에 사용되었다. 간단히 말해서, 이 방법은 *Cre* 유전자가 배아의 특정 영역(예를 들어, 원조)에서 발현하는 유전자의 프로모터에 연결되어 있다. Cre 효소는 그 후 억제성 시퀀스를 제거함으로써 *LacZ*나 *Gfp* 같은 리포터 유전자를 발현하게 하고, 따라서 그 리포터는 후대의 모든 세포에서 지속적으로 발현하게 된다. 예를 들어, 이 기술을 이용하여 원조 전방에 존재하는 *Foxa2* 영역이 후에 완성 중배엽과 척삭에 위치하게 된 반면에, 초기 원조의 *Mesp1* 영역은 후에 심장에 존재하게 된다는 사실을 알게 되었다.

생쥐 배아의 지역적 특성화

배외 구조의 형성

생쥐 배아의 초기 할구는 **전능성(totipotent)**을, 즉 태아의 배아 및 배외 조직 모두를 형성할 수 있는 능력'을 가진 것으로 알려졌

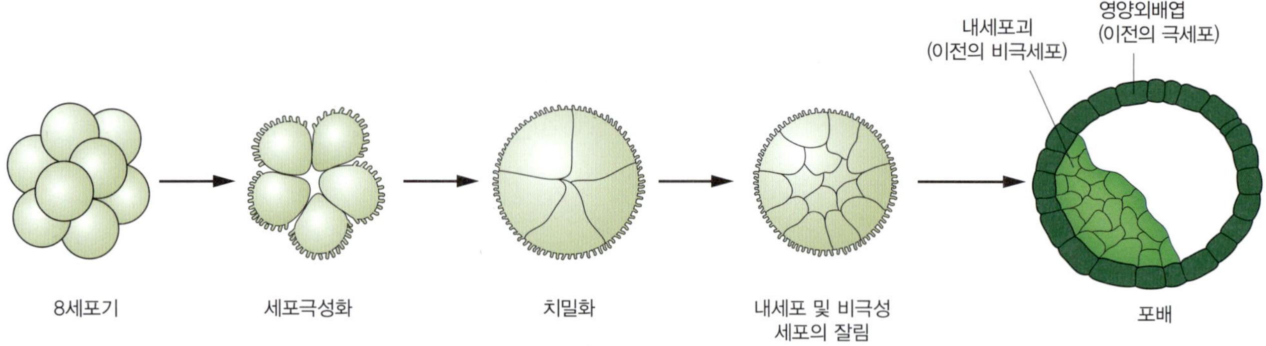

그림 11.16 8세포기 단계에서 세포 극성화로부터 내세포괴와 영양외배엽의 유래

다. 이러한 성질은 각각의 할구를 2-세포기 혹은 4-세포기의 배아에서 분리하여 이 단일 세포로부터 완전한 포배 구조를 얻는 것이 가능하였다는 사실로부터 증명이 되었다. 이들 할구에서 발달한 포배는 자연적인 것에 비하여 영양외배엽의 비율이 상대적으로 좀 더 높은 비율을 가지나, 그들은 여전히 생리적으로 적합한 상태의 자궁으로 이식 후에 착상하고 이후 온전한 정상 배아를 형성할 수 있다. 8-세포기부터는 더 이상 하나의 할구로부터 완전한 배아를 얻는 것이 불가능하다. 하지만 실험적으로 32-세포기에서 분리한 할구는 4배체 숙주에 이식하였을 때 여전히 완전한 태아를 형성할 수 있었다. 4배체 배아는 2-세포기에 전기적 충격을 가하여 세포들이 융합되게 하여 만들어질 수 있다. 이 4배체 배아는 여전히 포배를 형성할 수 있고 자궁에 착상할 수 있지만, 나중에 단지 배외 조직만을 형성할 수 있고 태아로 발달하지 않는다. 하지만 태아는 2배체 할구가 첨가되어 내세포괴 안으로 들어가게 될 경우 발달할 수도 있다. 거기서 그 2배체 세포들은 주변의 4배체 세포와의 경쟁에서 이겨 태아의 모든 조직을 형성할 수 있게 되며, 나머지 4배체 세포들은 영양외배엽의 나머지 조직을 형성하게 된다.

정상적인 발생에서 내세포괴와 영양외배엽의 형성은 8-세포기에 일어나는 세포 극성화에 의존한다(**그림 11.16**). 이들 할구의 첨부 표면에는 미세융모(microvilli)가 발달하고, 상피세포에서 미세융모 형성에 관여하는 단백질인 EZRIN을 발현한다. PAR3 복합체와 PAR6 그리고 atypical protein kinase C의 발현 또한 이 부위에 집중되어 있다. PAR 단백질은 예쁜꼬마선충(14장 참조)에서 최초로 발견되었으며, 많은 동물계의 비균등 세포 분열과 연관되어 있다. PAR 단백질의 발현을 억제할 수 있는 이중가닥 RNA의 주입 혹은 PAR 단백질의 우성 음성 형태를 주입하여 세포의 극성화를 방해하면, 내세포괴가 될 세포들의 비중이 늘어나는 반면에 영양외배엽이 될 세포들의 비중은 줄어든다.

8-세포기에서 극성화가 어떻게 다른 종류의 두 세포로 변환되는지에 대해 아직 명확히 알려져 있지 않지만, 아마도 HIPPO 신호 기전의 활성화가 관련이 있을 것이라고 알려졌다(4장과 21장 참조). 이 기전은 최초로 초파리에서 발견되었으며, 많은 동물에서 세포 분열과 세포자멸사를 조절함으로써 기관의 크기를 조절한다. 극성화된 할구는 비대칭 분열을 하여 그중 하나의 딸세포는 정단 표면에 남아 극성화된 상태로 남게 되고, 다른 하나는 정단 표면을 잃게 된다. 정단 표면을 가진 세포는 HIPPO 신호전달을 억제하고 보조 전사활성인자인 YAP은 핵으로 이동하여, 그곳에서 TEAD4와 함께 복합체를 형성하여 *Cdx2*와 같은 표적 유전자의 전사를 활성화한다. CDX2와 TEAD4는 영양외배엽의 분화에 필요하다. 비극성 딸세포에서, HIPPO 신호전달은 활성화되고 YAP은 세포질에 남음으로써, 이들 세포는 *Fgf4*, *Gata6*, 그리고 *Nanog* 같은 유전자를 발현하는 전분화성 내세포괴가 된다(**그림 11.17**). FGF 신호는 이 과정에 관련되어 있고, FGF 신호

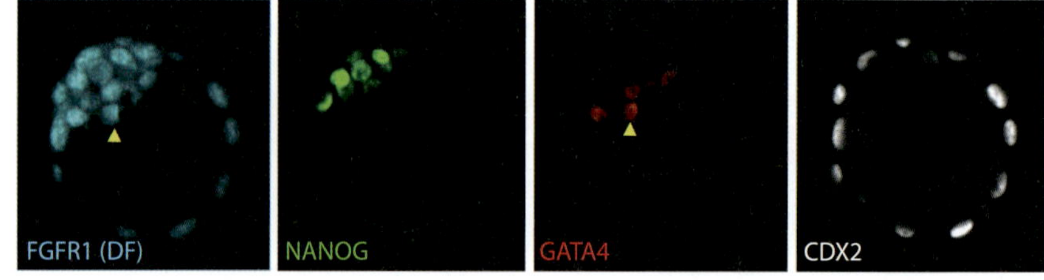

그림 11.17 내세포괴와 영양외배엽의 분리. 포배의 3.5일째에 FGFR1은 전체적으로 발현되고, NANOG는 상배엽의 전분화능 부분에, GATA4는 형성 중인 원시내배엽에, CDX2는 영양외배엽에서 발현한다. (인용) Molotkov 등(2017) Dev. Cell. 41, 511-526.

전달과 관련된 Mitogen-activated prtein(MAP) kinase의 한 형태인 ERK2는 8-세포기의 세포에서 정단 쪽에 위치하게 된다(그림 11.6). FGF 신호전달의 활성화는 *Cdx2*의 발현을 증가시키고, 생성된 영양외배엽 세포의 비율을 늘리는 반면, FGF 신호의 억제는 그 반대 효과를 가진다. 비록 특성화는 8-세포기에서 일어나지만, 그 기간 동안 극성화된 세포를 내부에 넣음으로써 그들을 내세포괴 세포가 되게 하는 것도 가능하다. 또한 비극성 세포를 외부에 위치시키면 영양외배엽 세포로 변환시키는 것도 가능하다. 하지만 64-세포기에 이르러 두 세포의 운명은 안정화되고, 더 이상 서로의 세포로 변환되지 않는다.

착상 이후, 내세포괴는 외부의 시원 내배엽과 내부에 존재하는 상배엽 2개로 나뉘어진다. 단일세포 RNA 시퀀싱 기술을 이용하여 밝혀낸 바에 따르면, 초기 포배에서 모든 내세포괴 세포는 초기에 전분화성과 관련된 유전자를 발현하지만, 하루 뒤에는 두 종류의 세포군으로 나뉘어진다. 하나의 세포군은 *Nanog*, *Esrrb*, *Fgf4*와 같은 상배엽의 표지자 유전자를 발현하는 반면에, 또 다른 세포군은 *Gata6*, *Pdgfra*, *Sox17*과 같은 시원 내배엽의 표지자를 발현한다. 이러한 결정은 유전자 발현의 정량적 차이에 기반한 측면 억제 과정(lateral inhibition process)의 결과물이며, 그 과정은 *Fgf4*의 다른 경향의 발현을 야기한다. 높은 FGF4 발현은 생산자 세포에서 상배엽의 발생을 촉진하는 반면, 주변 세포에게 주어지는 FGF 신호는 시원 내배엽 발달을 촉진한다. 시원 내배엽 세포는 초기에 "소금과 후추를 같이 뿌린 듯한" 양상으로 상배엽과 뒤섞여 있지만, 그들은 점차 분리되어 내세포괴와 포배강 사이의 경계 부위로 이동하게 된다. 적은 수의 내배엽 세포는 내세포괴 내에 머물러 있을 것이고, 상배엽으로 변환되거나 자연 사멸하게 된다.

영양외배엽은 내세포괴와 이웃한 극 영양외배엽과 포배의 나머지 부분을 둘러싸고 있는 벽 영양외배엽으로 나뉘게 된다. 극 영양외배엽은 내세포괴에서부터 오는 FGF4와 같은 신호에 반응하여 세포 분열을 진행한다. 분열은 몇몇 세포로 하여금 내세포괴와의 긴밀한 접촉을 잃게 하고, 이들 세포는 FGF4가 없는 상황에서 세포 분열을 멈추고서 1차 영양막 거대 세포가 된다. 시원 내배엽은 상배엽과 접촉하는 장측 내배엽과 벽측 영양외배엽과 접촉하고 있는 체측 내배엽으로 나뉘게 된다. 체측 내배엽은 상피-간충직 이행의 결과물로서 생겨나고 영양외배엽의 내부 막에 Reichert's 막을 분비한다. 체측 내배엽의 형성은 피브로넥틴과 PTH-관련 펩타이드에 의해 촉진되고 라미닌에 의해서는 감소한다.

배아의 몸 체제

다양한 체외 구조의 형성에 뒤이어, 실제 배아의 전체가 난원통의 상배엽으로부터 발생하게 된다. 상배엽은 660개의 세포가 약 15,000개의 세포가 되는 매우 빠른 성장기를 지나면서 난원통에서 후기 원조 단계가 된다. 이 시기 동안 상배엽 내에서 다양한 세포의 특성화를 보여주는 유전자 발현의 변화가 나타난다. 예를 들어, 중기 원조 단계에서 상배엽의 앞쪽과 뒤쪽 간에, 그리고 상배엽의 근위 부분과 원위 부분 간에 유전자 활성에 있어 뚜렷한 차이점이 관찰된다. 하지만 이런 변화가 세포를 특정한 (운명) 결정 상태로 되도록 수락(허락)하지는 않는다. 후기 원조 상태까지 상배엽 내로 이식된 조직은 그들 주변 환경에 의해서 발달하게 된다. 또한 이 단계에서 세포 독성 약물의 처리에 의해 많은 세포의 수를 죽이고서 살아남은 약간의 세포로부터 재생을 유도함으로써 쌍둥이를 만드는 것이 가능하다. 이런 연구 결과들은 지역 결정이 후기 원조 단계 이전에는 되돌리기 어려운 것이 아님을 의미한다.

8장과 9장에서 묘사한 것처럼, NODAL은 제노푸스와 지브라피시 배아의 연속적인 유도에 필수적인 역할을 한다. *Nodal* 유전자는 원래 생쥐의 레트로바이러스를 이용한 돌연변이 유도에 의해 발견되었으며, 결절에서 발현된다는 사실에 기반하여 이름이 지어졌다. 상동염색체가 모두 변이된 배아는 배아 발달의 어떤 형태로 구성되지 못하고 원조와 결절의 형성 동안 활발하게 활동하는 많은 유전자가 발현되지 못한다. NODAL 신호의 전달자를 암호화하고 있는 유전자를 적중하게 되면, 배아의 전후방 극성이 사라지게 되고, 형성되어야 하는 중배엽 전체가 배외 구조가 된다. *Nodal*은 초창기 상배엽 전체에 걸쳐 발현되고, 이 기간 동안 난원통의 원위부 끝에서 기둥 모양의 원위 장측 내배엽 형성을 유도하게 된다. 전사인자 유전자인 *Hex*와 분비인자의 유전자인 *Cer1*, *Dkk1*, 그리고 *Lefty1*은 모두 원위 장측 내배엽에서 발현되며, *Brachyury*를 포함한 많은 유전자가 상배엽의 원위부 끝에서 발현된다(**그림 11.18**). 분비 인자의 원위 장측 내배엽 그룹은 모두 유도인자의 길항체이다: CERL은 BMP, NODAL 그리고 WNT 신호의 길항제이며, DKK1은 WNT의, 그리고 LEFTY1은 NODAL의 길항제이다.

원위 장측 내배엽의 형성은 배외 외배엽으로부터 나오는 억제 신호에 의해 원위부 끝단에 제한된다. 배외 외배엽을 물리적으로 제거하면, 원위부의 유전자 발현이 다른 장측 내배엽의 나머지 부분까지 확대되는데, 이는 원위부에서 나오는 신호가 그들의 범위를 한정하다는 사실을 보여준다. 난원통의 성장은 이러한 억제 신

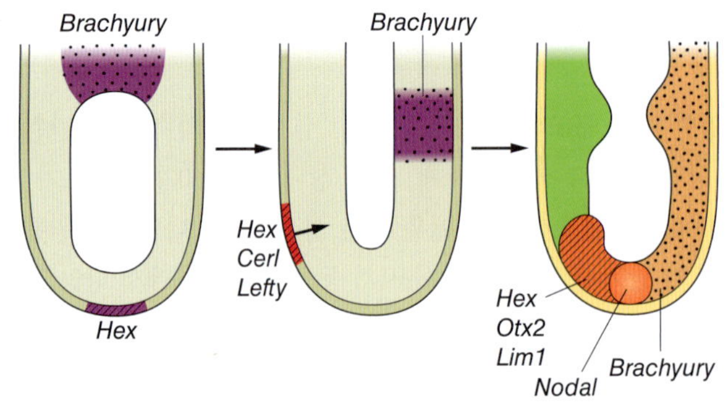

그림 11.18 난원통에서 원조 단계까지 상배엽의 전방-후방 패턴 형성. 전방 장측 내배엽은 원조 형성을 후방쪽으로 제한하는 인자를 분비한다.

호를 넘어 원위부 세포까지 도달하는데, 이로 인해 원위 장측 내배엽이 형성된다. 억제 신호들에는 WNT와 BMP 등이 포함된다. *Wnt3* 유전자는 근위부 상배엽에서 발현하지만 나중에는 원조에서 활성화된다. *Bmp2, Bmp4*, 그리고 *Bmp8b*는 배외 외배엽의 원위부에서 발현되고 상배엽에도 인접한다. 이들 유전자의 적중은 초기 배아의 사망을 야기하며, 특히 *Wnt3*의 유전자 적중은 원조와 중배엽이 사라지게 한다. 각각의 *Bmp* 유전자 적중은 중배엽과 원시생식세포의 형성에 문제를 야기한다.

이 단계에서 난원통은 방사형으로 대칭이다. 그러나 원위 장측 내배엽이 난원통의 미래의 전방으로 이동을 하여 상배엽과 배외 외배엽 사이의 접촉면까지 도달한다. 앞서 언급한 대로, 접합자의 원래 동물극의 위치와 초기 배아의 후방측이 될 부분 사이에 통계적 연관 관계가 존재한다. 따라서 원위 장측 내배엽 이동의 방향은 수정란에서 유래한 미미한 비대칭성에 의해 야기된다. *Hex*가 발현하는 영역은 전방 장측 내배엽으로 알려져 있으며, 이것은 계속해서 NODAL의 길항제인 CERL과 LEFTY를 발현하여 *Nodal*의 발현을 그 반대 방향, 즉 상배엽의 뒷쪽으로 제한한다. 여기서 NODAL은 원조의 형성과 *Brachyury*나 *Eomesodermin*과 같은 중배엽 유전자의 발현을 유도한다(그림 11.10). *Cerl* 혹은 *Lefty1*의 유전자가 없어지면 원조가 여러 개 형성된다. 이 효과는 *Nodal* 유전자 한 사본만 제거하여도 사라지는데, 이러한 사실은 정상 발생에 있어 NODAL이 원조가 잘못된 위치에 생성이 되는 것을 막는 억제제의 역할을 수행한다는 것을 보여준다.

세포들은 원조를 통해 함입되면서 상피-간충직 이행(epithelial-mesenchymal transition, EMT)을 겪게 된다. 최근 E7에서 수행한 단일 세포 RNA 염기서열 분석 결과, 상피-간충직 이행과 관련된 유전자의 발현이 후방 상배엽에서 높게 축적되는 것을 확인하였다. 이는 원조에서 E-cadherin의 상실을 포함하는데, 이것은 T-box 전사인자인 Eomesodermin에 의한 그 유전자 자체의 억제에 의존한다. 원조 세포는 *Eomesodermin*이 특별히 상배엽에서 유전자 적중되었을 때 박리되지 못한다. *Eomersodermin*은 또한 심근 중배엽과 완성 내배엽을 포함한 전방의 중배엽 형성에도 필요하다. *Brachyury, Wnt, Fgf8*과 같은 후방 표지자는 지속적으로 발현되지만 중배엽은 형성되지 않는다.

전사인자인 SOX2은 내세포괴 단계로부터 전반적으로 발현되며, OTX2는 처음에는 전체 상배엽에서 발현되지만 원조가 형성되면서 후방 절반에서 그 발현이 억제된다. 후방 상배엽, 그 후 전방 원조, 그 다음 결절 그 자체는 모두 형성체와 관련된 *Foxa2, Lim1, Gsc*와 같은 유전자를 발현한다. 하지만, 이들 세포는 낭배기 전체를 따라 이 영역을 이동하므로 안정된 세포군이라 할 수 없다. 결절은 제노푸스에서 형성체처럼 행동하며, 이러한 사실은 결절을 상배엽의 다른 부분에 이식하였을 때 숙주에서 유래한 신경관과 체절을 포함한 두 번째 축을 형성하는 것으로서 확인할 수 있다. 생쥐의 결절도 닭의 배반엽에서 두 번째 축을 형성할 수 있다. 이 효과는 원조 단계의 중반에 최고조에 이른다. Chordin(*Chrd*)과 Noggin(*Nog*)은 원조의 전방과 결절 상배엽의 양쪽에서 발현되며, 이들 단백질은 그 스스로 상배엽에서 전방 신경조직을 유도할 것이다. 더구나 *Chrd*와 *Nog*의 2중 유전자 적중은 종뇌의 발생을 억제하며 척삭과 골분절에서 기형을 발생시킨다. 이러한 결과는 이 두 인자가 신경 발생과 중배엽의 등쪽화에 중요한 역할을 한다는 사실을 보여준다. *Chrd*와 *Nog*의 유전자 적중은 몸통과 꼬리쪽 신경계 형성을 억제하지는 않는데, 이는 FGF와 WNT 패밀리 등의 꼬리화 인자와 함께 또 다른 BMP 억제제가 모종의 역할을 할 가능성을 시사한다.

제노푸스와 유사하게 FGF-CDX-HOX 경로는 후방 지역의 패턴화를 조절하는 것으로 보인다. *Fgf4*와 *Fgf8* 유전자는 원조에서 발현되며, 활성화된 ERK는 면역염색을 통해 검출할 수 있다. 그리고 *Fgf8, Fgfr1* 혹은 *Cdx* 유전자의 적중은 HOX 활성 감소와 연관된 후방부의 결함을 보여준다. 또한 *Cdx*가 영양외배엽의 발생에 필요하므로, 기능 상실(null) 표현형을 조사할 때는 4배체의 상보성을 사용을 필요로 할 수 있다. "배외 구조의 형성" 부분에서 설명했듯이, 2배체 세포가 4배체 포배에 도입되면 그것들은 실제 배아의 전부를 형성한다. 만약 Cdx2 기능 상실 세포가 같은 실험에 사용된다면, 그들은 4배체의 태반에 의해 지지를 받게 되고 후방부의 결함을 가진 배아를 형성한다. *Cdx* 프로모터를 사용하여 몸통 Hox 유전자를 과발현하면 몸통 결함을 가진 *Cdx* 변이체에서 후방 패턴을 되돌릴 수 있을 것이고, 이는 *Cdx* 유전자가

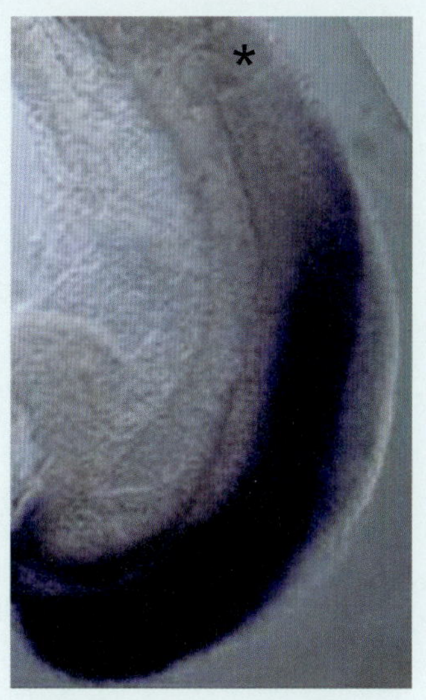

그림 11.19 E9.5 생쥐 배아의 후방에서 *Fgf8*의 점진적 발현. 별표: 후기-형성 체절. (인용) Dubrulle and Pourquie (2004). Nature. 427, 419-422. 네이처 출판 그룹의 허락을 받음.

체내에서 Hox 유전자를 상향조절하는 방식으로 작동한다는 것을 증명한다.

FGF8 단백질의 후방에서 전방으로의 농도 구배는 면역염색을 통해 꼬리싹 시기의 모든 배엽에서 확인된다. 이 농도 구배는 꼬리싹에서의 *Fgf8* 전사 발현에서 시작되어, 그 세포가 꼬리싹을 떠난 후 그 mRNA가 점진적으로 분해되면서 생겨난다(**그림 11.19**) (또한 체절 형성과 관련된 17장을 확인하시오). 이 특별한 기전은 배아의 활발한 성장에 의존하며, 초기 단계에서 활발한 성장이 없는 복잡성이 덜한(어류, 양서류 등) 척추동물에서는 작동하지 않는다. 하지만 FGF 활성의 농도 구배의 결과물은 유사하다. 몇몇 *Wnt* 유전자 또한 생쥐에서 후방 몸체 형성에 중요하다. 특히, *Wnt3A*는 후방에서 발현하며, 이것의 유전자 적중은 후방 몸체의 일부의 소실을 가져온다. 더욱이, 레티노산(retinoic acid)도 관련되어 있으며, 레티노산의 생합성과 관련된 효소인 레틴알데히드 탈수소효소(retinaldehyde dehydrogenase)의 유전자가 기능 소실된 변이에서 후방 몸통의 변이가 유발된다.

가용한 정보에 따르면, 생쥐에서 지역 특성화를 책임지는 기전은 비록 제노푸스, 지브라피시 그리고 닭의 기전과 동일하지는 않지만 상당한 유사성을 보인다. 초기 지역화는 단지 머리와 몸통의 두 부분에 한정되며, 머리의 패턴은 전방 장측 내배엽에서 상향 조절되는 유전자와 상배엽의 해당 전방 지역을 유도하기 위해 분비되는 유도 신호와 함께 의존한다. 몸통의 패턴은 먼저 원조의 끝과 관련된 신호 센터에 의존하고, 나중에 결절에 의존하는데 그것은 신경 유도와 중배엽의 등쪽화 모두에 필요하다. 이제까지 연구된 모든 척추동물 종에서 NODAL 타입의 인자들은 중배엽 형성에 필수적인 역할을 담당하고, BMP 억제제는 신경계 유도에 어느 정도 필요하며, FGF와 WNT 시스템은 후방 지역의 형성에 필요하다는 것이 명확해 보인다.

생식세포의 형성

다른 대부분의 동물 종과는 달리, 생쥐의 원시생식세포(PGCs)는 난자의 세포질 결정인자들로부터 발생하지 않는다. 대신 원시생식 세포들은 E5.5 근처에 원조의 후방의 배외 외배엽으로부터 유도된다. 원시생식세포는 상배엽에 근접한 배외 외배엽에서 발현되는 BMP4에 의해서 유도된다. 이에 대한 근거들로, BMP4를 잠재력이 있는 상배엽에 처리하면 원시생식세포를 형성할 수 있으며, *Bmp4* 유전자의 적중은 원시생식세포를 생성할 수 없다. 후방 근위 장측 내배엽과 후방 근위 상배엽으로부터 나오는 WNT3a도 원시생식세포의 형성에 필요하며, *WNT3a*의 유전자 적중은 원시생식세포 형성을 못하게 한다. *Wnt3a* 유전자 적중 생쥐에서는 기능성 BMP 신호가 없으며, 이는 WNT3a가 상배엽으로 하여금 BMP 신호에 반응할 수 있는 능력을 조절한다는 것을 의미한다. 이 단계에서 원시생식세포의 발달을 조절하는 주요 인자로는 Prdm1(= Blimp1), Prdm14, 그리고 Tfap2c(=AP2γ)가 있으며, 이들은 E6.25 혹은 그 이후의 초기 원시생식세포에서 발견된다. 이들 전사인자를 암호화하는 유전자를 모두 적중하면 원시생식세포의 특성화 혹은 유지가 불가능하다. 이들 전사인자는 체조직 발달에 필요한 유전자를 억제하는 반면, 전분화능과 관련된 *Oct4*와 *Sox2*의 발현을 상향조절한다.

염기성 포스파타제(Alkaline phospatase)에 대한 조직 염색을 수행하면, E7에서 E7.5 사이에서 약 30~40개의 원시생식세포가 관찰된다. 그들은 이제 중간중배엽에 있는 생식 융기 안으로 이동해야 하며("조직생성 단계" 부분 참고), 그곳에서 생식소의 체세포가 형성된다(17장 참고). 그 세포들은 E8 가량에서 이동하기 시작하여 등쪽 장간막을 타고 후장을 따라 이동하여 발달 중인 생식소로 들어가 생식 융기에 도달한다. 후장을 타고 이동하기 위해서는 후장 세포에서 발현되어 분비되는 인자인 SCF(Stem Cell Factor)가 필요하며, 이때 원시생식세포에서는 그 수용체인 KIT를 발현하고 있다. KIT 신호는 또한 원시생식세포의 생존을 촉진하고, 세포자멸사를 막아 상당한 수의 원시생식세포가 발달 중인 생식소에 도달하게 한다. 하지만 KIT는 이동의 방향을 조절하지는 않는다. 이동 방향은 오히려 사이토카인의 일종인 SDF1(= CXCL12)과 그 수용체인 CXCR4에 의존한다. SDF1은 생식 융기에서 분비되는 반면에, CXCR4는 원시생식세포에서 발현된다. 생식 융기에 도달하게 되면, 원시생식세포는 신속한 세포 분열의 과정을 통해 약 E12.5까지 3000개 가량의 원시생식세포를 생성한다. 두 운명으로의 가능성을 지닌 생식소는 이제 수컷에서 정소로, 암컷에서는 난소로 발달하게 된다.

좌-우 비대칭성

다른 척추동물에서와 마찬가지로, 생쥐를 해부해 보면 기관들의 위치와 구조에서 많은 좌-우 비대칭성을 관찰할 수 있다. 예를 들어, 내장은 반시계 방향으로 감겨 있고, 간은 왼쪽에 있으며, 췌장은 오른쪽에 있다. 심장은 몸의 중심선에서 왼쪽에 있으며, 대동맥은 왼쪽으로 돌아 나간다. 초기 심장의 발달에서 전사인자인 dHAND는 주로 오른쪽에서 발현하며, 다른 전사인자인 eHAND는 주로 왼쪽에 발현한다. 이 비대칭성은 배아의 제2~6체절 단계의 NODAL 활성의 비대칭성으로 돌아가 유추할 수 있다.

*Nodal*은 초기 결절의 양쪽 가장자리 세포에서 *Gdf1*과 *Cerl2*와 함께 발현된다. *Nodal*의 발현은 NODAL 신호에 의해 상향 조절된다. 제노푸스 VG1의 포유동물 버전의 유사 단백질인 GDF1은 NODAL과 이종이량체를 형성하여 NODAL의 활성을 증가시키는 반면, CERL2는 NODAL의 억제제이다. *Cerl2*는 결절의 오른편에서 좀 더 강하게 발현되며, 따라서 NODAL 신호는 왼쪽에서 좀 더 강해진다. 비대칭적인 NODAL 신호는 강하지만 E8의 왼쪽 측판중배엽에서 일시적인 *Nodal*과 *Lefty2*의 발현을 야기한다(그림 11.20). 일단 배아의 왼쪽에서 구축되면, LEFTY2는 NODAL의 또 다른 억제제로서 측판중배엽에서 점진적으로 NODAL 신호를 종료시킨다. *Pitx2*는 측판중배엽에서 NODAL에 의해 활성화되는 주요한 전사인자 유전자이다. 이 유전자의 발현은 *Nodal*이나 *Lefty2*보다 훨씬 오랫동안 지속된다. *Pitx2*의 유전자 적중은 폐와 같은 몇몇 기관의 비대칭성을 망가뜨리기는 하지만 모든 기관에서 그러한 효과를 보이지 않는다. 예를 들어, 심장회전은 *Pitx2* 변이 배아에서도 정상이다.

"situs('see tuss'로 발음)"이라고도 부르는 이 비대칭성의 원래 이유는 결절에서 발견되는 섬모들의 역할 때문일 것이라고 생각된다. 결절 세포는 각각 하나의 섬모를 가지고 있는데, 이들은 비대칭적인 유전자의 발현이 있기 바로 전 기간에는 운동성을 갖고서 오른쪽에서 왼쪽으로의 유체의 흐름을 만들어낼 수 있다. 이러한 움직임은 또한 시험관 내에서 배양된 배아에 형광 염료를 첨가함으로써 관찰할 수 있다. 유체의 흐름은 후기 유전자 발현과 대부분 관련이 있는데, 이 현상은 *Nodal*을 왼쪽이 아닌 오른쪽에 발현시키는 실험적 방법에 의해 보여질 수 있다. 정확한 기전은 아직 논쟁 중이지만, 유체의 흐름은 왼쪽에 있는 감각섬모를 자극하고 세포 내 칼슘의 증가를 유도하여 유전자 발현에 영향을 주는 것으로 보인다. 그 정확한 기전이 무엇이든 간에, 한 가지 확실한 효과는 *Cerl2* mRNA가 결절의 왼쪽 편에서 분해되어 그 발현이 오른쪽에서 더 높게 나타나는 것이다.

섬모는 태생적으로 비대칭적인 구조를 하고 있으며 표준적인 미세소관(microtubules)의 9+2 구조로 이루어져서 그들의 운동성을 만들어내는 운동 단백질을 포함한다. 생쥐에서는 정상적인 몸의 좌-우 비대칭성을 망가뜨리는 여러 변이체들이 있으며, 이들의 많은 부분이 이 섬모에 문제를 야기한다. 변이 표현형의 특징적인 3개의 부류(class)로 구분된다(그림 11.21). 첫 번째는 비대칭성이 무작위적으로 나타나는 변이이다. 이는 배아의 절반은 정상적인 **정위(定位, *situs solitus*)**를 갖고, 다른 절반은 **역위(逆位,**

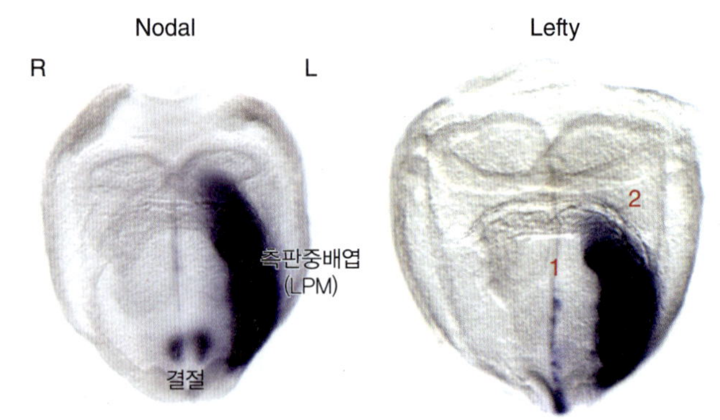

그림 11.20 E8에서 *Nodal*과 *Lefty1/2*의 비대칭적 발현. *Nodal*은 결절의 양쪽에 발현하지만 측판중배엽에서는 비대칭으로 발현한다. *Lefty1*은 중심선에서, *Lefty2*는 측판중배엽에서 우세하게 발현한다. (인용) Shiratori and Hamada (2014). Seminars Cell. Dev. Biol. 32, 80-84.

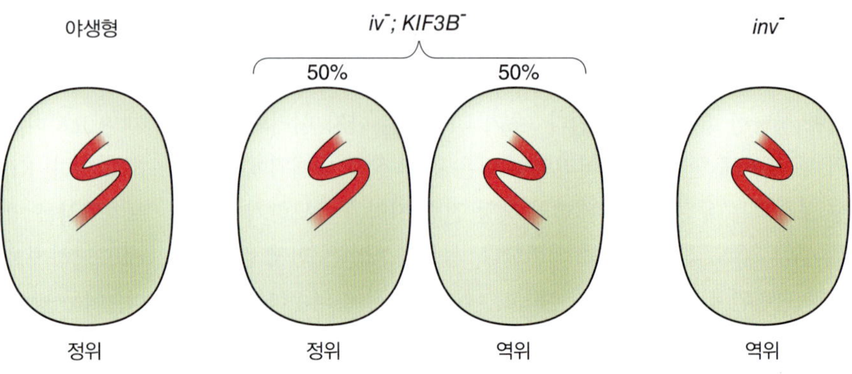

그림 11.21 생쥐에서 비대칭 변이

situs inversus)를 가진다. 이러한 결과는 양측의 대칭성의 붕괴는 여전히 일어났지만 보통의 정위를 보장하는 기재가 제거되었음을 의미할 수 있다. 그런 변이에서 *Nodal*과 *Lefty2*의 발현은 아마 양쪽이 아닌 어느 한쪽에 있을 것이며, 이는 그 변이 유전자가 이들 인자들의 상위에 있음을 보여준다. 이들 변이는 예를 들어 KIF3A나 KIF3B와 같은 키네신의 구성 요소나 *Iv* 유전자에 의해 암호화된 다이닌 단백질인 LRD와 같은 **운동 단백질**을 암호화하고 있는 유전자에 있다. 운동 단백질은 키네신의 경우 섬모의 조립에, 혹은 다이닌의 경우 섬모 운동에 필요하다.

두 번째 부류의 변이는 배아를 양쪽 대칭적인 상태로 둔다. 이러한 현상을 **좌우비대칭상실(이성, isomerism)**(이는 분자의 이성질체를 의미하는 화학적 용어가 아님을 주의하라)이라고 한다. 그 예로 *TG737* 변이가 있다. 여기서 POLARIS라고 불리는 이 유전자의 산물은 섬모의 조립에 관련되어 있다. 기능이 완전히 소실된 변이의 경우 섬모가 없으며 *Nodal* 발현에서도 대칭을 보여준다.

세 번째 부류의 변이는 역위를 가진다. 그 예로 *Inv*가 있는데, 이는 형질전환 유전자의 삽입에 의해 형성되며 *Iv*와 *Kif3b*⁻와 같이 유전적으로 열성이다. 그 동형접합체는 모두 역위이다. *Inv*- 배아에서는, *Nodal*과 *Lefty2*가 오른쪽에 발현한다. *Inv*의 산물인 INVERSIN은 세포질 내의 단백질이며 섬모 운동의 방향에 영향을 준다. 돌연변이에서 체액의 흐름은 감소하고, 왼쪽이 아닌 오른쪽으로 흐르며, *Nodal*의 발현은 오른쪽에 위치한다.

인간 유전병 중의 하나인 카르타게너 증후군(Kartagener's syndrome, primary ciliary dyskinesia)는 비대칭성의 무작위를 포함한다. 유전학적으로, 이는 어느 정도 이질적이지만 많은 경우 섬모의 운동성에 필수적인 안쪽 혹은 바깥쪽 다이닌 팔에 영향을 주는 변이를 포함한다. 이 병을 앓는 환자는 대부분 폐기능이 좋지 못하다. 그 이유는 기관지 상피의 섬모가 운동성을 잃기 때문이며, 그로 인해 폐로부터 축적된 점액을 제대로 제거하지 못하기 때문이다. 이 병을 가진 남성의 경우 정자가 운동성이 없어 불임이며, 또한 청각장애도 나타난다.

HOX 유전자

생쥐에서 4개의 **Hox 유전자** 집합체는 39개의 유전자를 포함한다. 유사유전자(paralog) 그룹의 대부분은 2~3개의 구성원을 가진다. 다른 척추동물에서와 마찬가지로, 유전자들은 **계통형(phylotypic)** 시기에 최대로 발현한다: 그들은 중추신경계와 중배엽의 전방에서 뚜렷한 발현의 경계를 보이며 후방으로 갈수록 점차 약해진다(그림 11.22). 같은 유사유전자 그룹의 구성원은 유사한 전방의 경계를 갖는다. Hox의 기능을 알아내기 위해 Hox 유전자의 적중을 만들거나 외부 프로모터를 활용하여 원래 발현하는 지역이 아닌 이외의 지역에서 강한 발현을 유도하는 연구가 활발히 이루어졌다.

일반적으로, *Hox* 유전자 적중은 배아의 전방부의 변형을 가져온다. 그 효과는 표적이 된 유전자의 전방 발현 가장자리에서 가장 크게 나타나는데, 그 이유는 이 특정 유전자가 좀 더 앞쪽 부위 유전자로부터 전체 Hox 조합을 구분하기 때문이다. 대개 하나의 Hox 유전자 적중은 그다지 큰 효과를 보이지 않지만 전체 유사 유전자 그룹이 적중되었을 때 그 효과는 상당히 커진다. 예를 들어, 유사유전자 그룹 10이 유전자 적중되었을 때는 전체 요추(lumbar vertebrae)가 흉추(thoracic)의 성격을 갖게 되며, 유사유전자 그룹 11의 유전자 적중은 미추(sacral vertebrae)를 요추의 성질로 변환한다. 이러한 유전자 기능의 중복성은 유사유전자 그룹의 구성원들이 서로 매우 유사하며 유사한 영역에서 발현되는 것에 기인한다.

Hox 유전자의 이소성 발현은 대개 후방부의 변형을 가져온다. 예를 들어, 흉추의 전방 경계에서 발현하는 *Hoxa7*를 머리부분에 발현시키면, 두개골의 기저 후두골이 제1경추 유형(pro-atlas type

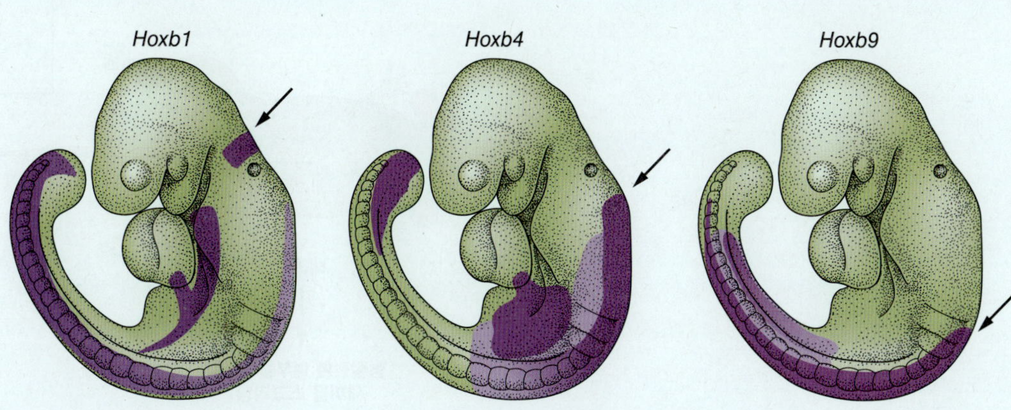

그림 11.22 세 종류의 Hox 유전자 발현이 서로 다른 전방 가장자리에 보인다.

vertebra)으로 변한다. Hox 유전자의 상향 조절은 또한 모체에 레틴산를 처리함으로써 유발될 수 있고, 이것은 여러 Hox 유전자의 동시다발적인 이소성 발현 때문에 다발적인 후방화를 초래한다.

형질전환 생쥐

유전적 구성이 조작된 생쥐를 생산하는 것은 발생학을 포함한 생의학의 여러 분야에서 이미 상당한 산업이었다. 때때로 **형질전환(transgenic)**이라고 하는 용어는 거의 모든 형태의 유전적 조작을 포함한다. 하지만 여기서는 새로운 유전자를 생식세포에 넣는 좁은 범위의 유전자 조작을 지칭하도록 하겠다. 초기에 가장 표준적인 방법은 DNA을 수정란의 **전핵(pronucleus)**에 직접 주입하는 것이었다. 하지만 뒤에 나올 "적중(혹은 녹아웃, knock-out)과 **녹인(knock-in)**" 부분에서 더 자세히 설명될 "녹인" 방법이 좀 더 보통의 방법이 되었다. 왜냐하면, 이것은 조작된 유전자 주변의 다른 유전자 환경이 모두 정상이기 때문이다. 오늘날에 CRISPR-Cas9(3장 참조)와 같은 방법들을 이용하여 매우 특정한 유전자의 조작이 가능해졌는데, 이 방법은 또한 게놈 안에 정상적인 위치에 유전자를 조작하는 것도 가능하다.

단순한 전핵주입방법(그림 11.23)은 생식세포를 꽤 높은 확률로 형질전환시킬 수 있는 효율을 보여주었다. 보통 삽입은 게놈의 무작위 위치에 일어나며 도입되는 많은 유전자 사본들이 머리와 꼬리로 여러 개가 연결된 세로 나열(tandem array) 방식을 띤다. 유전자 발현의 수준이 높기 위해서는 주입되는 유전자가 플라스미드 DNA로부터 잘 분리되어야 한다. 왜냐하면, 플라스미스 상의 원핵세포의 서열은 대개 도입된 유전자의 발현에 방해가 되기 때문이다. 또한 상보적 DNA(cDNA, mRNA로부터 합성되어 인트론을 포함하지 않음)을 사용하는 것보다 인트론을 포함한 게놈 DNA를 사용하는 것도 더 나은 유전자 발현을 보여준다. 보통 주입하기 위한 DNA의 형태로는 원형보다 선형의 DNA가 더 선호된다. 형질전환 실험을 통해 생성되어 새롭게 태어난 생쥐에서 유전자가 제대로 삽입이 되었는지 스크리닝하기 위해 개체의 꼬리 끝 조직으로부터 분리한 DNA 샘플을 대상으로 **서던블롯(Southern blot)**이나 **중합효소 연쇄반응(polymerase chain reaction, PCR)**을 수행한다. 형질전환 유전자는 일반적으로 이어지는 번식 과정 동안 단순한 우성 유전자로서 작동한다. 아마도 동형접합체가 될 때까지 번식시켜서 그 계통의 모든 배아가 그 유전자를 갖도록 하는 것이 실험적으로 가장 바람직할 것이다.

전핵주입법을 통한 형질전환 유전자의 잘못된 염색체 상 위치에도 불구하고 충분한 인접 DNA 서열이 포함될 경우 올바른 시

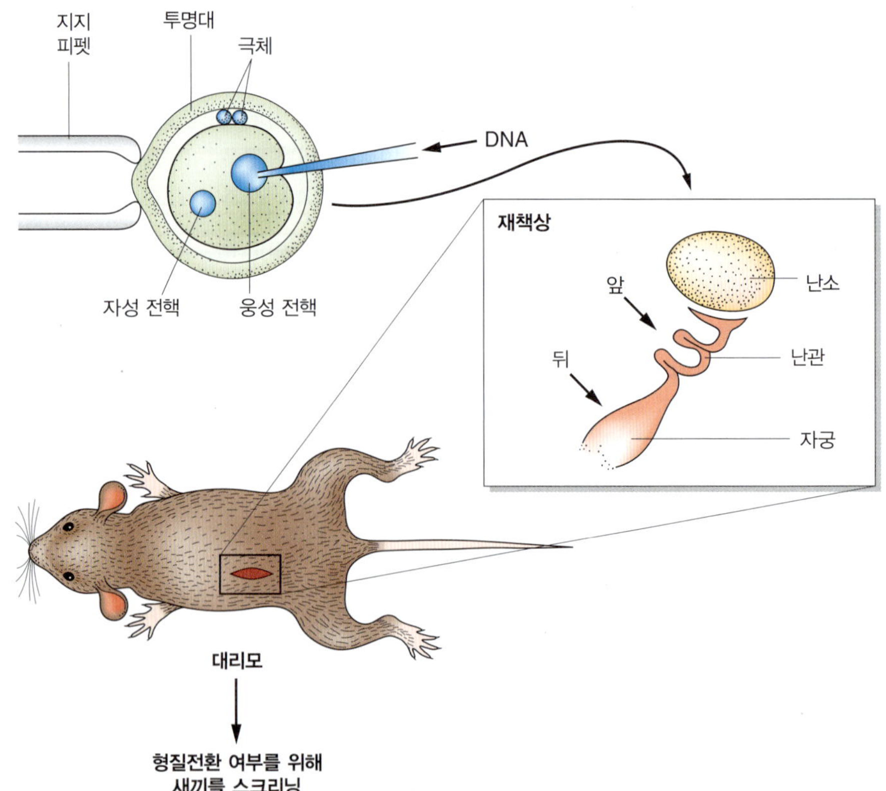

그림 11.23 DNA를 수정란의 전핵에 주입하여 형질전환 생쥐 만들기.

간과 공간적 발현을 보여줄 수 있다. 박테리아 인공염색체(Bacterial artificial chromosome, BACs)는 플라스미드보다 훨씬 더 큰 크기의 DNA 조각을 포함할 수 있고, 따라서 플라스미드보다 가능한한 더 많은 인접 DNA를 포함하는 데 좀 더 바람직할 수 있다. 유전자의 발현을 조절하기 위해 특정 조절 서열을 인접 부위에 집어넣는 연구가 굉장히 많이 수행되었다. 이러한 연구를 위해서는 일시적 형질전환을 활용하는 것이 충분할지 모른다. 일시적 형질전환이란 유전자를 주입하였고, 배아는 자궁으로 이식되었으나, 그 후 이들을 다시 회수하여 영구적인 계통으로 확립되기 위한 번식 과정 없이 분석될 수 있다. 이러한 연구는 정상적인 유전자 산물을 모니터링하는 대신 대개 그 발현 여부를 쉽게 확인할 수 있는 **리포터 유전자(reporter gene)**을 사용한다. 과거에는 *LacZ*와 *Luciferase* 같은 것들이 리포터 유전자로 흔히 사용되었지만, 오늘날에 와서는 *Gfp*와 같은 형광 리포터들이 좀 더 많이 사용된다(15장 참고).

적절한 분자 구조를 만들어 특정 유전자의 암호화 부위를 다른 유전자의 프로모터의 조절에 의해 발현시키는 것이 가능해졌고, 이러한 기술에 의해 특정 유전자의 이소성 발현시키는 것도 가능해졌으며, 이를 통해 발생 과정 자체를 조절하는 것도 가능해졌다. 때때로 계속적인 발현이 필요할 때도 있으며, 이러한 경우는 세포골격형(β) actin(*Actb*)이나 히스톤 H4(*Hist4*)와 같이 항시 발현되는 유전자의 프로모터를 활용하기도 한다.

배아줄기세포

발생학적 **다분화능**을 가지는 세포주는 생쥐 포배 세포를 조직 배양함으로써 얻을 수 있다. 포배를 투명대로부터 분리한 후 이를 적절한 배양액이 있는 기질에 부착시키면 그 내세포괴 세포는 분열하기 시작한다. 그 결과물을 **배아줄기세포(ES cell)**라 하는데, 그들은 내세포괴 세포와 동일하지는 않지만 매우 유사한 유전자 발현 정보를 가진다(**그림 11.24**). 이들 세포는 오랜 계대에 걸쳐서 배양될 수 있으며, 나중의 사용을 위해 냉동될 수도 있다. 오랜 기간 동안 배양을 위한 표준 방법으로 배아줄기세포의 분화를 막기 위해 사용되는 배양보조세포(영양세포층, 영양지지세포, feeder cell)—주로 방사선을 쪼인 섬유아세포를 사용함—와 함께 배양하거나 백혈병억제인자(leukemia inhibitory factor, LIF)가 포함된 배양액에서 배양하는 것이다. 좀 더 최근에 배아줄기세포의 다능성은 FGF와 WNT 신호전달 기전의 구성 요소에 대한 억제제가 포함된 배양액 조건(2i medium)에서 유지될 수 있음이 증명되었다. 이 조건은 혈청을 사용하지 않으며, 이 조건에서는 더 이상 필수적이지는 않지만 LIF는 종종 배양액의 성분으로 포함되기도 한다. 이전에는 배아줄기세포가 몇몇 특정 계열의 생쥐에서만 수립될 수 있다고 알려졌었지만, 이 2i+LIF 배양액을 사용하면서 이제는 매우 광범위한 종류의 생쥐 계열에서, 심지어는 집쥐(rat)에서도 수립이 될 수 있게 되었다. 만약 배양보조세포 혹은 LIF 혹은 앞서 말한 억제제들 중 하나가 제거된다며 배아줄기세포는 **배아체(배상체, embryoid body)**라는 형태로 분화되고, 그 안에서 시간적으로는 정상이지만 공간적으로는 비정상적인 분화 과정이 일어나게 된다. 생쥐 배아줄기세포가 "**전분화능(totipotency)**"이 아닌 "**다분화능(pluripotency)**"라고 묘사되는 이유는 그들은 보통 영양외배엽으로 분화하지 않기 때문이다.

배아줄기세포는 '**줄기세포**'라고 묘사되는데, 그 이유는 무한히 자기 복제할 수 있는 능력과 다른 세포로 분화할 수 있기 때문이다(20장 및 22장 참고). 배아줄기세포를 만드는 데 사용되는 내세포괴 세포는 그 자체로 줄기세포는 아니다. 왜냐하면, 배아 내에서 그들은 주변의 유도 신호의 영향을 받아 신속하게 다른 종류의 세포로 발달하기 때문이다. 이런 이유로 배아줄기세포는 그 자체로 매우 유용한 존재이기는 하지만, 종종 '시험관에서 만들어진 인공물(in vitro artifact)'라고 불리기도 한다. 배아줄기세포의 줄기세포로서의 성질은 흔히 다분화 인자라고 불리는 OCT4, NANOG, 그리고 SOX2 등의 전사인자의 상호적인 상승 발현에 의존한다. 각각을 상승 발현할 뿐 아니라, 그들은 배엽의 형성과 앞서 말한 지역 특성화에 관련된 여러 발생 조절 유전자(developmental control genes)의 발현을 억제한다. 발생 조절 유전자는 변형된 히스톤에 대하여 길항적인 쌍을 가지고 있어 관련된 유전자 활성의 촉진과 억제를 모두 할 수 있는 '두 기능을 가지는 마크(bivalent mark)'에 의해 그 능력을 유지한다. 예를 들어, H3K27와 H3K4의 히스톤 메틸화를 가진 2가 영역은 많은 유전자에서 발견된다. 하지만 두 기능을 가지는 염색체 영역은 배아줄기세포에만 있는 특이한 것은 아니다.

2006년 정상 체세포에 네 가지 유전자를 도입함으로써 배아줄기세포의 상태와 매우 유사한 세포주를 제작하는 것이 가능하다는 사실이 밝혀졌다. 이들 유전자는 발견자의 이름을 따라 지어진 "야마나카 인자(Yamanaka factors)'라고 불리는 *Oct4*, *Sox2*, *Klf4*와 *cMyc*이다. 이렇게 만들어진 세포는 유도만능줄기세포(induced pluripotent stem cells, iPS cells)라고 불리며, 최근 줄기세포 생물학에서 가장 중요한 세포가 되었다. 유도만능줄기세

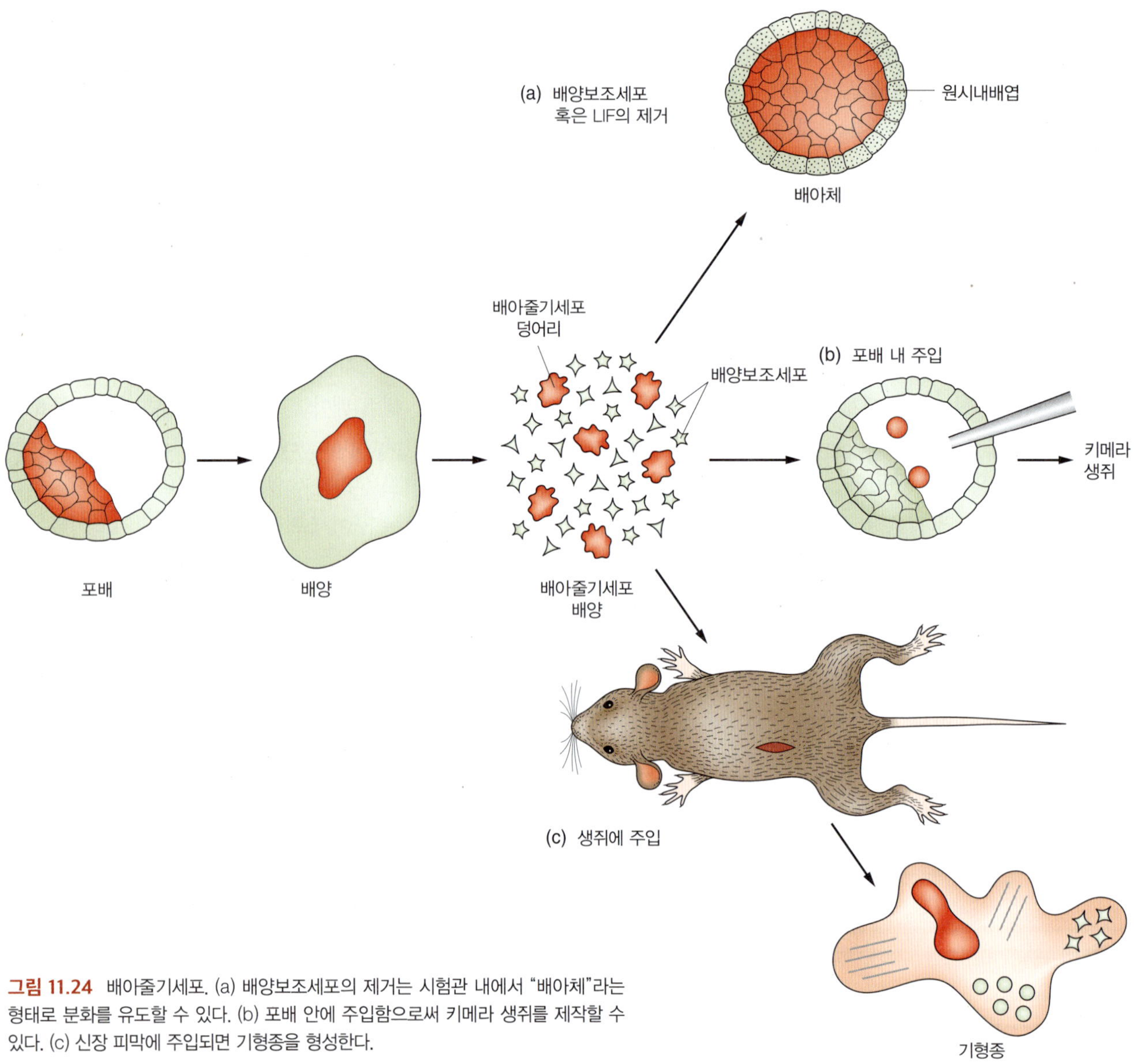

그림 11.24 배아줄기세포. (a) 배양보조세포의 제거는 시험관 내에서 "배아체"라는 형태로 분화를 유도할 수 있다. (b) 포배 안에 주입함으로써 키메라 생쥐를 제작할 수 있다. (c) 신장 피막에 주입되면 기형종을 형성한다.

포는 22장에서 좀 더 자세히 다루도록 하겠다.

배아줄기세포는 면역학적으로 적합한 성체 생쥐에 이식되었을 때 잘 조절이 되지 않은 상태로 배열된 다양한 종류의 분화 세포들로 구성된 테라토마(teratoma)라고 불리는 종양을 형성한다. 배아줄기세포를 생쥐 배아의 포배에 이식하면 내세포괴 안으로 끼어들어 높은 확률로 키메라를 형성한다. 많은 경우에서 키메라의 형성은 생식세포로까지 확장이 되며, 이것은 배양하던 세포로부터 완전한 생쥐 개체를 제작하여 번식할 수 있게 한다(**그림 11.24b**). 소수의 배아줄기세포주는 4배체 포배에 주입이 되었을 때 그 자체로 완전한 배아를 형성할 수 있으며, 그 안에서 4배체의 수혜 세포는 배아외막을 형성할 수 있지만 태아는 만들지 못한다. 배아줄기 세포주가 포배에 이식시 배아를 구성하는 능력, 즉 하나의 배아를 만들 능력을 잃지 않고서 250번 넘게 계대 배양할 수 있는 능력에서 볼 수 있듯이, 배아줄기세포라는 존재는 발생학적 수임(commitment)으로부터 생장을 분리하는 것이 가능함을 증명하였다.

인간 배아줄기세포는 재생의학의 관점에서 배우 중요한 주제이다(22장 참조). 하지만 이제까지 생쥐 배아줄기세포가 주로 활용되던 범위는 생쥐 배아에 유전자를 다시 주입할 수 있도록 하는 과정을 제공하는 것이었다. 유전자는 접합자로 간단한 DNA

의 주입을 통해 도입될 수 있지만, 배아줄기세포는 상동재조합(homologous recombination)이라고 부르는 외부 DNA를 게놈의 상보적인 자리로 도입하는 매우 드문 일을 가능하게 해 주었다(웹사이트의 동영상 "Homologous recombination" 참조). 이 과정은 개개의 유전자를 다른 비활성화된 변이체를 대체함으로써 유전자 적중시키거나 다른 곳에 어떠한 유전자를 녹인하는 데 사용되었다. 이제 유전자 적중은 CRISPR-Cas9 시스템을 이용하여 적절한 가이드 RNA을 접합자에 도입함으로써 좀 더 쉽게 수행될 수 있다. 큰 크기의 대체 DNA 서열의 도입은 접합자에서 흔히 일어나는 일은 아니다. 하지만, CRISPR은 이러한 효율성을 향상시키는 데 사용되며, 배아줄기세포에서 원하는 유전자 조작이 일어날 수 있는 확률을 높여 주기도 한다.

유전자 적중과 녹인

발생학에서, 각각의 유전자를 적중하는 이유는 기능이 상실된 표현형이 유전자의 기능을 보여줄 것이라는 기대를 하기 때문이다. 대개 목적하는 유전자의 산물은, 예를 들어 생화학적 활성이나 발현 패턴 그리고 초파리와 같은 다른 동물종에서 발생학적 기능을 가진 유사종으로 알려져 있는 등의 이유에서 중요하다고 믿어진다. 이 기술은 인간 질환의 원인이 되는 특정 유전자의 변이를 가진 생쥐를 제작하는 데도 유용하게 활용된다. 예를 들어, 낭포성 섬유증유발세포막단백질(cystic fibrosis transmembrane conductance regulator, CFTR 단백질)의 변이 생쥐는 인간 낭포성 섬유증(cystic fibrosis)의 모델로 활용될 수 있다. 다른 예로서, apolipoprotein B 유전자가 결손된 생쥐의 경우 2~3개월 안에 죽상동맥경화(atherosclerosis)가 나타난다. 의학 연구의 더 나아간 적용으로 *p53* 유전자와 같은 종양억제 유전자를 제거해서 암에 취약한 생쥐를 만드는 것을 들 수 있다.

유전자 적중 기술은 비록 매우 복잡하기는 하지만, 방법의 기본적 원리는 무작위 삽입보다는 상동재조합을 유발한 후 양성-음성 선별 과정을 통해 원하는 조작이 이루어진 개체를 찾는 방법을 이용한다. 유전자 적중을 하고자 하는 DNA 구조물(예를 들어, 플라스미드)은 대체하고자 하는 영역의 게놈 DNA와 네오마이신 같은 항생제 저항성 유전자(*neo*, 네오마이신 저항 유전자)를 포함하는 영역으로 구성된다. 또한 이것과 인접하여 티미딘키나아제(thymidine kinase, *TK*)를 암호화하고 있는 바이러스 유전자가 배치되기도 한다. 그 구조물은 배아줄기세포에 도입된 후, 만약 수혜자의 게놈과 상동재조합이 일어나면 단지 *neo* 유전자만 삽입된다(**그림 11.25a**). 반면에 만약 삽입이 무작위적으로 일어나거나 원하지 않은 곳에서 일어나면 *neo*와 *TK* 모두 삽입이 된다(**그림 11.25b**). 그 결과 그 세포는 두 약물의 처리에 의해 선별된다. **네오마이신(Neomycin)**은 표적 벡터가 삽입되지 않은 숙주 배아줄기세포를 사멸시킨다(만약 배아줄기세포 배양에 배양보조세포를 사용하는 경우 네오마이신에 의한 사멸을 방지하기 위해 네오마이신에 저항성을 갖도록 미리 조작된 배양보조세포를 사용한다). 반면에 **간사이클로비르(ganciclovir)**는 TK 유전자가 도입된 세포를 죽이게 된다. 이는 그 효소(TK)가 간사이클로비르를 독성이 있는 산물로 대사하기 때문이다. 이러한 전략의 최종 결과물로서, 상동재조합이 비활성화된 유전자로 정확히 표적 유전자가 대치된 방식으로 일어난 세포만 살아남는다. 이 세포는 각각의 클론으로 자라게 되고, 후에 서던 블로팅이나 PCR 등의 방식으로 표

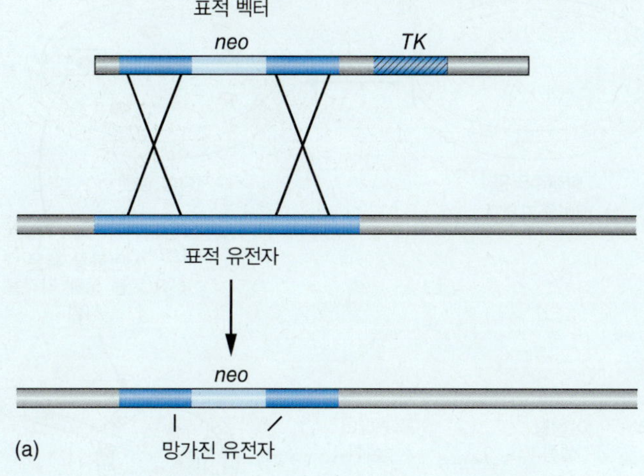

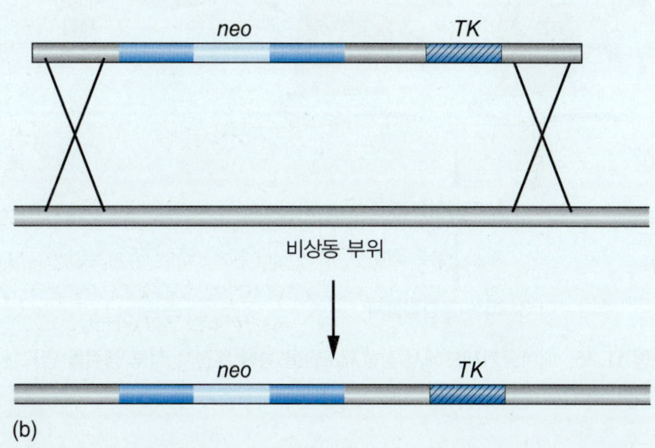

그림 11.25 유전자 적중: (a) 상동 부위에서 재조합이 일어나면 수혜자의 유전자는 망가지고 *neo*가 도입되지만 *TK*는 도입되지 않는다. (b) 비상동 부위에서 재조합이 일어나면 *neo*와 *TK* 모두 도입된다.

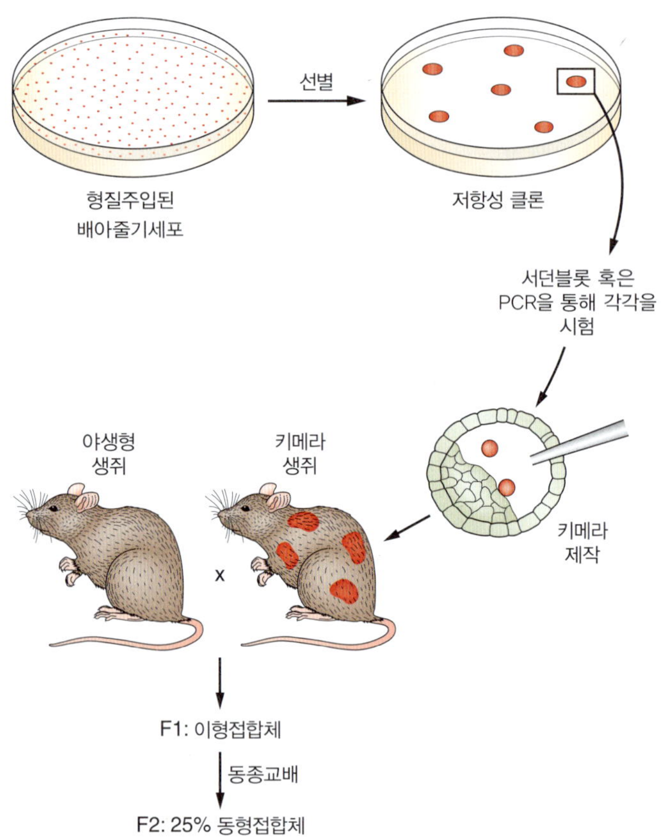

그림 11.26 배아줄기세포에서 상동재조합을 통한 유전자 적중 생쥐를 만드는 과정.

적 구조물이 정말 정확한 위치에 삽입이 되었는지 확인하는 절차를 거치게 된다(**그림 11.26**). 이후 그 배아줄기세포를 숙주 포배 내에 주입해서 그 배아를 대리모의 자궁에 착상한다. 이 때 사용하는 숙주 배아는 배아줄기세포를 만들 때 사용한 생쥐의 털색깔과 다른 생쥐의 배아를 사용한다. 그 결과, 키메라의 형성 여부는 얼룩무늬 털색깔로 쉽게 확인이 가능하고, 나중에 꼬리 끝에 분리한 DNA의 분석을 통해 최종 검증을 수행한다. 키메라 생쥐는 그들의 생식세포에서 수혜 세포를 포함할 수도 혹은 포함하지 않을 수도 있기 때문에, 교배 후 생성된 자손 역시 꼬리 끝 DNA 분석을 통해 확인하는 절차를 수행하여야 한다. 만약 F1 세대가 표적 구조물을 가지고 있다면 그들은 함께 교배되어 상동접합체를 만들 수 있고, 완전한 기능 상실 변이체의 표현형이 확립될 수 있다.

정확히 동일한 방법이 녹인에도 사용될 수 있다. 여기서는 원래 유전자를 비활성화 형태의 유전자로 대체하는 것이 아니라, 다른 유전자(아마도 원래 유전자의 변형된 형태) 혹은 리포터 유전자로 대체한다. 녹인은 고전적인 형질전환에 비해 장점이 있는데, 그 이유는 유전자가 삽입되는 위치와 그 주변 환경이 잘 알려져 있고, 따라서 그 결과를 예측할 수 없는 무작위 삽입의 가능성이 없다. 최근에는 배아줄기세포 혹은 다른 접합자에서 CRISPR-Cas9 시스템을 사용하여 녹인을 좀 더 쉽게 만들 수 있게 되었다.

유전자 적중 생쥐를 이용하는 데 있어 몇 가지 문제점이 있다. 첫 번째는 표현형에 문제가 아예 없거나 매우 미미한 경우이다. 이는 대부분 유전자의 **중복성(redundancy)** 혹은 게놈 내에서 해당 유전자와 기능적으로 겹치는 유전자가 있는 경우인데, 이는 복잡 유전자 패밀리(다유전자군, multigene family)가 많이 있는 척추동물에서 매우 흔하다(3장 참조). 상당한 중복성을 보이는 유전자의 기능을 알아내기 위해서는 그들 모두를 한꺼번에 유전자 적중하거나 각각의 유전자가 유전자 적중된 계통의 생쥐를 교배하여 여러 상동접합체 기능 상실을 한 개체에 모아야 한다. 이런 경우에 대한 많은 연구가 수행되었는데, 일례로서 Hox 유전자의 유사 유전자 그룹이나 레티노산 수용체 등이 이에 해당된다.

두 번째는 유전자 적중의 효과가 사용하는 생쥐의 유전적 배경이나 변이가 적용되는 생쥐의 계통에 따라 매우 다양하게 나타날 수 있다. 이러한 현상은 기능 분석을 매우 어렵게 하기는 하지만, 조사 과정에서 또 다른 중요한 관련 유전자가 발견되기도 하므로 이것 역시 유용한 특성으로 받아들여진다. 마지막으로, 그 표현형이 매우 심하게 나타나 배아 초기 발생에서 사망하는 경우이다. 이 경우 그 유전자의 발생 후기에서의 기능을 연구하기가 무척 어려워진다. 이에 대한 몇 가지 해결책이 개발되었는데, 그중 하나는 Cre-lox 시스템을 이용한 **조건부 유전자 적중**(3장과 15장 참고)이고, 다른 하나는 태아의 일부에서만 유전자가 적중되는 **키메라**를 만드는 것이다.

키메라 유전자 적중

키메라 방법을 적용하는 경우는 대개 해당 유전자가 초기 배외막 조직에서 발현되는 경우이거나, 초기 발생시기의 후반부에서 배아 자체에서 발현하여 영양분을 제대로 공급받지 못해서 배아가 초기에 죽는 경우이다. 앞서 언급한 것처럼, 배아줄기세포가 4배체 포배에 주입되면 그들은 대부분 배아를 형성하고 4배체 세포가 배외막 조직을 형성한다. 4배체 배아는 2-세포기 때 할구의 전기융합(electrofusion)에 의해 만들어지고 그들 스스로 오랜 기간 생존할 수 없다. 유전자의 착상 이후 기능을 알아내기 위해서 상동의 기능 상실 배아줄기세포 혹은 상동의 기능 상실 포배의 내세포괴 세포를 4배체 배아에 주입한 후 대리모에 이식해 준다. 4배체 유래 배외막 구조는 유전자가 배아 그 자체에 필요할 때까지 발달을 도와주고 이 시기부터 확인할 수 있는 이상 유무가 나타나기 시작하므로, 해당 유전자의 기능과 관련된 어떤 것이 나타날 가능성을 높여준다. 그러한 예 중 하나가 *Fgfr2*인데, 이 유전자는 적중되었을 때 극 영양외배엽의 분열이 일어나지 않으므로 배아가 착상 이전에 죽게 된다. 그러나 야생형 4배체 포배에서 $Fgfr2^{-}$를 포함하는 키메라 배아는 E10.5까지 발달하여, 이 단계에서 배아는 폐와 사지가 없는 명확한 표현형을 보여준다. 이는 FGF 신호가 이 수용체를 통해 이들 기관형성에 필요하다는 사실을 증명한다.

유전자와 인핸서 포획

유전자 적중 기술은 매우 강력하지만, 이 기술은 오로지 알려진 유전자에만 사용할 수 있다. 알려지지 않은 유전자는 먼저 돌연변이 유도를 통해 그 존재 여부를 확인하여야 한다. 그것은 아마도 3장과 9장에서 언급한 것처럼, 화학적인 돌연변이를 먼저 유발하고 이후 유전자에 대한 위치 추적 클로닝(positional cloning)이 뒤따라야 할 것이다. 또한 적절한 DNA 벡터를 이용하여 조작된 유전자 위치를 쉽게 확인할 수 있는 **삽입 돌연변이 유도(insertional mutagenesis)**도 활용될 수 있을 것이다. 관련된 DNA 구조물은 **유전자 포획(gene traps)**이라 불리며, 스플라이스 수용 부위(splice acceptor site), 리포터 유전자, 그리고 선별 표지자를 포함하고 있다(그림 11.27). 종종 리포터 유전자와 선별 표지자는 함께 묶여 하나의 유전자를 구성하기도 한다. 예를 들어, 대장균의 *LacZ* 유전자와 네오마이신 저항성 유전자의 활동을 동시에 가지고 있는 ***β-geo***가 이에 해당한다. 이 구조물은 배아줄기세포에 도입된다. 만약 어느 유전자 밖에 삽입이 되면 이 구조물(*β-geo*)의 발현을 유도할 프로모터가 없으므로 비활성 상태로 남아 있는다. 하지만 어떤 유전자 내에 삽입된다면, 마지막 엑손으로서 기능을 하며, 그곳에서 스플라이스 수용체 부분이 다른 암호화 서열 안으로 들어가게 도와준다. 내재적인 유전자가 외부 유전자의 삽입에 의해 망가지게 되면 변이가 일어나 불활성화되거나 그 활성이 약화된다. 하지만 β-geo는 그 단백질의 잘려진 C-말단에 융합된 상태로 발현된다. 그리고 만약 제대로 스플라이싱이 일어난다면, 그 세포는 네오마이신 저항성에 의해 선별이 되고 β-갈락토시다제도 발현한다.

유전자 포획은 배아줄기세포로 도입되고, 그 세포는 다시 유전자 적중을 위한 방법과 동일한 방식에 의해 생쥐에게 도입된다. 종종 키메라에서 X-Gal 염색을 통해 유전자의 정상 발현 패턴을 알아내기도 한다. 비록 공여 세포가 그 구조물을 가지고는 있지만, 이 목적으로 사용하기에 충분할 수도 있다. 만약 유전자의 발현 패턴이 흥미로울 경우, 키메라는 다시 교배되어 유전자 포획를 위한 F1 이형접합체 세대를 형성하고, 서로 교배되어 25%의 동형접합체를 가진 F2를 수립한다. 이 단계에서 그 포획이 흥미로운 열성 표현형을 보이게 될지 여부가 명확해진다. 만약 그러하다면, 유전자 포획을 가진 계통으로부터 얻어진 게놈 DNA 라이브러리에서 그 유전자를 동정해내고 그것을 유전자 올가미 벡터 서열을 위한 탐침으로 사용한다. 5′ 연결 서열이 포획된 유전자의 인트론 안에 있어야 하며, 그로 인해 나머지 부분의 신속한 동정이 가능해진다.

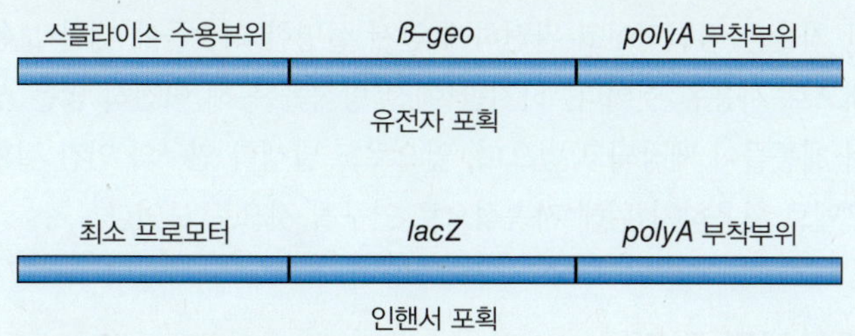

그림 11.27 유전자 포획과 인핸서 포획

유전자 포획 생쥐 계통 중 유명한 것에는 **Rosa26**이 있다. 여기서, 포획된 유전자는 비번역(untranslated) RNA를 암호화한다. 하지만 그것은 모든 발생 단계와 모든 조직에서 광범위한 방식으로 발현되는 특성을 가지고 있다. 이러한 이유 때문에, 종종 상동 재조합 기술을 활용하여 Rosa26 위치에 필요한 유전자를 녹인함으로써 형질전환 유전자를 광범위하고 지속적으로 발현하는 생쥐 계통을 제작할 수 있다.

인핸서 포획(enhancer trap)은 스플라이스 수용 부위가 없고 그 자체의 최소 프로모터만을 가진 유전자 포획인데, 최소한의 2형 RNA 중합효소의 결합 자리를 제공하지만 검출할 수 있는 수준의 전사를 일으키기에는 충분하지 않다(그림 11.27). 만약 이것이 게놈의 내재 프로포터 혹은 인핸서의 범위 안에 들어가게 되면 최소 프로모터를 보완하여 유의한 LacZ 유전자의 전사를 일으킬 수 있다. 인핸서 포획은 내재적인 인핸서의 효과 범위 안에 어디에서든지 활성화될 수 있으므로 대개 돌연변이를 일으키지는 않는다. 그들은 대부분의 내재 유전자로부터 어느 정도 떨어져 있기 때문에 클로닝의 용도로 쓰기에도 적절하지 않다. 가장 많이 사용하는 용도로는 특정 조직이나 세포 종류가 β-갈락토시다제의 발현에 의해 표지가 되거나 그런 방식으로 쉽게 시각화될 수 있는 생쥐 계통을 제작하는 데 있다.

앞서 언급한 대로, 표적 삭제나 삽입은 이제 CRISPR-Cas9와 같은 기술을 이용하여 좀 더 쉽게 제작될 수 있고(3장 참조), 이러한 기술은 점진적이고 완전하게 앞서 설명한 기술들에 대한 보완책으로 사용될 것이다. 하지만 예전 방식을 통해 여전히 많은 생쥐 계통들이 제작되고 있으며, 앞으로도 발생학 연구와 인간 질환 모델로 활용하기 위해 지속적으로 연구될 것으로 보인다.

핵이식과 각인

생쥐에서 탈핵된 난자에 (다른 세포에서 분리한) 초기 할구의 핵을 이식하면 그것(접합자)은 발생을 진행할 수 있다. 하지만, 그 능력은 발생이 진행되면 될수록 급격히 떨어지는데, 이는 아마도 생쥐 접합자의 접합자 자체 유전자의 발현 시작과 관련된 것으로 보인다. 접합자가 정상 발생을 하기 위해서는 필수적으로 수정란이 모체 그리고 부체에서 유래한 전핵에 의해 형성이 되어야 한다. **단위생식**(혹은 처녀생식, **parthenogenetic**) 2배체 배아는 난자가 활성화되고 2차 극체의 형성이 억제되어야 형성될 수 있는데, 배외 조직이 불완전하게 생성되기 때문에 제대로 발생하지 못한다. 또 다른 단위생식인 **웅성발생**(**androgenetic**) 2배체 배아는 모체의 전핵이 제거되고 두 번째 부체의 전핵이 주입됨으로써 형성이 될 수 있는데, 풍부한 배외 조직이 발생하기는 하지만 배아 자체의 발생은 초기 단계에 멈추게 된다. 이러한 현상은 두 부모에서 온 염색체의 상동 유전자의 상태가 각각 다르며, 부계의 유전자는 영양외배엽에서 그리고 모계의 유전자는 배아에서 쉽게 활성화되는 특징을 가진다는 것을 시사한다.

앞에서 설명한 현상의 이유로 몇몇 염색체에서 보이는 **각인**(**imprinted**)된 유전자의 존재를 들 수 있다. 몇몇 유전자는 오직 부계 혹은 모계에서 온 염색체에서만 발현된다. 100여 개 정도의 유전자가 그러한 행동을 하는 것으로 생각되며, 주로 성장 조절과 같은 역할을 한다고 여겨진다. 하지만 이러한 한 부모 유래 특이적 유전자의 수는 뇌에서 10배 정도 더 높게 나타난다고 알려져 있다. 성장조절 기능과 관련하여, 이러한 현상의 가장 일반적인 설명은 진화적인 이유 때문으로, 자연 선택은 항상 자손의 수를 극대화하는 형질을 더 선호하는 방식을 취한다는 데 들고 있다. 수컷 입장에서는 자손의 수를 늘리는 방법으로 많은 암컷과 교미를 하는 것이고, 배아의 입장에서는 다른 암컷의 자손에 비해 더 빠른 성장률을 갖는 것이다. 반면에 암컷의 입장에서 최대한 많은 자손을 얻기 위한 가장 좋은 전략은 각각의 배아에 동등한 자원을 분배하는 것이며, 살아있는 개체를 많이 생산함으로써 최대한 빨리 다음 생식 주기를 갖는 것이다. 따라서 암컷과 수컷 사이에 선호되는 진화적인 특성의 충돌이 있을 수 있다. 거칠게 표현해 수컷의 경우는 배아의 빠른 성장을 "원하고", 암컷의 경우에는 동등하고 조절된 성장을 "원한다". 이러한 원리를 설명하는 한 예가 인슐린 유사 성장인자(insulin-like growth factor 2, IGF2)이다. IGF2는 배아가 태어나기 전에 성장할 수 있도록 돕는 성장인자인데, 이 유전자는 오로지 부계의 염색체에서 활성화된다. IGF2의 억제제도 있는데, 공교롭게도 그 이름은 IGF2 수용체이며, 이 유전자는 오직 모계 염색체에서 활성화되어 있다. 이 경우 유전적 이형접합의 효과는 모계나 부계의 염색체 둘 중 어느 하나에 변이가 있는지에 달려있다. 만약 불활성화된 대립유전자가 발현되지 않는 염색체에 있다면 그 효과는 없을 것이고, 만약 그것이 발현되는 염색체에 존재한다면, 그 효과는 동형접합체의 기능 상실 돌연변이와 동일할 것이다. 역으로 정상적으로 발현되지 않는 염색체에서 각인을 잃는 돌연변이가 가능하며, 이는 정상 유전자 양을 2배로 증가시키는 영향을 가져올 것이다. 예를 들어, 사람에서 "벡위드-비드만(Beckwith-Widemann)" 증후군은 배아가 과다성장하고 암을 미리 가지고 태어나는 유전질환이다. 이 경우 전압-의존성 K^+ 통로를 암호화하는 유전자에 변이가 있고, 많은 경우에서 IGF2의 각인이 소실되어 있다. 또 다른 IGF2 각인의 소실의 예로는 소아기에 신장암이 발생하는 빌름스 종양(Wilm's tumor)이 있다.

많은 다른 각인 유전자들이 있지만, *Igf2* 시스템 그 자체는 단위생식 발달을 막는다는 관점에서 중요한 의미를 갖는다. 만약 난자가 2개의 반수체 암컷 핵을 갖는 방식으로 재구성되었다고 하더라도 그중 하나는 부체의 핵처럼 *Igf2*를 발현할 수 있게 변형될 것이고, 그 경우 단위생식은 끝까지 발생할 수 있다.

각인은 배우자 형성 과정 동안 생식세포에서 확립된다. 이 과정 이후에 핵 이식을 하거나, 각인 위치에서 모계와 부계의 대립유전자 둘 다 발현되는지 여부에 의해 조사될 수 있다(그림 11.28). 원시생식세포에서 유래한 핵으로 만들어진 전체 배아 클론은 E11.5부터 원래 있었던 각인이 지워지게 되는데, 이는 아마도 원시 세포에서 게놈 전체에서 일어나는 DNA의 탈메틸화와 관련이 있는 것으로 보인다. 이후 각인은 암컷에서는 난자의 성장 과정 동안 배우자 형성 과정에서 다시 수립되며, 수컷에서는 이보다 다소 빠르게 나타난다. 각인의 유지가 DNA의 메틸화 상태와 어느 정도 관련이 있다는 것은 알려져 있지만, 애초에 어떻게 수립되는지에 대한 기전은 아직 명확하지 않다(4장). 몇몇 실험적으로 도입된 형질전환 유전자들이 각인이 되는 것으로 밝혀졌고, 정자와 난자에서 다르게 메틸화되는 것으로 관찰되었다. 배아 발달의 초기 단계에서는 게놈의 일반적인 탈메틸화 과정도 존재한다. 하지만 탈

그림 11.28 각인의 "라이프 사이클". 두 유전자 위치가 보여지고 있으며, 빨간색은 발현되는 유전자, 파란색은 각인된, 비활성화된 유전자를 나타낸다. 각인은 원시생식세포에서 지워지며 배우자 형성 과정에서 다시 형성된다.

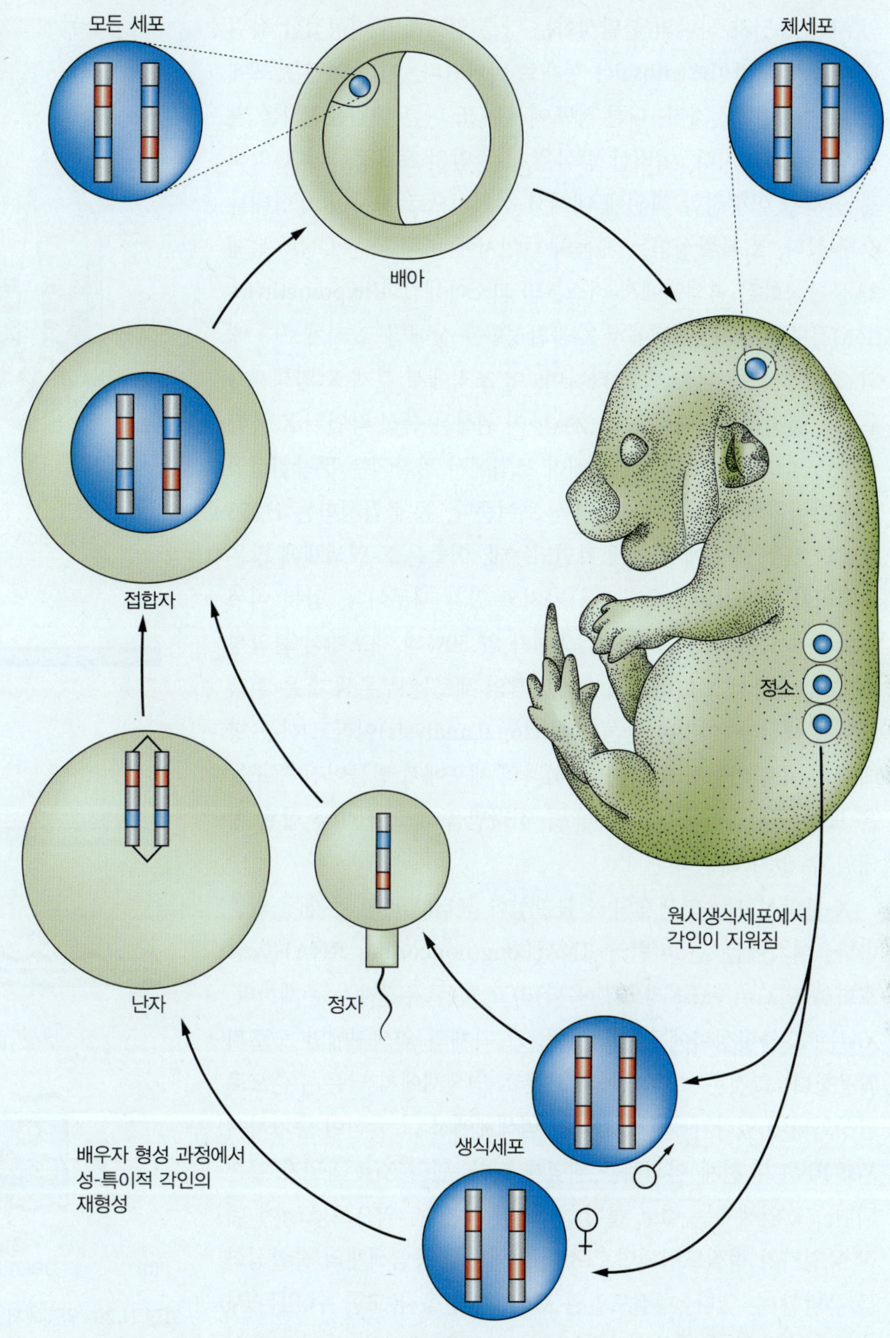

메틸화는 어떤 방식으로든지 보호되고 있는 것으로 보이는 각인에는 영향을 주지 않는다.

X-불활성화

모든 암컷 포유동물에서 **X-염색체** 중 하나는 이질염색체가 되어 불활성화되는데, 이 현상은 핵 안에서 "바소체(Barr body)"의 형태로 관찰된다. 불활성화는 유전자 발현량을 조절하는 기전으로 작용하며, 암컷과 수컷에서 다른 X-염색체 수를 보완하는 것으로 보인다. 그러므로 대부분의 X-염색체 연관 유전자는 오직 하나의 대립유전자만 발현하게 된다. 물론 X-염색체 연관 유전자 중에는 Y-염색체에도 존재하는 것들이 있으며, 이 경우는 당연히 양성에서 2개의 사본이 존재한다. 이 경우는 X-불활성화의 대상이 아니다.

생쥐에서 X-불활성화는 난원통 단계에서 무작위적으로 일어나 모계 혹은 부계 유래 X-염색체 중 하나는 불활성화된다. X-염색체의 사본 유전자 하나의 불활성화는 다른 염색체의 이형접합 좌위에 대해서 **모자이크(mosaic)** 형태로 나타난다. 이는 어떤 세포에서는 한 대립유전자가, 다른 세포에서는 또 다른 대립유전자를 발현한다는 의미이다. 이러한 방식은 모든 암컷 포유동물이 X-염색체 연관된 이형접합 좌위에 대해서 선천적으로 모자이크 형태를 갖게 한다. X-불활성화는 게놈의 나머지에 비해 늦은 DNA 복제와 불활성화된 염색체에서 히스톤의 과소아세틸화(hypomethylation)를 동반한다. 생쥐에서 X-불활성화는 상배엽 그 자체보다 배외 조직에서 좀 더 일찍 나타나며, 이 조직에서 부계 X-염색체가 특별히 불활성화된다(그림 11.29a). 이 현상은 특히 각인된 X-불활성화로 알려져 있으며, 다른 배아 조직에서 관찰되는 무작위적인 X-불활성화와는 다소 다른 면을 보여준다. X-불활성화는 H253 계열의 생쥐 품종에서 쉽게 확인되는데, 이들은 X-염색체에 많은 박테리아 유래 *LacZ* 유전자를 가지고 있기 때문이다. 암컷 이형접합자에서는 *LacZ*를 가진 염색체가 약 50%의 세포에서 불활성화되며, 따라서 X-Gal 염색에서 각각의 세포는 푸른색 혹은 흰색으로 염색된다. 이것은 **클론 분석(clonal analysis)**이라고 하는 형태의 분석을 가능하게 하는데, 하나의 세포에서 만들어진 구조들은 모두 푸른색이나 흰색의 둘 중 하나만을 띠고 절대 혼합된 형태일 수 없기 때문이다.

X-불활성화는 염색체의 X-불활성화 센터(*Xic*)의 존재에 의존한다. 여기에는 긴 비번역 RNA(Long-noncoding RNA)을 암호화하는 *Xist*("exist"라고 발음함)라고 하는 유전자가 존재한다. *Xist*는 X-불활성화에 필수적이며, 그 자체의 염색체에만 오로지 작용한다. 그것은 초기 배아의 모든 X-염색체에서 낮은 수준으로 활성화되어 있다가 불활성화되는 염색체에서 그 활성이 증가하여 *Xist* RNA가 전체 염색체를 뒤덮게 된다. 만약 *Xist* 좌위가 결손되면, 그 염색체는 결코 불활성화되지 않는다. 역으로 *Xist*에 대한 유전자가 형질도입되면 그것이 삽입된 상동염색체의 불활성화를 유발할 수 있다. 형질도입된 *Xist*의 발현을 유도할 수 있는 시스템을 활용하여 배아줄기세포에서 실험을 해보면, 만약 *Xist*의 발현이 유도되면 그 자체의 염색체를 불활성화할 수 있으며, *Xist*의 존재는 불활성화 유지를 위해 48시간 이상 존재하여야 한다. 그 후 *Xist*는 더 이상 필요하지 않으며, 불활성화 자체는 다른 기전, 예를 들어 macroH2A라고 하는 특별한 히스톤을 불러들이거나 히스톤의 과소아세틸화(hypoacetyplation) 같은 기전에 의해 유지된다(그림 11.29b). *Xist*의 프로모터는 배우자 형성 과정 중에 다른 방식으로 메틸화되는데, 예를 들어 정자에서는 탈메틸화되고 난자에서는 메틸화가 된다. 이러한 패턴은 배외 조직에서 유지가 되는데, 부모의 X-염색체의 불활성화 상태와 어느 정도 연관이 되어 있다. 상배엽에서는 각인이 지워지고 프로모터의 무작위 메틸화로 대체된다. 다른 DNA 가닥에 *Xist* 유전자와 중복되는 *Tsix*라고 부르는 안티센스 유전자가 있다. *Tsix*는 모계 유래 X-염색체에서 활성화되어 있으며, 모계 X의 초기 불활성화에 대한 저항성을 갖게 해준다. 하지만 이러한 활성은 인간에서 보존되어 있지 않다.

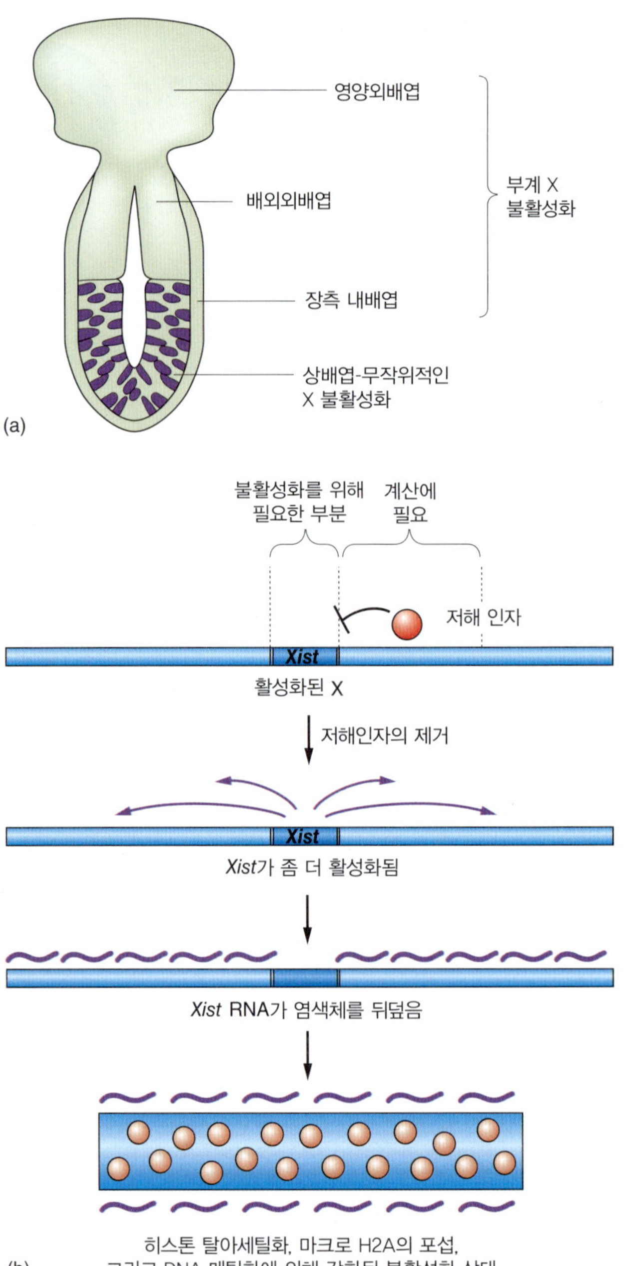

그림 11.29 암컷에서 2차 X-염색체의 불활성화. (a) 이형접합 H253 생쥐 배아에서 *lacZ*의 발현. *lacZ*가 부계 X-염색체에서 발현된다. (b) X-불활성화 과정.

X-불활성화는 X-염색체와 다른 상동염색체 사이의 비율을 인지하는 개수(숫자를 인지하는) 기전을 가지고 있어야 한다. 이에 대한 근거로 여러 개의 X-염색체를 가진 개체는 하나를 남겨놓고 나머지 모두를 불활성화 시키는 것으로부터 알 수 있다. XXY 염색체 변이를 가진 개체는 하나의 바소체를 가지는 것으로 봐서, 이러한 기전은 심지어 수컷에서도 존재하는 것으로 보인다. 이를 설명하는 모델로, 상염색체에서 만들어지는 어떠한 차단 인자가 있으며, 이는 제한된 양만 만들어지므로 단 하나의 X-염색체에만 *Xist* 발현을 막을 수 있다(그림 11.29b).

기형암종

배아줄기세포의 특성과 그들을 어떻게 사용할까에 대한 많은 아이디어가 초기 **기형암종(teratocarcinoma)**에 대한 초기 연구에서 왔다고 해도 과언이 아니다. 이들은 악성이며, 이식 가능한 암으로써 여러 종류의 조직들로 구성되어 있으며, 또한 미분화 세포도 포함하고 있다. 그 미분화 세포는 배양접시에 옮겨 놓으면 다시 자랄 수 있기에 암을 위한 줄기세포로 여겨지며, 때로는 배아기형암종(embryonic carcinoma, EC) 세포라고 불리기도 한다. 기형암종은 자발적인 정소형, 자발적인 난소형, 그리고 배아 유래형의 세 가지로 구분될 수 있다. 자발적인 정소형 기형암종은 129 계통 생쥐의 수컷 태아의 정소에서 발생한다. 그들은 정원세포로부터 발생하였을 것으로 생각되며, 잘 알려진 F9 세포주가 바로 그것이다. 자발적인 난소형 기형암종은 LT 계통의 3개월령 생쥐의 암컷에서 유래하였다. 그들은 첫 번째 감수분열을 마친 난자에서 온 것으로 생각되며 난원통 단계까지 정상적인 배아 발생을 진행할 수 있다. 배아 유래의 기형암종은 초기 생쥐 배아를 면역학적으로 적합한 숙주의 자궁 부위, 주로 신장이나 정소 등에 이식함으로써 만들어질 수 있다. 배아는 무질서하게 발생하며, 분열하는 배아 기형암종 세포와 함께 다양한 성체조직을 만들어낼 수 있다.

다른 기형암종 세포주들은 서로 매우 다른 성질을 나타낸다. 어떤 것은 자라기 위해 배양보조세포를 필요로 하고 다른 것은 그렇지 않다. 또 어떤 것은 복강에서 분산된 세포의 형태로 자라며(복강 종양이라 불림), 다른 것들은 그렇지 않은 경우가 있다. 어떤 세포주는 시험관 내에서 혹은 체내에서 분열할 수 있는 반면에, 다른 것들은 그렇지 않은 것도 있다. 대부분의 세포주는 비정상적인 염색체를 가지고 있지만 드물게 완전히 정상이거나 거의 정상에 가까운 것들도 존재한다. 이러한 다양성의 대부분은 종양을 배양하여 세포주를 수립하는 과정에서 암종이 선택되는 과정에서 나타나는 현상으로 보이지만, 원래 암을 형성하는 세포의 종류가 어느 정도 이질적이었다는 점도 배제할 수 없다. 기형암종의 어떤 종류를 포배에 주입함으로써 키메라 생쥐를 만드는 것도 가능하지만 배아줄기세포를 이용하는 것만큼 잘 이루어지지는 않는다. 하지만 이러한 종류의 종양 세포가 적절한 생물학적 환경에 놓여지면 정상적인 행동을 하도록 돌려질 수 있다는 사실에서 여전히 이론적 흥미가 남아 있다.

고전적인 실험

발생학 연구에 생쥐가 한 가장 큰 기여는 형질전환과 유전자 적중 기술을 통해서이다. 이제 이러한 기술은 초기 발생과 기관형성의 거의 모든 연구의 근간이 되고 있다. 이들 기술은 또한 인간 질환 연구를 위한 생쥐 모델을 형성하는 데 사용되었고, 이는 질병의 분자적 기전과 가능한 치료법 개발에 활용되고 있다.

첫 번째 형질전환

Gordon, J.W., Scangos, G.A., Plotkin, D.J., Barbosa, J.A. & Ruddle, F.H.(1981) Genetic-transformationof mouse embryos by micro-injection of purified DNA. *Proceeding of the National Academy of Sciences USA* 77, 7380-7384.

배아줄기세포의 발견

Evans, M.J. & Kaufman, M.H.(1981) Establishment in culture of pluripotential cells from mouse embryos. *Nature* 292, 154-156.

Martin, G.R.(1981) Isolation of a pluripotent cell line from early mouse embryos cultured in a medium conditioned by teratocarcinoma cells. *Proceeding of the National Academy of Sciences USA* 78, 7634-7638.

기초적인 유전자 적중 과정의 발명

Thomas, K.R. & Capecchi, M.R. (1987) Site directed mutagenesis by gene targeting in mouse embryo-derived stem cells. *Cell* 51, 503-512.

Mansour, S.L., Thomas, K.R. & Capecchi, M.R.(1988) Disruption of the protooncogene int-2 in mouse embryo-derived stem cells: a general strategy for targeting mutations to non-selectable genes. *Nature* 336, 348-352.

새로운 연구 방향

CRISPR-Cas9에 기반한 보다 효율적인 방법의 도움과 함께, 생쥐는 형질전환과 유전자 적중 계통들을 만드는 데 사용되어 비단 발달 기전의 연구에 국한되지 않고, 광범위한 생물학적 문제들을 해결하는 데 활용되고 있다. 예를 들어, 세포생물학, 면역학, 신경생물학과 질환 기전의 연구들이 이런 연구의 대상이 된다. 특별한 유전자 변이의 결과물이 인간과 생쥐에서 항상 동일하게 나타나지는 않지만, 형질전환 및 유전자 적중 생쥐는 계속해서 인간 질환 연구를 위한 모델을 공급하고 있다. 특별한 조직만을 변형시키거나 표지하는 복잡한 기술은 계속해서 발전하여 기관형성이나 조직-특이적인 줄기세포의 특성을 연구하는 데 지속적인 동력을 제공한다. 생쥐보다 더 큰 집쥐(rats)로부터 배아줄기세포를 만들어내는 기술이 가용해짐에 따라 이제는 생쥐를 넘어서 유전적으로 변형된 집쥐를 이용하여 생리학적 약리학적 연구에 활용할 수 있게 되었다.

기억해야 할 핵심 사항

- 수정은 다음의 특징적인 몇 가지 단계로 구성된다. 첫째, 정자에 의한 투명대 인식. 둘째, 투병대를 통한 통로를 개척하는 가수분해의 방출을 야기하는 첨체 반응. 셋째, 난자의 세포질 안으로 PLCζ이 도입이 동반되는 정자와 난자의 융합. 넷째, 세포질 내 칼슘의 증가와 그것이 야기하는 피질과립의 방출, 난자의 두 번째 감수분열의 완성, 그리고 첫 번째 난할을 준비하는 DNA 합성의 재개.
- 발생의 첫 4일 동안 생쥐 배아는 착상 전 상태이다. 배아는 난관 혹은 자궁에 자유롭게 놓여 있으며 포배 상태까지 발달한다. 착상 전 배아는 시험관 내에서 배양되고 조작될 수 있다. 이어지는 착상 후 발달 과정은 자궁벽 내에서 이루어지며 태반에 의해 영양분이 공급되기 시작한다.
- 전체적인 발달 과정은 닭의 경우와 유사하지만 배외막의 배열은 큰 차이이며, 난원통의 배열과 관련된 두드러지는 특징이 설치류에서 관찰되지만 이는 다른 포유동물에서는 발견되지 않는다. 배아 몸통 체제는 난원통 단계의 상배엽 단계에서 배외 외배엽과 다른 전방 장측 내배엽으로부터 전달되는 다양한 유도 신호에 의해 형성된다. NODAL은 그중 중배엽 형성에 중요하며, 결절 영역은 제노푸스의 형성체와 유사한 역할을 한다. FGF와 WNT 신호는 후방 몸체의 형성에 필요하다.
- 몸 구조의 좌우 대칭을 깨는 비대칭성은 결절 섬모의 내재적인 비대칭성에 기인한다.
- 배아줄기세포는 포배의 내세포괴에서 유래한 배양가능한 세포이다. 이 세포들은 시험관 내에서 무한 증식이 가능하고 배아체로 분화되며, 면역 기능이 있는 숙주에 이식되면 기형종을 형성하고, 포배에 강제로 주입이 되면 발달하여 몸을 이루는 거의 모든 조직을 구성한다.
- 형질전환 생쥐는 외부에서 유래한 유전자를 가진다. 수정란의 전핵에 DNA를 주입하거나, 배아줄기세포를 사용하여 녹인을 하거나, CRISPR-Cas9 시스템을 통해 유전자를 도입할 수 있다. DNA가 주입된 난자는 대리모의 생식기관에 이식되어 발생을 마치게 된다. 그 후 교배되어 형질전환 계통을 형성하게 된다. 형질전환 유전자 발현의 특이성은 같이 도입되는 프로모터에 의해 조절될 수 있다.
- 유전자 적중 생쥐는 어느 한 유전자가 불활성화된 것을 의미한다. 유전자 적중이나 녹인은 배아줄기세포에 조작을 원하는 유전자를 가진 DNA 구조를 넣어 상동접합 재조합을 일으킴으로써 제작할 수 있다. 그 세포는 다른 생쥐의 포배에 주입되고 키메라 배아를 형성하게 된다. 키메라 배아는 다른 대리모의 자궁에 착상하고 발달하여 태어나게 되고, 그렇게 태어난 개체는 그들의 생식세포를 통해 변이가 발생한 유전자를 다음 세대로 전달할 수 있다.
- 어떤 유전자는 모계 혹은 부계 염색체에서만 발현한다(각인).
- 암컷의 초기 배아에서 X-염색체의 한 복사본은 비활성화된다.

Chapter 12

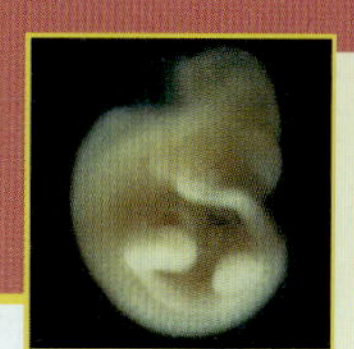

인간의 초기 발생

Human early development

본 책에서는 다양한 모델 생물의 초기 발생을 다루고 있다. 책의 일부를 인간의 초기 발생에 대해 할애하는 것이 일부 독자에게는 다소 부적합하게 느껴질 수도 있다. 그러나 다양한 모델은 결국 인간과의 유사점이 있으면서도 실험적으로 다루기 쉬운 유기체들이며, 연구진은 해당 모델에서의 연구를 통해 인간에서 시사하는 바를 얻고자 한다는 점을 기억할 필요가 있다. 만약 인간 발생을 직접적으로 연구할 수 있다면 굳이 모델을 통해 실험할 필요가 없을 것이다. 그러나 인간의 발달을 직접적으로 연구하기에는 현실적으로 매우 어려우며, 다양한 제약이 존재한다. 초기의 배아에 연구 목적으로 접근하는 것은 거의 불가능하며, 허용되는 연구의 종류는 매우 제한적이고, 배아 연구는 다양한 윤리적인 문제들 또한 내포하고 있다. 인간의 발생에 대해 우리가 현재까지 알고 있다고 생각하는 지식은 다양한 모델 동물, 그 중에서도 특히 생쥐를 통해 유추된 내용이다. 생쥐와 인간에서 초기 발생의 대략적인 개요는 유사할 수 있으나 세부적으로 많은 차이점이 존재하며, 실용적인 목적으로 연구결과를 적용할 때는 이러한 차이점에 유념할 필요가 있다. 본 장에서는 이러한 차이점에 주목할 것이며, 체외수정 및 유전학적 검사 등의 인간 발달과 관련된 다양한 정보를 제공할 것이다.

윤리적인 문제를 논의하고자 할 때, 인간의 "배아"는 **"수태물(conceptus)"**이라는 사실을 기억할 필요가 있다. 다른 포유류에서와 마찬가지로, 수태물은 배아와 **태반(placenta)**으로 발달하게 된다. 정의에 따른 엄격한 적용을 한다면 초기 착상 전 단계에서는 "수태물"이라는 단어를 쓰는 것이 적절하겠지만 통상적으로 "배아"라는 단어가 널리 쓰이고 있으므로, 본 책에서의 "배아"는 수태물의 개념을 포함하는 것으로 이해하면 될 것이다.

본 장에서의 발생학적 시간은 수정으로부터 경과한 시간을 기준으로 한다. 이 시간은 산과에서의 임신주수 측정보다 2주가 더 늦는다는 것을 염두에 두어야 한다. 산과에서의 임신주수 계산은 마지막 월경의 시작일을 기준으로 하며, 이를 기준으로 하였을 때 인간의 출생까지의 총 임신주수는 약 40주이지만, 수정부터 출산까지 소요되는 것은 약 38주이다. 인간의 발생에 대한 정보는 주로 서술 위주이며, 상당 부분은 20세기의 초중반 무렵 워싱턴 카네기연구소에서 제작된 인체 배아 컬렉션에 기반하고 있다. 이러한 방식은 단계를 나누는 체계화된 시스템 구축의 기반이 되었다. 예컨대, 카네기 단계 1~3은 착상 전의 시기를 나타내고, 4~10은 착상 이후의 과정부터 전반적인 체제가 형성되는 기간을 나타내는데, 이는 수정부터 22일 정도 이후이다.

인간의 생식

생식세포의 형성

초기 배아 연구의 상당 부분은 인간과 매우 유사한 게잡이원숭이(cynomolgus monkey) 배아의 연구에 기반하고 있으며, 이러한 관찰 및 연구를 통해 **원시생식세포(primordial germ cells, PGC)**가 설치류에서는 후측 상배엽 세포(posterior epiblast)에서 기원한다는 것과는 다르게 **양막(amnion)**에서 기원한다는 사실이 밝혀졌다. 이러한 사실은 의심의 여지 없이 영장류에서 양막의 발생 형태가 설치류에서의 발생 형태와 다르기 때문에 생기는 차이일 것으로 여겨진다(아래 참조). 원시생식세포(PGC)는 수정 약 4

주 뒤, 알칼리 인산분해효소(alkaline phosphate)를 사용하여 염색했을 때 근위부의 난황에서 먼저 관찰된다. 그 이후 생쥐에서와 비슷한 양상으로 세포의 이동이 일어나며, 처음에는 후장(hindgut)의 내배엽으로 진입하고 등쪽 장간막으로 이동하며, 최종적으로는 생식소를 형성하는 이동로 옆쪽 중배엽인 중간중배엽으로 이동하게 된다. 이 생식세포의 이동은 발생 4~6주에 일어나게 된다. DNA의 메틸화는 발생 5주차에 이루어지며 원시생식세포가 생식소에 위치하는 8주차 무렵 최소한으로 줄어들게 된다. 생식세포는 발생 10주차까지 체세포분열을 통해 증식하게 되며, 남성의 생식세포는 체세포분열의 휴지기에 접어들고, 여성의 경우는 감수분열 전기에 접어들게 된다. 여성의 경우는 700만 개의 일차 감수분열 전기 단계의 난자가 형성되지만 출생 전까지 상당히 많은 수의 세포 사멸이 일어나서 출생 시 약 100만 개 가량의 일차 감수분열 전기 단계의 난자를 갖게 된다. 사춘기의 시작 시에는 일차 난자의 수가 4만 개 정도로 줄어들게 된다. 남성에서는 **정원세포(spermatogonia)**가 배아 시기부터 추후 정자 생산이 시작되는 사춘기까지 오랜 기간 동안 휴지기에 돌입하게 된다.

제1난모세포인 일차 난자는 제1감수분열의 전기에 매우 오랫동안 휴지 상태로 머물러 있을 수 있으며(약 50년까지), 체세포 기원 난포세포로 둘러싸여져 있고 난자의 기질에 위치한다. 사춘기 시기부터, 약 한 달 간격의 생식주기(월경주기)가 시작되며, 이는 뇌하수체에 의해 조절된다. 해당 내용의 세부 사항은 생리학 교과서 등에서 찾아볼 수 있으나, 간략히 설명하면 뇌하수체 전엽에서 난포자극호르몬(Follicle-stimulating hormone, FSH)이 분비되어 약 20여개의 난포의 성장을 촉진하며, 그중 한 개만 배란된다. 주기의 13~14일째에는 뇌하수체에서 FSH와 황체화호르몬(Luteinizing hormone, LH)의 분비가 급증하는데, 이는 배란을 유도한다. 배란과 동시에 첫 감수분열의 시작이 이루어지며, 이후 난자는 이차 난포와 제1극체를 형성하게 되고, 난소에서 **난포(혹은 난구, cumulus)** 세포에 둘러싸인 상태로 배출된다. 인간에서의 난관(oviduct)은 **나팔관(fallopian tube)**이라는 병칭으로 불리며, 그 개구부는 **누두(난관깔대기, infundibulum)**로 불린다. 정자가 존재하면 나팔관의 상부 팽대부(ampulla)에서 수정이 이루어지고, 제2감수분열이 완료되며 제2극체가 생성된다. 여성의 가임기 동안 실제로 배란이 이루어져서 수정이 가능한 난자의 수는 약 400개 정도이다. 난포 중 성장은 하지만 성숙되지 않는 난포들은 재흡수된다. 난포 성장이 이루어지는 월경주기의 전반부에는 난포를 둘러싸고 있는 세포에서 생성되는 에스트로겐이 자궁내막의 성장을 촉진한다. 배란 이후에는 배란되고 남은 난포인 **황체(corpus luteum)**에서 생성되는 프로게스테론에 의해 자궁 내막이 두텁게 유지되고 내막선과 혈관이 발달하는데, 이는 수태물의 착상을 준비하기 위한 것이다. 만약 수정이 이루어지지 않으면, 난자 및 황체의 퇴화가 이루어지고 프로게스테론의 농도 저하로 인해 자궁 내막이 탈락하여 월경으로 배출된다. 여러 영장류에서는 인간과 비슷한 월경주기를 가지는 것이 관찰되었으나, 설치류와 같은 포유류목에서는 관찰되지 않는다.

만약 수정이 일어나면, 수태물의 **합포체영양막(syncytiotrophoblast)**("인간 착상후 발달" 영역 참조)에서 인간융모생식샘자극호르몬(human chorionic gonadotropin, hCG)을 분비하게 되는데, 이는 LH와 비슷한 작용을 하여 프로게스테론을 분비하는 황체의 기능을 3개월 가량 유지하는 역할을 한다. 이는 태반이 온전히 제 기능을 할 수 있을 때까지 임신 유지를 돕는 역할을 한다. 임신 테스트는 hCG를 소변에서 면역화학적으로 검출하는 기법을 이용하며, 이는 수정 12~14일부터 확인이 가능하다.

피임약은 에스트로겐과 프로게스틴(프로게스테론의 합성제제)으로 구성되어 있으며, 어떤 약들은 프로게스틴만으로 구성되어 있기도 하다. 이러한 약제들은 뇌하수체에서 생식샘호르몬이 생성되는 것을 억제하며, 따라서 난포의 성장과 배란이 일어나는 것을 막는다. 프로게스틴은 자궁경부 점액의 점도를 높이는데, 이는 정자가 난관까지 이동하는 것을 물리적으로 막는 역할을 한다.

수정

인간의 수정에 대한 연구는 난임 치료를 위한 체외생식술과 밀접한 연관을 가지며 발전해 왔다. 세부적인 차이는 존재하지만, 인간의 중요한 발생 과정은 생쥐의 발생 과정과 유사하다. 인간 정자의 형태는 생쥐의 정자와 다르지만(그림 12.1), 중요 부위의 구성은 같게 이루어져 있다. 정자는 여성의 질에 진입한 이후, 자궁

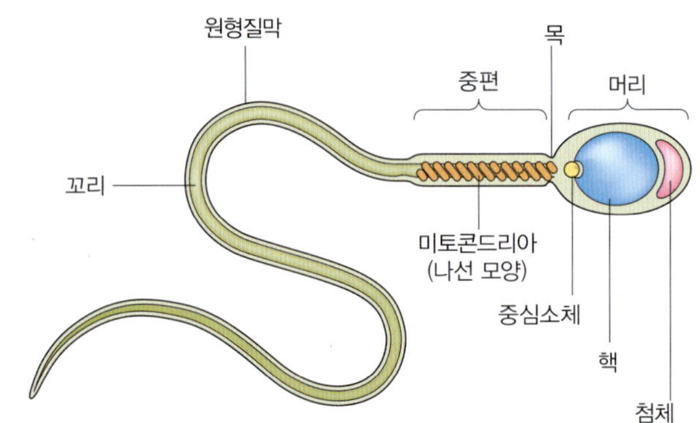

그림 12.1 인간 정자의 모식도. 생쥐 정자의 형태와는 다르지만 구성 인자는 비슷하다.

경부로부터 자궁, 그리고 난관의 팽대부까지 이르는 길을 찾아서 올라가게 된다. 이 움직임은 주로 주변을 둘러싸고 있는 다량의 액체가 흐르면서 이루어지지만, 정자가 난자에 근접하면 화학주성(chemotaxis)을 통한 정자의 화학적인 작용으로 진행된다. 이러한 일련의 과정을 거치면서 정자의 **수정능 획득(capacitation)**이 이루어지는데, 이는 활성화가 될 수 있는 상태를 일컫는다. 수정능 획득의 과정에서는 세포막의 콜레스테롤이 소실되며, 막의 유동성이 증가하는 등의 다양한 변화가 일어나게 된다. 수정능 획득은 체외(*in vitro*)에서도 시행될 수 있으며, 배양액에 콜레스테롤 수용체로 작용하는 알부민을 첨가하여야 한다. 그러나 체내(*in vivo*)에서의 수정능 획득에 작용하는 정확한 인자는 아직 밝혀지지 않았다. 정자가 난자에 근접할수록, 정자의 화학주성에 관여하는 중요한 인자는 난자를 둘러싼 난구세포에서 분비되는 프로게스테론이다. 이는 정자 꼬리의 근위부에 위치한 CatSper라는 세포막에 위치한 칼슘 채널에 결합하게 된다. CatSper 채널을 통해 정자의 세포질에 칼슘이 유입되며, 이로 인해 정자의 운동성이 증가하게 된다. 난자 자체에서 분비되는 화학유인물질(chemoattractant) 또한 최소 한 개 이상 존재한다. 정자가 난자를 찾으면, 투명대(zona pellucida)의 당단백 복합체에 결합하게 된다. 이는 **첨체 반응(acrosome reaction)**을 일으키게 되는데, 이는 정자의 머리에 위치한 첨체(acrosome)가 터지면서 아크로신(acrosin) 등의 단백질 분해효소와 다른 효소들을 방출하고 정자가 투명대를 통과하여 난자의 형질막에 도달하게 하는 반응을 일컫는다. 생쥐에서는 형질막에 결합하기 위해서는 정자의 이즈모(Izumo) 단백질과 난자의 주노(Juno) 단백질 사이의 상호작용이 필요하다. 두 단백질은 모두 세포막의 단백질이며, 이즈모는 첨체 반응에 의해 노출되기 전까지는 안쪽 첨체의 막 일부를 이루고 있다. 실제 결합에 필요한 다른 요소에는 테트라스파닌(tetraspanin, CD9)이 있다. 세포막 융합과 함께 정자는 난자의 세포질로 포스포리파아제 C ζ(zeta)를 유입시킨다. 이는 생쥐에서보다 더 긴 시간 동안 유지되는 칼슘 진동을 유발한다. 난자 내부의 칼슘 상승은 피층 과립이 분비되게 하고, 난자의 제2감수분열을 완성시키며 전핵(pronuclei)을 생성한다. 생쥐에서와 같이 전핵은 수정란의 분열이 시작되기 전까지 서로 융합을 하지 않는다.

체외수정시술은 다음과 같은 과정으로 진행된다. 난자의 조기배란을 방지하기 위해 생식샘자극호르몬분비호르몬 작용제(gonadotropin-releasing hormone agonist, GnRH agonist) 또는 억제제(antagonist)로 여성의 월경주기를 억제하고, 난포자극호르몬을 일정 기간 투여하여 여러 개의 난자가 동시에 자라고 성숙하도록 유도한다. 배란은 인간 융모성 생식선 자극호르몬을 투여하여 이루어진다(인간 융모성 생식선 자극호르몬은 황체화호르몬과 같은 역할을 한다). 난소 상피에서 자라는 난자들은 질식초음파 유도 바늘을 이용하여 시술자가 직접 흡인하여 회수한다. 난자는 정자와 혼합되어 수정에 이르게 된다. 만약 정자의 수가 적을 경우, 수정을 위해 하나의 정자를 난자 내에 주입하는 난자 세포질 내 정자주입술(intra cytoplasmic sperm injection, ICSI)이 시행된다. 이후에 배아는 며칠 동안 배양을 거치게 되며 상실기와 포배기 단계까지 이르게 된다. 착상 성공률을 높이기 위해서 제일 상태가 우수한 배아를 선별하게 되며, 배아 이식은 질과 자궁 경부를 거쳐 자궁 내막에 도달하는 카테터를 이용하여 이루어진다. 외부에서 프로게스테론 혹은 이와 비슷한 작용을 하는 물질을 투여함으로써 착상의 확률을 극대화하게 된다. 다태임신을 피하기 위해 보통 한 개의 배아를 이식하게 된다. 만약 착상 전 스크리닝 및 진단이 시행되어야 할 경우 배아는 검사결과가 나올 때까지 냉동 상태에서 보관된다. 미래의 임신을 위해 생성된 잉여 배아 또한 냉동 상태에서 보관된다. 배아는 추후의 주기에서 이식이 될 수도 있으며, 난임인 여성에게 공여될 수도 있고, 연구 목적으로 사용되거나 폐기될 수도 있다.

성공적으로 정자를 동결하고 해동하는 것은 수십 년 전부터 가능하던 일이었다. 배아와 수정되지 않은 난자를 보존하는 것이 더 어려웠으나, 유리화동결(초자화동결, vitrification) 과정을 통해 가능해졌다. 이는 냉동보존제(동결액, 동결보호제) 첨가 상태로 액체 질소에 바로 넣는 초급속 냉동법으로 동결하는 과정을 일컫는다. 정자, 난자 및 배아는 액체 질소에서 무기한 보존 가능하며, 필요할 때 해동해서 사용할 수 있다.

착상 전 발달

카네기 발달 단계에 따르면, 착상 전 단계에서 1단계는 수정된 난자이고, 2단계는 난할기이며, 3단계는 포배기이다. 착상 이전의 인간 배아에서 일어나는 일련의 발달 단계들은 생쥐와 유사한 것으로 보이지만 더 천천히 일어난다(그림 12.2). 배아는 1일에서 4일에 걸쳐 난할(cleavage)을 거듭하며 상실배(morula)로 이행하며, 이 기간 동안 배아는 나팔관을 거쳐 자궁으로 들어간다. 포배(blastocyst)는 4일쯤 형성되며, 생쥐의 구성과 비슷하게 내세포괴(inner cell mass, ICM) 및 영양외배엽(trophoectoderm)으로 구성되어 있다(영양외배엽은 인간 배아에서는 **영양막(trophoblast)**으로 불린다). 배아의 유전 활성은 4~8-세포 단계에서 나타나며,

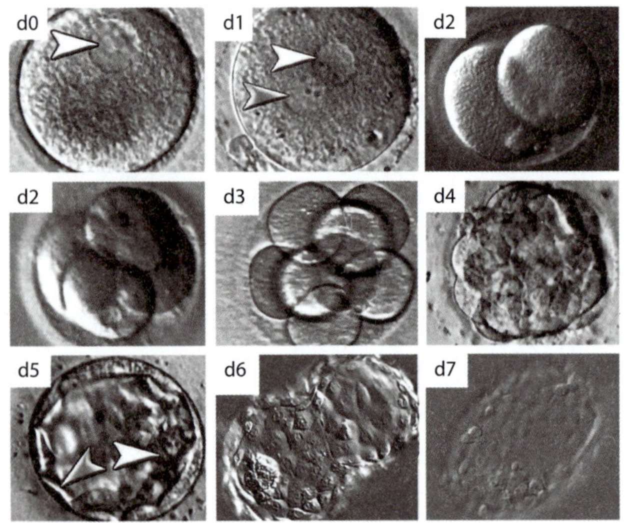

그림 12.2 인간의 착상 전 발달. "d"은 수정으로부터 경과한 일수를 나타낸다. d0-1: 1세포 단계로, 화살표가 가리키는 것은 전핵이다. d2-3: 3-세포로 난할 과정을 거치는 것을 보여준다. d5: 포배기의 배아로 영양막(회색 화살표)와 내세포괴(흰색 화살표)를 보여준다. d6: 포배가 투명대에서 부화하는 모습. d7: 부화가 완료된 포배. 출처: Niakan et al.(2012). Development. 139, 829-841.

이는 난자에 축적된 모계 메신저 RNA(mRNA)의 분해와 동시에 일어난다. 이는 생쥐보다 조금 더 늦는데, 생쥐의 경우는 1~2-세포기에 접합자의 유전자가 활성화된다. 중요한 발달 전사 인자의 특징적인 표현형 도메인 또한 생쥐에서보다 인간에서 더 늦게 일어난다. *OCT4*는 8세포기에 발현되며, 6일째 포배의 영양막과 원시 내배엽(endoderm, 인간발생학에서는 하배엽, **hypoblast**로 일반적으로 일컬어짐)에서 제외되기 전까지 전체에 걸쳐 존재한다. *NANOG*는 하루 전 내세포괴에 국한하여 발현된다. *CDX2*는 5일 배아에서 발현되고 영양막에 국한되어 존재한다. *GATA6*과 *SOX17*은 내세포괴(ICM)에 있는 일부 세포에서 발현되는데, 이는 6일 포배의 포배강(blastocoel) 옆의 하배엽(hypoblast)으로 이어지며, 내세포괴의 나머지는 상배엽(epiblast)이 된다. 포배의 세포에서 시행한 mRNA의 단일 세포 RNA 시퀀싱을 통해 명확히 구분되는 영양막, 상배엽 및 하배엽의 세포들을 확인할 수 있다. 포배는 6~7일째에 투명대에서 부화(hatching)하며 착상을 준비하게 된다. 성염색체 XX 배아에서 X-비활성화에 대한 연구는 단일 세포의 mRNA에서 추출된 부모 세대의 대립유전자 2개에서 X 염색체 관련 유전자의 존재를 확인하는 방법으로 진행되어 왔다. 인간 여성에서의 X-유전자 양의 보정은 착상 전 과정에서 점진적으로 이루어지는 것으로 보이며, 주로 7일 포배기에서 확실히 이루어진다. 그러나 한 개의 X-유전자의 영구적인 불활성화는 착상 이후의 시기에 일어나는 것으로 보인다.

대부분의 인간 일란성 쌍태아는 착상 전 단계에서 발생한다. 역사적으로 분리된 태반을 가진 쌍태아는 첫 할구 2개가 분리되면서 발생하는 것으로 여겨졌으나, 체외수정술을 시행한 배아에서 이러한 현상이 관찰되지 않는 것으로 미루어 보았을 때 쌍태아는 내세포괴나 포배 전체가 2개로 분할됨으로 인해 일어나는 것으로 여겨지고 있다. 어떤 쌍태아는 착상 이후에 발생하며, 이는 체외수정술로 얻은 한 개의 배아를 이식한 뒤 착상이 확인되고 나서 일란성 쌍태아가 발생하였다는 관찰에 근거한다. 체외수정술은 일반 임신보다 쌍태아의 빈도가 높은 편이다.

선택(selection)은 생식세포 발달과 기능에 매우 중요한 요소로 작용하며, 수정 이후에도 선택의 과정은 계속된다. 한 연구에서는 배란 이후 얼마 지나지 않아 시행된 자궁 절제술에서 획득된 검체를 분석하였으며, 정상 및 비정상 인간 수태물을 확인하였을 때 50%의 수태물이 착상하지 않거나 착상 이후 얼마 지나지 않아 유산되는 것을 확인하였다. 이 유산은 염색체의 이상 등이 원인이 되어 일어나며, 인간 배아에서 비교적 흔한 일이다. 대표적으로 선택 현상은 난자의 감수분열 시 일어나는데, 이는 형광제자리혼성화법(fluorescent in situ hybridization, FISH) 혹은 제1극체와 제2극체를 대상으로 염색체 검사를 실시하는 등의 다른 방법을 통해서 알아볼 수 있다. 감수분열의 산물인 제1극체와 제2극체의 핵은 제1감수분열 및 제2감수분열을 거치며 남는 염색체쌍을 가지고 있다. 배아에서 염색체 이수성(비정상적인 염색체 수)은 50% 혹은 그 이상의 빈도로 나타나며, 나이 든 여성의 난자에서 더 높은 빈도로 나타난다. 대부분의 **이수성(aneuploidies)**은 난자의 감수분열 과정에서 발생하지만 정자에서 기인하기도 하는데, 이는 정자의 감수분열 시 비분리(nondisjunction) 현상이 원인이다. 또한, 염색체의 이상은 초기 배아에서의 체세포분열이 일어나며 발생할 수도 있다. 이는 일부의 세포는 정상이고 일부는 비정상인 모자이크 배아를 형성하게 된다. 모자이시즘의 빈도는 약 30% 정도로 비교적 높은 편이며 산모의 나이와는 연관이 없다. 이수성 배아는 착상되지 않거나 착상이 되더라도 바로 유산되기도 하고, 이후 임신 중에 유산되기도 한다. 매우 적은 수의 이수성 배아가 출생까지 생존하는데, 그중 가장 흔한 것은 21번 삼염색체(다운 증후군)와 18번 삼염색체(에드워드 증후군)이다. 만약 이수성이 모자이크 배아인 경우, 태아는 착상하여 정상적으로 발달할 수 있다. 이 과정은 이수성의 세포를 제거하는 세포 선택의 과정에 의존하거나, 이수성 세포를 태반에만 제한하여 배아 성장에 최소한에 영향을 미치게 하는 방식 등으로 이루어진다.

착상 전 유전 진단

생쥐 및 다양한 다른 종에서의 착상 전 단계에 대한 광범위한 연구에 기반하였을 때, 인간의 배아 발달에는 엄격한 조절 과정이 적용될 것으로 생각되었으며, 따라서 한 개 혹은 몇 개의 할구를 제거하더라도 배아는 손상되지 않을 것으로 생각되었다. 이는 사실로 입증되었으며, 그 덕분에 착상 전 유전 진단이라는 과정이 가능해졌다. 이는 배아의 발달에 영향을 미치지 않으면서 한 개 혹은 몇 개의 세포를 떼어내서 분석을 진행하는 검사를 의미한다(그림 12.3). 상실배나 내세포괴에서도 세포를 획득하는 것이 가능하지만, 현재는 포배기의 영양막에서 세포를 얻는 것이 선호되고 있으며, 이는 배아에 전혀 영향을 미치지 않으면서 진행될 수 있다.

착상 전 유전 진단의 목적 두 가지는 다음과 같다. 한 가지는 단일 유전자질환을 선별하는 것인데, 이는 주로 이미 자녀가 유전질환에 이환된 경우 이후 임신에서 같은 일이 반복되는 것을 방지하기 위해 시행된다(그림 12.4). 다른 목적은 정상 염색체 조성을 확인하는 것으로, 고령의 여성에서 체외수정술의 성공률을 높이기 위해 시행된다. 최근까지도 형광제자리혼성법(FISH), 특정 염색체 및 염색체 구획에 대한 마이크로어레이(microarray) 분석 등의 다양한 기법들이 이용되어 왔지만, 현재는 DNA 염기서열 분석법(sequencing)이 가장 선호된다. 염기서열 분석법 시 한 번에 300,000개의 염기서열 단편을 읽을 수 있으며, 이는 각각의 염색체 구획의 양을 정확도 +/− 10%로 분석하는 데에 충분한 양이다. 이는 삼염색체(잉여 염색체가 존재함)와 단일 염색체(염색체 결손이 존재함)가 관련 염기서열 비율이 3:2, 그리고 1:2로 변화하는 것을 감지하여 진단한다는 것을 의미한다. 추가적으로, 염색체 조성의 모자이시즘은 20~80%의 범위 내에서 감지될 수 있다.

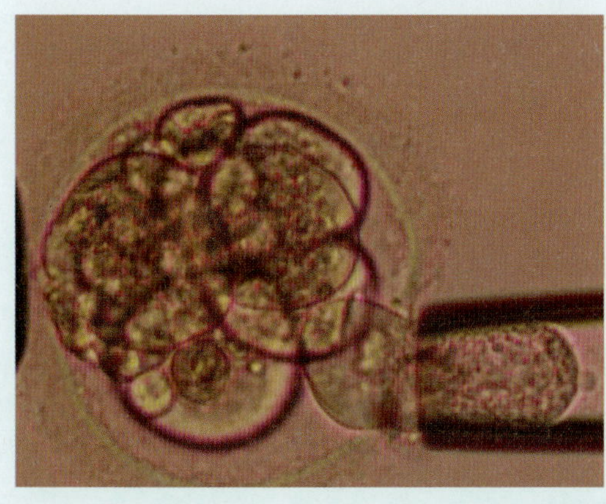

그림 12.3 DNA 분석을 위해 인간 배아에서 한 개의 할구를 분리하는 과정. (인용) Milachich(2014). Biomed. Res. Int. 306505.

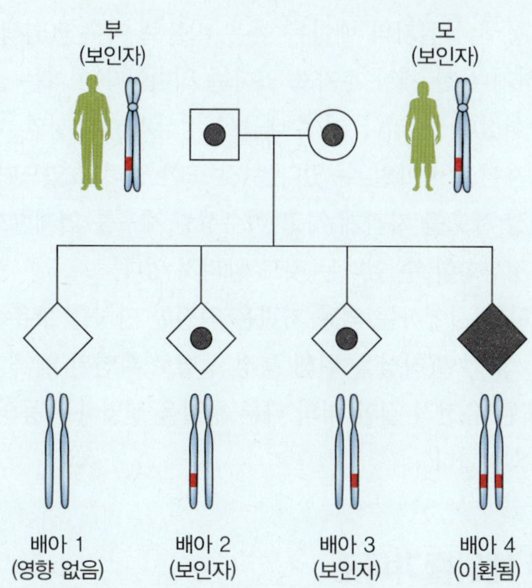

그림 12.4 부모가 모두 보인자일 경우, DNA 검사 시 가능한 경우의 수.

이 방법은 작은 염색체 영역부터 염색체 전체에 이르기까지 이상을 감지할 수 있게 한다. 다만, 이 방법으로는 염색체의 수는 같지만 위치가 바뀐 상호전좌 현상을 감지할 수 없다.

조직 검체는 영양막에서 얻어지며, 결과가 확인되고 어떤 배아를 이식할지 결정할 때까지 배아는 동결 보존된다. 획득된 세포에 존재하는 극미량의 DNA는 중합효소 연쇄반응(polymerase chain reaction)을 통해 증폭된다. 이 과정에서 검체가 모체의 DNA나 외부의 DNA 유입 등으로 인해 오염되지 않도록 하는 것이 매우 중요한데, 이는 잘못된 검사 결과를 초래할 수 있기 때문이다. 착상 전 유전 검사 활용의 한 예로 낭포성 섬유증이 있다. 낭포성 섬유증은 폐와 장관에서 주로 발현되는 염화이온 채널을 암호화하는 *CFTR* 유전자의 기능 상실 돌연변이로 인해 발생하는 열성 유전 질환이다. 만약 두 부모가 모두 보인자라면(한 개의 정상 대립유전자와 한 개의 돌연변이 대립유전자를 지닌 상태), 자녀에게 두 개의 돌연변이 대립유전자가 유전돼서 병에 이환될 확률은 25%이다. 만약 이환된 자녀가 있다면 부모가 둘 다 보인자라는 사실이 명확해진다. 앞으로 있을 임신에서의 이환을 막기 위해 착상 전 유전 진단이 활용될 수 있다. 체외수정을 시행하고, 배아에서 돌연변이를 검사하여 동형 접합체의 정상 유전자를 지닌 배아나 하나의 정상 유전자를 가진 이형접합체를 선택하여 착상시킬 수 있다. 수태물의 생검에 대한 대안은 배양액에서의 DNA를 얻거나 모체 혈액에서의 DNA를 얻는 것이다. 후자의 방법은 임신 중 어떠한 시기에도 시행될 수 있으며 체외수정을 필요로 하지 않는다.

앞에서도 언급되었듯이, 염색체 검사를 위한 착상 전 유전 진단을 통해 상실기의 배아는 높은 비율로 이수성(염색체가 한 개 부족하거나 한 개가 추가로 있다는 의미이다)이라는 놀라운 사실이 밝혀졌다. 그러나 이 수태물이 정상과 이수성인 세포가 혼합된 모자이크 배아일 수 있다는 것 또한 알려져 있으며, 선택적으로 정상 세포를 자라게 하고 이수성인 세포를 억제함으로써 스스로를 정상화할 수 있다는 것도 알려져 있다.

검사를 시행하는 의료 기관은 적절한 면허를 보유하고 있어야 하며, 성 감별(착상을 위해 특정 성별로 확인된 배아를 이식하는 등) 또는 유전적 질환 외의 다른 형질을 선별하는 등의 행위는 금지되어야 한다.

인간 배아줄기세포

인간 배아줄기(ES)세포는 1998년 처음 탄생했으며, 생쥐에서와 비슷한 방식을 이용하여 만들어졌다(**그림 12.5**). 착상 전 인간 배아는 배양액에서 배양되었으며, 만능줄기세포는 이들의 괴(ICM)에서 키워졌다. 이들 세포는 생쥐의 배아줄기세포와 유사하게 배양 보조 세포층 위에서 밀접히 쌓인 집락을 형성하며 성장하고, 다분화능(pluripotency)을 가진 핵심 유전자(*OCT4*, *NANOG*, *SOX2* 등) 및 알칼리인산분해효소를 발현한다. 인간 배아줄기세포는 배아와 유사한 배아체로 분화할 수 있으며, 면역결핍 생쥐에 주사하였을 때 3개의 배엽층에서 유래한 물질을 모두 포함한 기형종을 형성한다는 사실에서 이 세포의 다분화능을 확인할 수 있다. 또한 생쥐에서와 마찬가지로 인간 유래 유도만능줄기세포(induced pluripotent stem cell, iPS cells)를 만드는 것이 가능하며, 이는 체세포 내로 *Oct4*, *Sox2*, *Klf4*, *cMyc* 등의 전사인자 유전자를 주입함으로써 이루어진다(22장 참조).

인간의 배아줄기세포와 생쥐의 배아줄기세포의 많은 유사점에도 불구하고, 이 둘 사이에는 많은 차이점이 존재한다는 것이 밝혀졌다. 인간의 배아줄기세포는 더 납작하고 굴절력이 더 낮은 집락을 형성하며 자란다. 인간 배아줄기세포는 성장을 위해 백혈병 억제인자(leukemia inhibitory factor, LIF) 대신 액티빈과 FGF가 필요하며, 각각의 줄기세포가 하나의 콜로니를 형성하는 개념으로 계대를 유지하는 것은 불가능하다(단일 세포는 새로운 콜로니(집락)을 형성할 수 없다). 이 세포는 SSEA-1을 발현하지 않지만 인간 배아종양 세포(embryonal carcinoma cells)에서 확인되는 항원 SSEA-3과 SSEA-4를 가지고 있으며, 이는 당지질에 부착된 세포막 탄수화물의 일종이다. 또한 이 세포는 TRA 1-60과 TRA 1-81을 가지고 있는데, 이는 포도칼릭신(podocalyxin) 당단백에 부착된 세포막 탄수화물이다. 인간 유래 배아줄기세포주에서 여성의 경우 하나의 X-염색체가 불활성화되어 있으나, 생쥐의 암컷 배아줄기 세포주에서는 2개의 X-염색체가 모두 활성화되어 있다. 인간의 배아줄기세포가 인간의 상실배에 주사되었을 때 키메라 배아(chimeric embryo)를 생성할 수 있는지의 여부는 알려져 있지 않은데, 이는 해당 실험의 수행이 비윤리적이라고 여겨지기 때문이다. 그러나 인간과 매우 비슷한 영장류의 배아줄기세포로 비슷한 실험이 시행된 결과로 미루어보면 키메라 현상은 일어나지 않을 것으로 보인다. 앞서 설명된 모든 특성은 인간 유도만능줄기(iPS)세포에도 적용되며, 이는 인간의 배아줄기세포와 매우 비슷한 특성을 지닌다. 앞서 설명된 인간 배아줄기세포의 많은 특성은 착상 전 상배엽이나 내세포괴(ICM)에서 유래한 '미준비(naive)' 상태의 생쥐 배아줄기세포보다는 착상 후의 상배엽의 세포에서 유래한 '준비된(primed)' 생쥐 배아줄기세포와 매우 유사한 특성을 지닌다(11장 참조). 따라서 인간 배아줄기세포는 생쥐

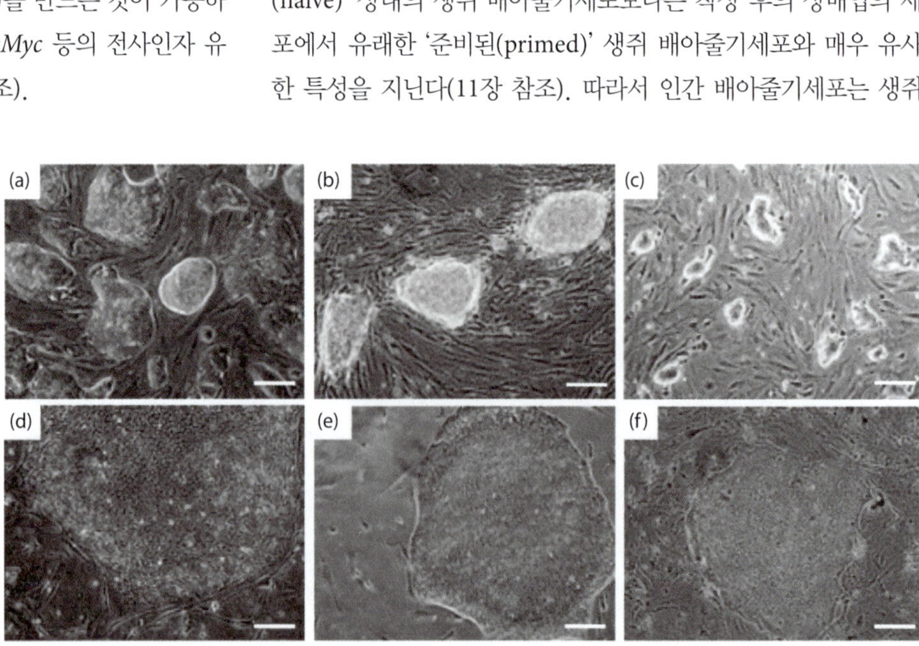

그림 12.5 생쥐 및 인간에서의 만능줄기세포. (a) 생쥐 배아줄기(ES)세포. (b) 생쥐의 유도만능줄기(iPS)세포. (c) 인간 유도만능줄기(iPS)세포가 미감작 상태로 유도된 것. (a-c)가 돔형 형태를 가지고 있음에 주목하라. (d) 인간 배아줄기(ES)세포. (e) 인간 유도만능줄기(iPS)세포. (f) 생쥐의 상배엽 줄기세포. 이 3개의(d-f) 세포는 모두 납작한 형태를 띠고 있다. 축척자: 50 μm. (인용) Robinton and Daley(2012). Nature. 481, 295-305.

에서의 EpiSC(준비된 배아줄기세포)와 비슷한 것으로 간주되고 있다. 인간 배아줄기세포를 생쥐의 미준비 상태인 배아줄기세포와 비슷한 형태로 변환하고자 하는 다양한 시도들이 있어 왔으며, 이는 유전자의 과다발현 및 다양한 인자와 억제제를 처리하는 등의 방법을 포함한다. 그러나 아직 실제로 존재하는 안정적인 인간 미준비 배아줄기세포가 있는지는 아직 불명확하다.

인간 배아줄기세포와 유도만능줄기세포는 배양하기 매우 어려운 것으로 알려져 있으며, 이는 클로닝 효율이 매우 낮기 때문이다. 오랜 시간 동안 가장 효율적인 방법으로 여겨졌던 것은 직접 콜로니를 작게 나눈 후 새로운 플레이트에 옮겨 증식하도록 배양하는 것이다. 그러나 현재는 새로운 배양액을 사용할 수 있게 되었다. 예를 들면, 동물유래 물질이 없는 라미닌 521 및 E-캐드헤린(cadherin)이 함유된 배양액은 단일 할구에서 인간 배아줄기세포를 유도하고 이후 클론 형성을 통해 계대배양이 가능한 것으로 보고된 바 있다.

SCNT-유래 인간 배아줄기세포

만능 배아줄기유도세포주를 생성하는 다른 방법은 핵이 제거된 이차 난자에 체세포 핵치환(somatic cell nuclear transfer, SCNT)을 시행하는 것이며, 이는 22장에서 더 자세히 묘사되어 있다. 핵치환 이후, 체세포 유래 핵은 난자의 환경 내에서 전분화능을 획득하도록 재설계되며, 난자가 포배로 분화할 수 있도록 한다. 이 단계에서 내세포괴는 자연적으로 수정된 배아와 같은 기능을 하는 세포 배양의 원천으로 사용될 수 있다. 해당 연구에 관여하는 그룹이 상대적으로 적고 인간 난자를 획득하는 것이 어렵기 때문에, 인간 체세포핵치환 기술은 2012년까지 이루어지지 않았다. SCNT-유래 배아줄기세포와 배아 유래 배아줄기세포 및 유도만능줄기세포와의 비교를 통해서 SCNT 유래 배아줄기세포는 유도만능줄기세포보다는 배아 유래 배아줄기세포와 전체적인 유전자 발현 패턴이 유사한 것으로 확인되었다. 그러나 현실적이고 윤리적인 어려움이 존재하기에 환자 특이적 세포 이식요법은 주로 유도만능줄기세포 유래 이식으로 진행될 것으로 보인다. SCNT는 미토콘드리아 대체요법 등에 사용될 수도 있다("인간 유전자 변형" 절 참조).

인간의 착상 후 발달

카네기 단계 4~10은 착상부터 신경관이 닫히기까지의 기간을 다루고 있으며, 이는 수정 이후 7~22일 간에 해당한다. 생쥐의 포배에서 배아가 될 부분(내세포괴)이 착상하는 부분의 반대쪽에 위치하는 것과는 달리, 인간의 포배는 배아가 되는 내세포괴가 착상면에 접하는 형국으로 착상하는데, 이는 수정 8~10일 후 이루어진다. 영양막은 생쥐에서의 극성을 띤 영양세포층과 유사하지만 배아를 완전히 둘러싸는 내측의 **세포성영양막(cytotrophoblast)**과 무세포성 다핵으로 구성된 **합포체(syncytium)**를 구성하는 **합포체영양막(syncytiotrophoblast)**으로 이루어진다. 인간에서는 생쥐와는 달리, 배외 외배엽과 태반밖원뿔을 생성하기 위한 극영양세포층의 국소적 증식이 없다. 합포체영양막은 인간 융모성 생식선 자극호르몬 β(HCGβ)를 분비하기 시작하는데, 소변으로 확인하는 임신여부 검사는 이를 검출하는 것이다. 착상하는 동안, 합포체영양막은 자궁 내막의 탈락막으로 파고들게 되며, 금속단백분해효소의 분비는 이 과정을 돕는다. 생쥐와는 달리, 인간에서 수태물은 자궁 내막에 완전히 파묻히게 되며, 이에 따라 인간 자궁 내막은 탈락막화 과정을 겪는데, 이는 결합조직에서 유래한 큰 투명세포의 형성을 동반한다. 합포체영양막에 틈이 생기며 모체의 혈관과 연결되고, 모체의 혈액으로 채워진 굴모양 혈관(동양혈관)을 형성한다.

카네기 5단계에서 내세포괴는 하배엽(hypoblast) 층을 생성하며, 이는 앞서 "착상 전 발달" 내용에서 언급한 대로 *GATA6* 유전자와 *SOX17* 유전자의 발현을 통하여 예견할 수 있다(그림 12.6a). 이는 생쥐의 원시적 내배엽(primitive endoderm)과 유사한데, 내세포괴의 포배강 면에 형성되고 영양막의 안쪽 표면으로 퍼진다는 측면에서 그러하다. 상배엽(epiblast) 옆에 놓인 부분은 장측 내배엽(visceral endoderm)이 되며, 영양막을 덮고 있는 부분은 체측 내배엽(parietal endoderm)이 된다. 내세포괴의 나머지는 상배엽이라 불리는 납작한 세포판이 된다. 그 후에는 배외중배엽이라고 불리는 다량의 중간엽이 나타나며, 이는 영양막과 내배엽 사이에 위치한다(그림 12.6b). 이 배외중배엽 세포들의 기원에는 논란이 있으며, 영양막, 상배엽 혹은 원시 내배엽의 일부에서 기원한다는 등 다양한 가설이 제시되어 왔다. 그러나 게잡이원숭이의 배아에서 시행된 RNA 염기서열 분석 연구에 따르면 하배엽에서 기원하는 것으로 생각된다. 그동안, 상배엽은 공동을 형성하여 납작한 상피세포로 구성된 배반(blastodisc)을 형성하며, 이는 하배엽의 옆에 존재하게 된다. 이 배반은 추후 배아 자체와 영양막 옆의 얇은 양막을 형성하게 된다. 상배엽의 납작한 형태는 생쥐의 난원통(egg cylinder)과는 매우 다르지만 여러 포유류의 그것과는 비슷하다. 카네기 단계 6에서, 융모막융모(chorionic villi)라 불리는 돌출부는 발달하는 태반의 모체 조직으로 파고들게 된다

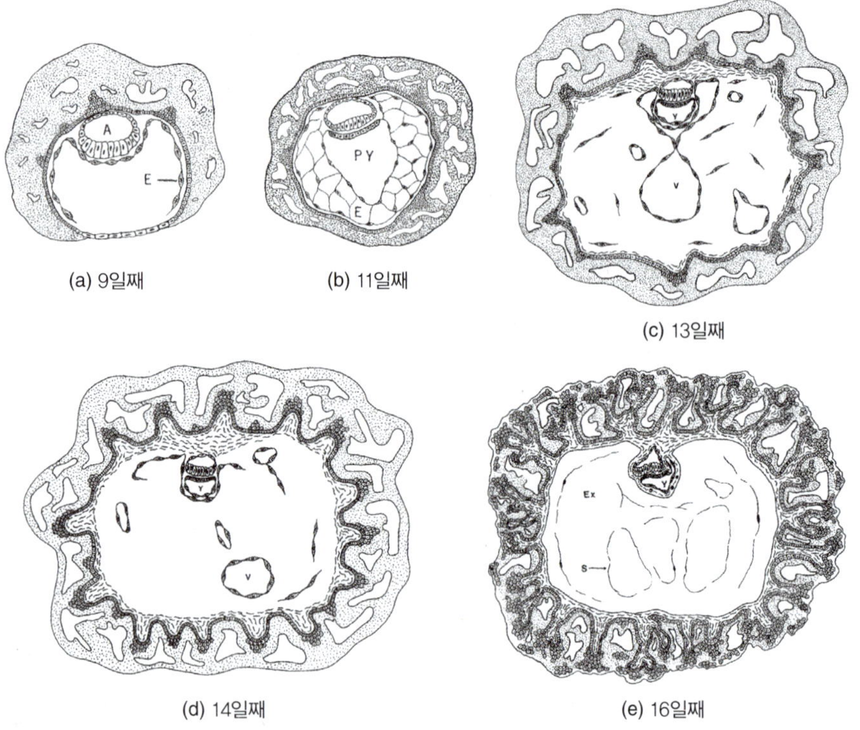

그림 12.6 초기 착상 후 인간 수태물의 발달. 생쥐와는 달리, 인간의 상배엽은 납작하다. 이 그림은 양막의 형성, 배외중배엽의 형성, 이차 난황낭의 형성 및 융모막융모의 형성 과정을 다루고 있다. 전체 수태물의 직경은 수정 후 9일에 0.6 mm, 12일에 0.8 mm, 16일에 2.6 mm이다. (인용) From Luckett(1978). American Journal of Anatomy, 152, 59-97, John Wiley & Sons 허가를 득함.

(그림 12.6c). 이것은 세포성 영양막과 배외중배엽에서 형성된 혈관으로 구성되어 있다. 이 조직은 모체의 동양 혈관으로 들어가며, 모체와 태아 순환계 사이의 대사적인 교환이 일어나도록 돕는다. 융모막융모는 탈락막에 의해 완전히 둘러싸이게 될 수태물을 내포하고 있으며, 닿는 면에서 가장 확연하게 드러나는 것은 태반의 발달이다.

카네기 단계 7~10에서 인간 배아의 전반적인 발달의 몸 체제가 완성되는데, 이는 다른 **양막류(amniote)** 배아와 매우 유사하다(그림 12.7). 원조(primitive streak)와 머리돌기(head process)는 15일부터 관찰 가능하며, 결절(node)이 그 이후에 보인다. 신경판(neural plate)은 약 18일 이후 보이며, 체절(somite)은 20일 뒤에 관찰되고, 첫 심박동과 신경판의 닫힘은 22일 후에 관찰할 수 있다. 혈관 생성의 과정은 배외중배엽에서 매우 일찍부터 시작되며(5단계), 원시적 적혈구 형성은 조금 뒤에 나타난다(7단계). 이 단계에서의 몸의 형태는 전형적인 척추동물의 몸 체제를 이루고 있다.

인간의 배아는 수정 후 착상시기를 지나 13일까지 체외에서 배양할 수 있게 방법이 발달하였지만, 14일 규칙에 의해 그 이후의 배양을 하지 않는다("수정된 난자와 초기의 수태물" 절 참조). 이 배양액에서는 주된 세포군의 분자 표지자가 나타나며, 양막과 일차 난황막이 형성된다. 인간 배아줄기세포로 좀 더 오래 배양을 시행하였을 때, 배아와 유사한 구조물이 만들어졌다. 마트로겔(Matrogel) 표면에서 작은 직경의(250 μm) 세포 단층으로 배양하여 만들었다. 적절한 첨가 인자를 더했을 때 다양한 세포 유형의 동심원 패턴이 나타나게 된다. 예를 들면, 뼈 형태 형성 단백질 4(bone morphogenetic protein 4, BMP4)를 처리하면 *SOX2*를 발현하는 세포들이 중심에 있게 되고, *TBX-T(BRACHYURY)*를 발현하는 세포들이 이 중심 주위에 있게 되며, *SOX17*을 발현하는 세포들이 바깥쪽에 있게 된다. 이러한 표지자는 각각 동심원 형태의 외배엽, 중배엽, 그리고 내배엽을 형성됨을 의미한다(그림 12.8). 배양되고 있는 세포에 Wnt3A와 액티빈(activin)을 처리하면 다른 척추동물 형성체와 유사하게 *GOOSECOID*를 발현하는 세포를 생성하게 된다. 이 조직을 이식하면 초기 닭의 배아에서 이차 축을 형성하게 되는데, 이는 형성체로서의 기능을 획득하게 된다는 것을 의미한다.

여기에 묘사된 내용은 카네기 단계 10에서 마무리되며, 이는 이 책의 다른 장에서도 묘사된 모델 동물들의 일반적인 몸 체제와 유사하다. 인간의 기관형성에 관련된 추가적 언급은 기관형성과 관련된 내용을 다루는 Part 3에서 찾아볼 수 있다. 전통적으로 인간의 배아는 수정 후 2~8주까지는 배아로 불리나 그 이후부터 출생까지는 태아로 불리게 된다.

배외막

인간에서의 배외막(extraembryonic membrane)의 구성은 생쥐의 것과 "다름에도" 막에는 같은 이름이 붙여져 있다(그림 12.11). 생쥐에서의 융모막은 극영양외배엽의 작은 부분에서 유래하며, 난원통의 근위부 끝에 위치하고 배외중배엽의 안쪽을 덧대고 있다. 인간에서는 융모막은 영양막 및 그 아래의 하배엽에서 유래된 초기에 나타나는 조직인 배외 "중배엽" 모두를 일컫는다. 따라서 융모막공간은 원래의 포배강 공간(blastocoelic cavity)에서 유래한다.

생쥐에서 양막은 원조에서 뒤쪽에 위치한 배외중배엽에서 기

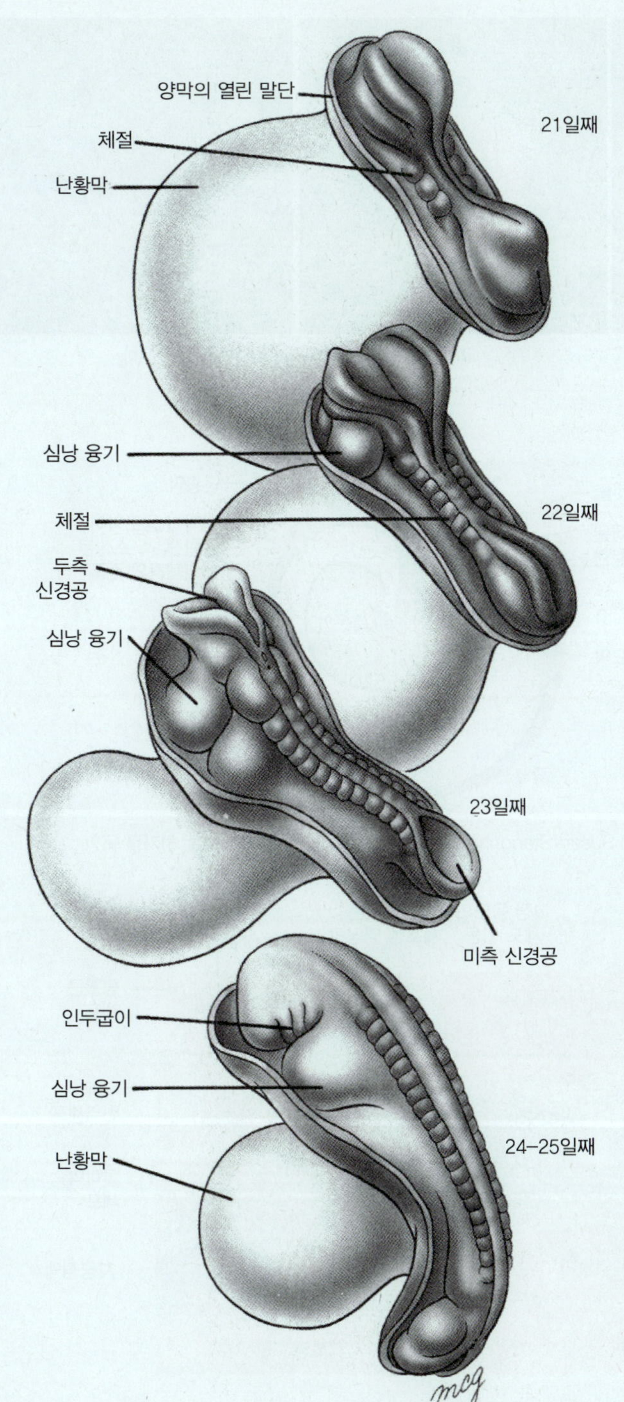

그림 12.7 인간 배아의 전체적인 몸 체제 구성 단계의 모식도. 이 그림에는 신경판이 닫히는 것을 보여주고 있다. 해당 단계는 가운데에서 시작하며, 입쪽(rostral) 및 꼬리쪽(caudal) 말단까지 진행한다. (인용) From Larsen(2001). Human Embryology 3rd edn., Elsevier의 허가를 득함.

원하며, 이는 상배엽에서 유래한 상피세포에 의해 덛대이게 된다. 인간에서의 양막은 카네기 5단계의 상배엽의 공동화로 형성된다. 이후 발생 과정에서 양막강은 융모막강에 쪽으로 팽창하게 되며,

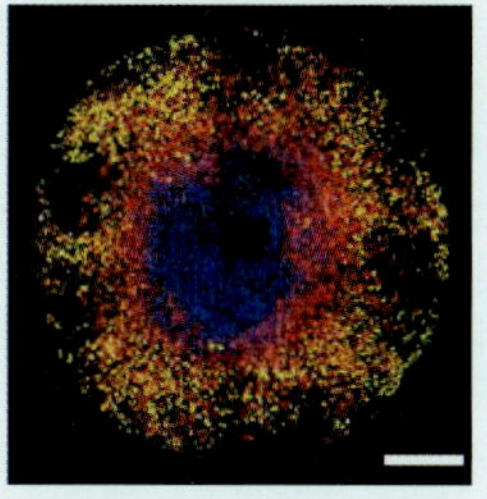

그림 12.8 인간 배아유래줄기세포에 BMP4를 처리한 뒤 확인되는 동심원 형태의 외배엽(파란색), 중배엽(빨간색) 및 내배엽(노란색). 좌측의 모식도는 바깥의 영양막도 보여주고 있다(초록색). 기준자 200 μm. (인용) Deglincerti 등(2016). Essay Dev. Biol. Pt A. 116, 99-113.

양막과 융모막은 결합된다. 인간 쌍태아에서 때로는(일란성 쌍태아의 1%) 같은 양막공간에서 성장하는 경우가 있으며, 이러한 경우 쌍태아는 착상 후의 상배엽이 분절을 일으키면서 발생하였을 것으로 추정된다. 이는 해당 단계의 상배엽의 상당한 조절 발생 능력을 보여준다. 이러한 형태의 쌍태아는 산과적으로 문제를 일으킬 수 있는데, 이는 탯줄꼬임(umbilical cord entanglement)을 유발할 수 있기 때문이다. 생쥐에서 요막(allantois)은 상배엽의 뒤쪽에 위치한 배외중배엽에서 중배엽의 일부가 성장하여 만들어지며, 이는 탯줄로 합쳐지게 되고 태반으로 가는 혈관 형성에 기여한다. 인간에서 요막은 후장(뒤창자)의 내배엽이 돌출성장하여 형성된 것이다. 이는 탯줄로 뻗어나와 있지만, 흔적 기관에 더 가까우며 둘러싸고 있는 배외중배엽의 일부로 혈관이 형성된다. “난황막(yolk sac)”은 생쥐에서 2개의 구조를 일컫는다. 하나는 양막을 체측 내배엽이 덛대고 있는 체측 난황막(parietal yolk sac)이고, 다른 하나는 배외 중배엽을 장측 내배엽이 덛대고 있는 장측 난황막강(visceral yolk sac)이다. 인간에서의 난황막강은 하배엽과 그 옆에 있는 융모막강의 배외중배엽으로 구성된 공간이다(**그림 12.10a**). 이후의 발달에서 이 조직의 일부는 배아와 연결된 이차 난황막으로 변화한다. 탯줄이 형성된 이후에는 이차 난황막은 탯줄로부터 남은 융모막강으로 돌출하는 확장된 구조물이 된다.

성숙한 태반은 **그림 12.11a**에 묘사되어 있다. 수많은 융모막융모가 모체의 혈액과 직접적으로 접촉하고 있다. 각 융모에는 태아의 혈관이 위치하고 있으며, 이는 모체의 혈액에서 영양소를 얻고 기체를 교환한다. **그림 12.11b**는 태반의 기저판에서 융모막융모가 모체의 조직에 침투하는 것을 보여주고 있다.

착상 후 진단: 융모막 생검 및 양수천자

태아와 태아를 둘러싼 막을 이용한 진단 검사는 상당히 자주 시

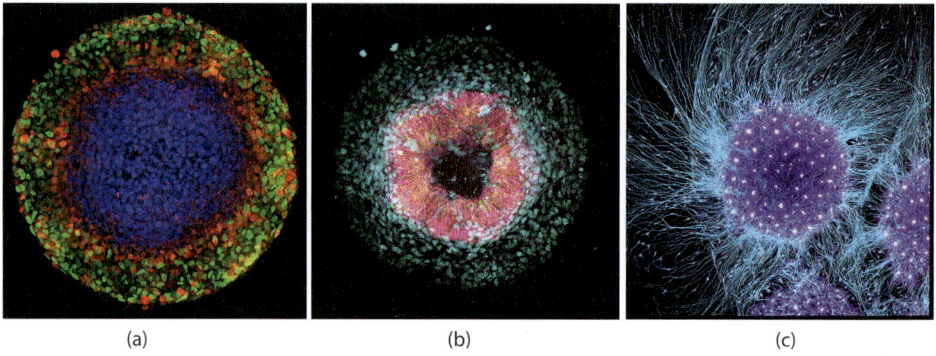

그림 12.9 배아줄기세포에서 인간 배아유사조직이 형성된 모습을 보여준다. (a) 스스로 형성된 3개의 배아유래 배엽층과 배외세포조직을 가진 인간의 낭배체(gastruloid). (b) 스스로 형성된 인간의 신경체(neuruloid) 구조로, 이는 뇌, 신경능성, 감각 기원판 및 상피를 포함한다. (c) 인간 신경 로젯 원시 뇌세포이며, 이는 인간 배아 유래 줄기세포에서 분화하였다. (a) Szilvia Galgoczi, Fred Etoc와 Ali Brivanlou 에서 제공. (b) Tomami hiramaki와 Ali Brivanlou에서 제공. (c) Gist Croft, Lauren Pietilla, Stephanie Tse, Szilvia Galgoczi, Maria Fenner와 Ali Brivanlou에서 제공.

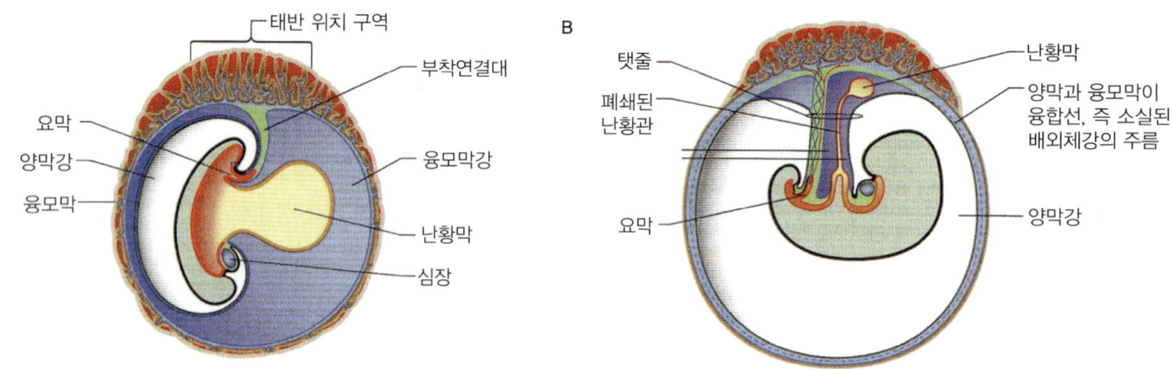

그림 12.10 인간 수태물의 배외막 형성. (a) 수정 3주 뒤. (b) 수정 4주 뒤. (인용) Susan Standring Gray's Anatomy(2015), Elsevier 허가를 득함.

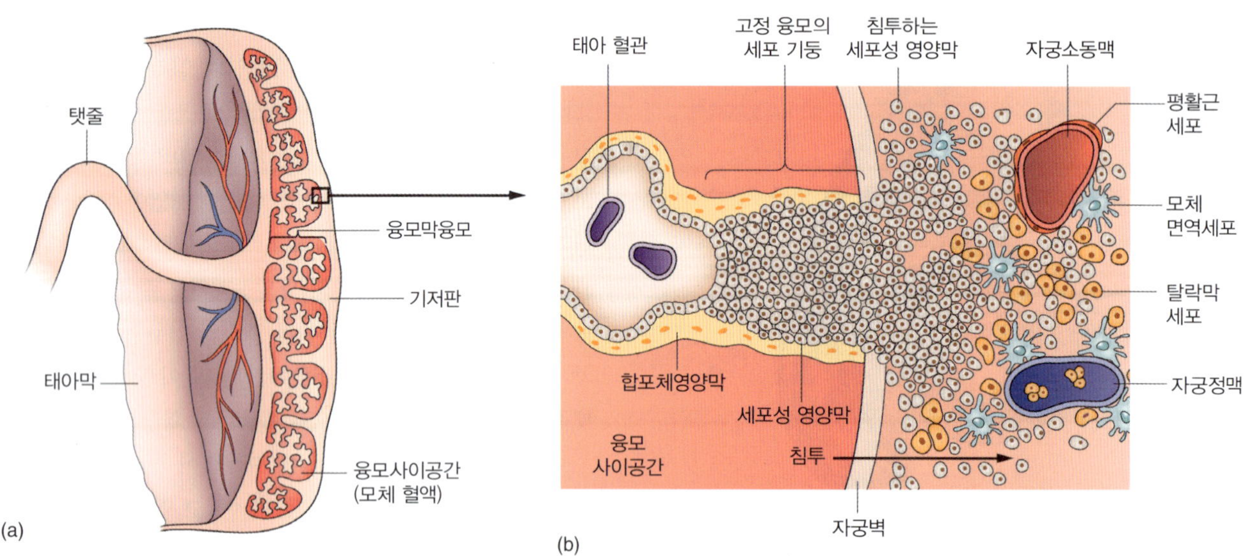

그림 12.11 (a) 인간 태반의 모식도. (b) 세포성 영양막의 자궁벽 침투.

행되며, 이는 염색체 조성이나 유전적 상태를 알기 위한 목적으로 시행된다. 가장 오래된 검사 기법은 양수천자로서, 이는 주로 임신 16주경 시행된다. 초음파를 이용한 유도하에 바늘이 복벽을 관통하여 양막강에 위치하도록 천자하며, 태아의 세포를 포함하는 양수를 채취하게 된다. 과거에는, 염색체 조성을 알기 위해 세포배양을 거쳐 핵형 분석을 시행하여야 했다. 그러나 이제는 이 확보된 배아 세포들을 염색체 마이크로어레이 검사나 DNA 염기서열 분석에 더 자주 활용된다. 염기서열 정보는 유전적 결함의 여부 진단에 도움을 준다. 예를 들어, 흔한 유전적 결손을 검사하거나, 가족력을 통해 특정한 결함이 의심된다면 그 검사를 시행하는 것이 가능하며, 정상 염색체 조성을 확인하는 것 또한 가능하다. 비정상적인 검사 결과가 확인되면 선택적 유산의 사유가 되기도 한다. 그러나 몇 개의 흔한 돌연변이의 범주를 제외하고는, 전장 유전체 염기서열 분석에서 확인된 모든 유전적 변이들이 심각한 영향을 미칠지의 여부를 판단한다는 것은 어렵다. 양수천자 검사 이후 태아가 유산될 확률은 1% 정도이다. 양수천자는 임신 중 좀 더 이른 주수에서도(9~14일) 시행될 수 있지만 이는 더 위험하다. 이 시기에는 융모막공간이 아직 존재하며, 태아세포는 융모막공간에 매우 적게 존재하기 때문에 융모막공간이 아니라 양막강을 천자하여 검체를 채취하는 것이 중요하다. 다른 대안은 융모막융모검사(chorionic villi sampling)로, 보통 10주 혹은 그 이후에 시행된다. 해당 검사는 산모의 복벽 혹은 질이나 자궁경부를 통해 가느다란 바늘을 진입시켜 태반의 융모막융모를 채취하게 된다. 초음파 유도하 천자는 매우 중요하다. 이것은 일반적인 양수천자보다 더 일찍 검사 결과를 확인할 수 있으나, 이른 시기의 양수천자와 비교하였을 때 어떤 것이 더 위험도가 높은지의 여부는 확립되지 않았다. 양수천자와 융모막융모검사에 대한 대안은 모체의 혈액에서 태아의 DNA를 얻어 분석하는 것이다. 이 방법은 태아에게 미치는 위험이 없다. 이 방법은 상당한 생물정보적 보완이 필요하지만, 비교적 간편하고 위험이 적기 때문에 추후에는 보편적인 산전 진단법으로 확립될 것으로 보인다.

인간 발생과 관련된 윤리

인간 발달에 대한 과학은 윤리적 문제와 따로 떼어 생각할 수가 없으며, 이러한 윤리적 문제는 뿌리깊은 사회적 분열을 유발하였고 현재까지도 영향을 미치고 있다. 최근의 기술적 발전은 미래에 이러한 윤리적 문제가 더 해결하기 어려워질 수도 있다는 점을 시사한다.

수정란과 초기 수태물의 상태

인간의 배아는 언제부터 사람이 되는가? 많은 사람들은 이것이 수정과 함께 일어난다고 생각한다. 수정은 하나의 독립된 사건이자 한 개인의 유전적 구성이 확정되는 순간이다. 그러나 이 단계의 배아는 하나의 단일 세포에 불과하며, 착상 전 단계는 인간과의 형태학적 유사점이 전혀 없다. 다른 많은 사람들은 이 단계는 인간의 조직 배양세포와 더 유사하다고 간주하기도 한다. 배양으로 증식된 인간 세포는 유전적으로는 인간이고 살아있지만, 인권이 있거나 하나의 인격체로 간주되지는 않는다. 일례로서, 불멸의 인간 세포주인 HeLa 세포는 1950년대부터 배양되어 전 세계적으로 사용되고 있으며, 전 세계에 존재하는 조직의 양이 원래 조직의 기증자인 Henrietta Lacks의 조직보다 훨씬 더 많을 것으로 여겨진다. 인간 조직배양 세포에 대한 윤리적 문제 또한 존재하지만, 이는 세포를 한 인격체로 간주하는 윤리적 문제가 아닌, 주로 조직의 기증, 세포의 소유권 및 이를 사용함으로써 얻어지는 지적 재산권의 소유 여부와 주로 연관이 있다.

이러한 맥락에서 짚어 보았을 때, 수정은 배아 자체가 아니라 수태물을 생성하는 것이다. 인간에서도 다른 포유류와 유사하게 수태물이 배아와 태반의 대부분을 생성하게 된다. 생쥐 발생의 초기 발달 단계에 대한 우리의 지식에 의하면, 대부분의 세포는 태반 생성에 어떠한 형태로든 기여하게 된다. 이는 내세포괴를 형성한 뒤에도 그러한데, 내세포괴는 원시 내배엽(인간에서 하배엽)의 생성에 기여하며, 이는 태반의 일부가 된다. 인간의 태반은, 소유권에 대한 문제가 있을 수는 있으나 조직배양 세포와 같이 하나의 인격체로 여겨지거나 인권이 있다고 생각되지는 않는다.

하배엽과 배외중배엽의 구성 이후, 어떤 시점의 단계에서는 배아 조직만을 생성하는 작은 집단의 세포들이 존재할 것으로 생각된다. 그러나 일란성 쌍태 임신의 가능성은 이들 세포가 하나의 단일 배아를 형성하는 것은 아니라는 것을 시사한다. 여러 종류의 동물 배아에서도, 발생 초기에 할구를 나누는 것은 쌍태아를 형성할 수 있다는 사실이 알려졌다. 그러나 현재 논점의 맥락에서 중요한 쌍태아는 이 이후에 발생하는 쌍태아이다. 인간 쌍태아의 아주 적은 일부는 양막을 공유하며, 양막은 상배엽에서 유래하기에 이러한 쌍태아는 단일 상배엽에서 유래한 것으로 간주되고 있다(그림 12.12). 이러한 주장은 영국을 포함한 많은 국가들의 사법관할권에서 14일 규정(14-day rule), 즉 인간 배아에 대한 실험은 수정 이후 14일까지만 허용된다는 법의 근간이 된다. 수정 14일 후 원조가 발생하는 시기에는 극성을 띠고 축이 있으며, 세포의 구획화가 확실히 이루어진 인간 배아를 정의할 수 있는 것으로 여겨지고 있다. 이 단계의 배아는 더 이상 자발적으로 2개의 배아로 나뉘어지지 않는다. 그러나 이 단계가 "척추 동물의 정체성"을 대변하거나 인격체를 갖춘 단계가 아니므로 실험을 좀 더 오랜 기간 동안 허용되어야 한다는 주장 또한 존재한다. 그러나 사법 체계는 단순히 생물학적 사실에만 기반하는 것이 아니라, 최소한의 규제를 원하는 집단과 수정란이 그 자체로 신성불가침의 영역이라고 여겨지는 집단 간의 정치적인 타협 또한 고려해야 한다는 점을 인

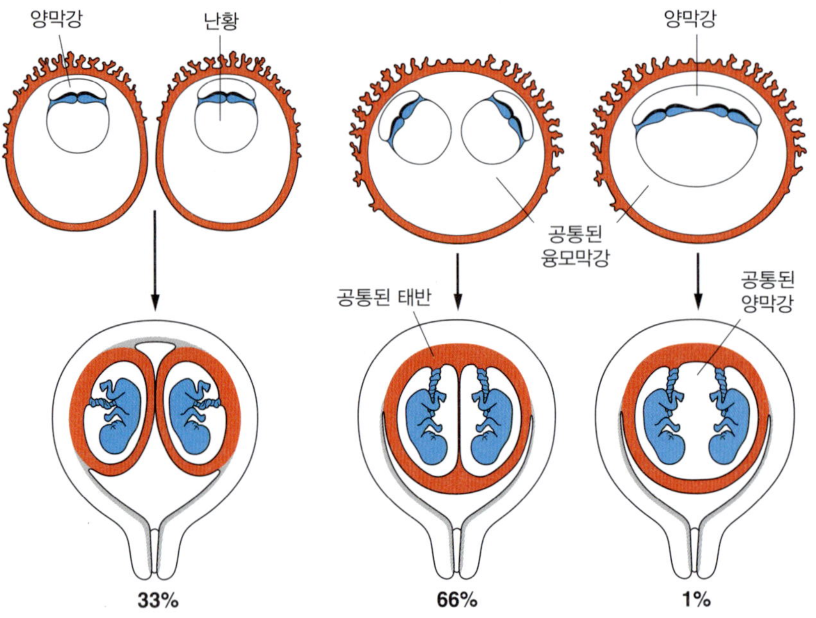

그림 12.12 일란성 쌍태아의 태반에서 막이 다양한 형태로 배치된 것을 보여주는 모식도.

지할 필요가 있다.

배아가 수정란일 시기부터 인간 배아를 이용한 모든 종류의 실험에 반대하는 사람은 인간 배아유래 줄기세포를 생성하는 것 또한 비윤리적인 것으로 간주한다. 그 이유는 인간 배아유래 줄기세포는 내세포괴의 체외배양을 통해 얻어지는 것으로, 이는 배아의 "파괴"를 유발하기 때문이다. 이와는 대조적으로, 이들은 유도만능줄기(iPS)세포를 생성하여 사용되는 것에는 반대하지 않는데, 이는 유도만능줄기세포가 성인 세포에서 유래하기 때문이다. 인간 세포로 시행하는 체세포핵치환(SCNT) 기술 혹은 복제(cloning)에 대해서는 추가적인 논의가 있었다. 인간의 일란성 쌍태아는 유전자가 일치하는 클론이지만, 이러한 자연적인 과정을 넘어서는 인간의 복제에 대한 연구는 적절하지 않은 것으로 여겨지고 있다. 체세포핵치환 기술의 일차적인 목표는 인간을 완전히 복제하는 것이 아니라 공여된 핵(미토콘드리아의 DNA를 제외하고)과 같은 유전적 구성을 가지는 다능성 줄기세포를 생성하는 것이다. SCNT는 매우 어려운 기술인데, SCNT를 이용하여 얻고자 하여 왔던 상당수의 연구가 유도만능줄기세포(iPS cell)를 사용하여 이루어짐에 따라서, SCNT에 대한 윤리적 논의는 어느 정도 줄어들었다. 그러나 이전 논의가 활발하던 시기에는 일부 국가의 사법체계에서 합의를 통해 전체 인간을 복제하는 "생식 목적의 복제"는 금지되지만, "치료 목적의 복제"(SCNT를 시행하여 줄기세포주를 생성)는 허용되기도 하였다. 생식 목적의 복제는 배아에서 첫 2개의 할구를 분리하고 자궁에 다시 착상시키는 방법으로 시행될 수 있을 것으로 생각되어지지만, 법적인 규제 및 가능한 위험 부담, 그리고 시행에 대한 불충분한 사유 및 정당성 부족으로 인해 시도되지 않았다.

인간 배아체(배아유사체), 기관유사체 및 이식편에 대하여

14일 규정을 가지고 있는 국가에서는 엄격하게 지켜지고 있고, 개정에 대한 요구 또한 주요 주장 사항이 아닌데, 그 이유는 아마도 인간 착상 후 배아의 체외배양이 굉장히 어렵고 이후의 단계를 진행하는 것을 상상해 본 연구자가 거의 없기 때문일 것이다. 그러나 착상 후 배아를 배양하는 기술이 더욱 발전하게 되면 이 14일 규정의 연장 여부가 문제시될 것이다. 배아를 14일보다 더 오래 배양하는 것에 대해 찬성하는 사람들의 경우 원조 단계까지는 발달이 그다지 많이 이루어지지 않았다고 주장하며, 또한 인간의 기관 발생과 특정한 선천성 결함에 대해 더 깊이 이해하기 위해서는 더 이후의 시기까지 배아를 키우는 것이 허용되어야 한다고 역설한다. 이에 대한 반대 주장은 배아의 한 인격체로서의 정체성이 특정 시기에 발달한다는 것이며, 그렇게 되면 배아 혹은 태아에게 인권이 존재하고 실험으로부터 보호받아야 한다는 것이다. 이들의 주장에 따르면, 현재의 규제를 완화하는 것은 미끄러진 경사길을 내려가는 것과 같아서, 점점 실험에 대한 제한은 완화되고 실험 가능한 배아 시기는 더 연장될 것이며, 그렇게 되면 배아가 인격체로 생각될 수 있는 시기를 넘어설 수도 있어서 위험하다고 한다.

체외배양의 발달은 또 다른 첨예한 문제를 유발하였다. 현재의 기술력으로는 다능성 줄기세포를 이용하여 배아와 유사한 구조물, 즉 배아체를 생성하는 것이 가능해졌다(그림 12.8, 12.9a). 이 기술은 아직 시작 단계에 있지만, 인간 배아줄기세포나 유도만능줄기세포에서 실제 인간의 배아를 얻는 것은 시간 문제일지도 모른다. 수정란으로부터 분화하는 배아에 대한 연구는 금지하고, 이와 정확히 같은 구조와 가능성을 가진 줄기세포 군집 유래 배아에 대한 연구는 허용하는 것은 어느 측면에서는 비합리적으로 보인다. 현재까지는 초기 배아와 줄기세포 연구에 대한 옹호자들은 유도만능줄기세포가 무해하며 적절한 대체제일 것으로 생각해 왔다. 그러나 이러한 관점은 실제 배아가 유도만능줄기세포를 통해 생성된다면 바뀔 수 있다. 현재 가능한 기술은 아니지만, 미래에는 줄기세포에서 포배를 생성하는 것이 가능해질 것이다. 포배는 대리모에 착상될 수 있으며 만삭까지 키워질 수도 있을 것이다. 따라서 이 기술이 가능해지게 되면, 또 다른 생식 목적의 복제 방법이 생기는 것이다. 이론적인 방법은 다음과 같다. 일단 한 사람의 피부나 혈액 시료를 채취하여 이를 통해 유도만능줄기세포를 생산한다. 그리고 체외 환경의 유도만능줄기세포에서 유래한 다능성 세포와 영양막에서 포배를 획득한다. 이 포배는 가임기 여성의 자궁에 착상되며, 해당 여성은 조직의 원래 제공자이거나 대리모일 수도 있다. 자연적인 과정에 따라 임신의 과정이 진행되어 결국에는 유도만능줄기세포 조직의 기증자와 미토콘드리아 DNA까지 유전적으로 동일한 아기가 탄생할 것이다. 현재 인간 복제는 부적절한 것으로 여겨지고 있어 모든 곳에서 금지되고 있지만, 만약 이 과정이 안전하고 성공적이며 난임 부부에게 치료적 목적으로만 제공된다면 허용을 요구하는 목소리가 높아질 수도 있을 것이다.

보조생식술의 다른 방법으로는 다능성 줄기세포에서 남성 및 여성의 생식세포를 생성하고, 고식적 수정 방법으로 난자와 정자를 수정시키는 것이다. 이는 정자와 난자가 다른 염색체의 성을 가진 세포주에서 유래하기에 복제가 아니다. 그러나 이러한 방법이 가능하다는 것은 생식이 모든 연령대에서 가능하다는 것을 시사하며, 사망한 지 얼마 되지 않아 살아 있는 세포를 얻을 수 있는 사람에서도 생식이 가능하다는 것을 의미한다.

줄기세포에서 전체 배아를 얻기 위한 시도가 시행되지 않더라도, 뇌의 기관유사체를 포함하여 인간의 기관유사체에 대한 수많은 연구들이 시행되어 왔다(22장 참조). 이것은 줄기세포에서 유래한 구조물로서, 정상과 비슷한 조직 구성으로 되어 있다. 뇌의 기관유사체는 체외에서 중추신경계 발달의 후기 과정에 대한 모델을 만드는 것에 사용되었다. 인간의 신경계 조직 혹은 뇌의 장기유사체는 다양한 목적으로 동물 수혜자에게 이식될 수 있다. 인간 의식의 고유한 성질에는 아직 알려지지 않은 것이 많지만, 많은 신경과학자들은 많은 수의 뉴런을 연결하면 전체 시스템에서 새롭게 나타나는 특성 중 하나로서 의식이 나타날 수도 있을 것으로 여기고 있다. 만약 하나의 시스템이 인간의 세포로 구성되어 있고 인간의 뇌와 유사하게 구성되어 있으며 충분한 크기에 도달한다면, 이후에는 의식이 발달할 수도 있고, 고통 또한 생길 수 있다는 위험이 있다. 명백하게도, 이러한 일이 생기는 것은 피해야 할 것이다.

인간 유전자 조작

표적 유전자 조작의 방법으로 CRISPR-Cas9 방법이 도입되고 나자, 인간의 유전질환을 치료하기 위하여 이를 이용하는 방법이 모색되었다. 적용 가능한 상황으로는 단일 유전질환을 가진 태아를 임신한 한 부부에서 착상 전 유전 진단이나 위의 묘사된 다른 진단적 방법이 불가능한 경우를 생각해 볼 수 있다. 이 결함을 바로잡기 위해 난자의 체외수정 이후, 결함이 수정된 유전자가 가이드 RNA 및 CRISPR-Cas9 효소와 함께 주입된다(3장 참조). 이러한 결함이 확실히 교정되었다는 것을 확인하는 것이 중요한데, 착상 전 할구 생검이나 영양막 세포의 생검 등을 시행하고 문제 유전 부위의 염기서열 분석을 시행하여 보는 것이 도움이 된다. 이 과정은 유전자 자체를 수정하기 때문에, 성공적이라면 이 수정란에서 태어날 아기를 완치할 뿐만 아니라 그 아기에서 태어날 미래의 자손에게도 질병의 위험을 물려주지 않을 것이다. 현재 이 글이 작성되는 시점에서 이러한 일련의 과정은 세계 어디에서도 허용되지 않으나, 만약 이 과정이 안전하게 시행될 수만 있다면 의외로 대중의 지지를 얻을 수 있고, 일부의 국가에서 허용될 수도 있을 것이다. 당연히 여러 개의 유전자 좌위의 변이를 포함하는 복잡한 형태의 유전적 결함을 바로잡는 것은 어려울 것이며, 인간 집단에서 이러한 복합 유전자 결함을 수정하는 것이 질병을 유발하는 대립유전자의 빈도를 낮추지도 못할 것이다. 추후 적절한 법이 제정되어 유전적 질환에 대한 단순한 유전자의 수정만 합법화하고, 유전적인 지능을 높이거나 키를 늘리는 등의 적절치 못한 목적의 조작은 불법으로 규제할 수 있도록 해야 할 것이다.

미토콘드리아는 우리 몸의 모든 세포에 존재하는 에너지를 생성하는 구조물이다. 핵 바깥에 있는 다른 세포소기관과는 달리 미토콘드리아는 고유한 DNA를 가지고 있으며, 에너지 생성에 사용되는 단백질을 암호화하는 37개의 유전자를 지니고 있다. 미토콘드리아는 모계에서 유전되는데, 이는 수정란의 미토콘드리아가 모두 난자에서 유래하기 때문이다. 인간은 거의 유사한 미토콘드리아 DNA 염기서열을 가지고 있으나, 인구집단과 개인 간의 작은 염기서열의 차이가 존재한다. 이러한 차이를 이용하여 미토콘드리아 유전자를 추적하면 모계의 조상을 찾는 등의 시도가 가능하며, 이러한 미세한 차이는 과거의 인구집단 이동을 연구하는 데에도 사용되었다.

일부 사람들이 미토콘드리아 관련 질환으로 고통받고 있으며, 이는 미토콘드리아 DNA의 돌연변이가 미토콘드리아 구성의 대다수를 차지함에 따라서 발생한다. 이러한 질환은 중증도가 높고 점진적으로 악화되어 결국 정상적인 삶을 영위하지 못하게 되고, 치료 또한 불가능하다. 이러한 돌연변이를 가진 여성의 경우 이를 자녀에게 물려줄 가능성이 매우 높다. 미토콘드리아 질환이 확인된 여성에서 이를 후대에 물려주지 않으려면 어떻게 해야 하는가? 미토콘드리아 질환이 확인된 여성이 본인의 아이를 낳지 않고 입양을 하는 방법도 있고, 난자를 공여받아 남편의 정자와 체외수정 시술로 수정시켜 임신하는 방법도 있다. 그 외에도, 새로운 두 가지 방법으로 치료하는 것이 가능하다.

1. 전핵 이식(pronuclear transfer, PNT)은 환자의 수정란에서 남성 및 여성 전핵을 추출하고, 전핵이 제거된 공여자의 수정란(정상 미토콘드리아가 존재)에 이식하는 것을 말한다.
2. 중기 방추사 이식(metaphase spindle transfer, MST)은 염색체가 제거된 공여자의 난자(정상 미토콘드리아가 존재)에 환자의 전체 여성 염색체쌍이 모두 옮겨지는 것을 말한다. 이후에 난자는 체외수정된다. 미토콘드리아 대체 요법을 통해 건강한 아이를 출산하였다는 보고가 몇 건 존재하지만 많은 국가에서 이는 금지되고 있다. 이러한 과정이 장기적으로 어떠한 결과를 초래할지 판단하기에는 아직 너무 이른 것으로 생각된다.

기억해야 할 핵심 사항

- 다른 영장류에서처럼, 인간의 여성에서는 월경주기가 존재한다. 난포의 성장은 난포자극호르몬(FSH)에 의해 촉진되고, 배란은 황체화호르몬(LH)의 급증에 의해 유도된다. 자궁내막은 배아의 착상을 위해 두꺼워진다. 만약 수정이 일어나지 않으면, 난자는 퇴화하고 자궁내막은 탈락한다. 만약 수정이 일어나면, 수태물의 합포체영양막은 융모성생식선자극호르몬(hCG)를 분비하여 임신을 유지한다.
- 수정은 정자의 수정능 획득, 난자가 있는 방향으로의 화학주성, 투명대와의 결합, 투명대를 뚫기 위한 효소를 방출하는 첨체 반응, 정자와 난자 세포질의 결합 및 칼슘 진동의 유도를 포함한다. 칼슘 이온의 상승은 과립체의 방출과 감수분열의 완성, 그리고 전핵막의 형성을 유발한다.
- 체외수정시술은 호르몬 자극에 의한 난자 성장 및 배란, 이차 감수분열 단계의 난자의 획득 및 체외에서의 수정, 우수한 형태의 배아를 선별하기 위한 배양 기간, 그리고 자궁으로의 배아 이식 과정으로 이루어진다. 잉여 배아는 나중 주기에서의 착상을 위해 동결 보존된다.
- 체외수정시술로 생성된 배아의 착상 전 유전 진단은 수태물의 일부인 영양외배엽의 세포를 획득하여 DNA 염기서열 분석 검사로 이상을 진단하는 과정으로 이루어진다. 이를 통해 전체 염색체 조성 확인 및 특정한 유전질환의 여부를 검사하는 것이 가능하다.
- 인간 배아줄기(ES)세포는 인간 수태물에서 내세포괴를 배양하는 것을 통해 얻어질 수 있다. 이 세포는 다분화능을 가지고 있으며 기형종을 형성할 수 있다는 점에서 생쥐 배아줄기세포와 유사하다. 그러나 많은 차이점 또한 존재한다.
- 착상 전 인간의 발생은 난할 및 포배 형성과 영양막의 분화 과정으로 이루어진다.
- 착상 후 초기의 발달은 생쥐의 발달과 매우 다르다. 대부분의 영양막은 합포체의 형태가 되며 자궁의 조직 안으로 파고들게 된다. 상배엽은 납작하며, 배외중배엽과 양막강이 비교적 이른 시기에 생성된다. 세포영양막과 배아유래 혈관으로 구성된 융모막융모가 모체의 조직으로 파고든다.
- 인간 배아의 몸 체제 형성 단계는 다른 척추동물들과 유사하다. 수정 약 15일 이후 원조가 형성되며, 18일 후에 신경판이 생성되고 첫 체절은 20일 후에 생긴다. 첫 심박동 및 신경판의 닫힘은 22일 후에 확인할 수 있다.
- 인간의 배외막은 생쥐에서의 배외막과 다르다. 양막은 상배엽의 공동화로 상당히 이른 시기에 생성되며, 이후 융모막과 융합된다. 융모막은 영양막과 배외중배엽이 합쳐져서 구성된다. 요막은 뒤창자의 증식으로 발생한다. 난황막은 하배엽과 배외중배엽에서 유래하며, 추후 재형성되어 길어진 이차 난황막을 형성하게 된다.
- 착상 후 유전 진단은 양수 천자 및 융모막융모생검, 그리고 최근 들어 증가하고 있는 방법인 모체 혈액에서의 태아 DNA를 채취하는 방법으로 얻어진다.
- 인간의 배아에 대한 연구가 허용되어야 하는지, 그리고 배아줄기세포가 인간의 배아에서 배양될 수 있는지와 같은 도덕적 문제에 대한 의견은 첨예하게 갈리고 있다. 다양한 국가에서 다양한 규제가 존재하지만, 많은 국가들에서는 수정 후 14일까지의 배아에 대한 연구를 허용하고 있다.

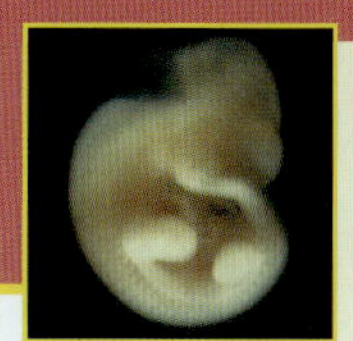

Chapter 13

초파리

Drosophila

초파리(*Drosophila melanogaster*)는 분자 수준에서 자세하게 그 발생 과정이 이해된 첫 번째 생명체이며, 몸이 작고 생활주기가 배아에서 성체까지 약 10일 정도(25°C에서)로 짧아서 유전학 연구에 매우 적합하다. 또한 초파리에서 돌연변이를 선별하고 계통주(stock)를 만드는 세련된 다양한 방법이 개발되어 있다. 역사적으로 초파리에 대한 연구는 흥미로운 표현형을 가진 돌연변이체의 식별로 시작되었다. 이들은 염색체에 위치하고 있음을 유전자 지도 분석(genetic mapping)을 통해 알았으며, 실제 위치를 찾기 위해 유충의 거대 염색체(polytene)에도 매핑되었다. 이러한 돌연변이 유전자의 정상 버전에 대한 세포의 필요 요건을 결정짓기 위해서 일반적으로 X-선으로 유도된 체세포의 돌연변이 클론의 특성을 연구하였다("발생에 중요한 유전자 동정" 절 참고). 다음으로 돌연변이 유도 스크리닝은 발생에 필요한 많은 수의 유전자 식별을 가능하게 했다. 그 돌연변이를 유발하는 유전자들이 클로닝되었고, 그 유전자의 발현 양상이 제자리 혼성화법(*in situ* hybridization)에 의해 연구되었다. 발생에 중요한 유전자 간의 상호작용은 다른 유전자의 발현이 억제되거나 과발현된 상태의 배아에서 유전자의 발현을 관찰함으로써 추론되었다. 마지막으로, 전사인자와 DNA의 조절 부위 사이의 상호작용에 대한 체외 연구를 통해서 보다 자세한 분자생물학적 발견이 이루어졌다.

보다 최근에 이 초파리 유전학 연구 방법들은 형태형성인자(morphogen)의 농도 구배, 세포 운명 선별화, 줄기세포나 성장조절과 같은 다양한 방면의 발생 및 세포생물학 화제에 적용되었다. 초파리 유전자가 돌연변이를 통해 발견되었기에, 돌연변이의 최초의 표현형을 따라서 유전자 이름이 명명되었다. 예를 들어, 첫 번째 관찰된 돌연변이는 유전자의 정상 기능은 성체의 빨간 눈을 나타내지만, 돌연변이의 성체의 눈은 흰색이므로 '흰색(*white*)'이라고 불렀다. 돌연변이에 주어진 이름은 해당 유전자의 이름으로 사용되었다. 초파리에서 첫 번째 대립유전자가 열성 표현형을 나타내면, 유전자 이름은 이탤릭체이고 첫 글자는 소문자로 쓰여진다. 첫 번째 대립유전자가 우성 표현형을 나타내면, 첫 글자가 대문자인 이탤릭체로 쓰여진다. 표 13.1은 이 장에서 거론된 유전자를 보여준다.

곤충

모든 곤충(insects)의 성충(adult)과 유충(larva)은 머리(head), 가슴(thorax), 배(abdomen)의 세 가지 주요 신체 부분으로 이루어진다. 몸체 형성의 원시적인 형태는 배아 시기에 가장 확연하게 보이는데, 이를 **확장된 배대(胚帶, extended germ band)**라 불린다. 이것은 모든 곤충 종들이 형태적으로 가장 유사하게 보이는 **계통형 시기(phylotypic stage)**이다(23장 참고). 머리 부분은 대개 3개의 전두부(procephalic) 체절과 3개의 입틀(gnathal, "nay-thal"로 발음한다) 체절 등 6개의 체절로 구성된다. 입틀 체절은 다리싹(leg bud)과 유사한 부속지를 포함하는데, 이는 나중에 입 부위가 된다. 몸의 중간 부위인 가슴은 항상 **앞가슴(prothorax, T1)**, **가운데 가슴(mesothorax, T2)**, **뒷가슴(metathorax, T3)**의 세 가지 체절로 구성된다. 이들 모두는 배쪽으로 다리가 자라며, 가운데 가슴과 뒷가슴 부위의 등쪽에서는 날개가 한 쌍씩 자라난다. 배 체절의 숫자는 종마다 다르지만, 보통은 8~11개이다.

표 13.1 초파리 초기 발생에 관여하는 주요 유전자.

유전자	단백질의 기능	척추동물 유사체
등-배 구조(dorsoventral systems)		
fs(1)K10	DNA 결합	
gurken	유도인자, EGFR 리간드	TGFα
Egfr(=torpedo)	세포막 수용체	EGF receptor
spätzle	유도인자, Toll 리간드	
easter	세포외 프로테아제	
pipe	HSPG 설퍼트렌스퍼라제	
snake	세린 프로테아제	
serpin 27A	Easter의 억제제	
tolloid	프로테아제	BMP1/Tolloid
Toll	세포막 수용체	Toll
cactus	신호전달	IκB
dorsal	신호전달	NFκB
twist	전사인자	Twist
snail	전사인자	Snail
zerknüllt	전사인자	Hox 3
rhomboid	막투과 단백질	Rhomboid proteases/iRhom
decapentaplegic	유도인자	BMPs
screw	유도인자	BMP
short gastrulation	Dpp 억제자	Chordin
tinman	전사인자	Nkx2.5
모계 전-후축 구조(maternal anteroposterior systems)		
Delta	유도인자, Notch 리간드	Delta
Notch	세포막 수용체	Notch
unpaired(= outstretched)	유도인자	IL-3/6
gurken	유도인자, EGFR 리간드	TGFα
bazooka	세포질 단백질	Par3
bicoid	전사인자	
caudal	전사인자	Cdx
oskar	세포질 단백질	
nanos	RNA-결합 단백질	Nanos
pumilio	RNA-결합 단백질	Pumilio
vasa	RNA 헬리케이즈	Vasa
torso	세포막 수용체	
torsolike	분비단백질	
trunk	유도인자, Torso 리간드	
간극유전자(gap genes)		
orthodenticle	전사인자	Otx
huntchback	전사인자	
krüppel	전사인자	
knirps	전사인자	
giant	전사인자	
tailless	전사인자	Tlx
huckebein	전사인자	
쌍지배유전자(pair-rule genes)		
hairy	전사인자	Hes, Her
runt	전사인자	Runx
even-skipped	전사인자	Evx
odd-skipped	전사인자	
fushi tarazu	전사인자	
paired	전사인자	Pax

(계속)

표 13.1 (계속)

유전자	단백질의 기능	척추동물 유사체
odd-paired	전사인자	
sloppy-paired	전사인자	
체절극성유전자(segment polarity genes)		
hedgehog	유도인자, Patched 리간드	Hh
wingless	유도인자, Frizzled 리간드	Wnt
engrailed	전사인자	En
frizzled	세포막 수용체	Frizzled
zeste-white 3	신호전달	Glycogen synthase kinase 3
armadillo	신호전달	β-catenin
pangolin	전사인자	Lef, Tcf
patched	세포막 수용체	Patched
smoothened	신호전달	Smoothened
cubitus interruptus	전사인자	Gli
Hox 유전자(Hox genes)		
labial	전사인자	Hox 1
Deformed	전사인자	Hox 4
Sex combs reduced	전사인자	Hox 5
Antennapedia	전사인자	Hox 6
Ultrabithorax	전사인자	Hox 7
abdominal A	전사인자	Hox 8
Abdominal B	전사인자	Hox 9-13

BMP, Bone morphogenetic protein; EGF, epidermal growth factor; HSPG, heparan sulphate proteoglycan; IL, interleukin; TGF, transforming growth factor.

표기된 많은 유전자가 발생 후기에도 다른 기능을 수행한다(예를 들면, Delta-Notch 시스템은 신경세포 형성에서 매우 중요하다). 척추동물 유사체는 일반적으로 복제에 의해서 생성된 유전자 패밀리이다. 일부 척추동물 유전자는 초파리에서 처음 발견되었기에 초파리 유전자 이름을 따서 명명되었다.

다른 쌍시류(두 날개 파리류)와 마찬가지로 초파리는 일반적인 곤충의 발생 양상을 따르지만, 몇 가지 예외가 있다. 즉, 초파리는 배아 시기에도 머리에 전두부 체절이 없으며, 3개의 입틀 체절이(T1-T3) 일시적으로만 존재하고, 가운데 가슴 마디(T2)만 날개를 가지며, 뒷가슴 마디(T3)는 **평형곤(hateres)**이라 불리는 작은 균형 유지 기관을 가진다. 초파리는 8개의 배의 체절을 가진다(A1-8). 비록 유충이나 성체의 몸체 형성에서 주로 체절의 영향이 크지만, 초기 발생에서 가장 중요한 반복적인 단위는 **부체절(parasegment)**인데, 이것은 체절과 같은 주기를 갖고, 뒷부분의 체절에서는 희미해진다("쌍지배 시스템" 절 참고).

곤충 몸 안쪽의 신경삭(nerve cord)은 배쪽에 존재하고 심장은 등쪽에 존재한다. 심장은 혈액이 체강(body cavity)을 순환하도록 하지만, 척추동물과 같은 특화된 혈관 체계는 없다. 산소는 피부층(epidermis)이 몸 안으로 자란 길고 가지 달린 기관(tracheae)을 통해 조직으로 확산된다.

초파리는 알에서 깨어난 유충이 성충과는 매우 다른 구조를 가지는 **완전변태(holometabolous)** 곤충이다. 유충은 두 번의 탈피 과정을 거쳐 휴지기인 **번데기(pupa)**가 되는데, 이때 체형이 성충의 모습으로 바뀐다. 대부분의 성충 몸은 **성충판(imaginal discs)**과 **배 부위의 조직원세포(abdominal histoblasts)**로부터 형성되는데, 이것들은 유충의 미분화된 싹(bud)이다. 성충판의 발생에 관해서는 19장에 서술되었다. 일부 다른 곤충 목(order)은 **불완전변태(hemimetabolous)**인데, 이 경우 유충은 성충의 작은 버전과 닮았으며, 유충(약충) 탈피에 의해 구분되는 일련의 유충 단계(nymphal stage)를 거쳐 성충이 된다.

정상 발생

난자형성

난자형성(oogenesis) 동안에 일어나는 일들은 초파리 배아에서 부분적 특성 결정에 매우 중요하며, 알은 이미 대부분의 패턴이 특화된 채로 나온다. 난자형성의 초기에 하나의 생식세포(germ cell)는 4번 분열하여 16세포로 되며, 그중의 하나는 **난모세포(난자, oocyte)**가 되고, 나머지 15개 모두는 **영양세포(nurse cells)**가

그림 13.1 초파리 난방(egg chamber)

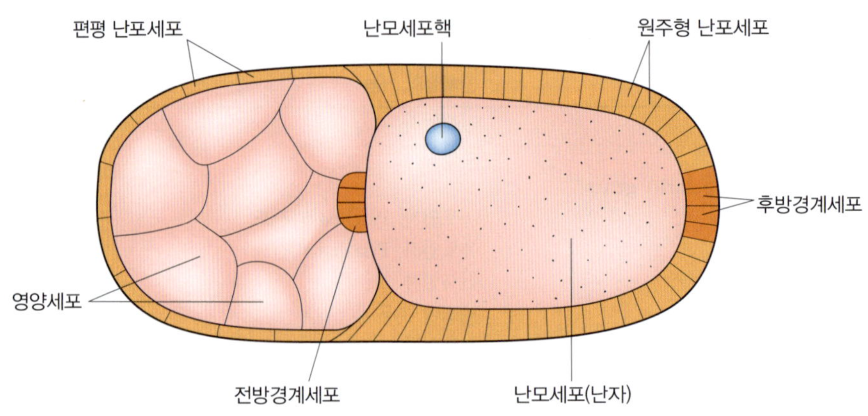

된다. 흥미롭게도, 예쁜꼬마선충(14장 참고)에서 세포질 비대칭에 중요한 *par1* 유전자가 초파리 난자형성에도 중요한데, 이 유전자가 없을 경우, 모든 16개의 세포가 영양세포로 된다. 난모세포와 영양세포들은 **난포세포(follicle cells)**에 둘러싸여 **난방(egg chamber)**을 형성한다(그림 13.1). 난포세포는 생식계열(germ line) 세포라기보다, 생식소의 체세포로부터 형성된다. 난방이 커감에 따라서 난포세포는 세 가지 그룹으로 나뉜다. 영양세포들을 둘러싼 난포세포는 편평한 비늘 모양이며, 난모세포를 둘러싼 난포세포는 원주형이다. 난모세포의 양쪽 끝 부분에는 **경계세포(border cells)**라 불리는 특별한 그룹의 난포세포가 있는데, 이들은 전-후축 패턴(anteroposterior pattern)을 결정하는 데 중요하다. 영양세포들은 **다배수체(polyploid)**가 되고 다량의 RNA와 단백질을 난모세포로 뿜어낸다. 이후 단계에서, 난모세포는 등-배와 전-후축으로 극성을 띠고 후면의 끝에 과립형의 **극세포질(pole plasm)**이 형성된다. 난포세포는 **난황막(vitelline membrane)**과 알을 둘러싼 거친 외피인 **장막(chorion)**을 분비한다. 알의 **난황(yolk)**을 생산하는 주된 장소는 난모세포와 영양세포가 아닌 지방체(fat body)라는 곳인데, 포유류의 지방세포와 간의 기능을 비슷하게 수행하는 기관이다. 난황 단백질은 순환계인 혈림프를 통해 난소로 이동한다.

배아형성

수정은 자궁(uterus) 내에서 일어나며, 정자는 난문(micropyle)이라 불리는 장막 위의 구멍을 통해 난자의 앞쪽 끝부분으로 들어간다. 초파리의 발생은 다른 대부분의 곤충들에 비해 매우 빨라서 일반적인 실험실 조건에서(25°C) 24시간 안에 알에서 유충으로 깨어난다. 그림 13.2는 초기 배아 단계들을 나타낸다. 초기 단계는 "난할(cleavage)"이라고 불리는데, 실제로는 대부분의 곤충들에서와 같이 세포질 분열 없이 빠르게 동시적으로 핵분열이 일어난다. 이것은 **표할(superficial cleavage)**(2장 참고)이라고도 불리며, 이를 통해 전체 배아는 **합포체(syncytium)**를 형성하는데, 여기서 모든 핵은 하나의 공통된 세포질에 존재한다. 처음 8번의 분열이 일어난 후, 몇 개의 핵은 후반부의 극세포질(pole plasm)로 들어가서 즉시 **극세포(pole cells)**로 형성되고(그림 13.3), 이들은 이후에 초파리 배아의 **원시 생식세포(primordial germ cells)**가 된다. 9번 분열한 후에 대부분의 핵은 표면 위로 이동하여, **합포체 배반엽(syncytial blastoderm)**을 형성하며, 안쪽에 남아 있는 핵은 나중에 난황식세포(vitellophage)로 편입되어 장내(lumen)에서 없어진다. 이후 4번의 핵분열이 더 일어나면, 세포막이 안으로 자라나서 핵을 나누어 **세포성 배반엽(cellular blastoderm)**이 형성된다(그림 13.2d). 이 단계에서는 약 5,000개의 표피 세포와 1,000개의 난황 핵, 그리고 16~32개의 극세포가 존재한다. 이 시기에 세포 분열 속도는 급격히 줄어들고, 극세포는 낭배형성(gastrulation) 이전에 딱 한 번 더 분화된다. 곤충 배아발생학에서는 초기 단계에서 전-후축 상의 위치를 종종 후방극으로부터 알 길이의 퍼센트(%EL)로 나타낸다. 예를 들어, 100~50%EL라고 표시된 구역은 전반부 절반을 나타내며, 10~0%EL은 배아의 후반부 1/10을 의미한다.

배반엽의 원주형 상피는 매우 두껍고 대부분이 배아의 일부가 되며, 오직 등쪽의 얇은 부위만이 배외양장막(extraembryonic amnioserosa)이 된다. 낭배는 수정 후 약 3시간 뒤에 배아의 길이 방향을 따라 깊은 **배쪽고랑(ventral furrow)**이 형성되면서 시작된다(그림 13.2e–g, 13.4). 이것은 배쪽 중앙선을 따라서 일어나는 중배엽성 세포들의 함입을 포함하는데, **중장 전반부(anterior midgut)**와 **중장 후반부(posterior midgut)**는 함입된 후 서로 연결된다. 머리고랑(cephalic furrow)은 이후에 65%EL 부분에서 생겨난다. 낭배형성과 동시에 배쪽에 존재하는 배대(germ band)가 확장하기 시작하며, 후반부 끝 쪽의 극세포와 함께 알의 등쪽

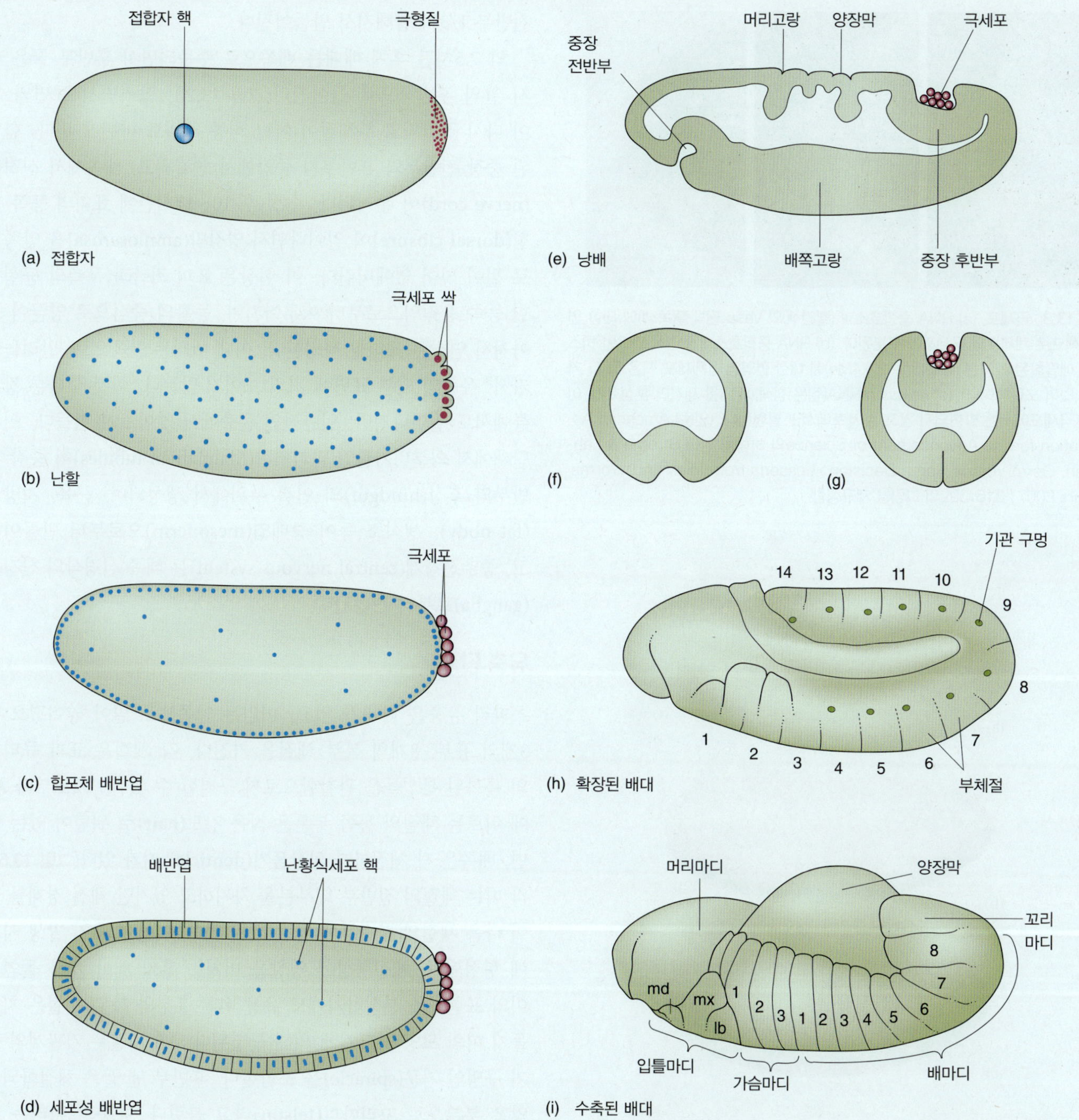

그림 13.2 초파리의 초기 발생. (f)와 (g)는 각각 중앙과 후반부의 가로 단면이다. (i)에서 md, 아래턱(mandible); mx, 위턱(maxilla); lb, 입술(labium).

에서 머리쪽으로 둥글게 밀어 넣는다. 이제 배대(germ band)는 알의 전반부의 앞-뒤쪽 끝부분이 U자 모양이 된다. 수정 후 약 4시간 후에는 첫 번째 신경아세포(neuroblast)가 신경성 외배엽(neurogenic ectoderm)으로부터 형성되는데, 이때 신경아세포는 중앙 배쪽의 낭배형성 중인 배쪽고랑 위 가까운 곳에 위치한다.

체절형성(segmentation)은 초기에 확장된 배대(extended germ-band) 단계에 시작되고, 14개의 **부체절(parasegments)**을 나타내는 표피의 홈이 형성된다. 부체절은 배아의 체절 분할이며 나중의 체절과 정확하게 일치하지는 않는다. 비록 형태적으로 수정 후 5~7시간 사이에 일시적으로 나타나기는 하지만, 부체절은 몸체 형성에 기초 단위로서 매우 중요하다(아래 참고). 유충의 부각 체절(segment)은 하나의 부체절 후반부 2/3와 다음 부체절의

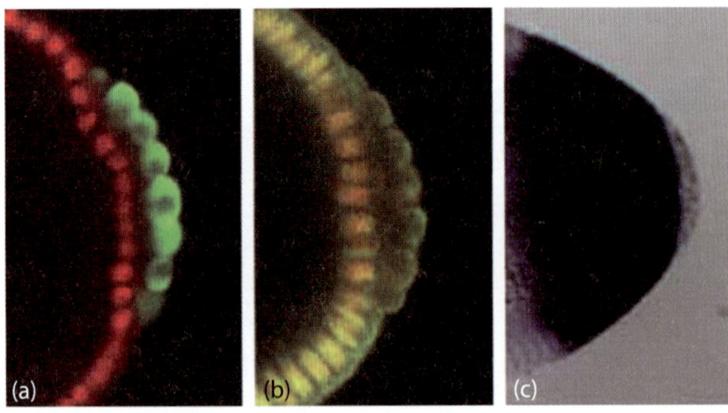

그림 13.3 극세포. (a) RNA 중합효소 II (빨간색)와 Vasa 단백질(녹색)에 대한 면역염색으로 체세포와 극세포가 구분된다. (b) RNA 중합효소 II 빨간색)와 3번 히스톤의 메틸화된 라이신 4(histone 3 K4Me)에 대한 면역염색(체세포 핵은 둘 다 가지고 있어 노란색이다). (c) *tailless* mRNA(짙은 청색)에 대한 제자리 혼성화법. 이것은 극세포에서는 발현되지 않고, 체세포에서만 발현된다. (인용) American Association for the Advancement of Science의 허락을 얻어 Strome & Lehmann, Germ Versus Soma Decision: Lessons from Flies and Worms. *Science* 2007; 316:392의 그림을 재구성함.

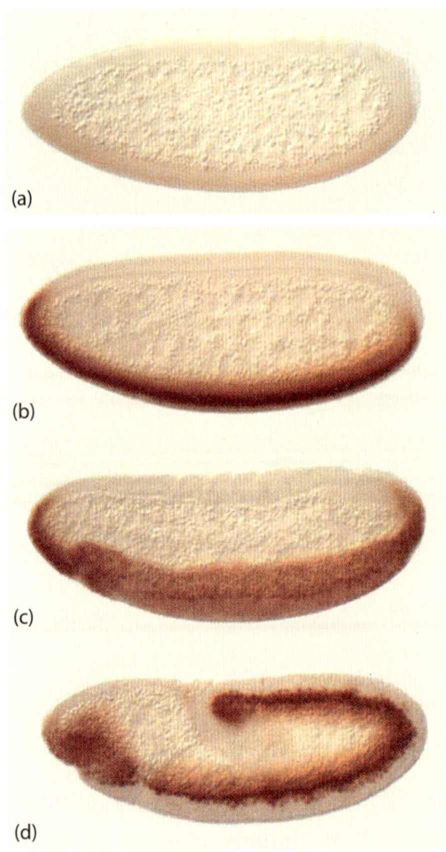

그림 13.4 Twist 단백질(갈색)의 발현을 통해 본 초파리의 낭배형성. (a) 합포체 배반엽(syncytial blastoderm); (b) 세포성 배반엽(cellular blastoderm); (c) 낭배의 시작; (d) 확장된 배대. (인용) Cold Spring Harbor Laboratory의 허락을 얻어 Leptin, M.(2004) Gastrulation of Drosophila. In *Gastrulation: From Cells to Embryo*, C. D. Stern (ed.)의 그림을 재구성함.

전반부 1/3이 합해져서 만들어진다.

약 7.5시간 후에 배대는 배쪽으로 수축되면서 후반부 끝은 다시 알의 후반극으로 돌아간다(그림 13.2i). 그러면서 표면의 홈이 다시 정렬되고 부체절이 아닌 최종 체절로 나뉘게 된다. 함입된 중장 전반부와 후반부가 중앙에서 연결되고, 배쪽에서 신경삭(nerve cord)이 분리된다. 수정 후 10~11시간에 표피의 **등쪽 닫힘(dorsal closure)**이 일어나면서 양장막(amnioserosa)을 안쪽으로 밀어 넣어 없애버린다. 이 현상은 표피 좌측과 우측의 균형잡힌 등쪽 움직임으로부터 이루어지며, 등쪽의 중심으로 양끝이 모아져서 연결된 표피를 형성한다. 이때 머리는 안쪽으로 "말려들어가서" 유충의 외부 표면에 거의 보이지 않는다. 이것은 다른 쌍시류에서도 일어나지만, 일반적인 곤충에서 찾아보기 힘들다. 이후 단계에서 외분비기관인 말피기관(Malpighian tubules)이 중장 후반부와 후장(hindgut)의 연결 부위에서 생성되며, 근육, 지방체(fat body), 생식소 등이 중배엽(mesoderm)으로부터 만들어지고, 중추신경계(central nervous system)는 배쪽 신경삭의 신경절(ganglia)로부터 형성된다.

유충 단계

초파리 유충은 다리가 없고, 머리는 안쪽으로 밀어 넣어졌으며, 3개의 흉부, 8개의 복부 체절을 가진다. 각 체절은 표피 큐티클의 특화된 특성들을 관찰함으로써 구별할 수 있다. T2로부터 A8에 이르는 체절의 등쪽 부분은 작은 강모(hair)로 뒤덮여 있는 반면, 배쪽은 각 체절마다 **치상돌기(denticle)** 띠가 있다(그림 13.5). 각 띠는 체절의 전반부 대부분을 차지하고 있지만 체절 경계를 넘어 다음 체절의 후반부에 약간 걸쳐 있다. 이들은 후기 발생 시기에 형성되며, 체절형성에 영향을 미치는 후기 배아 치사 돌연변이의 표현형을 분석하기에도 유용하다. 흉부와 복부 체절은 치상돌기 띠의 모양과 크기에 의해 구별된다. A8 체절은 기관계의 통기 구멍인 기문(spiracle)을 포함한다. 후반부 맨 끝은 체절화되지 않은 부분으로 **꼬리마디(telson)**라고 불린다. 유충의 머리는 매우 복잡한데, 가장 돋보이는 부분은 뿔모양의 두인두 골격(horny cephalopharyngeal skeleton)으로서 영양관(alimentary tract)의 전장 부위(stomodeal part)에 의해 분비된다.

유충 조직은 세포 분열이 일어나서가 아니라 세포 크기가 커지면서 자란다. 이 세포는 핵이나 세포 분열 없이 DNA가 복제되는 여러 번의 **내복제(endoreplication)** 과정을 반복하고, 세포 부피가 증가하는 많은 양의 배수성(polyploidy)을 달성한다. 침샘(salivary glands) 같은 일부 조직에서는 DNA 가닥이 정확하게 정렬

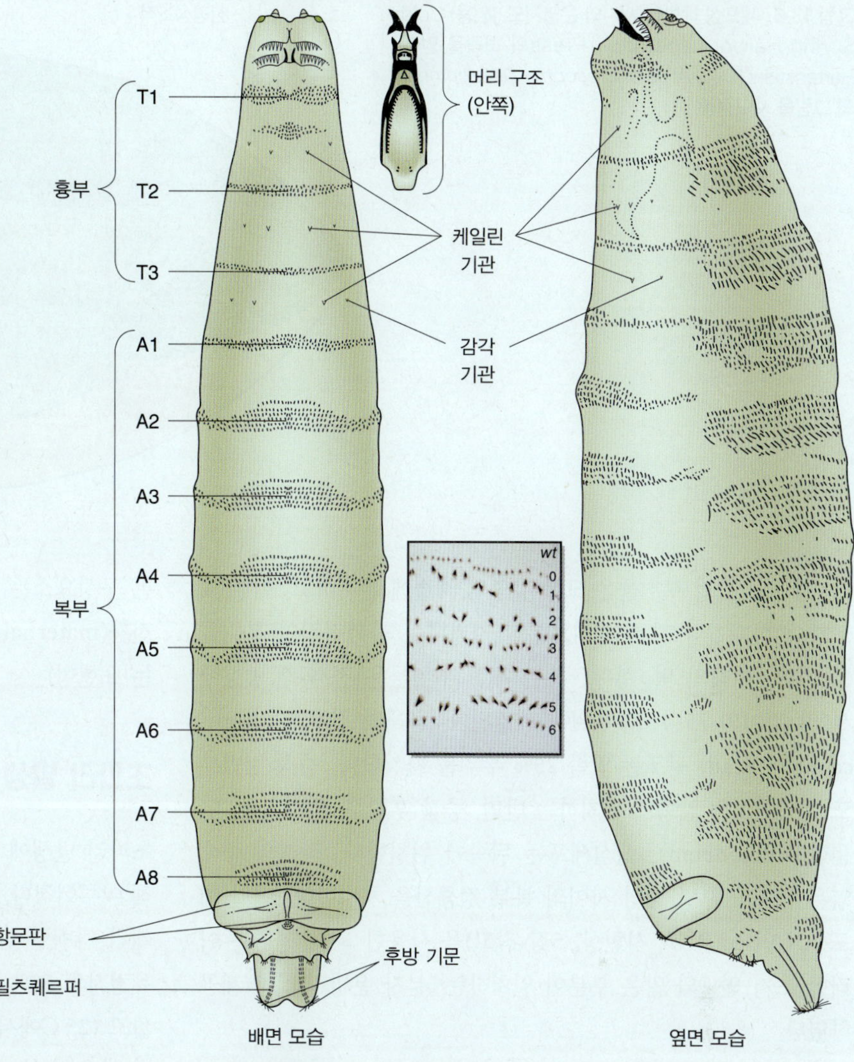

그림 13.5 초파리 유충의 배면 및 옆면 모습. 삽입한 그림: 3령기 유충의 치상돌기 띠, 0-1열은 후반부에 속하고 2-6은 전반부에 속한다. (인용) Company of Biologist Ltd.의 허락을 얻어 Repiso et al. *Development* 2010; 137:3411-3415의 그림을 재구성함.

되어 거대한 **폴리텐 염색체(polytene chromosomes)**를 생성한다. 적절하게 염색되면, 폴리텐 염색체는 재현 가능한 어둡고 밝은 밴드를 나타내고, 이들 중 일부는 활성 메신저 RNA(mRNA) 합성 부위인 "퍼프"(puffs)로 확장된다. 침샘 폴리텐 염색체의 재현 가능한 밴딩 패턴은 초파리 유전학 초기에 매우 유용하였으며, 돌연변이의 밴딩 패턴이 변하여 특정 염색체에 위치하는 것을 확인할 수 있었다. 나중 연구를 통해 퍼프의 패턴이 호르몬 엑디손(ecdysone)에 의해 변경될 수 있음을 보여주었으며, 이 호르몬이 유전자 발현을 변화시킨다는 것을 보여주었다. 배수체(polyploid) 유충 조직은 번데기 시기에 파괴되고 이배체 성체 세포로 대체된다.

성체의 이배체 세포는 1령기(first-instar) 유충에서 작은 세포 덩어리로 존재한다. 머리와 가슴의 표피와 생식기의 경우, **성충판(imaginal discs)**이라고 불리는 유충 표피의 함입으로 발견된다(19장 참고). 그들은 배아 발생 동안 약간 자라지만, 대부분의 성장은 유충시기에 일어난다. 번데기 시기 동안 증가하는 엑디손 수치에 따라 팽출하고 분화하여 성충 몸의 표피 구조를 이룬다. 복부 체절은 함입하지 않으며, 유충 표피의 일부로 남아 있는 **복부의 조직원세포(abdominal histoblasts)**로부터 형성된다. 이는 번데기 시기에만 자라고, 확장함에 따라 유충의 표피로 대체된다. 내부 조직은 번데기 시기에 교체될 유충 조직에 통합된 이배체 세포 그룹으로 형성된다.

운명지도

세포성 배반엽 시기의 운명지도(fate map)는 부분적 UV 조사(irradiation)에 의한 작은 세포 손상이나 **겨자무과산화효소(horseradish peroxidase, HRP)**로 표지된 세포의 주입에 의해 작성되었다(그림 13.6). 운명지도의 핵심적인 특징은 다음과 같

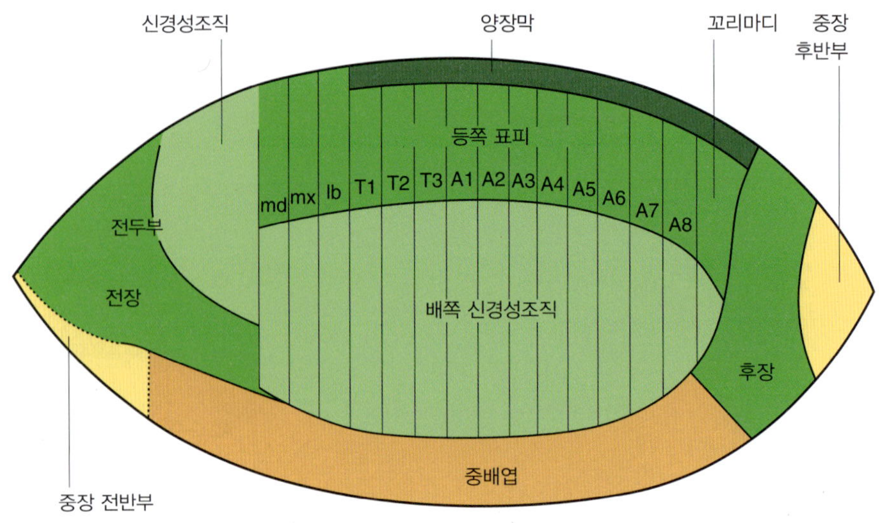

그림 13.6 세포성 배반엽 시기의 운명지도. (인용) Cold Spring Harbor Laboratory Press의 허락을 얻어 Hartenstein(1993) *Atlas of Drosophila Development* 의 그림을 재구성함.

다. 장래의 특정 부위들은 모두 유충의 체절에 존재하고, 이후 세포가 혼합되거나 작은 원기로부터 자라나는 불확정적인 부위들은 없다. 미래의 턱, 흉부, 복부 체절 부위들은 전-후축 방향에서 알 길이의 75~15% 부위에 배열된다. 장래의 전두 머리(procephalic head) 구조는 앞쪽 25% 부위를 차지한다. 중장 전반부도 운명지도의 앞쪽에 위치하는 반면, 중장 후반부, 말피기관, 항문함(proctodeum), 생식세포는 뒤쪽에 위치한다. 장래의 중배엽은 전방과 후방 중장 사이의 복부 정중선을 차지한다. 단일 세포 RNA-Seq(RNA 시퀀싱; 5장 참고)을 사용한 최근 연구는 이러한 초기 연구와 많은 부분이 일치하는 "분자 운명지도"를 제공하였다.

극세포질

극세포질(pole plasm)은 난자형성(oogenesis) 동안 형성되고 알의 후반극에 위치한다. 여기에는 다른 모델 동물에서 **원시생식세포(primordial germ cell)** 형성에 관여하는 *dazl, nanos, vasa*가 분포해 있다. 후방 국소화는 후반부 체절 발생에도 필요한 유전자 *oskar*에 의존한다("후반부 시스템" 절 참고). 극세포질이 핵을 프로그램하여 생식세포로 만들 수 있다는 직접적인 증거는 극세포질을 난할 단계의 알의 앞쪽 끝으로 이식하는 실험을 통해 얻어졌다. 이식된 극세포질로 둘러싸인 핵으로부터 이소성(ectopic) 극세포가 생겨났다. 이 이소성 극세포를 다시 두 번째 수용자의 후반부로 재이식하면, 그들은 생식소로 병합되어 기능이 있는 생식세포를 생성할 수 있다. 이소성 극세포는 또한 *oskar* mRNA의 전방 국소화를 유발하는 실험에서도 획득되었다. 극세포질의 많은 구성요소는 돌연변이가 자손을 불임으로 만드는 모계 영향 유전자(maternal-effect genes)의 전사체로 확인되었다(손자가 없는 표현형).

초파리 발생유전학

초파리 발생에 관한 연구는 여러가지 세련된 유전학적 방법에 의해 이루어졌다. 초파리 유전체는 약 1억 4,300만 염기쌍과 13,931개의 단백질 암호화 유전자를 가진 척추동물에 비해 적다. 이들 유전자의 50% 이상이 척추동물에 상동체를 가지고 있다. 세대가 짧고 (25°C에서 10일정도) 몸체가 작은 덕분에 복잡한 교배 방법과 많은 수의 개체를 이용한 실험들이 수주 동안에 끝날 수 있다. 유충 침샘의 거대염색체의 세포학적 지도(cytological map)와 마찬가지로 유전자 지도는 매우 상세하다.

형질전환

P-전이인자(P-element)라고 알려진 전이인자(transposable element)는 형질전환주(transgenic line)를 만들어내는 데에 중요하다. 전이인자는 야생 수컷과 실험용 암컷 사이의 교배 후 변이율이 증가하고 잡종 자손에서 다양한 결함이 나타나는 결과(**교잡 증후군; hybrid dysgenesis**)로 인해 발견되었다. 돌연변이는 P-전이인자의 삽입이나 결실을 일으키는 부정확한 절단(imprecise excision)에 의해 발생한다. 삽입 돌연변이를 일으키는 경향 때문에 P-전이인자는 삽입 돌연변이 제작법에 특히 사용되고 있다. 이 목적으로 P-전이인자를 가지는 초파리와 전이효소를 가지는 초파리를 교배한다. 전이효소를 가진 자손에서 P-전이인자는 유전

체 내에서 주변으로 움직이게 되고, 배우자는 P-전이인자의 존재에 의해서 꼬리표가 붙은 일련의 새로운 삽입체를 가지게 된다.

형질전환을 위해서는, 관심 있는 유전자가 표지 유전자를 포함하는 P-전이인자 벡터에 클로닝되는데, 눈에서 정상적인 빨간색 색소를 만들어내는 야생형 *white* 유전자가 종종 표지로 사용된다. 이 재조합 P-전이인자는 *white* 유전자형 초기 배아의 후반부 극에 전이효소(transposase)를 암호화하는 mRNA나 플라스미드와 같이 주입된다. 이 P-전이인자가 일부 생식세포에 융합되면 주입된 배아로부터 나온 초파리는 모자이크이다. 이들은 *white* 초파리와 교배되며, 전체 몸이 형질전환된 일부 초파리를 생산하게 되는데, 그들은 빨간색 눈을 가지므로 구분 가능하다. 이들로부터 안정적인 초파리 주를 확립할 수 있다. P-전이인자 형질전환은 많은 목적으로 이용되었다: 인핸서 포획(enhancer trap)(3장과 11장 참고), 리포터 구조물을 가지는 초파리 주 제작, 돌연변이 구제(rescue), 외부 유전자의 발현. 그러나 이 방법은 몇 가지 한계가 있다. 삽입할 수 있는 최대 DNA의 크기가 20~25 kb이고, 이 인자는 유전자의 5′ 끝 부위에 삽입되는 경향이 있어 삽입 돌연변이를 유발한다(그것이 주요 목적이 아닌 경우 단점).

ΦC31 파아지의 인테그라제(integrase)를 이용한 다른 방법이 초파리 형질전환에 도입되었는데, 이 효소는 주입된 플라스미드의 *attB*와 숙주의 *attP* 사이에 재조합을 일으킨다. 여기서 *attP*는 P-전이인자에 미리 들어가 있어야 하지만, 이로 인해 위치 효과가 없는 곳으로 삽입 지점을 고를 수 있고, 큰 DNA를 삽입할 수 있게 되었으며, 따라서 정상적인 양의 삽입유전자의 발현을 얻을 수 있는 유전체 서열의 사용이 가능해졌다. CRISPR-Cas 기반 방법을 포함한 유전자 서열을 정밀하게 편집할 수 있는 더 최신 기술은 3장에서 설명되었다.

발생에 중요한 유전자 동정

초파리 유전체는 약 14,000개의 유전자를 포함하고 있으며, 그 중 5,000개는 돌연변이가 일어났을 때 치사성(lethality)을 보인다. 돌연변이가 일어났을 때 배아의 발생 패턴을 바꾸는 일련의 유전자를 거의 완벽히 알아내는 것이 돌연변이 선별을 통해 가능하다. 이렇게 하는 몇 가지 프로토콜이 있는데, 그중 간단한 예를 그림 13.7에 나타내었다. 비록 기본 원리는 9장에서 살펴본 제브라피시의 경우와 같지만, 초파리에서는 원하지 않는 재조합을 일어나지 않게 하여 수고를 크게 더는 특별한 방법들이 존재한다. 그림 13.7에 소개된 선별법은 상염색체 열성 돌연변이를 찾는 방법이며, 다른 대부분의 선별처럼 특별한 **균형 염색체(평형기 염색체, 밸런서 염색체, balancer chromosomes)**들을 이용하는데, 이것은 세 가지 중요한 특징을 가진다: 이들은 재조합을 막고, 눈으로 관찰 가능한 표지 유전자를 가지며, 동형접합자는 치사한다. 눈으로 관찰 가능한 표지 유전자(a – 균형 염색체 위의 표지자와 다르다)를 가진 수컷에서 돌연변이를 일으킨 다음, 균형 염색체를 가진 암컷과 교배한다. 각 자손 초파리는 돌연변이된 하나의 배우자로부터 나왔으므로 F1 세대로부터 각 수컷을 뽑아내어 다시 교배한다. F2 생산을 위해 균형 염색체와 다른 상동염색체에 우성열 민감성 치사 돌연변이를 가지는 암컷을 교배시키는데, 이로써 원하는 돌연변이 염색체를 가지지 않는 자손을 제거할 수 있다. F2 세대에서 각 관병(tube)의 초파리는 원돌연변이를 가진 한 배우자의 자손이다. 살아 있는 F2 초파리를 F3 세대를 만들기 위해 서로 교배시킨다. F2 초파리가 돌연변이 염색체와 균형 염색체의 이형접합자이므로 F3 세대의 25%는 돌연변이 염색체 동형접합자이다. 이들 동협접합자 돌연변이가 생존한다면, 돌연변이 수컷으로부터 받은 열성 표지 형질(a/a)을 보일 것이다. 만일 살아 있는 초파리에서 이 표지 형질을 관찰할 수 없다면, 죽은 배아나 유충을 관찰하여 그들이 패턴 형성에 두드러진 이상을 보이는지 확인한다. 돌연변이가 치사성을 보일 경우, 초파리 계통주(stock)는 하나의 돌연변이 염색체와 하나의 균형 염색체를 가진 이형접합자로 유지된다. 이들은 자손에서 출현 가능한 동형접합자가 모두 치사성을 보이므로 고정된 형이 될 것이다. 본래의 돌연변이 유발법에서는 모든 염색체에 돌연변이가 생기지만, 균형 염색체와 같은 염색체에 있지 않는 경우는 이계 교배(outcross)에 의해 대부분 사라질 것이므로, 이 방법에서 선별은 한 번의 연구에서 하나의 염색체에 대해서만 이루어진다. 돌연변이가 획득되면, 이들은 **상보성 검사(complementation tests)**에 의해서 같은 유전자의 대립유전자의 그룹으로 나누어지고 유전학적으로 염색체 내 위치가 결정된다.

초파리에서는 많은 패턴 정보가 난자형성 과정에서 확립되고 난자형성에 필요한 유전자의 돌연변이는 **모계 효과(maternal effects)**를 나타낸다. 즉, 배아의 구조가 자기 자신의 유전자형에 의해 영향을 받는 것이 아니라 어머니의 유전자형에 의해 결정된다(3장 참고). 엄밀히 말하면 모계 영향 돌연변이에 대해 말할 때 "돌연변이 알"이라고 하기보다 "돌연변이 어미의 알"이라고 표현해야 하지만, 이러한 표현은 정확히 지켜지고 있지 않다. 모계 영향 유전자는 접합자 치사성(zygotic lethal)을 보이는 것과 같은 원리로 선별 과정을 통해 종종 암컷 불임 돌연변이로 동정된다. 그러나 일부 중요한 모계 영향 돌연변이는 접합자 치사성 또한 나

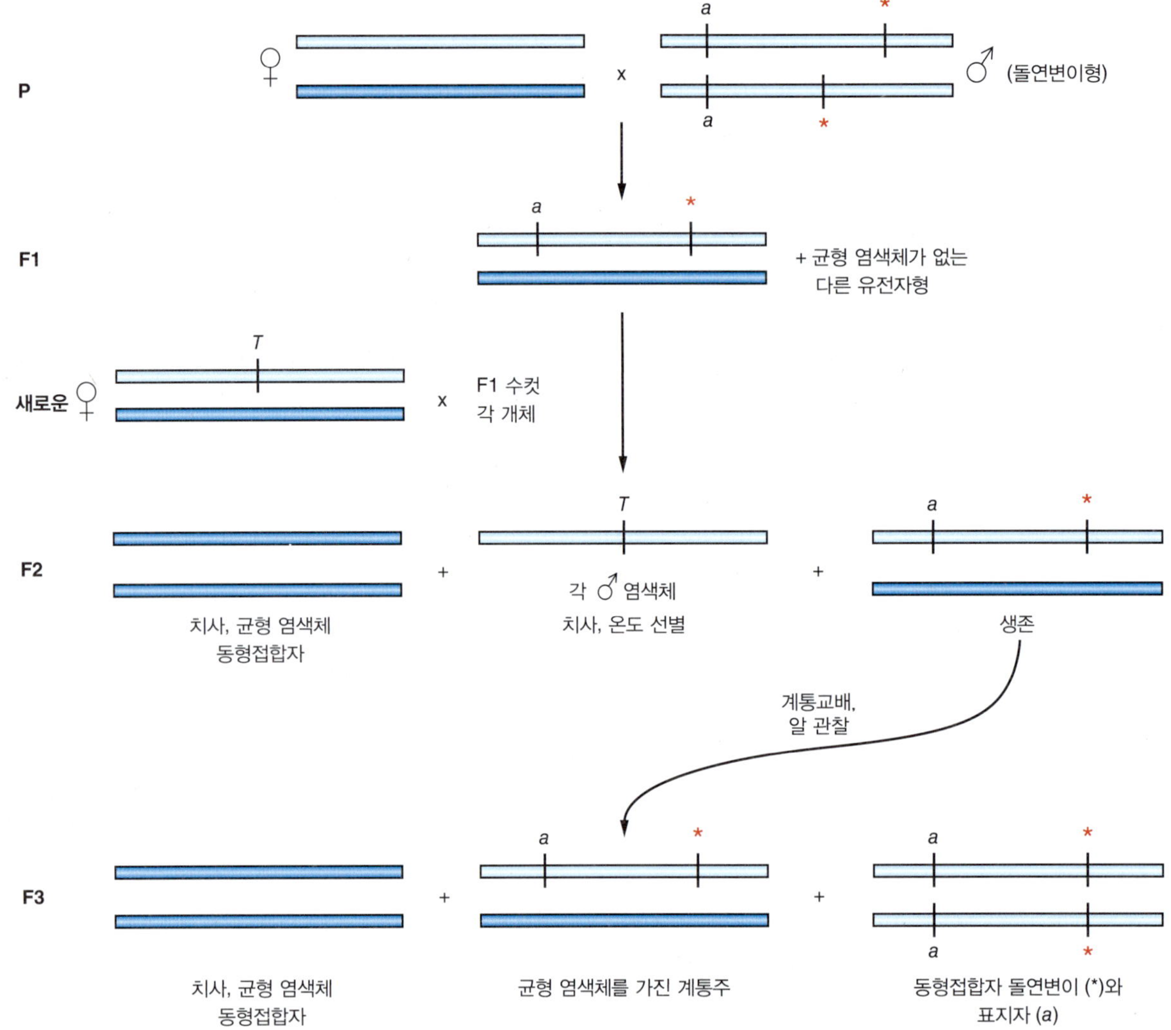

그림 13.7 초기 발생에 영향을 미치는 상염색체성 열성 돌연변이 선별 과정. 짙은 파란색 염색체는 **균형 염색체**(balancer)인데, 이것은 재조합을 억제하고, 눈으로 관찰 가능한 표지 유전자를 가지며, 동형접합자는 치사한다. "*a*"는 다른 표지 유전자로 열성임. "*T*"는 우성 열 민감성(temperature-sensitive) 치사 유전자. *는 새로운 돌연변이. 교배는 표기된 대로 수행하고 F3 알들의 비정상성을 관찰한다.

타낸다. 즉, 난자형성뿐만 아니라 배아 발생에도 이 유전자가 필요하다. 이러한 경우에 동형접합자 각각은 생식력을 측정할 수 있는 성충으로 자라나지 못하므로 모계 선별은 대개 불완전하다. 그러나 생식세포는 돌연변이지만 체세포는 정상형인 모자이크 배아를 만듦으로 접합자 치사성 돌연변이의 모계 효과를 알아볼 수 있다(아래 참고).

돌연변이의 유형

대부분의 돌연변이는 기능이 감소되거나 기능을 잃은 것들로서 유전자 산물을 적게 만들어내거나 혹은 기능이 감퇴된 유전자 산물을 만든다. 이들은 대개 열성이다. 이러한 대립유전자는 **정상하위대립인자(hypomorphs)**라 불리고, 이들의 표현형을 **정상하위대립인자형(hypomorphic)**이라고 부른다. 초파리 유전학에서는 각 유전 좌위에 대해 모든 기능을 소실한(amorphic) **완전기능 상실 대립유전자형(null alleles)**을 얻기 위해 여러 개의 대립유전자형 돌연변이를 제작한다. 정상하위대립인자형은 기능 상실 표현형에서부터 표현형이 심한 것의 순으로 배열된다. 이러한 **대립유전자 모음(allelic series)**은 그 유전자의 기능에 대한 유용한 정보를 제공하고, 특히 표현형이 강한 대립유전자형에서는 관찰할 수 없는 것이 약한 대립유전자형에서 발견될 수 있다.

일부 대립유전자형은 **온도 민감성(temperature sensitive)**을 보이는데, 이는 돌연변이가 단백질 산물의 열 안정성에 영향을 주기 때문이다. 일반적으로 단백질은 낮은 온도에서 활성이 있고[**허용** 온도(**permissive** temperature)], 높은 온도에서 불활성화된다[**비허용** 온도(**nonpermissive** temperature)]. 온도 민감성 돌연변이는 그 유전자 산물이 요구되는 발생 단계를 확립하는 데에 도움이 되므로 매우 유용하다. 이것은 온도 변동을 통해 가능한데, 만일 유전자 기능이 필요한 시간 이전에 비허용 온도로 변동시키면 대부분이 돌연변이가 될 것이며, 이러한 온도 변동이 유전자 기능이 필요한 시간 이후에 일어난다면 대부분 정상형이 될 것이다.

종종 특정 유전자가 **반가불충분성(haploinsufficient)**을 보일 경우, 그 유전자 돌연변이는 우성 기능 상실(loss-of-function) 돌연변이이다. 이것은 단백질 산물이 정상의 50%로 줄었을 경우 돌연변이 표현형을 나타낸다는 의미이다. 이러한 경우 동형접합자 표현형은 이형접합자의 경우보다 더 심하다. 보다 흔한 우성 돌연변이는 **기능 획득(gain of function, neomorphic)** 돌연변이인데, 이 경우 정상 상태에서는 발견되지 않는 시간이나 장소에서 활성화된 유전자 산물에 의해서 생성되거나, 돌연변이형의 유전자 산물이 야생형의 기능을 저해하는 **우성 음성(dominant negative, antimorphic)**이다.

초파리 발생 유전자의 이름은 대개 돌연변이 표현형으로부터 기인한다. 즉, 이름은 정상 기능의 반대를 의미한다. 예를 들면, 돌연변이가 등쪽화(dorsalized)되는 데서 기인한 *dorsal* 유전자는 정상 상태에서 배쪽 부위를 형성하는 데 작용한다. 일부 유전자는 배아 치사 돌연변이를 찾기 위한 대규모 선별 과정이 이루어지기 전에 발견된 생존 대립유전자형의 성충 표현형에 따라 명명되었다. 예를 들면, *Antennapedia*는 기능 획득 대립유전자형(gain-of-function allele)에서 더듬이(antenna)가 다리로 바뀌는 것을 보고 명명되었지만, *Antennapedia*는 일반적으로 더듬이가 아니라 가슴 체절에서 발현된다. 기능 상실 돌연변이의 경우 4번과 5번 부체절이 3번으로 바뀌어서, 동형접합자는 배아 시기에 치사한다.

유전자 클로닝

역사적으로 대부분의 초파리 유전자는 **P-전이인자 돌연변이 제작법(P-element mutagenesis)**에 의해서 클로닝되었다. P-전이인자가 유전자 안이나 근처로 삽입되면, 그 유전자는 돌연변이가 되므로 그림 13.7에서 제시된 방법과 유사하게 특정 돌연변이를 선별할 수 있다. 그 다음에 P-전이인자 삽입 돌연변이는 그 유전자를 클로닝하는 시작점으로 사용될 수 있다. P-전이인자 탐침자(probe)를 이용하여 이 돌연변이 초파리 계통의 유전체 라이브러리(genomic library)를 선별한 뒤, 동정된 클론은 P-전이인자를 이용한 다사염색체(polytene chromosome)에 대한 제자리 혼성화법을 통해 검증된다. 다음으로 돌연변이의 유전자 지도 위치에서 가장 가까운 것이, 유전자 전체를 얻기 위해 수행하는 염색체 걷기(chromosomal "walk")를 위한 시작점으로 이용될 수 있다. 클로닝된 후보 유전자가 진짜로 원하는 유전자인지는 다음 세 가지 척도에 의해서 증명될 수 있다:

1. 몇몇의 알려진 돌연변이는 후보 유전자에 염기서열 변이를 가진다.
2. 후보 유전자는 완전기능 상실(null) 돌연변이에서는 발현되지 않는다(종종 완전기능 상실 돌연변이는 불활성화된 단백질 산물을 생산한다).
3. 후보 유전자를 이용한 형질전환에 의해 완전기능 상실 돌연변이의 표현형이 구제될 수 있다.

일단 그 유전자가 클로닝되면 각기 다른 발생 단계에 대해서 제자리 혼성화법을 이용하여 유전자의 발현 양상을 확인할 수 있다(5장 참고). 대개 박테리아에서 발현시킨 융합 단백질(fusion protein)을 사용하여 항체를 제작할 수 있고, 이렇게 제작된 항체를 이용하여 단백질 발현 양상을 결정한다.

한 유전자의 돌연변이가 다른 유전자의 발현에 어떻게 영향을 미치는지를 발견하여 그 기능을 연구한다. A가 정상적으로 B 유전자의 발현을 증가시킨다면, A를 제거하면 B의 발현이 사라질 것이고, 반대로 A를 과발현시키면 B의 발현도 증가할 것이다. 반면, A가 정상적으로 B 유전자의 발현을 억제하고 있을 경우, A를 제거하면 B의 발현이 증가할 것이고, A를 과발현시키면 B의 발현이 억제될 것이다. 그러나 이러한 결과를 통해 효과가 직접적인지, 즉 A 유전자의 단백질 산물이 실제로 B 유전자에 결합하여 조절하는지는 알 수 없다. 이것은 간접 효과일 수 있다. 즉, A 유전자는 B 유전자를 조절하는 또 다른 유전자를 조절할 수 있다. 유전자 A가 유도인자나 수용체를 암호화한다면 그 효과는 간접적일 수 밖에 없다. A 유전자가 전사인자를 암호화한다면 직접적인 효과인지를 알아보기 위한 세 가지 방법이 있다.

1. **밴드이동분석(band shift assays)**을 통해 A 유전자 산물과 B 유전자의 조절자리 간의 상호작용을 확인할 수 있다. 이 방법은 젤 전기영동을 이용하여 DNA 조각들을 크기 별로 분리한다. 만약 B 유전자의 조절자리 조각이 A 단백질에 결합한다면, 그 복합체는 DNA 조각 단독보다 더 천천히 이동할 것이고, 이것은 젤에서 DNA 조각의 위치 이동으로 확인할 수

있다.

2. A 유전자와 프로모터를 포함하고 있는 B 유전자의 플라스미드를 모두 초파리 조직 배양 세포에 넣어 유전자 B가 다른 발생 기전 없이도 발현되는지 확인한다.
3. A 유전자의 단백질은 DNA 결합자리를 면역침전시킨 후, 염기서열을 확인한다. A 유전자가 B 유전자를 직접 조절한다면, A 단백질 결합자리는 B 유전자 조절 영역에서 발견될 것이다. 이러한 결합자리를 CRISPR-Cas를 사용하여 돌연변이를 일으킨 후 B 유전자의 조절에 필요하다는 것을 보여준다.

B에 대한 A의 효과를 관찰할 때, 흔히 내재(endogenous) B 유전자를 관찰하지 않고 B의 조절자리를 리포터 유전자(대개 *lacZ*)에 융합한 구조물에서의 효과를 관찰한다. 그 이유는 내재적 산물을 감지하기가 어려운 경우 단순히 민감도를 올리기 위함이다. 예를 들어, 대부분의 초파리 단백질은 항체가 존재하지 않는다. 또한 많은 구조물에서 리포터 단백질은 매우 안정적이어서, 그 농도를 관찰할 때까지 효과적으로 "누적"된다. 가장 많은 경우는 B의 조절자리는 발현 양상을 나타내는 DNA 염기서열 부위를 찾기 위해 여러 개로 나뉘어 분석될 수 있기 때문이다. 리포터 구조물이 사용될 때, 그것은 B 유전자의 조절자리 중 하나의 인핸서만을 포함할 것이다.

발생 프로그램

초파리 초기 발생에 대한 상세한 사항은 전체 프로그램이 일련의 하위 프로그램의 집합이라는 점을 인식한다면 이해될 수 있다. **등-배축(dorsoventral axis)**에서 작동하는 하나의 하위 프로그램은 양장막, 표피, 신경 부위의 외배엽과 중배엽의 등쪽에서 배쪽으로의 형성에 관여한다. 모계의 난방(egg chamber)에서의 일련의 사건의 결과, 모계 유전자인 *dorsal*의 산물은 배쪽(높음)에서부터 등쪽(낮음)으로 농도 구배를 이루며 배반엽의 핵에 분포한다(**그림 13.8**). 이것은 배쪽에서부터 등쪽으로 다양한 띠의 형성을 조절하는 *twist*, *rhomboid*, *zerknüllt* 등의 일련의 접합자 유전자군을 조절한다. 다소 독립적인 하위 프로그램군이 **전-후축(anteroposterior axis)**에서 작동하여 보다 복잡해진다. 특정화(특성화)의 첫 번째 단계는 세 가지 모계 시스템의 확립과 함께 난방에서 일어난다. (i) 전반부 시스템은 전반부에 위치한 *bicoid* mRNA로부터 생산된 Bicoid 단백질의 농도 구배와 관련 있다. (ii) 극세포질이 필수적인 부위인 후반부 시스템은 *nanos* 유전자의 mRNA

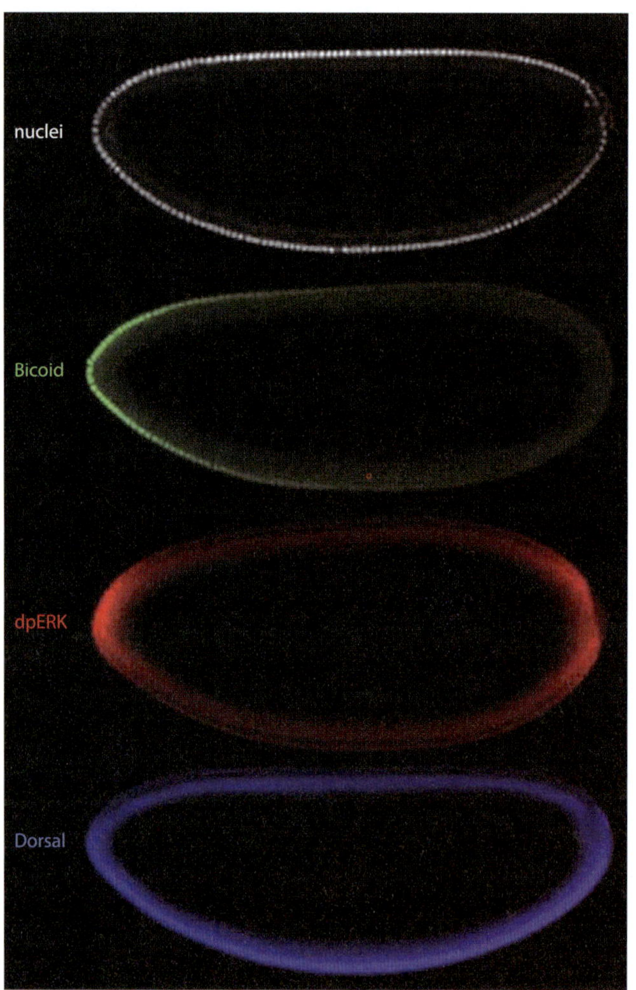

그림 13.8 모계 시스템의 세 가지 구성물에 대한 면역염색. 세포성 배반엽의 핵은 맨 위에 나타냈다. 대부분 핵 안에 있는 Bicoid 단백질(녹색)의 농도 구배는 앞쪽에서 강하고, 뒤쪽으로 갈수록 약화된다. ERK 인산화(빨간색)는 Torso 단백질의 활성화 결과 양끝 부위에서 관찰된다. Dorsal 단백질(파란색)의 농도 구배는 배쪽에서부터 등쪽으로 이루어져 있으며, 역시 대부분은 핵 내에 존재한다. (인용) Elsevier의 허락을 얻어 Shvartsman *et al. Curr Opin Genet Dev* 2008; 18:342-347의 그림을 재구성함.

를 후반부에 놓는다. (iii) **말단 시스템(terminal system)**은 *torso*에 의해서 암호화되는 수용체가 양끝에서 활성화되는 것을 포함하는데, 이것은 ERK 신호전달 경로를 활성화시킨다(그림 13.8).

이들 3개의 모계 시스템 산물은 그들의 상대적 농도에 따라서 배아를 전-후 방향으로 몇 개의 구역으로 나눈다. 전-후축을 따라 형성되는 이후의 구역화는 몇몇 주요 유전자의 발현 양상과 함께 **그림 13.9**에 나타내었다. 세포화 이전에는 하나의 핵이 단순히 전사인자를 발현하는 것만으로도 근처 핵들의 유전자 발현에 영향을 줄 수 있으며, 이 과정에 수용체나 신호전달 기전은 필요 없다. 활성화 도메인이 겹치고, 같은 물질이 농도에 따라 다른 효과

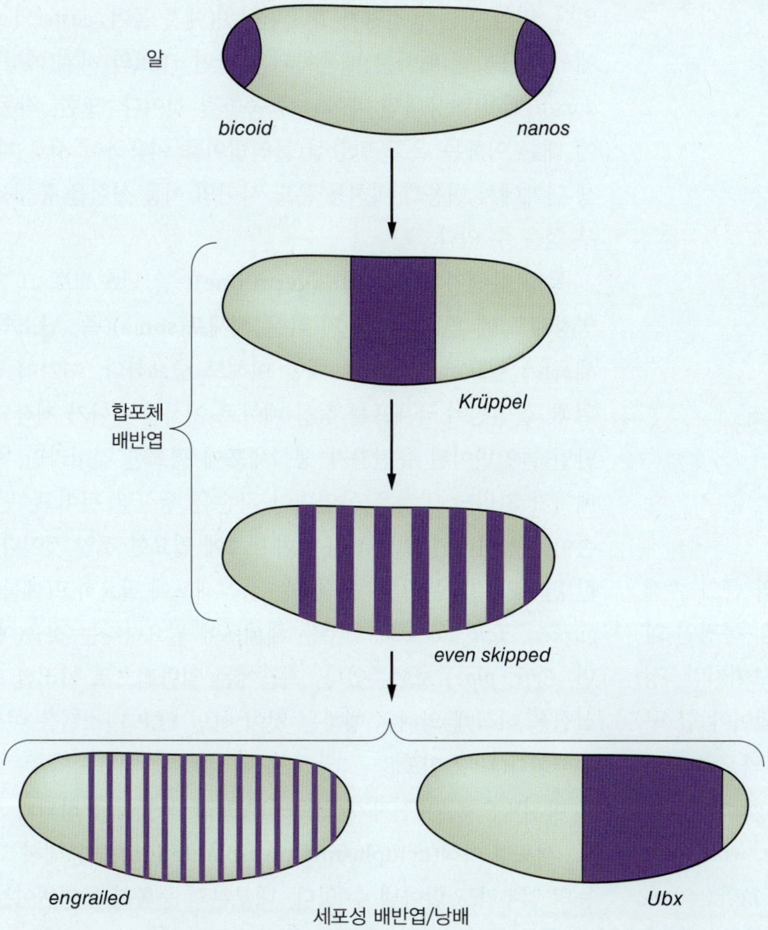

그림 13.9 전-후 패턴의 발생에서의 단계의 서열.

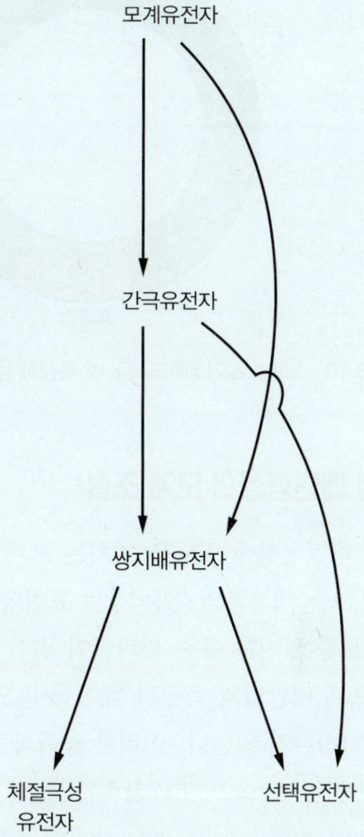

를 가질 수 있기 때문에, 모계 시스템은 접합자 유전자 활성도의 공간적 패턴을 그들이 원래 가지고 있는 것보다 더 복잡하게 활성화시킬 수 있다. 이 단계에서 활성화되는 유전자는 *Krüppel*과 같은 **간극유전자(gap)**류와 *even skipped*와 같은 **쌍지배유전자(pair-rule)**류에 속한다. 간극유전자는 하나 혹은 몇몇 도메인에서 발현되는 반면, 쌍지배유전자는 두 체절 간격의 주기성을 가지는 줄무늬 패턴으로 발현된다. 같은 쌍지배유전자를 활성화시킬 수 있는 모계 유전자와 간극유전자의 서로 다른 다양한 조합이 주기성을 만들어낸다. 쌍지배유전자의 겹쳐지는 주기적 패턴은 *engrailed*와 같은 **체절극성유전자(segment polarity genes)**의 반복적 패턴의 활성화를 조절하는데, 이들은 한 체절의 주기성을 가지며 축을 부체절(parasegments)로 세분화한다. 동시에 모계유전자, 간극유전자, 쌍지배유전자 산물의 조합은 *Ultrabithorax*(*Ubx*)와 같은 **Hox** 유전자를 활성화시키고, 이들은 각 부체절의 특징을 조절하여 이후 분화의 경로를 통제한다.

등-배축 패턴

등-배축을 따르는 패턴은 상대적으로 간단하다. 이것은 세포성 배반엽 시기에 4개의 조각으로 구성되는데, 이들 조각은 등쪽에서 배쪽 방향으로 각각 양장막(amnioserosa), 등측 표피, 배측 신경성 구역, 중배엽이다(그림 13.10). 이들 네 구역의 배치는 전사인자인 *dorsal* 유전자의 배-등쪽 핵 농도 구배에 의해 지배된다(동영상 13: DV 패턴 시스템 참조). 등쪽 위치와 *dorsal* 유전자 산물을 혼동하지 않게 여기서는 유전자 산물을 "Dorsal 단백질"이라고 칭할 것이다. Dorsal 단백질 농도가 가장 높은 곳은 배쪽 난포세포의 신호(Spätzle 단백질)에 의존적인데, 이 신호는 등쪽에서는 난모세포(oocyte)의 억제신호(Gurken 단백질) 때문에 오직 배쪽에서만 활성화된다. 다른 농도의 Dorsal 단백질은 서로 다른 전사인자 활성을 가진 각각의 배쪽과 등쪽 구역의 다양한 접합자 유전자를 조절한다.

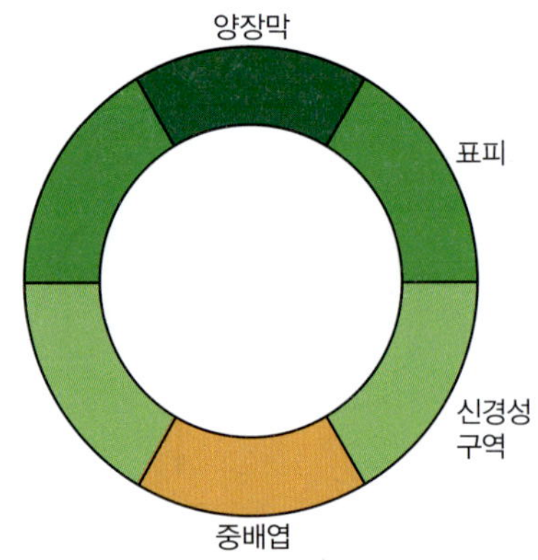

그림 13.10 초파리 초기 배아의 등-배 특성화 동안에 형성되는 구역.

등-배 패턴형성의 모계 조절

등-배 패턴형성에 영향을 미치는 모계 효과 유전자의 군이 존재한다. 그들 대부분의 기능 상실 표현형은 등쪽 표피의 특징인 얇은 강모를 가지는 유충 큐티클이 접힌 튜브 모양을 보이지만, 정상적으로 배반엽의 측면과 배쪽 구역으로부터 생성되어야 할 구조는 나타나지 않는다. 이러한 등쪽화를 보이는 부류의 전형적인 돌연변이는 *dorsal*이라고 불리지만, 이 부류는 *easter, gastrulation defective, nudel, pelle, pipe, snake, spätzle, Toll, tube, windbeute*라고 불리는 돌연변이도 포함한다. 또한, *gurken*, *Egfr*(= *torpedo*), *cactus* 세 유전자의 기능 상실 돌연변이는 치상돌기가 배아의 모든 부위로 확장된 배쪽화(ventralizing) 표현형을 보인다. *Toll*이라 불리는 유전자는 등쪽화되는 기능 상실 대립유전자형과 배쪽화되는 기능 획득 대립유전자형을 가진다.

이들 유전자가 어떻게 작동하는지를 이해하는 데 있어 몇몇 유형의 유전학적 그리고 배아발생학적 실험이 중요했다. 첫째로 몇몇 유전자는 정상형에 비해 기능이 감소된 등쪽화 대립유전자형을 가진다. 이들은 유전자 기능이 줄어든 정도에 따라 배쪽 부분의 형질을 점차적으로 잃어가고, 완전형질상실형(amorphic) 에서는 등쪽 큐티클만이 남는다. 이것은 이들 유전자의 정상적인 기능이 배쪽 발생을 촉진시키는 것임을 보여준다.

다음으로, **상위(epistasis)** 실험을 통해서 유전자를 동일 작용 시간 그룹으로 배열할 수 있다. 이것은 하나의 돌연변이가 등쪽화 효과를 갖고, 다른 하나는 배쪽화 효과를 보이는 이중돌연변이(double mutant)를 제작함으로써 확인할 수 있다. 이 경우 다른 유전자의 기능을 지배하는 것은 발생 프로그램에서 나중에 작동한다고 생각할 수 있다. 예를 들어, *Toll*의 우성인 배쪽화 대립유전자가 다른 등쪽화시키는 동형 접합 돌연변이 유전자와 결합되었다. 만약 이들 유전자가 *Toll*의 상위(예를 들어, *easter*와 *snake*)에서 작용하면 배아는 배쪽화되는 반면, Toll의 하위(예를 들어, *dorsal*)에서 작용하면 배아는 등쪽화될 것이다. 또한, 작동 시간에 대한 이해는 온도 민감성 돌연변이를 이용하여 서로 다른 발생 단계에서 허용과 비허용 온도 사이의 이동 실험을 통해서도 일부 얻을 수 있다.

특정 유전자가 **생식세포(germ line)**(즉, 난모세포 그 자체나 영양세포)에 필요한 것인지 혹은 **체세포(soma)**(즉, 난소의 난포세포)에 필요한 것인지에 대한 이해도 중요하다. 여기에 답하기 위해, 돌연변이 극세포를 정상 배아로 이식한 배아가 제작되었다. 만일 돌연변이된 유전자가 생식세포에 필요한 것이라면, 이식한 배아가 자라난 암컷은 돌연변이 자손을 생산할 것이고, 만일 자손이 정상이라면 그 유전자는 체세포에 필요한 것일 것이다. 이러한 연구의 결과는 일부 유전자는 생식세포에 필요하고(예를 들면, *gurken*, *Toll*, *dorsal*), 일부는 체세포에 필요하다는 것을(예를 들면, *Egfr*, *pipe*) 보여주었다. 최근에는 일반적으로 이러한 종류의 실험을 이식에 의해 수행하는 것이 아닌 **FLP** 시스템을 이용하여 수행한다(19장 참고).

마지막으로, 유전자가 클로닝되고 그 산물이 동정되기 전이라도, **세포질 이식(cytoplasmic transplantation)**을 통해서 그들 기능의 일부라도 알아낼 수 있다. 대부분의 등쪽화 돌연변이는 극세포 단계 이전의 야생형 배아의 세포질을 약간 주사함으로써 정상으로 "구제(rescue)"될 수 있다.

이들 다양한 종류의 실험들에서 다른 말이 없다면 "돌연변이"는 기능 상실을 의미하는 것이다. 제일 초기에 일어나는 일은 난자 발생 중반쯤에 난모세포 핵이 후반부에서 전반부로 이동하고, 이것은 배아의 등쪽이 될 부분으로 재배치된다(**그림 13.11a**). 최초로 알려진 등쪽화 활성 유전자는 *fs(1)K10*이고, 돌연변이는 등쪽화 효과를 가진다. 이 유전자의 기능은 난모세포 핵 주변부에 *gurken* mRNA를 격리시키는 것이다. *gurken*의 단백질 산물은 척추동물의 TGFα 연관 성장인자를 암호화하고 있으며, 난모세포에서 작용한다. *gurken*은 EGF/TGFα형 수용체를 암호화하고 있으며, 난포세포에서 필요한 *Egfr*의 단백질 산물에 작용한다. *fs(1)K10*의 작용 때문에, Gurken 단백질은 등쪽으로만 분비되는 반면, *Egfr*은 난자의 모든 부분에 있는 난포세포의 세포 표면에서 발현된다. Gurken에 의해 자극되면, EGFR은 ERK 신호전달계를 활성화시켜서 *pipe*라고 하는 등쪽 그룹 유전자의 발현을 억제하지만 등쪽 난포세포에서만 일어난다. *gurken*이나 *Egfr* 돌연변이에서는 유사한 배쪽화 표현형을 가지는데, 이는 이러한 유전자

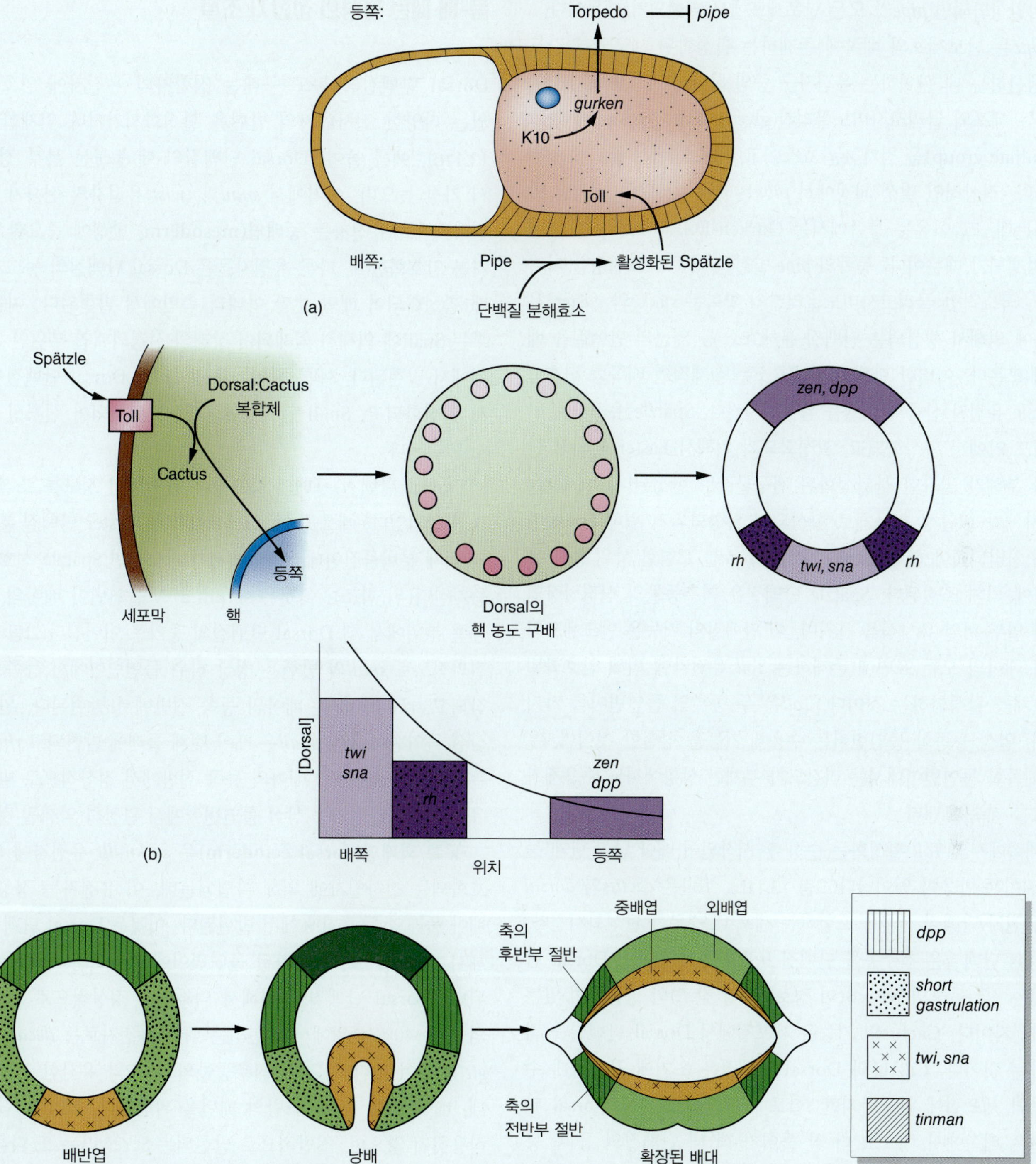

그림 13.11 등-배 시스템의 작동. (a) 등쪽에서는 Gurken 신호가 *pipe*를 억제한다. 배쪽에서는 pipe가 활성화되고 Spätzle(실제적으로는 난모세포에 의해서 생성된다)을 활성화시킨다. (b) Spätzle은 Toll을 활성화시키고, 활성화된 Toll은 Dorsal의 핵으로의 이동을 일으키며, Dorsal은 접합자 유전자들을 조절한다. (c) 각 영역은 Dpp의 농도 구배에 의해서 나중에 정립된다. *tinman*은 측면 중배엽(lateral mesoderm)에서 발현된다. 약자: *twi*, *twist*; *sna*, *snail*; *rh*, *rhomboid*; *zen*, *zerknüllt*; *dpp*, *decapentaplegic*; *sog*, *short gastrulation*.

가 비활성화되면 *pipe*가 모든 난포세포에서 발현되기 때문이다.

*pipe*는 난모세포의 배쪽에 존재하는 활성화된 세포외 리간드를 생산하는 데 관여하는 유전자군 중의 하나이다(그림 13.11a). *pipe*는 세포외 글리코사미노글리칸(glycosaminoglycans)에 황그룹(sulfate group)을 첨가하는 효소이고, 세포 내에서 골지체에 위치한다. 정상적인 발생 과정에서 *pipe*는 배쪽 난포세포에서만 발현되는데, 그 이유는 등쪽에서는 Gurken-EGFR 시스템에 의해서 억제되기 때문이다. 등쪽의 *pipe* 발현은 배쪽화 표현형을 나타낸다. 국소적인 글리코사미노글리칸의 황화는 *snake*와 *easter* 유전자에 의해서 생산되는 단백질 분해효소 등 일군의 단백질을 배쪽에 모은다. 이러한 단백질 분해효소는 실제적인 배쪽화 신호인 *spätzle* 유전자 산물 단백질을 활성화시킨다. Spätzle 유전자는 난모세포 안에서 활성화되고, 활성화되기 위해서 Easter에 의해 단백질 분해가 필요한 불활성화된 전구물질로 합성된다. Easter는 그 자체가 비활성 전구체로 합성되어 활성화되기 위해 Snake에 의해 처리되어야 하며, Snake 활성은 *pipe*를 포함한 상위 등쪽 유전자에 의해 조절된다. Spätzle 단백질은 척추동물의 신경성장인자와 일부 서열 유사성을 가지며, 이 단백질의 기능은 난모세포와 초기 배아의 모든 표면에 존재하는 *Toll* 유전자에 의해 암호화된 수용체를 활성화하는 것이다. *Toll*은 두 종류의 돌연변이를 가지는데, 열성 등쪽화 돌연변이는 수용체 기능을 상실한 것이며, 우성 배쪽화 돌연변이에서는 리간드가 부재한 상황에서도 수용체가 신호를 계속 보낸다.

배쪽에서의 *Toll* 활성화는 수정 후 시작되어 배아 난할 단계 동안 뒤이은 반응이 일어난다(**그림 13.11b**). Toll은 *cactus*와 *dorsal*의 유전자 단백질 산물을 포함하는 세포 내 경로를 활성화시킨다. Cactus 단백질은 척추동물 단백질 IκB와 유사하지만, Dorsal 단백질은 척추동물의 NF-κB(이 경로는 4장 참조)와 상동성이 있는 전사인자이다. Cactus의 기능은 세포질에서 Dorsal 단백질을 격리하는 것이다. Cactus와 Dorsal 단백질은 초기에 균일하게 수정란의 세포질에 분포하지만, 합포체 배반엽 시기에 Dorsal 단백질은 배쪽에서 핵으로 더 잘 들어가 핵 내 단백질의 등-배 농도 구배를 형성한다. Dorsal 단백질의 핵에 위치함은 근처에 활성화된 Toll이 있는지에 달려 있는데, Toll은 Dorsal 단백질로부터 Cactus를 떼어낸다. 이렇게 분리된 Dorsal 단백질은 핵으로 이동하여 표적 유전자를 조절한다. *cactus* 돌연변이는 배쪽화되어 있는데, 그 이유는 Dorsal 단백질이 배아의 모든 핵 속으로 이동하게 되어 모든 곳에서 배쪽화를 유도하기 때문이다.

등-배 패턴 형성의 접합자 조절

Dorsal 단백질의 농도 구배는 접합자의 유전자에 암호화되어 있는 다양한 전사인자의 발현을 활성화시키거나 억제한다(**그림 13.11c**). 예를 들어, Dorsal 단백질의 핵 농도는 복부 정중선에서 가장 높으며, 여기에서 *snail*과 *twist* 유전자의 전사가 활성화된다. 이들 유전자는 **중배엽(mesoderm)** 발생에 중요한 전사인자를 암호화한다. 다른 유전자들은 Dorsal 단백질의 농도가 낮을 때 활성화되어 배면 뿐만 아니라 측면에서 발현된다. 이들의 일부는 Snail에 의해서 억제되어 장래의 신경외배엽 부위인 측면 부위에서 발현된다. 예를 들어, *rhomboid*는 Dorsal 단백질에 의해서 활성화되고, Snail 단백질에 의해서 억제되어 신경성 부위에서 발현된다.

Dorsal 단백질 구배의 중요성은 돌연변이 정도를 조절함으로써 확인되었다. 예를 들어, Serpin-27A는 Easter 단백질 분해효소의 억제 분비물질인데, 이 억제제가 감소되면 Spätzle 신호전달이 증가한다(위 참조). 이것은 serpin-27A 돌연변이 배아의 측면과 등쪽 부위에서 핵 Dorsal 단백질의 증가로 이어진다(**그림 13.12**). 결과적으로 *snail*의 발현은 정상 하위 돌연변이에서 등쪽으로 확장되고, *rhomboid*는 배아의 등쪽 절반에서 발현된다. 완전기능상실 돌연변이에서, *snail*은 배아 전체 둘레에 발현되고 *rhomboid*는 완전히 억제된다. 배아의 등쪽 절반에서 정상적으로 발현되는 유전자들도 완전기능 상실 돌연변이에서 완전히 억제될 것이다.

등쪽 외배엽(dorsal ectoderm)은 *zerknüllt* 유전자에 의해 암호화되는 전사인자에 의해 확립되는데, 이 유전자는 정상적으로 배아 둘레의 등쪽 40%에서 발현된다. 이것은 Dorsal 단백질에 의해서 억제되므로, 등쪽화된 돌연변이에서는 모든 둘레에서 발현된다. Dorsal 단백질에 의해서 억제되며 정상적으로 배아 둘레의 등쪽 40% 부위에서 발현되는 다른 유전자로는 *decapentaplegic*(*dpp*)이 있다. 이것은 척추동물의 BMP와 유사한 신호물질인데, 배아 둘레 중 등쪽 반의 패턴을 확립한다. DPP는 단독으로 작용하지 않으며, 전반적으로 발현되는 Screw라는 또 다른 BMP 동족체와 함께 작용한다. *dpp*의 정상 하위 돌연변이는 표현형의 중증도가 증가함에 따라 대립유전자 모음으로 배열될 수 있다. 신경외배엽은 등쪽 외배엽이 감소함에 따라 등쪽으로 확장된다. *dpp* mRNA를 많은 양 주입하면, 양장막(amnioserosa)을 유도하고 적은 양을 주입하면 등쪽 강모를 유도할 수 있다. 이러한 결과를 통해서 농도 구배와 같은 양식으로 작동할 것으로 예상되지만, DPP 단백질 자체의 생산에는 농도 구배가 없다. 이러한 농도

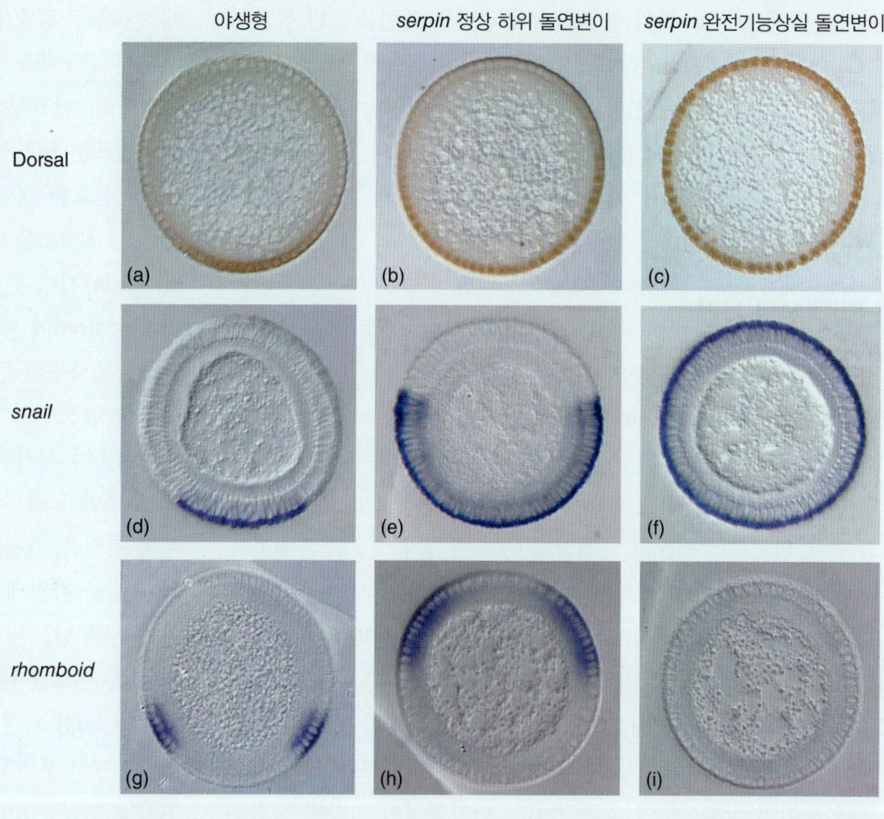

그림 13.12 단백질 분해효소 억제자를 암호화하는 유전자(*serpin*)의 기능 상실에 의한 정상적인 등-배 시스템의 분포. (a, d, g) 정상적인 Dorsal 단백질의 농도 구배와 두 접합자 유전자인 *snail*, *rhomboid*의 활성화. (b, e, h) *serpin* 유전자의 부분적 기능 상실은 Dorsal 농도 구배를 강화하고 증가된 Dorsal 양에 따른 반응 임계점을 밀어 올린다. (c, f, i) *serpin* 유전자의 완전 기능 상실은 완벽하게 배쪽화된 패턴을 만든다. (인용) Elsevier의 허락을 얻어 Ligoxygakis *et al. Curr Biol* 2003; 13:2097-2102의 그림을 재구성함.

구배 효과는 *rhomboid*와 유사하게 측면 띠에서 발현되는 *short gastrulation*(*sog*) 유전자에 의해서 암호화된 BMP 억제자의 작용에 의해 일어난다. 이 발현 패턴은 낮은 농도의 Dorsal 단백질에 의해 *sog*가 활성화되고, Snail에 의해서 억제되기 때문에 발생한다. *sog* 돌연변이에서는 복부 신경외배엽이 사라지면서 등쪽 외배엽을 확장시킨다. 놀랍게도, 양장막(amnioserosa)도 가장 등쪽 조직임에도 불구하고 없어진다. SOG가 DPP와 Screw와 결합하여 Tolloid라고 하는 단백질 분해효소의 활성에 의해 방출되는 등쪽 방향으로 운반한다. 이것은 배아의 등쪽 절반에서 세포 운명을 지정하는 BMP 활성의 등-배 구배를 형성한다. 가장 높은 농도는 양장막(amnioserosa)을 지정하고 SOG에 의한 BMP 신호전달을 통해서만 이루어질 수 있는데, 이는 *sog* 돌연변이에서 양장막(amnioserosa)이 없는 것을 설명해준다. SOG는 척추동물의 Chordin의 유사인자인데, 이것 역시 BMP4의 억제자이다. 척추동물은 Tolloid의 유사인자도 가지고 있는데, 이는 Chordin을 절단하여 BMP 신호를 내보낸다(8장 참조).

중배엽의 패턴형성도 DPP에 의존적인데, Dpp의 발현은 이후에 등쪽 부위의 한 쌍의 넓은 가로 줄무늬로 변형된다. *tinman*이라는 유전자는 심장 형성에 필요한 전사인자를 암호화하고, 이 돌연변이는 심장을 가지지 않는다. 이것은 초기에는 Twist에 의해 전체 중배엽에서 발현되지만, 이후에는 *dpp*를 발현하는 표피 주변의 측면 부위를 제외하고는 발현되지 않는다. 배쪽 부분이 체벽 근육을 형성하는 동안 이 측면 부분이 심장을 생성한다. Tinman은 척추동물에서도 심장 형성에 필수적인 전사인자 Nkx2.5의 유사인자이다.

따라서 전체 등-배 패턴형성은 배쪽 반을 조절하는 Dorsal 단백질의 모계 농도 구배와 등쪽 반을 조절하는 Dpp의 접합자 농도 구배에 의해 이루어진다. 흥미롭게도, 등쪽 DPP-배쪽 SOG 패턴은 8장에 설명된 척추동물의 배쪽 BMP4-등쪽 Chordin 패턴과 유사한데, 진화 과정 동안 위아래가 바뀌었음을 보여주는 증거이다(23장 참고). DPP와 BMP4는 Chordin과 SOG와 마찬가지로 유사한 생물학적 활성도를 가진다.

등-배 시스템은 몇몇 주요한 발생 과정의 예를 제공한다. Gurken과 Spätzle은 모두 그들에 대해 반응성 있는 조직의 패턴형성을 일으키는 **유도인자(inducing factors)**이다. 부분적인 부위에서의 Toll의 활성화는 알에서 **세포질 결정인자(cytoplasmic determinant)**의 예인데, 이 경우 결정인자는 부분적으로 존재하는 mRNA가 아니다. Dorsal 단백질의 핵 농도 구배는 세포 내이지만 **구배(gradient)**의 형성을 통해 간단한 패턴을 보다 복잡한 것으로 바꾸는 예이다. 각 조직은 Dorsal 단백질의 농도 구배에 의해 직·간접적으로 활성화되는 전사인자의 다양한 조합을 가지므로, 등-배축을 따라 다양한 조직 형태가 생겨난다.

전-후 시스템

난방에서의 사건

전-후축을 따라서 구조들의 특화는 3개의 모계 시스템에 의해서 조절되는데, 이것은 완전하지는 않지만 대부분 등-배 패턴형성의 조절 과정과 독립적이다. 기본 기전이 **그림 13.13**과 동영상 14 '난모세포의 AP 극성'에 요약되어 있다. 전반부에서 *bicoid* mRNA가 알에 위치하며 Bicoid 단백질의 농도 구배가 다양한 유전자를 활성화하여 부분별 구획화를 이룬다(**그림 13.13a**). 후반부에서는 *nanos* mRNA가 위치하고, 이 유전자가 만드는 단백질은 미래의 복부(abdomen)에서 유전자 활성을 조절한다(**그림 13.13b**).

등-배 시스템에서처럼, 배아의 기본적인 구획화는 암컷의 몸에서 성장하고 있는 난모세포 시기에 일어나며 난모세포와 난포세포 사이의 상호작용에 의존적이다. 난자형성이 시작된 직후부터 난방의 양쪽 끝의 일군의 난포세포 소그룹이 특화되어 나중에 전-후측 **경계세포(border cells)**가 된다. 전방의 경계세포는 이후에 난모세포의 앞쪽 말단으로 이동하여 난공(micropyle)을 형성한다. 난자형성 초기에 난포세포는 여전히 분열하고 있으며, 난모세포는 영양세포와 비슷한 크기이다. 이 시기에 생식세포는 Delta 신호를 내어 난포세포에서 Notch 수용체를 활성화시키고, 이는 난포세포를 체세포분열기에서 DNA 내적재복제(endoreduplication)기로 전환하며 난포세포의 크기를 키운다. 또한 리간드인 Unpaired에 대한 반응 능력을 갖게 하는데, Unpaired는 말단 난포세포로부터 분비되어 난포세포가 다양한 하위 그룹으로 분화하도록 유도한다. 다음으로 난모세포는 Gurken을 분비하기 시작한다. 이 시기에 난모세포는 작고, 오직 후반부의 난포세포만 Gurken에 노출된다. 초기에는 말단 난포세포가 기본적으로 전반부적 특징을 가지고 있지만, Gurken 신호의 반응에 따라 후반부의 특징을 가지게 된다(**그림 13.14a**).

후반부 난포세포는 이제 난모세포 자체가 극성을 가지게 하는 또 다른 신호를 낸다(**그림 13.14b**). 이 신호의 생성은 난포세포 내에서의 Hippo 경로(21장 참고)의 활성에 의존한다(**그림 13.15**). 전반부에서 후반부로의 미세소관의 농도 구배가 난모세포에 형성되고 음성말단(minus ends)이 전반부, 양성말단(plus ends)이 후반부로 향하는 방식으로 미세소관이 극성을 갖는다(**그림 13.14c**).

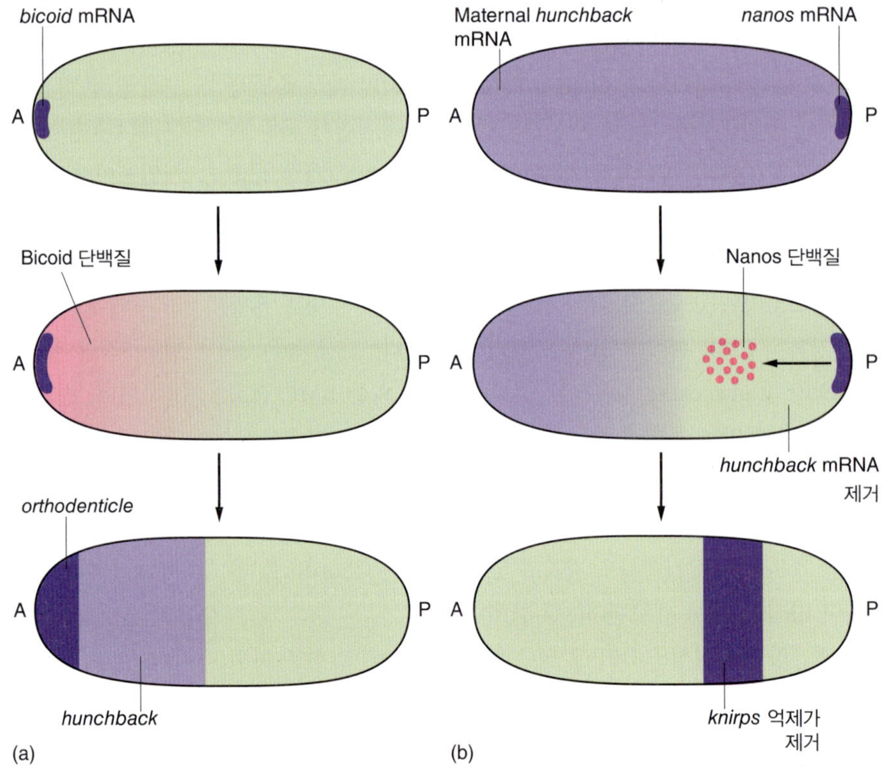

그림 13.13 모계 전-후 시스템. (a) 전반부 시스템; (b) 후반부 시스템

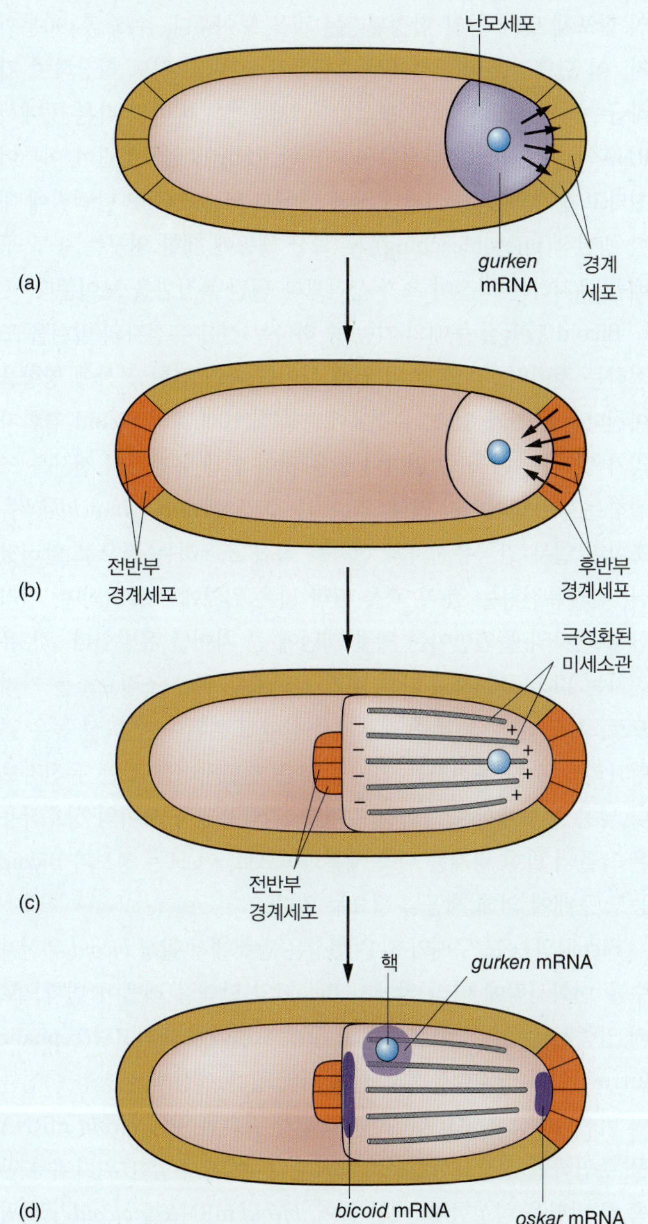

그림 13.14 전-후 극성의 근원. (a) Gurken에 의한 경계세포의 후반부 특성화. (b) 난포세포로부터 난모세포로의 역신호. (c) 방향성을 지닌 미세소관 배열 형성. (d) 핵의 이동과 방향성을 가진 미세소관을 따르는 이동에 의한 *oskar*와 *bicoid* mRNA의 위치 정립.

이러한 대칭성의 파괴는 Par 시스템에 의존적이다. 예쁜꼬마선충 접합자(14장 참고)에서와 유사하게, 미세소관 재배열과 연관하여, Par1은 후반부 쪽으로 이동하고, Par3-Par6-aPKC는 전반부 쪽으로 이동한다. GFP와 융합된 Par1과 Par3 단백질은 이러한 방향으로의 움직임을 보여주며, 과발현 실험은 이들이 서로를 밀어냄을 보여준다. 이러한 일련의 사건에 대한 주된 증거는 Hippo 경로, Gurken, Delta/Notch 등 Par 시스템 인자의 기능 상실 돌연

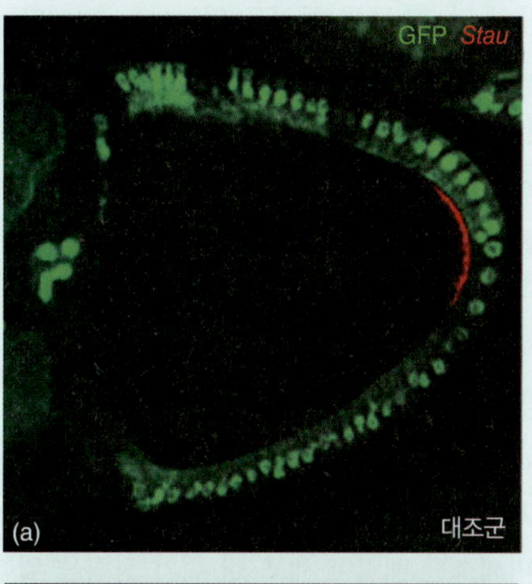

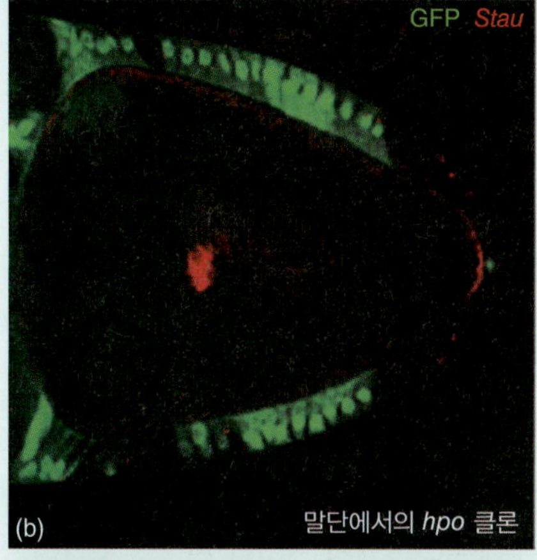

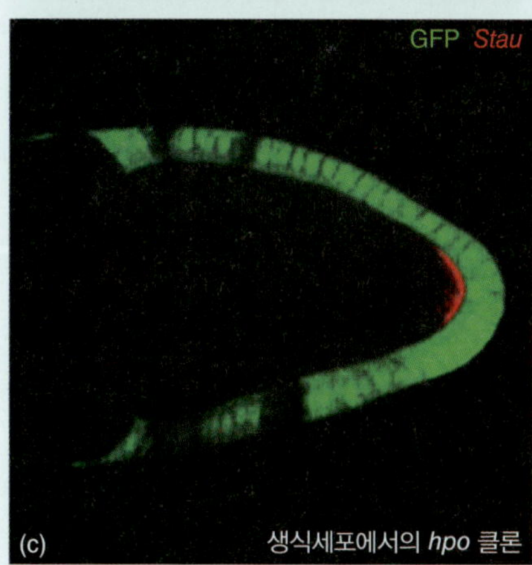

그림 13.15 난포세포에서 온 신호의 Hippo 경로 의존성. *hippo*(*hop*) 기능 상실 클론은 FRT 방법(17장 참고)에 의해 유도되었다. 클론은 GFP가 발현되지 않는 부분이다. (a) 정상적인 상태에서는 후반부 그룹 mRNA인 *staufen* (*stau*, 빨간색)은 후반부에 정확히 위치한다. (b) 기능 상실 클론이 난포세포에 존재하면 *staufen* 위치가 바뀐다. (c) 클론이 생식세포에 존재하면 *staufen*의 위치는 정상이다. (인용) Elsevier의 허락을 얻어 Polesello and Tapon. *Curr Biol* 2007; 17:1864-1870의 그림을 재구성함.

변이는 난방의 전-후 극성 형성을 막는다는 점이다. 초파리에서 *par3* 유전자는 *bazooka*로 알려져 있다.

미세소관의 방향성은 양성이나 음성으로 방향 지워진 **운동단백질(motor proteins)**이 각각 *oskar* mRNA를 후방으로, *bicoid* mRNA를 전방으로 위치시킨다는 것을 의미한다(그림 13.14d). 이러한 과정은 kinesin과 β-갈락토시다제 융합단백질 유전자 형질전환 초파리에서 관찰되었다. 이들 초파리의 난방에서 이 융합단백질의 위치를 β-갈락토시다제 염색을 통해 알 수 있는데, 이 단백질은 *oskar* mRNA를 따라 난모세포의 후반부에서 발견된다. Kinesin은 정상적으로 미세소관의 양성 말단 쪽으로 이동하는데, 이 실험은 미세소관 배열이 세포 내 위치 정립을 위한 극성 기질로 작용함을 보여준다.

난모세포가 자라남에 따라서, 핵은 미세소관 배열을 따라 전반부로 이동한다. 미세소관이 난모세포의 바깥 부분에 둘러져 있기 때문에, 핵은 중앙으로 직접 이동하는 것이 아니라 바깥쪽을 따라 움직인다. 이러한 움직임은 이전 난모세포의 방사대칭성을 깨고 핵은 다른 쪽보다 한쪽에 가까이 위치하게 한다. 이제 핵 주위의 *gurken* mRNA는 Gurken 단백질이 핵이 위치하는 쪽에서 분비되게 한다. "등-배 패턴형성의 모계 조절" 절에서 설명한 대로 Gurken 신호가 Egfr을 활성화시켜 *pipe*의 발현을 억제함으로써 주변부의 난포세포는 등쪽의 특성을 가지게 된다. 그러므로 난자형성 초기에 난포세포의 등-배 패턴형성에 관여하는 일부 유전자는 난모세포와 경계세포의 전-후 패턴형성에도 관여한다. 같은 신호가 두 가지 해부학적으로 직각을 이루는 축 형성에 관여할 수 있는 데에는 세 가지 이유가 있다. 이것은 서로 다른 시간에 작용하고, 반응하는 난포세포는 다른 능력을 보유하며, 난모세포의 성장이 그 신호의 유효 부위를 바꾼다.

전반부 시스템

전반부 시스템은 난모세포의 전방 말단에서 *bicoid* mRNA의 축적에 의존한다. *bicoid*는 호메오도메인 전사인자를 암호화하는 모계 효과 유전자인데, 이 유전자의 기능 상실 돌연변이는 머리와 흉부가 미발달된다. *bicoid* 유전자의 전사는 난모세포와 영양세포에서 일어나고, 영양세포의 mRNA는 난모세포 안으로 이동한다. 이 운반은 미세소관을 따라 이동하는 운동 단백질과 상호작용을 가능하게 하는 mRNA 3′ 비번역 영역(UTR)의 특정 서열을 필요로 한다. 난모세포가 성숙함에 따라 *bicoid* mRNA는 전반부 쪽으로 이동한다. 항체 염색을 통한 Bicoid 단백질 연구와 GFP 융합단백질을 이용한 관찰은, Bicoid 단백질이 배아 발생 1~3시간 후인 합포체 단계 동안 합성된다는 것을 보여준다. 수정 후 90분까지, 이 단백질은 전반부에서 후반부로 80%EL 정도 확장하여 기하급수적인 농도 구배를 형성한다. 처음에는 배아의 다른 곳에서 RNA의 분해가 일어남으로써 이러한 RNA의 위치정립이 이루어진다고 생각되었다. 그러나 생체 내에서 Bicoid-GFP 단백질에 대한 광탈색(photobleaching) 후 확산 행동에 대한 연구는 농도 구배를 유지하는 기전이 초기 생각보다 훨씬 복잡함을 보여준다.

Bicoid 단백질 구배의 기능 중 하나는 접합 유전자의 발현을 조절하는 것이며, 전-후 축의 전체 길이를 따라 접합 전사에 영향을 미친다는 증거가 있다. 유전체에는 최대 1000개의 Bicoid 결합자리가 있지만, 이들 중 얼마나 많은 것이 인접 유전자의 전사를 조절하는지는 명확하지 않다. Bicoid는 *orthodenticle*, *hunchback*을 포함한 일부 간극유전자의 전사를 직접 조절하는 것으로 알려졌다. 간극유전자는 전-후 축을 따라 넓은 위치에서 발현되며, 이러한 유전자의 돌연변이는 체절 패턴에 큰 차이를 유발한다. 각 유전자는 Bicoid의 서로 다른 결합 친화도를 위한 조절요소를 가지므로, 서로 다른 전-후측 레벨에서 상향 조절된다. 친화성 높은 결합자리를 갖는 유전자는 친화성 낮은 결합자리를 갖는 유전자보다 낮은 농도에서 활성화될 것이다. 간극유전자 사이의 상호작용은 그들의 발현 경계를 더욱 세분화하므로, 이 모든 정보가 Bicoid 농도 구배에 의해 제공될 필요는 없다.

Bicoid의 농도 구배와 같은 현상은 암컷에서 활성 *bicoid* 유전자 수를 변화시킴에 따라 알에서 Bicoid의 단백질 레벨이 변함으로써 입증될 수 있다. 이것은 농도 구배 모델에서 머리고랑(cephalic furrow)이나 쌍지배유전자 발현 띠와 같은 예상되는 방향 특징들이 바뀐다(4장 참고). 더욱이 *bicoid*가 결손된 알에 *bicoid* mRNA를 주입하면 정상표현형으로 구제된다. 이때 주입한 위치에서 앞쪽 끝 말단을 형성한다. 예를 들어, *bicoid* mRNA를 *bicoid*가 결핍된 알의 중앙 부분에 주입하면 그 부분에서 머리가 발생하고, 여기에 인접하여 거울상 대칭형 배열을 가진 2개의 흉부가 생겨난다.

후반부 시스템

후반부 시스템은 생식질(germ plasm)의 일부로서 mRNA가 난모세포의 후반부 끝에 위치하게 되는 것이 필수적이다. 배아 후반부 극을 찔러 적은 양의 세포질이 빠져나오게 하면, 유충에 이상이 발생하지만 예상한 대로 꼬리마디(telson) 부분에는 이상이 발생하지 않는다. 대신에, 이들 배아는 50~20%EL 부위에 존재할 것으로 예상되는 복부 부위에서 결함이 생긴다. 이것은 후반부 극에 복부의 발달에 필요한 무언가가 존재한다는 사실을 보여준다. 또한 *nanos*, *oskar*, *pumilio*를 포함한 복부 결손을 보이는 많은 수의 모계 영향 유전자 돌연변이가 존재한다. 이 유전자들의 돌연변이는 야생형 배아의 극세포질 부위로부터 얻어진 세포질을 주입하여 정상형으로 구제할 수 있는데, 이는 정상적인 배아의 후반부 극 부위에 복부 형성 기질(abdomen-forming substance)이 위치하고 있음을 증명해준다. 이것은 RNA-결합 단백질인 *nanos* 유전자의 산물로 밝혀졌다.

nanos mRNA는 영양세포(nurse cell)에서 합성되어 난모세포로 운반되며, 여기서 *oskar*에 의존하여 후반극에 위치한다. Nanos 단백질은 미래의 복부가 될 부분에서 발견되는데, 여기서 일정하게 분포되어 있는 모계 *hunchback* mRNA에 결합해서 번역을 억제한다. Nanos와 *hunchback* mRNA의 결합은 *pumilio* 유전자 산물에 의존적이다. *hunchback* mRNA의 번역은 초기 난할 단계에서 시작되고, Nanos에 의한 억제는 모계 Hunchback 단백질의 전반-후반부 농도 구배를 생성한다. Hunchback은 배아의 전반부 절반에서 간극유전자인 *knirps*의 발현을 억제한다. Nanos가 결손되면 Hunchback 단백질이 모든 곳에서 만들어지고 *knirps*는 어디에서도 발현되지 못한다. 놀랍게도, *hunchback*과 *nanos*의 이중 모계 돌연변이는 생존가능한데, 이는 모계 Nanos의 주요 기능이 모계 *hunchback*의 번역을 억제한다는 것을 나타낸다. Nanos는 생식세포 발생의 후기 단계에서도 요구되는데, 이를 위해 Nanos 단백질은 접합자 유전자로부터 생산된다.

Caudal은 후반부-전반부 기울기를 형성하는 또 다른 모계 영향 전사인자이다. 모계 caudal mRNA는 배아 전체에 균일하게 분포되어 있지만, 번역은 배아의 후반부 절반에서만 일어난다. 이것은 Bicoid 단백질의 두 번째 기능이 전반부 절반에서 *caudal* mRNA의 번역을 억제하기 때문이다. Bicoid와 Caudal은 전-후 축을 따라 상보적인 농도 구배를 형성한다. 많은 접합 활성 유전자, 특히 배아의 후반부 절반에서 발현되는 유전자는 Bicoid와 Caudal에 결합하는 조절 요소를 가지고 있다. *caudal*이 결손된 배아에서 심각한 후반부 이상이 발생한다. Caudal은 척추동물의 *Cdx* 유전자 패밀리와 상동성을 가지는데, 이 유전자 또한 후반부 발생에 필수적이다(8장 참고).

말단 시스템

세 번째 모계 시스템은 배아 말단 형성과 관련되어 있다(**그림 13.16**). 이것은 난포세포로부터 나와서 양끝 말단의 수용체를 활성화시켜 접합자 유전자를 활성화하는 신호를 포함한다.

말단 시스템의 기능 상실 돌연변이를 가진 배아는 가운데 부분은 정상이지만 양 말단에 이상을 보인다. 이 경로의 주요 유전자는 *torso*인데, 이것의 기능 획득 대립유전자형은 흉부와 복부 체절 형성이 억제된다. *torso*는 티로신 인산화효소(tyrosine kinase) 계열의 막표면 수용체로 ERK 신호전달계를 활성화하며, 기능 획득 표현형은 이 수용체의 상시 활성화형에 의해서 나타난다. 난모세포에서 전반적으로 발현되지만, 일반적인 발생에서 수용체는 말단 부분에서만 활성화된다. Torso의 리간드는 *trunk*라는 유전자에 의해 암호화되며, 난모세포에 의해 난자막과 난황막 사이에 있는 난황주위액(perivitelline fluid)으로 분비된다. Trunk 단백질은 비활성 형태로 분비되고 말단에서 *torsolike*의 산물에 의해서 활성화되는데, 이 단백질은 전-후 경계세포에 존재하는 새로운 단백질이다.

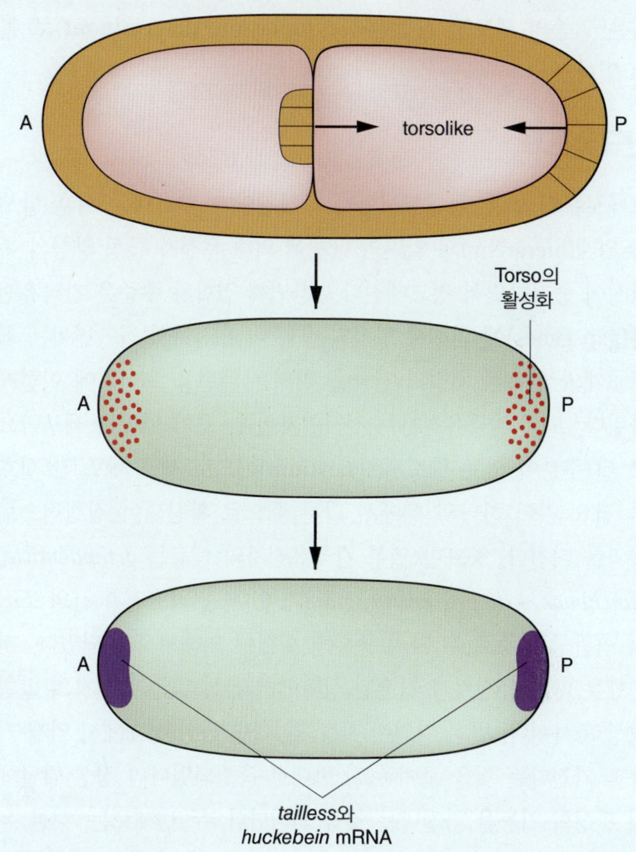

그림 13.16 말단 시스템.

Torso의 활성화는 ERK의 활성화를 통해 배아 말단에서 두 접합자 간극유전자인 *tailless*와 *huckebein*의 발현을 증가시킨다. 두 유전자 모두 전사인자를 암호화하고 머리와 꼬리 발생을 촉진시킨다. 비록 서로 다른 분자가 관여하지만, 말단 시스템은 등-배 시스템과 매우 유사한 기전을 가지며, 활성화된 수용체 단백질은 일종의 **세포질 결정인자(cytoplasmic determinant)**로 볼 수 있다.

간극유전자

모계로부터 받은 형태형성인자나 결정인자 시스템은 이후 발생상 위계(hierarchy)의 일련의 단계에 의해 유전자 활성 양상의 복잡성이 증가하면서 정교해진다. 첫 번째 접합자 수준은 **간극유전자(gap genes)**에 의해서 형성되는데, 이 유전자의 돌연변이는 최고 8개의 연속된 체절의 간극을 가지는 패턴을 보이기에 이렇게 불린다. 모든 간극유전자는 전사인자인데, 초기 배아는 세포막으로 된 구분이 없는 합포체(syncytium)이므로 세포-세포 간 신호가 필요 없이 하나의 핵에서 다른 핵으로 확산되어 직접적으로 효과를 미친다. 중요한 일부 간극유전자의 예로는 *orthodenticle*, *hunchback*, *krüppel*, *knirps*, *giant*가 있다. 간극유전자 간의 조절적 연관성은 주로 두 가지 종류의 실험에 의해서 유추되었다. 첫 번째는 다른 유전자가 결손된 상황에서 관심 있는 유전자의 발현 양상 조사이다. 발현 지역이 확장되었다면 정상 상태에서 억제 기능을 가진다는 것을 보여주고, 반대로 축소되었다면 정상 발달에서 활성화 기능을 가진다는 것을 의미한다. 두 번째로는, 다른 유전자를 전반적으로 과발현한 후 관심 있는 유전자의 발현을 관찰하는 것이다. 이 두 가지 방법에 의해 예상되는 결과의 종류가 **그림 13.17**에 예시되었다.

orthodenticle 유전자는 호메오도메인 전사인자를 암호화하고, 높은 농도의 Bicoid와 Torso 신호에 의해 배아의 머리에서 발현된다. *orthodenticle* 돌연변이는 머리에 이상을 보인다. *orthodenticle*의 중요한 척추동물 유사유전자는 *Otx2*인데, 이것은 전뇌와 중뇌 형성에 필요하다.

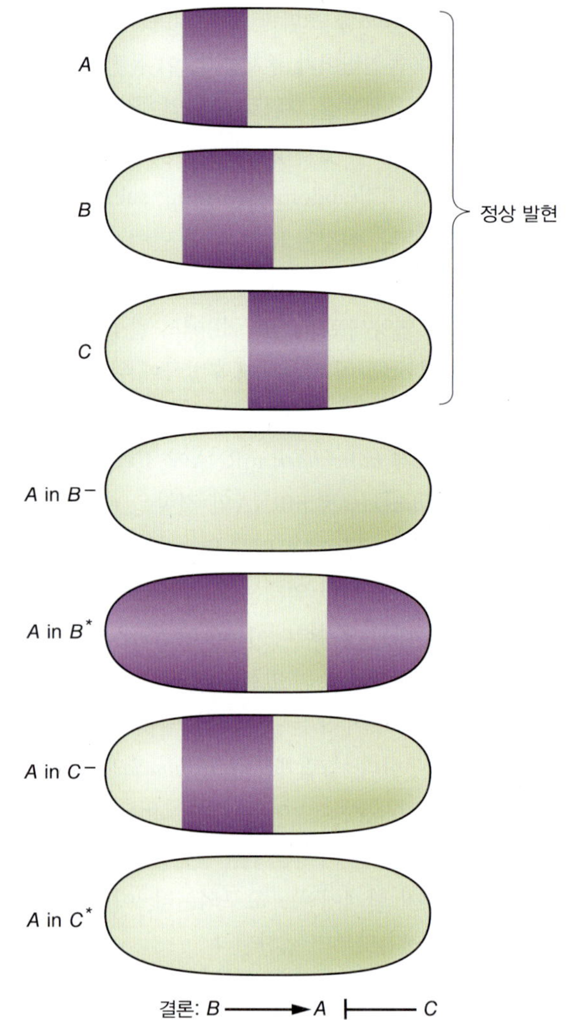

그림 13.17 유전자 간의 상호 조절 관계를 알아내는 방법. 위 3개의 그림은 3개 유전자의 정상적인 발현을 보여준다. 아래의 그림 4개는 각각 *B*, *C* 유전자 결손돌연변이 (–)와 과발현 배아(*)에서 *A* 유전자 발현을 보여준다. 이들 결과는 *A*가 *B*에 의해서 활성화되고, *C*에 의해서 억제됨을 보여준다.

*hunchback*의 완전기능 상실 대립형(null allele) 동형접합자 배아는 커다란 전반부 간극을 가지며, 입술(labium) 부위와 흉부가 사라진다. 이 유전자는 징크-핑거 전사인자를 암호화한다. 난자형성 동안 전사된 mRNA는 알에 전반적으로 골고루 분포되지만, 우리가 앞에서 살펴본 바와 같이, 후반부 절반에서는 안정성과 단백질로의 번역이 Nanos 단백질에 의해 억제되어 난할시기 동안 Hunchback 단백질이 전-후 농도 구배를 이루게 된다. 접합자의 전사는 합포체 배반엽의 전반부 절반에서 시작되지만, 세포성(세포체) 배반엽에서는 후반부 띠에서도 일어난다. 후반부와 달리, 전반부에서는 *orthodenticle* 활성화에 필요한 것보다 낮은 농도의 Bicoid 단백질에 의해서 접합자 *hunchback* 유전자 발현이 활성화된다. 후반부의 접합자 발현 부위에서는 Torso에 의해 활성화된다.

*Krüppel*은 완전한 접합자 발현 유전자이고 징크-핑거 전사인자를 암호화한다. 완전결손돌연변이는 흉부와 복부체절 1-5번에 해당하는 커다란 결손이 몸의 중앙 부분에 생긴다. 발현은 합포체 배반엽에서 중앙 띠를 형성하며 시작된다. *Krüppel*은 Bicoid와 Hunchback에 의해서 활성화되고, knirps와 Giant에 의해서 억제되며, 이러한 조절을 통해 60~50%EL 지점에 넓은 띠 모양으로 발현된다.

Knirps 완전결손돌연변이는 다른 모계 후반부 형성 그룹과 유사하게 1-7번 복부 체절이 정체성 없는 하나의 커다란 복부체절로 대체된다. 이 유전자는 핵 호르몬 수용체 패밀리에 속하는 전사인

자를 암호화한다. 발현 양상은 합포체 배반엽시기에 45~30%EL 사이에서 띠를 형성한다. 유전자 활성은 항시적으로 일어나지만 Hunchback과 Tailless에 의해 억제되어 띠의 위치가 조절된다.

*giant*는 류신-지퍼(leucin-zipper) 전사인자를 암호화하며, 돌연변이는 흉부 앞쪽과 A5~A7 복부 부위에서 이상을 보인다. 발현은 합포체 배반엽 시기에 전반부인 80~60%EL과 후반부인 33~0%EL의 두 곳에서 시작된다. 세포성 배반엽까지 후반부 띠는 희미해지고, 전반부 띠는 3개로 나뉜다. *giant*는 Bicoid와 Caudal에 의해서 활성화되고, Hunchback에 의해서 억제된다.

'말단 시스템'에서 설명했듯이, *tailless*와 *huckebein*은 Torso에 의해 활성화되는 접합자 유전자이다. 각 돌연변이는 말단 부위 이상을 보이는데, 모계 말단 유전자의 돌연변이 표현형을 심화시킨다.

이제까지 설명되었던 주요 조절 관계는 **그림 13.18**에 요약되어 있고, 발현 양상은 **그림 13.19**에 나타내었다. Biocoid 유전자 결손과 균일한 존재 하에서 일부 간극유전자의 발현 위치 변화를 **그림 13.20**에 나타내었다.

쌍지배 시스템

쌍지배유전자(pair-rule genes)는 발생상 상위 단계에서 간극유전자와 체절극성유전자의 사이에서 작동한다. 이 유전자는 간극유전자를 따라서 Hox 유전자의 발현과 체절 반복 패턴의 배열을 조절한다. 쌍지배유전자의 활성화는 배아에서 반복성 패턴형성의 초기 단계를 나타낸다.

모든 쌍지배유전자는 전사인자를 암호화하고, 그 발현 패턴은 각 띠가 합포체 배반엽의 두 체절 띠에 해당하는 총 7개의 띠로 이루어진다(**그림 13.21**). 돌연변이 표현형은 특징적으로 두 체절의 주기성을 보이며 결손되는데, 좀 더 복잡하거나 심한 경우도 발견된다. 예를 들면, *even-skipped* 유전자는 돌연변이에서 짝수 체절이 감소하거나 결손되어 붙은 이름이다. 그러나 지금은 이 돌연변

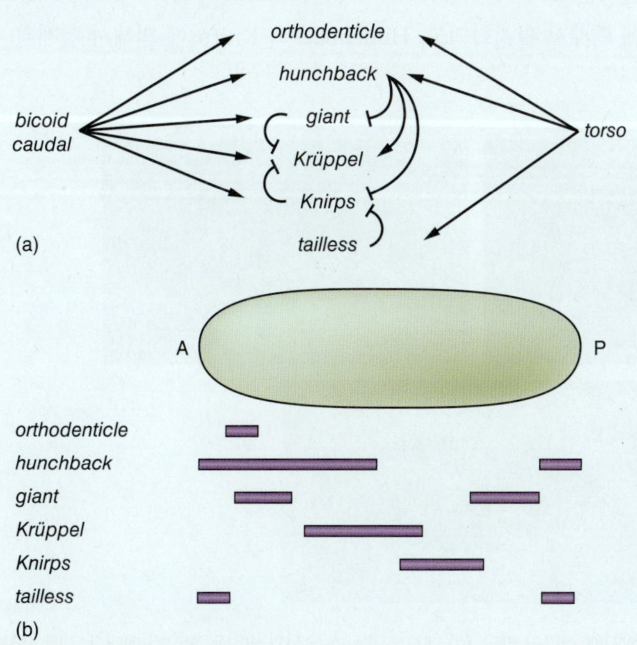

그림 13.18 간극유전자. (a) 일부 조절 관계들; (b) 합포체 배반엽에서 6개 간극유전자의 간략한 발현 위치.

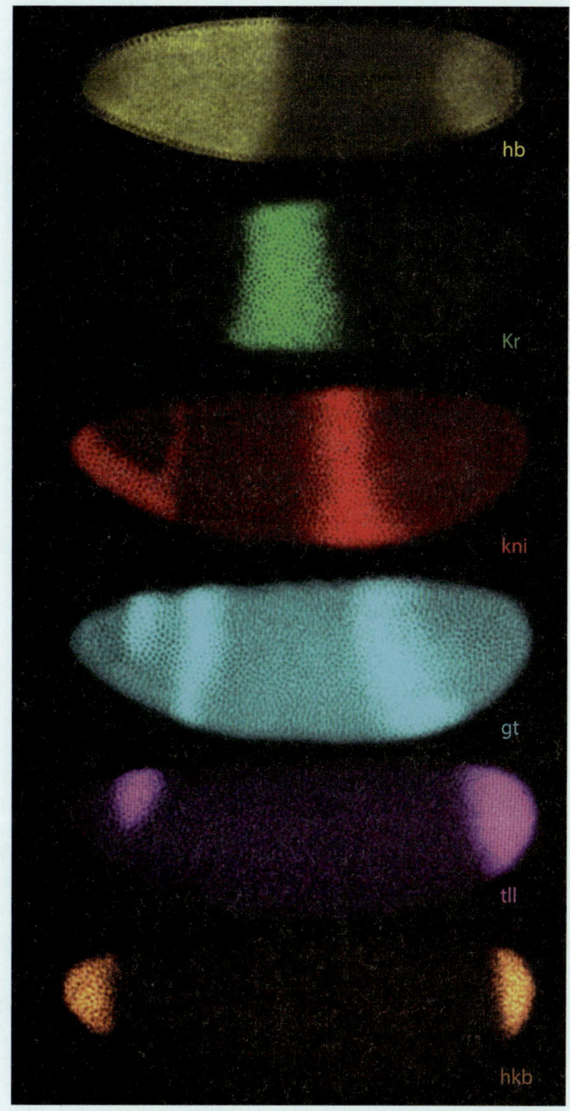

그림 13.19 초기 배아에서 다양한 간극유전자의 발현 영역을 보여주는 형광 제자리 혼성화법. (인용) Shvartsman and Baker (2012). WIREs-Dev. Biol. 1, 715-730. 이것은 세포화 배반엽 시기이기 때문에, 그림13.18에서의 *gt*와 *kni*의 발현이 조금 다르다.

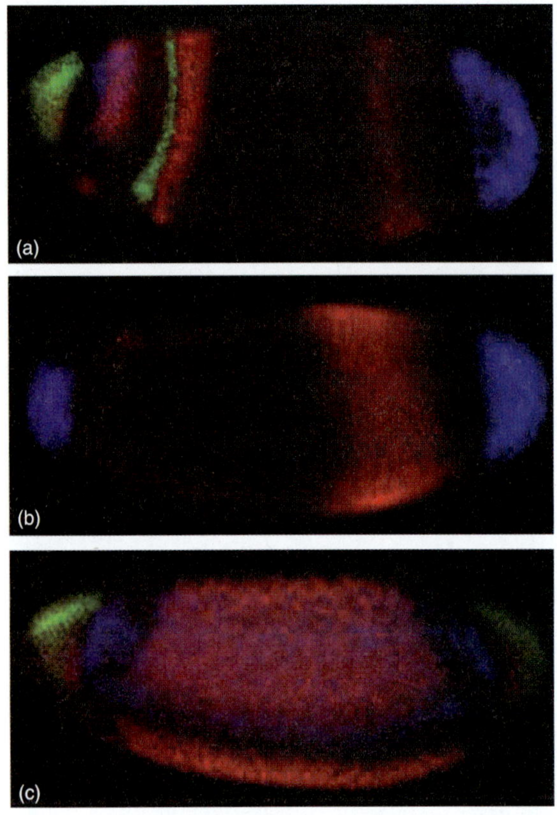

그림 13.20 세 가지 간극유전자들의 발현. (a) *cap-n-collar*(녹색), *giant*(빨간색), *tailless*(파란색)의 정상적인 발현 양상. (b) *bicoid* 제거는 *cap-n-collar* 발현 부위의 결손, *giant* 발현 부위의 후방으로의 이동을 일으킨다. (c) *bicoid* 결손상태(*bicoid*⁻)에서 *bicoid*의 균일한 발현은 대부분의 패턴 정보를 제공하는 말단 시스템 거울상 대칭 패턴을 나타낸다. (인용) National Academy of Sciences의 허락을 얻어 Löhr *et al*. *PNAS* 2009; 2106: 21695-21700의 그림을 재구성하였음.

이가 정상 하위 돌연변이로 밝혀졌고, 완전기능 상실 돌연변이에서는 모든 체절이 결손된다.

쌍지배유전자는 1차 또는 2차로 지정되고, 1차 유전자는 2차 유전자보다 먼저 발현된다. 1차 쌍지배유전자는 *hairy*, *even-skipped*, *runt*, *fushi-tarazu*, *odd-paired*이며, 2차 쌍지배유전자에는 *paired*, *sloppy-paired*가 있다. 1차 유전자는 대부분 모계 유전자와 간극유전자에 의해 조절되는 반면, 2차 유전자는 대부분 1차 유전자들에 의해 조절된다.

1차 유전자는 몇몇의 인핸서를 포함하는 복잡한 조절 부위를 가지며, 일반적인 규칙은 "하나의 인핸서가 하나의 줄무늬"를 만든다는 것이다. 각 인핸서는 활성자와 억제자에 대하여 겹쳐지는 결합자리를 지녀서 활성자가 우세하면 발현이 활성화되고, 억제자가 우세하면 발현이 억제되는 식으로 조절된다. 줄무늬를 형성하기 위해서는 전-후축을 따라 한 구역에서는 유전자 발현이 활성화되고, 다음 구역에서는 유전자가 억제되는 것이 필요하다. *even-skipped* 유전자의 예를 살펴보자(그림 13.21과 13.22). 이것은 전사억제 작용을 하는 호메오도메인 전사인자를 암호화하며, 12개의 인핸서를 가지는 커다란 조절 부위를 가진다. 이들 중, 2번 줄무늬 인자는 Bicoid와 Hunchback의 존재 하에 양성조절자이고, Giant와 Krüppel에 의해 억제된다. 그러므로 정상 발달에서 2번 줄무늬는 *giant*와 *Krüppel* 발현 구역 사이에 가는 줄을 형성한다. 2개의 인핸서가 줄무늬 쌍을 조절한다. 4 + 6, 3 + 7 인핸서는 모두 어디에나 존재하는 요소(ubiquitous components)에 의해서 활성화되고, Hunchback과 Knirps에 의해서 억제된다.

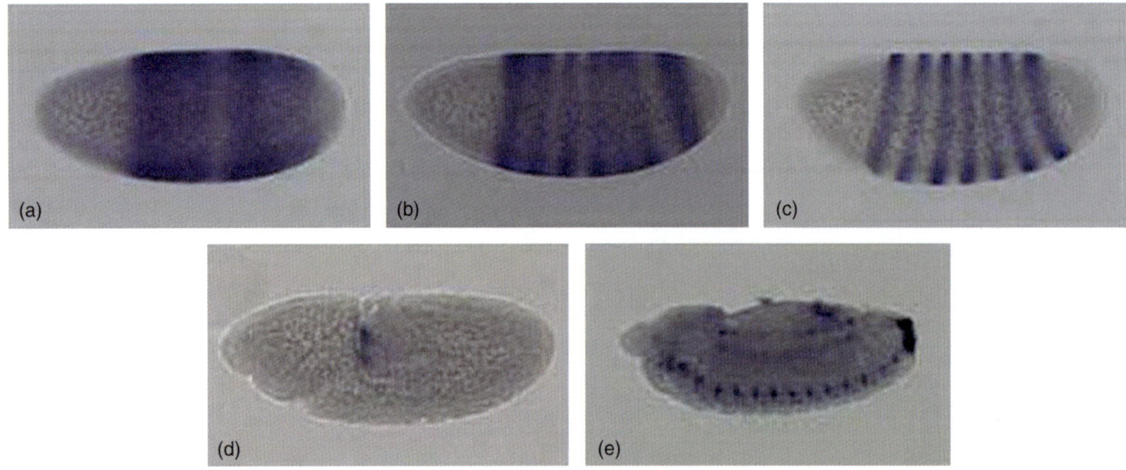

그림 13.21 *even-skipped* (*eve*)의 발현 (제자리 혼성화). (a-c) 합포체 배반엽에서의 쌍지배 패턴의 발달. (d) 대부분의 *eve* 유전자 발현은 확장된 배대 시기에 사라진다. (e) *eve* 발현은 이후에 배측 신경절(ventral ganglia)에서 다시 생겨난다. (인용) Public Library of Science의 허락을 얻어 Peterson *et al*. *Big Genomes Facilitate the Comparative Identification of Regulatory Elements PLoS ONE 4*, e4688의 그림을 재구성하였음.

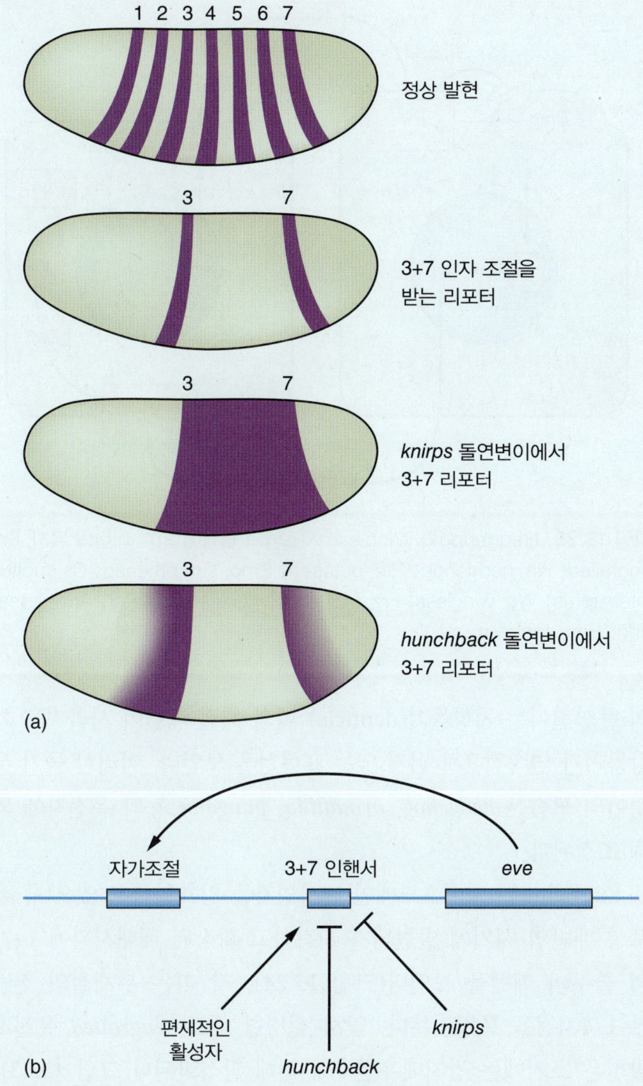

그림 13.22 *even-skipped* 유전자 조절. (a) 정상적인 발현 양상, 3번과 7번 인핸서의 조절 받는 리포터, 리포터 발현 양상에 돌연변이가 미치는 효과; (b) *even-skipped* 발현을 조절하는 두 가지 인핸서.

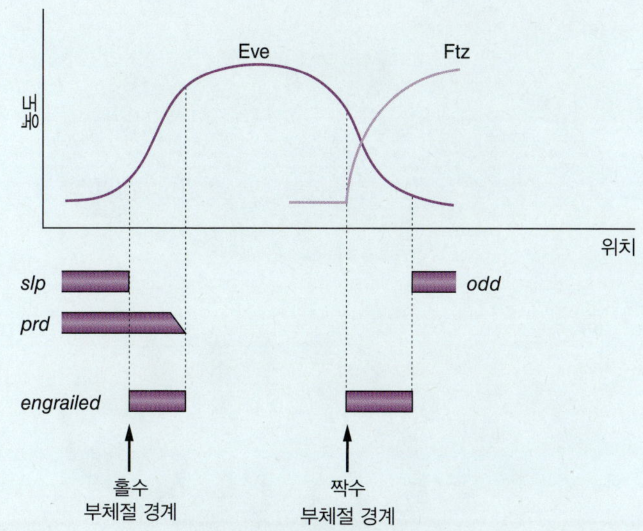

그림 13.23 *engrailed* 줄무늬의 초기 확립. 낮은 농도의 Even-skipped (Eve)는 *sloppy-paired* (*slp*)와 *odd-paired* (*odd*)를 억제하여 *engrailed*가 Paired (Prd)와 Fushi-tarazu(Ftz)에 의해서 활성화되게 한다.

Hunchback과 Knirps는 또한 서로를 억제하여 *knirps* 발현 구역이 2개의 접합자 *hunchback* 발현 구역 사이에 위치하게 된다(그림 13.18과 13.19). 이들 2개의 *even-skipped* 인핸서는 억제자에 대해 서로 다른 정도의 민감도를 보여 각 인핸서는 2개의 발현 구역을 조절하며, 3과 7번 줄무늬가 4번과 6번 줄무늬의 바깥에 위치하는 식으로 배열된다. 줄무늬 인핸서에 더하여, 자가조절 인자가 있어서 한번 형성된 7개의 줄무늬 패턴을 안정화시키며, 또한 이후 발생의 시기에 활성화되어 중배엽과 일군의 신경세포에서 발현을 유발하는 인자가 있다.

쌍지배 전사인자가 14개 체절극성유전자의 14개 줄무늬를 활성화시키는 방법은 매우 복잡하다. 그러나 대체적으로 활성자가 억제자를 누르는 곳에서 14개의 좁은 띠를 생산하는 것이다. 예를 들면, 홀수 부체절의 *engrailed* 줄무늬는 *paired*에 의해서 활성화되고, *even-skipped*는 *sloppy-paired*의 발현을 억제하여 이것이 가능하게 한다. 이러한 구역에서는 *paired*가 *sloppy-paired*에 비해 우세하다. 짝수 부체절의 *engrailed* 줄무늬는 *even-skipped*와 약간 겹치는 부위에서 *fushi tarazu*에 의해서 활성화된다(그림 13.23). 이곳에서는 *even-skipped*가 *odd-paired*를 억제하여 *fushi tarazu*를 우세하게 하기 때문이다. 홀수와 짝수 부체절에서의 *engrailed* 줄무늬가 서로 다른 기전에 의해 조절된다는 사실은 하나의 쌍지배유전자 돌연변이에서 "쌍지배" 표현형이 나타나는 이유를 설명해준다. *even-skipped*와 *odd-skipped*의 유전자 이름이 관찰되는 체절 이상과 관련된다는 점을 생각해보자. 그러나 최종적으로 체절이 생기면서 초기에 형성되었던 부체절은 사라지기 때문에 *even-skipped* 돌연변이는 홀수 부체절 이상을 일으키고 *odd-skipped* 돌연변이는 짝수 부체절 이상을 일으킨다.

체절극성 시스템

체절극성유전자(segment polarity genes)는 초기 배아의 **부체절(parasegment)** 경계를 생성하게 한다(그림 13.24). 일단 활성화되면 *engrailed*와 *cubitus interruptus*의 활성에 의해 확립된 각 경계의 양쪽 세포 사이의 양성 되먹임고리(positive-feedback loop)를 통해 반복적인 패턴을 유지한다. *engrailed* 세포는 Hedgehog

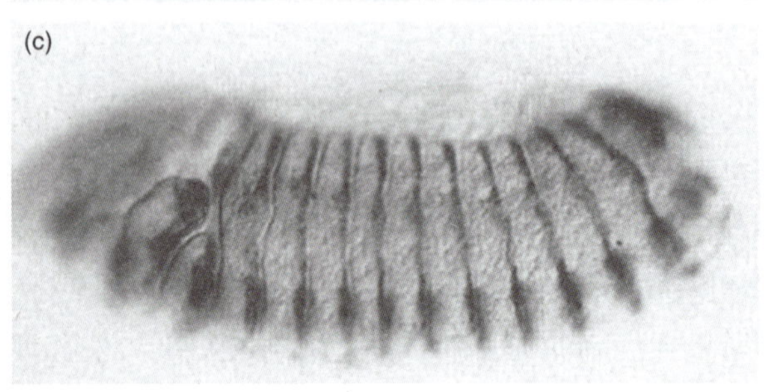

그림 13.24 Engrailed 단백질의 발현(면역염색). 줄무늬는 낭배시기에 보이기 시작하고 확장된 배대시기에 최고조로 발달한다. (a) 낭배; (b) 확장된 배대; (c) 수축된 배대. (인용) Cold Spring Harbor Laboratory의 허락을 얻어 Hama *et al.* *Genes Dev* 1990; 4:1079-1093의 그림을 재구성함.

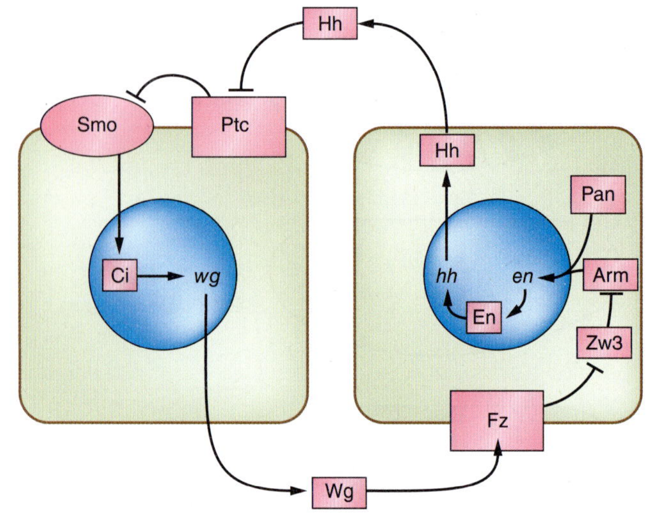

그림 13.25 Hedgehog와 Wingless 시스템의 활성에 의한 패턴의 유지. En, engrailed; Hh, hedgehog; Ptc, patched; Smo, smoothened; Ci, cubitus interruptus; Wg, wingless; Frz, frizzled; Zw3, zest-white-3; Arm, armadillo; Pan, pangolin.

라는 유도인자를 내어 이웃 세포에서 *cubitus interruptus*의 활성도를 유지한다. 반면, *cubitus interruptus* 발현 세포는 이웃 세포에서 *engrailed*의 활성도를 유지시키는 Wingless라는 유도인자를 낸다(**그림 13.25**; 동영상 15: "Cubitus Interruptus-Engrailed loop establishment" 참고). 이들 인자는 척추동물 발달에서도 매우 중요하다: Hedgehog는 Sonic hedgehog을 포함한 중요한 인자의 그룹과 유사하며, Wingless는 Wnt 패밀리 인자와 유사하다.

배반엽이 세포화된 이후에는 하나의 핵이 간단히 전사인자를 생산하여 그것을 주변에 확산시킴으로써 다른 핵에 영향을 미치는 것이 더이상 불가능하다. 다세포 배아에서는 유도인자의 분비와 세포표면 수용체의 활성화를 포함하는 소통이 필요하다. 모든 간극유전자와 쌍지배유전자가 전사인자를 암호화하는 반면, 세포화 이후에 작용하는 체절극성유전자는 전사인자뿐 아니라 신호전달계의 구성 요소도 암호화할 것이다. 대부분의 체절극성유전자의 돌연변이는 치상돌기(denticle) 띠의 체절 패턴이 사라지고 치상돌기가 연속적으로 퍼져 있는 표현형을 보인다. 이러한 돌기 투성이의 모습은 *hedgehog*, *armadillo*, *pangolin* 등의 유전자에 의해 조절된다.

Engrailed는 호메오도메인 전사인자를 암호화하고 있으며, 세포성 배반엽 시기에 발현되기 시작하고 확장된 배대시기에 14개의 줄무늬 패턴을 보인다(그림 13.24). 각 띠는 부체절의 전반부 1/4지점을 특징짓는다. 앞서 설명한 대로, *engrailed* 유전자 발현은 초기에는 쌍지배유전자에 의해 활성화된다(그림 13.23). *cubitus interruptus*은 Gli형 징크-핑거 전사인자를 암호화하고 Engrailed에 의해서 억제되어 *engrailed* 줄무늬 사이사이에 14개의 줄무늬 발현 패턴을 보인다. 발현 패턴의 유지는 상호 간의 작용에 의존적이고, 이것은 유전자 중 하나의 활성을 제거함으로써 나타날 수 있다. 발현 패턴은 처음에는 정상적이지만 나중에는 급격히 붕괴된다.

발현 상태 유지를 위한 주요 유전자는 Hedgehog과 Wingless 신호전달 체계의 요소들이다. Wingless는 cubitus interruptus 발현 세포에서 분비되며, 이웃 세포의 발현에 의해 *frizzled* 수용체를 활성화한다. 활성화된 Frizzled는 *zeste-white-3*(= *gsk3*) 유전자에 의해서 암호화된 인산화효소(kinase)를 억제하는데, 이 효소는 *armadillo*(= *β-catenin*) 유전자가 암호화하는 단백질을 억제한다. Frizzled는 억제제를 억제하기 때문에, 이것은 Wingless 신호가 Armadillo를 활성화시켜 핵으로의 이동을 하게 됨을 의미하고, *pangolin*의 유전자(= Lef/Tcf) 산물과 함께 표적 유전자를 활성화시킴을 의미한다. *engrailed*가 표적 중의 하나인데, Wingless 신호에 의해 유지된다. 이 경로의 주요 구성 요소는 동일하게 작용되는 척추동물의 Wnt 신호 경로의 구성 요소와 유사하며, Hedgehog 단백질은 *engrailed* 발현 세포에 의해 분비된다. Hedgehog은 *patched*에 의해서 암호화된 이웃세포의 수용체에 결합한다. Patched는 또 다른 세포 표면 단백질로 Cubitus Interruptus 단백질을 활성화하는 Smoothened의 항시적 활성 억제자이다. Hedgehog는 Patched를 억제하여 Smoothened의 억제를 제거하고, 결과적으로 Cubitus Interruptus 단백질이 핵으로 들어가서 *wingless* 유전자를 활성화할 수 있게 한다. 이 경로의 주요 요소는 척추동물에서도 유사하게 존재한다. 이 시스템을 그림 13.25에 나타내었다.

Hedgehog와 Wingless 신호는 부체절 경계의 반대쪽에서만 그들의 표적을 활성화시키기 때문에 이 시스템에서는 근원적으로 극성이 생긴다. 이러한 극성은 *wingless*의 발현을 부체절의 후반부 절반에 한정시키는 다른 쌍지배유전자의 활동으로부터 나온다.

체절극성유전자는 모두 척추동물 유사유전자를 가지는데, 이들은 앞선 장들에서 설명한 것처럼 척추동물 발생에 중요하다(표 13.1 참고). 이들 유사유전자가 존재하고 대개 생화학적 경로도 유사하지만, 그렇다고 발생에서의 기능이 완전히 같을 필요는 없다. *engrailed-cubitus interruptus* 고리는 곤충과 다른 절지동물에서 체절화의 동력이지만, 척추동물 체절화 과정에는 관여하지 않는다. 마찬가지로, Wnt 경로는 제노푸스에서 등-배 극성 결정에서 핵심적이지만, 초파리에서는 이에 상응하는 기능이 없다.

Hox 유전자

호메오박스(homeobox)와 **Hox 유전자(Hox genes)**는 초파리에서 처음 발견되었지만, 이미 앞선 장들에서 소개되었다. 다른 동물들처럼 초파리는 Hox 클러스터에 속하지는 않지만 발생에 관계된 많은 호메오박스 유전자뿐만 아니라 Hox 클러스터도 가지고 있다. Hox 클러스터는 하나의 염색체 위에 존재하지만 Antennapedia 복합체와 Bithorax 복합체의 2개의 유전자 그룹으로 나뉘어 있다: 다른 곤충들이 하나의 집단만을 가지고 있는 것으로 보았을 때, 이러한 분할은 진화의 역사에서 비교적 최근의 일로 추정된다.

Antennapedia 복합체는 척추동물 유사유전자군(paralog group) 1-6에 해당하며, *labial*, *proboscipedia*, *Deformed*, *Sex combs reduced*, *Antennapedia(Antp)* 등을 포함한다. *Bithorax* 복합체는 척추동물 유사유전자군 7-10에 해당하며, *Ultrabithorax*, *abdomenal-A*, *Abdomenal-B*를 포함한다. *bicoid*와 *zerknüllt*도 Antennapedia 복합체에 속하는데, 이들은 초파리에서 Hox 유전자로서의 기능은 없지만 다른 곤충에서는 Hox와 비슷한 기능을 하는 유사유전자를 가진다. 세포성 배반엽 시기까지 이미 상당량의 단백질을 가지게 되는 *Defromed*를 제외하고, Hox 유전자는 간극유전자와 쌍지배유전자 바로 뒤에 활성화되어 확장된 배대시기에 그들의 단백질 산물이 효과적인 수준에 이른다(그림 13.26). 다른 동물에서처럼, 이들 유전자가 전-후축을 따라서 발현되는 위치는 염색체 내에서 그들의 위치와 같다.

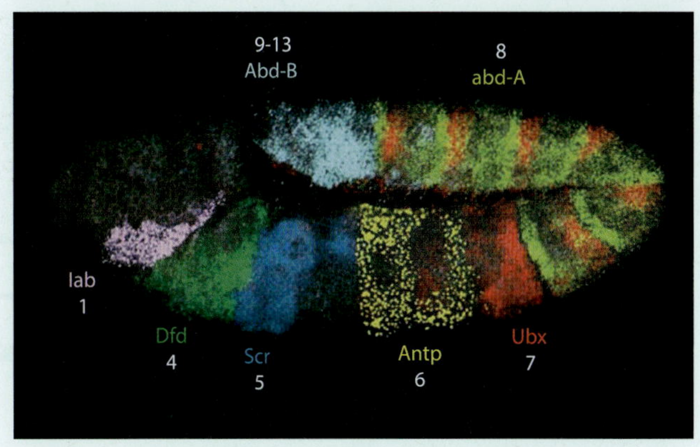

그림 13.26 7가지 색깔 제자리 혼성화법과 공초점현미경을 통해 관찰한 Hox 유전자의 발현 양상. (인용) American Association for the Advancedment of Science의 허락을 얻어 Lemons and McGinnis. *Science* 2006; 313:1918-1922의 그림을 재구성함.

확장된 배대시기의 부체절에서 Hox 유전자가 발현되는 대략적인 위치는 그림 13.27과 같다(*proboscipedia*는 오직 유충에서만 발현된다). 이들 유전자의 기능은 각기 다른 체절에 다른 특성을 부여하는 것이다. 일반적으로 돌연변이나 과발현 실험에 의해서 이들의 발현 위치를 변형시키면, 체절의 고유성이 예상할 수 있는 방향으로 바뀌게 된다. 기능 상실 돌연변이는 일반적으로 전반부로 변형시키고, 기능 획득 돌연변이는 후반부로 변형시킨다. 예를 들어, *Ultrabithorax*의 기능 상실 돌연변이는 세 번째 가슴 체절을 두 번째 가슴 체절로 변환시켜 한 쌍의 날개를 더 가진 성체를 만든다(그림 13.28). 또 다른 예로, *Antennapedia*의 기능 획득 돌연변이는 안테나를 두 번째 가슴에 다리로 변환시킨다. 그러나 그들의 작용은 단지 그 위치에 존재하는 유전자의 단순한 조합에 의해서 일어나는 것이 아니다. 각 체절의 구조는 이들 유전자 중 하나의 최적 발현에 의해서도 그 특성이 부여되기 때문이다. 예를 들면, 5번 부체절에서의 *Antennapedia*의 발현은 기관

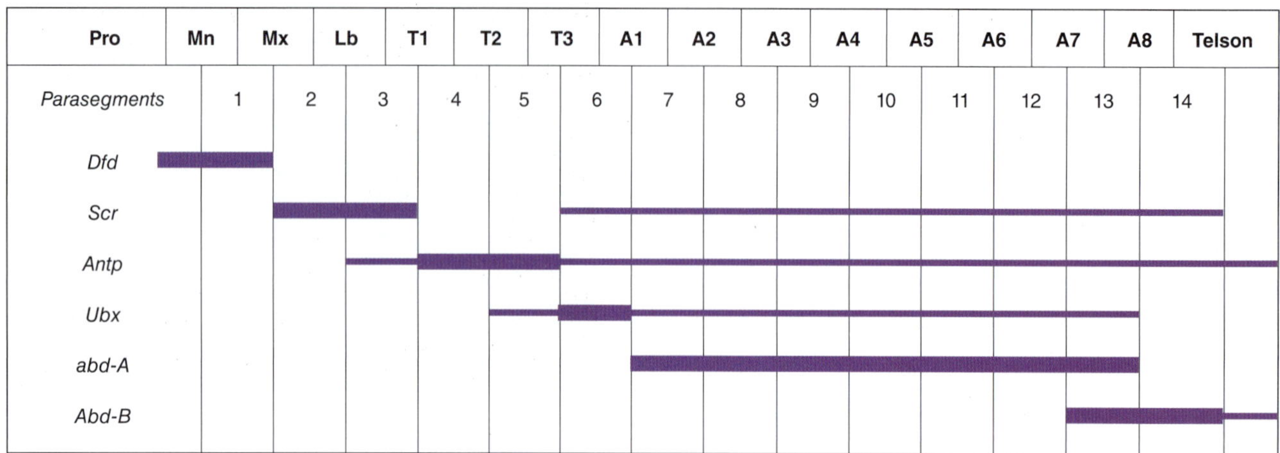

그림 13.27 확장된 배대시기에 Hox 유전자의 발현 양상의 도식화. *Dfd* = *deformed*, *Scr* = *Sec combs reduced*, *Antp* = *Antennapedia*, *Ubx* = *Ultrabithorax*, *abd-A* = *abdominal-A*, and *Abd-B* = *abdominal-B*.

그림 13.28 *Ultrabithorax*의 기능 상실 돌연변이에서 나타나는 4개의 날개를 가진 초파리. (인용) Shvartsman and Baker(2012). WIREs-Dev. Biol. 1, 715-730.

구멍(tracheal pit)이 생기지 않게 하는데, 이들은 이 부체절에서 *Ultrabithorax*를 발현하는 유일한 세포이다.

이 시스템의 특성은 척추동물 Hox7 유사유전자군의 상동유전자(homolog)인 *Ultrabithorax* 유전자에 관한 연구를 통해 설명되었다. *Ultrabithorax* 발현은 세포화 시기 근처에서 시작되고 초기에 6번 부체절에서 발현이 가장 강하며, 5-13번 부체절에서 약한 발현을 보인다. 이것은 또한 중배엽에서도 발현된다. 이후 발현은 이들 부체절의 배쪽 신경절, 유충의 뒷가슴(T3) 성충판(metathoraxic imaginal disc)에서 뚜렷하다. *Ultrabithorax*의 완전기능 상실 돌연변이에서는 5번과 6번 부체절이 4번 부체절로 변환된다.

Ultrabithorax 발현의 초기 조절은 Hunchback에 의해 이루어지는데, 이것은 억제자이다. Fushi tarazu는 활성자로서 *Ultrabithorax*의 발현 패턴을 일시적으로 쌍지배형으로 만든다. 이 쌍지배 조절은 체절극성유전자와 호메오유전자의 부체절 상의 배열에 중요하다. 일단 이것이 확립되면, *Ubx* 발현의 후반부 경계는 abdominal-A 단백질의 억제작용에 의해서 유지된다. Ultrabithorax 자신은 *Antennapedia*를 억제하여 그것의 후반부 경계를 유지하게 한다. 적어도 장측중배엽(visceral mesoderm)에서의 발현 유지에는 Wingless와 Decapentaplegic이 포함되는 양성되먹임고리가 필요하다. 장기간의 좀 더 영속적인 조절은 염색사(chromatin) 구조에 대한 조절과 유전체 내에서 활성과 비활성 부위에 대한 경계 설정에 의해서 이루어진다. *Polycomb*과 *extra sex combs*는 일반적으로 억제효과를 내며, 어디에나 존재하는 주요 조절 복합체의 구성 요소를 암호화한다. 이들 염색질 조절자의 기능 상실 돌연변이는 이소성(ectopic) Hox 유전자 발현을 유발한다. 예를 들면, *extra sex combs* 돌연변이에서는 T2-3에서의 *Sex combs reduced*의 발현 억제가 제거되어 두 번째, 세 번째 다리에서도 성즐이 생겨난다. 수컷의 성즐은 정상적으로는 첫 번째 다리 쌍에서만 발견되며, 돌연변이 표현형은 유전자의 이름을 담당하므로 유전자 이름이 ***extra sex combs***인 것이다.

전-후 몸체 패턴형성

앞서 설명한 길고 복잡한 일련의 상호작용은 확장된 배대시기까지 완전히 특성화된 몸 체제를 가지게 한다. 이러한 특성화는 두 가지 근본적인 요소를 갖는다. 먼저, 경계가 *engrailed* 시스템(전)과 *cubitus interruptus* 시스템(후)이 활성화된 세포의 띠의 병렬

배열에 의해 확립된 부체절로 이루어진 반복적인 패턴이 있다. 또한, Hox 유전자 발현이 되는 위치의 비반복적 배열이 있다. Hox 유전자 발현 부위가 겹치긴 하지만, 한 유전자의 발현이 우세한 곳이 전반부에서 후반부까지 배열되어 있다. 이 패턴의 각 요소는 모계 시스템, 간극유전자, 쌍지배유전자의 산물의 농도의 조합에 의해서 부분적으로 시작된다. 쌍지배유전자는 특히 매우 중요한 기능을 수행하는데, 그들은 체절극성유전자와 Hox 유전자 사이의 영역 특이성을 조절하여 각 체절이 정확한 정체성을 가지도록 한다. 확장된 배대시기까지 조절 시스템의 산물은 분해되거나 분해되는 중이므로, 패턴의 유지는 다른 수단에 의해 이루어진다. 이러한 수단은 *Ultrabithorax*의 예와 같은 양성 되먹임 고리, *engrailed*와 *cubitus interruptus*의 예와 같은 상호 보강, *Ultrabithorax*에 의한 *Antennapedia*의 예와 같은 이웃에 대한 억제, 염색사 구조에서의 장기적 변화를 포함한다.

일반적인 몸 체제를 형성하기까지의 초파리의 부분적 특정화(특성화)는 매우 잘 알려져 있다. 그러나 발생 유전자의 궁극적인 기능은 알맞은 유전자의 조합을 활성화시켜 적절한 세포에서 서로 다른 기능을 수행하게 하는 것이다. 이것이 어떻게 가능한지는 여전히 일부만 알려져 있는데, 이러한 한계의 주된 이유는 초파리의 세포학, 조직학, 일반 생화학 등이 척추동물에서 만큼 잘 알려져 있지 않기 때문이다.

고전적인 실험

돌연변이로부터 유전자 기능으로의 돌파구

호메오시스(**homeosis**)는 몸의 한 체절이 다른 부분으로 바뀔 때 발생한다고 하며, 이에 대해 William Bateson이 그의 저서 *Materials for the Study of Variation*(1894)에 처음 설명하였다. 초파리에서 첫 호메오 돌연변이는 1915년에서 1920년 사이에 알려졌지만(*bithorax* and *bithoraxoid*), 소수의 과학자만이 관심을 가졌다. 그중 한 명인 Ed Lewis는 1978년에 이흉부복합체(Biothorax complex)와 이것의 발생에서의 역할에 관한 고전적인 연구를 출간하였고, 몸체 발생의 모델을 제안하였다. 발생과 관련된 많은 유전자가 Chritiane Nüsslein-Volhard와 Eric Wieschaus(1980)의 돌연변이 선별 실험을 통해 밝혀졌는데, 이것들은 1980년대 많은 초파리 실험실의 실험재료가 되었다. 이들 3명의 과학자는 1995년에 노벨 생리의학상을 수상하였다.

새롭게 개발된 분자생물학적인 방법은 이 발생 돌연변이를 유발하는 유전자를 클로닝하고 이들의 발현 양상을 연구하는 것을 가능하게 하였다. 이 결과는 호메오 유전자가 실제로 특정 부위에서 발현되며, 쌍지배유전자와 같이 주기적인 표현형을 보이는 유전자는 그 주기에 맞게 발현되는 것을 보여주었다.

Lewis, E.B.(1978) A gene complex controlling segmentation in *Drosophila. Nature* **276**, 565-570.

Nüsslein-Volhard, C. & Wieschaus, E.(1980) Mutations affecting segment number and polarity in *Drosophila. Nature* **287**, 795 – 801.

Akam, M.E.(1983) The location of *Ultrabithorax* transcripts in *Drosophila* tissue sections. *EMBO Journal* **2**, 2075-2084.

Hafen, E., Kuroiwa, A. & Gehring, W.J.(1984) Spatial distribution of transcripts from the segmentation gene *fushi-tarazu* during *Drosophila* embryonic development. Cell 37, 833-841

고전적인 실험

첫 번째 실제 농도 구배

발생학자들은 유전자 발현을 조절할 수 있는 형태형성인자(morphgen) 농도 구배의 존재에 대해 몇 년 동안 조사해 왔다. 이것은 실험배아발생학의 문제를 되살리고 현대 언어로 다시 진술한 Wolpert의 이론 논문의 한 부분이었다. 하지만, 실험적으로 확인된 첫 번째 농도 구배는 초기 초파리 배아 내의 Bicoid 단백질 농도 구배 였다. 이것은 실제로 Bicoid가 전사인자이기 때문에 세포 내 농도 구배였지만, 초기 배아는 합포체이기 때문에 구배를 형성할 수 있었다. 또한 예측된 행동을 따라 다른 농도에서 다른 유전자의 발현을 활성화시킨다. 이러한 발견에 따라서, 사람들은 마침내 형태형성인자 농도 구배를 믿기 시작하였다.

Wolpert, L.(1969) Positional information and the spatial pattern of cellular differentiation. *Journal of Theoretical Biology* **25**, 1-47.

Driever, W. & Nüsslein-Volhard, C.(1988) A gradient of bicoid protein in *Drosophila* embryos. *Cell* **54**, 83-93.

고전적인 실험

호메오박스의 발견

호메오박스는 Bithorax와 Antennapedia 복합체에 속하는 모든 유전자에 존재하는 DNA 염기서열로서 발견되었다. 이 유전자에 의해 암호화된 전사인자의 DNA-결합 영역을 암호화한다. 호메오박스는 곧 척추동물을 포함하는 다른 동물들의 DNA에서도 존재한다는 것이 밝혀졌다. 이에 모든 호메오 유전자들, 더 나아가서 아마도 체절형성에 관여하는 모든 유전자들이 정리되어, 발생유전학에 "로제타 스톤"이 될 것이라는 기대감이 커졌다. 그러나 문제는 그렇게 간단하지 않았다. 호메오도메인 DNA-결합 부위를 가진 전사인자는 동물에만 국한되어 존재하지도 않았으며, 그들의 기능이 하나로 모아져 있는 것도 아니었기 때문이다. 그러나 동물계에서는 그들 중 많은 수가 발생의 특정 단계에서 작용하고, Antennapedia와 Bithorax에 대한 유사체인 Hox 집단은 전-후축 패턴형성과 연관되어 있다.

McGinnis, W., Levine, M.S., Hafen, E., Kuroiwa, A., &Gehring, W.J. (1983). A conserved DNA sequence in homoeotic genes of the Drosophila Antennapedia and bithorax complexes. *Nature*, **308**, 428-433.

Scott, M.P., &Weiner, A.J.(1984). Structural relationships among genes that control development - sequence homology between the *Antennapedia, Ultrabithorax*, and *fushi tarazu* loci of *Drosophila. Proceedings of the National Academy of Sciences USA* **81**, 4115-4119.

McGinnis, W., Garber, R.L., Wirz, J., Kuroiwa, A., &Gehring, W.J. (1984). A homologous protein-coding sequence in Drosophila homeotic genes and its conservation in other metazoans. *Cell*, **37**, 403-408.

Carrasco, A.E., McGinnis, W., Gehring, W.J., & De Robertis, E.M. (1984). Cloning of an *X. laevis* gene expressed during early embryogenesis coding for a peptide region homologous to Drosophila homeotic genes. *Cell*, **37**, 409-414.

새로운 연구방향

초파리의 발생은 비교적 잘 알려져 있으므로 초파리 연구의 미래는 세포생물학, 줄기세포학, 노화와 같은 다른 분야에 있을 것으로 생각된다. 특정 부위나 특정한 세포 유형에 특이적으로 유전자를 제거할 수 있는 유전학적 기술은 매우 강력하다. 초파리 연구에서 이러한 기술은 포유류 조직 배양 세포를 활용한 연구를 보완하여 세포 극성화, 세포 이동, 물질의 세포 내 이동 등과 같은 현상을 연구할 수 있게 해 준다. 또한 초파리 성충판(19장)은 성장조절과 재생(regeneration) 등에 대해 연구할 수 있는 훌륭한 기회를 제공한다. 초파리에서 발견된 유전자 조절 네트워크도 다른 곤충의 발생을 연구하고, 이러한 네트워크가 얼마나 보존되어 있으며 다른 형태를 생성하기 위해 어떻게 수정되었는지 확인하는 데 사용된다. 이러한 연구는 곤충의 진화를 더 자세히 이해하는 데 도움이 될 것이다.

기억해야 할 핵심 사항

- 초파리 초기 발생에 영향을 주는 유전자에 대한 돌연변이 선별을 통해 초파리뿐만 아니라 모든 동물의 발생을 조절하는 대부분의 유전자를 발견하였다.
- 초파리와 다른 곤충 배아는 초기에 합포체로 발생한다. 이것은 처음 3시간 동안 전사인자는 하나의 핵에서 다른 핵에 확산되어 유전자 발현을 조절할 수 있다는 의미이다.
- 등-배와 전-후축 패턴은 대부분 서로 독립적으로 특정화된다. 등-배축 패턴은 난모세포와 난포세포 간의 일련의 상호작용에 의해서 확립되는데, 이것은 난모세포 핵의 중심을 벗어난 위치와 합포체 배반엽 핵에서 Dorsal 단백질의 농도 구배의 축적에 의해서 시작된다.
- 전-후축 패턴을 조절하는 세포질 결정인자 또한 수정 전에 난모세포에 위치한다. 그들은 전반부의 *bicoid* mRNA, 후반부의 *nanos*와 *oskar* mRNA, 말단부에서의 Torso 활성화 등이다.
- 발생은 간극유전자와 쌍지배유전자에 의해서 암호화되는 전사인자 조합에 의해서 특징지어진 각 세포가 특정 위치에 존재하는 단계별 과정으로 진행된다. 이들은 체절화 유전자를 조절하여 배아를 14개의 반복 단위로 특징짓고, Hox 유전자는 각 부체절의 전-후 특징을 확립한다.
- 체절화는 Hedgehog를 분비하는 *engrailed* 발현 세포와 Wingless를 분비하는 *cubitus interruptus* 발현 세포의 상호 활성에 의해서 조절된다.
- 전-후축 패턴은 Hox 유전자에 의해서 암호화된 전사인자에 의해 조절된다. 이들은 특정 위치에 둥지를 틀 듯이 발현하는데, 모두 후방 위치에서 발현하더라도 각 유전자 별로 서로 다른 전방의 발현 한계점을 보이는 식이다. 기능 상실 돌연변이는 일반적으로 전반부화를 일으키는 반면, 기능 획득 돌연변이는 일반적으로 후반부화를 일으킨다.

Chapter 14

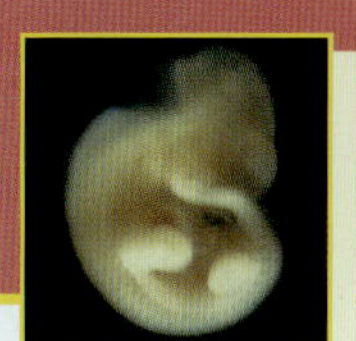

예쁜꼬마선충

Caenorhabditis elegans

예쁜꼬마선충(*Caenorhabditis elegans*)은 작고, 독립생활을 하는 토양 선형동물이며, 1960년대부터 발생학 연구에 사용되었다. 발생학자들 사이에는 통상 '벌레'로 알려져 있다. 어떤 의미에서, 이 예쁜꼬마선충은 지구 상에서 가장 잘 알려진 동물이라 할 수 있는데, 그 이유는 이 동물의 배아, 유생 및 성체를 이루는 세포 각각의 위치와 계보가 자세히 알려져 있기 때문이다. 또한 유전체의 완전한 모든 염기서열이 어떤 동물의 경우보다 먼저 알려졌다. 이 동물의 유전체에는 20,222개의 단백질을 암호화는 유전자가 있으며, 이 중 대략 2,000개의 유전자 각각에 돌연변이가 일어나면 치사에 이를 수도 있다. 이 외에도 단백질을 암호화하지 않는, 24,765개에 달하는 유전자도 포함되어 있다. 동물 중에는 유일하게, 소위 완전한 "연결망"이 파악되었다. 이는 신경계를 구성하는 신경세포들 간의 연결 구조를 총체적으로 그린 도표라고 할 수 있으며, 심지어는 두 가지 성 모두에 대해서 알려져 있다.

예쁜꼬마선충은 페트리접시에서 키우며, 박테리아를 먹고 산다. 많은 수의 개체를 분석할 수 있고, 한 세대가 3일 밖에 되지 않으므로 유전학적 선별 검사가 쉽다. 이 벌레는 자가 수정이 가능한 **자웅동체(hermaphrodites)**여서, 별도의 교배 없이도 열성 돌연변이는 자동적으로 두 세대 만에 동형접합자(homozygotes)로 분리된다(그림 14.1). 이 벌레는 액체질소에 얼릴 수 있고, 이후에 녹여도 여전히 살아 있기 때문에 독특한 유전적 특성을 지닌 다양한 혈통(genetic stocks)을 오랜 기간 동안 보관할 수 있다. 유전적 분석이 용이하다는 것은 다수의 돌연변이가 가용하다는 것이며, 역사적으로도 어떠한 생물학적 문제에 대한 탐구는 종종 그 생물학적 과정에 영향을 주는 돌연변이를 발견하는 것으로부터 시작되었다. 다른 모델 동물들에서 확인한 바와 같이, 이제는 CRISPR-Cas9 기술을 활용하여 돌연변이를 만들 수 있다 (3장 참조). 또 다른 대안으로, RNA 간섭에 기반한 기술을 이용하여 유전자의 기능을 쉽게 억제할 수도 있다(3장 참조). 세포 내 존재하는 mRNA에 대해 상보적인 이중나선 RNA를 먹이를 주는 방식으로 투여할 수 있다. 간편한 방법은, 대장균이 갖고 있는 플라스미드로부터 필요한 이중나선 RNA가 발현되게 하고서, 이 박테리아를 벌레의 먹이로 제공하는 것이다. 이럴 경우, 충분한 양의 이중나선 RNA가 온전한 상태로 흡수되어서 생물학적 효과를 나타낼 수 있다.

원하는 DNA를 생식소에 주입하면, 염색체 외 유전인자로서 생식세포에 흡수되어 형질전환된 개체를 만들기도 수월하다. 하지만 감수분열이나 체세포 분열 동안 이 유전인자는 소실될 수가 있어서, 이러한 형질전환체는 안정적이지 않다. 그러나 한시적인 형질전환도 종종 실험 목표를 달성하기에 충분하다. 외부 유전자를 유전체에 삽입시키는 것은, Mos1 **전위효소(transposase)**나 CRISPR-Cas9으로 생성된 DNA 상의 이중가닥 절단 부위를 동형방식수선(homology-directed repair) 기전을 통해 교정하는 과정에서 일어날 수도 있다.

유전자 모자이크(Genetic mosaics)는 정상적인 염색체 부위가 중복되어 형성된, 독립적인 작은 염색체 조각(free chromosome fragment)이 자연적으로 소실되면서 만들어질 수 있다. 만약 주 염색체에 돌연변이 대립유전자가 있고, 독립적인 염색체 조각에 정상 대립유전자가 있을 때, 세포에서 그 독립적인 염색체 조각이 소실되면 이 세포와 이로부터 유래한 자손 세포는 모두 돌연변이

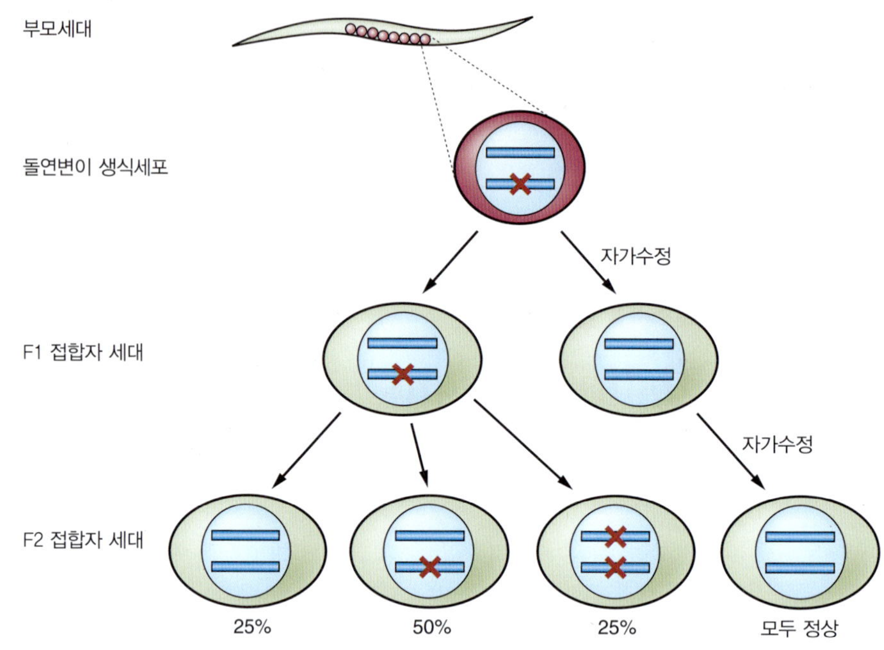

그림 14.1 돌연변이 유도와 두 세대에 걸친 자가수정 후 동형접합체 분리. 빨간색 × 표시는 돌연변이를 나타낸다. P 세대에서, 특정 돌연변이는 하나의 체세포분열 혹은 감수분열 중인 생식세포에서 일어나기 때문에, 단 몇 개의 생식세포에서만 관찰된다. 이들 생식세포를 수반한 자가수정으로 F1 세대에서는 일부 이형접합 돌연변이 벌레가 생겨난다. 이 개체들 간의 자가수정으로 F2 세대에서는 25%의 동형접합 돌연변이체가 생겨난다.

체가 되지만, 이 동물의 나머지 세포는 야생형이다. 보다 최근 연구에서는 염색체 외 배열(extrachromosomal arrays)이라는 인자를 이용하고 있다. 이 배열은 코스미드(cosmid)라 불리우는 일종의 플라스미드 상에 어떤 야생형 대립유전자와 *GFP* 같은 표지 유전자를 연결시켜 놓은 것이다. 이 코스미드는 체세포 분열 과정에서 정확하게 분리되지 못해서, 딸세포 중 어느 하나는 그 야생형 대립유전자와 표지 유전자를 얻지 못하게 된다. 이러한 모자이크는 배아의 어떤 세포에서 유전자의 기능이 필요한지를 알아내는 데 매우 유용하다.

예쁜꼬마선충의 배아와 유생은 외관이 투명해서, 살아 있는 표본 내 개별적인 세포들을 노말스키현미경(Nomarski optics)(5장 참조)을 이용하여 추적할 수 있다. 즉, 배아와 유생 안의 모든 세포 각각의 일정한 행동들을 추적할 수 있으며, 이에 따라 자웅동체와 수컷 개체의 전체적인 세포 계보를 구축하였다. 또한 레이저를 이용하여 개별 세포를 제거하고 발생에 미치는 영향을 관찰할 수도 있다. 하지만 이 벌레의 몇 가지 단점도 존재하는데, 알의 크기가 작고 껍데기가 단단하다는 점이 그것이다. 이러한 특징은 미세수술과 관련된 실험을 어렵게 만든다.

예쁜꼬마선충에서 단백질의 이름은 대문자로 표기하고, 유전자와 단백질 이름에 하이픈을 넣는 것이 일반적이다. 예를 들어, *glp-1* 유전자는 GLP-1 단백질을 암호화한다. 보통, 초기 발생에 영향을 주는 다수의 돌연변이는 모계영향(maternal effects)에 해당하며, 이 경우 수정란이 아닌 모계의 유전자형이 배아의 표현형을 결정한다. 예쁜꼬마선충의 경우, 모계에서 결핍된 유전자는 대개 배아에서도 결핍되어 있다. 그 이유는 자웅동체의 자가 수정에 의한 일반적인 번식에서, −/− 부모는 −/− 수정란만을 만들기 때문이다. 그러나 난자형성 과정에서 초기 발생을 조절하는 유전자 산물이 난자에 축적된다는 점을 여전히 기억할 필요가 있다.

성체 해부학

성체는 그 폭에 비해 상당히 길죽한 모양을 갖고 있다("벌레 모양과 같은"; 그림 14.2). 이 성체의 가장 바깥층은 **피하층(hypodermis)**으로 세포 1개 정도의 두께를 가지며, 대체적으로 하나

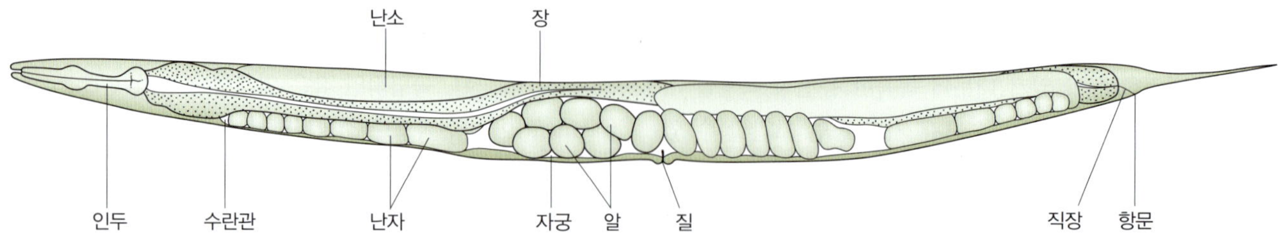

그림 14.2 예쁜꼬마선충의 성체 해부. (인용) Elsevier의 허락을 얻어 Sulston and Horvitz (1977). Dev. Biol. 56, 110–156의 그림을 재구성함.

의 공통된 세포질에 여러 핵이 존재하는 융합체로서 두꺼운 큐티클 층을 분비한다. 피하층 아래에는 단핵성 근육세포로 구성된 4개의 세로 방향 다발이 존재한다. 머리부터 꼬리까지 근육성 인두(pharynx), 장, 항문을 포함하는 소화관이 관통하고 있다. 인두, 배쪽 신경삭과 꼬리 신경절을 둘러싸고 있는 신경환(nerve ring)이 존재한다. 선형동물의 주 몸통 공간은 체강보다는 **의체강(pseudocoelom)**이라 표현하는데, 이는 전체가 중배엽으로 둘러싸여 있지 않기 때문이다. **생식소**는 가운데 배쪽의 외음부(vulva)로 열려 있다. 자웅동체에서 생식소는 2개의 긴 팔을 가지고 있고, 각 팔은 굽어져서 전후 부분이 서로 맞닿아 있는 모양을 띤다. 생식소 안에서 외음부에 가장 가까이 위치한 세포들은 정자로 성숙하고, 비교적 먼 곳에 있는 세포들은 한동안 분열하다가 **난자**가 된다. 이들은 알로 성숙하고, 산란되기 위해 이동하는 과정에 정자를 만나면 수정되어, 난할기 상태의 배아로 산란된다.

대부분의 벌레가 자웅동체이지만 가끔 수컷도 존재하며, 이들의 생식소는 한쪽 팔만을 가지고 있고, 뒤쪽 총배설강(cloaca) 부위에서 열려 있다. 자웅동체는 XX 염색체 쌍을 가지고 있는 반면, 수컷의 염색체는 XO이다. 이 수컷은 감수분열 중 비분리가 일어나 1개의 X 염색체가 소실됨으로써 생겨난다. 만일 수컷과 자웅동체가 짝짓기를 하면, 수컷의 정자가 자웅동체의 정자에 대하여 경쟁적 우위를 보여서, 이종교배가 이루어진다. 심지어 성체 단계에서도 이 선형동물은 많은 수의 세포를 갖고 있지 않으며, 배아 및 유충 발생 동안에는 거의 완벽하리 만큼 변함 없는 세포 계보를 나타낸다. 즉, 모든 배아 각각에서 모든 세포 분열의 순서와 방향은 정확하게 동일하다는 것이다. 배아는 산란 시 대략 30개의 세포로 구성되어 있으며, 대략 14시간 후 세포의 수가 550개일 때 부화한다. 부화된 후, 유충은 먹고 자라면서 네 번에 걸쳐 허물을 벗은 후에야 959개의 체세포와 대략 2,000개의 생식세포를 지닌 성체 단계에 이른다. 영양분 공급이 부족하거나 집단의 밀도가 높으면, 두 번째 단계의 유충은 세 번째 단계인 **다우어(dauer)** 유충기라는 휴면기로 진입한다. 네 번의 탈피 이후 성충은 체세포 조직에서 세포 분열보다는 세포의 크기를 늘리는 방법으로 성장한다.

예쁜꼬마선충은 6개의 혹스(Hox) 유전자를 가지고 있으며, 중간에 끼어들어 있는 유전자들 때문에 이 Hox 유전자는 진정한 유전자 집단을 이루고 있지는 않다. 대체적으로, 이들 Hox 유전자는 염색체 상에서 확인되는 유전자 간의 상대적인 앞뒤 위치 관계가 배아에서 발현될 때에도 그대로 나타난다는 규칙(역자 주—염색체에서 앞쪽에 있는 유전자가 배아의 앞쪽에서 발현된다는 의미)을 지키고 있지만, 두 번째 유전자임에도 *ceh-13*은 가장 앞쪽에서 발현되고 다른 동물의 앞쪽 Hox 유전자와 상동유전자이기도 하다. Hox 유전자를 위치 순서대로 열거하면 다음과 같다: *lin-39*, *ceh-13*, [gap], *mab-5*, *egl-5*, [gap], *php-3*, *nob-1*이고, 여기서 [gap]은 다른 유전자가 있음을 의미한다. 마지막 세 유전자는 *Abdominal B* 또는 뒤쪽 유전자 그룹에 속한다. *ceh-13*, *php-3*, *nob-1*만이 기능 상실(loss-of-function) 돌연변이 배아에서 표현형을 나타낸다.

배 발생

예쁜꼬마선충의 수정은 다소 특이하다. 정자는 아메바형이고, 편모나 첨체(acrosome)를 가지고 있지 않다. 난자는 제1 감수분열 이전에 수정되며, 난핵포 붕괴(germinal vesicle breakdown)와 더불어 난자 성숙의 시작은 주변 정자로부터 분비되는 주요 정자 단백질(Major Sperm Protein)에 달려 있다. 정자는 난자의 어떤 위치에서든 침입할 수 있으며, 정자의 침입 지점이 향후 수정란의 **뒤쪽**이 된다. 이 과정의 초기 징후로서 뒤쪽 피질 부분은 매끄러운 형태를 띠는 반면, 수정란의 나머지 피질 부분은 울퉁불퉁해진다. 두 번의 감수분열이 끝난 후 내부의 세포질은 뒤쪽으로 이동하고, 피질 쪽 세포질은 앞으로 이동하는 세포질의 재구성이 일어난다. 이것은 "거짓(가성, 위) 난할(pseudocleavage)", 즉 고랑 모양이 형성되지만 완전한 난할로 이어지지 않는 현상과 관련되어 있다. 이러한 극성화로 인해 초기 난할은 비대칭적이며(그림 14.3), 첫 번째 난할 결과 앞쪽의 AB 세포와 뒤쪽의 P_1 세포가 형성된다. AB 세포가 분열하여 ABa와 ABp 세포를 만들고, P_1 세포는 반복적으로 분열하여 하나의 P-유사 딸세포(순차적으로 P_2, P_3, P_4라 부른다)와 더불어 EMS, C, D 할구를 하나씩 순서대로 만들어낸다. 마지막 P 세포(P_4)는 **생식세포(germ cell)** 선구체로서, 배 발생 동안 단 1회 더 분열하여 Z2와 Z3 세포가 되며, 이들은 유충과 성체 시기의 모든 생식세포를 만든다. 모계 인자들은 대략 26-세포기까지만 발생을 유도하는 데 충분하여, 배아를 RNA 중합효소 II의 억제제인 α-amanitin과 함께 배양하면 이 시기에 이르러 처음으로 형태적 결함이 명확히 관찰된다. 수정란 자체적인 유전자 전사는 4세포기에 시작되므로, 이 억제제가 처리된 배아에서는 26세포기 이전에 일부 유전자 전사에 있어 변화가 확인된다. 생식세포 계열에서는 수정란 자체적인 RNA 중합효소 II의 전사가 대략 100-세포기에 이를 때까지 훨씬 더 오랫동안 억제되어 있다.

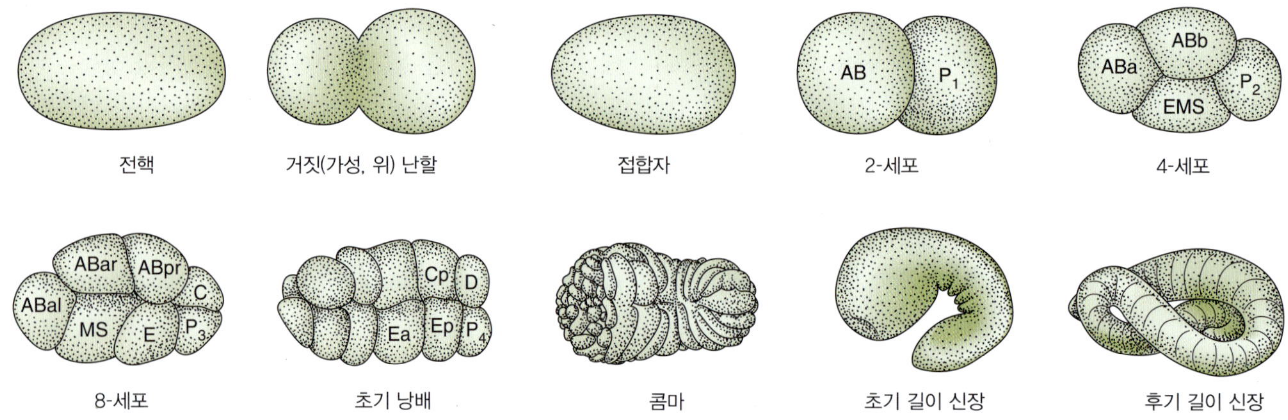

그림 14.3 예쁜꼬마선충의 배아 발생.

알에는 RNA가 풍부한 **P-과립(P-granule)**이 있으며, 이 과립은 처음에는 무작위적으로 퍼져 있다가 이후에는 세포질 재구성 시기에 뒤쪽으로 밀집된다. 순차적으로 일어나는 매 세포 분열 시기마다 이 과립은 새로운 P 세포가 될 영역에 국한되어 위치한다. 창시자 격인 최초의 세포 중에 AB, MS, C 세포는 모두 다양한 종류의 세포를 만들어내는 반면, 나머지는 한 종류의 세포를 만든다. P_4는 생식세포 계열이 되고, E 세포는 소화관, D 세포는 근육이 된다. 예쁜꼬마선충의 **'낭배형성(gastrulation)'**은 다소 이례적이고 장기적인 과정이지만 그 개시 시점은 26-세포기로 여겨지는데, 이때는 자발적인 함입 과정을 통해 2개의 E 세포가 안쪽으로 들어가게 되는 단계이다. 이후에는 C와 D 세포로부터 근육모세포(myoblasts)가, Aba와 MS 세포로부터 인두 세포가 생성되는 과정이 후속적으로 진행된다. 원구(blastopore)와 유사한 배쪽 틈(ventral cleft)은 대략 300-세포기에 닫힌다(**그림 14.4**).

상대적으로 세포 수가 적고, 모든 세포 하나하나가 정확히 같은 순서로 분열할 만큼 세포 분열이 일정하기 때문에, 직접적인 관찰만으로 배아, 유충, 성체에서의 **세포계보(cell lineage)**를 완전하게 결정하였으며, 그 처음 부분을 **그림 14.5**에 나타내었다. 어떤 측면에서 이 계보는 높은 정밀도를 나타내지만, 완벽한 운명지도라 하기에는 부족한데, 그 이유는 단지 세포의 "가계도"를 나타낼 뿐, 서로 다른 발생 단계에서 이들 간의 공간적 관계는 보여주고 있지 않기 때문이다. 예쁜꼬마선충의 발생 과정은 애초에 완전히 모자이크한 특성을 지닌 것으로 판단되었다. 왜냐하면, 어떤 하나의 세포를 레이저 미세광선으로 쬐서 제거하면 거의 모든 경우에 있어서, 이 세포의 후손은 모두 소실되지만 주변 세포의 발생에는 영향을 주지 않기 때문이다. 그러나 이제 다수의 유도 상호작용이 알려져 있고, 이러한 측면에서 예쁜꼬마선충의 발생은

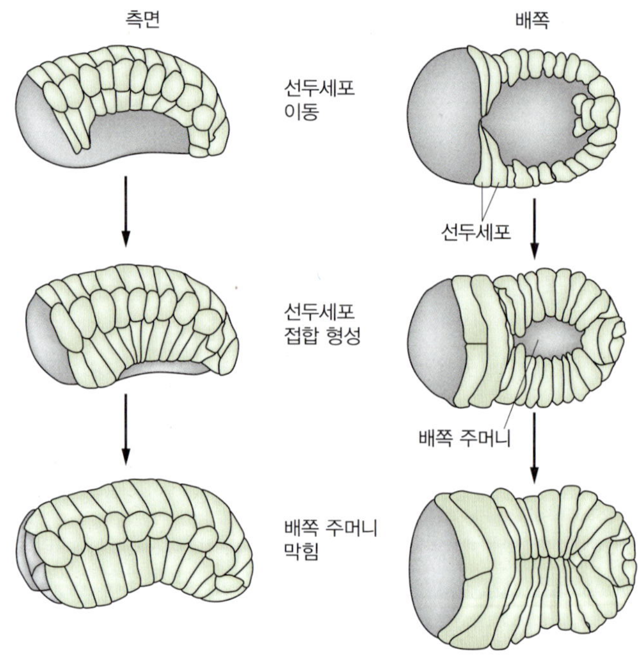

그림 14.4 예쁜꼬마선충의 "낭배형성" 후기. (인용) John Wiley & Sons, Ltd.의 허락을 얻어 Simske and Hardin(2001). BioEssays, 23, 12-23의 그림을 재구성함.

다른 모델 동물과도 크게 다르지 않다.

세포 계보가 정밀하게 밝혀져 있으므로, 배아의 어느 부위가 어떤 배엽에 속하는지를 지정하는 것은 다른 동물에서보다 그 유용성이 떨어진다. 하지만 "공식적인" 배엽은 다음과 같다.

외배엽: AB, Caa, Cpa
중배엽: MS, Cap, Cpp, D
내배엽: E

이렇게 각 배엽에 소속되기는 하지만, AB 세포는 통상 중배엽

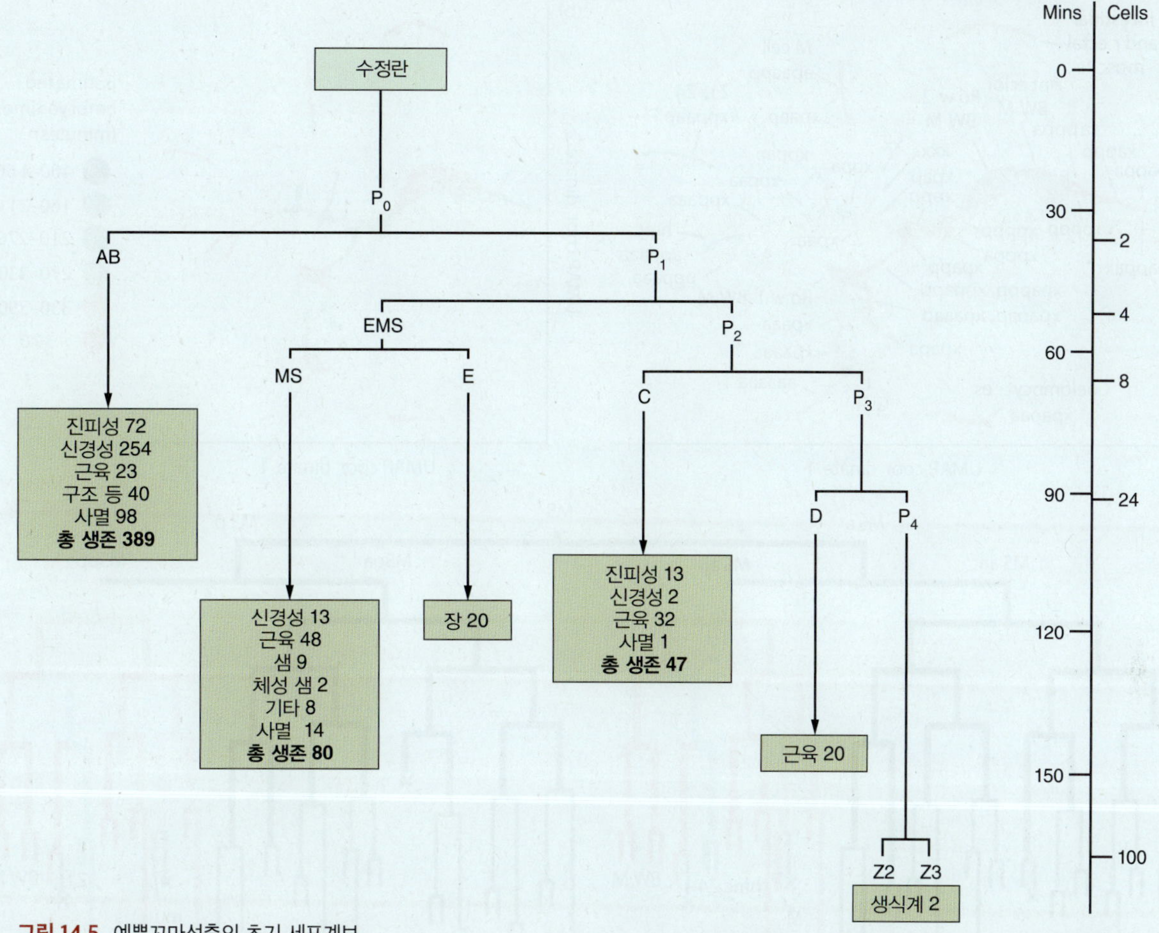

그림 14.5 예쁜꼬마선충의 초기 세포계보.

형으로 생각되는 일부 인두 근육을 만들고, MS 세포는 보통 외배엽으로 여겨지는 일부 인두 신경세포를 만들기도 한다.

다른 모델 동물에서처럼, 단일세포 수준의 mRNA 염기서열 분석 기술(5장 참조)은 최근에 예쁜꼬마선충의 발생에도 적용되었고, 그 일부 결과를 **그림 14.6**에 나타내었다. 이 기술은 예쁜꼬마선충에서와 같이 모든 세포가 동일한 세포계보를 공유하는 경우, 특별히 강력한 효용성을 발휘한다. 활성이 높은 염색질과 전사인자 결합자리를 규명하기 위해 활용되는 Chip-Seq과 같은 기술과 병용된다면, 이 mRNA 염기서열 분석 기법은 배아에서 생성되는 모든 상이한 종류의 세포를 특화시키는 것과 관련된 세부적인 유전자 조절 망을 완성하는 데 기여할 것이다. 전구(progenitor)세포에서부터 중간 단계를 거쳐 최종 분화된 세포에 이르기까지, 모든 종류의 세포계보에 대한 전사체가 규명되었다. 그 결과에 따르면, 선구세포가 같은 종류일지라도 이들의 계보에 따라 서로 매우 다른 전사체를 가지지만, 이들 세포가 분화하면서 동일한 전사체로 수렴하게 된다. 흥미롭게도, 단 1회 세포 분열 후에 두 가지 서로 다른 종류의 세포를 생성하는 선구세포는 종종 이 두 가지 세포 모두의 특징에 해당되는 유전자를 발현한다. 그런 다음, 딸세포 중 어느 하나는 이들 유전자를 선별적으로 발현시키는데, 이러한 현상을 다중계보 프라이밍(multilineage priming)이라고 한다.

배아의 지역 특성화

비대칭 난할

세포 극성화 후에 비대칭적으로 세포 분열이 일어나는 현상은 종종 고등동물의 줄기세포 행동에 있어 중요하며, 이와 관련된 기본적인 기전의 일부가 예쁜꼬마선충을 연구함으로써 발견되었다.

비대칭적인 세포 분열이 일어나기 위해서는, 세포질의 극성을 형성하고 세포 분열 장치(mitotic apparatus)의 방향을 정확하게 설정하는 두 가지 단계가 필요하다(**그림 14.7**). 여기서 핵심적인 인자는 **PAR 단백질**이라 명명된 일련의 단백질이다. 이들을 암

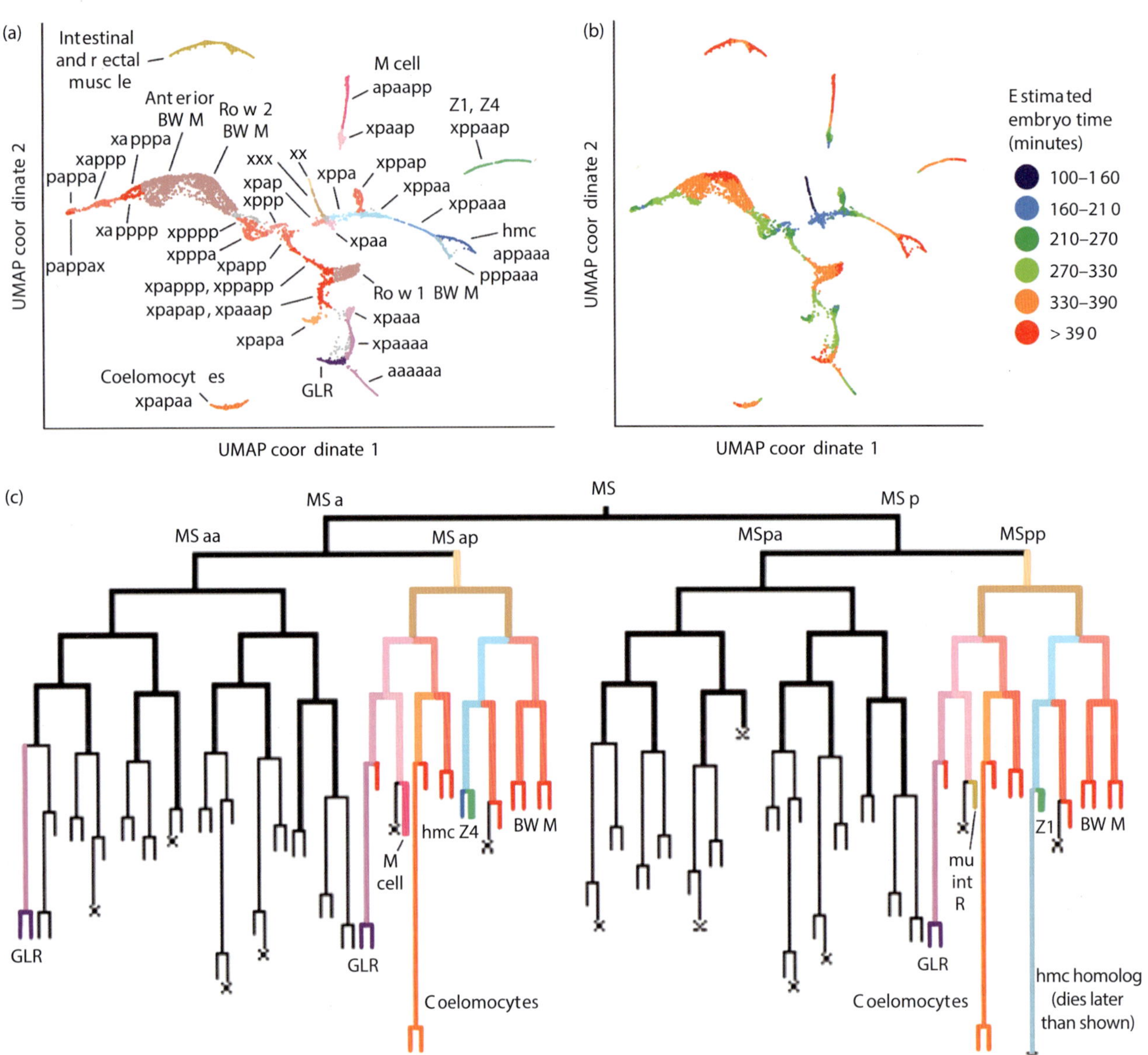

그림 14.6 예쁜꼬마선충 배아에서 단일 세포 수준의 mRNA 염기서열 분석. 그림은 비인두성 중배엽과 관련하여 이미 알려진 표지 RNA의 유무에 따라 결정된 유전자 발현군을 2차원적으로 보여주고 있다. (a) 글자들은 MS 계보를 나타내고(다시 말해, "xppa" = MSxppa란 뜻임), 굵은 글자들은 세포 유형을 나타낸다. (b) 각 세포를 위한 대략적인 배아시기. (c) MS 계보를 나타낸 그림. 채색된 하위 계보는 그림 (a)에 있는 세포군의 색깔과 일치한다. 계보와 상관 없이 특정한 세포 유형이 어떻게 무리를 이루는지 주목할 필요가 있다.

호화하는 유전자가 초기 난할을 방해하는 모계 치사 돌연변이를 탐색하는 과정에서 규명되었다("**partitioning defective**", 분할 결함)(**그림 14.8**). 지금은 이 *par* 유전자의 상동 유전자가 포유동물과 초파리에서도 존재하는 것으로 알려져 있으며, 이들 역시 세포 극성을 획득하고 비대칭적 세포 분열을 조절하는 데 관여한다. 이 시스템의 작동 과정은 웹사이트의 동영상 16 "PAR system"에서 볼 수 있다.

최초의 돌연변이 탐색은 스스로 산란을 할 수 없는 벌레들에서 돌연변이를 유도함으로써 수행되었다. 이 벌레들은 여전히 생식이 가능한데, 그 이유는 자가수정에 의해 생성된 유충이 자웅동체의 몸통을 먹으면서 밖으로 뚫고 나가기 때문이다. 이렇게 돌연변이를 탐색하기 위해서는, 우선 F1 세대 유충을 한 마리씩 접시에 각각 담아야 한다. 만약 F1 세대 개체의 한 염색체 상에 어떤 돌연변이가 있다면, F2 세대 개체 중 25%는 이 돌연변이에 대해 동형접합자일 것이다. 만약 이 돌연변이가 수정란 자체에 치명적인 것이 라면, 이 변이를 지닌 배아는 그야말로 발생할 수 없게 된

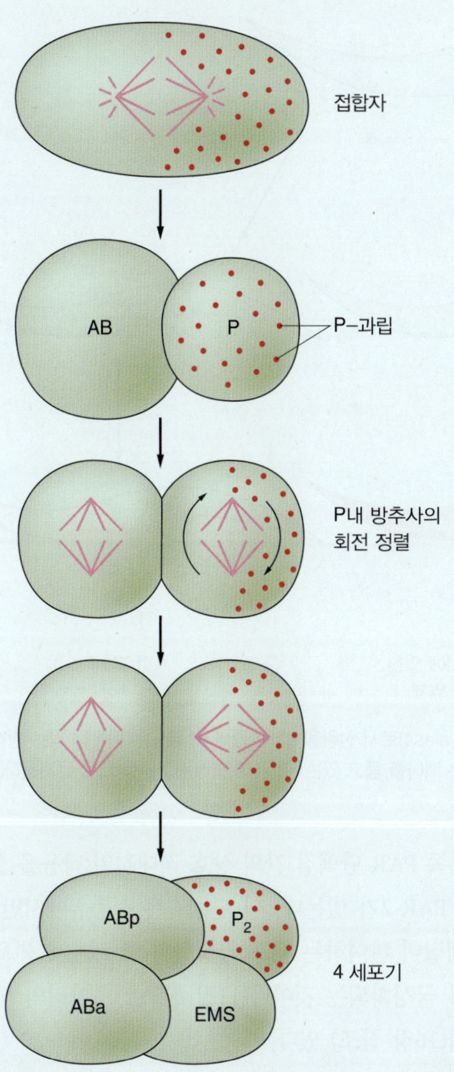

그림 14.7 비대칭적 분열에서 P-과립은 P 세포로 분리되고, P_1 세포에서는 방추사의 회전 정렬이 일어난다.

다. 그러나 이 돌연변이가 다음 세대에 모계 영향을 주는 것이라면, F2 세대 배아는 이 돌연변이에 대해 동형접합일지라도 이형접합인 F1 세대 모로부터 발생에 필요한 성분을 물려받아 성충으로 발생할 수 있게 된다, 하지만 다음 F3 세대 배아는 발생에 필요한 모계 성분을 물려받을 수 없으므로, 지속적으로 발생할 수도 없고 부모 세대 몸으로부터 빠져나오지도 못한다. 이로 인해 F2 세대 성충은 이런 생존 불가능한 배아들로 가득 차게 된다(그림 14.9). 이러한 초기 탐색 과정과 후속 연구에서 발견된 PAR 단백질을 열거하면 표 14.1과 같다.

PAR 단백질은 두 그룹으로 나눌 수 있으며, 각 그룹에 속한 단백질은 수정란의 앞쪽 혹은 뒤쪽 절반에 해당하는 영역에 밀접해 분포한다. 앞쪽에 위치하는 단백질로는 PAR-3, PAR-6, PKC-3 및 CDC-42가 있으며, 뒤쪽에 분포하는 단백질로는 PAR-1, PAR-2, CHIN-1과 LGL-1이 있다. 이 외에도 PAR-4와 PAR-5라 명명된 단백질도 있지만, 이들은 비대칭적으로 분포하지 않는다. 수정되지 않은 난모세포에서 이 앞쪽 단백질은 피질 부분에 균일하게 위치하고 있는 반면에, 이 뒤쪽 단백질은 안쪽 세포질 영역에 균일하게 분포한다. 수정 후, 정자에서 유래한 중심체(centrosome)로 인해 세포 극성화가 시작되면서 피질쪽 세포질은 중심체로부터 멀어지면서 수정란의 앞쪽으로 흘러간다. 자외선 레이저를 이용하여 중심체를 제거하면, 정자 전핵(pronucleus)을 제거한 경우와 달리, 수정란의 극성화가 방해된다. 피질 세포질이 이동함으로써 앞쪽 단백질도 수정란의 전면부 절반 영역에 밀집되는데(그림 14.10), 이때 CDC-42와 PAR-3이 피질 쪽에 붙은 후 PAR-6와 PKC-3을 끌어들인다. 뒤쪽 PAR 단백질은 PAR-1, PAR-2, LGL-1을 인산화시키는 PKC-3의 작용으로 인해 전면부 절반 영역에서 배제된다. 인산화로 인해 뒤쪽 단백질이 앞쪽 피질 쪽으로 이동하지 못하고 뒤쪽 피질 영역에 국한되어 위치하게 된다. CHIN-1 단백질은 다른 뒤쪽 PAR 단백질로부터 독립된 뒤쪽 피질 영역에 축적되어 CDC-42의 활성을 억제한다. 뒤쪽 PAR 단백질은 앞쪽 PAR 단백질이 모여 활성화된 복합체를 형성하는 것을 방해할 수 있기 때문에, 이 앞쪽 단백질은 전반부 피질 영역에 국한되어 분포할 수 밖에 없게 된다. 이러한 기전 중 하나로, PAR-1이 PAR-3 단백질을 인산화시키면 PAR-3이 포함된 복합체의 안정성이 떨어지게 된다. 따라서 이렇게 대비되는 PAR 단백

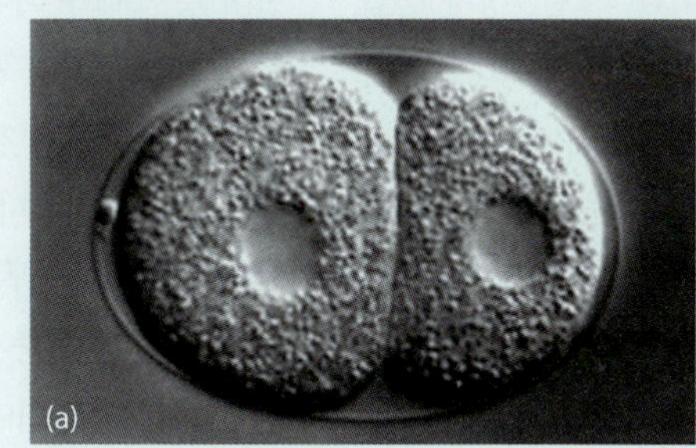

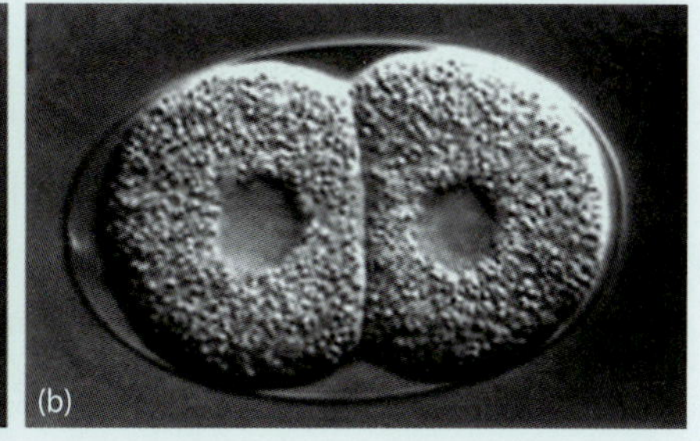

그림 14.8 *par-3* 유전자에 결함이 있는 모계로부터 생성된 배아. (a) 정상적인 AB와 P_1 세포를 가진 야생형 배아. (b) 첫 번째 두 할구의 크기가 동일한 *par-3* 돌연변이 배아. (인용) Elsevier의 허락을 얻어 Goldstein and Macara(2007). Dev. Cell. 13, 609-622의 그림을 재구성함.

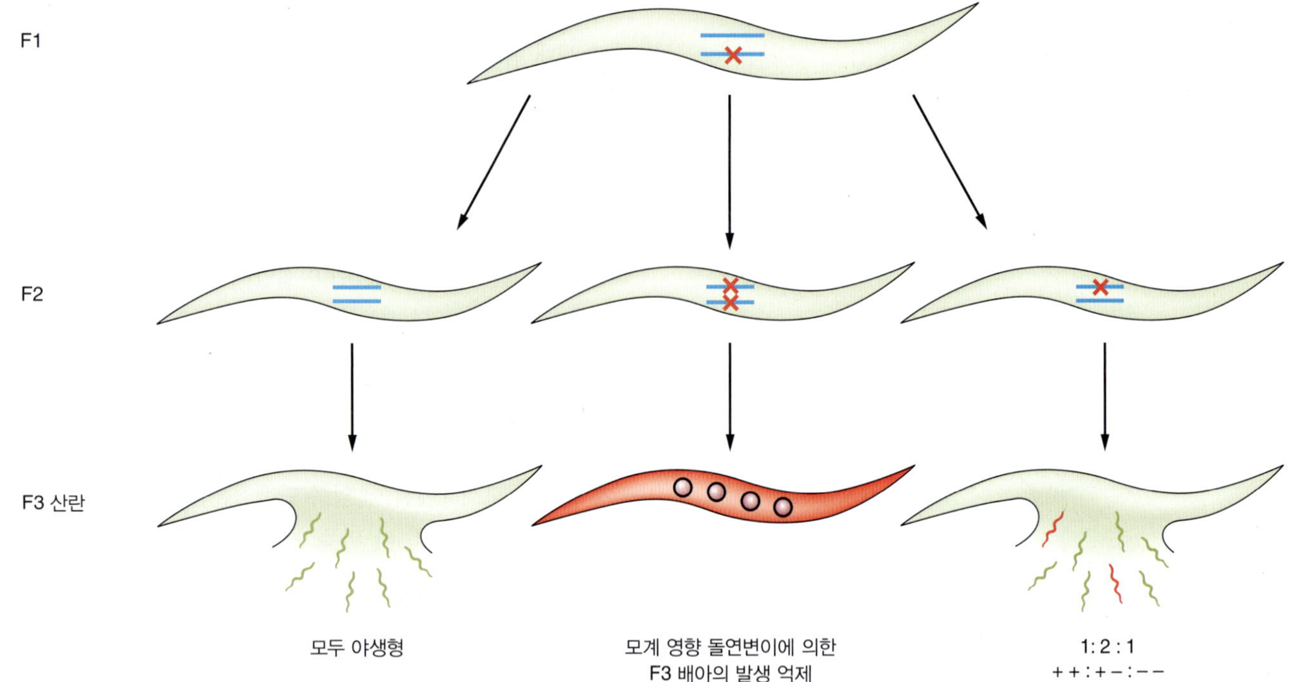

그림 14.9 par 돌연변이체를 분리하기 위한 모계 탐색. 자웅동체는 외음부가 없는 돌연변이체(vulvaless)로서 산란을 할 수 없어서, 유충은 몸통을 먹는 방식으로 자신의 탈출구를 마련하게 됨에 따라 부모 세대를 파괴한다. 하지만 모계 영향 돌연변이로 인해 발생이 멈춘 배아를 품고 있는 F2 세대 벌레는 지속적으로 유지된다.

표 14.1 극성화 된 수정란에서의 PAR 단백질과 이들의 분포.

이름	특성	분포
PAR-1	인산화효소	뒤쪽 피질
PAR-2	RING 단백질	뒤쪽 피질
PAR-3	스캐폴드 단백질	앞쪽 피질
PAR-4	인산화효소	균일함
PAR-5	14-3-3 단백질	균일함
PAR-6	어댑터 단백질	앞쪽 피질
PKC-3	인산화효소	앞쪽 피질
CDC-42	작은 GTPase	앞쪽 피질
CHIN-1	추정상의 Rho GAP	뒤쪽 피질
LGL-1	종양억제자	뒤쪽 피질

질의 분포 영역은 상호 간의 억제 작용을 통해 형성되며, 이러한 작용이 세포가 극성화될 수 있는 핵심 요소이다. 또한, 정자 침입으로 인한 작은 변화를 증폭하여 수정란의 전체적인 구조에 영향을 주는 큰 변화를 일으키는 역할도 수행한다. 일단 극성화 과정이 시작되면, 정자의 중심체를 제거해도 이 현상은 더 이상 영향을 받지 않는다.

대부분의 PAR 단백질은 후생동물에서 매우 잘 보존되어 있으며, 세포 극성화 과정에서 유사한 기능을 갖고 있다. 그 한 예로, 앞쪽과 뒤쪽 PAR 단백질 간의 상호 적대적인 작용을 들 수 있다. 예외로는 PAR-2가 있는데, 이 단백질은 선충류에서만 발견된다. PAR 단백질이 관여하는 세포 극성화의 예로는, 8-세포기에 생쥐의 할구가 극성화되는 것이나(11장 참조), 초파리의 신경세포 형성 과정이(16장 참조) 있다.

세포 분열 방향

일반적으로, 초기 할구는 마지막 난할 방향에 대해 직각으로 분열한다. AB 세포는 이 규칙을 준수하여 첫 번째 난할 방향에 대해 직각으로 나뉘지만, P_1 세포는 그렇게 하지 않는 대신에 첫 번째 난할 방향에 대해 수평하게 분열한다. P_1 세포가 이렇게 분열하는 것은 "회전정렬(rotational alignment)" 현상 때문인데, 이는 수정란의 피질 부위에 미세소관이 맞닿게 되는 위치 선정에 힘입어 중심체와 핵이 90°로 회전하는 것이다. PAR 단백질은 회전정렬을 조절하여 세포 분열의 방향을 결정하는 데 도움을 준다. PAR-2 단백질이 결핍된 배아에서는 AB와 P 세포 그 어디에서도 회전정렬이 일어나지 않는 반면, PAR-3 단백질이 결핍된 배아에서는 두 세포 모두에서 회전정렬이 일어난다. PAR-2와 PAR-3이 모두 결핍된 이중 돌연변이체(*par-2*⁻*par-3*⁻)로부터 유래한 배아는 *par-3*⁻ 돌연변이 배아처럼 두 세포 모두에서 회전정렬을 나타

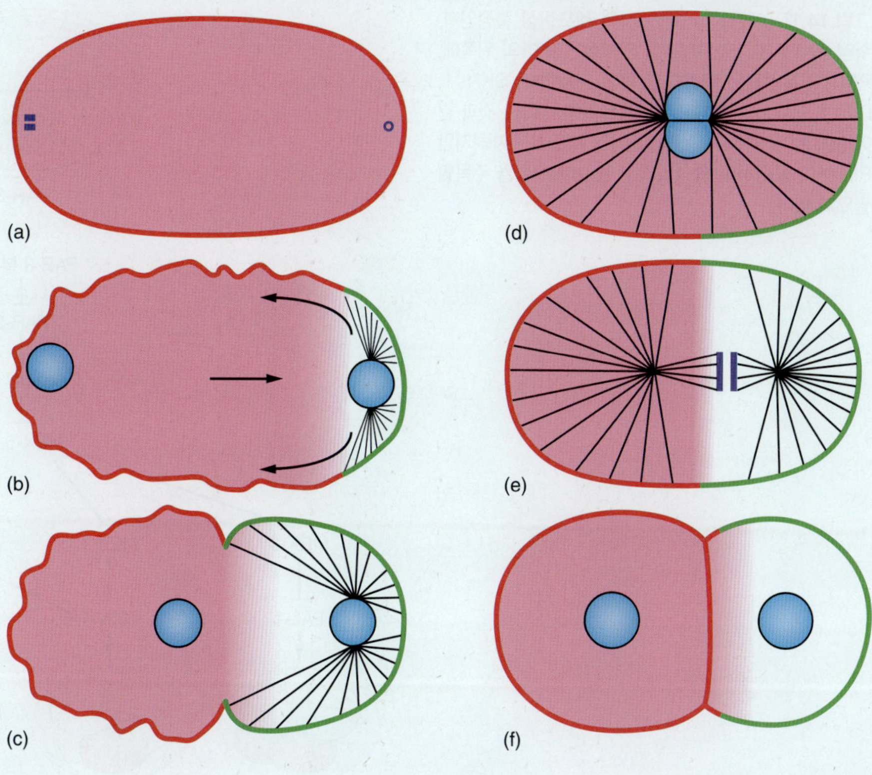

그림 14.10 예쁜꼬마선충 접합자의 비대칭적인 첫 번째 분열이 일어나기까지의 일련의 과정. 왼쪽이 배아의 앞쪽임. (a) 난자(왼쪽)와 정자(오른쪽)에서 유래한 염색질(파란색), PAR-3(빨간색) 그리고 MEX-5(분홍색). (b) 뒤쪽 피질 부분이 매끄러워지고, PAR-2 단백질(초록색)이 뒤쪽 피질 부위에 축적되며, 원핵이 형성되고, 세포질 이동이 시작되며, 뒤쪽에 MEX-5 단백질이 감소한다. (c) PAR-2가 분포하는 영역이 확장되고, 난자의 원핵이 뒤쪽으로 이동하며, 가성 난할이 일어난다. (d) 원핵 간의 융합이 일어나고, 울퉁불퉁한 피질 모양이 사라진다. (e) 첫 번째 체세포분열이 일어난다. (f) 2-세포기, AB 세포가 P_1 세포보다 크고, PAR-3 복합체는 P_1 세포까지 확장되어 분포한다. (인용) John Wiley & Sons, Ltd.의 허락을 얻어 Nance(2005). BioEssays, 27, 126-135의 그림을 재구성함.

낸다. 이 결과가 의미하는 바는, *par* 유전자 이외의 다른 어떤 요소가 회전정렬을 유발하는 것이며, PAR-3 복합체는 보통 AB 할구에서 이 현상을 억제하고, P_1 세포에서는 PAR-3 복합체가 없으므로 회전정렬이 일어날 수 있다는 것이다.

일단 첫 번째 비대칭적 난할이 일어나면 두 딸세포의 세포질 조성은 매우 달라진다. AB 세포는 과량의 PAR-3 복합체를, 그리고 P_1 세포는 과량의 PAR-1과 PAR-2 단백질을 가진다. 이 단백질의 상이한 분포가 이어지는 지역적 특이성을 유발하는 요인이므로, 이는 세포질성 결정인자로 작용한다고 볼 수 있다.

결정인자

PAR 단백질뿐만 아니라, 지역 특정화를 담당하는 여러 다른 모계 단백질이 규명되었다(**그림 14.11**, **표 14.2**, 웹사이트 동영상 4 "Cytoplasmic determinant action" 참조). 그 동안 이 단백질의 작용 기전은 모계 영향 돌연변이 표현형을 통해, 또는 *par* 유전자를 비롯한 다른 유전자의 돌연변이로 인해 이들의 분포가 어떻게 변하는지를 관찰함으로써 유추하였다. 단백질의 분포는 그 단백질에 대한 면역염색이나 형광현미경을 이용하여 형질전환 GFP 융합단백질의 세포 내 위치를 관찰함으로써 연구할 수 있다.

MEX-5와 MEX-6 단백질은 새로 수정된 알에서는 균일하게 분포하다가 곧바로 앞쪽 세포질로 분리되면서 전-후 기울기를 형성한다(그림 14.10). 이 단백질은 뒤쪽에 위치하는 PAR-1에 의해 인산화되고, 균일하게 분포하는 PP2A 효소에 의해 탈인산화된다. 인산화가 되면 이 단백질의 확산 속도가 증가하면서 앞쪽 세포질 부위에 축적되며, 여기서 주로 탈인산화가 일어난다. 앞쪽에 위치한 MEX-5/6 단백질은 아마도 인산화를 통해 MEX-1, POS-1, PIE-1과 같은 단백질의 이동성을 촉진하고, 이후 이 단백질은 수정란의 후반부 절반 영역에 주로 분포한다. 따라서 국지적인 인산화와 연계되어 상이한 확산 속도가 유발되면서 수정란의 앞쪽과 뒤쪽의 차이가 생기고, 이것이 AB와 P_1 할구를 생산하게 된다.

이러한 결론에 대한 증거로서, 모계로부터 유래한 PAR-1이 없으면 P-과립뿐만 아니라 MEX-1, MEX-5/6, PIE-1 단백질은 모두 균일하게 분포한다. MEX-5/6 단백질이 결핍되면 PAR-1의 분포는 정상이지만, MEX-1, PIE-1, P-과립은 균일하게 분포한다. 이러한 결과는 PAR-1이 보통 MEX-5/6 단백질의 위치선정을 조절하며, 이어서 이 후자 단백질이 다른 요소의 배치를 조절함을 보여주고 있다.

MEX-5/6 단백질은 또한 MEX-3 단백질을 AB 세포로 끌어들이며, PAR-1이 없을 경우, MEX-3은 배아 전체적으로 분포한다. MEX-3은 보통 *pal-1* mRNA의 3′ UTR에 결합하여 이 mRNA

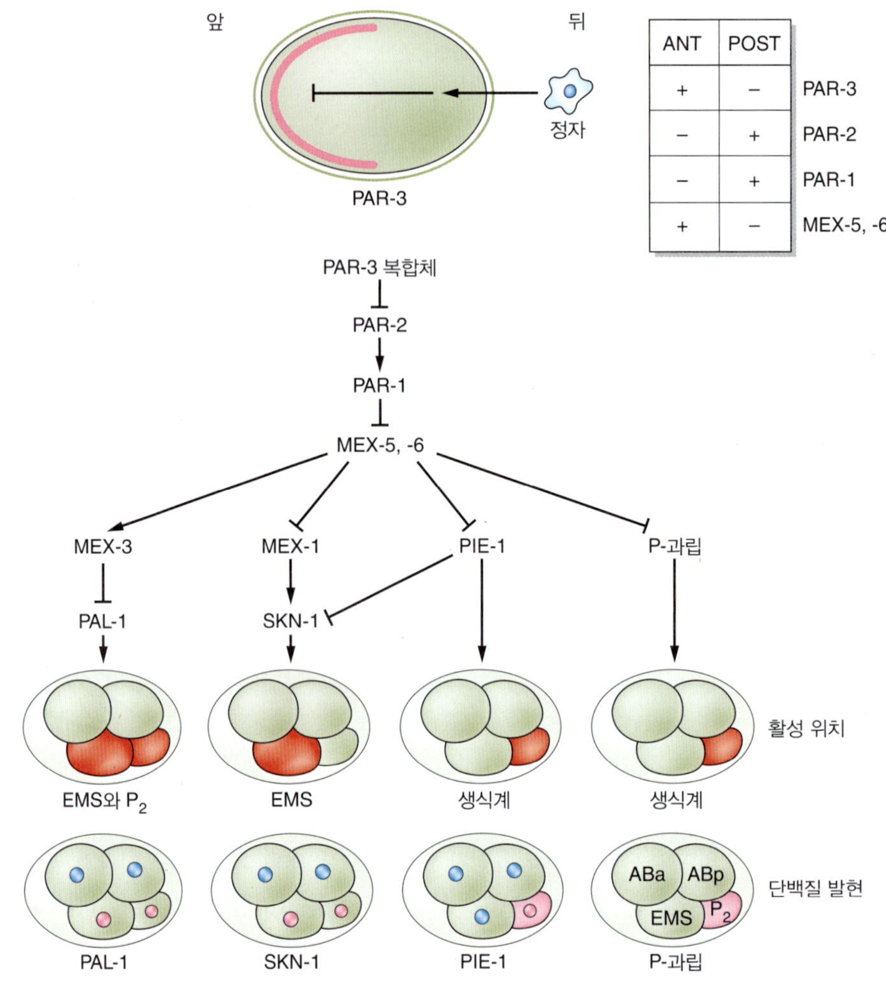

그림 14.11 예쁜꼬마선충에서의 세포질성 결정인자. 수정 후, PAR-1과 PAR-2 단백질은 배아의 뒤쪽에, PAR-3 복합체는 배아의 앞쪽에 위치한다. SKN-1, PIE-1, PAL-1 단백질은 4-세포기에 나타낸 것과 같이 분포한다. SKN-1 단백질은 P_2 세포에 존재하지만 PIE-1이 공존하여 활성화되지 않는다는 점을 주목할 필요가 있다.

표 14.2 예쁜꼬마선충에서 작용하는 결정인자.

단백질	생화학적 특성	기능 상실 돌연변이 표현형
SKN-1	bZIP 전사인자	과량의 피하층 형성
PIE-1	Zn finger 전사인자	과도한 인두와 장 형성; 생식계통 없음
MEX-1	세포질성 Zn finger 단백질	과도한 근육 형성
MEX-3	RNA/단백질 결합 단백질	과도한 근육 형성
MEX-5와 MEX-6	세포질성 Zn finger 단백질	과도한 근육 형성
PAL-1	호메오 도메인 전사인자	후면부 결함

의 번역을 억제함으로써, PAL-1 단백질의 활성을 수정란의 뒤쪽에 국한시킨다. PAL-1은 초파리의 caudal 단백질과 척추동물의 Cdx 단백질에 해당하는 상동성 단백질로서 이들과 마찬가지로 배아의 뒤쪽 발생에 필수적이다. *pal-1* mRNA는 초기 배아의 전 영역에 분포하지만, MEX-3 단백질의 영향으로 EMS와 P_2 세포에서만 번역된다. PAR-1 단백질이 없으면, MEX-3 단백질은 고르게 분포하고 PAL-1 단백질은 발현되지 않아 뒤쪽 발생에 결함이 야기된다. MEX-3이 결핍된 배아에서는 PAL-1 단백질이 전 영역에 발현됨으로써, 이 배아의 형태는 후면부화(posteriorized)되며, AB로부터 유래한 후손 세포는 C로부터 유래한 보통의 후손 세포와 닮았다.

수정란의 후면부 절반 영역에서는, P_1 세포가 분열하여 EMS와 P_2 세포를 생성한다. 이어서 EMS 세포가 분열하여 MS와 E 세포를 생성하는데, 후자인 E 세포는 향후 유충의 소화관을 형성할 20개의 세포를 생산한다(그림 14.5). MS 세포는 주로 중배엽을 형성한다. EMS 세포의 운명을 결정하는 주요 인자 중 하나는 전사인자인 SKN-1('skin-1'으로 발음함)이다. SKN-1이 결핍된 배아에는 인두와 장이 없는데, 그 이유는 E와 MS 세포가 P_2로부터 유래하여 근육과 피하층을 형성하는(이로 인해, 과도하게 '피부'를 형성) C 할구처럼 발생하기 때문이다. SKN-1의 모계 mRNA는 국한되어 위치하지 않지만, 그 단백질은 P_1 세포의 핵과 이후에 형성된 EMS와 P_2 세포의 핵에서만 축적된다. 하지만 12-세포기 즈음에는 더 이상 관찰되지 않는다. SKN-1이 배아의 뒤쪽 핵에 위치하기 위해서는 MEX-1의 기능이 필수적인데, 이와 관련하여 MEX-1이 없는 배아에서는 SKN-1이 P_2와 EMS 세포의 핵뿐 아니라 AB의 두 딸세포 핵에서도 분포한다. 그 결과, AB 세포의 후손은 마치 MS 세포의 후손들처럼 발생하여 과도한 근육이 형성된다. MEX-1과 SKN-1이 모두 결핍된 배아의 표현형은 SKN-1만 단독으로 결핍되어 야기된 표현형과 유사한데, 이때 AB 세포는 정상이고 EMS 세포는 C 세포처럼 발생한다. 이 결과들은 SKN-1이 없어야만 AB 세포가 정상적으로 행동한다는 사실을 확인시켜 준다.

SKN-1은 EMS와 P_2 세포의 핵 모두에서 관찰되지만, 그 활성은 EMS 세포에서만 나타난다. 그 이유는 SKN-1에 의해 조절되는 유전자 전사가 P_2 세포에서는 PIE-1에 의해 억제되기 때문이며, 이 단백질은 생식계에서 RNA 중합효소 II에 의해 매개되는 유전자 전사를 모두 억제하는 특징을 갖고 있다. PIE-1이 결핍된 배아에서는 인두와 장이 과도하게 형성되는데, 이는 SKN-1이 EMS와 P_2 세포에서 모두 활성을 갖게 되면서 P_2 세포가 EMS처럼 발생하기 때문이다. SKN-1은 E 세포에서는 내배엽 유전자(*end-1*과 *end-3*)의 전사를, MS 세포에서는 중배엽 유전자(예를 들어, *tbx-35*)의 전사를 직접 조절하며, 이러한 차이는 P_2 세포로부터 유래한 유도 신호가 인접된 E 할구에만 작용하기 때문이다(이 장의 "장 발생" 부분을 참조).

이 결과들은 전 단계에서 물려받은 결정인자의 특정 조합을 통해 초기 할구 각각의 특성이 어떻게 특화되는지를 보여주고 있다. 결정인자의 공간적 분포는 PAR 시스템을 통해서 조절되며, 여기서 PAR-1은 중심이 되는 인자로서 세포질성 단백질인 MEX-5/6에 작용하여 이들이 앞쪽에 위치하게 한다(그림 14.11). 이 과정은 PAR-1에 의해 MEX 단백질이 인산화됨에 따라서 이들의 세포내 확산 속도가 증가되어 일어난다. MEX-5/6 단백질이 앞쪽에 분포함으로써, PIE-1, PAL-1, SKN-1과 같이 배아의 후면부 운명을 확립하는 데 필수적인 단백질이 뒤쪽에 배치된다.

지금까지 다룬 요소들은 모두 모계 영향 인자이다. 그러나 각 세포 계보 안에서도 수정란 자체의 특정한 유전자 발현이 뒤따른다(**그림 14.12**). 이를 위해서는 세포질성 모계 결정인자를 정확하게 배치시키고 인접된 할구들 사이에 유도 신호가 있어야 한다. 결정인자와 세포 신호 시스템의 구성 요소 분포는 모두 궁극적으로 PAR 시스템 작동에 의해 조절된다.

인두 유도

성충에서 인두는 일종의 신경근으로 된 관(neuromuscular tube)

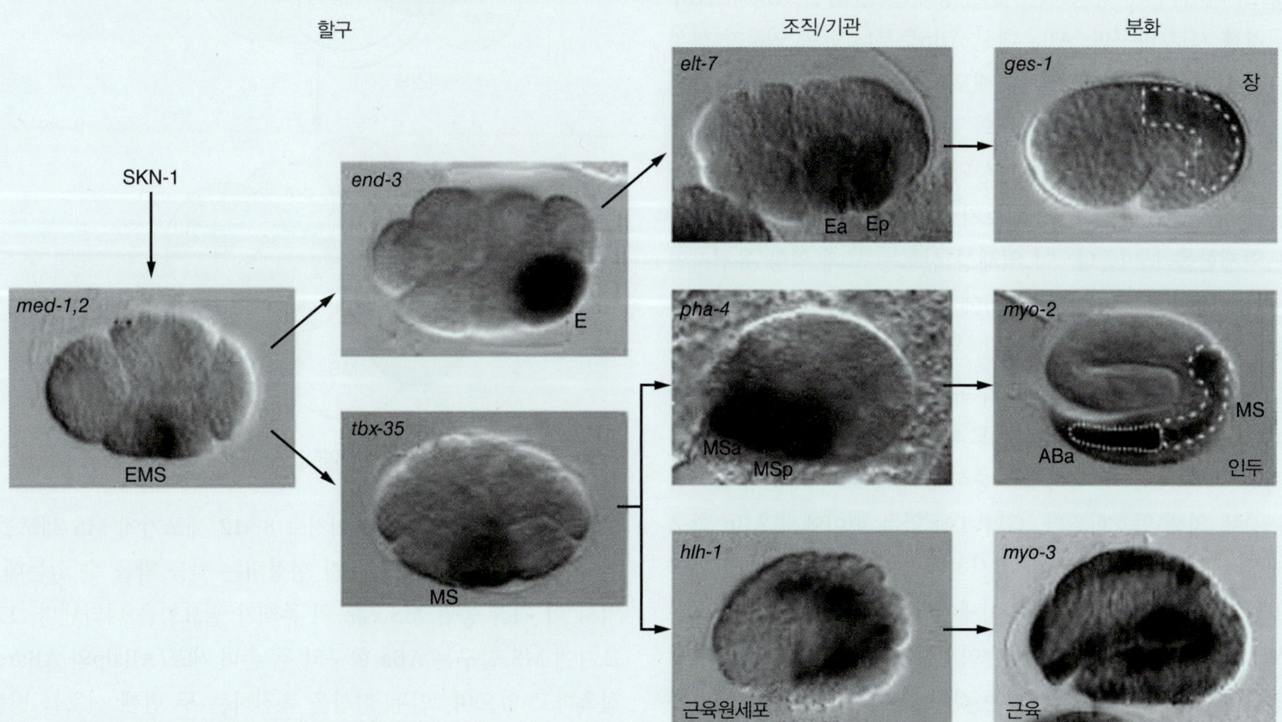

그림 14.12 혼성화(In situ hybridization) 기법을 통해 앞서 기술한 결정인자의 분포에 따른 수정란 자체적인 유전자 활성화를 나타내었다. (인용) Elsevier의 허락을 얻어 Maduro and Rothman (2002). Dev. Biol. 246, 68–85의 그림을 재구성함.

으로서 음식물을 입에서부터 장으로 이동시킨다. 이 관은 20개의 근육세포, 20개의 신경세포, 9개의 상피세포, 9개의 연변세포, 4개의 선세포(gland cell)로 구성되어 있으며, 이들 세포는 내체(corpus), 협부(isthmus), 후면구(posterior bulb)라 부르는 3개 구역에 배열되어 있다. 앞쪽 내체의 수축은 물에 떠있는 상태의 세균을 인두 속으로 빨아들인 후 뒤쪽으로 이동시키는 한편, 물은 방출한다. 협부가 지속적으로 연동운동을 통해 세균을 뒤쪽으로 이동시켜서 후면구에 이르게 되면, 여기서 세균은 잘게 분쇄된 후 장으로 전달된다.

인두는 ABa 할구로부터 유래한 49개의 세포들과 MS 할구로부터 유래한 31개의 세포들로부터 형성된다. 형성 과정에서 일부 세포융합이 일어나므로 성체에서는 세포 수가 감소해 있다. ABa로부터 유래한 세포는 앞쪽 인두를, MS로부터 유래한 세포는 뒤쪽 인두를 주로 형성한다. ABa로부터 유래된 부분이 형성되기 위해서는 두 번의 연속적인 유도 과정이 필요하다. 첫 번째 과정은 P_2 세포에서 나온 억제성 신호에 의해 일어난다. 두 번째 유도 신호는 촉진성 신호로, MS로부터 유래한 세포에서 나온다(그림 14.13). 두 신호 모두 Notch 경로를 통해 작동하지만, 서로 다른 Notch 리간드를 사용한다.

P_2 세포에서 나온 억제성 신호는 보통 ABa의 자매 할구인 ABp로부터 인두가 형성되는 것을 방해한다. 만일 ABa와 ABp의 위치를 서로 바꾸면, ABa 대신 ABp로부터 앞쪽 인두가 형성되는데, 이는 세포 계보보다는 세포의 위치가 중요함을 의미한다. 그러나 만일 P_2 세포가 ABp와 접촉하는 것을 막으면 ABa뿐만 아니라 ABp에서도 인두가 형성되는데, 이는 P_2 세포에서 ABp로 전달되는 신호가 있고, 이 신호가 ABp로부터 인두가 형성되는 것을 억제함을 보여준다. 이 억제성 신호는 모계 영향 유전자인 *apx-1*(anterior pharynx excess)에 암호화되어 있다. APX-1이 결핍된 배아에서는 ABa만이 아닌, 두 AB 할구 모두에서 앞쪽 인두가 형성된다. APX-1은 Delta와 유사한 리간드이고, 이에 대한 Notch 유형의 수용체는 또 다른 모계 영향 유전자인 *glp-1*(germline proliferation, 즉 생식세포 증식에 대한 효과 때문에 붙여진 이름임)에 의해 암호화된다. GLP-1이 없는 배아에서 ABp 할구는 대부분의 측면에서 ABa와 유사하게 발생하지만, *apx-1*$^-$ 돌연변이체와는 달리, *glp-1*$^-$ 돌연변이체에서는 2개의 ABa 유사 할구로부터 인두가 형성되지 않는다. 이러한 이유는, 사실 인두 형성이 당연히 ABa만으로 이루어지는 것이 아니라, 이후 이어지는 촉진성 유도 작용에 의존되어 있기 때문이다. 이러한 사실은 분리된 AB 세포만으로는 어떠한 인두도 만들지 못한다는 점에서 분명히 알 수 있다. 또한, 레이저로 8~12 세포기에 MS 세포를 제거하면 ABa 세포에서 인두가 형성되는 것을 막을 수 있는데, 이 역시 이 기간 동안 MS 세포의 존재가 필요함을 나타낸다. 12-세포기에 MS 할구는 ABa 할구의 두 손녀 세포(ABalp와 ABara)와 접촉하고 있으며, 인두 형성을 촉진하는 두 번째 신호를 방출한다(그림 14.13). 게다가, *apx-1*$^-$ 배아에서 인두를 형성하는 ABp 세포의 자손은 ABpra, ABprp, ABplp로, 이들은 모두 12-세포기

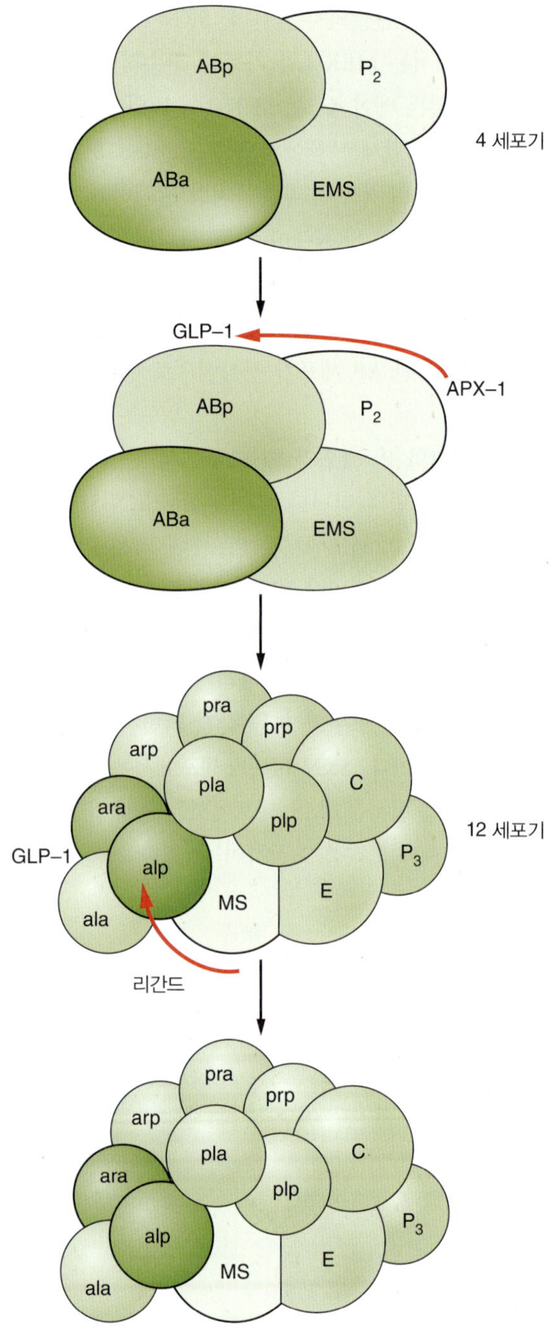

그림 14.13 인두 형성에 기여하는 두 가지 유도 작용.

에 MS 세포와 접촉하고 있다. 놀랍게도, 이 두 번째 신호의 수용체 역시 GLP-1으로 추측되는데, 그 이유는 이미 언급한 것처럼, GLP-1 돌연변이 배아에서는 두 AB 계보 세포가 동일하게 행동함에도 불구하고 인두가 형성되지 않기 때문이다. *glp-1* mRNA는 8-세포기까지 배아에서 균일하게 분포하지만, 그 단백질은 AB 세포 후손에서만 발견된다. 그 이유는 이 mRNA의 3′-UTR에 있는 염기서열에 의해 단백질 생성을 위한 번역이 상이하게 조절되기 때문인데, 배아 뒤쪽에서는 궁극적으로 PAR-1에 의해 조절되는 일련의 인자들에 의해 이 번역이 억제된다. MS 세포에서 발현되는 GLP-1의 리간드는 APX-1과는 다르다.

그러므로, GLP-1은 인두 형성을 위해 두 차례 필요하다. 첫 번째는 P_2 세포가 ABp에 작용하여 인두 형성을 억제하는 과정에, 이후 두 번째는 MS 세포가 ABa에 작용하여 인두 형성을 촉진하는 과정에 관여하는 수용체로서 필수적이다. 이 두 가지 별개의 필수적인 역할은, 온도 민감형 *glp-1* 돌연변이체를 서로 다른 시간 동안 비허용 온도에서 배양함으로써 얻은 표현형을 통해 명확하게 확인할 수 있다. 만일 4-세포기 즈음에서만 비허용 온도에서 이 돌연변이체를 배양하면, 그 표현형은 모계 영향에 의한 *apx-1*⁻ 배아의 표현형과 같아서, ABa뿐만 아니라 ABp도 인두를 형성한다. 만일 비허용 온도가 12-세포기까지 유지되면 그 표현형은 모계 영향에 의한 *glp-1* 결손 돌연변이체의 표현형과 유사해지면서, ABp와 ABa는 동등하게 분열되지만 이후 인두는 형성되지 않는다.

결국에, 전체 인두의 형성은 수정란 자체적으로 *pha-4* 유전자가 발현되는 것에 달려 있는데, 이 유전자는 척추동물의 소화관 발생에 중요한 FoxA 유전자와 유사한 상동유전자로서 winged helix 전사인자를 암호화한다. *pha-4* 유전자의 발현은 T-box 전사인자에 의해 촉진되며, 이 인자는 인두 중에서 ABa와 MS로부터 각각 유래한 영역 모두에서 수정란 자체적으로 발현이 촉진된다. ABa로부터 유래한 영역에서는 *tbx-37*과 *tbx-38* 유전자가, MS로부터 유래한 부분에서는 *tbx-35* 유전자가 발현된다. MS로부터 유래한 영역에서 *tbx-35*의 발현은 수정란에서 발현된 *med-1*과 *med-2* 유전자의 산물에 의해 증가되며, 이 유전자는 GATA-형 전사인자를 암호화하고 그 발현은 SKN-1에 의해 촉진된다(그림 14.12).

PHA-4는 인두를 구성하는 모든 종류의 세포에서 "인두 인핸서"를 통해 인두 유전자의 발현을 관장한다. 발현이 촉진되는 인두 유전자 중에는, 샘 분화를 조절하는 bHLH 전사인자를 암호화하는 *hlh-6*와 근육 분화를 조절하는 인자를 암호화하는 *tbx-2*가 있다. *pha-4*의 기능이 상실된 돌연변이체에서는 ABa와 MS로부터 각각 유래한 영역을 모두 포함한 인두 전체가 소실되어 있다. 온도 민감형 돌연변이를 이용한 연구 결과에 따르면, *pha-4*는 발생 전반에 걸쳐 초기와 후기 분화 과정에 필수적인 요소이다. 발현 정도는 발생 과정 동안 점진적으로 증가한다. 이는 PHA-4에 대하여 높은 친화도를 가진 프로모터는 발생 초기에, 상대적으로 친화도가 낮은 프로모터는 PHA-4 단백질이 충분한 농도로 축적되는 발생 후기에 활성화됨을 의미한다. 인두에서의 역할 외에도, PHA-4는 생식소 발생과 관련한 기능을 지니며 성충의 수명에도 영향을 준다.

장 발생

장은 인두의 뒤쪽에 위치하고 인두-장 밸브에 의해 후방 구로부터 분리되어 있다(그림 14.14). 장의 뒤쪽 끝은 장-직장 밸브를 통해 직장으로 연결되어 있다. 일반적으로, 장은 단 20개의 세포로 구성되어 있으며, 이들 세포는 중심부 내강 주변에 9개의 환 모양으로 배열되어 있다. 가장 앞쪽 환(int1)은 4개의 세포로, 나머지 8개의 환(int2~int9)은 각각 2개의 세포로 구성되어 있다. 관의 외부는 기저막으로 둘러싸여 있고, 내강의 표면은 미세 융모로 덮여 있다. 장은 또한 척추동물의 간이 수행하는 기능 중 일부를 갖고 있

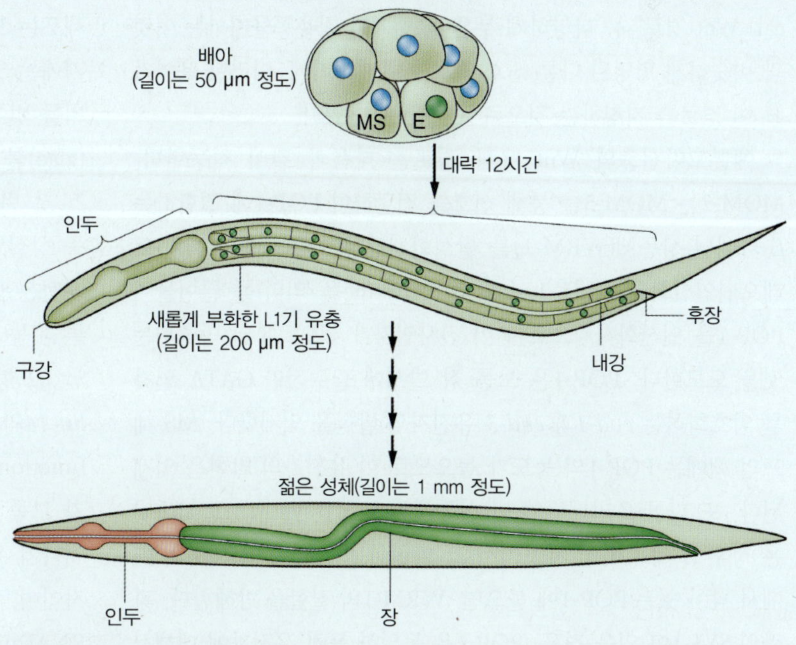

그림 14.14 예쁜꼬마선충 장의 기원과 기본 구조. (인용) Dimov and Maduro(2019). Cell Tissue Res. 377, 383-396의 그림을 재구성함.

는데, 자웅동체에서 난황 단백질을 합성하는 것이 그 예이다. 척추동물이나 곤충과 달리, 이 벌레는 장 세포를 새롭게 바꾸는 능력이 없으므로 이 20개의 세포들은 평생 동안 기능을 해야 한다.

20개의 모든 장 세포들은 E 할구에서 유래되었고, 이들 세포는 P_2 할구에서 나오는 유도 신호에 의해 특화된다. P_2 세포로부터 방출된 Wnt 유사 신호의 영향으로 EMS의 뒤쪽 딸세포는 E 세포가 되며, 이 신호가 없으면 앞쪽 딸세포는 MS 세포가 된다. 이러한 결론은, P_2 세포를 제거하면 EMS의 앞쪽과 뒤쪽 딸세포 모두 MS 세포를 닮게 되는 것으로부터 도출할 수 있다. Wnt 유사 신호 경로의 구성인자를 암호화하는 일련의 *mom*(more mesoderm, 더 많은 중배엽이라는 의미) 유전자의 돌연변이는 P_2 세포가 소실된 것과 같은 효과를 일으킨다. 모자이크 분석에 따르면, Wnt 신호(*mom-2*)는 P_2 세포에서 필요하고, 그 수용체(*mom-5*)는 EMS 세포에서 필요하다. 이 유전자의 기능이 상실되는 모계 영향 돌연변이는 E 세포를 두 번째 MS 세포로 전환시킨다. 이와는 정반대의 표현형을 *pop-1* 기능 상실 돌연변이체에서 확인할 수 있는데, 이 유전자는 척추동물의 Tcf 및 Lef 인자와 유사한 HMG 도메인 전사인자를 암호화한다. 이 돌연변이로 인해 MS 세포가 두 번째 E 세포로 전환된다는 것은, E 세포가 형성되기 위해 Wnt 유사 신호의 작용으로 POP-1의 활성이 억제되어야 함을 의미한다. 척추동물에서 Wnt/β-카테닌 경로는 보통 TCF/LEF 인자를 활성화시킨다. 그러므로 예쁜꼬마선충의 Wnt 유사 경로는 척추동물의 그것과 다르므로, "Wnt/MAPK 경로" 혹은 "비전형적(noncanonical) Wnt 경로" 등 다양하게 부른다. 하지만 척추동물에서는 이것과 비슷하게 명명된 다른 신호 경로가 존재하기에, 이러한 용어가 혹 이 경로를 지칭하는 것으로 오도할 수가 있다.

예쁜꼬마선충의 Wnt 유사 경로는 다음과 같이 작동한다. MOM-2는 MOM-5를 통해 신호를 전달하여 POP-1에 결합하는 β-카테닌 상동체(WRM-1)를 활성화시킨다. WRM-1은 세린-트레오닌인산화효소(LIT-1, loss of intestine을 의미)를 끌어들여 POP-1을 인산화시킴으로써 이 전사인자가 핵으로부터 방출되는 것을 도모한다. POP-1은 보통 장 발생에 필수적인 GATA 인자를 암호화하는 *end-1*과 *end-3* 유전자의 발현을 억제한다. MS 세포의 핵에는 POP-1의 농도가 높으므로 이 유전자의 발현은 억제된다. 또 다른 β-카테닌의 먼 상동체인 SYS-1(symmetric sister)은 향후 E 세포가 될 세포에서 그 발현이 증가하여 이 세포의 핵에서 남아 있는 POP-1에 붙으면, WRM-1의 결합을 방해한다. 과량의 SYS-1이 있을 경우, POP-1은 동일한 표적 유전자에 대해서 촉진성 인자가 된다. 그러므로 E 계보에서 *end-1*과 *end-3*의 발현은 증가하며(그림 14.12), 이 결과 장 분화를 조절하는 일련의 유전자가 추가로 활성화된다. "결정인자" 절에서 기술하였듯이, 전사인자인 SKN-1은 E 할구에서 *end-1*과 *end-3*의 전사가 일어나기 위해서도 필요하다.

두 딸세포에서 POP-1과 SYS-1의 비율을 조절하는 Wnt 유사 신호의 작용 기전과 동일한 기전이 예쁜꼬마선충의 발생 중 많은 과정에 작동하는데, 생식세포 증식을 조절하는 말단세포(distal tip cell) 형성 과정이 그 대표적 예이다.

배아 이후 발생의 분석

발생 시기의 조절

어떤 발생 현상이 특정 시기에 맞춰 일어나도록 하는 것(developmental timing)은 매우 중요한 과정이지만 대부분의 생물체에서는 그에 대한 이해가 부족한 상황이다. 하지만 예쁜꼬마선충은 **비동시성 돌연변이(heterochronic mutation)**라는 수단을 통해 이 문제에 대한 이해를 높이는 데 기여하였다. 이 돌연변이는 정상적인 발생 순서에서 벗어나 어떤 현상을 더 앞당기거나 더디게 하며, 일반적으로는 어느 한 구조뿐 아니라 다양한 계보에 영향을 준다(그림 14.15). 예쁜꼬마선충은 부화한 후에 L1, L2, L3, L4로 불리는 4번의 유충기를 거치는데, 각 시기는 피하층에서 분비된 세포외 큐티클 층을 **탈피**하는 것으로 구분한다. 각 유충기 동안에는 세부적인 일련의 현상이 일반적으로 일어난다. 예를 들어, 장 세포는 보통 L1기 동안 분열하고 그 이후엔 분열하지 않는다. L2기에는 일부 측면 피하층 솔기세포가 분열하고, L4기에는 세포주기를 벗어나 융합하여 큐티클 측면 마루(lateral rigde) 또는 날개(alae)를 형성한다.

첫 번째로 발견된 비동시성 돌연변이체는 *lin-4*로 명명된 기능 상실 돌연변이체였으며, 이 돌연변이로 인해 L1기 세포 분열 패턴은 반복되고 추가적인 탈피도 일어난다(그림 14.15). 또 다른 기능 상실 돌연변이 *lin-14*는 L1기 분열은 건너뛰고 L1기 동안 L2-형 분열이 일어나게 한다. 이 두 유전자가 모두 소실되면 *lin-14*와 같은 표현형이 나타나고, *lin-14*의 기능 획득(gain-of-function) 돌연변이는 *lin-4*와 유사한 영향을 나타낸다. 이는 *lin-4*가 보통 *lin-14*의 작용을 억제하고 있으며, L2기 세포 분열이 일어나기 위해서는 *lin-14*가 필요함을 의미한다. LIN-14는 전사인자이며, 이 전사인자 단백질로의 번역은 *lin-4*의 산물인 마이크로RNA(miRNA)가 *lin-14* mRNA의 3′-UTR 영역에 있는 상보적인 염기서열에 붙음으로써 억제된다. *lin-14*의 기능 획득 대립유전

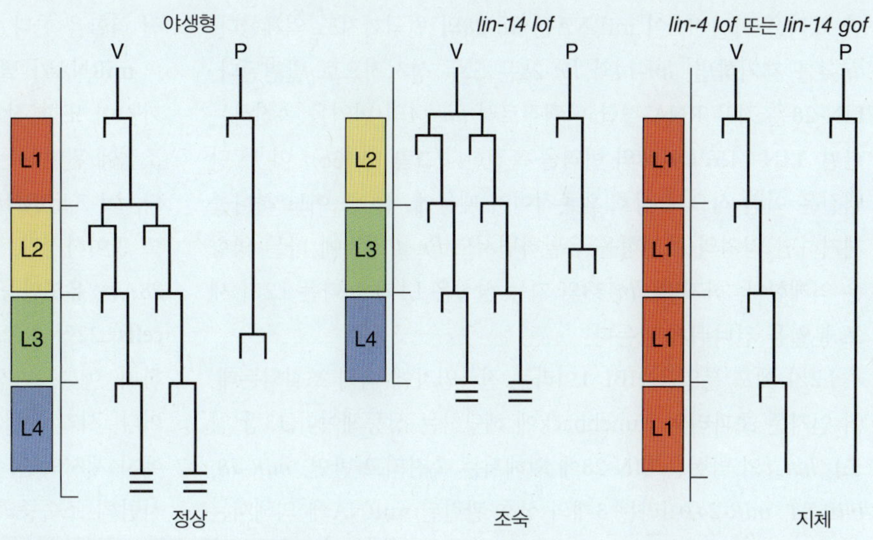

그림 14.15 비동시성 돌연변이 표현형의 예. 정상적인 발생에서 매우 상이한 분열 과정을 거치는 두 가지 유충기 세포계보(V와 P로 명명함)를 나타내었다. 돌연변이체에서 이 계보들은 조직화된 방식으로 영향을 받는다. 발생을 앞당기는 돌연변이는 어떤 단계를 건너뛰게 만들며, 발생을 더디게 하는 돌연변이는 L1기 과정이 반복적으로 일어나게 한다. lof, loss of function(기능 상실); gof, gain of function(기능 획득). (인용) Elsevier의 허락을 얻어 Moss (2007). Curr. Biol. 17, R425–R434의 그림을 재구성함.

자는 mRNA에서 이 상보적인 염기서열을 소실하게 되므로 인해 *lin-4*의 억제 효과를 받지 않게 된다.

LIN-14는 보통 L1기에만 존재하여, L1-형 세포 분열 현상을 일으킨다(**그림 14.16a**). LIN-14의 생성은 L1 말기부터 *lin-4* miRNA에 의해 억제되는데, 이 miRNA가 L1 중기부터 축적되기 시작해서 이후로 계속 유지된다. LIN-14의 번역은 결국 L2기 시작 무렵부터 나머지 유충 발생기 동안 억제되고, *lin-4* 기능 상실 돌연변이체에서는 유지된다. *lin-14*가 *lin-4* miRNA의 유일

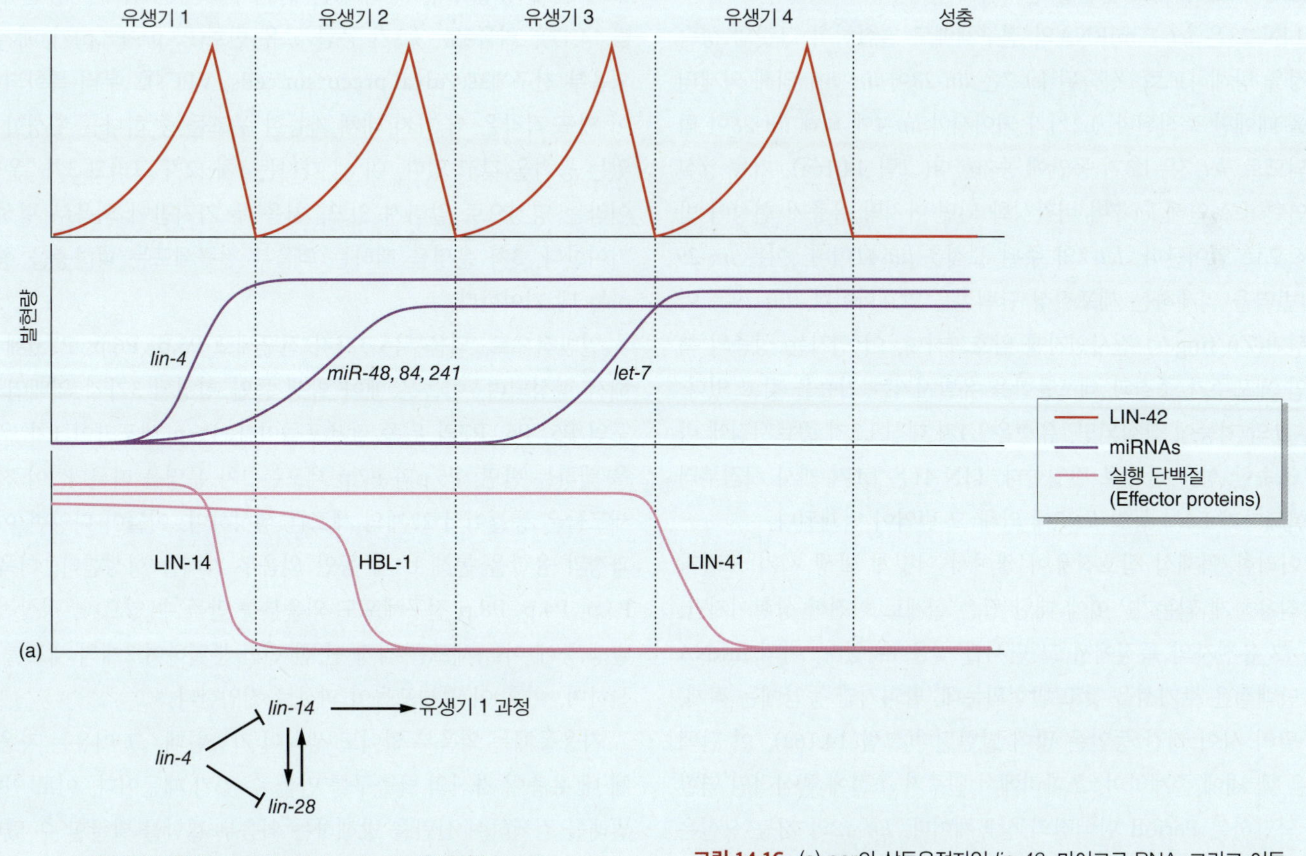

그림 14.16 (a) per의 상동유전자인 *lin-42*, 마이크로 RNA, 그리고 이들에 의해 번역이 억제되는 단백질의 상대적인 발현 양상. (b) 유충기의 시점을 통제하는 일부 조절 관계.

한 표적은 아니며, 이 miRNA는 *lin-28*의 번역까지도 억제한다. *lin-4*를 제거하면, *lin-14*와 *lin-28*은 모두 상시적으로 발현된다. LIN-28은 작은 RNA-결합 단백질로서 *lin-14*의 번역을 촉진하는 한편, LIN-14도 *lin-28*의 번역을 촉진한다(그림 14.16b). 이 두 단백질은 이런 식으로 상호 의존적이기 때문에, 둘 중 어느 하나를 제거하면 임의의 표현형을 유발하면서도 *lin-4* 결손에 따른 영향은 억제한다. 하지만, *lin-28*의 기능 상실은 L1기 보다는 L2기 세포 분열을 건너뛰게 만든다.

L2기 세포 분열은 HBL-1이라는 전사인자에 의해 조절되는데, 이 인자는 초파리의 Hunchback에 해당하는 상동체이다(13장 참조). *hbl-1*의 발현은 LIN-28에 의해서는 촉진되고 반면, *miR-48*, *miR-84*, *miR-241*이라는 3개의 상호 관련된 miRNA에 의해서는 억제된다. 이 miRNA는 L2기 동안 축적되다가 L2기가 종료될 즈음, *hbl-1*의 발현을 억제함으로써(그림 14.16a), L3기로의 전이를 일으킨다. 이 세 가지 miRNA를 모두 제거하면, 지속적인 HBL-1의 활성으로 L2기 세포 분열이 반복된다. 세 가지 miRNA 중 단 한 가지만이라도 L2기 이전에 과발현되면, HBL-1이 조기에 제거됨으로써 L2기 세포 분열을 건너뛰게 된다.

LIN-28은 *let-7* miRNA의 전구체에도 결합하여 그것의 성숙과정을 방해하므로, 성숙된 *let-7*은 *lin-28*이 *lin-4*에 의해 억제되었을 때에만 축적된다. L2기가 되어서야 *lin-4*에 의해 *lin-28*이 억제되므로, *let-7*은 L3기 동안에 증가한다(그림 14.16a). 기능 상실 돌연변이로 인해 *let-7*이 비활성화 되면 마지막 유충기 현상이 반복적으로 일어난다. *let-7*의 주된 표적은 *lin-41*이며, 이는 *lin-29*의 번역을 억제하는 세포질성 단백질을 암호화한다. *lin-29*는 아연핑거(Zn finger) 전사인자를 암호화하며, 이 인자는 성충의 특징인 세포주기 종결과 세포융합을 유발시키는 기능을 갖고 있다. *lin-41*의 기능이 상실되면, 유충은 L4기 대신 L3기 종료시점에 바로 조숙한 성충 단계로 진입한다. LIN-41은 L1기 개시 시점부터 발현되다가 L4기 동안 *let-7*에 의해 그 번역이 억제된다.

이러한 억제성 상호작용이 쌓여서 어떻게 발생 시기 조절자로 작용하게 되는가? 이에 대한 답은 실제로 미진한 상황이지만, *lin-42* 유전자의 특징에서 그 단서를 찾을 수 있다. 이의 mRNA와 단백질은 주기성을 갖고 발현되는데, 탈피기간 동안에는 적게, 각 탈피 사이 기간 동안은 많이 발현된다(그림 14.16a). 이 단백질은 핵 내에 존재하며, 초파리에서 일주기 조절에 핵심적인 역할을 담당하는 Period 단백질의 상동체이다. *lin-42*의 기능 상실은 조숙한 행동을 일으킨다. 그간 제안된 바에 따르면, *lin-42*의 발현은 miRNA의 발현과 작용이 주기적으로 일어나도록 제어하는 기전 역할을 한다.

miRNA가 발생 시기 조절자로서 특별히 적합한 이유가 있을까? 이 또한 잘 알려져 있지 않다. 예쁜꼬마선충에서 발생 시기 조절에 관여하는 많은 유전자의 상동체가 척추동물에서도 존재한다. *let-7* miRNA는 척추동물 발생 동안에 발현되고 종양 발생에도 관여하지만, 시기 결정에 있어서의 역할은 명확하지 않다. *lin-28A*는 **유도만능줄기세포(induced pluripotent stem cells, iPS cells**, 22장 참조)를 만들기 위해 사용되는 유전자 중 하나로 유명하며, 예쁜꼬마선충에서처럼 척추동물에서도 *lin-4* 상동체의 표적이다. 시기 조절과의 잠재적 관련성은 유전체 수준의 연관성 분석에서 제시되었는데, 매우 유사한 유전자인 *lin-28B*의 돌연변이가 사람의 조숙증과 관련되어 있다는 점이 보고되었다. 초파리에서 *let-7*의 결손은 유충의 일부 특징이 성체 시기까지 지속되게 하며, 이 점 역시 시간 조절 기전과의 연결 가능성을 제시한다.

외음부

외음부는 상피 구조로서 몸체 중앙부 배쪽에 위치한 생식소의 개구 주변에 형성되며, 이 구멍은 산란과 교미를 위해 사용된다(그림 14.17). 외음부는 L3기 동안 고유 번호(P3.p～P8.p)가 매겨진 **외음부 전구세포(vulval precursor cells**, VPCs)로부터 특화되며, 이 세포 각각은 세 가지 대체 가능한 구조들 중 하나를 형성할 수 있는 능력을 갖고 있다. 이 세 가지는 1차, 2차 그리고 3차 "운명"이라는 명칭으로 알려져 있고, 처음 두 가지만이 외음부 형성에 기여한다. 3차 운명을 택하는 외음부 전구세포는 피하층을 형성하는 데 기여한다.

일반적으로, 외음부는 3가지 전구세포 P5.p, P6.p, P7.p에 의해서 형성되며, 이들은 배아 발생 동안 형성된 3가지 외배엽 세포인 P5, P6, P7의 뒤쪽 딸세포들이다. P6.p 세포만이 1차 운명을 택하는 반면, P5.p와 P7.p 세포는 2차 운명을 따른다. 이 전구세포들은 통틀어서 22개의 세포를 생성하며, 이들이 다양한 이동과정과 융합을 통해 L4기 동안 외음부 자체를 형성한다. 더욱이 P3.p, P4.p, P8.p 전구세포도 외음부를 만들 수 있으나, 정상적인 발생 중에 이들 세포는 각각 단 한 번만 분열하여 2개의 세포를 생산하며, 이후 이 딸세포들이 피하로 진입한다.

자웅동체는 외음부 없이도 생식이 가능한데, 그 이유는 자웅동체 내 유충이 자신의 탈출구를 만들 수 있기 때문이다. 이로 인해, 벌레를 검색하여 산란을 방해하는 외음부 결함를 발굴할 수 있다. 그러나 생존 가능한 돌연변이는 종종 기능저하(hypomorphic)형이고, 동일 유전자의 기능 상실 변이는 대부분이 치사 돌연변이이

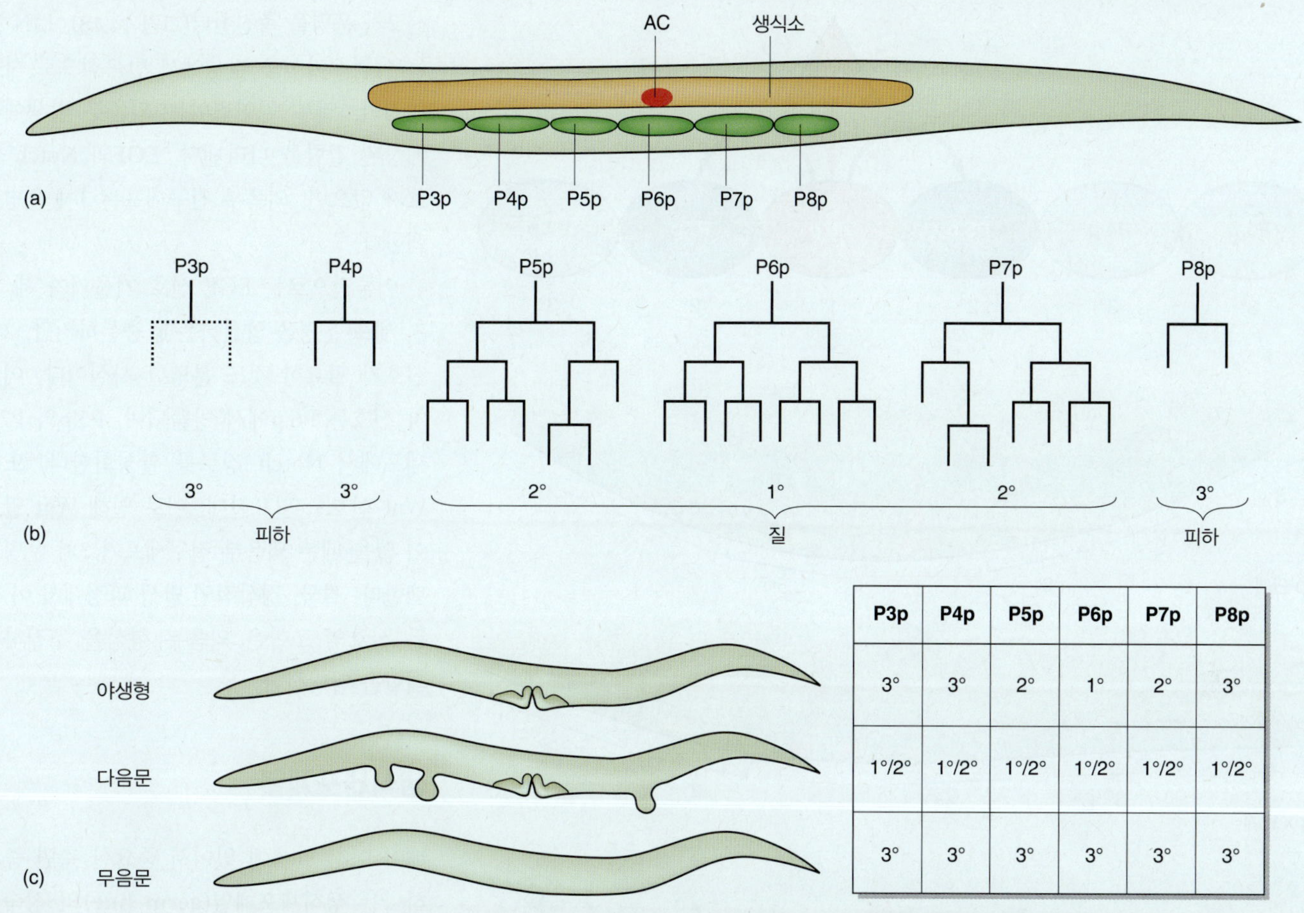

P3p	P4p	P5p	P6p	P7p	P8p
3°	3°	2°	1°	2°	3°
1°/2°	1°/2°	1°/2°	1°/2°	1°/2°	1°/2°
3°	3°	3°	3°	3°	3°

그림 14.17 예쁜꼬마선충 외음부 응문의 발생. (a) 생식소와 닻세포(AC) 대비 동등집단에 포함된 세포의 상대적인 위치 관계. (b) 각 세포의 정상적인 계보. (c) 돌연변이의 표현형. 각 표현형에서 관찰되는 세포 각각의 운명을 나타내었다.

다. 주요한 돌연변이군은 ***vulvaless***와 ***multivulva***로, 후자의 경우 동일한 외음부 전구세포로부터 정수 이상의 외음부를 형성한다.

6개의 외음부 전구세포들은 **동등 집단(equivalence group)**을 구성한다라고 말하는데, 그 이유는 이들 세포는 모두 외음부를 형성할 수 있는 능력이 있어서 다양한 실험 상황에서도 서로를 대체할 수 있기 때문이다. 이러한 특성은 배아 안쪽에서 P6.p 세포에 인접해 위치하고 있는 생식소의 **닻세포(anchor cell)**를 기준으로 한 이 전구세포들의 상대적 위치를 바꾸어 보면 분명하게 확인할 수 있다. 만약 이 닻세포를 레이저로 쪼여 제거하면, 모든 전구세포는 3차 운명을 따르게 되면서, 결국 외음부는 형성되지 않는다. 만일 전구세포 중 어느 하나를 레이저로 쪼여 제거하면, 어떤 경우에 있어서는 주변 전구세포 중 하나가 이를 대체하게 됨으로써 정상적으로 외음부가 형성된다. 다양한 *displaced gonad* 돌연변이처럼, 닻세포를 이동시켜 전구세포에 대한 이 세포의 상대적 위치를 바꾸면 닻세포에 가장 가깝에 놓여 있는 3개의 전구세포가 외음부를 형성한다.

다수의 *vulvaless* 돌연변이체는 닻세포를 제거한 것과 비슷한 표현형을 나타낸다. 이 돌연변이 유전자 중 일부는 표피성장인자(epidermal growth factor, EGF) 신호전달 경로를 구성하는 인자를 암호화한다. 닻세포에서 분비되는 리간드는 *lin-3* 유전자로 암호화된 EGF의 상동체이고, 전구세포에 있는 수용체는 *let-23*으로 암호화된 EGF 수용체의 상동체이다. LIN-3 단백질은 농도 구배를 형성하고, 닻세포에 가장 가까이 위치한 세포(보통은 P6.p)가 가장 높은 농도의 리간드를 받게 되면서 1차 운명을 따르게 된다. LET-23은 척추동물의 Ras 단백질에 해당하는 상동체를 활성화시키는데, 이 상동체는 *let-60*에 의해 암호화된다. *let-60*의 기능 상실 대립유전자와 기능 획득 대립유전자에 의한 표현형은 반대이다. 기능 상실 돌연변이체는 무음문(vulvaless) 표현형을 나타내는 반면, 기능 획득(상시적 활성유지) 돌연변이체는 다음문(multivulva) 표현형을 보인다. 이중 돌연변이 조합은 예상 가능한 대

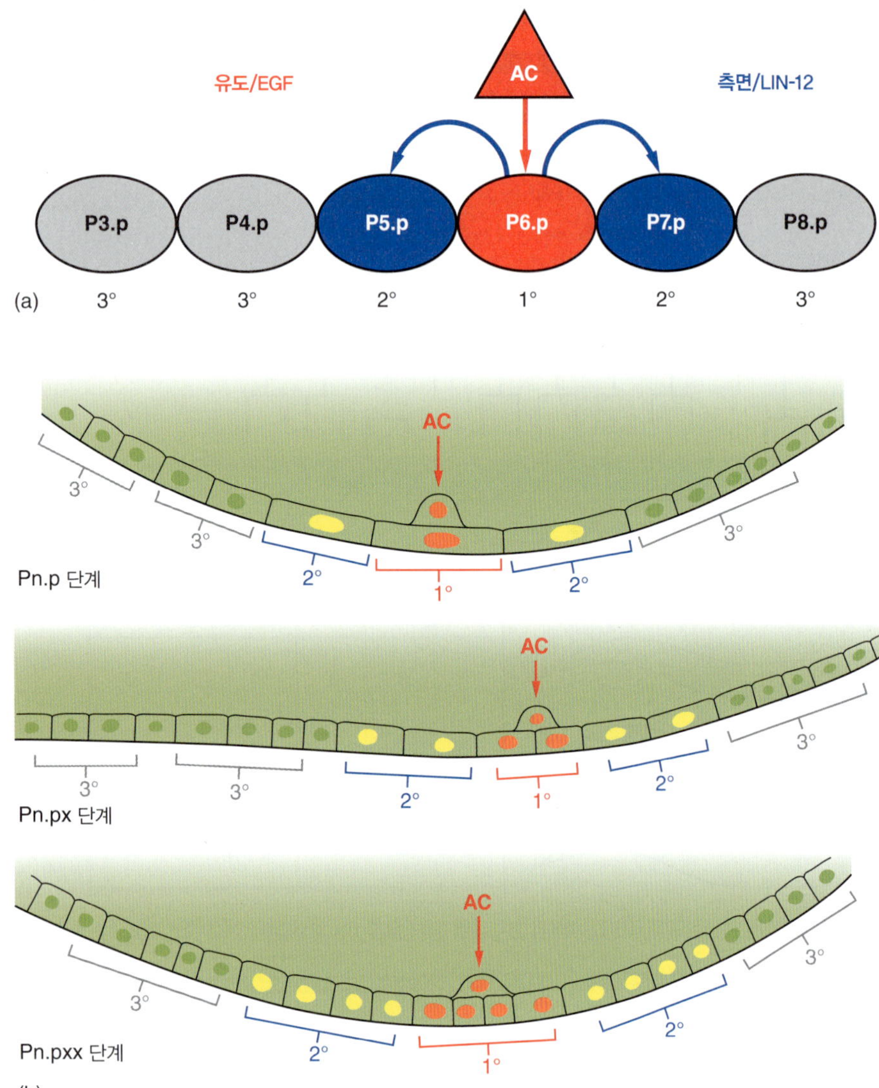

그림 14.18 외음부 전구세포의 운명 특화 과정. (a) 닻세포(AC)에서 유래한 EGF 신호는 P6.p 세포로 하여금 1차 운명을 따르도록 유도하고, 측면 신호를 형성하여 P5.p와 P7.p 세포에서 LIN-12를 활성화시킨다. 이로써 이 세포들은 2차 운명을 택한다. (b) L3기에서의 외음부 전구세포와 이들의 후손 세포들. 1차 운명을 나타내는 빨간색 리포터는 EGF 신호의, 2차 운명을 나타내는 노란색 리포터는 LIN-12 신호의 직접적인 표적이다. 맨 위 그림, 외음부 전구세포에서의 발현; 중간 그림, 외음부 전구세포의 딸세포에서 나타나는 발현; 맨 아래 그림, 외음부 전구세포의 손녀 세포에서 나타나는 발현. (인용) Underwood et al. (2017). Genetics 207, 1473–1488., © 2017 Genetics Society of America의 그림을 재구성함.

로 작동한다. 예를 들어, *let-23*의 기능 상실 돌연변이와 *let-60*의 기능 획득 돌연변이의 조합은 다음문 표현형을 나타내는데, 이는 Ras가 수용체의 하위에서 작용하기 때문이다.

P6.p 전구세포에서의 LET-60 활성은 Delta-Serrate-형 리간드의 전사를 촉진하며, 이 리간드는 Notch-형 수용체인 LIN-12에 작용한다. 이 신호는 측면 억제(lateral inhibition)를 유도하여, P6.p 세포는 P5.p와 P7.p 세포에서 1차 운명을 억제하고, 대신 2차 운명을 촉진한다(그림 14.18). LIN-12는 예쁜꼬마선충 발생에서 반복적으로 사용되지만, 일부 돌연변이는 외음부 발생에서 예상된 결함을 나타낸다. EGF와 Notch 신호가 없으면, 외음부 전구세포는 3차 운명을 택한다.

이론적으로는 EGF 신호 기울기가 세 가지 세포 운명을 양산하는데 충분하지만, 2차 신호가 필요한 것도 분명한 사실이다. 이 2차 신호는 P6.p에서 방출되며, P5.p와 P7.p 세포에서 Notch 경로를 활성화한다. 또한 Wnt 신호도 필요한데, 이로 인해 Wnt 활성이 없을 때는 외음부 전구세포가 3차 운명을 택한다. 결국, 정상적인 발생 과정에서 이 모든 신호의 조합은 외음부 형성을 조절하는 역할을 담당한다.

생식세포계열

배아 이후 발생에 있어서 중요한 측면 중의 하나는 **생식세포계열**(**germ line**)의 성숙이다. 생식세포계열은 초기 배아에서 P-과립 및 이와 연관된 결정인자를 물려받은 P_4 세포로부터 유래한다. P-과립과 연관된 단백질 중 하나인 PIE-1은 생식세포계열 발생 초기 단계 동안 유전자의 전사를 전반적으로 억제하는 기능을 갖고 있다. PIE-1은 생식계통을 효과적으로 유지하기 위해 체세포로의 발생에 필요한 유전자의 전사를 억제한다.

새롭게 부화한 유충에서 생식세포계열은 단 2개의 세포(Z2와 Z3)로만 구성되며, 이들 세포는 P_4 세포로부터 유래하여 유충과 성체에서의 모든 생식세포를 생성한다. 이 세포의 측면에는 체세포인 Z4와 Z5가 위치하며, 이들은 늦은 L2기 즈음에 생식소의 체세포성 영역(somatic gonad)을 구성하는 원시 세포를 형성한다. P4 세포가 분열하여 Z2와 Z3을 만든 직후에 PIE-1 단백질의 양은 감소하며, 이로써 생식세포계열 발생에 필요한 유전자의 발현이 개시된다. Z2와 Z3은 *cgh-1*를 발현시키는데, 이 유전자는 초파리의 RNA 헬리카제(helicase) 유전자인 *vasa*의 상동체이다. 이후로 *cgh-1* 유전자는 생식세포계열에서 활발히 발현되며, CGH-1 단백질은 알에서 발견되고 이후 초기 발생 동안 생식계통으로 분리되어 존재하는 P-과립의 구성성분 중 하나이다. *cgh-1*을 표적으로 하는 RNAi를 벌레에 처리하면 난모세포는 죽고 정자는 기능을 상실하는데, 이러한 결과는 *cgh-1*이 생식세포 발생의 후기 단계에서 주요 기능을 수행함을 시사한다.

유충과 성충에서 생식세포는 생식소 안에 위치한다(**그림 14.19a, b**). 생식세포는 L2기에 이르면 60개 가량 존재하며, 자웅동체 성충에는 대략 2,000개 정도가 있다. 이 수는 체세포 수보다 2배 더 많은 것이다. 초기에 전체 생식세포계열 세포는 체세포 분열을 하지만, 발생이 진행되면서 감수분열이 일어나는 영역이 나타난다. 이 영역에서는 정자가 먼저 형성되고 난 이후에 난자가 생성된다. 흥미롭게도, 생식세포 발생 동안 대부분의 유전자 발현 조절은 전사 단계보다는 번역 단계에서 실행된다. 생식세포 발생과 관련된 일련의 과정은 성체 생식소를 따라서 공간적으로 체계화되어 있어서, 가장 성숙한 세포는 외음부 근처에 있으며, 여전히 체세포 분열 중인 가장 미성숙한 세포는 생식소의 막힌 쪽 끝 부위인 원위단부에 위치한다. 체세포 분열 중인 생식세포들은 세포질성 다리(cytoplasmic bridges)를 통해 서로 연결되어 있지만, 이들의 분열은 동기화되어 있지 않아서, 이들 세포가 진정한 다핵체(syncytium)를 형성한다고 볼 수 없다.

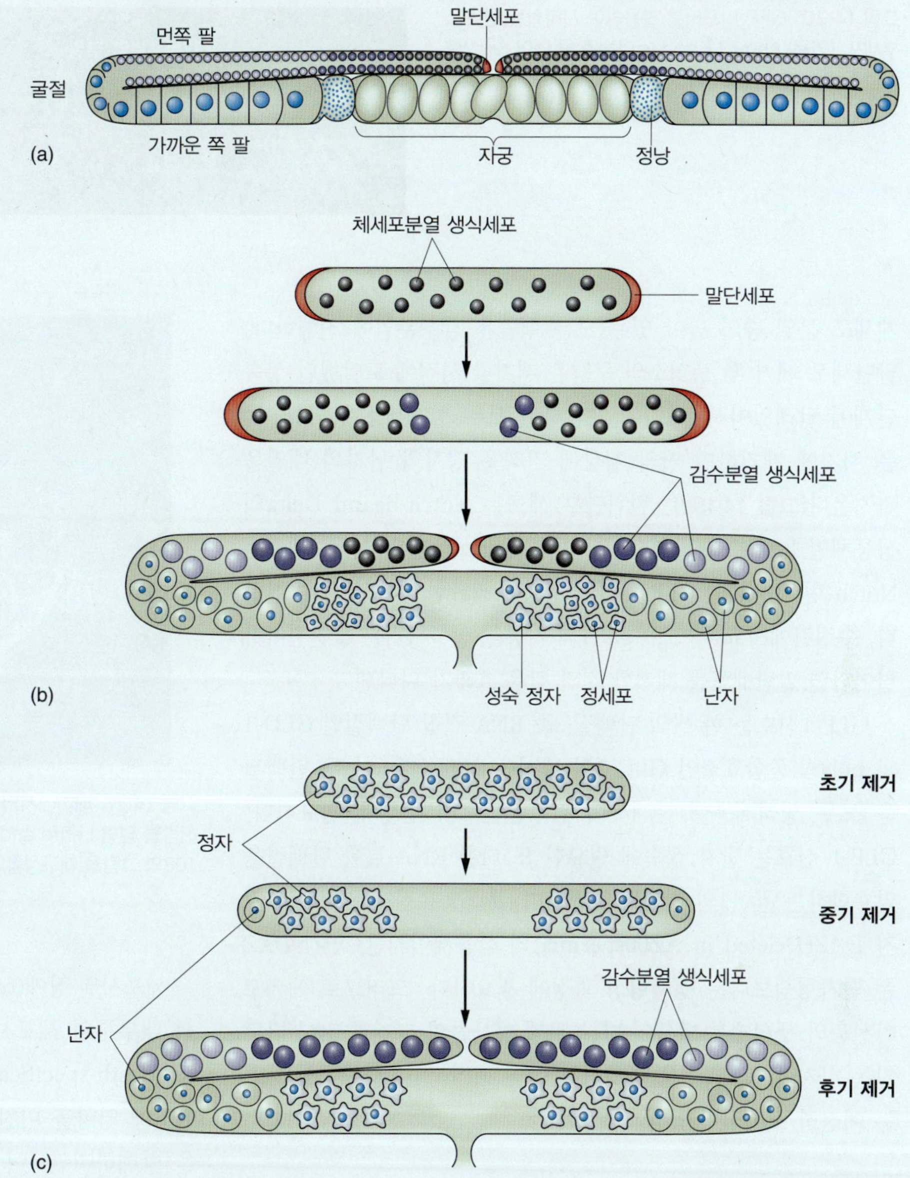

그림 14.19 예쁜꼬마선충 생식소의 발생. (a) 성충 자웅동체의 생식소. (b) 정상적인 발생. (c) 말단세포 제거가 서로 다른 시기에 미치는 영향.

생식소의 양쪽 가지 끝에는 **원위단부세포(말단세포, distal tip cell)**라 부르는 중요한 체세포가 있으며, 그 기능은 주변 생식세포의 핵이 체세포분열을 하도록 유지하는 것이다(**그림 14.19**). 이 세포는 대략 20개 세포의 지름을 합한 길이로 체세포분열 영역(mitotic zone)까지 뻗어나가는 세포질성 돌기를 갖고 있다(**그림 14.20**). 원위단부세포는 MS 할구의 후손인 Z1과 Z4로부터 유래한다. 이 세포는 더 이른 시기에 E-MS 결정에 관여하는 것과 동일한 Wnt-유사 신호 기전에 의해 특화된다. Z1과 Z4의 멀리 있는 두 후손 세포는 POP-1에 비해 SYS-1의 발현이 월등히 많은 환경에 노출됨으로써 말단세포가 되는 반면, 가까운 쪽에 있는 딸세포들은 SYS-1에 비해 POP-1의 발현이 더 많은 조건에 놓이게 됨으로써, 결국 POP-1의 억제 신호가 작동하여 생식계통을 둘러싼 상피조직과 외음부 형성을 유도하는 닻세포를 만든다.

생식소가 유충시기 동안 성장하면서, 체세포분열이 일어나는 생식세포 영역은 길쭉해져 이곳 세포는 점차적으로 말단세포의 영향권을 벗어나게 되다가, 결국 체세포사분열을 멈추고 감수분열에 돌입한다. 어떤 시기에서든 레이저로 말단세포를 제거하면

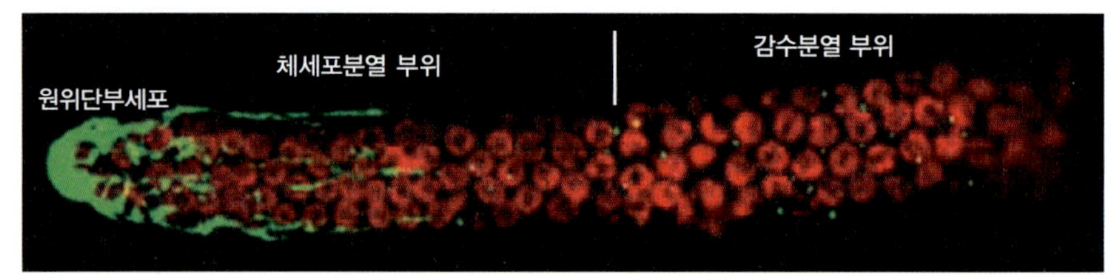

그림 14.20 GFP 리포터를 활용하여 시각화된 원위단부세포. (인용) Annual Reviews의 허락을 얻어 Kimble and Crittenden (2007). Ann. Rev. Cell Dev. Biol. 23, 405–433의 그림을 재구성함.

체세포 분열 중인 남아 있는 모든 핵들은 감수분열에 진입한다. 말단세포 제거 후 생식소의 구성은 제거할 시점에 도달했던 성숙 단계에 달려있어서, 초기에 제거하면 모두 정자세포가 되고, 늦은 시기에 제거하면 거의 정상에 가까운 정자와 난자의 배열을 가져온다(그림 14.19c). 원위단부 세포는 Notch-ligand Delta의 상동체인 LAG-2를 발현시킴으로써 작용하는 반면, 생식 세포는 Notch-형 수용체인 GLP-1(인두 형성에 필요한 수용체)를 발현한다. 수정란에서 *lag-2* 또는 *glp-1*의 기능을 상실시키는 돌연변이가 일어나면 말단세포를 제거한 것과 같은 효과가 나타낸다.

GLP-1신호는 한 쌍의 단백질, 즉 RNA-결합 단백질인 GLD-1과 polyA 중합효소인 GLD-2의 활성을 억제한다. 이 두 단백질은 모두 생식계통에 존재하며 감수분열로의 진행에 필요하다. GLP-1 신호는 난자 성숙에 필요한 또 다른 RNA-결합 단백질을 암호화하는 *daz-1*의 발현도 촉진한다. *daz-1* 유전자는 인간 유전자 *DAZ*(Deleted in AZ00spermia)의 상동체이지만, 인간 *DAZ*는 난자형성보다는 정자형성 과정에 필요하다. 그러므로 예쁜꼬마선충의 생식계통 발생이 다른 모델 동물들의 그것과 많이 다르기는 하지만, 그 과정을 통제하는 여러 핵심적인 분자 구성 요소는 여전히 보존되어 있다.

예정세포사

예쁜꼬마선충의 자웅동체가 정상적으로 발생하는 동안, 생성된 1,090개 세포 중 131개의 체세포가 죽게 되며, 이 현상은 대부분이 발생 250~450분부터 생기는 죽음의 파동(death wave)기에 일어난다(그림 14.21). 이렇게 죽는 세포는 주로 작은 세포이고, 모두 합해도 전체 생물량(biomass)의 1%만을 차지한다. 대부분의 사멸은 자발적이며, 세포가 생성된 직후에 일어난다. 약간의 차이가 있지만, 예쁜꼬마선충의 사멸 과정은 대체적으로 포유류의 세포자멸사와 유사하여 핵이 응축되고, 세포가 수축되어 막으로 쌓인 소체(membrane-bound body)가 되며, 주변 세포에 의해 먹히(engulfment)는 일들이 일어난다.

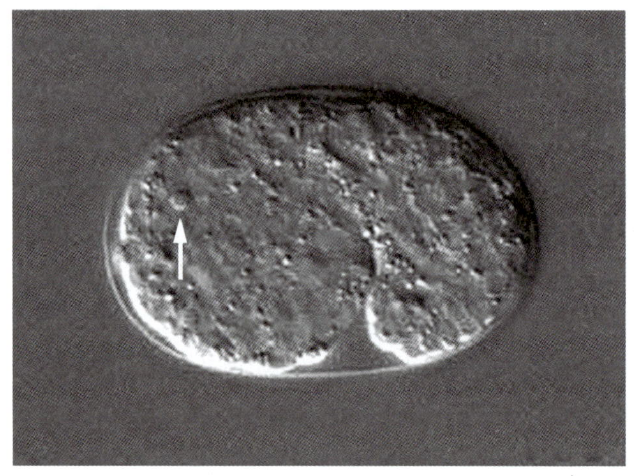

그림 14.21 배아에서의 세포자멸사(화살표). (인용) Nature Publishing Group의 허락을 얻어 Lettre and Hengartner(2006). Nat. Rev. Mol. Cell Biol. 7, 97–108의 그림을 재구성함.

세포사멸 장애(*ced*, cell-death-defective) 돌연변이는 생물체에서 대부분의 세포사멸에 영향을 주는 반면, 세포사멸 특화(*ces*, cell-death-specification) 돌연변이는 특정한 세포의 자멸사 여부 결정에 영향을 미친다. 대부분의 *ced* 돌연변이는 죽은 세포 함입을 방해하지만, 이 중 네 가지 돌연변이는 실제 세포자멸사 프로그램에 관여하는 인자들에서 일어난 것들이다. *ced-3*, *ced-4*, *egl-1* 기능 상실 돌연변이체에서는 보통은 죽을 운명인 대부분의 세포가 생존한다. *ced-9* 유전자에는 기능 상실 돌연변이와 기능 획득 돌연변이 대립유전자가 모두 존재한다. 기능 상실 돌연변이체에서는 과도한 세포자멸사가 일어나는 반면, 기능 획득 돌연변이체에서는 보통은 죽게 될 대부분의 세포가 살아 남는다. 야생형 *ced-9*를 과발현하면 과도한 세포 생존이 관찰된다. *ced-9*$^-$;*ced-3*$^-$ 또는 *ced-9*$^-$;*ced-4*$^-$와 같은 이중 돌연변이체에서는 표적 세포의 생존이 관찰되므로, *ced-9*의 보통 기능은 *ced-3/4*를 억제하는 것이라고 볼 수 있다. 이 유전자는 *ced-9*의 하위에서 세포자멸사 프로그램을 실행하는 데 필요하다(그림 14.22). 실제로, *ced-4* 또는 *ced-3*을 과발현하면 과도한 세포자멸사가 유발된다. 그러나 *ced-4*

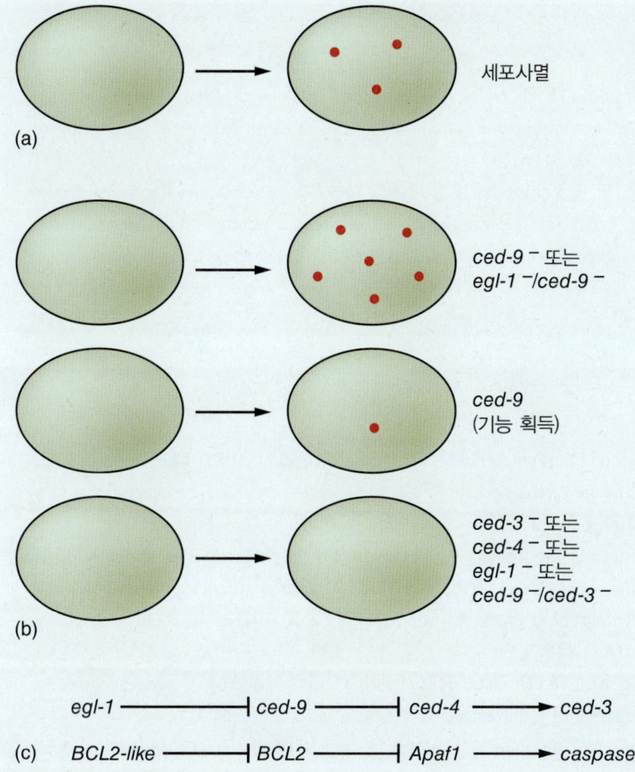

그림 14.22 세포자멸사 경로. 타원은 후기 배아를 나타낸다. (a) 정상적인 세포자멸사. (b) 돌연변이체의 표현형. (c) 예쁜꼬마선충과 포유류에서의 경로.

를 과발현하여 과도한 세포자멸사를 유도하기 위해서는 *ced-3*이 필요하지만, *ced-3*을 과발현하여 과도한 세포자멸사를 유발시키는 데는 대체적으로 *ced-4*가 필요하지 않다. 그러므로 *ced-4*는 *ced-3*에 의존된 방식으로 세포자멸사를 야기하는데, 이는 *ced-3*이 *ced-4*의 하위에서 작용함을 의미한다. 이중 돌연변이체 *ced-9*⁻;*egl-1*⁻는 과도한 세포자멸사를 나타내므로, 이로써 *egl-1*의 보통 기능이 *ced-9*를 억제하는 것임을 알 수 있다(그림 14.20). 유전적 모자이크 실험과 과발현 실험에 따르면, 세포자멸사가 일어나기 위해서는 *egl-1*, *ced-3*, *ced-4* 야생형 유전자가 반드시 그 표적 세포에 존재해야 한다. 많은 수의 *ces* 돌연변이는 죽을 운명인 특정한 세포에서 *egl-1*의 발현에 영향을 준다.

CED-9는 포유류 단백질인 BCL2의 상동체이다. 애초에 **발암 유전자(oncogene) 산물**로 발견된 이 단백질은 세포질성 단백질로서 미토콘드리아와 같은 세포소기관에 위치하며 세포자멸사를 억제하는 기능을 갖고 있다. CED-9과 BCL2는 서로 치환 가능하여, 포유류의 BCL2로 형질전환된 벌레는 세포자멸사 억제를 나타내고, *ced-9*⁻ 돌연변이는 BCL2로 정상화될 수 있다. EGL-1은 BCL2-유사 단백질로 구성된 거대 집단에 포함되어, 친-세포자멸사성(pro-apoptotic) 특징을 나타내는 단백질로서 "BH3-only protein"이라고도 불리우며, CED-9와 물리적으로 결합해서 이 단백질의 항-세포자멸사성(anti-apoptotic) 기능을 억제한다. CED-3은 인터루킨 1β-전환효소(interleukin 1β-converting enzyme, ICE)의 상동체로서, Asp-X(아스파트산-임의의 아미노산)과 같은 서열을 자르는 시스테인 단백질 분해효소로 작용한다. 이는 카스파제(caspase) 집단을 구성하는 전형적인 단백질로서, 현재는 유사 단백질이 다수 알려져 있다. 카스파제는 실질적으로 세포자멸사를 유발시키는 효소이며, 이들의 표적으로는 Poly ADP-ribose 중합효소(DNA 수선경로에 관여), 라민(핵막 단백질), 막관통 단백질로 구성된 Xkr 집단의 단백질(세포 표면에 포스파티딜세린을 노출시키는 데 관여)이 있다. 포유동물 세포에 도입되면, CED-3은 그 자체로 세포자멸사를 유발시킨다. CED-4는 "아폽토좀(apoptosome)"을 형성하는 포유류 단백질 Apaf1의 상동체이다. 아폽토좀은 일종의 분자 플랫폼으로서 포유류의 프로카스파제 9(procaspase 9) 또는 예쁜꼬마선충의 proCED-3과 같은 카스파제의 활성화를 도모하는 기능을 갖고 있다. 예쁜꼬마선충에서, CED-4가 모여 아폽토좀이 형성되는 것을 CED-9가 억제하는 한편, CED-9에 붙는 EGL-1를 통해서 이러한 억제 현상을 막는다.

세포자멸사 과정의 마지막 단계는 사멸한 세포가 주변 세포에 의해 먹히는 것이다. 예쁜꼬마선충은 특화된 포식세포를 가지고 있지 않으므로, 특화되지 않은 세포에 의해 이러한 먹힘이 일어난다. 그러나 포유류의 먹힘 과정에서처럼, 한 가지 핵심적인 과정은 먹힐 세포의 표면에 나타나는 특정한 인지질인 포스파티딜세린(phospatidyl serine)을 인지하는 것이다. 다수의 *ced* 유전자 변이는 먹힘 장애를 일으키며, 이들의 상동체는 포유류 포식세포의 특성을 결정짓는 데 중요하다. 예를 들어, *ced-1*은 포유류의 SREC(scavenger receptor from endothelial cells)의 상동체를 암호화하고, *ced-7*은 ABC(ATP-binding cassette) 수송단백질 중 하나를 암호화하는데, 이 단백질군은 세포막을 가로질러 작은 분자와 이온을 이동시키는 데 관여하는 거대 수송단백질 그룹 중 하나이다.

비대칭적 세포 분열과 마찬가지로, 예정된 세포자멸사의 기전을 발견한 것은 예쁜꼬마선충을 활용한 유전학이 일반적인 세포학 분야에 크게 기여할 수 있었던 영역이다.

고전적인 실험

비대칭적 세포 분열의 기전

관련 연구의 돌파구는 수정란에서 정상적으로 극성이 형성되지 못하는 모계 영향 유전자 돌연변이체를 분리해내는 것에 달려 있었다. 현재는 다른 많은 동물에서도 *par* 유전자의 상동유전자가 비대칭적 세포 분열에 관여하는 것으로 알려져 있다.

Kemphues, K.J., Priess, J.R., Morton, D.G. et al.(1988) Identification of genes required for cytoplasmic localization in early *C. elegans* embryos. *Cell* **52**, 311-320.

Guo, S. & Kemphues, K.J. (1995) *Par-1*, a gene required for establishing polarity in *C. elegans* embryos, encodes a putative Ser/Thr kinase that is asymmetrically distributed. *Cell* **81**, 611-620.

고전적인 실험

세포 계보와 세포자멸사

처음 두 참고문헌은 간섭현미경을 이용하여 힘들게 관찰한 결과로 만들어진 예쁜꼬마선충의 완전한 세포 계보를 설명하고 있다. 세 번째 논문은 자세한 해부학적 연구 결과를 담고 있다. 이 연구 과정에서 다수의 예정된 세포자멸사가 보고되었다. 4~6번째 참고문헌에 기술된 것처럼, 세포자멸사(*ced*) 돌연변이체를 분석한 결과, 세포자멸사와 관련된 생화학적 특성이 고등동물에게도 공통된 것임을 알 수 있었고, 이에 따라 세포자멸사 경로를 규명할 수 있었다. Sydney Brenner, Robert Horvitz, John Sulston은 이 공로로 2002년 노벨 생리의학상을 수상하였다.

Sulston, J.E. & Horvitz, H.R.(1977) Postembryonic cell lineages of the nematode *Caenorhabditis elegans*. *Developmental Biology* **56**, 110-15

Sulston, J.E., Schierenberg, E., White, J.G. et al.(1983) The embryonic-cell lineage of the nematode *Caenorhabditis- elegans*. *Developmental Biology* **100**, 64-119.

White, J.G., Southgate, E., Thomson, J.N. et al.(1986) The structure of the nervous-system of the nematode *Caenorhabditis-elegans*. *Philosophical Transactions of the Royal Society of London Series B- Biological Sciences* **314**, 1-340.

Ellis, M.E. & Horvitz, H.R.(1986) Genetic control of programmed cell death in the nematode *C. elegans*. *Cell* **44**, 817-829.

Yuan, J.Y., Shaham, S., Ledoux, S. et al.(1993) The *C-elegans* cell-death gene *ced-3* encodes a protein similar to mammalian interleukin-1-beta-converting enzyme. *Cell* **75**, 641-652.

Hengartner, M.O. & Horvitz, H.R.(1994) *C. elegans* cell-survival gene *ced-9* encodes a functional homolog of the mammalian protooncogene *bcl-2*. *Cell* **76**, 665-676.

새로운 연구방향

최근에 예쁜꼬마선충은 노화 기전 연구(21장 참조)뿐 아니라 발병 기전과 같은 다른 연구 분야에서 광범위하게 활용되고 있다. 기초적인 발생 기전을 이해하는 것은 이러한 종류의 연구에 중요한 기반이 된다.

기억해야 할 핵심 사항

- 예쁜꼬마선충은 유전학적으로 분석하는 것이 매우 용이하다. 이 동물은 자가수정이 가능한 자웅동체로서 짧은 세대 기간을 갖는다.
- 배아와 성충을 구성하는 모든 세포의 정확한 계보가 규명되었다. 이는 모든 종류의 실험에 중요한 기초 자원으로 활용된다.
- 배아의 초기 영역별 패턴은 PAR 단백질의 작용에 의해서 형성되는데, 이 단백질은 수정 후 전-후 축을 따라 분리되어, 다른 세포질성 결정인자가 초기 할구 사이에 분포되는 것을 조절한다.
- 예쁜꼬마선충의 발생에서 다양한 단계는 유도 작용에 의해 일어난다. 이 과정은 다른 동물들에서 사용되는 것과 같은 분자경로를 활용한다. 예를 들어, AB 세포로부터 인두가 형성되는 것은 P_2와 MS 세포에서 유래한 Delta-유사 신호에 의존되어 있다. E 계통의 형성은 MS 세포에서 유래한 Wnt-유사 신호에 의존적이다.
- 배아 이후 발생도 유도 작용을 수반한다. EGF/Ras 경로는 외음부 음문 발생에 중요하고, Notch 경로는 생식 계통의 체세포분열 영역을 유지하는데 중요하다.
- 비동시성 돌연변이는 잘 조직화된 방식으로 다양한 세포 계통에 영향을 미치며, 발생 과정이 정상적인 일정에 비해 더 이르거나 더디게 진행되게 한다.
- 예쁜꼬마선충은 세포 극성화와 예정된 세포자멸사(아폽토시스)의 기전을 규명하는 데 도움을 줌으로써 세포학에 크게 기여하였다.

Part 3

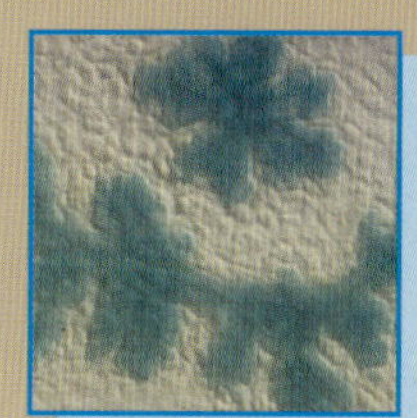

기관형성
Organogenesis

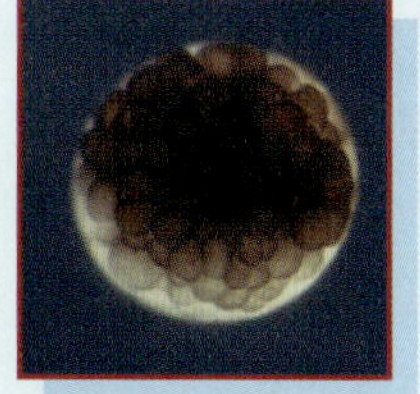

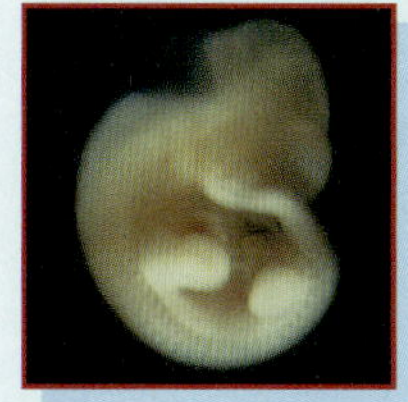

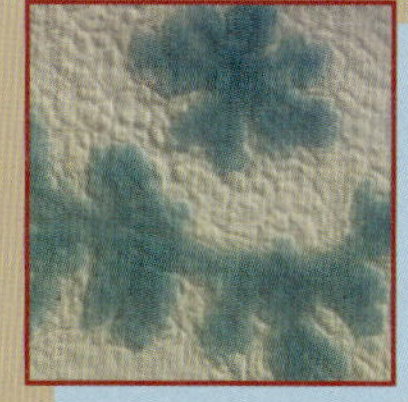

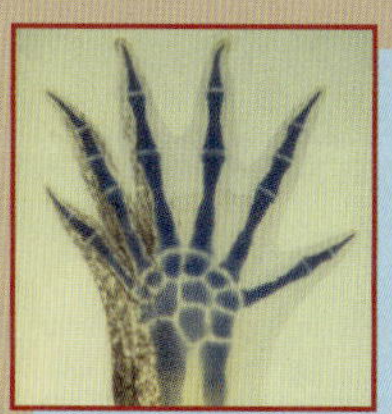

Chapter 15

기관형성(장기형성)과 생후 발달을 연구하는 기술들

Techniques for studying organogenesis and postnatal development

5장에서 설명된 대부분의 기술은 초기와 후기 발달 과정을 연구하는 데 사용된다. 하지만 후기 발달을 위해 특별히 사용되는 기술이 있으며, 특히 여기에는 Cre 시스템과 같이 생쥐에서 형질 전환을 위해 사용되는 다양한 종류의 기술이 포함된다. 이 장에서는 그러한 기술들이 설명될 것이다. 뿐만 아니라, 이 장은 인간을 포함하는 포유동물에 대한 클론 분석 방법, 조직과 기관(장기)의 배양 기술, 그리고 세포 군집의 분류와 분석에 사용되는 유세포 분석법에 대해 다루게 될 것이다. 이들 방법은 단순히 기관형성에 사용되는 것만은 아니다. 이들은 또한 조직의 구성과 줄기세포, 재생 등과 관련된 생후 발달을 분석할 때 유용하게 활용되며, 이 부분은 특히 이 장의 "세포 분석과 분리" 절에서 더 다루어질 것이다.

기관형성에 관련된 대부분의 연구는 생쥐나 닭을 통해 이루어졌으며, 일부 제노푸스나 지브라피시에 대한 연구도 중요한 기여를 한 바가 있다. 본 책의 이 부분에서 생쥐 발달 단계는 배아의 임신(gestation, 예를 들어 E12.5)으로 표현되며, 닭의 발단 단계는 햄버거-해밀튼(Hamburger-Hamilton, H&H) 단계법을 통해 구분될 것이다.

유전학

일반적인 과발현을 통한 형질전환과 유전자 적중 생쥐 계통이 기관형성 연구에 광범위하게 활용되고 있다. 하지만, 이 기술에 한계가 있으며 어떤 매우 복잡한 기술이 생쥐 유전학에 더해져서 좀 더 넓은 범위의 연구가 수행되도록 도와주고 있다. 그러한 것들 중에는 미생물이나 파지 혹은 효모 등의 다른 생물종에서 유래한 유전적 구성품을 사용하기도 한다. 그러한 구성품은 그 비동물성 유래 때문에 매우 드물게 사용되기는 하지만, 포유동물에서 작동할 수 있도록 잘 변형되기도 한다. 예를 들어, 포유동물과 세균에서 공통적으로 받아들여지는 코돈의 사용은 때때로 관련된 tRNA가 다른 비율로 존재함으로 해서 그 사용이 어려워지기도 한다. 유전자 암호 서열은 종종 그 포유동물에서 가장 흔히 사용되어 같은 아미노산을 지정할 수 있도록 변형된 서열로 사용될 필요가 있다.

Cre 시스템

Cre('kree'라고 발음함)는 P1 파지에서 유래한 재조합 효소(recombinase)로서, *LoxP*라고 하는 결합자리에 의해 인접한 DNA 조각을 자르는 활성을 가지고 있다. 여기에서는 이 효소의 두 가지 목적으로의 사용을 고려하고자 한다. 첫째는 특별한 세포 종류에서의 유전자의 적중이고, 둘째는 유전자 발현 지역을 알아내기 위한 운명 지도의 목적이다. 이 기술은 또한 이 장의 뒷부분에서 다루겠지만, 클론 분석에도 사용될 수 있다.

조직-특이적 유전자 적중

이것은 기관형성 연구에서 기능 소실 변이(loss-of-function)의 표현형이 발달 중의 그 유전자의 첫 번째 기능의 소실에 의해 결정되기에 특히 중요하다. 매우 잦은 빈도로 어느 필수 유전자가 소실이 될 경우 배아는 초기 발달 단계에서 죽게 되며, 그 경우 후기 발달 단계에서 그 유전자의 소실이 가져오는 효과를 분석하는 것이 불가능해진다.

이런 초기 사망 문제를 극복하기 위해 하나의 특정 조직에서 유전자의 적중을 수행하게 되는데, 이를 위해서는 두 종류의 생쥐 품종이 먼저 수립되어야 한다(웹사이트 동영상 17의 "Cre-lox recombination" 참조). 첫 번째 품종은 표적이 되는 유전자는 암호화하고 있는 지역의 필수적인 위치의 양쪽에 삽입된 *loxP* 위치를 가지고 있어야 한다(이때 그 유전자를 **floxed**라고 한다). 두 번째는 Cre 재조합효소가 조직 특이적인 프로모터에 의해 발현되는 형질전환 품종이 있어야 한다. 이러한 품종을 지칭하는 용어로는 *Pdx1-Cre* 같은 것이 있는데, 이는 *Cre* 암호화 서열이 *Pdx1* 유전자의 프로모터에 의해 발현됨을 의미한다. 이 두 품종이 서로 교배되었을 때 그 자손에서 표적 유전자가 잘려야 하며, 이러한 현상은 오로지 그 조직에서만 발현되는 Cre에 의해서 유도된다(그림 15.1). 실제로는 Cre가 100%의 효율로 표적 유전자의 잘림을 유도하지 않으므로, floxed된 표적 유전자를 가진 부모 개체가 유전자의 두 번째 사본이 불활성화된 이형접합체이기만 해도 충분하다. 이는 단지 세포당 하나의 유전자 사본만 잘려서 단백질 발현이 정상 수준의 절반 정도만 발현되면 가능하다는 것을 의미한다.

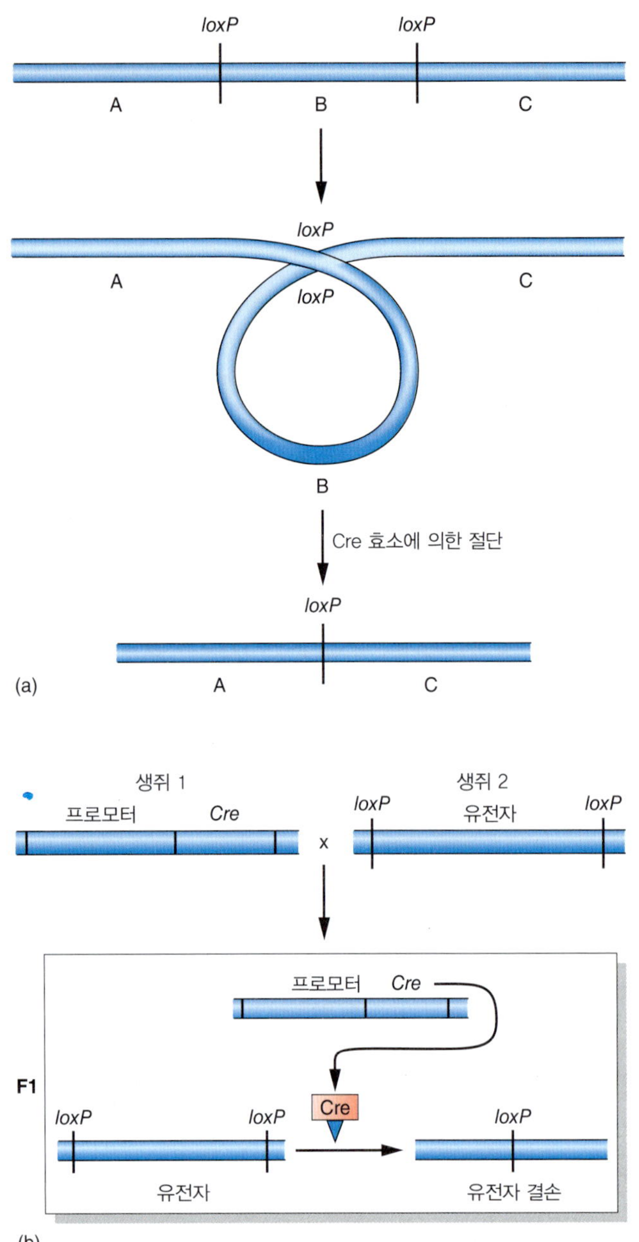

그림 15.1 Cre-lox 시스템. (a) Cre 재조합효소는 2개의 *loxP* 사이의 DNA를 자른다. (b) 이중 생쥐. 생쥐 1과 2가 교배될 때, Cre 재조합효소는 그것이 결합되는 프로모터의 특이성에 따라 발현되고, *loxP* 위치 사이의 유전자를 자른다.

Cre에 기반한 운명지도

Cre-lox 시스템은 또한 형질전환 유전자의 조직 특이적 발현에 사용될 수 있다. 이는 한 유전자의 기능이 다른 유전자의 도메인 안에서 발현되며, 이러한 시스템은 유전자의 단순한 과발현보다 좀 더 복잡한 조절을 가능하게 한다. 더 중요한 것은, 조절되는 유전자가 그 기능은 비활성화되어 있지만 검출은 쉬운 리포터일 때, 그러한 시스템은 계열 추적과 운명지도에 사용될 수 있다. 이를 위해 Cre는 평소에 표지 유전자의 발현을 막는 억제성 DNA 서열을 제거하는 기능을 한다. 예를 들어, *loxP* 부위와 인접한 전사 종료서열이 항상 유전자를 발현시키는 강한 프로모터와 암호화 서열 사이에 위치한다. 이것을 편의상 "stoplox"라고 쓰는데, *stoplox-lacZ* 혹은 *stoplox-GFP* 등이 그 예가 될 수 있다. 이 경우 Cre에 의해 그 억제 서열이 제거되면 뒤이은 리포터 유전자는 발현된다. 이 시스템은 DNA 전체 길이에서 표적을 잘라내므로 일단 발생한 변화는 세포 분열하면서 다음 세대로 전달이 되고 변형된 세포의 모든 후손에서 영속된다. 이러한 실험동물은 *Pdx1-Cre x stoplox-lacZ* 등으로 불리게 되는데, 여기서 첫 번째 부분은 Cre 효소를 발현하게 하는 조직 특이적 프로모터를 일컫고, 두 번째 부분은 사용되는 리포터를 일컫는다.

다음 세대로 전해지는 효과는 이 Cre-loxP 시스템이 운명지도 제작에 폭넓게 사용될 수 있게 하였다. 사실 이 방법은 단일 세포 전사체 염기서열 분석 방법을 통해 얻을 수 있는 유추를 제외

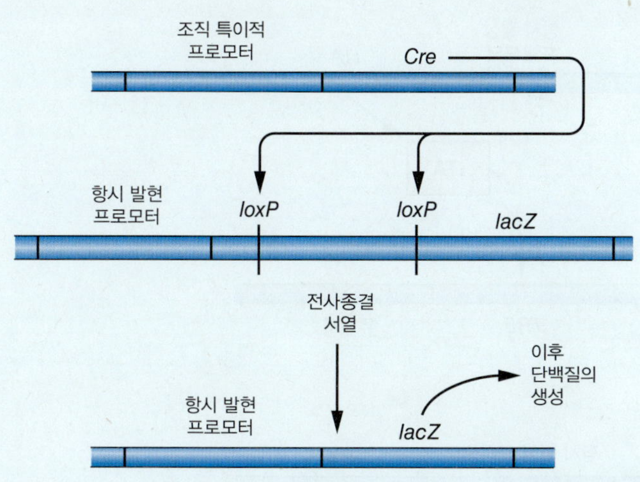

그림 15.2 운명지도를 위한 Cre-lox 시스템의 사용. 세포 군집은 Cre를 발현하는 프로모터의 상향조절 이후 영구적으로 표지될 것이다.

하고 egg cylinder 단계 이후에 생쥐 발달의 운명지도를 제작할 수 있는 유일한 방법이다. 만약 특정 단계에서 특정한 프로모터로부터 활성화되는 특정 세포 그룹으로부터 무엇이 형성되는지 알고자 할 때, 그 문제의 유전자를 Cre로부터 발현하는 생쥐 품종과 Cre가 리포터 유전자 발현을 유도하는 생쥐 품종을 교배하기만 하면 된다(그림 15.2). 실례로, 췌장의 모든 세포 종류가 전사인자인 Pdx1을 발현하는 내배엽으로부터 유래되었다는 것이 이 방법을 통해 증명되었다(18장 참조). 물론, 프로모터의 신뢰성은 이러한 종류의 실험에서 가장 중요한 요소이며, 매우 주의깊게 확인이 될 필요가 있다. 만약 Cre의 발현을 유도하는 프로모터가 원하지 않는 곳에 발현한다면, 그 결과는 엉뚱한 결론을 이끌어낼 수도 있다.

몇몇 리포터 품종이 이러한 종류의 운명지도에 사용되어 왔다. 가장 널리 쓰이는 품종은 R26R이라고 불리는 것이다. 이 품종에서는 대장균의 β-갈락토시다아제가 네오마이신 저항 유전자와 융합되어 β-*geo*라고 불리는 형질전환 유전자가 도입되어 있다. 이것은 *loxP* 위치가 인접한 전사 종료 신호에 의해 선도되고, 전체가 *Rosa26* 좌위에 녹인되어 있다. *Rosa26*은 모든 조직과 모든 발달 단계에서 발현되는 비번역 RNA를 암호화하는 유전자이다. 이것은 모든 곳에서 발현하는 유전자 포획(gene trap)으로 처음 발견되었다(11장 참조). 이 R26R 품종은 Cre가 존재하지 않는 한 *LacZ*를 발현하지 않다가, Cre가 잠깐이라도 발현되는 어떠한 종류의 세포에서라도 영원히 발현하게 된다. 다른 리포터 품종은 한 표지자가 Cre 활성화 이전에, 다른 하나는 그 이후에 발현되도록 고안되었다. 최근에는 *mT/mG*라고 하는 시스템이 널리 쓰이는데, 이것은 적색 형광 단백질인 tdTomato가 Cre 활성화 이전에 발현되다가 그 이후에 녹색 형광 단백질인 GFP가 발현하도록 고안된 것이다. 두 단백질 모두 세포막에 존재하는데, 이는 세포를 관찰하는 데 특히 유용하다.

유도조절 가능한 Cre

Cre 효소를 에스트로겐 수용체의 리간드 결합자리와 융합하면 원할 때 Cre 시스템의 발현을 유도하는 것이 가능하다. 8장에서 언급한 글루코코르티코이드 수용체와 같은 방식으로 에스트로겐 수용체 같은 핵 호르몬 수용체는 평소에는 열충격 단백질(heat-shock protein)과 결합하여 세포질에 위치해 있다. 그들의 리간드(에스트로겐)에 결합하게 되면 그 열충격 단백질은 해리되고 에스트로겐 융합 단백질은 핵으로 이동하게 된다. *CreER*은 여전히 조직 특이적인 프로모터에 의해 발현되지만 활성을 갖게 하는 시간은 적절한 리간드를 모체에 원하는 시기에 주입함으로써 조절할 수 있다. 사용되는 에스트로겐 수용체의 서열은 원래 내재 에스트로겐에는 반응하지 않도록 변형되어 원래의 에스트로겐이 아닌 타목시펜(tamoxifen)이나 그 대사산물인 4-히드록시타목시펜(4-hydroxytamixfen)과 같은 인위적 물질에 의해서만 실험적으로 조절이 된다. 타목시펜이 주입되면 간에서 수시간 내에 4-히드록시타목시펜으로 대사되고, 이후 24시간 이내 혈류에서 완전히 제거된다. 그러므로 이 시스템은 약 1일의 시간 구분(time discrimination)이 있다.

Cre 시스템으로 수행되던 모든 실험은 CreER/타목시펜 시스템으로 대신할 수 있으며, Cre 활성의 시간대는 타목시펜의 용량으로 조절 가능하다. 이런 장점은 운명지도 작성에서 특히 가치를 발휘하는데, 왜냐하면 이 시스템을 활용하면 특정한 배아 발달 시기에 특정 프로모터의 발현을 조절함으로써 원하는 세포 군집의 후손이 어떻게 변화하는지 확인이 가능하기 때문이다.

Tet 시스템

CreER 시스템은 일시적인 유전자 발현 유도의 효과가 영구적으로 남는 유도 방법의 한 종류로 여겨진다. 이 시스템은 또한 형질전환 유전자 발현의 변화가 DNA에 영구적으로 남아서 다음 세대로 넘어가지 않은 채, 그 자극이 지속되는 한 그 효과를 지속시킬 수 있게 하는 것도 가능하다.

이를 위해 좀 더 선호되는 방법은 대장균에서 테트라사이클린 오페론에서 사용되는 하나의 DNA 요소(element)를 사용하는 것이다. 테트라사이클린을 분해하는 효소는 이 오페론의 유전자에

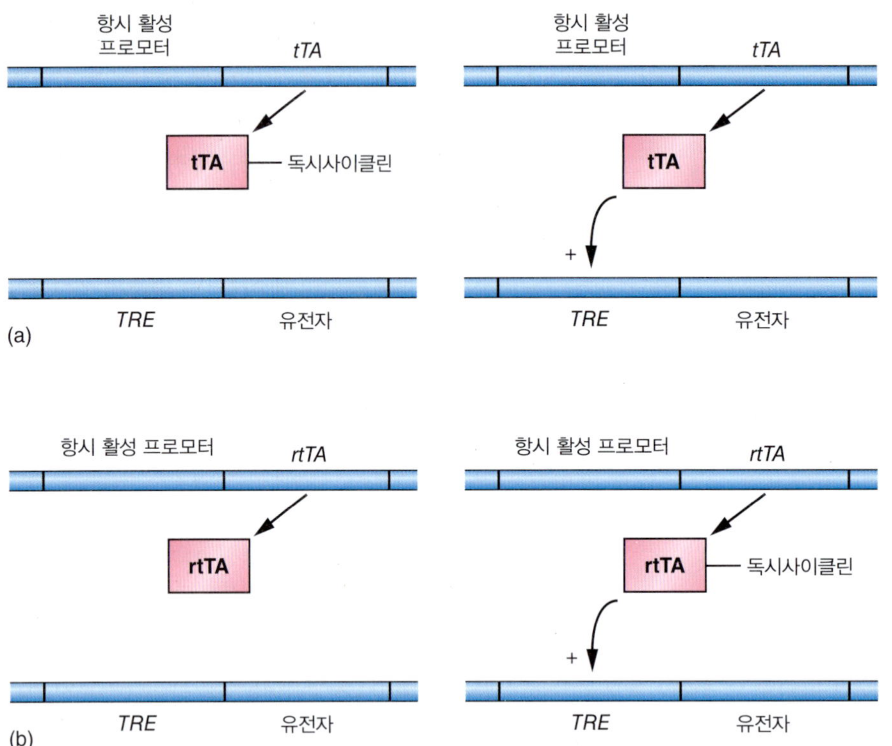

그림 15.3 Tet 시스템. (a) Tet-off에서 tTA는 독시사이클린이 *없을 때* 표적 유전자를 발현시킨다. (b) Tet-on에서, rtTA는 독시사이클린이 *존재할 때* 표적 유전자를 발현시킨다.

의해 암호화되어 있다. 테트라사이클린이 존재하지 않을 때 이 오페론은 억제되고, 존재할 때 이 오페론은 활성화된다. 이 시스템은 테트라사이클린이 *Tet* 억제 단백질(TetR)과 결합하여 그것이 *tet* 억제단백질 결합 서열(*tetO*)로부터 떨어지게 만들어서, 결국 전사가 일어나게 한다.

생쥐 실험에서, 이 시스템은 변형되어 그 특이성이 다양한 방식으로 개선되었다(그림 15.3). 사용된 반응 요소(response element, RE, 여기서는 tetracycline response element, 즉 TRE)는 최소 프로모터와 함께 몇 개의 대장균 *tetO* 사본을 포함한다. 원래의 TetR은 원래의 정상 억제 도메인이 VP16 활성화 도메인(herpes simplex 바이러스에서 유래한 강력한 전사-활성 서열)로 대체된 activator(TetA)로 변환되었다. 형질전환 조건에서, *TRE*는 표적 유전자와 같이 묶여 있고, TetA는 게놈 어딘가에 존재하는 별도의 조직 특이적 프로모터로부터 발현된다. 사용되는 유도자(inducer)는 테트라 사이클린 그 자체가 아닌 좀 더 안정된 유도체인 독시사이클린이라고 불리는 것이 사용된다. 이것의 변형된 형태의 **Tet-off**라 불리는 시스템에서, 유전자는 독시사이클린의 존재 하에서는 비활성화되어 있다가 그 약물을 제거하였을 때 TetA가 *TRE*에 결합하여 전사를 활성화시킨다. 독시사이클린은 임신한 암컷 생쥐가 섭취하는 물에 포함되어 지속적으로 공급되며, 따라서 TetA가 분리되고 표적 유전자는 발현을 하지 않게 된다. 그 유전자를 활성화시키고자 할 때 비로서 독시사이클린을 음료로부터 제거하면 된다. 그러면 몇 시간 내에 모체와 태아의 혈류로부터 독시사이클린이 사라지게 되고, TetA는 TRE에 결합하여 표적 유전자는 활성화된다.

또한 TetA는 매우 정교한 돌연변이 유도 실험 연구를 통해 rtTA라고 부르는 역활성자(reverse activator)로 변환되어 사용되고 있다. 이 분자는 *TRE*에 결합하기 전에 독시사이클린과 결합해야 하며, 그렇게 되었을 때 유전자 발현을 유도할 수 있다. 독시사이클린이 제거되면, rtTA는 *TRE*로부터 떨어지게 되고 유전자는 꺼진다. 이러한 상태를 **Tet-on**이라고 한다. Tet-on 혹은 Tet-off 중 어떤 것이 더 적절할지의 여부는 사용되는 실험의 디자인에 따라 다르다. 두 시스템은 또한 배아줄기세포 같은 것을 이용한 조직 배양 기반 실험에서 더 활발히 활용되고 있고, 바이러스를 이용한 유전자 전달 벡터의 발현을 조절하기 위한 용도로도 넓게 활용되고 있다.

후기 유전자 도입

생쥐에서, 과발현 실험의 대부분은 형질전환을 위한 고전적인 유전자 주입을 사용하거나 11장에서 언급한 녹인 과정을 거치게 된다. 유도 가능한 매우 정교한 시스템이 있음에도 불구하고 때로는 그 유전자를 필요할 시기에 필요한 곳에 도입하는 것이 선호되기도 한다.

이것은 **전기천공(electroporation)**이라는 방법을 통해 가능하며, 이 기술은 주로 닭에서 사용된다. 척추강 같은 공간에 유전자가 주입이 되고 사각파(square-wave) 형태의 전기 자극이 그 조직 주변으로 가해진다. DNA는 전기적으로 음성을 띠고 있기 때문에 세포 내에서 전기천공기(elecroporator)의 양극(anode, 역주; 전지와는 달리 전기자극기에서는 음이온이 흘러 들어가는 쪽 혹은 양이온이 흘러나오는 쪽의 전극을 anode라고 한다. 여기서는 이해를 돕기 위해 '양극'이라 번역함.) 쪽으로 이동하게 된다. 기관형성 단계의 생쥐에서 배아는 모체의 자궁 내에 위치하게 된다. 예전과 다르게, 이제는 생쥐에서도 자궁을 열고 배아나 태아를 노출시켜서 전기전공을 통해 원하는 위치에 유전자를 도입한 후 다시 자궁을 봉합하여 모체가 정상적인 임신을 유지해서 새끼를 낳게 하는 기술이 발전하였다. 형질전환과 달리, 전기천공은 짧은 기간에 유전자 발현을 발현하는 일시적인 기술이다. 도입된 DNA는 숙주세포의 게놈에 들어가는 일은 매우 드물며, 시간이 지나면서 세포 분열에 의해 세포질 내에서 점점 희석되어 사라지거나 혹은 대사적으로 분해가 된다.

유전자 전달을 위한 바이러스 벡터

상당한 수의 연구에서 배양되는 세포나 살아 있는 기관에 유전자를 도입하기 위해 동물 바이러스에서 유래한 다양한 종류의 벡터가 사용되고 있다. 이것들은 몇 개의 하위 분류로 나누어질 수 있지만 연구에 가장 흔하게 사용되는 것은 **레트로바이러스(retrovirus)**, 관련된 렌티바이러스 그리고 아데노바이러스이다.

레트로바이러스는 RNA 바이러스로서, 세포에 감염이 되면 단일 사슬의 RNA 게놈이 이중나선의 DNA로 역전사되어 숙주의 게놈에 끼어들어가게 된다. 레트로바이러스 벡터에서, 대개 그 자신의 프로모터를 가진 해당 유전자는 바이러스가 암호화하고 있는 모든 3개의 영역을 대체한다. 바이러스 벡터를 위해서 "도입(transduction)"이라는 용어는 일반적으로 "감염(infection)"이라는 표현으로 대체하여 사용된다. 도입 후에, 그들은 숙주의 DNA에 끼어들어 형질전환 유전자는 그 자신의 프로모터의 조절 하에 발현된다. 렌티바이러스는 인간 면역결핍 바이러스(HIV)와 관련된 또 다른 레트로바이러스이지만, 이것들은 분열하지 않는 세포에도 유전자를 도입할 수 있고 숙주 게놈에 형질전환 유전자를 끼어 넣을 수 있는 추가적인 능력을 가진다.

자기복제 기능이 손상된 벡터가 대부분의 과발현 실험에서 사용된다(그림 15.4). 이들은 자기복제에 필요한 대부분 혹은 모든 유전자를 갖고 있지 않아 새로운 바이러스 조각을 만들 수 없다. 유전자 전달체(역주; 해당 유전자를 숙주에 도입시키기 위해 그 유전자를 포함하는 새로운 바이러스)를 만들기 위해서 벡터 서열

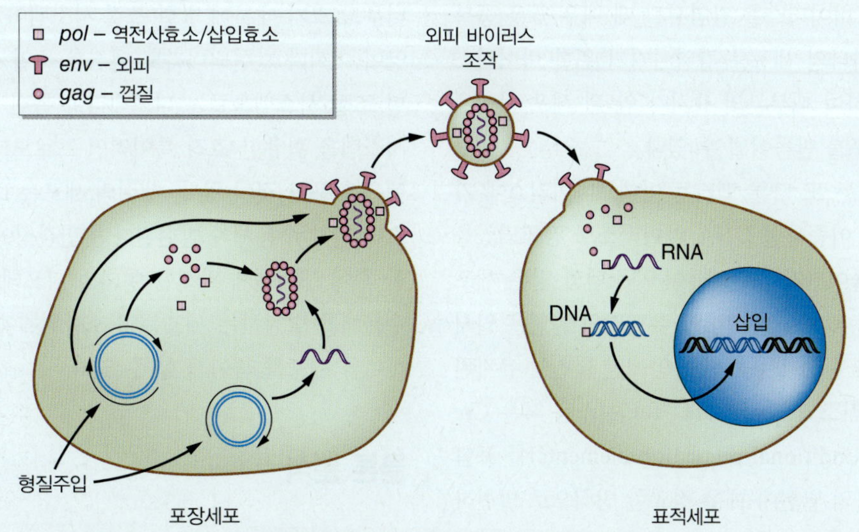

그림 15.4 자기복제 기능이 손상된 렌티바이러스 벡터. 벡터는 포장 세포주 내에서 도입된 플라스미드에서 발현되는 구성물로부터 포장된다. 바이러스는 표적 세포에 감염되어 게놈에 삽입되기 위한 DNA를 형성하지만, 다른 세포를 감염시킬 수 있는 새로운 바이러스를 만들어내지 못한다.

을 포함한 플라스미드는 새로운 바이러스 조각을 암호화하는 유전자를 포함하는 플라스미드와 함께 '포장 세포주(packaging cell line)'라고 부르는 세포주에 감염되어야 한다. 비로소 새로운 바이러스를 만드는 데 필요한 모든 구성 요소가 존재하므로 포장 세포는 바이러스를 생산하여 분비할 수 있게 된다. 이때 생산되어 분비된 바이러스는 완전하지 않은 게놈을 가지고 있어, 숙주세포에 감염되고 그 유전물질을 숙주의 게놈에 끼워 넣어 발현을 시킬 수 있는 능력은 있지만, 새 숙주를 감염시킬 능력이 있는 새로운 바이러스를 만들어낼 수 있는 능력은 가지고 있지 못하다. 이때 정상적인 바이러스의 껍질 단백질의 일부를 다른 넓은 범위의 숙주 특이성을 갖게끔 다른 껍질 단백질로 대체하는 것이 일반적이다. 예를 들어, G형 수포성 구내염 바이러스(vesicular stomatitis virus-G, VSV-G)의 껍질 단백질이 이에 해당하며, 이는 "유사형(pseudotyping)"이라고 알려져 있다. 바이러스 감염 후에는 모든 숙주세포에서 바이러스 DNA가 숙주의 게놈에 끼어든다고 말하기는 어렵지만, 대부분은 새로운 유전자를 발현한다. 조직 배양에서는 벡터 안에 내장된 항생제 저항성 유전자를 사용하여 도입된 유전자의 삽입 여부를 확인할 수 있다.

배아 전체나 동물을 사용한 실험에서는, 많은 세포에서 끼어들지 못한 바이러스 게놈이 분해될 때 유전자의 발현이 멈추므로 그 효과는 일시적일 수 있다. 전체 배아나 동물을 이용하여 감염을 시킬 때 생식세포 내에서 넣어준 유전자가 게놈에 삽입되는 경우를 찾기는 매우 어렵다. 따라서 레트로바이러스 벡터를 이용하여 형질전환 개체를 만드는 일은 대개 하지 않는다. 자기복제 기능이 손상된 레트로바이러스는 또한 **클론 분석(clonal analysis)**에도 사용된다. 이 목적을 위해, 바이러스를 감염시킬 때 매우 낮은 중복성(multiplicity, 역주; 하나의 세포를 감염시키기 위한 바이러스의 상대적 용량)을 사용하여 대부분의 표지가 안 된 세포 사이에 아주 적은 수의 표지 세포를 만들어낼 수 있다.

연구에 흔하게 사용되는 또 다른 벡터는 아데노바이러스에 기반을 두고 있다. 이것은 이중나선 DNA 바이러스로 감염되었을 때 숙주의 게놈에 끼어들어가지 않는다. 이 시스템의 많은 세포들에 높은 효율로 감염이 될 수 있지만, 그 유전자의 발현은 일시적이며 바이러스 DNA가 존재하는 기간 동안에만 발현이 유지된다. 사용되는 모든 바이러스 벡터는 Gal4, Tet 시스템 혹은 Cre 같은 선택적 조절 인자(conditional regulation elements)를 포함하고 있어 도입된 유전자의 발현이 매우 정교한 방식으로 발현하도록 조절할 수 있다.

닭의 배아 발달 연구를 위해서 자기복제능이 유지된 레트로바이러스(replication-competent retrovirus, RCAS)가 사용되기도 하였다. 이는 감염된 세포가 바이러스를 만들어 밖으로 내보내고, 이들은 다시 주변의 세포들을 감염시켜서, 며칠 내로 감염과 형질전환 유전자의 발현이 전체 배아에 퍼지게 된다. 이 과정에서 배아가 대부분 죽으므로, 실험은 원하는 발달 단계에서 매우 계획된 시공간에서 수행되어야 한다. 사용되는 레트로바이러스에 저항성을 가진 닭의 품종도 존재한다. 그래서 팔다리싹과 같은 조직의 조각을 레트로바이러스에 민감한 배아에서 얻어내어 저항성을 가진 배아로 이식한 후 감염을 진행하는 것도 가능하다. 이러한 조건에서 과발현은 오직 레트로바이러스에 민감한 부분에서만 제한되어 일어난다.

세포 제거

발생 특이적인 방식으로 세포를 죽이는 몇 가지 방법이 있지만, 가장 흔한 방법중의 하나는 *Corynebacterium diphtheirae*라고 불리는 병균의 외부독신(exotoxin)의 일종인 디프테리아 톡신(diphtheria toxin, DT)을 이용하는 것이다. 이 분자는 DT-A라고 부르는, 실제 세포를 죽이는 소단위체와 인간을 포함한 포유류의 세포 표현에 발현하는 표면 단백질인 디프테리아 톡신 수용체와 결합하여 DT-A가 세포 내로 들어가게 하는 DT-B 소단위체로 구성된다. A-소단위체는 세포 내 단백질의 생합성에 필수적인 신장인자 2(elongation factor 2)를 불활성화시킨다. 이 톡신은 매우 치명적이어서 한 분자 만으로도 세포 하나를 죽일 수 있다.

DT-A는 그 자체로 사용될 수 있으며, 조직 특이적인 프로모터나 유도 시스템에 의해 발현을 조절할 수 있다. 이 분자는 독성이 너무도 크기 때문에 발현 조절 시스템이 완벽하지 못해 매우 적은 양이 어쩌다 발현되더라도 생쥐를 죽일 수 있다. 좀 더 정교한 발현 조절 시스템으로는 디프테리아 톡신 수용체의 발현을 Cre-lox 시스템을 활용한 조직 특이적인 프로모터를 사용하거나 Tet 시스템을 활용한 것이 있다. 생쥐의 세포는 DT 자체에 민감하지는 않으나 만약 수용체가 발현된다면 민감성이 증가할 수 있다. 이렇게 한 후에 생쥐에게 완전한 형태의 디프테리아 톡신을 주입하면 그 수용체를 발현하는 세포는 B-소단위체에 결합해서 A-소단위체로 하여금 세포를 죽이게 할 수 있다.

클론 분석

클론 분석은 초기 발생과 관련하여 4장에서 소개가 되었다. 이 단계에서 이슈는 대개 결정 시간을 찾는 것이며, 그것은 단일 클론이 그들이 결정된 후 2개의 구조로 걸쳐질 수 없는 시간대를 결정하는 것이다. 기관형성이나 생후 발생의 연구를 위해서 중요한 점은 오히려 전구세포를 찾아내는 것이고 조직의 분열을 이해하는 것이다. 만약 전체 구조가 단일 세포의 분열에 의해 생성된다면, 전체 구조는 그 세포가 어떻게 표지되었는지에 따라 표지될 것이다. 하지만 만약 조직의 구조가 여러 세포로 형성이 된다면, 그 구조는 항상 단일 전구체의 표지에 따라 혼합된 구성이 될 것이다.

여기서는 생쥐에서 사용된 클론 분석법을 위한 방법이 설명될 것이다. 또한 클론 분석은 초파리에서 번데기 단계에서 성충판(imaginal discs)의 발달을 조사하는 데에도 중요하게 사용이 된다. 하지만 이를 위한 방법은 다소 특화되어 있으므로 19장에서 설명한다.

모자이크화와 키메라화

포유동물에서 유전적으로 동등하지 않은 세포들로 구성된 동물을 모자이크화 혹은 키메라화되었다고 말한다. 대개 "모자이크화"라는 표현은 X-염색체 불활성화로부터 유래한 모든 암컷 동물의 모자이크와 같이 동물이 하나의 접합자로 유래하였을 때를 말하며, "키메라화"라고 함은 어떠한 실험적 방법 혹은 자연적으로 다른 소스의 세포들이 섞여 발생하였을 때를 말한다. 다만 유전적 모자이크화(genetic mosaics)와 모자이크화 발생(mosaic development)를 혼동하지 않도록 주의할 필요가 있으며, 이는 4장에서 언급한 것처럼 완전히 다른 개념이다.

생쥐에서 키메라를 만들 수 있는 두 가지 실험적 방법이 있다(그림 15.5). **집합 키메라(aggregation chimeras)**는 4~8-세포기의 배아에서 투명대를 제거하고 다른 세포에 달라붙을 수 있도록 부드럽게 압착하여 형성할 수 있다. 융합된 배아는 대리모의 자궁에 재착상될 수 있다. 이렇게 형성된 배아는 정상적은 발달 과정으로 거치고 두 가지 배아의 구성을 가진 세포의 조합이 된다. 주입 키메라(injection chimeras)는 투명대를 갖춘 발달 중인 배반포의 포배강 공간에 세포를 주입함으로써 형성할 수 있다. 다시 한번 그들은 추가 발생 과정을 위해 대리모의 자궁에 착상된다. 조합되는 두 생쥐 품종의 털 색깔이 다를 경우 태아나는 개체의 털 색깔로 키메라 형성 여부를 알아낼 수 있다. 비록 털 색깔과 관련된 색소 세포 그 자체는 신경능에서 유래하지만, 모낭 내의 색소의 발현은 피부의 국소적인 유전적 조성에 의존하게 될 것이다. 따라서 키메라는 털 색깔 패턴에서 종종 알록달록한 형태를 갖게 되거나 혹은 키메라를 형성하는 데 기여한 품종의 털 색깔의 혼합 형태를 갖게 될 것이다.

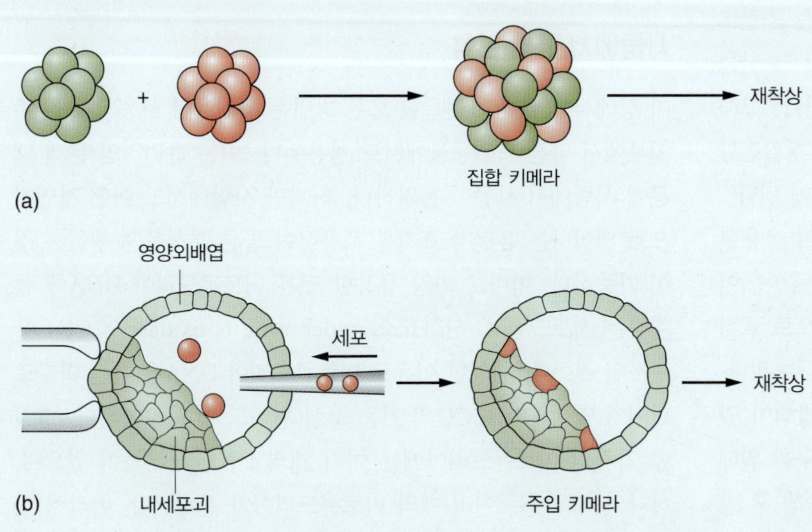

그림 15.5 키메라 만들기. (a) 집합에 의한 방법, (b) 포배 내 세포의 주입에 의한 방법.

주입 키메라 형성법은 유전자 적중 생쥐의 형성에 필수적인 단계를 제공하는 중요한 과정이다(그림 11.25, 26). 하지만 두 종류의 키메라와 X-불활성화 모자이크는 또한 태아 혹은 생후 생쥐에서 구조의 클론 분석에 사용된다. 이런 종류의 분석은 20장에서 더 자세히 언급되겠지만, 모낭이나 장움(intestinal crypts)과 같은 구조의 분석에 사용되어 왔다. 주입 키메라는 각각 다른 형광단백질을 발현하는 2개 이상의 배아줄기세포주를 주입함으로써 하나 이상의 표지된 세포를 가진 다중색으로 만들어질 수 있다. 이에 대한 예는 발생 과정 중의 조혈(developmental hematopoiesis)과 관련된 것으로 그림 17.33에 제시되어 있다.

표지된 클론의 유도

생쥐와 닭의 배아에서 클론을 표지할 때는 베타-갈락토시다제나 GFP를 발현하는 자기복제능이 없는 레트로바이러스를 낮은 용량으로 감염시키는 방법을 활용할 수 있다. 이상적으로, 그 용량은 감염된 세포끼리 충분히 떨어져서 구분될 정도로 낮아야 하며, 양성으로 표지된 세포군은 단일 클론으로 고려될 수 있다. 이러한 방법은 중추신경계의 연구에서 매우 중요하게 활용되어 왔다. 하지만 실질적으로 클론들이 떨어져 있음을 구분하는 것은 그렇게 쉽지 않고, 때때로 매우 많은 수의 변종 서열을 포함한 바이러스 라이브러리가 사용되면, 표지된 부분의 조직에서 PCR 분석을 통해 그것이 같은 혹은 다른 클론들로 구성되는지 확인하는 과정도 필요하다.

또한 클론 유도를 위해 배아를 다루지 않아도 되

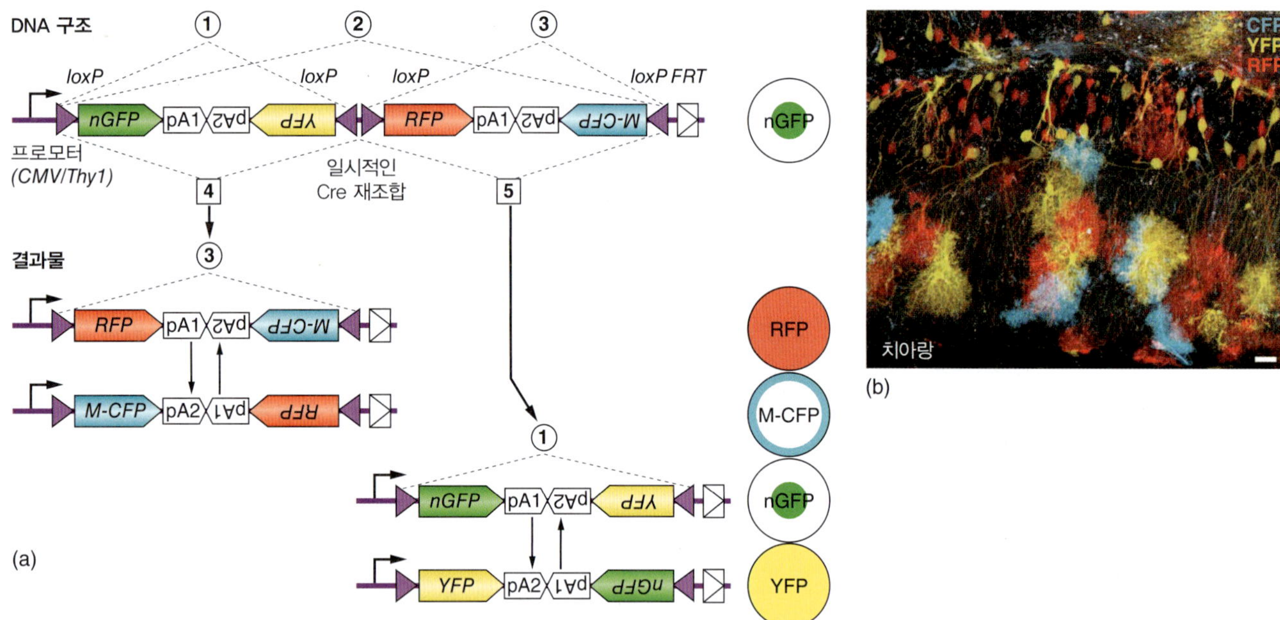

그림 15.6 다른 색깔을 가진 여러 클론을 형성하기 위한 '브래인보우(Brainbow)' 기술. (a) Brainbow 2.1의 구조. Cre가 존재할 때, 세 가지의 가능한 역위와 두 가지의 가능한 절단 반응이 있으며, 이는 네 가지 각각 다른 형광 단백질을 발현하는 결과물을 도출한다. (b) 많이 표지된 클론들이 치아랑(dentate gyrus)의 한 절편에 존재한다. 축척자: 20μm. (인용) (a) Livet 등(2020) Springer Nature; (b) Livet 등(2007). Nature 450, 56-62, 네이처 출판그룹에 의해 허락을 얻음.

는 몇 가지 방법이 있다. *CreER x stoplox*-리포터 생쥐는 낮은 용량의 타목시펜을 사용하여 낮은 확률로 세포가 재조합이 되도록 하는 시스템이다. 타목시펜을 투여한 후 며칠 사이가 표지가 되는 시간대이며, 클론이 생성되는 빈도는 용량을 적정함으로써 조절할 수 있다.

이보다 다소 조절하기는 어렵지만 간단한 방법으로 *LaacZ*라고 하는 형질전환 유전자를 이용하는 방법이 있다. 이는 *lacZ*에서 종결 코돈을 내부적으로 추가한 버전이다. 세포 분열당 $1/10^6$ 정도의 빈도로 유전자내 재조합에 의해 손상이 복구되며, 이는 종결코돈을 제거한다. 이것에 의해 정상적인 *LacZ*가 발현되고, 그 산물이 XGal 염색에 의해 시각화 될 수 있는 클론을 형성한다. 그래서 조직 특이적 프로모터에 의해 유도된 *laacZ*를 가진 형질전환 생쥐는 항상 그들의 조직 내에 낮은 빈도의 클론들을 갖게 된다.

때때로 한 번에 하나 이상의 계열을 시각화하는 것이 유용할 때가 있다. '모자이크화와 키메라화' 절에서 언급한 바와 같이, 이는 표지가 되지 않은 숙주 배아에 하나 이상의 다른 색으로 표지가 된 배아줄기세포를 주입한 키메라를 구성하여 얻을 수 있다. 하나 이상의 색깔로 표지하기 위한 또 다른 형질전환 방법이 있다. '브래인보우(Brainbow)'라고 하는 방법은 신경계 연구를 위해 처음 소개가 되었는데, 이 외에도 다른 기관형성이나 출생 후 발생 문제의 연구에도 활용될 수 있다(그림 15.6). 이전에 보고된 버전에서는 네 가지 형광 단백질 유전자가 사용되었다. 각각의 쌍에서 하나는 그 주변에 인접한 *lox P* 위치와 함께 역위된다. Cre가 발현되면 나란히 놓인 *loxP* 위치 사이의 영역은 잘리게 되고, *loxP* 위치를 마주한 그 사이의 영역은 역위가 된다. 이러한 현상은 다양한 절단과 역위의 반응을 초래하고, 결국 네 가지 중 하나만의 형광 유전자를 발현하게 한다. 이 '브래인보우(Brainbow)' 버전은 콘페티(Confetti)라고 불리는 생쥐 품종의 R26R 위치로 삽입이 되었다.

사람에서 클론 분석

이 장에서 지금까지 언급한 모든 방법은 생쥐에서 사용되며, 아주 일부에서 다른 모델동물에서도 사용된다. 이는 윤리적인 문제 때문에 사람에서 사용이 불가하다. 하지만 사람에서도 어떤 자연적으로 일어나는 유전자 표지를 사용하여 클론 분석을 수행하는 것이 가능하다. 아마도 가장 유용한 것은 미토콘드리아 DNA에 존재하는 시토크롬 C 산화효소(cytochrome C oxidase, CCO) 유전자일 것이다. 다양한 이유로 미토콘드리아 DNA은 높은 확률로 변이가 발생하며, CCO의 기능 소실 변이도 이에 포함된다. 하지만 각각의 미토콘드리아에는 여러 개의 DNA 사본들이 있으며, 하나의 세포에는 여러 개의 미토콘드리아가 존재한다. 따라서 하나의 DNA 분자에서 일어난 변이가 유전적 부동(genetic drift)이

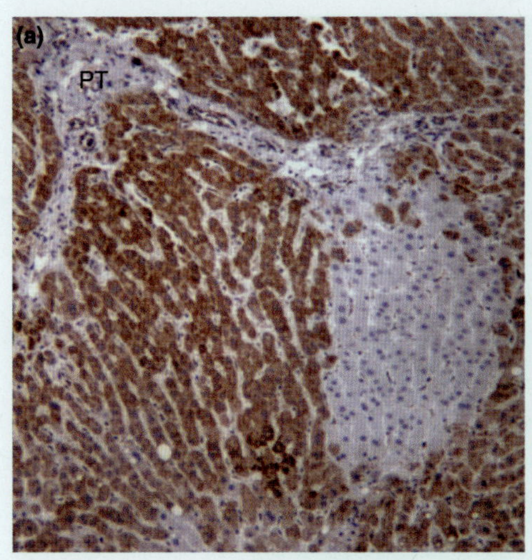

그림 15.7 인간 간 조직에서 관찰된 CCO 음성 클론. 변이체 구조는 파란색으로, 주변 세포는 갈색으로 표지되었다. (인용) Walther and Alison(2016) WIREs Dev. Biol. 5, 103-117

나 선택에 의해 세포 전체로 퍼지기 위해서는 시간이 걸릴 수 밖에 없다. 실제로, CCO 효소를 완전히 잃어버린 세포는 40세 이후의 사람에게서만 발견된다.

시간이 오래 걸리는 특성 때문에, 인간의 조직에서 시각화될 가능성이 있는 변이 클론은 줄기세포에서 유래한 것일 수밖에 없다. 이는 줄기세포가 (정의에 의하면) 영구적인 반면에 다른 분열하는 세포군은 일시적이기 때문이다(20장 참조). 표지가 된 클론은 줄기세포 자체와 그 후손을 포함할 것이다. 그림 15.7은 간의 상피에서 CCO-음성 클론의 사진을 보여준다. 이러한 클론은 간세동이(portal triad, PT) 영역에서 유래한 것으로 보인다.

조직과 기관의 배양

조직배양

조직배양(tissue culture)은 발생학 연구에서 부수적인 역할을 하는 것으로 여겨졌지만, 지금은 **배아줄기세포(embryonic stem cells)**와 **유도만능줄기세포(induced pluripotent stem cells)**의 중요성이 부각되면서 주요 기술로 받아들여지고 있다(11장 및 22장 참고). 조직배양은 세포를 시험관 내의 영양 배지 내에서 키우는 것을 의미한다. 대개 세포는 플라스틱 용기의 표면에서 단일 세포층으로 자라지만, 최근에 들어 3차원 형태의 기질에서 좀 더 복잡하게 자라게 하는 것도 빈번하게 이루어진다. 1차 세포배양(primary cell culture)은 기관 내 조직으로부터 직접 세포를 배양하는 것을 의미한다. 대개 1차 배양 세포주는 세포분열을 멈출 때까지 단지 몇 번의 세대 만을 분열할 수 있다. 이는 설치류 세포의 경우 사이클린-의존적 인산화효소 저해제(cyclin-dependent kinase inhibitor, CKIs)의 축적 때문이며, 사람 세포의 경우 염색체의 말단의 점진적인 소실을 막는 **텔로머라아제(telomerase)**가 없기 때문이다(21장 참조). 세포를 배양하게 되면 그 안에서 빨리 자라게 되는 변종이 발생할 수 있고, 이들이 우세종이 되어 자동적으로 선택되기 때문에 조직배양은 기본적으로 염색체 이상이나 다른 변이의 발생에 취약할 수 밖에 없다. 따라서 조직배양 내에서 관찰된 세포의 행동을 실제 생체 내 세포의 특성과 연관 지을 때 이러한 위험성에 대해 늘 인지하고 있어야 한다. 영구적 혹은 수립된 세포주는 세포 노화의 자연스러운 과정을 회피하게 해주는 다양한 유전적 변이의 축적으로 인해 제한 없이 분열할 수 있다. 일반적으로 조직배양은 포유동물 세포를 위해 잘 정립되어 있지만, 비포유동물에 대해서는 아직 기술의 발전이 미흡하다.

포유동물 세포의 **배양액(media, 단수형 medium)**은 일반적으로 350 mOsm의 총삼투질 농도를 가지고 있다. 수소이온 농도(pH)는 매우 좁은 범위에서 유지되며, 대개 7.4가 정상이다. pH 조절은 대개 중탄산염-이산화탄소 완충용액(bicarbonate-CO_2 buffer, 2.2g/L bicarbonate와 5% CO_2가 일반적인 조합임)에 의해 유지된다. 이 조건이 다른 완충용액에 의해 더 나은 결과를 도출하는데, 이는 아마도 중탄산염이 또 다른 형태의 영양분으로도 사용되기 때문인 것으로 보인다. 배양액은 염(salt), 아미노산, 당, 그리고 특정 세포의 생장에 필요한 낮은 농도의 특정 호르몬과 성장인자를 포함하여야 한다. 호르몬과 성장인자는 대개 배양액에 포함될 동물 혈청, 예를 들어 10%의 우태아혈청(fetal calf serum)에 의해 제공된다. 대부분의 경우에서 혈청의 자세한 성분 조성은 완전히 알려지지 않으며, 생산 배치에 따라 그 성분이 종종 달라져서 실험 결과에 중요한 영향을 주기도 한다. 이러한 이유로 혈청이 필요하지 않은(serum-free) 배양액의 사용이 증가하고 있다. 이들 배양액에는 필요한 호르몬과 성장인자가 순수하게 분리된 형태로 포함이 되고, 이들은 배양되는 세포의 종류에 따라 다른 조성과 양으로 포함된다. 세포가 거의 최적의 배양액에서 배양된다고 가정하면, 그들은 일정한 배가시간(doubling time)으로 기하급수적으로(exponentially) 그 수가 늘어난다. 세포를 최고의 속도로 계속해서 자라게 하기 위해서는 일정한 주기로 배양액을 교체해 주어야 하고, 배양기 바닥이 세포로 가득 찰때마다 계대 배양하여 낮은 세포 밀도로 다시 만들어주어야 한다. 계대 배양(subculturing)은 대개 트립신이라는 효소의 처리를 통해 수행되는데, 이 효소는 세포외 혹은 세포 표면의 단백질의 일부를 분

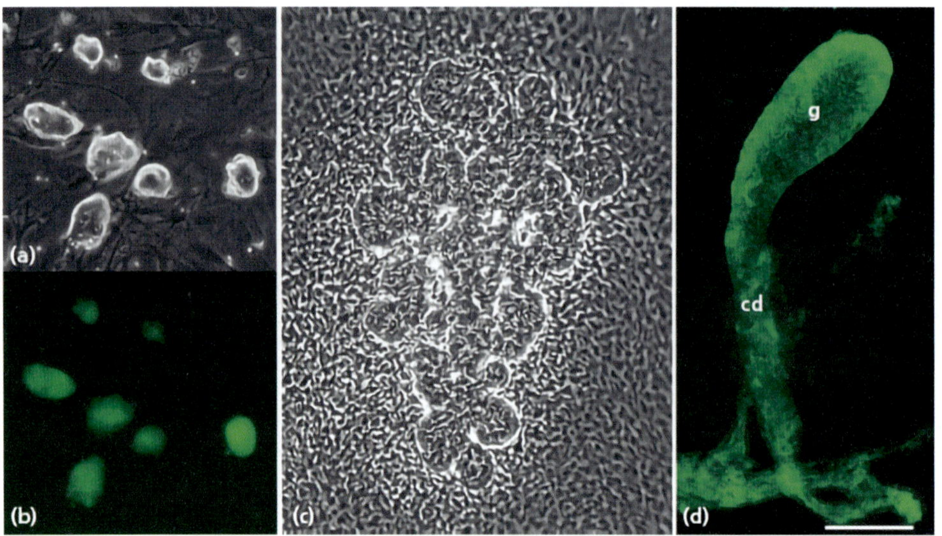

그림 15.8 조직과 기관배양. (a, b) 조직배양 중인 생쥐 유도만능줄기세포: (a) 위상차 이미지; (b) *Oct4-GFP*로 형광표지된 이미지. (c) 생쥐 배아 췌장의 기관배양, 위상차. (d) 생쥐 쓸개의 기관배양, 형광 레시틴(DBA)에 의해 초록색으로 염색되었음. g: 쓸개; cd, 담관; 축척자: 20 μm. (인용) Jonathan Slack.

해하여 세포로 하여금 플라스틱 배양기에서 떨어져 나와 구형에 가까운 형태로 부유하게 만들어준다. 트립신이 희석되고 나면, 세포는 새로운 플라스크에 낮은 밀도로 옮겨지고, 수 시간 후에 분해되었던 새로운 단백질을 다시 합성하여 새로운 기질에 달라 붙어 성장을 이어간다.

비록 조직배양에서 세포의 기하 급수적인 성장이 지향되지만, 실제 몸에서 세포는 그런 방식으로 자라지 않는다. 대부분의 세포는 분열을 하지 않는 휴지기에 있으며, 따라서 자라고 있는 조직보다는 정적인 상태에서 가득 차 있는 조직과 좀 더 유사하다.

기관배양

기관배양(장기배양, organ culture)은 조직배양의 반대되는 개념으로 조직의 작은 덩어리나 배아에서 얻어낸 기관의 싹을 그 모양 그대로 영양분이 풍부한 배양액에서 배양하는 것이다(그림 15.8c, d). 기관배양은 일반적으로 3차원 구조를 유지하며, 일반적으로 오랜 기간의 배양 기간을 요구하지는 않지만 배양 기간 동안에 여전히 살아 있는 조직의 형태로 분화하며, 때로는 구조 형성을 위한 세포조직의 이동을 허용한다. 어떤 기관배양은 간단한 플라스틱 배양기에서 이루어지고, 다른 경우에서는 콜라겐이나 피브로넥틴 등의 세포외 기질이 코팅된 플라스틱 바닥에서 이루어진다. 또 다른 경우에서는 콜라겐 젤이나 어떤 암세포주에서 분비된 세포외 기질을 상업화한 형태의 **마트리젤(Matrigel)** 등에 싸여진 형태로 배양된다. 기관배양을 위해 특별히 디자인된 공기-체액의 경계면을 모사한 다양한 막이 때로는 유용하게 사용된다. 다른 형태의 막 구조는 다른 구성을 가진 조직을 서로 다른 면에서 배양하도록 디자인이 되었는데, 이는 특별히 다른 구성의 조직 사이의 유도적 상호작용을 분석하는 데 유용하다.

유사한 형태의 배양 방법으로 **오가노이드(organiod)**가 있다. 이는 마이크로-크기의 조직이나 기관을 포함하는 구조로서, 대개 줄기세포를 시험관 내 배양을 통해 얻을 수 있다. 이에 대한 예시는 20장(장 오가노이드)과 22장(다분화능 줄기세포로부터 생성된 오가노이드)에 제시되어 있다.

닭의 배아에서도 생쥐와 유사하게 시험관 내에서 기관을 배양하는 것이 가능하다. 뿐만 아니라, 조직의 작은 덩어리를 뜯어낸 다음 좀 더 발생이 진행된 배아의 **장뇨막(chorioallantoic membrane, CAM)**에 부착시켜 배양하면, 혈관 형성과 더불어 완전히 분리된 상태에서 조직의 생존과 분화가 가능하다.

세포 분석과 분리

유세포 분석

줄기세포 연구에서, 특히 포유동물의 골수 등에서 복잡하게 섞여 있는 세포군으로부터 세포를 확인하고 분류하며 분리할 수 있는 능력은 매우 중요하다. 이는 **유세포 분석(flow cytometry)**에 의해서 가능하다. 이 방법은 트립신 처리 등을 통해 조직을 완전히 단일 세포 수준으로 분리하고, 이를 세포 현탁액으로 만들 수 있을 때 적용이 가능해진다. 작고 덜 복잡한 유세포 분석기는 세포 혼합의 조성을 분석하는 데 사용되고, 좀 더 크고 복잡한 장비는 세포 혼합으로부터 살아 있는 채로 다른 종류의 세포를 다른 튜브로 분리하게 하는 것이 가능하다. 만약 사용되는 장비가 분석과 분리를 모두 가능한 경우 **형광-활성화 세포 분리기(fluorescence-activated cell sorter, FACS)** 장비라고 부른다(웹사이트의 동영상 18 "FACS operation" 참조).

세포는 크기와 세포 내 과립도(granulosity, 세포 내부 소기관 및 소포체 등의 복잡성) 혹은 특별한 형광 신호로 분석될 수 있다. 이때 형광 신호는 특정한 표적에 결합하는, 형광이 결합된 항체를 이용하거나 세포 자체에 리포터 유전자를 통해 형광을 발현하는 경우가 사용될 수 있다. 만약 살아 있는 세포를 분리할 경우, 항체는 세포 표면의 분자에 결합하는 경우만 가능하다. 만약 목적이 단지 분석하는 것이라면, 세포는 고정되어 항체를 이용하여 세포 내부에 존재하는 항원을 인지하는 항체를 사용할 수도 있다. 분석을 수행하기 위해서 세포는 적절한 매질에서 현탁액 형태로 튜브에 담겨 장비에 장착된다. 그 후 세포는 노즐을 통해 쉬스 유동(sheath fluid, 역주; 조절이 가능하게 일정한 압력을 가해 유체가 지속적으로 흐름)의 형태로 흐르게 된다. 레이저 빔이 그 흐름에 조사가 되고 각각의 세포가 지나면서 빛을 산란시키며, 형광 신호는 검출기에 의해 측정된다. 이때 전방으로 산란되는 빛은 세포 크기의 대략적인 측정값을 제공하고, 측면으로 산란되는 빛은 세포의 과립도에 대한 대략적인 측정값을 제공한다.

형광-활성 세포분리법을 위해서, 장비는 세포 현탁액 분출 시 노즐을 진동시켜 현탁액의 흐름을 깨서 세포를 포함하는 일련의 작은 방울을 형성시킨다. 세포 밀도는 매우 적은 수의 방울이 한 개 이상의 세포를 담고 있을 정도로 계산된다. 실험자는 기계를 조작하여 형광과 세

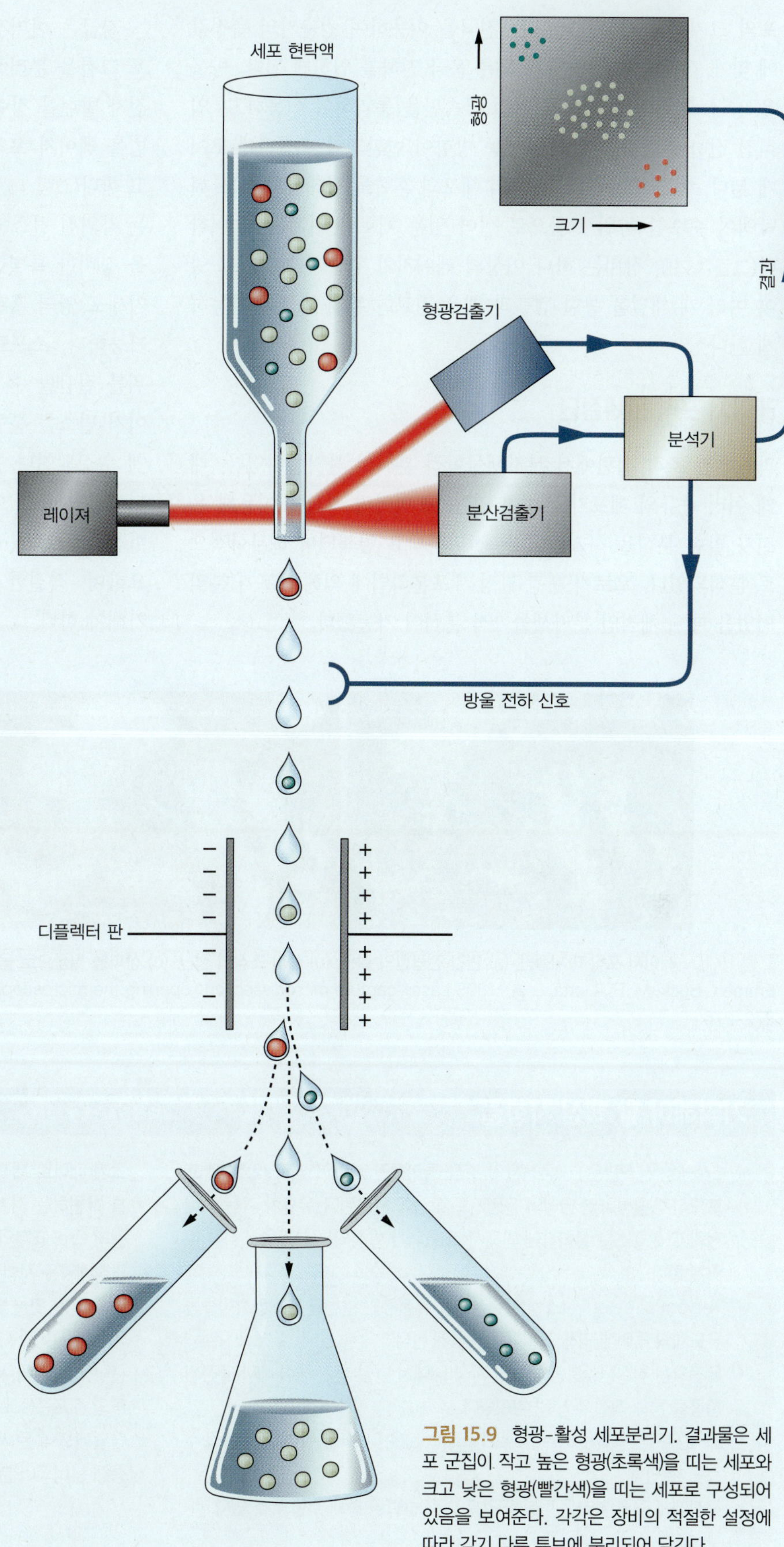

그림 15.9 형광-활성 세포분리기. 결과물은 세포 군집이 작고 높은 형광(초록색)을 띠는 세포와 크고 낮은 형광(빨간색)을 띠는 세포로 구성되어 있음을 보여준다. 각각은 장비의 적절한 설정에 따라 각기 다른 튜브에 분리되어 담긴다.

포의 크기를 조절하고 장비는 전극을 이용하여 검출기의 측정값에 맞게 각각의 방울에 양극 혹은 음극 전하를 입히게 된다. 방울은 양극 혹은 음극 전하를 가진 금속판을 통과하여 이동하고, 입혀진 전하에 따라 적절하게 이동 방향이 변환되어 수집기에 모이게 된다. 이는 처음 여러 종류의 세포의 혼합물 상태였던 세포 현탁액이 순수한 하위 그룹으로 살아 있는 채로 분리 됨을 의미한다(그림 15.9). 장비는 하나 이상의 레이저와 검출기를 가지고 있어 여러 개 채널을 통한 검출과 매우 정교한 분리 과정을 가능하게 한다.

레이저 포착 미세절단

과거에는 조직 절편에서 분자생물학적 분석이 불가능하였다. 대개 여러 종류의 세포가 뒤섞여 있는 큰 덩어리 조직을 이용해 유전자 발현 분석을 하거나 혹은 절편화되고 염색되어 해부학적으로 분석되었다. 오로지 형광-활성 세포분리법에 의해 세포가 분리되었을 때 구체적인 분자생물학적 분석이 가능했다.

지금은 현미경 상에서 조직 절편으로부터 단일 세포 혹은 세포 그룹을 분리해내고, 그들로부터 유전자 서열분석이나 특정 유전자 발현을 정량화하는 매우 소규모 분석이 가능하다. 이러한 방법을 **레이저 포착 미세절단(laser capture microdissection)**이라고 한다(그림 15.10). 이를 위해 절편 내 특정 구역을 잘라낼 수 있는 자외선-펄스 레이저 마이크로빔(UV pulsed laser microbeam)을 장비한 특별한 현미경이 필요하다. 이를 통해 단일 세포나 줄기세포 영역 혹은 암 조직 내의 작은 관심 부위를 잘라내는 것이 가능하다. 소프트웨어는 작업자가 레이저 빔을 통해서 원하는 부위를 절단할 수 있도록 도와준다. 절단된 조직 조각은 탈초첨 레이저 펄스를 통한 '사출(catapulting)' 기능을 사용하여 시료 튜브에 수집되거나 원하는 슬라이드에 부착시킬 수 있다. 다른 모든 미세한 시료를 이용한 분석이나 PCR을 통한 물질의 증폭에서와 마찬가지로, 원하지 않는 조직이 섞이지 않도록 상당한 주의가 필요하며, 적절한 양성 및 음성대조군을 이용하여 분석 결과를 평가해야 한다.

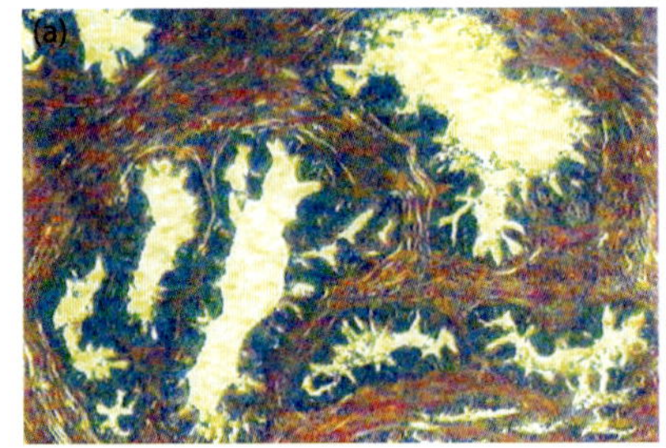

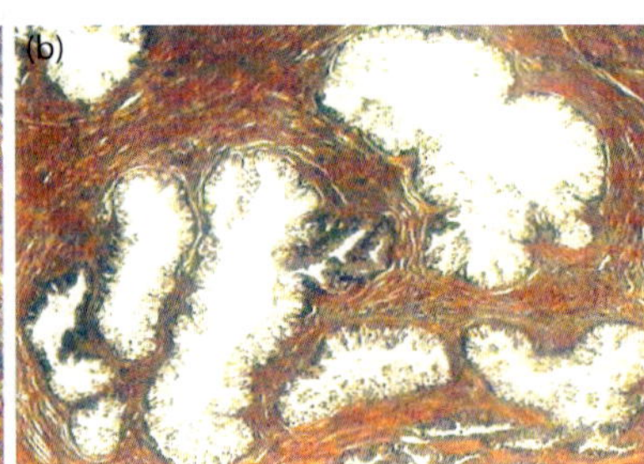

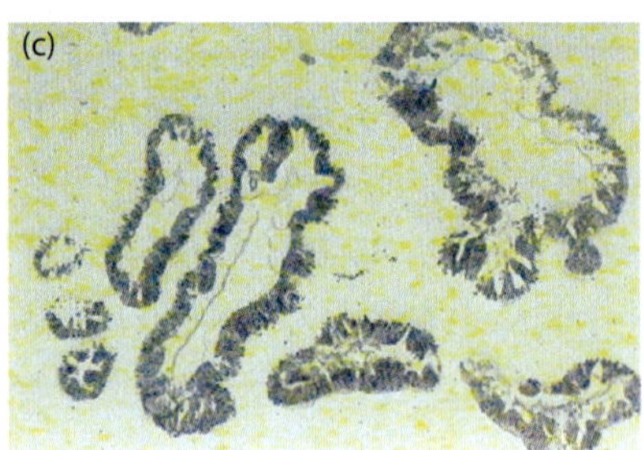

그림 15.10 레이저 포착 미세절단. (a) 인간 전립선의 절편. (b) 상피 조직의 절단. (c) 상피를 필름으로 옮김. (인용) Simone, N. L., Bonner, R. F., Gillespie, J. W., Emmert-Buck, M. R., Liotta, L. A., 1998 Laser-capture microdissection: opening the microscopic frontier to molecular analysis. Trends in Genetics. 14, 272-276.

기억해야 할 핵심 사항들

- Cre-lox 시스템은 (1) 유전자의 조직-특이적인 적중; 그리고 (2) 특정 프로모터가 활성화된 영역의 운명지도 작성에 사용된다. 유도가 가능한 버전의 Cre 효소는 실험자에 의해서 그 효과가 발휘되는 시점을 조절할 수 있게 한다.
- Tet-on과 Tet-off 시스템은 형질전환 유전자의 발현을 테트라사이클린 유도체의 투여에 의해 조절이 가능하게 한다.
- 유전자는 형질전환뿐만 아니라 자궁 내에서 발달 후기 생쥐 배아에 전기천공을 통해 직접 주입될 수도 있다.
- 표적 세포 무력화(targeted cell ablation)은 디프테리아 톡신에 의해 수행될 수 있다.
- 생쥐에서 클론 분석은 다음과 같은 여러 방법을 통해 수행될 수 있다: (1) 초기 배아로 제작한 모자이크화 혹은 키메라화의 분석; (2) 표지 유전자를 발현하는 자기복제-불가 레트로바이러스의 저용량 감염; (3) 낮은 수준의 Cre-표지의 유도; 혹은 (4) laacZ의 자발적인 전도.
- 조직배양은 시험관 내, 대개 플라스틱 배양기 내에서 단일 세포층으로 자라게 하는 것을 말한다. 기관배양은 살아 있는 조직의 싹을 분리하여 배양하여 시험관 내에서 성숙화시키는 과정을 의미한다.
- 현탁액 상태의 세포군은 유세포 분석을 통해 분석이 가능하다. 다른 종류의 세포종(subset)은 형광-활성 세포분리법을 통해 분리될 수 있다.
- 단일세포 혹은 세포의 소집단은 조직 절편으로부터 레이저 포착 절단을 통해 분리되어 분석될 수 있다.

Chapter 16

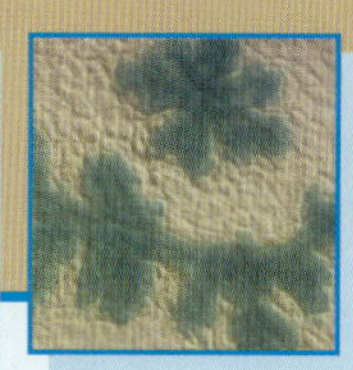

신경계의 발생

Development of the nervous system

전반적인 구조와 세포 유형

척추동물의 신경계는 보통 **중추신경계(central nervous system, CNS)**와 **말초신경계(peripherial nervous system, PNS)**로 구분한다. 중추신경계는 뇌와 척수로 이루어져 있고, 초기 배아의 **신경판(neural plate)**으로부터 형성된다. **말초신경계(peripheral nervous system)**는 뇌신경, 척수신경, 자율신경 및 이와 연결된 **신경절(ganglia)**로 이루어져 있다. 말초신경계는 **신경능선(neural crest)**, 외배엽의 **기원판(placode)**과 중추신경계에 위치한 세포체에서 뻗어 나온 축삭으로부터 형성된다. 일반적으로 중추신경계의 신경세포, 즉 뉴런은 수상돌기라고 부르는 수많은 투사(projection)와 수초라고 부르는 지방 피복으로 감싸여진 하나의 긴 축삭을 가지고 있다. 액손은 다른 여러 뉴런들의 수상돌기와 접촉한다. 뉴런의 수상돌기는 복잡하게 가지를 만드는데, 이를 수상돌기나무(dendritic tree, dendritic arbor)라고 한다. 신경 활성은 세포체로부터 활동전위(action potential)가 발생하고, 액손을 따라 전도되며, 다른 여러 뉴런의 수상돌기가 이를 수용하는 과정을 포함한다. 중추신경계에서 "회색질"은 주로 신경세포를, "백색질"은 주로 신경축삭을 의미하는데, 흰색은 축삭을 덮고 있는 수초(myelin sheath)의 지방 함량이 높아서 나타나는 것이다. 중추신경계에서 뉴런의 세포체가 응집된 것을 흔히 신경핵(nuclei)이라 부르는데, 이를 세포핵과 혼동해서는 안 된다.

뉴런 사이의 연결이나 뉴런과 뉴런이 아닌 다른 표적 세포 사이의 연결을 시냅스(synapse)라 부른다. 시냅스에서는, 시냅스전 말단에서 신경전달물질(neurotransmitter)이 방출되고 시냅스후 말단에서 리간드-개폐성(ligand-gated) 이온채널이 열리는데, 이렇게 함으로써 수용세포에서 활동전위가 개시된다. 뉴런은 서로 간극 연접(틈새 이음, gap junction)으로 연결되기도 하는데, 이 경우 전기자극은 양방향으로 전달될 수 있다. 척추동물 중추신경계의 전반적인 복잡성은 엄청나다: 인간의 뇌에는 약 1,000억(10^{11})개의 뉴런이 있고, 각각의 뉴런은 1,000(10^3)여 개의 다른 뉴런과 시냅스를 형성한다. 중추신경계의 능력은 대체로 뉴런의 위치와 연결 정도에 따라 좌우되며, 배아 발생 동안에 이루어지는 단순한 과정이 순서대로 작동하는 병렬적 과정을 통해 이 최종산물의 엄청난 복잡성이 생겨난다.

뉴런에는 많은 유형이 있다(그림 16.1). 축삭과 수상돌기(수상돌기나무)의 형태에 따라 분류하기도 하고, 아세틸콜린, 노르에피네프린(노르아드레날린)이나 도파민 등과 같이 사용하는 신경전달물질로 분류하기도 하며, 표적의 특성에 따라 분류하기도 한다. 운동뉴런은 근육을 표적으로 한다. 감각뉴런은 감각기관으로부터 신호를 받아 중추신경계로 전달한다. 연합뉴런(사이뉴런, 중간뉴런, interneuron)은 다른 뉴런들로부터 정보를 받기도 하고 보내기도 한다. 신경계 내에는 신경세포 이외에도 그 10배의 숫자에 달하는 **교세포(아교세포, glial cells, 복수형 glia)**가 있다(그림 16.1). **성상세포(astrocytes)**가 중추신경계에 가장 많은 세포형으로서 여러 가지 구조적, 대사적 기능을 수행하는데, 뇌혈관 장벽을 유지하고, 신경전달물질을 재흡수하며, 세포외 기질을 만든다. 제1형(= 섬유성) 성상세포는 백색질에 더 많으며, 제2형(= 원형질성) 성상세포는 회색질에 더 많다. **희소돌기아교세포(oligodendrocytes)**는 중추신경계에서 축삭을 둘러싸는 수초를 형성하는

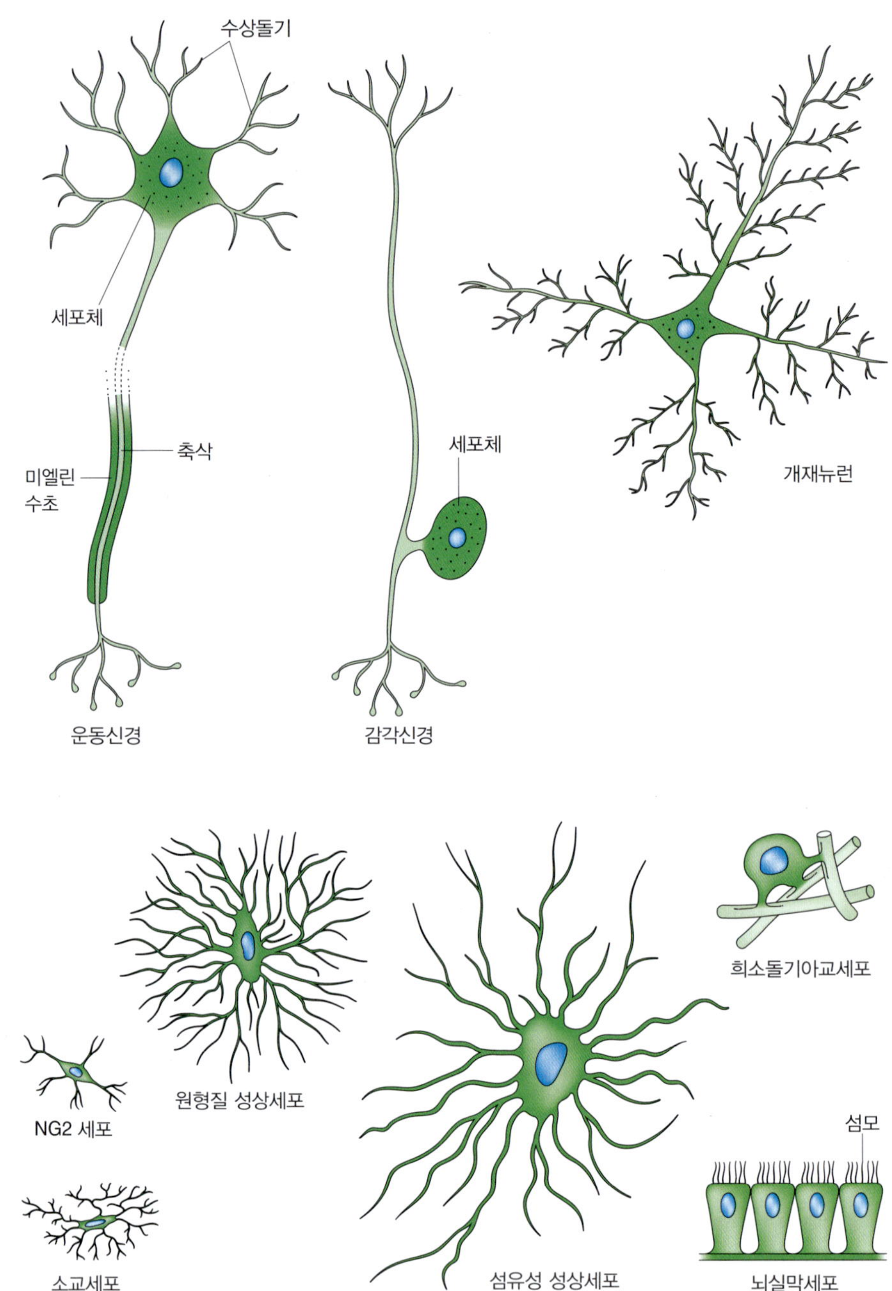

그림 16.1 중추신경계에서 발견되는 세포 유형.

세포인데, 말초신경계에서는 **슈반세포(Schwann cells)**가 그 역할을 한다. NG2 세포(다돌기아교세포, polydendrocytes = synantocytes)는 최근에 밝혀진 교세포의 일종으로서 희소돌기아교세포의 선구세포로서 기능하며, 평생 동안 뇌 속에 남아 있다. **소교세포(microglia)**는 신경판으로부터 형성되는 것이 전혀 아니며, 배아의 대식세포 중의 한 원시집단에서 유래하는 식세포이다. 마지막으로, **뇌실막(ependyma)**은 뇌실(ventricle)과 척주관(spinal canal)의 단순입방형 상피세포층이다. 이를 구성하는 세포는 상의세포(뇌실막세포)라 하며 섬모를 가지고 있으며 뇌척수액(cerebrospinal fluids, CSF)을 만들고 순환시키는 데 관여한다.

뇌

뇌의 주요 부위(그림 16.2)는 초기 발생기에 신경관(neural tube)으로부터 나타난다. 앞쪽의 전뇌(forebrain)는 **단뇌(telencephalon)**가 되고, 이것이 짝을 이룬 대뇌반구를 형성하며, 특히 하등 척추동물에서는 후각기관의 수용역으로 기능한다. 후각 감각세포

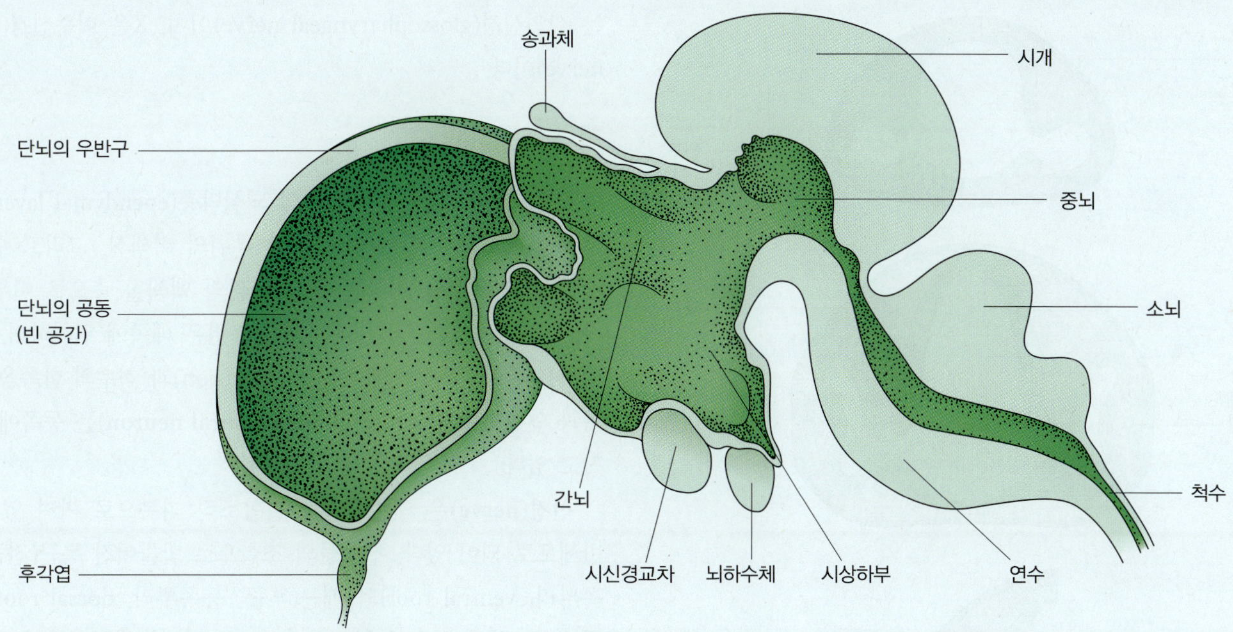

그림 16.2 발생 8일된 닭 배아의 뇌 구조. 중뇌와 후뇌는 정중면을, 오른쪽 단뇌와 소뇌의 팽창 부위는 측시상면을 나타내었다. (인용) Lillie(1919). The Development of the Chick. Henry Holt & Co.

자체는 코기원판(nasal placode)에서 유래하는데, 코기원판은 단뇌에 인접한 표피가 두터워진 것이다. 더욱 복잡한 연합 및 통제 행동이 분명해지는 고등 척추동물은 대뇌반구가 매우 크고, 포유동물에서 다층으로 이루어진 대뇌피질을 흔히 **신피질(neocortex)**이라 부르기도 한다. 뒤쪽의 전뇌는 **간뇌(diencephalon)**가 되며, 안포(optic vesicles)를 만들어낸다. 안포가 자라나고 함입해서 **안배[(眼杯), 눈오목, optic cups]**를 형성한다(그림 16.3). 눈의 수정체는 안배가 접하고 있는 표피에서 발생한다. 이것이 두터워진 수정체 기원판(lens placode)을 형성하고, 이 기원판이 둥글게 되고 함입해서 눈으로 병합된다. 각 안배의 안쪽 층은 감각성 망막이 되고, 바깥층은 색소망막이 되며, 뇌에서 안배로 뻗어 있는 관 안에 시신경이 담기게 된다. 분화하면서 망막은 다층 구조를 형성해서 감각성 광수용체세포와 기타 다양한 뉴런을 포함하게 된다. 이들 세포는 다시 안병(안포경)을 따라서 뇌로 액손을 뻗게 된다. 비포유동물에서 시신경 섬유는 간뇌가 아닌 **중뇌(midbrain)**까지 뻗게 되는데, 중뇌의 등쪽 부위가 부풀어 올라 쌍을 이룬 시엽(optic lobes)이 되며, 시각 정보를 받아들이는 1차 중추이다. 포유동물에서 시신경은 가측무릅핵[lateral geniculate nucleus, 중뇌로부터 만들어진 시상(thalamus)의 일부]과 연결되며, 중뇌의 천장쪽에 있는 상소구(superior colliculus)와도 연결된다. 중뇌는 또한 청엽(auditory lobes)도 형성한다.

안배 이외에도, 간뇌는 등쪽에서 시상과 송과체(pineal body = epiphysis)를, 배쪽에서 뇌하수체(pituitary = hypophysis)를 형성하기도 한다. 시상은 대부분의 측벽을 점유하고 있으며, 운동과 감각 신호를 통합하여 대뇌로 보내는 중요한 중추이다. 송과체는 하루 주기의 리듬과 관련된 것으로 생각되며, 나중에 멜라토닌의 원천이 된다. 다양한 호르몬을 분비하는 핵심 내분비기관인 뇌하수체는 이중의 기원을 갖고 있다. 뇌하수체 전엽 부분은 처음에 신경습(신경주름, neural folds)의 바로 앞에 있었던 기원판에서 유래하는데, 이것이 입을 통해 함입해서 등쪽의 인두에서 라트케낭(라트케주머니, Rathke's pouch)를 형성한다. 뇌하수체 후엽은 간뇌의 바닥인 시상하부(hypothalamus)에서 유래하며, 평생 연결된 채로 남아 있게 된다.

후뇌(hindbrain)는 등 앞쪽에는 운동제어에 중요한 소뇌를 담고 있고, 보다 뒤쪽으로는 일련의 뇌신경핵을 포함하고 있는 **연수(medulla oblongata)**를 담고 있다. 초기 배아의 후뇌는 분절이 되어 8개의 **능형분절(능형할구, 능뇌절, 마름뇌분절, rhombomeres)**이 되는데, 이 중 첫째가 소뇌가 된다. 반대쪽의 5번과 6번 능형분절이 **귀기원판(otic placode)**으로서 함입하고 발달하여 내이(inner ear)를 형성하는데, 청각기관인 와우(달팽이관, cochlea)와 움직임을 지각하고 균형을 잡는 데 관련된 반고리관(semicircular canals)으로 이루어진다.

뇌 속의 뇌실(ventricle)과 척수의 중심관(central canel)은 신경관 속에 원래 있던 내강이다. 모든 척추동물에는 기본적으로

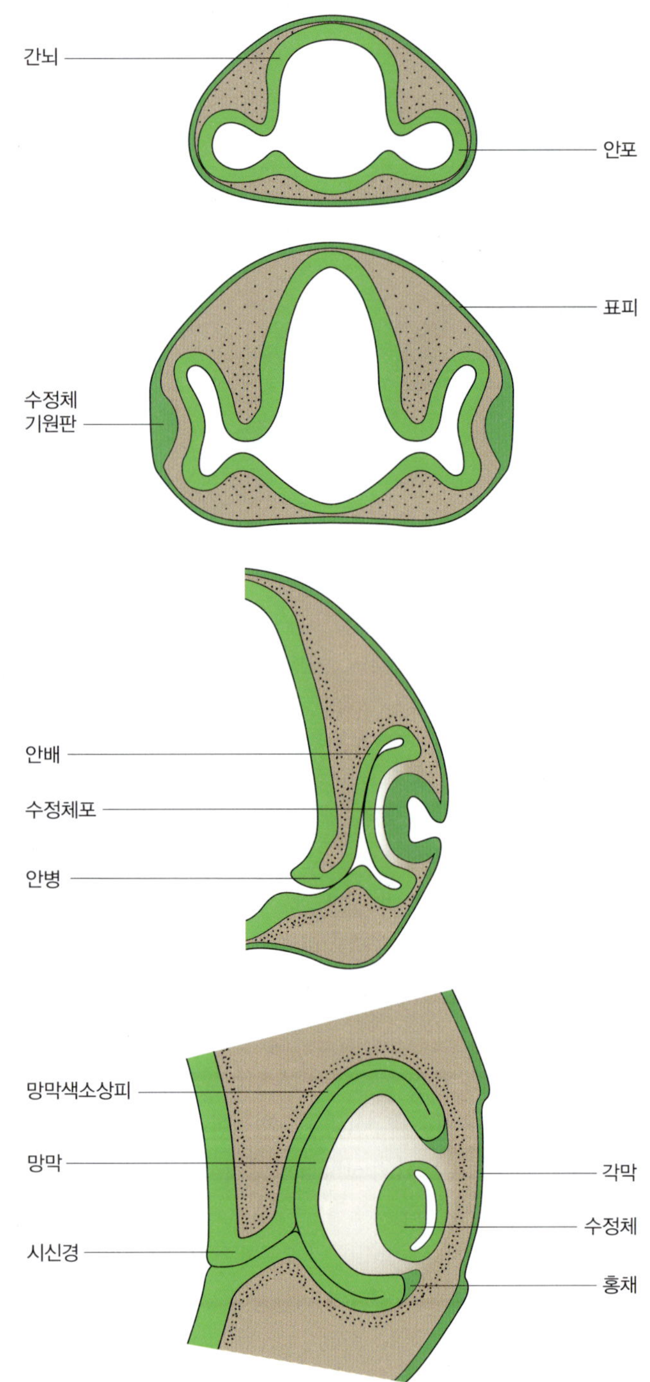

그림 16.3 눈의 발생. 안포는 간뇌에서 유래하는 반면에 수정체는 표피로부터 발달한다. 안배의 안쪽 층은 망막이 되고, 바깥쪽 층은 색소상피가 된다. (인용) Hildebrand(1995). Analysis of Vertebrate Structure, 4판. John Wiley.

10개의 **뇌신경(cranial nerves)**이 있다. 제I 뇌신경은 후각신경(olfactory nerve), II는 시신경(optic nerve)이며, III, IV, VI은 눈 근육을 제어하고, V는 삼차신경(trigeminal nerve), VII은 안면신경(facial nerve), VIII은 청각신경(audotory nerve), IX는 설인신경(glossopharyngeal nerve)이며, X은 미주신경(vagus nerve)이다.

척수

구조적으로 척수는 가장 안쪽의 뇌실막층(ependymal layer), 대부분의 세포체가 담겨 있는 중앙 부위의 회색질, 그리고 수초로 덮인 섬유가 주를 이루는 가장 바깥의 백색질 층으로 이루어진다(그림 16.4). 회색질 내에서 운동뉴런은 배쪽에 위치하며, 감각 입력을 받아들이는 연합뉴런(interneuron)과 척수의 한쪽을 다른 쪽과 연결하는 **맞교차뉴런(commissural neuron)**는 등쪽에 자리 잡고 있다.

신경(nerve)은 액손다발과 결합조직 피복으로 싸여 있는 슈반세포로 되어 있다. 신경들의 조합으로 만들어진 복근(전근, 배쪽뿌리, ventral root)와 배근(후근, 등쪽뿌리, dorsal root), 이렇게 한 쌍의 **척수신경(spinal nerve)**이 각 체절로부터 유래한다. 복근은 척수 운동뉴런의 운동신경섬유로 이루어지며 근육으로 뻗게 된다. 배근은 감각섬유로 이루어지며, 말초 감각기관을 등쪽 척수의 연합뉴런과 연결한다. 감각뉴런은 **배근신경절(dorsal root ganglia)**에 위치하고, 신경능선세포로부터 형성된다(그림 16.4). 앞다리와 뒷다리의 싹(사지싹)이 되는 곳에서 척수신경이 합쳐져 신경망을 형성하는데, 각각 **상완신경총(팔신경얼기, brachial plexus)**과 **요천골신경총(허리엉치신경얼기, lumbosacral plexus)**이라 불리며, 여기에서부터 사지로 뻗는 신경들이 나타나게 된다.

수많은 작은 신경절과 중추신경계와의 연결을 갖고 있는 **자율신경계(autonomic system)**도 신경능선으로부터 만들어진다. 뚜렷하게 구분되는 교감 및 부교감신경계로 나뉘며, 내장 벽에서

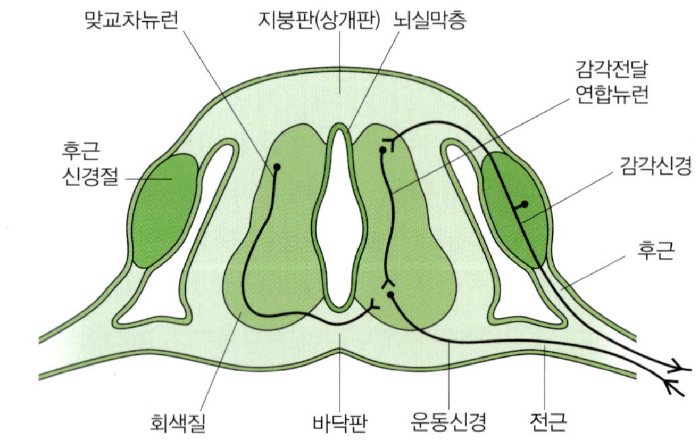

그림 16.4 발생 중인 척수의 주요 구조.

광대한 장관신경계(enteric nervous system)를 만들어내기도 한다. 자율신경계는 다양한 신체 기능과 샘의 활성에 대한 불수의(involuntary) 조절 기능을 다룬다.

영역 특화

신경판의 앞-뒤축 형성

신경계의 발생은 신경판의 구획화가 일어나서 여러 영역들로 나뉘는 초기 과정을 포함하는데, 그 기전은 다른 기관형성 과정과 유사하다. 이어서 특별한 세포 분열이라는 측면에서 신경계의 유일한 특징이 나타나 신경세포형성(neurogenesis)과 교세포형성(gliogenesis)으로 이어지고, 나중에 다양한 세포 바깥 혹은 세포 표면의 인자들에 의해 인도되는 특정한 신경 연결과 기능적인 신경회로를 형성하기 위한 시냅스 형성이 이어진다.

신경판의 초기 유도와 구획화는 8장에서 제노푸스, 10장에서 닭과 관련해서 다룬 바 있다. 신경유도는 **형성체(organizer)**에서 분비되는 chordin과 같은 물질에 의해 골형태형성단백질(bone morphogenic proteins, BMPs)이 억제되는 것에 기인한다. 이 과정에 의해 **신경상피(neuroepithelium)**가 유도되지만(그림 16.5), 유도된 신경상피의 특성은 앞-뒤 특화인자의 존재와 후측화인자(posteriorizing factors)의 지속적인 작용에 의존적이다. 앞쪽 신경상피는 Otx와 같은 전사인자를 발현하며 전뇌의 구조들을 형성한다. 뒤쪽 신경상피의 유도에는 FGFs와 Wnts의 작용이 필요한데, 이들 인자는 Cdx라는 전사인자를 발현시키고, 이것이 몸통과 꼬리에서 Hox 유전자 발현을 높인다. 세밀한 부분에서는 차이가 있겠지만 전반적인 과정은 모든 척추동물에서 유사하다.

전뇌

중추신경계는 이러한 초기의 유도인자들에 의해 몇 개의 커다란 앞뒤 축 구획으로 나뉘어지며, 이어서 수많은 국부적인 상호작용에 의해 다듬어진다. 전뇌의 패터닝은 배아에서 일어나는 다른 상호작용과 같은 방식으로 일어난다. 즉, 유도인자들이 서로 다른 부위에서 서로 다른 전사인자의 조합을 활성화하고, 이로 인해 이후의 분화 패턴이 통제된다(그림 16.6). 과거에는 대뇌피질의 형성이 시상으로부터 오는 신경입력에 의존한다고 생각되었다. 하지만, 이런 신경입력이 없어진 적중 생쥐의 피질에서도 여전히 정상적인 전사인자의 초기 패턴이 나타났다. 따라서 현재는 시상에서 온 신경입력이 초기에 자동으로 확립된 패턴을 다듬는 것으로 간주되고 있다. 전뇌의 구획화에 꼭 필요한 한 가지 유도신호는 바로 앞쪽의 신경융선(neural ridge)에서 분비되는 FGF이다. 신경융선은 제브라피시에서 신경판의 가장 앞쪽에 있는 부위로서 처음 알려졌는데, 이 부위를 제거하면 간뇌가 팽창된다. 이 부위를 뒤쪽에 이식해서 이소적으로 단뇌를 유도할 수 있었다. FGF8, FGF17, FGF18의 비슷한 원천이 생쥐에서도 발견되었다. 앞쪽에 FGF를 과발현시키면 형성되는 구조의 경계가 뒤쪽으로 옮겨진다. 예를 들면, 발달 중인 설치류의 대뇌 피질의 IV층은 감각 원통영역(sensory barrel field)라고 하는 영역을 가지고 있다. FGF를 더하면 이 부위의 형성이 뒤로 밀리며, FGF의 억제는 이 부위가 앞쪽에서 생기게 한다(그림 16.6d). 이런 결과는 이 부위의 형성 위치가 FGF 농도 구배에 반응하여 결정됨을 의미한다.

발생 중인 대뇌피질의 뒤쪽 끝, 피질 모서리 부위에서는 수많은 Wnts와 BMPs가 발현된다. *Wnt3A*나 *Lef1*이 적중된 생쥐는 해마가 없어지는 등과 같이 뒤쪽의 단뇌에 결함이 있는데, Wnt 신호가 여기에 필요함을 시사한다. FGF, Wnt, BMP 신호에 대한

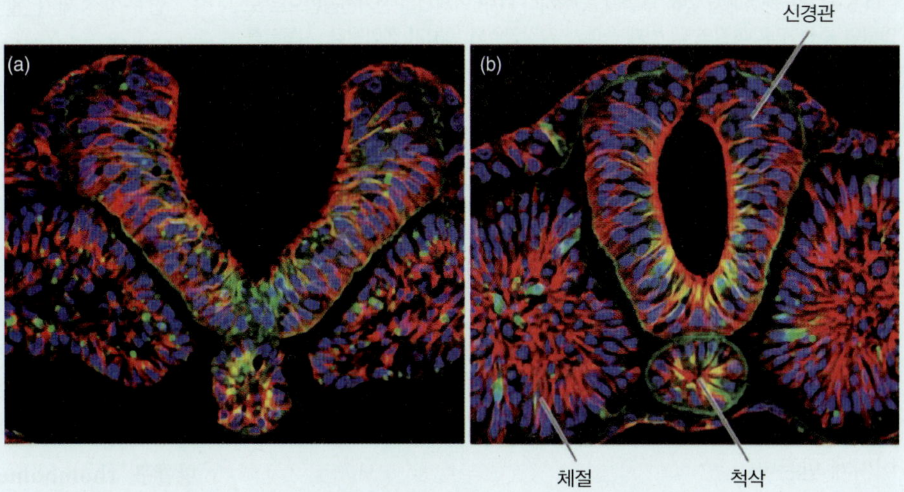

그림 16.5 닭 배아에서 신경상피와 신경관 닫힘. (인용) Darnell과 Gilbert(2017). WIREs Dev. Biol. 6,215.

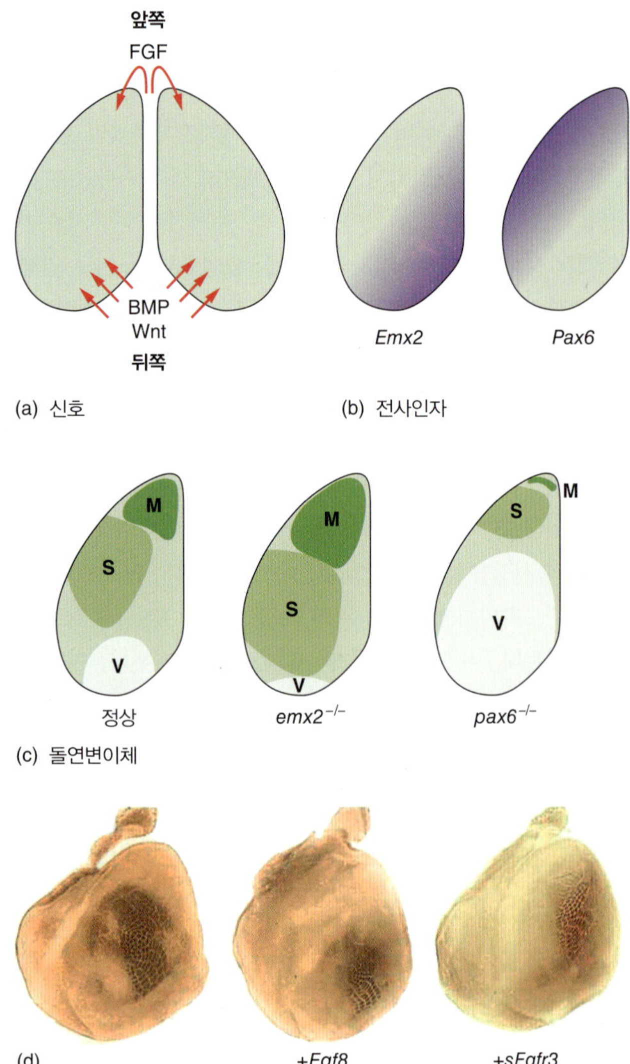

그림 16.6 생쥐 대뇌피질의 구획화. (a) 유도인자가 나오는 곳은 앞쪽 가장자리와 뒤쪽 경계 부분이다. (b) 다양한 전사인자들이 초기 단계에서 영역 특이적인 발현을 보인다. (c) 기능 상실 돌연변이체로 살펴보면, 이런 전사인자들이 이후의 발생 과정을 조절한다는 것을 시사한다. M, 운동영역; S, 감각영역; V, 시각영역. (d) E11.5 시기의 배아에서 앞쪽 부위에 *Fgf8*이나 FGF 억제제를 전기천공법으로 도입하면 출생 직후 피질의 네 번째 층에서 감각영역의 위치가 전이된다. 시토크롬 산화효소(cytochrome oxidase)로 조직염색을 하면 불룩한 감각 부위를 볼 수 있다. 간단하게 보이기 위해 이 다이어그램에서는 E11.5 시기의 배아를 나타냈지만, 신호들은 더 이른 단계에서 작동한다. (인용) (d) Elservier의 허락을 얻어 O'Leary 등.(2007). Neuron. 56, 252-269의 그림을 재구성함.

반응으로 전뇌에서 발현되는 전사인자의 유전자들(*Emx2*, *Pax6*, *Couptf1*, *Sp8*)은 기능 상실이나 기능 획득 돌연변이체에서 예상 가능한 발현 변화가 나타나 유도인자에 영향을 준다. 기능 상실 돌연변이는 나중에 생기는 구조물을 약해진 원천 쪽으로 가깝게 이동시키는 반면, 기능 획득 돌연변이는 그 원천으로부터 더 멀어지게 만든다.

협부형성체

중요한 앞뒤축 신호의 중추는 협부형성체(isthmic organizer)이다. 중뇌와 후뇌 사이의 잘록해진 부위를 **협부(isthmus)**라 부른다(그림 16.7). 열려 있는 신경판 단계에서는 *Otx2*나 *Lim1*과 같은 전사인자의 유전자가 전뇌와 중뇌의 예정역에서 발현된다. 장래에 협부가 될 부위의 바로 앞쪽에 해당하는 뒤쪽 경계에서 길고 가느다란 세포층이 유도인자인 Fgf8과 Wnt1을 만들기 시작한다. 이 형성체 부위는 양쪽에서 신경조직의 영역별 특정화를 제어한다. 앞쪽으로는 **중뇌(midbrain)**를 유도하는 동시에 전사인자인 Engrailed 1과 2(En1, En2)의 발현 기울기를 만들어낸다. 뒤쪽으로는 능형분절 1을 유도해서 **소뇌(cerebellum)**를 만든다. 이런 효과는 닭 배아의 협부를 이식해서도 볼 수 있는데, 이렇게 하면 간뇌의 예정역에서 중뇌가 유도되고, 후뇌의 앞쪽 부위에서는 소뇌가 유도될 수 있다. 이러한 활성은 작은 구슬(bead)에 묻힌 정제된 Fgf8에 의해서도 똑같이 재현된다. Fgf8은 *Engrailed*와 *Wnt1* 유전자, 그리고 자기 자신의(즉, *Fgf8*)의 발현을 유도할 수 있는데, 형성체가 초기의 확립 과정 후에도 스스로를 유지함을 보여준다.

*Wnt1*과 *En1*이 모두 적중된 생쥐는 이들 유전자가 발현되는 협부만 없어지는 것이 아니라, 중뇌와 소뇌의 커다란 부분을 잃게 되는데, 이는 이들 유전자가 형성체의 신호전달 기능에 필수불가결함을 확증한다. *Fgf8*의 적중 생쥐는 몸의 뒷부분에 커다란 결손이 생겨서 발생 초기에 사망하지만, *Fgf8*의 정상하위 대립인자(hypomorphic allele)가 있는 생쥐의 경우에는 남아 있는 기능이 있어 초기 발생 과정 동안 살아남지만 중뇌와 소뇌의 결함이 나타난다. *Fgf8*의 기능 상실 돌연변이지만 이에 상응하는 생쥐 돌연변이체보다 더 오래 생존하는 제브라피시의 돌연변이체인 *acerebellar*에서도 비슷한 표현형을 볼 수 있다.

협부형성체가 활동한 결과에 의해 서로 다른 부위에서 서로 다른 *Pax*족 전사인자들의 조합이 발현된다. *Pax6* 유전자는 전뇌와 후뇌에서 발현되는 반면, *Pax2*와 *Pax5*는 중뇌와 능형분절 1에서 발현된다. *Pax2*와 *Pax5*가 동시에 적중된 생쥐는 중뇌와 소뇌가 없는데, 이는 이들 유전자가 중뇌와 소뇌의 발생에 필요함을 입증한다.

후뇌의 체절화

중추신경계의 형태는 뇌의 앞쪽 부위보다는 후뇌에서 명백한 체절화가 일어난다. 신경관이 닫히고 난 후 연달아 존재하는 불룩한 부위가 가시화되는데, 이를 **능형분절(능뇌절, 마름뇌분절, 능형할구, rhombomeres)**라 부른다(그림 16.7). 현재는 8개의 능형

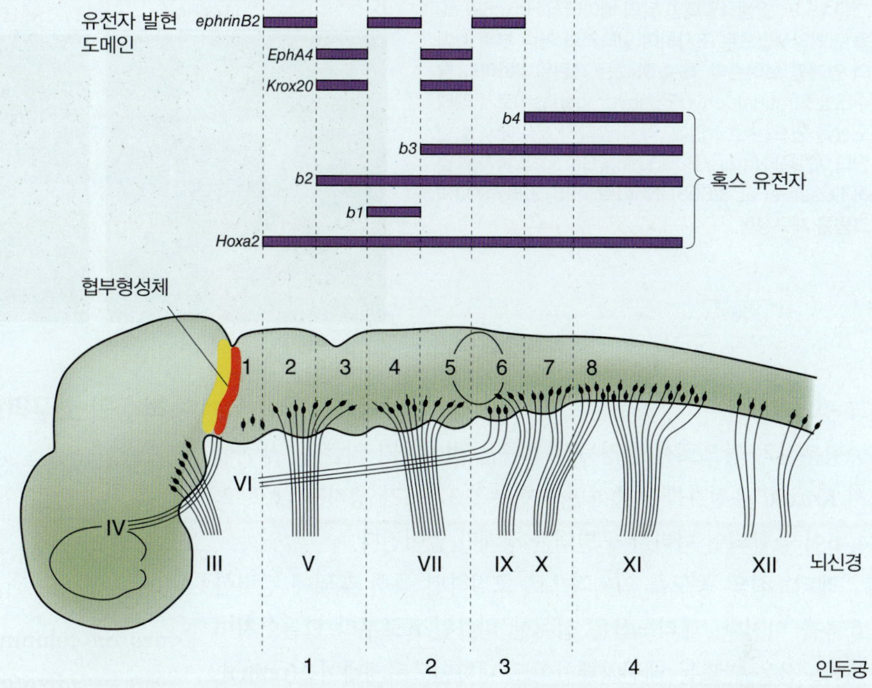

그림 16.7 발달 중인 후뇌. 협부형성체는 중뇌-후뇌 경계에 빨간색(FGF8)과 노란색(WNT1)의 발현 부위로 표시되어 있다. 후뇌는 8개의 능형분절로 구성되어 있으며, 이들은 특정 뇌신경과 인두궁 간충질을 만든다. 능형분절 부위 특이적인 유전자 발현 양상 일부를 표시하였다.

분절이 있는 것으로 여기고 있지만, 초기 도식에서는 7개만 보인다. 첫 번째 능형분절에서 소뇌가 만들어진다. 그 이후 연속되는 능형분절의 쌍에는 반복된 운동 신경핵의 집합을 가지고 있는데, 각기 하나의 **뇌신경(cranial nerve)**이 연결된다. 따라서 삼차신경(제V 뇌신경)은 능형분절 2와 3에서 오고, 안면신경(VII)은 능형분절 4와 5에서, 그리고 설인신경(IX)은 능형분절 6과 7번에서 온다. 각 짝수 번째의 능형분절은 하나씩의 **아가미궁(branchial arches)**에 **신경능선(neural crest)** 세포를 공급한다. 따라서 능형분절 2는 제1 아가미궁에, 능형분절 4는 제2 아가미궁에, 능형분절 6은 제3 아가미궁에 세포를 공급한다. 체절로 나뉜 능형분절의 특성은 **클론 분석(clonal analysis)**에서도 명백하게 나타난다. 하나의 세포만 표지를 해보면 초기 단계에서는 능형분절 사이를 건널 수 있지만, 나중 단계에서는 넘지 못한다. 이런 클론의 제약이 나타나는 이유는 각 능형분절 내에서 세포들이 응집하기 때문이다. 응집이 일어나는 이유는 적어도 부분적으로는 능형분절에서 번갈아 가면서 에프린(ephrins)과 에프린의 Eph형(Eph-type) 수용체가 발현되는 데에 기인한다. 에프린 B형 리간드는 능형분절 2, 4, 6에서 발현되는 반면, Eph는 능형분절 3과 5에서 나타난다. Eph와 에프린을 발현하는 세포군 사이에서 나타나는 반발성 상호작용에 의해 경계가 생기며, 만일 Eph의 우성 비기능 돌연변이체를 과발현하면 그 경계가 나타나지 않는다. 신경판이 아직 열려 있는 단계에서는 능형분절의 정체성이 아직 분명하지 않아서 후뇌 예정역을 다른 위치로 이식해도 최종 패턴에는 아무런 차이가 없다. 하지만 능형분절의 경계가 일단 나타나기 시작하면 그 특성이 이미 정해져서 이식해도 결정된 특성이 그대로 유지된다. 경계를 이루는 세포가 실질적으로 형성되는 것은 Notch 체계에 의존한다. 제브라피시에서는 항상 활성화되어 있는 Notch를 발현하게 만든 세포는 경계 부위로 유도되는 반면, Notch 신호에 길항작용을 하는 우성 비기능 돌연변이 Su(H)를 과발현하는 세포는 경계 부위로부터 배제된다.

Hox 유전자군은 전뇌와 중뇌에서는 발현되지 않지만, 보다 뒤쪽에서 앞뒤 축 형성에 중요하다. 가장 앞쪽 유형의 Hox 유전자는 그 앞쪽 경계가 후뇌에 있고, 그 활성의 조합은 각각의 능형분절이 유일한 코드를 갖도록 만든다(그림 16.7). 예를 들어, *Hoxa2*는 장래에 능형분절 1과 2의 경계가 될 부분이 발현 부위의 앞쪽 끝이 되며, 이후 나타날 신경능선 세포에서는 능형분절 4에서만 발현이 보이고 2에서는 없다. *Hoxa2* 적중 생쥐는 제2 아가미궁이 제1 아가미궁 쪽으로 전이된 형태가 나타난다. 반대로 닭이나 제노푸스에서 과발현한 실험의 경우에는 제1 아가미궁이 제2 아가미궁 쪽으로 전이된다.

Hox 유전자군은 다른 전사인자들에 의해 발현이 높아지는데, 이들 전사인자는 FGF, Wnt 및 레티노산의 초기 농도 구배에 의해 발현이 높아진다. 이렇게 중간에서 매개하는 전사인자의 한 가지 예는 Krox20(= Egr2)으로 능형분절 3과 5에서 발현되는 징

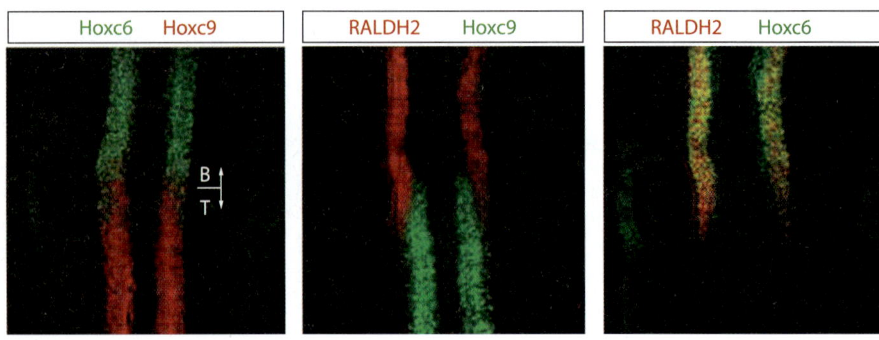

그림 16.8 발생 4일째인 닭의 배아에서 Hoxc6와 c9을 면역염색법으로 조사하여 앞다리와 가슴 부위 사이의 경계를 보여준다. RALDH2는 레티날데하이드 탈수소효소(retinaldehyde dehydrogenase)로서 레티노산을 만드는 효소인데, 역시 앞다리 부위에서 발현된다. (인용) Nature Publishing Group의 허가를 얻어 Dasen et al. (2003). Nature, 425, 926-933의 그림을 재구성함.

크-핑거 단백질이다. 능형분절 3과 5는 Eph형 수용체를 발현하는 능형분절의 쌍으로서 신경능선 흐름을 벗어나지 않는다. 생쥐에서 *Krox20* 유전자를 적중하면 능형분절 3과 5가 생기지 않고, 2, 4, 6이 융합되어 나타나 구별되는 경계가 없어진다.

레티노산의 농도를 인위적으로 조절하면 특히 후뇌에 강력한 효과를 미친다. 레티노산은 섭취한 비타민 A로부터 만들어지며 레티노산을 만드는 레틴알데하이드 디하이드로게네이즈(retinaldehyde dehydrogenase)는 몸통의 체절과 측판에서 발현된다. 레티노산을 분해하는 효소(Cyp26, 시토크롬 P450의 하나임)는 전뇌와 중뇌에서 나타난다. 그 원천이 뒤쪽에 있고, 이를 분해하는 효소가 앞쪽에 있기 때문에 레티노산의 농도는 후뇌 부위에 걸쳐서 뒤쪽에서 앞쪽으로 농도가 감소하는 기울기가 생기게 된다. 어미에게 비타민 A를 주지 않으면 체내에 레티노산이 전혀 없는 메추라기 배아를 만들 수 있다. 이런 배아는 능형분절 5-8이 없는 작은 후뇌를 갖게 되지만, 초기 체절 단계에서 다시 비타민 A를 공급하면 잃었던 부위가 다시 발생한다. 또한 척수의 앞쪽에서 배쪽 신경세포 유형이 사라진다. *Raldh2* 적중 생쥐의 배아는 임신 중기에 사망하며, 능형분절 5-8이 없다. 제노푸스에서도 우성 비기능 돌연변이가 일어난 레티노산 수용체를 과발현하면 비슷한 효과가 나타난다. 생쥐 배아의 경우에는 어미의 섭취량을 조절함으로써 레티노산에 과량 노출되게 할 수 있다. 배아 7.5일(E7.5) 시기에 레티노산에 과량 노출되면 정상적인 능형분절 4에서의 발현과 더불어 능형분절 2에서도 *Hoxb1*이 발현된다. 이렇게 되면 능형분절 2에서 나오는 신경능선 세포의 특성이 바뀌게 되고, 제1 아가미궁이 제2 아가미궁의 복사본으로 바뀐다. 이런 결과는 지금은 분자 수준에서 그 기전이 잘 이해되고 있는 **기형발생** 효과(**teratogenic effect**)의 전형적인 예가 된다. 과거에 레티노산은 여드름 치료를 위해 내복약으로 사용된 적이 있었기에 인간에서 실질적인 기형발생 위험인자였다. 이런 위험이 이해되기 전에는 레티노산의 복용이 수많은 유산과 뇌 손상을 가진 수많은 태생 기형으로 이어졌다.

척수의 소구역화

척수 내에서는 전-후축의 형성이 뇌만큼 분명하지는 않다. 하지만 Hox 유전자의 발현에 있어서 다양한 수준에서 경계들이 나타나고, 몇몇 운동뉴런군의 전후 축에 따른 순차적 배열이 있다. 예를 들어, 사지로 신경을 공급하는 측부 운동뉴런 원주(lateral motor neuron columns)는 사지 수준에서만 나타나는데, 앞다리 수준에서는 *Hoxc6*의 발현에 상응하고, 뒷다리 수준에서는 Hox10과 d10에 상응한다. 자율운동뉴런 원주(닭에서는 테르니 원주[columns of Terni]라 부른다)는 사지의 사이에 놓여 있는데, 이는 *Hoxc9*의 발현과 상응한다(그림 16.8). 닭에서 신경관의 이 부위로 *Fgf8*을 도입하면 *Hoxc6*와 *Hoxc9* 사이의 경계가 앞쪽으로 이동하면서 이에 따라 측부 운동뉴런 원주의 축소가 유발된다.

신경관의 등-배축 형성

척수는 그 전체 길이에 걸쳐 기본적으로 동일한 등-배축 배열을 가지고 있으며, 실제로는 척수의 여러 특징이 후뇌와 중뇌까지도 연장되어 나타난다. 배쪽 중앙으로 **바닥판(floor plate)**이 있는데, 척삭에 아주 가까운 위치에 있는 원주형 교세포(columnar glial cells)들로 구성된다. 바닥판 양 옆에 운동뉴런이 들어 있는 부위가 있다. 다양한 밀집도를 갖는 세포들이 있는데, 가운데 쪽 원주는 축(몸통)근육과 체벽근육으로 연결되고, 가장자리 쪽 원주는 사지근육으로 뻗는다. 각 원주 내의 운동뉴런은 특정 조합의 Lim형 전사인자들을 발현하고 있으며, 그 조합에 따라 어떤 근육으로 연결될 것인지가 달라진다. 실험을 통해 *Lim* 유전자 발현의 조합을 바꾸면, 이에 따라서 운동뉴런의 연결이 달라진다. 척수의 등쪽 절반에는 등쪽의 감각 중계 연합뉴런과 척수의 반대쪽 편으로 뻗게 되는 **맞교차뉴런(commissural neurons)**이 있다. 등쪽 정중선에 **지붕판(roof plate)**이 있다.

이러한 등-배축 패턴은 유도신호에 의해 조절되는데, 초기에는 신경판에 인접한 조직에서 나오는 신호에 의해, 나중에는 바닥판

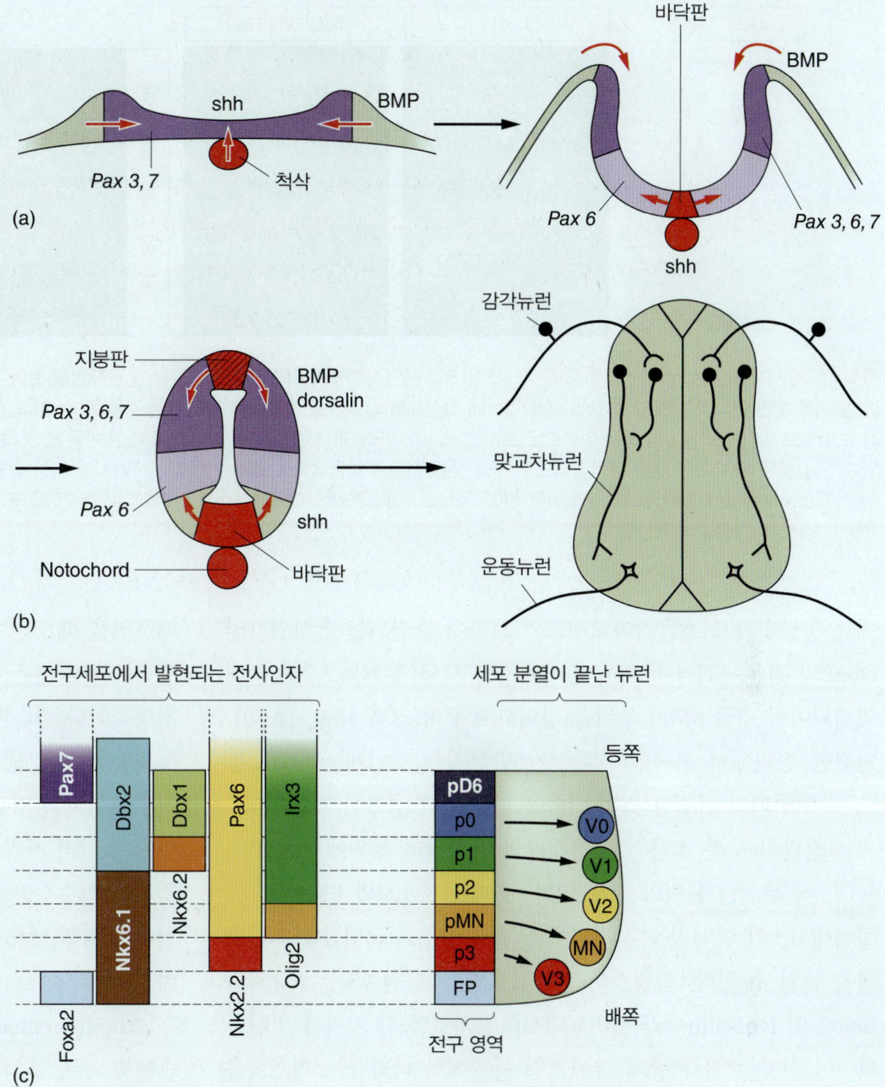

그림 16.9 신경판의 등-배축 패턴 형성. (a) 척삭에서 유래한 sonic hedgehog(SHH)가 바닥판에서 shh의 발현을 유도한다. 표피에서 나오는 BMP는 지붕판을 유도한다. (b) 두 센터에서 유래하는 신호가 중첩된 유전자의 발현 패턴을 유도하며, 이것이 나중에 신경분화의 패턴이 생기게 한다. (c) 척수에서 초기 유전자 발현 영역과 이에 상응하는 전구 영역(progenitor domains)을 나타내는 다이어그램. FP, 바닥판; MN, 운동신경; p-domains, 전구영역; V0-V3는 연합뉴런 영역이다. (인용) Company of Biologists Ltd의 허가를 얻어 Dessaud et al. (2008). Development. 135, 2489-2503의 그림을 재구성함.

과 지붕판에서 나오는 신호에 의해 조절된다(그림 16.9). **척삭(척색, notochord)**은 Sonic hedgehog(SHH)를 방출해서 바닥판을 유도하고, 낮은 농도일 때에는 운동뉴런을 형성하는 부위를 유도한다. 이러한 사실은 척삭을 다른 등-배축 수준을 갖는 닭의 신경관에 이식해 보면 알 수 있다. 이식한 부위 바로 부근에 이소적으로 바닥판이 형성되고, 조금 떨어진 곳에서 운동뉴런이 형성된다. 이는 2장과 4장에서 설명한 형성체 농도 구배로 만들어지는 과정이며, 서로 다른 전구체 세포들이 형성체 농도 차이에 의해 유도된다. 그 신호가 SHH라는 증거는 세 가지이다. *Shh*는 척삭에서 발현되며, 신경관이 *Shh*에 노출되면 바닥판과 운동뉴런이 유도되고, *Shh*가 적중된 생쥐에서는 바닥판과 운동뉴런이 없어진다. 농도 구배는 SHH와 GFP를 융합한 단백질을 발현하는 형질전환 생쥐로 확인할 수 있다(그림 16.10). 반응하는 신경상피세포의 정단(실) 표면에 단백질이 농축돼서 반점 모양으로 발현되는 것을 볼 수 있다. 이런 세포 내 패턴으로 볼 때, 세포 사이로 소낭이 전달되는 것이 확산의 기전임을 의미한다(19장 참고).

바닥판 자체도 SHH를 만들어낼 수 있으며, 일단 형성되고 나면 척삭의 유도 역할을 돕게 된다. SHH는 *Foxa2*, *Nkx2.2*, *Nkx6.1*을 포함한 일련의 전사인자 유전자들의 발현을 높인다. 반면에 *Pax6*와 *Pax7*과 같은 다른 전사인자의 발현은 억제한다. 그 다음에는 쌍을 이루는 이들 전사인자의 상호억제 기전을 통해서 등-배축의 경계가 뚜렷해진다. 예를 들면, Pax6와 Nkx2.2는 서로의 유전자 발현을 억제해서 p3와 pMN 사이의 경계가 형성되게 하는데, 그림 16.10c에 나타내었다. 둘 중 하나의 유전자를 없애면 다른 유전자에 의해 발현되는 영역이 넓어진다. 특정 전사인자를 발현하는 등-배축 영역이 형성되는 경우도 있다. 예를 들면, 나중

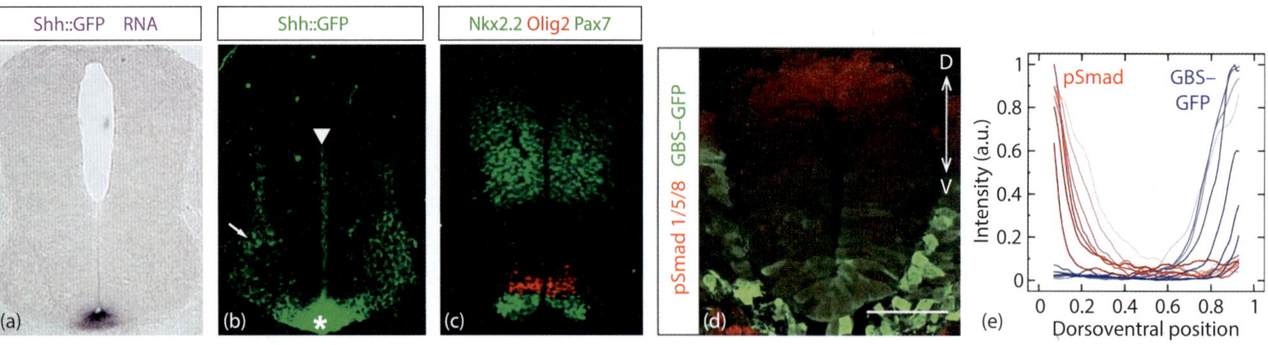

그림 16.10 Sonic hedgehog의 농도 구배. (a) 10.5일 생쥐 배아의 바닥판에 *shh* mRNA가 존재함을 보여주는 제자리혼성화법. (b) SHH-GFP 융합단백질이 가장자리(화살표)쪽 뿐만 아니라 뇌실지대(ventricular zone, 화살표머리) 쪽으로 수송되어 올라가는 것을 볼 수 있다. (c) 전사인자를 면역염색해서 세 가지 초기 유전자 발현 영역을 보여주고 있다(영역을 바닥에서 위쪽으로 표지했다). (d) 바닥판과 지붕판의 농도 구배에 대한 반응성. 초록색은 리포터 유전자 발현을 이용한 SHH 신호전달을 표시하였고, 인산화된 SMAD에 대한 면역염색으로 BMP 신호전달은 빨간색으로 표시하였다. (e) 30시간 이상 동안 반응의 진화. 이중 농도 패턴이 명확하게 관찰된다. (인용) (a-c) Company of Biologists사의 허락을 얻어 Dessaud 등.(2008). Development. 135,2480-2503의 그림을 재구성함. (d,e) Zagorski 등.(2017). Science. 356, 1379-1383의 그림을 재구성함.

에 운동뉴런과 희소돌기아교세포의 분화에 관련되는 전사인자인 Olig2의 경우, SHH에 의해 증가되지만 그 직후 Nkx2.2에 의해 억제되어서 결국 pMN 부위를 정의하게 된다(그림 16.9, 16.10). 인접한 영역에서 전사인자 유전자 발현의 상호억제는 SHH 농도 구배에 따라 급격한 역치 반응을 만드는 데 중요한 기전이다.

신경관의 등쪽 정중선은 신경판의 가장자리 부위에서 비롯되는데, 이 부위는 표피와 접해 있다. 표피는 BMP4와 BMP7을 만들어내고, 이 단백질을 신경판에 노출시키면 *Pax6*와 *Pax7*의 발현을 높일 수 있다. 신경관이 닫히고 나면 지붕판에서는 *Bmp4*와 *Bmp7* 및 Dorsalin이라 불리는 TGF-β 계열의 한 인자를 발현한다. 이 인자는 감각 중계 뉴런처럼 등쪽에서 나타나는 세포형을 유도하는 활성이 있다. *Lim1a* 유전자의 적중 생쥐에서 볼 수 있듯이, 지붕판이 형성되는 것을 막으면 등쪽 뉴런세포가 만들어지지 않는다. 척수의 전반적인 등-배축 패턴은 바닥판에서 유래하는 SHH의 농도 구배와 지붕판에서 유래하는 BMPs 및 Dorsalin의 농도 구배가 합쳐져서 나타나는 효과이다.

신경관결손

길이 전체 또는 일부에서 신경관이 막히는 것에 잘못이 일어나는 것은 가장 흔한 인간의 선천적 장애 중 하나이다. 미국에서 신경관결손(neural tube defects, NTD)은 1,000명의 신생아 중 0.5~1명 정도이며, 더 가난한 세계 여러 곳에서는 그 빈도가 훨씬 많다.

신경관결손은 대개 중추신경계를 보호하는 골격계가 제대로 발생하지 않기 때문에 드러난다. 이것은 신경관이 닫히는 데 실패하였을 때 일어나는 이차적인 결과이다. 중추신경계 길이 전체의 신경관결손은 두개척추파열(craniorachisischisis)이라고 하며, 치명적이다. 뇌 부위에서의 신경관결손은 바깥뇌증(exencephaly, 두개골 밖으로 뇌가 나와 있다는 의미)으로, 이 역시 치명적이다. 척수에서의 신경관결손은 척추갈림증(spina bifuda)이라고 한다. 이에는 여러 가지 다양한 세부 구분이 있지만, 이 중 가장 심각한 경우는 척수수막탈출증(myelomeningocele)이며, 척수가 등쪽 중심선을 따라 밖으로 나와 있는 경우이다. 통상 치명적이지는 않으며, 수술로 어느 정도 처치 가능하다. 하지만 많은 경우에서는 수두증(hydrocephalus, 뇌척수액의 압력이 높아짐), 하지 마비, 학습능력 부족 등의 심각한 문제점을 수반하기도 한다.

돌연변이가 일어나면 신경관결손이 생기는 많은 유전자가 생쥐 모델에서 동정되었다. 이들은 세포 분열, 섬모 구조, 세포 이동, 특히 평면세포극성(planar cell polarity) 및 수렴 확장(convergent extension)과 관련된 유전자이다. 인간 연구는 신경관결손이 단순한 유전적 현상이라기 보다는 다양한 유전자와 환경요인이 복합적으로 작동하는 것임을 보여준다. 신경관결손 비율을 높이는 환경요소에는 산모의 당뇨병이나 비만, 발프르산(히스톤탈아세틸화효소의 억제제로서 간질 치료제이다), 아미노프테린, 메토트렉세이드(항암치료제)과 같은 엽산 길항제 등이 있다. 엽산 식이보조제의 섭취가 신경관결손 확률을 70%까지 감소시키는 것이 명확히 확인됨에 따라, 선진국에서 산모에게 일상적인 처방이 되었다. 엽산은 퓨린과 티민 합성에 필요하며, DNA와 히스톤 등 다양한 물질의 메틸화를 위한 메틸기의 원료로 사용된다. 이는 모두 신경관이 닫히는 복잡한 과정을 관장하는 많은 유전자들이 조화롭고 정확하게 조절되는 것에 특정한 의존성이 있음을 시사한다.

이런 기전의 규명은 인간의 선천성 결함인 **통앞뇌증**(전전뇌증, **holoprosencephaly**)을 이해할 수 있게 만들었다. 정중선 결함에 따라 그 경중이 다를 수 있는데, 정중 앞니가 단 하나인 경증에서부터, 정중선에 외눈만 있고 그 위에 긴 코가 달리게 되는 심한 중증도 있다. 이 결함은 SHH 기능이 부분적으로 상실되어 생기는데, *SHH* 유전자에 돌연변이가 생기거나 콜레스테롤 대사에 결함이 있어서 활성형의 SHH 분자에 콜레스테롤을 붙이지 못하여 일어날 수 있다. 다른 유전자의 돌연변이에 의해서도 통앞뇌증이 생길 수 있긴 하지만, SHH의 기능 상실에 의해 일어나는 통앞뇌증의 경우에는 사지와 척추에서도 결함이 나타나므로, SHH가 이런 구조들의 패턴 형성에 중요한 역할을 한다는 사실과 잘 부합된다(17장 참조).

신경세포형성과 교세포형성

초파리

신경세포형성(neurogenesis)은 새로운 뉴런이 만들어지는 것이며, 이에 대한 몇 가지 원칙은 초파리 연구를 통해 얻었다. 초파리에서는 배쪽의 신경색이 하나의 신경원성 부위에서 나타나는데, 이 부위는 중배엽 가장자리에서 기원하며, 일단 중배엽이 함입하고 나면 배쪽 중앙 부위가 된다. 이 신경원성 부위에는 체절마다 반복되는 **신경선구 클러스터(proneural cluster)**의 패턴이 들어 있는데, achaete-scute 복합체(AS-C)에 의해 만들어지는 bHLH 전사인자의 발현으로 정의된다. 클러스터의 위치는 13장에서 기술한 바 있는 앞뒤축 및 등-배축 패턴형성 체계가 작동해서 결정된다. 각 클러스터는 여러 상피세포와 함께 단 하나의 신경아세포를 만들어내고, 장래 신경아세포의 선택은 Notch **측면 억제(가장자리억제)** 체계(**lateral inhibition** system)에 의해 조절된다(웹사이트의 동영상 19: "Neuroblast formation" 참고). AS-C 인자는 Delta 생산을 활성화하고, Delta가 인접한 세포에서 Notch를 자극한다. Notch 신호는 AS-C의 발현을 억제하고, 이에 따라 인접한 세포의 Delta 생산을 감소시킨다(그림 16.11). 이러한 양성 피드백 시스템을 통해서 초기의 조그만 차이가 증폭되어 종국에 가서는 높은 수준의 AS-C를 가진 세포는 단 하나만 남게 된다. 이 세포는 신경모세포(neuroblast)가 되며, 낮은 수준의 AS-C를 발현하는 다수의 세포로 둘러싸이는데, 이 세포는 표피가 된다. 이 기전은 어째서 Notch의 기능 상실 돌연변이가 신경아세포의 과잉생산으로 이어지는지 설명해 준다. 이 기전은 **대칭파괴** 체계(**symmetry-breaking** system)의 한 가지 예이다. 초기의 획일적인 상태는 불안정한데, 왜냐하면 세포 사이에서 AS-C나 Delta의 수준에 약간의 변동이 있기 때문이며, 이것이 상호작용 속에 내재되어 있는 피드백에 의해서 증폭된다.

일단 형성되면, 신경모세포는 인접한 세포로부터 떨어져 나와서 안쪽으로 내려가며 정단경(apical stalk)을 통해서 일시적으로 상피면에 연결된 상태로 남아 있는다. 이렇게 정단 부분이 특화된 부위에는 14장에서 기술한 바 있는 Par 복합체(Par3/Par6/aPKC의 복합체; *Par6*의 초파리 상동유전자는 *bazooka*라 함)가 들어 있다. Par 복합체는 세포 내 교통체계 구성 요소를 인산화해서 다른 단백질을 기저 부위로 몰아 내는데, 여기에는 티로신 탈인산화 효소인 Numb, 호메오도메인 전사인자인 Prospero와 RNA 결합 단백질인 Brat이 포함된다. 그 뒤를 잇는 세포 분열은 비대칭적이어서 정단 쪽에 정단경을 물려 받은 커다란 신경아세포가 하나 생기고, 기저 쪽에는 작은 신경절 모세포(ganglion mother cell)가 하나 생겨서, Numb, Prospero 및 Brat을 풍부하게 담고 있다. 이런 구성 요소는 신경절 모세포의 특성을 조절해서 뒤이은 분열을 통해 한 쌍의 신경세포 또는 교세포를 만들어낸다. 이런 기전이 있다는 증거는 주로 기능 상실 돌연변이체를 연구해서 얻게 되었는데, 예를 들면 Par 복합체의 구성 요소를 결여한 배아는 Numb과 Prospero의 국부화가 나타나지 않으며, 신경모세포가 대칭적으로 분열한다. *prospero*와 *brat*의 기능 상실 돌연변이가 일어나면 결함이 있는 신경절 모세포가 만들어진다.

척추동물의 신경세포형성에서도 공통된 주제를 발견할 수 있는데, 1차 뉴런 형성의 기저에 놓여 있는 측면 억제와 나중의 신경세포형성의 비대칭적 세포 분열에는 초파리에서 사용되는 분자 구성 요소와 상동인 인자가 관여하고 있는 경우가 많다.

척추동물의 일차 신경세포형성

상피 구조에 대한 명칭을 붙일 때의 관례에 따르자면, 신경상피의 **정단 쪽**(**apical side**)이 신경관의 빈 공간을 마주하는 쪽이고, **기저 쪽**(**basal side**)은 바깥을 마주보고 있는 쪽이다(다시 말해서 다른 상피에서의 관례와는 정반대로 정단이 다이어그램의 아래에 해당되고, 기저가 다이어그램의 위에 해당된다는 뜻이다). 신경해부학에서는 정단 쪽이 뇌실에 접하고 있으므로 **뇌실 쪽**(**ventricular**)이 된다. 반대쪽 면은 **연막 쪽**(**pial**)이라 부르는데, 이는 나중에 연막(pia mater, 라틴어로 "부드러운 어머니"라는 뜻)이라 부르는 결합조직층으로 둘러싸이게 되기 때문이다.

물고기와 양서류에서, 첫 번째 뉴런은 열려 있는 신경판의 신

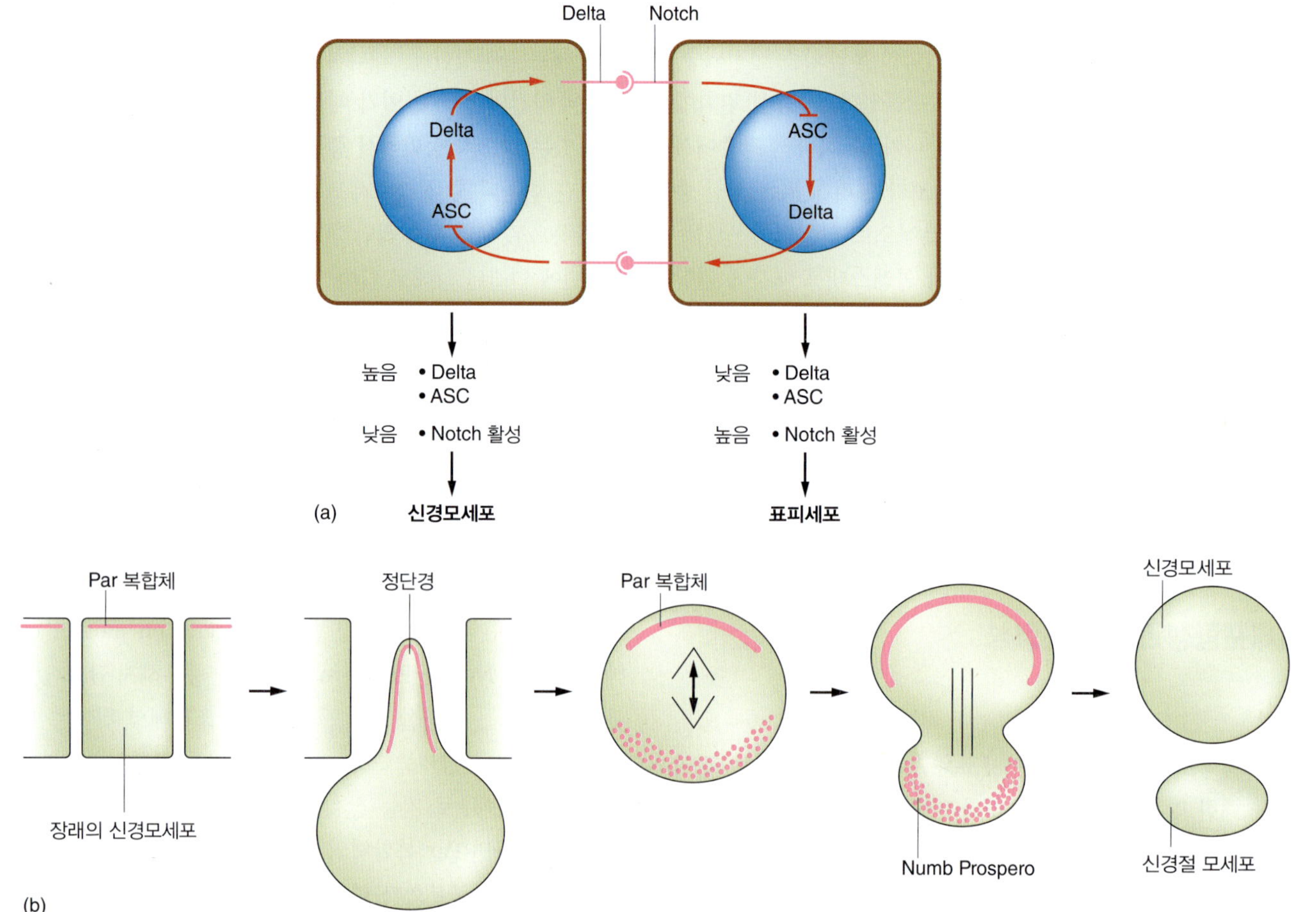

그림 16.11 초파리의 신경세포형성. (a) Delta-Notch 측면 억제 체계가 신경전구 클러스터의 세포 사이에 존재하는 작은 차이를 증폭해서 오직 하나의 세포만 높은 양의 ASC를 발현하여 신경모세포가 되게 한다. (b) 신경모세포의 비대칭 세포 분열을 통해 또 하나의 신경모세포와 신경절 모세포가 만들어진다.

경상피로부터 직접 나타난다. 이 단계에서 신경상피는 단 하나의 세포층 두께이지만 줄무늬가 있는 것처럼 보이는데, 이는 핵이 여러 다른 높이에 있기 때문일 뿐이다. 여럿의 신경원성 전사인자가 신경세포의 분화를 추동한다. 이 중에는 초파리의 AS-C와 동일하게 bHLH형 생화학적 집단에 속하는 Neurogenin과 NeuroD가 포함된다. *Neurogenin*은 처음 1차 뉴런을 생산하는 신경판 부위에서 발현되며, *NeuroD*의 발현을 유도해서 1차 뉴런에서 높은 수준으로 발현되게 한다. 제노푸스에서 둘 중의 한 인자를 과발현하면 신경상피에서 비롯되는 뉴런의 숫자를 증가시킬 수 있다. 1차 뉴런 사이의 간격은 초파리의 경우와 매우 유사하게 측면 억제 기전을 통해서 결정된다(그림 16.12a; 동영상 6: "Lateral inhibition" 참조). Neurogenin을 발현하는 부위에 있는 모든 세포가 뉴런이 될 수 있는 잠재력이 있다. 하지만 이런 경향은 Notch 신호전달에 의해서 억제되고, 한 세포에 있는 Notch가 인접한 세포에 있는 Delta에 의해 자극된다. Delta를 과발현하거나 항상 활성화되어 있는 상태의 Notch를 과발현하면 제노푸스의 신경판에서 1차 신경세포의 형성이 줄어든다. 반대로 우성 음성 형태의 Delta를 과발현하면 1차 뉴런의 밀도가 높아진다. 측면 억제 과정을 통해서 6개 층의 종단 신경원성 벨트에 걸쳐 다수의 개별 뉴런이 흩어져 형성될 수 있는 것이다. 처음에는 이 대칭붕괴(symmetry breaking) 과정이 세포 사이에서 분자 수준의 통계적 변동에 의한 것이라고 생각되었지만, 지금은 생화학적인 체계가 있어서 진동(oscillation)이 유지될 수 있다는 것을 알고 있다. 인접한 세포 사이에는 동시성이 없으므로, 자발적인 진동이 생겨서 과정을 시작하게 만드는 수많은 이질성이 창조될 수 있다.

후기 신경세포형성

생쥐의 신경판에서는 신경세포형성이 거의 일어나지 않으며, 신경상피가 한 세포 두께를 넘어서는 임신 후반기에 이르러 대부분의 신경세포형성이 일어난다. 척수에서 주로 신경세포형성이 일

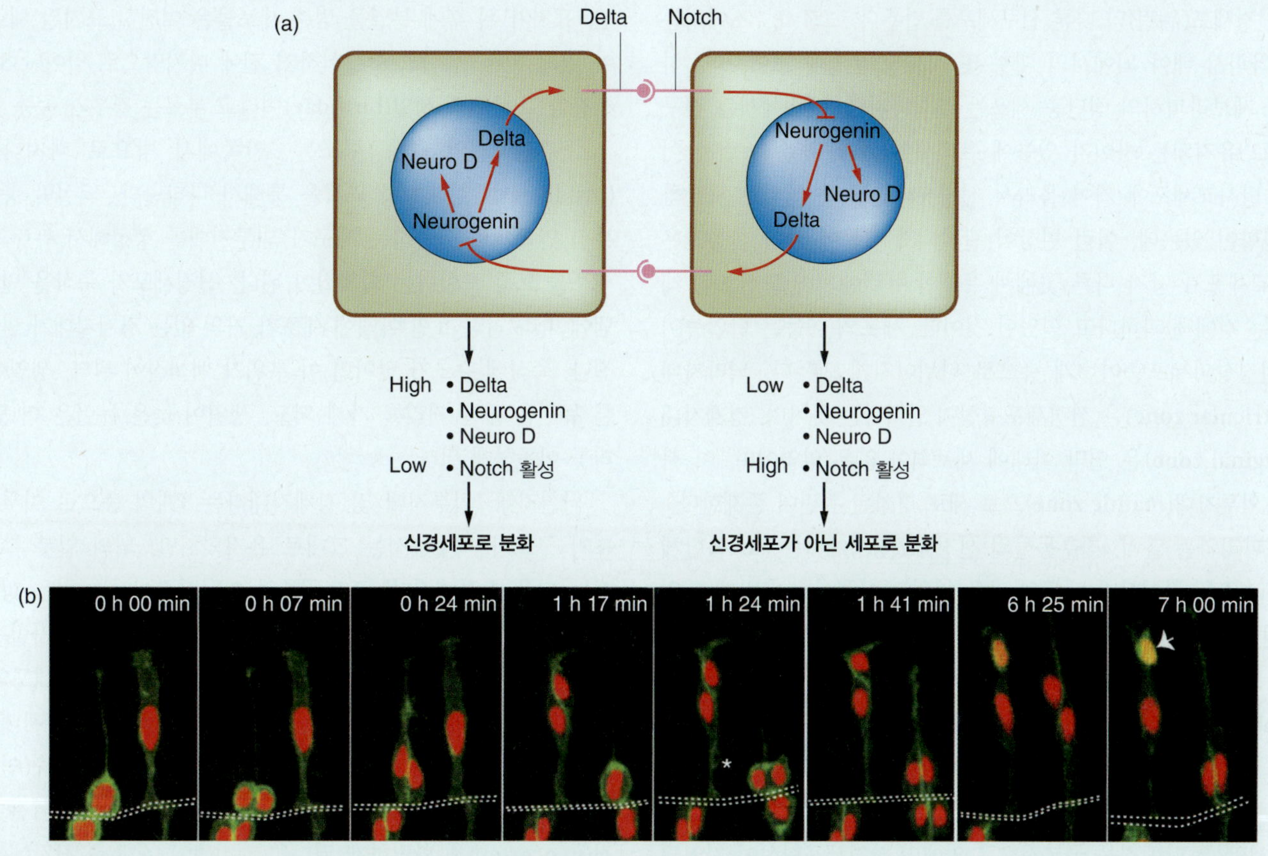

그림 16.12 (a) Delta-Notch 체계에 의해 중개되는 측면 억제를 통해서 신경원성 부위의 일부 세포만 뉴런이 될 수 있다. (b) 제브라피시에서 방사 교세포로부터의 신경세포형성. 저속촬영을 통하여 관찰한 것으로, 왼쪽 세포는 비대칭적으로 분열하고, 좀 더 바닥쪽(위쪽)에 있는 세포는 HuC-GFP(흰색 화살표)를 발현하는 뉴런이 된다. 오른쪽 세포는 대칭 분열하여 2개의 선구세포가 된다. (인용) Alexandre et al. (2010). Nat Neurosci. 13, 673-679.

어나는 시기는 E9–E12 동안이며, 전뇌-중뇌는 E11–E16, 후뇌와 망막은 E12부터 생후 초기까지이다. 제노푸스와 비슷하게, Notch 경로를 활성화하면 신경세포형성이 줄어들고 미분화된 세포의 분열 시기가 길어지는 경향이 있다.

레트로바이러스를 이용해서 초기(E9–10) 배아를 표지해 보면 클론들이 대부분 모두 뉴런이거나 모두 교세포인 경우가 많지만, 일부는 섞여 있기도 하다. 이런 사실로 미루어 볼 때 적어도 초기 선구세포 중의 일부는 다능성을 가졌다는 것을 알 수 있다. 한 가지 유형의 클론을 만드는 세포는 그렇게 되도록 예정되어 있다고 생각한 적이 있었지만, 현재는 4장에서 설명했듯이 반드시 그렇지만 않다는 것을 알게 되었는데, 다능성 선구세포도 동일한 미세환경 하에서 단일한 세포 유형으로만 분화된다는 결과를 얻게 되었기 때문이다.

초기 단계에서는 모든 세포가 분열하며, 핵이 이동해서 S기 동안에 바깥 표면에 접근하고 체세포분열이 진행되는 동안 내강 표면에 도달한다. 이를 **분열간기이동(interkinetic migration)**이라 한다. 신경세포형성이 진행되면서 대부분의 신경상피가 진정한 다세포층을 이루게 되며, 일부의 신경상피세포는 **방사교세포(radial glia)**로 변형되어 뇌실에서부터 연막까지 전체에 세포가 닿아있도록 계속 길어진다. 이 세포에 방사교세포라는 이름이 붙은 이유는, GLAST와 GFAP 등 다양한 교세포 표지인자(glial markers)를 발현하기 때문이고, 실제로는 신경세포와 교세포를 모두 만들어내는 선구세포이다.

방사교세포는 단일층으로 이루어진 신경상피 때부터 정단 쪽에 Par 복합체를 계속 유지하고 있으며, 이와 더불어 막단백질인 Prominin-1 (= CD133), 중간섬유 단백질인 Nestin과 뇌지질결합단백질(Brain lipid-binding protein, Blbp)이 정단 쪽에 농축되어 있다. *Blbp-Cre* 생쥐를 R26R형 리포터 생쥐와 교배시켜 형질전환 생쥐를 만들면, 일부의 뉴런, 기저 쪽의 신경선구세포, 성상세포, 희소돌기아교세포의 선구세포 및 상의세포(뇌실막세포) 등을 모두 표지할 수 있다. 이런 연구를 통해 선구세포로서 방사교세포의 중요성을 알 수 있다. 일부의 세포 분열은 비대칭적이어서, 신경세포(뉴런)와 다른 선구세포를 만든다. 그림 16.12b에서는 제브라피시 배아 뇌에서의 대칭 및 비대칭 분열을 보여준다. 하지만, 제브라피시의 정단층 세포는 분화하지만, 생쥐에서는 전구세포로 유지되는 차이가 있음에 유의해야 한다. 후손 뉴런은 어버이 방사교세포에 기어 올라서 신경상피의 최종 위치로 도달하는 경향이 있는데, 이런 현상이 관찰되기 때문에 과거 한동안은 방사교세포가 단지 다른 곳에서 유래한 뉴런에게 인도신호를 제공하는 것에 불과하다고 믿었던 것이다. 세포의 이동은 단일층이던 신경상피세포층이 3개 층으로 나뉘어지게 만든다. **뇌막지대(ventricular zone)**은 신경세포형성이 일어나는 곳이며, **경계지대(marginal zone)**은 연막 아래에 세포핵이 없은 영역이며, 이 사이는 **외투지대(mantle zone)**으로 새로 형성된 뉴런이 존재한다.

초파리와는 달리, 척추동물의 신경세포형성에서는 Par 복합체가 Numb을 끌어당겨 세포의 같은 부위로 이끌어내며 반대 부위로 밀어 내지는 않는 것으로 보인다. 체세포분열 후 증식하는 세포는 Numb 단백질을 유지하지만 체세포분열이 끝난 뉴런에서는 Numb이 사라진다. 생쥐에서는 Numb(그리고 이와 비슷한 단백질인 Numblike)이 세포 구조를 조절하는 세포 간 접촉을 유지하도록 해서 방사교세포를 증식 모드로 유지하는 것 같다. 등쪽 전뇌에서만 두 단백질을 국부적으로 없애면 신경세포형성이 지연되어 수많은 결함이 나타난다.

성체에서도 신경세포형성이 많이 일어나는 물고기와 양서류에서는 방사교세포가 성체생활 내내 유지된다. 생쥐의 후기 발생 동안 방사교세포는 성상세포를 만들어내며, 생후에는 분열을 대부분 멈춘다(아래 참조). 소수의 방사교세포만이 **신경줄기세포(neural stem cells)**로 전환된다('신경줄기세포' 절 참조). 이런 현상은 태어난 후의 리포터 생쥐에 Cre를 암호화하고 있는 아데노바이러스를 선조체(striatum)로 주입하면 피질의 방사교세포만 이를 받아들여 표지되기 때문에 확인해 볼 수 있다. 이런 방식으로 표지한 대부분의 방사교세포는 출생 직후 성상세포가 되지만, 소수의 방사교세포가 뇌실 하부의 신경줄기세포가 되어서 뉴런, 성상세포 및 희소돌기아교세포를 담고 있는 클론을 형성한다.

신경세포의 생일과 층

일단 뉴런이 형성되고 나면 분열을 멈추므로, 발생 과정 중에 BrdU나 ^{3}HTdR의 펄스를 주면 각 종류의 뉴런이 형성되는 시점을 밝혀낼 수 있다(20장 참조). 펄스를 주고 나서 약간의 시간이 경과한 후에 조직을 조사하면, 계속해서 분열을 한 모든 세포들은 연속된 DNA 복제에 따른 희석 효과로 인해 표지된 것이 사라지는 반면, 표지가 된 후에 분열을 멈춘 세포들은 여전히 표지된 채로 남아 있게 된다. 뉴런으로 분화하기 전에 마지막으로 일어난 S기의 시간을 그 뉴런의 **생일(birthday)**이라고 부르는 경우가 종종 있다.

중추신경계의 중층 구조는 "안쪽에서 밖으로 빠져나오는(inside-out)" 형태형성 과정을 통해서 나타난다. 뇌실막 층에서부터 안쪽으로 이동하는 세포가 외투지대를 형성해서 뉴런과 교세포를 모두 포함하는 회색질이 된다. 신경세포가 축삭을 만들어냄에 따라 연막 표면 아래에 세포가 거의 없는 경계지대가 만들어진다. 축삭에 수초가 덮이면 이 부위가 백색질이 된다. 생일이 빠른 뉴런은 짧은 거리를 가게 되고, 생일이 늦은 뉴런은 더 먼 거리를 이동하게 된다.

뇌실지대, 외투지대 및 경계지대라는 3개의 층으로 이루어진 초기 구조가 척수에서는 그대로 유지되지만, 뇌의 일부 부위에서는 더욱 복잡해진다. 포유동물의 대뇌피질에서는 처음 형성된 뉴런이 연막 쪽의 전판(preplate)을 형성한다. 전판은 카할-레치우스 뉴런(Cajal-Retzius neuron)이라 부르는 바깥층 세포와 판하부 뉴런으로 이루어진 안쪽 층으로 이루어진다. 외투지대로부터 새롭게 이동하는 뉴런이 경계지대로 침투해서 6개 층(연막에서부터 뇌실쪽으로 I-VI까지 번호를 붙인다)으로 이루어진 **신피질(neocortex)**을 확립하게 된다(그림 16.13). 6개 층 각각에는 서로 다른 형태의 뉴런이 들어 있다. 생쥐 배아에서 대부분의 피질 뉴런은 E12.5–E17.5일 사이에 형성되고, 각각의 새로운 뉴런 집단이 전판을 지나쳐 이동을 해서 새로운 신피질의 층을 만들어낸다. 각각의 층은 내부가 바깥으로 빠져나오면서 형성되므로, 처음 태어난 뉴런이 VI번 층을 이루고, 나중에 태어난 뉴런이 이미 존재하는 층을 지나쳐 이동을 해서 다른 층을 형성하게 된다. 흰담비(ferret) 배아를 이용한 고전적인 실험을 보면, 초기에 이동하는 뉴런을 나중 단계의 뇌에 이식하면 위쪽 층을 구성할 수 있었지만, 나중에 이동하는 뉴런은 아래쪽 층을 구성하도록 재특화가 일어나지는 않았다.

안쪽에서 밖으로 빠져나오는 이동의 유도 시스템의 일부는 카할-레치우스 세포가 만드는 릴린(Reelin)이라는 당단백질에 의해 제공된다. 릴린이 없는 *Reeler* 돌연변이 생쥐의 대뇌층은 뒤집어져 있다.

소뇌에서는 일부의 체세포분열 세포가 바깥쪽 층으로 이동해서 외부배아층(external germinal layer)을 형성하는데, 곧 이어 "바깥이 안으로 들어 오는(outside-in)" 신경세포형성이 일어난다. 또한 외투지대가 여러 층으로 나뉘는데, 이 중 한 층에 소뇌에서만 발견되는 거대 세포로서 10^5개에 달하는 다른 뉴런과 시냅스를

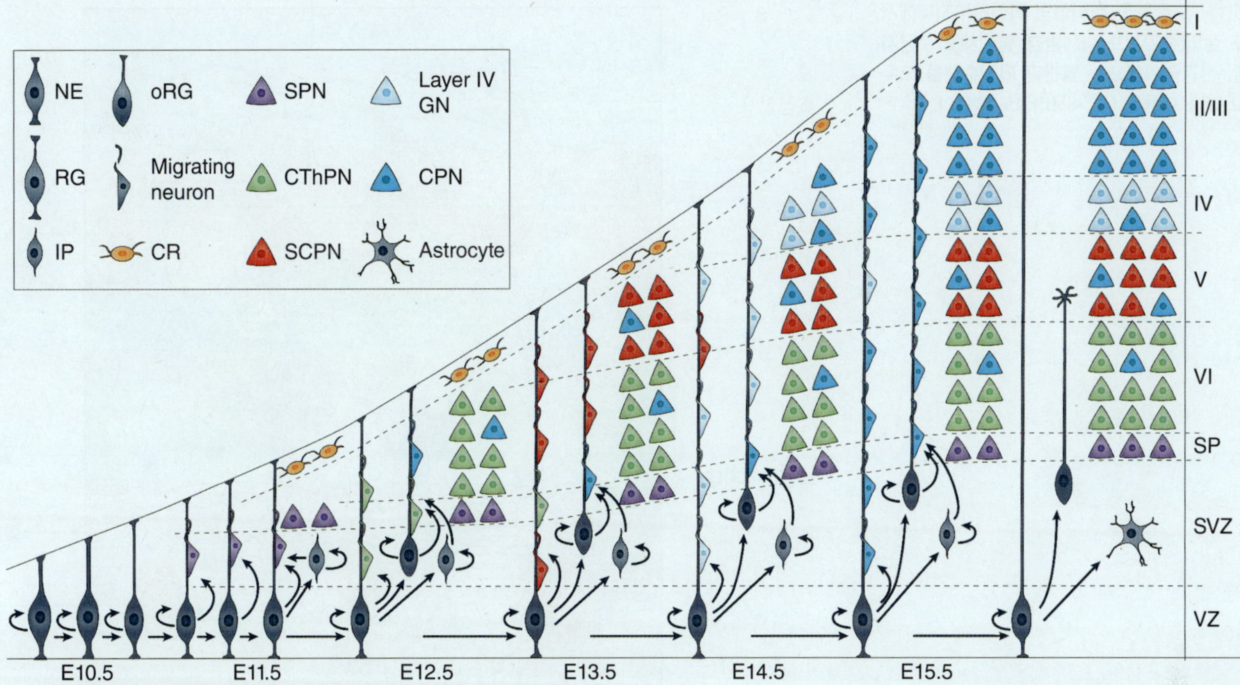

그림 16.13 '안쪽에서 밖으로 빠져 나오는' 세포 이동을 통한 생쥐 대뇌피질의 형성. 1층은 측면으로부터 이동해 들어오는 카할-렛지우스 세포로 구성된다. 이후 뇌실지대에 있는 방사교세포는, 이미 만들어진 뉴런층을 넘어서 표면 쪽으로 이동하는 뉴런 집단을 생산한다. 방사교세포는 또한 뉴런 생성에 기여하는 중간 선구세포와 바깥 방사교세포(outer radial glia)를 만든다. 피질 형성이 완료되면, 방사교세포는 교세포를 생산하기 시작한다. RG, 방사교세포; oRG, 바깥 방사교세포; IP, 중간 선구세포; CR, 카할-렛지우스 세포. 서로 다른 색깔의 삼각형은 다른 종류의 대뇌피질 세포를 표시한 것이다.

이루는 푸르킨예 뉴런(Purkinje neuron)이 담겨 있다.

눈에서는 안배의 바깥 부위가 **색소상피(pigment epithelium)**가 되고, 안쪽 층이 망막이 되어서 6개의 층을 이루는데, 원래의 뇌실 쪽 표면에 광수용 체세포가 있고, 시신경으로 이어지는 신경섬유들은 원래의 연막 표면 쪽에 있다.

신경줄기세포

물고기와 양서류 중추신경계의 많은 부위에서는 평생 동안 세포 재생이 일어나지만, 포유동물의 뇌에서는 두 지역에서만 세포 재생을 볼 수 있다. 바로 측뇌실에 인접해 있는 뇌실하부지대(subventricular zone)와 해마의 과립하부지대(subgranular zone)인데, 해마는 측두엽 안쪽에 있는 구조로서 학습과 기억에 관련되어 있다(그림 16.14). 측뇌실에서 유래한 새로운 뉴런은 앞쪽으로 이동해서 후각망울에 있는 사이뉴런이 된다. 해마에서 유래한 뉴런은 안쪽으로 이동해서 과립지대의 뉴런이 된다. 사람에서, 뇌실하부지대에는 거의 줄기세포가 없지만, 전뇌의 아래 부분인 선조체에는 줄기세포가 많다.

이제는 **신경줄기세포(neural stem cells)**가 다른 재생 조직

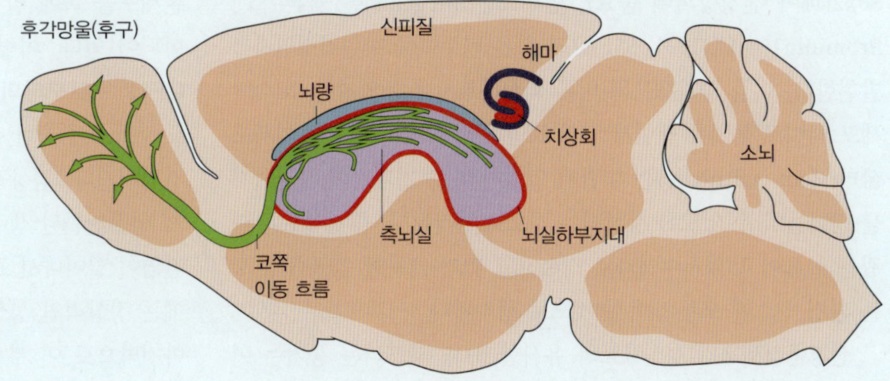

그림 16.14 생쥐 성체의 뇌에서 신경줄기세포의 위치(빨간색). (인용) Elsevier 출판사의 허락을 얻어 Zhao et al. (2008). Cell 2. 132, 645-660의 그림을 재구성함.

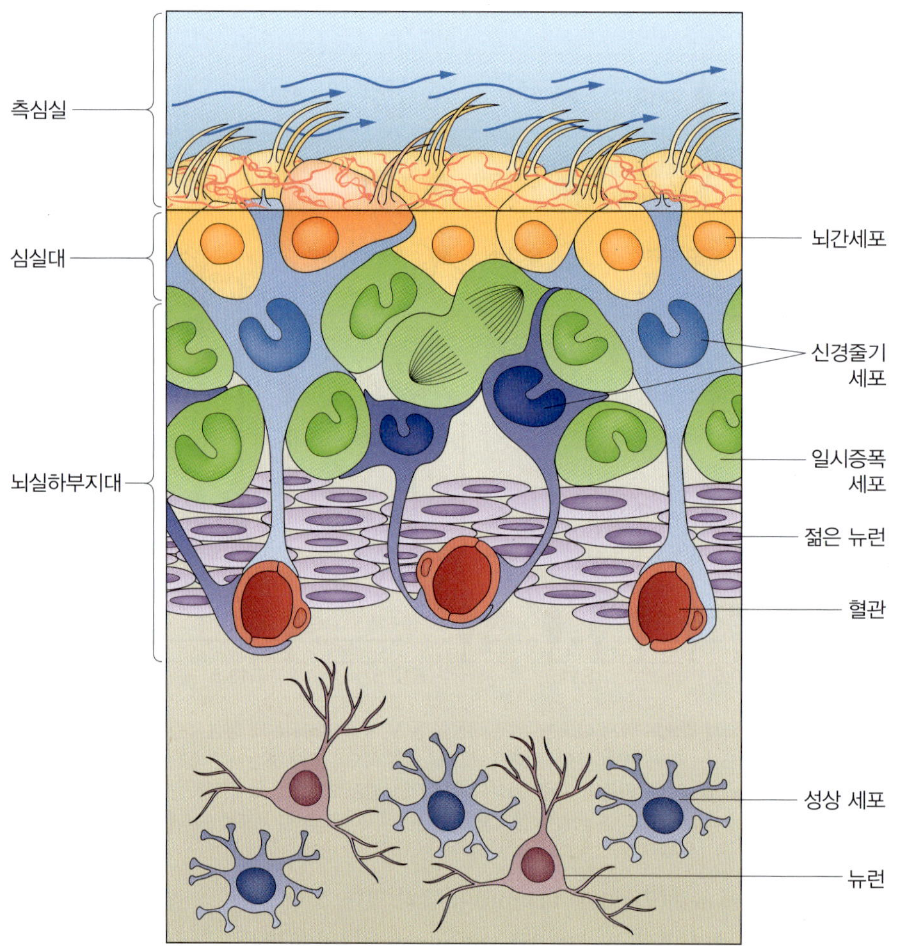

그림 16.15 포유동물 측뇌실의 뇌실하부지대에서 줄기세포 삶터(줄기세포 미세환경, 줄기세포 보금자리) 모델. 신경줄기세포는 혈관과 뇌척수액을 모두 접촉하고 있다. 이들은 B1 세포라고도 불린다.

의 줄기세포와 비슷한 방식으로 조직되어 있다고 믿고 있다(20장 참조). 줄기세포는 특정한 미세환경에 존재하며, **일시증폭세포(transit amplifying cells)**를 만들어내는데, 이들 세포는 유한한 분열 잠재력을 갖는 전구세포(progenitor cells)로서 신경모세포를 만들어낸다. 줄기세포는 "B1형(type B1)" 세포로 동정된다(그림 16.15). 이들은 이전에는 성숙한 성상세포의 특징이라 여겨졌던 GFAP(glial fibrillary acidic protein)를 비롯하여 Nestin, Sox2(배아 신경상피에 중요), 인테그린(integrins)은 물론이고, Prominin1(= CD133), SSEA1과 같은 탄수화물 항원결정인자를 발현한다. 이들 줄기세포는 비록 뇌실하부지대에 있지만, 뇌실막세포 사이로 돌기를 뻗어서 뇌실 표면과 접촉하고 있다. **줄기세포 삶터(stem cell niche)**는 혈관에 인접해서 그 기저판이 성장인자를 받아들일 수 있도록 형성되는 것으로 생각된다. 줄기세포는 혈관은 물론이고 뇌척수액과도 접촉하고 있기 때문에 양쪽에서 오는 환경 신호에 모두 반응할 것으로 생각된다.

신경줄기세포가 성상세포와 유사한 B1형 세포라는 증거는 여러 가지다. 첫째, 이 세포에서만 오랫동안 **BrdU**가 표지된 채로 남아 있다. 즉, 분열이 매우 느리다(20장 참고). 둘째, 일시증폭 세포처럼 빠른 속도로 분열하는 세포를 죽이는 항체세포분열 약물인 ara-C를 처리해도 이들은 살아남는다. 약물 처리를 멈추면 신경세포형성이 다시 시작되므로, 이렇게 살아남은 신경줄기세포로부터 새롭게 신경세포형성이 시작된 것임에 틀림없다. 셋째, 성상세포와 유사한 세포만을 특이적으로 GFP로 표지하면 그 후손세포들 속에 일시증폭 세포와 후각망울로 이동하는 뉴런이 포함되어 있다. 이렇게 특이적으로 표지하는 방법은 다음과 같다. GFAP 프로모터의 조절 하에 조류 백혈증 바이러스(avian leukosis virus)에 대한 수용체를 발현하는 형질전환 생쥐를 바이러스로 감염시킨다. 정상적인 생쥐는 바이러스에 감염되지 않지만, 이렇게 형질전환된 생쥐에서는 GFAP를 발현하는 세포에만 특이적인 감염이 일어나서 표지가 되는데, 표지된 세포를 조사해 보면 여기에는 정상적인 성상세포는 물론이고 B1형 세포도 포함되어 있다. 마지막으로 이 부위로부터 **신경세포구(neurosphere,** 아래 참고)

가 자라날 수 있지만 GFAP를 발현하는 세포를 모두 죽이면 자라나지 못한다. GFAP를 발현하는 세포만 죽이는 방법은 이것이다. *Gfap-TK* 유전자(TK 선별법에 대해서는 11장 참고)를 가진 형질전환 생쥐로부터 세포를 얻어서 간시클로비르(gancyclovir)라는 약물을 처리하면 된다. 혈관이 있어야 보금자리가 유지된다는 증거는 다음과 같다. 체외 배양 중인 신경줄기세포는 혈관내피세포(endothelial cells)와 동시에 또는 여과지를 사이에 두고 공배양(transfilter culture)해야만 자기갱신 능력이 유지된다.

개별 줄기세포의 발생 능력은 두 가지 방법으로 조사되었다. 복제 능력이 결여된 레트로바이러스를 **β-갈락토시다아제(β-galactosidase)**나 GFP를 발현하게 만든 후 형질도입해서 체내 **클론 분석(*in vivo* clonal analysis)**을 하는 것이 그 하나다. 중복도를 낮게 해서 이런 실험을 수행하면 감염된 세포를 구별하기 용이하며 표지된 양성 세포 각각을 하나의 클론으로 간주할 수 있게 된다. 이 방법을 통해서 후손세포가 현저하게 방사상 이동을 한다는 것을 확신할 수 있었고, 대부분의 클론이 뉴런이나 교세포로만 이루어졌음을 알 수 있었는데, 이는 일시증폭 세포에 바이러스가 도입되었음을 의미한다. 하지만 소수의 클론은 뉴런과 교세포를 모두 가지고 있었는데, 이런 결과는 표지된 세포가 **다분화성(multipotent)**을 가지고 있음을 보여준다. 또 다른 방법은 개별 세포를 체외 배양하는 것이다. 흰쥐 대뇌피질의 측뇌실지대를 배양하면 대다수의 클론은 뉴런으로 이루어진 작은 클론이 되고, 일부는 교세포로 이루어진 작은 클론이 되지만, 약 7% 정도의 클론은 뉴런, 성상세포, 희소돌기아교세포를 포함하고 있는 커다란 클론이 된다. 두 가지 유형의 실험에서 여러 세포 유형이 섞여 있는 커다란 클론은 줄기세포에서 유래했고, 한 가지 세포 유형만 가진 작은 클론은 일시증폭 세포에서 유래한 것으로 여길 수 있다.

줄기세포의 지역 특정화라는 견지에서 볼 때, 서로 다른 하위 계층의 후각뉴런이 뇌실하부지대의 서로 다른 부위로부터 유래했다는 것을 알 수 있었다. 뇌실하부지대 일부분을 갓 태어난 생쥐의 다른 부위로 이식해도 하위 계층적 특이성이 그대로 유지되는데, 이는 전뇌의 초기 지역특성화에 의존하여 뉴런 계층의 형성이 일어났음을 의미한다.

배아 시기는 물론이고, 생후 신경세포형성 과정에서도 레트로트랜스포존(retrotransposon) 이동 빈도가 다른 체세포보다 훨씬 높다는 것은 흥미롭다. 정상적인 유전체 내에는 레트로바이러스와 유사한 요소들이 다수 들어 있다. 이중 소수만이 활성이 있는 레트로트랜스포존이다. 이것은 보통 DNA 메틸화가 일어나 잠잠한 상태로 있지만 가끔 RNA로 전사가 일어나고, 그 자신의 염기서열 속에 암호화되어 있는 역전사효소를 이용해서 DNA 분자로 바뀌어 유전체의 다른 부위로 끼어 들어간다. 이렇게 유전자 삽입이 일어나면 체세포의 돌연변이가 일어나거나 이웃한 유전자의 활성에 영향을 줘서 분화에 영향을 주기도 한다. 입증된 것은 아니지만, 이런 과정이 유전되는 것도 아니면서 경험에 의해서도 조정이 되지 않는 개성이나 정신 능력, 다시 말해서 근친교배로 길러진 동물 사이나 일란성 쌍생아 사이에 존재하는 개별적인 차이의 원인이 아닌가 생각해 볼 수 있다.

신경세포구

포유동물의 중추신경계에서 진정한 신경줄기세포는 측뇌실 경계부나 해마에만 제한적으로 존재한다. 하지만, 이 이외의 다양한 뇌 부위를 조직배양해도 줄기세포의 특성을 갖는 세포가 자라는 것을 볼 수 있다. 이렇게 줄기세포와 같은 세포가 형태를 갖추고 자란 것을 **신경세포구(neurospheres)**라 부른다(그림 16.16). 이것은 폭이 0.3 mm에 이르는 세포덩어리로서 EGF(epidermal growth factor)와 FGF가 들어 있는 배지에서 부유배양으로 자란

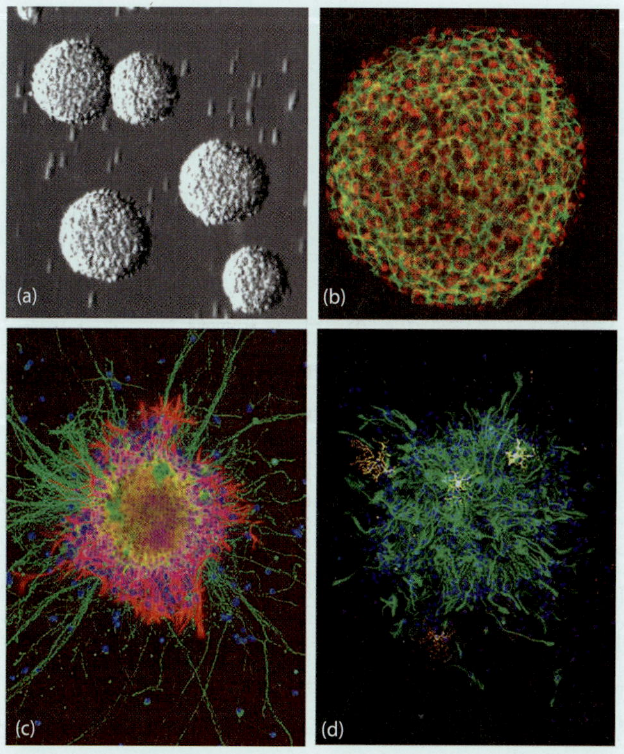

그림 16.16 신경세포구. (a) 3계대 신경세포구의 위상차 사진. (b) N-캐드헤린(초록색)과 네스틴(빨간색)의 면역염색. (c) 뉴런(b-튜블린, 초록색)과 성상교세포(GFAP, 빨간색). (d) 희소돌기아교세포(노란색 염색)와 성상교세포(GFAP,초록색). (인용) Mammolenti et al. (2004). Stem Cells 22, 1101-10을 허가를 받아 재구성함.

다. 이런 배양은 태아 중추신경계라면 어느 부위에서든 시작할 수 있고, 성체 중추신경계에서는 일부분에서 시작할 수 있으며, 심지어 지속적인 재생이 일어나지 않는 곳으로부터 시작할 수 있는 경우도 종종 있다. 뇌실막세포만 Cre로 표지한 생쥐의 척수를 이용해도 표지된 신경세포구가 자랄 수 있는데, 이는 뇌실막세포에서 기원했음을 의미한다.

각각의 신경세포구는 자기 갱신이 가능한 소수의 신경줄기세포를 담고 있으며, 이와 더불어 유한한 분열 잠재력을 갖는 변화-증폭 세포도 들어 있는 것으로 생각된다. 신경세포구를 혈청과 더불어 라미닌(laminin) 기질 위에 뿌리면 신경세포, 성상세포 및 희소돌기아교세포로 분화한다. 신경세포구를 단일 세포로 분리시키면 이 중 몇 % 정도의 세포가 새로운 신경세포구를 만들어내는데, 원래의 신경세포구와 비슷하다. 분리와 성장을 반복할 수 있으므로, 신경세포구 배양을 하여 상당한 정도의 세포 증식을 유지할 수 있다.

신경세포구라는 현상은 조직배양의 경우 세포가 체내와는 달리 다른 방식으로 행동할 수 있다는 사실의 한 예가 된다. 신경세포구는 엄청난 관심을 불러 일으켰는데, 왜냐하면 체외에서 쉽게 확장이 가능하기 때문이고, 또 다른 이유는 언젠가 광범위하게 신경세포가 죽어나가서 생기는 난치성 신경퇴행성질환의 **세포치료** (cell therapy)에 사용될 수도 있으리라는 희망 때문이다.

교세포형성

발생 과정 중 교세포(아교세포)는 방사교세포로부터 유래한다. 세포 표지 연구에 따르면, 하나의 줄기세포로부터 성상세포 또는 희소돌기세포가 만들어질 수 있지만, 두 세포가 모두 만들어지는 경우는 드물다. 교세포의 형성은 대부분 신경세포형성 이후에 일어난다. 이런 전환은 새롭게 형성된 뉴런이 분비한 인터루킨-6와 유사한 사이토카인인 카디오트로핀(cardiotrophin)에 의존한다. 실험적으로 카디오트로핀을 처리하면 교세포 생성이 증가하며, 이 수용체의 적중은 교세포 결핍을 일으킨다. 뉴런 생성 시기 동안 NGN1, NGN2, MASH1 전사인자는 교세포 유전자를 억제하는 반면, 교세표 생성 시기에는 NF1(nuclear factor 1)이 뉴런 생성 유전자를 억제한다. 생쥐가 태어난지 며칠 후, 방사교세포는 대부분 뇌막을 감싸고 있는 상의세포(뇌실막세포)로, 일부는 성상세포와 희소돌기아교세포 선구체로, 그리고 소수는 신경줄기세포로 분화되어 사라진다.

척수에서는 성상세포가 p1, p2 및 p3 부위에서 기원하는 반면, 희소돌기아교세포는 등쪽과 pMN 부위에서 유래한다(그림 16.9c). 보다 등쪽에서 유래하는 성상세포는 앞서 피질판(cortical plate)형성을 논할 때 나왔던 당단백질인 릴린(Reelin)이라 부르는 인도 인자를 만들어내며, 보다 배쪽에서 유래하는 성상세포는 슬릿(Slit)을 생산한다(이 장의 이후 설명 참조). 이런 인도인자는 그 이후의 세포 이동과 위치 결정 제어를 돕는다.

다른 척수 영역과 마찬가지로, pMN 부위는 바닥판에서 만들어지는 SHH와 지붕판에서 만들어지는 BMP의 농도 구배에 맞추어 다양한 전사인자의 조합에 의해 특정화가 일어난다. 처음에는 이 부위에서 전사인자인 NGN2, OLIG1 및 2가 발현되고, 신경세포형성 기간에는 운동뉴런을 만들어낸다. 임신 후반기가 되면 NGN2의 발현이 감소하고, NKX2.2 영역이 등쪽으로 확장해서 이 부위를 포함하게 되며, 희소돌기아교세포의 선구세포가 만들어진다.

희소돌기아교세포의 선구세포는 양극성 형태를 가지고 있다. 체내에서 레트로바이러스로 표지해서 살펴보면, 이 세포들의 정상적인 운명은 희소돌기아교세포가 되는 것이다. 하지만 배양 중에 CNTF(ciliary neurotrophic factor, 섬모신경성장인자)에 노출시키면 제2형 성상세포를 형성할 수도 있다. NG2 교세포(다돌기아교세포)는 장기간 유지되는 희소돌기아교세포의 전구세포인데, 계속해서 OLIG1과 2를 발현한다. NG2의 분자인 CSPG4에 대한 프로모터를 사용해서 Cre로 표지하면, 백색질에서는 NG2 세포가 자기 갱신을 하며 희소돌기아교세포를 만들어내는 반면에 회색질에서는 2형 성상세포를 만들어낸다는 것을 알 수 있다. 유래가 어떠하든지 간에, 교세포는 마지막 목적지까지 상당한 거리를 이동하는 경우가 종종 있다.

신경능선

신경능선은 모든 척추동물의 신경주름에서 비롯된 세포 집단이다(그림 16.17). 이들 세포 집단은 신경관이 닫힐 때까지는 신경관 등쪽 부분에 존재하지만, 신경관이 닫힌 이후 곧바로 신경관을 떠나서 주변 조직으로 이동하여 들어간다. 신경능선의 세포는 다양한 유형의 세포를 만들어내는데, 중요한 것으로 다음과 같은 것들이 있다.

- 감각 및 자율신경계의 뉴런과 교세포
- 부신수질과 갑상선의 칼시토닌 세포
- 색소세포(색소 망막의 세포 제외)
- 머리의 골격 조직
- 심장에서 나오는 동맥 경로의 일부

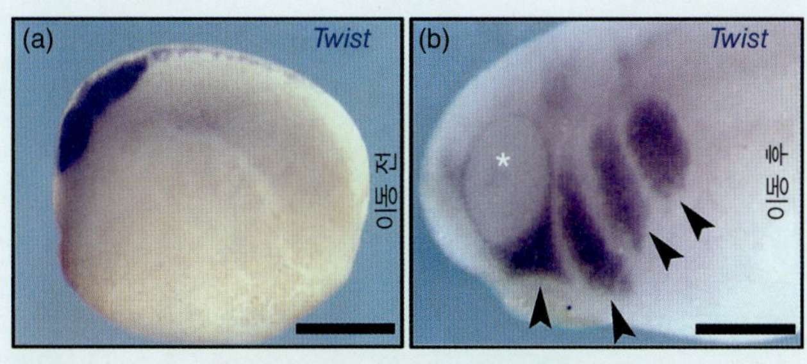

그림 16.17 twist mRNA에 대한 제자리혼성화법으로 가시화한 제노푸스 신경관으로부터의 두부 신경능선세포 이동. (a) 이동 전. (b) 이동 후; 별표는 안포를 표시한다. 축척자: 300 mm. (인용) Crane과 Trainor(2006). Ann. Rev. Cell Dev. Biol. 22, 267-286 Annual Reviews의 허가를 받음.

두 가지 주요 실험기법을 통해 신경능선의 운명이 밝혀졌다. 하나는 메추라기의 신경관 체절을 닭의 배아에 이식한 다음, 나중 단계에서 메추라기 세포의 위치를 확인하는 것이다. 둘째 방법은 염료를 국부적으로 주입해서 체내의 신경능선을 표지하는 것이다. 세포의 바깥에 **DiI**을 주입하여 일부의 세포 집단을 염색할 수 있으며, **형광 덱스트란(fluorescent dextran)**을 세포 내로 주입하여 세포 각각을 표지할 수 있다. 표지를 한 다음 일정기간 동안 배아가 발생하게 한 후, 표지된 세포의 위치가 어디이고, 어떤 세포유형이 되었는지를 나중에 확인한다.

이런 유형의 실험을 통해서 정상적인 발생의 경우, 신경능선이 뚜렷한 전후축 영역을 가지고 있음을 알 수 있었다(그림 16.18). 머리 부분의 신경능선은 매우 다양한 종류의 조직을 만들어낸다. 초기에는 두부 신경능선이 머리 간충직의 주요 원천이 된다. 이들은 나중에 일반적인 결합조직이 될 뿐만 아니라, 연골, 뼈, 두부 신경절, 혈관의 **주위세포(pericytes)** 및 평활근, 그리고 이빨의 상아질모세포(odontoblasts)가 된다. 몸통부의 신경능선은 두 가지의 주요 이동경로를 따라 이동한다(그림 16.19). 등가장자리 쪽 경로는 표피와 체절 사이를 지나서 **멜라닌세포(melanocytes)**가 된다. 배쪽 경로는 뼈 분절을 지나서 배근 신경절, 교감 신경절, 부신 수질이 되고, 아울러 심장 경로에도 일조한다(심장부 능선). 이런 이동은 각 뼈 분절(sclerotome)의 앞쪽 절반을 통해서만 일어난다. 마지막으로, 미주부와 천골부로 알려진 두 부위의 능선은 내장 신경절의 네트워크에 포함되는 세포를 만든다.

신경능선의 형성과 이동

신경판의 개별 세포를 표지하면 그 클론성 후손세포에서 표피세포, 신경세포 혹은 신경능선세포 세 가지의 다양한 조합이 관찰된다. 그러나 이후 신경관이 닫힌 후에는, 이들 세포는 신경상피, 신경능선, 또는 표피세포 중 한 종류만이 된다. 이는 이 시기 동안에

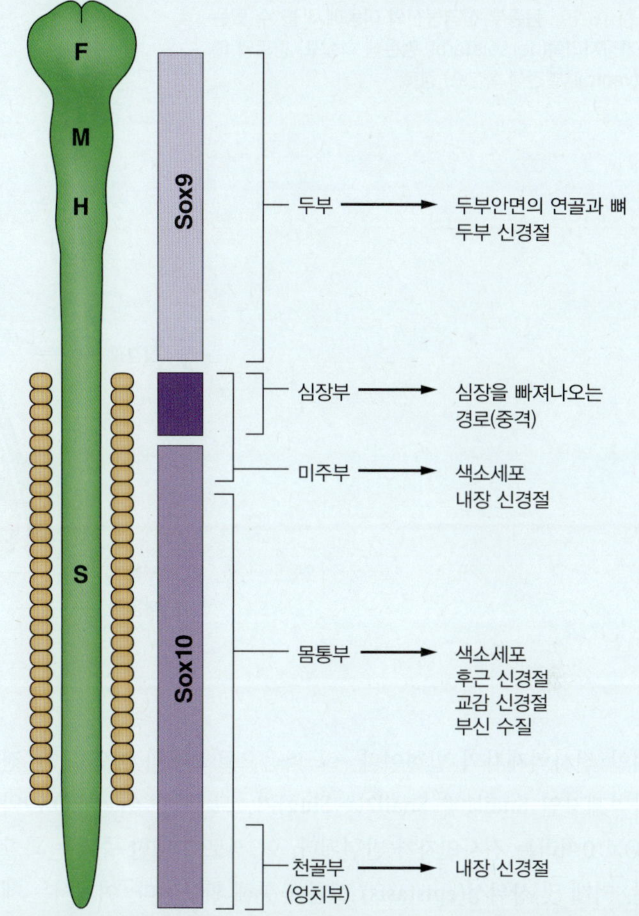

그림 16.18 닭-메추라기 사이에서 정상 좌위 이식을 통해 얻어진 신경능선의 운명지도. F, 전뇌; M, 중뇌; H, 후뇌; S, 척수.

신경능성이 특정화됨을 시사한다. 신경주름을 제거하고 신경상피를 표피에 직접 붙이면 붙인 부위 양쪽에 있는 세포로부터 신경능선이 만들어질 수 있는데, 이는 표피와 신경상피의 상호작용이 신경능선의 형성으로 이어질 수 있음을 의미한다. 이러한 상호작용 역량(competence)은 제노푸스의 후기 낭배시기에 감소하며, 닭 배아의 경우에는 좀 더 일찍([HH] 4+기) 감소한다. 표피에서 나오는 BMP4는 이 신호에서 중요한 구성성분으로, 저농도는 신경분화에 필요하고 고농도는 표피 분화에 필요하며, 그 중간 농도는 신경능선 형성에 중요하지만, 그 BMP 만으로는 신경능선 형성을 유도하는 데에 충분하지 않을 수 있다. 제노푸스와 닭을 이용한 실험을 보면, FGF, Wnts, Notch 및 레티노산 등도 마찬가지로 필요한 것으로 보인다.

신경능선을 결정하는 분자 경로를 보면 대체적으로 단선적인 일련의 과정의 특징을 보이지만, 약간의 피드백 효과도 볼 수 있다. BMP 신호전달에 따른 초기 반응은 Msx1과 2라는 호메오도

그림 16.19 몸통부 신경능선의 이동에서 볼 수 있는 등가장자리쪽(dorsolateral, 검은색 화살표) 경로와 배쪽(ventral, 빨간색 화살표) 경로.

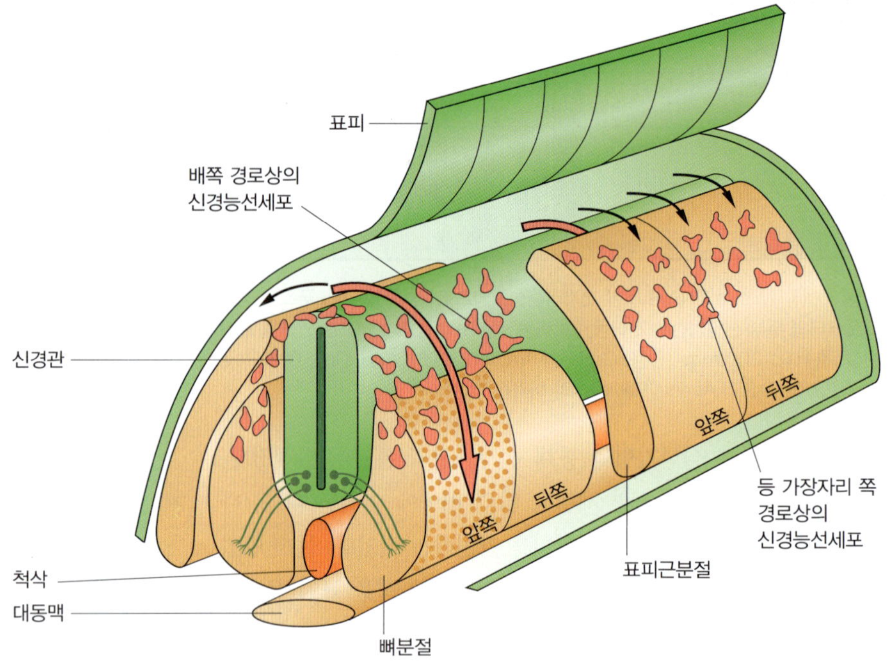

메인 전사억제자의 발현이다. 그 다음으로 2개의 아연-핑거 전사억제자인 Snail1과 Snail2(= Slug)가, 그 뒤를 이어 SOX9와 SOX10이라는 전사인자가 발현된다. 이 경로에 대한 증거는 과발현, 억제 및 **상위성(epistasis)** 실험을 통해 확보된다. 여기서는 제노푸스의 결과를 기술하고 있지만, 생쥐의 적중이나 닭에 레트로바이로스로 감염시켜 살펴본 결과들도 폭넓은 일관성을 보여준다. 제노푸스에서는 MSX 인자를 과발현하면 *Snail*의 발현을 유도하고, Snail의 과발현은 *Sox10*의 발현을 유도하며, SOX10의 과발현은 *Slug*의 발현을 유도한다. 이 모든 인자들이 신경능선의 형성을 유도할 수 있는데, 적절한 안티센스 **모폴리노(morpholino)**를 주입하거나 이 인자들의 우성 음성형 **도메인 교환(domain-swap)** 산물을 주입하면 신경능선의 형성이 억제된다. 따라서 이러한 과발현 데이터에 근거한 순서는 Msx → Snail → Sox10 → Snail2이다. 하지만 이렇게 단순한 직선경로와는 부합하지 않는 여러 결과가 있으며, 이러한 전사인자들은 상당한 수준의 병행 기능과 더불어 피드백 기능도 가지고 있을 것으로 보인다.

글루코코르티코이드로 유도할 수 있는 형태의 우성 음성형 Snail2(Slug)의 발현을 초기에 유도하면 신경능선의 형성이 막히고, 신경능선이 형성된 후에 유도하면 세포의 이동이 막힌다. 이러한 결과는 신경능선세포의 특성을 제어하는 Snail2의 기능이 꽤 긴 시간 동안 필요하다는 것을 보여준다. 처음에는 SOX10이 전체 신경능선에서 발현되지만 곧 이어 두부의 신경에서만 발현되는 SOX9으로 대체된다. SOX9은 중배엽으로부터 연골의 분화에 있어서 중요하다는 것이 이미 알려져 있었고, SOX9이 신경능선으로부터 연골이 형성되는 데에 중요하다는 증거는 조직 특이적으로 적중된 생쥐를 통해서 알 수 있다. *Wnt1-cre* 생쥐와 *Sox9* 플록스 생쥐를 교배시켜 얻어진 배아는 신경능선에서만 Cre 재조합효소가 발현되고, 중배엽에서는 발현되지 않는다. 이런 방식으로 신경능선에서 *Sox9*을 제거하면 몸통 골격에는 영향을 주지 않으면서 두부 골격의 형성을 막는다. Snail1은 접착 분자인 E-캐드히린의 생성과 밀착 연접의 구성요소 생성을 막아, 세포 이동 전에 표피-간충조직 전이(epithelial-mesenchymal transition)를 촉진하게 된다.

신경능선세포의 이동은 매우 다양한 세포 밖 기질 성분에 의존하며, matrix metalloprotease와 ADAMs를 포함하는 단백질 분해효소의 생성이 있어야만 세포가 침투할 수 있게 된다. 피브로넥틴이나 라미닌 같은 세포 밖 기질 성분이 긍정적인 역할을 하기도 하는데, 이는 이러한 단백질에 대한 중성화 항체를 처리하면 신경능선세포의 이동이 막힌다는 사실로부터 알 수 있다. 체내에서 배쪽 경로에 있는 몸통 능선세포의 이동은 뒤쪽 골분절에 의해 특이적으로 억제가 일어나서 앞쪽 골분절을 통한 이동이 선호된다. 그 이유는 신경능선세포가 EphB3를 발현하고, 뒤쪽 골분절이 B1과 2를 발현하기 때문이다. 이렇게 서로 밀어 내는 조합이 생겨나는데, 능선세포가 에프린 B를 가진 표면에 닿으면 RhoGTPase 체계

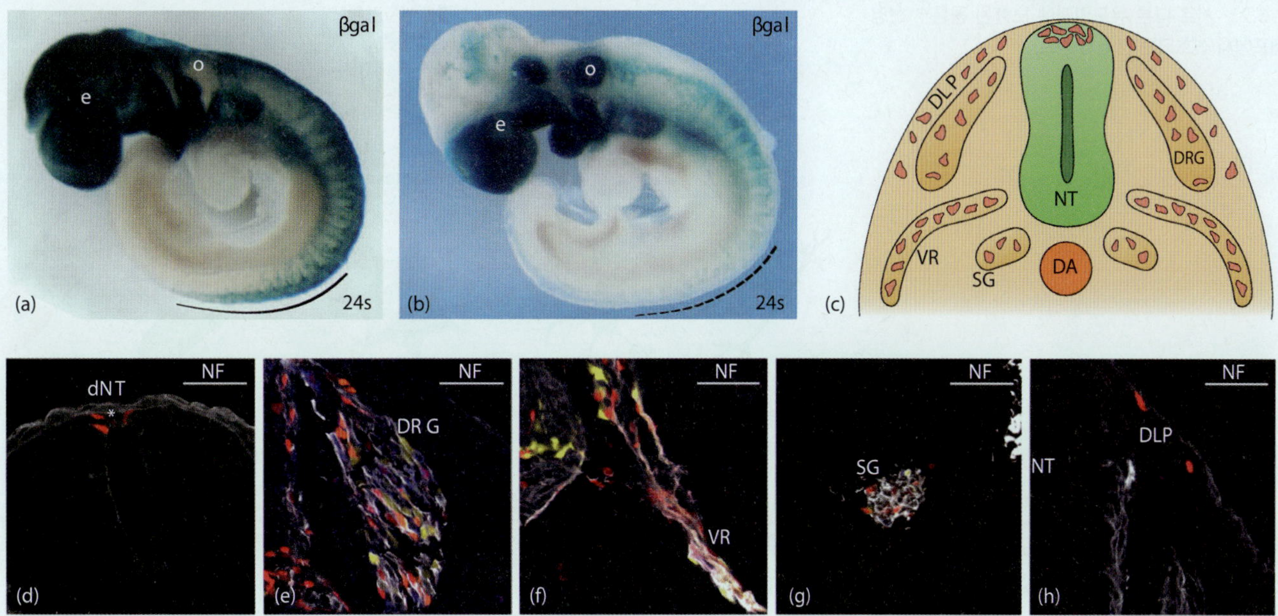

그림 16.20 CreER/Confetti 시스템을 이용한 신경능선세포의 표지. (a, b) 2개의 신경능선 특이적인 프로모터 활성을 R26R 리포터 생쥐와 교배한 뒤 β-galactosidase 염색을 통해서 보여준다. (a) *Wnt1*은 신경능선세포 형성 시기부터 활성이 있다. (b) *Sox10*은 이동 초기부터 활성을 보인다. (c) 이동 경로. NT, 신경관; DA, 등쪽 동맥; DRG, 배근 신경절; VR, 복근; SG, 교감신경절. (d) 등쪽 신경관 세포, (e) 배근 신경절의 세포, (f) 복근의 세포(슈반세포), (g) 교감신경절의 세포, (h) 등쪽 측판의 세포. (인용) (a, b) Jacquies-Frick et al., 2012, Plos One 7, e47794. (c-h) Baggiolini et al., 2015, Cell Stem Cell, 16, 314-322.

에 의해 매개되는 액틴의 탈중합화가 일어나 붕괴된다(6장 참고). 에프린 억제제를 닭의 배아에 넣으면, 능선세포는 앞쪽 골분절은 물론 뒤쪽 골분절을 통해서도 이동하도록 만들 수 있다. 후뇌의 능형분절 3과 5에서 일어나는 바깥쪽으로의 두부 능선세포의 이동도 Eph 체계에 의해서 막힌다.

신경능선의 수임과 분화

신경능선의 전반적인 전-후축 수임(commitment)은 신경관의 분절을 서로 바꾸고, 그렇게 이식한 부위로부터 나타나는 능선세포의 운명을 조사하여 살펴본 바 있다. 이런 실험을 통해 적어도 조류와 척추동물에서는 두부와 몸통부의 능선세포 사이의 구별이 일찍부터 나타나는 것을 알 수 있는데, 왜냐하면 오직 두부의 능선세포만이 골격조직을 만들 수 있기 때문이다. 일반적으로 능선의 어떤 부위든 그 축을 따라서 적절한 부위에 이식하면 부교감신경절, 교감 신경절 및 감각 신경절을 형성할 수 있다. 예를 들어, 미주부의 능선은 보통 콜린성(부교감) 뉴런을, 흉부 능선은 아드레날성(교감 혹은 부신 수질) 뉴런을 만들 수 있다. 하지만 이 부위들을 서로 맞교환하면 새로 이식된 위치에 적합한 세포 유형이 형성된다.

미세주입법이나 레트로바이러스 감염법, 또는 CreER-매개 재조합법 등을 이용해서 개개의 능선세포를 체내에서 표지하면 초기에 신경관을 떠나는 세포들이 **다능성(multipotent)**임을 알 수 있는데, 왜냐하면 표지된 클론에 감각뉴런, 색소세포, 부신 수질 및 교세포들이 포함되기 때문이다(그림 16.20). 이런 결과를 볼 때, 적어도 신경능선의 일부 세포에 다능성이 있음을 알 수 있다. 신경관을 늦게 떠나는 세포들은 오직 한 가지 유형의 세포 유형만을 만들 가능성이 높은데, 예를 들어 등쪽 가장자리 경로를 따라가는 세포들은 멜라닌세포가 된다. 하지만 정상적인 발생에서 한 가지 유형의 세포 유형만을 만드는 세포 집단이라고 해서 그 주입된 세포들이 다른 세포 유형을 만들지 못한다는 것을 입증하는 것은 아니다(4장의 클론 분석 참조). 이것을 입증하기 위해서는 그 클론의 후손들을 이른 시기에 다양하고 폭넓은 환경에 충분히 노출시켰다는 것을 보여야 한다. 생쥐에서 단세포 전사체 분석을 통해서 이동 중인 신경능선세포를 분석하면, 세포 이동 동안 발생학적 운명 결정의 순서가 있음을 알 수 있다. 처음으로, 감각선구세포와 다른 세포 종류 사이에 전환이 일어나며, 이후 자율신경선구세포와 간충조직세포 간의 전환이 일어난다. 감각과 자율신경 선구세포는 둘 다 뉴런과 교세포를 만든다. 두부 신경능에서, 대부분의 세포는 층에서 이탈하면서부터 간충조직 경로를 따르며, 결국 연골이 된다.

그림 16.21 서로 다른 유도인자에 노출된 몸통부 신경능선세포에서 선호되는 분화의 경로.

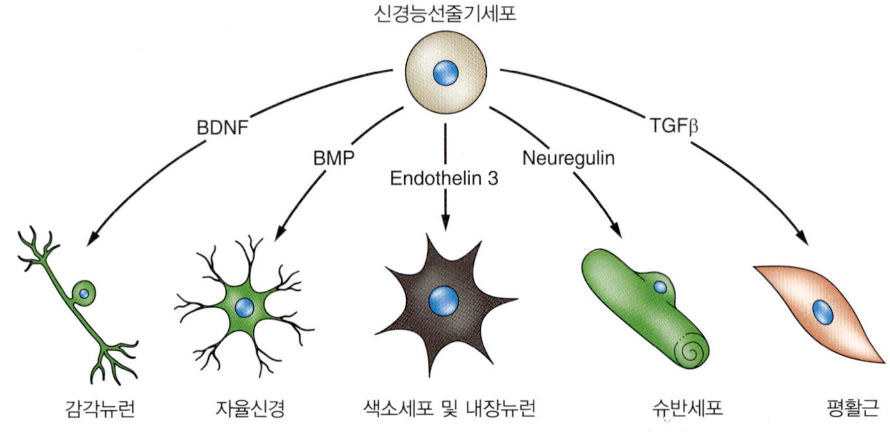

실제로 세포의 마지막 분화는 이동하면서 노출된 환경에 의존하는 경우도 있다(그림 16.21). 예를 들어, 배근(등쪽뿌리, 후근) 신경절의 형성은 신경관에서 분비하는 BDNF(brain-derived neurotrophic factor, 뇌-유래 신경성장인자)에 의존적이다. 만일 신경관과 능선세포 사이에 장벽을 끼워 넣으면 능선세포는 배근 신경절을 만들지 못한다. 하지만 여기에 BDNF를 공급해 주면 배근 신경절을 만들 수 있다. *Bdnf* 유전자가 결핍된 생쥐는 배근 신경절을 만들지 못한다. 배근 신경절의 실질적인 체절성 배열이 단순히 뒤쪽 골분절로부터 제외되어 피동적으로 나타나는 결과는 아닌데, 왜냐하면 서로 밀어 내는 영향을 제거한 돌연변이체에서도 여전히 신경절이 형성되기 때문이다. 하지만 Neurophilin 1과 2를 암호화한 유전자를 모두 제거하면 체절화가 일어나지 않는 것으로 봐서, 세마포린 인도 체계(Semaphorin guidance system)에 대해서는 의존적이다.

자율신경세포가 될지, 교세포가 될지, 아니면 평활근을 형성할 것인지를 결정하는 것도 환경에서 오는 신호에 의존하게 된다. 배양 중인 몸통부의 능선세포를 Neuregulin에 노출시키면 주로 **슈반세포(Schwann cells)**가 형성되고, TGF*β*에 노출시키면 평활근이, BMP 2나 4에 노출시키면 자율신경세포가 주로 형성된다(그림 16.21). 비록 이러한 인자가 특정 세포 유형에 대해 선별적인 생존을 유발하기도 하지만, 이러한 효과는 주로 **지시적(instructive)**인 것이라고 볼 수 있다. 이런 인자들은 배아에서 세포가 이동하는 적절한 부위에서 발현되는데, neuregulin은 신경수초에서, TGF*β*는 심장에서 뻗어 나오는 주요 혈관에서, BMP 2/4는 등쪽 대동맥과 내장에서 발현된다. 적중 생쥐를 이용해서 연구해 보면 예상한 결과를 얻게 되는데, 예를 들어 neuregulin 유전자(*Nrg*)의 적중은 슈반세포의 개수가 줄어들게 하고, *Tgfβ*의 적중은 심장 발생을 저해한다. 자율신경뉴런은 전사인자 유전자인 *Mash1*을 발현하는데, 이 유전자는 초파리의 Achaete-Scute 계열 단백질과 상동인 bHLH 전사인자를 암호화하고 있고, 적중되면 대부분의 자율신경뉴런이 결핍된다. 색소세포와 내장신경절로 수임되는 것은 유도인자인 Endothelin 3에 의존적이다. 이 인자나 이 인자의 수용체가 결핍된 생쥐는 색소세포와 내장신경절이 모두 결핍된다. 유도 가능한 형태의 수용체를 발현하는 형질전환 생쥐를 이용하여 그 활성을 특정 시기에 유도해 보면, 이 인자의 활성이 필요한 시기가 임신 9.5일에서 12.5일 사이임을 알 수 있다.

신경능선세포가 환경 신호에 의해서 분화가 조절된다는 이처럼 많은 자료가 있지만, 능선세포가 매우 다양한 환경조건에 노출되더라도 오직 한 가지 세포 유형으로만 분화가 일어난다는 다양한 실험들도 있다. 이러한 증거들은 시간이 흐르면서 진행되어 나타나는 특정 운명으로의 자율적 수임이라는 요소도 있음을 시사한다.

신경 연결성의 발달

신경계 기능의 핵심은 연결성 패턴에 있다. 특히 중추신경계에서, 세포와 축삭은 매우 단단하게 응축되어 있어서 그 회로를 쉽게 볼 수 없다. 그러나 뉴런의 독특한 운반체계에 의존적인 다양한 신경추적기술을 통하여 관찰 가능하다. 뉴런은 대부분의 단백질 합성을 세포체에서 수행한다. 이후 느린 축삭 수송기전을 통하여 축삭과 수상돌기로 물질을 이동시키거나, 신경전달인자 소포의 경우 빠른 축삭 수송경로를 통하여 이동시킨다. 성숙한 뉴런에서 이 물질 수송은 축삭으로부터 세포체로의 역방향 물질수송에 의하여 균형이 유지된다. 이러한 운송체계 덕분에, 추적 물질을 주입하여 복잡한 중추신경계의 축삭 경로를 찾아내는 것이 가능하다. 추적 물질 중 일부가 초기 배아의 운명지도 작성에 이용되는 것과 같은

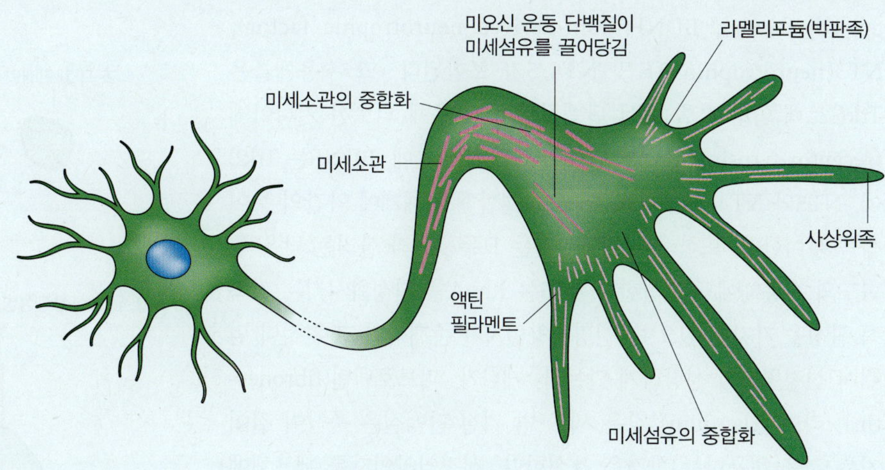

그림 16.22 발생 중인 축삭의 끝에 있는 성장원추.

것이다(5장 참조). 축삭에서 흡수되어 세포체까지 이동하는 효소인 **순무과산화효소(horseradish peroxidase, HRP)**는 역방향 추적자로 오랫동안 사용되었다. 예를 들면, HRP를 근육 하나에 주입하면, 이에 연결되어 있는 척수의 운동뉴런으로 이동하므로, 조직화학염색법이나 기타 적절한 검출 방법으로 가시화가 가능하다. 형광표지된 콜레라 독의 b 소단위체 역시 같은 목적으로 사용되어 왔다. 비오틴화된 덱스트란 아민과 같이 변형된 덱스트란은 세포체에서 말단으로 이동하는 순방향 추적자로 사용된다. 카보시아닌 염색시약인 **diI**나 **diO**는 대사활동 없이 축삭의 양 방향으로 모두 확산 가능하기에 고정된 조직에 사용할 수 있어서 특별한 용도를 가진다. 시냅스를 건너가 모든 연결성을 다 표지할 수 있는 변형 바이러스의 이용은 연결성 표지의 새로운 차원을 열어준다. 광견병 바이러스에서 유래한 구성체는 역방향 추적에 이용하며, 헤르피스바이러스 129는 순방향 추적에 이용된다. 인접한 뉴런을 다른 색깔로 표지하고, 두꺼운 조직 전체를 투명하게 만들어 표지된 연결성을 현미경하에서 관찰할 수 있게 하는 최신의 조직 투명화 방법(5장 참조)을 이용한 Brainbow 표지기법(15장 참조, 그림 16.20)은 뉴런 추적에 대한 추가적 개선을 일으켰다.

성장원추

뉴런의 축삭은 밖으로 자라나와 표적과 신경연접을 이룬다. 척수 배쪽에 있는 운동뉴런은 근육과 분비샘으로 연결되고, 배근 신경절에 있는 감각뉴런은 말초 수용기와 감각기관으로 연결된다. 연결의 최종 패턴은 극심한 복잡성을 보여주는 한 가지 예인데, 이 뉴런들은 어디로 가야할지를 어떻게 아는 것일까? 실제로는 연결의 특이성을 조절하는 다양한 기전의 전반적인 위계 구조가 있다. 그 기전들 각각은 매우 낮은 특이성을 보이지만, 합쳐졌을 때는 매우 정교한 최종 결과를 이끌어낼 수 있다.

발생 중인 개별 축삭의 끝에는 **성장원추(growth cone)**가 있다(그림 16.22). 성장원추는 이동 중인 섬유아세포와 어느 정도 닮은 구조를 가지고 있다. 끊임 없이 **사상위족(filopodia)**을 뻗고 오므리며, 기질을 가로질러서 능동적으로 기어간다. 성장원추의 세포골격은 역동적인 정상 상태에 놓여 있다. **박판족(층상위족, 접착용 세포족, 라멜리포듐, lamellipodia)**과 사상위족은 플러스(바깥쪽) 말단에서 끊임없이 길어지는 미세섬유 주변에 만들어진다. 이와 동시에 미세섬유는 미오신 유형의 **운동 단백질(motor proteins)**에 의해 중앙부의 극성 영역으로 잡아 당겨진다. 이 부위에 미세소관 다발의 말단이 뻗어 있어서 축삭의 구조를 유지한다. 성장원추를 전진하게 만드는 자극은 미오신 운동 단백질의 활성은 감소시키고 미세소관은 길어지게 한다. 성장원추가 전진하면서 축삭이 길어지는 만큼 새로운 물질이 놓여져야 한다. 세포체와 근위부의 축삭은 움직이지 않지만 축삭이 길어지는 데에 필요한 새로운 물질을 합성하는 대부분의 일을 수행하므로 이 과정에 필요하다.

성장원추가 상대적으로 크기에 성장원추의 서로 다른 부분이 서로 다른 자극에 노출될 수 있으며, 한쪽 가장자리로만 자극이 오면 성장하는 방향이 달라질 수 있다. 미세섬유의 국부적인 탈중합화가 일어나면 성장원추의 방향이 전환되는 반면, 미세섬유가 국부적으로 안정화되면 그 자극의 방향으로 자란다. 신호에 대한 수용체와 세포골격 사이의 연결은 작은 GTP 교환 단백질에 의존한다. RhoA는 활성화되었을 때 성장원추가 붕괴되게 하지만 활성 상태의 Rac과 Cdc42는 축삭이 길어지는 것을 촉진한다.

축삭이 길어지는 것을 촉진하는 세포 밖 인자 중에서 가장 강력한 것은 신경영양인자(neurotrophins)이다. 여기에는 NGF(nerve growth factor), BDNF(brain-derived neurotrophic factor), NT3(neurotrophin 3) 및 NT4/5가 포함된다. 그 수용체들은 Trk("트랙"이라고 발음함) 단백질로서, 수용체 티로신 키나아제(receptor tyrosine kinase)이다. NGF는 TrkA에, BDNF는 TrkB에, NT3와 NT4/5는 주로 TrkC에 결합해서 체계에 약간의 특이성을 부여한다. 또한 신경영양인자는 모두 p75라 불리는 낮은 친화도의 수용체에도 결합한다. p75는 RhoA를 활성화시키는 지속적 활성을 가지고 있으며, 신경영양인자가 존재하면 그 활성이 멈춰서 신경원뿔이 성장하게 만든다. 게다가, 피브로넥틴(fibronectin), 라미닌(laminin) 같은 세포 밖 기질 단백질은 축삭이 길어지는 것을 허용하는 환경을 조성한다. 신경영양인자를 세포체에만 노출시키면 생존을 유지시킬 수는 있지만, 축삭이 길어지기 위해서는 신경영양인자가 성장원추에 직접 노출되어야 한다. 활성화된 수용체를 담고 있는 세포 내 소낭이 역방향 수송을 통해 세포체로 전달되어서 유전자 발현의 변화를 유도하는 것으로 생각된다.

인도분자

몇 가지 인자가 다른 인자들과 길항작용을 하면서 성장원추를 인도한다. 그 효과를 네 가지 일반 범주로 나눌 수 있는데, 접촉 인력, 접촉 척력, 원거리 인력 및 원거리 척력이다. 예전에는 각각의 효과가 특정한 종류의 인도분자(guidance molecules)와 연관되어 있다고 생각했으나, 지금은 같은 분자라 하더라도 맥락에 따라 끌어당길 수도 있고, 밀어낼 수도 있음을 알게 되었다. 주로 체외 측정법을 통해서 인도분자들을 동정했다(그림 16.23). 접촉에 의해 활성화되는 인자는 간단하게 배양접시에 코팅을 해서 체외배양절편으로부터 축삭이 자라 나오는 것을 지지하는지 살펴보면 된다(그림 16.23a). 하지만 좀 더 구별 능력을 갖춘 측정법도 있어서 두 가지 서로 다른 대안이 되는 기질 중에서 선택할 수 있는 기회를 부여할 수도 있는데(그림 16.23b), 왜냐하면 체내에서는 성장원추가 서로 다른 대안이 되는 환경 사이에서 끊임없는 선택을 할 것이기 때문이다. 예를 들면, 성장원추를 밀어내는 활성을 갖는 에프린은 이런 종류의 측정법을 통해서 시개(optic tectum)로부터 동정되었다. 원거리 인자들을 밝혀내기 위해서는 그 인자들이 확산이 가능하며 성장원추가 그 농도 구배를 감지할 수 있다는 것을 보여야 한다. 이는, 2개의 체외이식절편을 콜라겐 젤 위에 배치하면 된다(그림 16.23c). 축삭이 하나의 절편으로부터 뻗어 나와 다른 절편을 향해 자란다는 것은 표적이 되는 절편으로부터 원거리 화학유인물질(chemoattractant)이 분비된다는 것을 시사한다.

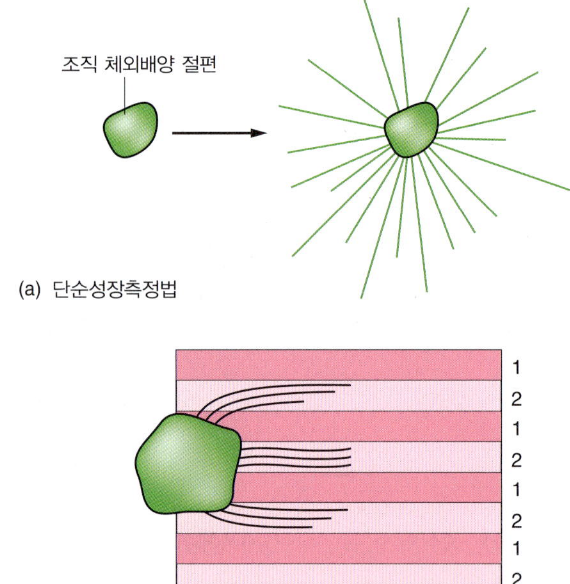

(a) 단순성장측정법

(b) 경쟁측정법

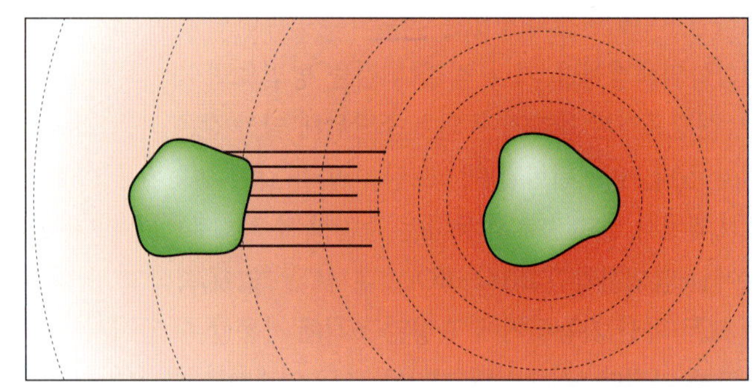

(c) 화학유인측정법

그림 16.23 인력과 척력의 측정. (a) 단순성장측정법으로서 조직을 체외로 이식하여 코팅한 표면 위에서 배양하거나 인자를 처리해서 신경섬유의 성장을 살펴본다. (b) 경쟁측정법. 두 가지 기질인 1과 2를 얇게 교대로 띠처럼 발라 코팅을 해서 체외배양 절편이 둘 사이에서 선택하게 한다. (c) 화학유인측정법. 하나의 체외배양 절편에서 나온 신경섬유가 화학유인물질을 방출하는 또 다른 체외배양 절편을 향해서 자란다.

화학적 유인이 일어난다는 결정적인 증거를 얻기 위해서는 그 원천을 제거했을 때 축삭의 성장 방향이 바뀌는 것을 보여야 한다.

접촉성 유인인자에는 라미닌, 피브로넥틴과 같은 세포 밖 기질 성분이라던가, N-CAM, NgCAM이나 N-캐드히린처럼 다른 신경세포 위에 붙어 있는 부착분자(adhesion molecules)가 포함된다. 접촉성의 척력인자로는 Eph군 수용체에 결합하는 것으로 알려진 에프린이 있으며, 테나신(tenascin)과 같은 세포 밖 기질성분도 있다. 원거리 인도분자로는 네트린(netrins)을 들 수 있는데, 라미닌, 세마포린, 슬릿(Slits) 등과 관련되어 있는 확산 가능한 세포 밖 인자이다. 일반적으로 네트린은 끌어당기는 반면에 세마포린이나 슬릿은 축삭이 자라지 못하도록 밀어내지만, 이것은 개별 세포 집단의 능력에 의존적이다. 네트린에 대한 수용체는 DCC(deleted in colon carcinoma)라고 불리며, 세마포린에 대한 수용체는 뉴로필린(neuropilins)과 플렉신(plexin)이라 불리고, 슬릿에 대한 수용체는 로보(Robos, 초파리의 *roundabout* 유전자와 상동인 유전자가 암호화하고 있음)라 한다. 비록 일부의 세마포린은 분비되어 원거리 인자로 작용할 수 있다고 해도, 다른 세마포린은 막통과 분자이어서 세포 간 접촉을 통해 단거리에서만 작용한다.

전문화된 신경인도분자 이외에도 FGFs, BMPs, Hhs 및 Wnts와 같이 다른 발생 과정에서 친숙한 유도인자도 축삭의 성장에 영향을 미친다. 다시, 뉴런의 역량은 축삭이 성장하면서 변화되기도 하여, 성장원추가 한 지점에서는 유인물질로 쓰이던 인자가 다른 지점에서는 반발인자로 쓰이기도 한다.

신경경로(신경로)

신경 연결성에 대한 분별력 있는 연구가 곤충을 대상으로 이루어진 경우가 많은데, 일부는 초파리에서 이루어졌지만 대개는 메뚜기(grasshopper)에서 많이 수행되었다. 하지만 곤충과 척추동물의 신경 발생에는 중요한 차이가 있다는 것을 반드시 기억해야 한다. 척추동물에서는 대부분의 뉴런이 중추신경계에서 유래하여 그 축삭을 말초기관으로 뻗는 반면, 곤충에서는 많은 뉴런이 말초기관에서 유래하여 중추신경계로 축삭을 뻗는다. 곤충 신경경로의 발달에 대한 연구를 통해 완전한 경로가 약 100 μm의 작은 분절로 나뉘어 있음을 알게 되었다. 그 길이 만큼 성장원추는 경로를 따라 자란다. 선택 지점—이미 다른 뉴런이 존재하는 곳이거나 기질의 환경이 변화한 곳—에 도달하면, 멈춘 후에 주변을 탐색하기 위해 모든 방향으로 돌기를 뻗어 다음 성장 분절까지 가기에 가장 좋은 경로가 어딘지를 찾는다. 이런 초기의 신경연결은 "선발 뉴런(pioneer neuron)"이 배아가 꽤 작을 때에 하게 되므로, 한 경로가 갖는 전체 길이도 짧다. 이후의 경로는 흔히 **다발(fascicles)**이라 부르는 이미 존재하는 축삭의 신경로에 의존하게 된다. 이 다발이 나중에 자라날 축삭이 따르게 되는 "고속도로"의 역할을 하는 것이다. 축삭이 다발 속에 남아 있을지 말지는 인력과 척력의 국부적인 균형에 의존하게 된다. 서로 끌어당기는 힘이 기질보다 크면 축삭은 다발 속에 남아 있을 것이고, 만일 기질이 끌어당기는 힘이 축삭이 서로 끌어당기는 힘보다 크면 다발이 해체될 것이다. 예를 들어, 척추동물의 탈다발화(defasciculation)는 축삭 표면에 존재하는 N-CAM에 폴리시알산(polysialic acid)

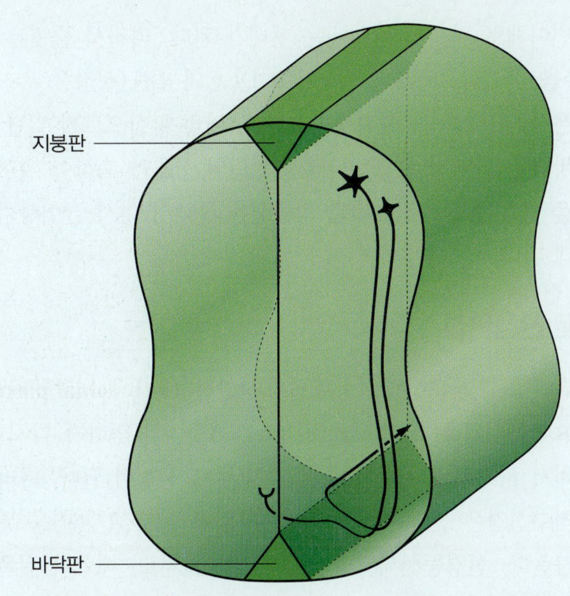

그림 16.24 맞교차뉴런 축삭의 경로.

이 더해졌기 때문에 나타날 수 있다. 이렇게 되면 표면이 매우 높은 음전하를 띠게 돼서 축삭끼리 서로 밀어낸다.

중추신경계에는 척수의 등쪽 부위에 **맞교차뉴런(commissural neurons)**의 집단이 있다. 이 뉴런의 축삭은 배쪽 정중선을 향해 자란 다음 대부분의 축삭이 다른 편으로 건너가서 표적이 되는 뉴런과 곧바로 시냅스를 이루거나, 아니면 방향을 바꿔 세로 방향으로 정중선을 따라 자라다가 또 다른 앞뒤축 수준에서 시냅스를 형성하기도 한다(그림 16.24). 배쪽으로의 성장 방향은 **바닥판(floor plate)**에서 분비되는 네트린과 SHH에 의존한다. 그 증거는 바닥판의 체외배양절편이 맞교차뉴런 축삭의 성장을 유인하며, *Netrin1*을 발현하도록 만든 세포도 그렇다는 것에 있다. 더구나 *Netrin1*이나 그 수용체인 *DCC*의 적중 생쥐에서는 맞교차 축삭 성장의 패턴이 엉망이 된다. *Netrin1*이 바닥판에서 유래하여 농도 구배를 만드는 것 뿐만 아니라, 그 경로에서도 만들어지는 것으로 지금은 알려져 있다. SHH의 기능과 관련하여, 처음에 척수 내에서 등-배 영역이 특정화되는 형태형성에 작용하는 같은 인자가 이후 뉴런인도인자로도 작용하는 경우를 보여준다.

축삭이 정중선에 도달하면, 건너가는 세포는 바닥판 세포 표면에 있는 것과 유사한 분자에 결합할 수 있는 NgCAM을 발현하기에 건너가는 것이다. NgCAM을 중성화하는 항체를 처리하면 대부분의 축삭은 건너지 못하고 세로 방향으로 자란다. 게다가, 바닥판 부위 안에는 능동적으로 밀어내는 기전도 있는데, 이는 정중선의 교세포가 분비하는 슬릿이 있기 때문이다. 슬릿의 수용체인 로보는 일단 성장원추가 정중선 부위로 들어가고 나면 스플라이싱 변이체로 바뀌어 밀어내는 형태가 된다. 따라서 슬릿은 성장원추를 바닥판으로부터 밀어내고 DCC의 인도(성장을 촉진하는 것은 아님) 기능을 불활성화시킨다. 이렇게 함으로써 일단 축삭이 바닥판을 빠져나가고 나면 네트린의 신호가 축삭이 길어지는 것을 계속해서 촉진하지만 정중선을 향해서 다시 끌어당기지는 않게 된다.

사지로 신경연접

사지 부위에서, 척수신경은 융합되어 **상완신경총(brachial plexus)**이나 **요천골신경총(lumbosacral plexus)**을 이루었다가 다시 가지를 쳐서 사지로 뻗어나가는 몇 가지 주요 신경이 된다. 다리로 뻗는 척수신경은 신경관을 둘러싸는 등앞쪽 골분절(추판)을 통과해서 자란다. 신경능선세포의 경우와 마찬가지로, 배쪽과 뒤쪽의 골분절에는 밀어 내는 인자가 있어서 성장하지 못한다. 신경총 부위의 간충직은 성장을 허용하는 환경을 조성하지만, 신경은 형성 중인 골반대(pelvic girdle)에 있는 2개의 구멍을 통과해야 한다. 구멍을 더 만들어도 신경이 통과해서 자란다. 신경관의 일부를 회전시키거나 제자리에서 약간 벗어나게 해도 신경이 올바른 정상 목적지를 찾아갈 수 있다. 하지만 제자리에서 많이 벗어나게 하면 원래 다리로 신경을 뻗지 않던 부위로부터 신경이 자라서 다리로 뻗게 되고, 마치 정상적인 패턴을 형성한 것처럼 보인다. 이런 실험을 통해 알 수 있는 것은, 어떤 축삭이든 따라갈 수 있는, 조직을 관통하는 경로의 존재가 가장 거친 수준의 조절이란 것이다. 이러한 경로는 그저 빈 공간일 수도 있고, 라미닌과 같은 적절한 기질이 풍부한 부위일 수도 있으며, 밀어내는 인자가 없는 부위일 수도 있다.

생쥐에서, 최초의 운동뉴런 축삭은 대략 9.5일쯤에 척수에서 나온다. 사지에 연접하는 척수의 가측운동기둥(lateral motor column)은 윗팔 부위(brachial region)의 *Hox6-8* 활성과 허리엉치 부위(lumbosacral region)의 *Hox10-11*에 의해서 정해진다. 그 사이 영역에서, *Hoxc9*은 사지를 촉진하는 Hox 유전자의 발현을 억제한다. 또한 가측운동기둥을 가측과 가운데 측으로 세분하는데 필요한 레티놀산의 생산에 필요한 FoxP1의 발현 역시 억제한다. 가측은 등쪽 근육에 연접하고, 가운데 측은 배쪽 근육에 연접한다(그림 16.25). 측면 부위의 운동뉴런은 LHX1을 발현하는데, 이 전사인자는 EphA4의 발현을 높인다. EphA4는 성장원추에 존

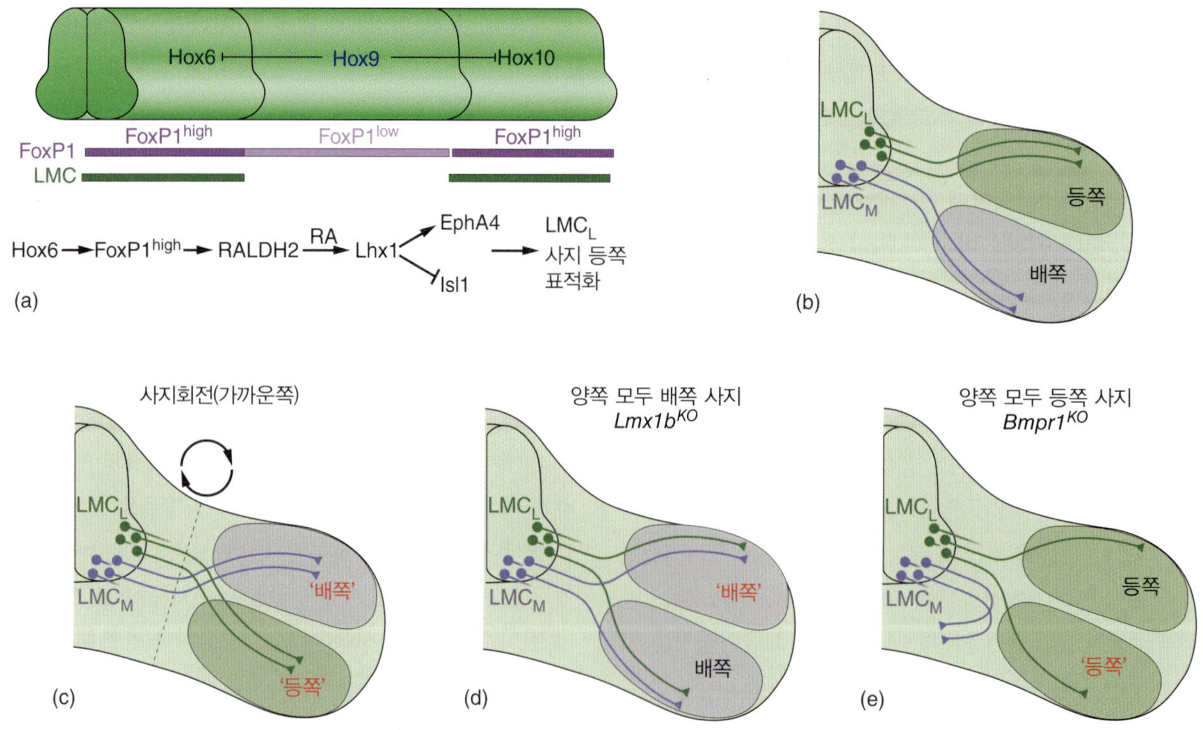

그림 16.25 사지 근육과 운동뉴런의 연접 발생. (a) Hox 유전자에 의한 척수에서 사지 신경연접의 특이성 결정. 가측운동기둥의 운동뉴런은, 등쪽 사지 근육에 연접하는 *Lhx1*-발현 세포 및 배쪽 사지 근육에 연접하는 *Isl1*-발현 세포로 나뉘어진다. (b) 정상적인 배아 사지의 등쪽 및 배쪽 근육으로의 신경연접. (c) 사지 회전 또는 이중 배쪽 및 이중 등쪽 사지싹 형성에 따른 연결 상태의 보정.

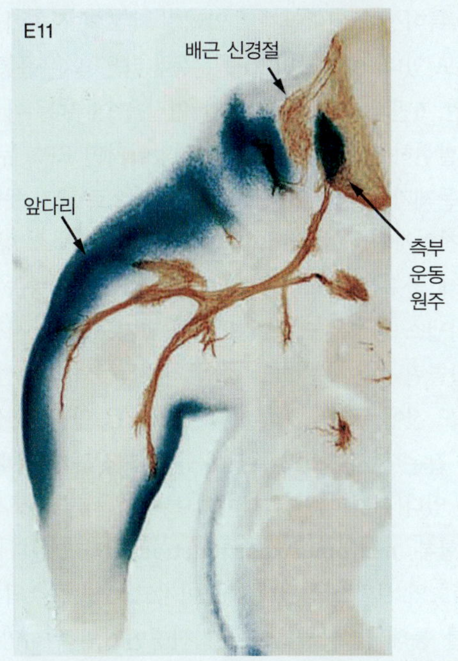

그림 16.26 NT3의 발현. *NT3*의 한 대립유전자를 대장균의 *lacZ*로 대체시킨 리포터 생쥐를 이용하여 NT3의 발현을 조사한 것이다. E11 시기 배아의 흉부 횡단면으로서 NT3 발현은 청록색으로, 척수신경은 갈색으로 나타내었다. (인용) Farinas et al. (1996). Neuron. 17, 1065－1078, Elsevie 출판사의 허락을 받아 재작성함.

재하여, 배쪽 근육에서 발현되는 ephrin A에 의해 반발되므로 등쪽 근육과 연접하게 된다. 반대로, 배쪽에 연접하는 운동뉴런에서는 ISL1의 작용에 의하여 EphB1의 발현이 높아져서 등쪽 근육에서 발현되는 ephrin B에 의해 반발되어 배쪽 근육과 연접한다. 다양한 증거들이 이러한 모델을 지지한다. 예를 들면, EphA4 유전자 적중 생쥐의 가운데측 운동뉴런은 배쪽 근육들과 연접을 맺고, EphB1/2/3유전자 적중은 배측 운동뉴런이 등쪽 근육과 연접하게 만든다. 그러나 진실은 보다 복잡하여, 척수에 가까운 위치에서부터 사지싹을 돌려서 뒤집어도 원래 만들어져야 할 연결이 제대로 생기는 것을 막을 수 없는데, 이는 성장원추가 근육에 실제 도달하기 훨씬 전부터 유도인자가 존재하였음을 의미한다.

생후 중추신경계의 성장이 일어나는 동안 상당한 수의 뉴런이 세포자멸사를 통해 사멸한다. 중추 및 말초신경계 모두 상당한 뉴런의 손실이 있지만 그 기전은 말초신경계에서 더 잘 밝혀져 있다. 배근 신경절의 감각뉴런에서, 표적에 존재하는 다양한 신경성장인자가 이들의 생존에 중요한 역할을 한다(그림 16.26).

다양한 성장인자가 생존인자로 기능할 수 있다. 여기에는 NGF 군의 성장인자(NGF, BDNF, NT3, NT4/5), 몇 가지 FGFs, HGF(hepatocyte growth factor, 간세포성장인자)와 GDNF(glial-derived neurotropic factor, 교세포-유래 성장인자)와 CNTF(ciliary neurotropic factor)를 포함하는 다른 인자들도 포함된다. 뉴런의 생존은 표적 기관으로부터 충분한 양의 적절한 신경영양인자를 흡수하는 것에 의존한다(그림 16.27). 만일 표적기관을 제거하면 이와 연결을 형성하던 모든 뉴런이 죽어버린다. 예를

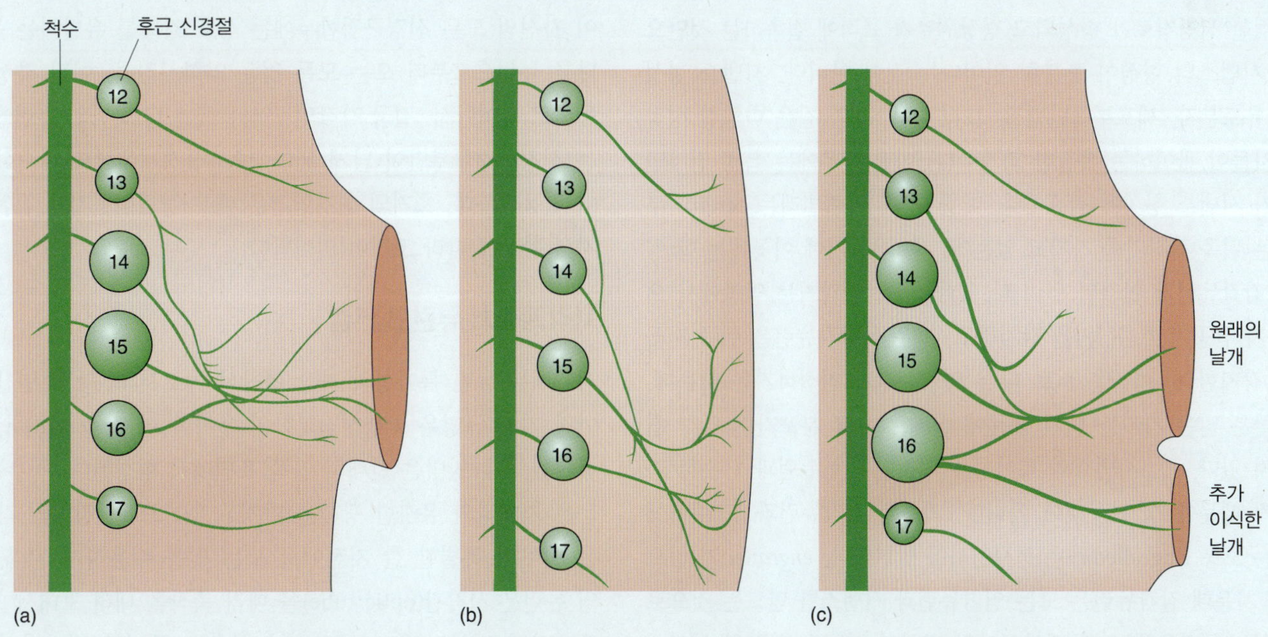

그림 16.27 신경영양인자가 배근 신경절에 미치는 효과. (a) 닭의 배아에서 볼 수 있는 정상적인 상완신경총. (b) 날개싹을 제거해서 작아진 신경절. (c) 추가로 날개싹을 이식해서 더 커진 신경절. (인용) Alberts et al.(1989). *Molecular Biology of the Cell*, 2판. Garland.

들어, 처음에는 모든 배근 신경절이 동일한 크기다. 하지만 사지로 뻗지 않는 배근 신경절에서는 세포자멸사가 더 많아져 그 크기가 작아진다. 하나의 사지 싹을 제거하면 그곳의 신경절은 더 많은 세포자멸사가 일어나 쭈그러든다. 추가적인 사지 싹을 이식하면 그곳으로 뻗는 신경절에서 더 많은 세포가 살아남아 더 커진다(그림 16.27).

NGF와 다른 신경성장영양인자는 배양 중인 감각뉴런과 교감뉴런에 두 가지 구별되는 작용을 한다. 축삭이 자라나오는 것을 촉진할 뿐만 아니라 세포체가 생존하는 것을 지지해준다. 성장원추와 축삭의 끝부위만 NGF에 노출되게끔 실험을 설계해도 세포체가 여전히 살아남는데, 이는 이 인자가 성장원추에서 흡수되어 그 효과가 역방향 수송을 통해 세포체로 전달될 수 있음을 보여준다. 추가로 사지 싹을 근처로 이식해서 배근 신경절에 보호효과를 줄 수도 있는데, 이 효과는 옆구리 조직에 NGF를 주입해도 모방할 수 있다.

신경영양인자나 그 수용체의 적중 생쥐에서는 감각뉴런 및 교감뉴런에 과다한 손실이 나타난다. 예를 들어, NGF에 주로 결합하는 TrkA의 적중 생쥐에서는 배근 신경절 및 삼차 신경절(trigeminal ganglion)의 상당한 축소가 일어난다. BDNF에 주로 결합하는 TrkB를 적중하면, 결절, 전정, 와우 및 배근 신경절들이 축소된다.

시냅스 형성과 축삭 경쟁

적절한 신경경로가 형성되고 성장원추가 표적에 접촉하는 것만으로 시냅스의 형성이 충분히 일어나는 것이 아니다. 시냅스 형성은 유도분자, 세포부착단백질, 그리고 WNT와 같은 다양한 성장인자들이 관여하는 복잡한 과정이다. 어떤 경우에는 특정 전사인자가 시냅스 형성에 필요하다. 예를 들면, 바퀴벌레는 cerci라 부르는 뒤쪽 감각기를 가지고 있는데, 제1 유충기에 이곳에는 한 쌍의 감각뉴런과 연결된 털이 나 있다. 옆쪽 감각기는 앞쪽에서 오는 자극(공기 흐름 등)을 감지하고, 가운데 감각뉴런은 뒤쪽 자극을 감지한다. 이들은 서로 다른 연합뉴런과 연접하기는 하는데, 이들은 많은 가지를 뻗기 때문에 실제로는 그 분포가 상당히 겹쳐져 있다. 즉, 시냅스의 특이성은 적절한 연합뉴런과 단순히 가깝기 때문에 생기는 것이 아니다. 가운데 감각뉴런과 그 주변에서는 보통 Engrailed라는 전사인자를 발현한다. *engrailed*가 없으면, 가운데 감각뉴런은 모든 연합뉴런과 시냅스를 만드는 것으로 봐서, 이 경우에는 이 전사인자의 발현이 시냅스 형성의 특이성을 결정한다.

시냅스 특이성이 인도인자로 알려진 세포외 신호에 의해 형성되는 경우도 있다. 초파리의 RP3 운동뉴런은 많은 몸통벽 근육과 접촉하지만, 6번과 7번 근육하고만 연접을 이룬다. 이 두 근육은 netrin을 발현하는데, 만일 netrin이 없어지면 RP3 뉴런의 액손 경로에는 문제가 없지만, 시냅스를 효과적으로 맺지 못하게 된다.

세포부착인자인 cadherin이나 ephrine이 시냅스 형성 과정을 개시하는 데 필수적이라고 생각되어 왔다. 이들은 종종 기능을 보이지만, 시냅스 형성은 액손이 표적에 닿기도 전에 시작될 수 있다. 아세틸콜린 수용체는 발달 중인 척추동물의 근육섬유에서 액손이 오기도 전에 무리를 이루어서 '핫스팟'을 만들고, 신경전달물질 소낭과 같은 전시냅스의 특징이 근육과 접하기 전에 액손에서 나타날 수 있다[신경과 근육 사이의 특별한 시냅스를 **신경근연접(신경근접합부, neuromuscular junction)**이라고 한다].

일단 최초의 시냅스 연결이 만들어지고 나면 중추의 뉴런이 세포자멸사를 통해 줄어들고 이어서 신경연결의 뒤섞임이 일어난다. 근육으로의 연결에서, 이것은 하나의 다핵성 근섬유로 뻗고 있는 여러 뉴런이 재구성되어서 각각의 근섬유에 단 하나의 뉴런만이 수많은 시냅스를 이루면서 연결되어야 함을 의미한다. 초기의 조잡하고 퍼져 있는 연결 패턴과는 달리 후기 단계는 출생 후에 벌어지며 전기적 활성에 의존하는데, 다음과 같은 규칙에 따른다. 각각의 신경근접합부는 최근에 그 자체가 활성이 있었다면 근육 흥분에 의해서 강화되고, 최근에 활성이 없었다면 근육 흥분에 의해 약화된다. 따라서 하나의 운동뉴런으로부터 오는 전기 자극이 자신의 모든 신경근접합부에는 상호 강화를 유발하는 동시에 다른 뉴런으로부터 오는 모든 것은 약화시킨다. 이런 과정은 자동으로 일어나서, 결국 각각의 근섬유에는 단 하나의 뉴런에서 오는 신경근접합부만이 남게 된다. 중추신경계에서도 비슷한 원칙이 적용되는데, 초기의 신경연결은 매우 광범위했지만 점점 좁아져서 활성에 따라 조정이 일어난다.

시각계에서 뉴런의 연결

시각계는 뉴런 특이성의 가장 복잡한 예로서 최근 몇 년간 이루어진 기전 규명은 발생신경과학의 우아한 한 장을 이룬다. 이미 서술했듯이, 망막은 안배의 안쪽 표면에서 형성된다. 척추동물의 눈은 카메라와 유사한 광학을 가지고 있으므로, 망막의 각 지점은 시야의 특별한 한 지점에서 오는 빛을 수용하게 된다. 망막의 뉴런은 시각관(optic tube)을 따라 축삭을 내려 보내서 시신경(두 번째 뇌신경)을 이룬다. 이 섬유는 중뇌로 되자라서 **시개(optic tecta**, 포유동물에서는 외측슬상핵[lateral geniculate

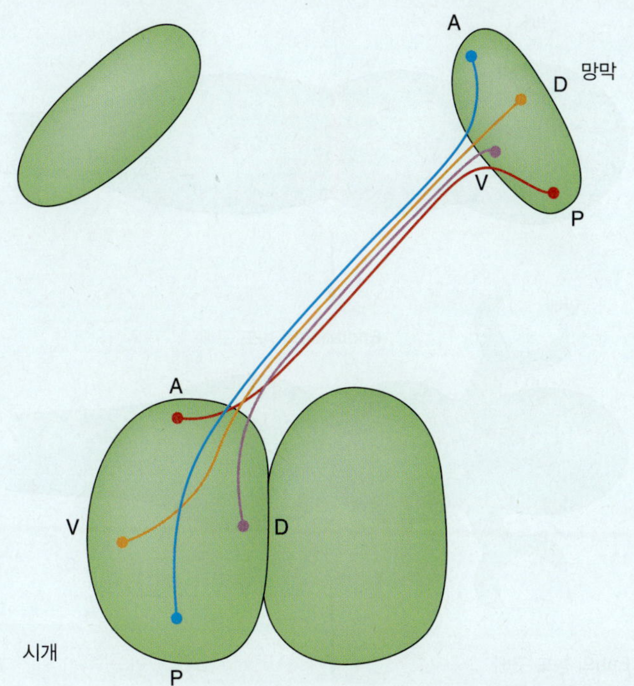

그림 16.28 물고기와 양서류에서 정상적인 망막-시개 투사. 앞쪽(코쪽) 망막은 뒤쪽(꼬리쪽) 시개로 투사한다; 등쪽 망막은 배쪽(옆쪽) 시개로 투사한다.

nucleus])에서 시냅스를 형성한다. 망막의 각 지점은 시개의 특정 지점으로 섬유를 뻗어서, 시개의 표면이 망막과 1:1로 대응되는 **지형적(topographic)** 관계를 형성하도록 이루어지므로, 결국 외부 시야와도 지형적 관계가 형성된다. 이렇게 뻗어 있는 것은 시야의 한 지점에 조명을 비추고, 이에 상응하는 시개의 지점에서 전기적 활성을 기록하여 가시화할 수 있다. 물고기, 양서류, 조류에서는 시교차(optic chiasm)에서 시각 섬유의 완전한 교차가 일어나 오른쪽 망막이 왼쪽 시개로 뻗고 그 역도 성립하는 반면, 포유동물에서는 양쪽 망막으로부터 온 연결이 뇌의 좌우 모두로 뻗게 된다. 그 연결의 특성을 보면 앞쪽 망막은 뒤쪽 시개로 뻗고, 등쪽 망막은 배쪽 시개로 뻗는 식이다(그림 16.28). 신경과학 문헌에서는 망막의 앞뒤축을 코관자축(nasal-temporal axis)이라 칭하지만, 여기서는 발생생물학의 관례에 따랐음에 유의하자.

연결의 특이성이 나타나려면 망막과 시개 모두에서 세포를 표지하는 어떤 체계가 있어야 하고, 그 두 가지 표지의 집합을 서로 연결해 주는 수단이 있어야 한다는 것이 분명하다. 이 원칙은 Sperry의 "화학친화도 가설(chemoaffinity hypothesis)"로 알려져 있다. 눈에서의 패턴은 초기 배아 단계에 설정된다. 제노푸스의 눈을 꼬리싹 단계 이전에 회전시키면 시개로의 연결이 정상적으로 일어난다. 더 나중의 시기에 회전시키면 연결이 형성되긴 하지만 뒤집힌 채로 남아 있다. 하등 척추동물에서는 시신경이 잘리면 재생이 일어나므로 재생된 지형도를 살펴볼 수도 있다. 정상적인 재생에서는 올바른 연결이 다시 확립된다. 신경을 절단할 때 눈의 반을 제거하면 나머지 반이 정상적인 방향성을 가지면서 전체 시개에 걸쳐서 뻗게 된다. 마찬가지로 시신경을 절단할 때 시개의 절반을 제거하면 전체 눈에서 온 시신경이 정상적인 방향성을 가지면서 남아 있는 절반의 시개로 뻗는다. 이런 종류의 수많은 실험을 통해서 표지체계가 양적이지만 선호되는 연결의 위계질서를 가진다는 것을 알게 되었다. 또한 연결이 역동적이며 끊임 없이 스스로를 재배열한다는 것도 알게 되었다. 이것은 망막이 방사상으로 자라고, 가장자리에 있는 발아지대로부터 새로운 세포를 추가해 나가기 때문이다. 이와 대조적으로, 시개는 뒤쪽 가운데 표면에서 자라고 한쪽 끝에서 세포를 추가해 나간다. 이렇게 성장의 방식이 다르다는 것은 전체적인 지형적 연결을 유지하기 위해서 신경연결이 스스로를 끊임 없이 재조정한다는 것을 의미한다.

시각적인 신경연결이 어떻게 확립되는지 이해하기 위해서는 다양한 척추동물 종을 대상으로 한 연구가 필요했다. 재생이 가능한 어류와 개구리에서는 대부분의 연구가 ^{3}H-프롤린이나 HRP와 같은 물질이 정방향 수송된다는 것을 이용해서 신경연결을 추적하거나, 전기생리학적 방법으로 지도를 작성하여 이루어졌다. 보다 최근에는 경로를 추정하는 방법으로 DiI가 더욱 선호되고 있는데, 온표본(whole-mount)에서 뛰어난 가시화 능력을 보이기 때문이다. 닭의 배아에서는 레트로바이러스를 이용한 과발현이 기능 획득 실험을 위해 이용되었고, 생쥐에서는 적중이 기능 상실 실험의 기초가 되었다. 모델에 따라 약간의 차이는 있지만 원칙은 동일하다.

우선적으로 망막 신경섬유는 시개로 뻗어가야 한다. 처음에 신경섬유는 Slit이 있어서 시신경으로 유인된다. 시교차에서는 전사인자인 Zic1이 같은 방향으로의 경로를 유지하게 하며, Isl1에 의해 Zic1이 억제되면 반대 방향으로 건너가는 경로가 받아들여진다.

이제는 지형적 투사의 기초가 망막과 시개 모두에 걸친 세포 표면 분자의 농도 구배에 의해 암호화되어 있다는 것을 알게 되었다(그림 16.29). 망막의 작은 영역에서 분리해낸 세포를 시개 체외배양과 함께 키우면, 체내에서 관찰되는 것과 비슷한 특이성을 보인다(즉, 앞쪽 망막은 뒤쪽 시개에 접촉하고, 등쪽 망막은 배쪽 시개에 부착된다.) 줄무늬 측정법(그림 16.23b 참고)을 사용함으로써, 뒤쪽 시개의 추출물은 뒤쪽 망막으로부터 축삭이 성장하는 것을 억제한다는 것을 알게 되었다. 앞쪽 시개는 밀어내는 활성이

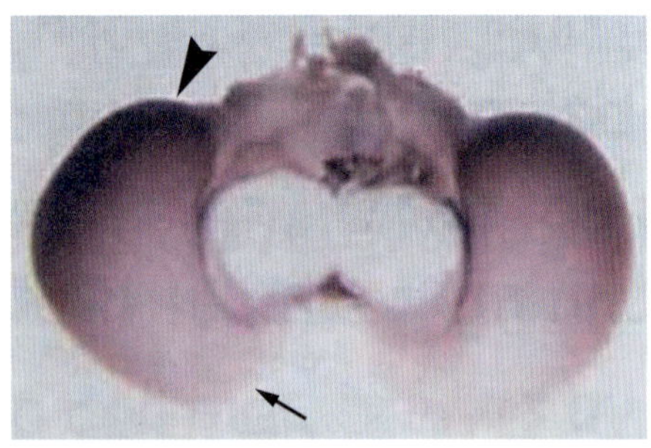

그림 16.29 13일된 닭 배아의 시개에서 알카리성 탈인산화효소를 Eph A3에 접합시킨 후 조직과 결합시켜서 살펴본 에프린 A의 농도 구배. 시개의 앞쪽 끝을 화살표로, 뒤쪽 끝을 화살표 머리로 표시했다. (인용) Cheng et al.(1995). Cell. 82, 371-381. Elsevier출판사의 허가를 얻어 재구성함.

없고 앞쪽 망막은 시개 인자에 반응하지 않는다. 이 인자들이 동정되어 에프린 A 계열의 접착분자이며, 뒤쪽에서 높고 앞쪽에서 낮은 농도 구배를 형성한다는 것을 알게 되었다. 망막세포 표면에는 Eph A형의 수용체가 이와 상응하는 농도 구배를 갖는데, 역시 뒤쪽이 높고 앞쪽이 낮다. 따라서 이 체계가 갖는 분자적 기초란, 뒤쪽 섬유가 앞쪽 시개에 고착되는 것을 선호하게 만드는 Eph-에프린 체계에 기인한 단거리 척력인 것이다. 앞쪽 신경섬유도 앞쪽 시개로 갈 수 있지만, 신경섬유 사이의 경쟁으로 인해 뒤쪽 시개로 밀려나서 우리가 관찰할 수 있는 그런 특이성이 나타난다. 이런 기전에 대한 증거는 기능 획득 및 기능 상실 실험이다. 예를 들어, 닭에서 에프린 A2를 오발현시키고 반대편의 망막을 diI로 표지하면, 뒤쪽의 망막 신경섬유가 이소성으로 발현된 에프린 A2 부위를 회피하게 된다. 시개에서 발현되는 주요 에프린이 에프린 2와 5인 생쥐에서는 두 가지 유전자를 모두 적중하면 지형도의 상당한 교란이 일어난다.

에프린의 발현은 전사인자인 Engrailed에 의해 조절된다. 이 전사인자 자체는 시개에 걸쳐 뒤쪽에서 앞쪽으로 농도 구배가 있는데, 처음에 중뇌의 협부 형성체의 작용으로 확립된 것이다(앞부분 참조). 레트로바이러스를 이용해서 닭의 배아에 En을 오발현시키면 시개에서 이소적으로 발현된 부위에서 에프린의 발현이 늘어나고 뒤쪽 망막 신경섬유를 밀어내게 된다.

등-배축에서도 비슷한 체계가 작동하고 있지만 척력보다는 인력에 근거하고 있다. EphB 분자는 망막에서 배쪽이 높고 등쪽이 낮은 발현을 보이며, 시개의 에프린 B는 등쪽이 높고 배쪽이 낮다(신경과학 문헌에서는 정중부에서 가장자리 쪽이라 일컬어진다). 그 체계가 인력을 가지고 있으므로, 배쪽 망막의 축삭이 등쪽 시개로 뻗는다는 것을 의미한다.

초기의 망막시개경로는 어떠한 신경활성도 없이 형성된다. 이

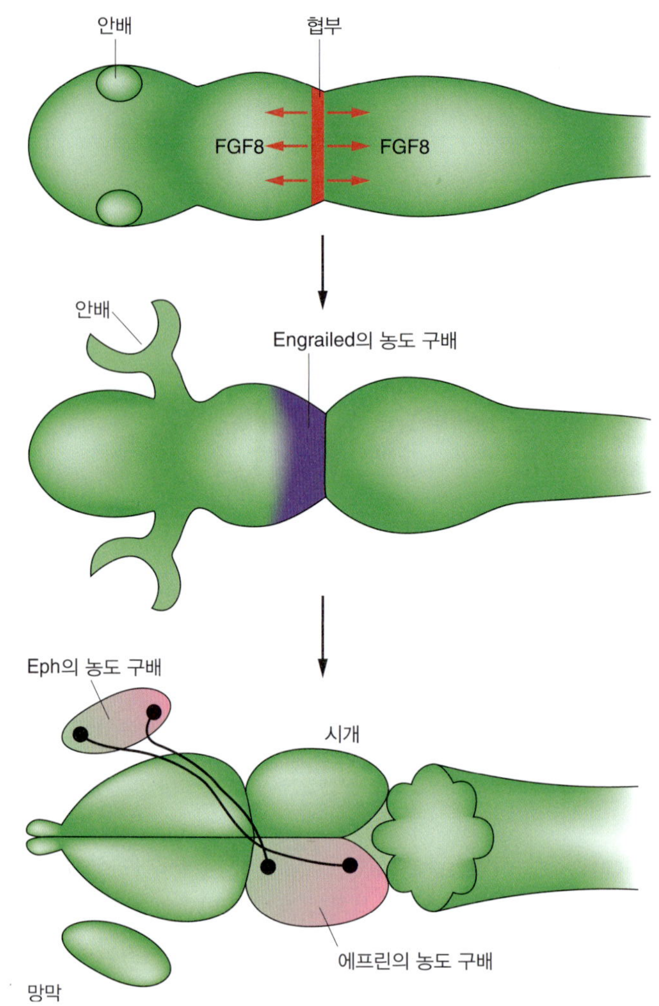

그림 16.30 망막시개 경로의 특이성을 획득하게 되는 단계. 축삭이 뻗는 패턴은 에프린-Eph 상호작용에 의해서 통제되고, 시개에서 에프린 농도 구배의 초창기 극성은 협부형성체에서 나오는 신호에 반응하여 더 이른 시기에 형성된 Engrailed의 농도 구배에 의존한다.

것은 배아에 테트로도톡신—전압개폐성 나트륨 채널의 저해제로서 신경활성을 막는다—을 처리해 보면 알 수 있다. 하지만 초기의 연결은 꽤나 조잡하기 때문에 신경활성을 필요로 하는 과정을 통해 나중에 정교해진다.

초기의 신경유도에서부터 마지막 생리적 기능에 이르기까지 이제는 시각계의 발생 과정을 꽤나 잘 이해하게 되었다. 시각계 발달의 어떤 단계에서는 신경발생과 신경 특이성의 모든 원칙들이 나타난다. 망막과 시개가 될 신경상피의 초기 구획은 특정 조합의 전사인자 발현을 향상시키는 유도인자의 농도 구배에 의해 특정화된다. 시신경의 경로는 망막 신경섬유를 인도하는 다양한 화학유인물질의 자극 및 기질로부터 오는 자극과 더불어 해부학적 공간에 의존하게 된다. 시개에서 지형도 형성을 결정하는 에프

린의 농도 구배는 Engrailed의 농도 구배에 의존하며, Engrailed는 협부형성체로부터 나오는 FGF8에 의존하게 된다(그림 16.30). 지형도의 이른 단계는 신경활성이나 시각 경험이 없이 만들어지지만 나중 단계에서의 정교화는 시각 경험이라는 입력이 필요하다. 시각계는 신경발생에 관여하는 수많은 과정과 상호작용이 있다고 하는 일반 원칙을 잘 보여주는 예로서, 그 각각은 내재적으로 꽤나 단순한 것이다. 하지만 조합이 이루어지고 순서에 맞춰 일어나면서 엄청나게 복잡하고도 정교한 구조를 만들어 나간다.

고전적인 실험

중추신경계의 형성

마침내 "진정한" 신경유도인자는 BMP 신호전달을 억제하는 인자들로 구성되어 있다는 것이 밝혀졌다. 첫 번째 논문이 이런 연구의 정점을 보여주는 것으로, 8장에서 기술된 바 있다.

Wilson, P.A. & Hemmati Brivanlou, A.(1995) Induction of epidermis and inhibition of neural fate by BMP-4. *Nature* **376**, 331-335.

다음의 두 논문은 특정 조합 전사인자들의 발현을 특징으로 하는 발생 단위라는 견지에서 후뇌를 묘사하고 있다. 이를 통해서 전통적인 신경해부학적 설명과 현대 발생학의 원리가 통합될 수 있었다.

Lumsden, A. & Keynes, R.(1989) Segmental patterns of neuronal development in the chick hindbrain. *Nature* **337**, 424-428.

Wilkinson, D.G., Bhatt, S., Cook, M., Boncinelli, E. & Krumlauf, R.(1989) Segmental expression of Hox-2 hemeobox-containing genes in the developing mouse hindbrain. *Nature* **341**, 405-409.

마지막 논문은 바닥판의 신호전달 활성을 기술하고 있는데, 이 활성이 신경관의 등-배축 형성을 제어하고 있다.

Yamada, T., Placzek, M., Tanaka, H., Dodd, J. & Jessell, T.M.(1991) Control of cell pattern in the developing nervous system-polarizing activity of the floor plate and notochord. *Cell* **64**, 635-647.

고전적인 실험

신경능선과 신경세포 형성

Le Douarin, N.M.(1986) Cell line segregation during peripheral nervous system ontogeny. *Science* **231**, 1515-1522.

총설논문이지만, 1970년대에 프랑스에서 출간된 일련의 논문들을 훌륭하게 요약하고 있다. 메추라기에서 닭으로 이식하는 방법을 이용하여 신경능선 부위의 운명과 발생 능력을 확립하게 되었다.

Heitzler, P. & Simpson, P.(1991) The choice of cell fate in the epidermis of Drosophila. *Cell* **64**, 1083-1092.

초파리의 측면 억제체계를 분석한 것인데, 나중에 척추동물의 신경세포형성도 조절하는 것으로 밝혀졌다.

Lee, J.E., Hollenberg, S.M., Snider, L., Turner, D.L., Lipnick, N. & Weintraub, H.(1995) Conversion of Xenopus ectoderm into neurons by NeuroD, a basic helix-loop-helix protein. *Science* **268**, 836-844.

한 가지 신경선구 전사인자를 과발현하면 척추동물의 신경세포가 형성되는 것을 추동한다는 증거를 마련했다.

Erikson, P.S., Perfilieva, E., Bjork-Eriksson, T., Alborn, A.M., Nordborg, C., Peterson, D.A. & Gage, F.H.(1998) Neurogenesis in the adult human hippocampus. *Nature Medicine* **4**, 1313-1317.

오랫동안 포유동물의 성체에서도 신경세포형성이 일어난다는 증거가 있긴 했지만, 이 논문이 사람들에게 최종 확신을 심어 주었다.

Noctor, S.C., Flint, A.C., Weissman, T.A., Dammerman, R.S. & Kriegstein, A.R.(2001) Neurons derived from radial glial cells establish radial units in neocortex. *Nature* **409**, 714-720.

방사교세포가 발생 과정에서 신경세포형성의 주요 원천임을 확립했다.

고전적인 실험

신경 연결의 특이성

Kennedy, T.E., Serafini, T., Delatorre, J.R., & Tessier-Lavigne, M.(1994) Netrins are diffusible chemotropic factors for commissural axons in the embryonic spinal cord. *Cell* **78**, 425-435.

이 논문에서 성장원추가 자라는 방향을 조절하는 인도분자를 최초로 발견했다.

Drescher, U., Kremoser, C., Handwerker, C., Loschinger, J., Noda, M. & Bonhoeffer, F.(1995) *In vitro* guidance of retinal ganglion cell axons by RAGS, a 25 kda tectal protein to ligands for Eph receptor tyrosine kinases. *Cell* **82**, 359-370.

망막시개로의 신경경로 특이성을 조절하는 분자를 순수정제했는데, 나중에 에프린 5로 알려졌다.

Cheng, H.J., Nakamoto, M., Bergemann, A.D. & Flanagan, J.G.(1995) Complementray gradients in expression and binding of ELF-1 and MEK4 in development of the topographic retinotectal projection map. *Cell* **82**, 371-381.

망막시개 체계에서 에프린과 Eph의 농도 구배를 가시화했다.

새로운 연구방향

이 분야에서 발생학의 주제는 일반적으로 신경과학의 주제들과 연관되어 있어서, 몇 개만 고르기 힘들 정도로 많은 흥미로운 연구 주제들이 있다. 하지만 발생학적인 질문에만 한정시킨다면 가장 흥분되는 연구 영역은 외상이나 신경퇴행으로부터 회복될 수 있는가와 관련된다. 성체시기에 중추신경계의 세포들을 다시 활성화시켜서 신경줄기세포로 행동하게 만드는 것이 가능한가? 신경줄기세포를 이식하면 정말로 손상된 중추신경계의 일부분을 복구할 수 있을까? 말초신경의 축삭은 자르면 재생되지만 중추신경의 축삭은 재생되지 않는다. 중추신경계에 존재하는 억제성 물질을 중성화시킬 수 있는 방법이 있을까?

기억해야 할 핵심 사항

- 초기의 신경유도는 형성체로부터 분비되는 인자들로 인해 BMP 활성이 억제되는 것에 의존하며, 추가적인 유도인자에 의존할 때도 있다. 그 이후의 지역 특정화는 뒤쪽에서 앞쪽으로 FGF와 Wnt의 농도 구배가 생기는 것에 의존하는데, 이것이 앞뒤축 수준에 맞추어 서로 다른 Hox 유전자의 발현을 향상시킨다. 등-배축 패턴 형성은 바닥판에서 나오는 Sonic hedgehog와 지붕판에서 나오는 BMPs의 농도 구배에 의존한다.
- 국부적인 지역특성화는 앞쪽 신경 테두리, 피질 가장자리, 협부형성체와 같은 중추로부터 나오는 신호에 의존한다. 이런 신호로는 FGFs, Wnts 및 BPMs가 있다. 능형분절의 체절 정체성은 뒤쪽 중배엽에서 나오는 레티노산의 농도 구배에 의존한다.
- 초파리와 척추동물에서 일차적인 신경세포형성은 측면 억제라는 대칭파괴 과정에 의존하는데, 초기 뉴런이 Notch 경로를 자극해서 이웃한 세포의 신경분화를 억제하는 것이다. 포유동물에서 대부분의 신경세포형성은 후기 배발생 동안 활발한 방사교세포로부터 나타난다. 포유동물의 중추신경계에는 성체시기 내내 지속적으로 신경줄기세포가 들어 있는 두 부위가 있다. 신경줄기세포는 뉴런과 교세포로 모두 분화할 수 있으며, 배양하면 신경구를 형성하면서 자랄 수 있다.
- 신경능선의 이동성 세포들로부터 다양한 조직이 만들어진다. 두부의 능선은 골격조직을 만드는 반면, 몸통부의 능선은 만들지 못한다. 특정 세포형으로 수임이 일어나는 것은 세포가 이동하는 동안 통과하는 환경에 부분적으로 의존하게 되지만, 이동하기 전에도 어느 정도의 수임이 있는 것으로 보인다.
- 축삭이 자라는 것은 성장원추가 길어지는 것에 의존하는데, 성장영양인자나 기타 세포 바깥 인자에 반응해서 일어난다. 자라는 방향은 허용적인 환경요소에 의존하는 동시에 특정한 유인물질이나 척력물질에도 의존한다. 단순한 결정이 반복되어 매우 복잡한 신경의 연결도가 나타난다. 망막에서 뇌로 가는 경로처럼 어떤 연결체계에서는 1:1의 지형적 관계를 유지하기도 하는데, 이것은 축삭과 표적 뇌부위에서 서로 잡아당기는 물질들의 농도 구배 짝이 맞추어져 결정된다.
- 초기의 신경 연결은 매우 거칠다. 그 연결은 표적 조직에서 나오는 신경영양인자가 공급되느냐 마느냐에 의존하는 차별적인 뉴런 생존 및 같은 표적 세포로 뻗은 축삭 사이의 경쟁을 통해 정교해진다. 후기 단계에서는 감각 경험의 효과가 포함될 수도 있다.

Chapter 17 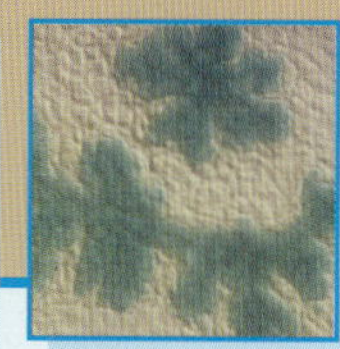

중배엽성 기관의 발생

Development of mesodermal organs

척추동물에서, 중배엽은 배아 초기 단계 시기부터 **양막류(amniotes;** 포유류, 조류, 파충류)는 중앙에서 측면을 따라서, **무양막류(anamniotes;** 양서류, 어류)는 등쪽에서부터 배쪽을 따라서 4 부분으로 구획된다. 축중배엽은 척삭(notochord)과 전삭중배엽(척삭 앞쪽의 중배엽세포 띠)으로 구성되며 중선을 차지하고 있고, 그 다음으로 측축중배엽(paraxial mesoderm), 중간중배엽(intermediate mesoderm), 측판중배엽(lateral plate mesoderm)이 있다. 측축중배엽(paraxial mesoderm)은 체절이 되고 이후 체절은 중축골격, 골격근, 결합조직을 형성한다. **중간중배엽(intermediate mesoderm)**은 신장, 생식수관, 정자와 난자를 생성하는 생식세포를 제외한 생식소를 형성한다. **측판중배엽(lateral plate mesoderm)**은 체강형성 과정을 거치며 바깥쪽의 체측판과 내장쪽의 장측판을 구성하는 중배엽으로 나뉜다. **체측판**을 구성하는 중배엽은 사지의 뼈와 결합조직을 형성하는 반면, **장측판**을 형성하는 중배엽은 소화관의 결합조직과 평활근을 형성한다. 머리 부분에서 중배엽은 후두골이나 두정골 같은 해골의 일부 요소만을 형성한다. 전두골과 안면골은 **뇌신경능선(cranial neural crest)**에서 유래한다.

무척추동물의 중배엽은 척추동물과 일부 유사한 유형의 조직, 즉 근육, 생식소 조직, 결합조직, 혈액세포를 형성하지만 척추동물에서처럼 구획되어져 있지 않다. 이 장에서는 척추동물의 중배엽 발생을 알아볼 것이다. 종 특이적인 유전자와 단백질의 명명 관습은 단지 한 종의 것을 따르고, 다른 것에는 일반적으로 사용되는 관습을 따르고자 한다.

체절형성

체절의 정상 발생

후뇌의 능형분절과 함께, 체절의 유형은 척추동물의 신체 유형의 분절적 배열을 잘 나타낸다. 체절은 척삭 측면에 위치한 측축중배엽의 앞쪽에서부터 뒤쪽 방향으로 점진적으로 나타난다(그림 17.1). 측축중배엽의 가장 앞쪽 부분은 머리의 중배엽성 조직을 형성하는 데 체절화하지 않는다. 측축중배엽은 앞쪽의 체절 앞쪽 중배엽(anterior presomitic mesoderm, PSM)과 체절에서 강하게 발현하는 포크해드(forkhead) 전사조절인자인 Foxc1과 Foxc2 발현 여부로 중간중배엽과 구분할 수 있다. 이들 유전자 둘을 다 적중한 생쥐에서는 체절이 없고, 닭에서의 레트로바이러스 감염으로 매개한 이들 유전자의 과발현은 체절 영역의 너비를 확장시킨다. 체절 형성이 진행되면 그 형상이 확연해지므로, 형성된 체절의 수는 척추동물 배아의 단계를 정확하게 나타내는 데 종종 사용된다. 발생 경로상에서 형성되는 체절의 수는 종 특이적이어서 동물군 간에 매우 다양하다. 예를 들어, 제브라피시의 체절은 33쌍, 개구리인 제노푸스는 47쌍, 닭은 50쌍, 생쥐는 33쌍, 일부 뱀은 수백 쌍을 가진다. 사람의 배아는 처음에 40~44쌍이 형성되지만, 이후 가장 후미부의 체절이 퇴화함으로 37~38개로 감소한다.

비록 모든 척추동물이 체절을 형성하지만, 대부분의 실험은 닭과 생쥐 배아를 이용한 것이고 일부 정보는 개구리인 제노푸스와 어류인 제브라피시로부터 왔다. 닭에서 체절은 처음에 세포가 느슨히 모여 있는 것처럼 보이다가 내부에 간충직으로 채워진 상피체절로 응축된다. 상피체절이 되는 과정에서 피브로넥틴과 N-캐

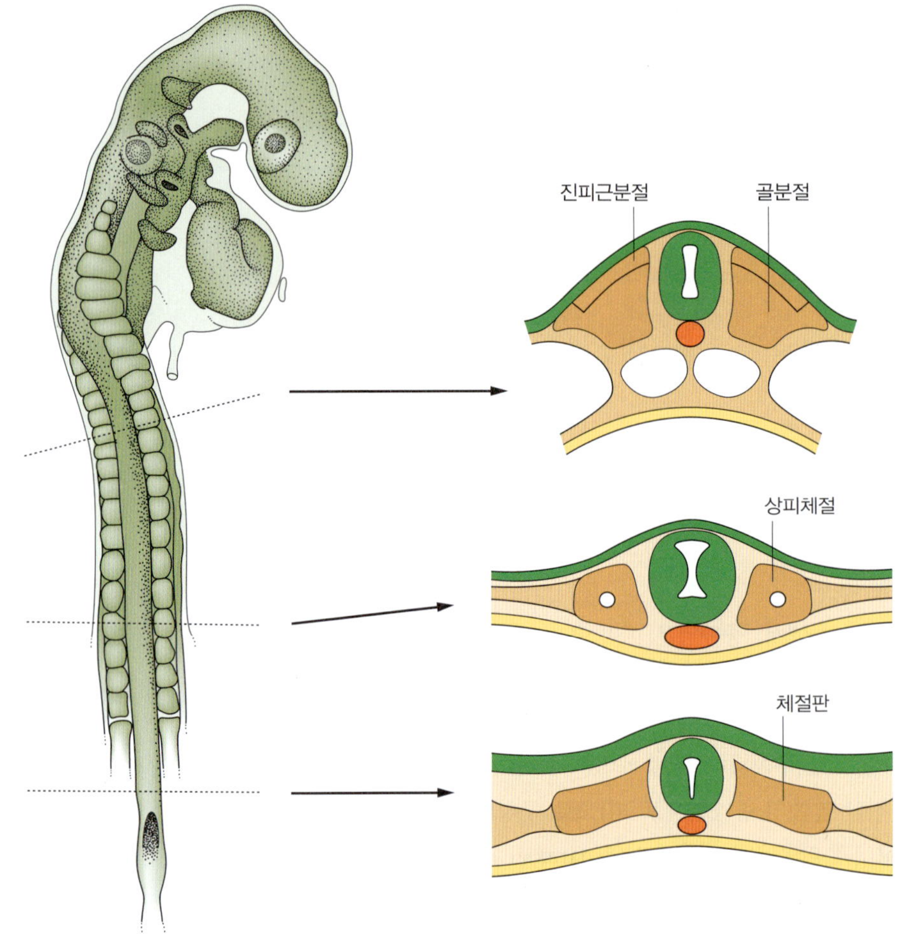

그림 17.1 닭 배아의 체절형성. 형성 진행은 앞부분에서 시작되고, 새로운 체절은 일정 시간이 경과한 후 체절 바로 뒤쪽에 있는 부분에서 형성된다. 형태학적으로 초기에는 상피이고, 이후에는 외부는 밀집한 진피분절이고 내부는 느슨한 골분절이다.

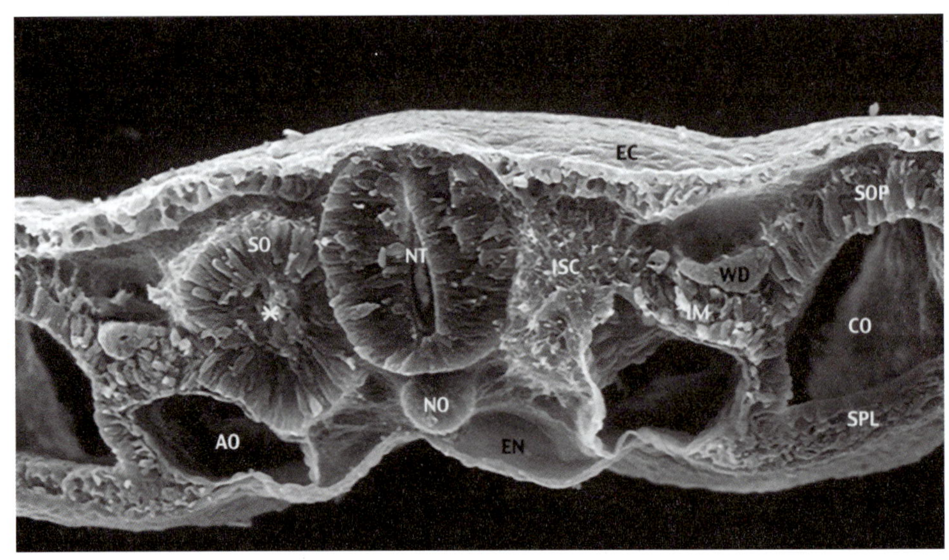

그림 17.2 닭 배아에서 상피체절의 주사전자현미경 사진. SO, somite 체절, AO aorta 대동맥, NT neural tube 신경관, NO notochord 척삭, EN endoderm 내배엽, ISC intersomitic cleft 체절내 틈, EC surface epidermis 표면 표피, WD Wolffina duct 보프관, SOP somatopleure 체측판, CO coelom 체강, SPL, splanchnopleure 장측판, Asterisk: 상피체절강, Stockdal et al(2000), Dev Dyn 219, 304-321.

드헤린 발현이 증가하여 상피체절로의 진행이 가능하도록 한다. 상피체절은 임시적인 구조인데, 중앙 부분의 세포들이 상피-간충직 이행으로 **골분절(sclerotome)**이 되어 척삭과 신경관 주변으로 이동해서 척추뼈와 갈비뼈(늑골)를 형성한다(그림 17.2). 두개골 바깥쪽 골격처럼, 척추뼈는 처음에 연골이었다가 후에 뼈로 치환되는 과정인 연골내골화 과정을 거친다. 앞뒤 두 체절의 골분절로 각각의 척추뼈가 형성되는데, 앞쪽 체절의 뒷부분 절반과 다음 체절의 앞쪽 절반이 결합하는 형태이다. 이는 체절 전체적으로 반복되는데, 이에 따라 체절 사이 즉 앞쪽 체절의 후방부와 뒤쪽 체절의 전방부 사이에 척추가 위치하게 된다. 이는 재체절형성(re-segmentation)으로 알려져 있으며, 초파리의 부체절(parasegment)과 완체절(definitive segment)을 일정 부분 연상할 수 있다.

상피체절의 측면부는 **진피근분절(dermomyotome)**로 불리는 상피판을 형성한다. 이후 신체의 등쪽 반부분의 진피를 형성하는 **진피분절(dermatome)**과 골격근을 형성하는 **근분절(myotome)**로 세분된다. 각 근분절은 근육을 생성하는 세포로 구성된 중앙 상분절과 측면 하분절로 나뉜다. 상분절은 등의 상축근을 형성하고, 하분절은 척추체벽, 사지, 횡경막에 있는 하축근을 형성한다.

분할 기작

체절의 반복적 분할 유형은 특수한 농도 구배와 함께 작동하는 분자 진동자 또는 시계의 작용을 통해 나타난다(웹사이트의 동영상 20 : "Operation of somite oscillator" 참조). 시계의 한 순환주기는 한 쌍의 체절을 유발하고, 농도 구배는 체절이 배아의 앞쪽에서 뒤쪽으로 순차적으로 형성될 수 있게 한다. 시계의 한 순환기간은 제브라피시에서는 30분, 제노푸스에서는 45분, 닭에서는 90분, 생쥐에서는 120분, 사람에서는 약 4~5시간으로 종에 따라 다양하다. 이는 이들 종에서 새로운 체절 형성의 빈도와 부합한다. 시계는 *Hes1*, *Hes7*, *Lunatic finge*(*Lfng*)와 같은 Notch 신호경로 구성물의 주기적 발현으로 시각화할 수 있다. Hes 유전자는 초파리의 쌍지배 유전자이며, 분할에 관여하는 *hairy* 유전자와 상동인 기본-헬릭스-루프-헬릭스(basic helix-loop-helix, bHLH) 전사인자다. 적어도 한 *Hes* 유전자는 시계에 대한 연구 모델로 사용된 모든 척추동물 종의 체절 형성 전(원시체절) 중배엽에서 진동적인 발현 양상을 보인다. *Lfng* 유전자는 초파리의 성충판의 경계 구획 형성에 관여하는 *fringe* 유전자와 상동이며(19장 참조), Notch 수용체의 세포 표면 부위를 변형하는 글리코실전달효소(glycosyltransferase)를 암호화하고 있다. 이들 유전자를 적중한 생쥐에서 체절의 발생 이상과 척추의 결함이 관찰된다(그림 17.3).

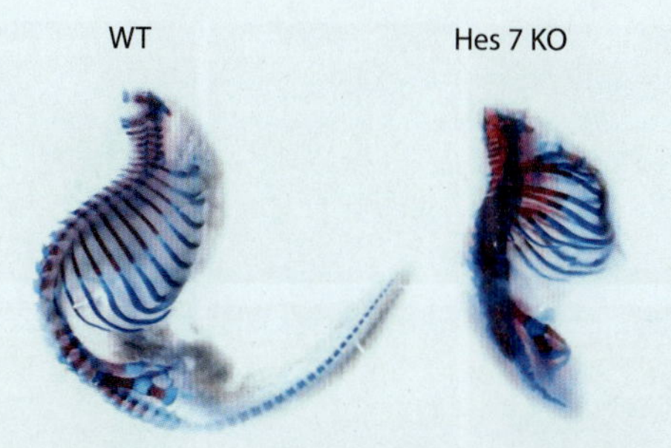

그림 17.3 *Hes7* 적중 생쥐. 체절 형성시 관찰되는 분절 대부분이 일어나지 않았고 특히 신체의 뒷 부분에서는 정상 발생에서 보이는 분절이 형성되지 않는 정도가 아주 심하다. WT = wild type 야생형. (인용) Kageyama et al.(2012). WIREs Dev. Biol. 1, 629–641.

HES 유전자 발현의 본질적 주기성은 원래 닭 배아의 실험 시료 간 제자리혼성화법 적용 결과에서 유형이 매우 다양한 결과를 보였고, 이러한 발현 위치의 변화가 시간대에 따라 달라진다는 것에 기인한다는 것이 인식됨에 따라 드러났다. 만약 배아를 장축을 따라 자르고 각 반쪽을 다른 시간대, 즉 30분과 60분 간격으로 고정하고 좌우측에 제자리혼성화법을 접목하면 발현 변화를 관찰할 수 있다. 진동자의 작동을 그림 17.4에 설명하였다. *HES* 유전자의 mRNA가 체절 형성 전 중배엽의 뒤쪽 경계 부분에 나타난다. 주된 발현 부위가 좁은 띠 형태로 나타나고 체절이 형성될 원시체절중배엽 앞쪽까지 이동한다. 주의할 것은 세포가 이동하는 것이 아니라, 발현하는 세포가 달라지면서 앞쪽으로 이동하는 것처럼 보인다는 것이다. 마지막으로 형성된 체절에 연접한 부분에서 진동이 다른 원시체절중배엽 부분에 비해 느려진다. 이 부분에서 시계가 천천히 감은 갑작스러운 것이라기보다는 점진적으로 진행

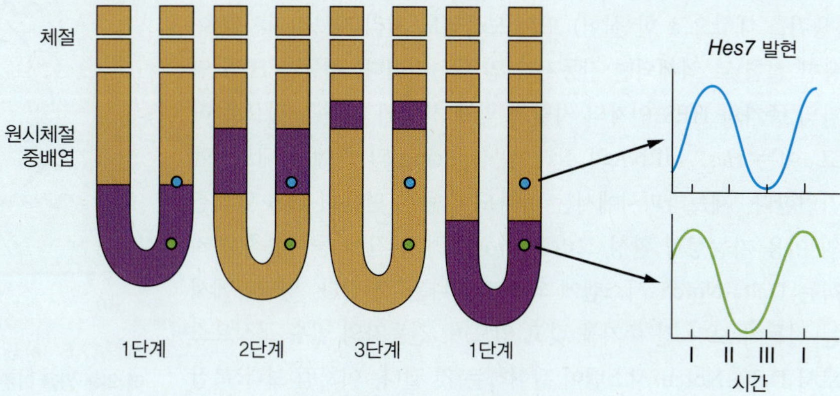

그림 17.4 분절 형성 과정에서 분절 형성의 기작. 원시체절중배엽의 앞쪽 끝이 생쥐 배아에서 매 2시간마다 분절된다. 각 주기마다 *Hes7* 발현이 원시체절중배엽의 뒤쪽 끝에서 시작하여 우측에 설명된 진동 시간 경로에 따라 앞쪽으로 전파된다. 후방에서 전방으로의 FGF8 농도 구배는 진동을 유지하며 농도가 낮아지면 진동이 멈춘다. FGF8 농도가 낮아지면, 높은 *Hes7*를 가진 세포군이 세포 간 접착력을 높여 하나의 체절을 만든다.

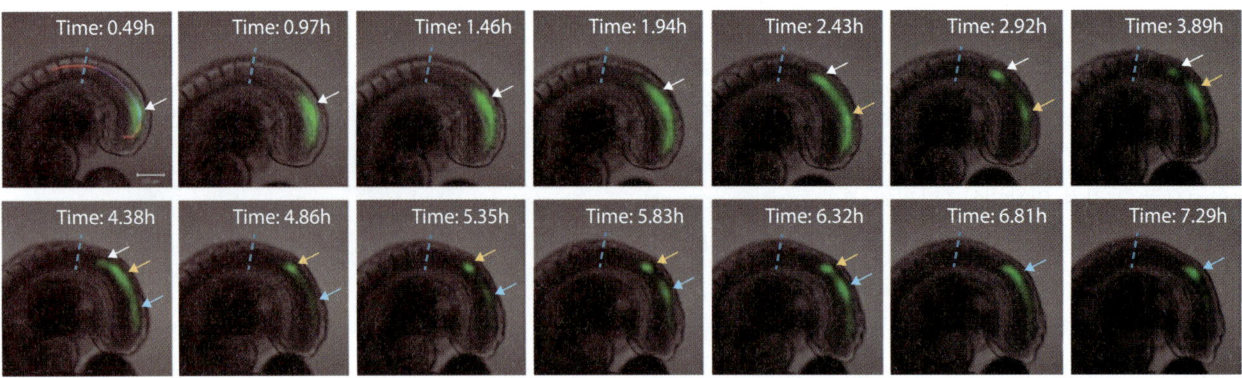

그림 17.5 생쥐 배아에서 체절 진동의 실시간 관찰. 생쥐는 *Lunatic Fringe* 프로모터로 형광 단백질 Venus를 발현하게 형질전환한 것이다. 점선은 배아의 특정 고정 부위를 표시한 것이고, 각 색깔 화살표는 순차적 발현을 표시한 것이다. (인용) Aulehla et al.(2007). Nat. Cell Biol. 10, 186.

돼서, 새롭게 형성되는 체절의 앞쪽이 뒤쪽에 비하여 낮은 수준의 *HES* mRNA 수준을 가지게 된다. 바로 다음 진동이 원시체절 중배엽의 뒤쪽에서 시작한다. 진동이 동기화된다는 것은 세포 간의 소통이 이웃한 세포가 동일 주기상에 있게 함을 의미한다. 시스템 내 다른 유전자의 발현도 역시 *HES*와 유사한 기간 내에 주기적으로 일어난다.

현재는 이러한 진동을 관련 프로모터에 매우 짧은 반감기를 가진 형광 단백질을 결합시켜 발현하도록 구성된 형질전환 생쥐를 이용하여 실시간 관찰할 수 있게 되었다. 예를 들면, 그림 17.5는 *LFng* 프로모터로 발현되는 형광 단백질 Venus 생쥐를 불안정화시킨 LuVeLu 생쥐 계열을 이용한 결과를 보여주고 있다.

진동자 기작은 HES 전사인자의 자신의 발현은 스스로 억제하는 전사 자기조절에 의존적이다(그림 17.6a). HES 단백질은 매우 불안전하여 생쥐의 경우에 있어서 그 반감기가 약 20분이며, 따라서 새로운 합성을 통한 보충이 없으면 빠르게 감소한다. 전사는 HES 단백질의 수준이 낮을 때 일어나고 전사가 다시 억제될 때까지 진행된다. 즉, 단백질이 불안전하기 때문에 깨지고 다시 전사가 일어나고 하는 과정이 반복되게 된다. 진동자의 이러한 음성 되먹임 유형 기작의 주된 증거는 Hes 단백질의 합성이 돌연변이(생쥐를 대상으로 한 실험) 또는 모폴리노 처리(제브라피시를 이용한 실험)로 억제되면 진동자가 멈추는 것이다. 진동은 HES 인자의 증가와 HES 인자의 자발적 억제 사이의 지연을 필요로 하고, 이는 *Hes7* mRNA의 잘라이음(splicing)과 핵에서 내보냄에 기인한다. 제브라피시에서는 아마도 진동은 단순히 Hes 단백질의 이용 가능성과 활성 그리고 이웃한 세포 간에 동시성을 유지하는 Delta-Notch 시스템에 의해 일어나는 것 같다. 양막류에서는 진동이 보다 긴 주기를 갖고 있으며, 진동자의 필수 구성요소로서 Delta-Notch 시스템이 관여하는 것 같다. 이처럼 보다 복잡한 주기에서, Hes 단백질은 *Delta* 전사를 억제하고, 이로 인해 이웃한 세포 내에서 Notch 신호가 감소된다. Notch 신호가 *Hes* 전사를 증가시키기에, *Hes* 전사는 이웃한 세포에서 감소하고, 이로 인해 Hes 단백질 수준의 감소가 뒤따른다. 이는 원 세포 내에 더 많은 *Delta* 전사와 더 많은 Notch 단백질 수준을 가지게 하므로, *Hes* 전사가 다시 증가한다(그림 17.6b). 생쥐에서 *Delta* 소실은 진동을 억제하고, 제브라피시에서의 Delta 소실은 진동이 지속되기는 하지만, 이웃한 세포와의 동시성을 상실하게 하는 원인

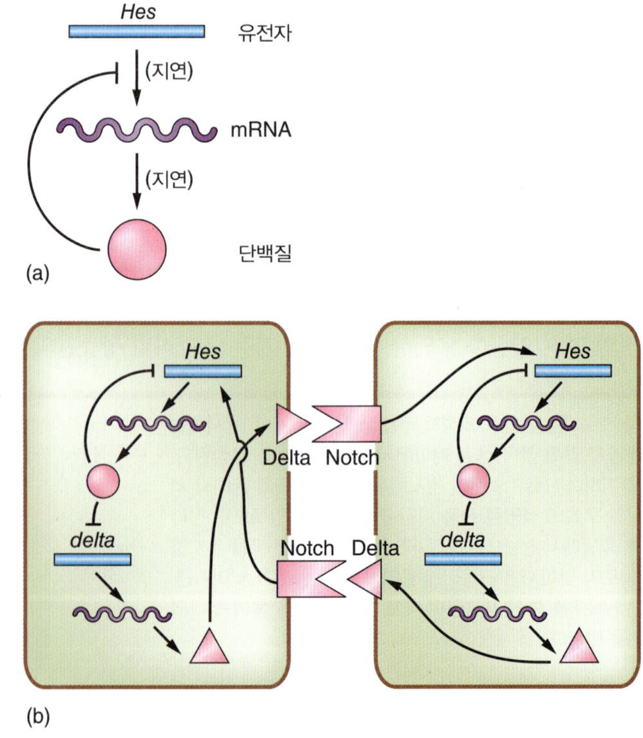

그림 17.6 (a) 단순화한 진동자의 되먹임과 지연 모델. (b) Delta-Notch 시스템에 의해 쌍을 이룬 세포. 양막류 배아에서 발견되는 보다 복잡한 진동자.

이 된다. 이러한 결과를 통하여 생쥐의 Delta-Notch 시스템은 진동자 그 자체의 일부이지만, 제브라피시에서는 단순히 원시체절중배엽 세포의 집단 내에서 세포들이 동일 단계를 유지하는 데 관여함을 알 수 있다.

공간 내에 순차적인 분할을 형성하기 위해서, 진동자의 운용은 특정 농도 구배와 상호작용한다. 이 시스템 상의 농도 구배 부분은 FGF와 WNT족, 특히 FGF4, FGF8, WNT3A의 뒤쪽에서 앞쪽으로의 구배다. 예를 들면, *Fgf8*은 원조에서 전사되어지지만, 후에 이를 발현하는 세포가 원시체절중배엽으로 이동하여 들어가지 않는다. mRNA가 점진적으로 없어지면서, 뒤쪽에서 앞쪽으로의 농도 구배가 FGF8 단백질에 의해 형성된다. 이 구배는 원조가 퇴화하면서 뒤쪽으로 이동하는 데 시간이 경과함에 따라 더 뒤쪽에 동일 농도의 FGF가 있게 된다. 제브라피시, 닭, 생쥐에서, *Fgf8*의 농도 구배는 제자리혼성화법을 통하여 볼 수 있고, 관련된 FGF8 단백질의 농도 구배와 인산화된 ERK의 농도 구배를 면역염색을 통해서 감지할 수 있다(그림 17.7). ERK는 트립신키나아제로 FGF 신호에 반응하여 인산화된다. 분할이 FGF 신호 억제제인 SU5402 처리로 방해받는다. 이에 따라 큰 체절이 만들어지는데, 이는 매 주기당 정상 부위보다 더 넓은 범위가 역치보다 낮은 수준의 FGF 신호를 받아 체절로 복속되기 때문이다. 역으로 FGF 단백질을 서서히 풀어주는 구슬이나 *Fgf* 유전자를 전기천공법으로 세포에 처리하는 경우 정상 크기의 체절보다 작은 체절이 형성된다.

이처럼 시계와 농도 구배는 분할 형성에서 협력하는데, 이는 이 둘이 체절 분할을 조절하는 bHLH 전자인자인 Mesp2와 같은 유전자 발현에 관여하기 때문이다. 생쥐에서 *Mesp2* 발현은 Notch 신호와 T-box 전사인자의 하나인 Tbx6 모두에 의해 활성화되고 FGF 신호에 의해 억제된다. Notch는 체절이 형성되고 있는 중배엽의 앞쪽에서 활동하는 반면, Tbx6는 체절이 형성될 중배엽 전체인 원시중배엽에서 발현한다. FGF 수준이 특정 역치 이하로 떨어지면, Notch와 Tbx6가 *Mesp2* 발현을 증가시켜 원시체절중배엽의 앞쪽 부분에 발현띠가 형성된다. 이 띠는 앞쪽 경계를, 또한 인산화된 ERK는 뒤쪽 경계를 규정하며 다음 체절의 형성을 규정한다. *Tbx6*의 발현은 이 띠에서 억제되고 한 체절에 의해 뒤쪽에서 감소하며, 다음 것의 앞쪽 경계를 세밀하게 정한다. Mesp2는 징크-핑거-전사인자(zinc-finger transcription factor)로 인테그린(integrins)과 캐드헤린(cadherins)과 같은 세포 부착 분자를 억제하는 *Snail*의 발현을 억제한다. 결과적으로, 이들 세포 부착 분자가 증가하고 간충직-상피 이행(mesenchymal-to-epitelial transition)에 따라 상피체절의 형성을 이끈다.

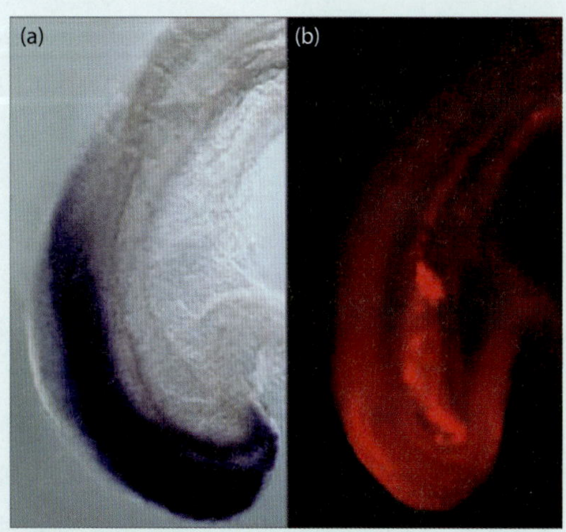

그림 17.7 생쥐 배아의 뒤쪽에서 앞쪽으로의 FGF8의 농도 구배. (a) 제자리혼성화법을 이용한 Fgf8 mRNA 분포. (b) 면역염색을 통한 FGF 단백질의 분포. (인용) Dubrulle and Pourquie(2004). Nature. 427, 419-422

이때 *Mesp2* 발현은 새롭게 형성된 체절의 앞쪽 반 부분에 제한되고, *Ripply2*가 뒤쪽 반 부분에 제한되어 발현한다. *Ripply2*는 각 체절의 뒤쪽 반 부분에서 *Mesp2* 발현을 억제한다. Mesp2 발현 띠는 *Lfng*의 전사를 활성화하여 체절 앞쪽 부분에서 Notch 활동을 억제한다. Notch 신호의 차이는 각 체절의 앞-뒤 경계를 형성한다. 이것은 앞에서 언급한 골분절의 재분절과 16장에서 언급한 말초신경계의 분절에서 중요하다. 신경능선세포와 척수신경은 골분절의 후반부로 접근하지 못하는데, 이는 에피린(epirin)의 높은 발현량에 의한다. 따라서 각 분절의 골분절 앞쪽을 통하여 자란다. 체절의 뒤쪽 부분에서의 높은 에피린 수준은 Notch 활동에 의한다.

체절형성과 과련된 묘사에서, 당황스럽게도 '파면(wavefron)'이라는 용어가 종종 사용된다. 파면은 단순한 간충직-상피 이행 경계의 이동을 묘사한 것이고, 농도 구배 감소에 따라 위치가 뒤쪽으로 이동하는 FGF의 농도 구배 상의 역치 농도를 반영한다.

모든 척추동물이 체절형성에서 유사한 시계와 농도 구배 과정을 가지기에, 사람도 이러한 기작을 공유할 것으로 추정된다. 흥미롭게도, 일부 유형의 선천성 척추측만증(척추의 휨, 때때로 분절의 비정상이 있음)이 *DELTA-LIKE 3*, *HES7*, *LUNATIC FRINGE*, *MESP2*, *RIPPLY2*을 포함한 분절 과정에 중요한 역할을 하는 것으로 알려진 유전자 돌연변이에 의한다.

체절의 세분

상피체절은 주변 조직과의 상호작용에 따라 골분절, 진피분절, 근

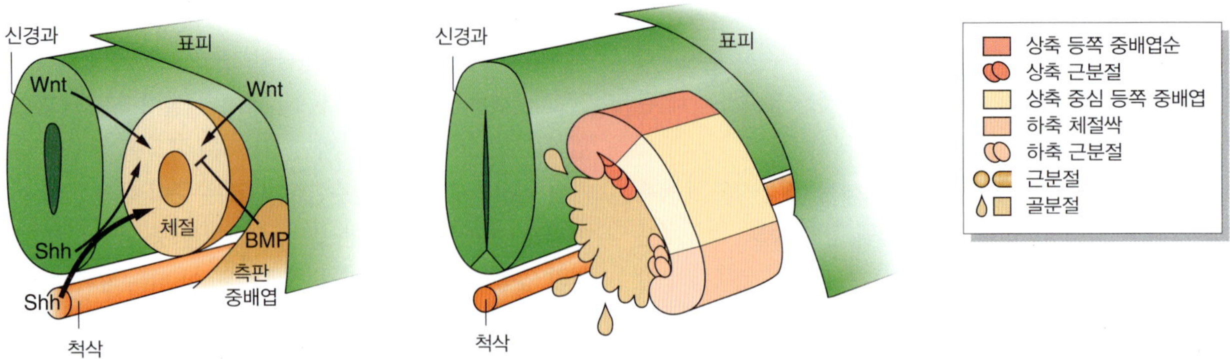

그림 17.8 주변 조직 신호에 의한 체절의 분절. 상축근분절이 신경관의 등쪽 유래의 Wnt에 의한 유도; 척삭과 신경관 배쪽 유래의 Shh에 의한 골분절의 유도; 표피 유래 Wnt에 의한 하축근부절의 유도.

분절로 세분된다(그림 17.8). 이러한 사실은 새롭게 형성된 체절을 미세외과수술적으로 방향을 틀거나 반대로 위치해 놓더라도 신체 축을 따라서 세분화가 정상적으로 일어나는 것을 통해 알 수 있다. 각 부분에 대한 특이 유도가 원시체절 조직이 격리될 경우 유도가 일어나지 않는 실험적 결과와, 원시체절 조직과 신호를 주고받는 주변 조직을 함께 배양할 경우 접촉한 부분에서 유도가 일어나는 것을 통해 발견되었다. **골분절(sclerotome)**은 척삭과 신경관의 배쪽 부분에 의해 유도되고, 상축 **근분절**(epaxial **myotome**)은 척삭과 신경관 등쪽 부분에 의해 유도되며, 진피분절은 신경관에 의해 유도된다. 각각의 이러한 상호작용에 관여하는 신호물질은 4장에서 묘사된 소위 '발현, 활성, 억제'라는 일반적인 검증 기준을 통해 연역적으로 추정되었다.

골분절 유도의 일차적인 주된 신호는 Sonic hedgehog(Shh)로서, 상피체절의 특정 부분을 가리지 않고 모든 부분을 다 골분절로 유도할 수 있다. *Shh*를 제거한 적중 생쥐에서는 골분절 유래 조직이 없는 것을 통해 Shh가 체내에서 골분절 형성에 절대적으로 필요함을 잘 보여준다. Shh는 척삭과 신경관의 바닥판에서 발현되고, 16장에서 설명하였듯이 신경관의 배쪽 반에 해당하는 부분의 유형 형성에 관여한다. 골분절 유도 초기 단계는 *Nkx3.2*, *Pax1*, *Pax9* 유전자와 Id 계열의 근형성 억제 유전자('근형성 전사인자' 절 참조)의 발현 증가를 수반한다. Nkx3.2는 호메오도메인 전사인자로 연골 선구세포(chondrocyte precursor cell)에서 발현되고 척추의 정상적인 발생에 필요하다. Nkx3.2가 적중된 생쥐는 척추가 매우 심하가 결함이 있다. Pax1과 Pax9은 페어드박스족(paired box family) 전사인자로 골분절세포의 증식에 필요하며, 이들 유전자 둘을 모두 적중한 생쥐는 척추와 추간판 결함을 보인다. 사람에서도 척추의 결함이 이들 유전자의 돌연변이와 관계되어 있다. 골분절세포는 상피-간충직 이행을 거쳐 척삭과 신경관 주변으로 이동하여 이후 척추뼈와 갈비뼈로 분화한다. "체절의 정상 발생" 절에서 언급했듯이, 각 척추는 한 체절의 뒤쪽 골분절과 그 다음에 위치한 체절의 앞쪽 골분절이 합쳐지는 '재체절형성' 과정을 통해서 형성된다. 척삭은 척추가 발행하는 과정에서 없어지지만, 추간판에는 수핵(nucleus pulposus)으로 존속한다. 수핵을 감싸는 섬유조직의 가장 바깥쪽 환 구조는 골분절 세포에 의해 형성된다. 골분절의 등쪽 부분은 건(힘줄)과 인대를 형성하며, 합건분절(syndetome)이라 불린다. 이는 근분절의 FGF8에 의해 유도되고 bHLH 전사인자인 Scleraxis를 발현한다. 생쥐에서 *Scleraxis*를 기능 상실하도록 돌연변이시키면 건의 발생이 저해된다.

양막류에서, 척추는 대체로 그 모양이 유사하지만 특징이 달라서 해부학자들은 경추, 흉추, 요추, 천추, 미추로 구분한다. 척추의 부위별 특징은 원시체절 시기에 획득되어 배아 시기에 다른 부위로 이식하여도 그 특성을 유지한다. 예를 들면, 닭 배아에서 흉추부 원시체절을 더 초기 배아의 경추부 원시체절 부위로 이식하면 목에서 갈비뼈를 자진 흉추가 형성된다. 척추 부위의 동질성은 전후축을 따라 형성된 Hox 유전자 수준 조합에 의해 조절된다(그림 17.9) 생쥐와 닭은 중축골격의 각 부위내 척추뼈의 수가 서로 다르지만 각 부위의 Hox 유전자는 동일하다(그림 17.10). 예를 들면, *Hoxc6*가 발현되는 앞쪽 경계는 경추에서 흉추(생쥐는 8개의 척수뼈를 가지지만 닭은 15개의 척추뼈를 가짐)로의 표식이고, *Hoxd10*의 앞쪽 경계는 요추에서 천추(생쥐는 27번째 척추뼈나 닭은 26번째 척추뼈)로의 변환, *Hoxd12*의 앞쪽 경계는 천추에서 미추로의 변환(생쥐는 31번째 척추뼈이나 닭은 35번째 척추뼈)이 이루어진다. 11장에서 언급했듯이, Hox 유전자의 과발현 형질전환 동물이나 적중한 동물에서 특정 척추뼈의 수를 예측할 수 있다. 실례로, 생쥐 4개의 *Hox9* 유전자(*Hoxa9*, *Hoxb9*, *Hoxc9*, *Hoxd9*)를 적중한 생쥐 배아는 결과적으로 처음 4개의 요추뼈가

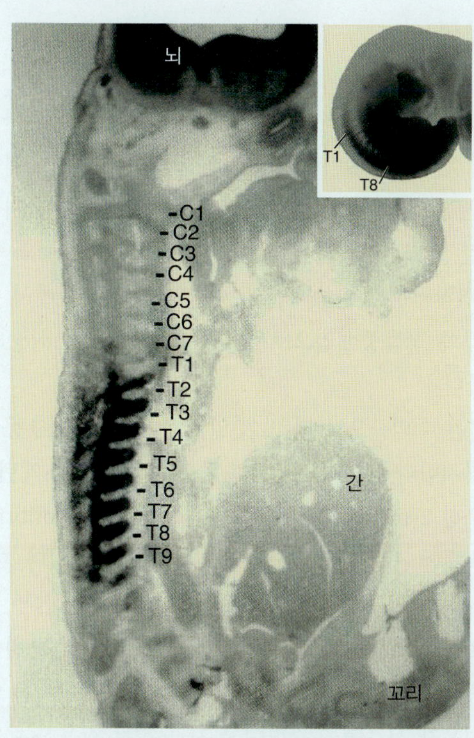

그림 17.9 생쥐 배아 전후축을 따른 부위 별 패턴의 예로서, 향후 흉추뼈로 될 부분의 *Hox6*의 발현. C1-C7, cervical vertebrae 경추뼈, T1-T9, thoracic vertebrae, 흉추뼈. (인용) Robertis, Cell 2008. 132, 185-195.

갈비뼈를 가지고 흉추가 형성된다. 역으로 흉추 부분에서의 *Hox9* 유전자가 발현되지 않으면 갈비뼈가 없는 척추뼈로 전환된다.

근분절의 형성은 보다 복잡하다. 일부 선구적 근세포는 체절이 진피근분절과 골분절로 분할되기 전에 등쪽 중앙 부분에서 발생한다. 차후에 진피근분절이 내부 영역, 중심부 영역, 측면 영역으로 나뉘어지고, 내부 영역은 상축근분절을 형성하고 측면 영역은 하축근분절을 형성한다. 근분절세포는 진피근분절에서 층분리(delamynation)로 **근원세포(근(육)모세포, myoblast)**가 형성되고, 이들이 진피근분절판의 모서리 주변으로 이동하여 하부에서 성장하는 근분절에 합류한다. 일단 이들 세포가 근분절로 이동하면, 분열이 끝난 상태가 되고 전방에서 후방쪽으로 위치한다. 비록 신호 환경이 상축과 하축 부분이 서로 일정 다르지만, 이들 둘은 유사한 근원세포를 발생시킨다. 서로 다른 원기에서 처음에는 다른 분자 경로를 거치지만, 결국에 가서는 동일 유전자군을 조절하도록 통합돼서 동일한 세포 유형이 발생하는 것은 기관형성에서 흔한 것이다. 이러한 경우 bHLH 계열의 근육형성 전사인자를 "근육형성 전사인자(myogenic transcription factors)"로 구분하고 있다.

실험 영역에서, 근육형성은 척삭과 신경관의 바닥판 신호와 신경관 등쪽 유래의 신호가 결합되는 것이 필요하다. 초반에 묘사했듯이, Shh는 척삭과 바닥판에서 발현하고, Wnt1, Wnt3a, Wnt4와 같은 Wnt 신호는 신경관의 등쪽에서 발현한다. Shh나 Wnts를 단독으로 처리하면 특성화되어 있지 않은 체절에서 근분절을 유도할 수 없지만 함께 첨가하면 유도할 수 있다. *Pax3*은 페어드박스(paired box) 전사인자를 암호화하고 있는데, 처음에는 상피체절 전 부분에서 발현되고 이후에는 진피근분절 내 근육 선구세포

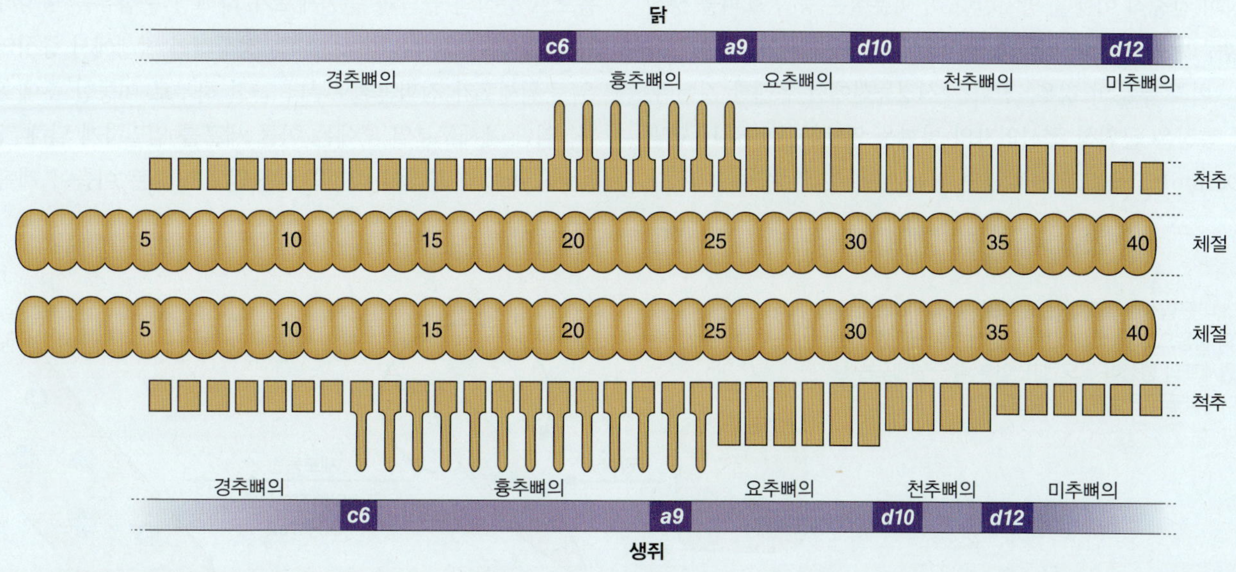

그림 17.10 닭(위쪽)과 생쥐(아래쪽)에서 체절로부터의 척추뼈 형성. 각 척추뼈는 두 체절의 각각 절반에서 형성되며, 척추뼈의 각 부위 별 특징은 Hox 유전자의 발현 부위와 관련되어 있다. *c6*, *a9*, *d10*, *d12*는 두 종에서 이들 Hox 유전자의 앞부분 경계를 나타낸다.

에 제한되어 발현된다. 근육 선구세포가 진피근분절로부터 분리되면서 이 유전자의 발현은 감소하고, *Myf5*와 같은 근원성 조절인자의 발현은 증가한다. 근발생(myogenesis)은 뼈형태형성 단백질(BMPs)에 의해 억제되고, *Bmp4*는 신경관 등쪽과 측판중배엽에서 발현한다. 상축 근분절의 공간적 범위는 신경관의 등쪽 유래 Wnt신호의 효과와 측판 유래의 BMP 신호의 효과 사이의 균형에 의해 결정된다. Wnt 신호의 한 기능은 체절 내부에서 *Noggin* 발현을 유도하는 것이다. Noggin은 분비단백질로 BMP4에 직접 결합해서 BMP4를 억제하여 상측 근분절에서 BMP4에 의해 매개되는 근발생 억제를 방지한다.

하축근분절의 유도는 그 원기가 신경관으로부터 더 멀리 떨어져 있고 척삭과 신경관 신호 범위 밖에 있어서 다른 경로를 통하여 진행된다. 등쪽 표피 유래 Wnt7A에 더하여 허용 수준의 표피 유래 BMP는 주된 신호를 형성하는 것으로 인식되고 있다. 하축 근분절은 근원세포가 후에 사지싹으로 이동하는 데에 필요한 LIM계 전사인자인 Lbx1과 타이로신 인산화효소(tyrosine kinase) 수용체 Met을 발현한다. *Lbx1*은 이동하는 근육 선구세포에서 발현하는데, *Lbx1* 돌연변이 생쥐는 사지에 근육 발달이 없거나 손상된 형태의 이상이 있다. Met는 간세포 성장인자(hepatocyte growth facttor, HGF) 수용체인데, 이 두 단백질은 근육 전구세포의 층분리에 절대적이다. 만약 이들 중 하나가 돌연변이로 기능을 상실되면, 층분리에 이상이 생기고 사지근육 형성이 되지 않는다.

진피분절(dermatome)은 신경관의 등쪽에서 유래한 Neurophin3 신호에 반응한다. 이 인자의 중화항체는 진피형성에 관계되는 상피-간충직 이행을 방지한다. 진피분절은 등쪽 표피를 생성하고 옆구리 쪽과 배쪽 그리고 사지의 진피는 측판중배엽에서 유래한다. 머리 부분의 경우, 진피는 신경능선에서 유래한 것이다. 이것의 특징은 근원성 전사인자의 발현을 억제하는 bHLH 단백질인 Dermo1(Twist2로도 알려져 있음)에 일부 의존한다.

근(육)발생

척추동물의 근육은 골격근, 평활근, 심근으로 분류된다. 모든 골격근은 체절의 근분절이나 분절화되지 않은 머리중배엽에서 유래하는데, 체절의 근분절에서는 중축근육, 체벽근육, 사지근육이 유래하고, 분절화되지 않은 머리중배엽에서는 눈과 턱의 근육이 유래한다. 평활근은 측판중배엽과 체절의 하축 부분에서 유래하고, 심근은 앞쪽 장측중배엽으로부터 유래하는 초기 심장의 심근에서 발생한다.

골격근은 수의근으로 더 많이 알려져 있으며, 척추동물의 많은 부분을 차지한다. 골격근은 수축성 단백질인 알파-액틴(α-actin)과 마이오신 2(myosin II)로 구성된 근원섬유(myofibril)를 함유하는 다핵체인 **근섬유(myofibers)**으로 구성되어 있다. 이들 두 단백질은 골격근을 구성하는 단백질의 90%를 차지한다. 수축 장치는 근절(saarcomere)로 불리는 기본단위 내에 각 근원섬유가 매우 많이 반복하여 규칙적으로 배열되어 있다. 근수축은 액틴과 마이오신 섬유가 서로를 활주하여 분자 모터로 작용하는 미오신 단백질 구역으로 액틴이 미끄러져 들어갈 때 일어난다. 근절은 척추동물 유전체에 암호화되어 있는 매우 긴 단백질(사람의 경우 33,000개의 아미노산으로 구성됨)인 타이틴(titin)을 또한 가지고 있다. 이 분자는 근절의 전장에 걸쳐 있는데, 수축 동안 과하게 이완되는 것을 방지한다.

골격근의 분화는 세포가 **근원세포(myoblast)**로 발전하게 예정화되고, 그 다음으로 증식 그리고/또는 이주 기간이 오고, 그 다음으로 증식의 끝남과 근원세포가 다핵성 근섬유를 형성하는 융합 과정이 진행된다(그림 17.11). 정상적인 발생에서 증식의 중단은 근원세포가 진피근절로부터 근절 하부로 이동한 후에 일어난다. 일단 체세포분열 후에는 이들 세포를 엄밀하게 말해 "근세포(myocyte)"라 불러야 하지만, "근원세포"라는 이름이 계속 사용되고 있다.

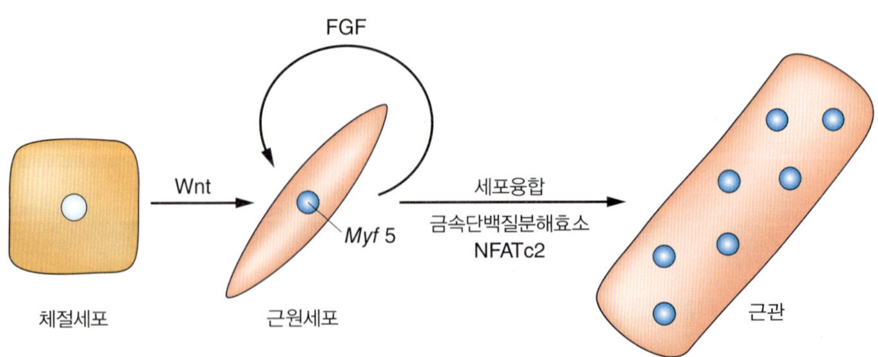

그림 17.11 근형성을 조절하는 인자들. 처음에 Wnt 신호와 FGF의 활동으로 Myf5와 같은 근형성 전사인자를 발현하는 근원세포의 형성이 유도된다. 이후 각 근원세포는 융합하여 다핵의 골격근섬유를 형성한다.

근원세포 융합

몇 개의 근원세포가 융합하여 한 개의 근섬유를 형성한다는 사실은 **키메라** 생쥐(**chimeric** mice)를 이용하여 체내에서 증명되었다. 만약 키메라가 이소시트르산탈수소효소(isocitrate dehydrogenase)의 전기영동 상의 서로 다른 변종을 발현하는 종의 배아로 만들어졌다면, 둘로 분리된 형태의 근육뿐만 아니라 중간 형태의 근육이 형성된다. 이는 효소가 이합체이기 때문이다. 단일 세포는 그들이 기원한 배아에 따라 오직 AA 또는 BB의 이합체만을 형성할 수 있지만, 융합된 세포는 두 가지 형태가 같은 세포질 내에 존재하기에 AB와 같은 이형이합체를 형성할 수 있다.

근원세포 융합 기전은 초파리 유전학과 포유동물의 근형성 연구 모델을 이용한 체외 연구를 통하여 알려지게 되었다. 초파리 배아에서는 30개의 다핵성 섬유가 형성되는데, 각기 다른 근육을 구성한다. 각각은 융합능을 가지고 있는 하나의 시조(founder) 세포에서 시작되는데, 몇몇 근원세포와 융합해서 다핵의 **근관(myotube)**을 형성한다. 인식과 접착은 Kin-of-irreC(Kirre)와 sticks and stones(sns) 같은 면역글로불린 슈퍼패밀리의 세포부착분자를 매개로 진행된다. 시조 근원세포는 Kirre를 세포 표면 물질로 발현하는데, 이 물질은 sns 발현 융합능을 가지는 근원세포의 표면에 부착한다. 이들 요소들의 기능 상실은 융합을 막는다. 시조 근원세포가 융합능을 가지는 근원세포와의 부착은 필요하나 융합에 충분하지는 않은데, 융합이 일어나는 기작은 아직 잘 알려져 있지 않다. 이것의 중요성은 제브라피시의 융합하는 근원세포에서 이와 상동적인 유전자 Kirre-like를 발현하고, Kirre-like의 활동을 억제하는 모폴리노가 융합을 억제하는 것을 통해서 알 수 있고, 이를 통해 기작의 공통성을 그럴듯하게 보여준다.

포유류의 근육 융합은 대부분 조직배양 연구에 용이한 근원세포인 생쥐의 C2C12 세포주에서 연구되었다. 이 세포는 FGF가 공급되어 전사 억제자 Msx1 발현이 유지되는 동안 지속적으로 성장한다. Msx1은 호메오박스 단백질로 근형성을 억제한다. FGF의 공급이 멈추면 근형성 전사인자가 작용을 한다. 융합이 접착과 함께 시작되는데, 액틴 세포골격이 재구성돼서 돌출하게 되어 막이 서로 근접하게 된다. 2개의 근 특이 막단백질인 myomaker (Mymk)와 Myomerger(Minion 또는 Myonixer로 불리기도함) 현재는 모르는 기작으로 융합을 매개한다. 생쥐에서, 둘 중의 하나를 적중하면 근원세포 융합이 차단되며, 동시 발현시킬 경우 체내에서 섬유아세포의 융합을 유도하기에 충분하다. 또한 Mymk는 제브라피시에서 근원세포의 융합에 필요하고, 사람의 경우 *MYMK* 유전자 돌연변이는 매우 희귀한 근질환인 Carey-Fineman-Ziter 증후군의 원인이 된다.

근형성 전사인자

골격근 분화의 중심이 되는 것은 **근육형성 단백질계(myogenic protein family)**이다. 이들 근육형성 단백질계는 모두 bHLH류 (bHLH class)로서, MyoD, Myf5, Myogenin 그리고 MRF4 (muscle regulatory factor 4, 근조절인자 4이며 Myf6라고도 알려져 있음)라고 불린다. 이들 인자는 다양한 유형의 조직배양 중인 섬유모세포에 형질주입될 때, 이들 유전자는 세포를 근육으로 분화하도록 하는 원인이 된다는 것이 관찰되면서 동정되었다. 이들 유전자가 도입된 세포는 근육세포 특이 단백질의 유전자를 발현하기 시작하며, 융합하여 다핵성 근관이 된다. MyoD는 크레아틴인산화효소(creatine phosphokinase) 또는 아세틸콜린 수용체와 같은 근육단백질의 유전자를 직접적으로 증가시키는 것으로 알려져 왔다. 이는 또한 *Mymk*와 *Myomerger*의 전사를 활성화시킨다. MyoD는 스스로의 전사를 활성화시키기에 일단 한번 활성화되면 지속된다(4장의 쌍안정 스위치 참조). bHLH 인자는 이합체로 작동하는데, 보통 모든 세포에 존재하는 것으로 알려진 bHLH 단백질인 E 단백질과 이형이합체로 작동한다. 또한 억제 기능을 갖는 HLH 단백질도 있는데, 이들은 이합체를 구성하는 도메인을 가지지만 전사활성 도메인이 없으며, 유전자 활성을 유발하지 못하는 bHLH 단백질의 격리를 통해서 작동한다. 이는 활동이 없는 이합체를 형성하는 bHLH 단백질의 순차적 작용에 의한다. 예를 들어, Shh에 반응하여 골분절에서 상향 발현되는 Id 단백질은 근육형성 bHLH 단백질과 비생산적인 즉 유전자 활성을 유발하지 못하는 이합체 형성을 하는 HLH 유형이며, 체절의 이 부분이 근육을 형성하지 않도록 확실하게 보증한다.

상축 근분절의 정상 발생에서, *Myf5*의 발현이 상향 발현되며, 바로 *MyoD*의 발현이 뒤따른다. *Myf5*와 *MyoD* 중 하나가 적중되면 근육 발생에 미미한 영향을 미치게 되는데. 이는 만약 하나가 제거되면 나머지 하나의 발현이 상향조절되어 제거된 유전자의 기능을 대체하기 때문이다. 하지만, 두 가지 유전자를 모두 적중시키면 생쥐에서 근원세포와 골격근이 모두 손실되는 등의 매우 심각한 결과를 가져온다. 이러한 이중 적중은 유전자 지도에서 *Myf5*와 인접하여 위치하는 *Mrf4*의 활성을 잃게 한다. *Myogenin*은 정상적으로 *Myf5*와 *MyoD*가 발현하기 시작한 이후에 모든 근분절에서 발현된다. 만약 *Myogenin*이 적중되면 골격근 형성에 매우 심각한 결함이 일어나는데, 이러한 결과를 통해서 *Myf5*와

*MyoD*가 *Myogenin*을 통해 많은 부분에서 작용한다는 것을 보여준다. *Myf5*와 *MyoD*는 골격근을 특성화하는 것으로 일반적으로 받아들여지고 있는 반면에, *Mrf4*와 *Myogenin*은 분화와 관련된 것으로 받아들여지고 있다.

일단 분화가 되면, 포유동물의 근섬유는 일생 동안 생존한다. 비록 근섬유는 그 자신이 체세포분열을 더 이상 진행하지 않지만, 근위성세포(muscle satellite cells)라고 불리는 잔류하는 전구세포(progenitor cell)를 가지고 있다. 이 근위성세포는 크기가 작은 단핵 세포로 각 근섬유의 기저막 하부에 위치해 있다. 이는 진피근분절의 중앙 부분에서 기원하고 전사인자인 Pax7의 발현을 지속적으로 하는 특징을 가지고 있다. 근위성세포는 동물이 성장하는 동안 섬유 수의 증가에 중요하고, 또한 성체에서 손상을 복구하는 데도 중요하다. 이와 관련된 내용을 20장에서 더 자세히 설명한다. 발생 과정에서 근육의 크기 증가는 21장에서 설명된 순환계를 따라 이동하는 억제자인 myostatin이 관여하는 되먹임계(feedback system)에 의해 조절된다.

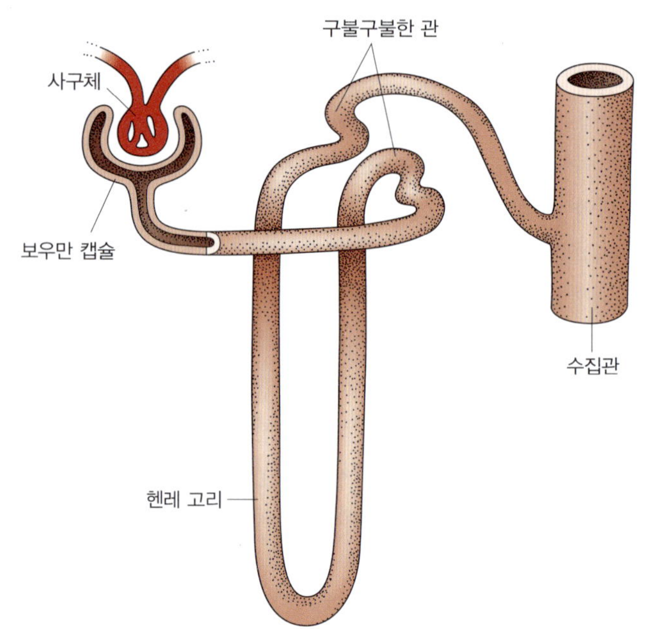

그림 17.12 포유류의 완숙한 네프론의 구조. 혈액에서 보우만주머니로 여과된 액체 내 염과 물이 세뇨관에서 재흡수되고, 최종산물인 오줌이 이동하여 방광으로 모인다.

신장

신장은 척추동물의 배설 기관으로 잘 알려져 있는데, 장기이식을 위한 사람 신장의 부족으로 인해서 **조직공학(tissue engineering)** 또는 발생생물학의 다른 몇 가지 응용 형태의 분야에서 대체물을 개발하고자 하는 주요 목표 장기이다. 배아 시기 신장 발생은 **상피(epithelium)**와 **간충직(mesenchyme)** 간의 상호 유도작용에 의해 진행되는 여러 인자가 관여하는 대표적인 기관이다. 사람에서 신장과 요로의 선천적 기형은 유아 500명당 1명 꼴로 있을 만큼 흔한 것으로, 신장의 발생에 관여하는 유전자의 돌연변이에 의해 종종 생긴다. 예를 들어, 불완전한 발생(발육부진)은 *RET*, *PAX2*, *EYA1*, *SIX2*, 그리고 *SALL1* 상의 돌연변이를 포함한 GDNF-RET 신호경로상의 결함에 의할 수 있다("신장 발생에서 조직의 상호작용" 절 참조). 신장이 완전 없는 경우는 *RET*, *GFGR1*, 또는 *WNT4* 상의 돌연변이 결과로 나타날 수 있다. *WT1* 상의 돌연변이는 신장의 심한 기형 원인이 되고, 어린 시기의 신장암인 빌름스 종양(Wilm's tumore)의 흔한 이유다.

완숙한 신장은 많은 신단위, 즉 네프론(nephron)으로 구성된 작은 규모의 구조가 반복적으로 배열되어 있다. 네프론은 신세관인 세뇨관(renal tubule) 및 집합관과 연결된 신소체(renal corpuscle)로 구성된다. 신소체는 혈액에서 세뇨관으로 여과액을 제공한다. 여과액이 소변으로 만들어지는 과정은 세뇨관을 지나가면서 진행된다. 필요에 의한 물의 제거나 흡수와 함께 이온이 첨가되거나 제거된다. 결국, 소변은 집합관계를 지나서 수뇨관으로 가고, 포유동물, 어류, 양서류 등에서는 방광으로 유입된다. 신소체는 보우만 캡슐 안에서 신장 상피세포(podocytes)로 감싸여진 나선형의 모세관덩어리(glomerulus, 사구체)로 구성되어 있다(그림 17.12). 신소체 발생은 **기관배양(organ culture)**으로 손쉽게 연구할 수 있다. 따라서 많은 포유동물을 대상으로 실험이 진행될 수 있었다. 외식한 신장 원기 조각은 배양을 통하여 며칠간 성장하고 분화하므로, 모체 내에서는 실험할 수 없는 상황을 극복할 수 있는 다양한 유형의 실험을 수행할 수 있다. 특히, 조직은 분리 또는 재결합될 수 있고, 배양액 조성을 더하거나 뺄 수 있으며, 성장인자를 천천히 분비하는 구슬에 부분적으로 적용할 수 있고, 각각의 유전자 발현이 이들 유전자에 특이적인 안티센스 올리고뉴클레오타이드(antisense oligonucleotide) 또는 RNAi를 이용하여 억제할 수 있다. 생쥐에서 유전자 표식과 조건부 적중 실험으로 체내에서의 신장 발생 기작에 대한 많은 정보가 추가되었다.

정상적인 신장의 발생

체절을 형성하는 측축중배엽의 측면은 신장과 생식소를 형성하는 **중간중배엽(intermediate mesoderm)**이 배열한다. 양막류(파충류, 조류, 포유동물)는 중간중배엽의 앞에서 뒤에까지 **전신**

(pronephros), **중신(mesonephros)**, **후신(metanephros)** 3개의 신장을 가진다. 전신은 기능이 없는 흔적기관이며, 중신은 배아 시기에 일시적으로 기능을 수행하고, 후신은 최종적인 신장이다. 무양막류에서는 후신이 없고, 전신은 유생시기에 기능을 수행하며, 중신은 최종적인 신장이다.

신장은 중간중배엽 내에서 발생하는 두 가지 구성 요소와 이웃한 측축중배엽으로부터 모집된 기질세포에서 발생한다. **신관(신장도관, nephric duct; Wolffian duct)**은 닭에서는 체절 10단계 시기에 앞쪽 중간중배엽에서 만들어지기 시작하고, 뒤쪽으로 계속 자라나 총배설강(배설강, cloaca)에 이어진다. 신관은 *Pax2*와 *Pax8*이 특이적으로 발현되는 것으로 특징지어지고, 이들 유전자를 모두 적중시킨 생쥐에서는 신관이 형성되지 않는다. 적형광색소인 **DiI**을 이용한 신관 표지 또는 *lacZ* 유전자의 신관 내 국부적 삽입 실험에서 신관의 성장은 외부로부터의 세포 모집을 통하여 진행된다기 보다는 내적 성장을 통하여 진행된다는 것을 알 수 있다. 초기에 신관은 속이 비어 있지 않은 뭉텅이 상태이며, 관을 형성하기 위해서는 이웃한 상피가 있어야 한다. 이러한 요구 조건은 BMP를 느리게 방출하는 구슬을 이용하여 알 수 있다. 이 주변의 중간중배엽은 이미 신장이 되도록 예정되어 있어 **신장형성 중배엽(nephrogenic mesoderm)**으로 알려져 있다. 신관이 몸의 후방 쪽으로 자라면서 신장형성 중배엽에서 분화한 신세관인 세뇨관이 신관에 연결된다. 특히, 중신은 네프론이 전장 쪽에서 후방 쪽으로 순차적으로 분할된 형태로 배열된다.

성체의 신장이 되는 후신은 신장의 다른 부분과는 달리, 즉 소변 수집계가 중신관에서 형성되는 것이 아니라 **요관싹(ureteric bud)**이라 불리는 것이 자라 나와서 분화한 것이다. 요관싹은 신관의 뒤쪽 부분에서 기원하는데, 신장형성 중배엽 안으로 자라면서 왕성하게 가지를 친다. 생쥐에서는 가지치기가 약 10세대 정도 일어난다. 요관싹의 신장은 체세포분열 방향에 의존적이며, *Fat4*와 *Wnt9b*와과 같은 **평면극성(planar polarity)** 유전자의 손실은 낭포 형성을 야기한다. 후신의 후기 분화에서 수집관(collecting ducts)은 물 흡수에 중요한 주세포(principal cell)로 주로 구성되어 있고, H^+나 HCO_3^-의 분비를 통해서 pH를 조절하는 사이세포(intercalated cell)가 일부 존재한다. *Mindbomb1*(*Mib1*) 유전자 산물인 E3 유비퀴틴 리가아제(E3 ubiquitin ligase)와 같은 Notch 신호전달 경로 구성 요소의 손실은 주세포를 줄이고 사이세포의 증가를 초래한다. 이것은 서로 다른 유형의 세포들이 일차 신경형성과 유사하게 Notch를 통한 측면 억제 시스템 작동에 의해 형성됨을 의미한다(16장 참조).

대부분의 신장형성 간충직(mesenchyme)은 네프론으로 분화하며, 요관싹 가지들과 연합하여 속이 비어 있지 않은 비체절 기관을 형성한다. 이러한 과정은 간충직에서 상피로의 이행(mesenchymal-to-epithelial transition)의 한 예이다. 네프론을 형성하지 않는 간충직 부분은 신간질(renal stroma)이 된다. 일차적으로 간충조직은 응집하여 요관싹 끝 부분에 세포가 많이 밀집한 모자 모양체(캡, cap)를 형성한다. 이것들은 쉼표-모양체(comma-shaped bodies)로 요관싹 끝부분과 연결되어 난형(타원형)의 신장 소낭(ovoid renal vesicle)을 형성하고, 이후 S-모양이 되면서 세뇨관으로 발생한다(그림 17.13). 응집된 캡 부분에서는 호메오박스 유전자인 *Six2*가 발현되고, 유전적으로 *Six-2*를 표지한 생쥐를 통하여 이 도메인이 전체 네프론을 형성하는 것을 알 수 있다. 초기에, 간충직은 **피브로넥틴(fibronectin)**과 콜라겐 타입1과 3을 포함한 전형적인 기질을 분비하다. 세포 유형의 이행(transition)이 진행되면서, 이 기질은 상피 기저막의 전형적 구성물인 라미닌(laminin)과 콜라겐 4로 대체된다. 동시에, 세포 표면의 N-CAM은 E-캐드히린으로 대체된다. *Six2*의 손실은 신장소낭의 조기 성숙과 분화를 초래한다. 생쥐에서, 네프론 형성은 *Six2*를 발현하는 세포들이 사멸되는 시기인 출생 직후까지 지속된다. *Six2* 발현 세포는 신장소낭을 형성할 수 있는 능력을 유지하면서 낭배 중간 시기 이후에 4번 정도 분열하기 때문에 **줄기세포(stem cell)**로 일컬어져 왔다. 그러나 이러한 세포의 특징은 조직특이적인 줄기세포의 일반적 정의를 충족시키지 못한다. 줄기세포는 더 긴 수명을 가지고(20장 참조) 있어야 하므로, Six2를 발현하는 세포들은 **전구세포(progenitor cell)**라고 판단하는 것이 더 합리적이다. 제브라피시 같은 무양막류에서 신장은 일생 동안 새로운 네프론을 만든다.

신장 발생에서 조직의 상호작용

만약 신관의 끝 부분이 파괴되면, 신관의 지속적인 성장이 억제된다. 중신세관(mesonephric tubules)은 정상적으로 신관이 있는 곳에서 발생하지만, 전후축 기준 더 뒤쪽에서는 발생하지 않는다. 이는 네프론 형성에 신관이 필요함을 의미한다. 후신에서도 역시 마찬가지이다. 후신의 간충직을 체외에서 배양할 수 있지만, 요관싹(ureteric bud)이 없으면 신세관 형성이 일어나지 않는다. 이는 요관싹이 신세관 형성에 필요한 유도 신호를 냄을 보여주는 것이다. 이것은 **허용 유도(permissive induction)**의 예인데, 이 간충조직이 신세관 외에는 다른 어떤 것도 형성할 수 없기 때문이다. 사실 간충직이 요관싹에 영향을 미치기 때문에 이 유도는 상

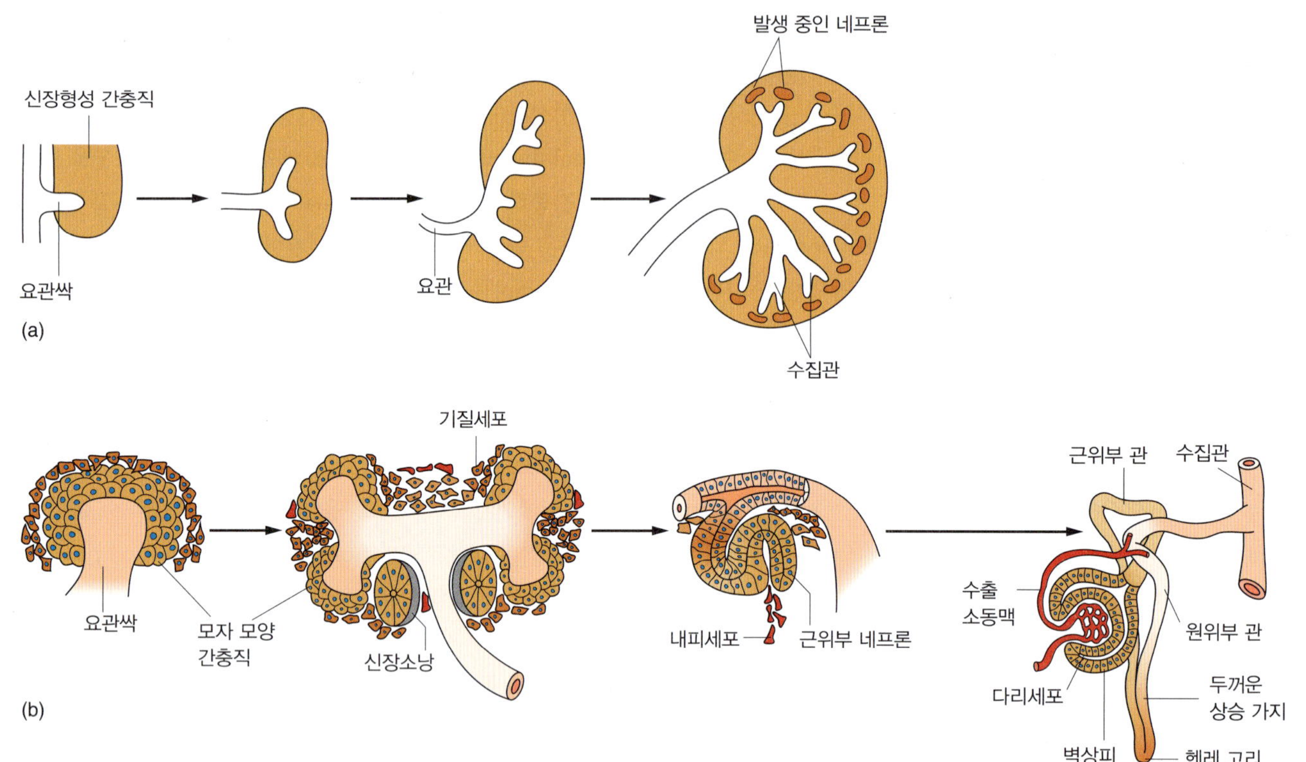

그림 17.13 후신의 정상적인 발생. (a) 요관싹이 후신 간충직으로 자라고 가지친다; (b) 네프론의 유도. (인용) Biologist Ltd의 허락을 얻어 Development 2009; 136: 3863-3874의 그림을 재구성함.

호 간에 진행되는 것이다. 간충직의 존재 없이는 요관싹이 신관으로부터 가지쳐서 자라나오지 않고 이후의 성장과 가지치기를 계속할 수 없을 것이다. 그러므로, 이 과정에는 적어도 2개의 유도인자가 있는데, 하나는 요관싹과 가지를 만드는 간충직에서 유래한 것, 그리고 다른 하나는 간충직이 신세관으로 분화하게 만드는 싹에서 유래한 것이다.

간충직 유래 신호는 신경교세포 유래 신경영양인자(glial-derived neurotrophic fator, GDNF)로서 이것의 수용체인 RET와 GFRα1은 요관싹에서 발현된다(그림 17.14). RET는 티로신키나아제(tyrosine kinase)로 ERK와 PI3K 경로 모두를 통해 신호를 전달하는 한편, 공수용체인 *GFRα1*은 GPI-접속 세포표면단백질이다. *Gdnf*, *Ret* 또는 *Gfrα1* 유전자 중 어떤 하나가 적중된 생쥐는 신장을 형성하지 못한다. 만약 GDNF를 천천히 방출하는 구슬을 *Gdnf* 적중 생쥐 배아에서 유래한 신장형성 중신과 함께 배양하면 신관의 가지치기가 진행되지만, GDNF와 반응 능력이 없는 *Ret* 적중 생쥐의 배아에서는 가지치기가 일어나지 않는다. 반

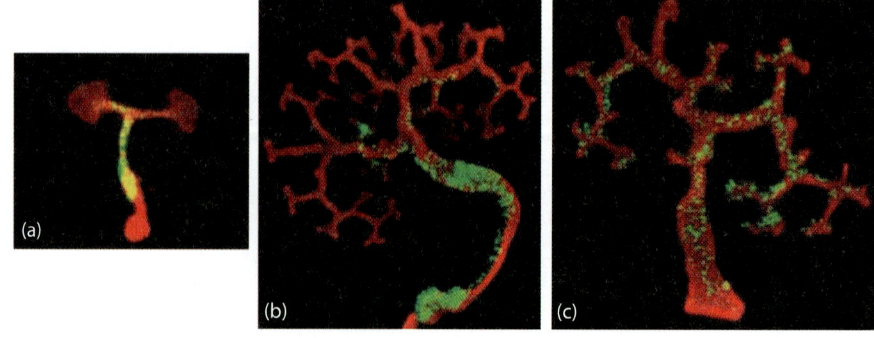

그림 17.14 Ret 유전자가 상실된 배아줄기세포를 정상 포배에 주입한 키메라 배아에서 신장의 수집계 발생. *Ret*⁻ 세포는 GFP로 표지되었다. (a) E11.5 배아 시기의 요관; *Ret*⁻ 세포는 요관 끝 부분에 표지되지 않음. (b) 체외 배양 3일 후에 가지치기 유형. *Ret*⁻ 세포는 끝 부분의 가지 부분에는 배제되어 있어 관찰되지 않음. (c) *Ret*⁺ 기증 세포에 의한 조절. 축척자: 250 μm. (인용) John Wiley & Sons Ltd의 허락을 얻어 BioEssays 2006; 28: 117 Costantini and Shakya의 그림을 재구성함. Elsevier의 허락을 얻어 Dev Cell 2005; 8: 65-74의 그림을 재구성함.

대로, 지속적으로 수용체가 활성화되어 있는 Ret 기능 획득 돌연변이에서는 통제되지 않는 요관싹 성장이 관찰된다. 그러므로, 4장에서 말한 배아 유도계의 특징 개요인 발현, 활성, 억제라는 세 가지 시험 모두를 만족한다. 요관싹 형성은 신관에서 오직 한 개의 싹이 형성되도록 규제하는 음성적 신호(negative signal)에 의해서도 조절된다. 음성적 신호는 BMP4로 신관 주변의 간충직에서 분비되고, 신관에서 Ret 신호를 억제한다. BMP4 활동 증가는 요관씩 형성을 억제하며, 이 신호의 감소는 매우 많은 요관싹이 형성되는 원인이 된다. 요관 간충직은 BMP4의 억제물인 **그램린**(*Gremlin*)을 분비하여 요관싹을 지속적 발생을 담보할 수 있다. Gremlin 유전자를 적중한 생쥐에서는 요관싹의 형성이 안 되는데, 이는 BMP 신호가 증가해서 그런 것이다. 따라서 요관싹과 후신발생모체(metanephric blastema) 간의 상호작용은 각 신관에서 오직 각각 한 개의 요관싹이 형성됨을 보장한다.

요관싹에서 방출되어 간충직에서의 신소낭(renal vesicle) 형성을 자극하는 작용을 하는 신호는 WNT9B로 추정된다. 이 신호물질은 요관싹에서 발현되며 기관배양 시스템에서 응집을 유도한다. *Wnt9B* 적중 생쥐에서, 간충직-상피 이행이 일어나지 않고, 네프론 이 발생되지 않는다. 유도의 초기 결과는 신장 발생에 필요한 응집하는 간충직에서의 *Wnt4*의 상향 발현이다. Wnt4는 기관배양에서 네프론 형성을 유도할 수 있으며, 이 유전자가 적중된 생쥐에서는 신소낭과 네프론 분화가 없다. 이러한 맥락에서, Wnt4는 Wnt-Ca^{2+} 경로를 통해 작동되는 것으로 판단되며, 칼슘 이온운반체(calcium ionophore)는 신세관 형성을 유발한다.

간충직이 유도에 반응할 수 있는 능력은 징크-핑거-전사인자인 WT1(Wilm's tumor 1, 빌름스 종양)의 발현에 의존적이다. *Wt1* 적중 생쥐에서는 후신 발생이 완벽하게 실패한다. 또한 WT1는 신장의 이후 발생에서도 기능을 가진다. WT1 수준, 즉 양은 유도 이후의 간충직에서 증가하고, 이는 응집 단계에서 높게 발현하지만 네프론이 분화되어 나올 수 있게 하기 위해서는 제거되어야 하는 *Pax2*의 발현을 멈추는 데 필요하다. 빌름스 종양 그 자체는 인간의 신장 전구세포가 계속적으로 증식하는 소아 종양으로, 모두는 아니지만 일부 경우는 체세포에서 *Wt1* 유전자 손실이 원인이 된다. 이것은 간충직 능력인 *Pax2*의 발현 억제 상실을 반영하는데, 초기 기능 보다는 신장 발생 이후 기능의 손실이다.

간질세포도 역시 요관싹 형성에 필요하다. 후신 발생 초기에 이들 간질세포는 응집한 간충직 주변에 느슨하게 모여 있고, 발생이 진행되면서 캡 간충직과 가지치는 싹 사이에 위치한다. 기질세포는 *Foxd1*을 발현하고, 이 유전자의 돌연변이는 요관 상피(ureteric spithelium)내 *Ret* 발현이 늘어나는 원인이 된다. *Foxd1*의 적중 생쥐는 가지치기와 네프론 구조에 결함이 있는 크기가 작은 신장을 가진다. 레티노산 수용체인 Rarα와 Rarβ2가 기질세포에서 발현되는데, 이들 두 수용체가 없으며 요관싹 내 *Ret* 발현이 상실되고 결과적으로 신장의 발육부진이 발생한다. 이들 유전자가 발생하는 신장의 기질세포에서만 발현되므로, 이들 세포 유래 신호는 요관싹에서의 *Ret* 발현에 필요한 것으로 제안되고 있다.

유도인자가 부재하면 간충직에서 수많은 세포가 죽는다. FGF2는 요관싹에서 생합성되며, 간충직의 생존과 응집을 유도한다. 그러나 이 이후의 발생을 지원하지 못하게 된다. BMP7도 또한 요관싹에서 발현되고, 분리된 간충직의 생존을 유지시키며, 신세관 형성을 유도한다. *Bmp7*의 적중 생쥐는 쉼표(comma) 또는 S 형태형성 시기 때 발생이 중단된 많은 네프론을 가지고 있는 심한 형성장애 신장(다발낭성 신이형성증)을 갖는데, 이는 신장 발생에 필요한 주요 조건은 신세관 유도 초기에 일어남을 의미한다. 발생 중인 신세관 자체에서 발현되는 Wnt4는 체외 조건에서 신세관의 형성을 유도하고, 이 유전자 적중은 응집 단계에서 신장형성이 억제되게 한다.

생식세포와 생식소의 발생

생식소(gonads)는 배우자(gamete)의 저장소이자 중요한 내분비 기관이다. 이것은 이중적인 배아 기원(dual embryonic origin)을 갖는다. 생식소의 체조직은 중신 부근의 **중간중배엽(intermediate mesoderm)**에서 형성되는 생식 융기(genital ridge)에서 유래한다. 배우자를 생산하는 생식세포는 **원시생식세포(primordial germ cell, PGCs)**로부터 유래한다. 거의 모든 유형의 배아에서, 원시생식세포는 초기 발생시기에는 생식 융기에서 멀리 떨어진 곳에서 형성되고, 이후 생식 융기로 이동한다. 성숙한 생식세포와 생식소는 개체가 수컷인지 암컷인지에 따라 그 형태가 서로 다르다.

생식세포 발생

생식세포의 특화 기작은 모든 동물에서 동일하지 않고 특정 부위에 위치하는 결정인자 또는 배아 유도가 관여할 수 있다. 13장에서 설명했듯이, 초파리에서 과립 **생식질(germ plasm)**은 난자의 후극(posterior pole)에 위치하며, **원시생식세포(primordial germ cell)** 결정인자를 함유하고 있다. 이 생식질을 전극(anterior pole)으로 이식하면 이식한 곳에서 이소성의 PGC이 형성되며, 이를 후극으로 이식하면 생식소로 이동하여 기능이 온전한 배우자가 형성된다. 생식질이 PGC을 어떻게 특화하는지는 계속 논쟁 중이지만, 생식질이 전사와 번역을 억제하는 것은 확실하다. 생식질은 *oskar* 특이 mRNA를 함유하고 있고, Oskar 단백질은 Germ cell less(핵막 단백질의 하나), Vasa(RNA 나선효소의 하나), Nanos(RNA-결합 단백질)을 포함한 다른 생식질 성분을 모집한다. Oskar의 중요성은 *oskar* mRNA를 전극에 놓으면 이소성 PGC이 형성됨을 통해 잘 설명된다. *oskar* 돌연변이 배아는 극세포를 가지지 않으며, 성체는 생식능력이 없다.

생식질은 개구리와 어류 배아에서도 또한 관찰되는데, PGC 발생을 특화한다. 놀랍게도 이 생식질은 초파리의 *vasa*, *nanos*와 상동인 mRNA을 함유하기 때문에, PGC을 형성하는 프로그램의 일부가 곤충에서 척추동물에 이르기까지 보존되어 있음을 알 수 있다. 생식세포 결정인자는 닭 배아의 PGC을 특화함에 책무를 가지고 있다고 여겨지고 있다. 그러나 모든 척추동물이 PGC 특화에 생식질을 사용하지는 않는다. 도롱뇽의 하나인 액솔로틀(axolotl, *Ambystoma mexicanum*)의 경우, PGC은 후기 포배의 복-식물극(ventral-vegetal pole) 유래 신호에 의해 복중배엽이 유도되는 시기와 동시기에 적도 경계부에서 유도된다(8장 참조). 유도는 또한 생쥐와 다른 포유동물에서도 PGC 특화 기작이다.

생쥐 배아에서, PGC는 **원통형 배아(egg cylinder)**의 중심 **근위부(proximal part)**에서 기원한다. 이것은 **겨자무과산화효소(horseradish peroxidase, HRP)** 주입 방법(10장 참고)을 사용한 운명지도 작성을 통하여 밝혀졌다(11장 참조). PGC는 E5.5단계에 배외외배엽 효과에 의해 유도되는 것으로 알려져 있는데, 이는 배외외배엽이 없이는 유도되지 않는다는 사실을 배외외배엽과의 재조합 실험으로 PGC이 상배엽의 근위부와 원위부 모두에서 유도됨을 통하여 알 수 있다. PGC 유도에 요구되는 신호물은 BMP와 WNT계열이다. *Bmp2*, *Bmp4*, B*mp8b*는 배외외배엽에서 발현되고, Wnt3a는 장측내배엽 후위와 상배엽에서 발현한다. 이들 유전자의 적중은 PGC의 형성을 파괴한다. Wnt3a는 배외외배엽 유래 BMP 신호들에 반응할 수 있는 후방상배엽의 능력을 조절하는 것으로 믿어지고 있다. 생식세포형성 유도를 통해서 만들어지는 처음 산물은 막관통단백질을 암호화하는 *fragilis* 유전자(*Ifitm*이라 불리기도 함)가 발현되는 상배엽 후방부 주변의 조직 구역이다. 이 구역은 PGC와 요막(allantois)을 형성한다. 이 구역 내에 몇몇 세포는 E6.5에 징크-핑거 전사인자 유전자인 *Bimp1*(또한 *Prdm1*이라 불림), *Prdm14*, *Tfap2c*의 발현을 상향 조절한다. 이들 유전자 모두를 적중하면 PGC 특화와 유지의 손상이 일어난다. PGC-특이 유전자 산물은 *Tbxt*(*brachyury*)와 *Snai 1* 같은 다양한 초기 발생 관련 유전자의 발현을 억제함으로써, 원시외배엽(primitive ectoderm)과 PGC 모두에서 특징적으로 발현하는 *Oct4*, *Nanog*, *Sox2*를 포함한 다능성과 연관된 일련의 유전자를 발현하게 한다. 이와 함께, 초파리 *vasa*와 *nanos*와 상동인 유전자 산물이 생쥐에서 PGC 형성에 요구된다. E7.5 배아 단계에는 PGC가 이미 지속적 유도를 통하여 형성되는 과정에 있는 것과 이미 형성된 생식세포를 더하여 약 40개가 있다(그림 17.15a). 그들은 매우 높은 수준의 알카리성 인산가수분해효소(alkaline phosphatase) 발현을 한다는 특징을 통해서 쉽게 확인된다. E8 배아단계 시기에 모든 전사의 일시적 중지가 있는데, 초파리나 예쁜꼬마선충에서처럼 오래 지속되지 않는다.

생쥐는 모든 포유류에서 PGC 특화의 전형적인 예로 사용되어 왔지만, 상배엽단계의 포유류 배아에서 중요한 구조적 차이가 몇

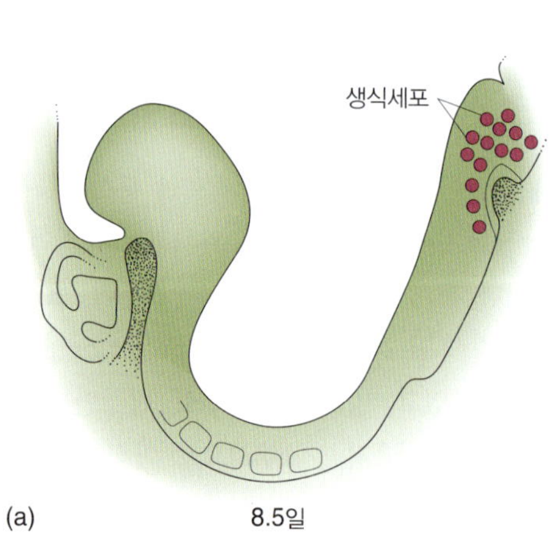

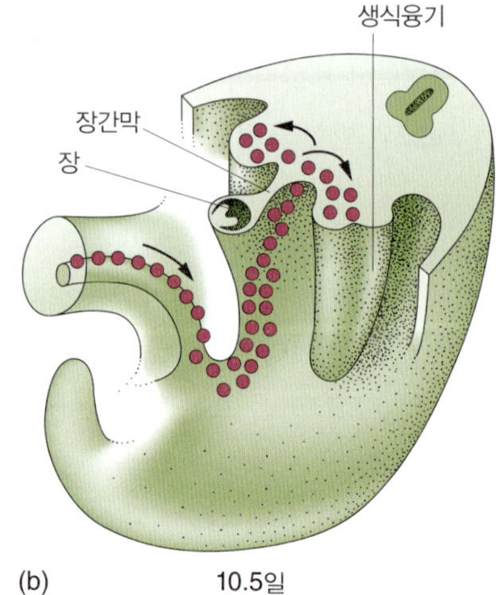

그림 17.15 생식세포의 기원과 생식소원기로의 이동. (a) E8.5 생쥐 배아에서 PGC는 배아의 후방끝쪽에 위치함을 보임. (b) E10.5 생쥐 배아에서 PGC이 장과 배장간막을 거쳐 생식소원기로 이동함을 보임. 출처: Hogand et al., (1994) A laboratory manual. Second edition. Cold Spring Harbor Laboratory Press의 것을 재구성함.

가지 있다. 생쥐에서 상배엽은 컵 모양의 원통을 형성하여 배외외배엽과 장내배엽후방부 및 상배엽후방부가 접촉할 수 있다. 그러나 사람을 포함한 대부분의 다른 포유류는 편평한 원반형 상배엽을 가지고 있어 상배엽이 배외외배엽 또는 장내배엽후방부와 접촉하지 않는다. 배아가 사람의 것과 매우 유사한 게먹이원숭이에서(12장 참조), PGC은 양막에서 유래하므로, BMPs와 WNT3A가 양막 그 자체에서 발현됨을 통하여 볼 때 비록 지속적인 관여가 있더라도 그 기작이 어느 정도 다를 것이다.

생쥐의 PGC은 요막 기저부로부에서 시작하여 약 E9−E10에 후장으로 들어가고, 이후 장간막을 따라 이동하여 생식기를 형성하는 생식 융기에 E11.5 배아 시기에 도착한다(그림 17.15b). PGC의 이동은 측판중배엽의 생식소 원기에서 발현된 **주화성물질(chemokine)**인 SDF1(stromal cell derived factor 1, = CXCL12; 기질세포 유래 인자 1)에 의해 조절된다(하단 참조). 이것의 수용체인 CXCR4는 G-단백질 결합 수용체로 PGC에서 발현되어 생식소 원기로 이동하는 원인이 된다. *Cxcr4* 적중 생쥐에서 PGC는 생식소원기에서의 콜로니 형성을 하지 못한다. 후장은 이동하는 동안에 생식세포에서 발현되는 KIT라는 수용체에 결합하는 SCF(stem cell factor, 줄기세포 인자)를 분비한다. SCF는 PGC의 생존을 촉진하고, Nanos3와 DDN1(dead end protein homolog 1)과 같은 생존 인자의 발현을 활성화한다. 이들 생존 인자는 충분한 수의 PGC이 생식소 원기로 도달할 수 있게 한다.

생식세포의 부모 DNA 내 각인(11장 참조)은 생식소에 다다른 후 바로 지워지고, 이후에 새로이 DNA 상의 메틸화를 통해서 새롭게 성 특이적 각인이 구축된다. 이 과정은 이들 생식세포를 이용한 핵이식 클로닝과(22장 참조) 이 과정을 통해서 결과적으로 형성된 배아에서의 대립유전자 특이적인 발현 측정을 통하여 알 수 있다. 삭제 전에, 발현하던 대립유전자는 동물의 성-특이적으로 나타나지만 지원진 후에는 대립유전자 모두가 발현한다.

생식소의 정상 발생

수컷과 암컷의 생식소는 서로 다르고, 그래서 **생식소(gonad)**의 발생은 일차적으로 성 결절과 연관되어 있다. 대부분의 발생 양상과는 달리, 성결정 기작은 동물 종 간에 잘 보존되어 있지 않은, 즉 매우 다르기 때문에 아래 설명은 포유류에서만 적용되는 것이다. 우리는 생식세포 이동에 관여하는 유전자의 결함이 있는 경우에도 생식소가 정상적으로 발생할 수 있음을 통해서 생식소 발생이 생식세포 그 자체를 필요조건으로 하지 않음을 알고 있다.

생식소는 신장과 근접한 중간중배엽(intermediate mesoderm)으로부터 발생한다. 중간중배엽의 측면부가 중신을 형성하고 안쪽 부분은 생식소를 형성한다. 성 간의 이형성이 나타나기 이전 초기 시기에는 몇몇 유전자 산물이 필요한데, 신장 형성에 필요한 징크-핑거 전사인자인 WT1과 핵 호르몬 수용체계에 속하는 SF1(steroidogenic factor 1)이다. 이들 중 한 유전자를 적중할 경우 생식소 발생이 되지 않는다. **생식 융기(genital ridge)**가 생쥐의 경우 E9.5 배아 시기에 체강 쪽으로 살짝 돌출된 형태로 몸통의 좌우에 나타난다. 생식 융기는 Lim-호메오도메인 전사인자 Lhx9를 발현하는데, *Lhx9* 유전자를 적중시킨 생쥐에서는 어떤 형태의 생식소도 형성되지 않는다. 생식 융기가 형성된 직후 원식성삭(sex cord)이 생식 융기에서 체강을 맞대고 있는 상피에서 형성되기 시작하여 안쪽의 간충직으로 자란다.

생식소 원기에 이웃한 중간중배엽은 생식기관 형성에 중요한 요인인 2개의 관을 만든다. 이는 **볼프관(Wolffian duct)으로 알려진 신관(nephric duct)**과 **뮬러관(Müllerian duct = paramesonephric duct, 측중신관)**이다(그림 17.16). 후신의 발생이 시작되면 신관은 더 이상 배뇨기관으로 기여하지 않으며, 결국 수컷에서는 부정소(부고환, epididymis), 수정관(정관, vas deferens), 저정낭(정낭, seminal veiscle)이 되고, 암컷에서는 퇴화한다. 뮬러관(Müllerian duct = paramesonephric duct, 측중신관)은 볼프관을 따라 측면에 형성되는데, 결국 암컷에서는 수란

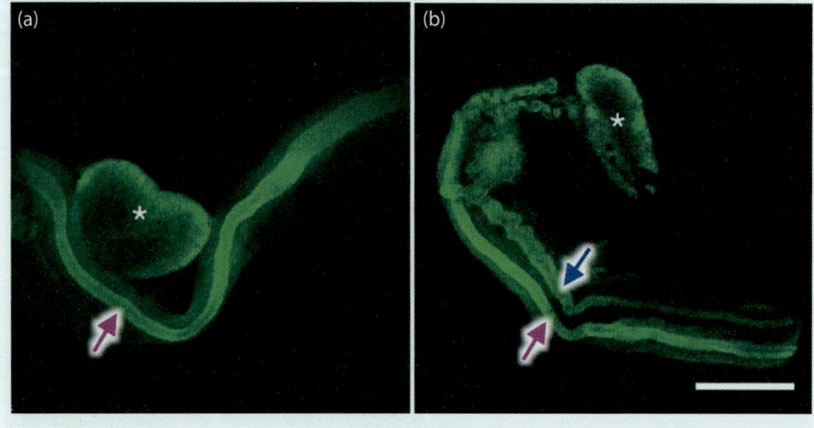

그림 17.16 뮬러관. (a) E18.5 암컷 생쥐 배아에서 PAX2를 온표본면역염색을 통하여 관찰한 정상 뮬러관. (b) 전사인자 COUP-TFII가 결핍된 동일 배아시기 암컷 배아에 영속하고 있는 볼프관(신관). (자홍색 화살표; 뮬러관, 파란색 화살표, 볼프관; *, 난소. 축척자: 0.5 mm. (인용) Zhao et al. (2017). Science, 357, 717−720.

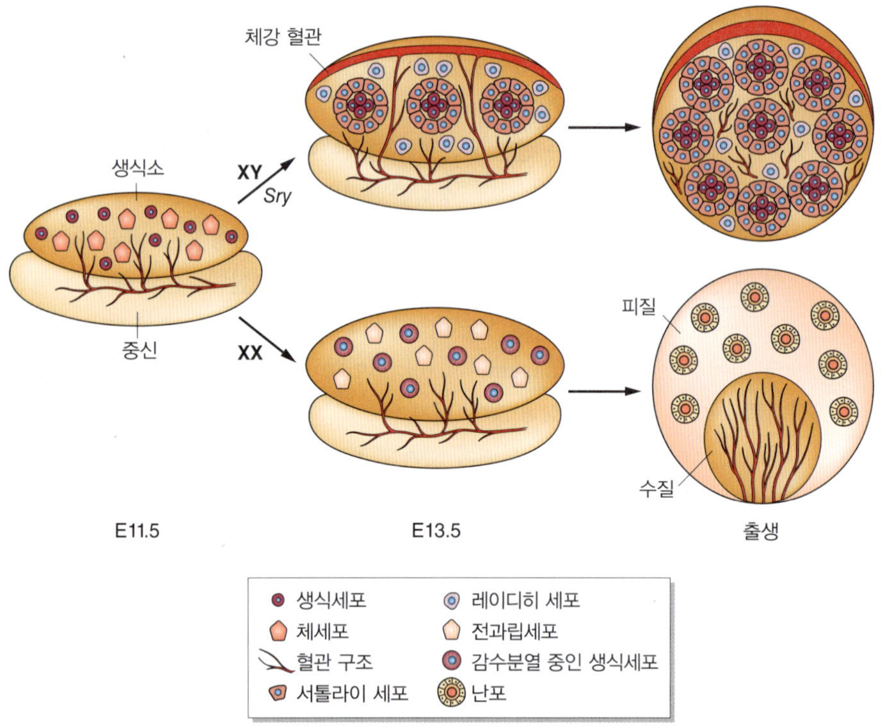

그림 17.17 생식소 원기에서 생식소의 형성. 생쥐 발생 E11.5 시기에는 암컷이나 수컷의 생식소는 아직까지 형태적으로 동일하다. 수컷에서, 생식세포는 서톨라이 세포와 함께 세관 내에 위치한다. 암컷에서는 감수분열 전기의 난자가 난포 내에 위치한다.

관(oviduct), 자궁(uterus), 질(vagina)의 상부가 되고, 수컷에서는 퇴화한다. 이 시기까지(E12.5 배아 시기) 양 성에서 형태적인 차이는 없다.

생식소의 성적 이형성은 그림 17.17과 17.18에 나타내었다. 수컷에서는 원시성삭(primitive sex cords)을 **정소삭(testis cord)**이라 하는데, 이들이 생식소원기로 자라 들어와서 생식세포와 기능적 구조적으로 연계된 **서톨라이 세포(Sertoli cells)**를 함유한 복잡한 시스템을 갖춘 세정관을 형성한다. 서톨라이 세포는 *Sry*를 발현하고, 후에 성 결정 프로그램의 중요한 요소인 *Sox9*를 발현한다("성 결정" 절 참고). 그들의 영향하에서, 세정관 사이에 있는 간충직으로부터 **레이디히 세포(Leydig cell)**가 분화하여 테스토스테론을 분비할 수 있게 된다. 이들 세정관은 볼프관에 연결되고, 테스토스테론에 반응성을 유지하며, 발생 단계의 생식소는 뭉뚝해지면서 압축되어 정소가 된다. 이 동안에 뮬러관은 서톨라이 세포에서 분비되는 항뮬러관 호르몬(anti-Mullerain hormone)에 반응하여 퇴화한다. AMH는 형질전환생장인자(transforming growth factor β, TGFβ)계에 속하고, AMH 수용체(AMHR)와 작용한다. *Amh* 적중 생쥐 수컷에서는 뮬러관이 존

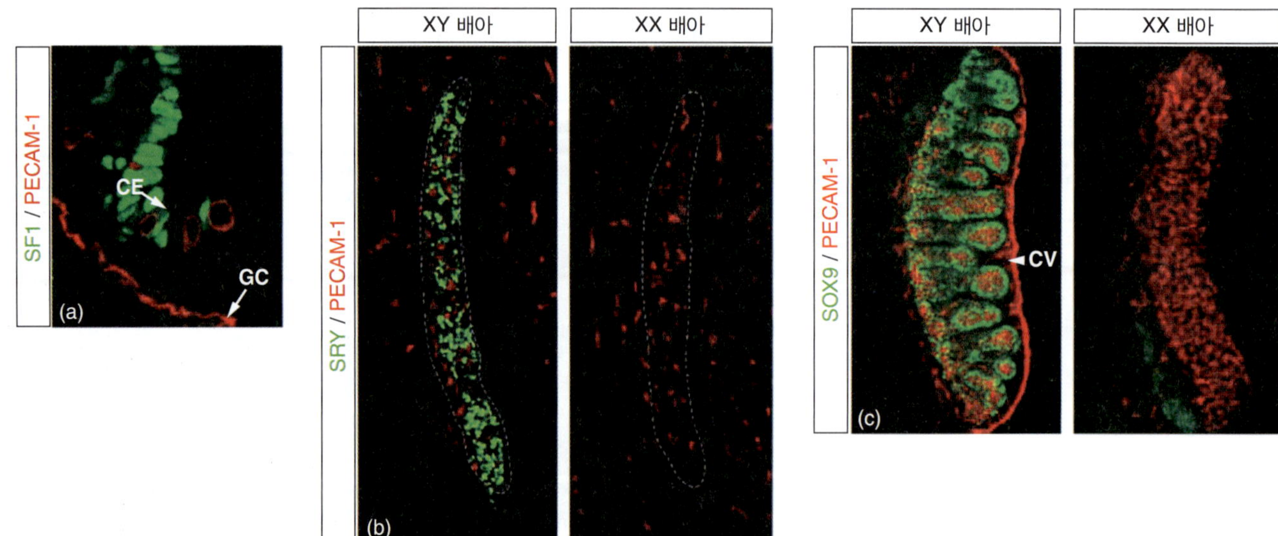

그림 17.18 성결정 기간 동안의 생쥐 생식소. (a) E10.5 배아 시기 암것과 수컷의 생식소는 동일하다. 체강을 겉대고 있는 세포는 녹색형광으로 표지된 SF1 항체로 면역염색되었다. 생식세포와 혈관의 내상피세포는 붉은색으로 염색되었다. (b) E11.5 배아 시기, Sry (녹색)가 수컷의 생식소 내 세포에는 있지만, 암컷의 생식소에는 없다. (c) E12.5 배아 시기 Sox9 (녹색)는 정소 성삭이 형성된 수컷에는 있지만 암컷에는 없다. CE, coelomi epithelium (체강 상피); GC, germ cells (생식세포); CV, coelomic vessel (체강 혈관);. (인용) Elsevier의 허락을 얻어 Dev Biol 2006; 302: 13-24의 그림을 재구성함.

속하고, 이와 유사한 표현형이 *AMH* 또는 *AMHR2* 유전자에 돌연변이가 있는 사람에서도 관찰된다. 생식세포는 E13.5 시기부터 태어난 후 1주일까지 체세포분열이 중단된 상태로 있다. 감수분열은 젊은 수컷에서 정자형성이 확립될 때까지 일어나지 않는다. 체세포분열은 서톨라이 세포에서 합성되는 레티노이드(retinoid)를 분해하는 효소인 Cyp26b1에 의해 지속적으로 억제된다. 레티노산(retinoic acid)은 난소내 생식세포에서 유래하는 감수분열을 촉진하는 신호물이다. 정소 유래 레티노산의 부재는 감수분열이 억제되는 원인이 된다. 정소의 세정관은 태어난 이후에도 속이 꽉 차 내강이 없는 상태로 있다가 특정 시기 이후에 빈 내강을 형성하는데, 이때 생식세포로부터 유래된 **정원세포(spermatogonia)**가 나타난다. 성숙한 수컷의 정자형성은 줄기세포 집단으로부터 정자를 지속적으로 생산하는 것을 포함하는데, 이에 대해서는 20장에서 보다 자세히 살펴 볼 것이다.

암컷에서는 체강을 덧대는 상피세포에서 원시성삭(primitive sex cord)이 난소의 표면 근처에 머물러 있으면서 생식세포와 어울려 원시난포(primordial follicle)를 형성하는 **난포세포(과립세포, granulosa cell)**의 상피삭을 형성한다. 성 결정 시스템이 작동된 이후에 SRY가 없으면 난포 세포에서 *Wnt4*와 *Foxl2*의 발현이 상승하게 된다. 이 둘은 *Sox9*의 발현을 억제하고, 간충직에서 에스트로겐 합성에 중요한 **난포막 세포(thecal cell)**의 분화를 간접적으로 이끈다. 이러한 과정을 거쳐 생식소는 난소로 압축된다. 2개의 뮬러관은 끝부분에서 융합하여 질, 자궁목과 자궁을 형성한다. 생쥐에서는 Y자 모양을 띤다. 앞쪽 끝 부분은 수집 깔대기(collecting funnel)가 난소 근처에 형성되어 있는 수란관을 형성한다. 한편, 테스토스테론이 없는 상황에서 볼프관은 퇴화된다.

생식세포에서 유래한 난소의 **난원세포(oogonia)**는 마지막 체세포분열을 마친 후 **1차 난모세포(primary oocyte)**가 된다. 감수분열 전기는 약 E13.5 배아 시기에 시작되고, 이 시기 이후에는 포유동물에서 새로운 난자형성은 없다. 감수분열의 시작은 중신 중배엽에서 유래하는 레티노산에 의해 자극되지만 제1차 난모세포는 전기 초기에 머물러 있게 된다. 이후, 각 1차 난모세포는 과립세포와 구조적 결합을 하여 원시난포(primordial follicle)를 형성한다. 일단 성적으로 성숙이 되면, 많은 난포들이 각 생식주기 동안 활성화되면서 과립세포가 증식하고, 난포 내 난자는 성장한다. 생쥐에서 8~12개의 난자가 한번에 배란된다. 각각의 파열된 난포는 **황체(corpus luteum)**가 되고, 이는 프로게스테론을 분비하여 착상을 위한 자궁의 준비를 돕는다.

성 결정

생식소가 궁극적으로 난소나 정소로 형성되는 것은 염색체의 구성에 달려 있다. 포유류에서 수컷의 염색체 구성은 XY이고, 암컷은 XX이다. 그러나 Y 염색체는 X 염색체에 비하여 훨씬 작으며, X 염색체에서는 발견되지 않는 일부 유전자를 포함하고 있어 서로 비대칭적이다. 대표적인 예를 들면, 포유류에서는 *Sry*(sex-determining region of Y) 유전자인데, 이는 포유류에서 성 발생 경로를 조절하는 결정적 역할을 하는 스위치이다. *Sry*는 HMG(high mobility group)류의 전사인자 중의 하나를 암호화하고 있으며, 전사인자 중 Sox계의 원형(prototype)이다. 성 분화에 있어서 이것의 역할에 대한 증거는 다음과 같다. 만약 *Sry*가 Y 염색체 상에서 제거되면, XY 생쥐는 암컷으로 발달하고 생존력이 있는 난자를 생산한다. *Sry*가 유전자 이식을 통해서 XX 생쥐에 주입되면, 이 생쥐는 정자를 생산하지는 못하지만 수컷으로 발생한다. 이와 비슷하지만 동일하지 않은 현상이 자연적으로 일어나는 인간의 염색체 이상에 의해서도 일어날 수 있다. Y 염색체를 가지면 수컷화된다는 것에 일치되게, XXY인 사람은 남성(Klinefelter's syndrome)이지만, XO 개체는 여성(Turner's syndrome)이다. 따라서 Y 염색체가 남성성을 부여함을 알 수 있다. 간혹 XX인 사람이 표현형적으로 남성인 사람이 있는데, 이는 체세포분열 동안 비정상적인 재조합 원인으로 인해서 한 X 염색체 상에 *SRY* 유전자를 가지고 있게 되었기 때문이다. 반대로 XY인 사람이 표현형적으로 여성인 사람이 간혹 있는데, 이는 돌연변이가 있는 *SRY* 유전자를 가지고 있기 때문이다.

수컷에서, Sry는 성적 이형성(sexual dimorphism)이 나타나기 직전 짧은 시간 동안 생식소에서 발현된다(그림 17.18). 아마도 *Sry* 발현산물의 기능은 단지 HMG box계 일원인 *Sox9*의 발현을 활성화시키는 것일 것이다. *Sry*와는 다르게, *Sox9*은 배아형성 과정 동안에 지속적으로 발현하는데, 모든 척추동물에서 수컷화와 관련된다. *Sox9* 발현 산물은 *Fgf9*과 *Amh*("생식소의 정상 발생" 절 참조)를 포함한 수컷 기능 발생에 필요한 일련의 유전자 세트 발현을 증가시키고, *Wnt4*와 *Dax1*을 포함한 암컷 발생에 필요한 일련의 유전자 세트 발현을 억제한다. 수컷의 기능에 중요한 또 다른 것은 *Sf1*(*Splicing factor 1*) 유전자 산물로, 이는 생식소 발생 초기에 발현되며, *Sry* 발현 증가에 연관되어 있다. 정소 분화 동안에 SOX9에 의해 발현량이 증가하고 유지된다. SF1(징크-핑거 단백질)은 서톨라이 세포에서 *Amh*의 발현 증가와 레이디히 세포에서 테스토스테론 합성 경로에 필요한 유전자의 발현을 증가시킨다. 혈액을 통한 테스토스테론 순환은 이후 수컷 발생에서 핵심적 요소이다. 이것은 활성형인 디하이드로테스토스테론(dihydrotestosterone)으로 대사되어 수컷 외부 생식기가 분화하여 형성되게 하며, 인간 남성의 저음이나 수염과 같은 다양한 2차 성징 유도에 핵심적인 역할을 한다. 디하이드로테스토스테론은 5α-환원효소(reductase) 효소에 의해 합성되는데, 5α-reductase 2 유전자(SRD5A2)에 돌연변이가 있는 사람의 경우에는 미분화 상태의 성기를 가지고 태어나며, 사춘기에 테스토스테론 급증으로 남성 성기로 변화한다.

암컷으로의 성분화 과정의 초기 단계 중 하나는 신장 발생에서 필요한 Wnt4의 발현 상승이다("신장" 절 참조). 정상적으로 Wnt4는 초기의 생식 융기에서 발현하고, 이후에 수컷에서는 발현이 억제되지만 암컷에서는 발현이 계속 유지된다. 만약 Sry 발현 상승이 어떤 이유로 늦어지게 되어 WNT4 신호가 *Sox9*의 발현을 억제하기에 충분한 조건이 되면, 암컷 생식소로의 발생 경로가 왕성해진다. *Wnt4* 적중 생쥐는 수컷 유형의 스테로이드를 분비하는 세포와 매우 적은 수의 난자를 갖는 난소를 가지며, 뮬러관이 없는 표현형을 보인다.

비록 생식소의 생식세포가 다른 조상형의 세포에서 유래했을지라도 생식세포의 발생 경로는 생식소의 발생 단계에 따른다. XY 동물에서, 생식세포가 이동하는 동안에 생식소에 유입되지 못한 생식세포는 생식소가 아닌 다른 부위에 일정 동안 머무르며 정원세포가 아닌 난모세포로 발생한다. 정반대의 상황은 XX와 XY 세포로 형성된 키메라 생쥐에서 볼 수 있다. 키메라 생쥐에서 XY 세포가 35% 이상이면 Sry 유전자가 XY 서톨라이 세포에서 활성화되어 수컷으로의 발생 경로가 시작되고, AMH와 테스토스테론이 분비돼서 이 생쥐는 수컷이 된다. 이들 호르몬은 세포가 XX든 XY든 간에 동일한 효과를 가지고 있기에 키메라 생쥐는 수컷 외형을 갖도록 발생하지만, 생식세포와 정소는 XY와 XX 염색체를 가진 세포들로 구성된다. 정소로 유입된 XX 생식세포는 정원세포가 되지만, 성숙한 정자로 발생하는 과정 전체를 수행하는 것은 불가능하다.

사지의 발생

인간 사지의 선천적 결함은 보기에 매우 명확하고 여러 측면에서 괴로움을 주기 때문에, 척추동물의 사지는 발생학자들이 특히 흥미로워 하는 분야이다. 따라서 사지 발생은 기관형성 연구의 고전적 주제 중의 하나이다. 비록 세세한 점은 다르지만, 발생 기전은 척추동물 종 간에 잘 보존되어 있다. 양서류, 파충류, 조류, 포유류는 4개의 부속지를 갖고 있기에 **사지동물(tetrapodes)**로 알려져 있다. 이는 다리, 팔 또는 날개인 한 쌍의 전지(앞다리)와 한 쌍의 후지(뒷다리)이다. 뱀과 같은 몇몇 사지동물은 사지를 갖고 있지 않은데, 이는 진화과정에서 2차적으로 소실된 결과다.

대규모의 외과적 실험이 닭 배아에서 진행되어 왔고, 근래에 들어서는 생쥐를 이용한 광범위한 유전자 매개 연구와 결합되어 진행되고 있다. 닭 배아에서는 난각을 구멍낸 난창을 통하여 발생 중인 사지싹을 미세수술할 수 있다. 수술 후 구멍난 난각 부위를 봉합하고 발생을 지속시키기 위하여 부화기에 다시 넣는다. 유전자는 복제 가능한 레트로바이러스를 사용하거나, 전기천공법(electrophoration) 또는 느리게 분비하는 구슬로 투여 가능한 물질을 이용하거나, 감염된 세포의 침전물을 이용해서 이소적으로 발현될 수 있다.

정상적인 사지의 발생

배아의 신체면 형성 단계에 이어 사지싹은 표피로 둘러 쌓인 간충직 덩어리를 갖는 체측면에서 발생한다(그림 17.19). 사지가 발생하는 간충직은 측판중배엽의 외측 체층에서 이동해 오며, 이를 덮고 있는 표피와 함께 **체측판(somatopleure)**으로 불린다. 몸쪽에서 먼 쪽, 즉 원위 표피 모서리 부위는 두꺼워져 **정단외배엽융기(apical ectodermal ridge, AER)**를 형성하는데, 정단외배엽융기는 몸 바깥쪽으로의 성장, 즉 사지의 길이 성장을 조절하는 중요 구조이다("근-원으로의 자람" 절 참조). 사지싹 간충직은 사지를 구성하는 모든 골격구조와 결합조직을 형성한다. 연골, 건(힘줄), 인대, 진피, 근육을 감싸는 근막을 이룬다. 그러나 사지근의 **근섬유(myofibers)**는 체절로부터 유래한다. 이것은 사지싹이 앞으로 자라기 시작하기 전 단계의 닭 배아에 메추라기의 체절 이식을 통한 실험을 통해서 확인할 수 있다. 사지가 발생된 후 모든 근섬유의 핵은 메추라기의 것이지만, 사지의 다른 모든 세포 유형은 닭의 것이다(그림 17.20).

사지가 자라는 동안, 사지싹은 길어지고 납작해지며, 다양한 근육과 연골 요소는 신체 근위 부위에서 원위 부위로, 즉 신체 밖으로 점진적으로 분화하여 길어진다. 사지싹의 운명지도를 **DiI**과 **DiO**를 이용하여 작은 표식으로 작성한 결과에서, 근위부 세포의 배열순서는 유지되는 반면, 원위부는 근위부에 비해 훨씬 길어지는 과정을 밟음을 보여주었다.

분화된 전지(앞다리)골은 전지 윗부분의 **상완골(humerus)**과 전지 아래 부분의 **요골(radius)**과 **척골(ulnas)**, 손목의 **완골**

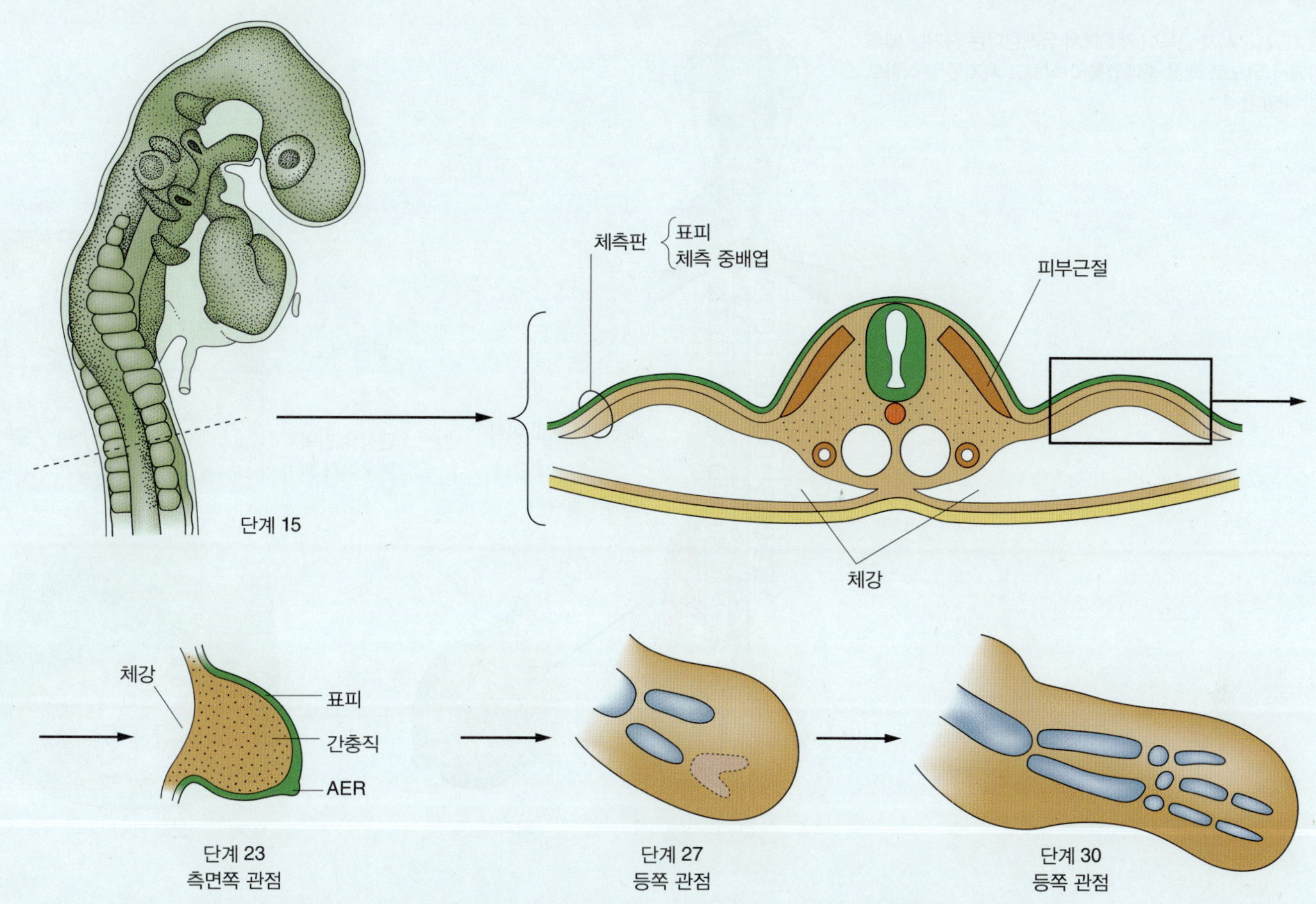

그림 17.19 사지싹의 기원과 성장. 앞뒤사지싹이 형성될 부분의 체측판에서 생긴 성장을 시작하기 바로 전의 사지싹을 가진 닭 배아.

(carpals) 그리고 손가락의 **중수골(metacarpals)**과 **지골(phalange)**로 구성되어 있다(그림 17.21).

후지(뒷다리)골은 후지 윗부분의 **대퇴골(femur)**과 후지 아랫부분의 **경골(tibia)**과 **비골(fibula)**, 발목의 **족근골(tarsals)**, 발의 **중족골(metatarsals)**과 **지골(phalanges)**로 구성되어 있다. 해부학적 설명에 사용되는 근위-원위축(proximal-distal axis)은 상완골/대퇴골로부터 지골까지를 잇는 축을 의미한다. 근위-원위축을 기준으로 해서 사지의 윗부분을 의미하는 **상박골(stylopod, 기둥골)**, 사지의 아래 부분을 의미하는 **하박골(zeugopod)**, **손과 발을 수족(autopod)**이라는 용어가 사용되기도 한다. 전후축(앞뒤축, anteroposterior axis)은 1번 손-발가락부터 마지막 손-발가락까지를 잇는 축이다. 이는 사람 손의 엄지에서 계지(새끼손가락)이고 손바닥이 배쪽 면으로 위치한 상태로 쭉 펴면 신체의 전-후축과 일치한다. 화석 기록상 초기 사지동물은 많게는 8개까지 손-발가락을 가지지만 현생 사지동물 손-발가락의 수는 전형적으로 5개이고 이보다 적은 수를 가지고 있는 경우가 있다. 예를 들어, 생쥐의 사지 모두는 5개의 손-발가락을 가지지만, 닭의 경우 날개는 3개의 손-발가락을 다리는 4개의 손-발가락을 가진다. 마지막으로, 등-배축(dorsal-ventral axis)은 사지의 위쪽 표면에서 아래쪽 표면을 잇는 축(손등으로부터 손바닥을 잇는 축)이다. 이는 연골 요소의 유형을 나타낼 수 있는 온표본 염색(wholemount staining)을 통하여 알 수 있다. 이것은 근위-원위축과 전-후축 유형에 유용한 길잡이이지만, 모든 골 요소가 한 면에 있어서 등-배축 유형에 대한 정보를 주지는 못한다. 그러나 등-배축에 따른 다양한 특징들이 있고, 이는 근육 패턴과 날개, 비늘, 발갈퀴, 손톱과 같은 표피의 특화 유형처럼 특이적인 패턴 분석에 사용될 수 있다.

분화된 사지는 골격과 근육 이외의 다양한 종류의 세포로 구성되어 있다. 비늘과 발톱 같은 피부의 모든 특수화된 것은 표피에서 유래한다. 혈관은 사지싹이 돌출되어 자라날 때 중배엽에 이미 존재하던 모세혈관 망으로부터 자라나온다. 신경은 척수로부터 자라나와 사지싹이 자라는 곳에 미분화된 상태로 분포한다. 이와 관련된 척수신경은 서로 합쳐져 앞다리 신경 분포를 위한 **상완**

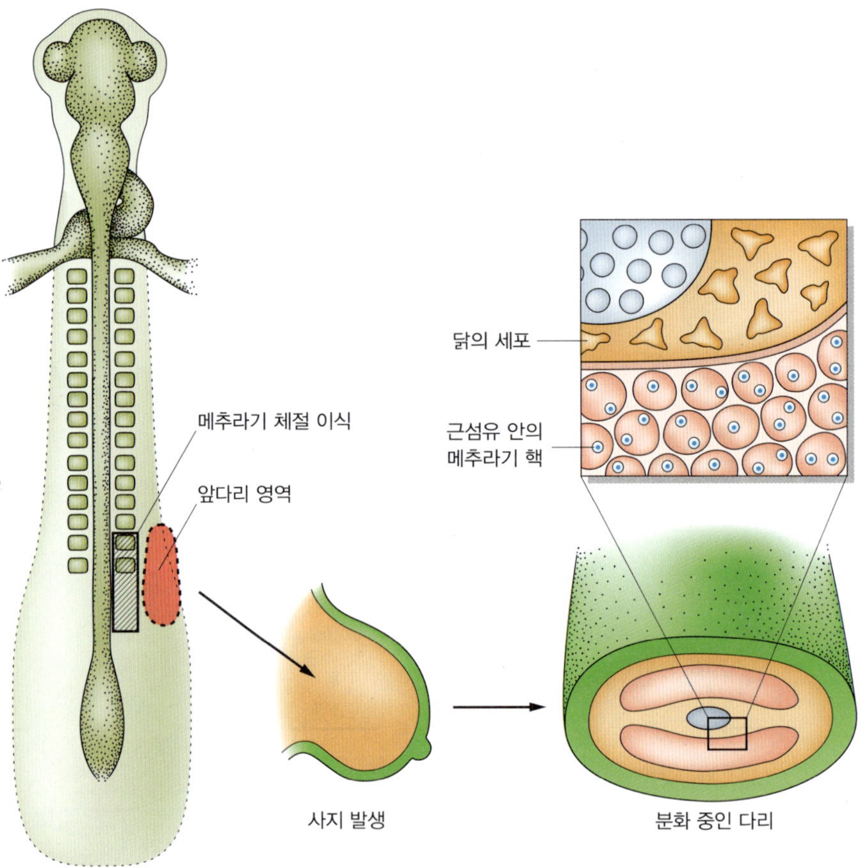

그림 17.20 사지 근육이 체절에서 유래한다는 증거는 메추라기에서 닭으로 체절 중배엽을 이식하고 사지를 분석함으로 밝혀졌다.

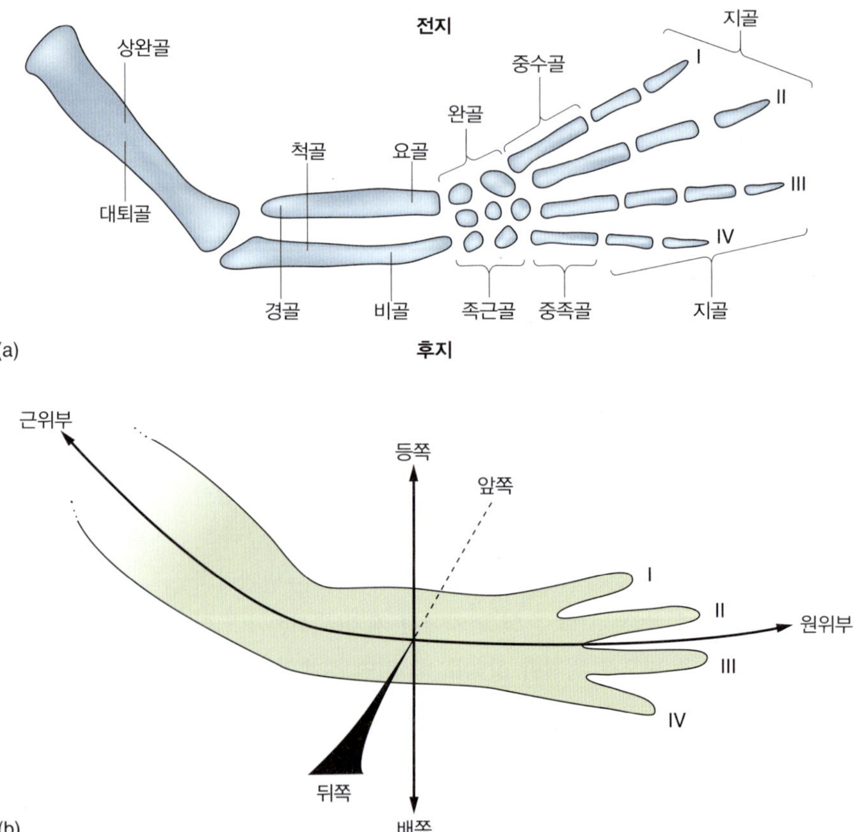

그림 17.21 사지동물 사지싹의 해부. (a) 전지대와 후지대 골격의 명칭; (b) 사지를 묘사하기 위해 사용되는 해부학적 축.

신경총(brachial plexus)과 뒷다리에 신경 분포를 위한 **요천추신경총(lumbosacral plexus)**을 형성한다. 신체의 다른 곳에서처럼 색소세포는 신경능선으로부터 유래한다. 골격은 일차적으로 연골로 분화되고, 이후에 이차적으로 뼈로 교체된다. 사지 발생의 초기 단계와는 달리 연골인자의 골화는 근위부터 시작하여 말단으로 점차적으로 진행하지 않고 예정된 순서를 따라 진행되는데, 일반적으로 초기에는 큰 골요소에서 골화가 진행되고, 이후에 그보다 작은 골요소에서 골화가 진행된다.

사지 결정

사지 원기는 중배엽 지역에서 처음으로 특화된다. 이는 사지가 형성될 것으로 예정된 중배엽 조직을 앞과 뒤쪽 사지싹 사이 몸통 측면에 이식하면 알 수 있다. 이식된 중배엽에 의해 사지싹이 형성되지만, 원래 예정되었던 사지의 상피는 그렇지 못하다. 이는 예정 사지중배엽일지라도 동일한 전후 수준(anteriorposterior level)의 체절조직이 없는 경우 사지싹이 발생하지 않음과, 이를 통해 사지로의 예정화에는 체절로부터의 측판중배엽에 초기 유도가 있어야 함을 알 수 있다.

FGF를 서서히 분비하는 구슬을 앞뒤 정상 사지싹 사이의 몸통 측면 부위에 이식하면 새로운 사지 유도가 가능하다(그림 17.22). 앞다리는 몸통 측면부 앞부분에서, 그리고 뒷다리는 몸통 측면부 뒷부분에서 위와 같은 구슬 이식을 통하여 발생한다. *Fgf10*은 초기 원체절판에서 발현하고 차후에 예정 사지중배엽 그 자체에서 발현한다. 또한 *Fgf10* 적중 생쥐는 사지싹을 갖고 있지 않다는 것을 통해서 FGF10이 사지 발생에 필수적임을 알 수 있다. 그러므로, FGF10은 체절 중배엽이 사지가 형성될 부분이 초기 유도에 필요한 부분이라는 것을 발현-활성-억제 실험의 증거로서 잘 설명된다. *Fgf10* 유전자는 Wnt 신호에 의해 발현이 상향조절된다. 앞다리 싹 부위에서는 *Wnt2*가 발현되고, 뒷다리 싹 부위에서는 *Wnt8b*를 발현하는데, 이들의 발현 산물은 *Fgf10* 발현과 사지가 자라는 것을 유도할 수 있다. 게다가, Wnt 억제제인 액신(axin)은 사지 발생을 억제하고, Wnt 신호전달 경로를 구성하는 *Lef1* 또는 *Tcf1*을 적중한 생쥐는 사지싹을 형성하지 않는다.

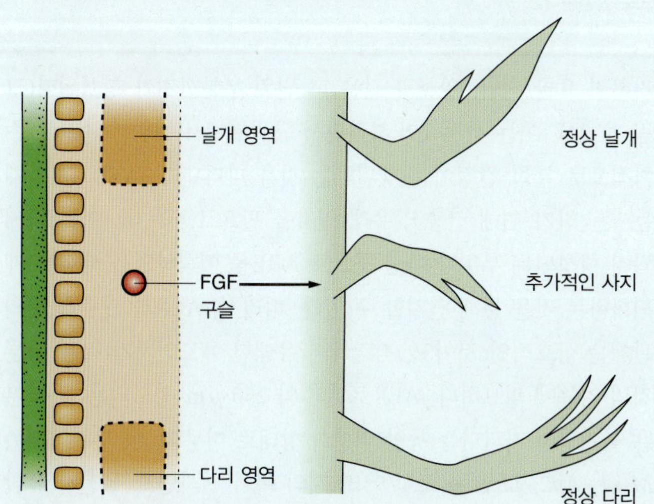

그림 17.22 FGF 구슬을 이용한 몸통 측면에서의 사지싹 유도. 유도된 사지는 자연발생되는 사지와 비교시 앞뒤극이 뒤바뀌어 있다.

앞다리와 뒷다리는 T-box 유전자의 발현 여부에 따라 구분된다. 즉, *Tbx5*는 초기 앞다리에서, *Tbx4*는 초기 뒷다리에서 각각 발현한다. 이들 유전자는 신체의 다른 부위에서 활성을 가지는 Hox 유전자의 조합에 따라 직접 또는 간접적으로 조절된다. 예를 들면, *Tbx5* 발현은 Hox 유전자의 동종상동유전자군인 4, 5에 의해 활성화되고, Hox 유전자의 동종상동유전자군인 8, 9, 10에 의해 *Tbx5*의 발현이 억제되는데, 이에 따라 전지싹이 정확히 정상 발생에서 보이는 앞쪽 위치에 나타난다. Tbx4의 과발현이 닭의 날개싹을 다리싹으로 부분적인 전환을 초래할 수 있는 것으로 봐서, T-box 유전자가 앞다리와 뒷다리 사이의 차이를 결정하는 데 기여함을 추정할 수 있다. 사람에서, *TBX5* 돌연변이는 전지골(그리고 심장의 발생; "심장" 절 참조)의 발생을 파괴하는 상염색체 우성 이상이 있는 홀트-오람 증후군(Holt-Oram syndrom)의 원인이 된다. 반면, *TBX4* 상의 돌연변이는 슬개골의 발생을 파괴하는 상염색체 우성 이상인 작은 슬개골 증후군(small patellar syndrome)의 원인이 된다. TBX4의 복제에 의한 양적 증가는 선천적 내반족의 원인이 된다.

체절로부터의 근원세포 이주는 싹이 돌출성장을 시작하기 바로 몇 시간 전에 이뤄지는데, 정상 상태에서 사지에 근원세포를 공급하는 체절뿐만 아니라 신체 축 상의 어떤 위치에 있는 체절이라도 사지가 발생하는 부위로 이식될 경우 근육을 형성하는 세포를 공급할 수 있다. 이동에 필요한 주된 주화성 신호물질은 간세포성장인자(hepatocyte growth factor, HGF = scatter factor)이다. HGF는 사지싹 원기의 간충직에서 발현하고, Met라고 불리는 HGF의 수용체는 근육분절(myotome)에서 발현한다. *Met*나 *Hgf*가 적중된 생쥐에서는 사지로의 근원세포(근육모세포, 근모세포) 이동이 없기에 근육이 없는 사지가 발생한다.

근위-원위 축을 따른 외부로의 길이 성장(돌출성장)과 정형화

사지싹 발생 초기의 가시적 변화는 표피에 **정단외배엽융기(apical ectodermal ridge, AER)**의 형성이다. AER은 중배엽에 의해 유

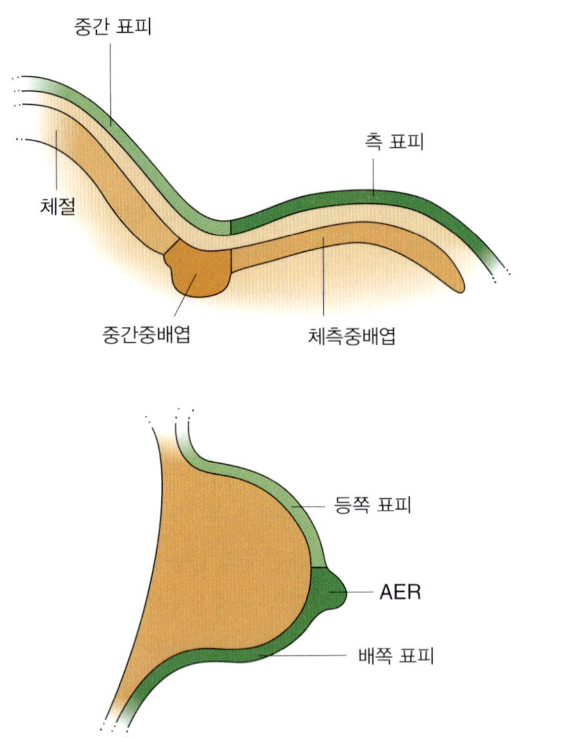

그림 17.23 사지의 등과 배 상피의 기원. 상단은 사진싹전단계를 보여주고 있음; 하단은 23 사지싹 단계를 보여준다. 배상피 유래 Wnt7A는 사지 간추직의 등-배 유형을 결정함에 있어서의 신호이다.

도되는데, 이는 몸통 측면 표피 아래에 사지형성 예정 중배엽 이식실험에서 관찰할 수 있다. 그러나 AER 형성은 이것 이외에, 표피의 두 영역, 즉 체절과 중간중배엽을 덮고 있는 중간 부위와 체측 중배엽을 덮고 있는 측면 부위의 상호작용이 필요하다. DiI 마커를 사용한 국소 염색으로 작성한 예정 사지의 표피 운명지도는 중간 표피(중간 부위의 표피)는 사지싹의 등쪽 표피, 그리고 측표피(측면 부위의 표피)는 사지싹의 배쪽 표피와 AER이 됨을 보여준다(그림 17.23). AER 형성은 BMP 신호를 필요로 하는데, 이는 표피-특이적인 프로모터를 이용하여 BMP 수용체 작용 억제자를 발현하는 형질전환 생쥐에서 AER 형성이 억제됨을 통하여 알 수 있다. 측표피에서는 호메오박스 전사인자인 *Engrailed-1*(*En1*)이 발현되는데, *En1* 적중 생쥐에서 배쪽으로 확장된 AER이 형성되는 것으로 봐서 *En1* 산물이 AER 형성을 억제하는 기능을 갖는 것으로 추정된다.

AER은 사지싹이 성장하는 동안 존속한다. 만약 이것을 사지싹이 자라는 어느 특정 단계에서 외과적으로 제거하면, 사지 발생이 완성된 단계에서의 형태는 특정 단계 특이적 사지 끝 부분이 절단된 형태가 된다(그림 17.24). 사지 발달 초기 시기에 게거하면 가장 근위부인 상완골 구조의 발생만 진행되고, 후반부에 제

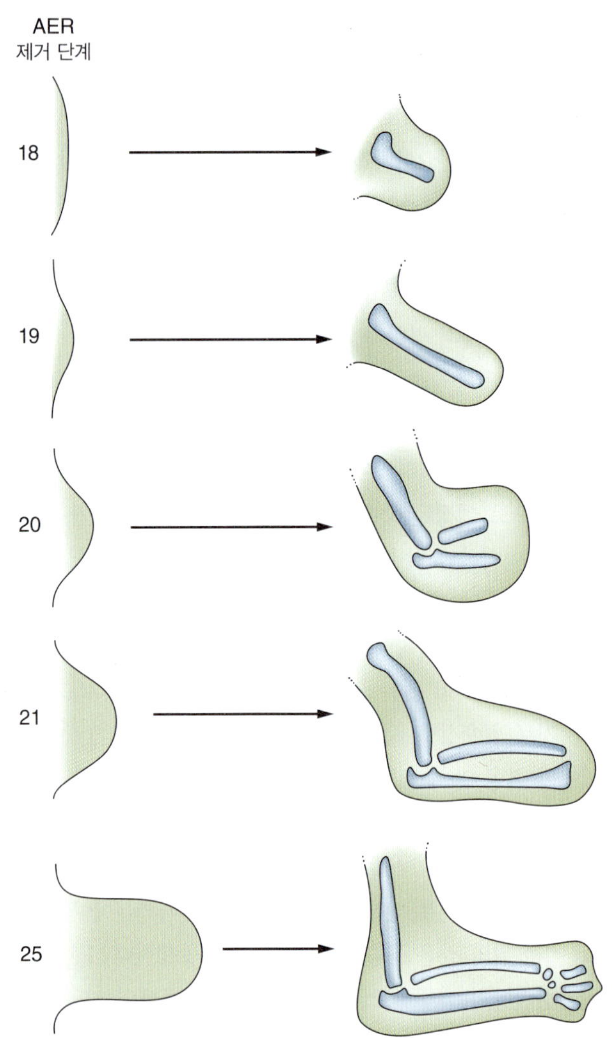

그림 17.24 서로 다른 단계에서 AER을 제거했을 때의 효과를 좌측에 나타내었다. 우측에 나타내었듯이 사지발생이 AER 제거 시기와 부합하게 근위-원취 수준으로 발생한다.

거하면 요골/척골, 완골과 같은 더 원위 부분까지가 형성된다(그림 17.24). 이는 사지싹이 자라면서 근위부에서 원위부 순으로 순차적으로 분화 결정이 진행된다는 것을 나타낸다. AER 그 자체는 존속하기 위해 간충직 유래 인자를 필요로 하는데, 이는 사지싹이 형성되는 부위가 아닌 곳으로 ARE을 이식하였을 때 빠르게 퇴화하는 것을 통해 인지할 수 있다. 따라서, AER과 간충직 간의 관계는 상호적인 것이고, 각각에서 유래한 유도인자가 각기 다른 것의 기능에 필요하다. AER로부터 약 250 μm 정도되는 끝 부분은 사지싹이 자라나는 동안 미분화 상태로 머문다. 이 부분에서는 *Msx1*, *Ap2*, *Lhx2*를 포함한 몇 개의 특이 전사인자 유전자가 발현된다. 우성-음성(dominant negative) Lhx2 단백질의 과발현은 사지의 길이 성장을 억제하는데, 이는 적어도 이 유전자가 연속적

인 구조물을 형성하는 데 필요함을 의미한다. 흥미롭게도, *Lhx2*는 초파리 날개 성장에 필요한 *apterous*와 상동이다(19장 참조).

AER은 발생 중인 사지가 자라는 과정을 유지함에 있어서 유사분열촉진물질로 작용하는 다양한 인자를 발현하는데, 이 중에서 섬유모세포성장인자(fibroblast growth factor, FGF)(*Fgf4*, *Fgf8*, *Fgf9*, *Fgf17*)를 대표적인 예로 들 수 있다. 위에서 언급하였듯이, FGF를 서서히 분비하는 구슬을 사지싹 사이의 측면에 삽입하면 새로운 팔다리 구조가 유도된다. FGF 구슬은 AER을 제거할 경우 이를 대신하여 지속적으로 자라게 하고 끝 부분이 발생하게 한다. 생쥐에서 AER 특이적으로 *Fgf8*을 적중시킨 결과로부터 FGF8 단독으로 팔다리 성장을 조절하고 다른 FGF가 보상효과를 가지고 있음을 알 수 있다. *Fgf8* 적중이 사지의 경미한 말단부위 결함 원인이 되지만, *Fgf4, Fgf8, Fgf9* 3개를 함께 적중시키면 모든 골격 요소들이 없는 심하게 절단된 사지를 가진 개체가 발생한다. 따라서 AER에 의해 발현되는 FGF는 활성인자로서의 일반적인 세 가지 기준인 발현, 활성, 억제를 충족한다. FGF가 사지의 유형에 관여함에 대한 논의 중 하나로 근위-원위 축을 따라 서로 다른 구조로 특화하는 형태형성인자로 작용한다는 모델이 있다. 날개에서, 가장 높은 농도는 지골을 특화하고, 가장 낮은 농도는 요골과 척골을 특화한다. 반면 상완골은 FGF에 의해 유도되지 않고 측면 중배엽 유래의 레티노산에 의해 유도된다.

간충직 유래의 지속적인 AER 유지를 위한 활성은 **그렘린(Gremlin)**으로 불리는 BMP 억제자 분비에 의한다. 몇몇 BMP가 사지싹 간충직과 AER에서 발현되고, 극성화 활성대(zone of polarizing activity, ZPA, 아래 참고) 유래 Sonic hedgehog(Shh)와 BMP 억제제인 그렘린(Gremlin)이 일정 부분 관여하고 있다. 여러 개의 BMPs가 사지의 간충직과 AER에서 발현된다. 이 시기에 BMP 활성을 AER에서 부분적으로 억제될 때 AER이 확장된다면, 이는 사지 성장 과정에서 BMP가 AER을 억제하는 효과를 가짐을 의미한다. 그러나 BMP 신호는 *Gremlin*의 전사를 활성화하여 BMP 신호를 낮게 유지하는 음성되먹임 회로를 형성한다. *Gremlin*의 발현은 또한 Shh에 의해서도 유지되는데, Shh는 AER에서 유래하는 FGF 신호에 의해 활성화한다("전후축 유형화" 절 참조). 사지 발생 후기에 BMP들은 발가락이 형성될 때 발가락 사이에서 진행되는 세포의 죽음에도 필요하다. 특정 표피 프로모터를 사용하여 *Noggin*(BMP 억제자 암호화함)의 발현을 촉진하는 형질전환 생쥐의 경우에 발가락 형성이 제대로 되지 않아 오리발과 흡사한 결과의 발이 만들어진다.

근위-원위 축에 따른 구조의 분화는 각 부위에 따른 다양한 유전자 발현을 통하여 진행된다. 최근위 영역인 사지기부(stylopod)는 몸통에서 유래한 레티노산에 의해 유도되는 호메오박스 유전자인 *Meis1*과 *Meis2*의 발현 부위이다. 이들 유전자의 과발현은 사지에서 근위부위 특성을 보이는 영역을 원위(말단) 쪽으로 더 확장하는데, 이를 통해서 근위부의 특성을 특화하는 데 관여함을 알 수 있다. 하박골(zeugopod)이라고도 불리는 사지의 중간 부분은 *Shox*(short stature homeobox gene)을 발현하는데, 이 유전자에 돌연변이가 있는 인간은 짧아진 장골[척골(ulna) 요골(radius)) 과 다리(경골(tibia), 비골(fibula)]을 갖는다. 초기 사지싹 시기에 *Hoxa10*, *Hoxa11*, *Hoxa13* 유전자는 일정 구획 내에서 발현하는데, 이들 모두는 향후 사지의 원위부, 즉 자각(autopodium)이 형성될 부위에서 발현한다(그림 17.25a). 이것은 종종 근위-원위 분화를 조절하는 것으로 여겨지고 있지만, 발현 양상이 발생 중 상당히 변하므로 사지 패턴형성에서의 Hox 유전자의 정확한 역할은 아직 확실히 밝혀지지 않았다. 이들 Hox 유전자를 개별적으로

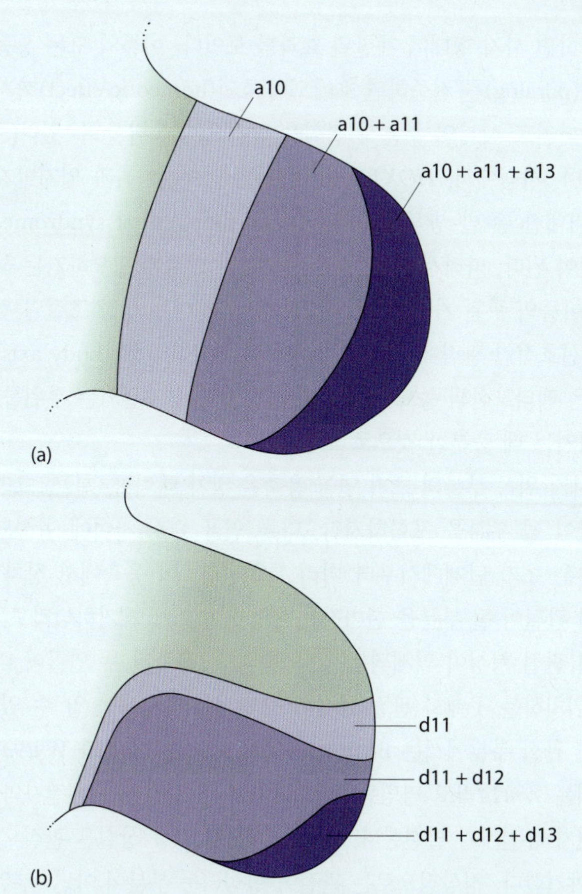

그림 17.25 사지싹 특정 부위에서만의 Hox 유전자 발현. (a) Hoxa 유전자; (b) Hoxb 유전자. 비록 각각이 근위-원위 그리고 전후 유형에서 역할을 가지고 있음이 제안되고 있지만, 이들 유형은 역학적 관련성을 가지고 있고 다른 발생 단계에서 그 역할이 달라진다..

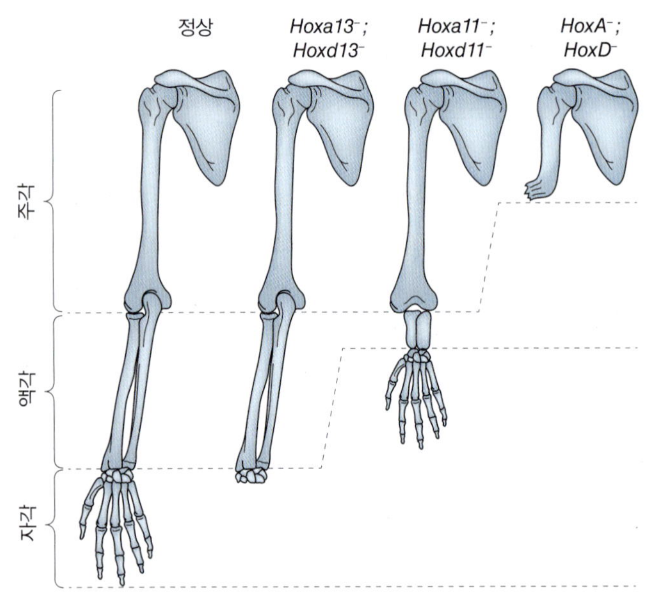

그림 17.26 Hox 유전자의 a와 b 군의 상실에 의한 사지의 표현형적 결과. 오른쪽의 경우는 Hoxa와 Hoxb가 모두 제거된 경우를 보여주고 있다.

적중하면 사지 형태에 제한된 효과를 보인다. 이들의 모든 상동유전자(paralog)를 적중하면 호메오틱 효과(homeotic effect)까지는 아니더라도 사지의 부분적 결실을 극적으로 유발할 수 있다(그림 17.26). 사람에서, *HOX13* 돌연변이는 엄지손가락과 엄지발가락이 비대한 손-발-생식기 증후군(hand-foot-genital syndrome)의 원인이 된다. 따라서 Hox 유전자는 사지 발생에 필요하기는 하지만, 이들의 주된 기능은 지역 특정화라기보다는 성장 조절일 것이다. 신호적인 관점에서 AER로부터 온 FGF와 체축(body axis)에서 온 레티노산의 농도 구배는 유전자가 상향조절되는 부위를 국한시키는 데 충분한 것으로 보인다.

사지 위쪽 부분의 초기 연골 응축은 장차 대퇴골, 척골, 그리고 요골이 될 부분을 포함하지만, 다른 연골 요소 사이에 형성되는 관절은 초기 단계에서부터 미리 특화된다. 이 응축에서 장차 팔꿈치 관절이 될 부분을 현미경을 이용하여 미세 제거하더라도, 팔꿈치 관절 형성이 억제되는 것을 통해서, 응축된 두 연골이 나란이 위치하는 곳에서 관절 형성이 필연적이지 않음을 알 수 있다. 예정 관절 부분에서는 BMP계인 *Gdf5*, *Gdf6*, *Gdf7*과 *Wnt9a*(이전에는 *Wnt14*라고 명명됨)를 포함한 여러 성장인자 유전자와 분화인자 유전자가 발현한다. *Gdf5*, *Gdf6*의 기능 상실은 관절 결합을 야기한다. 정상적으로는 관절이 형성되는 부분이 아닌 부위에서 *Wnt9a*의 발현은 추가적인 관절 형성을 초래한다. *Wnt9a*은 짧은 영역에서 스스로의 발현을 상향조절하지만 먼 거리에서는 억제해서 관절의 나열을 예정하는 주기성을 갖는 발현을 하도록 한다. 사람에서 GDF5의 돌연변이는 관절을 포함한 사지골격 결함의 원인이 된다.

전-후 정형화

전-후(엄지손가락에서 새끼손가락) 정형화(patterning)는 사지싹의 뒤쪽 가장자리에 위치한 **극성화 활성대(zone of polarizing activity, ZPA)**에 의해 제어된다. 이것은 확산하는 형태형성인자(morphogen)의 원천 역할을 하는데, 일정한 농도로 ZPA 내에 존속하는 이들 형태형성인자는 주변 조직으로 확산될 수 있고, 확산후 파괴되고 제거된다. 이러한 기전으로 사지의 뒤쪽에서 앞쪽으로 급격한 농도 구배가 형성되게 된다(2장 참조). 2차적인 ZPA를 날개싹 앞쪽 가장자리에 접합시키면, 이 ZPA는 원래의 앞쪽 구조물에 대한 **거울상의 대칭(mirror symmetrical)** 배열 형태로 2차적인 앞쪽 구조물들의 형성을 유도한다(이중 후미 복제, 그림 17.27, 17.28). 닭 날개는 혼란스럽게도 2, 3, 4로 번호를 가진 3개의 손발가락을 가지고 있어, 복제된 구조에서 최대의 수는 6개로 4-3-2-2-3-4이다. 적게는 3자리 4-3-4에 이르기까지 다양하다. 복제에서 유도된 구조물 수는 두 ZPA 사이의 거리에 의해 증가되거나 감소된다. 이들이 사지싹의 U자형 중심으로부터 멀리 떨어져서 있는 부위에 있다면, 더 많은 앞쪽 유형의 구조 형성에 필요한 역치를 충족하게 되어 더 많은 수의 구조물이 형성될 것이다.

ZPA 신호는 다른 척추동물 종에게서도 동일하여, 닭 사지싹의 앞쪽 측면에 이식된 도마뱀이나 생쥐의 ZPA에 의해서도 사지 복제가 유도된다. 복제된 사지의 모든 부분은 닭 조직으로부터 만들어지기 때문에, ZPA를 제공한 종의 유형이 아니라 호스트(닭) 유형의 형태를 띤다. 앞뒤 사지싹 사이의 몸통 측면에 이식된 FGF 구슬에 의해 유도된 사지는 정상 사지와는 역으로 된 앞뒤 극성을 형성한다(그림 17.22). 이 이유는 유도된 사지싹의 ZPA가 정상적인 앞쪽 사지 형성에 관여하는 ZPA가 형성되는 곳과 동일한 위치에서 발달되기 때문으로, 즉 FGF에 의해 유도된 사지싹의 뒤쪽면이 아닌 앞쪽을 유도한 것이다.

레티노산을 천천히 분비하는 구슬 이식은 뒤쪽 손발가락 세트를 유도하는 ZPA 이식과 동일한 효과를 갖는다. 레티노산과 그 수용체는 사지싹에 있고, 비타민 A가 결핍된 모이를 어미 메추라기에 주면 비타민 A가 결핍된 배아는 비정상적인 사지싹을 보인다. 그러나 레티노산은 ZPA 그 자체에서 유래한 신호는 아닌데, 이는 lacZ와 연결된 레티노산 수용체 요소(RER)를 함유한 레티노산 수용체 형질전환 생쥐의 사지싹에서 레티노산의 농도 구배나 어떠한 레티노산의 활동도 관찰되지 않음을 통해 알 수 있다.

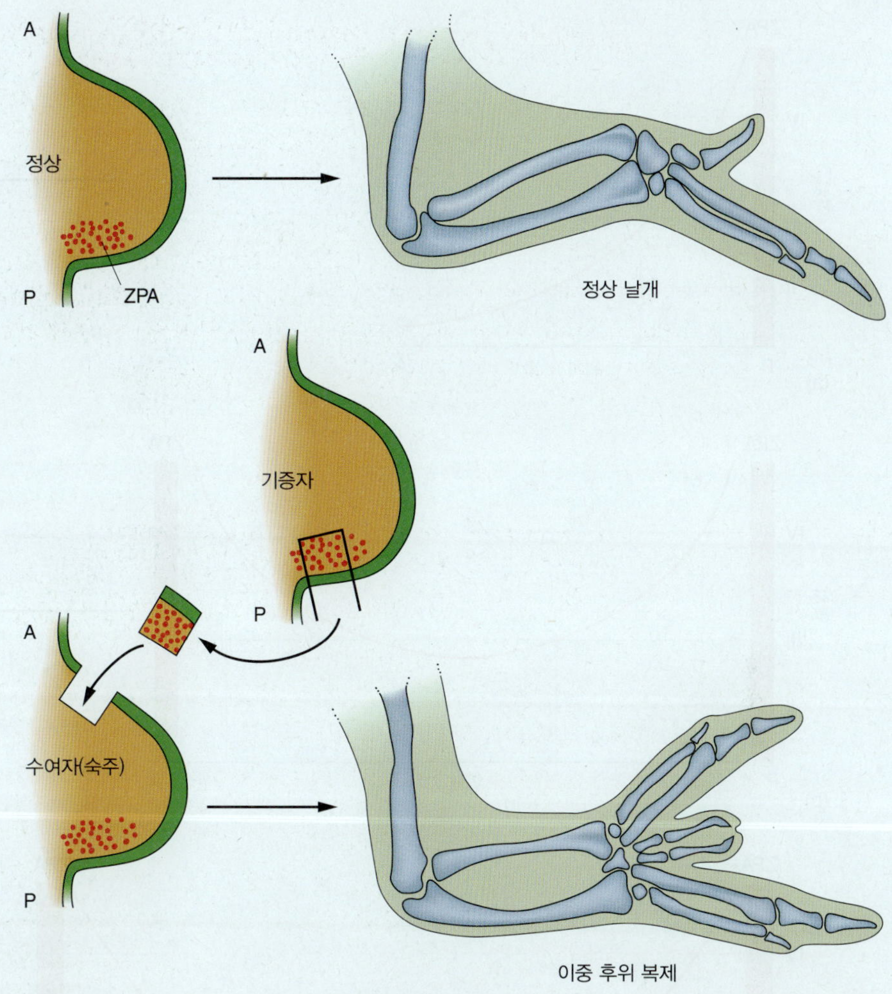

그림 17.27 ZPA 이식은 사지의 뒤쪽이 두 배로 형성됨을 유도한다. 오직 손발가락 부위가 영향을 받은데, 이는 이식이 되는 시기에 이미 근위 부분일수록 결정정도가 크게끔 되어 있기 때문이다.

레티노산 신호 활성은 사지싹에 이웃한 신체 몸통에 있고, 이것의 체내에서의 역할은 사지싹의 제일 끝 부분을 결정하는 *Mies* 유전자의 활성을 유도하는 것으로 여겨지고 있다.

ZPA에서 나오는 형태형성인자는 사실상 *Sonic hedgehog*(*Shh*) 유전자 산물이다. 접합실험에서 *Shh*는 ZPA 활성을 가지는 부위에서 발현된다. 사지 조직 절편을 이용한 조직배양 기반 생물학적 정량분석에서 활성을 갖는 Shh의 양은 앞쪽 면보다 뒤쪽 면에서 약 5배 이상 농도가 높은 것을 알 수 있다. 분비 구슬 또는 Shh 생산 세포는 마치 ZPA처럼 복제 조직을 유도할 수 있다. 닭에서는 Shh가 급격한 단순 농도 구배를 형성하는 것 같다. 그러나 생쥐에서는 훨씬 더 복잡한 기전을 갖는데, 점진적인 Shh 양의 감소는 앞쪽에서 뒤쪽 순으로 손가락의 결실을 초래한다. 게다가, 생쥐에서 Shh의 완전한 상실로 손발가락 상의 전후분화가 없어진다. 그러나 연골의 반복적 유형은 유지된다. 이와 일맥상통하게, 사지 간충직의 체외 배양은 연골응축물의 반복적 유형을 자발적으로 형성하는 것으로 수십 년 동안 알려져 왔다.

이러한 결과는 손발가락 유형 형성에 있어서 Shh 농도 구배 이외의 다른 추가적인 요소가 있다는 것을 의미한다. 튜우링 기작(turing mechanism)으로 알려진 것에 대한 증거가 있는데, 4장에서 설명한 균질한 시작 상태에서 균형이 깨지면서 일어나는 측면 억제 기작과 유사하다. 그러나 측면 억제와는 다르게 튜우닝 기작은 점 형태가 아닌 띠 형태를 띤다. 왜냐하면, 이웃한 지역에서 자기 스스로의 양적 조절에서 생성을 억제하는 확산성 인자가 생성되어 이웃한 지역의 형성을 지원하기 때문이다. 생쥐에서 손발가락 형성을 위한 튜우닝 모델로 가능한 것은 그림 17.29에 나타나 있다. 여기에서는 *Sox9*이 연골형성의 핵심 유전자이다. BMP는 *Sox9* 발현 부위 사이 지역에서 생성되지만 *Sox9*의 발현을 촉진한다. Wnt 신호는 *Sox9* 발현 부위 사이 지역에서 만연하며 *Sox9*의 발현을 억제한다. 이 모델은 *Sox9* 발현 부위가 정상적으로 나타나고 후에 연골응축물이 되게 하며, BMP 또는 Wnt 신호를 억제하는 효과를 위한 적합한 모델이다. BMP를 억제하면 모든 손발가락이 형성되지 않으며, Wnt를 억제하면 손발가락 중 엄지의 연골응

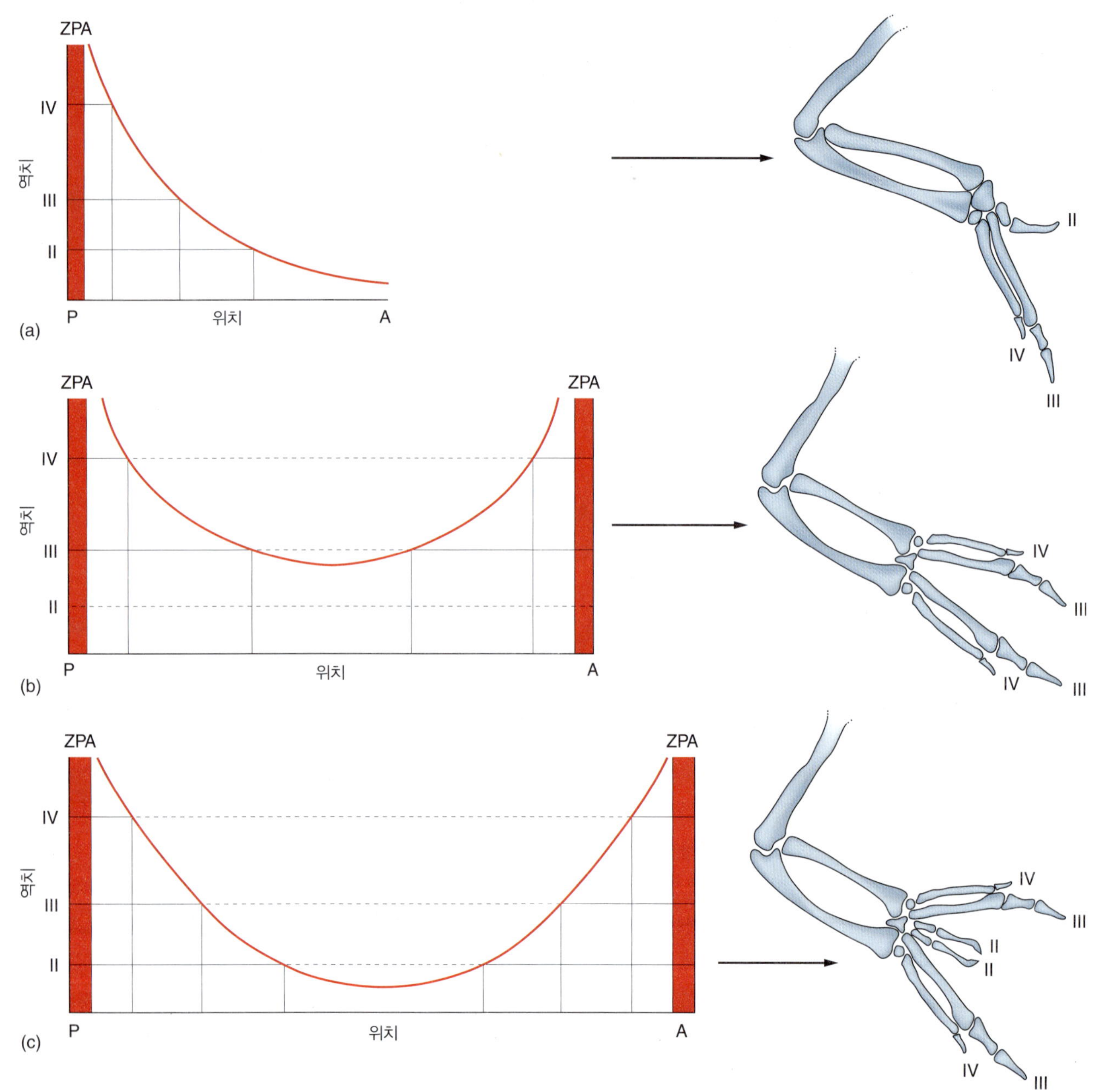

그림 17.28 ZPA 부분의 농도 구배가 손가락 형성 유형에 어떻게 영향을 미치는가를 나타내고 있다. (a) 정상 발생; (b)와 (c) ZPA 이식. 이식된 것과 원 ZPA 사이의 거리가 더 멀어짐에 따라(c), U자형에서 낮은 부분이 가까이 위치하는 경우(b) 보다 더 낮으므로 복제된 지골의 수가 더 많다.

축이 손실된다. 따라서 아마도 튜우링 기작은 손발가락의 반복적 유형을 생성하고, Shh 농도 구배는 전후 유형 전체의 형성과 손발가락 간의 차이를 형성하는 것과 관련되어 있을 것이다.

Shh는 또한 AER의 지속적 유지와 ARE에서의 *Fgf* 발현을 지속하게 할 수 있게 해서, 이전에는 "AER 유지 인자"로 알려졌었다. Shh 발현은 레티노산에 의해 증가할 수 있지만, ZPA에 의한 지속적 발현 유지는 AER 또는 FGF 구슬과의 지속적인 접촉을 필요로 한다. 이것은 Shh와 FGF 유전자가 양성되먹임 회로를 형성하고 있음을 보여준다. 사지싹 정단 융기에서 유래하는 FGF가 ZPA를 유지하고, ZPA에서 유래하는 Shh는 정단 융기의 온전성을 유지한다. FGF는 직적접으로 *Shh* 발현을 조절하지만, Shh는 FGF의 발현을 Grelin의 활성을 매개로 하여 간접적으로 유지한다("근위에서 원위로의 자라남과 유형, Proximal-distal outgrowth and patterning" 절 확인). Shh 적중 생쥐는 심한 말단부

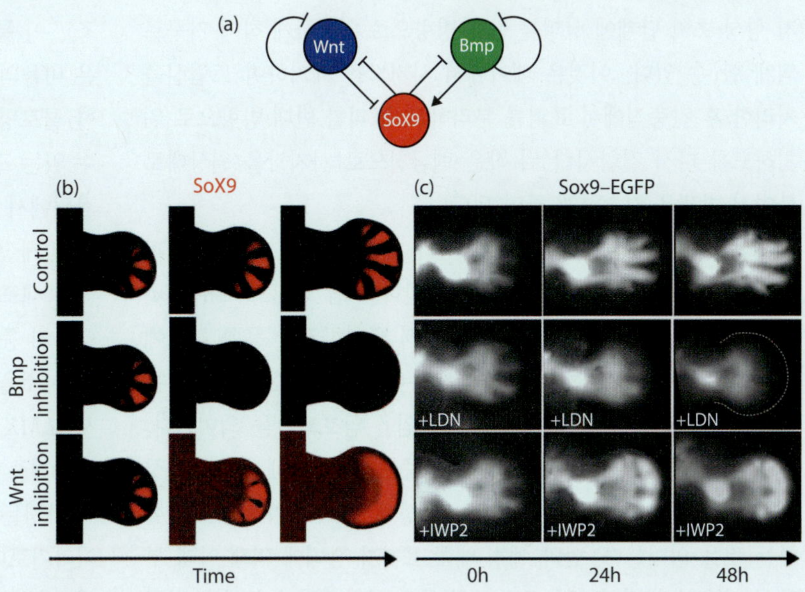

그림 17.29 생쥐 배아 사지싹의 손발가락 형성에서 튜우링 기작. (a) BMP에 의한 Sox9 발현의 활성과, Wnt에 의한 Sox9 발현 억제와 관련된, 탈균형 과정이 형성되는 상당한 양의 되먹임이 있는 모델. (b) 연골응축에 관련된 Sox9 발현 부분 형성 컴퓨터 시뮬레이션. (c) 사지싹 기관 배양체에서 Sox9-GFP 레포터로 시각화한 Sox9 발현 영역의 실제. (b)와 (c)의 2번째 3번째 열 각각은 BMP 신호 억제와 Wnt 신호 억제 효과를 보임. 억제를 통해 연골 유형에 미치는 영향을 예측할 수 있다. 출처: Raspopovic et al., (2014). Science, 343, 566-570.

결함과 전후축과 관련된 극성이 결합된 사지를 갖는다. 예상하는 것처럼 적중 생쥐의 사지싹은 ZPA 활성 부위가 없는데, 이는 정상 사지싹 앞쪽에 이식하는 실험을 통해서 확인된다. 적중 생쥐의 표현형은 앞뒤 정형화의 상실과 AER의 활성을 지원하지 못함이라는 두 가지 원인에 기인한다. 사람에서, 사지싹에서 *SHH* 발현의 제거는 희귀병의 하나인 사지의 끝쪽 요소가 없는 무수족증(Acheiropodia)이라 불리는 선천적 결함의 원인이 된다.

초기의 *Shh* 발현 양의 증가는 레티노산에 의해 일어날 수 있지만, 정상 발생에서 현상의 수립 기전은 전사인자인 dHAND와 Gli3의 상호 억제인 것으로 보인다. dHAND는 bHLH 인자로 사지싹의 모든 간충직에서 초기에 발현되지만, Gli3는 Hedgehog 신호전달 경로에 있는 아연-손가락 단백질(zinc-finger protein, transcrption factor)의 하나이다. 정상 발생에서 dHAND는 앞으로 사지싹이 될 부분의 후방부에서 발현하고 *Shh*의 발현을 증가시키는데, 이들 두 인자는 평형에 이르고 이후 Gli3은 다른 부위에서 발현되기 시각한다. 상호 억제의 증거는 이 중 한 인자를 적중한 생쥐에서 나머지 한 인자의 발현 부위가 더 넓어진다는 것이다.

Gli3는 Shh 신호경로에 있는 3개의 Gli 형태 전사인자 중 하나이다(4장 참조). 고전적 모델에서, Shh 신호는 Gli 인자가 파괴되지 않도록 안정화시켜 핵으로 들어가 표적 유전자의 발현을 제어하게 한다. 그러나 사실은 오직 Gli2만이 이러한 방식으로 행동한다. Gli1은 매우 활동적이지 않으며, Gli3은 표적 유전자 발현을 대부분 억제한다. 이것은 왜 *Gli3* 적중 생쥐가 엄청나게 많은 손발가락을 갖게 되는(**다지증; polydactyly**)지를 설명해준다. 이것은 어느 정도 dHAND와 *Shh* 영역이 보통보다 크고, 또한 Shh 신호가 일상적인 것보다 더 효과적이어서 사지싹에 더 많은 손발가락이 유도되기 때문이다. 사람에서도 역시 Gli3의 결핍 혹은 감소는 그레이그 증후군(Greig syndrome)에서 볼 수 있는 인간의 다지증을 유발한다.

유전자 *Hoxd9*, *Hoxd10*, *Hoxd11*, *Hoxd12*, *Hoxd13*은 사지싹의 뒤쪽에서부터 앞쪽으로 가로지르며 분포하는 구획된 영역에서 발현하는 양상을 보인다(그림 17.25b). 이들 유전자의 발현은 ZPA 이식이나 Shh 처리에 의해서 이러한 구획된 영역에서의 발현 양상을 다른 조직에서 재현될 수 있다. 이들 유전자가 사지의 여러 다른 부분의 분화를 결정하는 부위를 결정한다고 광의적으로 생각할 수 있다. 그러나 생쥐에서의 이들 Hoxd에 속한 유전자들의 적중 결과를 종합해 보면, 호메오 유전자 변형보다 말단 결실을 일으킨다는 것은 이러한 광의적인 생각과 일치하지 않는다. 이는 사람에게서 사실인데, *HOXD10* 또는 *HOXD13* 상의 돌연변이는 사지의 원부위 비정상의 원인이 된다. Hox 유전자는 발생 단계마다 바뀌는 역동적인 발현 유형을 가진다. 그리고 그림 17.25에 나타난 발현 패턴은 오직 표시된 그 단계에서만 발현되는 것을 나타낸 것 뿐이다. *Hoxa* 유전자의 경우처럼, *Hoxd* 유전자가 사지 발생 단계 중 어느 단계에서 필요로 하는지 아직 밝혀져 있지 않았다. 그리고 그들이 정말 전-후쪽 결정 단계를 결정하는 데 관여하는지 불분명한 상태이다.

등-배쪽의 정형화

등-배축을 따른 정형화는 근육 또는 표피에서 유래한 깃 형성원과 발톱의 배열로 나타난다. 사지 내부 조직의 등-배축 정형화는 사지 형성 초기 단계에 상피를 반대 방향으로 위치하게 하여 거꾸로 되게 할 수 있다. 이것은 배아에서 사지싹을 제거하여 트립신을 처리한 후 간충직에서 표피를 분리하고, 표피를 반대 방향으로 위치하도록 다시 결합시킨 뒤 작은 백금침으로 사지싹을 원상태로 붙여서 발생을 지속하게 하면 된다.

표피의 일차적 극성은 등쪽 표피가 체절 위를 덮고 배쪽 표피는 측편 중배엽을 덮고 있음에 기인한다(그림 17.23). *En1*(*Engrailed-1*)은 정상적으로 배쪽 표피에서 발현하지만 등쪽 표피에서는 발현하지 않으며, *En1* 적중 생쥐는 손발의 배쪽 부분이 부분적으로 등쪽화된다. 이는 *En1*이 배쪽임을 암호화함을 의미한다. 앞에서 보았듯이, 생쥐에서의 *En1* 적중이 AER이 배쪽으로 확장되는 결과를 가져온다는 것은 *En1* 활성이 AER의 확장을 제한한다는 것을 의미한다. 만약 예정 배쪽 표피가 장벽에 의해 아래 부분의 간충직과 격리되면, *En1*의 발현은 상향조절되지 않을 것이고 최종적으로 등이 2개인 사지가 만들어진다. 이것은 측면 중배엽에서 유래한 유도인자가 사지싹의 등과 배라는 축, 즉 극성형성에 일차적으로 관여함을 보여준다. 그 신호는 측중배엽에서 합성 분비되는 BMP4에 의한 것이고, 또한 체절을 인식하는 데 일정 부분 관여한다("체절형성" 절 참고).

En1의 기능 중 하나는 Wnt7a의 발현 억제이며, 결과적으로 등쪽 표피에서는 정상적으로 발현하지만 배쪽 표피에서는 발현하지 않는다. Wnt7a는 ZPA의 지속적 Shh 발현을 유지하는 데 관여하고, 이는 간접적으로 AER 유지를 돕는다. 또한 *Wnt7a*는 등-배의 특수화에서 핵심적 역할을 한다. *Wnt7a*의 과발현은 배쪽이 없이 등쪽이 2개인 사지를 만드는데, 이 유전자의 적중은 등쪽이 없고 배쪽이 2개인 사지를 만든다. 이러한 증거는 Wnt7a는 표피에서 유래하여 하단의 사지싹 간충직에 등쪽임을 인지하게 해서 등쪽이 되도록 하는 신호임을 보여준다. Wnt7a는 등쪽 간충직에서 LIM-호메오박스 유전자인 *Lmx1*을 발현시킨다. 이것은 세포간 부착의 원인이 되어 LmxI 구역을 형성하는데, LmxI 구역은 척추동물의 구성물 중 볼 수 있는 해부학적 경계와 일치하지 않는 경계를 갖는 유일한 예이다. 격실 경계(구획된 경계)는 정상적인 발생 동안 특정 세포 유래 집단이 분포하지 않는 경계이다(4장과 19장 참조). 이 특정한 경계는 저농도의 타목시펜(tamoxifen)이 매우 낮은 비율의 세포에서 Cre 재조합효소를 활성화시킨다는 것에 기반한 클로닝 염색 기술로 볼 수 있다. *CreER*은 어디에서나 발현할 수 있는 프로모터를 이용하여 합성하고, Cre 효소가 *R26R* 리포터 좌위에서 재조합이 일어나게 하면, 소수의 클론을 명확히 관찰할 수 있게 만들 수 있다(15장 참조). 사지싹의 길이 성장 동안 매우 많은 세포가 분산됨에도 불구하고, 이 방법을 사용하여 보면 금을 긋듯이 등쪽 클론은 LmxI 외의 구역과 교차하지 않고, 배쪽 클론도 이것을 지나 교차하지 않음을 알 수 있다(그림 17.30). 사람에서, *LMX1B* 상의 돌연변이는 손발톱과 슬개골의 발생이 부진한 과슬개증후군(nail-patella syndrome)의 원인이 된다.

사지는 비대칭적 3차원 형상 그리고 세포판의 형태형성 운동이라기보다는 세포들이 뭉쳐진 조직덩어리로부터 형성된다는 면에서 대부분의 기관과는 다르다. 사지의 세 축이 각각의 진행 과정에 의해 조절된다는 것과 관련하여 좋은 증거가 있다. 근위-말단 축을 따른 정형화는 여전히 완전히 밝혀져 있지 않지만, 정단 부위에서 유래하는 FGF의 지속적 공급과 신체 근위부로터 유래하는 레티노산 신호에 의존한다. 전-후쪽 정형화는 ZPA에서 유래하는 Shh의 농도 변화에 의해 제어된다. 등-배축을 따른 정형화는 등쪽 표피에서 오는 Wnt7a에 의해서 제어된다. 이 세 축의 발

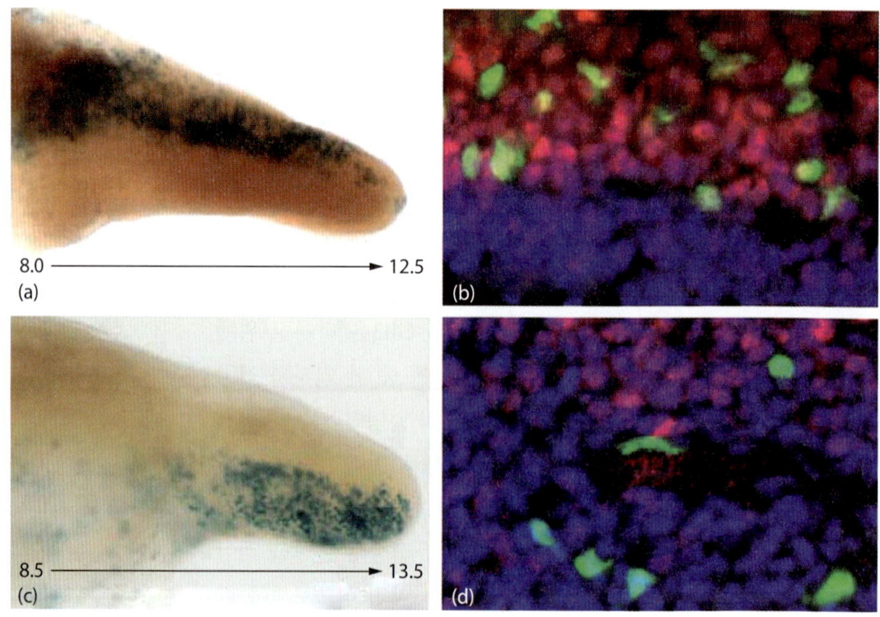

그림 17.30 생쥐 사지싹에서 배쪽 간충직과 등쪽 간충직 사이 격실 경계의 동정. *Pol2-CreER* x *R26R* 생쥐에 저농도의 4-hydroxytamoxifen을 발생 초기(E8.0 또는 E8.5)에 투여하여 클론을 유도함. (a)와 (c) 부분에서, 클론의 온조직을 XGal 염색을 한 결과를 보여주고 있음. (b)와 (d) 부분은, 고배율로 관찰한 조직절편에서 클론에 있는 GFP 형광으로 보여주고 있다. 전사인자인 LMX1B를 발현하는 세포는 붉게 염색되었고, 핵은 파랗게 염색되어 있다. (인용): Aquest et al. (2007). Development, 134, 3713-3722.

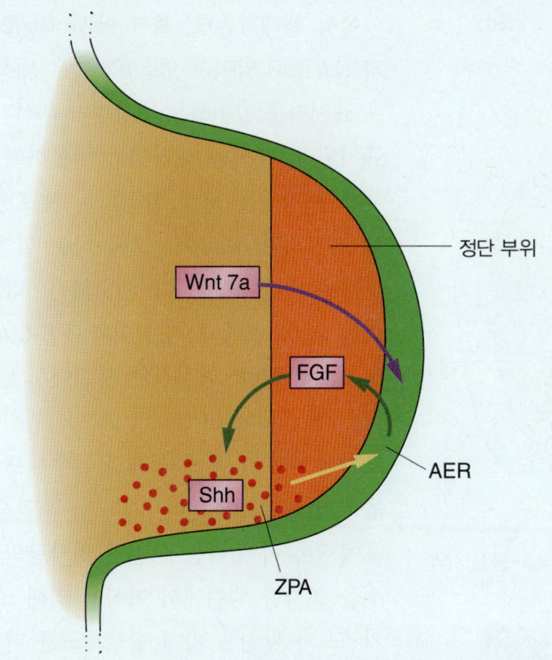

그림 17.31 사지의 길이 성장과 패턴 형성을 진행하는 3개의 신호계.

생은 정단 부위가 지속적인 생존과 기능을 유지하기 위하여 Shh와 Wnt7a 모두를 필요로 한다는 사실에 의해 함께 엮여 있는데(그림 17.31), 이는 세 과정이 통합적인 온전한 기관을 만드는 데 함께 작동함을 의미한다.

혈액과 혈관

혈액

혈액의 생성은 **조혈(hematopoiesis)**로 알려져 왔다. 여기서는 발생학적인 조혈작용을 다루고, 성인에서의 조혈은 20장 이후에 다룬다. 배아에서의 조혈은 최초에 난황낭(yolk sac)에서 관찰되고, 이후 주요 동맥[배대동맥(dorsal aorta), 난황동맥(vitelline), 제대동맥(배꼽동맥, umbilical ateries)]의 내상피(endothelium), 그 이후에는 간, 그리고 최종적으로 골수에서 관찰된다(그림 17.32). 난황낭은 원시적 조혈(primitive hematopoiesis)을 보여 만들어지는 것의 대부분이 원시적인 적혈구이지만, 발생 단계가 더 경과하면 혈액과 면역체계 상의 모든 종류의 세포를 만들어내는 "완성된" 조혈("definitive" hematopoiesis)을 보인다. 원시적 조혈이 생쥐의 경우 난황낭의 배아외중배엽 상의 세포들이 모여 있는 군집에서 E7.5에 나타난다. 이들 세포의 초기 표지자는 혈관형성인자인 VEGF(혈관내상피세포 성장인자, vascular endothelial growth facotor)의 수용체를 암호화하고 있는 *Vegf2* 유전자의 발현이다. 이들 군집을 이루고 있는 세포는 내상피세포로 둘러싸여 있고 혈도(blood islands)를 형성한다. 서로 다르게 표시된 배아줄기세포를 포배에 이식하여 만든 4색 생쥐를 이용해서 관찰하면, 대부분의 혈도가 다클론성(polyclonal)임을 알 수 있다. 혈액 전구세포와 둘러싸고 있는 내상피세포는 보통 다르게 포식되는데(그림 17.33), 이는 서로 다른 세포에서 유래했음을 의미하는 것이다. 이 발생 단계에서 조혈작용으로 생성되는 것은 대부분이 원시 적혈구(primitive erythrocyte)이며, 일반적으로 알려진 적혈구보다 훨씬 더 큰 핵을 가지고 있다. 원식 적혈구 내 핵의 대부분은 며칠 동안 존속하여 E12.6과 E16.5 사이에 핵이 상실된다. 원시적혈구는 후기 태아 또는 성체의 헤모글로빈에 비해 훨씬 더 큰 산소 친화도를 가진 태반에서 가스교환을 향상시키는 배아 유형의 헤포글로빈을 가지고 있다. 원시 혈도(primitive blood islands)는 또한 몇몇 거핵세포(megakaryocytes)와 원시 대식세포(primitive macrophages)를 만드는데, 이 원시형의 대식세포로부터 뇌의 **소교세포(microglia)**가 유래한다.

액티빈(activin)/노달(Nodal), BMP, WNT 신호를 포함한 무수한 신호가 혈액 발생을 조절한다. 이들은 SCL/TAL1(bHLH 유형), LMO2(LIM 유형), FLI1(ETS 유형)을 암호화하는 것들을 포함한 조혈에 있어서 핵심적인 전사인자 유전자군의 발현을 상향시킨다. 이들 인자는 원시 및 완성된 조혈 모두에 필요하여, 이들 유전자를 적중한 생쥐는 혈액 형성에 있어 결합이 있다. 예를 들면, *Scl/Tal1* 적중 생쥐는 난황낭에서의 혈액생성이 결함이 생겨 E9.5에 죽는다. 이들 전자인자를 제브라피시나 개구리에서 억제할 경우 혈액 형성에 결함이 생기고, 이들 배아에서의 이소성 발현은 대부분의 중배엽에서 이소성 혈액이 형성되는 원인이 된다.

혈액순환은 생쥐배아에서 약 E8.5 배아 시기에서 시작되는데, 이는 심장박동의 시작과 일치한다. 조혈은 약 E10.5 배아 시기에서 E12.5 배아 시기 사이에 배대동맥(dorsal aorta)과 이외의 다른 동맥에서 발견되는데, 내상피에서 탈락된 세포들이 **조혈줄기세포(hematopoietic stem cells)**를 형성한다. 중심동맥의 역할이 분명히 성립되기 전에, 이 지역은 **대동맥-생식소-중신 부위[AGM(aorta-gonad-mesonephros) region]**라고 불리어 왔으며, 닭-메추라기 키메라와 개구리 연구를 통하여 발견되었다. 예를 들어, 제노푸스에서 원시 복혈도(primitive ventral blood island)는 32-세포기의 등쪽 할구(C1과 D1)와 배쪽 할구(D4)에 형광색소를 주입하여 표식할 수 있는데(8장 참조), 등쪽 주입으로 전방 복혈도(원시 골수성세포)와 배쪽 주입으로 후방 복혈도(원시 적혈구 생성세포)가 표식된다. 옆쪽 할구(C3)에 형광색소를 주입하면 확

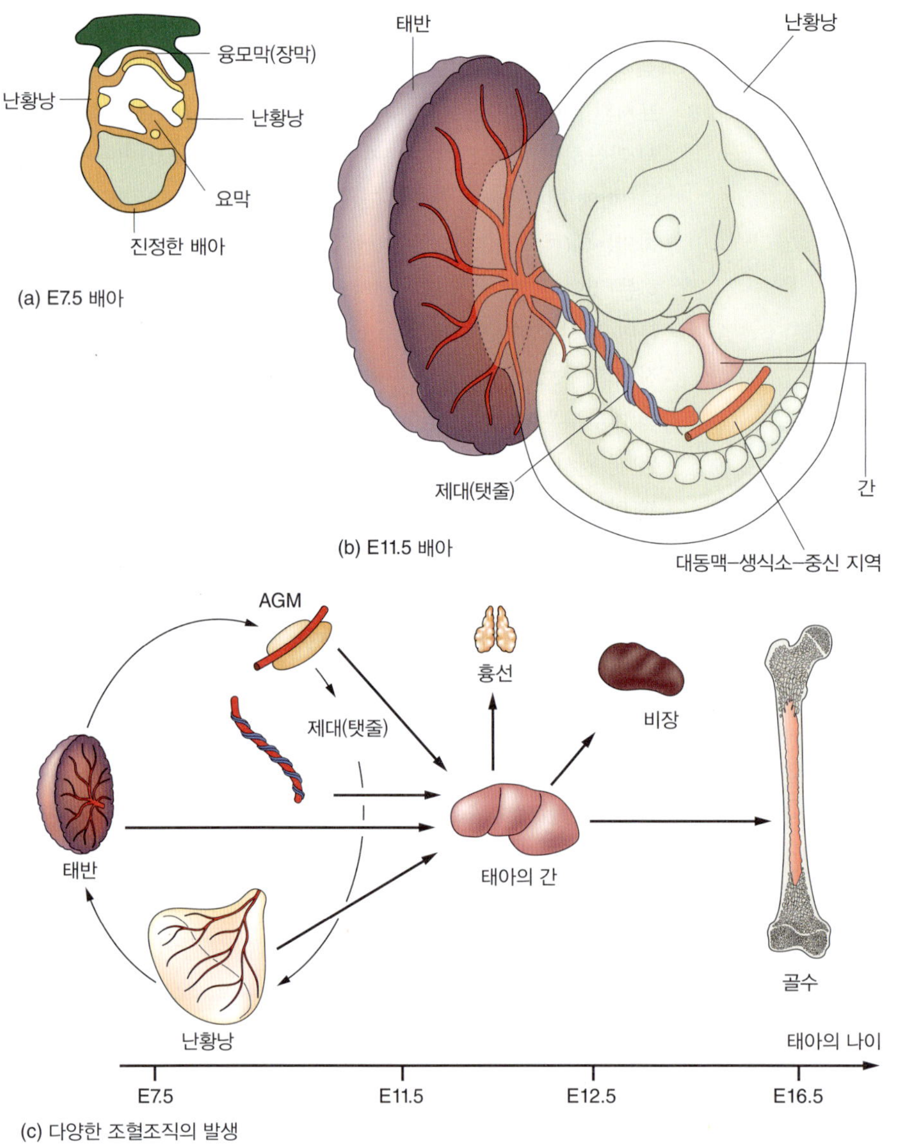

그림 17.32 조혈의 형성. (a) 원시 조혈이 난황낭에서 일어난다. (b) 배대동맥과 다른 중심동맥에서의 완성된 조혈. (c) 완성된 전구세포가 태아의 간으로 이동하고 이후 골수와 림프 기관으로 이동한다.

정적 혈액 생성 조직인 AGM 부위가 표식된다. 이러한 예리한 구획과 관련해서, 적어도 제노푸스에서는 원시 혈액세포와 최종적 혈액세포의 계보 관계에 대한 논쟁이 있다.

비록 계속적으로 종종 AGM이라 불리지만, 이 부위는 실제로는 혈액을 생성하는 역할이 있는 중심동맥이다. E10.5 생쥐 배아에서, 혈액 세포가 배대동맥 배쪽 부위의 내상피가 얇은 조각으로 갈라져서 떨어져 나오는 것이 관찰된다(그림 17.34). 순환계에 DiI-Ac-LDL(acetylated low density lipoprotein, 내상피세포로 우선적으로 흡수됨)을 주사하여 혈관 내상피를 염색함으로써 알 수 있다. 이 방법은 조류 배아(avian embryo)와 생쥐 배아에서 행해졌는데, 둘 다에서 *Vegf2*(*Flk1*과 *Kdr*로도 알려져 있음)와 같은 내상피세포 표지자를 발현하는 내상피가 우선적으로 표지된다. 후에는 내상피를 비롯하여 조혈세포 표지자를 모두 발현하는 세포덩어리에 표지되며, 이후에는 순환하는 혈액세포도 표지된다. 또한, VE-캐드히린이라고 불리는 부착 분자가 내상피와 *VE-Cadherin-Cre* x *R26R* 형질전환 생쥐에서 발현된다. *VE-Cadherin-Cre* × *R26R* 생쥐에서, 표지된 세포가 후에 성체의 골수세포 중에 높은 비율로 발견된다. 게다가, 조혈줄기세포에 결함이 있다는 사실이 치사량의 방사선을 조사한 생쥐에서 이식에 의해 조혈줄기세포가 활성을 가져 혈액세포를 다시 생성하는지를 알아보기 위한 실험에서 재확인할 수 있다(20장 참조). 난황낭세포는 이를 하지 못하지만, E10.5에서 E11 배아 시기 복대동맥(dorsal aorta) 상의 세포는 이식받은 개체에서 다시 증식한다. *VE-Cadherin-Cre* × *R26R* 생쥐에서 재형성된 혈액세포는 표지된 그들 세포 중 하나인데, 이는 그들이 내상피에서 유래했음을 나타낸다. "완성된(definitive)" 조혈작용에 의한 혈액세포의 기원은 여전히 논쟁 중에 있으나, 중심동맥의 내상피에서 기원했다고 결론지어지고 있다. 내상피 또는 혈액세포를 생성할 수 있는 능력을 가진 세포를 **혈관모세포(hemangioblast)**라 하고, 내상피에 존재하는 혈액전구세포를 생성하는 내피를 **혈액생성 내상피(hemogenic endothelium)**라 한다.

전사인자 GATA2와 RUNX1은 완성된 조혈(성체 시기)에는 필요하지만 원시적 조혈(배아시기)에는 필요 없고, 이 유전자를 적중한 생쥐는 각각 E10.5와 E12.5에 죽는다. 원시적 조혈은 이들 적중 배아에서 정상적으로 진행되지만, 간은 완성된 조혈줄기세포를 함유하지 않는다. *Runx1*은 모든 완성된 조혈세포 집단에서 발현된다. *Runx1-CreER* × *R26R* 생쥐에서, 다른 시간대에 4-하이드록시타목시펜(4-hydroxytamoxifen) 투여를 통한 표지 실험에서 배대동맥에 있는 조혈세포 집단(hematopoietic cluster)을

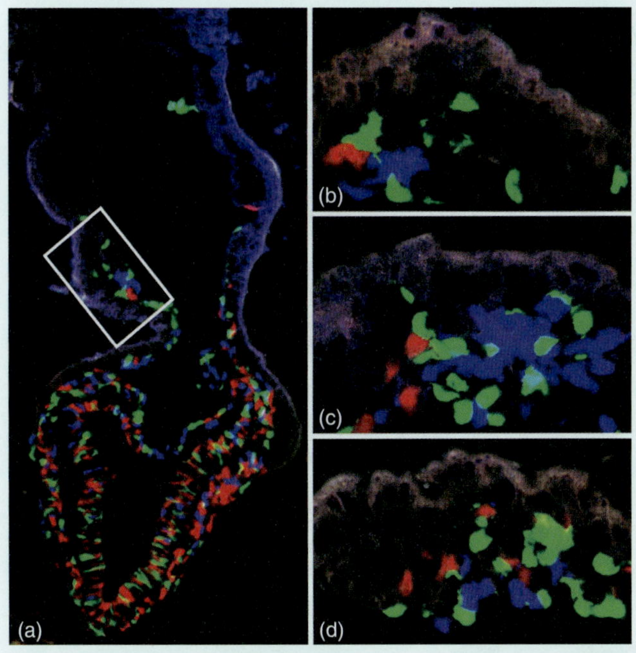

그림 17.33 생쥐 배아 난황막에 혈도 클론형성 분석. 발생 중인 배아는 빨간색, 초녹색, 파란색으로 염색된 배아줄기세포를 표지되지 않은 포배의 포배강에 넣어 형성된 것이다. (a) 신경배 단계의 배아. 3색으로 염색된 것을 볼 수 있으며, 혈도는 흰색 박스로 표시하였다. (b-d) 혈섬을 지나는 3 절편을 통해 여러 클론이 구성체임을 알 수 있다. (인용) Elsevier의 허락을 얻어 Ueno and Weissman. Int J Dev Biol 2011; 54: 1019-1031의 그림을 재구성함.

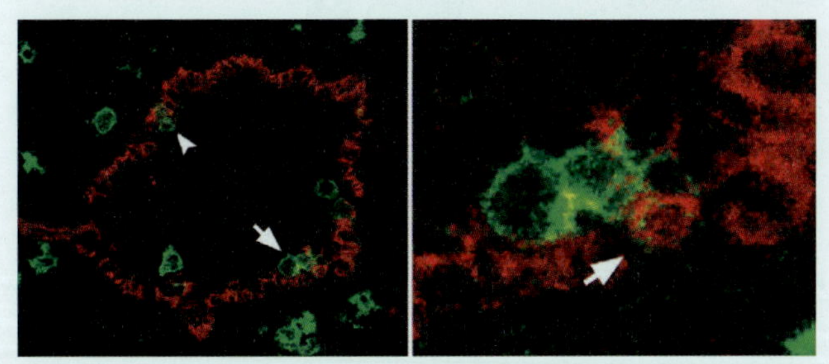

그림 17.34 대동맥 내상피에서 조혈세포의 유래. (a) E11.5 생쥐의 횡단면. 붉은색은 PECAM-1으로 내상피에서 발현. 녹색은 CD45로 혈액세포에서 발현. (b) 고배율로 관찰한 상이며, 화살표로 지시한 세포는 PECAM-1과 CD45를 모두 발현한다. (인용) Rybtsov et al. (2011). J. Exp. Med. 208, 1305-1315.

육안으로 볼 수 있다. 이 부위에서 새로운 세포군을 형성할 수 있는 능력을 갖기 바로 전 시기인 E9.5-10.5 배아 시기 사이에 완성된 조혈의 줄기세포가 형성됨이 밝혀졌다. BMP4와 NOTCH를 포함한 몇몇 신호가 Gata2와 Runx1의 전사를 조절한다.

또한 Cre 표지 실험은 배대동맥, 태아의 간, 골수에 있는 완성된 조혈세포 집단이 각기 다른 발생 시기에 한 위치에서 다른 위치로 이동한(기원은 동일하지만 발생 시기에 따라 이동한 위치가 다름) 동일한 세포들임을 밝혀 주었다. 원시 혈도에서 유래한 세포들이 완성된 조혈을 담당하는 세포 집단을 형성하는가에 대한 여부는 뜨거운 논쟁거리이다. 그러나 '혈액' 절에서 설명한 제노푸스 배아의 할구 표식 실험을 통해서 원시 집단과 완성 집단이 겹침이 없는 배아 내 별개의 부위에서 형성됨을 알 수 있다. 생쥐에서 몇몇 난황막(난황낭, yolk sac) 세포는 후기 조혈세포 집단(later hematopoietic population)까지 추적할 수 있지만, 이들 난황막 세포는 이미 완성된 세포로 되어 있고, 단순히 순환계가 성립된 바로 후 난황막으로 이동해 간 것이다.

혈관

배아에서 혈관의 신생(de novo formation)은 **혈관형성(맥관형성, vasculogenesis)**이라고 불리며, 기존의 혈관에서 세포 증식과 세포 이동을 통한 모세혈관의 형성은 **혈관신생(맥관신생, angiogenesis)**이라 불린다. 기존의 혈관이 갈라져 새로운 혈관을 혈성할 수 있는데, 이는 혈관중적(vascular intussusception)이라 한다. 혈관형성은 난황낭의 배외중배엽(extraembryonic mesoderm)에서 시작되지만, 후에는 측판중배엽의 장측 층에서 일어난다. 측축중배엽의 일부 세포는 배대동맥과 측판중배엽의 체측 층과 관련된 혈관 세포가 된다. 내상피 전구세포(endothelial precursor cells, EPCs)는 내배엽 유래의 신호(아마도 BMP와 Wnt)에 의해 유도되고, 작은 소낭형으로 서로 결합하는 편평내상피세포를 형성한다. 이들은 혈관으로 합쳐져서 배아의 초기 순화계를 형성한다. 이 네트워크는 지속적인 혈관형성과 혈관신생, 혈관중적을 통해 확장된다. 내상피세포는 개체의 일생을 통해서 분열할 수 있는데, 보통 이는 조직의 개조와 관련되어 소규모로 진행된다. 세포 분열과 이동을 통한 새로운 모세관의 형성은 상처치료나 암 성장 동안에 매우 활발히 일어난다.

혈관과 관련하여 발생학에서 밝힌 매우 중요한 것 중의 하나는 동맥과 정맥의 내상피세포가 원천적으로 다르다는 것이다(그림 17.35). 배대동맥과 주정맥이 형성될 혈관 원기가 만들어질 때, 동맥세포는 막단백질인 ephin B2(EFNB2)를 생성하고, 정맥세포는 그 수용체인 EphB4를 생성한다. EFNB2가 EphB4에 결합함은 두 유형의 세포에서의 반응을 자극할 수 있다. 후기 배아의 모세관망은 동맥과 정맥에서 자라나오는 모세관의 융합으로 만들어진다. 이들 분자 간의 분자 상호보완으로 두 모세혈관이 융합할 수 있다. *Efnb2* 또는 *EphB4*가 적중된 생쥐에서는 맥관 구조를 동맥과 정맥으로 재개축하는 것은 일어나지 않는다. 동맥과 정맥의 근본적 차이는 척삭 유래의 Shh에 의해 생기는 것으로 추측된다. Shh는 배대동맥이 형성되는 부위에서 혈관내상피 성장인자(vascular

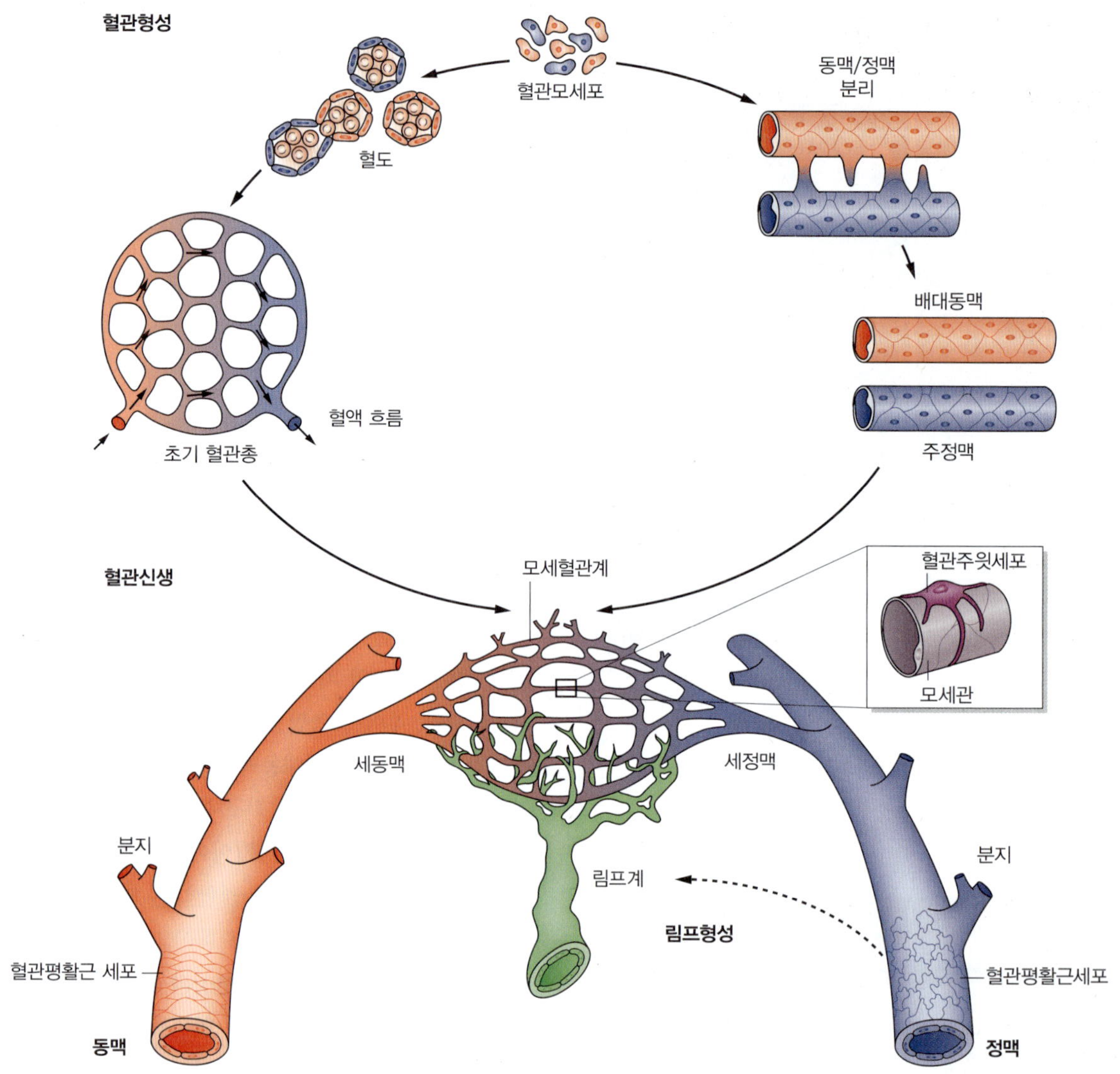

그림 17.35 혈관형성과 혈관신생. 혈과은 배아외막과 측판중배엽에서 기원한다. 동맥 모세관과 정맥 모세관은 시작점에서부터 서로 달라 Eph-ephrin 계를 통한 분자적 상보성을 보인다.

endothelial growth factor; VEGF) 유전자의 발현을 증가시키고, Notch 신호 구성성분을 증가시킨다. Notch와 그 수용체는 발생 중인 동맥에서 발현되지만 정맥에서는 발현되지 않는다. 전사인자 COUP-TFII(NR2F2로도 알려져 있음)은 Notch신호를 억제하고, 이 유전자를 적중한 생쥐에서는 동맥이 형성될 곳에 정맥이 형성되는 동맥의 정맥으로의 대체가 진행된다. 제브라피시에서도 Notch 신호가 줄어드는 원인인 *mindbomb* 돌연변이에 의해 동맥이 정맥으로 대체된다.

수많은 성장인자들이 혈관형성과 혈관신생을 수행하는 활성을 가지는데, 이 중에서 VEGF류, FGF류, angiopoietin류가 대표적이다. 혈관계의 특징인 대규모의 분지형성은 VEGF에 의해 촉진된다. VEGF는 ERK, p38, PI3K, PLCγ를 포함하는 여러 신호전달과 관련되어 있는 일련의 티로신 키나아제 수용체류(VEGFRs)를 자극한다. VEGF는 많은 사상위족을 갖고 있는 극화된 정단세포(tip cell)를 유도하며, 이들 각 세포는 새로운 분지를 형성한다. 정단세포는 이웃한 내상피세포의 자루세포(stalk cell)에서 더 이상의 분지가 형성되는 것을 막는데, 이는 Notch의 측면 억제 체계 작용에 의한다(4장에 있는 측면 억제 참조). VEGF에 노출되면 정단세포에서 Notch의 리간드인 Delta4 발현이 유도되고, 이는 이웃한 내상피세포에서의 Notch 신호를 자극한다. 높은 수준의 Notch 신호는 자루세포의 발생을 촉진하고, 낮은 수준의 Notch 신호는 정단세포의 형성에 요구된다. 결과적으로, VEGF에 유도된 Delta4의 발현은 추가적인 정단세포의 형성을 억제한다.

해부학자들은 수세기 동안 주요한 신경로(nerve tract)가 주요 혈관과 관련되어 있음을 인지하고 있었다. 지금에 이르러, 이들이 공동의 신호계에 의해 서로 연결되어 있다는 것을 알게 되었다. 이것은 VEGF가 VEGFR류 뿐만 아니라 세마포린(semaphorin) 수용체(Sema3A와 Sema3F)인 VEGF의 공수용체 뉴로필린류(neuropilins, NRPs)와도 결합하기 때문이다. Semaphorin류는 신경계에서 축삭의 성장 가이드에 필요하다. Neuropilin1(NRP1)은 동맥에서 발현되며, neuropilin2(NRP2)는 정맥에서 발현된다. 이 2개의 뉴로필린을 적중한 생쥐에서는 축삭의 길이 성장 결함(axonal growth defects)이 있고, 혈관이 없다. 신경과 혈관 모두의 성장에서, VEGF는 양성(positive) 신호로 작용하며, 세마포린 3A(semaphorin 3A)는 음성(negative) 신호로 작용하는데, 이 둘은 함께 운용된다. 게다가, 신경은 종종 VEGF를 분비하여 직접적으로 혈관 성장을 초래할 수 있을 것으로 예측된다.

심장

심장은 인간배아학에서 매우 중요한 데, 그 이유는 태어나는 사람 중 무려 1%가 심장 발생의 선천적 결함(congenital defect)을 가지고 있기 때문이다. 따라서 심장 발생은 매우 활발한 연구 영역 중의 하나가 되어 왔다. 척추동물 강(class)에 속한 모든 동물의 심장은 유사한 과정을 거쳐 형성되기 시작하지만, 최종 산물은 그 형태와 구조가 다양하다. 물고기는 정맥동(sinus venosus), 심방(atrium), 심실(ventricle), 유출로(outflow tract)로 나눠지는 하나의 근육관(muscular tube)으로 구성된 심장을 가지고 있는데, 이것은 아가미로부터 몸의 기관으로 전해진 다음 심장으로 돌아오는 단일 순환을 구동한다. 포유동물에서는 동방결절(sinoatrial node)로 축소됨에도 불구하고, 이러한 기본 구역은 모든 척추동물 배아의 심장 내에 위치한다. 양서류는 폐와 그 이외 신체로의 순환(systemic circulation, 체순환)이 나뉘어져 있는데, 심방은 분리되어 있지만 심실은 하나 밖에 없어서 어떻게든 2개의 혈액 흐름으로 나뉠 수 있게 유지한다. 조류와 포유동물은 오른쪽 심방이 기관으로부터 혈액을 받아들이고 오른쪽 심실이 이 혈액을 폐로 보내며, 왼쪽 심방은 폐로부터 혈액을 다시 받고 왼쪽 심실은 혈액을 기관으로 보내는 완벽하게 구분된 2개의 순환구조를 가지고 있다.

이중 순환(Double circulation)은 폐가 기능을 가질 때까지는 작동할 수 없기 때문에, 발생 체계는 출생 또는 부화(hatching) 시기에 빠른 전환이 가능하도록 진화하였다. 사람의 경우, 태아의 호흡 교환(respiratory exchange)의 주관 기관은 태반(placenta)인데, 태반 내 혈액은 제대정맥을 통해서 오른쪽 심방으로 들어간다. 심방격벽 내 틈인 **난원공(foramen ovale)**을 지난 후 왼쪽 심실을 통과하여 체순환 과정을 진행한다. 오른쪽 심실의 삼출 혈액은 **동맥관(ductus arteriosus)**이라 불리는 대동맥과 폐동맥 사이의 연결 부분을 통해서 체순환으로 방향을 바꾼다. 출생시 난원공과 동맥관 모두 닫혀져서, 오른쪽 심방에서 왼쪽 심방으로 혈액이 흘러가는 것을 방지하고 오른쪽 심실의 삼출물이 폐로 가게 한다.

심장관 형성과 위치 특화

닭과 생쥐의 심장 발생 초기 단계는 유사하다(그림 17.36-17.38). DiI 표지를 이용한 운명지도에서 심장형성 중배엽(cardiogenic mesoderm)은 헨센결절 쪽의 상배엽(epiblast) 측면에서 유래한다. 이 부위의 세포는 원조(primitive streak)의 앞쪽 1/3 부분을 통해 이동하여 측면 부위 영역을 형성하고, 이후 일부가 앞쪽으로 이동하여 배아축을 기준으로 좌우 양쪽으로 확장된 형태의 2개의 세포 집단을 형성한다. 더 뒤쪽 부분(posterior part)은 심외막(epicardium)과 관상동맥(coronary arteries)을 형성한다. 머리 주름(head fold)이 형성될 때, 예정 심장중배엽(cardiac mesoderm)은 심장중배엽의 앞쪽 배부분 가장자리에 초생달 모양, 즉

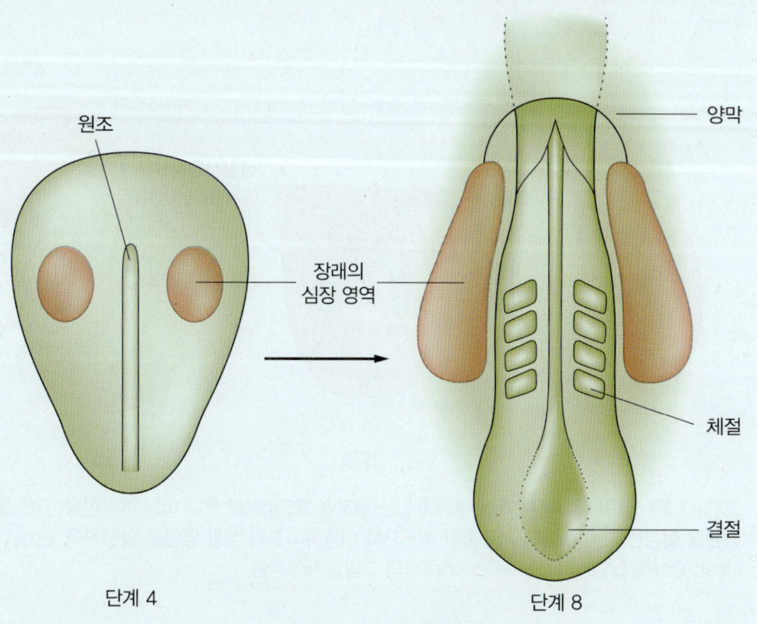

그림 17.36 DiI로 작성된 닭 배아의 운명지도상의 심장형성 부위.

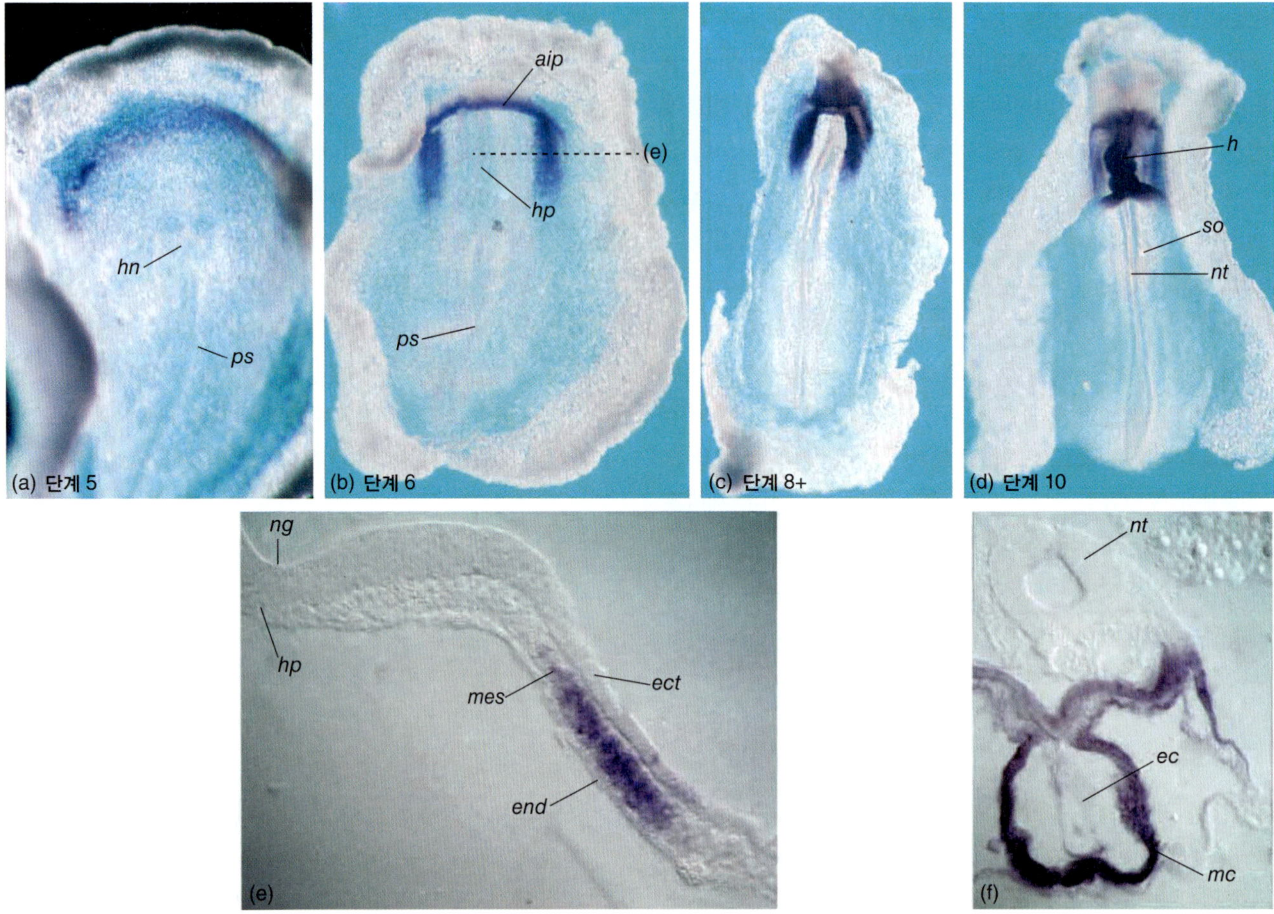

그림 17.37 제자리혼성화법(*in situ* hybridization)을 이용하여 닭 배아에서 Nkx2.5의 발현을 보임: (a-d) 온표본(wholemount) 관찰; (e) 6단계 시기 배아의 (b) 횡단면; (f) 10단계 배아의 횡단면. hn, Hensen's node(헨센 결절); ps, primitive streak(원조); aip, anterior intestinal portal(앞쪽 소화관 개구부); hp, head process(머리돌기); h, heart(심장); so, somites(체절); nt, neural tube(신경관); ng, neural groove(신경구); ec, endocardium(심장내막); mc, myocardium(심근). (인용) Biologists Ltd의 허락을 얻어 Schultheiss et al. Development 1995; 121: 4203-4214의 그림을 재구성함.

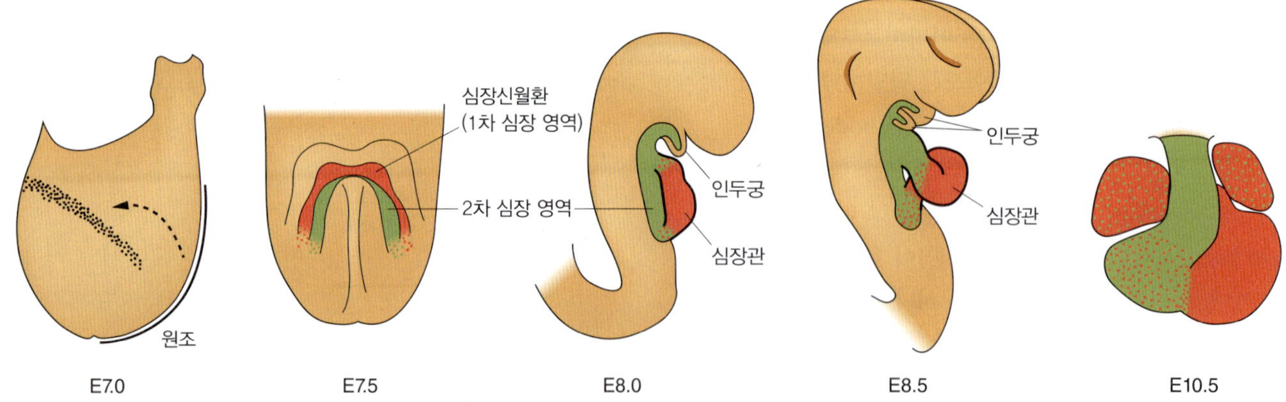

그림 17.38 생쥐 배아에서 측면 부위에 있는 세포가 원조(ps)을 통해 이동하여 심장신월환을 형성한다. 양쪽에 형성되는데, 중심선 쪽으로 이동한 후 하나로 융합하여 심장관을 형성한다. 이후에도 세포들이 이곳으로 이동하여 2차 심장 영역을 형성한다. (인용) Academic Press의 허락을 얻어 Rosenthal and Harvey (eds) (2010), Heart Development and Regeneration의 그림을 재구성함.

심장신월환(cardiac crescent)으로 알려진 구조로 해체 구성된다. *Nkx2.5*(호메오도메인), *Gata4-6*(징크-핑거 전사인자), *Mef2c*(MADS box), *Tbx5*(T box)를 포함하는 여러 전사인자 유전자가 이 부위에서 발현된다. 심장신월환이 형성되는 이 시기에 미세수술로 해당 조직의 위치를 서로 바꾸거나 또는 외식된 조직의 제거는 후에 심장의 결함 원인이 되므로, 이 시기가 심장으로의 분화를 결정하는 시기에 해당함을 알 수 있다. 비록 *Nkx2.5*의 상동 유전자인 *tinman*이 초파리에서 이 기능을 하고 척추동물에서 *Nkx2.5*가 매우 중요하지만, 심장 형성에서 진정한 주된 조절자 역할을 하는 유전자는 없다. 닭의 배아에서 *Nkx2.5*의 발현 패턴을 그림 17.37에서 보여주고 있다. 생쥐 배아에서 Cre-lox 표지 실험을 통해, 심장관의 모든 층은 *Nkx2.5* 표지 세포로부터 형성됨을 알 수 있다. 제노푸스에서 *Nkx2.5* 과발현은 심장을 거대하게 하고, 우성 음성(dominant negative) 버전에서는 심장 발달이 완벽하게 억제된다. *Nkx2.5*를 적중한 생쥐는 심장을 가지고 있지만, 그 발달은 고리형 단계(looping stage)에서 혈액 유입관과 유출관의 결함을 보이며 이 고리형 단계에 정지해 있다.

심장중배엽은 전장을 형성하면서 뒤쪽으로 이동하는 전장문(anterior intestinal portal; AIP)을 포함하여 인접한 내배엽 유래의 신호로 유도된다. AIP는 헨겐결절과 ZPA에서도 발현되는 몇몇 유전자를 발현하며, 이들 유전자 산물이 발생하는 심장의 정형화에 중심적 역할을 하는 것으로 제안되어 왔다. 앞쪽 내배엽의 제거는 심장 발달의 실패를 초래하는데, 이 내배엽은 정상적인 운명지도상에서 심장이 형성될 부위가 아닌 바깥 부분의 중배엽과 결합될 경우에는 이들 중배엽으로 하여금 심장 분화를 유도할 수 있다. 내배엽에서 유래된 중요 신호 물질은 BMP2로 앞쪽 내배엽에서 발현된다. BMP류는 적어도 몇몇 다른 이소성 위치에서 심장 형성을 유도하고, BMP 억제자인 Noggin의 처리는 심장 발달을 억제한다. BMP류는 Wnt 신호가 없는 상황에서만 심장의 발생을 유도하며, Wnt 억제제류(Cerberus, DKK1, Crescent 등)는 *Nkx2.5*의 발현을 유도할 수 있다. Wnt 신호가 있는 조건에서 BMP류는 심장보다는 혈액과 맥관 구조(vasculature)를 유도한다. 또 다른 물질은 FGF8이며, 앞쪽 내배엽에서도 발현된다. FGF8은 BMP 신호가 존재한 상태에서 중배엽이 심장을 형성하도록 유도할 수 있다.

머리가 배반엽 표면에서 융기하고 전장이 형성되기 시작할 때, 좌측과 우측에 위치한 심장 원기(heart rudiment)는 정중선의 하단 깊은 곳으로 이동한다(그림 17.39). 이러한 이주는 앞쪽 내배엽에서 분비된 피브로넥틴(fibronectin)에 의존적이다. 일반적으로, 두 원기는 융합하여 4개의 층을 가지는 하나의 관을 형성한다; 심장 교양질(cardiac jelly)이라 불리는 **세포외 기질 층**과 이 층 내의 **심장내막(endocardium)**, 실질적인 심근을 형성하는 **심근(myocardium)**, 얇은 바깥쪽 결합조직싸개(outer connective tissue sheath)가 되는 **심막(pericardium)**. 심장형성 세포(cardiogenic cell)는 이주하는 동안 심장내막과 심근으로 나뉘기 시작한다. 이주 실패는 좌우 양쪽에 분리된 심장이 형성되는 **심장갈림(cardia bifida)** 상태를 초래한다.

2개의 원기(rudiment)가 결합한 직후, 심장관은 천천히 박동

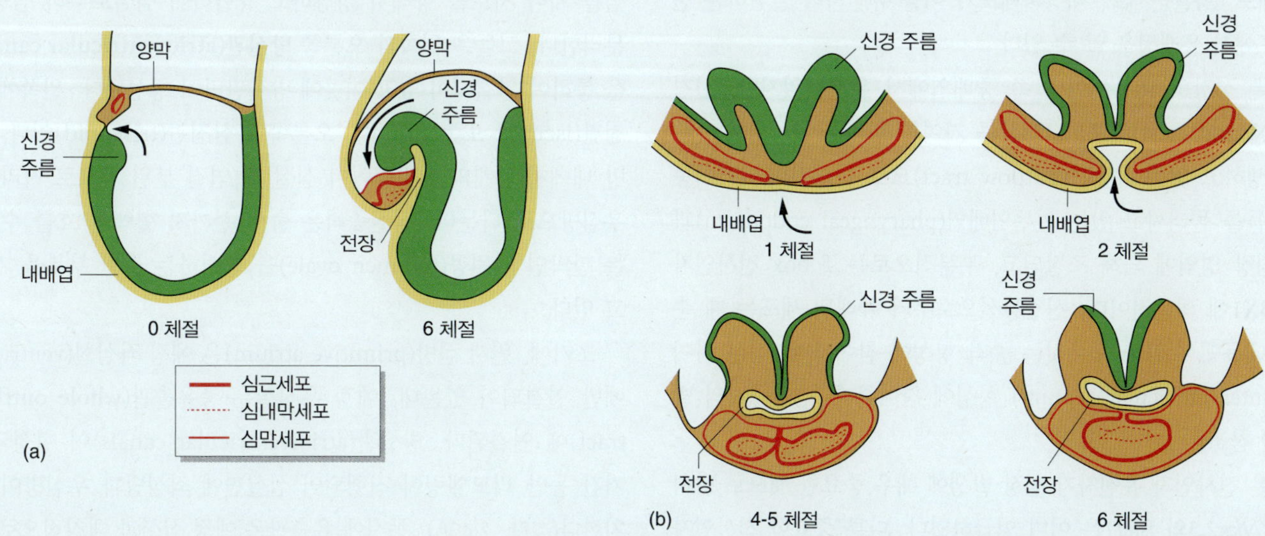

그림 17.39 (a) 생쥐의 앞쪽 신체 접힘 형성은 심장 원기를 배아의 앞쪽으로 이동시킨다. (b) 측중배엽 원기가 융합하는 것을 보여주는 초기 심장을 가로지르는 횡단면. 화살표는 전장 주머니(foregut pocket)를 나타낸다. (인용) Academic Press의 허락을 얻어 Posenthal and Harvey (eds) (2010), Heart Development and Regeneration의 그림을 재구성함.

(pulsation)을 시작한다. 이것은 닭에서는 단계 11부터, 생쥐에서는 배아시기 8.5일부터, 사람에서는 수정 후 약 22일부터 시작된다. 이러한 수축은 분화하는 심근의 내재적 특성으로, 조직이나 기관배양에서도 나타난다. 체내에서 심장박동은 후에 동방결절(sinoatrical node)의 심박 조율기(pacemaker)에 의해 조절된다. 또한 결합과 동시에, 심장관은 오른쪽으로 굽어짐으로써 비대칭적인 형태가 된다. 이는 모든 척추동물에서 나타나며, 10장에 묘사되어 있듯이 일차적인 공통 인자 *Nodal*이 왼쪽 면에서만 발현하는 왼쪽-오른쪽 비대칭 시스템(left-right asymmetry system)에 의존적이다. 초기의 비대칭은 심장형성에 영향을 주는 다양한 전사인사가 비대칭적으로 발현되게 한다.

형성된 심장관은 초기에는 완전한 심장은 아니지만, 일차적으로 심방과 왼쪽 심실을 형성한다. 지속적으로 심장관의 앞쪽 끝으로 조직화가 진행되어 구획되면서 고리화가 진행되어 우측 심장과 외부로의 유출관(outflow tract) 대부분을 형성한다. 이는 앞쪽(anterior), 두 번째(second), 이차적인(secondary) 심장 영역(heart field) 등처럼 다양하게 칭하는 이유이다. 이러한 위치에 대한 정의는 약간씩 차이를 보이지만, 이 부위는 낭배형성(gastrulation) 이전에 첫 번째 심장 영역 내부를 나타내며, 이 부위 앞쪽은 *Nkx2.5*를 초기에 발현한다. 그들은 LIM-호메오도메인 전사인자인 *Islet1*을 발현하는 위치와 거의 동일하다. 비록 *Nkx2.5*가 일차 심장 부위와 관련이 되어 있고, *Islet1*은 이차 심장 부위 관련이 있지만, Cre-lox 표지 실험을 통해 모든 심장 원기의 특정 부위에서 *Islet1*과 *Nkx2.5*가 발현되고, 주된 세 가지 유형의 세포인 심장근세포, 평활근세포, 내상피세포가 이들 유전자를 발현하는 전구세포에서 유래됨을 알 수 있다.

비록 심장의 대부분이 앞쪽 중배엽에서 유래되었지만, 신경능선(Neural crest)세포도 역시 큰 기여를 한다. 이들 세포는 주로 발생하고 있는 유출관(outflow tract)으로 들어가며, 그 이동은 이들을 둘러싸고 있는 인두외배엽(pharyngeal endoderm)과 2차 심장 영역에 의해 조절되고, 부분적으로는 T box 전사인자인 TBX1에 의존적이다. 신경능선으로부터 유래된 세포는 폐 순환과 대동맥 순환을 구분짓는 중격 형성에 참여하며, 심실 사이 중격(interventricular septum) 형성에 참여한다("심장중격의 발생" 절 참조).

많은 전사인자 유전자가 심장 발생에 매우 중요한 것으로 밝혀졌다. *Nkx2.5*와 *Islet1*은 이미 언급하였다. 다른 중요한 전사인자로는 다음과 같은 것이 있다. *Mef2c* 유전자를 적중하면 심한 심장 결함으로 초기 치사한다. *Coup-tfII*는 심방의 형성에 중요하다. *dHand*는 우심방 형성에 중요하다. *eHand* 유전자는 태반 형성에 필요하기에 이 유전자를 적중하면 초기 치사를 일으키는데, 좌심실 형성 동안 발현한다. *Tbx5*는 후방부에서 전방부로 농도 구배가 형성되어 있고, 이 유전자의 적중은 심방의 퇴화 원인이 된다.

심장 중격(심장 격벽)의 발생

사람 배아에서 심도 있게 연구된 심장 발생 양상의 하나는 단순한 초기 심장관을 왼쪽 면과 오른쪽 면에서 순환을 가능하게 하는 중격으로 구성된 4개의 방을 가진 심장으로 되는 진행 과정이다(그림 17.40). 이것은 휘어짐(굽힘, looping), 비대칭 성장, 혈관 삽입 부위의 이동, 강을 나누는 내부 격벽의 형성을 포함하고 있다. 최근 진행된 생쥐 유전학 정보 연구와 닭의 기관 배양 실험은 이러한 사실에 여러 새로운 사실을 추가하였다.

첫째, 심장관의 휘어짐은 심방을 앞쪽에 그리고 심실을 뒤쪽에 위치하도록 한다(그림 17.40a). 그런 다음, 주정맥(vein)의 삽입은 심방을 오른쪽으로 이동하여 위치하게 하고, 새로운 폐정맥(pulmonary vein)은 심방 왼쪽 부분으로부터 자라기 시작한다. 4개의 심내막융기(endocardial cushion)가 방실접합부(atrioventricular junction)에서 나타난다. 심내막융기는 히알루로난(hyaluronan)이 풍부한 심장 젤리(심장교양질, cardiac jelly)에 박혀 있는 세포가 상피-간충직 이행을 통하여 심장내막에서 유래한다. 이행은 심근에서 유래한 TGFβ 신호에 의해 유도된다. 이러한 사실은 TGFβ의 첨가는 전환을 유도하고 TGFβ 억제자의 첨가는 전환을 억제하는 것을 통해서 알 수 있다. 심내막융기는 심장관 강의 중심을 지나 서로를 향해서 성장하고 융합하여 심실로부터 심방을 분리한다. 그들은 왼쪽과 오른쪽 **방실관(atrioventricular canals)**을 통하여 연결되어 있고 이곳에 방실판막이 형성된다. 왼쪽에 이첨판(iscupid 또는 mitral), 오른쪽에 삼첨판(triscupid)이다. 심방 내에서, 2개의 심방중격이 심실 내 연결 부위 쪽으로 자라 좌우심방으로 나눈다. 심실중격은 출생 전까지 혈액이 흐를 수 있는 판막인 난원공(foramen ovale)을 형성하는 뚫린 부분을 가지고 있다.

초기에, 원시 심방(primitive atrium)은 예정 좌심실(ventricle)에만 연결되어 있는데, 예정 우심실은 총유출관(whole outflow tract)에 연결된다. 방실관(atrioiventricular canals)이 형성되는 기간 동안 리모델링이 진행되어 심실면에 좌심방과 우심방이 위치한다(그림 17.40b). 동시에 유출관은 예정 심실과 대칭적으로 연관된다. **근육 심실 중격(muscular ventricular septum)**은 아래쪽 심실벽(ventricular wall)에서 심내막융기 쪽으로 자라나서 오

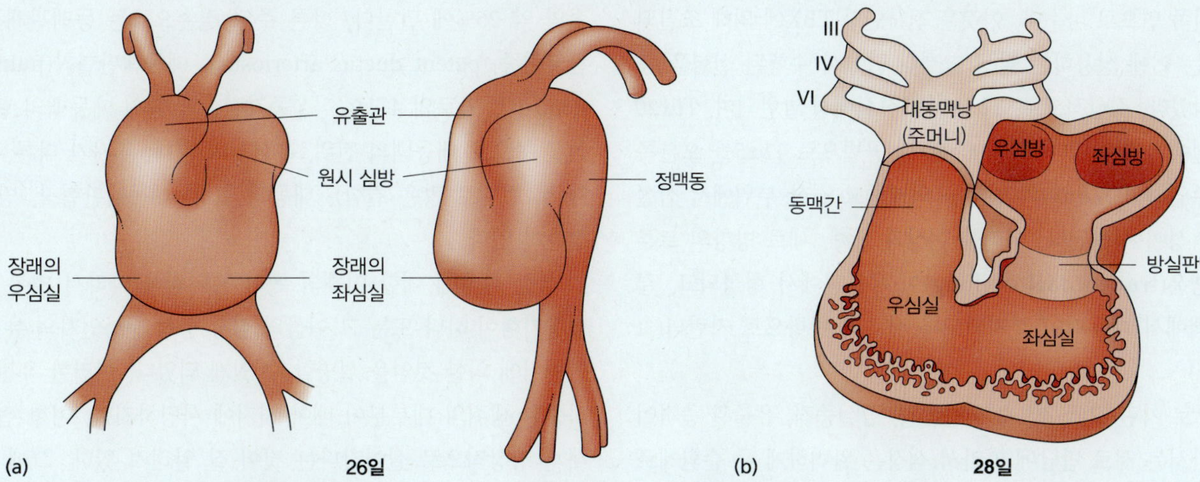

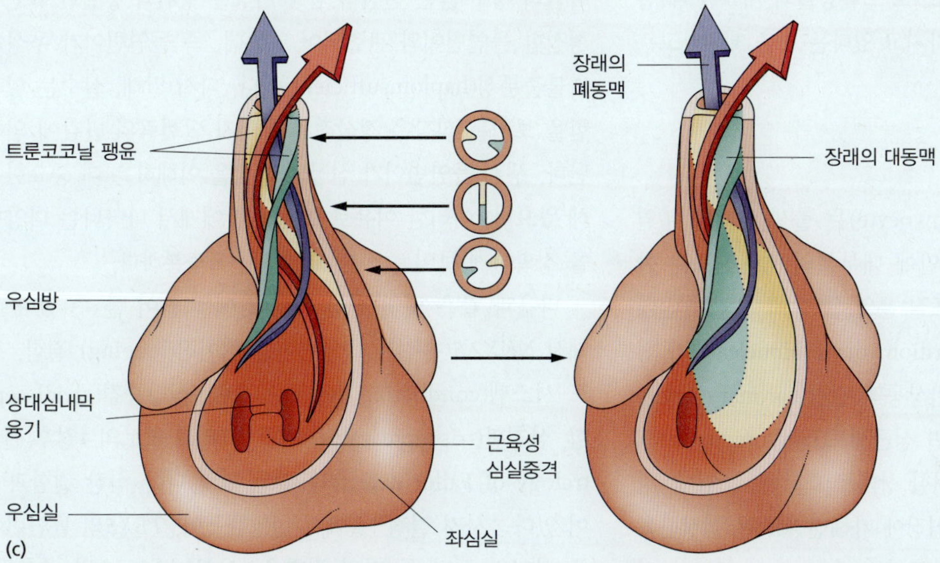

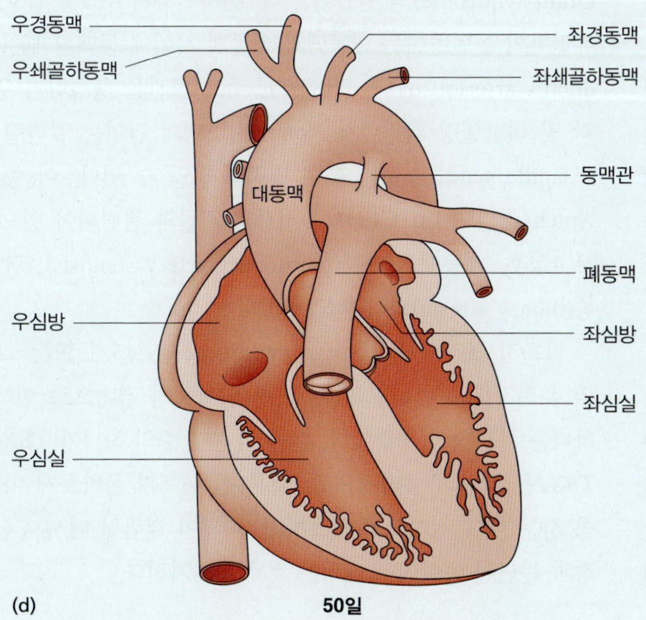

그림 17.40 사람 심장의 후기 발생. (a) 26일째된 고리형성(looping) 후 심장의 외형. (b) 28일째 4개의 실 배열. (c) 유출로 내 횡격막의 형성. (d) 50일째 사람의 심장. 4개의 실과 주혈관이 모두 형성되어 있다. (인용) (a)와 (c)는 Larsen, W. J., 1993. Human Embryology, Churchill Livingstone Inc., New York에서. (b)와 (d)는 Srivastava, D., 2006. Cell 126, 1037-1048에서.

른쪽과 왼쪽 면으로 나눈다. 이것은 전사인자 TBX에 의해 조절되는데, 이는 이에 상응하는 발생 단계의 닭에서 수행된 실험을 통해 증명되었다. 정상적으로, *Tbx5*는 좌심실에서 발현되며, *Tbx20*은 우심실에서 발현된다. 만약에 전기천공법으로 *Tbx5*를 오른쪽 부분에 주입하면, *Tbx20*의 발현을 억제하고 결합 부위에서 심실 중격의 형성이 시작된다. 이러한 현상과 함께, 세로 방향의 **트룬코코널 팽윤(truncoconal swelling)**이 유출관에서 형성되고, 결국 대동맥에서 폐동맥이 분지되도록 서로의 방향으로 자란다(그림 17.40c).

안쪽으로 자란 모든 것, 즉 심방중격, 심실중격, 유출관 중격이 궁극에 가서는 서로 만남에 따라서 심장은 완벽하게 두 순환계로 나뉘게 된다. 이러한 과정은 일반적으로 포유동물과 비교할 때 단일 천공이 아닌 많은 작은 천공을 가지고 있다는 것을 제외하고는 닭에서 진행되는 것과 유사하다.

출생 후 심장

생쥐에서 심장의 심근세포(cardiomyocyte)는 출생 시기에 분열을 대부분 멈춘다. 출생 1주일 동안에 대부분의 심근세포는 한 번 더 DNA 복제를 진행하고, 세포질 분열 없이 핵 분열만 진행하여 2개의 핵을 가진 심근세포(cardiomyocyte binucleate)가 형성된다. 출생 후 바로 외상 또는 관상동맥 결찰(coronary artery ligation)로 생쥐 심장을 훼손시키면 심근세포(cardiomyocyte)의 분열에 의한 재생 과정을 통해 완전한 상태로 회복될 수 있다. 하지만 1주 또는 그 이상이 지난 후 심장에 가해진 훼손은 심장근육 재생을 통한 복원보다는 영구적인 흉터(permanent scarring)가 된다. 사람의 심장에서도 매우 낮은 수준의 세포 재생이 있긴 하지만, 재생이 잘 안 되는 것은 사실이다(20장 참조).

어류나 양서류처럼 복잡성이 덜한 척추동물에서는 성체 시기에 외과수술 방법으로 심장의 위쪽 끝부분인 정점 부위를 제거하였을 때 완벽한 재생이 가능하다. 제브라피시 연구에서 심외막(epicardium)에서부터 방출되는 레티노산이 재생 신호이고, 근육은 심외막 근처에 겉대에 있는 심근세포 집단에서 유래한 근세포들로 재생된다.

선천적인 심장기형

선천적인 심장기형은 신생아의 선천적 기형 가운데 1000명 중 8~10명 수준으로 가장 일반적인 것 중의 하나다. 게다가, 출산 전 사망의 약 30%가 심장의 결함에 의한 것이다. 심실중격결손(ventricular septal defects; VSDs)이 가장 일반적이며, 심장결손의 약 25%에 달한다. 다른 주된 결손으로는 동맥관개존(동맥관열림증, patent ductus arteriosus), 폐동맥판협착(pulmonary stenosis), 팔로의 4징후(심실중격결손과 함께 폐동맥의 협착, 우심실 쪽으로 대동맥의 전위, 우심실의 비대; 후자가 다른 것들 보다 두 번째로 많은 결함), 대동맥 협착, 대동맥판협착, 방실중격결손이 있다.

심장 발생에 대한 이해의 폭이 넓어짐에 따라서 일부 선천성 심장기형이 하나 또는 그 이상의 심장 형성 전사인자의 유전자 돌연변이에 의한 것임을 설명할 수 있게 되었다. 이러한 유전자들이 적중된 생쥐의 대부분이 배아 시기에 사망하지만, 이형 접합체는 대개 정상적으로 살아간다는 것이 잘 알려져 있다. 그에 반하여 사람의 경우 많은 선천적 심장 이상은 생쥐와 동일한 유전자의 이형접합 돌연변이와 관련되어 있는데, 즉 돌연변이가 우성이고 반가불충분성(haploinsufficient)이다. 다시 말해, 살수는 있지만 결함을 보이는 심장은 정상적인 유전자 발현량의 반감에 의해 나타난다. 생쥐 돌연변이가 심장의 발생을 이해하는 데 중요한 역할을 해 왔으나, 이러한 이유로 인해 사람에게서 나타나는 다양한 질환을 정확하게 보이는 질환 모델로는 불충분하다.

다음과 같은 몇몇 심장 기형의 예를 들어 볼 수 있다. 사람에게서 *NKX2.5* 유전자 돌연변이는 휘어짐(looping) 결함, 흥분 전도 시스템(conduction system) 결함, 심방중격(atrial septa) 결함, 삼첨판(triscupid valve) 결함, 그리고 팔로의 4징후 결함(Tetralogy of Fallot defect)과 같은 몇몇 다른 심장 결함과 관련되어 있다. "사지 결정" 절에서 설명했듯이, *TBX5*의 돌연변이는 위쪽 사지와 심장 둘 다의 결함을 보이는 홀트-오람 증후군(Holt-Oram syndrome)의 원인이 된다. 전사인자인 AP2를 암호화하는 유전자의 돌연변이는 대동맥과 폐동맥 사이에 동맥관개존(patent ductus arteriousus)과 관련된다. 주요 혈관을 형성하기 위한 중격 및 리모델링 과정에서 Notch 시스템의 관여는 알라질증후군(Alagille syndrome)을 통해 명백하게 알 수 있다. 이 증후군은 Notch 리간드 JAGGED1 유전자의 결핍과 관련되어 있으며, 팔로 4징후, 폐동맥 협착증(pulmonary artery stenosis), 담도폐쇄증(biliary atresia)과 연관되어 있다.

디죠지 증후군(DiGeorge syndrome)은 45개 또는 그 이상의 유전자를 동반하고 있는 22번 염색체의 결손으로 인해서 나타나는 복합적인 상황이다. 이들 유전자 중의 하나가 *TBX1*이다. *TBX1*은 심장의 유출관으로 신경능선 세포가 올바르게 이동하도록 하는 데 간접적으로 필요하며, 이것이 결핍될 때 증후군의 심장과 관련된 증상이 초래되는 것으로 여겨진다.

고전적인 실험

체절형성과 근발생

이와 관련된 Cooke와 Zeeman의 최초 논문에서 체절형성을 설명하기 위하여 시계-기반 모델(clock-based model)이 제안되었다. 처음에는 거의 무시되었으나 오랜 세월이 지난 후에 체절 진동자가 발견되었다(두 번째 논문).

한편, 체절세포 분화에 대한 이해는 전사인자 중 다른 유형의 세포를 근육세포로 재프로그래밍할 수 있는 첫 번째 "주조절자(주제어자)"인 MyoD 발견에 의해 한층 고양되었다.

Cooke, J., & Zeeman, E. C.(1976). A clock and wavefront model for control of the number of repeated structures during animal morphogenesis. *Journal of Theoretical Biology*, **58**, 455-476.

Palmeirim, I., Henrique, D., Ish-Horowicz, D., &Pourquié, O.(1997). Avian hairy Gene Expression Identifies a Molecular Clock Linked to Vertebrate Segmentation and Somitogenesis. *Cell*, **91**, 639-648.

Davis, R. L., Weintraub, H., &Lassar, A. B.(1987). Expression of a single transfected cDNA converts fibroblasts to myoblasts. *Cell*, **51**, 987-1000.

고전적인 실험

포유동물의 성결정

성 염색체의 발견 이래로, XO는 여성인 반면 Y 염색체가 하나 있고 다수의 X 염색체를 가진 개체는 남성인 것처럼, Y 염색체의 소유 여부가 수컷이 되는 데 필수적이라고 알려져 왔다. 그러나 아주 극소수의 XX가 남성임이 밝혀졌다. 그들은 Y 염색체에서 X 염색체로 성 결정 유전자가 전좌(translocation)되었기 때문이다. 역으로 아주 극소수의 XY가 여성인데, 이들은 Y 염색체에서 성 결정 유전자가 상실된 것이다. 이들 특이한 경우의 DNA에 제위치클로닝법(위치추적 목적 클로닝; position cloning techniques)을 사용하여 Sry 유전자를 찾았다. 생쥐를 이용한 연구에서 이 유전자가 제 위치에서 발현함이 밝혀졌고, 인간의 이 유전자가 유전적으로 암컷인 생쥐를 수컷(표현형)으로 만들 수 있다는 것이 밝혀졌다.

Gubbay, J., Collignon, J., Koopman, P. et al. (1990). A gene mapping to the sex-determining region of the mouse Y chromosome is a member of a novel family of embryonically expressed genes. *Nature*, **346**, 245-250.

Koopman, P., Münsterberg, A., Capel, B. et al. (1990). Expression of a candidate sex-determining gene during mouse testis differentiation. *Nature*, **348**, 450-452.

Sinclair, A., Berta, P., Palmer, M.S. et al. (1990). A gene from the human sex-determining region encodes a protein with. homology to a conserved DNA - binding motif. *Nature*, **346**, 240-244.

Koopman, P., Gubbay, J., Vivian, N. et al. (1991). Male development of chromosomally female mice transgenic for Sry. *Nature*, **351**, 117-121.

고전적인 실험

사지에서 극성화 활성대

ZPA는 발생학에서 고전적인 유도 신호 센터 중의 하나이다. 전-후 축을 따른 재특정화가 J.W. Saunder의 닭 사지싹 끝 부분 회전 이식 시험을 통하여 처음으로 제안되었다. 그러나 이 효과에 대한 해석을 형태형성인자의 농도 구배로 한 것은 Tickle 등의 첫 번째 논문에서 처음으로 대두되었다. 두 번째 논문에서 그들은 레티노산을 형태형성인자 후보군으로 제안하였으나, 세 번째 논문에서 Sonic hedgehog가 진정한 형태형성인자임을 밝혔다.

Tickle, C., Summerbell, D., &Wolpert, L.(1975). Positional signalling and specification of digits in chick limb morphogenesis. *Nature* **254**, 199-202.

Tickle, C., Alberts, B., Wolpert, L., & Lee, J.(1982). Local application of retinoic acid to the limb bond mimics the action of the polarizing region. *Nature* **296**, 564-566.

Riddle, R. D., Johnson, R. L., Laufer, E., & Tabin, C.(1993). Sonic hedgehog mediates the polarizing activity of the ZPA. *Cell* **75**, 1401-1416.

새로운 연구방향

대부분의 기관형성 연구는 치료를 위한 의학적 목적이 동기가 되어 왔다. 심장형성 전조세포의 동정과 분리는 손상된 심장의 세포 치료에 확산 적용할 수 있기 때문에 명백하게 흥미로운 것이다. 이를 신장에도 동일하게 적용할 수 있는데, 이는 이식할 신장이 수요에 비해 절대적으로 적기 때문이다. 손상된 기관을 재생할 수 있는 능력은 매우 의미 있는 것이다.

동맥과 정맥 상호 간의 분자 수준에서의 차이에 대한 이해는 조직공학에서 중요할 수 있다. 혈관 공급 없이는 기능을 제대로 수행하는 진정한 인공 기관을 만들어내는 것은 불가능하다. 그리고 모세혈관 형성 기반 구성에 관여하는 분자 인식 원리는 이러한 인공장기를 활성화함에 있어 절대적으로 중요하다.

생식세포 발생에 대한 더 많은 이해는 어린이나 젊은이의 미성숙 생식세포의 성공적인 보존이나 성숙을 가능하게 할 것이다. 암치료를 받는 개인에게 치료 후에 생식능력을 다시 갖게 하는 것은 매우 중요하다. 따라서 암 치료를 받는 사람이 치료 후 생식능력을 다시 회복하도록 재이식될 수 있다면 그 중요성은 두말할 나위가 없다.

기억해야 할 핵심 사항

- 척추동물의 체절은 앞쪽에서 뒤쪽으로 순서적으로 발생하는데, 이는 뒤쪽에서 앞쪽으로의 FGF 농도 구배에 의해 일어난다. 각 체절의 세포 수는 Hes/Her 패밀리에 속하는 bHLH 전사인자의 전사에 대한 피드백 억제에 기반을 둔 진동자에 의해 조절된다.
- 체절은 주변 조직으로부터의 유도 신호에 대응하여 근육, 척추, 진피 형성 영역으로 분할된다.
- 근육 분화는 MyoD 그룹의 bHLH 전사인자에 의해 일어난다. 개별 근원세포는 다핵성 근섬유들을 형성하기 위해 융합한다. 근섬유는 세포 분열이 끝난 상태이지만, 그와 연관된 위성 세포는 분열할 수 있어서 근육성장에 기여할 수 있다.
- 고등 척추동물의 기능성 신장은 후신이다. 이것은 신관으로부터의 요관싹과 후신형성 간충직(metanephrogenic mesenchyme) 간의 상호작용에 의해 형성된다. 중배엽성인 간충직은 GDNF 신호에 의해 요관싹의 분지를 일으키고, 요관싹은 Wnt9b, LIF를 포함하는 신호들에 의해 간충직으로부터 세관을 유도한다.
- 포유류에서 생식세포는 배외외배엽으로부터의 BMP에 의해 난원통의 상배엽에서 유도된다. 이들은 곧 요막 기저부를 지나고, 후장을 돌아 장간막을 타고서 생식 융기까지 이동한다.
- 생식소는 생식 융기로부터 발생한다. 수컷에서 SRY 단백질은 *Sox9*을 상향조절하고, *Sox9*은 수컷 발생에 필요한 유전자의 짝들을 조절하는데, 여기에는 뮐러관(Mülerian duct)을 억제하고 레이디히 세포에서 테스토스테론 생산을 활성화하는 데 필요한 것들이 포함된다. 암컷에서는 *Sry* 유전자가 없으므로, 수컷 발생경로가 없다. 대신, 뮐러관이 지속되어 암컷의 생식기관(도관)이 된다.
- 사지싹은 *Hox* 유전자 도메인에 의해 위치가 조절되는 측면의 체측중배엽에서 기원한다. 이들이 사지로 확립되려면, Wnt 신호, FGF 신호 및 T 박스 전사인자(Tbx5 또는 4)의 발현이 필요하다.
- 사지싹은 3차원적으로 비대칭인데, 이 패턴 형성을 조절하기 위해서는 세 가지 신호가 필요하다. 하나는 정단외배엽능선(apical ectodermal ridge, AER)으로부터의 FGFs와 연관되어 있다. 두 번째는 극성화 활성대(zone of polarizing activity, ZPA)로부터의 Sonic hedgehog(Shh)이다. 세 번째는 등쪽 표피로부터의 Wnt7a이다. Shh와 Wnt7a 모두 정단능선의 FGF 발현을 유지하는 데 도움이 되어 상호 피드백 시스템을 확립한다.
- 배아 적혈구의 형성을 선도하는 원시 조혈작용은 포유동물의 난황낭 또는 하등 척추동물의 배쪽 중배엽에서 일어난다. "완성된" 조혈작용은 성체의 혈액과 면역체계를 형성하며, 대동맥과 다른 중심 동맥들의 내피세포에서 시작된다. 그 후 조혈전구세포는 태아의 간으로 이동하고, 결국에는 골수로 이동한다.
- 초기 혈관의 형성(vasculogenesis, 혈관 형성)은 측판중배엽에서 일어나며, 후기 형성은 기존의 혈관이 성장(angiogenesis, 혈관신생)하는 것에 의한다. 혈관내피 성장인자(vascular endothelial growth factor, VEGF)는 혈관신생을 위한 주요 신호이다. 동맥과 정맥은 다양한 수용체 및 부착 분자의 발현에서 차이가 있으며, 이 상보성은 모세혈관계의 발생에 필수적이다.
- 심장은 2개의 대칭적인 중배엽 원기로 출현하는데, 중앙에서 융합하여 단순한 관을 형성한다. 유출관에는 신경능선세포가 포함된다. 4개의 구역으로 된 고등 척추동물의 심장은 다양한 격막의 형성, 심장관 비율의 재조정 및 주요 혈관의 삽입 부위 비율의 재조정을 통해서 단순한 관으로부터 발생한다. 주된 심장 결함은 심장 발생과 관련된 유전자의 특정 돌연변이와 관련된 것으로 알려져 왔다.

Chapter 18

내배엽성 기관의 발생

Development of endodermal organs

내배엽은 낭배형성 동안에 3배엽 중에서 가장 안쪽에 형성된다. 내배엽은 기관형성 과정 중의 장(gut)과 이 장의 팽창으로 형성되는 간, 이자, 호흡계의 내부를 감싸는 상피를 형성한다. 평활근, 결합조직, 혈관으로 구성되어 있는 이들 기관의 바깥쪽은 **측판중배엽**(**lateral plate**)에서 **체강**(**coelom**)이 형성될 때 장쪽에 위치하는 장측 중배엽인 **내장중배엽**(**splanchnic mesoderm**)에서 유래한다. 체측 중배엽과 표피는 **체측판**(**somatopleure**)이라 하며, 장측 중배엽과 내배엽의 조합은 **장측판**(**splanchnopleure**)이라 한다.

정상 발생

양막류에서의 장관(gut tube) 형성

닭 배반엽에서, 상배엽(epiblast)은 배아의 외내배엽인 **하배엽**(**hypoblast**) 위쪽에 위치한다(10장 참조). **최종 내배엽층**(**완성 내배엽, definitive endoderm**)은 낭배형성 동안 형성된 하부층으로, 원조(primitive streak)에서 이동해 온 세포가 배반엽 주변의 하배엽 세포를 대체한 것이다. 배반엽이 성장함에 따라 배 쪽으로 주름이 잡히므로 해서 앞쪽 끝부분에서 머리주름(두습, head fold)의 형성을 볼 수 있다(그림 18.1). 머리주름은 심장을 가슴쪽으로 가져오고 내배엽의 앞쪽 관을 형성해서 **전장**(**foregut**)을 형성한다. 이 관은 **앞쪽 창자개구부위**(**전장문, anterior intestinal portal**)에서 중장으로 열려 있으며, 이 시기의 세포는 편평한 상태를 계속 유지하고 있다. 얼마 후에 유사한 과정이 뒤쪽 끝부분에서 일어나 꼬리주름(미습, tail fold)이 형성되고, **후장**(**hindgut**)이 구성되며, 중장과 후장 사이의 연결점이 **뒤쪽 창자개구부위**(**후장문, posterior intestinal portal**)가 된다. 입은 3일째 배쪽 전장과 이를 덮고 있는 표피의 융합으로 형성되고, 후방 끝부분에는 **배설강**(**총배설강, cloaca**)이 형성된다. 배설강은 소화관, 요도, 생식수관과 열려 있는데, 이러한 상태는 조류와 파충류에서는 유지되지만 태반 포유류에서는 2개 또는 3개로 나뉘어진 형태로 연결된다. 전체 과정은 웹사이트의 동영상 21: "Early-stage amniote gut morphogenesis"에 묘사되어 있다.

성장과 형태형성을 위한 부위 이동으로 배아 외부 끝 부분 크기가 커지게 되어 내배엽의 열린 잔여 영역이 빠르게 줄어든다. 4일째에 열린 내배엽 부분은 난황덩어리에 연결하는 **난황장관**(**vitellointestinal duct**)으로 중장에 연결된다. 장이 닫힘으로써, 양쪽 측면에 있던 장측중배엽이 근접하게 되고 융합하여 배쪽과 등쪽의 장간막을 형성한다(그림 18.2a, b). 심장, 간, 배설강 부근의 배쪽 장간막을 제외한 다른 부위의 배쪽 장간막은 소실되는 반면에, 등쪽 장간막은 지속되며 성숙한 소화관을 잡아 준다. 이 과정은 표피에 의해 지속되고, 장 주변을 중배엽이 감싸 배쪽 체벽을 형성한다(그림 18.2c). 결과적으로, 이것은 난황장관을 포함한 배아외막, 즉 난황 혈관 그리고 **요막**(**allantois**)에 연결된 제대관(umbilical tube)을 제외하고는 완전해진다. 요막은 후장에서 배쪽으로 자라나온 것이다(그림 18.1b). 둘째 날부터 이것은 배아 바깥쪽으로 자라서 양막강 내로 자라고, 장막과 융합하여 **장뇨막**(**chorioallantoic membranes**)을 형성한다(그림 10.7 참고). 요막은 혈관이 매우 잘 발달한 막으로, 이것은 후기 배아시기에 알껍질을 벗겨 열었을 때 즉시 눈에 보이는데, 부화 이전까지 중요

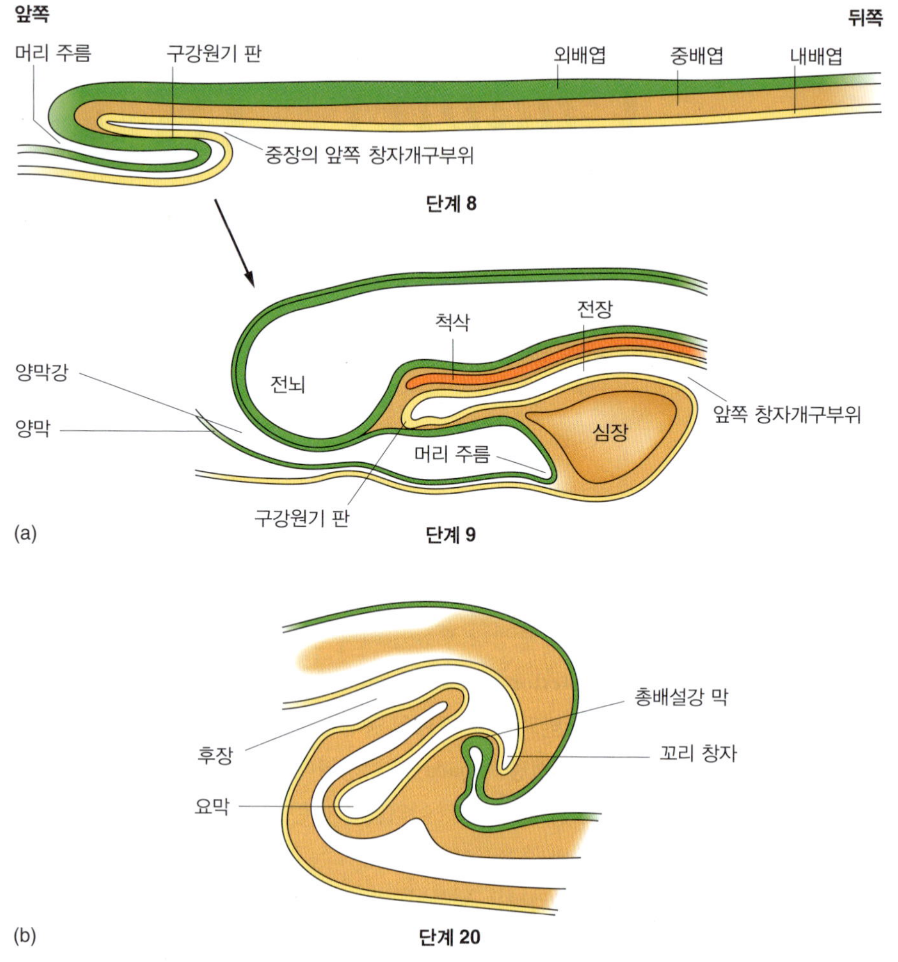

그림 18.1 닭 배아에서 전장과 후장의 형성. (a) 머리 주름(접힘)과 전장의 형성. (b) 후장의 형성(후반기 단계). (인용) Academic Press의 허락을 받아 Osmond(1998) *The Atlas of Chick Development*의 그림을 재구성함.

한 호흡기관으로서 기능한다. 요막 자루와 요막 혈관은 제대관에 포함되기 시작한다. 닭의 부화 배양 후 약 4일째에 장은 완전한 관 형태로 되고, 10장에서 소개된 좌-우 비대칭 체계에 의해 조절되는 비대칭적인 나선형 꼬임을 시작한다. 또한 다양한 기관 원기의 모양과 크기 측면에서 몇몇 지역적 패턴을 보여주기 시작한다(그림 18.3). 요막과 관련하여, 생쥐의 요막은 닭과 사람의 것과는 다르게 중배엽으로만 구성된다.

다른 양막류에서 진행되는 사건과 장 형성의 전반적 구조는 닭과 상당히 비슷하다. 생쥐에서 최종적인 내배엽이 배아원통 바깥으로 배쪽의 가늘고 긴 조직 조각으로 자라고 내장 내배엽과 경계를 짓는다. 이것은 11장에서 소개된 **"회전(turning)"** 과정의 도움을 받아서 닭에서와 유사한 방법으로 전장과 후장 주머니로 포함되게 된다. 앞서 보았듯이, 생쥐 배아의 요막이 중배엽으로만 구성되어 있어도 태반을 구성한다.

장관의 조직화

인두 부위에서 **인두낭(pharyngeal pouches)**이 형성되는데, 표면 외배엽에 형성되는 세궁(아가미궁, branchial arches)(인두궁으로 분화가 일정부분 진행된 후의 이름)과 나란히 배열하고 있다(16장). 인두낭에는 4개의 주요 낭이 있는데, 이들 낭은 내배엽 유래물질의 체절적인 배열과 관련되어 있고, 일부 종에서는 하나 또는 2개 이상의 흔적적인 낭을 갖는다(그림 18.4). 제1 인두낭에서 유래한 싹은 중이의 내강과 유스타키오관(Eustachian tubes)을 형성하는 반면에, 제1 인두낭과 제2 인두낭 사이의 배쪽 정중선은 갑상샘(thyroid gland)을 형성한다. 제3과 제4인두낭 쌍은 흉선과 부갑상선을 형성한다. 제4인두낭 쌍은 후세체(아가미끝소체, ultimobranchial body)를 형성한다. 포유류에서, 제2 인두낭 쌍은 편도(tonsil)가 된다. 제4 인두낭 반대쪽인 배쪽 정중선 부위에서 후두기관 홈(laryngotracheal groove)이 형성되는데, 함입해서 한 쌍의 기관지 형성싹 및 폐 조직 형성싹을 형성한다. 인두 바닥의 대부분은 혀가 되는데, 혀는 주로 머리 중배엽에서 유래한 근육으로 구성된다.

장관의 국지적 분화는 그림 18.5에서 보여주고 있다. 전방에서 후방으로 순차적으로, 인두 부위가 처음으로 위치하고 그 다음에 초입 부위는 원주형 상피가 덧대어져 있으며, 후방부에는 단층 편평상피로 덧대어져 있는 식도가 온다. 그 다음에 위가 오는데, 상피가 샘이 되고 염산과 펩신을 분비하게끔 특화된다. 위의 출구는 유문괄약근(pyloric sphincter)으로 소장과 연결되며, 소장은 배아 시기에는 원주형 상피이지만 성숙하면 장샘과 장융모의 배열로 분화하는데, 20장에서 자세히 설명한다(그림 18.6). 성숙한 동물에서, 식도-위의 연결 부위와 위-창자의 연결 부위는 공통 세포층에서 유래한 상피세포의 유형이 현격하게 달라짐에 따라서 다른 성격을 보이는 신체에서 몇 개 없는 매우 독특한 부위이다.

소장의 첫 번째 부분은 십이지장(duodenum)으로 불리우며, 이것은 간과 췌장에 연결되어 있고 고리 형태를 형성한다. 간은

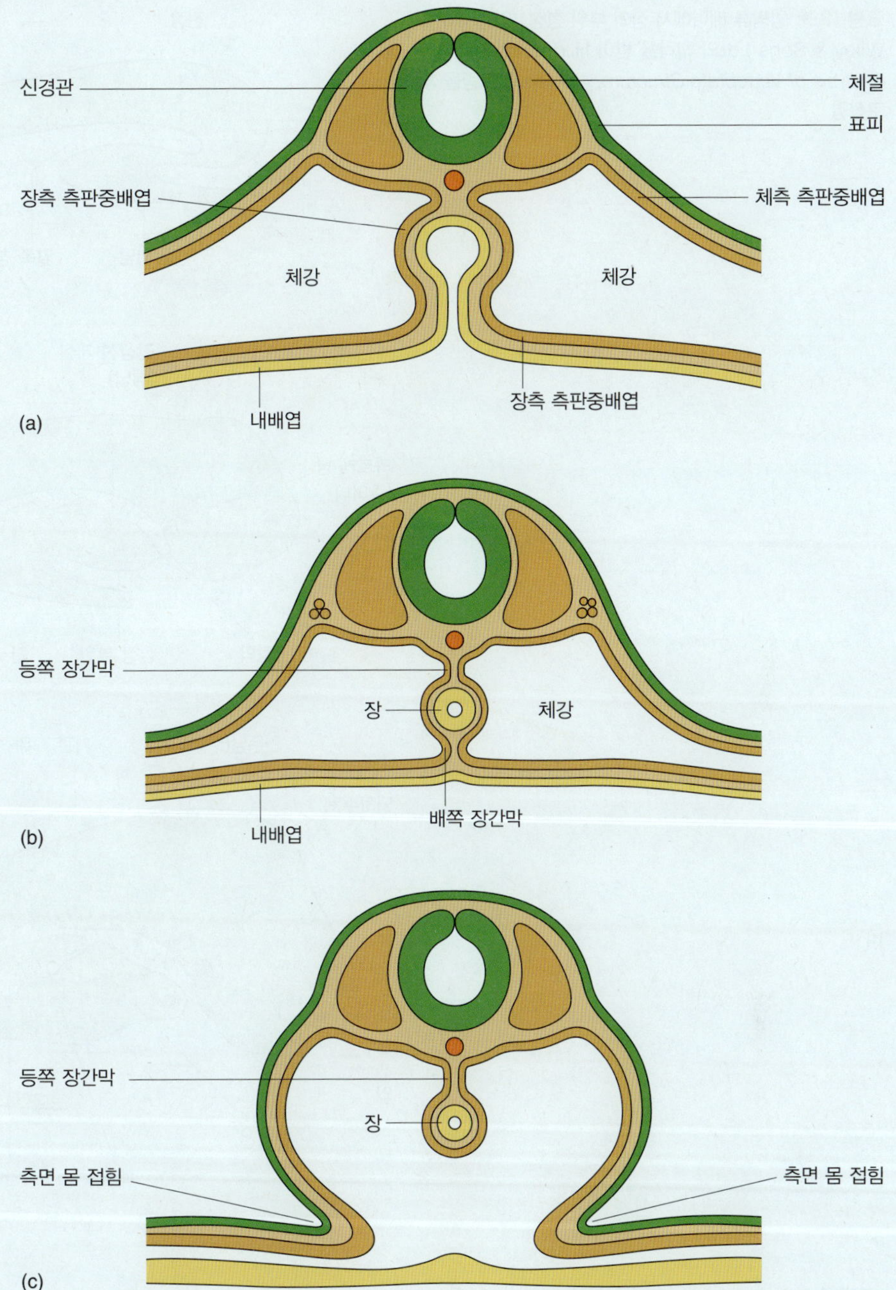

그림 18.2 닭 배아에서 몸의 배쪽 폐쇄와 장의 동봉. (a-c) 배양 3일째의 중장과 후장 사이의 횡단면. (인용) Academic Press의 허락을 받아 Bellairs and Osmond (1998) *The Atlas of Chick Development*의 그림을 재구성함.

내배엽 상피가 배쪽으로 돌출하여 자란 것으로, 전장에서 이 부위가 형성된 이후에 곧이어 배쪽 장간막 부분으로 확장된다. 이 부분의 중배엽은 포유동물에서 **횡중격(가로중격, septum transversum)**이라고 불린다. 췌장은 큰 등쪽 싹과 작은 배쪽 싹(닭에서 배쪽 싹은 한 쌍임)으로부터 발생한다. 이들은 함께 이동하고 융합하여 나중에 1개의 기관으로 발생한다. 배쪽 췌장은 간에 바짝 붙어 있고, 배쪽 췌장관은 간의 관과 융합하여 공통 담즙관을 형성한다. 소장의 좀 더 뒤쪽 부분은 공장(jejunum)과 회장(ileum)이라고 불린다. 소장과 대장(또는 결장, colon) 사이의 연결 부위는 창자 상피로 덧대어 있는 끝이 막혀 있는 낭인 맹장(ceca)인데, 이는 돌출된 구조로 특징지어진다. 성숙한 대장의 주된 상피는 소장의 상피와 유사하지만, 움푹 들어간 곳인 움(cypts)에 파네스 세포(Paneth cells)가 없고 융모도 없다. 대장의 뒤쪽 끝은 직장(rectum)이 되며, 포유동물에서는 항문괄약근(anal sphincter)을 통해서 외부와 연결되어 있다.

성숙한 장에서 전장, 중장, 후장이라는 단어가 계속 사용되고

그림 18.3 양막류 배아에서 장의 부위 형성. (인용) Johb Wiley & Sons Ldt의 허락을 받아 Hildebrand (1995) *Analysis of Vertebrate Structure*, 4th edn의 그림을 재구성함.

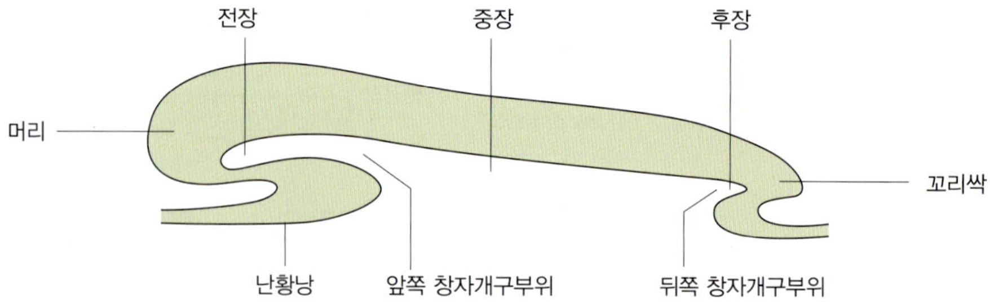

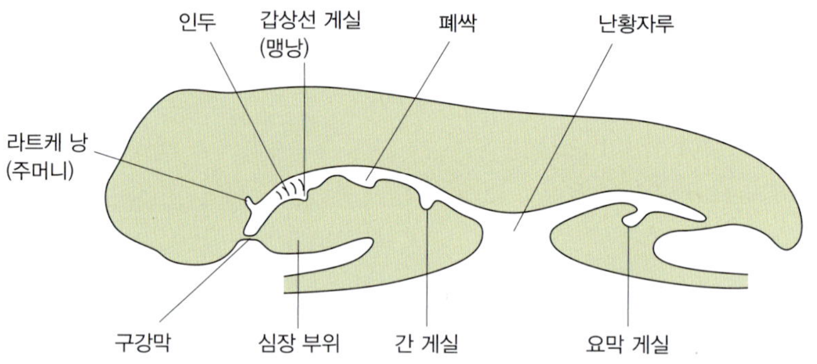

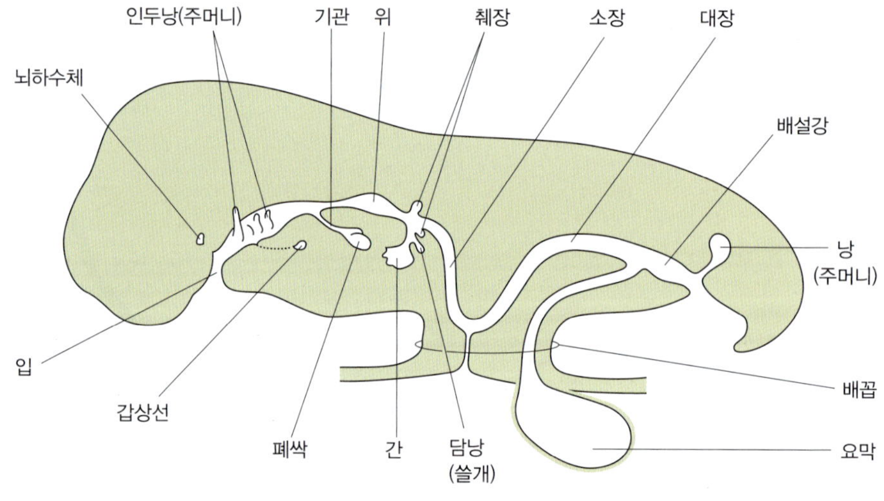

있지만, 장관이 형성되는 동안 이들의 경계가 이동했기 때문에 앞쪽과 뒤쪽 장 출구로 제한된 장 체절과는 더 이상 관련이 없다. 관습적으로 후기 단계에서 **전장**은 췌장과 간까지 확장되고, **중장**은 소장과 대장 사이의 접합부까지 확장된다.

이러한 설명은 대부분의 양막류 척추동물에서 일반적이지만, 실험적으로는 닭과 생쥐에서 많이 수행되었으며, 이 둘은 상당 부분 똑같지 않다. 다음의 점검표는 차이점에 대하여 파악을 하는 기준을 제공해 준다.

- 생쥐에서는 두 번째 인두낭에 편도가 있지만, 닭은 그렇지 않다.
- 생쥐에서는 후새체가 갑상선의 C(칼시토닌) 세포로 편입되지만, 닭은 서로 분리된 채로 유지한다.
- 생쥐 폐는 허파꽈리를 갖지만, 닭의 폐는 멀리 떨어져 있는 공기주머니로 연결된 망상채널이다.
- 닭은 식도의 특수화로 모이주머니를 형성하지만, 생쥐는 그렇지 않다.
- 닭은 샘이 있는 **전위(proventriculus)**와 근육성인 사낭(모래주머니, gizzard)으로 나뉜 위를 가지지만, 생쥐는 사낭이 없다.
- 생쥐 배아의 간은 주요 조혈기관이지만, 닭에서는 그렇지 않다.
- 닭은 한 쌍의 배쪽 췌장싹을 가지지만, 생쥐는 하나 만을 가진다.
- 생쥐는 소장과 대장 사이에 하나의 큰 맹장(cecum)을 갖고, 닭

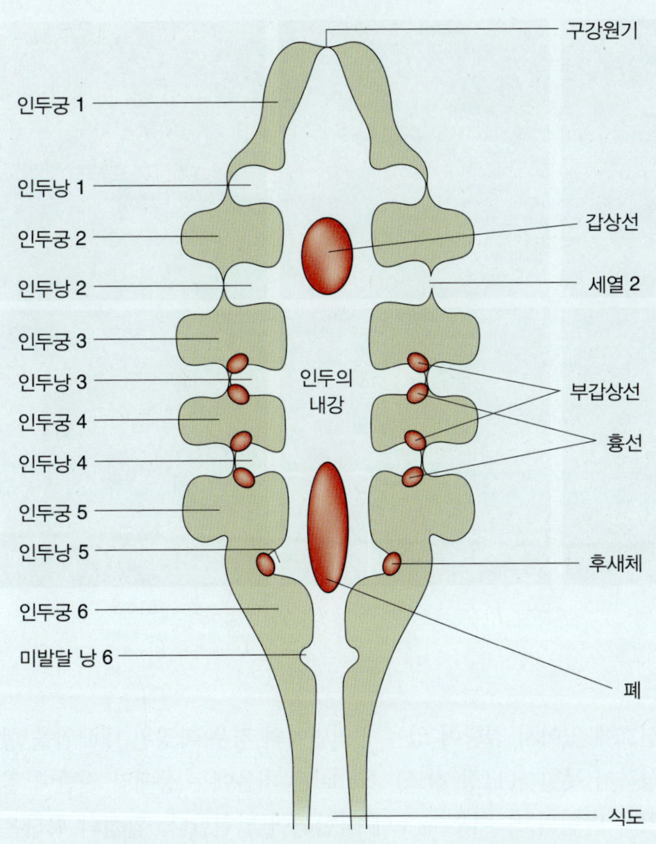

그림 18.4 닭 배아에서 인두 부위의 내배엽이 바깥쪽으로 성장하는 부위.

은 2개의 작은 맹장을 가진다.

- 닭은 총배설강 근처에 위치한 B 림프구를 생산하는 파브리키우스 소낭(bursa of Fabricius)을 가지지만, 생쥐는 그렇지 않다.
- 닭은 1개의 **총배설강**을 가지지만, 생쥐는 비뇨생식 구멍과 소화 구멍으로 서로 나뉘어졌다.

내배엽의 운명지도

닭에서, 내배엽의 운명지도는 매추라기 조직의 **동소이식편(orthotopic grafting)**과 DiI의 소량 세포외 주입 후 장관이 닫힐 때까지 체외 배양하는 방법을 포함한 여러 방법을 이용하여 작성되어 왔다. 또한 비교 연구가 생쥐와 제노푸스를 대상으로 진행되어 왔다. 예상하는 바와 같이, 이들 간에 폭넓은 전-후방 상호관계의 보존이 있어 앞쪽 내배엽은 전장이 되고, 중간지역의 내배엽은 중장이 되며, 뒤쪽 내배엽은 후장이 된다(그림 18.7a). 초기 내배엽은 열린 편평한 층이어서 이것의 정중선이 장관의 등쪽 정중선이 되고, 운명지도 상에서 등쪽 췌장싹이 정중선 상에 있는 것처럼 보인다. 간과 같은 배쪽 정중선 구조물들은 확정된 내배엽 언저리에서 기원하는데, 내배엽 언저리의 앞쪽과 뒤쪽 개구부가 서로를 향해 이동하면서 진행된다. 이는 배쪽에서 형성되는 기관 싹들이 종종 쌍을 이루는 이유이다.

운명지도에서 중요한 특징 한 가지는 내배엽이 될 것으로 예상되는 지역과 **장측 중배엽(splanchnic mesoderm)**이 될 것으로 예상되는 지역 사이의 관계이다(그림 18.7b). 중배엽 내 예상 부위는 횡으로 배열되는 경향이 있는 내배엽 예상 부위와 꽤 다르다. 이것은 장관이 닫히는 과정과 배쪽 체벽이 닫히는 과정에서 2개의 배엽 층의 이동과 상당한 관련성이 있다. 장 발생에서 중요한 점은 중배엽과 내배엽 사이의 유도 상호작용으로, 운명지도는 장관이 형성되는 과정 중에 내배엽의 특정 지역이 여러 다른 지역의 중배엽과 작용한다는 것을 명확하게 보여준다. 이것은 내배엽의 특수화는 다른 간충직과 접촉하면서 바뀐다는 것을 의미한다.

그림 18.5 닭 장관의 부위별 조직 유형의 형성.

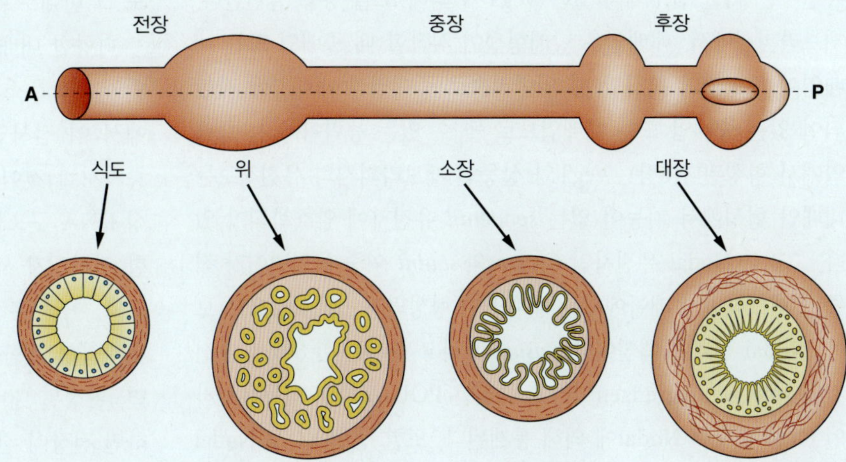

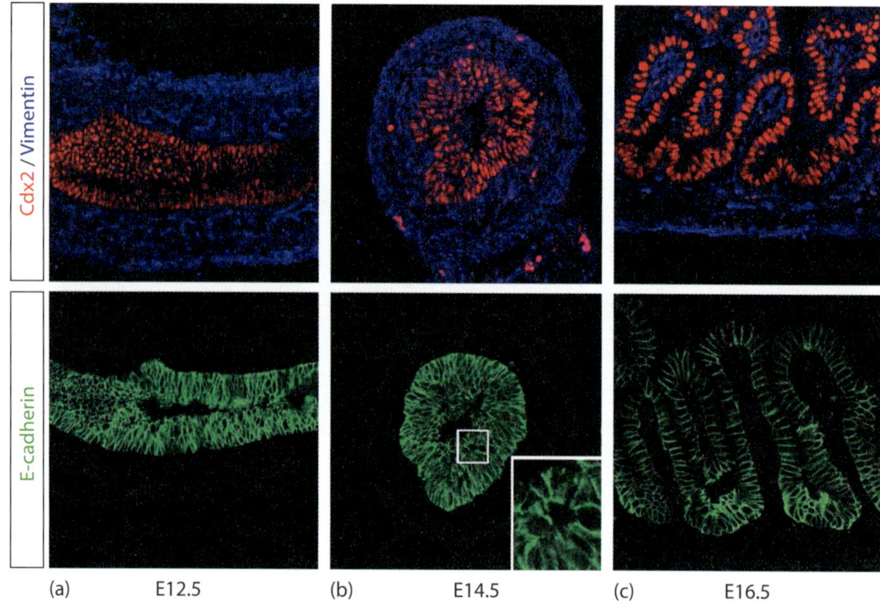

그림 18.6 생쥐 소화관의 발생. 빨간색은 장 표지물인 전사인자 Cdx2를, 파란색은 간충직 표지물인 vimentin을, 초록색은 상피의 부착 분자를 표지하는 E-캐드히린을 면역염색한 것이다. (a) 초기 단계로 소화관은 단순 원주형상피 관이 간충직으로 둘러싸임. (b) 다층의 상피세포화. (c) 상피가 움(crypts)과 융모로 됨을 분석. (인용) John Wiley & Sons Ltd 허락을 받아 Spence *et al.*, *Dev Dynamics* 2011; 240: 501-520의 그림을 재구성함.

내배엽 발생의 실험적 분석

내배엽 결정

내배엽 형성 초기는 주로 제노푸스와 제브라피시에서 연구되어 왔다. 제노푸스에서, 내배엽은 식물반구로부터 형성되는데, 32-세포기에서 가장 배쪽에 있는 할구 8개로부터 형성된다(8장 참조). 내배엽은 난자형과 과정 동안에 식물극에 축적된 전사인자인 VegT의 모체 유래의 mRNA의 존재로 인해 형성된다. VegT 산물은 그 이후의 다양한 전사인자 유전자들, 즉 *Sox17α*와 *-β*, *Mix1*, *Mixer*, *GATA1-4* 등을 활성화시킨다. 이들 중 몇몇은 VegT에 의해 직접적으로 증가하지만, 나머지는 유도신호를 필요로 한다. 특히 *Mixer*와 *GATA4*의 발현은 Nodal 신호를 필요로 하고, *Nodal* 유전자는 식물 반구에서 있는 VegT에 의해 조절 상승 발현한다. 제브라피시에서, 내배엽은 낭배형성이 시작할 때 중배엽 또는 내배엽이 형성되기 시작할 때 일반적으로 중배엽과 내배엽에 제한되어 있는 중배엽 또는 내배엽으로 될 수 있는 능력이 있는 중배엽에서 형성된다(8장). VegT와 상동인 제브라피시의 유전정보는 내배엽 형성에서 기능이 없는 *spadetail* 유전자에 암호화되어 있다. 그러나 Nodal 유전자인 *Cyclops*와 *squint* 이중 돌연변이가 적중된 제브라피시 배아에서는 내배엽이 형성되지 않는 것으로 보아, Nodal 신호가 핵심이다. *casanova*라고 불리는 한 Sox계 유전자와 spiel-ohne-grenzen이라고 불리는 POU 도메인 상동유전자인 Oct4는 모두 Nodal에 의해 통제된다. 또한 생쥐에서도 Nodal 신호에 있어서 결함이 있는 돌연변이의 경우 확정된 내배엽을 형성하지 못한다(11장 참조). Nodal은 처음에는 상배엽 전반에 걸쳐서 발현되고, 이후 원조에 국한되어 발현한다. 활성의 확산은 Nodal의 표적 중에 하나인 *Lefty* 때문에 제한되는데, 왜냐하면 *Lefty*는 Nodal보다 더 빨리 확산되는 Nodal 억제제를 암호화하고 있기 때문이다. 그러므로, Nodal은 근처 부위에서만 활성을 갖고 먼 부위에서는 억제된다. 배아줄기세포를 이용한 연구에서 중배엽성 표지자와 내배엽성 표지자 모두를 발현하는 세포가 일시적으로 존재함이 밝혀졌다. 이것은 **중내배엽(mesendoderm)**이라고 불려 왔다. 이들 세포의 강력한 이행 특성은 몇몇 전사인자들 간의 강력한 상호 억제 때문에 나타난다. 예를 들면, 중배엽 성격의 Brachyury(= tbxt)는 내배엽 성격의 *Mixer* 발현을 억제하고, 또 그 반대로 서로 간에 억제한다.

다양한 내배엽성 전사인자들은 상당한 상호의존성을 보여준다. 만약 제노푸스의 동물극 쪽 세포뭉치인 동물극 모자(animal cap)에서 이 전사인자들이 과발현되면, 다른 인자의 발현을 최고로 증가시킬 것이고, engrailed 억제 도메인으로 만들어진 우성 음성 DNA 구조물을 주입하면 내배엽 발생이 억제될 것이다. 유사한 전사인자 세트가 제브라피시와 생쥐의 초기 내배엽에서 발현되고, 이들 유전자에서의 돌연변이는 다양한 정도 차이를 보이는 내배엽성 결함을 보인다. 예를 들어, 생쥐에서 *Miixl1*이 적중되면, 확정된 내배엽(definitive endoderm)이 없고, *Foxa2*를 적중하면 전장이 결여되며, *Sox17*의 적중은 중장과 후장이 결여된다.

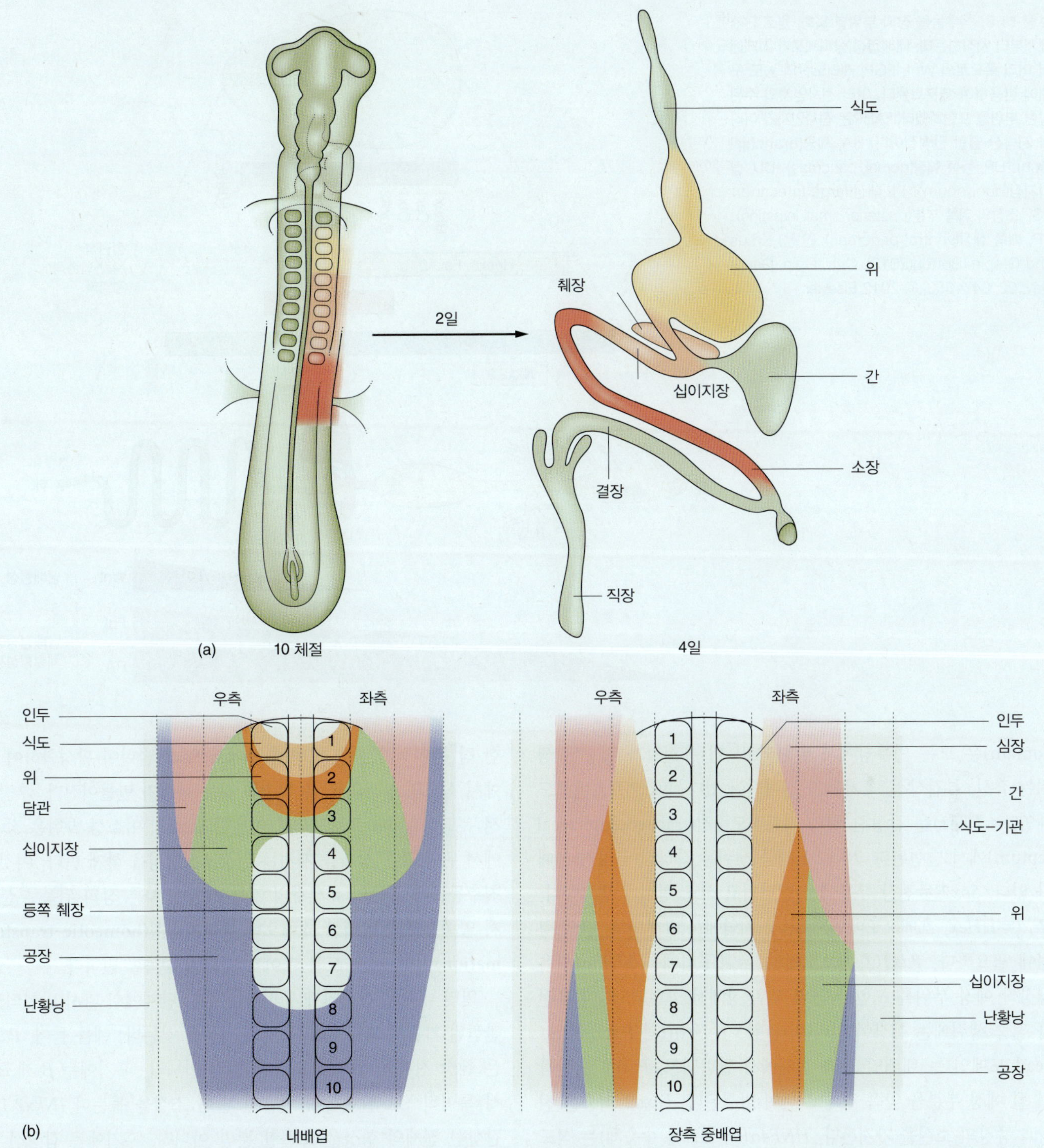

그림 18.7 (a) 닭 내배엽의 운명지도. (인용) (Kumar et al. *Developmental Biology* 2003; **259**, 109-122 변형). (b) 1.5일 배아 단계에서 내배엽과 내장 중배엽의 운명지도 간의 불일치. (인용) Matsushita, *Roux's Archives of Devel Biol* 1996; 205; 225-231의 그림을 변형).

지역적 특정화

"내배엽 결정" 절에서 언급된 전사인자는 특정 유형의 상피나 기관의 특성을 규정하기보다는 내배엽 층으로서의 특성을 갖도록 하는 것이다. 내배엽의 각 특이적인 부위에서 발현되는 많은 전사인자들이 있다(그림 18.8). 이들 중 몇몇은 돌연변이 표현형 때문에 부위별 특수화에 있어서 중요하다고 알려졌다. *Pax9* (paired

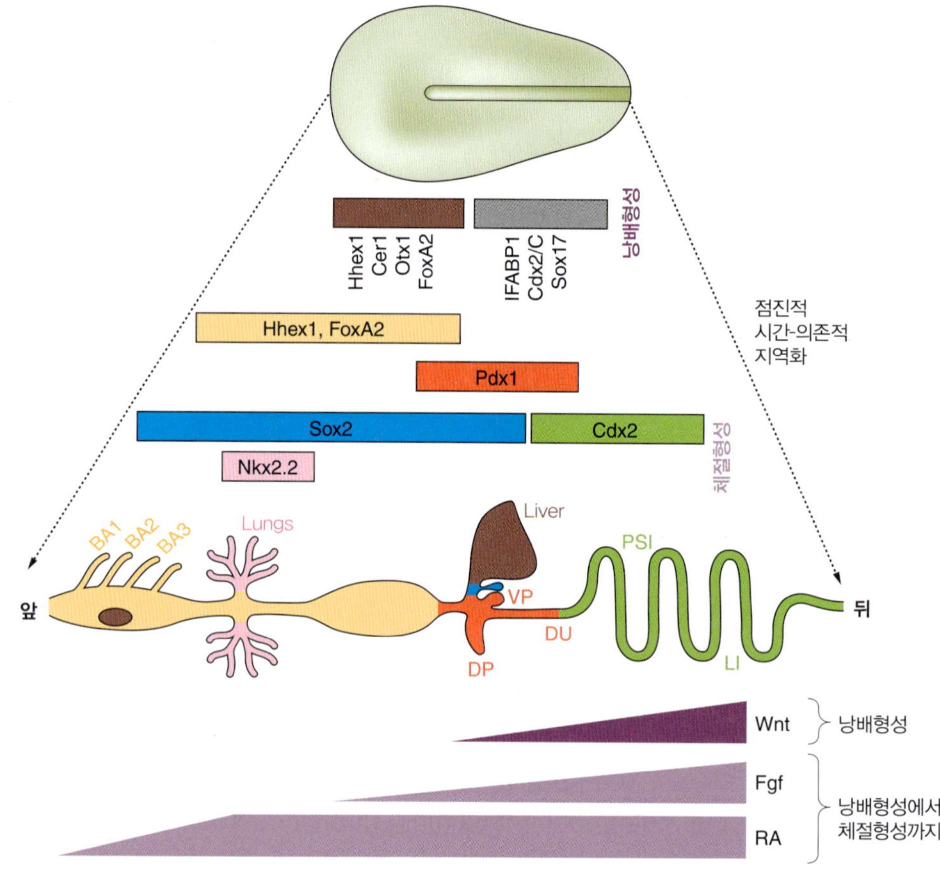

그림 18.8 척추동물 장의 부위별 특화. 원조 단계에서부터 시작하는데, 내배엽성 상피세포가 꼬리에서 머리 쪽으로의 Wnt, FGF, 레티노산의 농도 구배에 반응하여 세분화된다. 여러 전사인자의 주된 발현 부위를 표현하였다(IFABP는 전사인자가 아니라 지방산 결합 단백질이다) BA, 세궁(branchial arch); DP, 등쪽 췌장(dorsal, pancreas); DU, 십이지장(duodenum); LI, 대장(large intestine); PSI, 소장의 뒤쪽 부분(posterior small intestine); VP, 배쪽 췌장(ventral pancreas). (인용) Kraus and Grapin-Botton(2012). Curr. Opin. Genet Dev. 22, 347-353. © 2012 Elsevier.

domain)은 모든 인두낭에서 발현되고, 이 유전자가 적중된 생쥐는 흉선, 부갑상선, 후세체가 결여되어 있다. *Nkx2.1*(호메오도메인, = *TTF1*)은 갑상선 싹과 기관식도중격(tracheoesophageal septum)에서 발현된다. *Nkx2.1* 적중 생쥐는 갑상선이 없거나 폐가 없다. *Sox2*는 전장 부분에서 발현되고 식도 형성에 필요하다. *Hex*(= *HHex*, 호메오도메인)는 전장 지역에서 발현되고, 간의 형성에 필요하다. *Pdx1*(호메오도메인, = 개구리에서 *XlHbox8*)은 췌장싹 예정 부위를 포함한 근위 부위 장에서 발현되고, 이 유전자 적중 생쥐에는 췌장이 없다(아래 참고). *Foxa1*과 *Foxa2*(forkhead 도메인)는 내배엽 상피 전체에서 발현되고, *Foxa3*는 간싹이 될 예정 부분을 앞쪽 경계로 하여 발현된다. *Foxa2* 적중은 전장과 중장의 소실을 가져온다. *HNF4α*(핵 호르몬 수용체)는 식도와 위의 연결부(esophageal-gastric junction) 예정 부위 뒤쪽에서 발현된다. *Cdx2*(호메오도메인, = 닭에서 *CdxC*)는 장의 대부분에 해당하는 장의 후방 부위에서 발현된다. 생쥐에서, 위장 연결부는 *Sox2* 발현 끝 부위와 *Cdx2*이 발현되는 앞쪽 경계 부분이다. *Cdx2* 유전자 발현 산물은 영양배엽에 필요하기 때문에 이를 적중하면 초기 배아 시기에 죽지만, *Foxa3-Cre* × *floxed Cd2*를 이용한 장 특이적 적중을 하면 후장에서 *Sox2* 발현이 활성화하여 장에서 식도의 상피와 같은 상피를 갖는 생쥐가 만들어진다. 후장에서 유도성 *Villin* 프로모터를 이용한 Sox2의 이소성 발현은 장 내에서 위와 같은 상피를 가지는 전장조직형성을 하게 한다. 이것은 척추동물에서 단일 유전자의 기능 상실에 따른 장의 뒤쪽 부분에서 앞쪽으로의 명백한 **호메오틱 유전자변형(homeotic transformation)**이며, 매운 드문 예이기 때문에 주목할 만하다.

몇몇 내배엽 전사인자 유전자는 후기 단계에서 다시 발현되고, 관련된 기관의 최종 분화 동안에 기능을 갖는다. 예를 들어, *Pdx1*은 췌장 전체의 형성을 조절할 뿐만 아니라, 후기에는 β-세포에서 특이적으로 발현하여 인슐린 발현 조절을 돕는다. *Nkx2.1*은 갑상선 전체의 형성을 조절할 뿐만 아니라, 후기에는 갑상선 특이적 유전자인 티로글로불린(*thyroglobulin*)과 갑상선과산화효소(*thyroperoxidase*) 유전자 발현을 조절한다.

많은 전사인자들이 또한 내배엽성 상피보다는 장측 중배엽에서 지엽적으로 발현된다. 몇몇은 중배엽 분화에 직접적으로 영향을 준다. 예를 들어, 전체 HoxD 그룹(*d1*과 *d3* 제외)의 소실은 중배엽에서 형성되는 근육 구조의 하나인 회맹부 괄약근(ileocecal

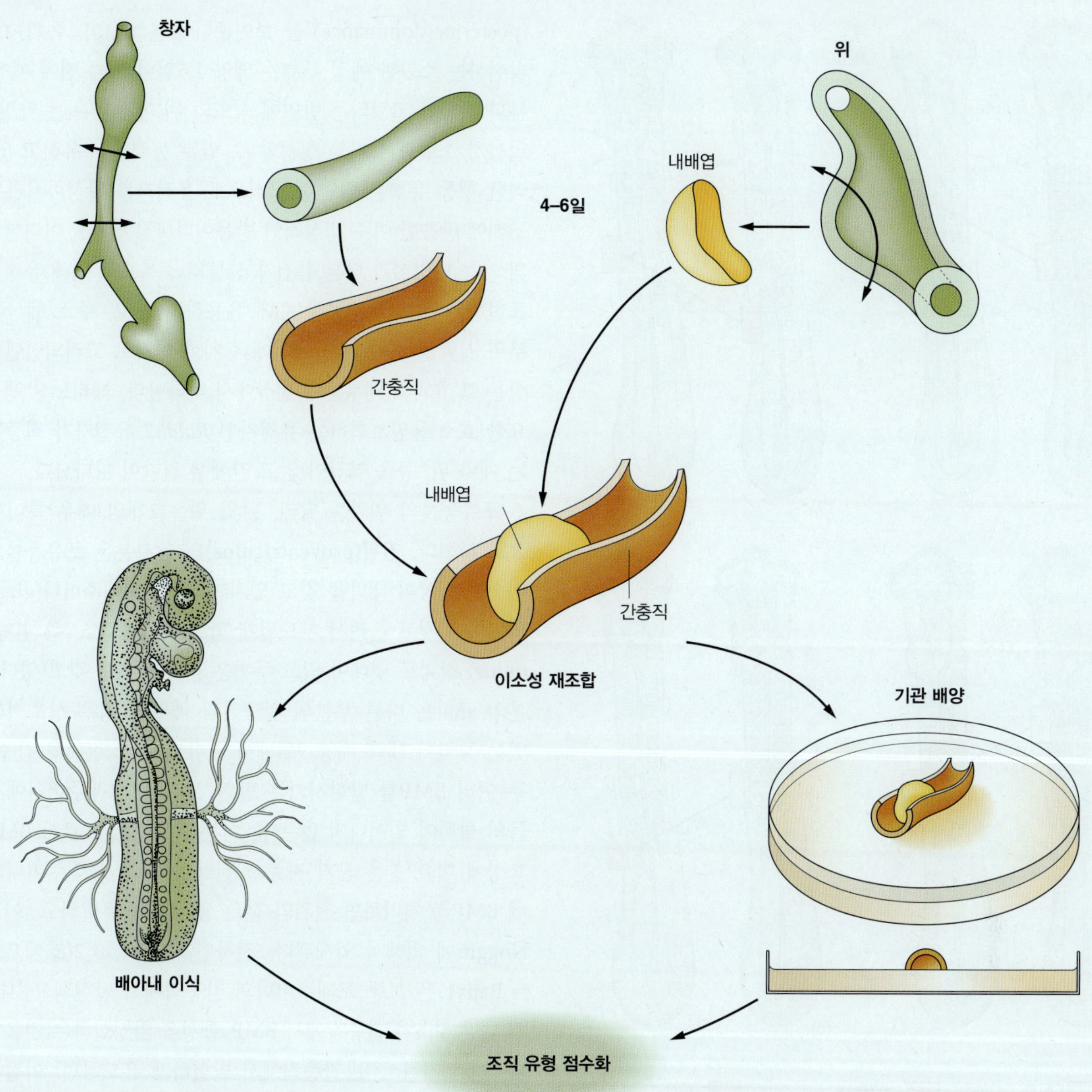

그림 18.9 닭 배아 장의 내배엽과 간충직 간의 재조합 실험 모식도.

sphincter)의 소실을 유발할 것이다. 다른 것들은 아마도 내배엽의 부위별 패턴을 조절하는 중배엽 유래의 지엽적 유도 신호들을 조절함에 있어서 중요하다(아래 참조). 예를 들어, 레트로바이러스를 이용하여 중장 간충직의 *Hoxd13* 이상 발현을 유도하면, 중장의 상피가 소장의 상피보다는 대장의 상피 형으로 발생하는 원인이 된다.

상피 간충직 상호작용

원시 장관 배아 시기 때, 장측 중배엽은 표피관 주변에 미분화된 상태로 느슨하게 묶여 있는 단일층을 이루고 있기에 **간충직(mesenchyme)**이라고 불린다. 간충직과 발생 중인 장의 다른 부분에서 유래한 상피를 재조합하는 고전적 재조합 실험에서, 간충직이 내배엽의 국지적 특정화에 중요하다는 것이 밝혀졌다(그림 18.9). 그러나 상황은 이보다 더 복잡하다. 위에서 언급된 운명지도 실험을 통해서 보여주고 있는 간충직과 상피의 연속적인 상대 변이와 내배엽으로부터 간충직으로 전달되는 많은 신호들이 있기 때문에 매우 복잡해서, 장의 각 영역은 국부적 및 상호작용의 복잡한 조합 결과로 특정 조직 유형이 결정된다.

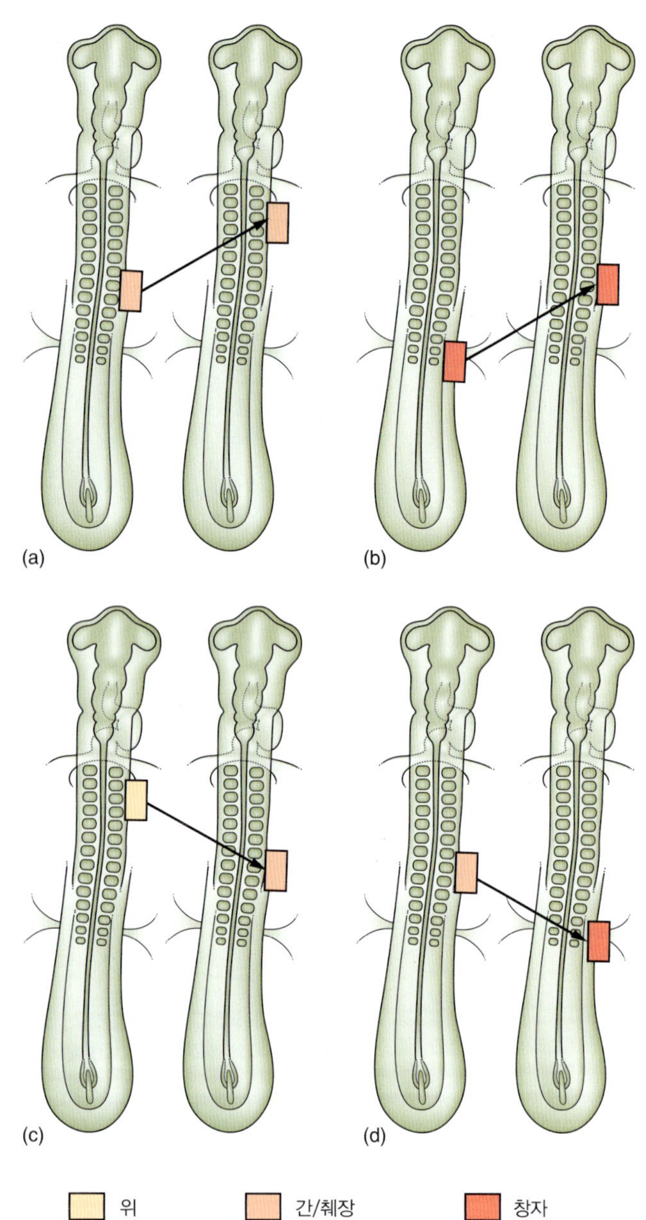

그림 18.10 후방부 우위를 보여주는 닭 배아내 이식 실험. (a) 간/이자 예정 부위의 앞쪽으로의 이식 (b) 장 예정 부위의 앞쪽으로의 이식. (c) 위 예정 부위의 뒤쪽으로의 이식. (d) 간/이자 예정 부위의 뒤쪽으로의 이식. 색깔은 그림 18.7a에 나타난 구조를 표지함.

초기 상호작용은 넓은 범위에서 일어나고, FGF와 Wnt 같은 몸 패턴에 관여하는 동일 후위화 신호들에 의해 매개된다. 이들은 *Cdx* 유전자의 발현을 유도하고 유지하며, 후에 중장 또는 후장에서 *Hox* 유전자의 발현을 조절한다. 닭 배아의 장을 이용한 재조합 실험은 전방 부위 내배엽이 후방 부위 중배엽과의 접촉에 의해 후위화될 수 있지만, 후방 부위 내배엽은 전방 부위 중배엽과의 접촉에 의해 전위화를 위한 재프로그래밍이 되지 않는 "후방부 우세(posterior dominance)"를 보여준다(그림 18.10). 특히, *CdxA*를 발현하는 소화관 예정 부위는 배양 1.5일이 되기 전에 예정화, 즉 분화 수임이 고정되는 반면에 식도와 위 예정 부위는 약 배양 4.5일까지 소화관 상피를 형성할 수 있는 능력을 소유하고 있다. 이러한 행동 유형은 쌍안정 방식으로 유전자를 활성화시키는 농도 구배에 반응한 아주 정상적인 반응이다(4장 참조). 이러한 인자들의 기능 다양성과 다른 유전자 산물의 중복으로 인해 유전자 적중 표현형은 정보를 제공하는 데 유용하지 않고, 주로 예상된 후방 부위 결함을 보여준다. 예전에 후위화 인자로 고려되었던 레티노산은 그 효과의 대부분이 전장에서 나타난다. 레티노산 생성에 필요한 효소를 암호화하는 유전자인 *Raldh2* 유전자가 적중된 생쥐는 폐와 위, 등쪽 췌장이 없고 간에서 결함이 나타난다.

포유동물의 위와는 달리, 닭의 위는 2개의 매우 특이한 부분으로 나뉜다. **전위(proventriculus)**의 앞부분은 포유동물의 위와 비슷한 선상피 내막을 갖고 있지만, 뒤쪽 **모래주머니(gizzard)**는 먹이를 휘젓고 불려서 부드럽게 할 수 있는 구조, 즉 **편평(squamous)** 상피로 덧대어 있고 두꺼운 근육층 벽을 갖고 있다. 이 부분의 표피는 다른 부분의 간충직과 배양할 경우 상호전환될 수 있는 능력이 대략 배양 9일째까지 유지된다. 전위의 간충직세포는 여러 BMP를 발현시키는 반면, 식도와 모래주머니에서는 이들의 발현이 일어나지 않는데, 이는 유도성 신호로서 BMP의 중요성에 대한 좋은 근거 자료가 된다. 식도나 모래주머니의 표피에 BMP를 처리하면 전위와 같은 샘 분화를 유발하고, 이 효과는 Noggin에 의해서 억제된다. 전사인자인 Nkx3.2(호메오도메인, = Bapx1)은 보통 모래주머니의 간충직에서 발현되고, 내배엽에서 나온 Shh가 간충직에서 BMP 합성을 활성화하는 것을 억제한다. 이 인자를 전위 간충직에서 발현하게 유도하면, 인접한 표피가 전위보다는 모래주머니로의 표피로 발생하도록 이끈다. 모래주머니의 맨 끝부분에서 일어나는 BMP 신호는 간충직에서 반지 형태로 Nkx2.5(이 전사인자는 심장 발달을 조절하는 전사인자이기도 하다) 발현을 일으키고, 이것은 유문괄약근(pyloric sphincter)의 형성을 조절한다.

생쥐 위에서, 가장 근위 부위(즉, 앞부분)는 식도의 상피와 유사한 중층 편평상피로 구성되어 있으며, 가장 근위 부위 다음의 기저부는 효소를 생성하는 주세포(chief cells)와 산을 생성하는 벽세포(parietal cells)를 생성하는 선상피를 포함한다. 위의 가장 원위부(즉, 뒷부분)인 유돌동(antrum)은 점액분비세포와 내분비세포가 풍부한 선상피가 풍부하다. 사람에서 근위부의 다층편평상피는 위에 없다. 기저부와 유돌동 간의 경계부는 *Pdx1*의 발현

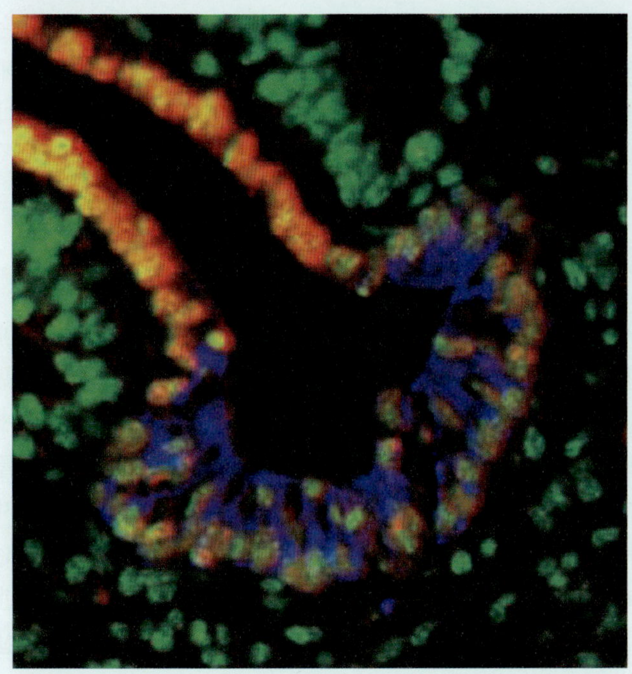

그림 18.11 생쥐 배아에서 초기 간싹. 간모세포(hepatoblast)는 표지유전자(reporter gene) *Hex-lacZ*로 인해 파란색으로, 장 내배엽은 Foxa2 면역염색으로 주황색이다. (인용) Bort et al. (2006). Dev. Biol. 290:44-56.

이 되는 부위이지만, 이 유전자의 적중은 위에는 영향이 없고 췌장에 영향을 미친다(아래 참조). *Nkx3.2*는 위의 원위부 간충직에서 발현하고, 유돌동은 적중 생쥐에서 작아져 있다. 간충직 신호는 Wnt신호를 억제하는 데 관여하며, 이에 따라 기준 Wnt 신호(canonical Wnt signaling)는 생쥐 위의 근위부에 위치하고, Nkx3.2는 닭 내배엽에서 *Wnt5a*의 발현을 억제한다. Wnt 효과기 β-catenin의 적중은 기저부 상피가 유돌동의 상피로 변한다. 또한 사람의 다능성 줄기세포에서 Wnt 신호는 기저부로의 운명을 촉진시켜서, Wnt가 없는 조건에서 유돌동을 형성하는 위 오가노이드로 분화한다. 이는 높은 수준의 Wnt 신호는 위의 근위 부분을 특화하고 낮은 수준은 원위부를 특화함을 의미한다.

간충직-상피 신호의 다른 예는 간의 형성과 배쪽 췌장과의 구분이다. 전장의 배쪽 게실(ventriculum)에서 발생하는 간은 포유류 배아에서는 **횡중격(septum transversum)**이라 불리는 배쪽 간충직 안으로 증식한다(그림 18.11). 그러나 간 게실은 인접한 심장성 중배엽으로부터 온 신호를 받을 때까지 형성되지 않는다. FGF가 이 신호라는 좋은 증거가 있는데, 즉 심장성 중배엽이 FGF를 만들고, FGF 억제자는 이 신호를 억제하며, FGF는 분리된 간 형성 내배엽에 유사한 효과를 보인다(그림 18.12). 비록 FGF가 초기 후위화 인자로서 내배엽의 지역화와 관련이 있다 하더라도, 후위화는 간의 형성과 관련된 국소적 상호작용보다 훨씬 더 빠른 원조 시기 동안 일어나기 때문에 같은 신호를 다른 목적으로 사용하는 것이 가능하다. 게다가, 간 유도신호는 아마도 횡중격 유래 BMP와 혈관에서 방출되는 어떤 물질을 포함한다. 이에 대한 근거는 정상 간 내배엽이 *Bmp4*가 결함되어 있는 배아에서 유래한 간충직에서 오면 잘 발생하지 않거나, 또는 VEGF 수용체(*Vegf2* = *Flk1*)의 적중 결과로 혈관이 없거나 하는 재조합 실험이다. BMP 신호는 췌장의 발생을 억제한다. 간싹이 일단 형성되면 이후의 성장은 Wnt 활성을 필요로 하는데, 닭 간에서 레트로바이러스를 이용한 β-카테닌의 과발현은 간의 성장을 촉진하고, Wnt 억제자의 과발현은 간의 성장을 감소시킨다는 사실에서 알 수 있다. 초기 상피세포는 **간모세포(hepatocytes)**라 불리는데, 두 종류의 간세포인 성숙한 간의 주된 세포 유형과 쓸개관 상피세포(**cholangiocyte**)를 만들 수 있는 능력이 있다. 성체에서, 간세포는 간의 물질대사 기능을 수행하며 또한 포도당을 저장하고 알부

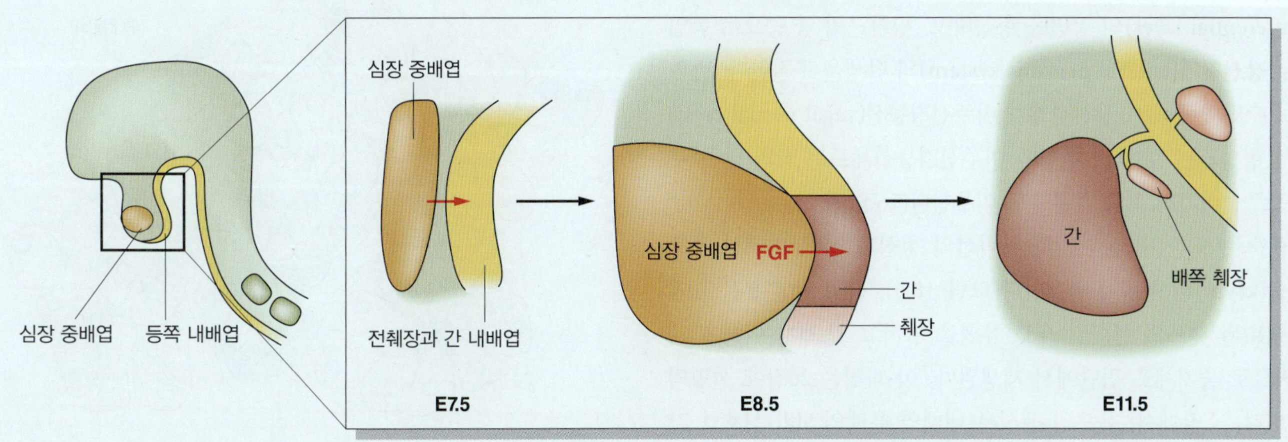

그림 18.12 생쥐 배아에서 심장 중배엽 유래 FGF에 의한 간의 유도.

민과 담즙을 분비한다. 그러나 태아에서, 간은 혈액 생성의 주된 부위이다. 생쥐에서, 대동맥의 조혈줄기세포는 E10.5에서 E12.5 시기에 간으로 들어가고, 혈액세포는 궁극에 가서 태아 간 세포군의 약 60%를 차지한다.

간충직에서 유래한 유도성 신호가 위에서처럼 표피의 국부적 특화를 이끈다는 것 이외에도 간충직은 내배엽성 이식절편의 성장, 형태형성, 성숙에 필요한 **허용적(permissive)** 신호를 제공한다는 사실이 일반적으로 알려져 있다. 이러한 유형의 신호 가운데 하나가 FGF10이다. 이 인자는 간싹의 외부로의 성장과 맹장의 돌출 성장에 필요한 것으로 알려져 있다. 예를 들어, *Fgf10*과 *Fgfr2b* 유전자 적중은 사지싹의 결함과 함께 폐와 맹장의 결실을 초래한다(17장 참조). 발생 중인 폐의 **분지 형태형성(branching morphogenesis)**은 새로운 분지의 끝부분에서 생성되는 FGF10에 의한 '바로 자신과 인접하여 다른 가지치기가 진행되지 않게'하는 측면 억제 유형 시스템(lateral inhibition-type system)이 관여한다.

장관이 성숙함에 따라, 간충직 층은 여러 층의 조직으로 재배열한다. 즉, 고유층(lamina propria), 점막근층(muscularis mucosa), 점막하조직(muscularis mucosa), 평활근(smooth muscle) 조직으로 된다. 이러한 방사형 패턴은 내배엽 상피 전체에서 방출된 Hedgehog 신호(Sonic hedgehog (SHH)와 IHH)에 의해 조절된다. SHH는 간충직을 가로질러 방사형 농도 구배를 형성하고 이들 다양한 층으로의 분화를 조절한다. 이것은 생쥐를 이용한 유전적 연구를 통해 설명되어 왔는데, SHH와 IHH가 내배엽에서 상실되면 평활근이 없다. 반면, Hedgehog 신호가 증가하면 평활근의 증가를 이끈다. 평활근의 발생은 또한 BMP 신호에 의해 조절되는데, BMP 신호의 증가한 수준은 평활근 형성을 억제한다. *Bmp4*는 내배엽 유래의 Hedgehog 신호에 반응하여 상피하부 간중직에서 발현한다. 또한 Hedgehog와 BMP 신호는 평활근의 주위층(circumferential layer)의 양면을 형성하고, 평활근의 양 층으로 함입하는 **장신경계(enteric nervous system)**의 발생을 조절한다. 닭의 계보 추적 연구에서 장신경계가 미주신경능선(vagal nerual crest)에서 형성되는 것이 밝혀졌다. 미주신경능선세포는 장의 앞쪽 부분으로 들어가서 뒤쪽 부분으로 이주한다(16장 참조).

성숙은 또한 위 상피에서 분비선의 형성과 장 상피에서 융모와 움(crypt)의 형성에 관계한다(그림 18.6). 장의 각 부분은 표피에 특화된 세트의 분화된 세포 유형을 가지고 있으며, 이들은 계속적으로 줄기세포 집단에서 재생된다. 이 과정은 20장에 설명되어 있다. 소장에서, 융모의 생성은 내배엽 유래의 Shh 신호와 간충직 유래의 BMP4 신호에 의해 조절된다. 융모형성 시 *Shh* 발현은 융모의 뾰족한 끝 부위로 제한되고, 이 부위에서 발현되는 SHH는 간충직에서 *Bmp4*의 발현이 활성화한다. BMP4는 융모에서 세포 증식을 억제하고, 융모의 기저부에 있는 줄기세포만 증식하도록 제한한다.

췌장(이자)

췌장의 발생은 췌장과 관련된 매우 중요한 두 가지 질병(당뇨와 췌장암)에 대한 엄청난 관심과 함께 최근 몇 년 간 연구가 매우 활발히 진행되어 왔다. 성숙한 췌장(그림 18.13)은 소수의 뚜렷하게 구분된 생리학적 기능을 수행하는 조직이다. 하나는 소화 효소를 합성하는 것이다. 이들 소화 효소는 췌장 무게의 대부분을 차지하는 **외분비(exocrine)**세포에서 만들어진다. 그들은 **소엽(acini,** singular: **acinus)**으로 다발지어 있으며, 십이지장으로 연결된 관에 생성물을 분비한다. 관 그 자체는 중탄산염(bicarbonate)을 십이지장으로 분비하여 위에서 내려오는 산성 유미즙(chyme)을 중화시킨다. 다른 기능은 혈류로 방출되는 호르몬을 합성하는 것이다. 이들 호르몬은 **내분비(endocrine)**세포에 의해 만들어지는데, 일부 내분비세포는 독립적으로 또는 작은 무리로 있지만, 대부분의 내분비세포는 랑게르한스 섬(islet of Langerhans)으로 그룹화되어 있다. 랑게르한스 섬 세포의 대부분은 인슐린을 분비하는 **β-세포**이다. 그리고 글루카곤(glucagon)을 분비하는 소수의 α-세포, 소마토스타틴(somatostatin)을 분비하는 소수의 δ-세포, 췌장 폴리펩타이드(pancreatic polypeptide)를 분비하는 소수

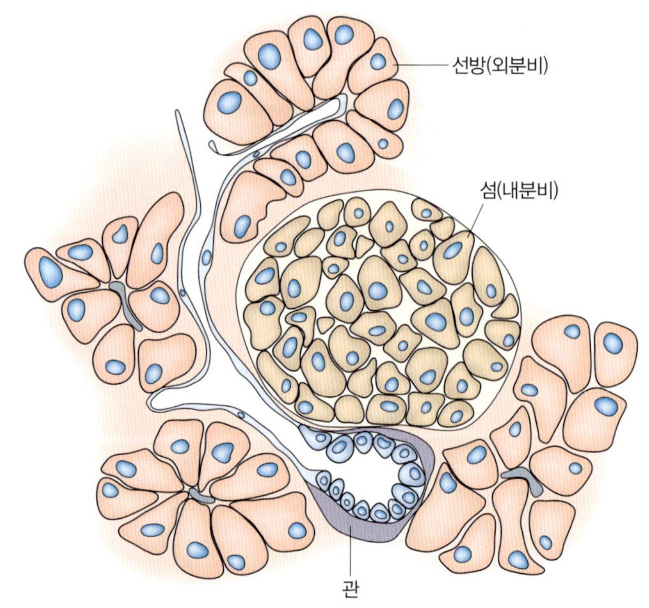

그림 18.13 성숙한 췌장 내 세포 유형들.

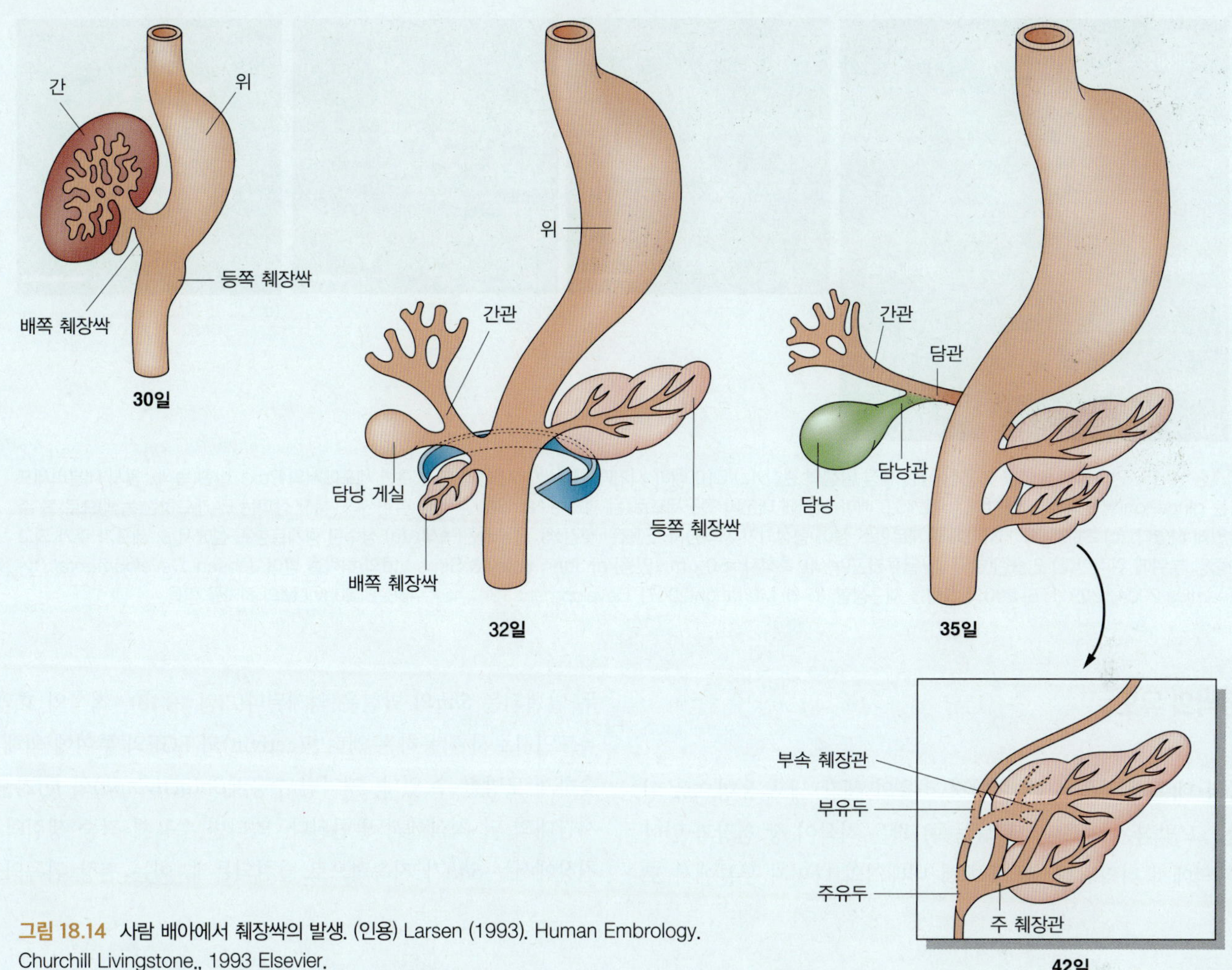

그림 18.14 사람 배아에서 췌장싹의 발생. (인용) Larsen (1993). Human Embrology. Churchill Livingstone., 1993 Elsevier.

의 PP-세포, 그렐린(ghrelin)을 분비하는 소수의 ε-세포 등이 있다. 배아에서 내분비세포의 비율은 대략 10%이지만, 성인 췌장에서는 1~2%로 떨어진다.

췌장의 모든 상피세포는 내배엽으로부터 유래하지만(아래 참조), 혈관과 더 적은 양의 췌장 결합조직은 간충직으로부터 유래한다. 췌장의 간충직은 또한 비장을 형성한다. 췌장의 발생은 모든 척추동물에서 매우 비슷하다(그림 18.14, 18.15). 췌장의 발생은 큰 등쪽 원기와 더 작은 배쪽 원기(닭의 경우에는 한 쌍의 배측 원기)로 십이지장으로부터 기원한다. 이들 원기는 서로 융합하여 하나의 기관이 될 때까지 서로 팽창하고 이동한다. 각각의 원기는 관을 갖고 있는데, 사람의 경우에 배쪽 원기의 관은 주된 관이 되고 등쪽 원기는 부수적인 관이 된다. 제브라피시에서 등쪽 원기는 대부분 내분비세포를 형성하고, 배쪽 원기는 대부분 외분비세포를 형성하며, 내분비세포가 더 늦게 발달된다.

대부분의 실험은 생쥐를 대상으로 진행되었고, 그 다음으로는 닭, 개구리, 제브라피시 순으로 진행되었다. 생쥐에서 등쪽과 배쪽 췌장싹은 E9에서 E9.5 배아 시기에 뚜렷이 관찰되는데, 배쪽 싹은 등쪽 싹 보다 대략 1일 정도 늦게 형성된다. 약 E12까지 췌장싹의 대부분은 세 가지 유형의 조직(선조직, acinar tissue; 관조직, ductal tissue; 내분비조직, endocrine tissue)을 형성할 수 있는 복능성 전구세포로 구성되어 있다. 이와 함께 소수의 이능성(bipotent; 관과 내분비) 세포와 단능성 세포(내분비)가 있다. 내분비 호르몬을 포함한 세포는 초기 원기에서 뚜렷하게 관찰되고, 성숙한 세포와는 달리 종종 하나 이상의 호르몬을 만든다. 그러나 그것들은 성숙한 내분비세포의 전구체가 아닌 것으로 알려져 있다(아래 "췌장 세포계"참고). 싹의 성장은 E14에서 18.5 배아 시기에 빠르게 진행되는데, 이때 내분비세포의 수가 빠르게 증가하고 췌장 대부분의 나머지 부분은 외분비세포로 분화한다. 외분비 선은 태어나기 전에 어느 정도 형성되고, 랑게르한스 섬은 태어날 시기 무렵에 형성된다.

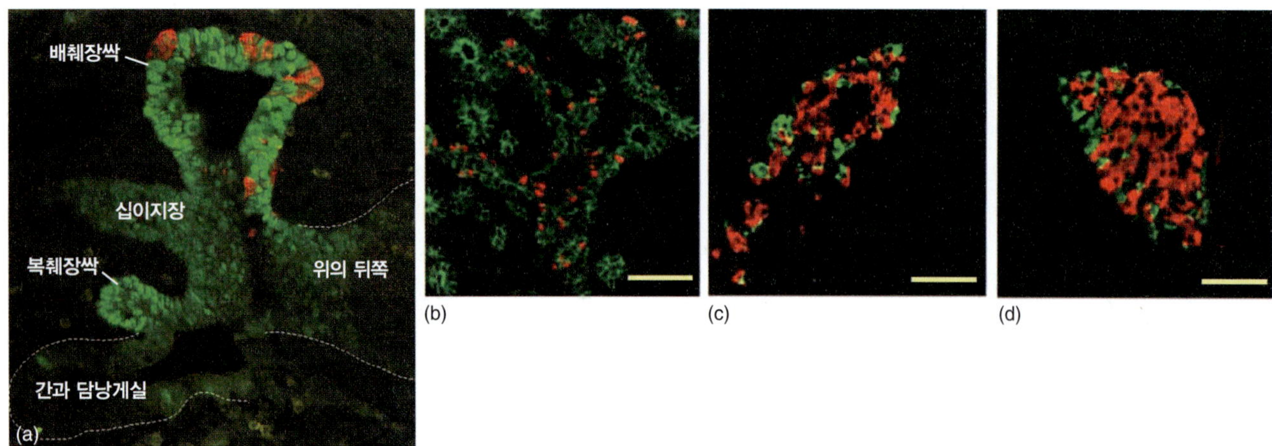

그림 18.15 면역염색 방법을 이용한 생쥐 췌장 발생의 관찰. (a) E10 배아 시기때 췌장싹(이자싹)과 이것 주변 세포에서의 Pdx1 발현(녹색). 원시 내분비세포는 glucagon(빨간색)을 발현한다. (b) E15.5 배아 시기때 내분비 전구세포로 된 세포는 Ngn3(빨간색)를 발현한다. 췌장 상피는 E-캐드히린(녹색)으로 볼 수 있게 하였다. (c) E17.5 배아 시기에 랑게르한스 섬이 형성되기 시작한다: 인슐린(빨간색), 글루카곤(녹색). (d) 성숙한 랑게르한스 섬에서 β-세포가 주가 되고 중앙 부위에 위치한다: 인슐린(빨간색), 글루카곤(녹색). 축척자: 50 μm. (인용) a) John Wiley & Sons Ltd의 허락을 받아 Jensen. *Developmental Dynamics* 2004; 229:176-200의 그림을 재구성함. (b-d) Murtaugh(2007). Development 134: 427-438. Biology Ltd의 허가를 받음.

췌장싹의 유도

등쪽과 배쪽 췌장싹 모두가 일정 비율의 췌장 세포 유형으로 되지만, 그 방식은 다르다. 배측(등쪽) 싹은 척삭이 장 천장과 만나는 지역에서 나타난다. 이 곳에서 내배엽의 나머지 부분에서 모두 발현되는 *Shh*의 발현은 억제된다(그림 18.16). 척삭의 효과는 유도인자로서 작용하는 액티빈(activin)과 FGF의 투여에 의해 비슷하게 모방할 수 있다. 액티빈 수용체βb(*activinβb*)와 *fgf2*는 이 시간대의 닭 척삭에서 발현된다. 액티빈 수용체 적중 생쥐의 장 천장에서는 *Shh*가 지속적으로 발현되는데, 이는 전장 뒤쪽의 결

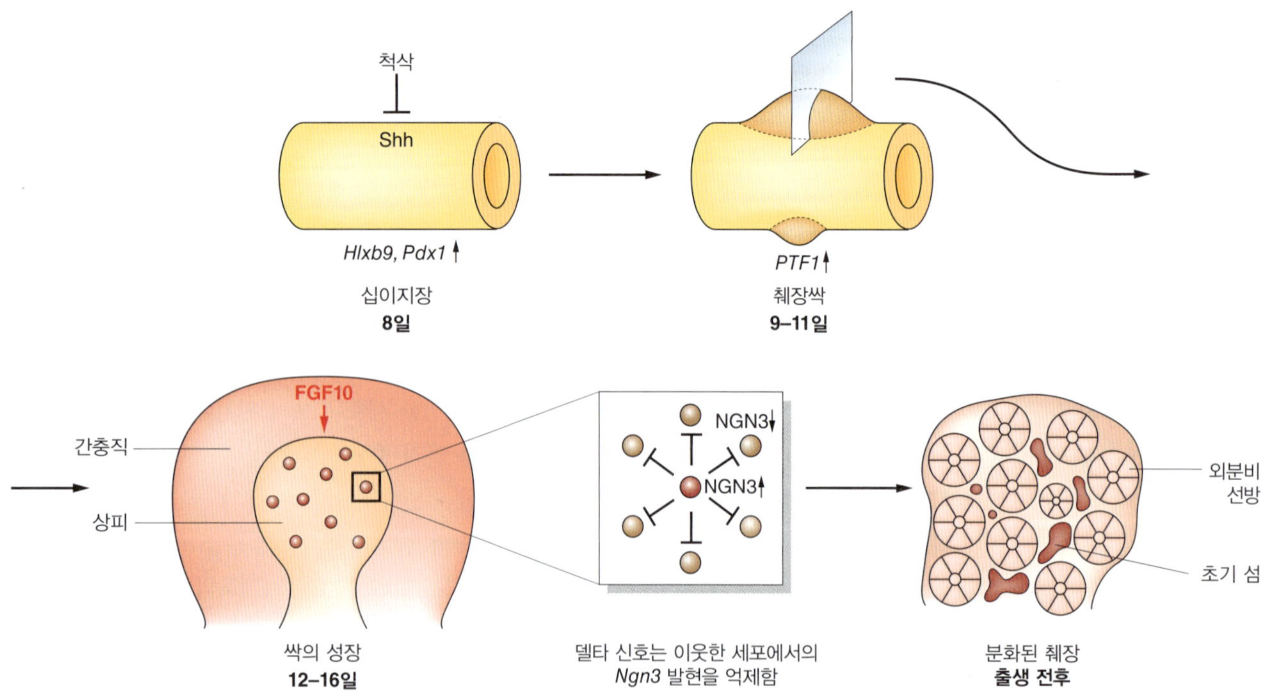

그림 18.16 췌장(이자) 발생의 전반적 기전.

함과 관련되어 있다. 결함 중에는 소수의 내분비 세포를 가진 작은 췌장을 포함한다. Shh 억제자 **사이클로파민**을 내배엽에 처리하면, PDX1이 발현되는 부분으로부터 이소성 췌장싹의 형성을 유발한다. 이러한 연구는 척삭 유래 신호들이 *Shh* 발현을 억제함으써, 전장의 후위에서 등쪽 싹의 발생을 가능하게 함을 의미한다. 그러나 더 뒷부분의 내배엽은 척삭과 접촉시키거나 사이클로파민을 투여해도 이소성 췌장을 유도시킬 수 없다. 따라서 척삭의 역할은 **지시적(instructive)**이라기 보다는 **허용적(permissive)**으로 보여진다.

배쪽 췌장은 간 게실 쪽인 내배엽 뒤쪽에서 형성됨에 따라 척삭과 접촉하지 않기 때문에 다른 기작에 의해 유도되어야만 한다. 위에서 언급하였듯이, 간은 심장 중배엽 유래의 FGF 신호에 의해 유도되며, 이는 내배엽에서 *Shh* 발현을 유지한다. 예정 배쪽 췌장은 심장 중배엽으로부터 이 신호를 받기에는 너무 멀리 있어서, *Shh* 발현이 멈추고서 복싹(배쪽 싹)의 형성을 가능하게 한다. 생쥐에서, 배쪽 췌장은 *Hex* 유전자(호메오도메인 전사인자를 암호화함)가 적중된 경우가 없다. 이는 Hox 인자가 췌장을 위한 정보가 되는 것이라기보다는 세포 증식으로 배쪽 전장이 정상적으로 이동하게 하여 배쪽 췌장이 FGF에 노출되지 않게 하기 때문이다. 양쪽 싹의 형성에 공통적 인자가 내배엽에서 Shh를 억제하지만, 배쪽 췌장싹은 FGF가 없어야 발생이 되므로, 결과적으로 등쪽 췌장싹이 FGF에 의해 유도된다.

실험적 증거는 레티노산(retinoic acid, RA)이 췌장싹의 초기 형성 단계에서도 또한 필요하다. 제브라피시와 제노푸스에서, 레티노산 억제자인 BMS453은 싹의 형성을 막고, 외부에서 유래한 RA는 외분비보다 내분비세포의 발생을 증진시킨다. Raldh2와 같은 RA 합성효소는 전장의 후위에 근접한 중배엽에서 합성되고, 이것은 아마도 췌장 발생에 필요한 RA의 기원일 것이다. *Raldh2* (= *Aldh1a2*)의 생쥐 상동이 중배엽에서 발현되므로, 등쪽 췌장싹이 Raldh2 적중 생쥐에서 형성되지 않는다. 또한 중배엽 내에서의 감소로 인한 것일 수 있는데, 이는 배싹 결함의 원인이 된다. 이러한 연구들은 생쥐에서 나타나는 다른 전장 기관의 발생에 레티노산이 필요한 것과 일치한다.

일단 싹이 형성되면, 이들 싹은 계속적으로 바깥쪽으로 성장하며, 외분비세포의 분화는 췌장 중배엽 근위부에 접하는 것에 달려 있다. 이것은 허용적인 효과 및 장의 다른 부분으로부터 온 간충직이 성공적인 대리자 역할을 할 수 있음을 보여준다. LIM 도메인 전사인자인 ISLET-1은 췌장 간충직에서 발현되고, *Islet-1* 적중 생쥐에서는 등쪽 췌장이 성장하지 않는다. 그러나 *Islet-1* 적중 생쥐에서 유래한 내배엽을 정상적인 생쥐의 원기로부터 온 간충직과 같이 배양하면 췌장싹이 정상적으로 성장한다. 기관 발생에 관한 다른 예로서, FGF10이 중요한 허용적인 신호 인자라는 것이다. *Fgf10* 유전자는 등쪽과 배쪽 췌장 간충직에서 모두 발현하고, FGF10은 절제된 췌장 내배엽 세포의 증식을 자극한다. *Fgf10*이나 그 수용체인 *Fgfr2b* 유전자 적중은 췌장 성장의 감소를 가져온다. *Fgfr2b*는 췌장 내배엽에서 발현한다. 비록 간충직 인자가 허용적이라 하더라도, 간충직 인자들은 내배엽으로부터 분화하는 세포 유형의 비율에 영향을 미친다. 더 많은 내분비세포를 형성하는 데 관여하는 TGFβ를 처리한 기관 배양실험에서 폴리스타틴(follistatin), 액티빈과 같은 억제자 등을 같이 처리해 주었을 때 내분비세포로의 분화가 억제되었다.

내분비기관으로의 발생은 혈관으로부터 온 신호에 의해 촉진된다. 두 췌장싹은 주혈관의 기저부에 위치한다는 공통점을 갖는다. 등쪽 원기 근처의 등쪽 대동맥, 그리고 배측 원기 근처의 난황정맥이다. 췌장 원기와 혈관 간의 조합은 내분비세포의 비율을 증가시킬 수 있고, 혈관과의 거리가 멀어짐은 내분비세포의 비율을 감소하게 한다. 그러나 제브라피시에서는, *cloche*(*Vegfr2*) 돌연변이일 때 모든 혈관의 제거가 췌장의 내분비세포 발생에 영향을 미치지 않는 것으로 보인다.

췌장 발생 전사인자

최근 몇 년간, 췌장 발생에서 중요한 역할을 하는 많은 전사인자가 밝혀졌다. 그중 매우 중요한 몇 가지를 여기에 서술하였다.

Pdx1(LIM-호메오도메인)은 췌장 원기 예정 부위를 포함한 십이지장 주위에 고리 형태로 발현되며, 췌장 형성에 절대적이다. 왜냐하면, *Pdx1* 유전자 적중 생쥐는 원기 싹들을 형성하지만, 길이 성장 또는 분화는 하지 못하기 때문이다. Pdx1은 초기 싹의 모든 세포에서 발현되고 이후 낮은 수준으로 하향 조절되는데, β-세포에서는 높은 발현 수준을 지속적으로 유지하고, *insulin* 유전자의 전사인자로서 역할을 한다(사람과는 달리, 설치류는 2개의 *insulin* 유전자를 가짐). 독시사이클린으로 조절되는 유전자를 이용한, 출생 후 *Pdx1* 유전자 적중은 β-세포에서 인슐린의 손실을 야기한다. 췌장에서 *Pdx1*은 "주 제어(조절) 유전자(master control gene)"로 알려져 있지만, 장의 다른 부분에서 부적절한 발현이 일어나더라도 췌장 형성을 유도하지는 못하는데, 제노푸스에서 활성화된 **도메인 교환(domain swap)**인 *Pdx1-VP16*은 발생하는 간을 췌장이 되게끔 재프로그래밍할 수 있다.

Hb9(호메오도메인, *Hlxb9*에 의해 암호화됨)는 Pdx1보다 더 넓은 범위에서 약간 더 이른 시기에 발현된다. Hb9의 발현은 레티노산에 의해 증진된다. *Hb9* 유전자 적중 생쥐는 등쪽 췌장이 없으며, β-세포가 정상적으로 성숙하지 않은 배쪽 췌장을 갖는데, 이로써 Hb9는 분화된 β-세포에서 필요함을 알 수 있다.

Ptf1은 3개의 소단위체로 구성된 전사인자로, Pdx1 발현 도메인 세포군에서 발현한다. Pdx1과 함께 Ptf1이 발현하는 것이 췌장 내배엽을 결정하는 것으로 받아들여지고 있다. 체장 내배엽에서 *Ptf1*의 발현은 이웃한 혈관에서 유래한 신호에 의한다. 또한 *Ptf1*은 췌장싹에서 발현되고, 이후 선포세포(acinar cells)가 되도록 약속한 전구세포에서 발현된다. p48(= Ptf1a) 소단위체를 암호화하는 유전자를 적중하면 췌장 배쪽 싹의 형성이 억제되고, 등쪽 싹은 형성되지만 조악하게 발달하여 외분비 조직이 없다. 제노푸스 배아에서 p48과 Pdx1 전사체 주입을 통한 과발현은 정상 위치보다 더 후방의 내배엽에서 이소성 췌장 형성을 유도할 수 있다.

Sox9(SRY 도메인)은 복능성 전구세포의 증식, 생존, 전구세포의 상태 유지가 필요한 곳인 초기 췌장 내배엽에서 발현된다. Sox9의 발현은 간충직 유래 FGF10에 의해 유지되고, 다시 Sox9는 간충직 유래의 FGF10에 반응하는 FGF 수용체의 발현을 유지한다. 생쥐 또는 제브라피시 모두에서 *Sox9*의 기능 상실은 췌장 세포가 간으로 전환하는데, 이를 통해서 Sox9이 췌장세포 운명을 유지함에 필요함을 알 수 있다.

Pax4와 Pax6(paired box)은 외분비세포 발생에 필요하다. *Pax4* 유전자 적중 생쥐는 β-세포와 δ-세포가 없고, *Pax6* 유전자 적중 생쥐는 α-세포가 없다. 또한 호메오도메인 인자 Nkx6.1과 Nkx2.2는 β-세포의 발생에 필요하지만, 이후에는 필요하지 않다. MafB(류신 지퍼인자)는 α-세포의 발생에 필요하고, MafA는 β-세포의 성숙에 필요하다. Arx(호메오도메인)은 α-세포 형성에 필요한데, 이 유전자 적중은 과대한 β-세포와 δ-세포 형성을 초래한다.

Gata4와 Gata6(zinc finger)는 췌장내배엽 예정역에서 *Shh*의 발현 억제를 통해서 체장의 발생을 유지함에 필요하다. 사람에서, 이들 유전자의 돌연변이는 췌장 결함과 관련이 되어 있지만, 생쥐에서는 이 두 유전자가 모두 제거되면 췌장에 결함이 생긴다. *Pdx1-Cre*를 이용한 이중 적중 생쥐에서는 췌장 내배엽에서 *Shh* 발현이 향상되므로, 배쪽 췌장이 장으로 그리고 등쪽 췌장이 위로 변화되게 된다.

측면 억제 기전이 신경 발생에서 세포의 분화를 조절하듯이, 이 기전이 췌장에서도 작동한다. 초기 단계에서 내분비세포는 Delta를 만들고 그들 주변 세포에서 Notch 신호 경로를 자극함으로써, 이들 주변 세포가 내분비세포로 분화하는 것을 억제한다(웹사이트의 동영상 6: "Lateral inhibition" 참조). 내분비세포의 발생을 증진시키는 주 전사인자는 Neurogenin3 (bHLH 패밀리)이다. 생쥐 배아에서 Neurogenin3은 췌장싹 내에 호르몬을 생산하지 않고 있는 드문드문 산재한 세포에서 발현되는데, 이 세포의 수는 E13.5에서 15.5 배아 시기에 가장 많다. *Ngn3* 유전자 적중은 모든 내분비세포의 손실을 가져와서 내분비세포가 없다. Pdx1 프로모터를 이용하여 Ngn3를 과발현하는 형질전환 생쥐에서는 췌장세포가 매우 높은 비율로 내분비세포가 되며, 이들 중 대부분이 α-세포가 된다. *Delta like 1*, *RBPJκ*, *Hes1*을 포함한 Notch 신호경로 구성 요소의 적중은 *Ngn3*의 과발현과 유사한 효과를 보여 내분비세포의 비율이 높다.

Neurogenin3의 기능은 내분비 전구세포의 형성을 조절하는 것이다. 어떤 종류의 내분비세포(α, β, δ, PP, ε)로 될 것인가에 대한 결정은 다른 인자와의 아직 잘 알려져 있지 않은 상호작용에 달려 있다. 이 과정의 한 예는 Arx와 Pax4의 상호작용이다. 위에 언급한 대로 *Arx* 유전자 적중 생쥐는 α-세포가 없고, *Pax4* 유전자 적중 생쥐는 β-세포, δ-세포가 없다. 만약 *Arx*가 β-세포에서 *Pdx1-Cre*, *Pax6-Cre* 또는 *Insulin-Cre*로 유도되어 과발현되면, β-세포의 형성이 매우 감소한다. 만약 *Pax4*가 같은 방법으로 과발현되면 α-세포의 형성이 감소한다. 흥미롭게도, 출생 후 랑게르한스 섬에서 이러한 실험 진행을 통하여 이미 분화된 α-세포와 β-세포를 **전이분화(transdifferentiation)**할 수 있음이 밝혀졌다.

췌장 세포계보

췌장의 내분비세포는 형태학, 행동, 그리고 유전자 발현 패턴에 있어서 뉴런과 매우 유사하다. 한때는 이들이 **신경능선(neural crest)**에서 유래한 것으로 여겨졌었지만, 메추라기의 신경능선을 닭의 신경능선 부분으로 이식하는 실험을 통해서 아님이 밝혀졌다. 실제로, 내배엽 조직 절편의 체외배양 실험을 통하여 약간의 췌장 내분비세포를 얻을 수 있음을 알 수 있고, 또한 조직배양법을 이용하여 표지된 내배엽과 간충직을 혼합 배양에서 모든 내분비세포가 내배엽에서 유래함을 알 수 있다. 레트로바이러스 표지를 이용한 클론의 다능성이 밝혀졌는데, 1개의 내배엽세포가 외분비와 내분비 전구세포 모두를 생산할 수 있다.

고도의 분석력을 가지고서 계보에 대한 이해를 위해 많은 Cre-lox 계보 실험이 진행되어 왔다. *Pdx1*이나 *p48*의 프로모터가 *Cre* 발현에 사용되고, *R26R* 리포터를 사용한 실험에서 모든 타입의 췌장세포에 표지되었다. 타목시펜에 의해 활성화되는 CreER은 특정 발생 단계에서의 표지가 가능하다. *Pdx1-CreER* × *R26R* 생쥐에서 E8.5 배아 시기 이후부터 타목시펜을 투여하면 내분비 및 외분비세포가 표지된다. 그러나 관은 오직 E9.5에서 11.5 시기 동안만 표지되는데, 이는 이 시기에서 이 계보의 형성에 특정한 방식임을 보여준다. 배아 시기에 *Sox9* 프로모터를 이용하여 *CreER*을 작동시키면 *Sox9* 양성 세포의 증식을 통해 내분비 전구세포와 외분비 전구세포를 형성한다. 그러나 성체에서는 췌장의 관세포만 형성한다. *Neurogenin 3* 프로모터를 이용하여 Cre를 작동시키면 *Ngn3* 자신의 발현은 일시적일지라도 모든 내분비세포가 표지된다.

초기 췌장싹 시기에는 다중호르몬 세포(multihormone cells)가 2~3개의 호르몬을 동시에 생성하므로, 이들이 후기에 관찰되는 내분비세포의 전구체가 될 수 있다고 여겨졌다. 그러나 *insulin-Cre x R26R* 생쥐에서 나중에 형성되는 α-세포가 표지되지 않는데, 이는 이전에 인슐린을 발현하지 않았음을 보여준다. 또한 글루카곤 프로모터가 *Cre* 발현에 사용된 경우 β-세포가 표지되지 않는데, 이는 이들 세포가 이전에 글루카곤을 발현하지 않았음을 보여준다. 그러나 *pancreatic polypeptide*(PP) 프로모터가 *Cre* 작동에 사용되면 β-세포가 표지되는데, 이는 PP가 발현되는 세포는 다른 내분비세포 유형의 전구체임을 의미한다.

출생 이후의 생애 동안 β-세포가 미분화 줄기세포나 전구세포에서 형성될 수 있는가에 대한 다른 이슈에 대해서 엄청난 양의 정보가 Cre 표지 방법을 이용하여 얻어졌다. 인슐린 프로모터가 *CreER*의 작동을 위해 사용된 경우 *CreER*의 활성이 출생 이후에 유도되며, 시각적으로 모든 β-세포가 표지됨이 밝혀졌다. 이 표지는 무기한으로 남아 있는데, 이는 타목시펜 투여 시 인슐린 합성을 하지 않았던 랑게르한스 섬 내 다른 세포나 췌장관으로부터 유래한 새로운 β-세포의 보충이 없음을 보여준다. 췌장관 세포의 프로모터를 이용한 다른 표지 이용 실험에서, 췌장의 외과적인 부분 제거 또는 췌장관 결찰 후 보이는 주조직 재생 조건에서 적은 수의 β-세포가 관으로부터 형성되는 것이 관찰되었다. 따라서 이러한 결과는 대부분의 β-세포가 정상적으로 기존의 β-세포에서 형성되고, 출생 이후에는 췌장의 다른 세포 유형에서의 β-세포 보충이 흔하지 않은 일임을 보여준다.

최근 몇 년 동안 췌장의 발생에 관한 연구에 투자된 많은 노력은 개체 발생을 가장 잘 이해할 수 있는 최적의 예시를 구축하였다. 배아를 이용한 실험과 생쥐의 유전체를 결합하여 추론된 이 현상의 전반적인 과정은 그림 18.16에 요약되어 있고, Cre-lox 운명지도 실험에 기초하여 합의된 췌장 세포 계보는 **그림 18.17**에서 보여주고 있다.

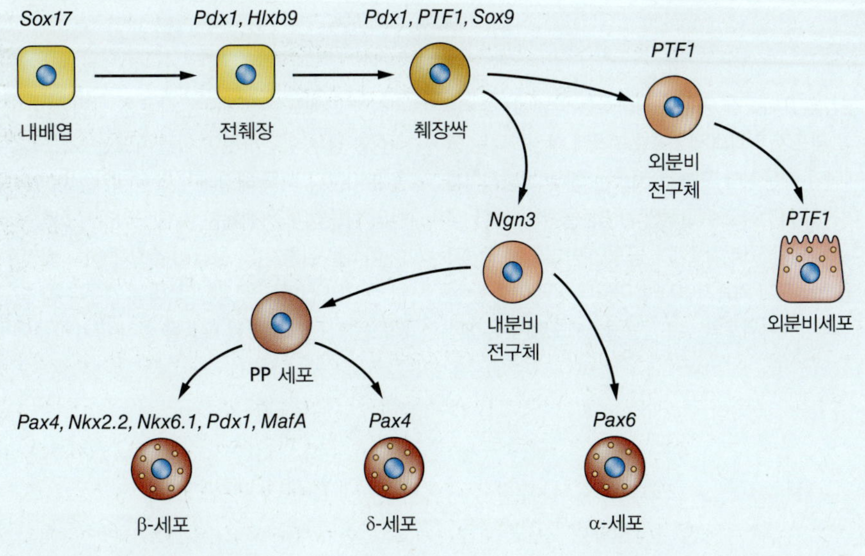

그림 18.17 이자 세포 계보

기억해야 할 핵심 사항

- 양막류의 내배엽은 외배엽과 중배엽 층 하단에 편평한 세포판으로 시작한다. 장관은 전장을 형성하는 두습(머리 주름)과 후장을 형성하는 미습(꼬리 주름)을 형성하는 배엽의 주름형성에 의해 형성된다. 이후 전장문과 후장문이 서로 마주 보고 이동하여 연결된다. 장관과 복체벽은 배아의 배면에서 서로 만나는 측체습(옆구리 주름)에 의해 닫힌다.
- 장의 기본 유형은 모든 척추동물에서 인두, 식도, 위, 간, 췌장(이자), 소장, 대장을 가지는 것에 있어 동일하다. 각각은 내배엽에서 유래한 독특한 상피로 덧되어 있다.
- 운명지도에서, 장의 각 부분의 내배엽과 간충직은 배아의 다른 위체에서 유래한다. 그들은 장 닫침 과정에서 함께 움직인다.
- Nodal 신호는 초기 내배엽 전사인자의 발현 활성에 필요하다.
- 부위별 특화는 유도 신호에 의한다. 초기 유형은 몸 전체의 FGF와 Wnt의 뒤쪽에서 앞쪽으로의 농도 구배에 반응하여 일어난다. 이후의 지역적 특화는 내배엽과 외배엽 사이에 일어나는 상호적 국부적 신호에 반응하여 일어난다.
- 췌장은 장 내로 소화 효소를 분비하는 외분비세포와 인슐린을 포함한 호르몬을 혈류로 분비하는 내분비세포로 구성되어 있다. 이 두 유형의 세포는 내배엽에서 유래한다.
- 췌장은 십이지장에서 배쪽 싹과 등쪽 싹에서 유래한다. 내배엽에서 Shh 발현 억제는 싹 형성에 필요하고, FGF는 지속적 성장에 필요하다.
- Pdx1과 PTF1은 췌장을 구성하는 모든 세포 유형 발생에 필수적이다. Neurogenin3은 내분비 세포의 발생에 필수적이다. 다양한 다른 전자인자의 비율은 어떤 유형의 내분비세포가 형성될 것인지 여부를 조절한다.

고전적인 실험들

췌장의 마스터 유전자

Pdx1(이후에는 *IPF1*으로 부름)은 인슐린 발현을 조절하는 전사인자로 밝혀졌다. 그러나 이 유전자를 적중한 실험을 통해, 전체 췌장의 발생에 필요하다는 것이 밝혀졌다(첫 번째 논문). 내배엽성 세포의 일부가 어떻게 내분비세포로 바뀌는지에 대해서는 신경형성 조절과 유사한 측면 억제 시스템이 밝혀지기 전까지는 미궁으로 남아 있었다. 두 번째 논문은 *Neurogenin3*가 내분비세포 형성에 필수적이고, Notch 신호전달이 *Neurogenin3*-발현 세포 옆에서 내분비세포로의 발생을 억제하는지에 대한 것이었다.

Jonsson, J., Carlsson, L., Edlund, T. & Edlund, H.(1994) Insulin-promoter-factor-1 is required for pancreas development in mice. *Nature* **371**, 606-609.

Apelqvist, A., Li, H., Sommer, L., et al. (1999) Notch signalling controls pancreatic cell differentiation. *Nature* **400**, 877-881.

새로운 연구방향

췌장 발생에 대한 연구는 인간의 β 세포를 만들고 성장하는 방법에 대한 연구가 주종을 이룬다. 이는 β 세포가 파괴되거나 불충분하게 활성화되는 당뇨병이 세계적인 보건 문제이기 때문이다. 인슐린 치료는 매우 효과적이지만 많은 당뇨병 환자들은 여전히 심각하고 위협적인 합병증을 겪고 있다. 섬(islet) 세포 이식은 몇 가지 유형의 당뇨병 치료에 성공적인 방법으로 되었지만, 현재 인간 섬의 유일한 원천은 장기 기증자이지만, 이들의 공급이 항상 절망적으로 불충분하다. 사람 배아줄기세포와 유도만능줄기세포에서 유래한 기능성 β 세포를 생성하는 새로운 방법들이 제안되었다. 면역 결핍 생쥐에 이식할 경우, 예견하듯이 이들 세포는 포도당 수준 변화에 반응하여 인슐린을 분비한다. 비록 해결해야 할 문제가 남아 있지만, 이들 방법은 줄기세포 기반의 치료법이 곧 적용할 수 있으리라는 희망을 키우고 있다.

이식을 위한 간의 공급이 수요에 비해 훨씬 적기 때문에, 어느 정도 유사한 주장이 간에도 적용된다. 비록 간은 손상 받은 뒤 재생되지만, 인간의 간세포는 자신의 분화된 특성을 빨리 잃기 때문에 체외에서 배양할 수 없다.

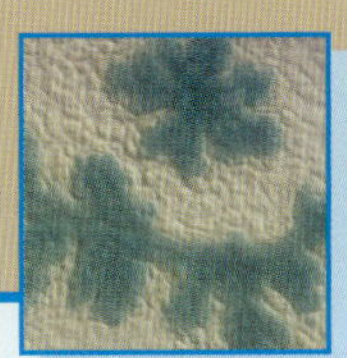

Chapter 19

초파리 성충판

Drosophila imaginal discs

변태

초파리(*Drosophila*)는 **완전변태(complete metamorphosis)**를 거치는 쌍시류(Diptera)에 속하는 곤충으로(그림 19.1), 유충 형태는 성체와 매우 다른 형태를 가진다. 부화 후, 유충은 **탈피(molt)**에 의해 나누어지는 세 번의 **영(齡, instar)**을 거친다. 처음의 두 영은 하루 동안 지속되고 3령은 약 2일 동안 지속된다. 이 기간 동안 유충은 게걸스럽게 먹고, 크게 자라지만, 몸의 형태는 별 변함이 없다. 유충 세포의 성장은 DNA가 여러 번 복제되어 큰 배수체 세포를 생성하는 체세포분열이 아닌 세포 크기가 커짐에 따라 이루어진다. 3령기가 끝나면, 유충은 **번데기(pupa)**가 되고 용화과정(pupation) 동안 대부분 유충의 몸은 재흡수되어 이배체 세포에서 파생된 성체 구조로 대체된다. 성체의 머리, 흉부, 생식기의 큐티클은 최종 성체 시기 또는 **성충(imago)**에서 이름이 유래된 **성충판(imaginal discs)**이라고 하는 이배체 조직에서 파생된다. 복부 큐티클과 많은 내부 조직들은 복부 조직원기(abdominal histoblasts)와 같은 유충 조직에 통합된 이배체 세포의 둥지에서 파생된다. 각 성충판이 만드는 성체 구조 부분이 표 19.1에 표기되어 있으며, 배아에서 성충판의 원기가 그림 19.2에 나타나 있다.

성충판은 표피의 함입이며, 이것은 2개의 밀접하게 배치된 상피 시트(disc proper과 peripodial membrane)로 구성된 편평한 주머니를 형성한다. 대부분의 세포는 보통 깊은 주름이 있는 세포 하나의 두께인 원주형 표피에서 발견된다. 이 원주형 표피의 정단부 표면은 성충판의 내막과 원기강막(peripodial membrane)의 편평 표피를 향하고 있다. 각 성충판은 일부 나중에 근육 세포로 분화되는 중배엽 유래 근모세포와 소수의 기관 세포가 관련되어 있다. 유충 시기 동안, 성충판은 크게 자라난다. 예를 들어, 날개 성충판은 40개의 세포로부터 시작하여 분화 시점까지 약 50,000개의 세포가 된다. 성장을 조절하는 기작에는 몇 가지 뚜렷한 신호전달 경로가 포함된다. 여기에는 성충판의 전-후축을 패턴화하는 형태형성 물질로도 역할을 하는 ("전-후축 패턴" 절 참조) Decapentaplegic 그리고 세포 증식을 촉진하고 세포사멸을 억제하여 성장을 조절하는 Hippo경로가 포함된다. 다양한 시스템이 결합되어 각 성충판이 광범위한 실험 조건에서 올바른 크기의 장기를 생성할 수 있게 해준다(21장의 성충판의 성장에 대한 추가 고찰 참조).

곤충의 탈피는 스테로이드 호르몬인 엑디손(ecdysone, 활성화 형태는 20-hydroxyecdysone)의 급격한 분비(surge)에 의해서 조절된다. 뇌의 신경분비세포에서 전흉선자극호르몬(prothoracicotropic hormone)이라고 불리는 펩타이드 호르몬은 **전흉선(prothoracic gland)**을 자극하여 엑디손을 분비하게 한다. 뇌에 붙어 있는 알라타체(corpora allata)라고 불리는 한 쌍의 분비선은 테르페노이드(terpenoid)인 유약충 호르몬(juvenile hormone)을 분비한다. 유약충 호르몬의 농도는 1령과 2령 유충기 시기에 높고, 3령기 유충에서는 농도가 감소한다. 유약충 호르몬의 농도가 높을 때 엑디손이 유충의 탈피를 유도하지만, 농도가 낮아지면 번데기 발생과 변태를 시작하게 한다. 엑디손 수용체는 전형적인 핵 호르몬 수용체인데, 수용체 자신의 유전자 자체가 수용체의 표적이므로 자극이 오면 자극 받은 조직은 호르몬에 대해 더욱더 반응하게 된다. 성충판이 손상되면 변태가 지연되어 재생 성장이 필요

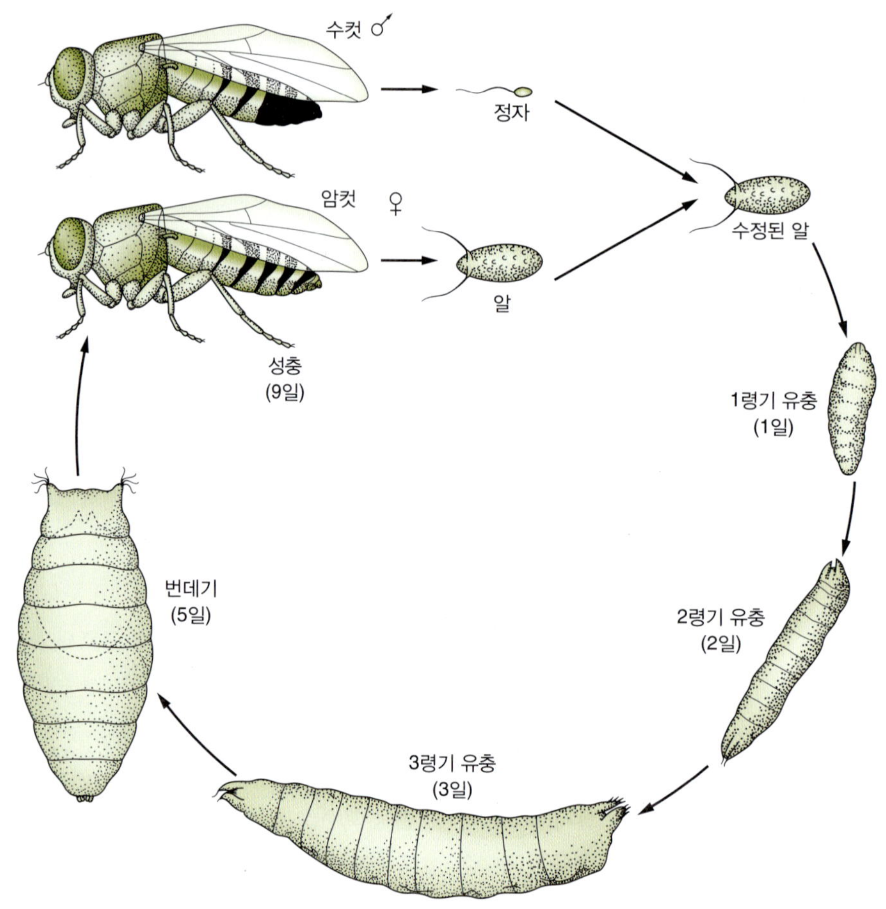

그림 19.1 초파리 생활사

표 19.1 성충판과 복부 조직원기(histoblast)로부터의 성충 몸의 기원

성충판/조직원기	몸체 부분
클리피오라브랄 성충판	약간의 입 부분
눈-안테나 성충판	눈, 안테나, 나머지 머리 부분
입술 성충판	입
등쪽 전흉 성충판	등 부위 전흉
전흉부 다리 성충판	첫 번째 다리와 배 부위 전흉
중흉부 다리 성충판	두 번째 다리와 배 부위 중흉
후흉부 다리 성충판	세 번째 다리와 배 부위 후흉
날개 성충판	날개와 등 부위 전흉
평형공 성충판	평형곤과 등 부위 후흉
등쪽 복부 조직원기	등쪽 복부 큐티클
배쪽 복부 조직원기	배쪽 복부 큐티클
생식기 성충판*	생식 기관

* 생식기 성충판(genital disc)은 하나만 존재하지만, 다른 것은 오른쪽과 왼쪽에 쌍으로 존재한다.

하다 ("재생과 결정전환" 절 참조). 손상된 성충판은 인슐린 유사 펩타이드인 Dilp8을 분비시키는데, 이는 뇌에 작용하여 전흉선자극호르몬(prothoracicotropic hormone)의 분비를 억제하고 결국에는 엑디손의 방출을 억제한다(21장 참조).

번데기에서, 성충판은 적절한 부속지를 생성하기 위해 뒤집혀 배출되고(그림 19.3) 특징적인 부속지 특정 패턴의 털과 강모를 가진 큐티클을 만들기 위해 분화한다. 뒤집혀 배출되는 과정 동안, 성충판의 신장은 세포 분열보다는 세포 모양의 변화에 의해 유도된다. 척추동물에서와 달리, 성충판은 축삭이 중앙 신경계와 연결하기 위해 안쪽으로 자라는 자체 감각 신경세포를 생성한다.

성체 암컷 파리의 복부에 성충판 조각을 이식하면 유충기 동안 성장하는 정상 성충판보다 훨씬 더 자라게 된다. 각각의 성충판 조각은 계속해서 체세포분열을 하며, 조각을 반복적으로 이식하면 그들은 분화 없이 무한정 자란다. 이 방법을 사용하여 성충판은 분화 없이 최대 12년 동안 자랐다. 반면, 성충판이나 성충판 조각을 막 변태하려는 유충에 이식하거나(그림 19.4), 엑디손 존재하에 시험관 내에서 배양하면 분화가 일어난다.

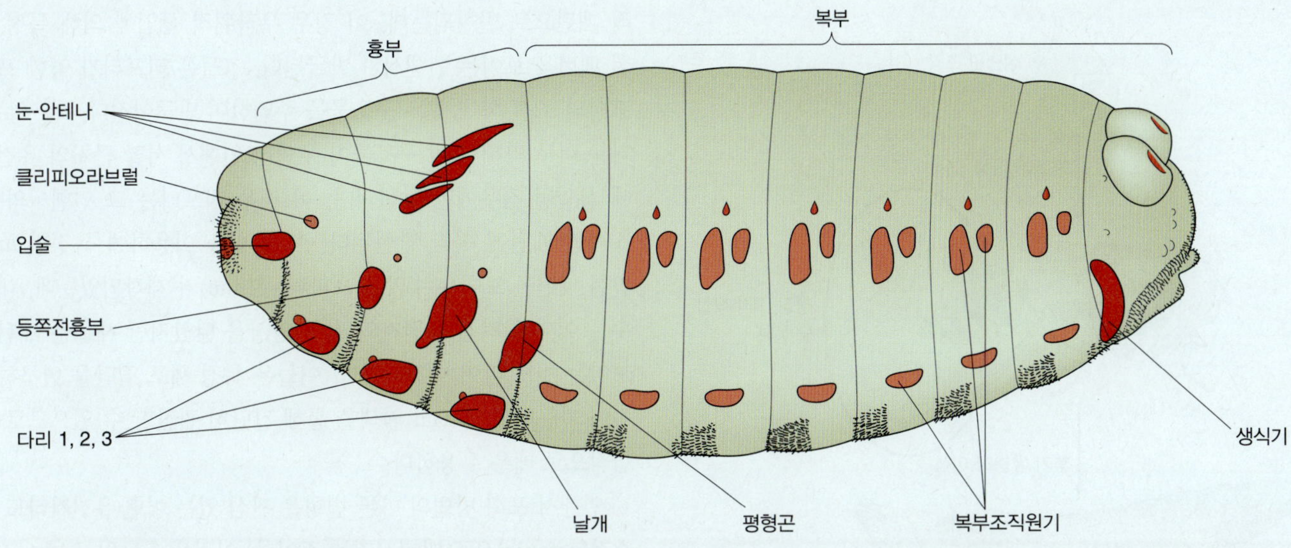

그림 19.2 후기 배아에서 성충판 원기의 위치. Cold Spring Harbor Laboratory의 허락을 받아 Hartenstein (1993) *Atlas of Drosophila Development*의 그림을 재구성함.

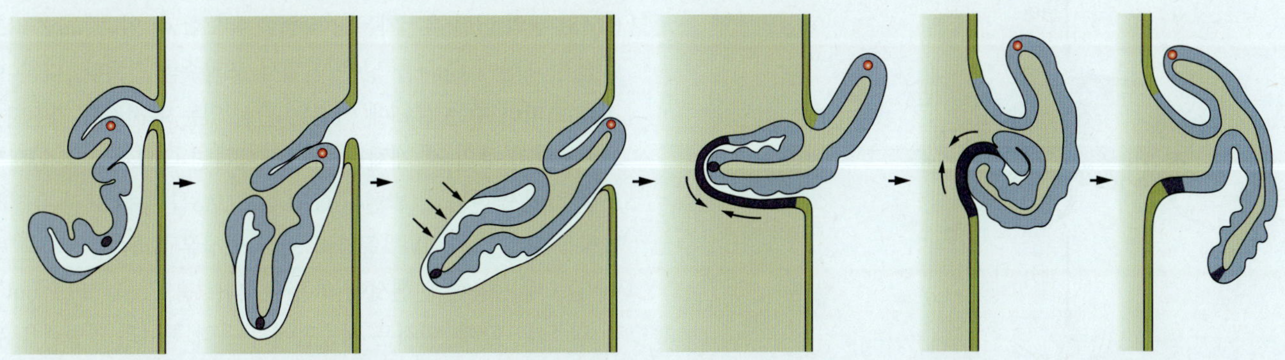

그림 19.3 다리 디스크의 돌출 모식도. 세포 밖이 오른쪽이다. 처음에는 성충판이 확장되어 더 많은 접힘이 발생하고 밖으로 밀려난다. 그런 다음, 주변 영역(검은색)이 수축하며 나머지를 밀어낸다. (인용) Fristom(1988). Tissue and Cell. 20, 645-690의 그림을 재구성함.

유충 발생의 유전학적 연구

성충판 발생에 중요한 많은 유전자들은 배아 발생에도 중요하다. 그러므로 완전결손 돌연변이는 배아에서 치사하여 성충판 특이적인 표현형을 볼 수 없다. 성체까지 살아남게 하는 돌연변이는 완전결손 돌연변이(**null**)가 아닌 정상하위 **돌연변이(hypomorph)**이다. 그들은 종종 **온도 민감(temperature sensitive)** 돌연변이인데, 이는 생물체를 비허용(nonpermissive) 온도로 옮겼을 때 단백질 산물이 불활성화된다는 의미이다. 이것은 유충 시기나 변태 동안에 유전자가 기능하는 시기를 알 수 있게 해 준다. 돌연변이 그룹들을 서로 다른 시간에 비허용 온도에 놓아둔다. 이 온도는 특정 유전자의 산물을 불활성화하고, 만일 그 유전자가 그 시기에 필요한 것이라면 돌연변이 표현형이 생겨날 것이다.

열충격 프로모터에 의해 유도되는 형질전환유전자(transgene)를 발현시키는 과발현 실험이 초파리에서 종종 행해진다. 열충격 단백질은 모든 세포에 존재하고 다른 단백질이 올바르게 접히도록 도와 준다. 이들의 발현은 높은 온도에서 급격히 증가하는데, 이것은 그 프로모터에 의해 가능하다. 열충격 프로모터를 다른 유전자와 연결하면 온도를 올렸을 때 그 유전자가 활성화된다. 이러한 기술은 당연히 온도 민감성 돌연변이의 활용과는 다른 것이다.

발생유전자는 종종 몇 개의 **인핸서(enhancer)**를 가지며, 각각은 서로 다른 발현 영역에서 활성화된다(13장 참조). 이 중 하나의 인핸서만을 취하여 *Gfp*나 *lacZ*와 같은 **리포터 유전자(reporter gene)**에 연결한 뒤, 이러한 유전자 구조물을 가진 형질전환 초파

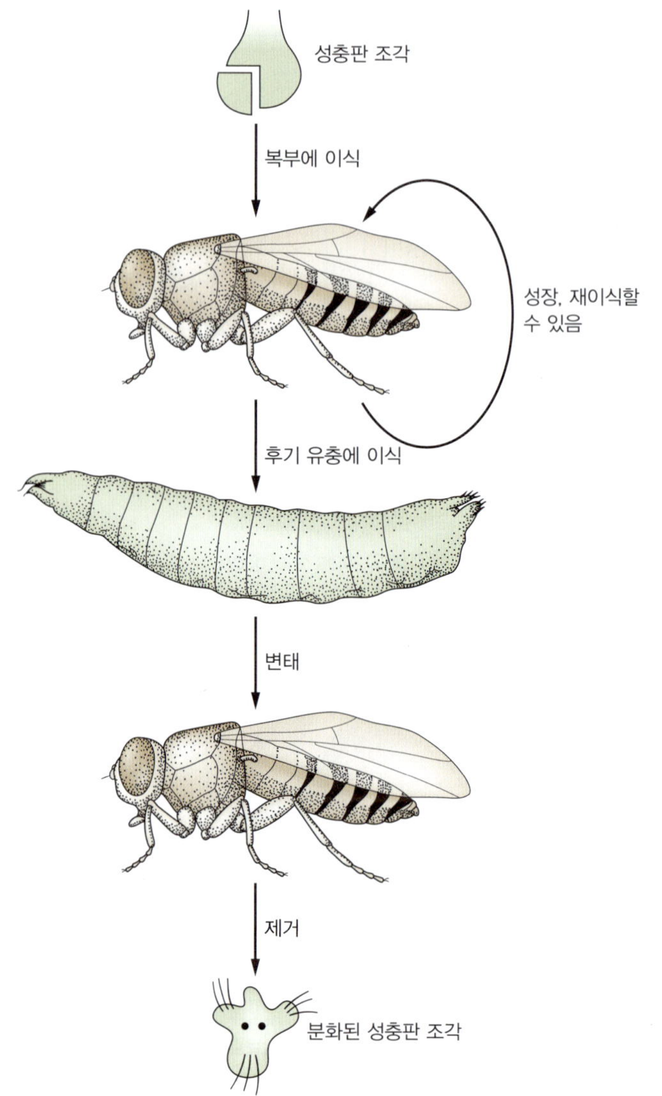

그림 19.4 성충판을 조각내어 자라게 할 암컷 성체 초파리의 복부에 주입한다. 이 절차는 성충판의 분화 없이 여러번 반복할수 있다. 성체로 변태할 후기 3령 유충에 성충판을 주입하여 분화를 유도한다. 주입된 성충판은 성체의 큐티클에 합쳐지지 않고 복부에서 발견된다. 여기서부터 현미경을 사용하여 성충판 조각을 분리해서 구조를 구분하고 식별할 수 있다.

리를 만드는 것이 가능하다. 배아, 유충, 성충판 등을 형광현미경(GFP를 보기 위한)이나 X-Gal 염색(*lacZ* 유전자 산물인 β-갈락토시다아제 활성을 보여줌)으로 관찰해서 그 특정 인핸서가 작동하는 곳을 알 수 있는데, 대개는 정상 유전자의 여러 발현 위치 중 하나이다. 리포터 유전자를 이렇게 활용하는 것은 제자리 혼성화법을 통해 내인성의 mRNA를 관찰하는 것보다 더 정확하고 민감하다.

인핸서 포획주(enhancer trap lines, 3장과 10장 참조)에서는 리포터 유전자가 내인성 인핸서의 활성을 반영하여 특정한 공간적 패턴으로 발현되는데, 이 경우 무작위적 삽입에 의해 특정 발현 패턴을 보이는 인핸서가 발굴된다. 그들은 리포터가 약한 프로모터의 조절 하에 있는 구조물을 주입하여 만들어진다. 이 프로모터는 너무 약해서 이 구조물이 우연히 인핸서 서열 근처의 유전체에 삽입될 경우에만 발현되며, 이 경우 리포터는 그 인핸서의 특징적인 패턴에 따라 발현된다. 이 방법을 이용하여 특정한 *lacZ* 발현 패턴을 보이는 수많은 초파리 주(line)가 제작되었는데, 대다수는 이미 알려진 유전자의 발현 양상을 닮았지만 새로운 패턴을 보이는 것도 많이 발견되었다. 이들은 특정 세포 집단을 연구하는 것이 가능하고, X-Gal 염색을 통해 간단히 관찰할 수 있으므로 실험적으로 매우 유용하다.

인핸서 포획 방법의 다른 변형은 관심 있는 어떤 유전자라도 **이소적(ectopic)**으로 발현시키는 것이다. 이것은 효모의 GAL4 조절 체계에 기초한다. GAL4는 징크-핑거 계열의 전사활성인자로 이것이 결합하는 "상류 활성서열(upstream activating sequence)" (*UAS*) 뒤의 어떤 유전자든지 발현을 유도할 수 있다. *lacZ* 리포터 유전자 대신에 *Gal4*를 넣은 인핸서 포획주를 만든다. 다른 형질전환 초파리 주는 *UAS*에 연결된 관심 있는 유전자를 가진다. 이 2개 초파리 주의 각 개체를 서로 교배하면 GAL4는 그 인핸서의 조절 하에 발현되고, 발현된 GAL4는 *UAS*를 통해 표적 유전자의 발현을 유도할 것이다. 공간적 발현 양상은 *Gal4* 유전자를 발현시키는 데 사용한 인핸서에 의존적이다(그림 19.5). "FLP-out"(아래 참조)과 함께, 이것은 성충판에서 구역 특이적 과발현을 유도하는 일반적인 방법이다.

체세포 재조합방법

재조합은 정상적으로는 감수분열(meiosis)에서 일어나지만, 체세포분열 시에도 상동염색체 간에 강제로 재조합이 일어날 수 있다. 이형접합자 돌연변이(+/−) 세포에서 재조합이 일어났을 때, +/+와 −/−인 두 종류의 세포를 생산해 낸다(그림 19.6). 이들은 이웃하는 클론으로 자라나며, **쌍둥이점(twin spot)**이라고 불린다. +/+ 클론은 일반적으로 보이지 않지만, (−/−) 클론은 적어도 다음의 4가지 목적으로 사용될 수 있으므로 중요하다.

1. 성충판에서의 세포 특성 결정을 위한 **클론 분석(clonal analysis)**. 클론의 경계가 없다는 것은 특성 결정이 없다는 것을 의미한다.
2. 돌연변이의 세포 **자율성(autonomy)**에 대한 연구. 돌연변이가 일어난 클론뿐만 아니라 주변의 세포에까지 영향을 줄 경우,

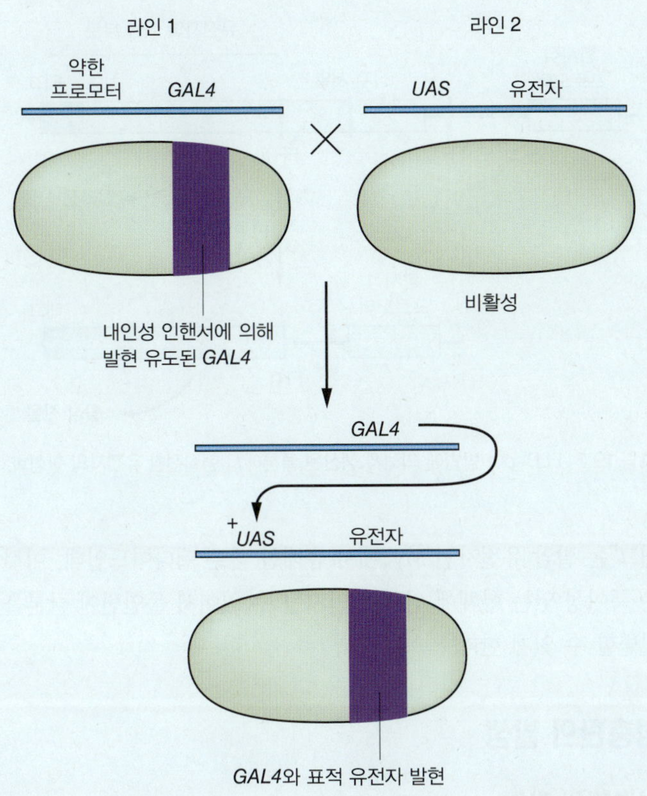

그림 19.5 형질전환 유전자의 이소적 과발현을 위한 GAL4 방법. 2개의 형질전환 라인이 교배되었을 때, 그 자손은 표적 유전자의 조직 특이적 발현을 보일 것이다.

이 돌연변이는 비자율적(non-autonomous)이라고 한다. 이것은 일부 세포 간 신호전달계에 직접적 혹은 간접적으로 영향을 주었음을 의미한다.

3. 배아 발생 동안 치사성을 보이는 돌연변이의 후기 표현형을 연구. 종종 돌연변이는 세포 수준에서는 치사성이 없지만 전체 배아의 발생을 멈추게 한다. 그러므로, 돌연변이 클론은 정상적인 유충이나 성충으로 자라날 것이다. 이와 같은 클론은 형태적 이상을 보일 것인데, 이것은 다른 방법으로는 이제까지 관찰되지 않았던 발생 후기의 기능을 뜻하는 것이다.
4. 각 유전자의 국소적인 과발현. 이것은 앞서 설명한 GAL4 방법에 대해 보완적으로 사용된다. GAL4는 그것을 발현시키는 프로모터에 따라 의존적으로 특정한 과발현 양상을 나타내는 반면, 체세포 재조합은 과발현되는 클론의 무작위적 그룹을 생산할 수 있다. 이 두 가지 방법은 성충판 발생에 대한 연구에서 많이 이용되고 있다.

만일 체세포 재조합을 일으키는 목적이 정상 발현하면서 단지 클론을 관찰하는 것이라면, 발생 자체에 이상을 준다기보다는 단순히 세포의 모양을 변형시키는 돌연변이를 이용해야 한다. 이러한 목적으로 원래 사용하였던 것들은 *yellow*와 *multiple wing hairs* 등의 큐티클 표지자인데, 이들은 배아나 유충 시기에는 관찰할 수 없고 성충에서만 관찰 가능하다는 한계가 있다. 좀 더 최근에는 GFP와 다른 형광 단백질들을 암호화하고 있는 많은 수의 형질전환 유전자 표지들이 도입되어 일반적으로 사용되고 있다(그림 19.6b).

초기 실험에서, 체세포 재조합은 염색체를 끊는 X-선을 이용하여 유도되었다. 그러나 이것은 효율성이 낮아서 현재는 FLP

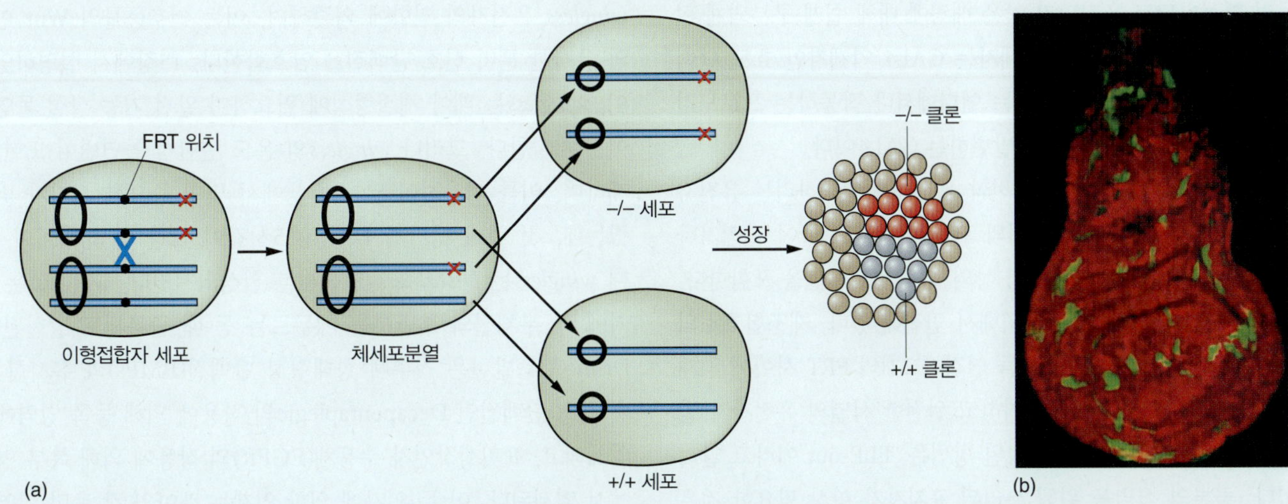

그림 19.6 (a) 체세포 재조합은 −/−와 +/+로 된 2개의 쌍둥이점을 생산한다. 돌연변이 위치는 빨간색 x에 의해 표기되었으며, 검은색 원은 동원체이다. 재조합은 FLP 재조합효소가 유도되어 FRT 위치에서 일어난다. (b) 몇 개의 클론을 가진 날개 성충판. 이 사진은 MARCM 기술에 의해 얻어진 것인데, 여기서 녹색 표지자를 가지는 것은 유도된 클론이며, 그렇지 않은 것은 재조합이 일어나지 않은 곳이다. (인용) Lee Luo (1999). Neuron. 22, 451 – 461.

(“플립”이라고 발음한다) **시스템**이 보편화되었다. 이 방법의 기본적 요소는 효모의 효소인 FLP 재조합효소와 표적 DNA에 존재하는 FRT 위치이다. FLP 재조합효소는 2개의 FRT를 인지하고 이들 간의 재조합을 유도한다. 이때 FRT를 지니고 있는 초파리 라인과 열충격 프로모터에 의해서 발현이 유도되는 FLP를 가지는 초파리 라인을 교배한다. 이후 간단히 열충격을 주면 재조합이 시작되는데, 이때 재조합효소의 일시적 전사를 유도하게 되고 몇몇 세포에서만 재조합이 일어난다. FRT 위치보다 **동원체(centromere)**에서 먼 부분에 *Gfp*나 *lacZ*와 같은 표지자 유전자가 위치하면, 재조합이 일어난 세포에서 이 유전자들을 잃을 것이므로, 정상적으로 발생하였지만 표지자가 없는 것을 확인함으로써 재조합 세포를 확인할 수 있다.

이러한 방법으로 확인 가능한 클론이 생산되지만, 더욱 보편화된 방법은 특정 유전자를 없애거나 과발현하는 클론에서는 표지가 보이지 않게 만드는 것이다. 만일 클론에서 유전자를 제거하는 것이 목적이라면 FRT는 돌연변이의 동원체 부근에 있어야 하고, 이때 재조합효소가 그림 19.6a에 표시된 것처럼 −/− 클론을 생산한다. 앞서 설명한 것처럼, 이 방법에서는 돌연변이 클론에서 표지자인 형질전환 유전자를 잃게 되어 보편적으로 염색되는 배경과 구분하기 힘들다. 이러한 단점을 극복할 수 있는 방법이 **MARCM**(mosaic analysis with repressible cell marker) 방법이다. 여기서는 표지자의 발현이 FRT와 돌연변이가 같이 있는 염색체 좌위에 의해서 항시적으로 억제된다. 재조합에 의해서 억제자가 하나의 염색체로 분리되어 들어가고 표지자와 돌연변이가 다른 염색체에 들어가게 된다. 이것으로 말미암아 표지자는 억제가 풀려 활성화되고 표지되지 않은 배경에 대해 쉽게 구분되게 된다(그림 19.6b). 일반적으로 억제자는 GAL4 억제자인 효모 단백질 GAL80가 사용된다. 표지자는 어디에서나 작동하는 프로모터에 의해 UAS-리포터 유전자를 발현하는 GAL4이다.

이소적으로 발현하려는 형질전환 유전자는 연구하려는 유전자를 발현시킬 항시적인 프로모터와 단백질 산물을 끝이 잘리거나 기능이 없어지게 할 전사나 번역 상의 정지 염기서열을 포함한다. 이 정지 서열은 2개의 FRT에 의해서 인접해 있다. 재조합효소의 발현을 유도하면, 이 효소는 이들 인접한 2개의 FRT 사이에서 재조합을 일으켜 정지 서열을 제거하고 완전한 서열의 유전자가 발현되게 한다(그림 19.7). 이 변형된 방법은 “FLP-out”이라고 알려져 있다. 클론의 식별을 위해 분리된 표지자가 항상 필요한 것은 아니다. 왜냐하면, 연구하는 유전자가 형질전환 유전자라면, 식별 서열을 암호화 서열에 넣을 수 있기 때문이다. 예를 들면, “Myc 태그”는 발암 유전자인 Myc에서 유래한 짧은 펩타이드인데, 이것은 특이성 있는 항체에 의해서 인지될 수 있어서 돌연변이 클론을 식별할 수 있게 한다.

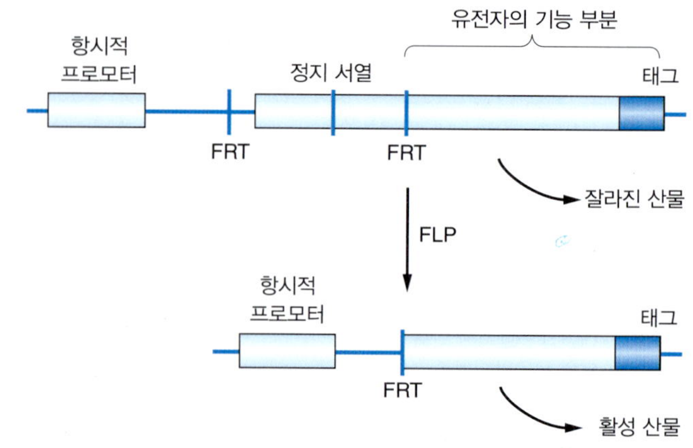

그림 19.7 FLP-out 방법에 의해서 생산된 클론에서 형질전환 유전자의 활성화.

성충판의 발생

성충판의 기원

흉부 성충판의 첫 번째 태동은 배아 발생 후 약 5시간 즈음에 나타나는데, 이때는 배대가 최대로 확장되었을 때이다. 이는 일반적인 현미경으로 보이지 않지만, *Distal-less* 유전자의 초기 인핸서에 의해 발현이 유도되는 *lacZ*에 의해서 관찰될 수 있다. *Distal-less*는 호메오도메인 전사인자를 암호화하며, 모든 배쪽의 부속지에서 발현한다. 초기 성충판 발생과 *Distal-less* 인핸서의 활성화는 *wingless* 유전자의 역할에 의존하며, 이는 척추동물의 Wnt 인자와 유사한 분비 신호 단백질을 암호화한다. 13장에서 설명하였듯이, *wingless*는 배아 체절형성에 필요하며 완전 기능 상실 돌연변이는 치사한다. 그러나 *wingless*의 온도 민감성 돌연변이 또한 존재하며, 이를 이용하여 날개 발생에서 몇몇 중요한 시기가 밝혀졌는데, 첫 번째 시기가 발생 후 5시간이 약간 못 돼서이며, 이때 *wingless*는 *Distal-less* 인핸서를 활성화시킨다. *wingless*는 초기에 각 부체절의 후반부를 에두르는 등-배 줄무늬로 발현된다. *Distal-less* 발현은 척추뼈 형태형성 단백질(BMPs)과 유사한 분비 신호 단백질인 Decapentaplegic의 작용에 의해 등쪽 영역에서 억제되고, 표피성장인자 수용체(EGFR)의 작용에 의해 복부 영역에서 억제된다. 이 두 인자에 의한 억제는 배아의 각 측면 영역에서 *Distal-less*의 발현을 제한한다. 초기에, *decapentaplegic*는 배아 등쪽의 40% 부분에서 발현되지만(13장 참조), 후기에 그 발현

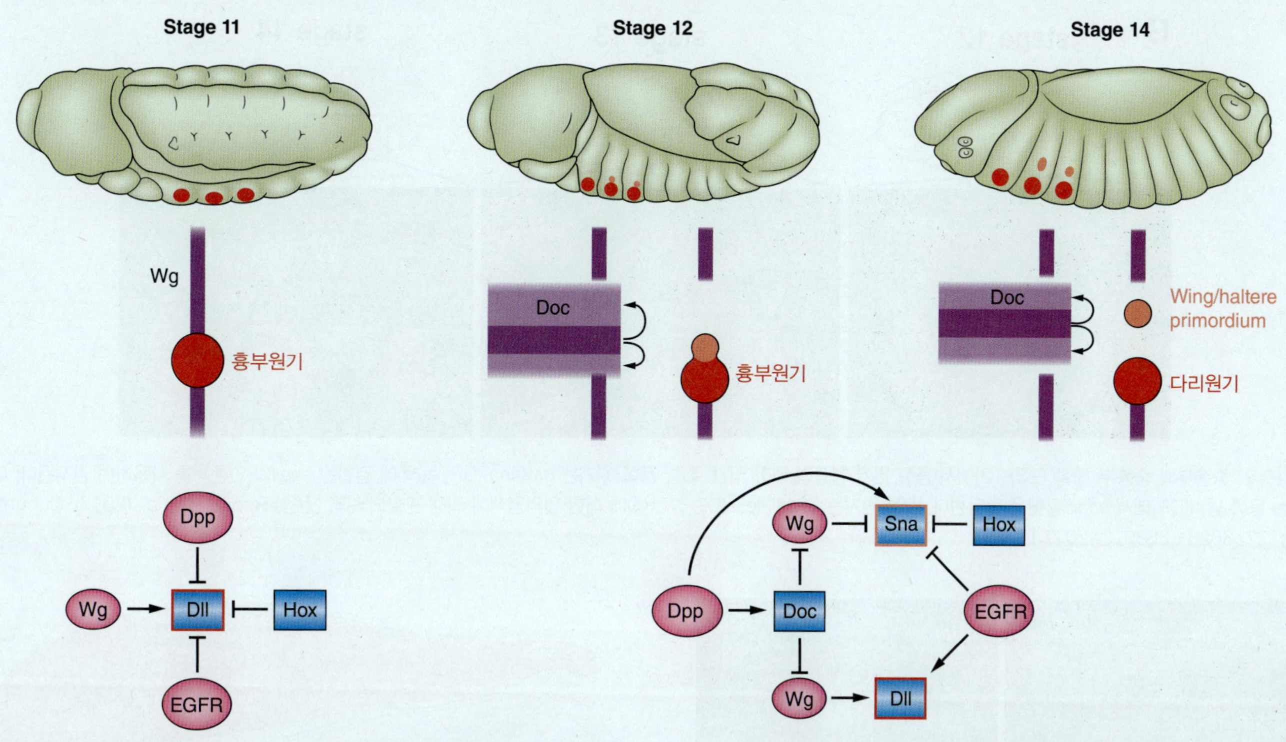

그림 19.8 Wingless(Wg) 및 Decapentaplegic(Dpp)에 의한 흉부 성충판의 유도. 확장된 배대 시기에서, Wg는 등쪽 성충원기(DP)와 복부 성충원기(VP)에 세포를 기여하는 흉부 원기(TP)를 생성하기 위해 *Distalless(Dll)* 발현을 유도한다. DPP와 EGFR에 의한 신호전달은 각각 등쪽 및 배쪽 영역에서 *Dll*의 발현을 억제하는 반면, Hox 유전자는 앞가슴과 복부 체절에서 *Dll* 발현을 억제한다. 배대 수축 후에, Dpp의 새롭게 발현된 측면 띠는 *Dorsocross(Doc)* 유전자를 활성하하여 Wg의 발현을 억제하여 별도의 등쪽 및 복부원기를 생성한다. Dpp는 또한 등쪽 원기에서 *snail(sna)*의 발현을 유도하는 반면, Wg 및 EGFR은 복부 원기에서 *Dll*의 발현을 유지한다. 머리 퇴화 단계에서, 등쪽과 배쪽 원기는 분리되어 뚜렷한 등쪽(날개와 평형곤)과 배쪽(다리) 영역을 형성한다.

패턴은 여러 세로 밴드로 변화한다. 이들 중 하나는 Decapentaplegic이 *Dorsocross* 유전자의 전사를 활성하하는 *Distal-less* 발현 영역의 등쪽 부분과 겹친다(그림 19.8). 이들은 *wingless* 발현을 억제하는 T-box 전사 인자를 암호화한다. Decapentaplegic은 이제 중흉부와 후흉부 모두에서 초기 *snail* 인핸서를 활성화하지만, 호메오 유전자 *Sex combs reduced*에 의해 전사가 억제되는 전흉부에서는 그렇지 않다. 이 시기에 소수의 세포만이 snail을 발현하는데, 중흉부에 약 20개, 후흉부에 약 14개가 있으며, 이들은 *Distal-less*가 발현되는 복부세포의 등쪽에 놓여 있다. 배대의 수축 동안, 이러한 등쪽 원기 세포는 복부 원기 세포로부터 분리되어 중흉 날개 성충판 및 중흉 평형곤 성충판이 된다. 배쪽 세포는 다리 성충판이 된다(그림 19.9).

10시간에 이르면 등쪽 원기 세포들이 *vestigial* 유전자를 발현하는데, 이것은 날개와 평형곤 발생에 필요한 전사조인자(cofactor)를 암호화한다. 복부 원기 세포는 징크 핑거 전사인자를 암호화하는 *Sp1*과 *buttonhead*를 발현한다. 대략 이 시기에 모든 성충판과 복부 조직 원기(histoblasts)는 *escargot* 유전자를 발현하기 시작하는데, 이 유전자는 징크-핑거 전사인자를 암호화한다. 적어도 조직 원기에서 그 기능은 DNA의 **내재복제(endoreduplication)**를 방지하여 세포가 체세포분열이 가능한 이배체 상태로 세포를 유지하는 것이다.

구획화와 선택 유전자들

성충판의 형성 후에, 점진적인 구역화는 **클론 분석법(clonal analysis)**을 통해 추적할 수 있다. 체세포 재조합이 배반엽 시기에 유도되면 각 클론은 체절 경계를 넘지 못하고 각 흉부 성충판에서 전-후 경계를 넘지 못한다. 이러한 클론 제한을 전-후 **구획(compartment)** 경계라 부르며, 이것은 *cubitus interuptus*와 *engrailed* 시스템에 의해 정립되는 초기 배아에서의 **부체절(parasegment)** 경계에서 파생된다(그림 19.10a, 13장 참조). 이러한 경계는 세포분열을 통해 유전되고 각 흉부 성충판에서 유지된다. 비록 구역에 한정되지만, 흉부의 배반엽 시기의 클론은 여전히 날개와 다리 성충판 사이를 교차할 수 있는 반면, 유충 단계에서 유도된 클론은 날

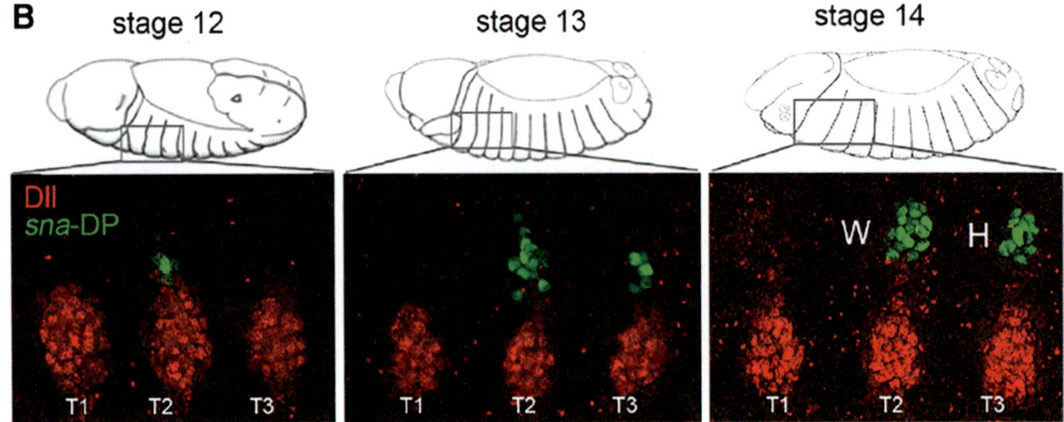

그림 19.9 중흉부와 중흉부 체절(T2와 T3)에서 등쪽 원기 형성의 배아 시간 흐름. 등쪽 원기는 *gfp*(*sna*-DP, 녹색)에 결합된 *snail*의 인핸서를 사용하여 감지된다. 이 인핸서는 등쪽 원기(DP)에서 *snail* 발현을 담당한다. 배쪽 원기는 Distal-less(Dll, 빨간색)에 대한 면역염색에 의해 관찰되었다. (인용) Requena et al. (2017). Current Biology. 27, 3826–3836. © 2017 Elsevier

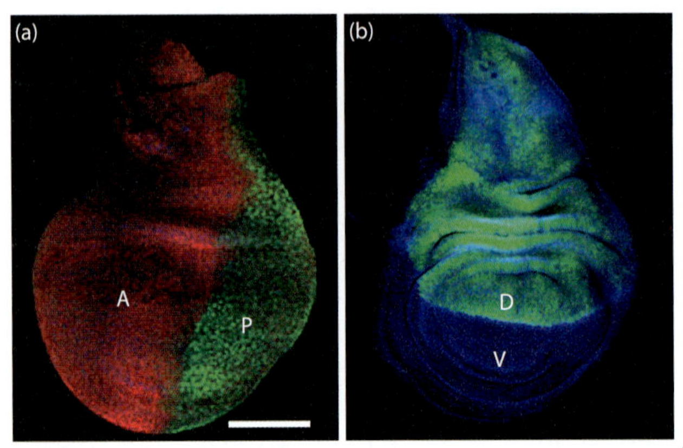

그림 19.10 3령기 유충의 날개 성충판에서 전-후 및 등-배 구역화. (a) 후반부 쪽에서 Engrailed(녹색)와 전반부 쪽에서 Cubitus interruptus(빨간색)의 면역염색. 축척자는 100 μm. (b) *GFP* 리포터는 등쪽 부위에서의 *apterous* 발현을 보여준다. 축척자는 50 μm. (인용) Elsevier 출판사의 허락을 받아 Smith-Bolton et al. (2009)의 그림을 재구성함. (그림 a); Desplan, C., et al., 2015. PLOS Genetics. 11, e1005376의 그림을 재구성함(그림 b).

개나 다리에 국한된다. 이는 각 흉부 성충판 원기가 하나의 세포덩어리로부터 기원하여 2개로 나누어지기 때문이다(위 참조).

전-후 구역 경계는 표지된 클론이 매우 크므로, 이것의 많은 부분이 경계면에 인접한다면 보다 쉽게 관찰할 수 있다. 이것은 리보솜 단백질을 암호화하고 있는 유전자의 우성 돌연변이인 *Minute* 돌연변이를 이용하면 관찰 가능하다. *Minute* 돌연변이 한 사본을 가진 초파리는 단백질 합성 이상으로 인해 느리게 성장하지만 생존하여 성충이 된다. *Minute*+/−의 유전적 배경 하에서 +/+ 클론을 유도함으로써, 주변의 조직에 비해 야생형 클론이 성장에 이점을 가져서 하나의 클론이 최종 기관의 많은 부분을 차지하게 되는 것이 가능해진다(그림 19.11). 놀랍게도, 클론들의 이런

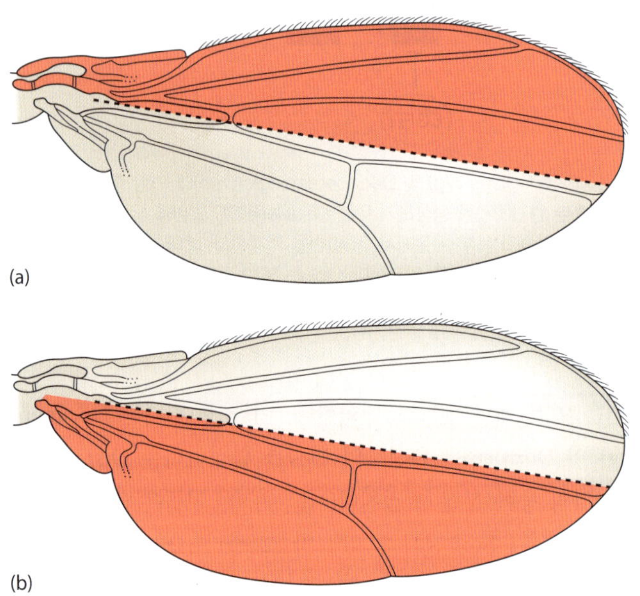

그림 19.11 *Minute* 기술을 사용한 전반부와 후반부 구역의 시각화. 정상 클론이 *Minute* 유전적 배경 하에서 유도되어, 전체 구역을 덮고 있다. (a) 전반부 구역; (b) 후반부 구역. (인용) Lawrence(1992) *The Making of a Fly:* Blackwell, Oxford., © 1992 John Wiley & Sons.

차별적인 성장은 조직의 최종 크기나 비율에는 영향을 미치지 않는다. 날개 성충판(다리 성충판은 아님)의 경우에는 2령기 유충기에 확립되는 등-배 구역 경계도 있다(그림 19.10b). 다시 말해, 1령기 유충기에 유도된 클론은 등-배 경계를 넘어 자라지만, 늦은 2령기 유충기에 유도된 경우에는 등쪽이나 배쪽 부분에 한정된다.

각 구역의 구획화는 특정 **선택유전자(selector gene)**의 발현에 의존적이다. 후반부 구역은 호메오도메인 전사 인자를 암호화하는 *engrailed* 유전자의 발현에 의해 확립된다. Engrailed 활

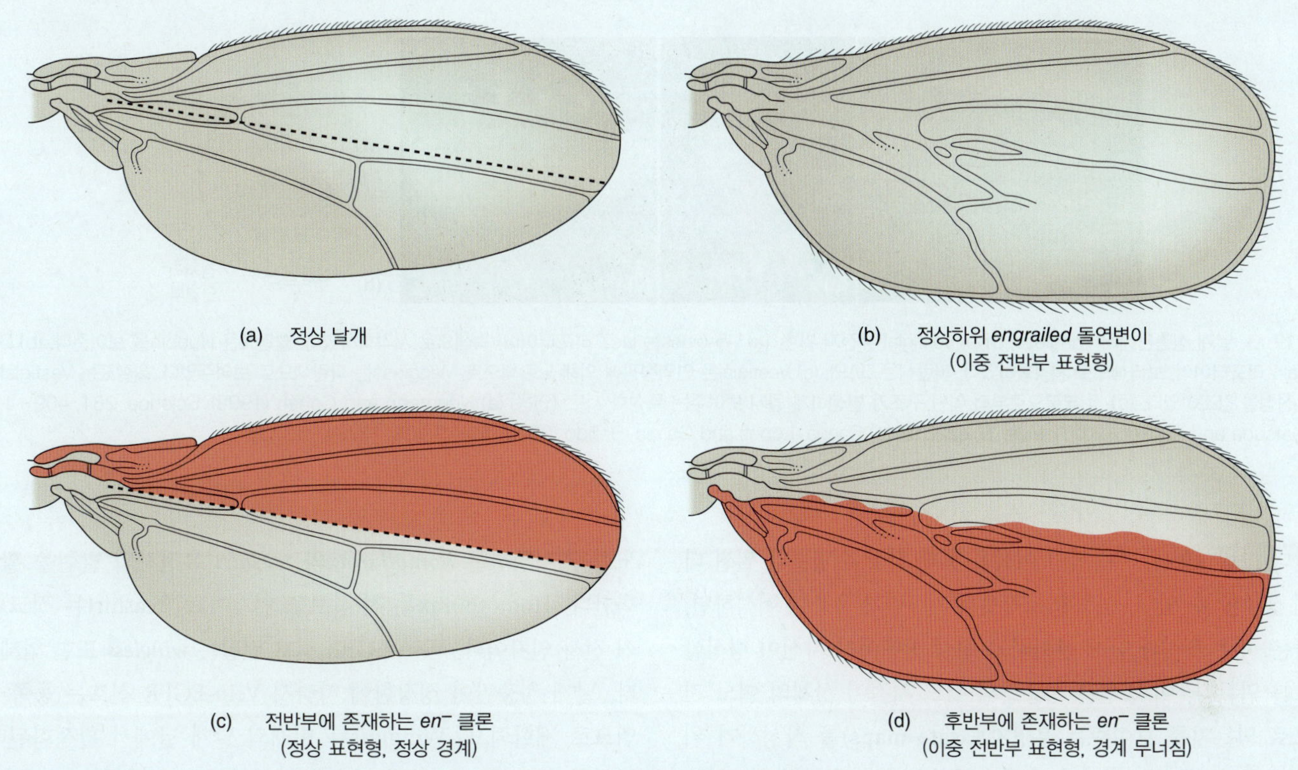

그림 19.12 *engrailed* 유전자의 기능. (a, b) 생존하는 *engrailed*의 정상하위 돌연변이는 2개의 전반부를 가진 구조의 날개를 가진다. (c, d) *engrailed* 결핍 클론은 전반부에서는 구역 경계를 정확히 지키지만, 후반부에서는 그렇지 않다. (인용) Lawrence (1992) *The Making of a Fly:* Blackwell, Oxford.

성은 배아 각 부체절의 전반부 줄무늬를 이루는 세포들을 정하지만, 성충판이 부체절의 경계에서 자라므로 이것은 성충판의 후반부가 된다. *engrailed*의 완전기능 상실 돌연변이는 배아 치사성을 보이지만, 생존하며 날개 후반부가 전반부로 부분 변형되는 정상하위 돌연변이들도 있다. 체세포 재조합에 의해서 실험적으로 유도된 클론은 전반부나 후반부 구역에서 무작위적으로 생겨난다. *engrailed*가 결핍된 클론이 전반부에서 유도되면 그들은 전반부에 남아 있고, 정상적으로 발생한다. 그러나 이와 같은 클론이 후반부에서 유도되면 그들은 해부학적 이상을 유발하고 전반부 구역으로 경계를 넘어갈 수 있다(**그림 19.12**). 이 실험들은 *engrailed*가 후반부 구역을 정의하는 역할을 하며, 이 유전자가 결핍되면 자동으로 전반부가 된다는 것을 보여준다. 세포 이동에 대한 실제적 장벽은 *engrailed*에 의해서 조절되는 integrin과 다른 구성 요소에 의해 기인하는 구역별 세포 부착성의 차이에 의존적이다. 비록 여기에 연루된 세포 부착 물질들이 자세히 밝혀지지는 않았지만, 전반부와 후반부 세포들은 6장에서 설명된 방법으로 서로 분별되어 질 것이다(그림 6.11).

날개 성충판의 등쪽 구역은 Lim 클래스의 전사인자를 암호화하는 *apterous*의 발현에 의해서 경계가 결정된다(그림 19.10b). *apterous*의 발현은 2령기 유충에서 시작하는데, 이것은 등쪽 클론이 등쪽에 한정되는 시기와 일치하며, 배쪽이 아닌 등쪽에 한정된다. 이것은 *vein*에 의해 암호화되는 neuregulin 유사인자에 의해 활성화된다. Neuregulin은 EGFR을 통해 작용하는데, *Egfr* 유전자가 결핍된 경우 *apterous*의 활성을 억제한다. *Egfr*이 성충판 발생 중에 여러 기능을 수행하기 위해 여러 번 사용되는 것을 볼 수 있다. *apterous*가 결핍된 클론을 날개 성충판에서 유도하면, 배쪽에서는 정상이지만 등쪽에서는 클론의 경계 주변에서 이소적인 날개의 가장자리가 생성된다. *apterous*가 결핍된 세포는 배쪽 강모를 생산하는 클론들 사이에 존재하는 반면, 클론 주변의 세포는 *apterous*를 발현하고, 등쪽 강모를 생산한다. 그러므로 정상적인 경우에서처럼, 이소적 등-배 경계가 *apterous* 활성의 경계에서 생겨나는 것이다.

3령기 유충시기의 성충판은 비록 눈에 띄는 분화는 일어나지 않지만, 유전자의 복잡한 발현 양상을 보인다(**그림 19.13**). 성충판과 성충판 조각을 시험관 내에서 배양하는 것은 성공적이지 않다. 즉, 끈적거리는 특별한 배양액을 사용함에도 불구하고 그들을 충분히 키워내어 성장시키는 것은 불가능하다. 성충판 조각을 다른 유충이나 성충의 복부에 이식하는 경우에는 장기간 생존하며 성

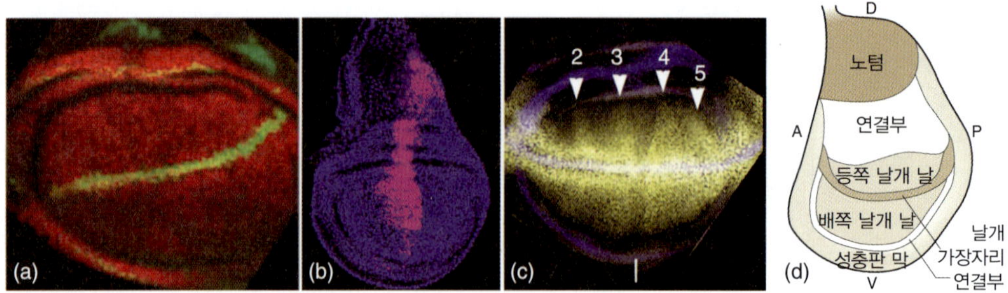

그림 19.13 날개 성충판에서 Wingless, Dpp, Vestigial 유전자 발현. (a) Wingless는 lacZ 리포터이며, 녹색으로 시각화하였다. 빨간색은 Nubbin을 보여준다. (b) Dpp는 Gal4 리포터이며, 보라색으로 시각화하였다. 파란색은 DAPI. (c) Vestigial은 면역형광에 의해 노란색으로, Wingless는 파란색으로 보여주었다. 화살표는 Vestigial 발현의 정점을 강조하였다. (d) 각 부분으로부터 어떤 구조가 발생하게 될지 보여주는 특성화 지도. (인용) (a) Neumann and Cohen (1998). Science. 281, 409-413. (b) Matsuda and Affolter, (2017). eLife. 6, e22319. (c) Baena-Lopez and Garcia-Bellido (2006). PNAS 103, 13734-13739.

장한다(그림 19.4). 지속적인 이식을 통해 정상 수명보다 훨씬 더 오래 생존할 수 있다. 성충판 조각을 후기 3령기 유충에 이식하면, 그들은 숙주 조직과 함께 분화하고 정상 상태에서 자신이 형성할 구조를 만든다. 이 방법은 성충판의 어느 지점이 성체의 어느 지점으로 되는지를 보여주는 **운명지도(fate maps)**를 작성하기 위해 사용되어 왔는데, 엄밀히 말해서 이것은 추출해 내어 배양하는 방법을 사용하였으므로 **특성화 지도(특정화 지도, specification maps)**라고 하는 것이 맞다(4장 참조). 성충 초파리의 표피는 숙련된 관찰자가 구분할 수 있는 털과 강모 등 다양한 특성화된 유형이 존재하므로 운명지도는 매우 정밀하다. 날개 성충판에서 등쪽 부분은 노텀(등쪽 큐티클)으로 발생하고, 배쪽 부위는 날개 성충판 막(pleura: 날개와 다리 사이의 큐티클)이 되며, 중앙 부위는 날개의 연결부(hinge)와 날(blade)가 된다(그림 19.13d). 알을 낳은지 96시간 후의 날개 성충판에 대한 단일 세포 RNA-seq 분석은 날개의 날, 날개의 연결부, 노텀, 성충원기막(근모세포와 기관세포도 포함)이 뚜렷한 유전자 발현 패턴을 가지고 있음을 보여준다.

날개 성충판의 지역 패턴화

정상적인 발생 과정에서 몇몇 성충판의 패턴형성 기전은 잘 알려져 있지만, 여기서는 날개 성충판에 대해 서술할 것이다. 다른 성충판과 기본 원리는 비슷하지만 약간의 차이가 있다. 성숙한 날개 성충판은 날개의 날 뿐만 아니라, 노텀, 성충판 막, 날개 연결부도 형성한다(그림 19.13d). 이러한 영역들은 EGFR과 Wingless 경로의 상호 억제 활동에 의해 유충 발생 동안 점차적으로 특성화된다. 2령기 유충 초기에, 표피성장인자(EGF) 리간드 Vein은 노텀을 지정하는 *homothorax*와 *teashirt* 유전자의 발현을 활성화한다. Homothorax는 전사 보조 인자이고, Teashirt는 징크 핑거 전사 인자이다. Vein-EGFR 신호 전달은 *wingless* 또한 억제한다. 날개 성충판이 성장함에 따라서 Vein-EGFR 신호는 등쪽 영역으로 제한되고, Wingless는 미래의 날개 날에서 활성화된다. 여기서 Wingless는 날개 날을 특성화하는 *nubbin*과 *vestigial* 유전자의 발현을 유도한다. Nubbin은 POU 도메인 전사인자이고, Vestigial은 보조 전사인자이다. *vestigial* 돌연변이는 초파리에서 가장 오래된 것으로 알려져 있으며, 3령기 날개 성충판의 날 영역에서 광범위한 세포사멸을 초래한다. 결과적으로, 초파리 성체에서 날개의 날은 완전히 없어진다. 날개의 손실은 성충판에서 wingless 발현이 망가진 돌연변이에서도 관찰되지만, 이 경우 날개 날은 등쪽 구조의 복제품으로 대체된다. 노텀과 날개 날 사이에 있는 날개 연결부는 Wingless, Homothorax, Teashirt의 결합된 작동으로 특화된다.

등-배축 패턴

앞에서 설명했듯이, Vein-EGFR 신호 경로가 등쪽 날개 성충판의 *apterous*의 발현을 활성화한다(그림 19.10b). 이 유전자는 날개 날의 발생에 필수적이라고 알려져 있으며, *apterous* 돌연변이에서는 날이 사라지게 된다. Apterous의 중요 기능은 *Notch*, *Delta*, *Serrate*, *fringe*를 포함한 Notch 신호 경로의 구성 요소들의 발현을 활성화하는 것이다. Notch는 Delta와 Serrate 리간드의 수용체인 반면, Fringe는 골지체에서 Notch를 변형시키는 글리코실트랜스퍼레이즈(glycosyltransferase)이다. 이런 식으로 Fringe는 Delta와 Serrate에 대한 Notch의 결합 특이성을 변형시킨다. *apterous* 프로모터에서 *fringe*를 발현시킨 형질전환 유

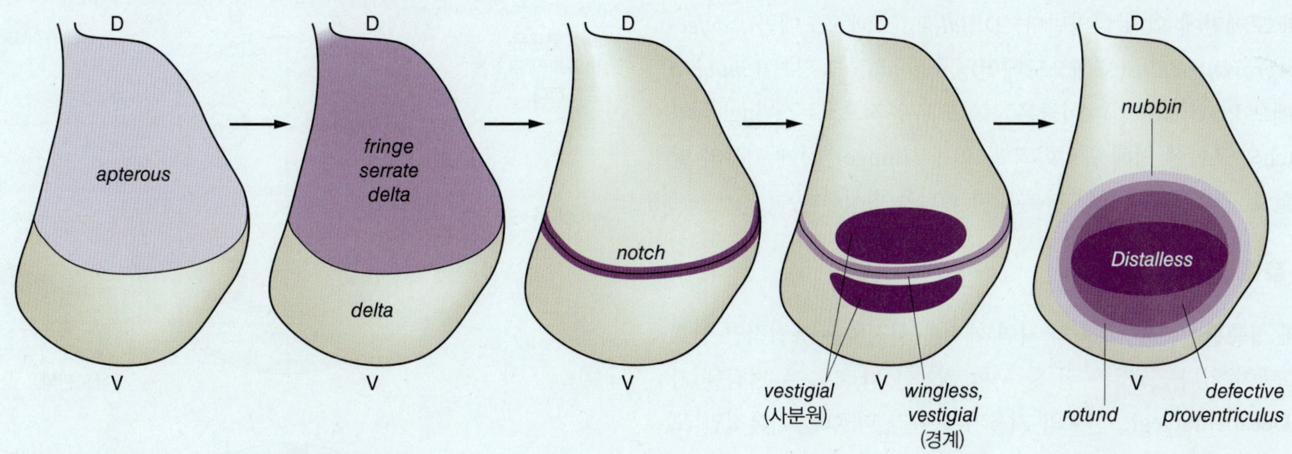

그림 19.14 날개 성충판에서의 등-배 패턴 형성. 등쪽 구역에서의 *apterous*는 *fringe*를 활성화한다. Notch는 *fringe* 경계에서 활성화되어 *wingless*와 *vestigial*을 발현시킨다. *vestigial*은 또한 Decapentaplegic에 의해서 사분원 인핸서를 통해 활성화된다. 마지막으로, 동일한 중심을 가진 전사인자의 그룹이 활성화되어 날개의 기부-말단(proximodistal) 패턴 형성의 분화를 조절한다.

전자가 *apterous* 돌연변이에서 날개 형성을 회복하므로, *fringe*의 활성화는 Apterous의 중요 반응이다. 이러한 모든 유전자들은 이소적으로 발현되었을 경우나 클론에서 제거되었을 경우, 서로 유사한 효과를 지닌다. 이소적 발현은 날개 가장자리에 이소적 패치(patch)를 나타내는 경향이 있는 반면, 제거할 경우 가장자리 이상이 생기거나 혹은 날개 날이 완전히 없어지기도 한다(그림 3.1 참고). 날개의 가장자리는 발생학적으로 중요한데, 그 이유는 이 부분이 유충의 날개 성충판의 등-배 구역 사이의 접합점으로부터 나오기 때문이다. Notch, Delta, Serrate는 유전자가 변이된 곳에서 날개 가장자리의 발생이 망가지기 때문에 각 유전자 이름이 붙여졌다.

Serrate는 날개 성충판의 등쪽 구역에서만 발현되고, Delta는 성충판의 전부위에서 발현된다(그림 19.14). 그러나 Notch는 등-배 경계를 따라서만 자극되는데, 이것은 이 시스템의 두 가지 특성에 의해서 일어난다. 첫 번째로, Notch 신호가 Notch 자신의 경로에 포함된 인자를 암호화하는 *Delta*, *Serrate*, *Notch* 등의 유전자를 활성화하는 양성 되먹임(positive feedback)이 존재한다. 두 번째로, 등쪽 구역에서만 발현되는 *fringe*의 작용을 들 수 있다. Fringe는 Notch에 당 잔기를 붙임으로써 변형시켜 Notch가 Delta에 더욱 민감하게 하고, Serrate에 덜 민감하게 한다. Fringe의 작용 때문에 Notch는 등쪽에서 Delta에 더욱 민감하게 되고 등쪽 전반에서 어느 정도의 Notch 활성화가 일어나는데, 이로 인해 Delta와 Serrate가 약간 더 생성된다. 그러나 등쪽에서는 Fringe 때문에 Serrate는 영향을 미치지 못한다. Fringe가 없는 배쪽 구역의 첫 열의 세포에서 Serrate의 영향이 가장 크다. 따라서 이 열의 세포에서 Serrate와 Delta를 더 생산한다. 이것은 다음으로 자가촉매성을 보인다. 왜냐하면, Serrate와 Delta의 국소적 증가는 Notch 경로의 인자를 암호화하는 유전자의 발현을 증가시키기 때문이다. 이러한 효과에 의해서 오로지 등-배 경계를 따라서 Notch 경로 인자의 신호 활성과 유전자 발현 증가가 모두 일어난다. 이러한 기전에 대한 증거는 GAL4 시스템을 이용한 *Delta*와 *Serrate*의 과발현의 결과로 제시되었다. Delta는 등쪽 구역에서 *Serrate*의 전사를 증가시킬 수 있는 반면, Serrate는 배쪽 구역에서 *Delta*의 전사를 증가시킬 수 있다.

Vestigial은 날개 세포의 증식을 위해 필요한 전사보조인자(transcriptional cofactor)이며, 정상적으로 장래의 날개 날이 될 부분 전체에서 전사된다. *vestigial*은 "주조절 유전자"의 지위를 가지는데, 그 이유는 이것이 다른 성충판에서 활성화되면 이들에서 날개 날의 형성을 유도하기 때문이다. *vestigial*은 2개의 인핸서를 가지는데, 각각은 날개 성충판에서 활성화된 신호 체계 중 하나에 대해 반응한다. 경계 인핸서(boundary enhancer)는 정상적으로는 Notch 신호에 의해 등-배 경계를 따라 활성화된다. 두 번째로 사분원 인핸서(quadrant enhancer)는 Decapentaplegic 신호에 의해서 활성화되며, 이것은 장래의 날개 날의 남은 부분에서 *vestigial*을 활성화한다. Decapentaplegic은 전-후 구역 경계를 따라 발현하며, 다음 절에 설명되어 있다.

구역 간의 상호작용의 최종 결과는 날개의 가장자리가 될 부분을 따라 *wingless* 활성화와 전체 날개 날에서의 *vestigial*의 활성화이다(그림 19.14). 날개의 기부-말단(proximodistal) 패턴은 말단(중앙)부터 기부(원주)까지 동심원으로 배열된 전사인자 유전자의 발현 도메인에 의해 나타난다: *Distal-less*(호메오도메인), *defective proventriculus*(호메오도메인), *rotund*(징크-핑거), *nubbin* (호메오-POU 도메인). 이들은 적어도 부분적으로는 Wingless와 Notch의 조합에 의해 활성화되고, 연결부(hinge), 날개 기부와 날개 날로 구성된 최종적인 기부-말단 패턴을 형성한다.

전-후축 패턴

날개 성충판에는 전-후축의 지역 패턴을 설정하는 독립적인 신호 시스템이 있다. 그것은 전-후 구획 경계를 따라 높은 지점을 가진 Decapentaplegic 신호의 기울기에 따라 다르다. 기본적인 모델은 다음과 같이 요약할 수 있다: 전사인자인 Engrailed는 후반부 구역에서 발현되어 *hedgehog* 유전자 발현을 활성화시킨다. 이것은 전-후 구획 경계에 인접한 전방 세포에 작용하는 세포외 신호를 암호화해서 decapentaplegic 유전자의 전사를 활성화한다. Decapentaplegic 단백질은 전-후 경계 부분에서 가장 강하고 날개의 가장자리에서 약한 세포외 농도 구배를 형성한다. 이 농도 구배는 각기 다른 농도의 임계점을 가지는 전사인자를 활성화시켜 전반부와 후반부 양쪽이 패턴을 형성한다. 따라서, spalt는 날개 날의 전-후축 경계에 가장 가까운 영역에서 발현되고, 그 다음에는 *optomotor-blind*를 발현하는 영역, *brinker*를 발현하는 가장자리의 영역이 뒤따른다.

이 모델의 증거는 주로 클론에서 유전자 활성을 없애버리거나 FLP-out 클론이나 GAL4 방법에 의해서 유전자를 과발현하는 등의 다양한 실험을 통해서 얻어졌다. *engrailed*가 각 부체절에서 전반부 띠로 발현되므로, 전-후 구역 경계는 초기 배아 발생에서 시작한다. 앞에서 설명했듯이, 성충판은 부체절의 경계면에서 발생하는데, *engrailed* 활성은 후반부를 정립한다. 후반부에서의 *engrailed*의 이소적 발현은 정상 클론을 생산하는데, 전반부에서의 활성은 비정상 클론을 생산하여 주변 조직에서 패턴의 중복을 만든다(그림 19.15a). Engrailed는 전사인자이기에 이들 클론의 비자율성은 *engrailed* 과발현 세포로부터 신호가 나온다는 것을 보여준다. *engrailed*가 체세포 재조합에 의해서 제거되면, 전반부에 형성된 클론은 정상이지만, 후반부에 형성된 클론은 과도한 성장을 보이고 패턴이 중복된다(그림 19.15a).

배아 발생 단계에서처럼, *engrailed* 발현 세포가 내는 신호는 Hedgehog인데, 이것은 짧은 범위로만 확산된다. 후반부 구역의 세포는 Hedgehog에 대해 반응하지 못하는 반면에 전반부 세포는 반응한다. 그러므로 Hedgehog 신호의 효과는 전-후 구역 경계를 따라 띠를 이루어 존재하는 세포를 자극한다. 13장에 설명되었듯이, 그 효과란 Gli형 전사인자인 Cubitus interruptus를 활성화시키는 것이다. Cubitus interruptus의 표적 유전자는 *decapentaplegic*과 *patched*를 포함하는데, *patched*는 Hedgehog에 대한 수용체를 암호화한다. 그러므로, Hedgehog 신호에 대한 반응은 Decapentaplegic를 분비하고 Hedgehog 자체에 대한 민감도를 증가시키는 것이다. Cubitus interruptus 활성도는 cAMP 의존적 인산화 단백질인 PKA(protein kinase A)에 의해 억제된다. 따라서 PKA 기능을 제거하면 Hedgehog 신호를 활성화하는 것과 같은 효과를 보이며, 이 분야에서 PKA 활성을 제거한 클론을 이용하는 수많은 실험이 수행되었다.

이 과정에 대한 증거는 *hedgehog*를 이소적으로 발현하는 클론과 *hedgehog*의 활성이 결핍된 클론에 대한 연구를 통해 얻어졌다

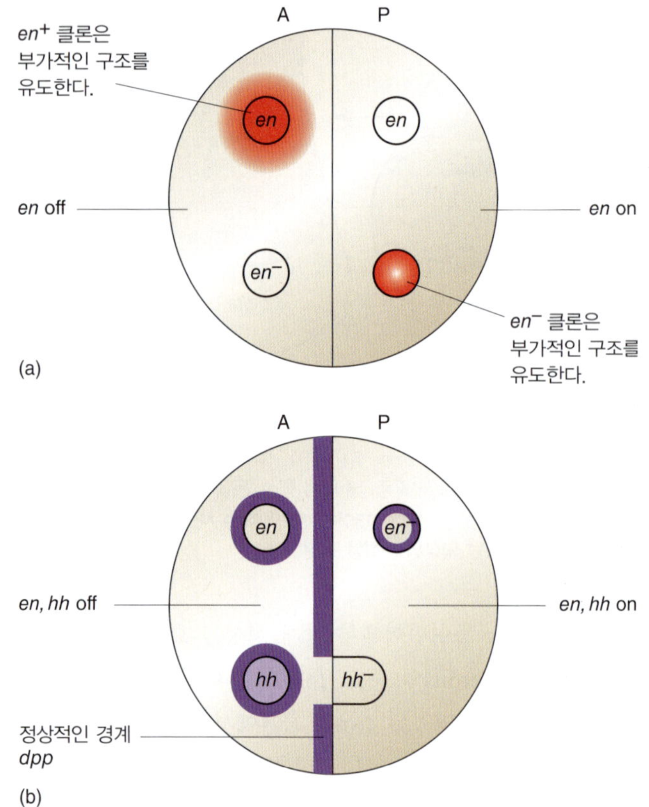

그림 19.15 (a) *engrailed(en)* 발현 변이를 가진 클론들의 행동. 전반부에 존재하는 *engrailed* 과발현 클론은 그들의 주변에서 패턴 중복을 유발한다; 후반부 구역에 존재하는 *engrailed* 활성 결핍 클론은 그들 자신이 이소적 구조를 형성한다. (b) *engrailed*나 *hedgehog(hh)* 발현이 변화된 클론이 *decapentaplegic(dpp)* 인핸서에 미치는 영향. *engrailed*가 결핍된 후반부의 클론은 그들이 후반부 구역의 조직과 접하고 있을 경우에만 *decapentaplegic* 인핸서를 활성화한다. *engrailed*를 발현하는 전반부 클론은 주변 조직에서 *decapentaplegic* 인핸서를 활성화한다. *hedgehog*가 결핍된 후반부 클론은 정상적인 경계를 넘어서 *decapentaplegic* 활성을 억제한다. 전반부 클론은 자신의 안쪽에서 그리고 주변부 세포에서 모두 *decapentaplegic*를 활성화한다.

(그림 19.15b). Hedgehog을 생산하는 클론이 후반부에 존재할 경우 그들은 정상이다. 만일 그들이 전반부에 존재하면, *engrailed*를 발현하는 클론처럼, 그 클론을 둘러싼 조직에서 패턴 중첩을 유발한다. 만일 *hedgehog* 발현 클론이 *decapentaplegic* 프로모터와 연결된 *lacZ* 리포터를 가진 초파리에서 유도되었다면, 전반부 구역의 클론이 *decapentaplegic* 프로모터를 활성화시키고, 후반부에서는 그렇지 않은 것을 볼 수 있을 것이다. 반대로, 전반부의 *engrailed* 발현 클론은 자신의 *decapentaplegic*를 활성화시키지 않는 반면, 주변 세포에서 *decapentaplegic*를 활성화시킨다. *hedgehog*이 결핍된 클론은 그들이 전-후 경계면에 접하고 있을 때만 표현형을 보인다. 이 경우 주변의 전반부 세포에서 *decapentaplegic*가 활성화되지 않고, 패턴 형성에 부분적인 이상을 보인다.

Decapentaplegic 단백질은 전-후 경계로부터 농도 구배를 형성해서 전반부와 후반부 구역 모두를 패턴화한다. Decapentaplegic가 패턴 형성의 주요 실행자라는 증거는 *decapentaplegic*의 이소적 과발현 연구를 통해 얻어졌다. 전반부 구역에서 이것은 *hedgehog*와 유사한 효과를 보인 반면, 후반부 구역에서는 패턴 중복과 과성장을 유발한다.

재생과 결정전환

성충판은 3령기 유충에서 조각으로 분리하여 성충 암컷의 초파리의 복부에 주입할 수 있다. 5일정도 지나면, 그들은 없는 부분을 대체하거나 이미 존재하는 것을 **복제(duplicating)**하여 성장하고 **재생(regenerate)**한다. 고전적인 방법은 재생된 조각을 변태하고 있는 유충에게 이식한 후 분화시켜서 생산된 구조를 관찰하여 어떤 일이 일어났는지를 유추하는 것이었다. 오늘날에는, 재생의 결과는 적절한 마커를 이용한 제자리혼성화법이나 리포터 유전자의 발현을 통하여 직접적으로 관찰할 수 있다.

성충판의 재생은 예를 들어 GAL4-GAL80^{TS} 타겟 시스템을 사용하여 특정 영역에서 세포 치사 생성물을 활성화함으로써, 제자리에서 국소화된 손상을 주는 방법을 통해 연구할 수 있다. 이것은 온도에 민감한 시스템이므로, 제거하는 타이밍을 정밀하게 제어할 수 있다. 미세 수술 방법에 비해서, 이 기술의 장점은 더 많은 수의 성충판을 연구할 수 있고 관련된 유전자를 식별하기 위한 탐색을 수행하기가 더 쉽다는 것이다. 유충 큐티클을 통해 제자리에서 성충판을 자를 수도 있다. 두 경우 모두에서, 성충판은 정상적인 유충 환경에 남아 있으며 이식 절차의 추가 스트레스를 받지 않는다. 약간의 차이점이 보고되었지만, 재생 과정은 어떤 방법을 사용하든 비슷한 것으로 보인다.

성충판이 잘리면, 초기에는 원주형 표피가 성충원기막(peripodial membrane)에 접합되는 방식으로 치유한 다음, 원주형 표피의 잘린 끝 부위가 서로 융합되는 방식으로 재정리된다. 이것은 또한 잘린 가장자리를 따라 약 15개 세포 너비의 **재생 아체(regeneration blastema)**를 형성한다(아체에 대한 내용은 24장 참조). 체세포분열은 재생 세포의 모든 세포를 형성하는 아체(blastema)에 국한된다. 절단은 척추동물의 사지 재생 및 피부 상처 치유를 포함한 많은 조직에서 스트레스 및 조직 손상에 반응하여 활성화되는 JNK의 국소적 활성화로 이어진다. JNK는 상처 가장자리의 손상된 세포에서 세포 사멸 경로를 활성화하고 재생 아체에서 체세포분열을 활성화한다. 이는 많은 조직의 성장과 관련된 Hippo 경로를 활성화하여 수행할 수 있다. 아체는 *wingless*도 발현하는데, 이 신호 단백질은 아체에서 체세포분열을 촉진하는 두 단백질인 Myc과 Cyclin E의 발현을 유도한다.

재생 중 세포 운명이 어떻게 회복되는지는 아직 완전히 밝혀지지 않았지만, 정상 발생을 반복한다고 보통 가정한다. 재생은 발생이 날개와는 조금 다른 다리 성충판에서 가장 많이 연구되었다(그림 19.16). 다리 성충판에서도 여전히 *engrailed*와 *hedgehog*가 후반부 구역에서 발현되지만, 등-배 구역 경계는 없다. Hedgehog는 *wingless*(배쪽 전반부에서)와 *dpp*(등쪽 전반부에서)의 발현을 모두 유도한다. Wingless와 Hedgehog 모두의 접합 효과가 최대인 중앙점이 다리의 말단 끝부분이 되고, neuregulin 유사인자를 암호화하는 *vein*의 발현을 활성화하여 EGFR을 활성화시킬 수 있다. 결과적으로 형성된 말단에서부터 기부로의 EGF 수용체 활성의 농도 구배는 다리의 가장 끝 말단인 부절(tarsus)과 좀 더 기부 부위의 패턴 형성을 조절한다.

다리 성충판이 절단되면, Wingless나 Decapentaplegic의 농도 구배의 정상적인 기울기가 재형성될 때까지 아체 및 과도한 세포 분열이 지속된다. 성충판의 새로운 부위에 하나의 농도 구배가 재정립되면 중첩이 생길 것인데, 왜냐하면 구조들은 국소적 농도에 따라서 형성되고, 이 경우 하나 대신에 두 군데서 같은 농도를 가지기 때문이다. 그러나 말단 부위의 재생은 *hedgehog*, *wingless*, *decapentaplegic* 부위가 겹치는 곳에서만 일어난다. 예를 들어, *wingless* 발현 클론은 오로지 이 클론이 *decapentaplegic* 발현 위치에 접해 있을 때만 말단 부위를 생산한다. 전흉부 다리 성충판에서(제2, 제3의 흉부체절의 다리 성충판에서는 아니다), 성충원기막 자신은 *hedgehog*를 발현한다. 이것은 아마도 성충원기막이 원주형 표피에 접합하는 초기 치유 단계 후에, Hedgehog에 의해

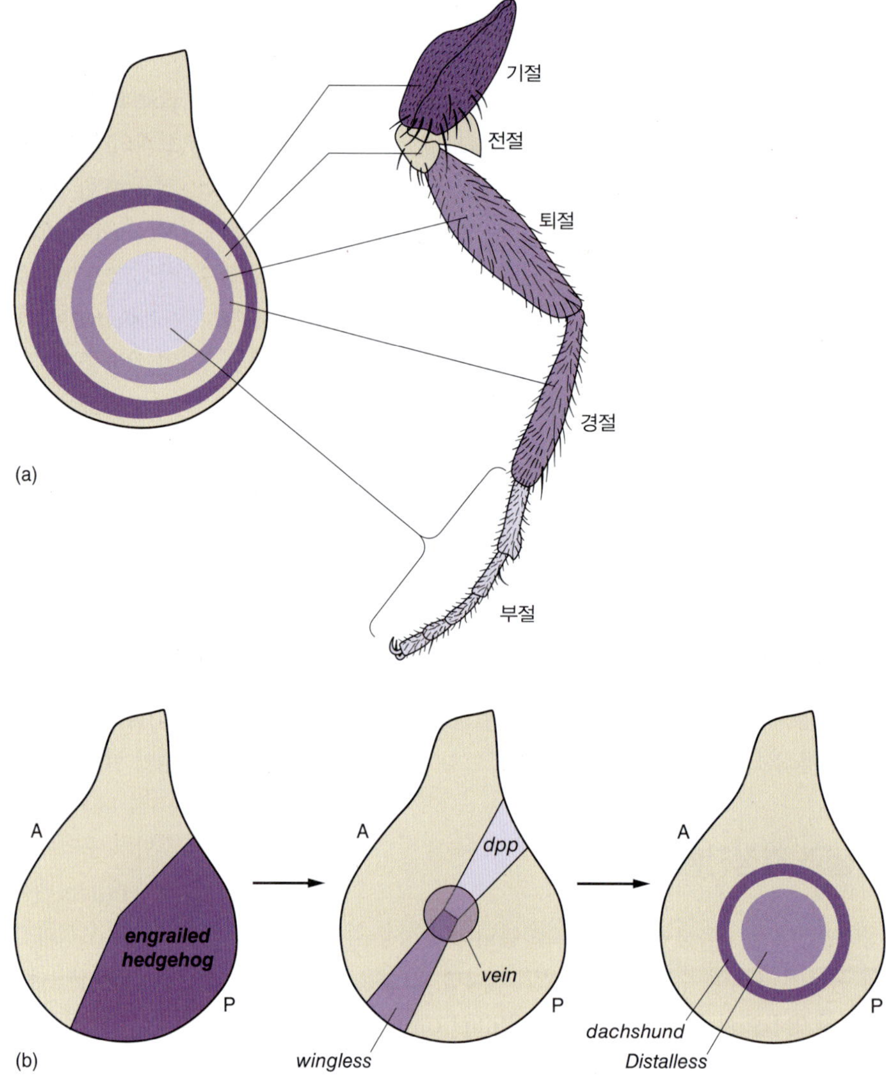

그림 19.16 다리 성충판. (a) 다리 성충판의 운명지도. (b) Wingless와 Dpp의 조합적인 작용에 의한 기부-말단 축에서의 전사인자 활성화.

서 부가적인 *wingless*나 *decapentaplegic* 구역이 유도된다는 것을 의미하며, 이는 상대적으로 작은 조각들로부터 재생이 일어나는 기전이 된다(그림 19.17a).

성충 숙주에서 성충판 조각을 배양하는 초기 실험은 결정된 세포의 안정성을 시험하도록 설계되었다. 재생된 성충판은 성체 암컷에서 조각으로 분리되어 새로운 성체 숙주에 여러 번, 어떤 경우에는 수년에 걸쳐 재주입되었다. 각 성충판이 조각날 때 마다 어떤 구조가 분화되었는지 확인하기 위해 한 조각을 3령 유충에 주입하였다. 대부분의 경우, 조각은 날개 성충판이 날개 구조를 생성하고 다리 성충판이 다리 구조를 생성하는 것과 같이 원래의 결정 상태를 유지하였다. 이는 결정된 상태가 매우 안정적임을 보여주었다. 하지만, 예를 들어 성충판 유형이 종종 다리에서 날개로 다른 성충판 유형으로 치환되는 것이 관찰되었는데, 이를 **결정전환(transdetermination)**이라고 한다(그림 19.17b, c). 지금은 성충판이 "약점"을 따라 잘리면 결정전환이 일어난다는 사실이 알려져 있다. 다리 성충판의 경우에는 *decapentaplegic*가 발현되는 곳의 중앙에 이 약점이 존재하며, *wingless*의 자가촉진적(autocatalytic) 발현 증가에 민감한 부분이다. 성충판에서 전반적으로 낮은 수준의 *wingless* 발현이 일어나는데, 이 부분의 상처는 wingless의 발현이 자기 자신을 활성화하여 자기 발현 수준을 높게 유지하는 방법으로 민감도를 높인다. Wingless와 Decapentaplegic가 모두 이렇게 높은 수준으로 발현되므로, *vestigial*이 활성화되어 다리 성충판 일부분이 날개 성질을 가지게 되는 호메오성 변화가 일어난다.

*wingless*의 이소적 발현이 정상적인 다리 성충판에서 조차 같은 위치에서 결정전환을 일으킨다는 것이 증명되었다. *vestigial*의

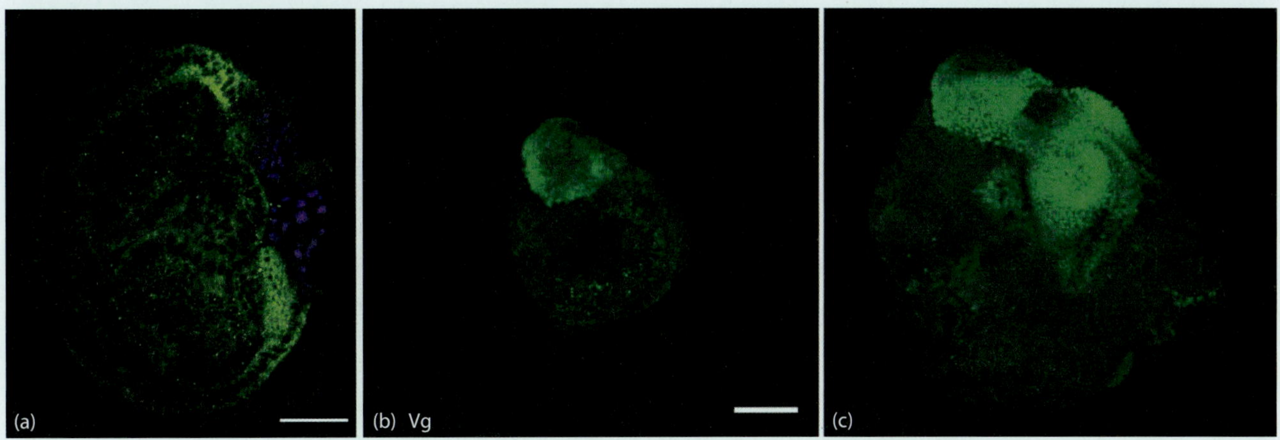

그림 19.17 첫 번째(전흉부) 다리 성충판의 재생. 단백질은 면역염색법을 통해 관찰되었다. (a) 2일 동안의 생체 내 배양 후 전반부 조각으로부터 후반부 세포의 재생. Engrailed (후반부 구역 표기)는 심홍색이고, Cubitus interruptus(전반부 구역 표기)는 초록색이다. 축척자: 25 μm. (b, c) 날개 표지인 Vestigial의 발현으로 관찰된 "약점"에서의 결정전환: (b) 4일, 축척자: 100 μm; (c) 7일 배양. (인용) Elsevier의 허락을 얻어 Schubiger *et al. Developmental Biology* 2010: 315-324의 그림을 재구성함.

이소적 발현 또한 다리나 평형곤 성충판으로부터 날개 구조가 자라나는 것이 관찰되었다. 이것이 13장에서 설명한 *Ultrabithorax* (*Ubx*) 돌연변이에서 호메오성 효과가 일어나는 이유이다. *Ubx*는 Hox 군에 속하는데, 이것의 기능 상실 돌연변이는 평형곤을 날개로 변화하는 반면에, 이소적 발현은 날개를 평형곤으로 변환한다. 그 이유는 Ubx가 Wingless와 Notch 경로를 통해 *vestigial*의 유전자 발현 활성화를 억제하기 때문이며, Ubx가 결손되면 *vestigial*의 발현이 유도되어 날개가 발생한다.

형태형성인자의 농도 구배와 극성

초파리 성충판은 형태형성인자(**morphogen**)의 농도 구배(**gradient**)가 존재한다는 증거를 보여준다. 특히, Decapentaplegic과 Wingless의 농도 구배가 존재한다는 것이 항체염색을 이용하거나 형질전환 초파리에서 GFP 융합단백질의 분산 관찰 등을 통해 관찰되었다. 날개 성충판에 대한 연구는 Decapentaplegic-GFP 융합단백질의 농도 구배가 열충격 프로모터에 의해 조절되는 형질전환 유전자에 의해 시작될 수 있음을 보여주었다. 국소적 생산근원으로부터의 분산 및 제거 모델(source dispersed sink model)에서 예측된 것과 같이, 농도 구배는 약 7시간에 후에 25 세포 두께에 걸쳐 형성된다(그림 19.18a). 이와 맞물려 MAD 단백질(초파리에서는 SMAD)의 인산화가 일어나는데, 이는 이 단백질이 활성화된다는 의미이다. 그러나 이 기울기에서 Decapentaplegic의 대부분은 느리게 확산되는 세포 내 형태이고, 나머지 세포 외 형태가 성충판을 패턴화하기에 충분한지 여부는 명확하지 않다. 움직임은 Decapentaplegic에 대한 수용체인 Thickveins와의 상호작용을 수반할수 있는데, Decapentaplegic를 암호화하는 형질전환유전자가 Thickveins에 결합할 수 없는 구조인 경우 농도 구배가 형성되지 않기 때문이다. Thickveins가 결손된 클론이 유도되면, Decapentaplegic-GFP는 단백질이 분산되지 않고 클론의 발현 위치에 축적된다(그림 19.18b).

단순 확산에 대한 다른 모델은 수용체 결합, 세포내화, 재분비의 활성 과정에 의해 농도 구배가 설정되고 유지되는 세포 간 **물질 유입(transcytosis)**이 있다. 리간드 수용체 복합체의 세포내화(internalization)는 운동 단백질인 dynamin과 small GTPase인 Rab5 활성을 필요로 한다. dynamin 결손 클론에서도 역시 농도 구배가 형성되지 않으며(그림 19.18c), *Rab5* 돌연변이에서는 농도 구배의 범위가 변할 것이다: 기능 상실 돌연변이에서는 범위가 축소되고, 기능 획득 돌연변이에서는 증가할 것이다. 이 모델은 수용체-Dpp 복합체를 포함하는 소낭(vesicle)이 세포를 건너 Decapentaplegic을 다른 위치에 분비할 것으로 예상된다(그림 19.18d). 그러나 야생형 세포는 Thickveins가 결손된 세포에 둘러싸여 있을 때에도 Decapentaplegic에 반응할 수 있으며, 이는 세포 간 물질 유입(transcytosis)이 Decapentaplegic의 모든 움직임을 설명할 수 없음을 말해준다.

또 다른 모델은 **사이토님(cytoneme)**이라고 불리는 얇은 필로포디아(filopodia)를 따른 Decapentaplegic의 움직임이다. 날개 성충판에서, 사이토님은 세포의 위쪽 표면에서 전-후 구역 경계를

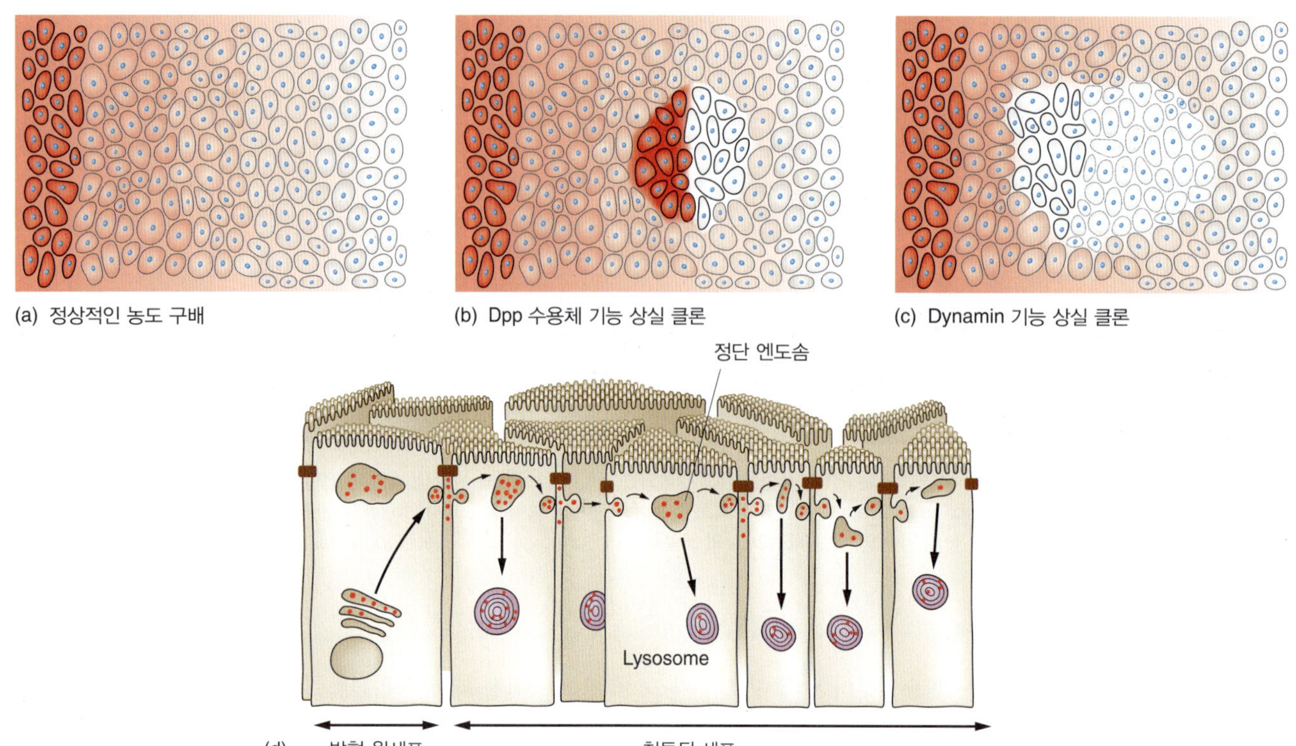

그림 19.18 날개 성충판에서 Decapentaplegic의 농도 구배. (a) 정상. (b) Decapentaplegic 수용체 결손 클론의 효과. (c) dynamin 결손 클론의 효과. (d) 평면적 세포 간 물질 유입(transcytosis)의 모델. (인용) González-Gaitán (2003). Mech. Dev. 120, 1265 – 1282, © 2003 Elsevier.

향해 확장되어 Decapentaplegic 생산 세포와 접촉한다. 이 사이토님에는 Thickveins가 있어서 Decapentaplegic은 반응하는 세포와 접촉하기 위해 먼 거리에 걸쳐 확산될 필요가 없다. 그러나 이것이 Decapentaplegic 농도 구배를 어떻게 확립하는지는 명확하지 않다. 사이토님은 또한 날개 성충판의 기저 표면에서 관찰되었으며, 여기서 사이노팀은 전-후 구역 경계를 가로질러 확장된다. 실시간 이미징을 통해서, 사이토님이 세포 신호를 시작하기 위해 Hedgehog을 구역 경계의 전반부 쪽으로 운반하는 것을 확인하였다. 따라서 사이토님은 세포 간 물질 유입(transcytosis) 모델의 일부 측면을 포함할수 있다.

Wingless의 농도 구배의 경우에는 영향을 받는 세포가 약 11개 내외로 매우 가파르다. 이 경우 dynamin 결손에 의해 영향을 받지 않는 등과 같이 Decapentaplegic의 농도 구배와는 다른 기전으로 이동된다. Wingless를 포함하는 사이토님과 마찬가지로 엔도솜(endosome)에서 Wingless의 이동도 관찰되었다. 성충판에서의 이들 두 가지 형태형성인자에 대한 자세한 연구들은 다른 형태형성인자가 매우 다른 기전으로 이동된다는 것을 보여준다.

날개와 같은 초파리 부속지에서 잘 연구된 몸체 부분의 패턴 형성의 또 다른 양상은 각 개별 세포의 **극성(polarity)**이다(그림 19.19). 날개 세포 각각은 하나의 액틴 전모(prehair)를 가지며, 이들은 말단 쪽으로 향해 있다. 이 세포 극성에는 Wingless 신호경로에 포함된 많은 구성요소가 사용되는데, 이들은 대칭성을 파괴하는 방식으로 행동한다. Wingless의 수용체인 Frizzled는 Dishevelled를 모은다. 이것은 Frizzled의 축적을 안정화하고 이웃 세포에 Lim 도메인 단백질인 Prickle-Spiney leg를 모으며, Dishevelled를 그 세포의 다른 쪽으로 밀어 낸다. 두 번째 세포의 다른 위치에서의 Dishevelled의 축적은 그 위치에서 Frizzled와의 복합체 형성을 촉진하여 그 다음 세포의 같은 위치에 Prickle을 모은다. 이 결과 처음에는 균질했던 위치에서부터 출발하여 극성이 생겨나고, 세포와 세포를 통해 전파되어 갈 수 있다. 이 기전에 대한 주요 증거는 *frizzled* 돌연변이 연구로부터 얻어졌다. 만일 *frizzled* 결손 클론이 정상 세포들 사이에서 유도되면 주변 정상 세포들의 날개모가 클론 방향을 향하는 경향이 있다. 반면 *frizzled*를 과발현하는 클론의 경우 주변의 정상 세포들의 날개모는 그 클론의 반대 방향으로 향한다. 공초점현미경(confocal microscopy)을 이용한 면역염색을 통해 관찰하면 다양한 단백질이 이 세포 내에

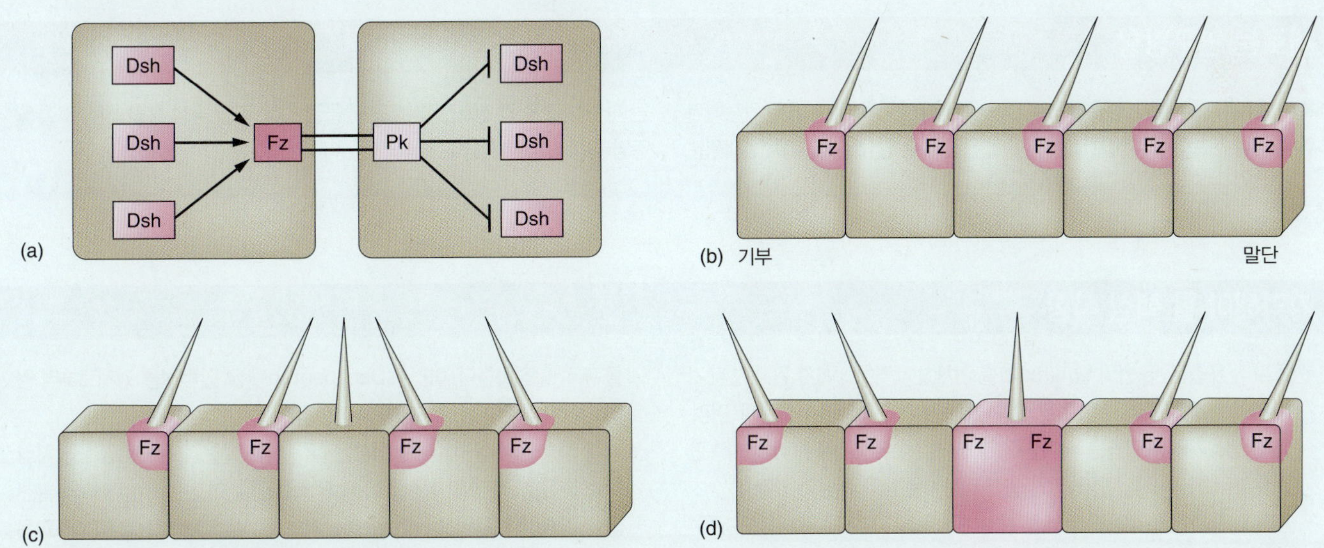

그림 19.19 평면세포 극성 시스템. (a) Frizzled와 Prickle-Spiney leg 복합체 형성으로 세포의 극성이 전파된다. (b) 날개 모의 정상적인 방향성. (c) *Frizzled* 결손 세포 주변의 날개모의 방향성. (d) *Frizzled* 과발현 세포 주변 세포의 날개모 방향성.

축적됨을 알 수 있다. 유사한 **평면 세포 극성 시스템(planar cell polarity)**이 다른 동물들에서도 발견된다. 예를 들면, 제노푸스의 낭배형성 동안 세포들의 방향성 조절이 있는데, 이 경우 척추동물에서의 전반적인 극성은 Wnt5와 Wjnt11과 같은 Wint 패밀리 구성원들에 의해서 조절된다.

초파리에는 2개의 비전형적인 cadherin인 Fat, Dachsous와 Fat를 인산화시켜 활성화하는 골지체 단백질 인산화효소인 Fourjointed에 기초한 전혀 다른 세포 극성화 시스템이 존재한다. Dachsous와 Fourjointed는 초기 형태형성 물질의 농도 구배에 따라 농도 구배를 형성한다. Fat는 이웃 세포에 존재하는 Dachsous와 결합할 수 있다. 만일 이와 같은 결합에 의해서 많은 양의 Fat나 Dachsous가 세포의 한쪽으로 모이면, 다른 쪽에서는 이들이 감소하고 세포 극성이 전파될 것이다. 이 시스템은 세포 성장 조절 경로인 Hippo 경로와 연결되어 있으며(21장 참조), 국부적으로 과도한 세포 분열을 일으키는 패턴 단절에 관한 정보를 제공하는 것으로 여겨지고 있다.

고전적인 실험

발생의 구획화에 대한 발견

발생 중인 구획에 대한 아이디어는 초파리에 국한된 것이 아닌 발생학의 기본 개념이었다. 구획은 성충판의 클론 분석에 의해 발견되었으며, 소수 세포의 자손에 의해 만들어지는 몸 구조의 단위로 정의한다. 인접한 구획 사이의 세포 혼합은 일반적으로 발생하지 않는다. *engrailed* 돌연변이의 특징에 대한 연구를 통해서, 이들은 또한 호메오유전자의 활성 도메인으로 확인되었다.

첫 번째 논문은 표지된 클론의 행동을 기술한 것이고, 두 번째 논문은 훨씬 크고 정보가 많은 클론 생산을 가능케 하는 *Minute* 기술을 소개한다. 세 번째 논문은 총설 논문이지만 저자들의 메시아적인 확실성 때문에 색다른데, 스페인 그룹의 연구는 그 중요성으로 인해 큰 관심을 받았다.

García-Bellido, A., Ripoll, P., & Morata, G.(1973). Developmental compartmentalisation of the wing disk of Drosophila. *Nature*, **245**, 251-253.

Morata, G., & Ripoll, P.(1975). Minutes: mutants of *Drosophila* autonomously affecting cell division rate. *Developmental biology*, **42**, 211-221.

Crick, F. H. C., & Lawrence, P. A.(1975). Compartments and polyclones in insect development. *Science*, **189**, 340-347.

새로운 연구방향

초기 초파리 배아처럼, 성충판도 발전된 유전학적인 방법의 사용이 가능하기에 다양한 세포학적 주제에 대한 연구에 사용될 수 있다. 상처 치유 및 재생뿐만 아니라 세포 간 신호전달, 세포 내 물질 이동, 평면 극성 확립, 성장 조절 및 종양 형성에 대한 관심이 계속되고 있다.

기억해야 할 핵심 사항

- 초파리 유충은 두 번의 탈피(molt)를 거쳐 번데기(pupa)가 된다. 번데기에서 유충 몸의 대부분은 몇몇 성충판들로부터 분화되어 치환된다. 머리, 흉부 생식기의 큐티클은 배아 시기에 생겨나서 유충기에 자라난 성충판으로부터 형성되지만 변태 기간 동안 미분화된 상태로 남아 있다.
- 체세포 재조합은 성충판 발생을 분석하기 위해 사용되었다. 이것은 클론 분석이나 무작위적 클론에서 관심 있는 특정 유전자를 제거하거나 과발현하기 위해 사용될 수 있다.
- GAL4 방법은 특정 위치에서 관심 있는 유전자를 과발현하기 위해 사용된다.
- 흉부의 성충판은 보이지 않는 전-후 경계로 나뉘는데, 이것은 클론 분석을 통해 관찰되고 배아의 부체절 경계에 해당한다. 각 성충판의 후반부 구역은 *engrailed* 유전자의 활성에 의해 확립된다.
- 날개 성충판은 2령기 유충 시기에 등쪽과 배쪽 구분이 형성된다. 등쪽 구역은 *apterous* 유전자 활성에 의해서 확립된다.
- 날개 성충판의 전-후 패턴 형성은 Engrailed에 의한 *hedgehog* 활성화에 의해서 생겨나는데, Hedgehog는 *decapentaplegic*을 전-후 경계를 따라 활성화한다. 이것은 Decapentaplegic 단백질을 경계로부터 양쪽 가장자리로의 농도 구배를 형성한다.
- 날개 성충판의 등-배 패턴 형성은 *Notch*의 발현과 등-배 경계를 따라 Notch 신호전달계의 활성화에 의해 조절된다. 이것은 *wingless*의 발현을 증가시킨다. Decapentaplegic, Notch, Wingless 신호계의 조합은 전체 성충판에 걸쳐 세포 분화의 패턴을 형성한다.
- 성충판은 상처를 입었을 때 재생될 수 있다. 잘린 면은 치료되고 그 주변에서 국소적 세포 분열이 일어난다. 결합 부위가 새로운 말단 끝을 형성하면 없어진 부분이 재생될 것이다. 결합 부위가 형태형성인자의 농도 구배를 새로운 구역으로 연장하면 중복된 구조가 생겨날 것이다.
- 결정전환은 재생의 결과로 생겨난 성충판 유형의 변화이다. 일부 결정전환은 *wingless*나 *vestigial* 유전자의 과발현에서 의해서 일어날 수 있다.
- 성충판에서 Decapentaplegic 농도 구배에 대한 연구는 이것이 이동을 위한 수용체 매개 세포 내 유입(endocytosis)에 의존적이라는 것을 보여준다. 하지만 Wingless의 농도 구배는 이러한 경로를 이용하지 않는다.

Part 4

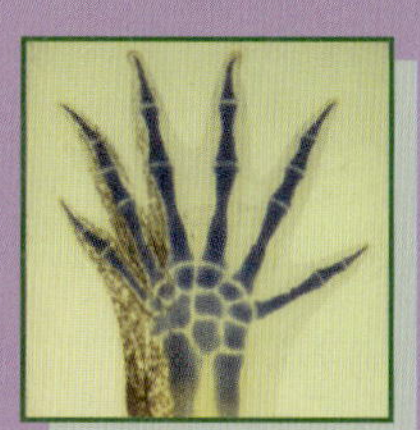

성장, 진화, 재생

Growth, evolution, regeneration

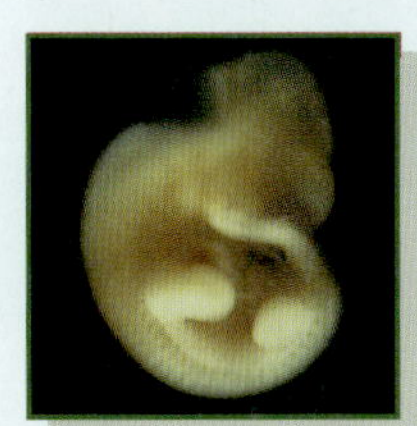

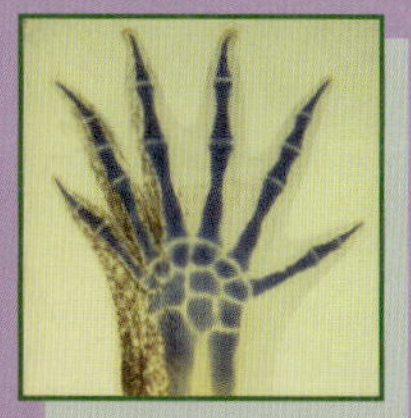

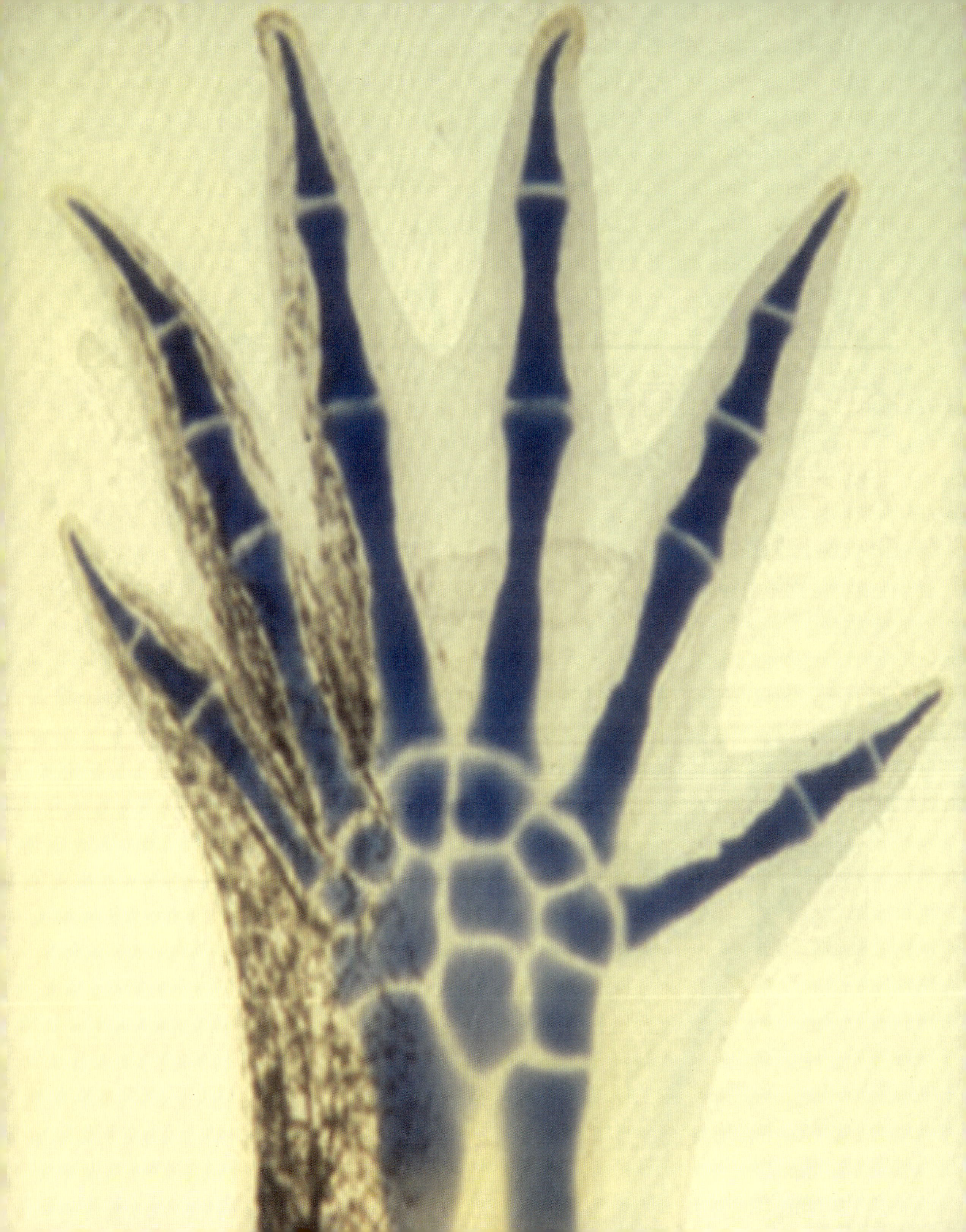

Chapter 20

조직의 구성과 줄기세포

Tissue organization and stem cells

기관형성 과정은 일반적으로 한 층 이상의 세포층으로 구성되며, 특정 조직으로의 분화가 가능한 많은 수의 다양한 기관원기(rudiment)를 발생시킨다. 어떤 조직에서는 이러한 세포의 분화 완료와 함께 기관 발생이 종료되지만, 또 다른 조직의 경우는 발생 과정이 생존기간 내내 지속되면서 해당 조직 내의 줄기세포로부터 새로운 세포가 꾸준히 분화되고 생산된다. 이번 장에서는 척추동물에서 줄기세포의 특징 중 하나인 세포의 자가증식(self-renewal)이 일어나는 주요 조직에 대하여 알아본다.

기관(organ), **조직(tissue)** 및 **세포(cell)**의 개념은 종종 혼동이 된다. 예를 들어, "근육" 기관은 결합조직, 혈관, 신경 및 대식세포 등 다양한 종류의 세포와 조직으로 구성되어 있으므로, 단순히 해부학적인 의미의 근육을 의미하는지 또는 근육 내 다핵성 근섬유를 의미하는지 지정되어야 한다.

기관은 육안 해부학적으로 명명된 인체의 부분으로서, 위, 신장, 폐 및 피부 등이 해당된다. 기관은 뚜렷하게 구분될 수 있는 생리학적 기능을 가질 수 있는 몇 가지 종류의 조직으로 구성된다. "조직"을 정확하게 정의하기는 어렵지만, 일반적으로 단일 줄기세포에서 기원한 여러 종류의 세포로 구성된 것으로 간주된다. 예를 들어, 소장상피는 하나의 줄기세포에서 기원한 여러 종류의 세포로 구성되어 있으므로 조직으로 간주된다. 기관으로서 소장은 또한 연결조직층, 혈관, 림프관, 신경 및 일부 림프조직으로 구성되어 있다. 간은 후기 배아 발생 과정에서 한 종류의 전구세포로부터 발생된 하나의 조직으로 간세포와 담관계으로 구성된다. 또한 기관으로서 간은 다수의 구퍼세포, 간성상세포 및 풍부한 혈관체계를 포함하고 있다.

조직학에서는 일반적으로 조직을 상피, 결합조직, 신경조직, 근육 및 혈액의 5개의 형태로 구분하며, 각 조직은 단일 또는 복수 형태의 세포로 이루어진다. 광학현미경 수준에서, 포유류 조직들은 약 200여 종의 분화된 세포가 관찰되지만, 최근 "Human Cell Atlas" 컨소시엄에서 단일 세포 유전체 및 단백체 분석을 통해 실제로는 보다 많은 종류의 세포가 존재가 알려지고 있다.

조직의 유형

상피

상피(epithelium, 복수 **epithelia)**란 서로 인접한 세포들이 특화된 세포 간 연접(junctions)에 의해 부착되어 **기저막(basement membrane)** 위에 한 층으로 배열된 세포층을 일컫는다. 상피는 인체의 많은 기관의 주요 구성 요소로서, 식도, 위, 소장 및 대장과 같은 소화기관의 내강 표면막을 형성하며, 간, 신장 및 침샘과 같은 실질 기관에도 존재한다. 체내에 존재하는 200여 종의 세포 유형 중 60%를 차지한다. 이들 상피세포는 독특한 정단-기저부 **극성**(apical-basal **polarity**)을 나타내는데, 기저부(basal surface)는 기저막(basement membrane)에 인접하고, 정단 표면(apical surface)은 그 반대쪽에서 체액으로 차여 있는 일종의 관(lumen)에 접해 있다. 기저막은 상부의 상피에서 분비된 기저판(basal lamina)과 하부에 존재하는 결합조직에서 생산된 라미닌(laminin), 제4형 콜라겐(type IV collagen), 엔탁틴(entactin), 그리고 헤파란 황산 프로테오글리칸(heparan sulfate proteoglycan) 등을 포함하는 세포외 기질로 구성된다. 세포 간 혹은 세

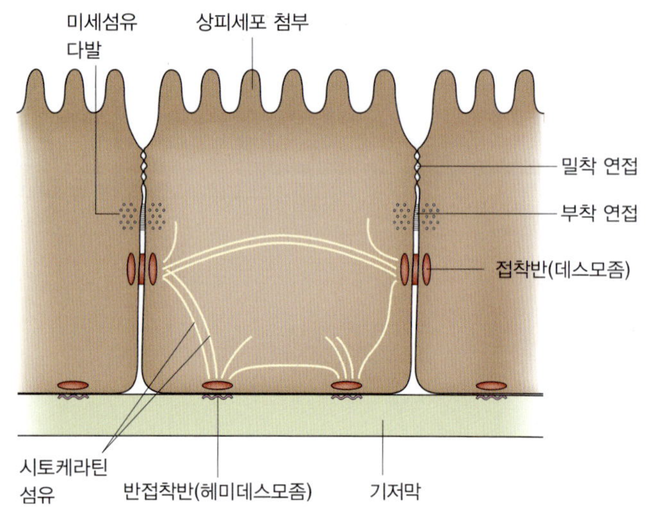

그림 20.1 상피세포가 형성하는 다양한 세포 연접들에 대한 모식도.

포와 기저막 사이에 존재하는 연접복합체(junctional complex)는 **밀착 연접(tight junction)**, **부착 연접(adherens junctions)**, 그리고 **데스모좀(desmosomes**, 접착반)의 3종류로 분류된다(그림 20.1). 연속적으로 이어진 밀착 연접은 세포와 세포 사이에 액상 물질이 새는 것을 막아 주며, 정단부와 기저부를 물리적으로 구분한다. 또한 부착 연접은 세포 내의 미세섬유와 연결되는 부위이며, 데스모좀은 세포골격 섬유다발이 연합되는 부위이다. 부착 연접 및 데스모좀에 의한 세포 간 연합은 세포 표면에 존재하는 캐드히린(cadherin) 단백질의 칼슘에 의해 매개되는 동종친화성 결합에 의해 일어나며, 연합된 일련의 세포는 인테그린(integrin)이 관여하는 세포-기질 부착 연접과 헤미데스모좀(반접착반, hemiedsmosome)에 의해 기저막에 부착된다. 상피세포의 정단부에는 종종 섬모(cilia)가 존재하기도 하며, 만일 세포가 흡수 기능을 담당할 경우 **미세융모(microvilli)**를 보유한다.

상피는 단층 혹은 여러 층의 세포로 구성되며, 대부분의 세포는 편평하거나 입방형 형태를 나타낸다. 또한 많은 상피들은 주위 조직에 특정 물질을 분비하는 선(샘, gland)의 형태를 나타내기도 하며, 이러한 선들은 여러 갈래의 관(tube)으로 가지가 나눠고, 가지의 끝 부분에서 주머니 모양의 **형태(acinus)**를 형성하기도 한다(그림 20.2). **외분비선(exocrine gland)**은 분비물을 도관을 통해서 분비하지만, **내분비선(endocrine gland)**에는 도관이 존재하지 않기에 혈액으로 물질을 직접 분비한다. 이러한 분비선의 주위에서는 종종 **근상피세포(myoepithelial cell)**가 발견되는데, 이들 세포는 수축 과정을 통해 선에서 도관으로의 분비를 촉진한다. **점막(mucous membrane 또는 mucosa)**이라는 용어는 종종 습한 내부 상피층과 이에 인접해 있는 결합 조직층을 지칭한다.

비록 상피는 일반적으로 외배엽성 조직으로 여겨지지만, 실제로는 발생 과정 중 배아의 내, 외, 중배엽을 포함하는 모든 조직으로부터 형성된다. 20장에서는 외배엽 유래 표피와 내배엽 유래 장상피에서의 조직화 및 재생에 대해 다루며, 중배엽 기원의 상피는 때때로 “endothelia” 또는 “mesothelia”로 쓰이기도 한다.

결합조직

일반적으로 “**결합조직(connective tissue)**”이란 용어는 피부의 진피층과 대부분의 장기를 감싸고 있는 **섬유성(fibroblasts)** 막처럼 주로 섬유모세포로 구성되어 있는 조직들을 일컬으나, 골격조직, 근육, 심지어 혈액세포들을 포함하는 보다 넓은 의미로 사용되기도 한다.

발생 기간 동안 결합조직은 일부가 신경능선(neural crest)으로부터 형성되는 것을 제외하고는 대부분 중배엽으로부터 발생된

그림 20.2 상피의 여러 형태.

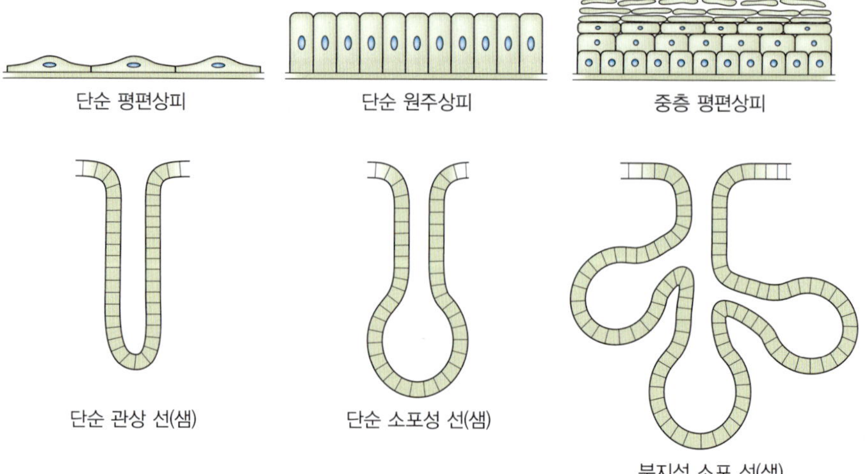

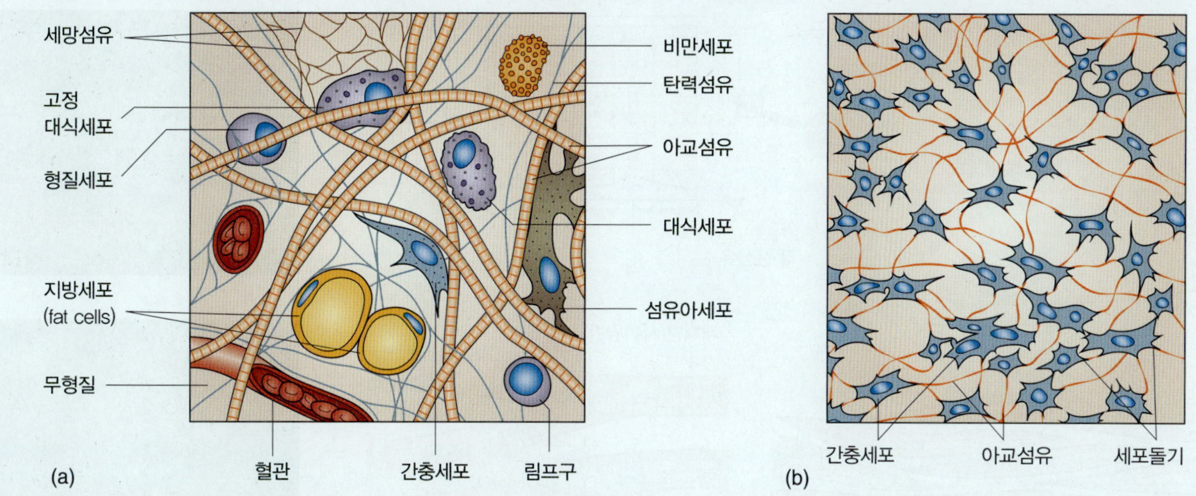

그림 20.3 (a) 연결조직의 전형적 특성. (b) 배아 내 느슨한 간충직. (인용) http://www.mhhe.com/biosci/ap/histology_mh/loosctfs.html의 그림을 재구성함.

다. 성숙한 결합조직은 대부분 세포외 기질(**그림 20.3a**) 및 그 안에 내포되어 있는 섬유모세포로 구성된다. 섬유모세포는 히아루론산(hyaluronan), 프로테오글라이칸(proteoglycan), 피브로넥틴(fibronectin), 제1형 및 3형 콜라겐과 엘라스틴을 포함하는 세포외 기질의 구성성분을 합성하고 분비한다. 결합조직을 구성하는 또 다른 세포로는 조직 내에서만 발견되는 대식세포의 일종인 조직구(histocyte)와 혈액의 호염구(basophil)처럼 히스타민을 분비하지만 조직 내에만 존재하는 비만세포(mast cells)가 있으며, 이 두 종류의 세포 모두 골수 내 조혈줄기세포(hematopoietic stem cells, HSCs)에서 기원된다.

골격조직은 연골(cartilage)과 뼈(bone)로 구성되어 있으며, 모두 중배엽과 신경능선으로부터 형성된다. 대부분의 골격은 연골로서 형성이 시작되어 점차적으로 골화가 일어나 뼈조직에 의해 대치된다. 그러나 일부 **골격**, 예를 들어 두개골의 경우는 연골이 아닌 간충직(mesenchyme)에서 직접 형성되며, 이러한 조직을 **막골(membrane bone, 피골)**이라고 한다. 골격조직은 성장과 관련하여 21장에서 좀 더 다루어진다.

지방조직(adipose tissue) 역시 결합조직의 한 형태이며, 중배엽으로부터 형성된다. **간충직줄기세포(mesenchymal stem cell)**라 불리는 세포는 다양한 결합조직으로부터 추출된 후 체외에서 배양이 가능하다. 이들 간충직줄기세포는 섬유모세포와는 다르며, 적절한 배양 조건에서 섬유모세포를 포함하여, 골격조직, 지방세포, 평활근 등으로 분화시킬 수 있다. 간충직줄기세포는 성체보다 어린 개체의 조직에서 풍부하게 존재하며, 후기 배아 시기에 존재하는 일종의 전구세포가 발생 과정 중 개체의 조직 내에 지속적으로 일부 생존하는 것으로 보여진다.

간충직(G)은 혼동하기 쉬운 용어인데, 결합조직 혹은 중배엽을 칭하는 용어가 아니며, 느슨한 **세포외 기질(extracelluar matrix**, **그림 20.3b**; 6장 참고) 안에 산재해 있는 성상세포들(stellate cells)을 일컫는다. 중배엽 혹은 신경능선에서 유래된 간충직은 배아의 대부분 조직 사이를 채우며, 섬유모세포, 지방조직, 평활근, 그리고 골격조직 등으로 분화되지만, 일단 분화된 후에는 이들 세포를 칭할 때 간충직이란 용어를 사용하지 않는다. 또 다른 관련 용어로는 **기질(stroma)**이 있는데, 이 용어는 기관 또는 종양의 비상피 부분을 일컬으며, 주로 결합조직으로 구성되어 있다. 성체 조직에서 언급할때 사용된다.

근육

근육(muscle)에는 골격근, 평활근 및 심근 세 가지 종류가 있으며(**그림 20.4**), 골격근의 경우 근절(myotome)로부터의 발생 과정이 17장에 자세히 기술되어 있다. 골격근은 **근섬유(myofiber)**라 불리는 기다란 다핵성세포들로 구성되어 있으며, 그 안에는 액틴과 미오신 단백질이 근절(sarcomere)의 반복된 형태로 배열되어 있다(**그림 20.4a**). 근섬유 다발이 모여 일종의 섬유성 막인 근주막(perimysium)에 둘러싸여 있고, 전체 근육은 근외막(epimysium) 안에 싸여 있다. 근섬유는 더 이상 세포 분열을 하지 않지만, 운동 등에 의해 섬유의 크기가 증가될 수 있다. 더불어 기저막 밑에는 작은 크기의 **위성세포(satellite cell)**가 존재한다(**그림 20.4b**). 근분절(myotome)로부터 형성되는 이들 위성세포는 PAX7 전사조절인자를 발현하고, 개체가 성장함에 따라 분화하지 않고 증식을 계속한다. 성체가 되면 위성세포는 근육 내에서 휴지 상태로 존재하지만, 만일 근육이 손상되면 활성화되면서 근형성 전사인

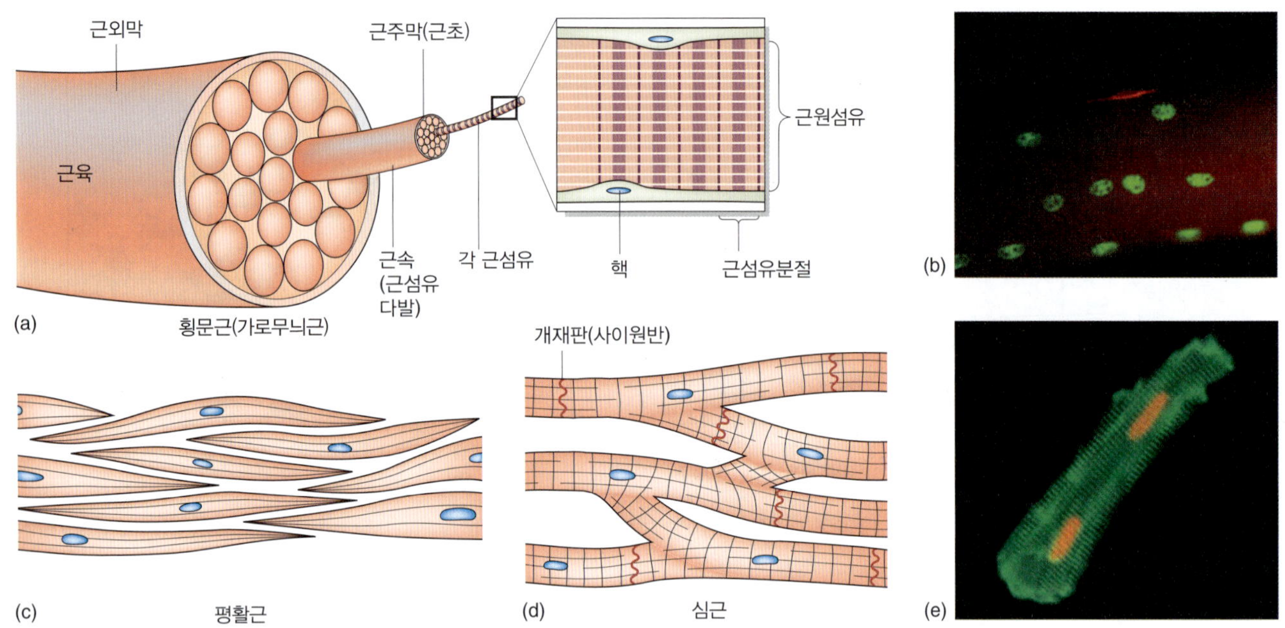

그림 20.4 근육의 형태. (a) 골격근의 구조. (b) 골격근 근섬유. 핵은 녹색형광, 위성세포는 빨간색 형광으로 표지됨. (c) 평활근. (d) 심근. (e) 쥐의 이핵 심근세포. 데스민은 녹색형광, 핵은 주황색 형광 결합 propidium iodide(Novus Biologicals, LLC)으로 표지됨. (인용) "© 2020 Novus Biologicals™ a Bio-Techne® Company. novusbio.com3.

자(myogenic transcription factor)의 발현이 촉진되어 결국 근육모세포(myoblast)로 분화된다. 이렇게 새로 형성된 근육모세포는 상호 간 혹은 기존에 존재하는 근섬유와 융합하여 손상에 의해 위축된 근육의 크기를 복원한다. 위성세포가 근육 재생에 필수적이라는 사실은 디프테리아 톡신(diphtheria toxin)의 발현을 유도하는 *Pax7-CreER* 시스템을 이용한 형질전환 생쥐에서 확인할 수 있다. 예를 들어, 이 형질전환 생쥐에 타목시펜을 투여할 때 생성되는 디프테이아 톡신은 근육 내의 위성세포만을 선택적으로 죽이는데, 이 경우 생쥐는 근육 손상을 회복하는 능력을 소실하게 된다. 위성세포가 증식할 경우 생쥐는 추가적인 미분화 위성세포를 생산하며, 따라서 위성세포는 근육 내에 존재하는 일종의 줄기세포로 여겨진다.

평활근(smooth muscle)은 방추형의 단핵성 세포 다발로 존재하며, 골격근과 유사한 근수축 시스템을 보유하고 있지만, 골격근에서처럼 뚜렷한 근섬유분절(sarcomere)은 관찰되지 않는다. 평활근은 발생 중인 배아의 측판(lateral plate)으로부터 형성되며, 주로 소화관, 혈관, 선(gland)의 도관 등 주기적이고 반복적인 수축이 요구되는 기관의 주위에 존재한다. 평활근의 체세포분열은 일반적으로 관찰되지 않지만, 조직이 손상되었을 경우에는 성장할 수 있게 활성화된다.

심근(cardiac muscle)은 **심근세포(cardiomyocyte)**로 구성되며, 심장 조직에서만 존재한다. 17장에 기술된 바와 같이, 심근은 발생 중인 배아의 측판중배엽의 앞배쪽(anteroventral) 가장자리로부터 형성되고, 골격근과 같이 뚜렷한 근섬유로 되어 있으나 융합되어 있지 않으며, 평활근과 같이 개개의 세포로 구성되어 있다. 이들 심근세포는 부착 연접 및 데스모좀을 포함하는 개재판(혹은 사이원반, intercalated disc)과 함께 간극연접(gap junction)에 의해 서로 끝과 끝이 연결되어 있으므로 심근 전체에 걸친 빠른 전기신호 전달이 가능하다. 골격근섬유와 마찬가지로 심근세포 역시 체세포분열을 거의 하지 않으며, 다만 심장이 지속적인 스트레스를 받을 경우 세포의 크기 증가에 의해서 조직 크기가 증가될 수 있다.

신경조직

신경조직(neural tissue)의 발생은 16장에 자세히 기술되어 있다. 신경조직은 태아의 **신경관(neural tube)** 및 **신경능선(neural crest)**에서 형성된 세포로부터 발생한다. 신경관은 중추신경계의 뉴런(neuron), 그리고 성상교세포(astrocyte)와 희소돌기아교세포(oligodendrocyte)를 함께 총칭하는 신경교세포(glial cell)로 구성되어 있는 반면에, 신경능선은 **슈반세포(Schwann cell)**와 색소 세포(pigment cell)를 비롯하여 말초신경계의 자율신경을 구성하는 세포를 생산한다.

혈액과 혈관

혈액과 혈관의 초기 발달 과정은 17장에 자세히 기술되어 있다. 성체의 혈액은 혈구세포, **과립구**(**granulocyte**), **단핵구**(**monocyte**), **림프구**(**lymphocyte**) 등 다양한 종류의 세포로 구성된다. 혈소판(platelet)은 **거핵세포**(**megakaryocyte**)로부터 형성되며, 혈액의 응고에 필수적인 요소이다. 림프구 이외의 혈액 내 모든 세포를 집합적으로 **골수성 세포**(**myeloid cell**)라 한다. 골수성 세포와 림프구를 포함하여 조직세포(histocyte), 파골세포(osteoclast), 그리고 피부의 랑겔한스 세포(Langerhans cell) 등의 모든 세포가 골수에 존재하는 **조혈줄기세포**(**hematopoietic stem cells, HSCs**)로부터 분화되어 생산된다.

순환계는 심장으로부터 조직으로 혈액을 운반하는 동맥과 조직 말단에 존재하는 모세혈관, 그리고 조직으로부터 심장으로 혈액을 수송하는 정맥으로 구성되어 있다(그림 20.5). 혈관은 3개 층으로 구성되어 있으며, 맨 안쪽은 한 층의 **혈관내피세포**(**endothelial cell**), 중간층은 동맥의 경우 두껍고 정맥의 경우 얇은 층으로 되어 있는 평활근, 그리고 맨 바깥층은 섬유성 결합조직으로 형성되어 있다. 한편, 모세혈관은 단순히 안쪽에 단층의 혈관내피세포와 외부에 기저판(basal lamina) 층으로만 구성되며, 평활근 층은 존재하지 않지만 **간충직줄기세포**(**mesenchymal stem cell, MSCs**)의 기원으로 여겨지는 주피세포(pericyte)를 포함한다. 혈관내피세포는 일생에 걸쳐 주어진 조건에 따라 지속적으로 분열가능하며, 혈관내피세포의 증식 및 이동에 의해 형성된 새로운 모세혈관의 형성 과정을 **혈관신생**(**angiogenesis**)이라 일컫는다. 혈관신생을 촉진하는 과정에는 많은 종류의 생리활성 인자들이 함께 작용을 하며, 그중 대표적인 예가 혈관내피세포 성장인자(Vascular endothelial frowth factor, VEGF)와 섬유모세포 성장인자(fibroblast growth factor, FGF)이다.

조직의 자가생산

치아의 에나멜과 눈의 수정체 같은 일부 예외는 있지만, 동물 몸의 세포는 다양한 방법으로 지속적인 생성과 소멸 과정(turnover, 세포 교대)을 반복한다. 일부 유형의 세포는 대부분 태어난 직후, 혹은 일단 성장이 종료되면 더 이상 **체세포분열**(**postmitotic**)을 하지 않게 된다. 어떤 종류의 세포는 정상적인 상황에서는 재생되지 않지만, 조직 손상 시 일부 재생능을 가지거나 평생 동안 재생되는 세포도 있다. 지속적인 재생이 필요한 세포들은 **조직 특이적**

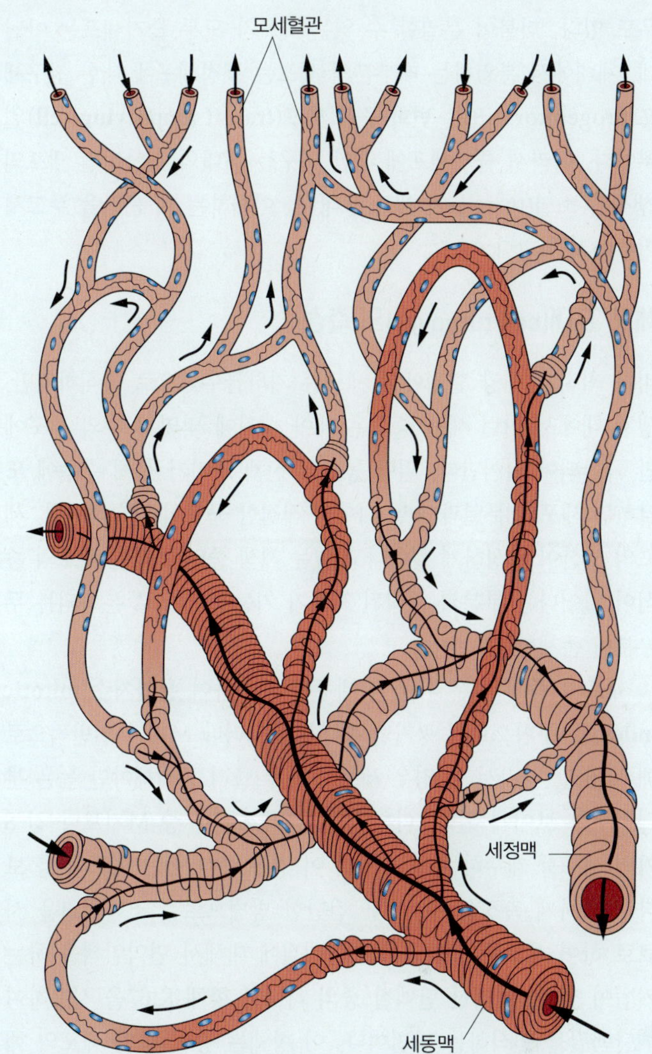

그림 20.5 모세혈관에 의한 동맥 말단과 세정맥의 연결을 보여주는 미세순환계. (인용) Elsevier의 허락을 얻어 *Gray's Anatomay*, 1973, 35판의 그림을 재구성함.

인 줄기세포(**tissue-specific stem cells**)에 의해 조절된다. 줄기세포는 자가재생능과 분화능을 보유하고 있고, 이 능력은 줄기세포 주변에 이웃한 세포의 특정한 신호에 의해 유지가 된다.

본 장에서는 각 조직 내에 존재하는 조직 특이적 줄기세포의 특성과 관련하여 일반적으로 잘못 이해되고 있는 두 가지 오해에 대하여 다루고자 한다. 첫째, 줄기세포는 어느 종류의 세포로도 분화가 가능하다는 잘못된 생각이다. 초기 발생 단계의 세포와 마찬가지로, 체내의 줄기세포는 이들 세포가 존재하는 조직을 구성하는 여러 종류의 세포 중 특정 일부 세포로만 분화된다. 두 번째, 모든 조직이 줄기세포를 보유한다는 오해이다. 지속적인 재생이 일어나는 조직에만 줄기세포가 존재하며, 제한적으로 재생이 이루어지거나 재생되지 않는 조직은 줄기세포를 보유하지 않는 경우도 있다. 더불어 분열할 수 있는 세포가 모두 줄기세포는 아닌데, 체내에서 분열하는 대부분의 세포는 특정세포에 대한 **전구세포(progenitors)** 또는 **변화-증폭 세포(transit amplifying cell)**일 뿐이다. 따라서 줄기세포에 대한 연구는 체내의 정상적인 세포의 '생성과 소멸(turnover, 세포 교대)'을 이해하는 데 근간을 두고서 이루어져야 한다.

세포 교대(cell turnover)의 측정

비록 최적의 배양 환경에서 세포는 기하급수적으로 증식하지만, 생체 내에서 이런 세포 증식은 태아 시기에 몇몇 소수의 세포에만 국한되어 일어난다. 일단 동물의 신체 크기가 성체 수준에 도달하면 세포의 분열과 소멸 사이의 적절한 균형이 필수적이다. 세포의 생산이 왕성하게 일어나고 있는 재생 중인 조직은 세포의 증식이 일어나는 부분과 증식된 세포가 기능성 세포로 분화되는 두 부분이 존재한다.

세포의 증식은 분열 중인 세포를 계수하여 **분열지수(mitotic index)**를 구함으로써 평가할 수 있다. 그러나 M기는 일반적으로 매우 짧고, 따라서 이 경우 세포가 매우 빨리 증식해야만 높은 분열지수를 보이게 된다. 다른 방법은 세포주기 중 M기보다 긴 **S기**의 세포를 계수하는 방법인데, 이 경우 증식 중인 세포 수를 보다 정확하게 측정할 수 있다. 간단한 방법으로는 조직절편을 시료로 하여 세포주기에 연계된 단백질에 대해서 면역염색을 하는 기법이 있다. 이러한 단백질 중의 하나가 항체 Ki67을 사용하여 핵단백질을 인식하는 방법이다. 이 항체는 증식 중인 세포의 핵에 존재하는 단백질만을 인식하므로, 조직 안에서 분열 중인 세포만 가시적으로 표지할 수 있다. 또 다른 단백질로는 phosphohistone H3로 M기에 인산화되고, 특정 항체로 표지가 가능하다. 그 이전에 가장 많이 사용된 단백질로는 proliferating cell nuclear antigen(PCNA)로, 이 단백질은 DNA 중합효소의 보조인자이며 DNA 복제기인 S기에 있는 세포의 핵에 존재한다.

그 밖에 세포, 조직, 혹은 동물 전체를 **bromodeoxyuridine (BrdU)**로 표지할 수 있는데, 이는 DNA 전구물질인 티미딘(thymidine) 유사체로 세포의 DNA에 구성성분으로 끼어들어가 증식 중인 세포를 가시적으로 표지하게 되며, 이 BrdU를 포함하고 있는 세포를 항 BrdU 항체를 사용하여 면역염색을 실시한 후 가시화된 증식세포를 계수할 수 있다(그림 20.6). 따라서 BrdU를 짧게 처리하면, 처리 시점에 S기에 있는 세포만 표지되어 PCNA 염색과 유사한 결과를 얻게 되며, 오래 처리하게 되면 세포주기를 돌고 있는 모든 세포가 표지되어 Ki67 염색과 비슷한 분열지수를 얻게 된다. 또한 짧은 BrdU의 처리 후 일정시간이 지난 뒤에 BrdU에 표지된 세포의 생체 내 이동 및 분화 양상도 확인할 수 있다. 만일 짧은 BrdU의 처리 후 지속적으로 세포가 증식했다면, DNA 내에 BrdU의 양은 세포의 분열과 더불어 희석되어진다. 따라서 생체 내 BrdU의 주입 후 만일 BrdU의 존재가 오랫동안 지속된다면, 그 조직은 다른 조직보다 천천히 분열하고 있는 세포를 보유하고 있음을 의미한다. 발생 중 마지막 S기는 그 직후 분화가 시작되므로 세포의 **생일(birthday)**이라 불리는데, 특히 신경세포에서 세포 생일에 대한 많은 연구가 수행되었다. 만일 BrdU의 짧은 처리 후 지속적으로 세포의 증식이 일어나면, 핵 내 DNA의 BrdU 함량은 지속적인 티미딘의 DNA 내 함입으로 희석된다. BrdU 처리 후 5번의 연속적인 세포 분열이 일어나면, 희석율은 32가 되어 결국 면역염색으로 검출이 불가능하게 된다. 복잡한 조직으로 구성되어 있는 생체 내에서 만일 지속적으로 BrdU를 함유하는 세포가 발견되면, 이들 세포는 다른 세포들 보다 세포 분열 속도가 느린 세포임을 암시한다.

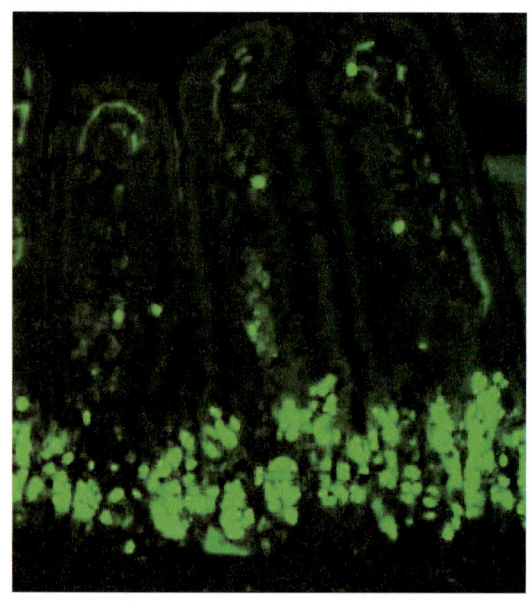

그림 20.6 위장관 조직의 BrdU 염색. 짧은 시간의 BrdU 주입으로 S기의 모든 세포를 표지하였다. 위장관 상피에서 분열하는 세포는 장움에서만 발견된다. 표지된 한두 세포는 융모의 결합조직에서도 보인다. (인용) Abcam에서 이미지 제공. Image copyright ©2020 Abcam.

BrdU가 널리 사용되기 전에는 많은 연구들에서 S기에 있는 증식 세포의 표지용으로 **^{3}H-thymidine(^{3}HTdR)**을 사용하고, 표지된 세포의 위치와 수를 **방사능사진촬영술(autoradiography)**로 판독하였다(5장 참조). 최근에는 BrdU를 이용 시에 수행해야 하는 면역염색의 번거로움을 없애고, 간단한 조직화학적 방법으로 분석을 가능하게 하는 **ethynyl deoxyuridine(EdU)**를 사용하기도 한다. 또한 하나 이상의 DNA 표지가 요구되는 경우, 각각 다른 항체에 의해 검출할 수 있는 chorodeoxyuridine과 iododeoxyuridine를 동시에 활용할 수 있다.

조직의 **자가재생(renewal tissues)**은 세포의 소멸과 생성에 밀접하게 연관되어 있다. 세포는 손상을 받으면 괴사(necrosis)되지만, 정상적인 상태에서는 프로그램된 세포의 사멸, 즉 세포자멸사(apoptosis) 과정을 통해 소멸이 된다. 세포자멸사 지수(Index of apoptotic cell death)는 여러 가지 방법으로 측정이 가능하다. 가장 널리 쓰이는 방법은 세포자멸사와 관련된 단백질, 예를 들어 카스파아제(caspase) 효소의 존재 및 활성화 유무를 면역염색으로 분석하고, TUNEL(TdT-mediated dUTP nick end labeling)이라는 방법으로 DNA의 절단 정도를 검출하는 것이다. TUNEL에서 사용되는 말단 dNTP 전이효소(terminal deoxynucleotidyl transferase)는 바이오틴(biotin)이 부착된 변형된 뉴클레오타이드를 사멸되는 세포의 절단된 DNA 절편에 첨가하는 데 사용되며, 첨가된 바이오틴을 형광 혹은 효소가 결합된 스트렙트아비딘(streptavidin)으로 검출한다.

세포의 생성률을 측정하기 위해서는 S기 표지지수뿐만 아니라 세포주기의 지속 시간과 전체 세포주기 중에서 S기에 소요되는 시간의 비율 역시 파악해야 한다. 예를 들어, 어떤 세포가 24시간에 한 번씩 세포 분열을 하고 S기가 6시간 지속된다면, 짧은 시간의 BrdU 표지는 세포주기의 약 1/4의 해당하는 세포를 관찰 가능하게 한다. 따라서 이런 경우 1일당 세포의 생성률은 세포 표지 지수의 4배가 된다. 그러나 실제 조직상에서 분열하는 세포에 따라 세포주기의 수는 매우 다양하며, 생체 리듬 및 그 밖의 생리학적 변화에 따라 달라질 수 있다.

세포의 손실률은 자주 활용되지는 않으며, 실제보다 낮게 평가될 가능성이 있다. 세포의 사멸에 소요되는 시간은 1~4시간으로 짧아 24시간당 세포의 사멸은 사멸표지 지수의 수배가 될 수 있다. 예를 들어, 사멸지수가 1%이고 죽어가는 세포가 고작 2시간 동안만 관찰된다면, 실제 세포의 손실률은 약 $1 \times (24/2)$, 즉 1일당 12% 정도가 된다.

세포주기의 시간은 생체 내에서 여러 가지 방법에 의해 측정된다. 최근에 사용되는 방법 중 하나는 BrdU와 EdU 등 두 종류의 DNA 전구체를 사용하여 증식 중인 세포를 표지하는 방법이며, 이 경우 특정 세포주기에 속하는 세포의 비율은 그 세포주기의 지속 시간에 비례하게 된다. 예를 들어, 한 개체에 BrdU를 $T = 0$에 주입하고, EdU를 $T = 1.5$시간에 주입한 뒤, $T = 2$시간에 개체로부터 특정 기관을 적출하여 조직절편을 제작하고, BrdU와 edU에 대한 면역염색을 실시한다고 추정해 보자. EdU가 S기에 속해 있는 모든 세포의 DNA에 삽입되어 표지되는 시간은 30분이면 충분하다. EdU에 표지된 세포의 비율을 "S"라고 하자. 이들 세포는 EdU 처리 전 미리 주입한 BrdU에 의해 모두 표지된다. 그러나 일부 세포는 BrdU에 의해서만 표지될 것이며, 이들은 EdU 처리전 1.5시간 동안 S기를 빠져나간 세포가 될 것이다. BrdU에 의해 표지되었지만 EdU에 의해 표지되지 않은 이들 세포의 비율을 "L"이라 할 때, 세포의 비율은 세포주기 각 기의 진행에 소요되는 시간을 반영하므로, $1.5/T_s = L/S$(여기서 T_s는 S기의 지속시간)가 된다. 따라서 $T_s = 1.5S/L$이다. 만일 예를 들어 L 값이 0.05 그리고 S값이 0.167이라 가정하면, $T_s = (1.5 \times 0.167)/0.05 = 5$ 시간이다.

전체 세포주기의 지속시간인 T_c를 계산하기 위해서는 세포 분열 중인 전체 세포군의 비율에 대한 추가 정보가 필요하며, 이는 세포 표지가 포화상태에 이를 때까지 장기간 동안 BrdU를 처리함으로써 혹은 Ki67에 대한 염색에 의해 결정할 수 있다. 이 세포분열 중인 전체 세포군을 P라 할 경우, $T_s/T_c = S/P$이며, 따라서 $T_c = T_sP/S$가 되고, 만일 예를 들어 P 값이 0.5이라 할 경우, $T_c = (5 \times 0.5)/0.167 = 15$시간이 된다.

이 밖에 세포주기의 지속시간, 세포 생성률 및 소멸률을 측정하는 여러 가지 방법이 있지만, 모든 방법들은 나름대로 단점이 있기에 여러 가지 결함 및 오류를 초래하는 요소에 주의를 기울여야 한다.

조직의 증식 패턴

생체 내의 여러 조직은 이들의 증식 패턴에 의해 나누어질 수 있다. 어떤 조직의 경우 증식을 하지 않는 세포로 구성되기도 하지만, 이러한 조직도 손상이 있을 경우 이들 조직 내에 존재하는 줄기세포 혹은 전구세포에 의해 손상 부위가 복구될 수 있다. 하등척추동물은 매우 다른 형태의 세포 재생 패턴을 보이기 때문에, 이러한 분류는 포유류에 국한된다.

체세포분열하지 않는 세포(*Postmitotic cells*). 이 세포는 배아 발생 후 분열을 멈추며, 일부 손실된 조직이 회복되더라도 조직 내의 분화된 세포의 분열이 아닌 줄기세포 혹은 전구세포에 의해 대치된다. 예들 들어, 뉴런, 골격근섬유, 심근세포 등의 세포는 일단 분화되면 더 이상 증식하지 않는다. 설치류에서, 후각신경구(olfactory bulb)와 해마(hippocampus)는 신경줄기세포(neuroal stem cells)에 의해 일부 재생되지만, 중추신경계의 나머지 부분에서 뉴런의 증식이 일어나지 않는다. 골격근의 경우 손상 후 위성세포(stellite cell)에 의해 일부 새로운 근섬유가 형성되기도 하며, 심장의 경우 심근세포의 증식은 거의 일어나지 않는다.

휴지상태 조직(*Quiescent tissues*). 체세포분열이 가능한 분화 세포로 구성되었지만, 개체의 성장이 완료되면 더 이상 증식이 일어나지 않는 조직으로서, 성체에서 이러한 조직은 대부분 극히 낮은 세포 분화율을 보이며 휴지상태에 머물러 있다. 그러나 조직에 손상이 있을 경우 조직 내의 분화 세포가 체세포분열을 개시한다. 몇몇 결합조직, 평활근, 간조직이 이 부류에 해당된다.

재생 가능한 조직(*Renewal tissues*). 이 경우 조직 내의 세포들은 지속적인 체세포분열을 할 수 있다. 이러한 조직은 활동적인 세포 증식이 일어나는 줄기세포를 포함하는 부분이 존재하며, 이 부위로부터 새로운 세포가 분화되어 생성되고, 소멸되면 재생산된다. 이 부류의 전형적인 예로는 조혈줄기세포(hematopoietic stem cells), 피부의 표피층(epidermis), 장의 상피층(epithelium of intestine), 그리고 정소의 정원세포(spermatogonia of the testis) 등이 있다.

느린 세포 교대의 측정

재생 가능한 조직의 세포 증식이 일어나는 부분을 제외하면, 성체 포유류 내 세포 분열을 보이는 조직은 굉장히 드물다. 심장과 같이 BrdU/EdU 표지 방법 조차 적용이 불가능한 낮은 세포 교대(cell turnover)를 보이는 조직도 있다. 그러나 최근 이처럼 매우 느린 세포 교대를 측정할 수 있는 방법이 개발되었으며, 인간 조직에 적용이 가능하다. 이 방법은 1950년대부터 1960년대 초에 대기 중에 다량의 방사성 동위원소를 배출했던 핵실험에 근간을 두고 있다. 1963년 핵실험금지조약 후 모든 핵실험은 지하에서 실시되었으며, 따라서 대기로의 동위원소 배출은 더 이상 일어나지 않았다. 세포 교대 분석에 사용되는 동위원소는 탄소-14(^{14}C)이다. 이 동위원소는 고고학에서 방사성 붕괴(radioactive decay)를 이용하여 연대를 측정하는 데 흔히 이용된다. 그러나 세포 교대 분석에서 ^{14}C의 이용은 방사성 붕괴와는 관련이 없으며, 물리화학적 반응에 의하여 대기로부터 ^{14}C를 포함하는 이산화탄소의 빠른 감소율을 이용한다. 식물은 광합성을 위하여 대기로부터 이산화탄소를 흡수하고, 사람은 이들 식물과 이를 먹은 동물을 섭취한다. 따라서 주어진 년도의 탄소 섭취는 동일한 년도의 대기를 구성하는 동위원소의 비율과 매우 유사하다. 매년 $^{14}C/^{12}C$의 비율은 나이테의 동위원소 분석으로 정확히 알 수 있다. 이 비율은 1955부터 1963년까지 핵실험에 의해 갑자기 증가하였고, 대기 중 ^{14}C의 소실에 의해 점진적으로 감소하였다(그림 20.7). ^{14}C의 반감기는 5730년이므로, 이 기간 동안 ^{14}C의 방사성 붕괴는 거의 미미한 수준으로 결과에 영향을 미치지 않는다.

주어진 교정 곡선에서 동위원소 비율이 사망 또는 출생 시기에 일치하는지 신체의 탄소 표본을 통해 계산할 수 있고, 사망 후 인체 부검 표본에 적용되어 왔다. 예를 들어, 수정체에 존재하는 크리스탈린 단백질 분석을 통해 이 단백질이 출생 시기의 동위원소 구성요소를 간직하고 있음을 알 수 있다. 이는 이 단백질이 배아 발생 단계 동안 생성이 되어 생화학적 교체 또는 세포 재생 없이 유지되고 있음을 보여준다. 생화학적 교체 지표와는 뚜렷이 구별

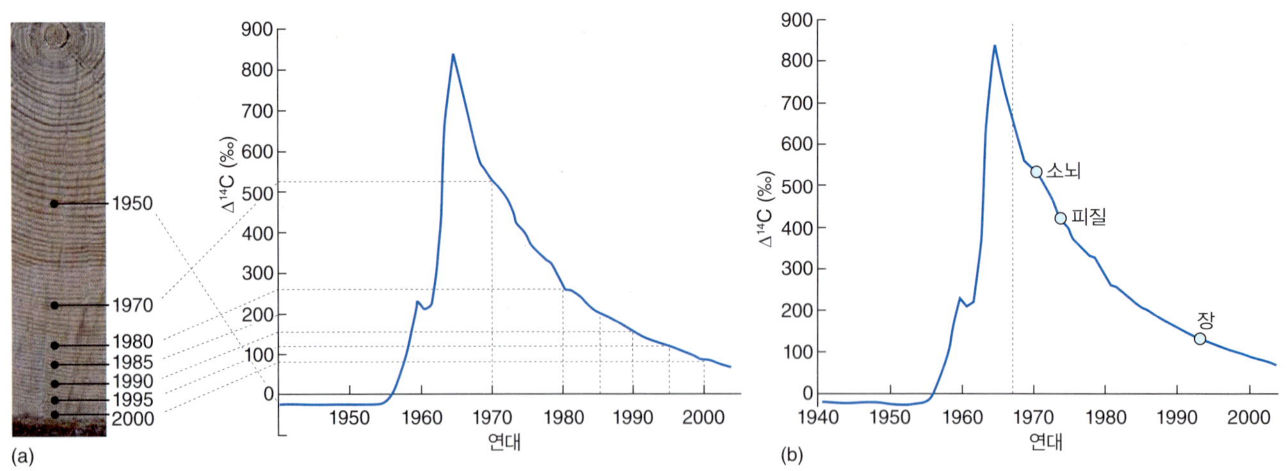

그림 20.7 방사성 동위원소 ^{14}C의 희석에 의한 분석방법. (a) 핵 실험 시대 동안 대기 중 ^{14}C의 증가와 감소. 나타난 값은 나무의 나이테 시료로부터 매년 측정된 수치임. (b) 1967년에 태어나 2003년에 사망한 사람으로부터 추출한 세 종류의 다른 조직 DNA에 함유된 ^{14}C의 양. 이 결과는 많은 세포들로 구성된 전체 조직에 대한 평균값임. (인용) Elsevier의 허락을 얻어 Spalding *et al*, *Cell* 2005; 122: 133-143의 그림을 재구성함.

되는 세포 교대는 조사하고자 하는 세포의 DNA 내에 존재하는 탄소 분석에 의해 결정될 수 있다. 세포핵 내의 DNA는 매우 독특하며 안정적이기 때문에 출생 후 분열하지 않는 세포의 DNA는 태어난 해의 동위원소 구성을 반영한다. 반대로 재생이 가능한 조직 내의 활동적으로 분열하는 세포들의 경우 사망한 해의 동위원소 구성을 보유한다. 모든 조직은 다양한 종류의 세포로 구성되어 있기 때문에 분석할 특정 세포의 핵을 정제하여 DNA를 추출한 뒤, 이산화탄소로 열분해하여 가속질량분석기(accelerator mass spectrophotometer)로 동위원소의 비율을 측정하게 된다.

이러한 방법을 이용하여 재생 가능한 조직으로 기대되는 유핵 혈액세포와 장상피 조직은 사멸 시기까지 ^{14}C가 감지됨을 확인하였다. 지방조직의 경우는 재생산 속도가 다소 빨라 연간 10% 정도의 재생산율을 보인다. 신경줄기세포의 공급을 받지 못하는 대뇌피질에는 새로운 신경단위세포의 형성이 일어나지 않음이 확인되었다. 대뇌피질에 존재하는 모든 신경단위세포는 태아 시기에 형성되었고, 그 이후 새로운 신경단위세포의 공급이 일어나지 않았기에 동위원소 비율의 변화는 나타나지 않는다. 심장의 경우는 아주 낮은 수준으로 매년 0.5%의 세포 교대가 일어남이 증명되었다. 이러한 사실은 심장의 심근세포는 80년의 수명에 걸쳐 일부분만이 재생산됨을 의미한다. 전체적으로 ^{14}C 분석법은 인간 조직과 세포에서 세포교대 이해와 BrdU 또는 Ki67을 이용한 단기 분석법의 상호보완적 도구로 적극 활용되고 있다.

줄기세포

조직-특이적 줄기세포(Tissue-specific stem cell)는 개체의 전 생애에 걸쳐 분화하지 않은 상태로 지속적인 세포 분열을 통해 줄기세포를 생산하거나 특정 세포로 분화할 수 있는 세포로 정의될 수 있다(그림 20.8a). 따라서 조직-특이적 줄기세포는 **배아줄기세포(embryonic stem cells, ESC**; 11, 23장 참조)와 공통적인 특성을 가지고 있으나 여러 관점에서 차이를 보인다. 예를 들어, 조직-특이적 줄기세포는 개체의 조직 내에서 본연의 역할을 담당하고 있지만, 배아줄기세포의 경우는 배양접시에서 세포배양을 통해 장기간의 세포 분열을 유도할 수 있다. 또한 조직-특이적 줄기세포는 특정 조직에 존재하는 몇몇 종류의 세포로 분화될 수 있는 반면(=uni- 혹은 **multipotent**), 배아줄기세포는 모든 종류의 세포

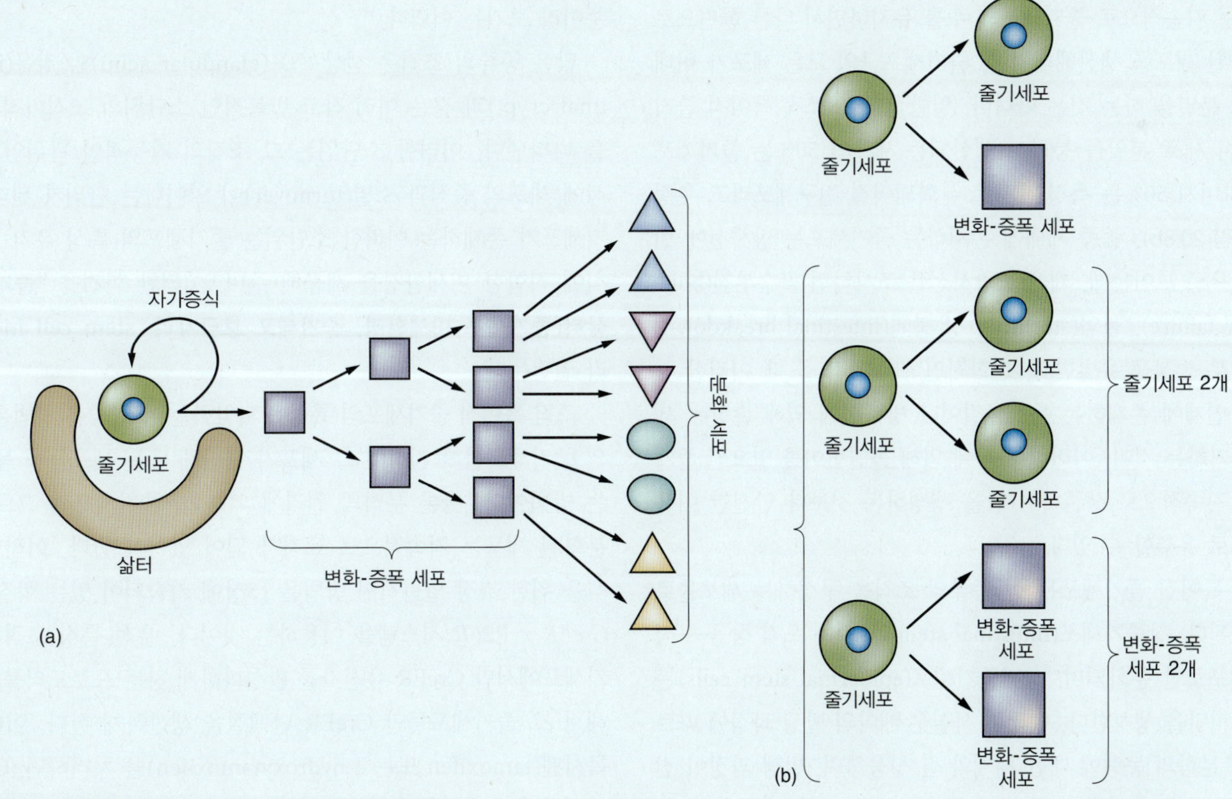

그림 20.8 (a) 자가재생 중인 조직 내의 줄기세포, 변화-증폭 세포, 그리고 분화 세포를 포함하는 세포 계통. (b) 줄기세포는 반복적인 비대칭 분열 혹은 줄기세포와 변화-증폭 세포를 같은 빈도로 그러나 각각 다른 분열을 통해 생산함으로써 스스로를 유지한다.

로 분화할 수 있는 **전분화능**(=pluripotent)을 보유한다. 조직-특이적 줄기세포와 배아줄기세포는 각 줄기세포의 특성 유지를 담당하는 유전자의 종류 및 줄기세포의 특성을 대변하는 줄기세포 표지인자(stem cell markers)가 서로 상이하다.

조직-특이적 줄기세포는 제한 없이 세포 증식을 할 수 있는 세포로 정의되지만, 이들 줄기세포는 결코 단순히 조직 내에서 지속적으로 분열하는 세포는 아니며, 개체가 처하는 환경과 자극에 따라 새로운 분화 세포가 요구될 때에만 몇 차례 분화를 할 수 있는 중간 단계의 **변화-증폭 세포(transit amplifying cells)**가 줄기세포에서 분화된다. 이러한 변화-증폭 세포는 일종의 **전구세포(progenitor cell)**이며, 초기 발생 단계의 배아에서도 존재한다. 따라서 줄기세포와 전구세포의 차이점은 줄기세포는 끊임 없이 지속적으로 분열이 가능한 세포이지만, 전구세포는 제한적인 세포 분열과 함께 적절한 시기에 자극을 받아 특정 세포로 분화되는 세포라는 점이다. 변화-증폭 세포는 정상적인 조직재생 과정에서 분열하는 대부분의 세포이다. 반면에 조직특이적 줄기세포는 이 과정에서 아주 적은 비율로 존재하면서 전구세포보다 느린 세포 증식을 보인다.

비록 조직-특이적 줄기세포는 비대칭 세포 분열을 통해서, 한편으로는 지속적으로 줄기세포의 수를 유지하면서 다른 한편으로는 분화된 세포를 생산해내지만, 줄기세포군의 모든 세포가 비대칭 세포 분열을 하는 것은 아니다. 일반적으로, 조직-특이적 줄기세포에서 세포 분열을 통하여 생산되는 세포의 50%는 줄기세포이고, 나머지 50%는 특정 세포로 분화되어질 전구세포라고 추정된다(**그림 20.8b**). 종종 체내에 존재하는 줄기세포는 방사선에 민감한 것으로 보이는데, 개체에 방사선을 조사하면 골수부전(bone marrow failure), 불임(sterility), 장 붕괴(intestinal breakdown) 혹은 피부 손상을 유발한다. 진화적인 관점에서 볼 때 이러한 사실은 자연계에 존재하는 독성물질이나 방사선에 의해 손상된 세포를 제거하는 것이, 이러한 자극에 의해 돌연변이를 일으킨 줄기세포가 지속적으로 생존하여 암을 생성하는 것보다 안전한 이유인 것으로 유추할 수 있다.

조직-특이적 줄기세포는 한 종류의 조직을 구성하는 세포들로만 분화된다. 장줄기세포(intestinal stem cells)는 오직 장을 구성하는 세포로만 분화되며, 상피줄기세포(epidermal stem cells)는 오직 표피만을 생성한다. 이러한 사실은 배아의 발생 과정에 따르는 세포 분화의 능력에 대한 체계와 잘 상응하며, 발생 과정이 진행될수록 특정 조직에 존재하는 세포의 분화 능력은 점진적으로 제한되는 이치와 일치한다. 예를 들어, 초기 발생 과정에서 장줄기세포는 여러 장기를 형성할 수 있는 내배엽으로의 분화 과정을 거쳐 오직 장 조직만을 형성하며, 조혈줄기세포는 중배엽을 거쳐 혈액을 형성하는 조직으로 분화된다. 모든 조직-특이적 줄기세포는 그 조직을 구성하는 한 종류 이상의 세포로 분화할 수 있다. 예를 들어, 정소의 정원세포는 정자라는 오직 한 종류의 세포로 분화되지만(unipotent, 단분화능), 조혈줄기세포는 혈액과 면역계를 구성하는 다양한 종류의 세포로 분화가 가능하며, 장줄기세포는 장상피를 구성하는 모든 종류의 세포가 될 수 있고, 상피줄기세포는 표피의 주성분인 각질세포(keratinocyte)뿐만 아니라 일부 감각세포인 메르켈 세포(Merkel cells)로도 분화가 가능하다.

체외배양 중인 세포의 특성은 체내의 동일한 세포의 특성과 매우 다르다. 따라서 특정 조직에서 줄기세포와 유사한 세포를 수획하여 배양할지라도 그 조직이 반드시 줄기세포를 함유하고 있음을 의미하지는 않는다. 예를 들어, 신경줄기세포는 뇌의 오직 두 부위에서만 발견되지만, 줄기세포와 유사한 세포를 포함하는 신경구(neurosphere)는 뇌의 여러 부위에서 추출하여 배양이 가능하다. 대량의 클론을 형성할 수 있는 능력이 종종 줄기세포의 특성으로 인식되고 있지만 체내가 아닌 배양 환경에서 세포의 특성이 변화할 수 있으므로, 이 능력이 줄기세포 특성의 절대적인 기준이라 보기는 어렵다.

많은 종류의 조직은 선상 소포(glandular acini)와 장움(intestinal crypt)과 같은 여러 작고 반복적인 소단위의 조직학적 구조를 나타낸다. 이러한 소단위는 그 조직의 기능적인 단위임과 동시에 세포의 증식과 소멸(turnover)이 일어나는 단위가 된다. 줄기세포가 존재하는 이러한 소단위는 줄기세포의 특성 유지 및 증식에 적합한 미세환경을 제공해 주며, 이러한 환경을 **"줄기세포 삶터(줄기세포 미세환경, 줄기세포 보금자리, stem cell niche)"**라 일컫는다.

조직 특이적 줄기세포의 특성을 파악하는 가장 좋은 방법은 1개의 줄기세포를 표지하여 그 세포가 생산해 내는 세포들을 동정하는 방법이다. 클론 분석의 원리에 의하면, 줄기세포와 그로부터 분화된 세포는 지속적으로 표지가 되어 있어야 한다. 이러한 분석을 위한 가장 일반적인 방법은 15장에 기술되어 있는 형질전환 *CreER x R26R* 시스템을 이용하는 것이다. 우선 특정 조직의 줄기세포에서만 CreER 유전자를 활성화하게 하는 프로모터를 사용해서 그 줄기세포들만 CreER 단백질을 생산하게 한다. 이때 타목시펜(tamoxifen 또는 4-hydroxytamoxifen)을 처리하면, Cre가 활성화되어 재조합에 의해 이들 줄기세포는 *lacZ* 유전자를 발현하게 된다. 이후 일정시간이 지난 뒤에 줄기세포의 클론은 조직

상에서 lacZ 발현을 검출하여 확인할 수 있다. 궁극적으로, 줄기세포로부터 증식된 클론 및 이들로부터 변화-증폭 세포를 거쳐 분화된 세포가 띠 모양으로 표지된다. 인간의 경우 형질전환 방법을 사용하지는 못하지만, CCO(cytochrome c oxidase) 유전자가 결여된 클론을 조사함으로써 비슷한 결과를 얻을 수 있다(그림 20.13 참조). CCO는 미토콘드리아에 존재하는 효소로서 미토콘드리아 DNA에 의해 발현된다. 미토콘드리아 유전자는 핵 DNA에 비해 DNA 수선이 원활하게 작동하지 않기에 돌연변이가 빈번히 발생한다. 그러나 미토콘드리아 하나당 여러 개의 중복된 게놈을 소유하며, 하나의 세포에 여러 개의 미토콘드리아가 존재하므로, CCO 효소가 완전히 결여된 세포가 형성되기까지는 수년이 걸리게 된다. 그러나 일단 CCO 효소가 완전히 결여된 후에는 *lacZ*와 같이 유전적 표지로 이용될 수 있으며, CCO에 대한 조직화학 분석을 통해 조직 내에서 증식하고 있는 세포들로 구성된 소단위의 위치를 파악할 수 있다.

삶터(미세환경, 니치)

줄기세포 삶터 개념은 줄기세포가 고유의 특성을 유지하기 위해 주변 세포의 신호와 지속되는 상호작용을 의미하며, 초파리 난소의 생식줄기세포에서 처음 증명되었다(그림 20.9). 생식줄기세포는 줄기세포의 분열을 조절하는 Decapentaplegic(Dpp)으로 명명된 골형성 단백질(bone morphogenic protein, BMP)을 분비하는 cap cell과 나란히 접촉해 있다. 생식줄기세포가 분열함에 따라 일부 세포는 cap cell의 접촉으로부터 벗어남으로써 Dpp 노출 정도가 감소하며, 이는 1개의 난자와 15개의 영양세포(nurse cell)로 구성된 복합체를 형성하는 고정된 분화 프로그램을 작동시키게 된다. 이 예는 삶터의 행동을 가장 잘 설명하는 예로써, 줄기세포는 삶터와 접촉해 있는 한 지속적인 분열을 하지만, 삶터에서 벗어나면 더 이상 분열하지 않고 분화가 유도가 된다.

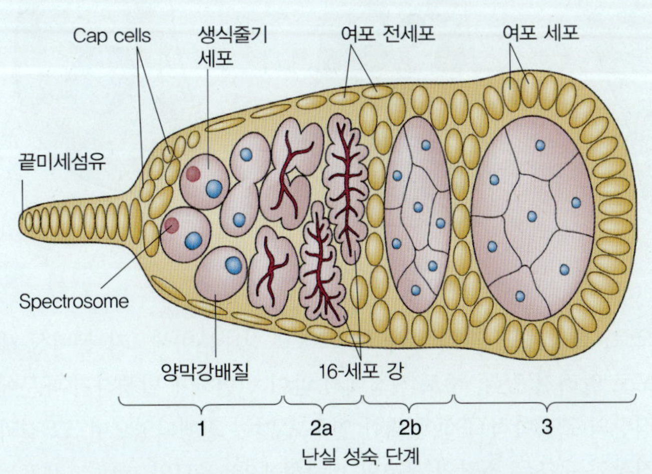

그림 20.9 초파리 난소의 줄기세포 삶터. 암컷 생식줄기세포의 유지는 cap cell과의 지속적인 접촉이 필요하다. 줄기세포가 cap cell로부터 분리되면 1개의 난자와 15개의 영양세포로 분화된다.

포유류 몸에 있는 모든 조직-특이적 줄기세포는 이들의 행동을 조절하는 삶터에 존재하는 것으로 여겨진다. 예를 들어, 장 줄기세포는 WNT를 분비하는 파네스(Paneth)와 기질 세포와 이웃하여 있으며, 정원줄기세포(spermatogonial stem cells)는 GDNF (glial-derived neutrotrophic factor)를 분비하는 서톨리 세포(Sertoli cells)와 이웃해 있다. 이들 신호전달 물질은 줄기세포가 체세포분열을 유지하도록 돕는 핵심 요소이므로 줄기세포가 삶터로부터 벗어나면 체세포분열을 멈추게 된다. 골수에서는 조혈줄기세포가 이웃한 삶터에 대하여 여전히 논쟁거리이지만, 종종 조혈줄기세포가 혈관과 이웃해 있는 것으로 알려져 있다(아래 참조).

장 상피

척추동물의 위장관은 구강에서부터 항문에 이르는 기다란 근육층의 관으로 구성되며, 부위에 따라 인두, 식도, 위, 소장, 대장에 이르기까지 각각 독특한 종류의 상피세포들로 뚜렷하게 구분된다. 이 상피층은 초기 배아의 **내배엽(endoderm)**으로부터 형성되며, 소화관의 다른 세포층은 **장측 중배엽(splanchnic mesoderm)**으로부터 유래된다. 상피층과 그 바로 밑의 결합조직을 합쳐서 고유판(lamina propria)이라 부르고, 그 외부의 얇은 한 층의 근육은 흔히 **점막(mucosa)**이라 불리는 점막근층(muscularis mucosa)이다. 점막의 바깥쪽에는 보다 두꺼운 결합조직 및 평활근 층이 위치한다. 해부학적 신경분포는 미주신경(vagus nerve)과 신경능선에서 유래한 복합 장신경계(enteric nervous system)로부터 공급받는다.

세포 자가증식(cell renewal)은 소장에서 그 진행 과정이 가장 잘 알려져 있다. 비록 구성 세포의 종류는 크게 다르지 않지만, 소장은 십이지장(duodenum), 공장(jejunum), 그리고 회장(ileum)을 포함한다. 현미경 하에서 장 상피의 구조를 보면, 손가락 모양의 융모가 장의 안쪽 공간으로 뻗어 있으며 융모 사이에 창자 움(crypts of lieberkuhn, 관 모양의 장샘: intestinal glands)이 존재한다(그림 20.10, 20.11). 세포 분열은 오직 이 장움(crypt)에서만 일어나며, 분화되는 세포들은 지속적으로 움을 떠나 융모 쪽으로 이동해서, 궁극적으로 장 내의 공간으로 떨어져나간다. 융모를 구성하는 주된 세포는 **장세포(enterocytes, 흡수세포)**와 **배상**

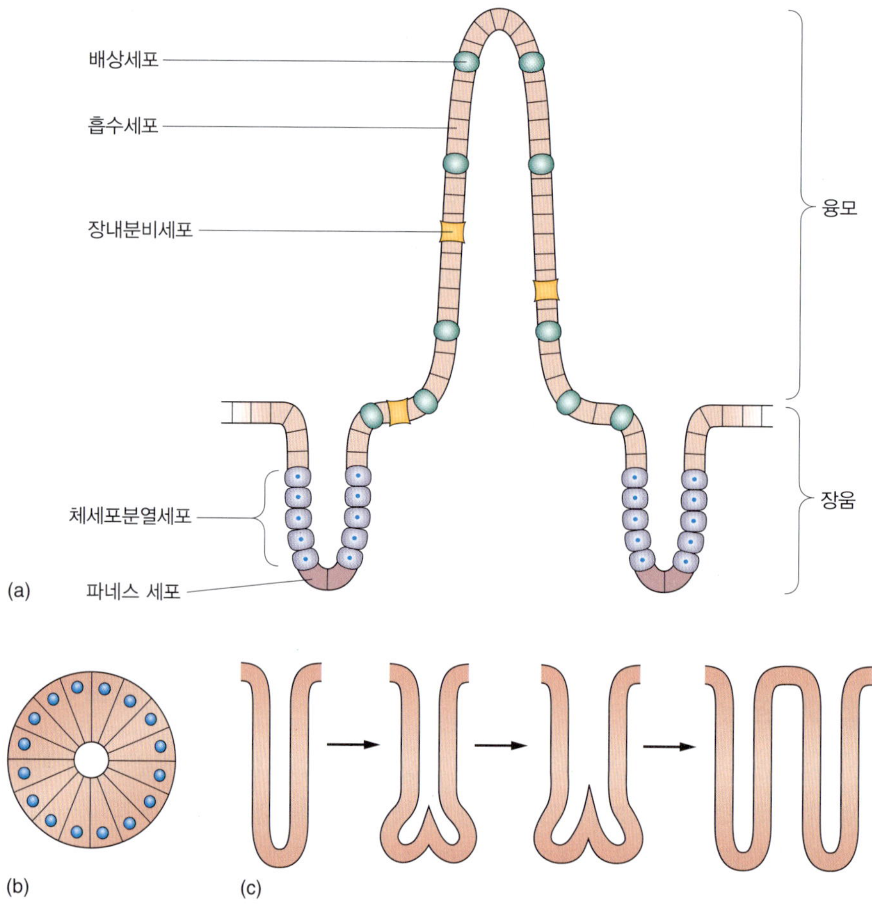

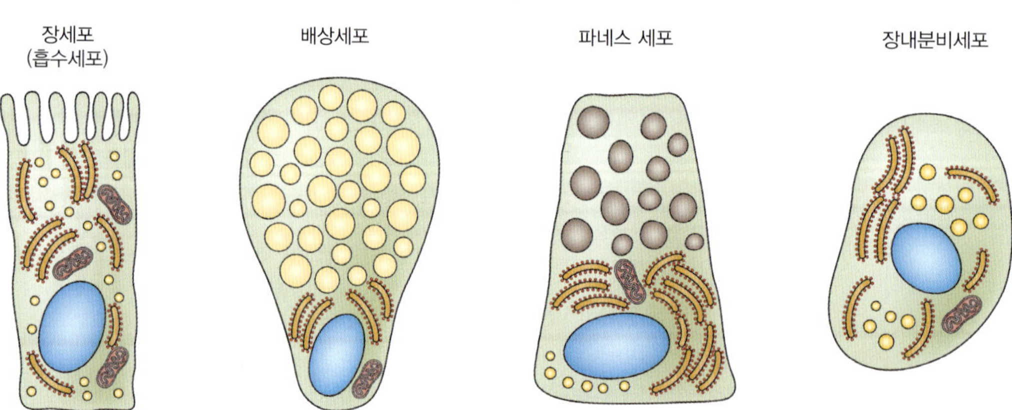

그림 20.10 소장 상피의 구성. (a) 2개의 장움과 1개의 융모를 포함하는 종단면. (b) 장움의 횡단면. (c) 장움의 증식은 기저부로부터 시작하는 출아법에 의해 일어난다.

장세포
(흡수세포)
배상세포
파네스 세포
장내분비세포

그림 20.11 소장을 구성하는 세포의 종류

세포(goblet cells)이다. 흡수세포는 끝 쪽에 여러 개의 작고 많은 미세섬모를 보유하고 있으며, 배상세포는 점액성 뮤신(mucin)으로 채워져 있는 큰 소포를 포함하고 있다. 또한 장움의 밑 쪽에는 항균성 물질인 라이소자임(lysozyme)과 크립딘(cryptdin)을 분비하는 **파네스 세포(paneth cells)**와 여러 펩타이드 호르몬을 분비하는 **장내분비세포(enteroendocrine cells)**가 위치한다. 집합적으로, 배상세포, 파네스 세포, 그리고 장내분비세포가 분비성 세포로 알려져 있다. 주로 직장에서 암이 빈번하게 발생하기 때문에 직장의 조직학적 구성에 대한 연구도 많이 진행되었으며, 그 결과 직장의 구조는 소장의 구조와 비슷하지만, 융모와 파네스 세포는 포함하고 있지 않는 것으로 밝혀졌다.

장의 구조에 관련된 실험은 형질전환 생쥐를 이용하여 주로 수행되었으며, 이 경우 조직 특이적 과발현을 유도하는 목적으로 장상피에서만 특이적으로 유전자의 발현을 유도하는 *Villin* 프로모터를 이용할 수 있다. 또한 *Cyp1a* 프로모터(시토크롬 450 효소 중 하나를 암호화)를 이용하면 아릴 하이드로카본(aryl hydrocarbon) 수용체에 결합하는 베타-나프토플라보네(beta-naphthoflavone)를 처리함으로써 원하는 특정 시기에 주입된 유전자(transgene)의 발현을 유도할 수 있다. 더불어 이들 프로모터는 선택된 유전자의 과발현이나 결여를 유도하는 *Cre* 혹은 *CreER* 시스템에 활용이 가능하다.

생쥐의 경우 융모는 발생 약 15일차부터 형성되며, 장움은 출생 직후에 형성된다. 이러한 과정은 BMP와 Hedgehog가 관여하는 일종의 측면 억제(lateral inhibition) 기전에 의해 일어난다. 먼저 Sonic hedgehog와 indian hedgehog가 전체 장상피에 발현되어 장 내의 중간엽층 형성을 촉진한다. 그 후에 hedgehog 발현은 나중에 장움이 될 부분에서만 제한적으로 집중되어 발현된다. 이 시기에, 만일 Hedgehog에 의한 신호전달 경로를 억제하면 장움이 형성되지 않는다. 융모의 성장은 간충직 조직에서 생산되어 장상피 조직을 자극하는 BMP2와 4에 의해 촉진된다. 따라서 BMP보다 Hedgehog의 영향을 많이 받는 부분은 움으로 발달하는 반면에, Hedgehog보다 BMP의 작용이 보다 우세한 주변 조직은 융모로 발달된다. 융모와 장움의 형태형성 과정은 평평한 내배엽성 상피세포가 접히면서 형성된다. 이때 중요하게 작용하는 유전자는 융모에서 발현되는 ephrin B1과 움에서 발현되는 EphB2와 EphB3이다. 또한 이들 유전자에 의한 각각의 단백질 생산은 β-카테닌에 의하여 조절된다. 만일 *EphB2*와 *B3*가 제거되면, 장은 분화된 세포와 증식하는 세포가 분리되어 있지 않고 무질서하게 섞이면서 발달된다. 장움과 융모는 생후 일생 전반에 걸쳐 지속적으로 새롭게 생성되며, 특히 장움의 기저부 쪽에서 1개가 2개로 출아법으로 나뉘며 여러 개로 발달된다(그림 20.10). 이러한 움의 분리에 대한 자세한 기전을 알려져 있지 않지만, 아마도 줄기세포의 수적 증가가 중요한 역할을 할 것으로 추측되고 있다.

장움에서의 세포 분열은 매우 빠르게 일어난다. 줄기세포는 장움의 기저부에 위치하며, 그 위쪽으로 앞서 언급한 변화-증폭 세포가 여러 층으로 위치한다. 생쥐의 장움 하나는 약 250개의 세포로 구성되며, 이 중 약 160개의 세포가 13시간의 세포주기로 분열한다. 줄기세포로부터 생산된 전구세포는 위쪽으로 이동하여 장움을 떠난다. 따라서 각 장움은 하나 이상의 융모에 세포를 공급하고, 각 융모는 여러 개의 장움으로부터 세포를 공급받는다. Wnt-β-카테닌 신호가 움에서의 세포 분열에 중요한 역할을 담당하며, Wnt와 그 수용체는 장움의 상피세포에서 발현된다. Wnt-β-카테닌 신호를 억제하면, 특히 전사조절인자인 *Tcf4*의 발현을 억제할 경우, 줄기세포와 변화-증폭 세포의 세포 분열이 정지된다. Wnt에 의해 발현이 조절되는 *c-Myc* 역시 지속적인 세포 분열에 중요한 요소이며, 만약 장에서 *c-Myc*의 발현을 억제하면 융모의 발달이 정지된다.

APC는 *adenomatous polyposis coli*라는 유전자의 산물인 세포질 내에 존재하는 단백질로서, GSK3에 의한 β-카테닌의 인산화(비활성화)에 중요한 역할을 담당한다. APC 기능 상실 돌연변이에서는 β-카테닌이 지속적으로 활성화 상태에 놓이게 된다. 이러한 경우, EphB2와 EphB3의 생산을 중단할 수 없게 되며, 그 결과 장 내의 공간 쪽으로 비정상적으로 구성된 장의 조직인 **폴립(polyps)**이 형성되어 돌출된다. 선종성용종증(adenomatous polyposis)이 있는 환자는 이러한 위장관 폴립을 많이 보유하는데, 이러한 폴립은 암으로 발전할 높은 가능성이 있다(아래 21장 참조). 이 질병은 유전성이며 APC 유전자 한 사본이 소실되어 발생. 나머지 한 사본에 돌연변이가 일어나면, 세포 내의 β-카테닌이 지속적으로 활성화 상태에 놓여 결국 폴립으로 발달된다.

장관줄기세포

장관줄기세포는 LGR5라고 하는 G 단백질-연관 수용체(G protein-coupled receptor)를 표지 인자로 해서 다른 세포로부터 구별될 수 있다. 장움당 약 12~14개의 세포가 Lgr5를 발현하며, 이들 세포는 움의 기저부에 위치한 파네스 세포 사이에 위치한다. *Lgr5-CreER x R26R* 생쥐에서 이들 세포들의 위치를 추적해 보면, 초기에는 장움 기저부에서 줄기세포만 표지가 되고, 이후에는 이들 줄기세포로부터 분화되는 세포가 움의 위쪽으로 리본 형태로 표지가 되며, 며칠 후에는 융모의 끝 쪽에 도달한 후 소멸되어 장 내로 탈락되는 것을 볼 수 있다(**그림 20.12**). 네 가지 종류의 세포—흡수세포, 배상세포, 장내분비세포, 그리 파네스 세포—가 리본 형태로 표지된 분화세포에 모두 존재하는데, 이는 각 줄기세포가 상피조직의 모든 구성세포로 분화가 가능함을 의미한다.

장관줄기세포 삶터는 줄기세포와 자손세포(progeny) 사이에 존재하는 파네스 세포와 crypt base를 둘러싸고 있는 lamina propria 세포로 구성되어 있으며, 이들 삶터 구성 세포는 줄기세포와 변화-증폭세포의 증식에 중요한 WNT 리간드(ligand)를 분비한다. 즉, 파네스 세포는 WNT3와 WNT9, lamina propria 세포는 WNT2b와 R-spondin(WNT 작용제)를 분비한다. 이들 세포가 분비하는 WNT 리간드의 중요성은 Cre-lox 시스템을 통해 실

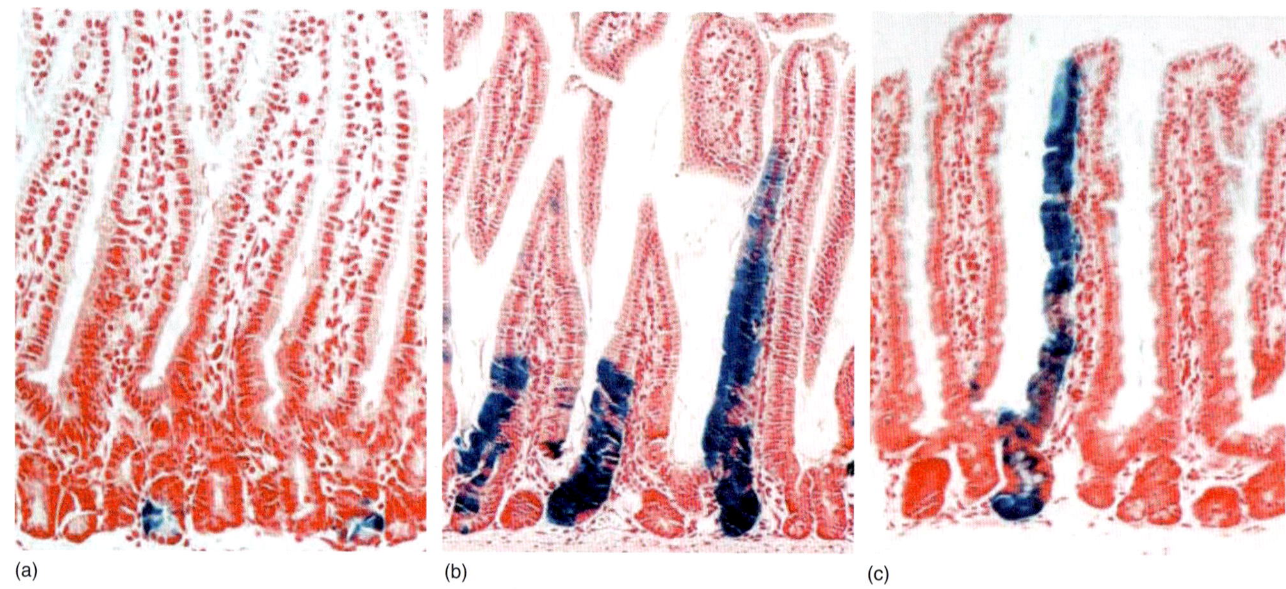

그림 20.12 *Lgr5-CreER* x *R26R* 생쥐에서 $Lgr5^+$ 세포의 세포 계통. 생쥐의 장을 타목시펜으로 처리하여 세포 표지를 유도한 후, (a) 1, (b) 5, (c) 6일 후에 XGal로 염색하였다. 초기에는 $Lgr5^+$ 세포에만 표지가 되지만, 시간이 지나면서 이들 줄기세포로부터 형성되는 세포가 장움에서 융모에 이르기까지 표지되어 리본처럼 나타난다. (인용) Nature Publishing Group의 허락을 얻어 Barker et al. (2007). Nature. 449, 1003-1007의 그림을 재구성함.

험적으로 증명되었다. 예를 들어, 파네스 세포의 분화와 기능에 중요한 *Sox9* 유전자를 표적으로 하는 *Cyp1-Cre*를 이용하여 파네스 세포의 기능을 억제하거나, WNT 발현 억제에 관여하는 특정 프로모터(*Foxl1* 또는 *Gli1*)를 이용하여 lamina propria 세포에서 WNT 합성을 억제할 경우 상피세포 분열이 감소된다.

LGR5가 장관줄기세포 표지인자로 주로 사용되고 있지만, Cre 표지 방법을 통해 LGR5와는 다소 다른 발현 양상을 보이는 표지인자 BMI1(염색질 조절인자), LRIG1(막단백질)과 HOPX(전사조절인자)가 동정되었다. 그러나 이들 표지인자가 LGR5 양성 세포군과 정확히 일치하는지 또는 다른 줄기세포군을 표지하는지는 여전히 논쟁의 여지가 있다.

Lgr5 유전자를 표적하는 전사조절인자 ASCL1은 장관줄기세포의 특성을 조절한다. ASCL1 발현은 WNT 신호에 의해 조절되며(2장 참조), *Ascl1* 조건적 결핍 동물모델에서는 장관줄기세포를 파괴하고, 과발현 모델에서는 줄기세포 수의 증가에 따라 장움의 과다형성(**hyperplasia**)과 분열을 유도하게 될 것이다.

장움당 줄기세포의 수는 손상되지 않은 정상 조직의 상태에서 일정한 수로 유지된다. 그러나 조직의 손상 및 재생이 일어나는 경우, 몇몇 변화-증폭세포가 줄기세포의 특성을 보유하게 되는 것으로 여겨진다. 이러한 사실은 방사선 조사에 의한 실험으로 추측할 수 있다. 일정량의 X-선 혹은 감마선은 장상피를 구성하는 세포를 소멸시킨다. 조직의 성장 및 재생산을 담당할 수 있는 세포를 **클론생성세포(clonogenic cells)**라 부르는데, 장움은 적어도 1개 이상의 클론생성세포를 보유해야만 재생이 가능하다. 여러 수준의 방사선량을 조사한 후 장움의 생존을 측정해 본 결과, 각 장움은 약 80개의 클론생성세포를 보함하고 있는 것으로 보인다. 이 숫자는 각 장움에 존재하는 *Lgr5*을 발현하고 있는 줄기세포의 수보다 훨씬 높은데, 이러한 사실은 아마도 변화-증폭세포가 줄기세포 쉼터로 이동하여 줄기세포의 특성을 획득하였다는 가능성을 반영한다.

현재 인간의 장에서 장관줄기세포를 정확히 표지할 수 있는 LGR5 항체가 존재하지 않지만, 장움 기저부에서 Ephrin 2 양성 세포를 분리하면 LGR5 유전자가 강하게 발현하는 3차원 오가노이드(organoid)를 형성될 것이다(다음 단락 오가노이드 배양 참조). 오가노이드 형성이 장관줄기세포의 특성일 경우, 아마도 생쥐의 장관줄기세포도 유사한 특성을 가질 것이다. 생쥐에서 체세포 변이에 의한 마이토콘드리아 내 CCO 결핍을 이용한 클론 표지 연구를 통해 줄기세포 유래 클론이 LGR5 양성 자손세포의 출현과 유사함을 보여준다(그림 20.13a). 가장 작은 개별 클론은 장움의 약 15%를 차지하는 것으로 봐서 장움당 약 6개의 줄기세포가 존재하는 것으로 유추된다. 또한, 레이저 절단(laser dissection)과 마이토콘드리아 DNA 염기서열 분석을 통해 모든 장움이 하나의 CCO 돌연변이 세포에서 유래됨을 확인할 수 있다(그림 20.13b).

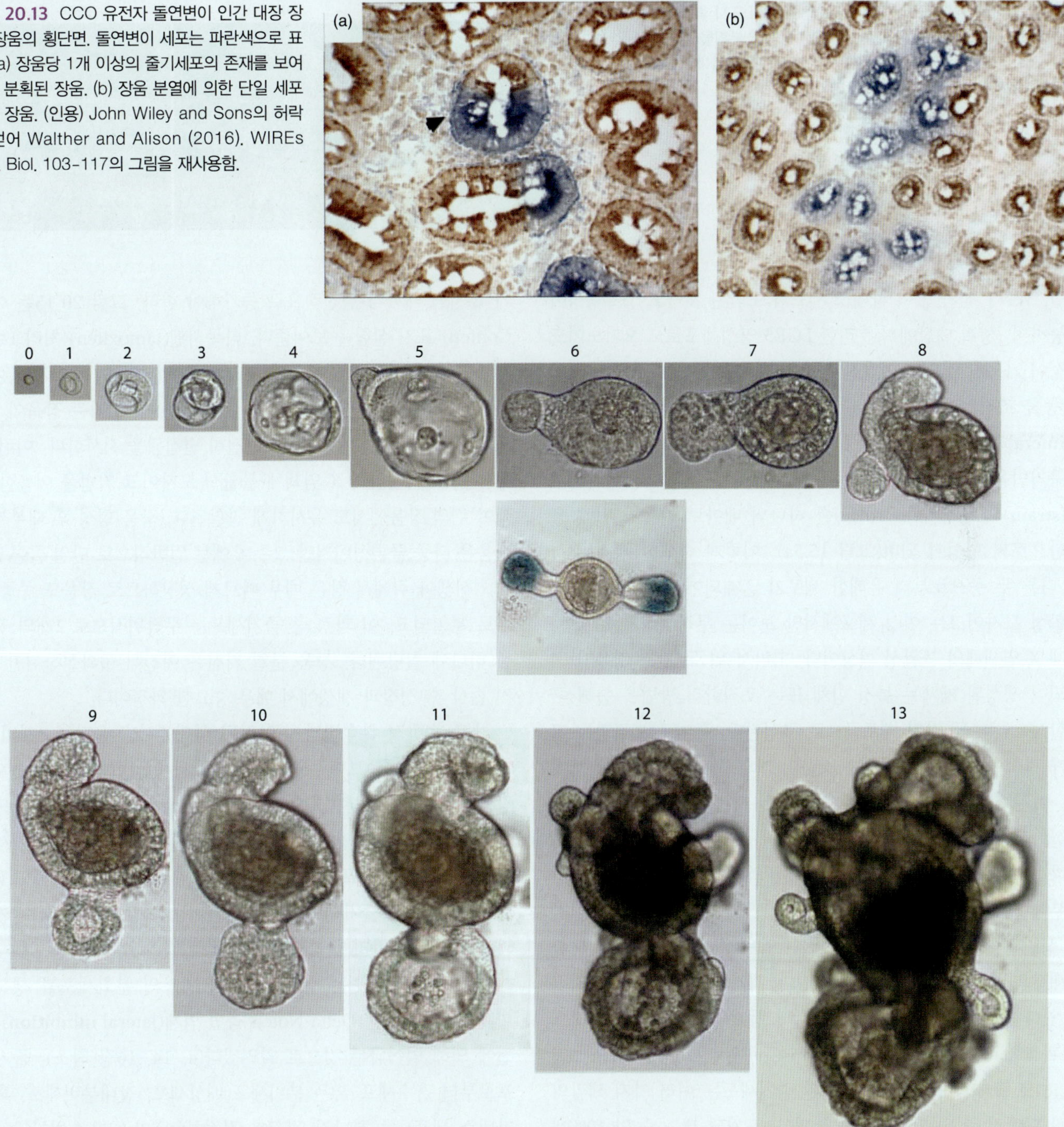

그림 20.13 CCO 유전자 돌연변이 인간 대장 장움. 장움의 횡단면. 돌연변이 세포는 파란색으로 표지. (a) 장움당 1개 이상의 줄기세포의 존재를 보여주는 분획된 장움. (b) 장움 분열에 의한 단일 세포 유래 장움. (인용) John Wiley and Sons의 허락을 얻어 Walther and Alison (2016). WIREs Dev. Biol. 103-117의 그림을 재사용함.

그림 20.14 마트리젤에서 성장하고 있는 3차원적으로 장과 유사한 구조물(organoid). 이 콜로니는 하나의 LGR5$^+$ 세포로부터 형성되었으며, 배양개시 후 매일 (사진 위의 숫자는 배양기간) 사진을 찍어 기록하였음. 중간 삽입사진: WNT 리포터 생쥐로부터 형성된 초기 배양 세포 구조물, WNT 신호가 발생되는 지역이 정상적인 장움에서 나타나는 것과 유사하게 XGal 염색에 의해 녹색으로 표지됨. (인용) Nature Publishing Group의 허락을 얻어 Sato *et al, Nature* 2009; 459: 262-265의 그림을 재구성함.

조직-특이적 줄기세포를 체외에서 배양하는 것은 매우 어려운 기술이지만, LGR5 양성세포를 분리하여 R-spondin, noggin, 표피성장인자(epidermal growth factor, EGF) 및 Notch 리간드 등 다양한 요소가 포함된 라미닌 함유 마트리젤(**Matrigel**)에서 배양하면, 장움과 융모로 구성된 장과 유사한 3차원 구조물(organoid)를 형성할 수 있다(**그림 20.14**). 현재 R-spondin이 여전히 필요하

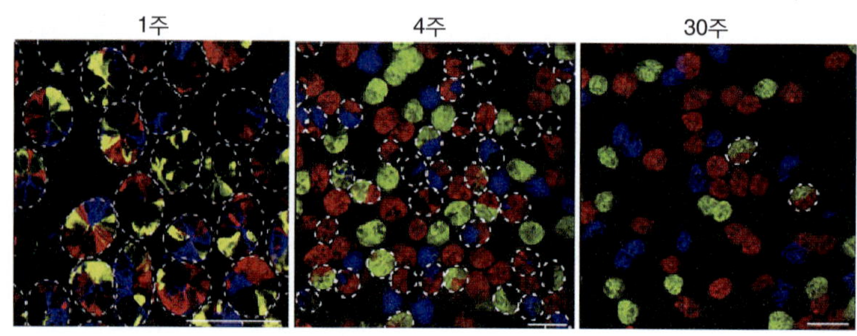

그림 20.15 *Lgr5-CreER* x *R26R* Confetti 생쥐 표지 후 소장 장움의 횡단면. 초기 단일 줄기세포의 자손세포는 장움의 분획을 점유하고 있음; 시간이 지남에 따라 각 장움은 1개의 표지된 클론에서 유래한 세포들로 밀집된다. (인용) Snippert et al. (2010) Cell. 143, 134-144.

지만, WNT 첨가 없이 파네스 세포가 포함된 오가노이드 형성이 가능하며, 생쥐 대장에서 분리한 LGR5 양성세포로도 오가노이드 형성이 가능할 것으로 여겨진다.

동물 조직의 클론 구조 분석은 **생쥐 응집 키메라(aggregation chimera)**와 **X-염색체 불활성 모자이크(X-inactivation mosaics)** 연구기법을 통해 가능해졌다. 응집 키메라는 유전적으로 다른 2종(strain)의 상실배(morulae)를 하나의 배아로 만들기 위해 응집함으로써 형성이 되며(그림 15.5a), 이렇게 출생한 생쥐는 서로 다른 두 종으로부터 유래한 세포가 혼재되어 있다. X-염색체 불활성 모자이크는 여성 세포에서만 보이는 무작위적 부계 또는 모계 X-염색체의 불활성 현상이다. 따라서 위 두 가지 경우가 적용되어 생성된 개체는 특정 항체 또는 조직학적 방법을 통해 구분할 수 있는 두 가지 세포군으로 구성된다. 흥미로운 결과는 그렇게 만들어진 동물의 장상피 장움이 거의 하나의 유전형을 보이며, 이는 장움이 단일 세포에서 유래된 자손세포임을 의미한다. 또한, 각 장움은 단 하나의 줄기세포를 포함하고 있음이 관찰되었다. 그러나 이 결과는 장움당 6~8개의 줄기세포 또는 장움 기저부에 12~14개의 LGR5 양성세포가 관찰된 보고와는 상반된다. 이 상반된 결과를 어떻게 이해할 수 있을까? 이 물음에 답은 줄기세포의 분열 방법에서 찾을 수 있다. 각각의 줄기세포가 표지될 수 있다면, 많은 세포가 등분열 또는 부등분열을 하는지 직접적으로 관찰할 수 있다. 예를 들어, *Lgr5-CreER x R26R-Confetti*(그림 20.15)로 표지함으로써, 각 표지된 줄기세포는 여러 가지 색깔의 형광 단백질 중 하나만 발현하게 된다. 표지된 세포 중 약 10%에서 2개의 표지된 세포 중 하나의 세포에서만 Lgr5 발현이 지속되었고, 이는 최초의 세포가 분열하여 하나는 줄기세포로, 다른 하나는 변화-증폭세포로 분열됨을 의미한다. 약 45%에 해당되는 세포는 2개의 자손세포가 모두 LGR5 양성을 보이는 줄기세포로 분열되고, 나머지 45%는 2개의 자손세포가 모두 LGR5 음성을 보이는 변화-증폭세포로 분열된다. 이런 확률적인 세포 분열이 유지된다면 표지된 세포의 비율은 단 하나의 줄기세포의 자손세포가 유지될 때까지 점진적으로 증가해야 한다. 그림 20.15는 이런 Confetti 표지 실험을 보여준다. 타목시펜(tamoxifen) 처리 1주일 후 모든 장움이 분활되어 여러 가지 색깔의 클론이 보이지만, 4주 후에는 많은 장움이 획일된 색을 보이는데, 이 결과는 장움이 1개의 표지된 세포의 자손세포로 완전히 밀집됨을 시사한다. 이런 현상은 응집 키메라와 X-염색체 불활성 모자이크 기법을 이용한 신생아 쥐의 장움에서도 유사하게 관찰된다. 장움 형성 후 대부분의 장움은 다중 클론성이지만, 2주 후에는 일반적으로 단일 클론성이다. 신생아 쥐에서 장은 매우 빠르게 성장하므로 장움도 종종 두 개로 분열되고, 이 과정 중 줄기세포는 무작위적으로 2개의 장움 중 하나에 할당된다. 장움 분열 기전은 여전히 불확실하지만, 조직 손상 후 성장과 재생에서 매우 중요한 과정이다.

세포 수학적 분석결과는 안정된 상태에서 장움당 6-8개의 줄기세포가 있음을 보여주고 있다. 위에서 언급했듯이, 이 숫자는 장움당 존재하는 80여 개의 잠재적인 재생능이 있는 세포수 또는 12~14개의 LGR5 양성세포 수보다 현저히 적다. 이는 줄기세포군이 LGR5 양성세포 군의 아군(subset)이 확실하여야 하고, 정확히 어떤 세포가 줄기세포로 작동하는지는 해당 세포의 국소 환경과 상호작용에 따라 달라질 수 있다.

위장관 줄기세포는 장관 내 여러 종류의 분화세포를 생산하며, 이러한 과정은 Delta-Notch **측면 억제(lateral inhibition)** 기전에 의해 일어나는 것으로 알려졌다(4, 14, 16장 참조). 줄기세포로부터 흡수세포 혹은 분비세포(배상세포, 장내분비세포, 혹은 파네스 세포) 중 하나가 될지를 결정하는 "마스터 스위치(mater switch)"가 존재하는 것으로 보이며, 이 스위치는 Delta 단백질의 형성을 촉진하는 *Math1*이라 하는 bHLH형 전사조절인자에 의해 조절된다(그림 20.16). Notch를 발현하는 모든 세포는 초기에 비슷한 수준의 MATH1을 발현한다. 기회적으로 한 세포가 보다 높은 수준의 MATH1을 발현하게 되면, 이 세포는 다른 주위 세포보다 많은 Delta 단백질을 생산하게 되고, 인접한 다른 세포들에게 이 신호를 전달한다. Delta 단백질 신호에 의해 주변 세

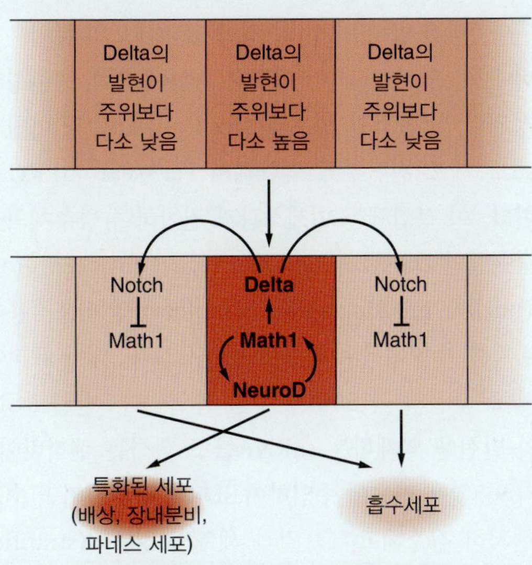

그림 20.16 측방억제에 의한 장상피 내의 세포 분화 조절.

포의 Notch가 자극되면, 이들 세포에서는 *Math1*의 발현이 억제됨에 따라서 Delta 단백질의 발현이 감소하게 된다. 이러한 과정이 지속 되면, 결국 MATH1과 Delta의 발현이 높은 소수의 세포가 MATH1과 Delta의 발현이 낮은 많은 주변 세포들에 의해 둘러싸이게 된다. 낮은 수준의 MATH1을 발현하는 세포가 흡수세포로 분화되는 반면, Math1의 발현이 높은 세포는 분비세포가 된다. 이러한 분화 기전의 증거로서, 만일 *Math1* 유전자가 결여된 생쥐에서 장상피의 전반적인 구조는 전반적으로 정상이고, 정상적인 흡수세포가 발견되지만, 모든 종류의 분비세포가 발견되지 않는다. 반대로 또 다른 전사조절인자인 *Hes1* 유전자가 결여되면 반대의 표현형이 나타나는데, 장상피 조직에서 *Math1*을 발현하는 세포와 분비세포의 비율이 증가된다. Hes1은 Notch 신호전달에 관여하며, Hes1의 결여는 Notch 신호에 의한 *Math1*의 발현억제 효과를 감소시킨다.

표피

피부는 중층**편평**상피(squamous stratified epithelium), 결합조직위의 **표피(epidermis)**와 **진피(dermis)**로 구성되어 있다(그림 20.17). 표피를 구성하고 있는 주된 세포는 **각질세포(keratinocyte)**이며, 세포 분열은 기저층에서만 일어난다. 생쥐의 경우, 표피는 기저층으로부터 약 9일에 한번 꼴로, 인간의 경우 약 한 달에 한번 꼴로 재생산된다. 표피 및 그 밖의 다른 편평상피인 식도와 여성생식기인 질(vagina)의 기저층은 Tp63이라는 전자조절인자의 활성에 의존한다. Tp63은 기저층 전반에 걸쳐 발현되며, 세포가 위쪽으로 이동하면서 발현이 감소한다. Tp63이 결여된 생쥐는 편평상피를 형성하지 못하며 출생 직후 죽는다(그림 20.18).

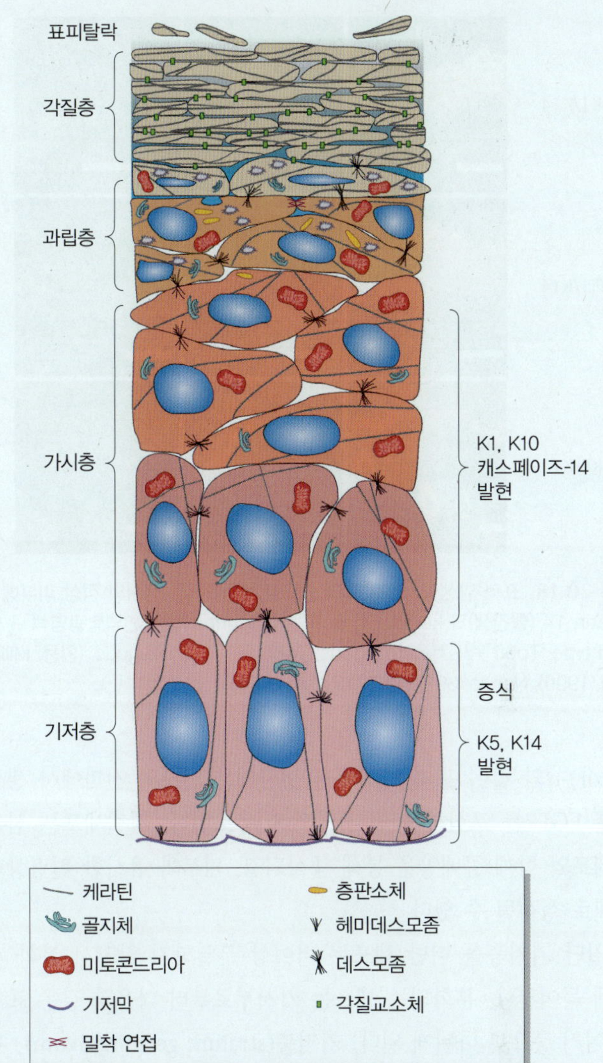

그림 20.17 피부의 표피 구조. 모든 각질세포는 기저층에서 생성되어 표면 쪽으로 이동하면서 점진적으로 분화된다.

진피는 섬유성 탄성 결합조직으로 발생 중인 배아의 진피판(dermatome)과 신경능선(neural crest)에서 발생한다. 진피의 아래쪽은 대부분 지방조직으로 구성되어 있으며, 진피와 표피의 경계면에는 기저막(basement membrane)이 존재한다. 인간의 경우 이 기저막은 주름져서 진피유두(dermal papillae)와 표피마루(epidermal ridge)를 형성한다. 진피는 신경과 혈관을 포함하고 있으며, 파시니 소체(parcinian corpusle)라는 압수용체(pressure receptor)와 함께, 표피에서 만들어지는 모낭(hiar follicle), 피지선(sebaceous gland), 그리고 땀샘(sweat gland)을 포함한다.

표피 기저부 세포의 증식은 TGFα(Transforming growth

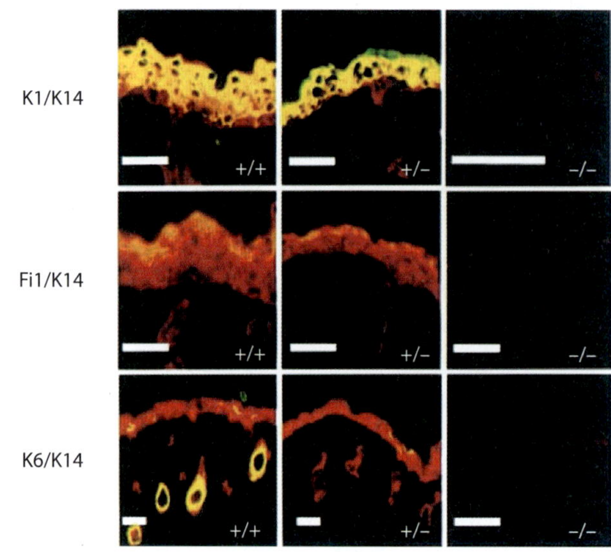

그림 20.18 표피 발생에서 Tp63의 중요성. 출생 직후 생쥐의 정상 피부에서 keratin 14 (빨간색)과 keratin 1, 6, 또는 filaggrin (녹색) 면역형광염색. +/+ Wild type, Tp63 +/– heterozygous, Tp63 –/– homozygous. (인용) Miller et al.(1999). Nature. 398, 708-713.

factor)-α와 같이 표피 자체에서 생산되는 인자와 진피에서 생산되는 FGF7를 포함하는 인자에 의해 유도된다. 각질세포는 섬유모세포와 함께 공배양을 통해 증식되고, 피부와 유사한 편평상피 형태로 형성될 수 있다.

일단 기처층을 떠난 세포는 더이상 분열하지 않고서 분화 과정에 들어간다. 분화되는 세포는 기저부로부터 다음과 같은 표피의 여러 층으로 나뉘게 된다: 기저층(stratum germinativum), 유극층[stratum spinosum: 많은 양의 데스모좀을 포함하는 가시층(prickle layer), 과립층(stratum granulosum: profilaggrin으로 구성된 과립을 함유), 그리고 각질층[stratum corneum: 세포핵을 소실하고 트랜스글루타미나아제(transglutaminase)에 의해 연결된 평평한 케라틴 주머니가 됨]. 케라틴은 모든 상피세포에서 발견되는 **중간섬유(intermediate filament)**인 사이토케라틴을 구성하는 섬유성 단백질을 총칭하는 명칭으로 다양한 유전자에 의해 여러 종류의 케라틴이 만들어지고, 세포가 기저부를 떠나 위쪽을 이동하면서 그 발현이 변화된다. 예를 들어, 세포가 기저층을 떠나 가시층으로 들어가면, Krt5(Keratin 5)와 Krt14의 발현이 감소되면서 Krt1과 Krt10의 발현이 증가된다. 과립층과 각질층의 세포는 involucrin이라고 하는 단단한 비용해성 단백질을 함유하고 있다.

초기 발생 중인 배아에서 표피가 처음 형성될 때는 일시적으로 존재하는 평편층인 주피(periderm)로 감싸여진 한 층의 세포로 발달된다. 생쥐 발생 약 14일 경에 표피세포의 분열은 대칭분열에서 비대칭분열로 바뀌며, 이러한 변화에 의해 중층형의 표피층이 형성된다. 일반적인 세포극성(cell polarity)과 마찬가지로, 이들 세포도 세포 첨단부에 국한해서 Par3/Par6/aPKC 복합체를 보유한다. 이 복합체는 미세소관과 결합하여 방추체의 방향을 바꾸는 단백질인 LGN(Leu-Gly-Asn repeat-enriched protein)과 NuMA (nuclear mitotic apprartus protein) 및 상호작용하여 방추체의 위치를 수평에서 수직으로 변환시킨다. 배아 표피에서 일어나는 세포 분열의 약 50%가 수직 분열이다. 만일 LGN 혹은 NuMA의 발현을 억제하는 shRNA를 포함하는 렌티바이러스를 배아 시기 9.5일에 양수에 주입하여 표피를 감염시키면 수직 세포분열이 현저히 감소되고, 그 결과 세포의 성층화(stratification)가 저해된다.

표피와 모낭에 대한 많은 실험에서 특정 재조합 전이유전자(transgene)를 기저층에서 발현시키는 목적으로 *keratin 14*(*Krt14*) 프로모터를 사용한다. 이는 표적 유전자의 floxed version과 병용하여 Krt14-Cre 형태에서 유전자를 제거하는 데 사용된다.

표피 기저부를 구성하는 세포의 약 60% 정도가 세포 분열을 하는 것으로 나타나지만, 표피 줄기세포에 대한 정확한 표지인자가 밝혀지지 않아 이들 모든 세포가 줄기세포인지는 아직 확실하지 않다. 표피의 경우 줄기세포와 변화-증폭세포의 구분이 뚜렷하지 않기에 모든 분열하는 세포가 줄기세포로 여겨지고 있지만, 이들 세포는 실제로 체외에서 배양해 보면 서로 간에 상당한 차이를 나타낸다. 예를 들어, 어떤 세포들은 증식 능력이 뛰어나 큰 콜로니를 형성하고 여러 번 계대배양이 가능하지만, 다른 세포들은 적은 수의 세포로만 구성된 작은 콜로니를 형성한 후 곧 증식 능력을 소실한다. 따라서 기저부의 세포 중 약 10% 정도만 줄기세포로 여겨지고 있으며, 실제로 방사선 조사로 손상된 표피에서 비슷한 양의 줄기세포만이 표피를 재생산할 수 있음이 관찰되었다. 이들 약 10%의 표피 줄기세포는 변화-증폭세포와 높은 β-1 인테그린(integrin)의 발현에 의해 다른 세포와 구별된다. β-1 인테그린은 세포 부착 분자로서 세포에 의한 콜라겐, 라미닌, 피브로넥틴의 인식 과정에 관여한다. 인간의 음경포피(foreskin)에서 높은 수준의 인테그린을 발현하는 세포가 진피유두의 첨단에 집중적으로 분포하므로, 이곳이 표피의 줄기세포 삶터로 추측되고 있다. 그러나 생쥐에서 *β-1 integrin* 유전자를 결여시켜도 표피 줄기세포의 결손이 유도되지는 않는다.

줄기세포는 Cre-표지 기술로 관찰이 가능하다. 그림 20.19는 *Axin-CreER x R26R-GFP* 생쥐를 이용하여 기저층에서의 Axin

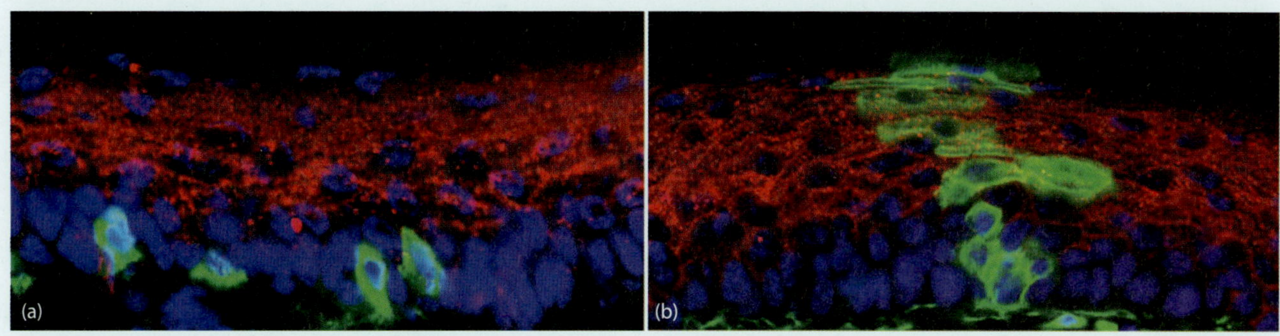

그림 20.19 생쥐 피부에서 표피 줄기세포의 계보 추적. Axin2-*Cre X R26R* 생쥐. Cre-매개 재조합 후 GFP 발현. 핵은 파란색, 표면층에 Dickkopf3는 빨간색으로 면역형광염색. 생후 21일째 타목시펜 처리 후 1일(a)과 2개월(b) 후 이미지. (a) 1일 후, 일부 기저부-층에 표지. (b) 2개월 후에는 표지된 클론이 기저부 층에서 표면으로 이동. 축척자: 10 μm. (인용) Lim et al. (2013). 3428, 1226-1230.

그림 20.20 확률적 줄기세포 분열 모델. (a) 네 가지 유형의 줄기세포 분열. (b) 표지된 클론의 소실 및 크기 배가. (c) 표지된 클론의 수는 시간이 지남에 따라 감소하지만 크기는 증가하는 경향이 있다.

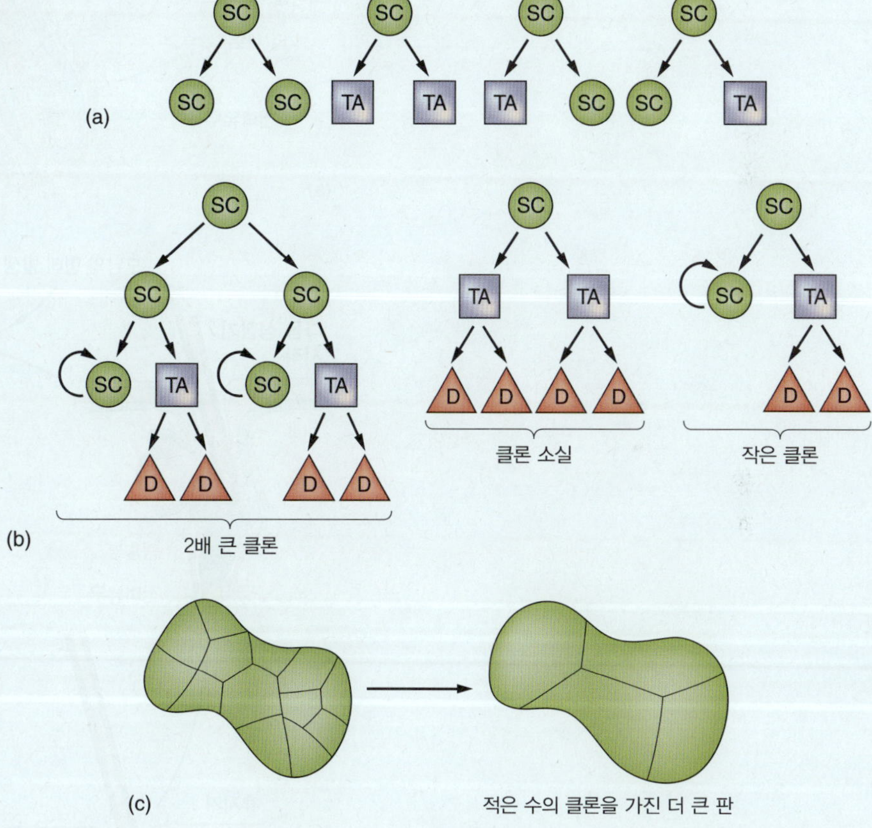

발현 변화를 보여준다. 처음에는 많은 기저층 세포에서 Axin이 표지되지만, 시간이 지남에 따라 기저층에서 표피로의 이동이 관찰된다. 수학적 분석을 통해 정리해 보면 시간에 따라 점진적으로 클론 수가 감소하고, 지속되는 클론의 크기는 점차 증가하게 된다. 이를 통해서, 줄기세포는 2개의 자손세포, 2개의 분화세포 또는 하나의 자손세포와 1개의 분화세포로 분열할 수 있는 확률적 과정을 가지게 된다. 따라서 표지된 클론은 기저층에 있는 줄기세포가 모두 분화세포를 생산하게 되면 소멸하게 되고, 자손세포로 분열할 경우 클론의 크기가 커지게 될 것이다(그림 20.20).

모낭

모낭(hair follicles)의 구조는 그림 20.21a에 나타낸 바와 같다. 모간(hair shaft)은 표피의 **기질부(matrix)**에서 생산된 사멸된 각

그림 20.21 (a) 모낭의 구조. (b) 털의 성장 주기.

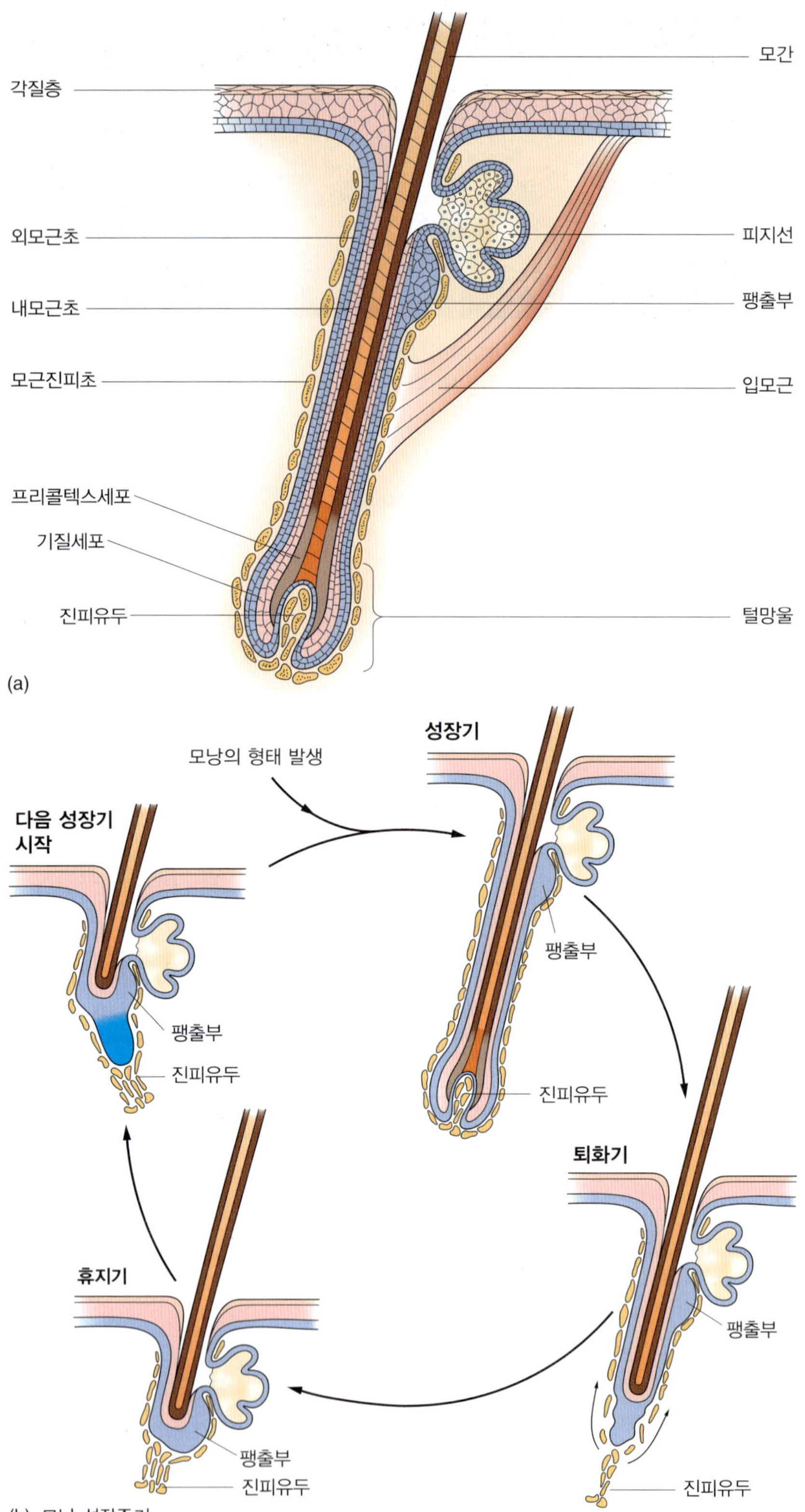

질세포에 의해 형성된다. 이 부분은 섬유모세포가 모여 형성한 돌출된 모양으로서 색소과립을 각질세포에 전달하는 **멜라닌세포(melanocyte)**를 포함하는 **표피유두(dermal papilla)**에 인접해 있다. 모낭은 표면 표피에 이르기까지 연결되어 있는 외모근초(ourter root sheath)라 불리는 한 층의 세포에 둘러싸여 있다. 표면 표피와 연접하는 부분에는 피지선(sebaceous gland)이 위치하며, 진피유두, 증식성 표피세포 구역, 외층을 포함하는 모낭의 기저부 전체를 털망울(hair bulb)이라고 한다.

털은 지속적으로 자라지 않지만 주기적으로 성장한다(그림 20.21b). 성장이 왕성하게 이루어지는 시기를 **성장기(anagen)**라 하는데, 생쥐의 경우 약 3주간, 인간의 경우 3~6년 간 지속된다. 모낭이 퇴화되는 시기를 **퇴화기(catagen)**라 하며, 성장이 일시 정지되어 있는 시기를 **휴지기(telogen)**라 한다. 생쥐의 경우 털의 성장주기는 동기화되어 있으며, 머리 부위부터 매번 새롭게 시작된다. 털의 성장주기는 진피층에서 일어나는 BMP2와 BMP4의 주기적인 발현과 관련되어 있으며, BMP의 발현은 후기 성장기와 초기 휴지기 사이에 높고 후기 휴지기 동안에 낮으므로 털의 성장에 억제 효과가 있어 보인다. 인간의 경우, 모낭은 동기화되어 있지 않고 독립적으로 활성을 나타낸다. 생쥐의 경우도 4종류의 다른 털(guard hairs, awls, auchenes 및 zigzag)을 가지고 있으며, 각각 그 발생 과정이 약간씩 다르다.

모낭의 발생

모낭은 생쥐 발생 14.5일로부터 형성되는 표피판(epidermal placode)에서 발생하며, 표피판 밑에는 피부응축(dermal condensation)이 생겨난다. 표피판은 이후 밑쪽으로 자라나서 나중에 모낭의 **진피유두(dermal papilla)**가 되는 피부응축을 감싸게 된다(그림 20.22). 이 과정은 표면의 외배엽과 아래에 위치한 간충직 사이의 일련의 상호작용으로 이루어진다. 첫 번째 신호는 간충직에서 시작되는 WNT 활성화와 측면 억제 작용에 의한 BMP4 억제 과정이다(2장 대칭 파괴와 4장 측면 억제 참조). 인간의 경우 첫 표피 모낭판은 발생 7주차에 나타나며, 표피판에서 분비되는 소닉 헤지호그(sonic hedgehog, SHH)는 간충직에 있는 세포의 응축을 유도함으로써 측면 모낭의 진피유두를 형성하게 된다. 이어서 진피유두에서 분비되는 FGF7는 표피판에서 유두쪽으로 세포의 내증식을 유도해서 털망울(hair bulb)를 형성한다. 이 복잡한 과정은 모낭 발생에 중요한 요소가 결핍 생쥐 모델을 통해 증명된 바 있다. 예를 들어, WNT 억제제 Dickkopf 과발현은 초기 단계에서는 모낭의 간격에 변화를 주고, 최종 단계에서는 표피에 진피유두를 이식할 경우 새로운 모낭이 형성되기도 한다.

비록 털망울은 모섬유의 성장을 촉진하는 세포를 포함하고 있지만, 모낭의 줄기세포는 **팽출부(bulge)**라고 불리는 부위에 존재한다. 생쥐의 경우, 모낭줄기세포는 발생 17.5일에 형성되며, SOX9 양성을 띤다. 모낭은 털의 성장을 돕는 피지선과 밀접하게 위치하고 있고, 땀샘은 발생 17.5일에 간충직의 BMP 및 FGF 신호와 SHH 활성 억제를 통해 형성된다.

추가적인 모낭의 형성은 배아 시기뿐만 아니라 성체 시기에서도 안정화된 형태의 β-카테닌 등 WNT 신호전달 경로에 관여하

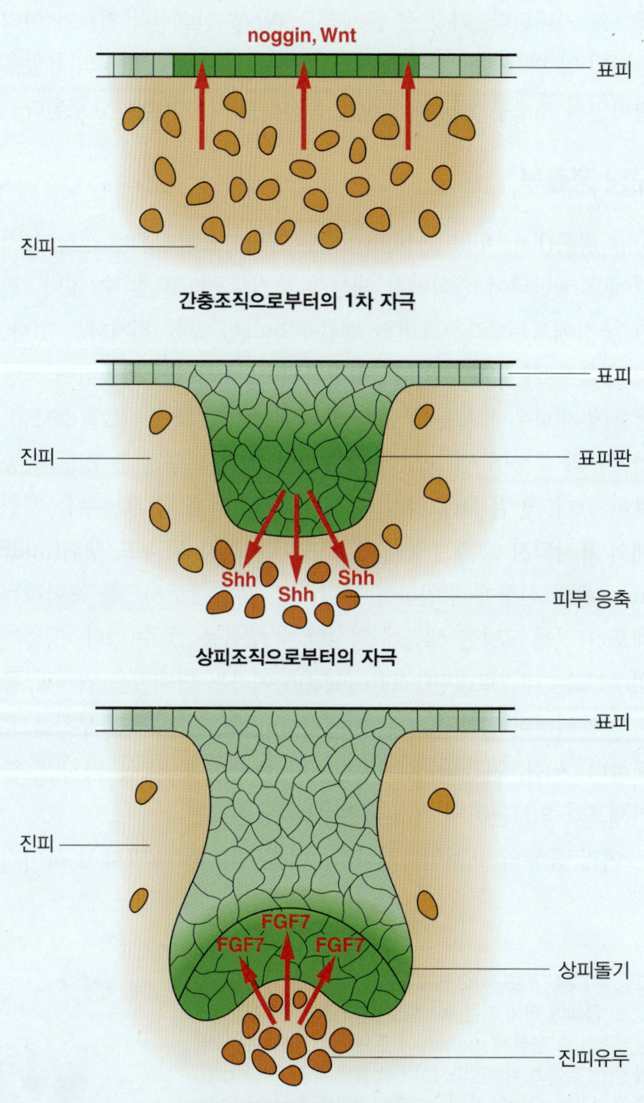

그림 20.22 모낭의 초기 형성. 표피와 진피층 간에 적어도 세 단계의 신호 교환이 작용한다. 첫 번째, 표피판을 형성하기 위해 Wnt와 noggin(BMP 억제)을 포함한 자가-조직 과정. 두 번째, 표피판에 의한 진피유듀 형성. 세 번째, 진피유두에 의한 털망울 형성과 성장.

는 구성 단백질의 과발현으로 유도될 수 있다. 이러한 효과는 발현되는 단백질의 양에 비례해서, 높은 수준의 발현은 새로운 모낭 형성을, 중간 수준의 발현은 피지선 형성을, 그리고 낮은 수준의 발현은 모낭 형성을 억제한다. 새로운 모낭의 형성은 기존에 존재하던 모낭으로부터 여분으로 또는 상처 부위에서 형성될 수 있지만(생쥐), 모낭 사이의 표피에서 완전히 새롭게 형성되기도 한다. 이 과정 역시 WNT 의존성으로서 WNT 신호과정에 관여하는 단백질의 발현 수준이 높으면 새로운 모낭의 수가 증가하고 낮으면 그 수가 감소한다. 모낭의 형성 기전에 대한 이해는 WNT 신호 관련 단백질의 과발현에 의한 탈모 치료를 가능하게 할 수 있을 것으로 기대된다. 가장 큰 문제점은 WNT 신호전달 경로가 여러 종류의 암 발생에도 관여되어 있기 때문에, 종양의 형성의 유발을 피하면서 새로운 모낭의 형성을 촉진하는 치료방법이 요구된다.

모낭 팽출부

모낭 망울(hair follicle bulb)의 분열하는 표피세포는 성장기 기간에만 국한되어 증식하기 때문에 줄기세포라고 할 수 없다. 진짜 줄기세포는 모낭 측면의 팽출부(bulge) 안에 위치하고 있다. 이 팽출부에는 매번 새로운 성장기의 시작 시점에 이동하여 모낭 망울에 새로운 세포를 공급해 주는 세포가 존재한다(그림 20.23). 설치류의 주둥이 털 모낭은 절개하여 채취할 수 있을 정도로 충분히 크다. 만일 *lacZ*-양성(**Rosa26**) 생쥐의 모낭 팽출부를 채취해서 표지되지 않은 주둥이 털 모낭에 이식한 뒤 **누드 생쥐(nude mouse)**의 신장에 주입하여 관찰하면, β-갈락토시드를 포함하는 세포가 전체 모낭을 새롭게 형성할 수 있음을 알 수 있다. 팽출부의 세포는 네프로넥틴(nephronectin)이라는 단백질을 기저막 쪽으로 분비하여 입모근(arrector pili muscle)의 분화 및 부착을 유도한다. 또한, 인간의 경우 육안으로 보이는 팽출부는 없지만, 줄기세포가 외모근초의 가장 낮은 부분에 존재한다.

여러 종류의 표지인자가 모낭 팽출부의 줄기세포에서 특이적으로 발현됨이 알려졌다. 그중의 하나가 *Keratin 15*(*Krt15*)로서 이 유전자는 배아 시기와 출생 후 초기에 전체 표피의 기저부에서 발현되지만, 그 발현은 점차 모낭 망울에 제한되어 일어난다(그림 20.24). Ganciclovir(간시클로비르)를 독성물질로 대사하는 효소인 티미딘 키나아제(*thymidine Kinase*, TK)를 "자살" 유전자로 이용하여 모낭 팽출부가 결여된 생쥐를 제작할 수 있다. 실제로, *Krt15-TK* 형질전환 생쥐는 간시클로비르가 주입되면 체내에서 TK에 의해 생성되는 물질이 위장관에 독성을 나타내기 때문에 죽는다. 그러나 피부는 채취하여 면역결핍 생쥐에 이식한 후에는 후속연구가 가능한데, 연구 결과에 의하면 간시클로비르가 모낭의 형성을 억제하지만 모낭 사이의 표피에는 영향을 미치지 않음을 보여주고 있으며, 이러한 사실은 2종류의 줄기세포가 존재할 가능성을 나타낸다. 또 다른 표지인자는 SOX9이며, SOX9을 발현하는 세포는 표피판에서 발견되고, 모낭이 발달하면서 이들 세포는 팽출부로 이동한다(그림 20.25). *Sox9-Cre x R26R* 생쥐를 제작하여 분석하면 Sox9을 발현하는 세포가 모낭 전체를 구성할 수

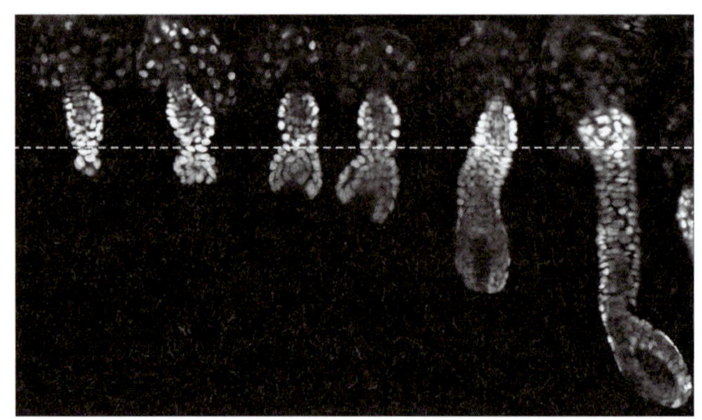

그림 20.23 털의 성장 주기 동안 모낭의 성장. 팽출부 세포의 핵을 표지할 수 있는 *Krt14-H2BGFP* 리포터 발현 생쥐에서 다광자현미경을 이용한 모낭 관찰. 팽출부 부위는 점선 위에 위치한다. 모낭의 성장이 시작되면서 팽출부 세포들은 진피유두를 둘러싸기 위해 아래쪽으로 이동한다. 털줄기와 속/겉뿌리싸개를 생성하기 위한 새로운 털망울 형성한다. (인용) Elsevier의 허락을 얻어 Rompolas and Greco (2014) Seminars Cell Dev. Biol. 25, 34-42의 그림을 재구성함.

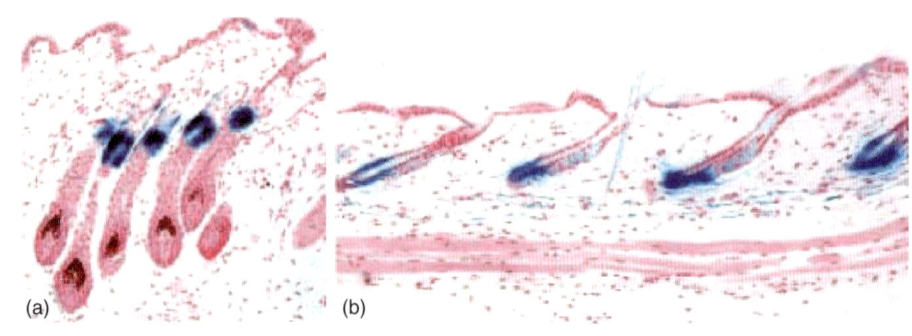

그림 20.24 *K15-lacZ* 리포터 생쥐. 프로모터의 활성은 XGal 염색에 의해 진한 녹색으로 나타난다. (a)에서 털은 성장주기 중 성장기(anagen)에 존재하며, 팽출부는 모낭의 중간 위쪽에 위치한다. (b)에서 털은 휴지기(telogen)에 존재하며, 모낭의 끝에 존재한다. (인용) Nature Publishing Group의 허락을 얻어 Liu *et al*, *J Invest Dermatol* 2003; 121: 936-968의 그림을 재구성함.

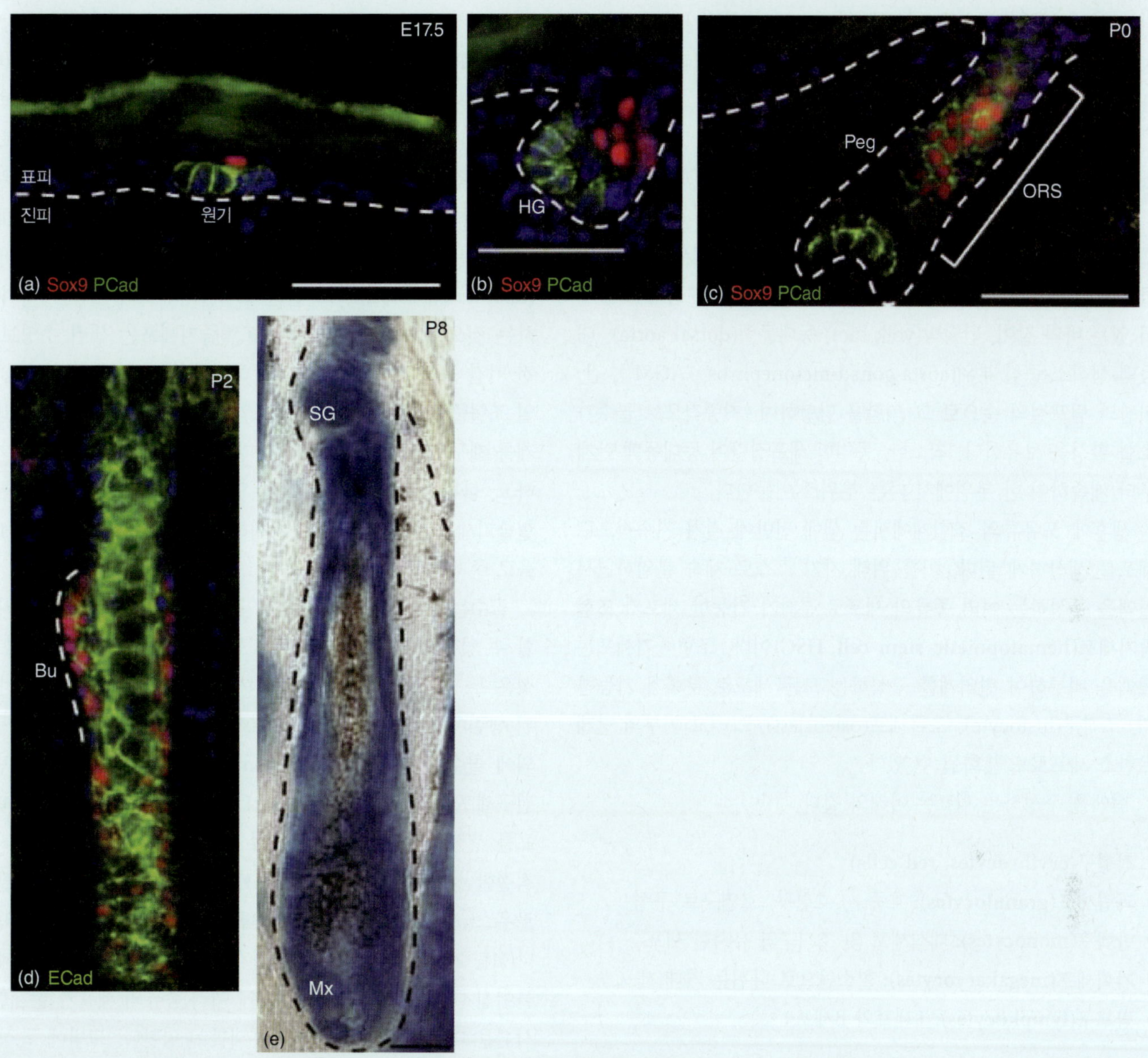

그림 20.25 모낭 발생 과정 중 SOX9(빨간색 형광)의 발현. (a-d) 표피판 단계부터 팽출부를 보유하는 초기 모낭 단계까지의 발달. 녹색, P 혹은 E-캐드히린에 대한 형광염색; 파란색, DNA에 대한 DAPI 염색. (e) *Sox9-Cre X R26R* 생쥐: 한때 Sox9을 발현하는 세포로부터 형성된 모낭 전체를 X-Gal 염색으로 나타내었다. Epi, 표피; Der, 진피; Pc, 판; ORS, 외모근초; Bu, 팽출부; SG, 피지선; Mx, 기질; P, 생후일. (인용) Elsevier의 허락을 얻어 Nowak *et al*, *Cell Stem Cell* 2008; 3: 33-43의 그림을 재구성함.

있음을 알 수 있다. *Krt14-Cre x Sox9* (*floxed*) 생쥐의 경우 표피에서 SOX9의 발현이 일어나지 않는다. 이들 생쥐는 일시적으로만 존재하는 모낭을 만들며 피지선도 결여되어 있다.

흥미롭게도, 위장관 줄기세포에서 특이적으로 발현되는 LGR5 분자가 모낭에서도 발현되지만, 라벨링 실험은 그 세포들이 줄기세포가 아닌 변화-증폭세포임을 보여준다. LGR6도 팽출부 위에서 발현된다. LGR6의 발현은 표피판에서도 관찰되지만, 모낭의 주요 부위보다는 피지선 및 표피층에서 발현된다.

비록 표피와 모낭은 각각 고유의 줄기세포를 보유하고 있어서, 일반적으로 서로 간에 세포의 공급을 교환하고 있지는 않지만, 조직에 손상이 일어난 경우는 상황이 다르다. 생쥐의 경우 조직 손상이 일어난 부위에서는 Wnt 신호에 의해 새로운 모낭이 표피로부터 형성될 수 있다. 또한 팽출부를 표지하는 여러 종류의 실험 모두(미세절개 또는 이식된 Rosa26 조직, 또는 Krt15-Cre 또는 Sox9-Cre 표지), 손상이 일어난 경우 팽출부에서 유래한 모낭 세포가 손상 후 표피를 재생하는 데 기여할 수 있음을 시사한다. 이러한 실험결과는 손상 후 조직재생 과정 동안의 줄기세포 활성은 정상적인 조직의 항상성 유지 동안의 줄기세포 활성과 차이가 있음을 암시한다.

조혈계

포유류의 성체에서 **조혈계(hematopoietic system)**는 큰 뼈 안의 골수에 존재한다. 그러나 발생 중인 배아에서는 17장에 기술되어 있는 바와 같이, 난황막(yolk sac), 등대동맥(dorsal aorta), 대동맥-생식소-중신 부위(aorta-gonad-mesonephros, "AGM"), 간, 비장과 림프절의 순으로 그 역할을 담당하며, 최종적으로 골수가 조혈 활성을 보유한다. 최소한, 동일한 세포집단이 등대동맥 단계부터 계속하여 한 부위에서 다른 부위로 이동한다.

생후에 포유류의 조혈계에서는 생애 전반에 걸쳐 지속적으로 세포를 생산하게 된다. 이를 위해 자기 스스로 계속 분열하면서 혈액을 구성하는 여러 종류의 세포로 분화가 가능한 세포가 **조혈줄기세포(hematopoietic stem cell, HSC)**이다. 조혈줄기세포는 혈액을 비롯하여 면역계를 구성하는 모든 세포로 분화가 가능하며, 조직구(histocyte), 조골세포(osteoclast), 그리고 피부의 랑게르한스 세포로도 분화될 수 있다.

혈액을 구성하는 세포는 아래와 같다.

- **적혈구(erythrocytes, red cells)**
- **과립세포(granulocytes):** 호중구, 호산구, 호염구로 구성
- **단핵구(monocytes):** 대식세포 및 조직구와 유사한 세포
- **거핵세포(megakaryocytes):** 혈소판으로 나뉘는 거대 세포
- **림프구(lymphocytes):** T세포와 B세포

위의 네 가지 유형의 세포들을 총칭하여 **골수성 세포(myeloid cell)**라 한다.

조혈모세포의 존재에 대한 많은 증거를 **이식(transplantation)** 실험으로 얻을 수 있다. 골수는 생체 조직 중 방사선에 가장 민감한 조직이며, 적절한 방사선 양으로 다른 조직에 큰 영향 없이 골수세포만 소멸시킬 수 있다. 만일 생쥐에 치사량의 방사선을 조사한 뒤, 골수세포를 혈액에 투여하면, 이들 세포는 숙주 동물의 골수에 들어가 집락을 형성한 뒤 광범위하게 증식해서 생쥐를 생존하게 한다. 수주일 후 이 골수세포를 이식받은 생쥐의 대부분의 혈액세포의 수준은 정상치로 회복되는데, 이들 세포는 모두 이식된 세포에서 유래된 세포들이다. 따라서 치사량의 방사선에 피폭된 생쥐의 골수 및 혈액을 재구성하여 치료할 수 있고, 또 다른 방사선 피복된 생쥐에 연속적인 이식 및 재구성이 가능할 때 "진짜" 또는 "장기적인(long-term)" 조혈줄기세포로 간주된다. 전체 혈액세포를 재구성할 수 있더라도 일시적이거나 연속적인 이식이 불가능할 때 "단기적인(short-term)" 조혈줄기세포 또는 다분화능 전구세포로 간주된다. 정제하지 않은 골수의 연이은 이식은 약 다섯 차례까지 가능하며, 그 이후에는 혈액 및 림프계를 재구성하는 효과가 소실된다. 그 이유는 부분적으로 **텔로미어 손상(telomere erosion)**으로 인한 조혈줄기세포의 기능 저하가 관여하는 것으로 보인다. 따라서, 조혈줄기세포는 생쥐 수명보다 더 긴 기간 동안 자가 증식이 가능하지만 불멸화 세포는 아니다. 단일 조혈줄기세포는 불활성 세포와 함께 이식될 경우 혈액 및 림프계를 재구성할 수 있다. 따라서 현재 단일 조혈줄기세포를 가시화하고, 불활성 세포와 구분할 수 있는 유전적 표지 기법을 통해 조혈줄기세포는 생쥐 골수에 존재하는 전체 세포 중에 약 $1/10^5$ 비율로 존재함이 밝혀졌다.

골수는 여러 세포 표면 표지인자들의 조합을 통하여 분리 추출할 수 있는 여러 다른 세포군을 포함하고 있다. 분리된 세포의 특성은 두 가지 방법으로 분석이 가능하다. 첫 번째는 방사선 피폭된 생쥐에 이식하는 방법으로 조혈줄기세포와 다분화능 전구세포 외에 골수계 전구세포(common myeloid progenitor)와 림프계 전구세포(lymphoid progenitor) 같은 특정 혈액세포 또는 면역세포를 생성하는 세포군을 구분할 수 있다. 두 번째는 골수 세포를 적절한 성장인자가 포함된 소프트 아가(soft agar) 혹은 메틸 셀룰로우스(methyl cellulose)에서 배양하여 특성을 분석하는 방법이다(그림 20.26). 이 경우 모든 각각의 콜로니는 1개의 세포에서 만들어진 클론이므로, 이 클론 내에 여러 종류의 세포가 존재한다는 사실은 다분화능 전구세포의 존재를 증명한다. 그밖에 특정 유전자가 결핍된 생쥐 모델을 이용하여 혈액 생성과 관련된 추가 정보를 획득할 수 있다.

이 방법들로 모아진 정보를 통해 단일 유형의 조혈줄기세포가 제한된 분화능을 가진 전구체로 분화되고, 결국 다양한 종류의 혈액세포 및 림프구를 생성하는 단일 유형의 장수 HSC를 보여준다(그림 20.27a). 그러나 형광-활성화세포분리(Fluorescence-activated cell sorting, FACS) 기술과 이식 실험을 통해 더 많은 전구세포가 규명되면서 기존 모식도에 의문을 가지기 시작했다. 더 많은 정보가 얻어질수록 모식도는 더욱 복잡해지고 있으며, 심지어 한 종류의 세포를 만들어지는 데 여러 가지 경로가 있음이 밝혀지면서(그림 20.27b), 점점 복잡한 그물 모양의 모식도로 변하고 있다. 최근에는 5장에서 다루어진 단일세포 유전체 분석법

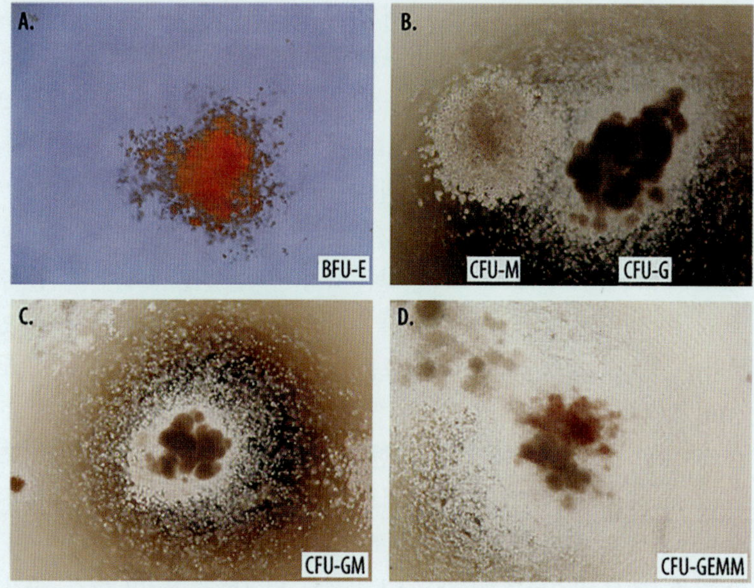

그림 20.26 메틸 셀룰로오스에서 성장하는 조혈 콜로니. (A) Burst-forming unit-erythroid (BFU-E) 콜로니. (B) Colony-forming unit-macrophage (CFU-M; 왼쪽). 호산구, 호염기구 또는 호중구를 생산하는 Colony-forming unit-granulocyte (CFU-G; 오른쪽). (C) Colony-forming unit-granulocyte, macrophage (CFU-GM). (D) Colony-forming unit-granulocyte, erythrocyte, macrophage, megakaryocyte (CFU-GEMM). (인용) © R&D Systems, Inc.

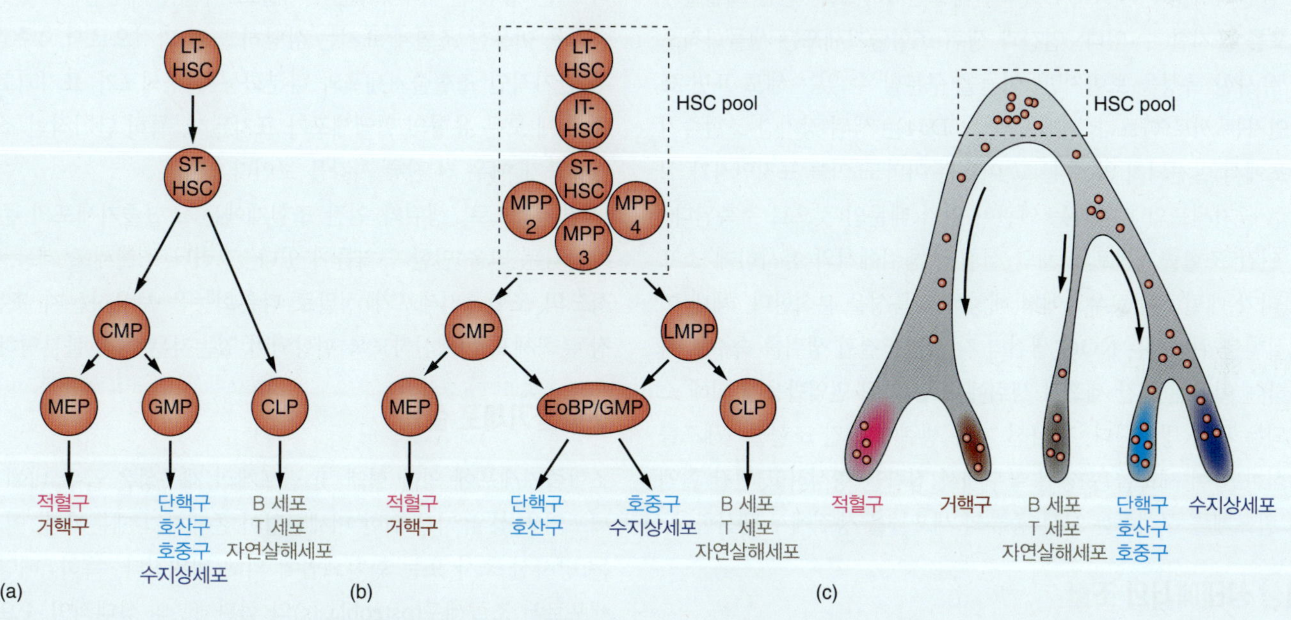

그림 20.27 조혈세포 계통 분화 모델. (a) 표준 계통 모델. 전분화능 조혈줄기세포는 다양한 혈액세포를 생성하는 수임된 전구세포를 생산한다. (b) 많은 양의 자료로 해석된 새로운 모델. 다수의 전분화능 전구세포와 동일한 유형의 세포를 생성하는 대체 경로. (c) 단일세포 RNA 염기서열 분석 방법 기반 모델. 세포 유형 간 중복을 강조.

(single cell RNA-sequencing)을 이용한 골수 분석이 이루어지면서 세포 유형이 뚜렷하게 구분되기 보다는 오히려 중복되는 경향을 보여주고 있다(**그림 20.27c**). 전통적인 모식도는 정상 상태(steady-state)에서의 조혈 연구이고, 이식 또는 손상에 의한 재생 과정에서는 다른 조혈 모식도가 그려질 가능성도 있다(“정상 상태에서 조혈” 절 참조).

조혈줄기세포 정의

조혈줄기세포는 형광-활성화세포분리 기술에 의해 골수에서 추출할 수 있다. 생쥐 조혈줄기세포는 Lin 음성, Sca-1 양성 및 낮은 수준의 Thy1을 발현하며, 그밖에 다른 분화 표지인자는 발현하지 않는다(Lin^-, $Sca\text{-}1^+$, $Thy1^{lo}$). Thy-1(= CD90)과 Sca-1은 모두 세포 표면에 위치하는 당단백질이며, 특히 Thy-1은 성숙한 T세포에서 많이 발견된다. 현재 생쥐 조혈줄기세포는 주로 Lin^{-}, $Sca\text{-}1^{+}$, $c\text{-}Kit^{+}$, $CD150^{+}$, $CD48^{-}$ 조합으로 분리된다. c-Kit(= CD117)은 Stell growth factor(= Stem cell factor, SCF)에 대한 수용체이며, CD150(= SLAMF1)은 세포 표면 당단백질로 주로 성숙한 T 세포에서 발견된다. CD48(= BLAST1 또는 SLAMF2)은 성숙한 B 세포에서 발견된다. 조혈줄기세포는 다른 세포와 다르게, Hoechst 33324와 같은 특정 형광물질을 세포 내로 유입하지 않는 특성을 이용하여 골수 내의 다른 세포로부터 구분되는 "측면군"(side population, 표준 FACS plot의 좌측에서 발견)에 집적할 수 있다.

CD34는 혈관내피세포에서도 발현되는 세포 표면 시알로뮤신(sialo mucin)으로, 인간 조혈줄기세포는 CD34 양성 세포군에서 발견된다. 모든 CD34 양성 세포가 조혈줄기세포는 아니며, 성숙한 림프구에서 발견되는 $CD38^{-}$, $CD45RA^{-}$ 및 Thy-1 표지인자는 발견되지 않는다. CD49f(= 인테그린 $\alpha6$) 또한 인간 조혈줄기세포를 표지할 수 있다. 인간과 생쥐 조혈줄기세포는 생물학적으로 유사한 특성을 보이지만, 이들을 구분할 수 있는 세포 표면 표지인자는 서로 다르다. 예를 들어, CD34는 생쥐 장기간 조혈줄기세포에서 발견되지 않는다. 그 이유는 아마도 이들 표지인자가 실제로 줄기세포의 기능과는 연관이 없기 때문인 것으로 추측된다.

인간 조혈줄기세포의 체외 실험은 생쥐에서와 유사하게 소프트 아가-메틸 셀룰로우스에서 배양하여 특성을 분석한다. 체내 이식실험을 위해서는 NOG 생쥐와 같은 면역결핍 생쥐를 숙주로 사용하여 이식된 인간 세포가 생쥐에 주입된 뒤 면역반응에 의해 소멸되는 것을 방지한다. 방사선 피폭 생쥐에 인간 조혈줄기세포를 이식하면 이 세포들은 생쥐 골수에서 집락을 형성하고 인간 혈액 및 림프계를 구성하는 모든 종류의 세포들을 생쥐에서 생산한다.

정상 상태에서의 조혈

그림 20.27a에서 보이는 단순화된 조혈 모델은 면역계를 설명하기에는 항상 어려움이 있다. 예를 들어, 신생아 생쥐에 동종의 피부 이식을 하면 수명이 다할 때까지 면역 관용 상태가 지속된다. 마찬가지로, 면역화된 동물은 일생 동안 면역원에 특이적인 항체-생성(antibody-producing) B 세포와 기억(memory) T 세포가 유지된다. 이런 면역 반응과 관련된 세포는 항체 유전자 또는 T 세포 수용체 유전자의 특이적 DNA 재배열(rearrangement)이 필요하기 때문에 조혈줄기세포로부터 지속적으로 재생되는 것은 아닌 것 같다. 특이적 DNA 재배열된 세포는 일생 동안 지속되는 영구적인 수임(committed) B 세포군과 T 세포군이 존재하는 것으로 추측된다. 이들 면역세포는 조혈줄기세포에서 유래되지만, 일단 기억 세포가 되면 자가 증식하면서 일생 동안 지속된다.

정상 상태에서 조혈계는 많은 종류의 구분 가능한 DNA 염기배열을 세포에 삽입하는 "바코드(bar coding)" 기법을 통해 연구되고 있다. 동일한 염기배열이 조혈줄기세포와 특정 분화세포에서 관찰되면, 분화세포는 조혈줄기세포에서 유래된 것으로 추정할 수 있다. 바코드는 렌티바이러스 등 다양한 방법으로 삽입될 수 있고 결과가 다소 편차가 있지만, 대부분 정상 상태에서의 증식(renewal)은 조혈줄기세포보다 수임된 전구세포에서 유래된 것으로 관찰된다.

조혈계에서 CreER 표지는 조혈줄기세포와 혈관내피세포에 존재하는 엔지오포이에틴(angiopoietin) 수용체를 부호하는 *Tie2* 유전자 프로모터를 이용하여 수행되고 있다. 타목시펜 처리는 조혈줄기세포에서의 비가역적인 표지를 유도함으로써 분화세포를 추적 또는 형광-활성화세포분리 기술로 비율을 계산할 수 있다. 이 방법을 이용한 조혈계 표지는 상당히 느린 과정으로서, 4주 후 일부 단기적인 조혈줄기세포와 다분화능 전구세포가 표지되고, 16주 후에 모든 유형의 혈액세포가 표지된다. 특히 단기적인 조혈줄기세포가 매우 긴 잔류 시간을 보인다.

결론적으로, 생쥐와 인간 조혈계에는 조혈줄기세포의 존재가 확인되는 믿을 만한 증거들이 있다. 그러나 조혈세포 계통, 어느 정도의 조혈줄기세포가 정말로 다분화능을 보유하는지 또는 특정 분화세포를 생산하도록 편향되어 있는지는 아직 불분명하다.

조혈줄기세포 쉼터

조혈줄기세포에 의한 혈액 및 림프계의 재구성은 골수 내에 줄기세포의 특성 유지를 위한 미세환경이 존재하기 때문이며, 이 쉼터는 방사선 조사 또는 화학요법에 의해 비워진다. 특히, 배양보조세포로서 조골세포(osteoblasts)와 혈관세포의 상대적인 중요성을 포함하여 쉼터의 특성에 대하여 아직도 많은 논쟁이 되고 있다. 골수 내 다양한 구성요소가 있고, 휴면상태, 빠른 증식상태 또는 이동성을 가지고 있는 몇 가지 다른 집단의 조혈줄기세포 특성에 맞는 쉼터가 존재할 것으로 추측된다. 조혈줄기세포에 영향을 주는 또 다른 요소는 골수 내 교감신경분포로 일주기 생체리듬(circadian cycle)에 따라 조혈작용에 영향을 주는 것으로 생각된다.

골수는 체간 장골강에 존재한다(그림 20.28). 골내막(endosteal) 표면은 조골세포 및 파골세포(osteoclasts)와 함께 평평한 뼈 내층(bone-lining) 세포로 덮혀 있다. 이 내층세포는 골수 강(cavity)의 안쪽 표면과 해면질골(trabecular bone)의 주위에 존

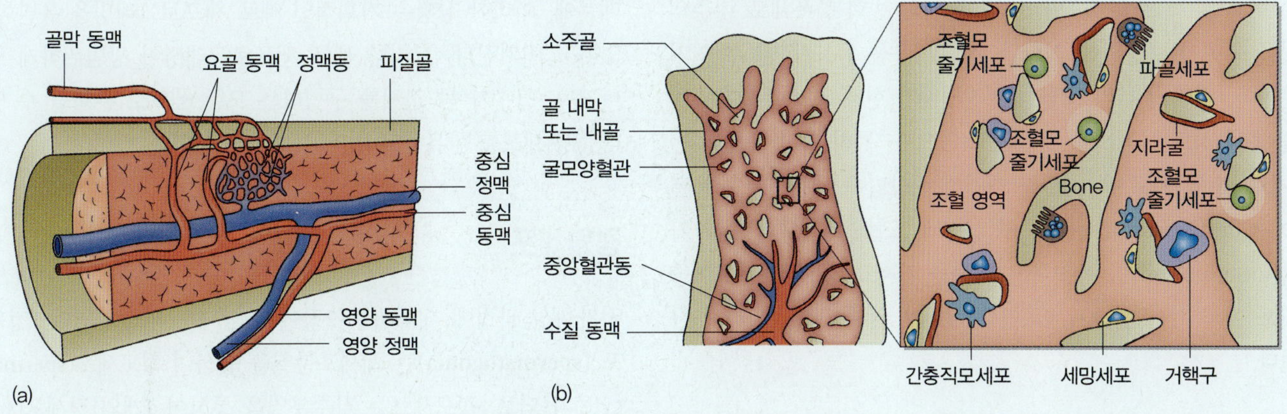

그림 20.28 골수와 잠재적인 조혈줄기세포 삶터의 구조. (a) 혈관 공급을 보여주는 골수의 전체 구조. (b) 골수의 하부 구조. 조혈줄기세포는 혈관과 해면질골 파골세포 주위에 존재.

재한다. 강의 중앙에는 동맥과 정맥이 위치하여 정맥굴(venous sinusoid)의 망상 총(anastomosing plexus)에 의해서 세동맥(aterioles) 및 세정맥(venules)과 연결된다.

골수를 신체의 다른 조직에 이식할 경우 조혈은 뼈가 형성된 분위에서만 지속되며, 이는 골수의 환경이 조혈작용에 매우 중요함을 의미한다. 그중에서 골내막 부위가 골수의 중앙보다 이식 가능한 조혈줄기세포가 더 풍부하게 위치한다. CD41⁻, CD48⁻, CD150⁺ 세포는 조혈줄기세포가 주로 위치하는 혈관세포를 표지한다. 방사선 피폭된 생쥐에 형광 표지된 조혈줄기세포를 이식하면 주로 해면진골 조골세포와 이웃한 골내막 부위에서 관찰되며, 이 부위는 대개 혈관과도 연접해 있다(그림 20.29).

다양한 종류의 결핍 생쥐를 이용한 분석 자료는 삶터에 매우 중요한 성장인자와 사이토카인으로서, SCF, CXCL12(= SDF1), 부갑상선 호르몬, Notch 리간드 및 다양한 세포 부착 분자를 제시하고 있다. 또한 유전자 조작 생쥐를 통해서도 삶터에 중요한 요소를 구분할 수 있다. 예를 들어, Cre-매개 디프테리아 톡신 수용체를 이용한 세포 제거 연구를 통해 네스틴(nestin) 또는 렙틴(leptin) 프로모터를 발현하는 골수 기질 세포군이 조혈줄기세포 유지에 필요함을 증명된 바 있다.

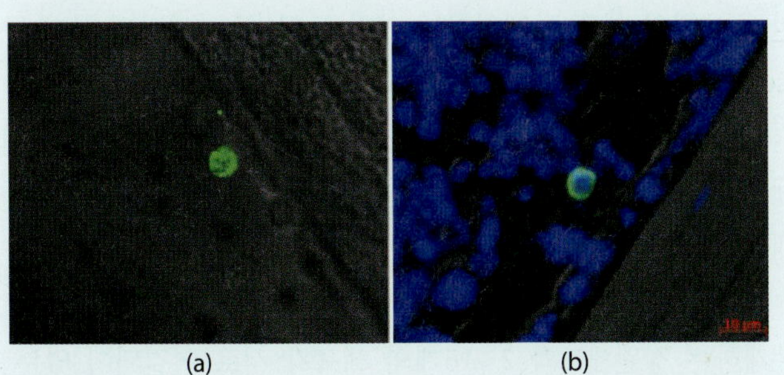

그림 20.29 GFP 형광 발현 생쥐로부터 분리한 조혈줄기세포를 방사선 피폭된 생쥐에 이식 후 4시간이 경과한 골수 내 이미지. (a) 골내막 표면 근처에 위치. (b) 혈관 주위에 위치. DNA는 파란색으로 표지. (인용) Xie et al. (2009). Nature. 457, 97-101.

조혈줄기세포의 체외 증식은 까다롭다. 초기 연구는 섬유아세포, 혈관세포와 지방세포가 혼합된 골수의 기질을 이용하였지만, 최근에는 아릴하이드로카본핵호르몬수용체(aryl hydrocarbon nuclear hormone receptor)를 억제하는 Stemregin 1(SR1)이라는 화합물이 조혈줄기세포의 체외 증식을 크게 증가시키는 것으로 학계에 보고되고 있다. 조혈줄기세포는 체외배양이 매우 어렵지만 레트로바이러스를 이용하여 β-카테닌을 세포 내에 안정적으로 꾸준히 도입하면 그 수를 증가시킬 수 있다. 이러한 사실은 피부와 위장관과 마찬가지로 WNT 신호가 아마도 조혈줄기세포의 자가 증식에도 필요한 요소임을 시사한다.

조혈성 성장인자

체외 콜로니 형성 분석(*in vitro* colony formation assay) 방법을 이용하여 수많은 조혈성 성장인자 혹은 콜로니 형성 자극인자(colony-stimulating factor, CSF)들이 발견되어 왔다. GM-CSF (granulocyte-macrophage CSF), G-CSF, M-CSF, 그리고 erythropoietin은 조합적으로 여러 종류의 변화-증폭세포 계열(transit amplifying lineages)의 분열을 자극한다. 그밖에 인터류킨 3, 6(interleukin 3, 6)와 줄기세포인자(stem cell factor, SCF)도 사용된다. 여러 종류의 세포에 대한 생산은 변화-증폭세포 수준에서 성장 속도를 조절함으로써 되먹임 제어된다. 이러한 이유는 조혈줄기세포 수준에서 조절이 일어나 세포의 생산 속도를 제어하는

데는 여러 주가 소요되지만, 중간 단계의 변화-증폭세포 수준의 조절을 통해서는 상황에 적합한 빠른 반응을 유도해 낼 수 있기 때문이다. 몇몇 종류의 조혈성 성장인자가 현재 재조합 DNA 방법을 통해 치료 목적으로 생산되고 있으며, 특히 여러 종류의 빈혈 치료 및 암 치료 후 골수를 재건하는 방법에 유용하게 사용된다. G-CSF(filgrastim)는 호중구 생성과 조혈줄기세포의 혈류 가동화(mobilization)를 촉진하는 특성을 가지고 있으므로, 조혈줄기세포 이식 시 조혈줄기세포를 획득하기 위해서 광범위하게 사용된다.

간충직줄기세포와 "교차분화"

조혈줄기세포와 함께 골수는 또 다른 줄기세포를 함유하고 있으며, 이들은 간충직줄기세포(mesenchymal stem cells, MSC) 혹은 골수기질세포(marrow stromal cells)라 불리며, 일반적으로 줄여서 "MSC"란 용어로 많이 지칭된다. MSC는 플라스틱에 부착하는 성질이 크고, 골수세포를 장기간 배양하면 MSC를 제외한 그 밖의 다른 골수세포는 소멸된다. 체외 배양시 MSC는 적절한 환경 하에서 지방세포, 연골세포, 조골세포로 분화하는 능력을 보유한다. 체내에서 MSC의 정상 기능은 아마도 지속적으로 뼈를 구성하는 세포의 재생산을 담당하는 줄기세포와 유사할 것으로 여겨진다.

2000년도 이후에 수행된 많은 연구에서, 골수세포를 방사선 피폭 생쥐에 이식하였을 때 기대 이상으로 다양한 골수 이외의 조직도 재생됨이 관찰되었다. 이러한 연구들은 전체 골수세포 혹은 정제된 조혈줄기세포와 간충직줄기세포를 이용하였으며, 이들 세포가 이식된 후 다양한 상피조직과 근육 심지어는 신경조직으로 분화될 수 있음을 주장함으로써, 전통적인 발생학적 개념을 뒤집는 상당한 논란을 야기하였다. 이렇듯 모든 조직의 세포가 골수에 존재하는 복능성 줄기세포로부터 분화되는 현상을 교차분화(trans-differentiation)라 한다(원래 교차분화는 흔한 경우는 아니지만, 종종 한 종류의 분화된 세포가 다른 분화세포로 전환될 경우에 사용되는 용어였다). 그러나 최근에 얻어지는 결과에 의하면, 이러한 골수세포에 의한 실질적인 교차분화는 일어나지 않으며, 이식된 세포가 이식을 받은 수여자 조직의 세포와 세포 융합을 통해서 일어나는 실험적 오류로 여겨지고 있다. 아마도 세포의 재프로그래밍에 의한 실질적인 교차분화가 일어날 수는 있지만, 그 빈도는 매우 낮게 일어난다. 실험적으로 방사선 피폭된 생쥐의 체내에서는 상당한 조직 손상과 함께 광범위한 재생 기전이 작동하고 있기 때문에, 이러한 상황은 기회적인 세포 재프로그래밍을 유발할 수 있다고 여겨진다. 그러나 세포 재프로그래밍이 광범위하게 일어나거나, 골수가 몸 전체를 구성하는 모든 세포로 분화될 수 있는 다능성 세포를 함유하고 있다고 보기는 어렵다.

정원세포

정자형성 과정에 대해서는 2장에서 상세히 기술하였다. **정원세포 (spermatogonia)**는 체세포분열을 통하여 정모세포(spermatocyte)가 되고, 정모세포는 감수분열을 통하여 4개의 정세포(spermatid)를 생산하며, 이어서 정세포는 궁극적으로 정자(sperm)로 성숙된다. 포유류의 경우, 정자는 일생에 전반에 걸쳐 줄기세포로부터 지속적으로 생산되기 때문에, 태아 시기에 모든 생산이 완료되는 난자의 경우와는 근본적으로 다르다.

정소의 발생 과정은 17장에 기술되어 있다. 정소는 중간중배엽(intermediate mesoderm)에서 기원되며, 발달 과정 중 원시생식세포(premordial germ cells)가 중배엽으로 이동하고 세정관이 형성되면서 발달된다. 세정관은 체세포에서 기원되는 서톨리 세포(sertoli cell)와 레이디히 세포(leydig cell), 그리고 생식세포에서 기원하는 세포를 포함하고 있다. 생쥐의 경우 정자형성 과정은 출생 직후부터 왕성하게 일어나며, 생후 1주일 간에 걸쳐 원시생식세포로부터 생식모세포(gonocyte)가 형성되고 정원세포로 분화된다. 흥미롭게도, 다른 기관의 줄기세포와 마찬가지로 체세포분열을 하는 정원세포는 세정관의 기저부에 위치하며, 체세포분열을 하는 정모세포는 주변의 서톨리 세포와 상호작용을 함과 동시에 위쪽의 강소로 이동하면서 성숙되고 분화된다 (그림 20.30a). 생쥐의 정자형성 과정에서 정원세포가 정자로 분화되는 전 과정은 약 35일에 걸쳐 일어나기 때문에 대개 출생 후 약 6주가 되면 생식력을 가지게 된다. 특정한 세정관 부위가 동일한 유형의 세포로 채워지는 간격을 일컫는 "세정관 상피 주기(seminiferous cycle)"도 8.6일 간격으로 이어진다. 그러나 이 간격이 정자형성 시간은 아니며, 세정관에 4겹의 성숙세포가 존재하게 됨에 따라서 정확한 정자형성 시간은 세정관 상피 주기의 약 4배인 35일이 된다.

정소의 형태학적 분석결과, 세정관의 기저부에는 독립적으로 존재하는 정원세포와 2~16개의 세포가 서로 연결되어 있는 형태로 존재하는 정원세포 등 여러 종류가 존재하는 것으로 알려졌다. 이들 세포 중 "As"라고 하는 단독으로 존재하는 세포를 줄기세포로, 그리고 "Apaired 혹은 Aaligned"라고 불리는 상호 연결

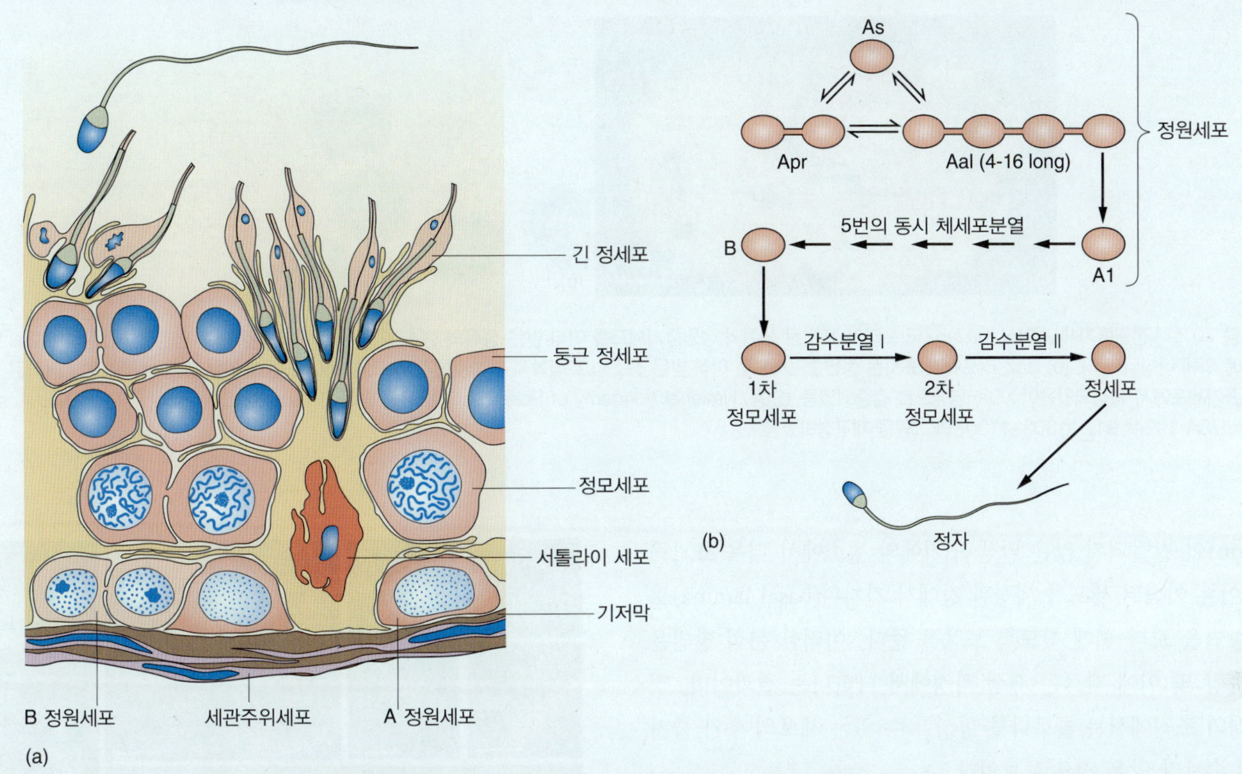

그림 20.30 정자형성 과정 (a) 정원세포는 세정관의 기저부에서 세르톨리 세포와 연접해 있다. 정원세포는 세르톨리 세포 위쪽으로 이동하면서 감수분열을 하는 정모세포로 분화되며, 연이어 강소 쪽에서 정세포와 정자 순으로 성숙된다. (b) 정자형성 과정 중 여러 형태의 정원세포 상호 간에 가능한 상관관계. (인용) Company of Biologists Ltd의 허락을 얻어 de Rooij and Mizrak, *Development* 2008; 135: 2207-2213의 그림을 재구성함.

되어 있는 세포를 줄기세포에서 형성되는 변화-증폭세포로 추측해왔다. 그러나 서로 연합되어 있는 세포의 일부가 *Ngn3* 유전자를 발현하며, *CreER* 방법으로 표지하는 경우 이들 세포가 세정관 내에서 지속적인 콜로니를 형성한다는 연구 결과는 이들 연합된 세포가 줄기세포의 특성을 보유하고 있음을 시사한다. 더불어 서로 연합되어 있는 세포들은 각각의 독립된 세포로 분리된다는 것이 밝혀졌으며, 따라서 진정한 줄기세포는 As+Apr +Aal 세포군 중의 일부 세포, 특히 glial-derived neurotrophic factor(GDNF)에 대한 수용체인 GFRa1을 보유하는 세포로 추정된다. 일단 16개의 세포로 이루어진 연합된 세포가 독립된 세포로 분리되면, 이들 세포는 비가역적인 추가 세포 분열을 거쳐 A1, A2, A3, A4, 중간 단계, 그리고 B형 정원세포가 되며, 감수분열을 통하여 정모세포로 분화된다(그림 20.30b).

줄기세포의 삶터는 세르톨리 세포와 레이디히 세포에 의해 형성되는 것으로 보이며, 서톨리 세포는 위에 언급한 GDNF, FGF2, CXCL12(= SDF1) 및 Wnt5A를 분비한다. *Gdnf*, 혹은 이에 대한 수용체인 *Ret*를 적중하여 결여시킨 생쥐에서는 정자형성 과정이 일어나지 않아 불임이 되며, GDNF는 정원줄기세포를 체외에서 배양할 때도 필요하다.

정원줄기세포를 분석하기에 유용한 방법으로는 이들 줄기세포를 분리하여 다른 개체의 세정관으로 이식을 하는 방법이 있다. 이러한 이식은 동계교배계(inbred stain) 혹은 이식된 세포의 생존을 위하여 면역결핍 호스트를 이용해야 하는 계(strains) 간 혹은 종(species) 간에 이루어진다. 일반적으로 호스트는 정원세포를 소멸시키는 것으로 알려진 항암제의 일종인 부설판(busulfan)으로 불임을 유도하고, 추후 분석을 위해 이식되는 세포는 *GFP* 혹은 *lacZ*로 유전적인 표지를 한다. 이식된 줄기세포는 몇 주에 걸쳐 생쥐의 정소 내에서 콜로니를 형성하고, 정자형성 과정의 모든 단계에 해당하는 세포를 생산한다(그림 20.31). 호스트 생쥐는 이식된 세포에 표지된 유전적 특성을 나타내는 후손을 생산할 수 있는데, 이러한 사실은 이들 줄기세포가 정상적인 정자로 분화될 수 있음을 나타낸다. 그러나 종간에 이루어지는 이식 실험에서 이식된 정원 줄기세포의 분화는 개시되지만 정상적인 정자를 형성하지는 않는다. 이식 실험은 서톨리 세포 간 밀착 연접(tight

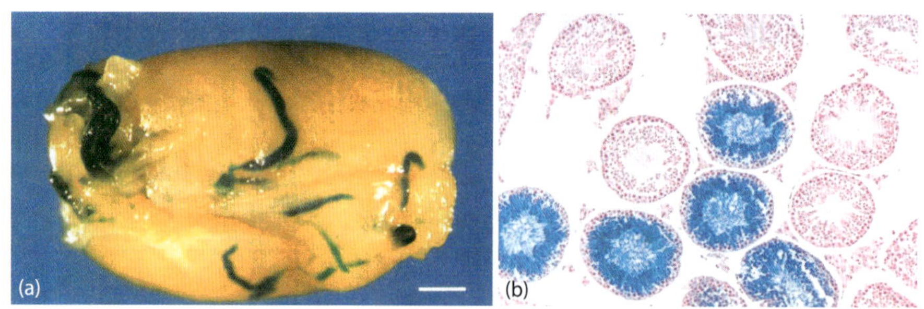

그림 20.31 정원줄기세포 이식. (a) *lacZ* 리포터가 표지된 생쥐의 정원줄기세포를 이식 받은 생쥐의 정소. 이식된 줄기세포가 새로 형성한 세정관이 XGal 염색에 의해 나타나 있다. (b) lacZ 리포터가 표지된 정원줄기세포를 이식 받은 정소의 조직학적 분석. 세정관 내에서 체세포를 제외한 모든 생식세포가 이식된 정원줄기세포에서 형성되었음이 XGal 염색으로 검증되었음. (인용) National Academy of Sciences의 허락을 얻어 Brinster and Avarbock, *Proc Natl Acad Sci USA* 1994; 91: 11303-11307의 그림을 재구성하였음.

junction)이 발달되지 않은 발생 초기에의 정소에서 더욱 효과적이며, 이는 이식된 세포가 세정관 강에서 기저판(basal lamina)로 가는 방법을 보다 쉽게 찾도록 도움을 준다. 이러한 분석 방법은 조직 손상 및 이에 따르는 재생 과정에서 나타나는 결과이며, 정상 상태의 조직에서는 콜로니를 형성할 수 있는 세포의 수가 줄기세포의 수보다 많은 것으로 보인다.

이식 분석이 가능해짐에 따라 정원줄기세포의 체외 배양에 대한 연구를 수행할 수 있게 되었다. 정원줄기세포는 GDNF, FGF2와 LIF를 포함하는 배양액 내에서 영양세포(feeder cells)와 함께 배양할 경우 체외에서 장기간 동안 성장할 수 있다. 배양된 정원줄기세포는 신생아 생쥐의 생식모세포와 유사한 모양을 보이며, 인테그린 α6-와 β1-인테그린을 발현한다. 이 정원줄기세포는 배아줄기세포처럼, OCT4, SOX2, 그리고 알칼리성 인산분해효소를 발현하지만, 또 다른 배아줄기세포의 특징적 표지 유전자인 NANOG를 발현하지 않으며, 이식된 후 테라토마를 형성하지는 못한다.

집약적인 연구에도 불구하고, 체내 정원줄기세포의 정확한 수와 정의는 아직 불분명하다. ID4(bHLH 전사인자 억제), BMI1(Polycomb 염색질 조절 복합체 요소), PAX7, NGN3와 GFRα1(GPI 결합 세포 표면 수용체)와 같은 유전자가 정원줄기세포의 표지인자로 제안되고 있다. *PAX7*-CreER-표지 연구를 통해 모든 발생 단계의 정자가 세정관에 존재하고, 장기간 지속되는 일부 표지된 클론을 보여주었다(그림 20.32). 하지만, *Ngn3*와 *Gfra1*은 특정 분화세포에서만 발현되며, 대부분의 표지된 클론은 단기간에 사라진다. 반대로, *Id4*, *Bmi1*과 *Pax7* 결핍 생쥐는 정자형성에 큰 영향을 주지 않으며, 정원줄기세포의 기능에 필수적인 요소는 아닌 것 같다. 또한, 표지 연구를 통해 정원줄기세포가 As

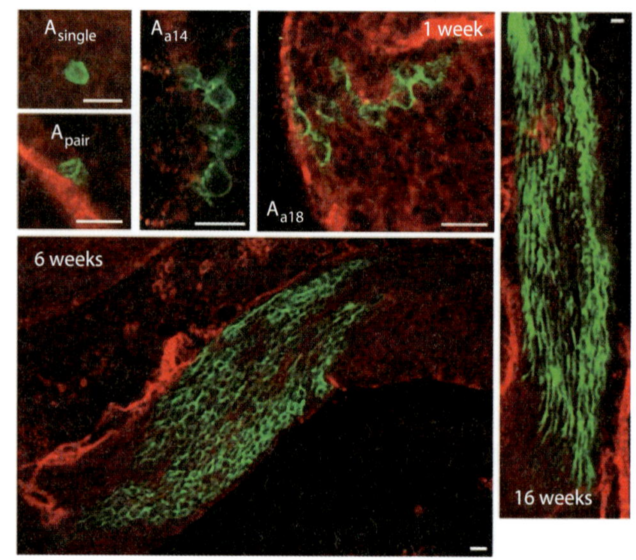

그림 20.32 *Pax7-CreER X* mTmG 생쥐를 이용한 정원줄기세포 표지. mTmG 표지가 재조합에 따라 빨간색에서 녹색으로 변화한다. 타목시펜 처리 1주 후, As, Apr과 Aal 세포가 모두 표지된다. 6주 후, 모든 발생 단계의 정자가 세정관에 존재하고, 장기간 지속된다. (인용) Aloisio et al. (2014). J. Clin. Invest. 124, 3929-3944.

구획에 있는지 또는 일부가 Apr과 Aal 구획에 있는지를 결정하는 것은 불가능하다.

인간과 영장류의 정자형성 과정은 생쥐에서 설명되는 것과는 다소 다르다. 정원세포는 "dark(유형 A)"와 "light(유형 B)" 두 가지 유형으로 구분된다. 유형 A는 어두운 핵을 보이는 정원줄기세포로 대개 체세포분열을 하지 않는 반면, 유형 B는 밝은 핵으로 보이는 세포로 체세포분열을 한다. 인간 정소를 단일세포 유전체를 분석한 결과, 생쥐에서처럼 *ID4*와 *GFRα1*를 발현하는 잠재적인 정원줄기세포 클러스터가 관찰된 바 있다.

고전적인 실험

조직 내의 세포 교대

첫 번째 논문은 소장의 상피 내 체세포분열에 대한 연구로서 장움 내에서 세포들은 지속적으로 생산되고, 융모의 끝에서 떨어져 소멸된다는 결론을 도출하였다. 두 번째 논문은 동위원소인 ^{3}H-thymidine이 표지된 세포가 사멸되어 주변의 세포에 함입되는 방법을 사용하였다. 이 함입된 방사선 동위원소의 분포를 분석하는 방법으로 1종류의 줄기세포가 소장 상피를 구성하는 모든 4종류의 세포를 생산한다고 주장하였다.

세 번째 논문은 오랜 기간 동안에 걸쳐 세포 교대를 측정하는 완전히 새로운 방법을 제시하였다.

Leblond, C. P., &Stevens, C. E.(1948). The constant renewal of the intestinal epithelium in the albino rat. *The Anatomical Record*, **100**, 357-377.

Cheng, H., &Leblond, C. P.(1974). Origin, differentiation and renewal of the four main epithelial cell types in the mouse small intestine V. Unitarian theory of the origin of the four epithelial cell types. *American Journal of Anatomy*, **141**, 537-561.

Spalding, K. L., Bhardwaj, R. D., Buchholz, B. A., Druid, H., & Frisén, J.(2005). Retrospective birth dating of cells in humans. *Cell*, **122**, 133-143.

고전적인 실험

조혈줄기세포와 세포계통

1940년도에, 방사선에 피폭된 생쥐가 골수의 이식에 의해 생존할 수 있음이 알려졌다. 그러나 그 당시는 골수에 존재하는 어떤 물질이나 호르몬이 중요한 역할을 하는 것으로 여겨졌었다. Ford 등은 염색체상의 표지인자를 발견한 후, 골수의 치유능력은 사실상 혈액을 형성할 수 있는 세포에 의한 군집화에 의한 것임을 밝혀 내었다.

두 번째 논문은 방사선으로 피폭된 동물의 비장에서 조혈세포가 단일 클론을 형성할 수 있음을 기술한 논문이다. 이 논문은 특정 전구세포를 계수하는 방법을 제시하였으며, 여러 종류의 세포로 구성된 클론을 형성하는 다분화성 세포의 존재를 밝혔다.

세 번째 논문은 다분화성 세포를 보다 구체적으로 동정하고 조혈성장인자를 정제하는 데 이용할 수 있는 콜로니 형성에 대한 생체외 분석 방법을 확립하였다.

네 번째 논문인 Spangrude 등의 논문에서 FACS에 의해 생쥐 골수로부터 순수한 조혈줄기세포를 추출하는 방법이 학계에 보고되었다.

Ford, C. E., Hamerton, J. L., Barnes, D. W., &Loutit, J. F.(1956). Cytological identification of radiation-chimaeras. *Nature*, **177**, 452-454.

Till, J. E., &McCulloch, E. A.(1961). A direct measurement of the radiation sensitivity of normal mouse bone marrow cells. *Radiation research*, **14**, 213-222.

Bradley, T. R., &Metcalf, D.(1966). The growth of mouse bone marrow cells in vitro. *Immunology and Cell Biology*, **44**, 287-300.

Spangrude, G. J., Heimfeld, S., &Weissman, I. L. (1988). Purification and characterization of mouse hematopoietic stem cells. *Science*, **241**, 58-62.

새로운 연구방향

조직-특이적 줄기세포가 발생 과정에서 줄기세포가 아닌 세포로부터 어떻게 형성되는지를 정확히 이해하는 것이 중요하다.

줄기세포 삶터의 특성 및 삶터에서 작동하는 세포 간 신호에 대하여 보다 명확한 이해 역시 필요하다.

더불어 Notch가 매개하는 측면 억제 기전이 모든 조직에서 다양한 세포의 분화를 조절하는지 아니면 이를 위한 다른 분자적 기전이 존재하는지에 대한 연구가 요구된다.

동일한 세포는 정상적인 조직의 환경, 조직의 재생 과정, 그리고 세포배양 과정 등 각각의 주어진 환경에서 다른 활성을 나타낼 수 있다. 이러한 활성의 차이에 대한 원인은 무엇인지에 대한 보다 깊은 이해가 필요하다.

기억해야 할 핵심 사항

- 개체를 구성하는 기관들은 대부분 한층 이상의 조직으로 구성된다. 각 조직 층은 여러 종류의 세포들을 포함한다.
- 조직들 내의 세포형은 체세포분열 능력을 소실한 분열 후 세포, 휴지상태에 있으나 성장할 수 있는 세포, 그리고 지속적으로 자가증식하는 세포로 나눌 수 있다. 자가증식이 일어나는 조직에서 세포의 생성과 소멸은 균형적으로 일어난다.
- 세포 교대율(cell turnover rate)은 세포주기의 특정 시기에 존재하는 단백질에 대한 면역형광염색, BrdU와 같은 DNA 전구체를 이용한 표지, 그리고 사람의 경우는 출생 후 DNA 내의 ^{14}C의 양적 감소 등을 분석하는 방법을 이용하여 측정할 수 있다.
- 조직-특이적 줄기세포는 증식을 통하여 자기 자신을 새롭게 생성할 수 있는 능력과 조직을 구성하고 있는 여러 세포로 분화할 수 있는 능력을 모두 보유한다. 이들 줄기세포는 개체의 일생 동안에 전반에 걸쳐 지속적으로 존재하며, 주위 세포로부터 생성되는 신호에 의해 형성되는 줄기세포 삶터에서 발견된다.
- 소장은 장움의 아래쪽에 증식하는 세포가 위치하는 지역이 존재한다. 줄기세포는 장움 아래쪽 파네스 세포 옆에서 발견된다. 줄기세포는 장움의 위쪽과 융모로 이동하면서 4종류의 분화세포를 생산한다.
- 표피는 중층편평상피이다. 표피는 기저층에만 증식하는 줄기세포를 보유하며, 위쪽 층으로 올라가면서 점차적으로 성숙된 분열 후 세포가 분포한다.
- 모낭은 성장주기 중 특정 시기에 털망울을 구성하는 외모근초의 팽출부에 줄기세포를 보유한다.
- 골수는 혈액과 림프계를 구성하는 모든 세포를 생산할 수 있는 조혈줄기세포를 포함하고 있다. 조혈줄기세포와 이들 세포로부터 분화된 여러 수임 전구세포(committed progenitor)는 이들 만이 보유하는 특정 세포 표면인자에 의해 FACS로 분리 가능하다.
- 정원줄기세포는 정소의 세정관 안에서 서톨리 세포와 연접해 있으며, 포유류 정소에서 정자를 지속적으로 생산한다.

Chapter 21

성장, 노화, 종양

Growth, aging, and cancer

성장: 신체 크기와 비율의 조절

피상적으로는 모두에게 친숙한 용어인 성장은 발생학에서 가장 이해가 덜 된 부분이다. 일반적인 몸 체제가 형성될 시점에 배아의 길이는 대략 1 mm이며, 각 기관은 작은 '싹' 형태로 존재한다. 인간처럼 큰 동물에서는 이런 배아에서 성체까지 대략 10^9배로 체적이 증가한다. 이런 거대한 변화는 주로 세포 분열에 의해 일어나지만, 세포외 기질(extracellular matrix) 분비와 세포 크기의 증가에 의해서도 일어난다. 미세환경에서 세포에 작용하는 성장인자들의 생화학적 작용 방식과 같은(부록 참고), 세포 분열을 조절하는 세포 내 사건들은 현재 상당히 파악되었지만(2장 참고), 전반적인 성장 조절은 여전히 수수께끼로 남아 있다.

특정 시점에 성장을 왜 멈추는지, 즉 최종 크기와 관련된 의문들이 있다. 모든 동물은 한정된 크기까지만 성장한다. 그러나 많은 어류는 최종 크기에 도달하기까지 오랜 시간에 걸쳐 성장하는데, 실제 대부분의 어류는 정상적인 삶 동안 그 크기에 도달하지 못한다. 따라서 어류의 성장은 쉽게 가늠할 수 없다. 전형적으로, 조직배양 시 세포는 영양물질이 충분할 경우 기하급수적으로 성장한다. 그러나 개체 수준에서 기하급수적인 성장은 아주 드물게 나타난다. 동물 또는 동물 신체 일부의 정상적인 성장 곡선은 그림 21.1과 유사한데, 시작할 때는 성장률이 급속하게 증가하다가 최종 크기에 가까워지면 '0'에서 정체된다. 전체 성장을 수학적으로 설명하기 위해 여러 공식이 제안되었는데, 그중 하나가 Gompertz 방정식이다.

$$y = y_{max}e^{-be^{-kt}}$$

여기서 y는 질량, y_{max}는 최종 질량, b는 초기 성장률 상수, k는 초기 성장률이 0으로 감소하는 것을 나타내는 상수이다. 그

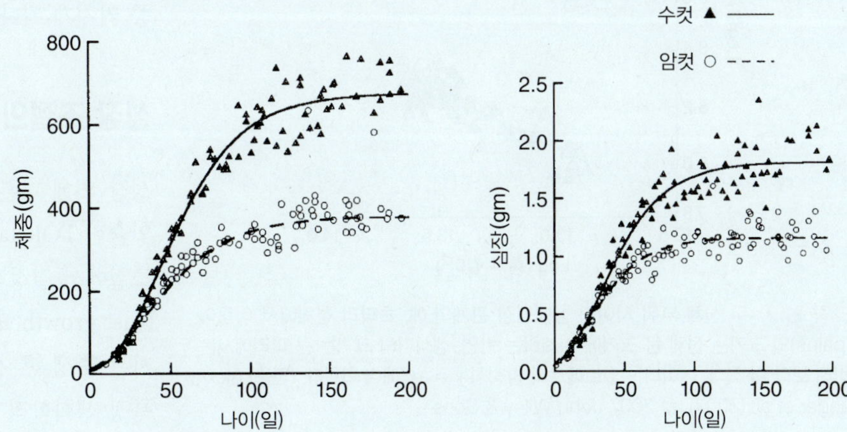

그림 21.1 흰쥐(왼쪽)와 흰쥐 심장(오른쪽)의 성장 곡선. Gompertz 방정식으로 연속선을 맞췄다.

림 21.1은 흰쥐의 체중과 심장에 대한 성장 곡선이다. Gompertz 곡선은 이런 종류의 데이터에 적합하지만, 이 방정식을 포함하여 그 어떤 방정식도 완벽하지는 않은데, 이는 크기 증가에 어떤 식으로든 많은 개별 과정이 다양한 방식으로 기여하기 때문이다.

다른 중요 주제는 신체 각 부분 간 성장의 조화이다. 10^9배 이상으로 팽창하는 동안 신체 각 부분 간의 성장률이 조금만 차이가 나도 상대적인 비율에서는 매우 큰 차이가 날 것이다. 이는 개체의 전체적인 크기를 감지하고 개별 신체 부분의 성장을 조절할 수 있는 기전이 존재해야 함을 시사한다. 실제로, 상대적인 비율은 보통 성장하는 동안에 질서정연하게 바뀌는데, 예를 들어 사람의 머리는 아이가 성숙해 가면서 몸에 비해 상대적으로 작아진다. 한 개체의 두 부분 사이 또는 몸 전체와 한 부분 사이에서 성장의 상관관계는 흔히 $y = ax^b$ 또는 $\log y = \log a + b \log x$로 표시되는데, y는 한 부분의 크기, x는 다른 부분의 크기, a와 b는 상수이다. 이러한 관계를 **"상대성장(allometry)"**이라 한다. 그러나 이 공식은 진정한 이론적인 기반이 없고 잘 맞지 않는 경우가 자주 있기 때문에, 성장 과정을 설명하기 보다는 데이터 표시에 편리한 정도로 간주된다. 그림 21.2는 상대성장 관계의 예인데, 성장 과정에서 초파리의 더듬이는 몸 전체 크기에 비례하여 커지는 데 비해 생식기는 몸 크기 대비 점차 작아진다.

전반적인 성장에는 세포외 기질의 기여와 세포 크기의 영향이 포함되지만, 성장은 거의 항상 세포 수의 증가를 수반한다. 통상,

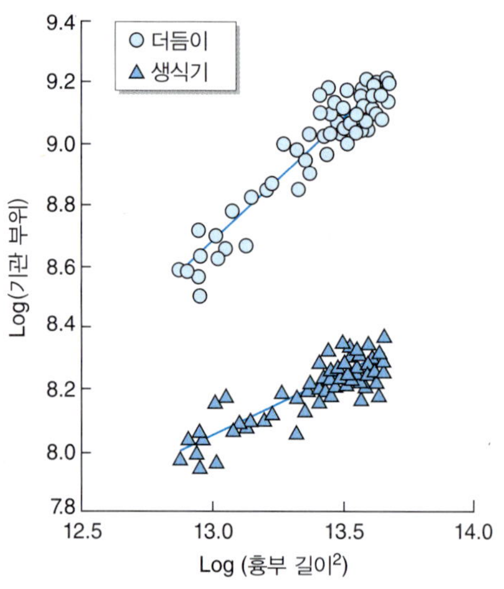

그림 21.2 두 신체 부위 사이의 상대성장 관계의 예. 초파리 성체에서 더듬이(palps)의 크기는 전체 몸 크기에 비례하는 반면, 생식기의 크기는 큰 파리에서는 비례 보다 더 작다. 데이터는 알로메트리 방정식 $y = ax^b$에 부합한다. (인용) Alexander et al. (2007), © 2007 John Wiley & Sons.

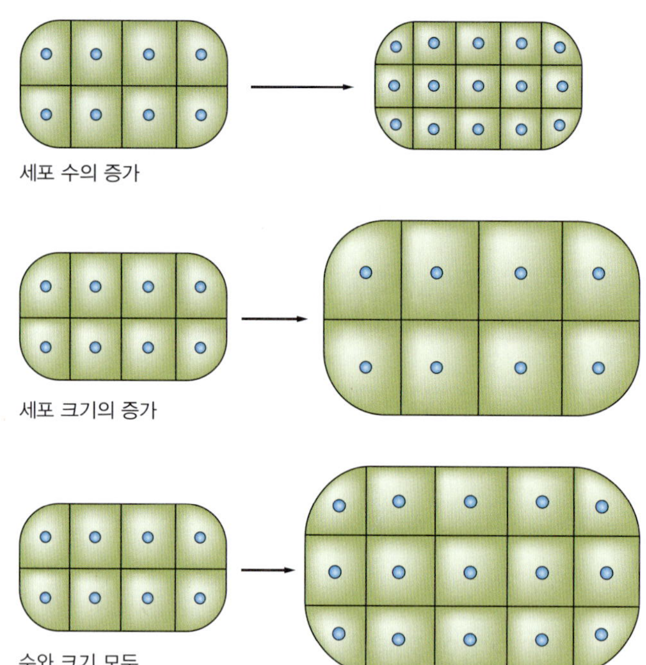

그림 21.3 세포 분열 속도, 세포 크기 또는 둘 다를 증가시키는 효과.

세포 분열은 세포 크기가 한계에 도달하면 일어나기 때문에 평균적인 세포 크기는 비슷하게 유지되고, 세포군의 체적은 세포 수에 비례한다. 세포 크기가 비슷하게 유지되지 않는 경우의 예로, 배아의 난할은 동일하게 한정된 부피의 조직 내에서 점점 더 작은 세포들로 분열하기 때문에 세포 분열이 성장으로 연결되지 않는다(그림 21.3). 출생 후 포유동물 세포 크기는 세포 분열 없이 증가하기도 하는데, 염색체 수(또는 **배수체, ploidy**)가 증가하거나 세포가 이핵체가 되는 경우이다. 이는 포유동물에서 체세포분열 이후 또는 분열이 더딘 세포 유형에서 자주 일어나는데, 간세포(hepatocytes)나 심근세포(cardiomyocytes)가 그 예다. 초파리 유충의 분화된 세포 역시 DNA의 **다사성(polyteny)**에 의해서 종종 커지게 된다.

성장 조절의 생화학적 경로

성장 외에 다른 발생 기능도 갖고 있지만, 두 종류의 신호 경로, 인슐린-TOR(target of rapamycin) 시스템과 Hippo 경로가 성장 조절에서 결정적이다. 또한 WNT 및 섬유아세포 성장인자(fibroblast growth factor, FGF)와 같이 4장에서 소개된 많은 유도 인자는 출생 후 생체에서 세포 분열 유도물질로 기능한다. 때때로 특정 생화학적 경로가 성장의 특정 측면을 조절한다. 예를 들어,

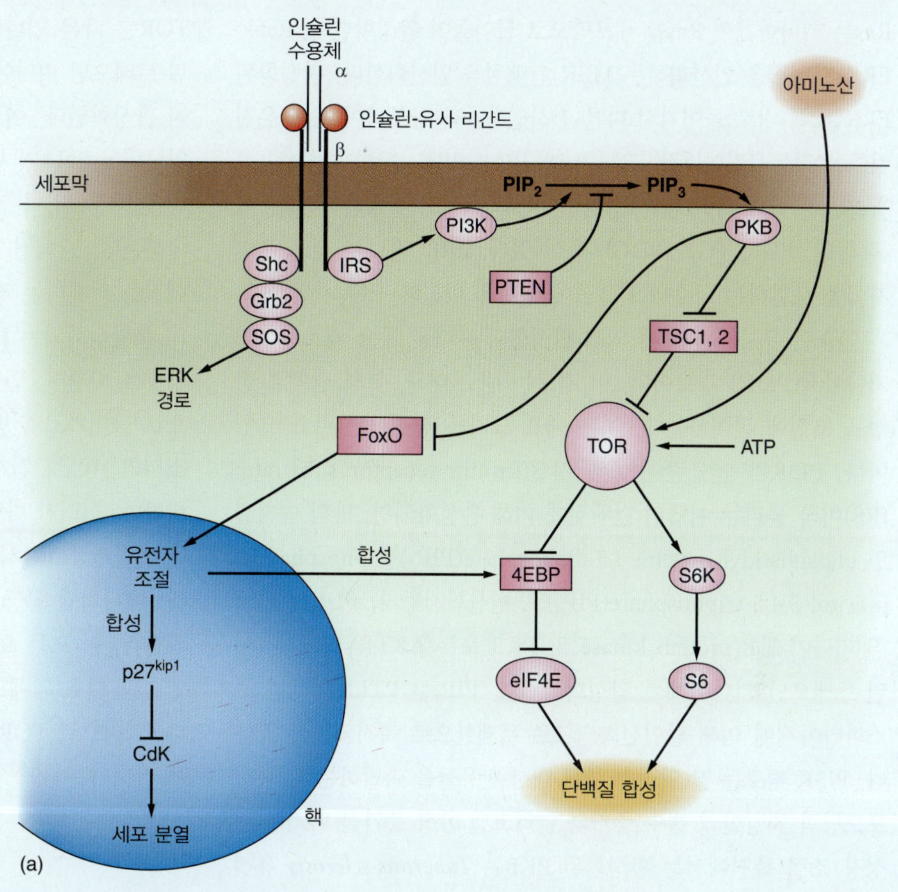

그림 21.4 인슐린-TOR 경로. (a) 성장을 촉진하는 구성 요소는 타원형으로 표시되고 성장을 억제하는 구성 요소는 직사각형으로 표시. (b) 인슐린-유사 리간드의 존재 또는 부재시 각 구성 요소의 상태.

	수용체	PI3K	PKB	TSC	TOR	FoxO	단백질 합성
+ 리간드	활성	활성	활성	불활성	활성	불활성	상승
− 리간드	불활성	불활성	불활성	활성	불활성	활성	하락

(b)

인슐린 유사 성장 인자 1(nsulin-like growth factor 1, IGF1)은 슈반세포(Schwann cell)에서 세포 크기의 증가를 자극하는 반면, Neuregulin 1은 세포 분열을 자극한다. 일반적으로 인슐린-IGF 시스템은 전체 크기를, 그리고 Hippo 경로는 이웃한 세포들로부터의 국부적인 접촉-기반 신호에 대응하여 성장을 조절한다. 이런 예에도 불구하고, 대부분의 신호 경로는 혼선도 많고 성장의 여러 측면에 동시에 영향을 미친다.

인슐린 경로

인슐린-IGF 신호 시스템과 이와 연관된 세포 내 TOR 시스템(그림 21.4)은 모든 동물에서 본질적으로 유사한데, 병렬적인 구성 요소의 수는 다를 수 있다. 예를 들어, 예쁜꼬마선충의 인슐린-유사 유전자는 37개가 넘지만, 포유동물에서는 3~4개뿐이다. TOR라는 명칭은 장기이식을 받는 환자에게 면역억제제로 사용하는 라파마이신의 작용 부위이기에 붙여졌다. 이 시스템의 작동은 인슐린이나 IGF가 그들의 수용체에 결합한 뒤 일어나는 일련의 작용들을 통해 잘 이해할 수 있다. 수용체는 2개의 α 및 2개의 β 아단위의 이형사합체(heterotetramer)이다. β 소단위는 막관통단백질이며, 티로신키나아제(tyrosine kinase) 도메인을 포함한다. 리간드가 결합해서 수용체가 활성화되면 서로 인산화되고 어댑터 단백질을 경유하여 하류 단계의 표적들을 활성화하는데, 2개의 핵심적인 신호전달 경로가 활성화된다. 잘 알려진 ERK 경로는 어댑터 단백질인 Shc, Grb2와 SOS를 경유하여 수용체와 연관된다. 이들 단백질은 GTP 교환 단백질인 Ras의 활성화를 야기하고, 다시

Ras는 키나아제인 Raf를 세포막으로 끌어들여 활성화한다. Raf는 ERK 단백질을 인산화하는 MEK 단백질을 인산화한다. 활성화된 ERK는 핵 내로 들어가서 다른 전산인자들과 공조하여 표적 유전자들을 작동시킨다(4장, 그림 4.18 참조). ERK 경로는 인슐린 그룹뿐만 아니라 다른 많은 성장인자에 의해서도 활성화되는데, 예를 들면, EGF, FGF, PDGF 등이 있다. ERK 경로는 세포 분열 자극을 포함하는 다수의 과정들에 영향을 미친다.

인슐린 유사 수용체에 의해 활성화되는 다른 주요 경로는 PI3 키나아제(PI3K) 경로이다. 이 경로는 주로 대사, 특히 단백질 합성율 조절에 관여하는데, 이는 세포 크기를 결정하는 주요 요인이다. PI3K가 인슐린 수용체 기질(insulin receptor substrate, IRS)이라 불리는 어댑터 단백질에 의해 활성화되면, 막의 인지질인 phosphatidyl inositol-4,5-diphosphate(PIP_2)를 phosphatidyl inositol-3,4,5-triphosphate(PIP_3)로 인산화시킨다. PIP_3는 단백질 키나아제 B(protein kinase B, PKB 또는 AKT)라 불리는 세린-트레오닌 키나아제를 활성화시킨다. PIP_3는 PTEN이라는 포스파타아제에 의해 탈인산화되므로 무제한으로 축적되지는 않는다. PI3K 경로는 잘 알려진 세포 대사 반응들을 촉발하는데, 특히 포도당과 지방산의 흡수 증가와 글리코겐 합성 증가를 야기한다. 성장 조절 측면에서는 활성화된 PKB는 *Tuberous sclerosis* 유전자 1과 2가 암호화하는 두 단백질의 결합체가 불활성화되도록 인산화시키고, 이는 차례로 TOR를 정상적으로 비활성화한다. 억제의 억제는 활성화와 동일하므로, 인슐린 신호는 TOR를 활성화한다. 포유동물에서 mTOR(라파마이신의 포유동물 표적)라고 하는 TOR는 다른 키나아제인 S6 키나아제를 인산화하는 세포 내 세린-트레오닌 키나아제인데, 이는 리보좀 단백질인 S6를 인산화시켜 활성화한다. 이 과정은 리보좀이 리보좀 단백질을 암호화하는 일군의 mRNA가 번역되도록 만들어 세포의 전체 단백질 합성 능력을 증진시킨다. 이는 또한 다른 경로에 의한 단백질 합성을 자극하는데, 단백질 합성 개시인자인 eF1a의 억제물질인 4EBP 단백질을 억제하는 경로이다. 이 경로는 전사조절인자인 PKB에 의해 불활성화되는 FoxO(forkhead 계열)를 통해서 유전자 발현에 영향을 미친다. 인슐린 신호가 없을 때 FoxO는 탈인산화되어 핵으로 들어가고 단백질 합성을 줄이며(4EBP 등), 세포 분열을 감소시키는(Cdk 억제제인 $p27^{kip1}$ 등) 특정 요소들의 전사를 활성화한다. 이러한 다양한 효과는 그림 21.4b의 표에 요약되어 있다.

인슐린-TOR 시스템은 적절한 성장-촉진 신호, 가용한 영양물질, 에너지원 공급 등의 조합에 의해 결정되는 성장량을 최종 결정한다. 이 모든 요인들이 한데 모이는 지점이 TOR인데, TOR는 인슐린 신호 외에도 ATP와 아미노산에 의해 활성화되기 때문이다. 그러므로 TOR는 성장인자, 에너지 공급 및 영양물질 가용성을 감지하는 것을 통합한다.

Hippo 경로

이 경로는 초파리에서 발견되었지만, 모든 동물계에 널리 존재하며 인간의 많은 암세포에서는 상향조절되어 있다. 초파리와 포유류에서의 경로가 그림 21.5에 있다. Hippo 자체는 키나아제이며, 그림 21.6a, b에서처럼 기능 상실(loss-of-function) 돌연변이

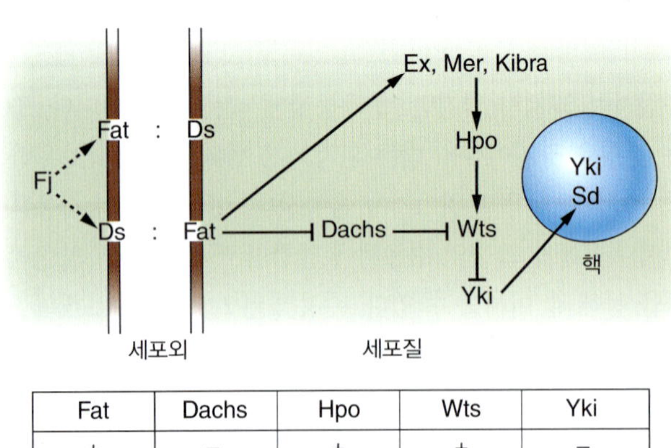

Fat	Dachs	Hpo	Wts	Yki
+	−	+	+	−
−	+	−	−	+

(a)

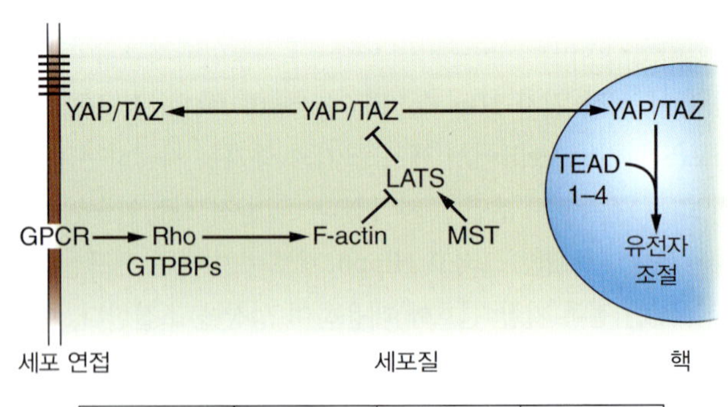

Cell contact	GTP-BPs	LATS	YAP/TAZ
+			−
−			+
	+	−	+
	−	+	−

(b)

그림 21.5 HIPPO 경로. (a) 초파리. Fj와 Ds가 Fat에 미치는 영향은 절대적인 수준이 아니며, 이웃 세포들 간의 차이에 따라 달라진다. 이 경로의 억제 단계로 인해서, Fat이 활성화되면 Yorkie는 비활성화된다. (b) 포유류에서, 세포 표면으로부터의 정확한 연결은 여전히 불확실하다.

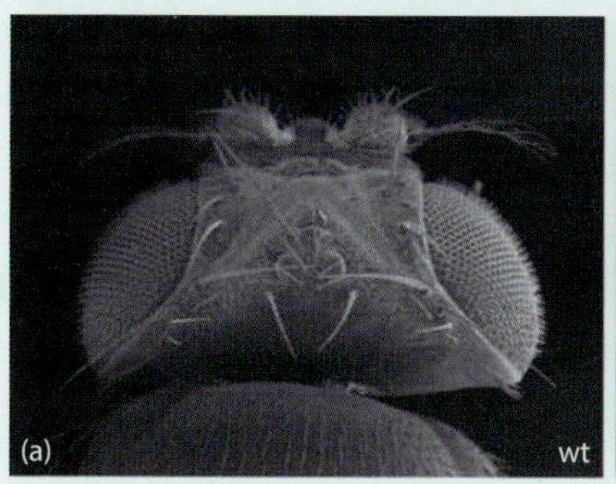

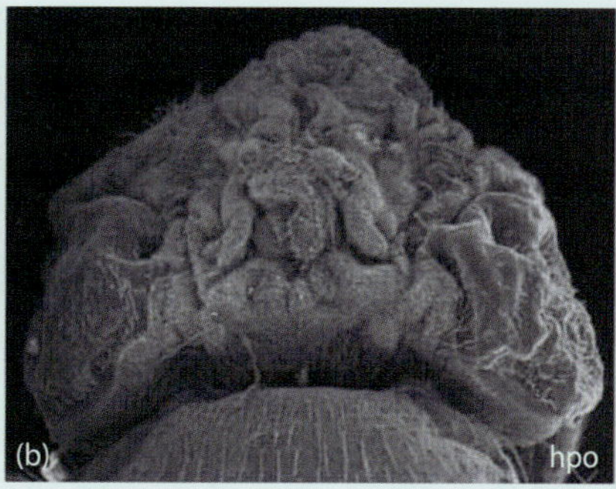

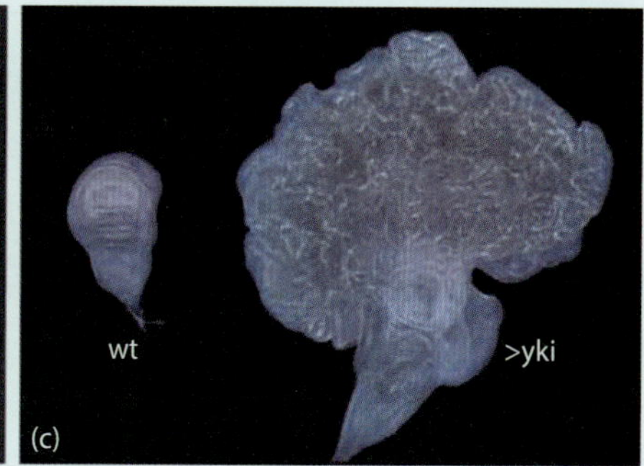

그림 21.6 (a, b) 초파리 머리에서 Hippo(*hpo*)의 손실은 불균형한 과성장을 초래한다. (c) 날개 성충판에서 Yorkie(yki)의 과발현 또한 심각한 과성장을 초래한다. wt, 야생형. (인용) Pan(2007)에서 발췌. Genes Dev. 21, 886-897, Elsevier의 허가를 득함.

에서는 과성장이 일어난다. Hippo는 Warts라는 키나아제를 활성화하는데, 이는 Yorkie라는 핵단백질을 인산화시키며, 인산화된 Yorkie는 세포질에 남아 있게 된다. 인산화되지 않은 Yorkie는 핵으로 들어가서 전사인자인 Scalloped의 보조인자로 작용하며, 사이클린 E(cyclin E)나 Myc과 같은 다양한 성장 관련 유전자들을 상향조절한다. yorkie를 과발현시키면 과성장이 야기되는데, *hippo* 유전자 기능 상실의 경우와 비슷하다(그림 21.6c). 이 과성장 효과는 세포 분열이 증가되고, 세포자멸사(apoptosis)가 제한되기 때문이다. Hippo 경로는 대부분 이웃 세포로부터 신호를 전달하는 세포 표면 단백질에 의해 조절되는데, 특히 Fat 단백질은 평면 극성 조절에 관여하는 비정형 캐드헤린이다(19장 참조). 다른 비정형 캐드헤린인 Dachsous가 이웃 세포에 결합되면 인산화되어 마이오신 유사 단백질인 Dachs를 격리하여 Warts 억제를 방지한다. Warts의 활성은 세포질 내 Yorkie의 존재를 의미한다. Fat 단백질은 또한 상피의 아정단부(亞頂端部) 내에 존재하는 어댑터 단백질인 Expanded, Merlin 및 Kibra로 구성된 복합체를 통해 Hippo를 활성화할 수 있다. 어느 경우든 활성화된 Fat는 Yorkie의 활성을 감소시키므로 성장에 길항적이다. Fat는 또한 골지체에서 발견되는 키나아제인 Fourjointed에 의해 조절되는데, 이는 Fat의 세포외 도메인을 인산화한다. Dachsous와 Fourjointed가 Fat에 미치는 영향은 이들의 절대량이 아니라 인접 세포 내의 함량 차이에 달려 있다. 차이가 클수록 Hippo 키나아제 경로가 더 많이 억제되고 Yorkie를 통한 성장 촉진이 더 자극된다. 이 기전은 외과적인 형태 절단시 일어나는 국부적인 성장 자극, 즉 재생의 전후 맥락에서 그 잠재적인 중요성이 크게 부각된다(24장 참조).

포유동물의 Hippo 경로는 동일한 핵심 구성요소를 가진다(그림 21.5b)(MST1과 2라 불리는 Hippo 상동체, Lats1과 2로 불리는 Warts 상동체, Yap와 Taz라 불리는 Yorkie 상동체). 포유동물에도 Fat, Dachsous, Four-jointed 상동체가 존재하지만, 현재까지 이들과 Hippo 경로 사이의 유사한 연관성은 확립되지 않았다. 그러나 일반적으로 캐드헤린을 세포골격에 연결하는 α-카테닌을 이용한 세포 표면과 YAP 사이의 연결이 있다. 이는 또한 14-3-3이라는 단백질을 통해 인산화된 YAP에 결합해서 탈인산화를 방지한다. 또한 기계적 스트레스와 G-단백질 연관 수용체를 자극하는 요인들의 영향에 의해 이 경로가 활성화되어 YAP-TAZ가 억제된다는 증거가 있다. 이 둘은 모두 작은 구아노신 삼인산(GTP)-결합 단백질의 활성화, 액틴의 중합 및 LATS의 억제로 이어져서 YAP-TAZ의 활성화와 더 많은 성장을 초래한다.

곤충의 성장 조절

최종 크기 조절

최종 크기 조절은 완전변태(holometabolous) 곤충류의 경우에서 잘 설명된다. 이는 담배박각시과 나방(tobacco hornworm)인 *Monduca sexta*의 애벌레를 재료로 하여 많이 연구되었는데, 초파리에서의 기전과 유사하다. 초파리의 성충판(imaginal disc)이 성장 조절 연구에 훨씬 많이 사용되었는데, GAL4 또는 FLP-out 방법을 사용하여 유전자 발현을 상향 또는 하향 조절하기가 용이하기 때문이다(19장 참조). 박각시나방과 초파리는 **완전변태(holometabolous)** 곤충이다. 이 곤충의 성체는 거의 전체가 체세포분열 이후 상태이므로, 최종 크기는 유충(애벌레, larval)과 번데기(pupal) 시기에 성충판이 성장하는 정도에 달려 있다. 애벌레 시기 동안 임계(= 결정적인) 크기에 도달하면, 이후 굶더라도 변태 과정(metamorphosis)에 돌입하게 된다. 이는 호르몬에 의한 변태 과정 조절과 성장 조절 사이의 밀접한 연관성을 의미한다. 유충 기간 동안 **알라타체(corpus allatum)**에서 유충 호르몬

(juvenile hormone, JH; 척추동물에는 상동체가 없는 세스퀴테르페노이드)이 분비되어 성장을 촉진하고 변태를 억제한다. **전흉선(prothoracic gland)**에서 맥동적으로 나오는 엑디손(ecdysone)은 JH가 있으면 유충의 탈피를 야기하지만, JH가 없으면 번데기화(pupariation)가 야기된다. 엑디손은 말초 조직에서 활성형인 20-hydroxyecdysone으로 대사되는 스테로이드 호르몬이다.

몸 전체 크기를 감지하는 것은 특히 엑디손을 만드는 전흉선에 달려 있다. 엑디손은 알라타체의 JH 생산을 억제하여 결국 변태를 개시한다. 초파리의 전흉선과 알라타체는 모두 유충 뇌에 위치한 반지선(ring gland) 구조의 일부이다. 만약 전흉선이 비정상적으로 커지도록 유전적으로 PI3 키나아제 또는 Ras를 과발현하게 조작하면, 유충의 결정적인 한계 크기가 감소하여 변태 과정이 일찍 시작되므로 성체 크기가 작아진다. 이와 반대로 전흉선이 매우 작아지도록 PTEN을 과발현시키면, 변태가 늦게 일어나고 성체 크기가 커진다(그림 21.7). 이는 전흉선이 몸 전체 크기를 결정하는 데 중심적인 역할을 함을 보여준다.

몸 전체의 성장은 뇌 안의 몇몇 세포들이 분비하는 인슐린-유사 성장인자(IGF)에 의해 또한 촉진된다. 초파리의 성충판에서 인슐린-TOR 시스템을 작동하는 구성 인자(인슐린 수용체, PI3K, PKB, TOR) 중 어떤 것이라도 기능 상실 또는 기능 축소가 일어나면, 세포의 수와 크기 모두 감소하게 되며, 이에 따라 몸 크기도 축소된다. 이와 반대로, 이 시스템을 억제하는 구성 인자(PTEN, TSC1과 2, FoxO)의 기능 상실 또는 기능 축소가 일어나면, 세포 수와 크기 모두 증가하고, 그 결과 몸 크기도 증가한다.

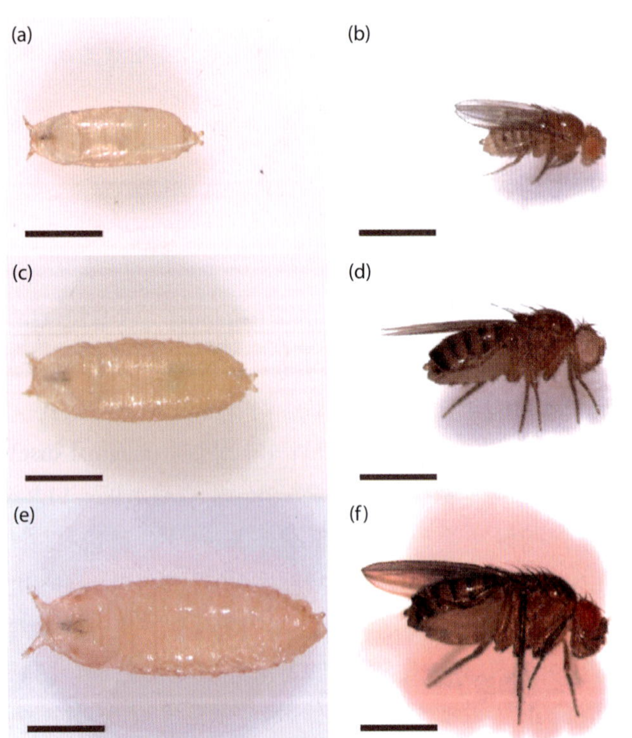

그림 21.7 전흉선에서만 Ras 또는 PI3-키나아제 수준을 조작하는 것이 초파리 유충과 성충의 전체 크기에 미치는 영향. (a,b) Ras의 과활성 대립유전자의 과발현. (c,d) 정상 Ras의 과발현(영향 없음). (e,f) PI3-키나아제의 우성-음성 대립유전자의 과발현. 축척자: 1mm. (인용) Caldwell et al. (2005). Curr. Biol. 15, 1785-1795.

성충판의 상대적 비율

성장 조절에 관한 연구의 주요 쟁점은 기관 성장이 배아 초기 세포의 성장 프로그램에만 의존하는 자율적인 것인지 아니면 다른 신체 부위 및/또는 전신의 크기와 지속적인 의사소통을 포함하는 조정적인 것인지 여부를 찾는 것이다. 한때는 성충판의 성장이 자율적이라고 여겨졌는데, 왜냐하면 이를 성체의 복부에 이식한 후에도 최종 크기까지 자라기 때문이다. 하지만 현재는 이 성장에 조정이 있음이 알려졌다. 예를 들어, 날개 성체원기(wing disc)의 성장이 감소하면 다른 성체 원기의 성장 역시 줄어들며, 정상적인 임계 크기에 도달할 때까지 제3 유충기의 길이가 연장된다. 이러한 조작은 GAL4 시스템(19장 참조)을 사용하여 단백질 합성에 필요한 리보솜 단백질의 기능을 날개 성체원기에서만 억제하는 것으로 달성할 수 있다. 조정 메커니즘은 성체 원기에 의한 인슐린-유사 단백질인 Dilp8의 생산을 포함한다(그림 21.8). 성장이 느려지거나 성체원기가 손상되면 Dilp8 생산이 증가한다. 이는 유충 뇌에 있는 두 쌍의 뉴런에서 발견되는 특정 수용체 Lgr3를 통해서 작용한다. 활성화되면, 이 뉴런은 전흉선자극호르몬(prothoracicotropic hormone, PTTH) 생산 억제를 통해 인슐린 생산 뉴런이 성장을 촉진하는 인슐린-유사 단백질인 Dilp 2, 3, 5 합성을 억제하여, 그 결과 엑디손 출력이 감소한다. 이 뉴런은 또한 JH 생산을 어느 정도 감소시킨다. 최종 결과는 조작이 일어난 성체원기가 따라 잡을 때까지 유충 전체의 성장률 감소가 일어난다.

세포주기를 직접 방해함으로써 인슐린 시스템을 우회할 수 있다. 예를 들어, 세포주기 중 S기에 필요한 여러 유전자의 발현을 활성화하는 전사조절인자인 E2F를 과발현시키면 국부적으로 세포분열의 비율 증가가 야기된다. 이와 반대로, E2F를 억제하는 레티노블라스토마(retinoblastoma, Rb) 단백질을 과발현시킴으로써 세포분열률 지체를 관찰할 수 있다. 그러나 이 두 발현 조작 중 어느 것도 날개 성체원기 전체 크기에 미치는 영향은 크지 않은데, 세포 크기 증가율은 변하지 않기 때문이다. 다시 말하자면, 한 클론에서 세포 주기가 빨라지면 더 많은 수의 작은 세포들

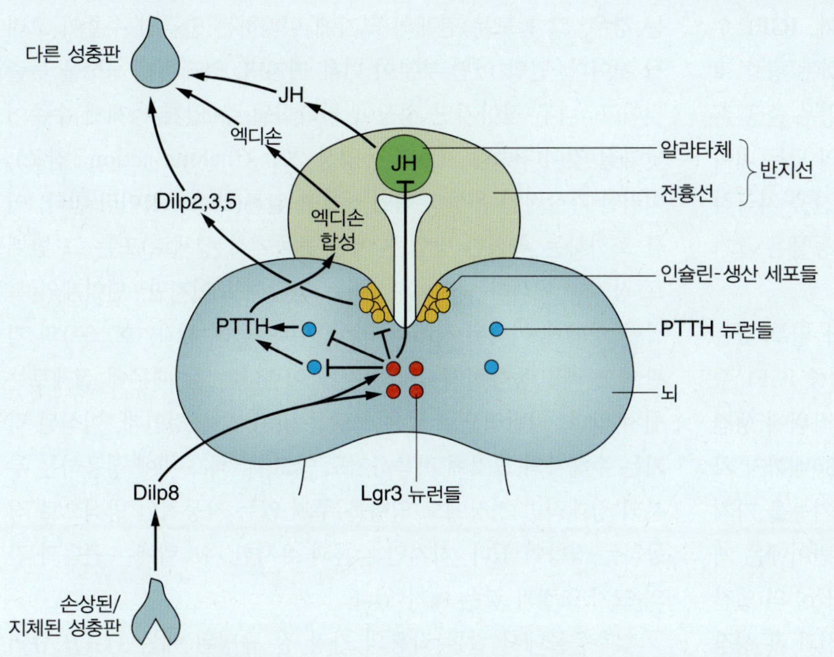

그림 21.8 초파리에서 성충판 성장의 조정. 손상되거나 성장이 지연된 성충판은 더 많은 Dilp8을 분비한다. 이는 다양한 성장 촉진 호르몬의 분비를 억제하는 뇌의 특정 뉴런에 작용한다.

을 만들어내며 주기가 느려지면 더 적은 수의 큰 세포를 만들어낸다. 또한 전체 성장률을 바꾸기 위해서는 인슐린 신호에 대응해서 일어나듯이 세포 크기 증가율을 바꿀 필요가 있다.

성체원기의 크기 또는 원기 내의 구획이 변경되지 않은 경우에도 특정 유전자 조작으로 심각한 세포 선택이 일어날 수 있다. *Minutes*라는 돌연변이가 있는데, 리보솜 단백질에 지배적인 억제 돌연변이며, 정상적인 성체 크기임에도 불구하고 낮은 성장률을 나타낸다. 만약 정상 +/+ 클론이 *Minute*/+ 유전형에서 유도되면 정상적인 세포는 Minute 세포를 초과하여 성장하고 대부분의 구획을 채운다(예: 날개 성체원기의 A 또는 P 구획). 이는 성체원기의 비율 또는 전체 크기 변화 없이도 일어난다. 이러한 실험은 구획의 최초 발견으로 이어졌다(19장 참조). 그 이후로 보유한 세포주기 관련 단백질의 다양한 수준에 따라 세포들이 서로 경쟁할 것이다. 예를 들어, Myc 단백질을 더 많이 보유한 세포 집단은 Myc의 절대 수준에 상관없이 낮은 Myc 보유 세포 집단보다는 항상 과성장할 것이다. 그러한 영향에 대한 연구는 다음과 같은 것을 보여주었는데, 성충판 내에서 세포 경쟁이 활발하게 일어나는 과정이 있어서, 느리게 성장하여 우선적으로 세포자멸사를 겪는 "패자" 클론과 이에 비해 훨씬 빠르게 성장하는 "승자" 클론이 있다. 이 과정에는 Flower라는 세포막 단백질이 필요한데, 특정 동형체가 패자 세포에서 상향조절되고 곧 세포자멸사로 이어진다. 이러한 세포 경쟁 효과는 일반적으로 최종 크기 또는 비율에 영향을 미치지는 않는다.

포유동물의 성장 조절

포유동물 성체는 곤충 성체와 크게 다르다. 포유동물은 다양한 조직들로 구성되는데, 일부는 일정한 세포 교대를 보이며, 다른 일부는 대개 휴지상태이지만 재생적인 성장을 나타낼 수 있다. 신경세포와 골격근섬유 같은 일부 세포 유형은 체세포분열을 마친 상태이지만, 조직내 대부분의 세포는 그렇지 않다. 포유동물에서는 절지동물에서의 탈피와 변태를 조절하는 유충 호르몬-엑디손 체계에 해당하는 시스템이 없다. 그러나 최종 몸 크기 조절이라는 측면에서, 인슐린 경로의 중추적인 역할에서는 핵심적인 유사성이 있다.

포유류의 최종 크기

포유동물에서는 인슐린 자체보다는 2개의 인슐린-유사 성장인자(insulin-like growth factor), 즉 IGF1과 IGF2가 성장 조절을 주로 책임진다. 이 둘은 "IGF1 수용체"라 불리는 앞서 "인슐린 경로" 절에서 언급한 포괄적인 인슐린 수용체를 통해 작동한다. IGF2는 주로 태반에 영향을 줌으로써 태아기 동안의 성장 지원에 더 중요하고, IGF1은 출생 이후의 성장 지원에 더 중요하다. 출생 후 IGF1은 대부분 간에서 만들어지지만 다른 많은 조직도 생산한다. IGF1 생산은 뇌하수체 전엽의 성장호르몬분비세포(somatotroph)에서 분비되는 성장호르몬(growth hormone, GH, somatotrophin)에 의해 조절되는데, JAK–STAT 경로를 통해 IGF1 생산을 활성화한다. 성장호르몬이 불충분한 동물(인간 포함)은 성장과 성숙이 지체되며 최종 몸 크기가 작아진다. 이와 비슷하게, 성장호르몬 수용체가 결여되면 라론 증후군(Laron's syndrome)이라는 왜소증(dwarfism)이 나타난다. 반대로, 과도하게 성장호르몬을 분비하는 뇌하수체 종양이 생긴 사람은 소아기와 사춘기에 성장이 훨씬 빨라서 정상인의 최종 키보다 커지는 거인증(gigantism)이 나타난다. 뇌하수체-결함 동물 또는 사람은 성장호르몬이나 IGF1을 주사함으로써 거의 정상적인 성장률로 회복할 수 있다.

Igf1 또는 *Igf2* 적중(knock-out) 생쥐는 출생 시 크기가 정상 쥐의 60% 정도이고, 이들 유전자 모두 적중시킨 생쥐는 정상의

30% 정도에 불과하며 출생시 사망한다. 이와 비슷하게, IGF1 수용체 또는 3개의 PKB 유전자 중 2개를 적중시킨 생쥐는 정상 크기의 50%이며 출생시 사망한다. *Igf2*만을 적중시킬 경우 출생 후 정상적으로 성장하는데, 이는 이 유전자의 기능이 거의 모두 태아기에 나타나기 때문으로 여겨진다. 반대로, IGF1 생산을 자극하도록 IGF1 또는 성장호르몬을 과발현하는 형질전환 동물은 크기가 정상의 약 2배로 증가한다.

이들 호르몬의 경우 정상 상태의 유전적인 차이가 일부 있는데, 예를 들어 덩치가 큰 개와 작은 개 품종 간에는 혈중 IGF1 수준에서 상당한 차이가 나타난다. 이는 *IGF1* 유전자 좌위에 생긴 변이 때문이며, 개 품종들 사이에는 몸 크기가 최대 80배까지 차이가 나타나게 된다. IGF1은 개와 인간에서 동일한 기능을 가지고 있지만, *IGF1* 유전자이 돌연변이는 정상인의 키 변이에는 거의 기여하지 않는 것 같다. 하지만 IGF1이 결여된 극소수의 인간 돌연변이에서는 소두증(microcephaly)과 함께 출산 전과 후 성장이 심각하게 저하된다.

포유류 기관의 상대적 비율

곤충의 경우와 마찬가지로, 상대적 비율에 관해서는 다소간 독립적인 문제가 있다. 개체의 전체 크기가 정확히 커지더라도, 상이한 신체 부분들 간에 서로에 비례하여 확대되는 것이 어떻게 보장될 수 있을까? 다시 말하자면, 비례 성장에서 정상과 예측 가능한 상대 성장 편차가 있다면 이는 어떻게 조절될까? 관련해서 체계적인 조절이 전혀 없고 장기 성장이 완전히 자율적이라는 상당한 증거가 있다. 이 데이터에는 두 양서류 종 배아 사이 또는 병아리와 메추리 배아 사이의 사지 또는 눈의 원기 이식이 포함된다. 이 모든 경우에서, 이식된 장기가 숙주종이라기 보다는 기증자 종의 특징으로 성장한다. 이는 또한 동종번식(inbred)한 쥐 또는 인간 이식편에서도 그러하다. 예를 들어, 성인 수혜자에게 이식된 어린 사람의 심장이나 신장은 정상적인 최종 크기까지 성장할 것이다. 자율적인 성장은 오류 가능성이 높기 때문에 이론적인 문제를 드러낸다. 전형적인 포유동물에서, 계통수 단계의 배아에서 성체까지 체적이 10^9배 커지므로, 성장률의 매우 작은 오차가 결과적으로는 상당한 불균형을 초래할 것이다. 이런 이유로 인해 연구자는 가능한 체계적 메커니즘을 꾸준히 생각하고 연구해 왔으며, 실제로 그러한 메커니즘은 확실히 어느 정도 존재한다.

체계적인 비례 조절 설명에서 인기 있는 모델은 각 신체 부분의 자체적인 되먹임 억제를 포함한다. 예를 들어, 각각의 신체 부위가 개체의 전체 혈액으로 희석되어 들어가는 저해제를 생산하는 경우, 그 농도는 전체의 크기에 비례하는 만큼의 수준이 고려될 것이다. 만약 어떤 부분이 너무 커지면, 억제제는 성장을 늦출 것이고, 너무 작아지면 성장이 가속화될 수 있게 억제제 수준이 낮아질 것이다(그림 21.9과 동영상 22: "Chalone action" 참조). 이러한 가상적인 음성 되먹임 신호를 **칼론(chalone)**이라 한다. 이를 조사하는 확실한 방법은 어린 동물에서 성체로 또는 그 반대로 장기를 이식하는 것이다. 이는 간단해 보이지만, 면역계의 복잡한 영향과 이식된 장기와 이식받은 동물(수혜자, 호스트)의 기관에 혈액을 동등하게 공급하기가 어렵다는 것 때문에 실제로는 쉽지 않다. 일반적으로 칼론 모델은 맞지 않을 것인데, 이식된 장기는 수혜자의 크기에 적응하지도 않고, 수혜자 내에 상응하는 부분의 상대적인 성장에도 영향을 주지 않는 자동적인 방식으로 작동하는 경향이 있다. 하지만 칼론과 유사한 시스템에는 근육과 간의 크기 조절과 같은 예가 있다.

척추동물에서 칼론 작용의 가장 잘 규명된 예는 TGFβ 슈퍼패밀리에 속한 마이오스타틴(myostatin = Growth and Differ-

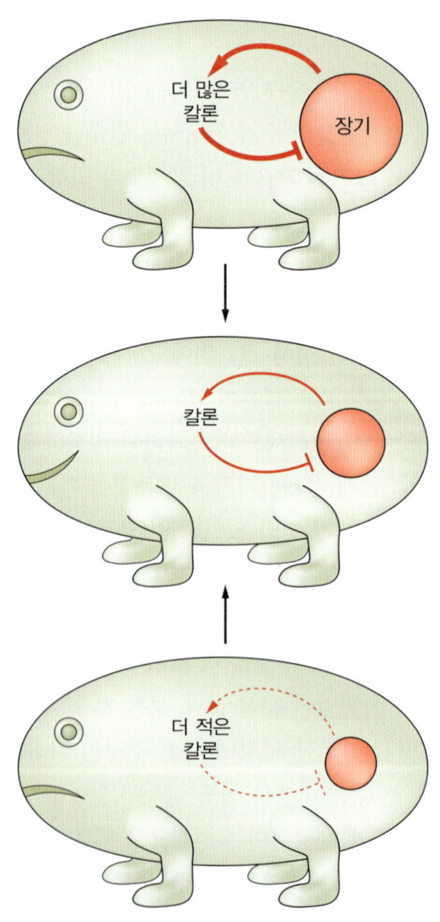

그림 21.9 가상 칼론(chalone) 시스템의 작동. 칼론 농도는 전신의 크기에 대한 장기 크기의 비율에 따라 달라지며, 장기의 성장에 부정적인 되먹임을 제공한다.

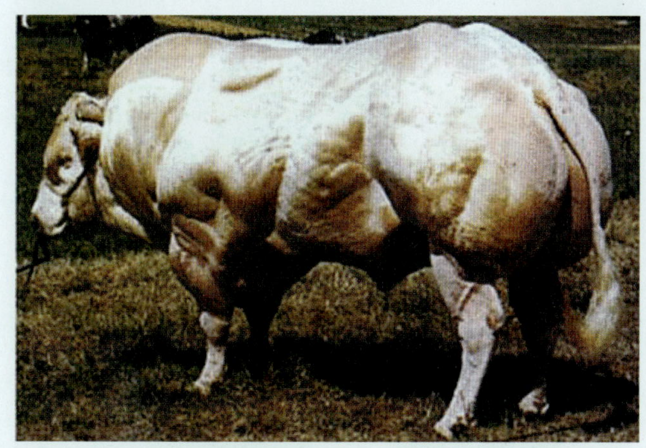

그림 21.10 벨기에 블루 황소. 이 육우종은 마이오스타틴이 선천적으로 결핍되어 있어 상당히 향상된 근육량을 가지고 있다.

entiation Factor 8, GDF8)에 의해 나타나는 근육 성장의 조절이다. 마이오스타틴은 발생 중인 근육세포에 의해 분비되며, 근육모세포(myoblast)의 세포 분열과 근섬유의 확장을 감소시킨다. 마이오스타틴 적중 생쥐는 근섬유가 더 많고 더 커서 근육량이 2~3배 증가한다. 벨기에 블루와 같은 일부 가축 품종은 마이오스타틴에 대한 정상하위대립인자(定常下位對立因子)를 가졌는데, 이미 전통적인 동물 육종을 통해 이 부분에서 합리적인 유전자 변형이 일어났음을 예상할 수 있다(그림 21.10). 배아에서, 마이오스타틴은 피부근육분절(dermomyotome) 중앙 부분의 축상과 축하의 근육모세포 생성 영역 사이에서 발현되며, 이후에는 근원세포 생성 영역 사지원기의 근육모세포와 일부 다른 간충직 조직에서 발현된다. 발생 중인 근육에 인접한 조직에서 이 유전자의 초기 발현은 근원성 영역의 경계뿐만 아니라 이후의 음성 되먹임 조절을 한정하는 역할을 가질 수 있음을 보여준다.

또 다른 잘 알려진 칼론-유사 분자는 후각 시스템의 GDF11 (Growth and Differentiation Factor 11)이다. GDF11은 후각 신경세포에서 발현되며, Cdk 억제물질인 $p27^{kip1}$의 상향조절 생산에 의한 이후의 신경 생성을 억제한다. *Gdf11* 적중 생쥐는 후각 상피 내에 더 많은 전구세포와 신경세포들을 가진다. 흥미롭게도, 마이오스타틴과 GDF11은 둘 다 TGFβ-유사 요인의 하부 그룹에 속하며, 모두 폴리스타틴(follistatin)에 의해 억제된다. 이는 많은 조직특이적 음성 되먹임 기전의 작용을 조절하는 포괄적인 조절이 존재할 가능성을 시사한다.

뇌하수체성 왜소증과 거인증 외에, GH-IGF 경로의 구성 요소는 인간에서 발견되는 일부 불균형 성장 유형들에서도 나타난다. 성인이 돼서 생긴 뇌하수체 종양은 거인증으로 이어지지 않는데, 이는 긴뼈의 성장 영역이 이미 닫혀 있기 때문이다(아래 참조). 그러나 이 종양은 말단비대증(acromegaly)으로 알려져 있는 턱, 손, 발의 불균형적인 확장을 일으킨다. 포스파타아제 PTEN 유전자는 종종 인간의 암에서 돌연변이가 일어나 비활성으로 된다. 이는 **종양억제유전자(tumor suppressor gene**, "암의 생물학" 절 참조) 이므로 생식세포에서 유전자 사본이 하나가 없는 경우 암으로 될 위험성이 커지는데, 이는 출생 후에 일어나는 체세포 돌연변이에 의해 세포가 남아 있는 사본 하나를 쉽게 잃을 수 있기 때문이다. *PTEN* 기능의 완전한 손실은 "프로테우스 증후군(Proteus syndrome)"으로 연결된다. 이 증후군은 극히 드물지만 배아 발생에서 아주 초기에 체세포 돌연변이로 일어날 수 있으며, 신체 일부가 이 유전자가 완전히 결여된 모자이크를 생성한다. 그 결과 뼈와 결합조직 전체에서 혼란스러운 이상 돌출이 많이 일어나는데, 이러한 상태를 유명한 "엘리펀트 맨"인 Joseph Merrick이 경험했을 것이다. 비슷한 과성장 증후군이 *PI3CA*(PI3K의 주요 소단위)의 체세포 기능획득 돌연변이(gain-of-function mutations)로부터 나타날 수 있다. 이는 성장 단계에서 PI3K 억제제를 사용한 치료로 개선될 수 있어 치료 정도에 따라 광범위한 표현 유형을 만들어낸다. 결절성경화증(Tuberous sclerosis) 유전자 역시 종양억제유전자인데, 이 유전자의 사본 하나가 소실될 때 또는 정상적인 유전자 사본에서 체세포 돌연변이가 간간이 일어날 때 자주 양성 종양이 형성되는 우성 유전질환으로부터 명명되었다(그림 21.4).

간 재생

간은 조정적인 성장을 보여주는 포유류 기관이다. 만약 Tet-유도 디프테리아 독소(Tet-inducible diphtheria toxin) 발현을 사용하여 배아 간의 일부를 제거하면, 남은 세포들은 4일 이내에 정상적인 크기를 회복하기 위해 더 빨리 분열할 것이다. 이러한 양상이 배아의 췌장에서는 일어나지 않는데, 배아에서 일부 세포들의 절제를 유도한 췌장은 영구히 작은 장기로 남아 있게 된다.

간은 또한 포유동물 장기 중에서는 특이하게 성체에서도 재생할 수 있다. 이 부분은 재생(24장)에서보다는 여기서 다루려하는데, 이는 사실상 성장 조절 현상임을 보여주기 때문이다. 간 재생 실험에서 자주 하듯 간의 한 엽(葉)을 제거하면 다른 엽들이 원래의 간 크기로 회복할 만큼 증가하지만, 상실한 엽을 재생하지는 않으며 원래의 간 형태를 회복하지도 않는다.

간의 조직학적 구조는 작은 담관이 간동맥과 간문맥(portal triad)의 가지친 부분과 나란히 배열된 문맥 주변부으로부터 간정

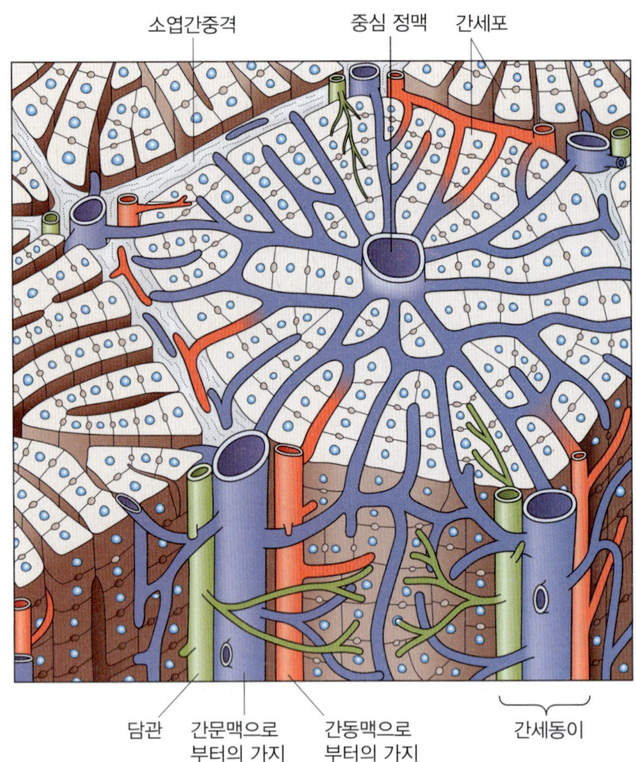

그림 21.11 간세포, 담관 및 혈액 공급의 배열을 보여주는 간의 조직학적 구조.

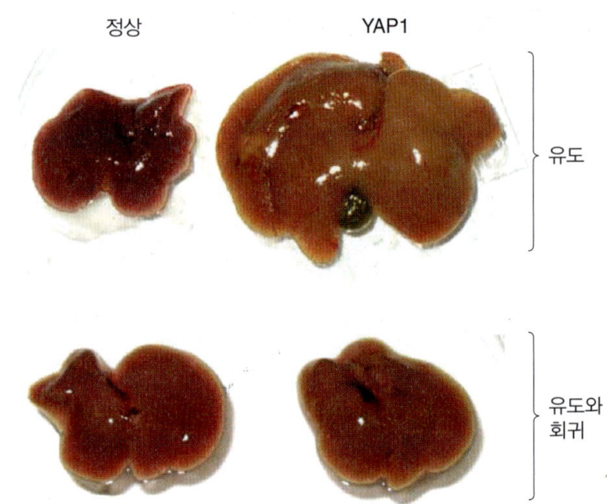

그림 21.12 5주 동안 YAP1의 과발현에 의해 유발된 생쥐 간의 비대화. 유도 없이 5주가 더 지나면 간은 정상 크기로 돌아간다. (인용) Camargo et al.(2007). Curr. Biol. 17, 2054-2060.

맥 가지에 인접한 정맥 주변부로 뻗어 나가는 간세포 판의 반복되는 패턴으로 구성되어 있다(그림 21.11). 하나의 중심 정맥 주위에 위치한 이 부위를 소엽(lobule)이라 한다. 조직 제거 후, 간세포는 남아 있는 간 전체에서 24시간 이내에 증식하기 시작한다. 간에서 다른 세포 유형들[담관상피세포, 쿠퍼 세포(Kupffer cell), 내피세포]은 어느 정도 시간이 경과한 후 증식을 시작하는데, 간의 모든 세포 집단은 궁극적으로 서로 조화된 방식으로 세포 수가 증가한다. 간 크기를 조절하는 혈액 순환 요인이 있음은 오래 전부터 알려졌는데, 외과적으로 **결합순환(parabiosis)**시킨 두 동물 중 하나로부터 간 일부를 제거하면 다른 동물의 온전한 간에서 부가적인 증가가 일어난다. 이들 순환 물질은 복잡한 혼합물일 것인데, 손상된 간의 혈액으로 방출되는 담즙산(bile acids)을 포함할 가능성이 있다. 일반적으로, 후보 물질은 억제제보다는 활성제로 간주되므로 칼론 모델에 완전히 부합하지는 않지만, 한 동물의 전체에 대비하여 간의 크기를 적정하는 순환 요소가 된다. 이런 조절 되먹임 체계는 간 이식 상황에서도 작동한다. 작은 간을 큰 수혜자에 이식할 경우, 이식된 간은 당초 제거된 간의 전체 크기에 도달할 때까지 빠르게 성장한다.

비록 전체 간 크기는 재생 후에도 변하지 않지만, 재생된 간 소엽은 원래의 간보다 더 큰 것처럼 보인다. 즉, 간문맥으로부터 중심 정맥의 평균 길이는 증가한다. 그러나 이런 차이는 조직이 리모델링될 때 성체의 정상적인 느린 회전율 과정에서 해결된다.

간의 크기는 Hippo 경로를 통해 조정될 수 있다. 그림 21.12는 *Yap1*(포유동물의 Yorkie와 상동)의 기능 획득 돌연변이 실험에서 Tet-off 시스템을 사용하여 간에서 발현됨을 보여준다. 형질전환 유전자를 유도한 35일 후 간 크기는 4배 증가하지만, 도입한 유전자의 작동이 꺼질 때 크기는 점차 정상으로 복귀한다. 이 효과는 세포분열과 세포사멸 빈도의 변화에 기인한다. 이런 가소성(plasticity) 수준은 다른 척추동물 기관들에서는 볼 수 없으며, 간이 매우 독특한 방식으로 세포 수를 조정하도록 특화되어 있음을 보여준다. 이 능력은 척추동물 진화 과정에서 생겨났을 것인데, 간은 소장에서 흡수되는 양분의 일차적인 목적지이므로, 체내외 환경으로부터 유래된 어떤 독소든지 간에 먼저 타격을 주고 종종 일부 세포 손상을 야기할 것이기 때문이다.

키 성장

인간 또는 척추동물의 키는 사지의 긴뼈 길이에 달려 있다. 거의 모든 배아 골격처럼, 이 긴뼈는 최초에 연골 **모형**으로 형성되었다가 발생 후기에 뼈로 대체된다(내연골 골화 과정, 그림 21.13). 연골은 혈관, 신경 또는 림프관이 없는 투명한 세포외 기질 내의 골세포소강(lacunae)에 박혀 있는 **연골세포(chondrocyte)**로 구성되어 있다. 기질은 유형 II 콜라겐(type II collagen)과 연골

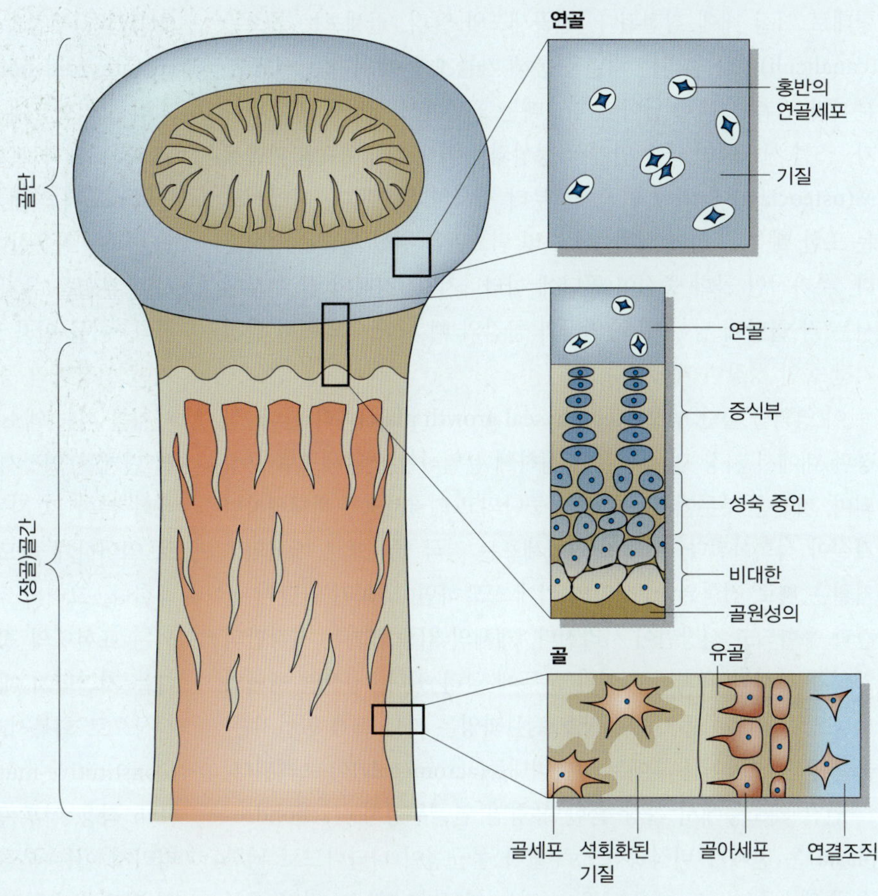

그림 21.13 (a) 발생 중인 장골(긴뼈), 연골 골단, 골단 성장판 및 골간 골화를 보여준다.

유형 프로테오글리칸(cartilage-type proteoglycan)인 아그레칸(aggrecan)의 존재가 특징이다. SOX9는 중배엽 또는 신경능선에서 유래된 연골의 발생에서 중요한 전사인자로 기능하며, 특정 연골 유형 콜라겐의 전사를 활성화시킨다. 연골 결손으로 인해 다양한 골격 이상이 일어나는 인간 유전질환인 태아굴지이형성증(campomelic dysplasia)은 *SOX9*의 한 복사본의 손실 때문에 발생하는 우성 반가불충분성(半價不充分性, haploinsufficient) 상태이다. 연골의 주위 또는 **연골막(perichondrium)**은 **연골모세포(chondroblast)**를 생성하도록 분열하는 섬유모세포 유사 세포로 구성된다. 이들은 몇 번 더 분열한 후 연골세포로 분화하여 기질 내에 박히게 된다.

두개골 앞쪽 뼈는 신경 능선에서 발생하고 정수리 및 후두골은 머리 중배엽에서 발생한다. 어느 방법에 의한 골 형성이든, 정상적으로 분화하는 뼈와 골절 치유 중인 뼈에서 발현되는 뼈형태형성단백질(bone morphogenetic proteins, BMPs)의 작용이 필요하다. BMP는 또한 다양한 초기 발생 사건들에서도 필요하기 때문에, Bmp 적중 생쥐는 골격을 형성할 만큼 충분히 발생하지 못할 수도 있다. 그러나 *Bmp7* 적중은 생존이 가능한 골격 결함을 야기하는데, 자연스럽게 발생한 *Bmp5* 및 *Growth and differentiation factor 5*(*GDF5*, BMP 패밀리의 일종)의 완전상실 돌연변이(null matation)와 같다. 세포 계보 표지 실험은 조골세포가 연골막(*Osterix-CreER* 사용)과 연골 성장 영역(*PTHrP-CreER* 사용)에서 어느 정도 유래한다는 것을 보여주었다.

긴뼈의 축은 **골간(骨幹, diaphysis)**이라 하고, 양 끝에 손잡이 모양은 **골단(骨端, epiphysis)**이라 한다. 일차골화(primary ossification)는 연골막이 **조골세포(osteoblast)**를 포함하는 **골막(periosteum)**으로 변환되는 골간 중심 주위의 고리 부분에서 시작한다. 골형성을 유도하는 핵심 전사인자는 CFBA1(호메오도메인, Runx2로도 알려짐)이다. *CFBA1* 적중 생쥐는 뼈가 전혀 없이 전적으로 연골 골격만을 가지고 있다. 이형접합 개체(heterozygote)는 쇄골두개이형성증(cleidocranial dysplasia)이라는 인간증후군으로 알려져 있으며, 막골화에 결함이 있다. 골화 동안, 조골세포는 혈관과 연관되어 연골로 침투하여 주로 제I형 콜라겐으로 구성된 기질(유골, osteoid)을 분비한다. 이것이 두꺼워지면서, 일부 세포는 기질에 의해 붙잡혀 **골세포(osteocyte)**가 되는데, 이들이 인산칼슘을 분비하면 수산화인회석(hydroxyapatite)

형태로 기질 내에 침전된다. 연골세포와 달리, 골세포는 골소관(canaliculi)이라 불리는 채널을 통해 가늘게 뻗어 나가는 세포 부분끼리 접촉한 채로 남아 있다. 뼈는 표면에서 성장을 지속하다가, 조혈 시스템인 골수 안에서 형성되는 거대 다핵세포인 **파골세포(osteoclast)**에 의해 안쪽에서부터 서서히 부식된다. 파골세포는 또한 뼈 기질 안에 혈관, 신경 및 림프관을 위한 채널을 형성한다. 추가적인 골화 중심이 골단에 나타나지만, 긴뼈의 끝 부분에서는 각 골단에 남아 있는 연골과 골간의 뼈 사이 영역에서 일정 기간 동안 성장이 계속된다.

이 영역을 **골단 성장판(epiphyseal growth plate)**이라 한다. 성장판 내에서 가장 먼 부분은 왕성하게 분열하는 연골세포로 구성되며, 가까운 부분에서는 분열이 중단되고 연골세포가 **비대해지며** 기질이 석회화된다. 비대성 연골세포는 결국 골세포로 대체되고 기질은 뼈로 전환된다. 성인의 키에 도달하면, 골화된 골단이 골간과 융합되고 성장판이 사라진다. 개체의 최종 크기는 성장판의 활성과 활성이 유지되는 기간 모두에 달려 있다. 성장판 폐쇄의 시점으로 인해 아동기의 성장호르몬 과잉은 키를 크게 만들지만, 골단 융합이 일어난 후에는 말단비대증(acromegaly)이 초래된다.

인간 왜소증에서 가장 흔한 유형인 연골무형성증(achondroplasia)은 긴뼈가 비정상적으로 짧아 불균형이 나타나므로 뇌하수체 왜소증(pituitary dwarfism)과는 다르다. 이는 성장판 증식 감소를 유도하는 FGF 수용체3(*FGFR3*)의 우성 기능 획득 돌연변이(gain-of-function mutation)에 의해 야기된다. 흥미롭게도, FGFR3 적중 생쥐는 정반대의 표현형을 보이는데, 성장판 활성의 연장으로 인해 비정상적으로 긴 뼈를 가진다. 이 결과는 성장판 연골세포 내에서의 FGF 작용이 성장 촉진 보다는 성장 억제임을 보여준다. 이 억제 활성은 정상적으로 FGF에 의해 활성화되는 ERK 경로보다는 STAT 신호전달 경로를 통해 나타난다. *FGFR3*의 강력한 기능 획득 돌연변이는 두개골 이외 대다수 골격의 성장이 중단되는 훨씬 치명적인 치사성이형성증(thanatophoric dysplasia)을 초래한다. 다른 FGF 수용체의 기능 획득 돌연변이는 막골 형성에서 결함을 야기하는데, 특히 두개골이 미성숙한 채로 융합되는 두개골유합증(craniosynostosis)을 초래한다.

성장판 내 연골세포의 증식은 신호분자 중 hedgehog 패밀리의 일원인 Indian hedgehog (IHH)와 부갑상선호르몬과 유사한 부갑상선호르몬-연관단백질(parathyroid hormone-related protein, PTHrP)을 포함하는 되먹임 고리회로에 의해 유지된다(그림 21.14). IHH는 분열이 완료된 후 비대화 분화(hypertrophic differentiation)를 수임 예정인 연골세포에 의해 생성된다. IHH는 *PTHrP*를 상향 조절하기 위해 연골막에 작용한다. 그러면 PTHrP는 분열 중인 연골세포에 작용하여 분열을 유지하고, 따라서 비대화된 영역으로의 진행을 억제한다. 이들 인자 또는 PTHrP 수용체 중 어느 유전자이든 적중시키면 성장판의 증식 감소와 조기 골화가 초래되며, 따라서 짧은 사지를 지닌 왜소증 유형이 나타난다. *IHH* 과발현은 연골세포 분열 단계를 연장시키며, 따라서 비대화 연골 형성을 억제한다. 비대화 분화 그 자체가 사지가 어느 정도 늘어나는 것을 정상적으로 일어나게 하므로, 이 과발현 또한 혼란스럽게도 왜소증을 초래한다. 그러나 실제로 그 표현형은 *PTHrP* 적중 개체에서 발견되는 표현형의 정반대인데, 비대화된 연골의 형성이 진전되기보다는 지연되기 때문이다. IHH 과발현은 *Pthrp* 적중은 표현형을 정상으로 회복시키지는 못하지만 *Pthrp* **수용체**의 구성 돌연변이(constitutive mutation)는 가능한데, 이는 PTHrP가 IHH의 하류(Ihh 작용 이후 단계를 의미)에서 작용함을 확인해 주는 것이다. 따라서 이는 본질적으로 세포 유형(비대성 연골)의 생산 속도가 이 경로가 수임된(또는 분화가 허락된) 세포 집단의 크기에 의해 조절된다는 또 다른 칼론 유사 시스템이다.

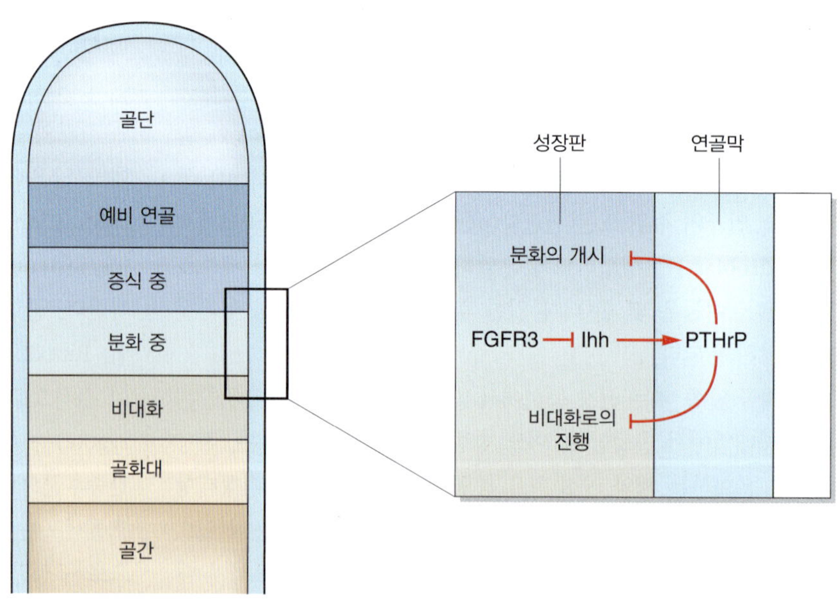

그림 21.14 연골 세포의 비대화 분화 조절을 위한 되먹임 고리. 약속화된(committed) 비대화 전 연골의 IHH는 PTHrP를 통해 분화를 억제한다.

노화

모든 세포는 필연적으로 체세포 돌연변이를 겪으며, 그 기능은 시간이 지남에 따라 저하된다. 배양하는 단세포 유기체는 영원히 살 수 있지만, 이런 배양에서 개별 세포 계통은 돌연변이 피해로 인해 지속적으로 손상되고 있다. 다세포 동물이나 식물은 정의된 몸체가 없으므로 그들의 클론을 통한 방법만으로도 영원히 살 수 있으며, 끊임없는 세포 선택은 손상되지 않은 세포에서 유래하는 새로운 성장점을 방해하지 않는다. 그러나 일정한 구조를 갖는 동물은, 특히 모든 세포가 끊임없이 새로 생성되지 않는 경우, 필연적으로 노화와 죽음을 겪게 된다.

노화(Aging)가 발생 과정인지 아닌지는 오랜 논쟁거리였다. 찬성 쪽은 노화와 죽음이 미래의 발생학적인 조절 하에 있는 미리 프로그램된 이벤트라고 한다. 반대쪽은 노화가 선천적으로 무작위적인 특성을 가진 점진적인 돌연변이와 기타 손상에 기인하는 단순한 이벤트라고 한다. 실제로, 양쪽 모두 어느 정도 옳은 것으로 판명되었다. 조작 가능한 유전자에 대응한다는 면에서 노화는 발생학적인데, 노화를 조절하는 중요한 시스템 중 하나가 놀랍게도 성장을 조절하는 인슐린 신호전달 경로와 동일함이 밝혀졌다. 반면, 이 경로에 의해 조절되는 유전자 대부분은 산화 스트레스와 여러 고분자 손상에 따른 결과를 최소화하는 구성 요소를 암호화한다. 이는 개체의 최종적인 파괴(죽음)로 이어질 여러 병적인 측면이 대부분 무작위적이고 비발생학적인 손상에 의함을 의미한다.

발생학은 노화와 죽음의 분자 메커니즘을 이해하고, 정상 수명에서 동물들 간의 엄청난 변이를 설명하며(**그림 21.15**), 특히 좋은 건강이 유지된 수명 연장 방안을 발견하는 데 기여한다.

세포 자율 과정

1차(초대) 배양으로 키운 포유동물 세포 연구에서, 세포의 증식 속도가 점차 느려지는 경향을 보이다가 결국 특정한 분열 횟수가 지나면 성장을 중지한다. 인간의 경우, 이를 **헤이플릭 한계(Hayflick limit)**라 하며 몇 가지 설명이 있다. DNA 손상으로 이어지는 무작위 과정 외에도 적어도 두 가지 결정적이고 점진적인 과정이 있다. 그중 하나는 *INK4a-ARF* 유전자좌에 의해 암화화된 단백질의 점진적인 축적이고, 다른 하나는 말단소체(텔로미어)의 점진적인 단축인데, 두 가지 모두 이 장에서 논의된다. 배양시 무한 성장하는 영구 세포주는 모든 암이 겪는 것과 유사한 돌연변이 변화를 포함한 소위 "형질전환(transformation)"을 겪어 위 유형들의 변화를 모두 회피할 수 있다.

성장 한계가 온전한 동물 세포에 적용되는지 여부와 이것이 개체의 노화에 기여하는지 여부는 여전히 논의 중이다. 인간과 생쥐의 경우는 현재 T 림프구, 췌장 β 세포, 지방 세포, 신장 상피 및 각질 세포를 포함한 일부 분열 조직에 작은 비율(1~5%)의 노화 세포가 축적될 수 있음이 알려졌다. 이 비율은 관련 조직의 기능을 손상시킬 가능성이 낮지만, 노화 세포는 주변에 손상을 일으키는 인터루킨 및 케모카인과 같은 염증성 사이토카인을 분비한다. 유전자 조작이든 약물 요법이든 노화 세포를 제거하면 생쥐 수명이 크게 연장됨이 나타났다. 줄기세포 집단에 관한한 종종 Hayflick 한계의 작동에 의해 노년기에 고갈되는 것으로 간주된다. 확실히 조혈줄기세포(hematopoietic stem cells)나 근육 위성세포와 같은 일부 줄기세포 집단은 나이가 들면서 특성이 변한다. 개체 사망을 유발할 정도로 세포가 고갈되어 가는지는 더 의심스럽지만, 줄기세포가 한평생 이상으로 증식과 기능을 계속할 수 있음은 잘 알려져 있다. 이는 한 생쥐에서 다른 생쥐로 조혈줄기세

그림 21.15 놀랍도록 오래 사는 동물들. (a) 심해에 서식하는 굴(*Neopycnodonte zibrowii*)은 ^{14}C 연대 측정으로 수명이 최장 545년이다. (b) 바다 대합(Arctica islandica), 나이테 수로 최장 507년 추정. (c) 그린란드 상어(*Somniosus microcephalus*), ^{14}C 연대 측정으로 최장 392년 추정. (인용) Wisshak et al. (2009). Deep Sea Res. Part I. 56, 374-407.; (b) G.U. Tolkiehn/Wikimedia Commons/Public domain (c) https://www.thoughtco. com/greenland-shark-facts-4178224.

포, 표피 및 정자세포를 경우에 따라 여러 번의 연속 이식을 포함하여 성공적으로 이식한 것으로 증명된다.

INK4a/ARF 유전자 좌위

INK4a/ARF는 서로 다른 해독틀로 전사되는 P16^{INK4a}와 ARF (alternate reading frame) 단백질을 암호화한다. P16^{INK4a}는 사이클린-의존성 키나아제(cyclin-dependent kinases)인 Cdk4와 CDK6의 억제제이며 세포주기를 멈춘다. ARF는 TP53을 변형시키는 유비퀴틴 리가아제(ubiquitin ligase)를 억제하여 단백질 분해가 쉬워지도록 만든다. 따라서 ARF는 세포주기 정지 또는 스트레스나 DNA 손상에 대응한 예정자멸사(apoptosis) 개시와 관련된 다양한 기능을 가진 TP53의 활성을 향상시킨다. TP53은 기능상실 또는 우성 음성 돌연변이(dominant negative mutation)가 흔히 발견되는 암에서 매우 중요한 단백질이다("암" 절 참조)). 1차(초대)배양 중인 포유동물 세포에서 P16^{INK4a}와 ARF 분자의 점진적인 증가가 발견되는데, 이는 성장 속도를 느리게 하는 요인들 중 하나이다. 또한 이 두 단백질은 젊은 동물에 비해 늙은 동물에서 양이 상승한다. 이 현상은 그 단백질들의 회전율과 상관없이 모든 조직에서 일어나므로, 세포 분열 횟수보다는 경과 시간과 관련된 것으로 보인다. 염색질 억제자인 Polycomb 그룹 일원 BMI1의 기능은 이 유전자 좌위를 정상적으로 억제한다. BMI1은 조혈줄기세포와 여타 줄기세포의 기능에 필요한데, 상향조절되면 헤이플릭 한계 부근까지 배양된 세포의 분열능을 복원할 수 있다. *INK4a/ARF* 유전자 좌위가 결여된 생쥐는 어릴 때는 비교적 정상이지만 성숙하면서 암이 발생할 위험이 실질적으로 높아지는데, 이는 시스템이 존재하는 진화적인 이유가 암에 대한 보호임을 시사한다.

말단소체 단축

세포는 많은 주기를 걸치는 동안에도 분열 횟수를 계산할 수 있는 것으로 생각된다. 이 능력과 가깝게 알려진 유일한 기전은 염색체 말단 영역인 **말단소체(telomeres)**의 단축 능력이다. 일반적으로, 각 DNA 복제주기에서 말단소체는 매번 조금씩 짧아지게 되고 결국 삭제에 의해 너무 멀리까지 잠식되는데, 이는 DNA 이중가닥이 깨질 때처럼 TP53을 활성화시켜서, 결과적으로 세포자멸사가 일어난다. 말단소체는 쉘터린(Shelterin)이라는 다중 단백질 집합체에 의해 결합하는 6 염기쌍 TTAGGG가 수천 개 반복하는 구성으로 이루어진다. 정상 세포분열에서 매 주기마다 50~100 염기쌍이 소실된다. 그러나 DNA 말단은 **말단소체복원효소(텔로머라아제, telomerase)**라 불리는 효소-RNA 복합체에 의해 복구될 수 있는데, 이 복합체는 생식세포에 정상적으로 존재하며 종종 암세포와 영구 조직배양 세포주에서는 상향조절된다. 이는 말단소체 서열을 암호화한 RNA(Terc)의 조각과 DNA를 만드는 역전사효소(TERT)를 포함한다.

말단소체 단축이 모든 동물의 노화에 기여할까? 노화가 일어난 생쥐와 인간은 짧은 말단소체를 가진다. 조직특이적 줄기세포는 텔로머라아제 활성을 일부 갖고 있지만 말단소체를 온전하게 유지하기에는 부족한데, 줄기세포에서 조차도 말단소체 단축이 어느 정도는 있다. 텔로머라아제의 RNA 구성 요소를 적중한 생쥐는 수명이 단축되는데, 흥미롭게도 생식세포가 분열할 때마다 점점 짧아져서 정상과 같은 말단소체를 유지하지 못함을 보인다. 또한 순차적인 이식을 지원하는 조혈줄기세포의 능력을 감소시킨다. 정상 조혈줄기세포는 방사선을 쪼인 호스트 생쥐로의 순차적인 이식을 4회 유지시키지만, *Terc*$^{-}$적중 생쥐는 2회만 유지시킨다. 이는 줄기세포 고갈이 적어도 일정 부분은 말단소체 단축 때문임을 보여준다. 텔로머라아제를 과다발현하는 생쥐는 암이 유발되므로, 일반적으로 수명이 단축된다. 그러나 여분의 *INK4a/ARF*와 *TP53* 복사본을 주입하여 암에 저항하도록 만들어진 생쥐는 대조군보다도 더 오래 생존한다.

후성학적 변화

최근 연구는 나이가 들면서 점진적으로 많은 히스톤 변형 및 DNA 메틸화가 축적됨을 보여준다. 가장 잘 알려진 것은 "Horvath 시계"로, 이는 나이가 들수록 점진적으로 더 메틸화되는 인간 DNA 내 353개 CpG 자리의 세트로 이루어진 구조로 구성되어 있다. 이는 통계적 연관성이므로 하나 혹은 몇 개 자리에 대해서는 유지되지 않을 수 있지만, 모든 자리를 계산하면 메틸화 정도는 연령과 매우 잘 부합된다.

인간 또는 생쥐 세포로 유도만능줄기세포(induced pluripotent stem cells, iPSC)를 만들 때, 비록 매우 늙은 기증자 세포로도 만들 수 있고 그 결과 완전히 다능한 줄기세포를 만들 수 있지만, 형성 효율은 세포 기증자의 나이에 비례하여 감소한다. 통상 이 iPSC는 초기에는 연령과 관련된 후성학적 표지 물질을 가지고 있지만, 지속적으로 배양하면 감소하는 경향이 있다. p16 및 ARF 또는 텔로미어 길이에 관한한 결과는 다소 가변적이지만, 세포 기증자와 비교할 때 iPSC 내의 p16 및 ARF 수준은 떨어지고 텔로미어 길이가 증가하는 경향이 있다. 따라서 일반적으로 iPSC는 분자적 특성 측면에서 그들이 유래된 개체보다 훨씬 더 어린 경향이 있다. 체세포 핵 이식에 의해 만들어진 복제 동물은 정상적인 텔로미어 길이를 갖는 경향이 있는데, 이는 텔로머라아제가 초기 배아기에 체세포 핵의 재프로그래밍 후에 재활성화됨을 나타낸다.

인슐린 경로와 노화

노화 과정에서 인슐린 경로의 역할이 예쁜꼬마선충(C. elegans)에서 발견되었다. 조건이 나빠지면, 즉 첫 번째 유충 단계에 양분이 제한되거나 개체가 과밀하면 세 번째 유충 단계 대신 **영속유충(永續幼蟲, dauer larva)**을 형성할 수 있다. 영속유충은 먹이 섭취를 하지 않고 무감각하며 분산된 단계이다. 이들은 몇 달 간 생존할 수 있지만, 조건이 나아지면 여전히 성체로 발생할 수 있다. 이 발생의 스위치를 켜는 방법을 찾기 위해 돌연변이체들을 조사한 결과, 인슐린 경로 구성 요소를 '기능 상실'한 돌연변이가 영속유충을 형성하는 원인임이 밝혀졌다. 또한 같은 유전자에서 정상하위대립유전자(定常下位對立遺傳子, hypomorphic alleles)를 지닌 개체는 자발적으로 영속유충을 형성하지는 않지만 정상 보다 2~3주 더 오래 산다. 예쁜꼬마선충의 인슐린 수용체 유전자는 *daf2*, *PI3kinase* 유전자는 *age1/daf23*이라 불리고, *FoxO*의 상동체는 *daf16*이라 불린다. *FoxO*가 존재하지 않는 한, 인슐린 경로가 효과를 발휘하지 않는 것으로 보인다. 이는 단백질 합성 수준을 통해 주로 작동하는 성장 조절과는 달리, 노화 경로가 대부분 전사 조절 수준을 통해 작동함을 시사한다. *FoxO*는 카탈라아제와 과산화물제거효소(superoxide dismutase, SOD)와 같이 산화적 스트레스를 줄이는 다양한 유전자의 전사를 촉진한다. 수명이 연장된 예쁜꼬마선충의 미토콘드리아 구성 요소에서 여러 정상하위대립유전자 돌연변이가 발견되는데, 이는 자유 라디칼을 동반 생산하는 호기성 대사(aerobic metabolism)가 궁극적으로 죽음에 이르게 함을 시사한다. 그러므로, *FoxO*는 산화적 스트레스를 감소시키는 단백질의 생산을 유발함으로써, 적어도 부분적으로나마 수명을 연장시킨다. 인슐린 경로가 *FoxO*을 억제하기 때문에, 정상적으로 인슐린 신호를 자극하는 먹이가 풍부한 조건은 수명을 감소시키는 경향이 있을 것이다. 인슐린 수용체에 대한 RNAi를 예쁜꼬마선충에 투여하면 보호 효과가 발휘되는 시기를 결정하는 것이 가능한데, 최대한 수명을 연장하기 위해서는 최종 탈피 직후 이 수용체가 하향조절될 필요가 있음이 알려졌다(그림 21.16).

다른 동물과의 비교를 통해 예쁜꼬마선충 연구 결과의 포괄적인 중요성을 알 수 있다. 초파리의 수명은 3~4개월인데, 인슐린 수용체 기질(insulin receptor substrate, IRS)을 암호화하는 chico 유전자의 이형접합자(heterozygote) 개체는 약 40% 정도 연장될 수 있다. 보통 생쥐는 2~3년 살지만, 스넬(Snell) 난장이생쥐와 에임스(Ames) 난장이생쥐는 40% 더 살 수 있다. 스넬 난쟁이생쥐는 전사인자 Pit1(POU 도메인)을, 그리고 에임스 난쟁이생쥐는 전사인자 Prop1(쌍 호메오도메인, paired homeodomain)이 결여되어 있다. 이 생쥐들은 뇌하수체 전엽의 세포유형인 성장호르몬분비세포(somatotroph), 프로락틴분비세포 (lactotroph) 및 갑상선자극호르몬분비세포(thyrotroph)를 형성하지 못한다. 앞서 언급한 바와 같이, 성장호르몬분비세포의 부재에서 비롯되는 성장호르몬 감소는 IGF1 생산 감소와 인슐린 경로 신호의 감소를 초래한다. 성장호르몬 수용체가 적중된 라론(Laron) 난쟁이생쥐는 정상형보다도 55% 이상 더 오래 산다.

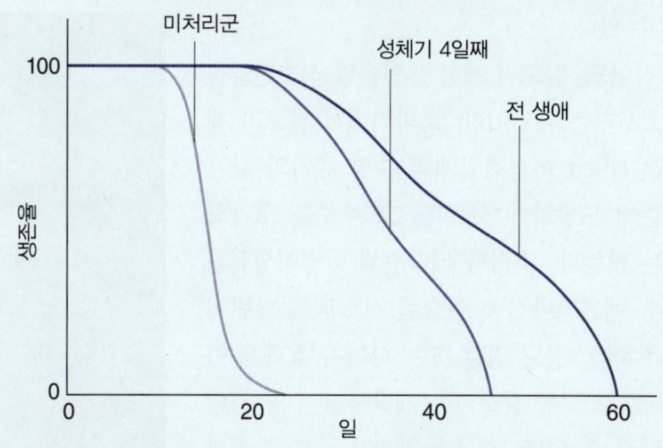

그림 21.16 예쁜꼬마선충(*C. elegans*)의 수명에 대한 인슐린 경로의 하향 조절 효과. RNAi를 인슐린 수용체에 공급하는 것을 마지막 탈피 전에 시작하면 수명이 상당히 연장되지만, 성체에 하면 그 효과가 떨어진다.

칼로리 제한

"칼로리 제한(caloric restriction)"에 의해, 즉 일반적으로 소비되는 먹이량의 약 3분의 2만 공급하면 동물의 수명이 크게 확장될 수 있다는 것도 오래 전부터 알려져 왔다. 이러한 개체는 더 천천히 성숙하고 오래 산다. 이 효과는 흰쥐에서 처음 발견되었는데, 현재는 영장류에서도 나타난다고 알려졌다(그림 21.17). 초파리와 예쁜꼬마선충을 포함한 하등동물에서도 역시 비슷한 효과가 나타난다. 심지어 동물이 아닌 효모(*Saccharomyces cereviseae*)도 유사한 현상을 보인다. 이는 저농도 포도당으로 배양한 모세포에 의해 만들어지는 딸세포 수의 증가로 알 수 있다. 실험동물에 대한 자유 급식(*ad libitum feeding*)은 과식으로 이어지는 경향이 있기 때문에 칼로리 제한 효과는 과식으로 인한 수명 단축으로도 해석될 수 있다.

적어도, 칼로리 제한은 인슐린 신호전달을 감소시키는 대안이다. 초파리에서 칼로리 제한은 chico 이형접합체의 수명 증가와 같은 수준에 도달하게 하는데, 그 수준을 초과하지는 않는다. 그러나 뇌하수체 난쟁이생쥐와 일부 예쁜꼬마선충 인슐린 시스템 돌연변이들은 어느 정도 병렬 또는 시너지 효과가 있는 것 같으며, 칼로리를 제한하면 수명이 더 연장될 수 있다. 칼로리 제한은 수많은 효과를 나타내는데, 일반적으로 당뇨병, 암, 심혈관 질환 및 뇌 위축을 포함한 노화 관련 이벤트 및 과정 모두를 감소시킨다. 암 발생 위험의 감소는 특히 중요한데, 왜냐하면 노화 방지 조치로 간주되는 *Ink4a-ARF*의 적중이나 텔로머라아제의 발현은 모두 암 위험을 증가시키는 반대 효과를 내기 때문이다.

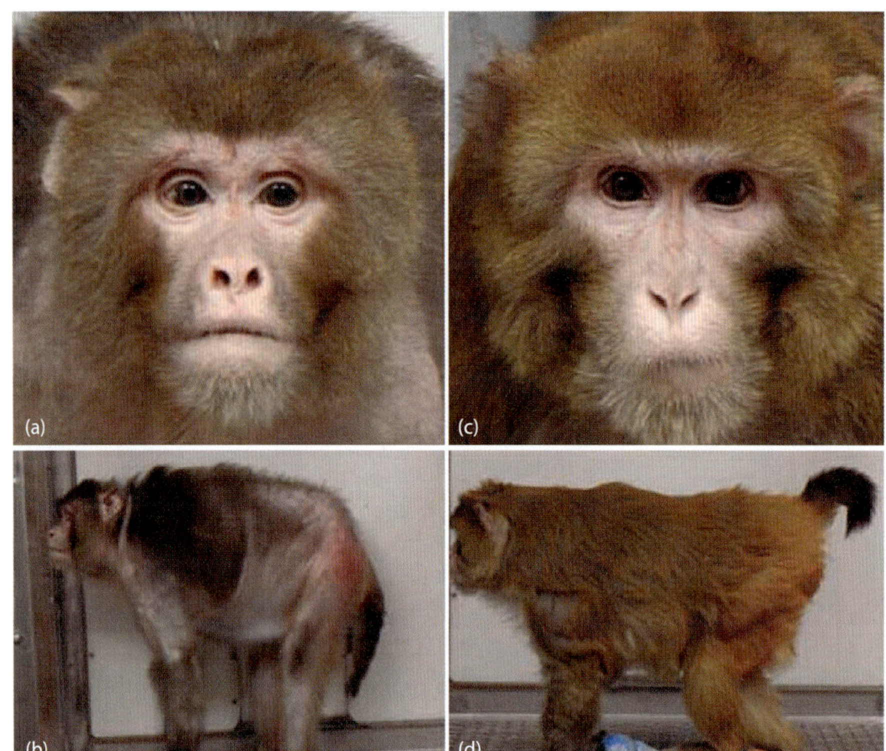

그림 21.17 붉은털원숭이에 대한 칼로리 제한 효과. 제한된 식단은 20년 동안 유지되었다. (a,b) 27세 대조군; 그리고 (c,d) 칼로리 제한을 받는 연령 일치 동물. 효과는 대조군에게 자유식이(ad libitum)를 허용하는 경우에만 나타난다. (인용) Colman et al. (2009). Science. 325, 201-204, PNAS의 허가를 득함.

효모의 수명 연장은 NAD-의존성 히스톤 탈아세틸화효소(NAD-dependent histone deacetylase)를 암호화하는 유전자인 sir2에 달려 있다. 히스톤 탈아세틸화효소가 유전자 활성 억제에 일반적으로 연관되어 있고, NAD(nicotinamide adenine dinucleotide, 대사과정에서 가장 중요한 중간 산물)에 의존한다는 점은 이 효소가 세포의 대사 상태와 글로벌한 유전자 활성 조절 사이를 연결하는 수단임을 가리킨다. 발생학적 관점에서는 효모가 동물과는 멀어 보이지만, 예쁜꼬마선충과 초파리에서 *sir2* 상동체를 과발현시키면 수명 연장이 확연하다. 포유류에는 데아세틸라제(deacetylase)를 암호화하는 *sir2*의 상동체가 7개 있다. *Sirt6* 과발현은 순환하는 Igf1의 부분적인 감소와 함께 수컷 생쥐의 수명을 연장하지만 암컷은 아니다. 레스베라트롤(resveratrol)은 SIRT1을 활성화시키는 것으로 알려진 물질이며, 생쥐에서 고지방식에 의한 장기적인 악영향을 상쇄하는 것으로 간주되어 왔다. 하지만 이 역시 포유동물의 수명을 연장하지는 않는다.

무척추동물의 TOR 그리고 포유동물의 mTOR를 억제하는 라파마이신(Rapamycin, 면역 억제라는 맥락에서 Sirolimus라고도 알려짐)은 예쁜꼬마선충, 초파리 및 생쥐의 수명을 증가시키는 것으로 보고되었다. 그러나 생쥐에 대한 효과는 대부분의 실험용 생쥐가 종양으로 죽기 때문에 항종양 효과라고 혼동된다. 인간의 수명을 늘릴 수 있는지 확인하기 위해 일부 임상시험이 진행 중이다. 이와 관련하여 기능 획득 활성을 갖는 *FOXO* 유전자의 대립유전자가 인간의 장수와 관련이 있음이 자연스럽게 발견되었다. "인슐린 경로 및 노화" 절에서 언급한 바와 같이, FOXO 활성은 일반적으로 산화 스트레스를 줄이는 단백질의 전사를 촉진하며 인슐린 신호에 의해 억제된다.

암

암(cancer)은 인간의 커다란 관심 사안인데, 우리들 중 약 40%는 어떤 종류의 암에 걸리고 그중 절반이 사망할 것이기 때문이다. 따라서 암생물학은 큰 주제이며, 이 절은 발생학과 관련된 측면들을 다룰 것이다. 암은 근본적으로 우리 신체 조직의 성장인데, 부적절한 범위 또는 부적절한 장소에서 일어나는 것이다.

"새로운 성장"을 의미하는 **신생물(neoplasm)**이라는 용어와 원래 "부기(swelling)"를 의미하는 종양(tumor)이라는 용어는 종양이 모든 유형의 새로운 성장을 의미하므로 어느 정도는 동의어이다. 대부분의 암은 단일한 단계로 발생하는 것이 아니라 전구 병변들에서 진전되는데, 그 자체는 경미한 성장 및 분화 장애이다.

암 발생과 배아 구조 발생의 주요 차이점은 암 발생이 결정론적 발생과정 때문이 아니라 체세포 돌연변이와 세포 선택과 관련된 일련의 사건 때문이다.

종양은 양성이거나 악성일 수 있다(그림 21.18). 양성 종양은 원래의 생성 위치에서 분화가 순조롭게 진행되며, 흔히 섬유성 캡슐로 둘러싸인다. 악성 종양은 인근 부위로 세포를 침투시키고, 혈류 또는 림프 시스템을 통해 세포를 보내 체내 먼 부위에서 2차 종양을 형성시키는 **전이(metastasis)**를 일으키며, 덜 분화되고 더 빨리 성장하는 것 같다. 악성 종양이 신체의 다른 부위로 확산되면 수술로 치료하기가 매우 어렵다. **암**이라는 용어는 악성 종양을 의미하는 경향이 있지만, 때때로 국소적인 종양 또한 사망을 일으킬 수 있고 암이라 불린다.

종양의 분류 및 전조 병변

악성 종양도 보통 모세포의 분화된 조직학적 특성을 상당 부분 보유하고 있으며, 종양의 조직학적 분류는 이 사실에 근거한다. 이는 암 종류가 신체내 세포 유형만큼 있어야 함을 의미한다. 실제로, 분자 수준에서는 더 많은 종류가 있는데, 각 세포 유형이 정상적인 성장 조절 능력을 잃을 수 있는 방법이 많기 때문이다.

상피조직의 암은 **암종(癌腫, carcinoma)**이라고 불린다. 조직학적으로 선(샘) 구조인 경우를 선암(腺癌, adenocarcinomas)이라 하고, 조직학적으로 편평한 구조인 경우에는 편평세포암이라 한다. 한 조직 유형이 두 유형 모두를 유발할 수 있으므로, 예를 들어 식도 상피의 종양은 선암 또는 편평세포암종일 수 있다. 유방암, 대장암, 폐암과 같은 잘 알려진 일반적인 암은 모두 해당 상피들의 암종이다. 결합 조직의 종양(넓은 의미에서)은 육종(sarcoma)라 한다. 따라서 골육종(osteosarcoma)은 뼈의 악성 종양이며 지방조직의 종양은 지방육종(liposarcoma)이다. 각 조직에 해당하는 양성종양은 접미사 -oma을 붙이는데, 예를 들어 선종(adenoma)은 선형상피의 양성 신생물이다, 편평상피는 유두종(papilloma), 뼈는 골종(骨腫, osteoma), 지방 조직은 지방종(lipoma)이다. 종양이 부모 조직을 알 수 없을 정도로 미분화 상태인 경우에는 퇴행성(anaplastic)이라고 지칭한다.

하나의 조직 유형(대개는 상피조직)이 종양 이름으로 되지만, 통상적으로 종양은 결합조직, 혈관 및 면역세포로 구성된 **기질(stroma)**을 포함한다. 기질의 섬유모세포가 성장, 혈관신생, 염증 및 침습적 행동을 촉진하는 인자를 분비할 수 있으므로, 상피세포와 기질 간의 상호작용은 종양의 진행에 매우 중요하다. 충분한 영양소 공급 없이는 종양 성장이 일어날 수 없기 때문에, 혈관신생은 특히 중요하다. 비록 많은 종양이 주로 혐기성 대사를 하여 어느 정도 저산소 상태이지만, 산소도 필요하다.

백혈병(leukemia)은 한 종류 이상의 혈액세포가 과잉 생성되는 조혈조직의 암이다. 급성골수성백혈병(acute myeloid leukemia)은 조혈줄기세포에서 발생하는 것으로 여겨지는데, 이와 다른 종류는 무한 증식능력을 보유한 중간 단계의 세포 유형 중 하나로부터 유래된다. 백혈병의 유형은 모세포의 특성에 따라 다른데, 예를 들어 과립구성 백혈병은 **과립구(granulocyte)** 전구세포의 질병이고, 림프구성 백혈병은 **림프구(lymphocyte)** 전구세포의 질병이다. 림프종(Lymphoma)은 림프구가 과다 성장한 고형

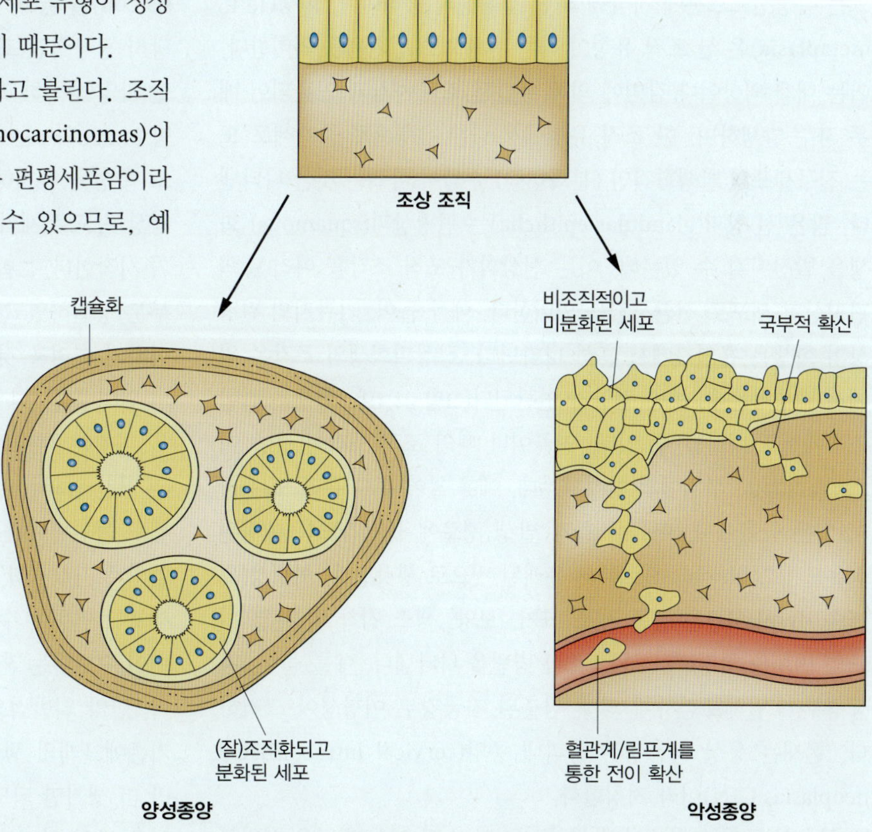

그림 21.18 종양들: 양성과 악성. 양성종양은 캡슐화되고 잘 분화되는 경향이 있는 반면, 악성종양은 주변을 침범하고 신체의 다른 곳으로 전이를 일으키는 경향이 있다.

암이어서 백혈병과 다른데, 혈액을 순환하는 악성 세포를 동반할 수도 있다.

여기에는 소아에서 가장 흔하게 발견되는 일부가 포함되는데, 예를 들어 신경모세포종(neuroblastoma)은 미성숙한 신경모세포의 종양이다. 빌름스 종양(Wilm's tumor)은 소아의 신장 전구세포가 증식한 것이다. 발생학자가 특히 관심을 갖는 종양은 **기형종(teratoma)** 또는 **기형암종(teratocarcinoma)**인데, 생식세포로부터 유래하며, 생쥐의 배아줄기세포(embryonic stem cells, ESCs)와 매우 유사하다. 배아줄기세포와 마찬가지로, 기형암종은 다양한 분화 조직을 형성할 수 있으며, 아마도 줄기세포 자체 외에도 뒤죽박죽으로 섞인 구조를 포함할 수 있다.

암으로 진행될 수 있는 전구 병변은 과형성(過多形成, hyperplasia), 화생(化生, metaplasia) 및 이형성(異形成, dysplasia)으로 알려져 있다. **과(다)형성(過多形成, hyperplasia)**은 세포를 과도하게 생산하지만, 매우 정상적인 세포분화와 세포교대(turnover)가 일어난다. 일부 과형성은, 예를 들어 사춘기 또는 임신 중의 유방 상피세포 성장과 같이 정상적인 생리학적 사건이다. 병리학적인 과형성의 예로는 갑상선종(goiter)이 있는데, 요오드 결핍 또는 갑상선호르몬에 자극에 의한 갑상선의 증식이다. **화생(化生, metaplasia)**은 한 조직 유형이 다른 유형으로 전환됨을 의미한다. 이는 대개 외상이나 감염에 의해 유발된 조직 재생과 연관되어 매우 자주 발생하며, 한 조직 유형에서 다른 유형으로 줄기세포 또는 전구세포의 발생학적인 (분화허락) 수임이 바뀌는 것을 나타낸다. 많은 선 상피(glandular epithelia)는 편평상피(squamous) 화생을 발전시킬 수 있는데, 이는 선상피가 조직 조각을 여러 층의 편평상피 세포로 전환시킴을 의미한다. 예를 들어, 기관지의 편평상피 화생은 흡연자에서 흔히 나타난다. 장상피화생의 조각은 위에서 발생하는데, 종종 궤양과 연관된다(그림 21.19). 화생은 결합조직에서도 나타날 수 있다. 연골이나 뼈의 조직 조각이 종종 이소성(ectopic) 부위에서 형성되는데, 예를 들어 수술 흉터 또는 상처 입은 근육이다. 이들은 골격 발생 경로에 들어가도록 예정된 섬유모세포(fibroblast)로부터 유래된 것으로 생각된다. **이형성(異形成, dysplasia)**은 종종 세포 크기, 모양, 색소 침착 및 분열 빈도의 변화를 특징으로 하는 조직 병변을 나타낸다. 예를 들어, 자궁경부 도말세포검사에 의해 검출된 자궁경부 이형성이 그러하다. 현재는 통상 자궁경부 상피내 종양(cervical intraepithelial neoplasia, CIN)이라 지칭한다.

하나의 특정 조직에서 발생하는 전암성 및 암성 병변을 설명하기 위해 그림 21.20a는 선종성 대장 용종증(adenomatous polyposis coli)을 앓고 있는 환자의 여러 선종을 보여준다. 이 선종은 상당히 정상적인 조직 구조를 가지고 있지만, 선와(腺窩, 움, crypt)를 과잉 생성하고 선종 부산물을 만들기에 충분한 이상이 있다. 그림 21.20b와 c는 분화가 잘 일어난 결장암이다. 이는 장의 선와 구조 특성을 유지하지만, 선종과는 대조적으로 세포가 비정상이며 정상 속도로 제거되지 않고, 종양이 하부의 결합 조직으로 침입하기 시작한다. 그림 21.20d는 다른 결장암인데, 가시적인 분화를 대부분 상실하였고, 만약 그 위치가 아니었다면 장상피세포라고 인식하기 어려울 것이다.

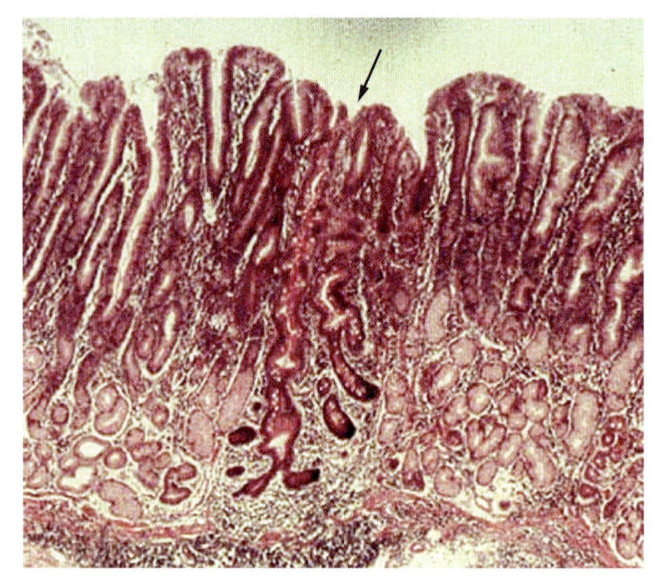

그림 21.19 위의 장상피화생. 위축성 위염이라는 염증 상태를 겪고 있는 환자의 위에 화생 패치(화살표)가 생겼다. (인용) Owen(2003) Mol. Pathol. 16, 325-341에서 재생, Nature Publishing Group의 허가를 득함.

위의 모든 이상 현상의 주요 원인은 성장과 분화 행동에 영향을 미치는 체세포 돌연변이의 축적이다. 역학 연구에 따르면, 많은 인간 암의 연령별 발생률은 동일한 세포에서 4~6개의 특정 체세포 돌연변이가 일어나야 한다는 가정에서 모델링할 수 있다. "암의 분자생물학" 절에서 볼 수 있듯이, 현재 모든 종양에서의 체세포 돌연변이 수가 방대함이 알려졌으므로, 이 숫자는 실제 돌연변이 수보다는 혼란한 세포 생물학적 시스템의 수와 더 관련이 있다. 만약 일반적으로 6개의 돌연변이가 종양 형성에 필요하다면, 기존에 1개의 생식계열 돌연변이를 가진 개인은 5개의 돌연변이만 더 생기면 되므로 생애 중 암 발생 위험이 더 높은 유전적인 소인을 보일 것이다.

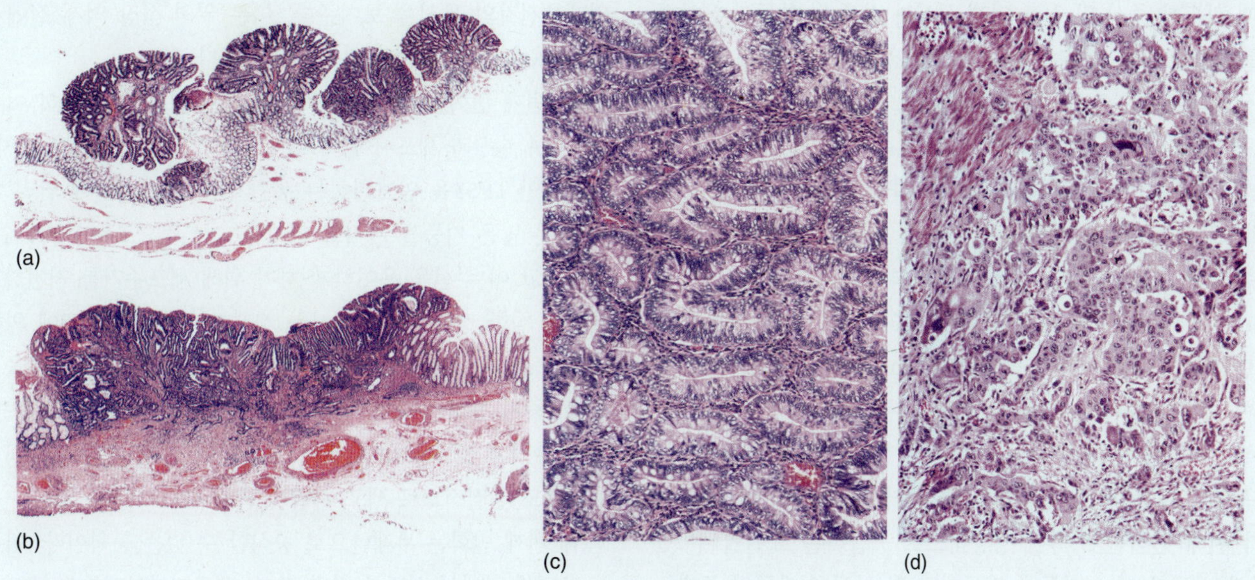

그림 21.20 결장의 선종 및 암종. (a) 선종성 대장 용종증 환자의 다발성 선종. (b) 암종: 밑에 있는 결합 조직으로의 종양 침범을 주목하자. (c) 결장의 잘 분화된 암종의 고배율 사진. (d) 저분화 결장 암종. (인용) WHO Press의 허가를 받아 WHO(1976)에서 발췌.

암의 분자생물학

많은 집중적인 노력 덕분에 암의 분자생물학은 이제 상당히 잘 이해되고 있으며, 종양이 발생하는 동안 통상적으로 일어나는 많은 주요 변화들을 식별하게 되었다. 최근 몇 년 동안 현대 시퀀싱 기술을 통해 종양의 전체 게놈 시퀀싱, RNA-seq 프로파일과 ChIP-seq 프로파일도 수행이 가능해졌다. 현재 많은 연구는 종양 내 세포 변이체의 이질성을 정확하게 추정할 수 있는 종양의 단일 세포 RNA-seq를 포함한다. 무엇보다도 종양의 염기서열 분석은 종양이 실제로 단일 세포로부터 유래한다는 관점을 확인했다. 이는 종양의 모든 세포가 일부 체세포 돌연변이를 공유하고, 이것이 최초의 단일 세포에 존재했던 돌연변이를 나타내기 때문이다. 종양이 전체 세포 집단에서 발생했고 모든 후손 세포가 여전히 존재한다면, 이는 존재하는 체세포 돌연변이의 엄청난 다양성을 확연히 보여줄 것이다. 인간의 암은 전형적으로 10^4~10^5개 정도의 엄청난 수의 체세포 돌연변이를 포함하고 있으며, 그중 10^2~10^3개는 단백질 암호화 영역에 있다. 이들 중 일부는 종양이 기원 세포에서 시작되기 전에 존재했고, 나머지는 그 이후에 축적되었다. 대부분은 호변변화(tautomeric shift)로 인한 DNA 염기 미스매치, 자연 방사선 또는 대사산물로 인한 산화적 손상으로 생긴 DNA 손상 등의 무작위적인 과정에 의해 발생한다. 암 발생률은 담배 연기에서 또는 진균에 의해 오염된 식품에서 발견되는 돌연변이 유발원인 화학적 발암물질에 대한 노출에 의해 가속화될 수 있다. 태양으로부터 자외선은 인간 피부암의 주요 원인이다. 소수의 암은 바이러스에 의해 일어나는데, 이들이 **종양유전자(oncogene)**를 세포로 전달하거나(아래 참조), 내재적인 종양유전자를 활성화하거나, 단순히 조직 손상과 그에 따른 재생을 증가시킴으로써 돌연변이가 확립될 기회를 증가시키기 때문이다. 대량의 종양 샘플에는 간질 조직과 악성 상피 자체가 포함될 가능성이 있음을 기억할 필요가 있다. 간질은 체세포 돌연변이도 포함하지만 단일 세포에서 파생된 것이 아니므로, 샘플의 모든 세포에 대해 평균을 내기에 대량 시퀀스에서는 보이지 않을 것이며, 대신 개인의 생식계열 시퀀스와 일치할 가능성이 높다.

모든 종양에서, 존재하는 모든 돌연변이 중 극소수만이 실제로 암 표현형에 필요하다. 이들을 운전사 돌연변이(driver mutation)라 한다. 운전사 돌연변이로 인해 특정 클론이 주위의 클론들에 비해 상대적으로 확장되면 필연적으로 많은 승객 돌연변이(passenger mutation)—기원 세포에 존재하지만 종양 성장에 기여하지 않는—를 수반한다. 많은 종양에서 운전사 돌연변이는 병렬적인 출현을 통해 부분적으로 확인되며, 정상적인 유전자 기능에 관한 지식을 통해 그들의 생물학적 효과를 부분적으로 예측 확인할 수 있다.

분자생물학 연구를 통해 종양의 특징인 여러 주요 유형의 결함이 밝혀졌다. 암 확립에 필요한 첫 번째 결함 유형은 분열을 지속하기 위한 성장인자가 불필요하다. 이는 **발암유전자(oncogene)**를 생성하는 돌연변이에 의해 초래된다. 이는 조직 배양세포에 도입될 때 과도한 증식 및 접촉 억제 상실과 같은 암 행동과 유사한 변화를 일으킬 수 있는 유전자이다. 발암유전자 산물은 흔히 성장과 발생을 조절하는 신호 시스템의 구성 요소인데, 성장인자 그 자체, 성장인자 수용체, 신호전달 경로의 구성 요소 또는 이들 경로에 의해 활성화된 전사인자 중 하나이다. 기능 획득 돌연변이는 구조적으로 활성화된 단백질을 생성할 수 있는데, 예컨대 인간 종양은 종종 EGFR와 FGFR 같은 수용체 티로신키나아제(receptor tyrosine kinase)에 의해 활성화되는 ERK 경로 구성 요소인 GTP 교환 단백질 Ras의 구성적 돌연변이(constitutive mutation, 즉 기능 획득)를 포함한다. 발암성 돌연변이는 다른 정상 유전자 산물을 부적절하게 발현시킴으로써도 작용할 수 있다. 예를 들어, 많은 종양은 성장인자를 분비하는데, 줄기세포 쉼터(niche)를 생성하기 위해 인접한 조직이 정상적으로 공급하는 요인일 수 있다. 종양 자체가 이 인자들을 만들거나 혹은 이 인자들의 존재로부터 자유로운 경로를 활성화하면, 성장은 더 이상 인접 조직에 의해 조절되지 않고 자율적으로 될 것이다. 또 다른 매우 중요한 발암유전자는 *MYC*인데, 이는 히스톤 아세틸기전이효소(histone acetyl transferase)를 끌어들임으로써 여러 유전자를 상향조절하는 전사인자이다. 수많은 기능 중 하나가 세포분열 자극이며, 인간 암에서 기능 획득 돌연변이가 자주 발견된다.

다음의 변화는 성장 억제자에 대해 무감각해지는 것이다. 이와 관련된 유전자가 **종양억제유전자(tumor suppressor gene)**인데, 보통 성장 억제자를 암호화한다. 돌연변이에 의해 이 유전자가 불활성화되면, 정상적인 억제가 해제되어 암 발생에 기여하게 된다. **망막모세포종**(*Retinoblastoma, Rb*) 유전자의 산물이 그 예이다. 이는 TGFβ 패밀리의 인자에 의해 상향 조절되는 세포주기 저해제이다. Rb 유전자의 두 사본이 망막세포에서 손상될 경우, 망막모세포종이 발생한다. 이는 한 세포의 유전자 두 사본 모두에서 별개의 기능 상실 돌연변이가 일어나야 하기 때문에, 정상적인 상황에서는 대단히 드문 사건이다. 그러나 그런 돌연변이가 있을 경우 질환 발병에 매우 민감하며, 그 예로는 양쪽 눈에서 여러 암 발생 부위가 형성되는 유전형 망막모세포종이 있다. 이는 이들이 생식계통을 통해 이미 결함 유전자 사본을 하나 전달받은 이형접합자이기 때문이다. 이 질환은 남아 있는 정상 유전자 사본을 불활성화하는 단 1회의 체세포 돌연변이를 겪은 오직 하나의 망막세포에서 시작될 것인데, 망막세포가 매우 많다고 하더라도 단지 몇 개의 세포에서만 이 돌연변이가 발생할 것이다. 망막모세포종은 단일 유전자의 기능손실만으로도 종양 형성을 개시하기에 충분하기 때문에 흔치 않은 경우이지만, 대신 아주 명확하게 종양억제유전자의 특성을 보여준다. 이는 위의 성장 억제 절에 나온 *p16INK4a/ARF* 유전자 자리를 포함한다.

세 번째 변화는 세포사멸을 방지하는 기능이다. 흔히 이 변화는 DNA 손상과 세포사에 이르는 여러 스트레스 상황을 감지하는 단백질인 TP53을 암호화하는 유전자의 기능 상실에 달려 있다. TP53은 많은 기능을 가지고 있지만, 기본적으로는 DNA 수선을 촉진하고 이 수선을 용이하게 하기 위해 세포주기를 저지하는데, 손상이 심한 경우 세포자멸사를 개시한다. 만약 TP53에 의해 매개되는 조절이 없어지면 많은 세포가 다양한 종류의 결함을 갖게 되며, 죽지 못하는 대신 생존하고 증식한다. TP53의 돌연변이는 흔히 우성 음성(dominant negative)이므로, 단 하나의 우성 돌연변이로도 실질적으로 세포 사멸을 크게 감소시킬 수 있다.

네 번째 변화는 무제한으로 증식할 수 있는 능력이다. 이는 이는 "노화" 절에서 설명한 바와 같이, 텔로머라아제(telomerase)의 상향조절 때문에 염색체가 단축되는 일이 일어나지 않기 때문이다. 정상 세포에서의 텔로머라아제 활성은 매우 낮은 수준이며, 말단소체(텔로미어, telomere) 단축은 정상적으로 세포 노화를 유발하는 요인 중 하나이다. 그러나 인간 암에서는 텔로머라아제 발현이 상향조절된다.

종양 성장에 필수적인 다음 요소는 **혈관신생(angiogenesis)**을 촉진하는 기능이다. 종양이 주변으로부터 자신 쪽으로 모세혈관 성장을 유도하지 못하면, 영양분을 얻을 수 없고 성장할 수도 없다. 대부분의 종양은 FGFs와 VEGF 같은 혈관신생인자를 분비하여 풍부한 혈액 공급을 끌어들일 수 있다.

마지막으로, 침입(invasion)과 전이(metastasis)에 필요한 변화들이 있다. 여기에는 E-캐드헤린 같은 다양한 세포 접착분자의 하향 조절, 그리고 주변의 세포외 기질을 분해하여 세포가 보다 자유롭게 이동할 수 있도록 하는 프로테아제 분비가 포함된다. 이러한 모든 변화는 체세포 돌연변이에 의해 야기된다. 변화의 속도는 추가 돌연변이의 빈도를 증가시키는 자기 자신의 돌연변이에 의해 가속화될 수 있다. 여기에는 DNA 수리의 결함이나 염색체의 완전성을 감소시키는 변화가 포함된다.

암 줄기세포

오랫동안 병리학자들은 일부 암이 줄기세포 유형을 가진다고 믿어 왔는데, 이는 소수의 줄기세포 집단이 종양 부피의 대부분을 형성한다는 믿음이다. 최근 이 개념은 실험생물학자들 사이에서 유행이 되고 있다. 통상적으로 암줄기 세포는 면역결핍 생쥐에 이식하면 종양 전체를 재구성할 수 있는 부분적인 세포 집단으로 정의된다. 예를 들어, 급성골수성백혈병(human acute myelogenous leukemia, AML) 환자의 $CD34^+$와 $CD38^-$ 세포 집단은 면역결핍 생쥐에서 종양을 재구성하지만, 다른 세포 집단은 그러지 못한다. CD34는 정상 조혈줄기세포(hematopoietic stem cell, HSC)에서 발견되는 시알로뮤신(sialomucin)이며, CD38은 분화된 림프구의 표면에서 발견되는 당단백질이다. 이들 외에도 정상 조혈줄기세포와 일치하는 암줄기세포의 다른 특성들 때문에, 정상 조혈줄기세포는 AML의 기원으로 여겨진다. 유사하게, 인간 유방암 세포에서 유래한 $CD44^+CD24^{lo}$ 세포는 이식 후에 종양을 재생시킬 수 있다. 그러나 이 경우 항원 조합은 정상 유방 줄기세포 집단에서 발견되는 표면 항원조합과 다르다. 모든 암 줄기세포 표지자가 신뢰할 수 있는 것은 아님이 입증되었다. 예를 들어, 생체내 신경줄기세포의 표지자인 CD133 또는 Prominin1이라는 세포 표면의 오각형(pentaspan) 당단백질은 신경교종(神經膠腫, glioma) 세포의 줄기세포 마커로 제안되었지만, 후속 연구 결과는 일관성이 없는 것으로 판명되었다.

줄기세포는 확실히 일부 암에 존재하며, 생쥐에서 CreER 계통 표지를 사용하여 줄기세포를 식별할 수 있다. 그러므로, 예를 들어 *K14-CreER*로 표지된 세포는 돌연변이 유발원인 포볼에스터(phorbol ester, 단백질 키나아제 C를 활성화함)를 처리하여 실험적으로 유도한 생쥐 유두종(乳頭腫, papilloma)에서 줄기세포 특성을 보였다(**그림 21.21**). 그러나 대부분의 암 줄기세포는 계보 표지 기술이 아닌 이식에 의해 식별된다. 이에 대해 논란이 많았던 이유는 이식 방법이 주로 생쥐 환경에서 세포의 생존을 시험하기 때문이다. 면역력이 더 심하게 저하된 경우 생쥐를 숙주로 사용하면 면역이 덜 저하된 쥐에서는 자라지 않는 세포 분획이 자랄 수 있게 된다. 또한 앞서 언급한 바와 같이, 암 줄기세포 분리에 사용하는 일부 표지자는 완전히 신뢰할 수는 없는 것으로 증명되었다. 마지막으로, 종양의 비율이 줄기세포 모델로는 확증되지 않는다는 것이 항상 명백했는데, 그 이유는 줄기세포 모델에서는 모든 세포가 이식 후 종양을 재생할 수 있기 때문이다.

일부 암에는 확실히 줄기세포가 포함되어 있지만, 이들이 조직 특이적 줄기세포에서 발생했어야 할 필요는 없다. 암은 필연적으로 많은 체세포 돌연변이를 경험해 왔으며, 암은 전이-증폭세포(transit-amplifying cells) 또는 세포 분열이 가능한 다른 세포로부터도 유래가 완벽하게 가능하다. 그러나 암이 성숙한 뉴런이나 골격근 섬유처럼 체세포분열이 완전히 끝난 세포 유형에서 발생하는 경우는 매우 드물다.

암의 진행

종양은 전형적으로 전암성 병변으로 시작해서, 국소 종양, 침습성 종양, 마지막으로 혈액이나 림프를 통해 퍼지고, 신체의 다른 부분에 자신의 씨를 뿌리는 전이(metastasis)로 진행된다. 종양이 겪는 진행은 정상적인 발생보다는 생물학적 진화에 더 가깝다. 이는 가장 빠르게 성장하는 변이체의 선택과 함께 세포의 지속적인 유전적 변화로 인해 발생하기 때문이다. **그림 21.22**는 실험적인 생쥐 종양의 진행을 보여주는데, *Wnt1* 또는 *Fgf3* 유전자와 같은 다양한 발암 부위에 DNA 바이러스가 통합되는 생쥐 유선 종양바이러스에 의해 유도된 유선 암종이다. 처음에는 종양이 양호한 조직학적 구조를 유지하지만, 암이 진행함에 따라 종양이 분해됨과 동시에 간질에서 지방조직을 잃고 더 많은 섬유아세포와 면역세포를 얻는다. 이것은 혈관 구조의 상당한 증식을 동반한다.

궁극적으로, 악성종양은 주변의 다른 조직을 침범한 다음 국소 림프절과 최종적으로 전신에 세포들을 보내 이차 또는 전이성 종양이 된다. 여기에는 발생학자에게 친숙한 여러 과정을 포함한 다수의 과정이 관여한다. 침입 초기 단계는 종종 신경능선이나 공

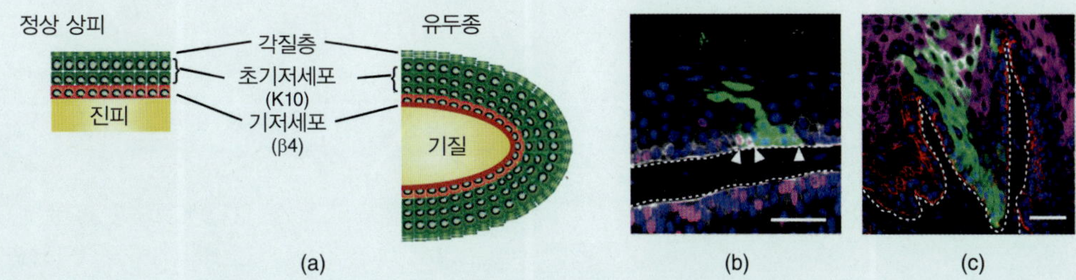

그림 21.21 생쥐 유두종에서 줄기세포의 시각화. 유두종은 화학적 발암물질로 생쥐 피부에서 유발되었다. 생쥐 라인은 *K14-CreER*와 *Rosa-YFP*였으며 클론 밀도에서 표피 세포의 혈통 표지는 저용량의 타목시펜에 의해 유도되었다. (a) 정상 표피에 대한 유두종 조직의 유사성. (b) 6일 후 유두종에서 YFP 라벨(녹색); 그리고 (c) 14일 후. (b,c)는 기저층을 표시하기 위해 β4 인테그린(빨간색)과 세포의 상층을 표시하기 위해 케라틴 10(라일락색)에 대해 면역염색했다. 축척자: 50 μm. (인용) Driessens et al. (2012). Nature, 488, 527-530.

막의 발생에서 볼 수 있는 '상피에서 중간엽으로의 전이(epithelial to mesenchymal transitions)'의 전형적인 특징을 가진다. 정상 발생에서처럼 이 과정은 Snail, Snai2(= Slug) 및 Twist 같은 전사 인자에 의해 시동된다. 이들은 칼슘-의존적 부착을 담당하고, 상피 구조의 유지에 매우 중요한 E-캐드헤린 생산 억제를 초래한다. 이때 중간엽 세포의 특징인 중간 필라멘트 단백질인 비멘틴(vimentin)이 증가한다. 전이성 종양은 종종 CXCR4를 발현하는데, 이는 케모카인 SDF1에 대한 수용체이며 전이가 주로 자리 잡는 공통 부위인 폐와 골수에 풍부하다. 동일한 SDF1-CXCR4 시스템이 발생 과정에서 세포 이동을 책임지는데, 예를 들어 생식세포를 생식선으로, HSC를 골수로 이끈다.

종양은 주변 환경에 대한 국소적 파괴 효과 외에도 종종 전신 효과가 있는 요인들을 분비한다. 여기에는 TNFα(tumor necrosis factor alpha, 종양 괴사인자 알파) 및 IL6(인터루킨 6)이 포함되는데, 이들은 종양으로 인한 지방 및 골격근의 병리학적 손실인 악액질(cachexia)의 원인 그리고 인간 진행성 암의 공통적인 특징의 원인 중 일부가 된다.

종양 진행에 대한 이해는 최신 DNA 시퀀싱 기술로 크게 향상되었다. 특히, 단일 세포 시퀀싱은 종양 내의 이질성을 직접 다룰 수 있고, 대량 시퀀싱에서 추론할 수 있는 것보다 훨씬 정확한 정보를 제공할 수 있다. 단일 세포 염기서열 데이터를 이용해서 종양에 존재하는 하위 클론에 대한 "계통수(phylogenetic trees)"를 계산할 수 있다. 이러한 계통수는 종양이 동질적이었던 때로 거슬러 올라간다. 이는 "마지막 공통 조상"이라 불리며, 비록 언급한 바와 같이 기원 세포에 이미 존재하는 승객 돌연변이를 보유할 것이지만, 그 자체는 기원 세포와 비교하여 상당한 선택을 겪을 것이다. 이러한 유형의 연구는 하위 클론의 패턴과 선택을 담당하는 운전자 돌연변이가 통상 동일한 조직학적 유형의 서로 다른 개별 종양 간에 가변적임을 보여주었다.

이 모든 유전적 복잡성과 이질성은 암 치료를 매우 어렵게 만든다. 대부분의 종양을 파괴하는 치료가 어떻게 상대적으로 내성이 있는 서브클론의 선발을 돕는지는 쉽게 알 수 있는데, 이들은 재발되는 종양 형태로 다시 자랄 가능성이 있다.

암 요법

치료적 암 요법의 목적은 암 세포의 100% 제거 또는 재발 성장으로 이어질 수 있는 암 줄기세포 또는 특히 공격적인 하위 클론이 되는 세포를 100% 제거하는 것이다. 오랜 세월 동안 공격적인 종양을 외과적으로 제거하는 수술에 주로 의존해 왔다. 수술은 생명 유지에 필수적인 조직이 파괴되지 않고 종양이 아직 전이되지 않는 한 성공적일 수 있다. 여전히 상피성 캡슐 안에 갇혀 있는 양

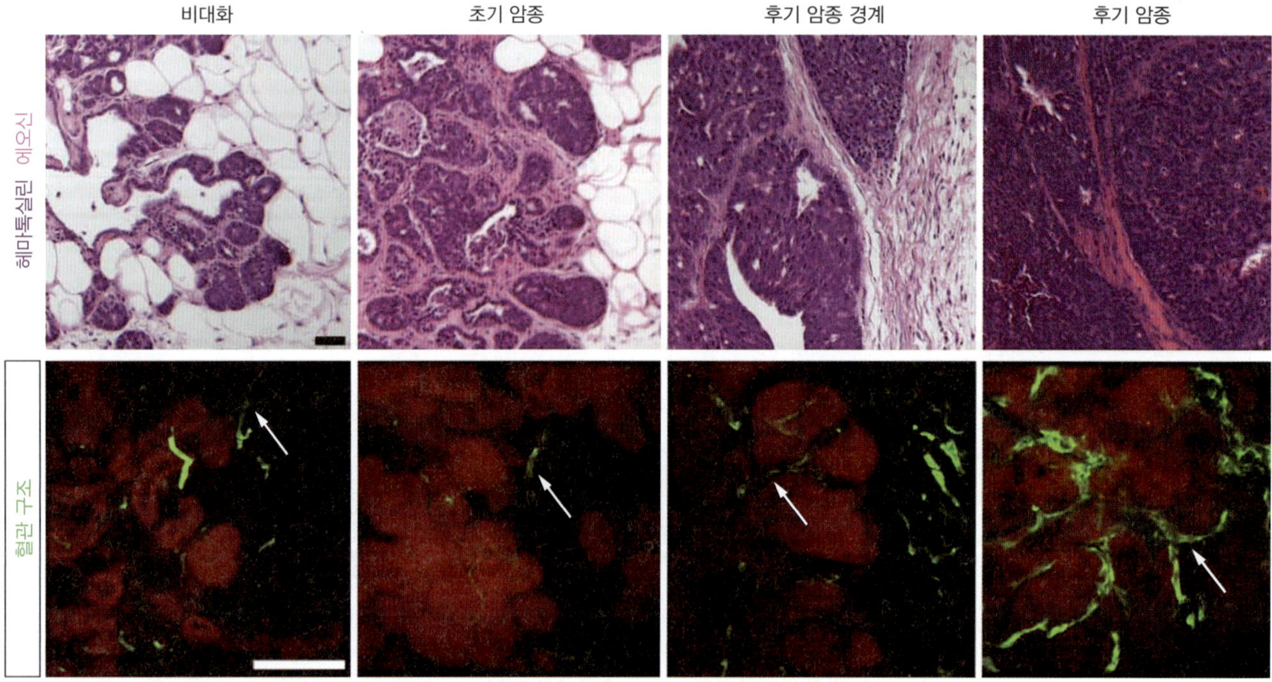

그림 21.22 맨 윗줄은 간질의 변화와 함께 생쥐 유선 종양의 진행을 보여준다. 아랫 줄은 혈관 구조(화살표)의 발생을 보여주며, 이는 형광 결합 렉틴의 정맥 주사로 표시된다. 축척자: 100 μm. (인용) Egeblad et al. (2010). Dev. Cell, 18, 884-901.

성종양은 종종 수술만으로도 완치할 수 있다. 그러나 대부분의 암 환자는 국부적으로 퍼졌거나 전이가 이미 일어난 시점에 수술을 받으므로, 대부분 추가적인 치료가 필요하다.

수술 외로 암치료의 주류는 방사선요법(radiotherapy)과 세포 독성 약물을 이용한 화학요법(chemotherapy)이다. 이들은 주로 분열하는 세포에 효과적인데, 정상적인 신체에도 분열하는 세포가 많기 때문에 부작용이 심한 경향이 있다. 방사선 요법은 전체 종양을 표적으로 하면서 종양 이외에는 최소한으로 노출하는, 예를 들어 머리와 목의 종양과 같은 신체 부위일 경우 가장 효과적이다. 화학요법은 일부 조혈계 및 소아 종양에 가장 효과적이다. 이들 두 유형의 치료는 많은 종양 유형에 대해 어느 정도 효과가 있으므로 매우 널리 사용된다.

분열하는 세포를 표적으로 하기 때문에 부수적 손상 중에 가장 민감한 것은 신체의 정상적인 재생 조직이며, 이에 따라 화학요법의 일반적인 합병증에는 골수부전, 탈모, 장 손상, 불임이 있다. 암의 분자생물학에 관한 방대한 양의 연구 덕에 암 발생에 필요한 다양한 과정을 표적으로 삼는 몇 가지 새로운 약물을 생산했다. 이들 중에는 ERK 경로와 같은 경로의 활성을 감소시키는 키나아제 억제제 및 VEGF 신호전달을 억제하는 항혈관신생제가 있다. 이에 대한 임상적 효과는 아직 초기 단계이지만, 불과 수십 년 전만 해도 생물학인 이해가 완전히 불가사의했던 질병 그룹에 대해 합리적인 치료법이 이제 도입될 수 있음을 보여준다. 암의 기저에 있는 많은 분자적 과정도 발생 과정이기에 발생학이 상당한 기여를 했다고 주장할 수 있다.

일반적으로 암에 대한 면역 체계의 작용은 미약한데, 이는 암이 그 자신의 세포들로 구성되어 있기 때문이다. 그러나 체세포 돌연변이가 많을수록 면역 인식이 되는 새로운 표적을 생성할 가능성이 높아진다. 최근 몇 년 동안 종양에 대한 면역 공격을 촉진하는 약물은 특히 흑색종(색소세포의 종양)처럼 돌연변이가 많은 종양에 대해 매우 성공적이었다. 암세포에 대한 면역 공격을 일으키는 T 림프구를 포함하는 동종이계(allogeneic) 골수 이식으로 백혈병 및 림프종을 치료하는 새로운 유형의 면역요법(immunotherapy)도 중요하다.

모든 개별 암에는 고유한 특징이 있다는 인식을 바탕으로 최신 시퀀싱 기술을 사용하여 개별 환자의 암을 특성화하는 데 상당한 노력을 기울이게 되었다. 이를 통해서 어떤 특정 분자 경로에 결함이 있는지를 어느 정도 식별할 수 있게 되었고, 특정한 맞춤형 치료법을 제안할 수 있게 되었다.

고전적인 실험

암의 분자적 기초

암의 분자생물학에 대한 우리의 이해를 구축하는 많은 발견이 있었는데, 이 논문들은 발생 관련성이 있는 두 가지 핵심 유전자에 초점을 맞추었다. 1980년대 초, 인간 종양의 DNA가 조직 배양세포의 발암성 형질전환을 일으킬 수 있음이 밝혀졌다. 처음 분리되었을 때 그 원인이 되는 유전자는 발암성 레트로바이러스에서 이미 발견된 신비한 "종양유전자(oncogene)"와 유사한 것으로 밝혀졌다. 처음 세 논문은 단일 염기 변화가 정상적인 상동체에서 종양유전자를 구별하는 전부라는 것을 보여준다. 이 종양유전자는 나중에 중요한 ERK 신호전달경로에서 RAS 단백질을 암호화하는 것으로 밝혀졌다.

Tabin, C.J., Bradley, S.M., Bargmann, C.I. et al. (1982) Mechanism of activation of a human oncogene. *Nature* **300**, 143-149.

Reddy, E.P., Reynolds, R.K., Santos, E. et al. (1982) A point mutation is responsible for the acquisition of transforming properties by the T24 human bladder-carcinoma oncogene. *Nature* **300**, 149-152.

Taparowsky, E., Suard, Y., Fasano, O. et al. (1982) Activation of the T24 bladder-carcinoma transforming gene is linked to a single amino-acid change. *Nature* **300**, 762-765.

다른 두 논문은 일반적으로 성장을 억제하는 데 필요한 종양 억제 유전자를 다룬 것인데, 이것의 기능 상실 돌연변이는 발암성이 된다. APC(adenosis polyposis coli) 유전자는 인간 유전병인 대장선종증 또는 용종증과 연관된다. 이 상태를 가진 개인은 하나의 정상 유전자 사본을 가지고 있으며, 이것이 체세포 돌연변이에 의해 세포에서 손실될 때마다 선종이 개시된다. 이 논문들은 생쥐의 유전자를 확인했고, 정상 사본의 소실이 암 발병의 초기 단계에 일어남을 보였다. 현재 APC는 β-카테닌의 분해를 위한 표적화에 필요한 WNT 경로의 구성 요소로 알려져 있다.

Su, L.K., Kinzler, K.W., Vogelstein, B. et al. (1992) Multiple intestinal neoplasia caused by a mutation in the murine homolog of the *APC* gene. *Science* **256**, 668-670.

Powell, S.M., Zilz, N., Beazerbarclay, Y. et al. (1992) *APC* mutations occur early during colorectal tumorigenesis. *Nature* **359**, 235-237.

고전적인 실험

노화

이들은 노화의 기본 메커니즘을 발견한 세 가지 고전적인 실험이다. 첫 번째는 흰쥐의 칼로리 제한에 대한 최초의 연구이다. 두 번째는 효소 텔로머라아제에 대한 첫 번째 보고서이며, 테트라하이메나(Tetrahymena)는 섬모충류 원생동물로 다양한 세포생물학 연구에 사용된다. 세 번째 논문은 예쁜꼬마선충(*C. elegans*)의 daf2 와 daf16 돌연변이에 대한 최초의 보고서이다. 이들 유전자는 나중에 각각 인슐린 수용체와 FOXO 동족체를 암호화하는 것으로 확인되었다.

McCay, C.M., Crowell, M.F. & Maynard, L.A. (1935) The effect of retarded growth upon the length of life span and upon the ultimate body size. *Journal of Nutrition* **10**, 63-79.

Greider, C.W. & Blackburn, E.H. (1985) Identification of a specific telomere terminal transferase-activity in *Tetrahymena extracts. Cell* **43**, 405-413.

Kenyon, C., Chang, J., Gensch, E. et al. (1993) A C. elegans mutant that lives twice as long as wild type. *Nature* **366**, 461-464

새로운 연구방향

이 장은 현대 생물학 연구의 광대한 영역을 다루며, 발생학 이외의 많은 중요 정보들을 다루고 있다. 그러나 일부, 특히 발생에서의 문제들은 다음과 같다.

1. 알려진 신체적 요인이 존재하지 않는 경우, 세포는 기관의 나머지 부분이 얼마나 빠른지 또는 몸의 나머지 부분이 성장하고 있는지 어떻게 알고 있는가?
2. 동물 종 사이의 커다란 수명 차이를 제어하는 것은 무엇인가?
3. 소수의 발생 조절 유전자의 활성 변화를 기반으로 설명 가능한 전암성 병변(과형성, 이형성 및 화생)의 특성은 무엇인가?

기억해야 할 핵심 사항

- 성장을 통제하려면 최종 몸 크기의 조절과 다른 신체 부위의 상대 비율 조절이 필요하다.
- 몸 성장은 인슐린-IGF 신호전달 경로에 의해 대분분 조절된다. 이 시스템의 기능 상실 돌연변이는 성장을 감소시키고, 기능 획득 돌연변이는 성장을 증가시킬 것이다.
- TOR(라파마이신의 표적)는 영양소 및 에너지의 가용성과 함께 인슐린 신호를 통합한다.
- Hippo 경로는 성장에 음성 조절을 나타내며 성장률을 주변 세포들의 정보와 통합할 수 있다.
- 포유동물의 출생 후, 뇌하수체로 부터의 성장호르몬이 IGF1의 합성을 조절하며, 이 시스템의 구성 요소 중 어떤 것이든 상실이 일어나면 왜소증(dwarfism)을 유발할 수 있다.
- 일부 개별 조직, 특히 근육과 간의 성장을 제어하는 칼론(chalone)과 유사한 피드백에 대한 증거가 일부 있다.
- 척추동물의 키 성장은 주로 장골의 신장에 달려 있다. 이는 말단 연골 성장판의 활성에 의존한다. 이들의 성장은 FGFs의 음성 조절하에 있으며, 이들의 분화는 Indian hedgehog 에 의해 조절된다.
- 배양 중인 세포의 노화는 텔로미어의 침식 그리고 $p16^{INK4a}$과 ARF의 축적에 달려 있다. 이러한 과정은 전체 동물에서도 일어난다.
- 인슐린 경로는 산화 스트레스를 감소시키는 단백질을 암호화하는 유전자들을 음성 조절하여 수명에 부정적으로 영향을 미친다. 그리고 이것은 칼로리 제한의 수명 연장을 부분적으로 설명한다.
- 암은 자신의 부모 조직의 많은 특성을 유지하지만, 그러나 질병이 진행하면 그 특성들이 변화한다.
- 암 발생에는 일반적으로 단세포에서 파생된 클론에서 발생하는 몇 가지 돌연변이 변화가 필요하다. 주요 단계는 종양 유전자의 기능 획득 돌연변이, 종양 억제 유전자의 기능 상실, 세포사멸의 회피, 텔로머라아제의 상향 조절, 혈관신생, 그리고 전이로 이어지는 변화들이다.
- 전부는 아니지만 일부 암에는 줄기세포가 포함되어 있다.

Chapter 22

다분화능줄기세포의 활용

Pluripotent stem cells and their applications

체외수정(in vitro fertilization) 외에 인간의 복지 차원에서 발생학의 가장 큰 기여는 아마도 세포 이식 치료를 위한 여러 종류의 분화 세포를 만드는 기술일 것이다. 발생학적으로 다분화능을 보유한 **배아줄기세포(embryonic stem cells, ESCs)**와 **유도만능줄기세포(induced pluripotent stem cells, iPSCs)** 제작 기법이 개발되면서 이들 다분화능 세포로부터 다양한 종류의 분화세포 유도가 가능해졌다. 생화학자와 발생학자들이 정상적인 배아 발생을 유도하는 여러 신호전달 경로 조절 요소들을 발견함에 따라서, 현재는 분화 세포 유도에 이들을 활용하는 것이 보편화되었다. 세포 이식치료는 질병이나 손상으로 손실된 세포를 대체할 수 있는 새로운 체세포를 만들어서 신체의 적절한 부분에 분화된 세포를 이식하는 것이다. 예를 들어, 분화된 새로운 심장 근육세포를 기능이 손상된 심장의 심근에 이식하고, 새로운 기능성 신경세포를 뇌졸중 환자의 뇌에 이식할 수도 있다. 넓은 의미에서 이러한 기술적 적용을 **재생의학(regenerative medicine)**이라고 하는데, 이 개념에는 손상된 세포, 조직, 기관의 대체 및 재생을 포괄적으로 포함한다. 이러한 재생의학은 유전자 치료와 조직공학을 포함한 세포 이식 치료 또한 포괄한다. **유전자 치료(gene therapy)**란 비정상 혹은 결손된 유전자를 가진 환자의 세포에 이에 상응하는 건강한 유전자를 주입하는 기술을 말한다. **조직공학(tissue engineering)**은 지지틀(비계, scaffolds)을 이용하여 세포의 3차원적 집합체를 유도하는 기술로서, 때로는 다양한 종류의 세포들로 이루어진 집합체를 구성할 수도 있다.

이 장에서는 세포 이식의 세포 공급원으로써의 3종류의 다분화능 세포: 배아 유래 **배아줄기세포, 체세포 유래 유도만능줄기세포 및 난자에 체세포이식을 통해 생성되는 배아줄기세포의** 활용과 현재 임상시험 중인 줄기세포 치료법에 대해 중점적으로 기술하기로 한다.

인간 배아줄기세포

생쥐 배아줄기세포와 마찬가지로, 인간 배아줄기세포는 착상 전 포배(blastocysts, 배반포)의 내세포괴(inner cell mass)를 추출하고 배양하여 얻는다. 인간 배아줄기세포는 작은 세포로 이루어진 타원형의 콜로니 형태로 자란다(그림 22.1). 현재는 **배양보조세포(feeder cell)**의 존재 없이 인간 배아줄기세포만을 배양할 수 있는 몇 가지 배양액이 개발되어 있지만, 일반적으로 인간 배아줄기세포는 생쥐 태아에서 획득한 영양공급세포와 함께 배양한다. 줄기세포 배양에 동물세포나 동물 유래 산물을 사용할 경우 해로운 바이러스 감염의 위험이 있기 때문에 영양공급세포 없이 줄기세포만으로 배양하는 것이 임상적 차원에서 이식치료의 경우에 있어 매우 중요하다.

12장에서 기술된 대로, 인간 배아줄기세포는 생쥐 배아줄기세포와 여러 면에서 비슷하고, 현재 배아의 상배엽(epiblast)에서 분리 배양된 “준비된(primed)” 생쥐 배아줄기세포와 동등한 것으로 간주된다. 배아줄기세포의 진정한 기원이 어느 세포이든 간에, 이들이 줄기세포는 아니다. 초기 배아 내에 존재하는 모든 세포들은 일시적으로 존재할 뿐 곧 특정 조직이나 세포로 분화된다. 이런 이유로 인해서, 배아줄기세포는 체내에서는 지속적으로 유지되는 줄기세포가 아닌 체외 배양 시에 만들어지는 다소 인공적인 줄기

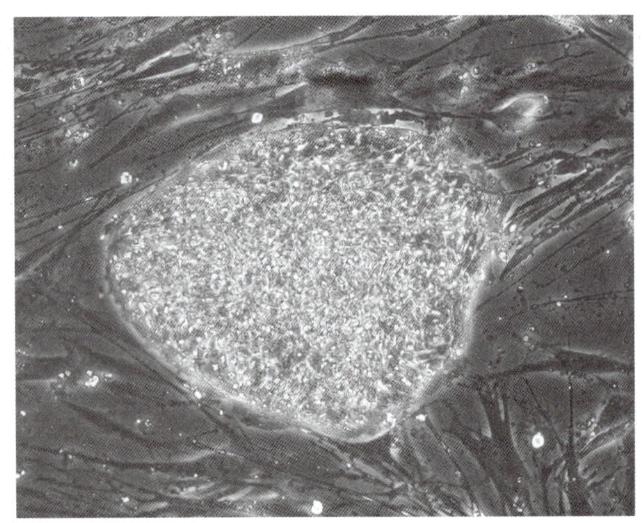

그림 22.1 세포 배양 시 인간 배아줄기세포 콜로니(위상차). 콜로니는 몇 백 개의 작은 세포로 이루어져 있고, 크고 가늘며, 긴 섬유세포의 영양세포 층으로 둘러싸여 있다. (인용) Jonathan Slack.

세포(*in vitro* artifact)라 할 수 있다. 그러나 이러한 사실에도 불구하고, 배아줄기세포는 여러 다양한 분야로의 응용 가능성에 의해 그 가치를 인정받고 있다.

인간 배아로의 이식실험은 윤리적인 문제가 있기에, 새롭게 확립한 인간 배아줄기세포주의 다능성 보유 유무는 테라토마 형성 분석(그림 22.2)으로 검증한다. 주로 면역결핍 생쥐의 피하나 근육 내에 세포를 주입하여 테라토마 형성 능력을 관찰하며, 형성된 테라토마 내에서 초기 정상 배아의 3종류 배엽인 **외배엽(ectoderm)**, **중배엽(mesoderm)**, **내배엽(endoderm)**으로부터 유래되는 세포의 존재 유무로 다능성 보유 여부를 판단한다. 테라토마 형성 실험에는 면역력이 억제된 생쥐인 NOD-SCID(nonobese diabetic, severe combined immunodeficiency)을 사용한다. 그렇지 않으면, 이식된 인간세포가 생쥐의 면역 체계에 의해서서 소실될 수 있다. 현재 면역결핍 생쥐는 "다분화능줄기세포의 직접 분화" 절에서 기술된 다분화능 세포 유래 분화세포의 이식 효능을 검증하기 위해 보편적으로 사용된다. 그러나 이런 면역결핍으로 인해 감염에 매우 민감하므로 사육할 때 세심한 주의를 기울여야 한다.

다분화성(pluripotent)이라는 단어는 배아줄기세포가 다양한 종류의 세포로 분화할 수 있는 능력을 일컬을 때 사용된다. 생쥐 배아줄기세포는 키메라나 체외에서 영양외배엽(trophectoderm)으로 분화되지 못하기 때문에, 일반적으로 배아줄기세포가 "**분화전능성(totipotent)**"을 보유한다고 할 수는 없다. 모순적이게도, 생쥐 배아줄기세포보다 더 성숙한 분화 시기에 있다고 알려진 인간 배아줄기세포는 영양외배엽으로 분화할 수 있다. 그러나 현재는 인간 배아줄기세포에서는 "분화전능성"이라는 용어를 사용하지 않으며, 완전한 개체를 형성할 수 있는 수정란 또는 초기 난할

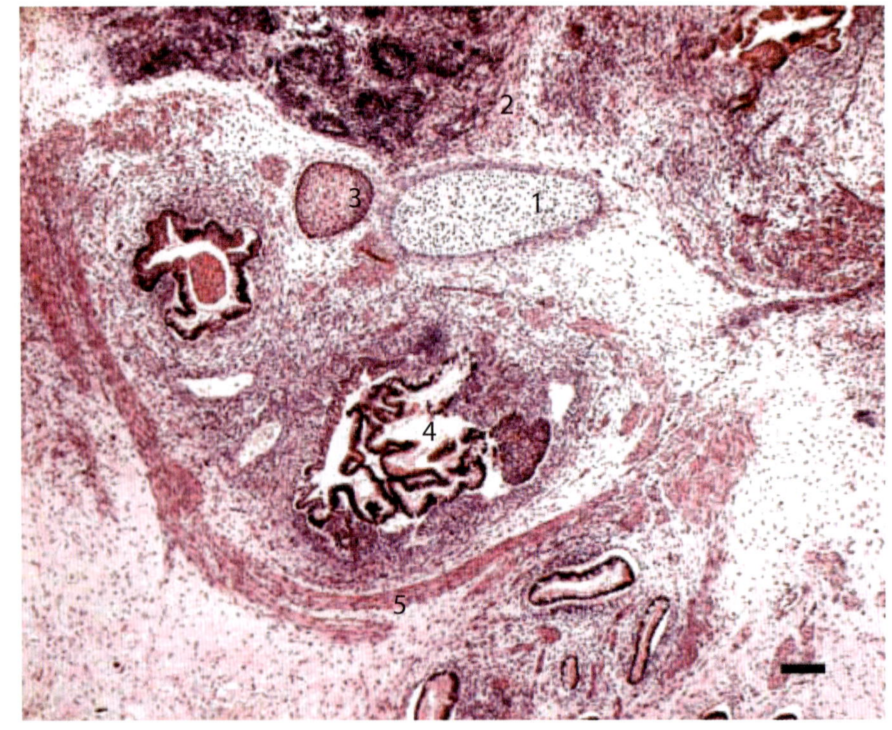

그림 22.2 면역억제 생쥐의 정소에 인간 배아줄기세포를 이식해서 생긴 전형적인 테라토마 현미경 모습. (1) 연골조직(cartilage), (2) 초기 신경세포(primitive neural cells), (3) 중층편평상피(stratified squamous epithelium), (4) 선상피(glandular epithelium), (5) 근육(muscle) 헤마톡실린-에오신 염색. 축척자: 800 μm. (인용) Development, 131: 5515-5525의 그림을 재구성함.

구(blastomere)에만 국한하여 사용하고 있다.

인간 배아줄기세포의 생산을 위한 배아는 체외수정(IVF) 시술 과정에서 형성된다. 일반적으로, 한 달에 한 번 성숙이 일어나는 난모세포(oocyte)와 달리, 체외수정의 목적으로 다량의 난모세포를 동시에 성숙시킬 목적으로, 환자는 과량의 호르몬 주사를 맞는다. 이러한 한 주기의 호르몬 주사에 의해 획득한 10~12개의 난모세포를 정자와 체외에서 수정시킨 후, 며칠 동안 착상 전 배아(preimplantation embryo)로 발달시킨다. 다태 임신(multiple pregnancy)의 위험성 때문에, 한 번의 시술에 2개 이상의 배아를 착상에 사용하는 것은 비윤리적인 일로 받아들여진다. 따라서 잔여 배아는 차후에 사용될 가능성에 대비하여 냉동보존한다. 만약 첫 번째 착상 시술이 성공적이지 못하다면, 호르몬 자극과 난모세포 획득을 위한 또 다른 주기를 시행하지 않고, 냉동보존된 배아 중 2개의 배아를 해동하여 다시 착상 시술에 사용할 수 있다. 하지만 초기에 냉동된 배아가 모두 사용되는 일은 흔하지 않다. 중도에 임신이 성공될 수도 있으며, 어떠한 이유에서든 더 이상의 착상 시술을 원하지 않을 수도 있다. 따라서 체외수정을 실시하는 대부분의 병원은 액체 질소에 보관된 다량의 배아를 보유하고 있으며, 어느 시점에서 과잉의 배아는 소멸되어야 한다. 이때, 첫 번째 방법은 간단하게 배아를 버리는 것이지만, 또 다른 방법은 새로운 배아줄기세포주의 확립과 같은 연구의 목적으로 배아를 기증하는 것이고, 실제로 이러한 기증에 많은 부모가 기꺼이 동의하고 있다. 미국립보건원(National Institute of Health)과 그 밖의 다른 나라의 유사한 기관에 의해 제시된 조직 기증을 위한 윤리적 지침이 있다. 이러한 지침은 배아가 연구 목적을 위하여 만들어져서는 안 되며, 배아의 기부에 대한 보상을 제공해서는 안 된다는 것을 포함하고 있다. 더불어 배아를 기증한 부모는 그 세포가 어떻게 사용될 것인지에 대해서 충분히 인지할 수 있어야 한다.

이러한 규제 조치의 제정에도 불구하고, 몇몇 사람들은 착상 전 인간의 배아가 다양한 연구에서 비윤리적으로 사용될 가능성에 대한 우려의 목소리를 내고 있다. 이러한 쟁점에 대한 토론의 결과, 여러 나라에서는 연구 목적으로 배아를 사용하는 것에 대해 반대하는 법안을 입법화하였다. 현재, 영국, 스웨덴, 호주, 싱가포르 같은 몇몇 국가에서는 당국의 허가를 받으면 인간 배아줄기세포를 만들고 사용할 수 있다. 반면 몇몇 나라에서는 새로운 인간 배아줄기세포주를 만드는 것 자체를 금지하고 있다. 미국의 경우에는 배아줄기세포 연구 활동에 대한 연방 정부 차원의 금지 법령은 없지만, 인간 배아와 연관된 연구를 위해서 연방 정부의 연구 기금을 사용하는 것은 금지되어 있다.

유도만능줄기세포

현재 포배기배아에서 추출된 세포를 이용하는 것만이 다분화능 세포를 생산할 수 있는 유일한 방법은 아니다. 현재 다분화능 유전자 네트워크에서 선별된 일부 유전자를 도입하여 체세포를 다분화능 상태로 리프로그램(reprogram)이 가능한데, 이를 **유도만능줄기세포(induced pluripotent stem cells, iPSCs)**이라 한다(그림 22.3, 22.4). 유도만능줄기세포는 "야마나카 인자(Yamanaka factors)"라고 불리는 *Oct4*, *Klf4*, *Sox2* 및 *cMyc*(OKSM) 4개의 유전자의 도입을 통해 생쥐 세포에서 처음 만들어졌다. 이들 유전

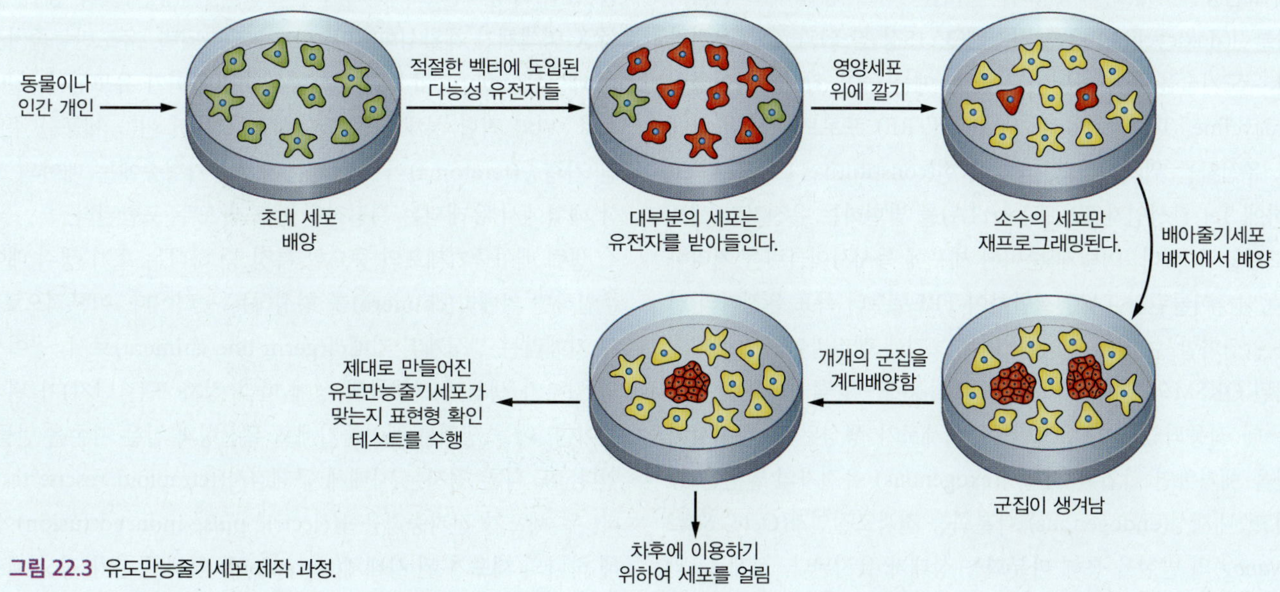

그림 22.3 유도만능줄기세포 제작 과정.

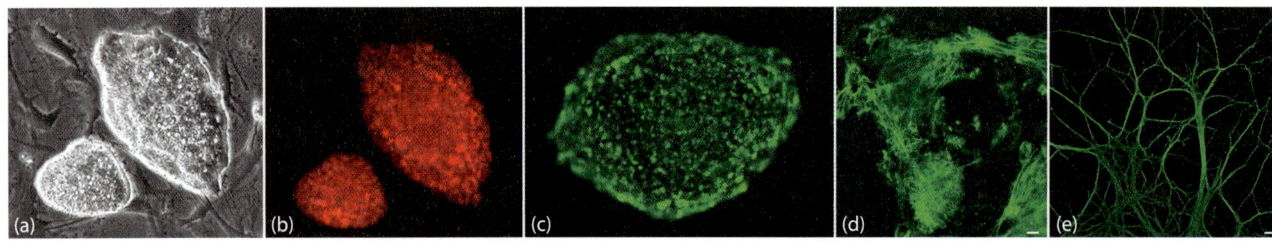

그림 22.4 유도만능줄기세포(iPSCs). (a, b) 생쥐 유도만능줄기세포의 위상차 사진과 NANOG의 발현(형광염색, 빨간색). (c) 인간 유도만능줄기세포의 군집. TRA1-81 형광염색(초록색). (d, e) 생쥐 유도만능줄기세포의 분화. (d) 심장 근육세포는 cardiac troponin(초록색)으로 형광염색됨. (e) 뉴런은 신경 필라멘트 단백질(neurofilament protein, 초록색)로 형광염색됨. (인용) Lucas Greder (part c), Jamens Dutton(part a, b, d, e), University of Minnesota Stem Cell Institute.

자는 배아줄기세포에서 다분화능을 조절하는 핵심 또는 부수적인 전사조절인자이며, OKSM 조합 외에 다른 다양한 유전자의 조합으로 유도만능줄기세포 생산이 가능하지만, *Oct4*는 거의 모든 조합에 포함된다. 초기 야마나카 인자 전달 방법은 레트로바이러스를 매개로 표적세포의 게놈에 삽입(integration)되는 것이었으나, 그 이후 다양한 비삽입 전달 방법에 의해 리프로그램이 가능해졌다. 또한 저분자 화합물 및 DNA 메틸레이션, 히스톤 메틸레이션과 히스톤 아세틸레이션 변화를 유도하는 일부 후성유전학적 조절인자를 이용하여 유도만능줄기세포 생산이 가능해졌다.

일반적으로 표적세포군 내 매우 적은 수의 세포만 리프로그램이 되며, 배아줄기세포와 유사한 상태가 된 세포만 선별적으로 배양될 수 있는 조건에서 콜로니 형태로 자라난다. 생쥐를 이용한 리프로그램 실험은 대개 생쥐 배아 유래의 섬유아세포(murine embryonic fibroblasts, MEFs)를 이용한다. 초기에는 이들 세포 중 줄기세포가 일부 포함된 것으로 추측되었으나, 이어진 후속 연구를 통해 그렇지 않다는 것이 증명되었다.

유도만능줄기세포가 형성되는 기전은 주로 생쥐 세포와 독시사이클린(doxicycline) 유도 시스템(3, 15장 참조)과 같은 유전자 발현 유도기술을 통해 규명되고 있다. 예를 들어, 테트라사이클린(tetracycline, Tet) response element(TRE) 프로모터 조절 하에 목표 유전자를 위치시키고, 상시 발현(constitutive) 프로모터 조절 하에 Tet-활성인자(TA 또는 rtTA)를 발현하는 유전자가 세포에 도입할 수 있다. 이렇게 준비된 세포에 독시사이클린을 처리하면, 독시사이클린과 TA가 결합하여 TRE로부터 목표 유전자의 전사를 활성화할 수 있다. 이 시스템은 초기에 렌티바이러스 벡터에 탑재된 OKSM의 발현을 조절함으로써 유도만능줄기세포를 생성하는 데 적용되었으며, 유도만능줄기세포가 생성된 후 독시사이클린을 제거하면 삽입된 외재성(exogenous) 유전자의 발현은 중지되고, 내재성(endogenous) 다분화능 전사조절인자(*Oct4*, *Sox2* 및 *Nanog*)의 발현을 통해 다분화능 상태가 유지된다. 실제로, 외재성 OKSM 유전자의 지속적인 발현은 유도만능줄기세포의 분화를 억제시키므로, 효과적인 분화세포 유도를 위해서는 외재성 삽입 유전자의 발현을 억제해야 한다.

유도만능줄기세포는 섬유아세포 외에 다양한 종류의 체세포로도 만들 수 있음이 알려졌다. 특히 유전자 재배열이 일어난 B림프구를 유도만능줄기세포를 만들게 되면, 모세포가 보유한 면역글로불린(immunoglobulin) 유전자의 DNA 재배열이 줄기세포에 그대로 전달이 가능함을 의미한다.

생쥐 유도만능줄기세포와 배아줄기세포는 매우 유사한 특성을 가진다(그림 22.4). 두 다분화능 세포 모두 LIF(Leukemia inhibitory factor) 2i가 첨가된 배양액에서 굴정성(refractile) 콜로니 모양으로 성장하고, 세포 내에 뚜렷한 인(nucleoli)을 가진 큰 핵과 작은 세포질을 보인다. 다분화능 유전자의 자가 지속적인 발현이 가능하며, 내재성 다분화능 유전자의 프로모터에는 억제성 DNA 메틸레이션이 제거된 상태이다. 또한, 세포 표면 탄수화물인 SSEA1과 알칼리 포스파타아제(alkaline phosphatase)를 포함한 일부 특징적인 표지인자가 관찰된다. 여성 세포의 경우, 불활성 X-염색체가 재활성화된다. LIF가 제거되면, 유도만능줄기세포는 배아체(embryoid body)를 형성하여 분화가 유도된다. 일반적으로, 면역 적합 성체 동물을 대상으로 해서 이들 세포를 주입하면 기형종(teratoma)이 형성되는데, 이 기형종에는 배아의 모든 삼 **배엽**에서 유래되는 특징적인 세포가 모두 포함된다.

생쥐 배아줄기세포의 중요한 특징 중 하나는 초기 생쥐 배아에 주입하면 **키메라(chimera)**를 형성하는 능력이다. 이론적으로, 이런 키메라는 생식계열 키메라(germ-line chimera)로서, 공여세포의 일부가 생식세포(동물의 성에 따라 정자 또는 난자)가 된다는 뜻이며, 이들 생쥐는 배아줄기세포 유전형과 같은 자손을 만들 수 있다. 또 다른 검사는 사배체 구제검사(tetraploid rescue test)이다. 두 세포가 전기충격융합(electric pulse-induced fusion)에 의해 하나의 세포가 된 **사배체(tetraploid**, 염색체 수가 정상 세포의

2배) 숙주배아(host embryo)가 있다고 가정하자. 아직 이해되지 않은 이유에 의해서, 사배체 배아세포는 태반 구조는 형성하지만 태아 조직은 전혀 만들지 못한다. 하지만 질적으로 우수한 배아줄기세포를 사배체 숙주배아에 주입하면, 숙주세포가 형성하지 못하는 전체 태아 조직이 이식된 배아줄기세포에 의해 발달돼서 온전한 태아를 형성할 수 있게 된다. 이런 현상이 유도만능줄기세포를 대상으로 한 연구에서도 관찰되는 것으로 알려졌다.

RNA 시퀀싱(RNAseq)과 후성유전학적 분석은 생쥐 유도만능줄기세포가 생쥐 배아줄기세포와 매우 유사하지만, 정확하게 동일하지 않음을 보여준다. 이 때문에 다른 종류의 세포보다는 유도만능줄기세포가 되기 전 원래 종류의 세포로 쉽게 분화하는 편향성을 갖는다. 또한 유도만능줄기세포가 정상적인 배아줄기세포의 다분화 상태와는 다소 차이가 나는 다분화능 상태로 안정적으로 유지되기도 한다. 이러한 차이는 분화능에 영향을 줄 수도 있으므로, 유도만능줄기세포를 이용하기 전에 정확한 특성 분석이 중요하다.

유도만능줄기세포는 인간을 포함한 다양한 포유류 종에서 만들 수 있다. 피부 생검을 통한 섬유아세포 또는 혈액에서 분리한 림프구를 적절한 인자로 자극하면 유도만능줄기세포를 만들기 위한 체세포로 사용 가능하다. 혈액은 각 개인으로부터 쉽게 얻을 수 있기에, 이 실험 결과는 매우 중요한 의미성을 갖는다. 생쥐와 마찬가지로, 인간 림프구도 유도만능줄기세포를 만들기 위해 사용된다. 림프구처럼, 항체유전자 재배열 또는 T 세포 수용체 유전자 재배열이 이미 일어난 세포가 유도만능줄기세포가 될 수 있다는 것은 고도로 분화된 세포도 적절한 전사인자만 이용하면 재프로그램 될 수 있음을 시사한다. 인간 유도만능줄기세포는 인간 배아줄기세포와 매우 유사하며, 생쥐 미준비된(naïve) 배아줄기세포보다 생쥐 준비된(primed) 배아줄기세포와 좀 더 유사하다. 또한 인간 유도만능줄기세포는 일부 조절인자에 의해 미준비된 상태와 유사하게 전환이 가능하다.

인간 유도만능줄기세포의 다분화능은 체외 배아체(embryoid body) 형성과 면역억제 생쥐 내 기형종 생성 여부가 일반적으로 사용되며, 양질의 유도만능줄기세포는 삼배엽(외배엽, 중배엽 및 내배엽)을 모두 포함하는 조직을 만들어낸다.

원래 유도만능줄기세포를 만드는 방법은 유전자를 전달하는 벡터로서 복제 능력이 소실된 래트로바이러스나 렌티바이러스를 사용한다(15장, 그림 15.4 참고). 이런 종류의 바이러스는 RNA 게놈을 갖는데, 이는 감염 후에 DNA 사본으로 역전사가 가능하다. 이 DNA는 감염된 세포의 게놈에 통합될 수 있으며, 유도만능줄기세포가 바이러스에서 유래된 DNA를 지속적으로 보유하게 된다. 일반적으로, 이런 유전자들은 일정 기간이 지나면 비활성화(silenced)되는 것으로 알려져 있다. 외부 유전자의 삽입(gene insertion)은 삽입 과정 동안 숙주세포의 유전자의 구조적 혹은 기능적 손상을 초래하거나 비정상적인 활성화를 유도하여 돌연변이를 만들 수 있다. 게다가, 삽입된 다분화능 관련 유전자들(야마나카 인자)은 비활성화된 후 나중에 낮은 비율이지만 재활성화되어 암 형성을 유발시킬 가능성도 있다. 이런 현상은 유도만능줄기세포 키메라에서 생산된 생쥐에서 확인되었는데, 특히 *Myc* 유전자를 유도만능줄기세포를 만드는 인자 중 하나로 이용할 때 암 형성의 확률이 증가한다. 이러한 위험성 때문에, 실질적으로 임상에서 환자 특이적인 세포를 이식치료에 이용하기 위해서는 도입된 유전자가 숙주세포의 게놈 상에 삽입되지 않는 방법이 필요하다. 최근에 개발된 가장 효과적인 방법 중 하나는 에피솜(episome)을 이용하는 방법이다. 에피솜은 고유의 복제 개시점(origin of replication)을 갖는 환형(circular) DNA다. 이 환형 DNA는 숙주세포 게놈으로 거의 삽입되지 않으며, 세포가 분열함에 따라 각 분열된 세포에서 희석되면서 소실된다. 또 다른 방법은 센다이 벡터(Sendai vector)를 이용하는 방법으로서, 동물 병원성 센다이 바이러스에서 유래한 자기복제 능력을 상실한 벡터다. 센다이 바이러스는 외가닥 RNA(single-stranded RNA) 게놈을 갖는데, 세포질 내에서 이중가닥 RNA(double-stranded RNA) 형성을 통해서만 복제가 가능하다. 다시 말하면, 이 바이러스는 결국 세포 분열 과정을 통해 세포주에서 사라지게 된다. 세 번째 방법은 마이크로 RNA(microRNA)를 사용하여 다능성 유전자의 리프레서(repressor)를 제거하여 관련 유전자의 발현을 촉진시키는 방법이다.

장기간 배양은 다분화능줄기세포의 특성을 파악하는 중요한 요소이지만, 장기 배양은 유전자 변이 또는 염색체 이상을 유발하기도 한다. 따라서 임상적용을 위해서는 단기 배양된 낮은 계대배양 세포를 활용하는 것이 중요하다.

체세포 핵 이식

유도만능줄기세포 생산은 세포의 핵을 다분화능 상태로 재프로그램하는 것이다. 이와 같은 핵 재프로그램에는 체세포의 핵을 핵이 제거된 난자에 이식하는 **체세포 핵 이식(somatic cell nuclear transfer)** 방법이 있다. 첫 번째 체세포 핵 이식(somatic cell nuclear transfer) 실험은 개구리 배아를 이용하여 수행되었다. 이 최초 핵 이식 실험은 모든 종류의 세포에서 모든 유전자

그림 22.5 제노프스에서 수행된 체세포 핵 치환 실험. 모든 알비노 개구리는 하나의 수컷 알비노 배아의 포배기 핵으로부터의 자손이며, 이 배아의 복제물이다. 난세포 군은 암컷에서 보이듯이 착색되어 있다. (인용) Nature Publishing Group의 허락을 얻어 Gurdon and Colman. Nature 402; 743-746의 그림을 재구성함.

는 핵에 존재한다는 것을 입증하기 위해 실행되었다. 포배기 세포로부터의 채취한 핵은 핵이 제거된 제2난모세포에 주입돼서 재프로그램되어 일반적인 배아 발생 과정을 유도할 수 있음이 밝혀졌다. 단일 포배(single blastula)로부터 얻은 핵을 핵이 제거된 다량의 난모세포에 주입함으로써 유전적으로 동일한 복제 개구리 클론을 만들 수 있다(**그림 22.5**). 이 실험에서 포배의 핵은 높은 비율로 배아를 생산하지만, 포배 이후 단계로부터 얻은 핵은 배아 생산의 확률이 낮아지고, 성체의 분화된 세포로부터 얻은 핵을 이용할 경우 거의 배아를 생산할 수 없다. 그러나 첫 번째 핵 이식을 통해 생성된 결함이 있는 포배의 핵을 연속해서 이식할 경우 결과가 개선되었는데, 이는 복잡한 핵 재프로그램 과정이 충분히 일어날 수 있는 시간이 주어짐으로써 가능한 듯하다. 그럼에도 불구하고, 분화된 세포로부터 성숙한 개구리로의 발생은 불가능하다. 예를 들어, 양서류인 **제노프스(아프리카발톱개구리,** ***Xenopus*****)**의 분화된 피부 각질세포로부터 얻은 핵은 매우 낮은 효율로 심장 박동을 가진 올챙이 발생을 유도할 수 있지만, 성숙한 개구리로의 발생은 불가능하다.

잘 알려진 복제양 돌리(Dolly)의 탄생에 연이어, 핵이 제거된 제2난모세포로의 핵치환(nuclear transplantation)이 생쥐, 흰쥐, 소 및 인간에서도 수행되었다(**그림 22.6**). 제노프스의 경우처럼, 초기 발생 단계에서 얻어진 공여핵(donor nuclei)은 매우 낮은 효율을 보였으나, 충분한 양의 난자를 사용했을 때는 배아가 일부 생성되었다. 정자의 결핍으로 인해서 재구성된 접합자(zygote)는 인위적인 활성화가 필요하다. 예를 들어, 생쥐의 경우 스트론티움 클로라이드(strontium chloride), 영장류의 경우 전기자극 또는 칼슘 이오노포어(calcium ionophore) 처리에 의해 가능하다. 핵 재프로그램 과정 동안 공여자의 히스톤은 모계 히스톤으로 대체되고, 히스톤 변형(histone modification)이 재구성되며, DNA 메틸화(methylation)는 크게 감소된다. 살아 있는 배아 생성 효율 개선은 히스톤 탈메틸 효소(demethylase) KDM4A RNA 전령체(messenger RNA)의 주입과 히스톤 탈아세틸화(deacetylation) 억제제인 트리코스타틴 에이(trichostatin A) 처리에 의해 가능하다. 이 두 방법은 핵 공여세포에서 비활성화된 접합자의 유전자를 활성화하는 데 용이하다. 비록 동물이 체세포 핵 이식을 통해 복제가 가능하지만, DNA 메틸화, 히스톤 변형 및 각인된 유전자(imprinted gene)의 발현 등을 포함하는 후생유전적 기형이 발생될 수 있음을 시사하고 있다.

인간 체세포 핵 이식은 2013년에 최초로 성공하였고, 배아줄기세포주를 확립하기 위해 사용되었다. 이렇게 만들어진 배아줄기세포의 유전자 발현 양상은 유도만능줄기세포보다 정상 배아에서 유래한 배아줄기세포와 더욱 유사하다. 만약, 체세포 핵 이식을 통해 만들어진 배아를 자궁에 이식할 경우, 인간복제가 가능할 수도 있다. 극소수의 사람만이 체세포 핵치환을 이용한 인간복제를 지지할 뿐, 대다수 과학계 종사자는 체세포 핵이식에 의해 만들어진 초기 배아를 이용하여 배아줄기세포주를 확립하고자 한다. 이렇게 확립된 줄기세포는 핵 기증자와 유전적으로 동일하므로, 핵 기능자의 체내로 면역 거부 없는 이식이 가능하다. 이 과정은 실질적인 복제인간 생산을 수반하지 않으므로 **치료적 복제(therapeutic cloning)**라고 한다. 비록 이 방법도 윤리적인 논쟁을 불러일으키지만, 실제로 인간에서 성공한 사례는 없다. 뿐만 아니라, 윤리적인 논쟁을 피하는 맞춤형 줄기세포를 만들기 위한 노력의 일환으로 **유도만능줄기세포**가 최근에 개발되었다.

비록 인간복제가 거의 모든 나라에서 법적으로 금지되어 있지만, 체세포 핵 이식을 통해 짧은꼬리원숭이가 복제된 이후 인간복제도 가능할 것으로 사료된다(**그림 22.7**).

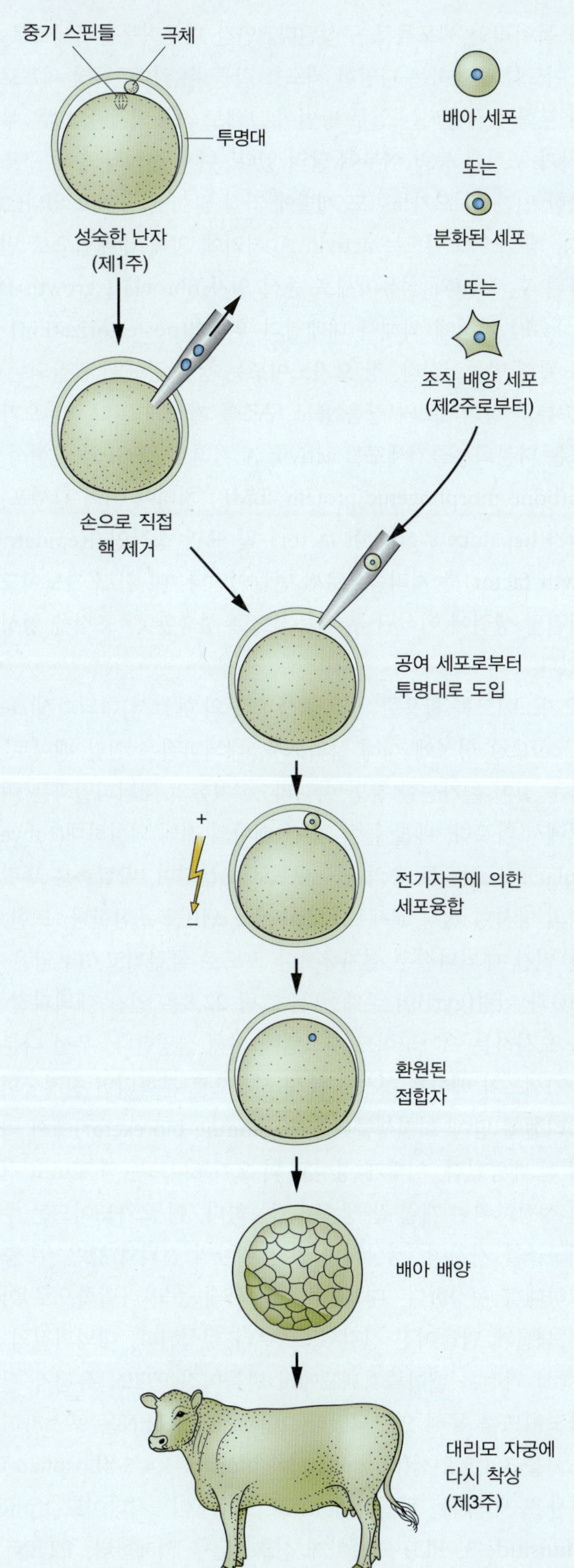

그림 22.6 완전한 포유동물 복제를 위한 순서. 복제된 동물은 난자로 주입된 세포 핵의 유전적 특성을 갖게 된다.

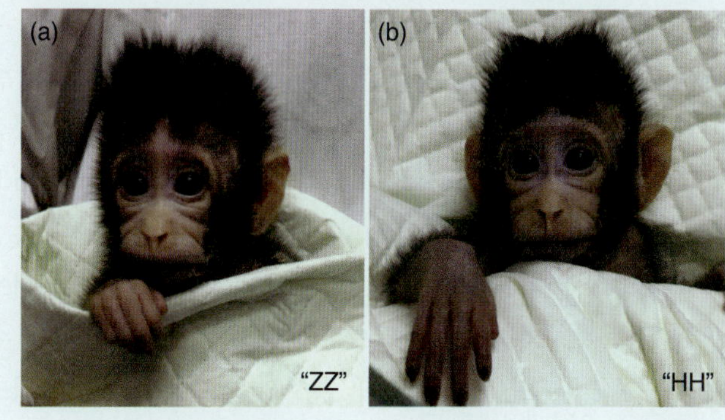

그림 22.7 Zhong Zhong과 Hua Hua, 체세포 핵 치환에 의해 만들어진 2마리의 마카카원숭이(Cynomolgus Monkey). (인용) Liu et al. (2018). Cell. 172, 881-887.

직접 재프로그램

적절한 전사조절인자의 도입은 체세포를 다분화능 상태로 재프로그램할 뿐 아니라, 특정한 분화세포(일반적으로 진피 섬유모세포)에서 직접 다른 종류의 세포로 재프로그램을 유도할 수도 있다. 궁극적으로 만들고자 하는 세포의 정상 발생에 중요한 전사인자를 암호화하는 여러 유전자들을 실험적으로 시험한 뒤, 최적의 결과를 보이는 유전자 조합을 추림에 따라서 각 세포별 성공적인 유전자 조합이 밝혀지고 있다. 이러한 유전자 스크리닝 과정에서는 주로 세포-특이적 리포터(reporter)를 사용한다. 예를 들면, *Tau-GFP*는 신경세포 특이적인 Tau 단백질을 암호화하는 유전자의 프로모터를 이용하여 어떤 세포가 신경세포와 유사한 표현형(neuron-like phenotype)을 나타내면 녹색으로 표지될 수 있게 한다. 현재까지, 적절한 조합의 유전인자를 자가복제가 상실된 바이러스를 통하여 세포 내에 도입시켜 섬유모세포를 신경, 심장 근육세포로 또는 간세포로 직접 분화시키는 데 성공하였다. 이러한 방식으로 만든 세포의 문제점 중 하나는 한 분화세포에서 직접 또 다른 분화세포로 변환되었기 때문에 세포의 증식률이 매우 낮다는 점이다. 따라서 유도만능줄기세포와 달리, 이런 세포는 체외(*in vitro*) 대량 생산을 위한 증식이 불가능하다. 그러나 재프로그램된 간세포는 간에 이식된 뒤 증식할 수 있고, 적절한 형광 리포터 또는 세포 표면 마커를 이용하여 증식력이 없는 세포를 유세포 분석기를 통해 소량으로 분리할 수 있다는 연구보고가 있다. 독시사이클린 유도 렌티바이러스를 사용하면, 유전인자들의 발현을 마음대로 상향 또는 하향조절할 수 있다. 이러한 벡터를 사용한 경우 직접 분화된 세포는 새로운 형태로의 내재적인 유전자 발현 프로그램이 활성화되어 더 이상 벡터 유래 유전자의 산물이 필요 없다고 알려져 있다.

직접 재프로그램(direct reprogramming) 과정은 정상적인 세포 발생 단계를 따르지 않는다. 대신 비정상적인 방식으로 한 종류의 세포에서 다른 종류의 세포로 "점프(jumps)"를 하는 형식이다. 워딩턴(Waddington)의 "후생학적 풍경(epigenetic landscape)"인 관점에서(4장, 그림 4.15), 직접 재프로그램은 한 특정 세포가 분화가 일어나는 계곡의 마지막 종착 지점에서 다른 세포의 분화 계곡 종착지점으로 횡적으로 이동하는 것으로 설명될 수 있다. 반면에, 유도만능줄기세포의 형성은 분화 계곡의 네트워크를 거슬러 그 기원으로 올라가는 것으로 간주된다. 직접적인 재프로그램은 조절유전자의 발현을 인위적으로 변화시킴으로써 발생되므로, 비정상적인 점프가 일어나지 않아야 할 특별한 이유가 없다. 다른 한편으로, 이러한 점프는 조혈줄기세포 이식에 따른 전환분화(transdifferentiation) 현상처럼(20장 참조), 세포가 다른 환경에 단순히 노출되었을 경우 매우 드물게 발생하는 현상으로 알려져 있다.

인간 다분화능줄기세포의 응용

인간 배아줄기세포에 대한 관심은 이로부터 분화된 세포를 이용한 세포이식 치료(cell transplantation therapy)의 가능성에 집중되어 있다. 심장병, 암, 당뇨, 관절염, 그리고 퇴행성 뇌신경질환을 포함하는 대다수의 질병은 특정 세포의 손실이나 손상에 의해 일어나며, 인간 배아줄기세포는 이러한 손상된 조직이나 기관을 재건하기 위한 목적으로 이식될 건강한 세포의 훌륭한 공급원이 될 수 있다. 직접 분화의 원리와 일부 임상시험의 예에 대해 살펴보자.

첫 번째는 인간의 초기 발달 과정을 연구하는 목적으로 활용하는 것이다. 12장에서 언급하였듯이, 착상 전의 초기 배아를 얻는 어려움과 연구 목적으로 배아를 사용하는 데 따르는 윤리적 문제로 인하여 인간의 발생 과정은 아직 완벽히 이해되어 있지 않다. 비록 전반적인 발생 과정은 다른 척추동물의 것과 매우 유사하지만 세부적인 관점에서는 분명히 차이가 있으며, 이러한 차이는 인간 배아 발생의 직접적인 연구에 의해서만 알아낼 수 있다. 따라서 인간 배아줄기세포의 분화를 통해 체외에서 정상 발생 과정과 유사한 과정을 진행하는 인간세포를 분석함으로써, 다른 방법으로는 접근 불가능한 인간 발생의 몇몇 측면을 조사할 수 있을 것으로 생각되고 있다. 이런 측면에서, 현재 **오가노이드(organoids)**가 새로운 대안으로 주목받고 있다. 오가노이드는 줄기세포로부터 형성된 3차원 구조체로서 자가-조직화(self-organizing)를 통해 조직 특이적인 세포들로 구성된다. 인간 다분화능줄기세포로 오가노이드를 구성하는 다양한 세포를 만들 수 있다. 특정 세포로의 직접 분화에 사용되는 일부 방법이 그대로 사용되지만, 많은 부분이 자가-조직화 능력 여부에 달려 있다. 현재 전뇌와 중뇌 구조를 포함한 인간 뇌 오가노이드 개발에 가장 많이 집중되고 있다(그림 22.8). 장 오가노이드는 activin A 처리에 의해 내배엽으로 먼저 분화된 후, Wnt와 섬유아세포 증식 인자(fibroblast growth factor, FGF) 처리에 의해서 내배엽의 후방화(posteriorization) 유도를 통해 만들어진다. 장 오가노이드는 정상 장에서 관찰되는 모든 종류의 상피세포와 장움-융모 구조를 가지게 된다. 간 오가노이드는 다분화능줄기세포를 activin A 처리 후, FGF와 골형성 단백질(bone morphogenic protein, BMP) 처리에 이어 간세포 성장인자(hepatocyte growth factor) 및 표피 성장인자(epidermal growth factor)를 처리함으로써 만들어진다. 이 간 오가노이드는 면역결핍 생쥐에 이식된 후 기능적으로 성숙한 간 조직을 형성할 수 있다.

오가노이드를 활용한 인간 발생 연구의 예로서 대뇌피질(cerebral cortex) 형성에 대해 살펴보자. 대뇌피질은 인간 배아로 연구하는 것이 불가능할 뿐만 아니라, 설치류의 대뇌피질과는 여러 측면에서 다르다. 예를 들어, 인간 배아의 전뇌 뇌실하대(subventricular zone)는 두 층의 전구세포로 구분되며, 바깥층은 뚜렷한 형태의 방사형 신경 교세포(radial glia cell)를 포함한다. 또한 성숙한 인간 대뇌피질은 설치류보다 고도로 굴절되고, 더 많은 틈(cleft)과 이랑(gyri)이 존재한다. 그림 22.8은 인간 대뇌피질 형성을 모사하는 오가노이드 시스템에 대해 설명한다. 우선 다분화능줄기세포가 배아체 형성을 통해 신경으로 분화되면 신경상피를 마트리젤에 담아 회전생물배양기(spinning bioreactor)에서 약 1개월 간 배양한다. 이렇게 형성된 뇌 오가노이드는 약 4 mm 직경까지 성장하여 수개월 간 생존이 가능하다. 이 오가노이드는 주로 전뇌구조를 가지며, 정상적인 인간 배아의 전뇌와 같은 두 층의 뇌실하대를 형성한다. 대뇌피질 뇌실하대 층의 바깥쪽으로 이동하여 새롭게 만들어진 신경세포로부터 형성된다. 대뇌피질의 이랑 형성 기전은 배아줄기세포에서 만들어진 PTEN 유전자 결핍 오가노이드를 통해 연구되었다(그림 22.9). PTEN은 포스파티딜이노시톨-3,4,5-인산(phosphatidyl inositol-3,4,5-phosphate)의 3-인산을 제거하는 탈인산화효소로 포스포이노시타이드-3(phosphoinositide-3, PI3) 키나아제 신호전달을 억제한다. PTEN 결핍은 신경 전구세포 수와 오가노이드 주름의 증가를 유도한다. 그러나 생쥐 오가노이드에서 PTEN 결핍이 주름 증가와는 연관성이

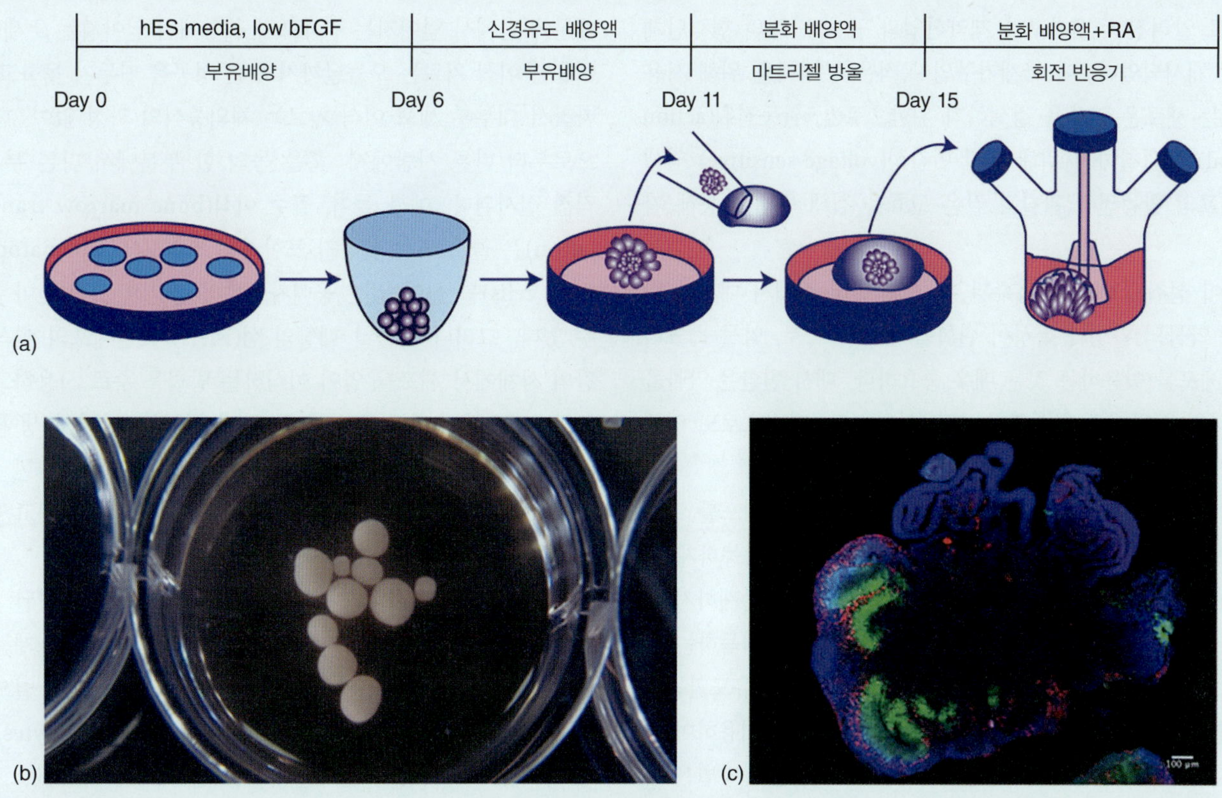

그림 22.8 인간 다분화능줄기세포로부터 뇌 오가노이드 형성. (a) 오가노이드 제조 과정. (b) 성숙 오가노이드. 각 오가노이드는 수 mm 지름의 크기. (c) 오가노이드 절편. 신경 전구세포 SOX2(붉은색) 형광염색. 신경세포 TUJ1(초록색) 형광염색. 축척자: 200 μm. (인용) (b) Austrian Academy of Sciences. (c) Muotri Lab/UCTV.

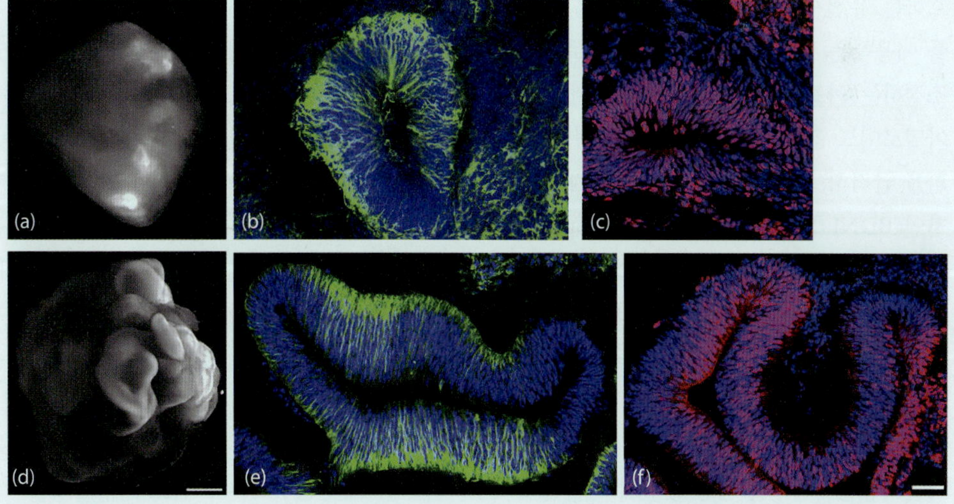

그림 22.9 대뇌피질 오가노이드에서 PI3K 신호전달 억제 효과. (a-c) 정상 오가노이드. (d-f) PTEN 결핍 유도만능줄기세포 유래 오가노이드. 이 오가노이드는 더 높은 수준의 피질 주름(cortical folding). (a,d) 광시트 현미경 이미지. 축척자: 500 μm. (b,e) Nestin(초록색). (c,f) PAX6(붉은색). 축척자: 50 μm. (인용) Liu *et al*. *Cell Stem Cell* 2017, 20: 385-396.

없으므로, 인간에서만 특이적인 현상으로 여겨진다.

두 번째는 약물 스크리닝(drug screening)을 위한 인간 세포를 얻는 유용성이다. 심장 근육세포와 같은 몇몇 세포는 획득하기가 매우 어렵고, 간세포는 획득한 후 체외 유지가 어렵다. 여러 약물이 심장에 부작용을 일으키기 때문에 약물에 대한 심장 근육세포의 반응은 매우 중요한 요소이며, 이러한 시험은 신약 개발의 초기 단계에서 이루어지는 것이 무엇보다 중요하다. 예를 들어, 일부 약물은 부정맥을 야기하여 최악의 경우 사망에 이르게 할 수 있다. 현재 인간 유도만능줄기세포로부터 높은 비율의 심근세포 분화가 가능하다. CiPA(Comprehensive *in vitro* Proarrhythmia

Assay)로 알려진 국제기구가 제약산업과 규제 단체의 협력단체에 의해 개시되었다. 이 국제기구의 목적은 부정맥을 위해 사용 중인 또는 새로운 약물을 검색하기 위함으로써, 활동전위(action potential)를 관찰하기 위해 전압-민감성(voltage-sensitive) 염색 또는 세포외 활동전위 관찰과 같은 고효율 검색 방법을 통해 가능하다.

약물이 섭취되고 장에 흡수된 뒤 가장 먼저 간에서 대사가 되면서 그 약물의 활성과 독성이 변화될 수 있으므로, 약물 스크리닝에 간세포를 이용하는 것은 매우 중요하다. 대사 변환은 약물을 불활성하거나 반대로 활성화할 수도 있어 어떤 방법으로도 인체에 영향을 미칠 수 있다.

세 번째는 인간 다분화능줄기세포에서 분화되는 세포를 이용하여 여러 유전병에 대한 세포병리학적 연구수행을 가능하게 할 수 있다. 특히, 질병연구를 위한 적절한 동물 모델이 존재하지 않을 때 더욱 중요하다. 특정 질환이 존재하는 세포를 획득하는 두 가지 방법이 있다. 첫 번째는 질환을 가진 환자로부터 유도만능줄기세포를 만드는 것이고, 두 번째는 CRISPR-Cas9을 이용하여 질환 특이적 유전자 변형 세포를 만드는 것이다. 첫 번째 방법은 복잡한 다유전자 장애와 개개 환자의 변이를 연구할 수 있다는 장점이 있고, 두 번째 방법은 변이의 특성을 잘 파악할 수 있다는 장점이 있다. 예를 들어, Sortilin-related receptor 1(SORL1)를 부호하는 유전자에서 다른 변이를 보유한 알츠하이머 환자의 세포를 이용하는 것이다. SORL1은 아밀로이드 전구 단백질의 이동을 조절하는 아포리포프로틴 수용체로서, 이 유전자의 기능 저하는 아밀로이드 전구 단백질을 플라크-형성 아밀로이드 베타로의 전환을 급격히 유도한다. *SORL1* 유전자의 일부 변이는 신경성장인자인 BDNF(brain-derived neurotrophic factor)에 의한 증가와 양립할 수 있는 반면, 다른 변이들은 그렇지 않다는 결과는 질병과 관련된 이들 유전자 변이의 기능을 이해하는 데 도움이 된다.

세포 이식 치료

다분화능줄기세포를 임상에서 세포 이식(Cell transplantation)을 위해 사용하는 것을 고려하기 전에, 우리는 현재 임상에서 실제로 가장 많이 사용되는 **조혈줄기세포(골수) 이식**에서의 문제점을 관찰할 필요가 있다.

세포 이식을 통한 치료에 유용하게 사용될 수 있는 대부분의 세포는 체외배양 시 잘 증식하지 않으며, 증식하더라도 그들 고유의 특성과 성질을 빠르게 소실한다. 이러한 체외 증식의 문제들 때문에 간에서 얻어지는 간세포와 췌장에서 얻어지는 β-세포들을 이용한 이식 치료는 오늘날까지도 큰 성공을 거두지 못하고 있다. 따라서 대부분 세포 이식 치료는 체외증식의 과정 없이, 한 사람으로부터 다른 사람에게, 혹은 몸의 한 부분에서 다른 부분으로 직접 실시된다. 예를 들어, **골수 이식(bone marrow transplantation)**은 골수 또는 골수가 포함하는 **조혈모세포(hematopoietic stem cells)**를 살아 있는 공여자로부터 충분히 기증 받아 실행할 수 있다. 그러나 오늘날 췌장의 섬(islets)과 간세포의 이식은 인간의 사체에서 세포를 얻어 이식하는 방법을 주로 사용하고 있으므로, 세포의 수획과 방법에 큰 한계가 있다. 따라서 생체 외(*in vitro*) 증식에 제한이 없는 다능줄기세포의 사용은 다양한 종류의 세포와 대량의 세포 공급을 할 수 있는 잠재성을 가지고 있으므로, 세포 이식에 매우 유용하게 활용될 수 있다.

세포 이식 치료가 직면하는 가장 큰 문제점은 이식된 세포에 대한 수혜자의 면역 반응이다. 감염에 대응하는 면역체계는 타인으로부터 이식된 세포, 조직, 기관에 면역거부 반응을 일으킬 수 있다. 이식된 세포는 수혜자의 **T-림프구(T-lymphocytes)**에 의해 자기세포가 아님이 인식된다. 이러한 과정은 바이러스 감염에 대응하는 데 중요한 역할을 하는 인터페론(interferons)과 종양세포로부터 분비되며, 여러 독성을 나타내는 종양사멸인자(tumor necrosis factors, TNFs)와 같은 **사이토카인(cytokines)**에 이식된 세포를 노출시켜 사멸시킨다. T-림프 세포는 정상적으로 생체 내에 존재하지 않는 어떠한 새로운 분자도 감지할 수 있지만, 세포표면 분자인 **인간 백혈구 항원(human leukocyte antigen, HLA)** 인자에 대응하는 면역 반응도 관장한다. HLA는 개인 간에 매우 큰 변이를 띠는 세포 표면의 당단백질(glycoproteins)이다. 이들은 두 종류의 유전자 집합에 의해 암호화되어 있는데, 그 유전체를 ABC와 DR이라고 하며, 각각 다양한 대립형질을 가질 수 있다. 수 많은 대립형질의 조합이 성립될 수 있기 때문에, 한 사람에서 다른 사람으로 [**동종이계 이식(allogeneic graft)**과 **동종 이식(allograft)**] 이식된 조직이 수혜자의 T-림프구에 의해 면역거부 반응을 일으킬 확률도 높다. 임상에서 이러한 면역거부 반응은 T-림프구의 활성을 억제하는 면역억제제에 의해 조절될 수 있다. 예를 들어, 사이클로스포린(cyclosporine) 혹은 타크로리무스(tacrolimus)는 칼슘을 증가시켜서 T-세포 수용체의 활성을 가져오는 칼시뉴린(calcineurin)을 저해함으로써 면역을 억제하고, 라파마이신(rapamycin = sirolimus)는 TOR(21장 참조)을 저해함으로써 면역을 억제한다. 그러나 동종 이식편(allograft)에 의한 면역거부 반응을 억제하기 위해 면역억제제를 사용하는 것은 상당한 경제적 비용을 초래한다. 또한 면역억제제의 사용은 종종 다양한 종류의 기관에 손상을 주는 부작용을 일으키는데, 이런 약물에 의해 환자의 면역 기능이 저하되어 세균에 쉽게 감염되기 때문이다. 성공적인 세포 치료를 위한 면역 억제는 이식된 세포와 수혜자의 HLA 대립형질 유전자 간의 불일치가 작을수록 보다 쉽게 이룰 수 있다. 공여자와 수혜자 사이의 HLA 일치 정도를 결정하는 것은 장기 이식과 최근의 세포 이식 치료에 매우 중요한 역할을 담당하는 조직적합 검사(tissue typing)를 바탕으로 한다.

1950년대 이후 일란성 쌍둥이 사이의 조직 이식에는 면역 반응 문제가 없다는 것이 알려져 왔다. 이것은 일란성 쌍둥이 사이에서는 면역 반응을 일으킬 수 있는 HLA 대립형질 유전자의 조합이 완벽하게 일치하기 때문이다. 이러한 현상은 한 사람의 신체 일부분을 그 사람의 다른 부분으로 이식하는 **자가 이식(autologous graft 혹은 autograft)**의 경우에도 동일하다. 위에 언급된 고려사항은 다분화능줄기세포의 활용에 있어서 면역거부 반응의 잠재적 중요성을 시사한다. 이를 극복하기 위한 한 가지 수단은 모든 사람의 HLA에 부합하는 다분화능줄기세포주 은행을 설립하는 것이다. 산술적으로 계산하였을 때 대략 수백 개의 다분화능줄기세포주만 확립하면 어떤 사람에게도 면역거부 반응 없이 이식 가능할 것으로 추정된다. 다른 가능성은 환자 개인으로부터 만들 수 있는 유도만능줄기세포의 사용이다. 이 방법은 비용과 품질 관리의 어려움이 존재하지만, 누구든지 완벽한 적합성을 제공할 수 있다.

조혈줄기세포 이식

여러 종류의 세포이식 치료가 실행되고 있지만, 그중에서 압도적으로 가장 많이 실행된 세포 이식은 **조혈줄기세포 이식(hematopoietic stem cell transplantation)**일 것이다. 조혈줄기세포 이식은 골수 이식(bone marrow transplantation)으로 더 잘 알려져 있지만, 조혈줄기세포는 골수뿐만 아니라 말초혈액(peripheral blood), 제대혈(umbilical cord blood)에도 존재한다. 매년 전 세계적으로 약 5만 건의 조혈모세포 이식이 이루어지고 있는데, 대부분은 백혈병과 림프종을 치료하기 위한 목적이고, 일부 암 치료 및 혈액과 관련된 유전질환 치료에도 실시된다. 20장에서 설명한 바와 같이, 조혈줄기세포는 모든 종류의 혈액과 면역계를 구성하는 세포로 분화될 수 있으며, 일생 동안 개개인의 골수에서 조골세포와 혈관에 의해 형성된 니쉬(niche)에 존재한다. 암 치료에서 과량의 방사선 치료와 항암제 사용의 근본 이유는 암의 재발을 방지하기 위하여 암세포의 완전한 소멸을 이루기 위함이다. 항암 치료의 강도에 대한 일반적인 한계는 골수에 존재하는 정상적인 조혈세포의 항암 치료에 대한 민감성에 달려 있다. 그러나 종종 환자의 골수를 희생하는 과량의 항암제가 투여되기도 하는데, 이때 환자는 건강한 조혈세포 공여자로부터 골수를 이식 받으면 골수 손상과 사망을 피할 수 있다. 강한 방사선 조사 및 항암 화학치료로 조혈줄기세포를 사멸시키면 니쉬가 비워지게 된다. 이러한 상황에서 기증자의 조혈줄기세포를 이식하면, 이들 세포는 비워진 니쉬를 다시 채우고 모든 혈액세포와 면역세포를 재생산할 수 있다.

방사선 치료와 항암제 치료 덕분에 수혜자는 일반적으로 이식에 대한 면역 부작용이나 거부 능력이 거의 없다. 그러나 조혈세포 이식의 경우에는 많은 T-림프구를 포함하고 있으므로 수혜자 조직에 대한 면역 반응을 일으킬 수 있다. 동종이계 이식에서 이러한 공여자와 수혜자의 사이의 면역거부 반응은 **이식편대숙주병 (graft-versus-host disease, GvHD)**을 유발하여 주요 사망 원인이 된다. 이식편대숙주병은 면역억제제에 의해 조절되지만, 여전히 매우 큰 위험 요소이다. 그러나 이 반응은 수혜자의 정상 조직 외에 종양세포를 제거하는 긍정적인 효과(graft-versus-tumor)도 포함한다. 오늘날 항암 치료의 과정은 이식 세포 자체의 항암효과를 증진시켜 환자의 생체에 남아 있는 소수의 암세포를 사멸시키는 것으로 그 개념이 다소 변하고 있다. 이러한 효과는 이식된 세포에 포함된 림프구의 종양에 대항하는 면역 반응으로 유도할 수 있으며, 정상적인 이식편대숙주 반응과는 약간 다르다.

동종이계 조혈줄기세포 이식은 이식편대숙주병과 이에 수반되는 면역 억제 문제로 인하여 심각한 사망률을 동반하는 위험한 치료 과정이다. 따라서 이러한 치료는 생명을 심각하게 위협하는 질병인 백혈병, 림프종, 조혈계의 유전적인 질병 치료에만 사용되고 있다. 다른 많은 면역질환은 면역세포의 교체에 의해 이론적으로 치료될 수 있다.

동종이계 조혈줄기세포 이식과 더불어 자가유래(autologous) 조혈줄기세포 이식도 이루어지고 있다. 이 경우, 방사선 치료 혹은 항암 치료 전 미리 골수 시료를 암환자에게서 채취하여 보관하고, 항암 치료를 한 뒤 보관된 환자 당사자의 골수를 재주입하는 방법이다. 따라서 이식에 따른 이식편대숙주병을 피할 수 있다는 이점이 있지만, 앞서 설명한 이식편에 의한 종양형성 억제 효과는 얻을 수 없다. 또 다른 자가유래(autologous) 조혈줄기세포 이식의 문제점은 골수에 존재할 수 있는 소수의 암세포가 재주입되어 환자의 생체에 다시 노출됨으로써 암이 재발할 수 있다는 것이다. 따라서 이 방법은 대부분 림프종과 같은 국소적인 종양 치료를 위해서 사용된다.

비록 조혈줄기세포 이식 성공이 다른 종류의 세포를 이용하는 향후 세포 치료에 대한 중요한 계기가 되었지만, 현재 기대하고 있는 다분화능줄기세포를 이용한 세포 치료와는 상당히 많은 차이점이 있다. 첫 번째로 조혈줄기세포 이식의 경우 이식되는 세포는 환자의 줄기세포 니쉬에서 혈액과 면역세포를 영구적으로 생산해 낼 수 있는 줄기세포가 된다. 그러나 다분화능줄기세포를 이용한 세포 이식의 경우 줄기세포가 이식되면 환자의 체내에서 기형종(teratomas)을 형성할 수 있기 때문에, 줄기세포 자체를 이식하는 것이 아니라 줄기세포에서 분화된 체세포가 이식할 대상이 된다. 줄기세포 자체가 이식되는 것이 아니므로, 이식하기 전에 수혜자 체내의 줄기세포 니쉬를 비울 필요가 없다. 또 다른 차이점은 조혈줄기세포 이식은 줄기세포의 체외 배양의 중간 과정이 없이 공여자에게서 추출하여 수혜자에게 바로 이식된다. 예를 들어, 자가이식(autograft)의 경우, 환자 본인의 세포를 체외 배양 없이 본인에게 이식하는 것이다. 이러한 이식은 체외 배양으로 인한 돌연변이의 발생 및 병원성 바이러스 등의 감염을 피할 수 있다. 마지막으로, 조혈줄기세포 이식은 주된 합병증으로 이식편대숙주병을 유발할 수 있으나, 림프세포를 포함하지 않는 다른 종류의 세포 이식에서는 이러한 합병증이 일어나지 않는다. 이러한 이유들에 근거하여 다분화능줄기세포에서 분화된 여러 체세포의 이식이 조혈줄기세포의 이식보다 안전할 수 있으며, 현재 직면한 많은 기술적 및 규제적인 문제가 해결되면 보다 보편적으로 이용될 것으로 기대된다.

다분화능줄기세포를 이용한 세포 이식 치료법

다분화능줄기세포를 이용한 미래의 세포 이식 치료는 체외에서 분화된 세포를 만드는 것과 분화된 세포를 환자 신체의 적절한 위치에 이식하는 것에 초점이 맞춰질 것이다. 배아줄기세포와 유도만능줄기세포 모두 숙주에 이식되었을 때 기형종을 형성할 수 있는 특성을 가지므로 다분화능줄기세포 자체를 이식하지는 않는다. 대부분의 종양처럼, 기형종은 매우 위험하여 이식될 분화 세포들 사이에 다분화능줄기세포가 남아 있지 않게 함으로써, 기형종을 형성할 가능성을 완전히 배재할 수 있어야 한다.

유도만능줄기세포, 유전자 치료, 그리고 조혈줄기세포 이식을 모두 포함하는 치료 과정의 예가 그림 22.10에 동물 실험으로 묘사되어 있다. 이 경우 겸상적혈구성빈혈(sickle cell anemia)의 원인

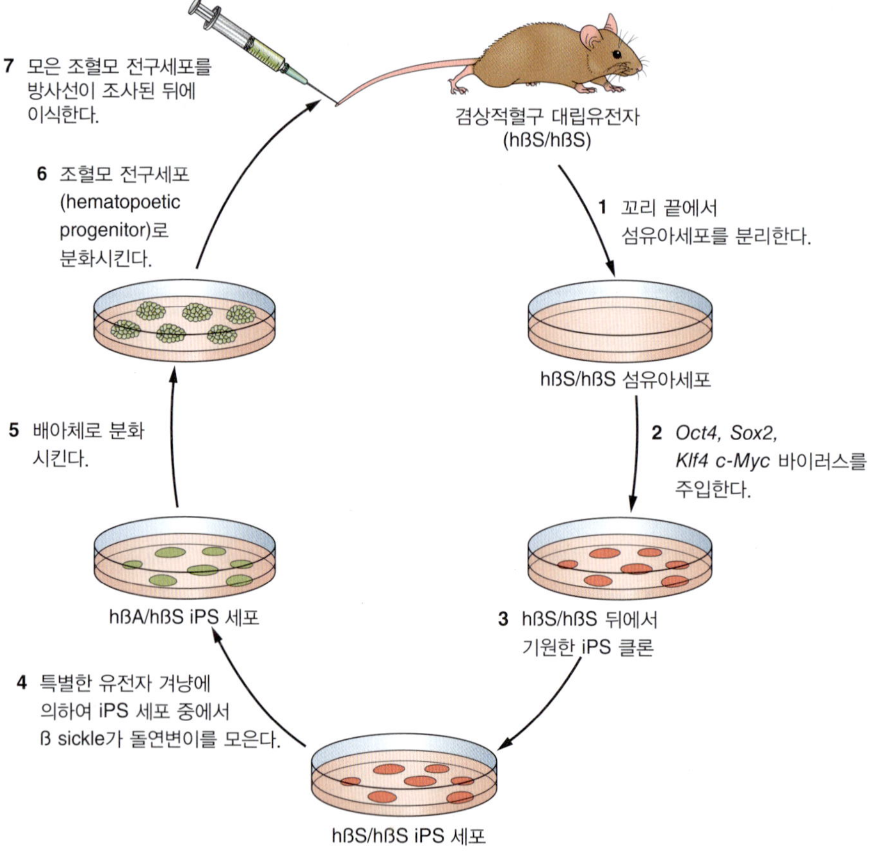

그림 22.10 겸상적혈구증(sickle cell disease) 쥐를 치료하기 위한 실험모델 방법. 쥐 겸상적혈구 대립유전자를 보유하고 있는 실험 쥐는 겸상적혈구 대립유전자가 도입된 인간화된 헤모글리빈 β 유전자를 가지고 있다. 유전자 결함을 가진 세포를 건강한 상동 유전자로 치료한 유도만능세포(iPS)로 유도분화시켜 준비한다. 이들 세포는 Hoxb4의 과발현에 의하여 조혈모세포로의 분화를 유도한다. 겸상적혈구 쥐에 방사선을 조사하여 내성적인 조혈모세포를 제거한 후, 유도만능세포(iPS) 유래 조혈모세포를 이식한다. 그 결과 회복된 세포와 혈액이 군집화된다. hβA, 정상 대립유전자; hβS, 겸상적혈구 유전자. (인용) Amerian Assoiation for the Advancement of Science의 허락을 얻어 Hanna et al., Science 2007, 318; 1920-1923의 그림을 재구성함.

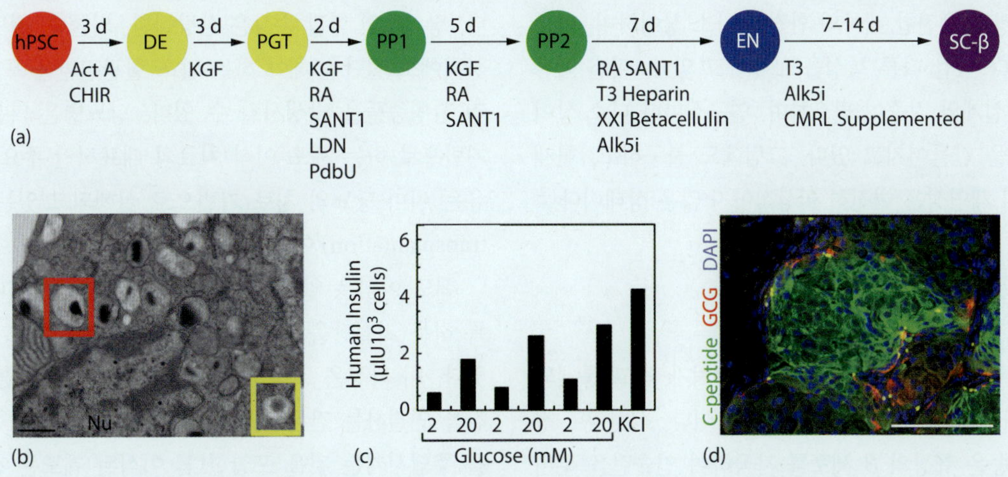

그림 22.11 인간 배아줄기세포의 분화를 조절하기 위하여 사용된 과정의 예(이 경우에는, 췌장 β 세포로의 분화). (a) 총 5개의 단계를 거쳐 분화가 이루어지는데, 각 단계는 다른 배양액과 인자 그리고 다음 발달 결정 단계를 조절하기 위한 억제제를 처리하게 된다. 발생단계 구성: DE: 내배엽(definitive endoderm); PGT: 원시장관(primitive gut tube); PP1 and PP2: 췌장 전구세포(pancreatic progenitors); EN: 췌장 내분비세포(pancreatic endocrine cells); 및 줄기세포 유래 β 세포(Stem cell-derived β cellls). (b) 미성숙 및 성숙한 인슐린 분비 과립을 보여주는 전자현미경 이미지. (c) 줄기세포 유래 β 세포에 의한 글루코스-자극 인슐린 분비. (d) 면역결핍 세포의 신장에 이식 후 줄기세포 유래 β 세포. 대부분 이식 세포는 인슐린을 분비를 의미하는 C-peptide를 포함하고 있음. (인용) Pagliuca et al. Cell 2014. 159: 428-439.

이 되는 인간 헤모글로빈 βS 대립유전자를 보유하는 생쥐를 사용하였다. 유도만능줄기세포는 꼬리 끝 섬유모세포를 채취하여 확립한다. 그런 다음, 11장에 묘사된 유전자 결함을 대체하는 유전자 적중 방법을 이용하여 하나의 겸상적혈구 세포의 대립유전자를 정상적인 인간 헤모글로빈 β 유전자로 대체한다. 이후 유도만능줄기세포로부터 분화유도를 개시하여 조혈줄기세포를 획득한다. 이 분화 과정에는 배아체(embryoid bodies)의 형성과 *Hoxb4* 유전자의 과발현 방법이 포함된다. 마지막으로, 겸상적혈구세포 생쥐를 방사선에 노출시킴으로써 유전자 결함이 있는 조혈줄기세포를 모두 제거하고, 정상 유전자로 치환된 유도만능줄기세포에서 분화시킨 조혈줄기세포를 정맥주사로 이식한다. 그 결과, 이식된 정상 조혈줄기세포에 의해 골수는 새롭게 재구성되며, 비정상인 겸상혈구세포는 정상 혈구세포로 완전히 대체된다.

다분화능줄기세포의 직접 분화

다분화능줄기세포로부터 특정 분화세포를 생산하는 방법은 정상적인 발생 과정의 이해와 인간의 발생 과정이 다른 척추동물의 발생 과정과 유사하다는 전제하에 시작된다. 예를 들어, β-세포를 생산하기 위해서는 정상 β 세포와 췌장의 발생을 잘 이해하는 것이 우선적으로 필요하다(18장). 배아의 원조 단계(primitive streak stage)로부터 내배엽층이 발생하고, 내배엽층은 원시장관(primitive gut tube)을 형성한 후 나뉘어져서 전장 영역(foregut territory)을 형성한다. 전장은 2개의 췌장싹(pancreatic buds)를 형성하고, 두 싹이 궁극적으로 합쳐져 하나의 췌장으로 발생하게 된다. 췌장원기 안에서 내분비세포가 발생한다. 이 세포들 중 일부는 β 세포가 되고, 나머지 세포들은 랑게르한스섬(islet of Langerhans)에서 발견되는 다른 종류의 내분비세포로 발생한다. 따라서 인간 다분화능줄기세포로부터 β 세포를 분화시키는 방법은 내배엽, 전장, 췌장싹, 내분비 전구세포, 그리고 최종적으로 β 세포 단계의 세포를 분화해내는 다섯 단계로 구성될 수 있다(그림 22.11). 각 단계에서는 그 발생 단계에 적절한 특정 성장인자나 호르몬 또는 신호전달 억제인자를 처리하게 된다. 또한 각 단계의 성공적 진행 여부는 발생 단계별로 활성화가 요구되는 주요 유전자의 발현양상 분석을 통해 알 수 있다: 예) *SOX17*(내배엽), *HNF4A*(전장 내배엽), *PDX1*(췌장원기), *NGN3*(내분비 전구세포), *INSULIN*(β 세포). 연구실마다 약간의 다른 방법이 고안되어 β 세포 분화에 이용되고 있지만, 전반적으로 비슷한 원리에 근간을 두고 있다.

면역력이 상실된 NOD-SCID 생쥐에 β 세포를 파괴하는 스트렙토조토신(streptozotocin)이라는 약물을 우선 처리하여 당뇨를 유발한 뒤, 위의 방식으로 분화된 β 세포를 이식하여 치료적 효능을 검증하는 것이 가능하다. 글루코스을 감지하고, 인슐린을 분비하는 β 세포의 능력은 특정한 해부학적 위치에 제한되지 않으므로, 보통 혈관 형성이 잘 일어나고 이식된 세포의 생존율이 높은 신장에 주로 이식을 실시한다.

실제로는 정상적인 발생 과정이 완전하게 이해되지 않았고, 체외 배양접시의 환경과 온전한 배아의 환경은 다소 상이하며, 다분화능줄기세포주마다 약간 다른 특성을 보유하고 있다. 이런 이유로 합리적인 실험 설계와 검증이 필요하며, 연구실마다 다소 상이한 분화 프로토콜을 만들어지고 있다. 그럼에도 불구하고, 현재 확립된 프로토콜의 재연성은 여전히 이상적이지 않은 상태이다.

당뇨병 이식 치료법

당뇨병(diabetes)은 혈당(blood glucose)의 수치가 높고 통제되지 않는 특징을 나타내는 흔한 질환 중의 하나이다. 식사 후, 정상적인 혈당의 상승은 췌장의 β 세포를 자극하여 인슐린을 분비하게 하고, 분비된 인슐린은 지방조직과 근육, 그리고 간으로 하여금 당을 흡수하도록 자극하며, 흡수된 당은 글리코겐 또는 지방으로 변환되어 세포질에 저장된다. 따라서 인슐린이 없으면, 조직 내로 글루코스가 흡수될 수 없기 때문에 혈당 수준이 증가한다.

당뇨병에는 두 가지 형태가 있다. 제1형 당뇨(Type 1 diabetes)는 보통 유년기와 초기 성인기 동안 발병하며, 자가면역공격(autoimmune attack)에 의한 β 세포의 파괴에 의해 일어난다. 자기면역을 발생시키는 원인은 불분명하지만 바이러스 감염이나 유전적 요인이 그 원인일 것으로 여겨지고 있다. 비록 β 세포는 어느 정도 범위 내에서 재생을 할 수 있지만, 제1형 당뇨병 환자는 모든 β 세포가 손실되고, 치료적 조치가 없으면 바로 죽음에 이르게 된다. 당뇨병 환자는 절대적으로 인슐린 주사에 의존적이며, 신중하게 식단을 조절해야 하고, 혈당치의 적당한 유지를 위해 주기적으로 정확한 양의 인슐린을 투여받아야 한다.

제2형 당뇨(Type 2 diabetes)는 1형보다 흔하게 발생하는 당뇨병이며, 주로 노년기에 발생하는 경향이 있다. 제2형 당뇨병은 복잡하고 다양한 요인에 의해 발생하며, 보통 β 세포의 어떤 병리적 상태, 예를 들면 비만이 심해지면서 β 세포가 증가된 필요량의 인슐린을 생산하지 못할 경우에 발생할 수 있다. 또 다른 원인은 말초 조직의 인슐린 저항성(insulin resistance)으로 인해 인슐린에 의한 조직의 당 흡수가 기능적으로 원활히 이루어지지 않으면 발생할 수도 있다. 제2형 당뇨병은 보통 다양한 약물들로 치료하는데, 이런 약물들은 장으로부터 글루코스가 천천히 방출되도록 하거나, β 세포로부터 인슐린 분비를 증가시키거나, 이용 가능한 인슐린의 활성을 증가시켜 주는 역할을 한다. 일반적으로, 질병이 진행될수록 제2형 환자 또한 인슐린 투여가 필요하게 된다.

당뇨를 잘 관리하면 환자의 수명이 정상인과 비슷하게 되지만, 혈당 농도를 정확하게 조절하지 못하면 혈관 손상을 유발한다. 장기적인 혈관 손상은 심장질환, 뇌졸중, 실명, 그리고 사소한 상처에도 절단을 해야 하는 말초 혈관질환을 포함하는 심각한 여러 합병증들을 발생시킬 수 있다. 당뇨병은 다분화능줄기세포를 기반으로 하는 세포 이식 치료의 대표적인 주요 대상인데, 그 이유는 이미 당뇨의 치료 기법으로 실행되고 있는 '췌도 이식(Islet transplantation)'이란 기법을 활용하여 실행할 수 있기 때문이다.

췌도 이식은 일반적으로 빠르게 의식불명이나 죽음에 이르도록 하는 저혈당을 인식하지 못하는 제1형 당뇨 환자에게 실시되었다. 이 과정은 조직 기증자의 췌장에서 췌도를 획득하여, 장과 간을 연결하는 간문맥(hepatic portal vein)을 통해서 간에 췌도를 주입시키는 것을 포함한다. 이식된 췌도는 간에 정착하여 혈당 수준을 감지하고, 충분한 양의 인슐린을 분비하여, 혈당을 일정한 수준으로 조절한다. 이 치료 방법은 상당히 성공적인 것으로 증명되었다. 이식 받은 대부분의 환자는 저혈당에서 회복되었으며, 몇몇 환자는 인슐린 주사를 더 이상 맞지 않을 정도로 치유가 되었다. 치료 효과는 혈청 내 C-펩타이드 수준을 측정하여 확인할 수 있다. C-펩타이드는 2개의 펩타이드 사슬로 구성된 인슐린 단백질이 합성되는 동안 프로인슐린(proinsulin) 폴리펩타이드가 절단되면서 만들어지며, β-세포의 활성을 측정하는 지표가 된다.

그러나 췌도 이식에는 크게 두 가지의 중요한 문제점이 있다. 첫째, 모든 이식용 췌도를 기증자로부터 획득하여야 하는데, 이식 수요를 만족시키기에는 공급되는 기증자의 췌도의 양이 현저하게 부족하다. 둘째, 기증자로부터 획득한 췌도는 당뇨환자에 이식된 후 **동종이계 이식**(allograft)에 의한 면역거부 반응을 일으킬 수 있다. 따라서 다른 사람의 췌도를 이식 받은 환자는 남은 생애 동안 평생 면역억제제(immunosuppressive drug)를 투여받아야 한다. 이 약은 여러 부작용을 유발할 수 있으며, 이식된 β 세포에도 손상을 주거나 수명 및 효능을 단축시킬 수 있다.

이 두 가지 문제점 모두 줄기세포를 이용하여 해결할 수 있을 것으로 기대되고 있다. 만약 다분화능줄기세포로부터 β 세포를 만들 수 있다면, 이 줄기세포는 β-세포에 대한 무한한 잠재적 공급원이 될 수 있다. 더불어 각각의 환자로부터 유도만능줄기세포를 만들 수 있다면, 이로부터 분화된 β 세포의 유전형은 환자와 완벽하게 일치하게 돼서 이식 후 면역거부 반응이 일어나지 않는다. 제1형 당뇨병은 자가면역 반응에 기인하기 때문에, 환자와 이식되는 세포가 유전적으로 완벽하게 일치하여도 여전히 자기면역 공격을 극복하지 못한다. 따라서 유전형이 다른 췌도를 이식받을 때보다는 심하지 않지만, 면역거부를 막기 위한 방법이 여전히 필요하다. 이식거부 반응과 자기면역을 피하기 위한 다른 방법으로는 부분적으로 투과성을 가진 물질인 알지네이트(alginate)로 이식될 세포를 캡슐화하는 것인데, 인슐린과 영양분은 이 캡슐을 투과할 수 있지만, 이식 받는 수혜자의 세포독성 림프구(cytoxic lymphocytes)는 통과하지 못한다.

현재 인간 배아줄기세포로부터 만들어진 β 세포를 캡슐화 또는 비캡슐화 전달 방법을 통해 1형 당뇨병 치료 효능을 평가하는 임상시험이 진행 중이다.

망막색소상피

눈을 구성하고 있는 망막(retina)의 중심 부분에 존재하는 직경 5 mm의 작은 색소성 부분을 황반(macula)이라고 한다. 황반은 망막 중에서도 가장 높은 밀도의 원추형 광수용체(cone-type photoreceptor)를 포함하고 있으며, 고도로 정교하게 반응하여 시야의 중심 부분에서 사물을 식별하는 역할을 한다. 노화가 진행됨에 따라 광수용체 수가 줄어들어 황반 기능이 저하되는 현상이 나타나게 되는데, 65세 이상 노인 가운데 10% 가량이 이러한 현상을 겪고 있다고 알려져 있으며, 이를 노인성 황반변성(age-related macular degeneration, ARMD)이라고 한다. 몇몇 심각한 경우에는 읽는 능력이나 인물을 식별하는 능력, 또는 고도의 시력을 요구하는 작업을 할 때 사용되는 중심시력(central vision)을 잃게 된다. 일부 주변시력(peripheral vision)이 남아 있다 하여도 심각한 노인성 황반변성을 앓고 있는 환자는 법적으로 맹인으로 간주된다.

노인성 황반변성은 일반적으로 크게 2종류로 분류된다. 건성 노인황반변성("dry" form of ARMD)은 망막색소상피(retinal pigment epithelium, RPE)의 결함에 의해 생성된 퇴화 잔해가 특정 부위에 축적되어 발생되는 것으로 여겨진다. 망막색소상피는 광수용체 아래에 존재하는 한 층의 색소세포로 구성되며, 일반적으로 안배(optic cup)의 바깥층으로부터 형성된다(16장 참조). 습성 노인황반변성("wet" form of ARMD)은 맥락막(eye capsule, choroid)으로부터 망막 아래의 공간(subretinal space)까지 혈관이 과도하게 성장하여 나타나는 황반변성 질환의 한 종류이다. 현재까지 건성 노인황반변성의 경우는 치료책이 개발되지 않았다. 습성 노인황반변성의 경우, 새로 생성되는 혈관을 레이저를 이용해 제거하거나 혈관 성장에 대하여 길항작용을 하는 특이적 항체를 주사하는 방법으로 치료하고 있다.

이와 관련된 실험은 왕립 외과의협회(Royal College of Surgeons) 흰쥐 동물모델(RCS rat)을 사용하여 진행되었으며, 광수용체 층으로부터 정상적으로 생성되는 노화 퇴적물을 제거하는 망막색소상피의 능력을 저해하는 자연돌연변이를 사용하였다. 노화 퇴적물이 축적되면 광수용체가 사멸하게 되어 혈관의 변화가 초래된다. 왕립외과의협회는 흰쥐 동물모델을 이용하여 망막색소상피를 망막 아래의 공간으로 이식하였을 때 인접한 광수용체 층을 보존할 수 있었으며, 전기생리학적 기록(electrophysiological recording)과 행동검사(behavioral test)를 통해 시력 또한 유지할 수 있음을 밝혔다. 이 동물실험을 이용하여 인간 망막색소상피 세포주 또한 이식된 후 비슷한 치료 효과를 나타내는 것으로 알려졌다. 눈은 면역세포가 상대적으로 접근하기 어려운 부분이라고 여겨지지만, 손상이 일어난 경우에는 이식세포의 생존을 위해 면역억제가 필요하다.

이러한 실험적 근거로 인해 인간 다분화능줄기세포로부터 만들어진 망막색소상피세포를 망막 아래의 공간으로 이식시켜 노인성 황반변성을 치료하고자 하는 노력이 시도되고 있다. 망막색소상피는 다분화능줄기세포로부터 비교적 얻기 쉬운 세포 종류로 알려져 있으며, 이 세포가 보유하는 색소적 특징에 의해 명백하게 구분이 가능하다(그림 22.12). RCS 흰쥐 동물모델의 망막 아래 공간에 인간 다분화능줄기세포로부터 분화된 망막색소상피를 이식하였을 때, 실험동물의 시력이 향상되었으며 기형종은 형성되지 않았음이 관찰되었다.

황반변성 치료 목적의 세포 치료에 대한 임상시험 허가가 이루어진 이유로서, 첫 번째는 건성 황반변성을 치료하기 위한 다른 대안책이 현재까지 전무한 상황이고, 두 번째는 동공을 통해 이식 후의 경과를 확인할 수 있다는 장점이 있기 때문이다. 세 번째는 만일의 경우 기형종이 형성된다하여도 환자는 종양을 형성한 한쪽 눈을 제거함으로써 여전히 생존이 가능하다는 점이다. 지난 몇 년 간 임상시험이 유럽, 미국 및 일본에서 진행되어 왔으며, 임상실험 절차의 안전성과 시력 회복을 보이는 결과가 보고된 바 있다.

척수 복구

척수에 외상이 있게 되면, 운동(descending, motor) 또는 감각(ascending, sensory) 신경섬유로(nerve fiber tract)의 손상이 유발됨에 따라 손상된 부위 이하의 신체 부위에 마비 혹은 감각상실이 초래된다. 세포체(cell body)는 신경섬유로부터 멀리 떨어진 곳에 존재한다. 척수 손상은 뉴런과 신경교세포(glial cell)의 국부적 세포사멸을 초래하며, 이때 형성된 신경교 상흔(glial scar)

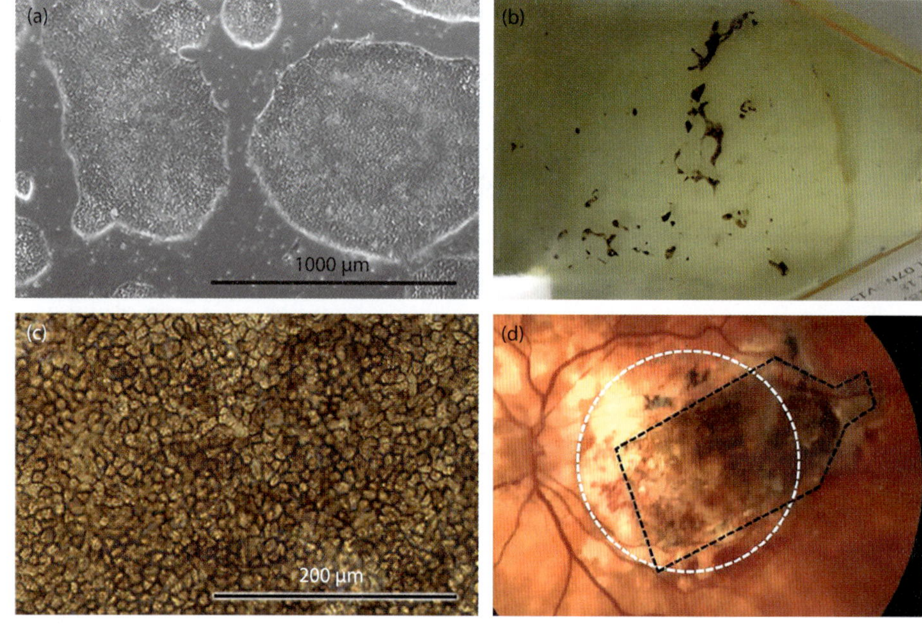

그림 22.12 망막상피세포. (a-c) 인간 배아줄기세포로부터 균일한 망막상피세포 분화. (d) 노인성 황반변성(ARMD) 환자의 신경망막 아래에 생체적합성 패치(검정색 선) 이식. 광수용체 손상 부위(하얀색 선). (인용) (a-c) da Cruz et al. Nature Biotechnology 2018. 36: 328-337; (d) Kashani et al. Science Translational Medicine 2018. 10: eaao4097.

은 신경섬유의 재생을 억제한다. 또한 주변의 정상 신경섬유 수초(myelin sheath)의 유실을 추가적으로 초래하여 효율적인 전기신호전달(electrical signal transmission)을 수행할 수 없게 되기도 한다.

다분화능줄기세포를 이용하여 척수 손상을 치료하기 위한 최초의 임상실험은 분화된 재수초형성세포(remyelinating cell)를 이용하여 2009년 시작되었다. 이 임상시험은 인간 배아줄기세포로부터 분화된 **희소돌기아교세포(oligodendrocyte)**를 이식하여 실시되었다. 이들 세포는 뉴런 축삭(axon)의 수초형성(myelination)을 담당하는 신경교세포로서, 살아 있는 일부 신경섬유가 이식된 이들 희소돌기아교세포에 의해 재수초를 형성하여 기능성을 회복시킬 것을 기대하고 있다. 이 임상실험의 결과는 이식세포는 안전하지만, 효과는 불확실함을 보여주었다.

심장 근육세포

현대 선진사회에서 가장 흔한 돌연사는 심장마비(또는 심근경색, myocardial infarction)이며, 이는 하나 이상의 관상동맥(coronary arteries)이 막혀 심장근육으로의 산소공급이 제대로 이루어지지 않기 때문에 일어난다. 자발적으로 혹은 응급 치료를 통해 관상동맥의 막힘이 해결되지 않는다면, 산소공급이 제대로 이루어지지 않은 심장근육은 1시간 이내에 사멸된다. 만약 그 손상이 전반적인 심장 기능이 정지될 만큼 광범위하면 환자는 사망한다. 하지만 손상된 영역이 제한적일 경우, 환자는 살아나겠지만 심장은 영구적인 손상을 입게 된다. 심근세포가 생애에 걸쳐 정상적으로 새롭게 생산되는 심근세포로 대체되는지의 여부에 대해서는 논쟁 중에 있지만, 대체가 되더라도 그 속도가 굉장히 느리고, 손상된 부분에서 의미 있는 조직재생은 보이지 않는다. 대신 손상된 부분은 세포외 기질을 분비하는 심장 섬유세포(cardiac fibroblasts)로 채워져서, 결국 반흔조직(scar tissue)으로 대체된다. 이 경우 심장의 물리적 견고성은 회복되지만, 심장이 수축할 때 반흔조직으로 채워진 부분은 적절히 기능을 하지 못하여 심장 기능이 약화된다. 이러한 과정에서 심장이 과도한 스트레스를 받으면, 생존한 심장근육세포는 비대해지고 기능 상실이 일어나 심장부전이 발생한다. 고혈압이나 판막질환(valve disease)도 심장마비의 원인이기는 하지만, 앞서 말한 심장의 기능저하가 일반적인 원인이 된다. 심장부전은 몸의 다른 부분에 충분한 혈액 공급이 이루어질 수 없게 되는 것을 의미하기에, 많은 문제를 발생시키며 손상 정도에 따라 단시간에 죽음을 초래할 수도 있다.

많은 연구자들이 인간 다분화능줄기세포로부터 심장 근육세포를 만들기 위한 효율적인 분화 방법을 연구하고 있다. 앞에 기술하였듯이, 심장 근육세포는 약물로 인한 부정맥을 체외에서 검사하는 데 매우 유용하다. 심장의 세포이식 치료를 검증하기 위한 동물모델은 일반적으로 관상동맥을 묶음으로써 심장 근육의 특정 부분에 손상을 입혀서 만든다. 이후 외부 세포를 손상 받은 부위에 주입한 뒤, 여러 생리실험을 통하여 심장 기능을 평가함으로

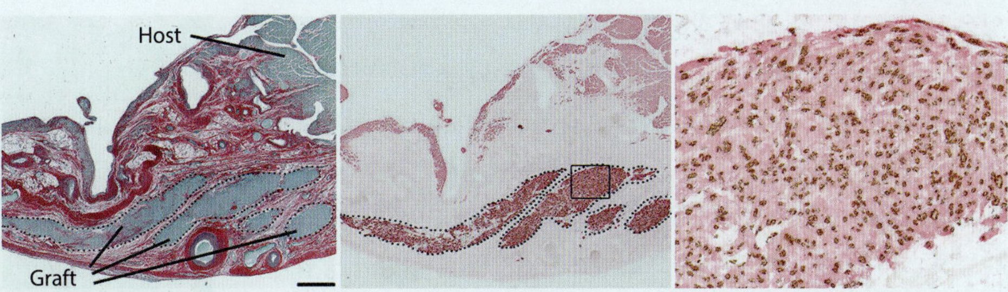

그림 22.13 인간 배아줄기세포 유래 심장 근육세포 이식. 상처 부위(붉은색)와 생존 세포 부위(초록색)를 보여주는 피크로시리어스 염색(좌측). 심장 근육세포를 보여주기 위한 베타 마이오신 중쇄(beta myosin heavy chain) 면역항체 염색(가운데). 인간 세포를 보여주기 위한 검침(probe)(우측). 축척자: 500 μm. (인용) Shiba et al. J. Cardiovasc. Pharmacol. Ther. 2014. 19: 368-381.

써 세포 치료의 효과를 연구할 수 있다. 궁극적으로는 동물을 희생시켜 이식된 세포의 분화 상태, 생존율, 그리고 조직 내의 분포 등을 평가할 수 있다. 그림 22.13은 심근경색을 유도한 기니피그의 심장에 인간 배아줄기세포 유래 심장 근육세포를 이식한 결과를 보여주고 있다.

일반적으로, 동물실험 결과에 따르면 이식된 심장 근육세포는 이식된 후 장기간 생존하며 심장의 기능 향상에 도움을 준다고 알려져 있다. 이식세포의 운반은 피브린(fibrin) 같은 세포외 물질의 "패치(patch)"를 이용할 때 보다 효과적인데, 이 방법은 세포의 생존율 향상과 이식된 심장에서 부정맥의 위험도를 감소시킨다. 현재 인간 심장에 심장 근육세포 이식 후 안전성과 효능을 평가하는 임상실험이 진행 중이다(그림 22.14).

최근 몇 년 동안 간충직줄기세포와 같은 다양한 세포를 심장에 이식하는 임상실험이 진행되어 왔다. 비록 일부 일시적인 효과가 있었지만, 장기적인 이식 세포의 생존 또는 효과에 대해서는 아직 불분명하다.

파킨슨병

파킨슨병(Parkinson's disease)은 알츠하이머병(Alzheimer's disease) 다음으로 두 번째로 흔한 신경퇴행성 질환으로 점진적 운동장애를 일으킨다. 고령화될수록 발생률은 증가하며, 근육경직, 떨림, 느린 움직임이 나타나고, 심한 경우 움직일 수 없게 된다. 파킨슨병은 운동장애뿐 아니라 언어 및 인지능력에도 영향을 끼친다. 이러한 운동장애는 대뇌 피질(cerebral cortex)의 운동영역(motor region)에 대한 자극이 감소되어 운동피질(motor cortex)이 움직임과 동작 제어를 적절히 수행할 수 없기 때문에 발생한다. 이러한 증상은 뇌간(brainstem)의 흑질(substantia nigra)에 분포하는 도파민 뉴런이 소실되어 발생한다. 파킨슨병이 진행되면서 퇴화된 신경세포는 사멸되며, 이러한 과정에서 루이소체(Lewy bodies)라 불리는 구조물을 만들어낸다. 파킨슨병 환자의 대부분은 증상이 나타날 때까지 80% 이상의 도파민 뉴런이 소멸된다.

L-DOPA(L-3,4-dihydroxyphenylalanine)는 도파민의 전구물질이기에, 1960년대부터 다른 약들과 함께 파킨슨병 치료제로 환자에게 투여되었다. 결과적으로 치료에 약간의 효과는 있었지만, 통제되지 않는 불수의적인 행동장애, 감정장애 혹은 수면장애와 같은 부작용을 동반하기도 하였다. 질환이 진행됨에 따라 부동성(immobility)와 인지능력 손실이 L-DOPA에 반응해서 중단되기도 한다.

인간의 6~9주된 태아의 중뇌로부터 얻은 조직을 도파민 뉴런이 정상적으로 작용하는 부분인 미상핵(caudate nucleus)과 두부경막(anterior putamen) 부위에 이식하여 파킨슨병을 치료하려는 시도가 여러 차례 있었다. 이식된 중뇌 조직은 장기간 생존하며, 다른 뉴런과 시냅스를 이루는 도파민 뉴런을 많이 형성하였다. 하지만 이 치료법의 효과는 논쟁의 대상이기도 하며, 놀랍게도 이식을 받은 사람들에 대한 사후 연구를 통해서 환자의 뇌에 이식된 세포들 역시 루이소체를 발달시킬 수 있음이 밝혀졌다. 이 사실은 환자의 세포에 존재하던 질병이 이식된 새로운 세포로 전이되

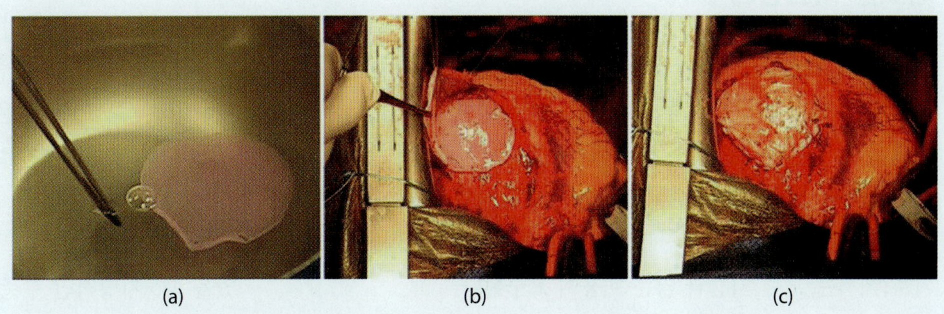

그림 22.14 인간 심장 위에 인간 배아줄기세포 유래 심장 전구세포를 포함한 피브린 패치 이식. (a) 세포를 포함한 패치. (b, c) 외과적 수술 절차. (인용) Menasché et al. J. Am. Coll. Cardiol. 2018. 71: 429-438.

었음을 시사하며, 아직 이 질병의 전이 과정은 알려지지 않았다.

이 치료 방법의 한 가지 문제점은 이식될 중뇌 조직을 얻을 수 있는 초기 태아의 수가 극히 제한적이라는 것이다. 또한 낙태로 얻어진 조직은 피할 수 없는 윤리적 문제를 발생시킨다. 사산된 태아의 사용은 줄이면서 이식될 세포의 공급을 늘리기 위해, 인간 다능성줄기세포를 도파민 뉴런으로 분화시키기 위한 다양한 방법들이 개발되고 있다. 일반적으로 이 분화 방법은 다분화능줄기세포로부터 배아체를 형성한 후, 신경유도 과정을 거쳐 신경줄기세포(neural stem cell)가 뭉쳐진 덩어리(aggregates)를 형성하는 과정을 포함한다. 이런 과정에서 형성된 세포를 부유된 상태로 배양한 후, 정상 배아발생 단계에서 중뇌 형성을 유도하는 것으로 알려진 FGF8과 같은 성장인자로 처리하여 단층 배양으로 분화시키면 중뇌 도파민 신경세포로 분화시킬 수 있다. 가장 최적화된 프로토콜은 FOXA2/LMX1A 양성을 보이는 태아 중뇌와 유사한 세포를 90%까지 생산할 수 있으며, 거의 모든 세포를 도파민 분비 신경세포로 전환할 수 있다.

도파민 뉴런을 선택적으로 소멸시키는 6-hydroxydopamine을 뇌의 한쪽에 주입한 흰쥐를 파킨슨병에 대한 일반적인 동물모델로 사용함으로써, 치료용으로 가능성이 있는 세포가 도파민 뉴런의 치료적 효과를 검증할 수 있다. 이렇게 한쪽 대뇌에 병변을 유도한 흰쥐는 다양한 비대칭 행동(asymmetrical behavior)을 나타낸다. 도파민 뉴런이 정상적으로 연결되는 부분인 선조체(striatum)에 치료용 세포를 주입한 뒤, 일련의 행동학적 검사를 통하여 이식된 세포의 치료 효과를 확인할 수 있다. 이식 후 일정 시간이 지나면 쥐를 희생시킨 뒤 뇌에 이식된 세포의 생존율과 분화 상태를 분석한다(그림 22.15). 이러한 실험결과, 이식된 세포는 행동학적 증상을 많이 호전시킬 수 있으며, 이식 후 도파민 뉴런의 표현형을 장기간 동안 유지할 수 있고 기형종을 유발하지 않음이 알려졌다. 다분화능줄기세포 유래 도파민 신경세포 이식을 포함한 인간 임상실험은 2018년에 시작되었다.

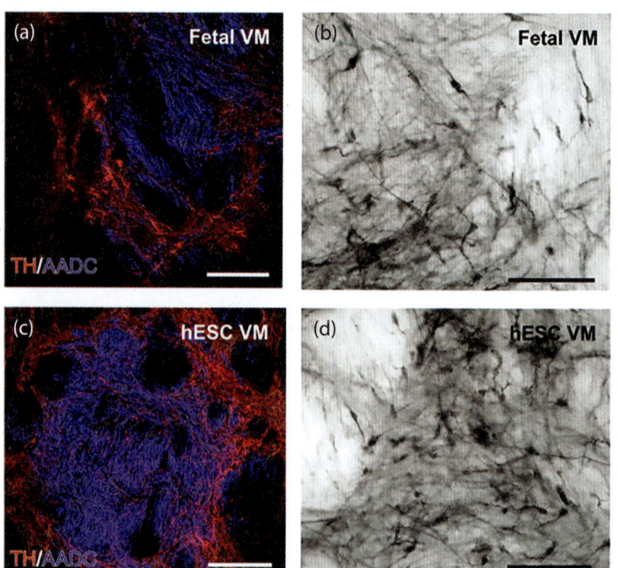

그림 22.15 사이클로스포린 면역억제된 흰쥐 뇌에 도파민 생성 신경세포 이식. (a,b) 인간 태아 중뇌 이식. (c,d) 인간 배아줄기세포 유래 이식. 붉은색 및 파란색은 도파민을 생성에 필요한 티로신 하이드로시레이스(tyrosine hydroxylase, TH)와 아미노산 디카르복실레이스(amino acid decarboxylase, AADC) 발현을 보여준다. 흑백 사진은 TH 면역염색한 세포 모양을 보여준다. 축척자: 200 μm. (인용) Kirkeby et al. Cell Rep. 2012. 1: 703-714.

새로운 치료법의 소개

본 장에서 기술했듯이, 이식 치료를 위해 다분화능줄기세포를 이용한 많은 임상실험이 진행 중이지만, 이를 위한 실질적인 진행은 더딘데 그 이유는 다음과 같다. 모든 새로운 치료 방법은 미국식품의약국에서 규정하는 정밀조사를 거쳐야 하며, 이는 미국뿐 아니라 다른 나라에서도 마찬가지이다. 더불어 임상실험을 승인받기 위해서는 오랜 기간과 많은 비용이 요구된다.

첫 번째 이슈는 역시 안전성이다. 세포이식 치료는 비교적 새로운 방법이며, 따라서 예상치 못한 새로운 잠재적 위험을 내포할 수 있다. 한 가지 명백한 위험 요소는 다분화능줄기세포를 이용함에 있어 끊임없이 문제로 제기되고 있는 이식 후 기형종의 형성 가능성이다. 따라서 잠재적으로 포함될 수 있는 모든 다분화능줄기세포를 이식 전에 제거하였음을 증명하는 것은 매우 중요한 부분이다. 또 다른 문제점은 이식을 위한 세포를 분화시키고 준비하는 과정에서, 동물 유래 영양공급세포(feeder cell) 또는 동물 혈청(animal serum)과 같은 동물 유래 산물이 사용된다는 점이다. 동물 유래 산물은 인체에 유입된 후 질병을 유발할 수 있는 바이러스들을 포함할 수 있다. 따라서 세포 치료에 사용되는 모든 세포는 위험성을 내포하고 있는 동물 유래 산물들이 배제된 정성 배양액(defined medium)을 이용하여 생산되어야 한다. 세포 치료를 위한 세포를 준비 과정에서 발생할 수 있는 다양한 문제점을 해결하기 위해 의약품제조품질관리기준(Good Manufacturing Practice, GMP)과 같은 명확한 기준이 세포 준비 공정에 적용되어야 한다. 새로운 치료법이 꼭 100%의 안전성을 보장해야 되는 것은 아니지만, 새로운 치료법에 따르는 위험성이 그 질병의 심각성보다는 낮아야 된다. 예를 들어, 골수이식 수술이 처음 소개되었을 때, 치명적인 수준의 급성 백혈병(leukemia) 환자의 경우에는 고위험성의 새로운 백혈병 치료 방법이 허용되었다. 반면에 당뇨병 치료의 경우, 현존하는 효과적인 치료법이 존재하므로, 새로운 치료법의 허용 위험성 또한 낮은 수준이다.

두 번째 이슈는 효율성에 관련된 문제이다. 일반적으로 동물실험에서 성공적인 결과를 도출한 방법이 인간 대상의 실험에서는 비효율적인 것으로 나타나는 경우가 많기에, 1차 임상실험 후에 후보 치료제의 추가 개발이 포기되는 일이 빈번하게 일어난다. 더욱이 새로운 치료법은 단순 효율성뿐만 아니라 현존하는 치료법보다 나은 효과를 보여야 한다. 앞서 기술된 여러 질병에 대한 현재 치료법의 예로서는, 제1형 당뇨병에 대한 효과적인 인슐린 펌프(insulin pump), 큰 효과는 아니지만 어느 정도의 효과를 나타내는 파킨슨 병(Parkinson's disease) 치료용 약물치료나 고주파 전기자극법(electrical stimulation) 등이 있다. 대략적인 비용과 잠재적인 위험성을 고려해 볼 때, 줄기세포 치료제가 현존하는 최고의 치료방법으로 자리 잡기 위해서는 더 발전해야 한다.

마지막 이슈는 비용과 관련된 문제점이다. 의약품 제조 품질관리 기준에 적합한 세포를 대량으로 배양하기 위해서는 고비용이 요구된다. 환자 맞춤형 세포 배양은 그 환자의 세포로부터 새로운 유도만능줄기세포주를 확립하고, 그 세포들의 특성 분석, 대량생산, 그리고 치료를 위한 체세포로의 분화를 성공적으로 실행해야 되므로 훨씬 더 많은 비용이 요구될 것이다. 이 때문에 현 분석가들은 이러한 환자맞춤형 유도만능줄기세포를 이용한 치료 방법이 현실화되기에는 너무 많은 비용이 발생할 것으로 생각된다. 그러나 이전에 개발된 고가의 치료법들이 기술의 발달로 점차 저렴해지고 있으므로, 만능줄기세포를 이용한 치료법 역시 이러한 추세를 따라 비용 문제를 해결할 수 있을 것이라 전망된다.

고전적인 실험

인간 배아줄기세포

이 논문은 생쥐와 유인원에서 선행적으로 확립된 배아줄기세포와 인간 포배의 내세포괴(inner cell masses)에서 유래하여 성장하는 배아줄기세포를 비교 설명하고 있다.

Thomson, J.A., Itskovitz-Eldor, J., Shapiro, S.S., Waknitz, M.A., Swiergiel, J.J., Marshall, V.S., Jones, J.M.(1998). Embryonic stem cell lines derived from human blastocysts. *Science* **282**, 1145-1147.

동시에 인간 배아줄기세포는 태아 유래 원시생식세포로부터 얻어진 세포들과 유사하다.

Shamblott, M.J., Axelman, J., Wang, S., Bugg, E.M., Littlefield, J.W., Donovan, P.J., Blumenthal, P.D., Huggins, G.R., Gearhart, J.D.(1998) Derivation of pluripotent stem cells from cultured human primordial germ cells. *Proceedings of the National Academy of Sciences USA* **95**, 13726-13731.

고전적인 실험

체세포 핵 치환

Briggs와 King의 논문은 핵이 제거된 제2난모세포에 성공적인 핵 치환을 하여 독자 생존이 가능한 배아를 형성한 첫 번째 예이다. Gurdon은 이러한 연구를 확장시켜 분화된 세포를 사용하여 핵의 행동에 대해서 세부적으로 연구하였다. Wilmut 등의 논문은 Dolly와 같은 복제 양의 창조와 함께 포유류로의 방법론적 확장을 기술하고 있다. Finally, human SCNT was achieved in 2013.

Briggs, R. & King, T.J.(1952) Transplantation of living nuclei from blastula cells into enucleated frogs' eggs. *Proceedings of the National Academy of Science USA* **38**, 455-463.

Gurdon, J.B.(1962) The developmental capacity of nuclei taken from intestinal epithelium cells of feeding tadpoles. *Journal of Embryology and Experimental Morphology* **10**, 622-640.

Wilmut, I., Schnieke, A.E., McWhir, J., Kind, A.J. & Campbell, K.H.S.(1997) Viable offspring derived from fetal and adult mammalian cells. *Nature* **385**, 810-813.

Tachiban, M., Amato, P., Sparman, M. et al.(2013) Human embryonic stem cells derived by somatic cell nuclear transfer. *Cell* **153**, 1228-1238.

고전적인 실험

유도만능줄기세포(iPSC)

첫 번째 논문은 생쥐 섬유모세포에 후보 유전자 칵테일을 도입하고 선택적인 배양액에 배양함으로써 배아줄기세포와 유사한 세포를 만든 것에 대해 기술하고 있다. 두 번째 논문은 유사한 방법으로 인간 유도만능줄기세포를 만든 방법에 대해 묘사하고 있다. 마지막 논문은 유도만능줄기세포를 이용하여 세포 이식 치료가 가능할 수 있음을 증명한 중요한 논문이다.

Takahashi, K. & Yamanaka, S. (2006) Induction of pluripotent stem cells from mouse embryonic and adult fibroblast cultures by defined factors. *Cell* **126**, 663–676.

Yu, J., Vodyanik, M.A., Smuga-Otto, K. et al. (2007) Induced pluripotent stem cell lines derived from human somatic cells. *Science* **318**, 1917–1920.

Takahashi, K., Tanabe, K., Ohnuki, M. et al. (2007) Induction of pluripotent stem cells from adult human fibroblasts by defined factors. Cell **131**, 861–872.

Hanna, J., Wernig, M., Markoulaki, S. et al. (2007) Treatment of sickle cell anemia mouse model with iPS cells generated from autologous skin. Science **318**, 1920–1923.

새로운 연구방향

4. 배아체와 기형종에 대한 자세한 이해. 두 가지 모두 초기 분화 과정을 포함한 다분화능줄기세포 특성을 분석할 때 중요하다.
5. 배아줄기세포와 유도만능줄기세포의 직접 분화 기술 향상. 의약품 제조 품질 관리 기준에 맞는 대량생산을 위해 재연성 높은 분화 기법이 필요하다.
6. 세포 이식 후 생존율과 기능 유지를 위한 조직공학적 세포 운반 방법 필요.

기억해야 할 핵심 사항

- 다분화능줄기세포(배아줄기세포와 유도만능줄기세포)는 생체 외(*in vitro*)에서의 무한증식과 다양한 체세포로의 분화능력을 가진다.
- 인간 배아줄기세포는 불임병원에서 동결 보관된 포배 세포에서 유래한 세포로서 목적에 따라 수정란의 부모로부터 기부된다.
- 유도만능줄기세포는 만능 유도 유전자를 분화된 세포에 주입하거나 이들 유전자의 발현을 인위적으로 세포 안에서 선택함으로써 확립할 수 있다. 유도만능줄기세포는 환자 맞춤형으로 각 환자들의 표본 세포에서 만들 수 있다.
- 인간 배아줄기세포와 유도만능줄기세포는 생쥐 배아줄기세포와 같은 "미준비된(naïve)"한 상태라기 보단 "준비된(primed)" 상태와 유사하다.
- 핵이 제거된 난자에 체세포 핵 치환을 통해 살아있는 배아를 생성할 수 있고, 일부 인간 다분화능줄기세포는 이와 같은 방법으로 만들어진다.
- 직접적인 재프로그램(direct reprogramming, 직접적인 형질전환) 방법은 선택된 특정 전사인자들을 과발현시킴으로써, 다른 종류의 세포를 신경세포, 심근세포, 혹은 간세포로 분화시킬 수 있는 기술을 말한다.
- 인간 다분화능줄기세포는 인체 발생, 유전질환의 세포병리학 및 분화세포를 이용한 약물 효능을 평가하기 위해 사용가능하다.
- 대부분의 최신 줄기세포 치료는 조혈모세포(hematopoietic) 이식이다. 동종이계(allogeneic) 이식은 면역억제가 요구되는 반면에, 자가이식[(autograft) 혹은 일란성 쌍둥이로부터의 이식)]에는 면역억제가 필요하지 않다.
- 다분화능줄기세포의 직접 분화(direct differentiation)는 발생학적 세포 운명 결정 체계를 모방하여 줄기세포를 순차적으로 발생학적 인자에 노출시킴으로써 성취될 수 있다.
- 배아줄기세포 유래 세포들(희돌기아교세포, oligodendrocytes)을 이용한 척수외상 치료와 망막 퇴화(망막색소상피, retinal pigment epithelium) 치료를 위한 임상시험이 진행 중이다. 이와 유사한 췌장의 β-세포, 심장근육 세포, 도파민 뉴런, 간세포 및 다른 체세포를 이용한 활발한 임상연구가 추진 중에 있다.

Chapter 23

진화와 발생

Evolution and development

발생학과 진화생물학 사이의 접점에는 꽤나 긴 역사가 있어 왔다. 19세기 초 독일의 배아학자인 Karl von Baer는 서로 다른 유형의 척추동물 배아들에서 초기 단계가 매우 유사하다는 것을 알아낸 후 동물의 보다 일반적인 특징이 먼저 발생하고 나중에 보다 특이적인 특징이 발생한다고 제안한 바 있다. 19세기 중엽 Ernst Haeckel은 "개체 발생이 계통발생을 반복한다"는 학설을 주창했는데, 다시 말해서 개별 생명체의 발생 단계는 자신의 진화적 조상의 순서를 닮는다는 것이었다. 이런 견해는 삶의 경험을 통해 유전되는 변화가 나타나며, 따라서 발생 순서의 끄트머리에 이러한 변화가 덧붙여질 수 있다고 보는 당대 라마르크 진화설의 맥락에서는 허용되었지만, 자연선택의 입장에서는 설명하기가 매우 어려웠다.

20세기 초에는 신다윈주의가 폭넓게 받아들여졌다. 신다윈주의는 Darwin의 자연선택설, Mendel의 유전학, 그리고 Fisher, Wright, Haldane이 만들어낸 유전에 대한 정량적 수학이론을 종합한 것이다. 여기서 진화적 변화의 기전은 돌연변이에 의해 일어나는 것으로 간주되며, 각각의 돌연변이는 이런 변이를 가진 개체에게 생식 측면의 이득을 줘서 집단 내에 퍼지게 되고, 결국 야생형 대립유전자가 된다. 신다윈주의에 따르면 형태적 변화는 서서히 일어나는데, 각각 작은 효과를 갖는 돌연변이의 많은 작용들이 합쳐져서 나타나게 된다. 자연선택에 의해 일어나는 변화를 **적응적 진화(adaptive evolution)** 혹은 적응(adaptation)이라 부른다. 20세기 후반에는 분자생물학적인 연구의 결과에 따라, DNA의 일차 서열에서 나타나는 대부분의 변화가 적응적이지 않고, 아무런 선택적 귀결이 없는 돌연변이의 누적으로 이루어진 **중립적 진화(neutral evolution)**라는 것이 분명해졌다. 돌연변이는 한 세대에서 다음 세대로 넘어가면서 임의적 표본추출의 효과[유전적 부동(genetic drift)]를 통해 집단 내에 퍼져나간다.

발생 과정을 분자 수준에서 이해하게 되자 진화생물학에 중대한 영향을 미치게 되었는데, 왜냐하면 이전에는 답할 수 없었던 질문에 대한 접근이 가능해졌기 때문이다. 그 첫째는 원거리 상동성이라는 사안이다. 전통적으로, 서로 다른 동물의 신체 부위 사이의 **상동(homology)**을 발생 단계에 대한 연구를 포함한 비교해부학적인 방법으로 결정했다. 하지만 지금은 발생 기전의 분자적 기초에 대한 지식을 갖게 되면서 형태적 유사성이 남아 있지 않더라도 상동 여부를 결정하는 것이 가능해졌다. 초기 발생 기전에 대한 연구, 특히 **계통형 시기(phylotypic stage)**에 대한 연구를 통해 모든 동물은 단 하나의 공통 조상으로부터 유래했음을 확신할 수 있게 되었다. 또한 원시 동물의 주요 유전자 발현 영역(도메인)을 신뢰할 수 있을 정도로 재구성할 수 있게 되었다.

두 번째 사안은 진화적 변화의 **발생적 제약(developmental constraint)**에 대한 조사다. 한 가지 특정한 초기 발생 기전이 주어진 경우, 우리는 특정 핵심 요소의 기능이 상실되거나 획득된 돌연변이가 항상 해로울 것임을 예측할 수 있는데, 왜냐하면 관련된 유전자들이 다양한 기능을 갖고 있기[즉, **다면발현성(pleiotropic)**] 때문이다. 한 가지 기능에 잠재적으로 유리할 만한 변화가 다른 기능에는 해로운 변화를 수반할 가능성이 매우 높다. 이는 하나의 번식 집단에 가용한 돌연변이가 항상 제한적일 것임을 의미한다. 변이 없이는 선택이 작동할 수 없으므로 특정한 진화의 경로를 가로막는 발생적 제약이 있을 것이라는 개념이 도출된다.

세 번째 사안은 진화 과정에서 실제로 어떤 일이 일어났는가를 이해하는 것이다. 그중에서도 이제 우리는 진화적으로 중요한 형태적 변화가 일어나는 발생학적 기초를 연구할 수 있게 되었다. 여기에는 두 가지 측면이 있다. 첫째는 관찰된 형태적 변화를 유발한 관련 발생 체계의 변화를 확인하는 것이다. 둘째는 실제 어떤 돌연변이가 집단 내에 확립되어 그런 변화를 불러온 것인지 발견해내는 것이다. 이 두 가지가 같은 것일 필요는 없다. 예를 들어, Hox 발현의 변화에 의해서 체절의 정체성이 변할 수 있지만, 이것을 초래한 돌연변이가 Hox 유전자 자체에서 일어난 것은 아닐 수도 있다. 이러한 접근은 신다윈주의에서는 일반적으로 선호되지 않을 **대돌연변이(macromutations)**가 진화적 변화에 기여하는가 또는 안 하는가라는 아주 오래된 진화학적 수수께끼를 풀 수 있는 가능성을 열어준다.

진화발생학 연구는 실험실에서 흔히 사용되는 6종의 주요 실험동물(Big six) 이외에도 다양한 생명체에 대한 연구를 포함하기 마련이다. 이 장에서 살펴보게 될 예로는 척추동물의 "자매군(sister group)"인 활유어(amphioxus), 좌우대칭동물의 "자매군"인 **자포동물(Cnidarians)**, 공통 조상으로부터 유래한 극단적인 체절 다양성의 한 가지 예라 할 수 있는 갑각류(crustacea), 척추동물의 사지 상실 예라 할 수 있는 뱀 등이다. 하지만 진화발생학에서는 그 어떤 동물이라도 연구할 수 있다. 다행스럽게도, 그럴 수 있는 기술적 여건이 마련되어 있다. 첫째, 전체 유전체의 염기서열을 결정하는 것이 용이해졌기 때문에 어떤 생명체이든 전체 유전자의 완전한 목록을 얻어낼 수 있을 뿐만 아니라, 그 유전자의 염색체 상의 위치 정보를 기존에 잘 확립된 실험동물 모델과 비교해서 상대적으로 결정할 수 있다. 둘째, 제자리혼성화법(*in situ* hybridization)을 통해 유전자 발현의 패턴을 연구할 수 있다. 셋째, 정교한 형질전환 방법이 없는 경우일지라도 전기천공법(electroporation)을 통해 유전자를 도입할 수 있는데, 현재 CRISPR-Cas9를 사용하여 유전자 조작을 수행하여 유전자 활성을 제거하거나 활성을 특정한 오발현을 설정할 수 있다. 더욱이, 표적 유전자의 활성을 차단하는 방법으로 RNA 간섭 또는 몰포리노(morpholinos)를 활용할 수 있다. 이러한 기술적 진보에도 불구하고, 가용한 배아 단계 개체를 확보하는 것이 일반적으로 중요하기에, 사육이 가능해서 실험실 내에서 전체 생활사를 살펴볼 수 있는 동물 모델이 연구에 선호되는 재료가 된다.

대진화

생명체는 위계적인 방식으로 분류되며, 이렇게 세분된 것을 **분류군(taxa**, 단수형은 **taxon)**이라 한다. 동물 종은 속(genera), 과(families), 목(orders), 강(classes)을 거쳐 가장 큰 단위인 **문(phyla**, 단수형은 **phylum)**으로 묶여 가는데, 저자에 따라 다르지만 동물계 내에는 약 35개의 문이 있다. 문의 크기도 다양해서, 연체동물(Mollusca)처럼 수만 개의 종을 포함하는 커다란 문도 있는가 하면, 동갑동물(Loricifera)처럼 단 몇 개의 종으로 이루어진 아주 작은 문도 있다. 발생학적 관점에서는 척추동물과 곤충이 중요한 생물군이지만, 이것은 문이 아닌 강의 수준에 해당한다. 척추동물(vertebrates)은 척색동물문(phylum Chordata) 내에서 가장 큰 강에 해당하며, 곤충(insects)은 절지동물문(phylum Arthropoda) 내에서 가장 큰 강이다.

분류의 체계, 즉 **분류학(taxonomy)**은 완전히 임의적일 수 있고, 표본을 불분명함 없이 동정해내는 것을 가능하게 한다는 의미에서 여전히 유효하다. 하지만 오랫동안 생물학계에서는 분류 체계가 관련된 생명체의 진화 역사와 잘 부합되게 하려고 노력해 왔다. 이런 전통에 따르자면, 각 분류군은 하나의 조상으로부터 유래한 모든 후손들의 집합으로 이루어진 **단계통군(clade)**이어야 한다(그림 23.1). 하지만 몇몇 잘 알려진 생물군은 단계통군이 아님에도 불구하고 이미 너무 친숙해서 그대로 용인되는 경우도 있다. 예를 들어, 파충류(reptiles)는 단계통군이 아닌데, 왜냐하면 조류(birds)를 빠트리고 있기 때문이다. 조류는 척추동물 가지에서 하나의 독립적인 군을 이루는 것이 아닌 파충류 내부에서 갈라져 나온 후손이다. 어떤 임의적인 분류의 체계도 가능할 수는 있지만, 진화 과정에서 실제로 일어났던 가지치기(bifurcation)를 엄밀하게 따르는 "진정한 나무(true tree)"는 하나뿐이다. 이를 **계통수(phylogenetic tree)**라 부르는데, 문의 단계를 다루든 더 하위 단계를 다루든 마찬가지다. 계통수의 각 마디는 나중에 2개의 가지로 나뉘게 될 실제 조상동물의 집단에 해당되어야만 한다. 이것은

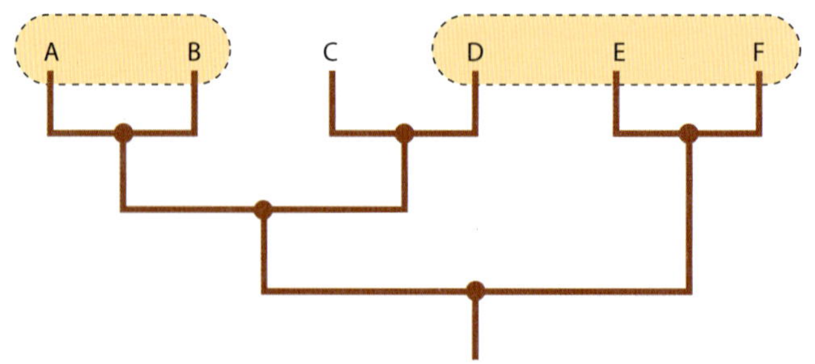

그림 23.1 계통발생(= 분기) 분류학. A–F는 표시된 계통발생에서 발생하는 분류군을 나타낸다. A + B는 공통 조상에서 파생된 생명체의 완전한 조합이므로 수용 가능한 상위 분류군을 나타낸다. D + E + F는 공통 조상의 일부 후손이 생략되었으므로 수용 가능한 상위 분류군이 아니다.

물론 종 수준까지 자세하게 내려가야만 참일 수가 있는데, 왜냐하면 실제로 진화하는 것은 상호교배가 가능한 생명체의 집단이라는 의미에서의 종이기 때문이다. 종 수준을 넘어서는 진화를 **대진화(macroevolution)**라고 한다. 잊지 말아야 할 것은 상위 분류군의 진화를 추동하는 힘은 없다는 것이다. 왜냐하면, 상위 분류군의 진화란 여러 종을 아우르는 평행적 변화가 동시에 선택되어야 한다는 것을 의미하지만, 이는 거의 불가능하기 때문이다. 결국 대진화란 멸종 사건을 포함해서 수많은 종 수준의 진화가 일어난 결과에 불과하며, 오랜 세월에 걸쳐서 지구 생명체의 전반적인 구성을 바꾸게 된다. 따라서 상위 분류군을 의미하는 계통수 상의 마디 하나는 단 하나의 특정 조상에 해당되고, 이 조상 생물종이 두 갈래의 후손으로 갈라진 것이지만, 유관 분류군의 다른 다양한 생명체가 있을 수 있고, 같은 나무에 표상된다.

계통수를 만든다는 것은 복잡한 일이며, 이 책의 범위를 벗어난다. 하지만 원칙적으로 두 가지 접근법이 있다. 하나는 연속적인 정량적 특질을 포함한 수많은 특질에 점수를 매긴 후, 더 유사한 표본들이 더 근접한 위치에 놓인다는 근거에 따라 계통수를 만드는 것이다. 이를 수리분류학(numerical taxonomy) 혹은 표형분류학(phenetic taxonomy)이라 한다. 또 다른 접근법은 실제 계통수를 유추해내기 위해서 여러 가지 변화의 가능성에 대한 가정을 포함하는 것이다. 이것을 분지분류학(cladistic taxonomy) 혹은 계통분류학(phylogenetic taxonomy)이라 한다. 둘 중 어느 방법이든 "진정한 계통수"를 만들어 내리라는 보장은 없지만, 더 많은 자료를 사용할수록 더 정확한 계통수가 만들어진다.

동물학자들은 오랫동안 서로 다른 생명체 사이의 유사성에서 두 가지 유형을 구분해 왔다. 바로 **상동(homology)**과 **상사(analogy)**가 그것이다. 만일 두 가지 구조가 서로 상동이라면 이것은 두 구조가 비슷할 뿐만 아니라 이 유사성이 하나의 공통 조상으로부터 유래했기 때문에 생겼다는 것을 의미하며, 그 조상은 지금 문제로 삼고 있는 그 부위의 조상 형태(원시 형태)를 가지고 있었던 것이다. 한 가지 예는 **사지동물(tetrapods)**의 사지다. 인간에서부터 악어에 이르기까지 많은 척추동물에서 팔다리의 개수, 뼈와 근육의 구성, 사지가 몸에 붙어 있는 위치 등으로 볼 때 명백한 유사성을 보인다. 이렇게 유사성을 보이는 이유는 한때 조상 사지동물이 있었고, 이로부터 현존하는 모든 사지동물이 유래했기에 팔다리가 그런 것이다. 같은 유래를 가지고 있으므로, 상동인 구조는 비슷한 발생 기전에 의해 형성되어야 한다.

대조적으로 두 가지 구조가 상사라는 것은 공통의 조상이 없다는 것이며, 두 부위가 비슷해 보이는 이유는 자연선택의 압력에 의해 두 구조가 수렴해서 같은 기능에 대한 필요성을 만족시켰기 때문이다. 한 가지 예는 곤충의 날개와 조류의 날개다. 분명히 이 둘 사이에는 날개를 가진 공통의 조상이 없었는데, 왜냐하면 화석의 증거를 놓고 볼 때 각각의 분류군에서 날개를 가진 구성원이 나타나기 전에 이미 오랜 역사가 있음을 알 수 있기 때문이다. 더구나 곤충과 조류 사이의 공통 조상은 동물이 육상으로 진출하기 이전에 존재한 바다 생명체였음에 틀림없다. 비록 곤충과 조류의 날개가 서로 상동은 아니지만, 날개를 만드는 데에 관여하는 다양한 개별 유전자나 유전자 경로는 여전히 상동일 수도 있다는 점에 유의해야 하며, 차후 논의될 것이다. 일반적으로 조상의 특질을 닮은 특질을 원시적(primitive) 혹은 **기본적(basal)** 특질이라 하고, 적응 진화를 통해 새롭게 나타났다고 생각되는 특질을 **유도된(derived)** 특질이라 한다.

분자분류학

현대 분류학의 상당 부분은 형태적 특질보다는 유전자의 일차 염기서열을 활용한다. 하나의 단백질을 이루는 아미노산 중에서 일부만이 생물학적 활성을 갖는 데에 중요하기에, 유전자나 단백질의 서열은 시간이 흐르면서 서서히 바뀌게 된다. 대부분의 변화는 **중립적(neutral)**이거나 거의 중립적인데, 다시 말해 이런 변화가 개별 생명체의 생존이나 번식에 영향을 미치지 않고, 따라서 자연선택에 따른 차별을 받지 않기 때문이다. 어떤 돌연변이든 이런 변화가 모든 종으로 퍼져 나가서 그 유전자나 단백질의 정상형으로 고착될 가능성은 매우 적다. 그런 돌연변이들이 무척 많고, 또 진화의 시간은 매우 길기에 생화학적 기능을 손상시키지 않는 단백질의 부위에서 아미노산 서열은 여러 가지로 치환될 수 있다. 집단유전학의 이론에 따르면 **분자시계(molecular clock)**의 존재를 예측하게 되는데, 두 계통이 공통 조상으로부터 갈라져 흐른 시간과 두 서열 사이에서 찾을 수 있는 차이의 개수 사이에는 선형의 비례관계가 있으리라는 것이다. 여러 다양한 형태의 알고리즘을 사용해서 일차 서열을 분석하고 계통수를 만들 수 있는데, 이런 알고리즘 중의 어떤 것은 단순히 차이의 숫자만 비교하고(표형분류학), 어떤 것은 치환 사건의 숫자가 최소가 되도록 시도한다(계통분류학). 이런 연구에 이용할 이상적인 유전자는 확실하게 상동임이 밝혀질 수 있는 것이어야 하며, 연구에 사용될 생명체의 범주 내에서 약간의 변이가 있긴 하지만 변이가 너무 많아서 치환된 것이 또 치환되어 누적될 정도의 변이가 나타나지는 않는 그런 유전자여야 한다. 광범위한 계통발생을 연구하기 위해서는 크고 작은 리보솜 RNA 유전자들을 활용해 왔는데, 이는 이들 유전자가 원핵세포와 진핵세포가 갈라지기 이전부터 같은 기능을 그대로 유지해 오고 있기 때문이다. 단백질을 암호화하는 유전자 중에서 선호되는 것으로는 RNA 중합효소(RNA polymerases), 해당효소(glycolytic enzymes) 및 시토크롬(cytochromes)을 들 수 있는데, 이들 유전자는 어떤 생명체에서건 본질적으로 같은 기능을 하고 있기 때문이다. 분자계통발생학적 방법의 매력은 형태와는 완전 무관하게 활용할 수 있고, 원칙적으로는 각 생명체에 대한 다른 어떤 지식 없이도 현존하는 생명체에서 얻어진 염기서열에 그대로 적용할 수 있다는 것이다. 하지만 이 방법이 반드시 유일무이한 계통수를 만들어내는 것은 아니며, 진정한 계통수를 만들어내기에 가장 가까운 접근법이 되려면, 비교형태학, 분자 서열 및 화석 증거를 함께 합쳐야 한다는 것이다.

분자분류학이 발달하면서 상동과 상사에 대한 우리의 개념이 더욱 확장되고 정교해졌다. 하나의 단백질 서열에서 꼭 필요하지 않은 위치에 있는 아미노산 중의 다수가 중립적 돌연변이를 통해 변화할 수 있다 해도 다른 필수불가결하지 않은 위치에서는 변하지 않은 채 그대로 남아 있는 경우도 많다. 꼭 필요하지 않은 부위에서도 같은 아미노산을 가지고 있다는 것이야 말로 서로 다른 생명체가 가진 2개의 유전자가 정말 상동이라는 것을 입증한다. 하지만 여러 생명체에서 상동인 유전자를 동정해내는 것이 그렇게 간단하지는 않은데, 진화라는 장구한 시간 동안에 **유전자 중복(gene duplication)**이 광범위하게 일어났기 때문이다. 유전자가 중복되면 원래 기능을 수행하는 데 하나의 사본만 필요하다. 다른 사본은 흔히 손실되지만, 보관될 경우 다른 기능을 자유롭게 얻을 수 있다. 때로는 두 사본이 원래 기능을 공유한다(하위 기능화, subfunctionalization). 때때로 한 사본은 원래 기능을 유지하고 다른 사본은 새 기능을 얻는다. 어떤 경우든 변화를 일으키는 주요 돌연변이는 통상 암호화 영역 자체가 아니라 유전자 조절 영역에 있다. 척추동물에서는 높은 비율의 유전자들이 다중유전자족(multiple gene family)에 속한다. 하나의 동일한 생명체가 가지고 있는 2개의 유전자가 유전자 중복에 의해 나타난 것일 경우 이 둘을 **유사유전자(paralogs)**라 부른다. 서로 다른 생명체에 있는 2개의 유전자가 계통에 의해 직접적으로 연결되어 있을 뿐 아니라 같은 기능을 수행하고 있다면 **이종상동성유전자(orthologs)**라 부른다. 종 사이의 비교를 올바르게 하기 위해서는 반드시 진정한 이종상동성유전자를 찾아내야 하며, 그렇지 않은 경우에는 그 비교가 유전자 중복이 일어난 시점과 관련되는 것이 되기 때문에 실제 조상 종이 갈라진 시점보다 훨씬 앞선 시점이 될 수 있다.

만일 두 유전자가 전혀 다른 서열에서 시작했지만 같은 기능을 수행하도록 수렴한 것이라면, 둘 사이에서 서열이 일치하는 곳이 아예 없거나, 아니면 촉매나 다른 생화학적 기능을 수행하고 있는 매우 작은 부위에서만 일치하는 서열이 국한되어 나타날 것이다. 분자 수준에서 상사의 한 가지 예는 크리스탈린(crystallins)으로서 이는 눈의 수정체(lens)를 만드는 단백질이다. 여러 유형의 척추동물이 다양한 종류의 단백질을 이용해서 투명한 수정체를 만들었는데, 비록 같은 생리적 기능을 수행한다고 하더라도 그 일차 서열에서는 유사성을 찾아 볼 수 없다.

동물의 계통 발생

그림 23.2는 몇몇 가장 중요한 동물군에서 현대적 합의가 이루어진 계통수를 보여준다. 서로 다른 동물문에 속하는 성체 동물 사이에서는 공통된 형태적 특징을 찾을 수 없으므로, 전통적으로는 배

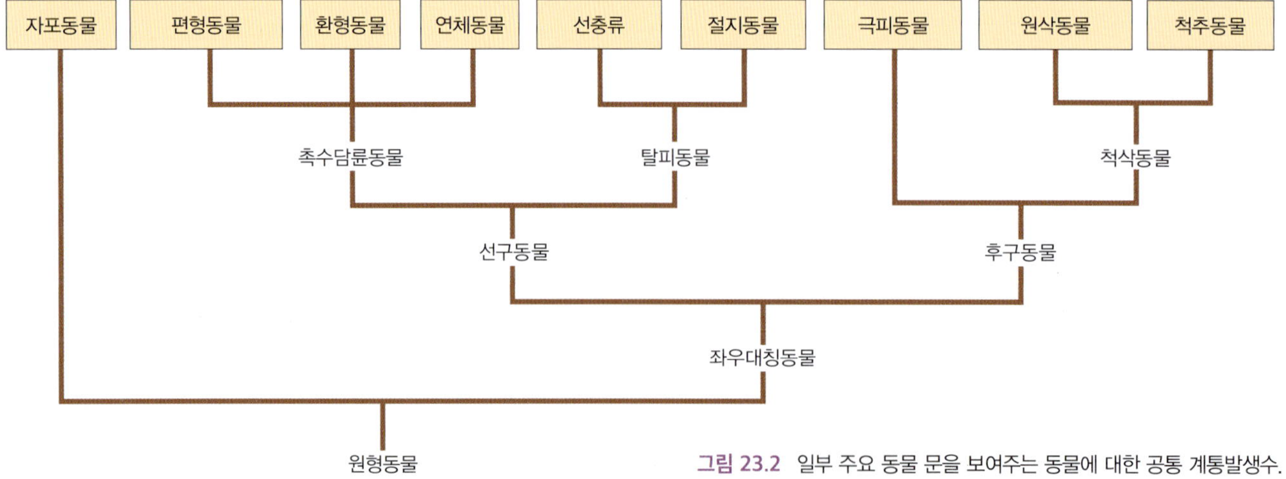

그림 23.2 일부 주요 동물 문을 보여주는 동물에 대한 공통 계통발생수.

아나 유생에서 얻어진 정보를 이용해서 계통수를 작성하게 된다.

이런 특성들 중 첫 번째는 배엽의 개수다. 이미 살펴보았듯이, 대부분의 동물들은 낭배형성이 끝나고 나면, 외배엽, 중배엽, 내배엽이라는 3개의 조직층을 형성하게 된다. 이러한 동물을 **삼배엽성동물(triploblasts)**이라 부른다. 단 3개의 동물문만이 삼배엽성동물이 아닌데, 해면동물(Porifera, 예: 해면)에서는 잘 구별되는 조직의 층 자체가 없고, 자포동물(Cnidaria, 예: 히드라, 해파리, 말미잘)과 유즐동물(Ctenophora, 예: 빗살해파리)은 2개의 층만을 갖고 있다. 자포동물과 유즐동물을 **이배엽성동물(diploblasts)**이라 한다. 이들 3개의 동물문은 대체로 방사대칭(radial symmetry)을 보여주는 반면, 삼배엽성동물의 대부분은 좌우대칭(bilateral symmetry)이기 때문에 **좌우대칭동물(Bilateria)**로 알려져 있다.

그 다음의 중요한 특징은 **체강(coelom)**의 존재유무다. 체강은 중배엽 안에서 형성되는 빈 공간으로서, 중배엽에서 유래한 상피세포인 복막(peritoneum)에 의해 둘러싸여 있고, 주요한 몸속 빈 공간을 형성하는 경우가 많다. 편형동물(Platyhelminthes, 예: 와충)과 유형동물(Nemertea)은 체강이 없기에 무체강동물(aceolomates)이라 한다. 선형동물(Nematodes)을 비롯한 다수의 무척추동물은 중배엽에 의해 일부분만 둘러싸여 있으므로 의체강동물(pseudocoelomates)이라 부른다. 환형동물(Annelids), 연체동물(Mollusca), 절지동물(Arthropoda), 극피동물(Echinodermata, 예: 성게, 불가사리) 및 척색동물(Chordates)은 모두 체강을 가지고 있다.

전통적으로는 체강동물의 동물문을 2개의 상문(super phyla)으로 묶을 수 있는데, 첫째가 **선구동물상문(Protostomia)**이고, 둘째가 **후구동물상문(Deuterostomia)**이다. 후구동물상문에는 극피동물문과 척색동물문이 포함된다. 후구동물은 방사상 난할(radial cleavage)을 하고, 포배구(blastopore)로부터 항문이 형성되며, 내장에서 유래한 중배엽 원기에서 발아하여 체강이 형성되는 과정인 **장체강형성(enterocoely)**을 한다는 것으로 정의된다. 사실 진정한 장체강형성은 척추동물에서는 나타나지 않지만, 몇몇 원색동물과 극피동물에서 나타나기에 이 2개의 문을 함께 연결할 수 있게 된다. 선구동물을 정의하는 특징은 **나선형 난할(spiral cleavage)**, **세포질 결정인자(cytoplasmic determinants)**의 이른 작용, 그리고 중배엽이 쪼개져서 체강이 형성되는 과정인 열체강형성(schizocoely)이다. 오래된 교과서에는 포배구로부터 입이 형성되는 것을 포함하고 있을 수도 있지만, 이것은 부정확한 것이다. 전형적으로 선구동물에서는 포배구가 좁아져서 배쪽 슬릿(ventral slit)이 형성되고, 이로부터 입과 항문이 유도된다.

최근 분자분류학이 발달하면서 이런 조망에 변화가 생겼다. 후구동물은 여전히 하나의 분류군으로 남아 있지만 체강의 중요성은 사라졌고, 선구동물을 2개의 상문으로 나누게 되었다. 환형동물과 연체동물은 **담륜자(trochophore)**라 불리는 유생의 형태를 공유하므로, 다른 몇 개의 동물문과 합쳐져서 **촉수섬모동물상문(Lophotrochozoa)**을 이루는 반면, 절지동물과 선형동물은 다른 탈피하는 동물문과 합쳐져서 **탈피동물상문(Ecdysozoa)**을 이룬다.

분자분류학의 이점은 형태학보다 훨씬 머나먼 과거까지 추적할 수 있다는 것이며, 원칙적으로는 언제 마지막으로 모든 동물의 공통 조상이 번성했었는지 알 수 있다. 하지만 실제로는 이것이 매우 어려운 일임을 알게 되었는데, 왜냐하면 그런 추정치는 화석기록에서 나타나는 교정 연대(calibration dates)에 의존하기 때문이다. 비록 화석 연대가 비교적 믿을만하다고 하더라도 분자계통수에 적용했을 경우 무척추동물보다는 척추동물에서 중립적인 돌연변이가 훨씬 천천히 누적되었음을 알 수 있었다. 그 이유는 모르고 있지만, 연대 교정의 불확실성 때문에 모든 동물의 공통 조상에 대한 추정치는 대략 10억 년 전에서 6억 년 전 사이로 추정된다. 6억 년 전이라는 추정치는 무척추동물의 방산 시점으로부터 얻어진 것이며, 에디아카라기(Ediacaran period)에서 얻은 가장 빠른 후생동물(metazoan)의 화석 연대와 상당히 잘 부합한다.

화석 기록

화석 기록은 과거를 실제로 살펴볼 수 있게 해 주며, 계통수를 작성하는 연대 교정의 유일한 근거가 된다. 화석이란 암석에 보존된 생명체의 잔존물이다. 거의 모든 화석은 퇴적암에서 발견되며, 바다나 민물에서 퇴적물이 쌓여서 생긴다. 대부분의 화석은 생명체의 딱딱한 부분으로만 이루어져 있는데, 예를 들면 해양 무척추동물의 껍질이나 척추동물의 뼈 등이며, 광물화가 진행돼서 원래의 유기물질이 암석으로 대체된 경우가 많다. 화석은 동물이 서식처로 사용했던 굴이라던가, 동물이 지나간 흔적과 같은 "생흔화석(trace fossil)"일 수도 있는데, 실물은 없이 활동의 증거만을 보여준다. 극소수의 지질학적 유적에서는 보존상태가 매우 우수한 생명체들을 포함하고 있어서 생명체의 연약한 부분까지도 살펴볼 수 있는데, 예를 들면 캄브리아기의 버지스 이판암(Burgess shale)과 쳉지앙(Chengjiang) 퇴적물이 잘 알려져 있다.

그림 23.3은 지질학적 연대와 다양한 분류군의 화석이 언제 처음 나타나는지를 보여준다. 이들 첫 출현의 대부분이 척추동물임

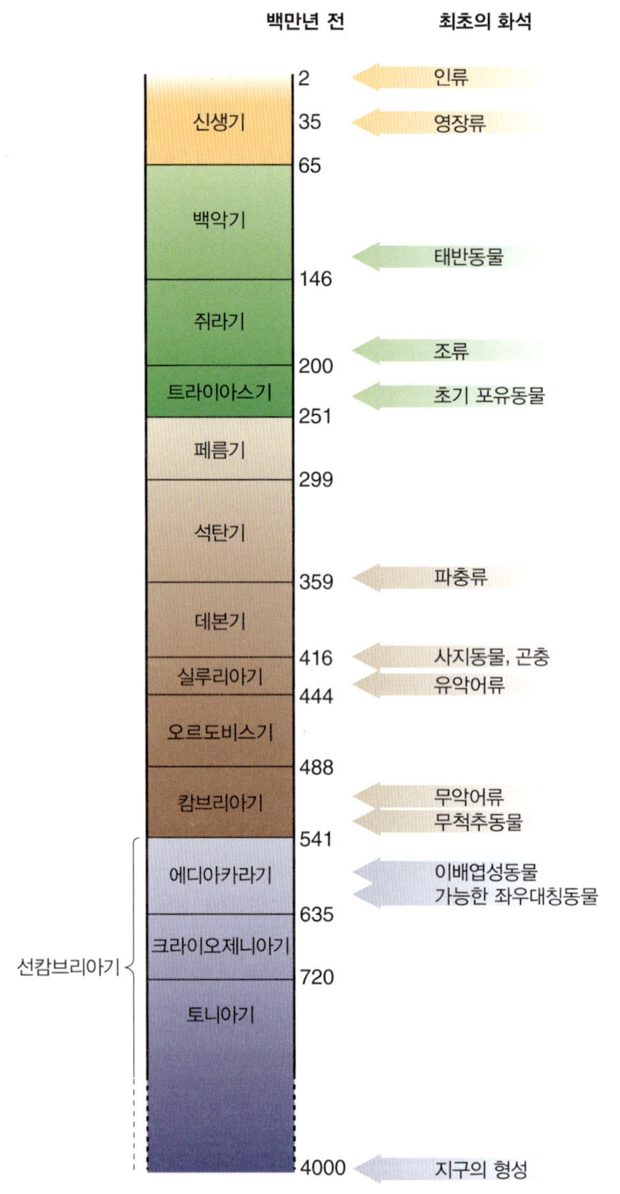

그림 23.3 지질학적 시기, 현재 인정되는 시작 날짜와 주요 동물 그룹의 화석이 처음 발생한 시점을 보여준다.

을 알아차릴 것이다. 대부분 혹은 아마도 모든 무척추동물이 **캄브리아기**에 이미 존재했는데, 이 시기가 상당한 수의 화석이 발견되는 가장 이른 지질학적 연대다. 무척추동물의 여러 문이 한꺼번에 나타난 "캄브리아기 대폭발(Cambrian explosion)"은 5백만 년~2천만 년이라는 지질학적으로 매우 짧은 기간이다. 이처럼 다양화가 빠르게 진행되었기에 동물계의 진정한 계통수를 확립하는 데에 문제가 생겼다. 계통수는 형태든 염기서열이든 현대의 생명체가 가진 특질을 이용하여 작성하며, 캄브리아기 대폭발로 확립된 후손 계통에서 나타난 모든 변화를 활용한다. 시간에 비례해서 일어나는 중립적인 특질의 경우, 단지 2% 가량만이 캄브리아기 대폭발 동안의 계통 다양화와 관련되고, 남은 98%는 그 이후에 누적된 것이다. 결국 나중에 일어난 커다란 진화의 잡음 속에서 작지만 유의미한 신호를 잡아내는 것은 어렵다는 것을 의미한다.

화석 기록이 계통 발생을 입증하는 것은 아닌데, 왜냐하면 특정한 하나의 화석이 층위의 수준에서 파악되는 진정한 조상인지를 알아내기란 불가능하기 때문이다. 하지만 몇 가지 가능성은 배제할 수 있는데, 분명히 나중에 나타나는 것으로 확인된 화석군이라면 먼저 나타나는 화석군의 조상일 수 없기 때문이다. 또한 화석 기록은 계통수를 작성할 때 유용한 연대 교정 수단이 되는데, 새로운 동물군이 처음으로 나타난 시점, 다시 말해 방산(divergence)이 일어난 시점을 제공해 준다. 예를 들어, 조류와 포유류의 방산 시점은 3억 년 전이며, 초파리와 모기가 갈라진 것은 2억 3,500만 년 전이다. 이러한 시점은 화석 자체로는 유추할 수 없다. 화석의 효용은 여러 지질학적 유적에서 얻은 상관관계를 정합성을 갖는 순서로 만들게 해 준다는 점에 있다. 절대 시간은 암석의 방사능 연대 측정을 통해서만 얻게 되는데, 이 자체도 매우 복잡한 일로서, 퇴적암에는 이런 종류의 측정을 가능하게 해 줄 만큼 적절한 반감기를 가진 방사능 원소가 극미량 밖에 없다. 그럼에도 전 세계의 여러 유적지에서 얻어진 상관관계를 통해 그림 23.3에서 볼 수 있는 시간 척도를 얻게 되었다.

캄브리아기 이전의 시기를 에디아카라기 혹은 벤디아기(Vendian)라 부르는데, 자포동물과 유사한 화석이 발견된다. 여기에 대해서는 약간의 불확실성이 있는데, 왜냐하면 해파리는 화석으로 보존되기가 극도로 어렵기 때문에, 에디아카라기에서 발견된 동물상은 딱딱한 부위가 있지만 후손을 남기지 않고 멸종한 다른 유형의 방사대칭동물을 대표하는 것일 수도 있기 때문이다. 그러나 에디아카라기에는 현존하는 어떤 문과도 닮지 않은 일부 후생동물로 추정되는 동물들과 좁은 길이나 토끼굴을 연상시키는 일부 생흔 화석들도 있다(그림 23.4). 최고의 분자 계통수는 모든 후생동물(해면동물 포함)의 기원을 토니안(Tonian)이라고 불리는 7억 2천만년 전 이상인 선캄브리아기 시대로까지 거슬러 올라가게 한다. 계통수는 지구 전체가 얼음으로 덮여 있었던 6억 3,500만~7억 2,000만 년 전의 선캄브리아기인 극저온기(Cryogenian)에 이중배엽(삼배엽 동물)의 기원을 두고 있다. 후구동물(後口動物, Deuterostomia)과 같은 상문 규모(supraphylum-scale) 그룹의 기원은 에디아카라기에 배치한다. 분자시계가 옳다면 모든 동물의 공통 조상의 화석은 결코 발견되지 않을 수 있지만, 분자시계에 오류가 있다면 최초의 동물은 에디아카라기까지는 발견될 수 있다.

그림 23.4 에디아카라기로 추정되는 동물 화석. (a) 디킨소니아. (b) 킴베렐라. 디킨소니아 표본은 길이가 수 센티미터인 반면에, 킴베렐라는 1센티미터 미만이다. (인용) (a) Cunningham et al. (2017). BioEssays. 39, 1600120, (b) Aleksey Nagovitsyn / Wikipedia Commons / Public Domain.

원시동물

진화발생학을 통해 얻게 된 가장 중요한 결과 중 하나는 몸 체제를 이루는 유전자의 발현과 기능 연구를 통해 과거에는 볼 수 없었던 상동성을 밝혀 낼 수 있게 된 것이다. 이것을 설명하기 위해서는 우선 **몸 체제(body plan,** 원어는 독일어인 **Bauplan)**와 **계통형 단계(phylotypic stage)**의 개념을 파악해야 한다. 몸 체제란 광범위한 동물들로부터 필수불가결한 해부학적 구성의 특질을 추상해내는 것이 가능하다는 생각을 말한다. 동물학 교과서에서 일반화된 척추동물 혹은 연체동물의 모식도를 보여줄 때 이런 생각을 엿볼 수 있다. 몸 체제가 임의적인 추상에 불과한 것이 아니라 실제임을 보여주는 증거를 발생학에서 얻을 수 있는데, 하나의 분류군에서 핵심적인 전사인자나 신호전달 분자가 매우 유사한 발현 영역을 가지고 있기 때문이다. 예를 들어, 척추동물의 *tbxt* (*brachyury*) 유전자는 제브라피시, 제노푸스, 닭, 생쥐에서 서로 약간 다르게 생긴 부위에서 발현하지만, 이들 부위는 모두 이전에 중배엽이라고 생각되는 곳에 해당하며, 실제로 중배엽이 하나의 실질적인 세포 상태라는 개념을 강화시켜 주는데, 이는 중배엽이 배아의 부위를 그저 임의로 나눈 것에 불과한 것이 아니라 특정 조합의 전사인자들의 활성으로 정의할 수 있음을 의미한다.

계통형 단계

계통형 단계(phylotypic stage)란 한 분류군의 모든 구성원이 최대의 형태학적 유사성을 보이는 발생의 단계를 말한다. 계통형 단계가 다른 분류군에서도 정의되긴 했지만, 가장 폭넓게 적용된 것은 곤충과 척추동물에서다. 모든 곤충은 **확장된 배대(extended germ band)** 단계에서는 매우 유사해 보인다. 이 단계에서는 체절의 배열이 분명해서, 3개의 하악체절, 3개의 흉부체절 및 다양한 개수의 복부체절을 갖는다(그림 23.5a). 배아의 등쪽이 닫히기 전에 확장된 배대 단계에 도달하는데, 외배엽과 중배엽의 구성요소로 이루어진 하나의 체판으로 구성된다. 배쪽에 신경삭(nerve cord)이 있긴 하지만, 장래의 표피 구조물이 갖게 될 상세 구조가 아직 나타나기 전이며, 앞쪽과 뒤쪽의 중장 함입(midgut invagination)이라는 측면에서의 내배엽도 형성되기 전이다.

척추동물에서는 계통형 단계가 **꼬리싹**(미아, **tailbud**, 그림

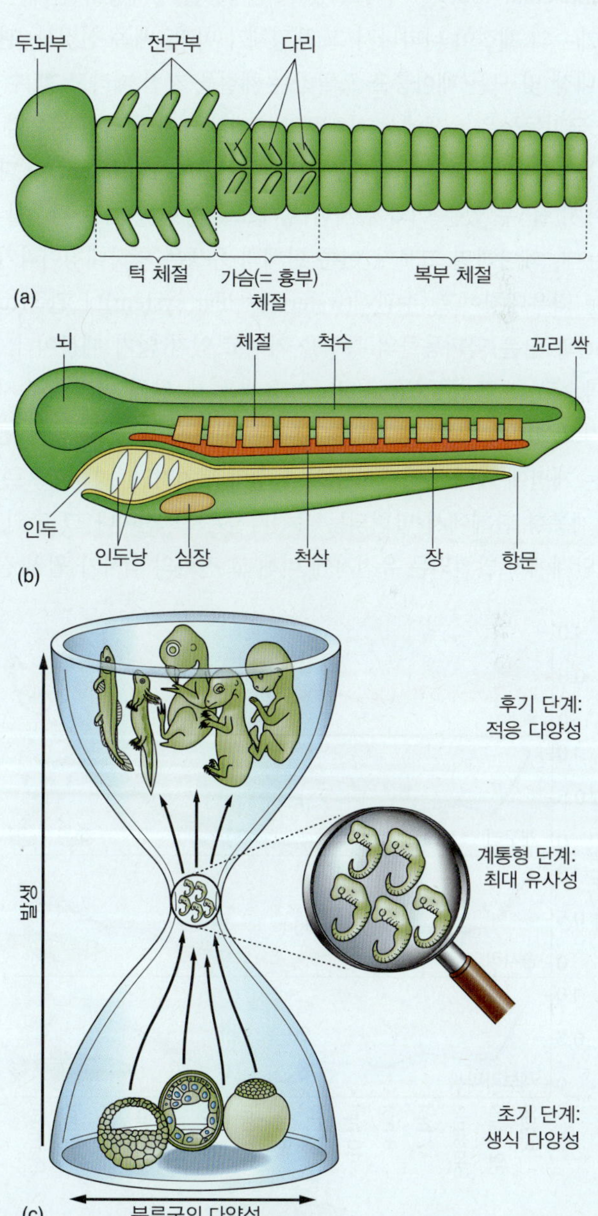

그림 23.5 계통형 단계. (a) 곤충의 계통형(확장된 배아대) 단계. (b) 척추동물의 계통형(꼬리싹) 단계. (c) 척추동물을 위한 "Phylotypic hourglass". (c) (인용) Duboule(1994)에서. Dev. Suppl. 135–42, © 1994 Company of Biologists.

23.5b) 단계인데, 모든 척추동물은 이 시기에 앞쪽에서 분화가 진행된 등쪽 신경삭을 가지며, 나눠진 체절, 배쪽의 심장 및 일련의 인두궁을 가지고 있다. 서로 다른 단계에서 유전자 발현 프로필을 비교하면 계통형 단계에서 가장 많이 보존된 것을 보여주는데, 이 것이 실제로 최대 유사성 단계라는 견해를 뒷받침한다(그림 23.6).

곤충과 척추동물 이외에서 볼 수 있는 계통형 단계로는 연체동물의 **피면자(veliger)** 유생을 들 수 있다. 이 유생은 머리(두부), 후부, 관통형 내장, 등쪽의 껍질샘(shell gland)과 배쪽의 근족(muscular foot)을 가지고 있다. 환형동물의 계통형 단계는 특정 개수의 체절이 나타나서 그 생명체가 머리, 배쪽 신경삭, 관통형 내장 및 모든 배아층을 포괄하는 체절을 가진 때라고 할 수 있다. 극피동물은 유생에서 성체로의 변태가 매우 극적인 주목할 만한 동물문이다. 성게의 **에키누스 원기(echinus rudiment)**나 다른 강에서 볼 수 있는 이와 유사한 형태도 계통형 단계로 간주할 수 있는데, 왜냐하면 그보다 이른 단계의 유생은 방사대칭이라기보다는 좌우대칭이고, 수관계(water vascular system)나 관족(tube foot)과 같은 극피동물의 특징을 가지고 있지 않기 때문이다. 마지막으로, **노플리우스(nauplius)** 유생은 세 쌍의 머리 부속지를 가지고 있어 갑각류의 계통형 단계로 여겨져 왔다. 계통형 단계라는 개념에 대해 다양한 이유로 논쟁이 되었지만, 평균적으로 볼 때 계통형 단계에서 발현되는 유전자들은 그 전이나 그 후의 발생 단계에서 발현되는 유전자에 비해 그 진화의 역사가 훨씬 길다

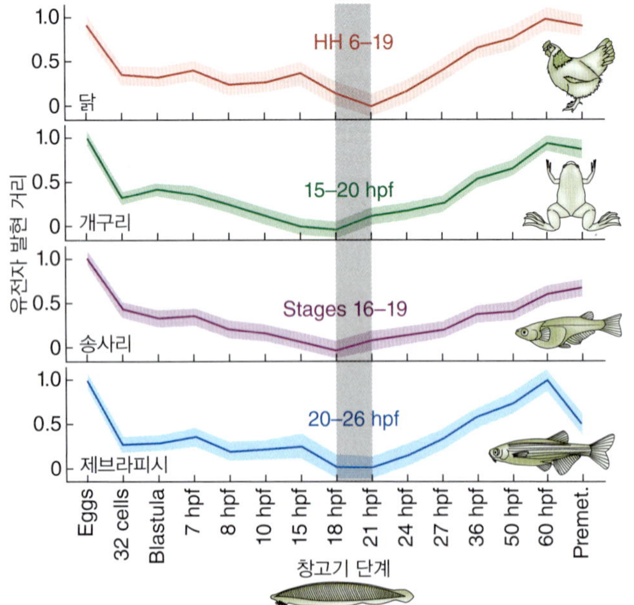

그림 23.6 창고기(amphioxus)와 비교할 때, 여러 척추동물 배아 발생의 계통형 단계 주변에서 전사 다양성은 최소한이다. Marletaz, F. et al. (2018), Nature. 564, 64-70.

는 것을 보여주었다.

어느 한 단계에서는 잘 보존된 몸 체제의 특징들이 어째서 표출되어야 하는 것인지 한번 생각해 보면 도움이 될 것이다. 발생의 가장 이른 단계들은 이후의 사건에 미칠 파장이 크기 때문에 진화 과정에서 변할 수 없다고 흔히 주장되고는 했지만, 그럼에도 초기 배아의 형태가 매우 다양하다는 것 또한 친숙한 사실 중 하나다. 그 주요 원인은 생식양식과 생식전략이 다양하다는 데에 있다. 심지어 매우 유연관계가 높은 동물의 난자도 난황의 함량에는 많은 차이가 있을 수 있다. 이것은 진화적 교환거래의 결과인데, 생명체는 생존 가능성이 낮은 다수의 작은 난자를 만들든지, 아니면 생존 가능성이 큰 소수의 큰 난자를 만들도록 유도하는 서로 다른 생태적 지위를 점유하게 된다. 더 많은 난황을 갖게 되면 초기 발생에 다양한 변화가 생기는데, 난할의 성향[**완전난할(holoblastic)**보다는 **부분할(meroblastic)**로]이나 낭배형성 운동의 본성[**함입(invagination)**보다는 **외적(epiboly)**으로] 등이 변하게 된다. **태생성(viviparity)**은 초기 배아의 삶에 더욱 큰 변화를 야기하며, 반드시 어미와 수정란에서 유래하는 다양한 배아 외막과 지지 구조가 일찍부터 형성되어야 한다. 따라서 초기 발생이 다양한 것은 생식 행동이 다양하기 때문이다. 후기 발생 단계가 되면 배아는 유생이 되었든 성체가 되었든 간에 배아 이후 단계의 생명체 모습과 닮아간다. 생명체는 선택에 노출되며, 생식 단계 때까지 살아남기 위해서는 고유한 생태적 지위를 획득해야 하기에 후기 배아가 다양한 것은 그 이후에 자라날 생명체가 다양하기 때문이다. 하나의 커다란 분류군 내에서 최대의 유사성을 보이는 단계가 배아 발생의 초중기가 되리라는 것은 어쩔 수 없는 사실로서, 생식전략에 의해 강요되는 제약이 지난 후이자, 자유롭게 살아갈 생명체의 적응이란 측면에서 강요되는 제약이 나타나기 전의 단계인 것이다. 계통형 단계는 난피, 젤리층 혹은 자궁 안에서 맞이하게 되는 초중기의 단계로서 이때 환경과의 상호작용은 최소한에 불과하다. 이렇게 생각하면 계통형 단계가 있어야 할 특별한 원인은 없는 것이 되고, 변화를 유발할 선택압이 최소로 유지되는 중간 발생 단계에 불과할 뿐이며, 따라서 공통 조상이 가졌던 특질을 그대로 유지할 가능성이 높은 단계인 것이다. 이러한 생각이 Duboule이 주창한 "계통형 에그 타이머(phylotypic egg timer)" 도식에 요약되어 있다(그림 23.5c).

동물형

동물문은 각각의 문이 하나의 독특한 몸 체제에 해당하게끔 정의되는데, 이는 앞서 말한 발생학적 특질 이외에는 어떠한 형태적

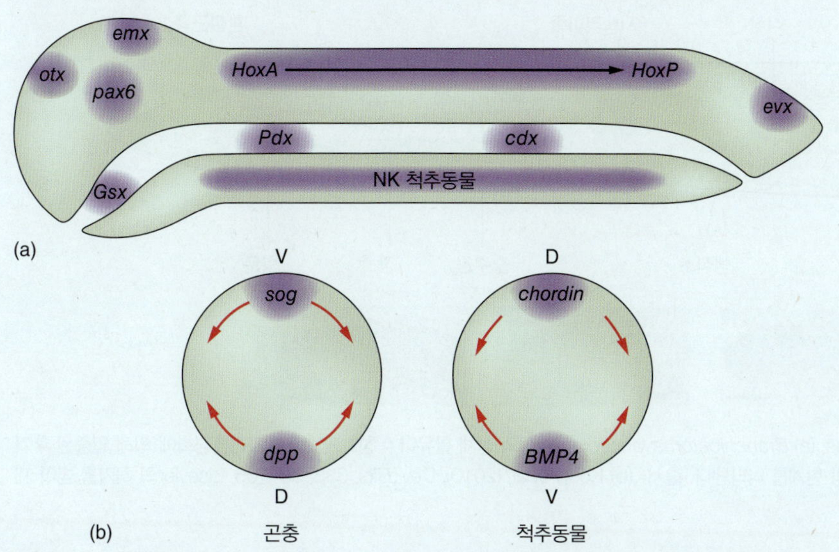

그림 23.7 "동물형(zootype)"은 이제 "삼배체형(triplotype)"이라는 용어로서 더 적절하게 불리며, 좌우대칭성 동물의 체형에서 발견되는 발생 유전자에 대한 발현 도메인이 마치 공통적인 별자리와 같이 분포한다. (a) 계통형 단계에서 활성인 전사 인자. *HoxA* → *HoxP*는 전방 한계가 다른 내포된 발현 도메인이 있는 일련의 Hox 유전자를 나타낸다. (b) 곤충과 척추동물의 상동 배측 신호 시스템.

상동성도 발견해 내기가 어려울 수밖에 없다는 것을 의미한다. 하지만 발생학에서의 발견을 통해 서로 다른 동물문 사이에서 핵심적인 발생 유전자의 발현 패턴을 비교하는 것이 가능하게 되었다. 이 유전자들 중의 일부는 동물계 대부분의 문에 걸쳐서 보존되어 있다. 그림 23.7은 지역특성화(regional specification)에 관련된 다양한 핵심 유전자의 발현 도메인을 보여주는 동물 배아의 도식이다. 이들 유전자는 연구가 이루어진 주요 좌우대칭 동물문 모두에서 계통형 단계 즈음에 활성을 띠는 것으로 나타난다. 공통 발현 영역 전체를 일컬어 **동물형(zootype)**이라 불러 왔는데, 발생 유전자 발현 패턴에서 볼 수 있는 신비스러운 해부학적 특징이 바로 '동물이란 과연 무엇인가'를 정의한다는 의미에서다. 척추동물에서 쓰이는 명명법이 사용되고 있지만, 이 유전자들과 상동인 유전자들이 초파리나 다른 무척추동물에도 존재하여 이와 유사한 역할을 하고 있다. "동물형"이라는 용어는 현재로서는 부적절해졌는데, 왜냐하면 이런 유전자 발현 영역의 조합은 좌우대칭인 동물의 특징이며, 해면동물이나 자포동물에서는 나타나지 않기 때문이다. 그러므로 삼배엽성인 좌우대칭 동물의 특징이라는 의미에서 3배체 또는 2배체 동물의 특징인 "삼배엽형(triplotype)"이라는 용어로 부르는 것이 더욱 정확할 것이다.

Hox 유전자

Hox 유전자에 대해서는 2부에서 각각의 모델 생명체라는 맥락에서 다룬 바 있다. 현재의 자료를 놓고 보면 모든 좌우대칭 동물은 똑같은 집합의 Hox 유전자를 사용해서 전-후축 패턴을 조절하는 것으로 보인다. 이들 유전자는 상동인 유전자군에 속하지만, 항상 하나의 염색체 내에 무리를 지어(클러스터를 이루어) 존재하는 것은 아니고, 다른 유전자가 중간에 끼어든 경우도 있다. 발현의 패턴이라는 측면에서 살펴보면 각각의 Hox 유전자는 서로 다른 전-후축 영역에서 발현되고 앞쪽 발현 한계의 순서가 염색체 상에서 그 유전자의 순서와 유사하다는 일반적인 경향이 있다. 실험이 가능한 시스템에서 살펴보면, 하나의 Hox 유전자에 기능 상실 돌연변이가 일어난 경우 체절전환(homeotic transformation)이 일어나서 영향을 받은 부위가 전측화(anteriorization)되고, 기능 획득 돌연변이가 일어난 경우 그 부위가 후측화(posteriorization)된다.

진화학적 측면에서 살펴볼 때 Hox 유전자—그리고 실제로는 발생의 중요 도구를 이루는 거의 모든 구성요소—의 가장 핵심적인 면은 이들 유전자가 다른 유전자의 발현을 높이거나 억제하는 스위치로서 작용한다는 점이다. 어떤 전사인자든 신호전달 경로에서 적절한 연결만 되어 있다면 이런 일을 할 수 있을 것이다. 만일 동물이 여러 종류의 다양한 하등 조상 진핵세포로부터 진화한 것이라면 서로 다른 집합의 전사인자가 전-후축의 패턴을 구성하는 일을 담당했을 것이다. 하지만 모든 좌우대칭 동물에서 똑같은 집합의 전사인자가 이 일을 담당하고 있다는 사실은 모든 동물이 하나의 공통 조상으로부터 진화했다는 강력한 증거가 된다.

척추동물의 Hox 유전자들을 연구해 보면 척추동물이 기원한 무렵에 일어난 주목할 만한 사건을 알 수 있는데, 바로 전체 유전체가 4배로 증가한 것이다. 활유어(cephalochordate amphioxus)는 원색동물로서, 현대의 동물 중 척추동물의 공통 조상에 가장 가까운 것으로 여겨져 왔다. 활유어는 등쪽에 신경삭이 있고, 척색, 체절, 인두아가미틈과 더불어 관통하는 내장을 가지고 있다(그림 23.8). 다른 무척추동물과 마찬가지로 단 하나의 Hox 클러스터를 가지고 있긴 하지만, 무척추동물과는 달리 유전자의 개수가 15개로 늘어나 있다(그림 23.9). 반면 척추동물은 서로 다른 염색체에 4개의 Hox 클러스터를 갖는다(그림 23.9). 각각의 클러스터에는 활유어 클러스터의 이종상동성유전자(orthologs)에 해당하는 유전자군을 가지고 있어서 마치 척추동물의 공통 조상은

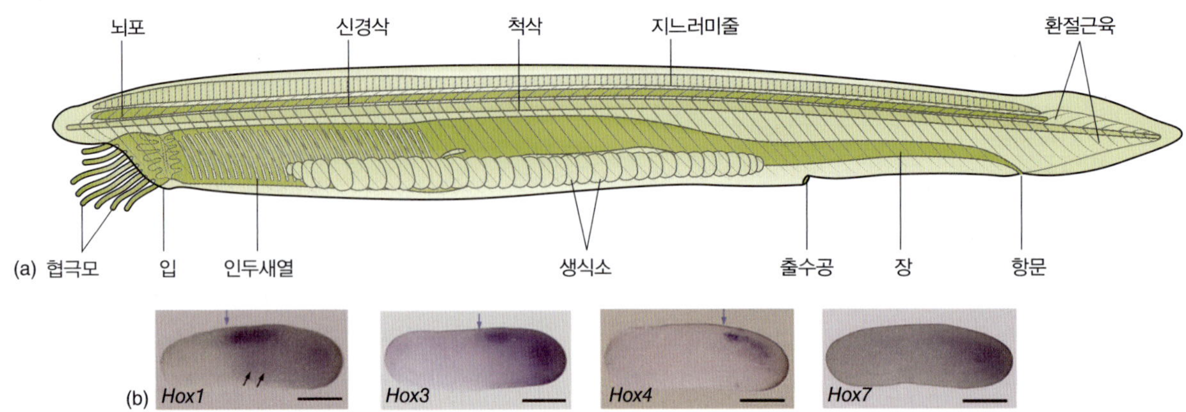

그림 23.8 두색류(cephalochordate) 활유어 = 창고기 amphioxus. (a) *Branchiostoma lanceolatum*종의 성체 활유어 = 창고기. (b) 제자리혼성화에 의해 입증된 후기 신경배에서의 *Hox* 유전자 발현. 하늘색 화살촉은 유전자 발현의 전방 한계를 나타낸다. 출처: (b) Koop et al. (2010). Dev. Biol. 338, 98-106, Elsevier의 허가를 받아 재구성함.

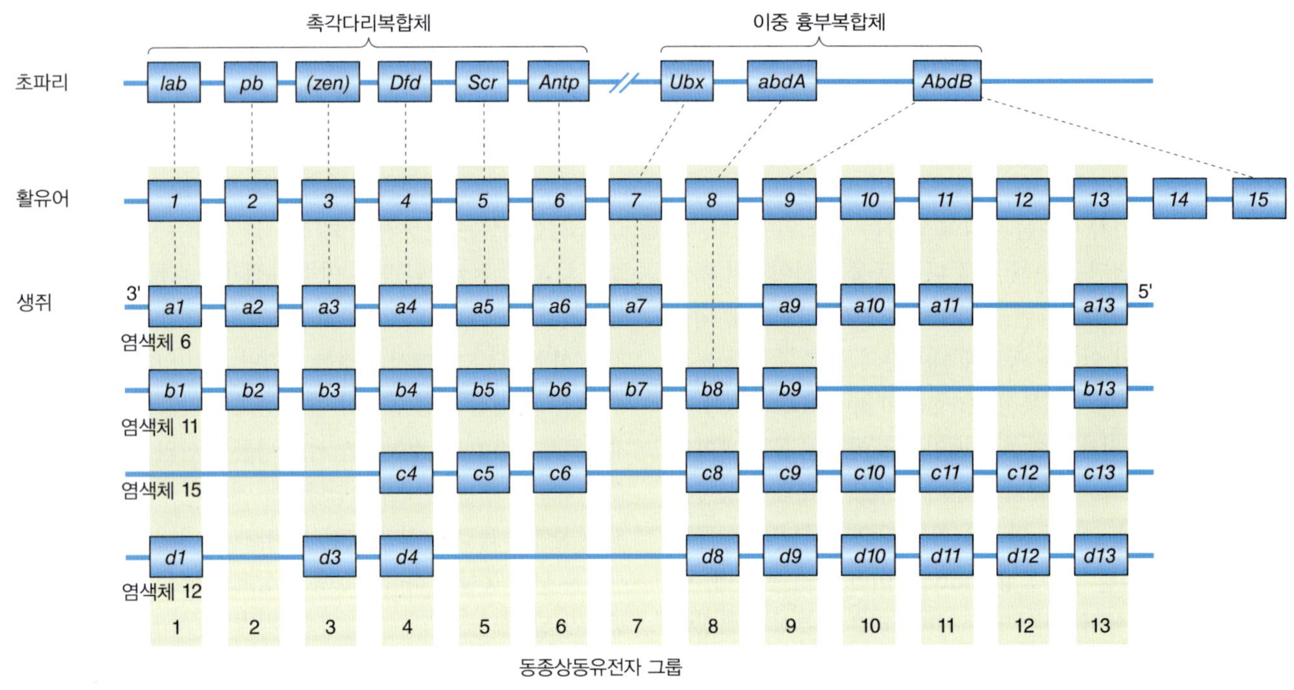

그림 23.9 초파리, 창고기 및 생쥐에서 발견된 Hox 유전자의 개략도.

두 번의 염색체 중복을 통해 네 벌의 사본을 갖게 되었고, 각각의 유전자들은 서로 다른 척추동물의 계통 내에서 각 클러스터로부터 상호독립적으로 상실된 것처럼 보인다. 서로 다른 동물군에서 볼 수 있는 Hox 클러스터 사이의 유사성이 놀랍기는 하지만, 특히 무척추동물 사이에서는 Hox 유전자의 방향과 유전자 사이의 간격이 매우 다양하며, 초파리를 포함한 몇몇 경우에는 어느 정도 클러스터 내에 끊김이 존재한다는 것에 유의해야 한다.

척추동물의 클러스터는 a, b, c, d로 불리며, 각각의 유전자에는 클러스터의 3′쪽에서부터 1-13의 번호가 매겨져 있다. 배아에서의 발현 영역이 염색체 상에서의 위치와 동일한 순서로 놓여 있으므로, 이 숫자는 앞쪽 발현 한계의 순서를 반영하기도 한다. *a4*, *b4*, *c4*, *d4*처럼 같은 숫자를 갖는 개개의 유전자들은 **유사유전자(paralogs**, 분자 분류 절 참조)이며, 유사유전자의 집합을 **유사유전자군(paralog group)**이라 부른다. Hox 클러스터뿐만 아니라 전체 유전체가 두 번의 염색체 중복을 겪었다고 생각하는 이유는 척추동물의 다른 유전자 계열들도 무척추동물의 단일 유전자에 해당하는 경우가 많기 때문이다. 유전체를 두 배로 늘리는 가장 쉬운 방법은 **4배체(tetraploid)**가 되는 것인데, 체세포분열의 산물이 분리가 되지 않아서 각각의 핵이 두 배 숫자의 염색체를 갖게 되는 것이다. 진화에 있어 4배체형성(tetraploidization)이 드문 일은 아니어서 모델 생명체 중 하나인 제노푸스(Xenopus laevis)는 1,700만 년 전에 4배체였고, 경골어류(teleost)의 조상은 4억 2천만 년 전에 4배체화를 거쳤다. 활유어와 여러 척추동물 유전체의 염기서열을 분석한 결과를 놓고 보면 척추동물의 기원에서 두 번의 4배체형성이 두드러지고, 이에 따라 전체 유전자의 개수가 15,000개에서 60,000개로 늘어났다가 그 이후 이어진 유전자 손실에 의해 25,000개로 감소한 것으로 생각된다. 이처럼 잠재적으로 유용한 유전물질이 크게 증가한 것이 척추동물에서 볼 수 있는 눈부신 적응방산(adaptive radiation)이 일어날 기회를 제공하는 데에 도움이 되었을 것이다.

척추동물에서는 Hox 유전자의 발현 영역이 후뇌에까지 확장되지는 않는다. 전뇌와 중뇌에서 볼 수 있는 지역적 패턴은 *Otx*와 *Emx*라는 또 다른 호메오박스 유전자에 의해 조절된다. 이 유전자도 무척추동물에 이종상동성유전자가 있어서 맨 앞쪽 끝에서 발현되고, 동물형 혹은 삼배엽형의 일부를 이루는 것으로 보인다.

그 밖의 유전자 클러스터

Hox 유전자가 척추동물의 모든 배엽에서 발현되기는 하지만, 대부분의 무척추동물에서는 외배엽으로만 한정되어 있고, 다른 배엽의 전-후축 패턴은 다른 유전자에 의해 조절된다. 내배엽의 지역화는 Parahox 클러스터라 부르는 자매 유전자 클러스터에 의해 조절된다. 이 클러스터는 Hox 클러스터가 매우 이른 시기에 중복된 것으로서, *Gsx*, *Pdx*(*Xlox*)와 *Cdx*라는 3개의 유전자가 포함된다. 후자의 두 유전자는 척추동물의 장 발생에 중요한 것으로 알려져 있는데, *Pdx1*은 췌장 발생에 필수적이고 *Cdx2*는 장 발생에 필수적이다(18장 참조). *Gsx* 군은 척추동물의 뇌에서 발현되지만, 무척추동물에서는 앞쪽 내배엽에서 발현되는 경우가 많다.

중배엽의 지역적 패턴은 NK 유전자 클러스터에 의해 적어도 어느 정도 조절된다. 척추동물에서 Nkx로 알려져 있는 호메오박스 유전자군은 초파리에서는 단일 클러스터를 이루고 있다. 이 클러스터가 활유어에서는 3쌍으로 쪼개져 있고, 척추동물에서는 훨씬 더 분산되어 있다. 이들 유전자가 중배엽의 지역적 패턴에 중요한 역할을 하는 예를 들자면, 척추동물에서는 *Nkx2.5*라 불리는 초파리에서는 *tinman*이라 불리는 유전자가 특히 심장의 발생과 관련되어 있다는 것이다(17장 참조). 원시 좌우대칭 동물은 작은 생명체여서 아마도 심장 없이 단지 확산을 통해서 산소를 공급받았을 것이다. 캄브리아기가 되어서야 동물들이 커지면서 순환계의 필요성이 대두되었을 것이다. 따라서 *Nkx2.5*의 원시적인 역할은 심장을 특정화하는 것이었다기보다는 아마도 앞배쪽의 중배엽 영역을 특정화하는 것이었을 것이다.

등-배축 패턴

제노푸스에 대한 연구를 통해서 시페만 형성체(Spemann organizer)의 주요 활성이 코르딘(Chordin)과 같은 BMP 억제제를 분비하는 것임을 알 수 있었다(8장 참조). 이를 통해 등-배축을 따라서 BMP 신호전달 활성의 농도경사가 나타나고, 외배엽과 중배엽의 등-배축 패턴이 조절된다. 초파리에 대한 연구에서는 BMP의 이종상동성유전자인 decapentaplegic(Dpp)이 등에서 배쪽으로 농도경사가 나타난다(13장 참조). Dpp는 배쪽 측면의 외배엽에서 분비되는 코르딘의 이종상동성유전자인 Short-gastrulation에 의한 길항작용을 받고 있다. 마찬가지로, 재생을 하는 플라나리아에서는 BMP의 이종상동성유전자가 등쪽에서 발현되고, RNA 간섭으로 BMP 경로의 구성요소에 해당하는 유전자 발현을 억제하면 복측화(ventralization)가 일어난다. 따라서 비슷한 체계가 등-배축 패턴의 형성을 제어하고 있지만, 척추동물의 등쪽이 무척추동물의 배쪽에 해당한다는 차이가 있다.

이와 같은 정보는 척추동물의 주요 신경삭이 등쪽에 있는 반면, 절지동물과 환형동물처럼 적어도 몇몇 무척추동물에서는 신경삭이 배쪽에 있다고 하는 아주 오래 전에 알려진 사실과 연결지어 볼 수 있겠다. 심장을 가진 무척추동물문에서는 심장이 등쪽에 있는 데 비해 척추동물에서는 배쪽에 있다. 이 모든 사실을 종합하면, 모든 동물에서 등-배축 패턴을 형성하는 원시적인 체계가 있었지만 어느 시점에선가 뒤집어져서 척추동물의 극성이 무척추동물군과는 반대가 되었음을 시사한다(그림 23.7b). 아마도 척추동물의 공통 조상이 문자 그대로 자신의 습관을 뒤집었기 때문에 일어난 것일 수도 있다. 또 다른 가능성은 몸체가 머리에 대해 상대적으로 회전한 것이 핵심적인 변화였기 때문일 수도 있다. 이를 통해 척추동물의 신경 해부에서 전형적으로 나타나는 특징인 시신경의 교차가 나타나는 이유를 설명할 수도 있을 것이다.

감각 기관과 세포 유형들

좌우대칭 동물에서 볼 수 있는 두드러진 특징 중의 하나는 한 쪽 끄트머리에 감각기관이 집중되어 "머리"를 이루고 있다는 것인데, '앞쪽 끝(anterior end)'이라고 일컬어진다. *Pax6* 유전자는 눈의 형성과 밀접한 관련이 있다. 이 유전자는 생쥐의 *small eye* 돌연변이체에서 결함이 나타나는데, 초파리에서는 *Pax6*가 *eyeless*라 불리고, 이 유전자의 기능 상실이 일어나면 눈의 형성이 완전히 억제된다. *Pax6*는 두족류인 연체동물의 눈이나 플라나리아의 눈에서도 발현된다. 두족류가 중요한 이유는 두족류의 눈이 망막의 방향만 제외하고는 척추동물의 눈과 구조적으로 매우 유사한 상을 맺는 눈이기 때문이다. 이 사실은 흔히 교과서에서 **상사(analogy)**의 실례로 드는 것인데, 왜냐하면 척추동물과 두족류 사이에 상을 맺는 눈을 가진 공통의 조상이 있었으리라고는 짐작하기가 불가능했기 때문이다. 하지만 두 가지의 눈을 만드는 데에 똑같은 전사인자가 관여한다는 사실은 적어도 과거의 조상생물이 *Pax6*의 도움으로 형성된 광수용체(photoreceptor)의 일종을 가졌다는 정도에서 상동성을 갖음을 시사한다. 재생 중인 플라나리아에서 RNA 간섭으로 유전자 발현을 억제해 본 결과, 플라나리아에서는 눈의 재생에 *Pax6*가 필요한 것이 아니라 또 다른 호메오박스 유전자인 *Sine oculis*가 필요하다는 것을 알게 되었다. *Sine oculis*는 초파리의 눈 발생 경로에서 *Pax6*에 의해 직접 조절되는 바로 다음 단계의 유전자이며, 이것의 척추동물 이종상동성유전자인 *Six3*는 생쥐의 눈 발생에 꼭 필요하다. 이러한 결과를 놓고 볼 때, 전체 동물계를 통틀어 빛에 민감한 기관이 만들어지는 과정에서 작은 전사인자군의 기능이 상당한 정도로 보존되어 왔음을 알 수 있다.

위에서 말한 모든 유전자들은 발생 과정 동안의 지역 특성화와 관련되어 있다. 하지만 개개의 분화된 세포형과 이렇게 되도록 조절하는 유전자들 사이에도 원거리 상동성이 존재하며, 이것 또한 좌우대칭 동물에서 가장 확연하게 나타난다. 해면동물과 이배엽성동물은 좌우대칭 동물에 비해 세포 유형의 종류가 적은 경향이 있고, 다중의 기능을 수행하는 경우가 많은데, 예를 들면 해면동물에서 볼 수 있는 빛에 민감한 조향방향타세포(steering rudder cells)나 자포동물에서 볼 수 있는 근상피세포(myoepithelial cells)가 그러하다.

하나의 세포형을 만드는 데에 중요한 유전자들의 한 가지 예로서 근육을 형성하는 유전자 계열을 들 수 있는데, 그 원형에 해당하는 유전자가 *MyoD*다. 이 유전자군은 모든 좌우대칭 동물에 존재하며, 근세포의 분화에 필요하다. 또 다른 예로는 *Opsin* 유전자의 두 가지 계열을 들 수 있는데, 광수용체의 형성에 반드시 필요하다. 또한 Delta-Notch 신호전달계는 신경원성 상피세포로부터 신경세포가 분화하는 과정을 제어하며, 내배엽 상피에서 특정 세포형이 분화하는 데에도 관여한다. 새로운 세포 유형의 진화에 대한 흥미로운 예는 포유류 태반에서 탈락 기질세포의 출현이다. 이는 전사인자 유전자인 *Hox11*과 *Cebpβ*의 특정 돌연변이에 의해 가능해졌는데, 이 돌연변이 덕분에 이들의 단백질 산물이 FOXO1와 새로운 조절 복합체를 형성하게 되었다.

기본 동물

이제 수많은 동물에서 유전체의 염기서열이 결정되었으므로, 하나의 동물이 만들어지는 데에 꼭 필요한 유전자들은 무엇이고, 그 유전자들이 진화 과정에서 언제 나타났는지에 대해 생각해 볼 수 있겠다. 발생을 제어하는 유전자 계열의 일부는 전사인자를 암호화하고 있으며, **금편모충류**(choanoflagellates)라 불리는 동물세포의 특징을 갖는 단세포 진핵생물에서 찾아볼 수 있다. 하지만 Hox 유전자들 그리고 다른 호메오박스 유전자들, Wnts, TGFβ, 핵수용체를 포함하는 대부분의 체계는 동물에서만 처음으로 나타난다. 진화론적 맥락에서 기초라는 단어는 계통수의 뿌리에 가까운 것을 의미한다.

현대의 계통 발생에서 가장 기본적인 동물은 해면동물문, 즉 해면이다. 한 화석 증거에 근거하거나 또는 당시 조상의 특성을 추론해 볼 때 뿌리에서 나온 이후 거의 변하지 않은 것으로 간주되는 현대 동물에도 사용된다. 오늘날 현존하는 가장 기초적인 동물은 통상 해면동물(Porifera, 스펀지)로 간주된다. 해면동물은 극소수의 세포 유형만을 가지고 있으며, 조직 수준의 구성에는 이르지 못한다. 해면동물은 NK와 유사한 호메오박스 유전자의 클러스터를 갖고 있기는 하지만, 이것이 진정한 Hox 유전자는 아니다. 판형동물(placozoan)인 트리코플락스(*Trichoplax*)에서도 마찬가지인데, 역시 조직 수준의 구성을 가지고 있지는 않다. 현대 유전체학에 기반한 일부 분자 계통수는 유즐동물(Ctenophora, 예; 빗해파리)를 해면동물의 기초로 놓지만 이들 역시 Hox 유전자가 없다.

자포동물문에는 말미잘, 해파리 등이 속하고, 재생 연구에서 흔히 사용되는 친숙한 민물 폴립인 히드라(*Hydra*)도 여기에 속한다. 전통적으로 자포동물은 대부분의 다른 동물과 차이가 있는 기본 동물인 것으로 여겨져 왔는데, 3개가 아닌 2개의 배엽(외배엽과 내배엽)만을 갖고 있고, 좌우대칭이라기보다는 방사대칭이기 때문이다. 말미잘의 일종인 네마토스텔라(*Nematostella*)는 최근 들어 실험연구를 위해 사육되기 시작하였다(그림 23.10). 알에서 성숙하기까지 3~4개월이 소요되는 전체 수명 주기 동안 실험실에서 사육할 수 있다. 수정란은 쪼개져서 구형 포배를 형성하는데, 이것은 상부(동물) 극에서 시작되는 함입과 함께 낭배화한다. 함입된 물질은 내배엽이 되고, 외부 영역은 외배엽이 된다. 운동성 편평유충은 알에서 부화하고 잠시 이동한 후 고착 상태가 되어 폴립을 형성하는데, 이는 인두를 통해 위강으로 이어지는 구강/항

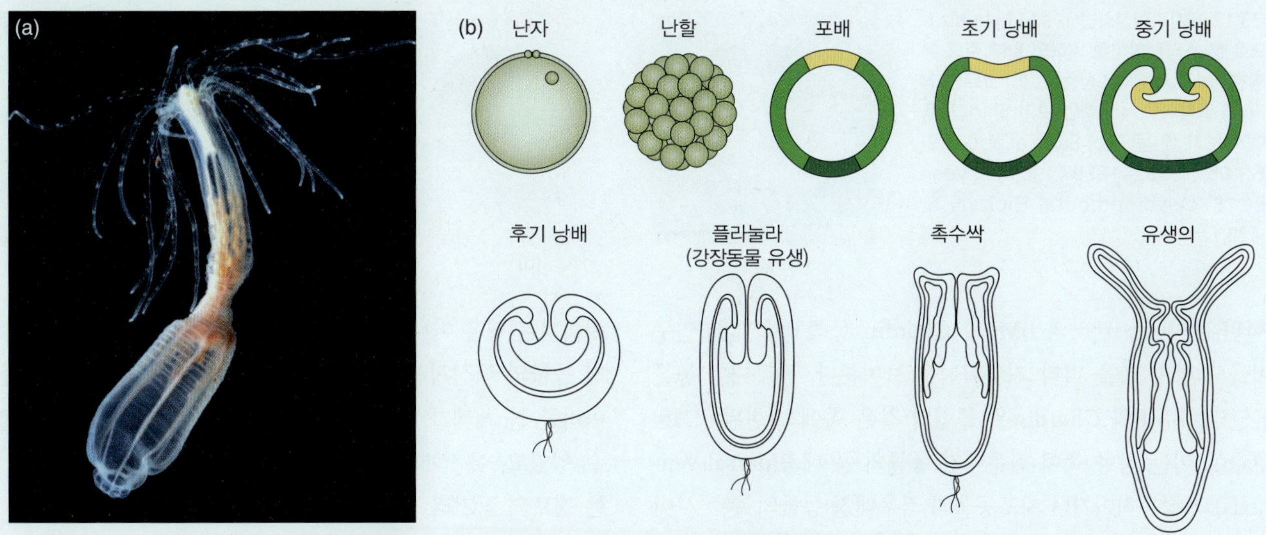

그림 23.10 스타렛말미잘(*Nematostella*). (a) 성인 용종. (b) 선충의 발달; 노란색은 내배엽을 나타낸다. (인용) (a) Layden et al. (2016). Dev. Biol. 5, 408-428.

문 개구부를 둘러싼 촉수 고리를 갖는다.

외배엽은 배양보조세포, 선세포, 자포세포(특히 촉수에 풍부한 쏘는 세포) 및 일부 뉴런을 포함한다. 내배엽은 흡수세포, 선세포, 수축 근상피세포 및 뉴런을 포함한다. 내배엽의 안쪽 부분은 장간막이라고 하는 세로로 배열된 8개의 구조로 구성된다. 여기에는 생식선과 근상피세포가 포함되며 수축 기능이 있다. 장간막은 어느 정도 서로 다르며, 두 번째 주요 신체 축인 방향 축을 구강-반구강 축(oral-aboral axis.)에 직각인 것으로 정의할 수 있다. 이와 관련하여 네마토스텔라는 다른 말미잘과 마찬가지로 좌우 대칭을 나타낸다. 조직층 사이에는 몇 개의 아메바형 세포를 포함하는 메소글리아(mesoglea)라는 젤리형의 세포외 매트릭스가 있다. 네마토스텔라는 또한 두 배엽에서 발생하는 뉴런들로 이루어진 확산 신경망을 가지고 있다. 연구를 위해 개발된 방법들로는 면역염색 및 제자리혼성화법(*in situ* hybridization), CRISPR-Cas9을 사용한 형질전환, 모폴리노(morpholinos) 또는 RNAi를 사용한 특정 유전자 활성 억제가 포함된다. 전체 게놈의 염기서열이 밝혀졌을 때 다소 놀랍게도 척추동물에서 발견되는 모든 주요 유전자군이 존재한다는 것이 밝혀졌다. 네마토스텔라와 다른 자포동물은 Hox 유전자를 가지고 있지만 연결된 클러스터를 형성하지 않고 단독 또는 쌍으로 흩어져 있다. Hox 유전자에 대한 발현 자료는 구강-반구강 축을 따라 발현 한계가 약간 들쭉날쭉함을 나타낸다. 그러나 방향 축을 따라 안쪽에 위치한 발현 도메인 세트가 있는데, 이는 장간막 간의 발현 차이에 의해 분명하다(**그림 23.11**). 구강-반구강 축이 좌우대칭 동물의 전-후축과 상동인지에 대해 많은 논의가 있었지만, Hox 유전자 발현 자료는 그러한 상동성이 있다면 그것은 방향 축에 있음을 보여준다. 이에 찬성하는 또 다른 주장은 만약 원구(blastopore)와 이후의 구강 개구부가 방향 축을 따라 파인 홈으로 압축된다면, 이는 많은 원구동물(protostome)의 원구와 유사하며 여기서 입과 항문 모두가 발생한다는 것이다.

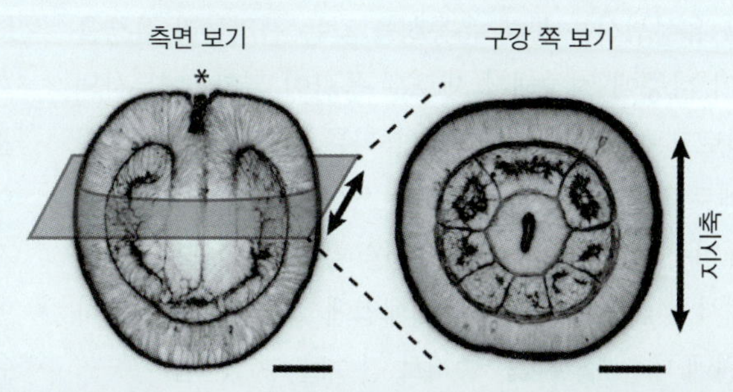

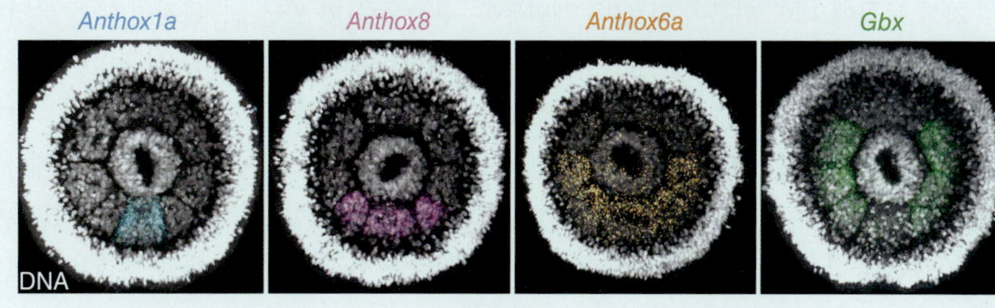

그림 23.11 스타렛말미잘 장간막에서 Hox 유전자의 발현. 발현은 지시축을 따라 중첩된 세트에서 일어난다. (인용) He et al. (2018). Science. 361, 1377-1380., © 2018 American Association for the Advancement of Science.

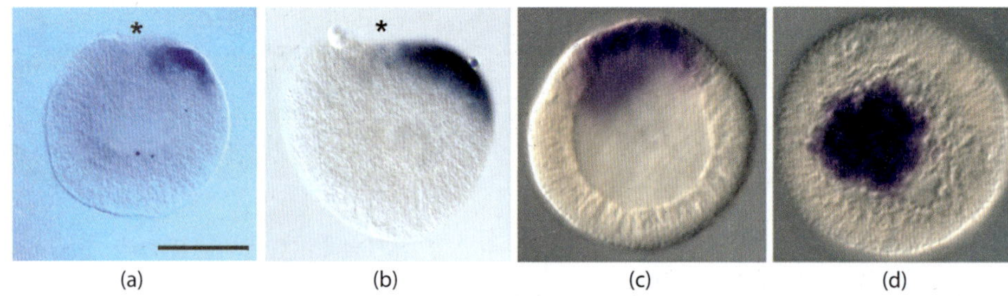

그림 23.12 제자리혼성화법(*in situ* hybridization)으로 본 스타렛말미잘 배아의 일부 주요 유전자 발현. (a) *Dpp*(BMP 상동체). (b) 코르딘 상동체. (c,d) 달팽이 A: (c) 측면 보기 및 (d) 동물극 쪽에서 보기. (인용) (a,b) Saina et al. (2009) PNAS 106, 18592-18597.; (c,d) Layden 외. (2016) Developmental Biology 5, 408-428.

한편, 네마토스텔라의 BMP와 Chordin 동족체에 대한 연구는 이들도 방향 축을 따라 지역화됨을 보여준다. 좌우대칭 동물들과 달리, BMP와 Chordin은 폴립의 같은 쪽에 발현된다(그림 23.12a,b). 이는 방향 축이 좌우대칭 동물의 등-배축(dorsal ventral axis)과 상동적이거나 자포동물과 좌우대칭 동물의 주축 사이에 진정한 상동성이 전혀 없음을 암시한다.

다른 자포동물처럼 네마토스텔라는 배엽이 두 개뿐이지만 내배엽에서 일반적으로 중배엽에 특징적인 일부 유전자들을 발현한다: 예를 들어, *snail* 상동체는 낭배 형성 시작부터 내배엽 영역에서 발현된다(그림 23.12c,d). 이와 같은 예는 중배엽이 내배엽의 하위 부분에서 진화했다는 제안을 불러일으켰다. 다른 자포동물 그룹에서 발견되는 해파리 또는 메두사(medusae, 단수형 medusa)는 줄무늬 근육세포를 가지고 있는데, 만약 이것이 좌우대칭동물에서 나타났다면 분명히 중배엽으로 간주되었을 것이다. 줄무늬 근육세포의 형성을 히드로충류(hydrozoan)의 하나인 포도코린 종(*Podocoryne carnea*)에서 조사한 바 있다. 이 종은 폴립과 메두사 사이를 오가는 세대교번(alternation of generation)을 하는데, 실험실 조건에서도 전체 생활사를 살펴볼 수 있다. 폴립은 무성생식으로 싹(bud)을 틔워 메두사를 만든다. 메두사는 배우자를 만들고 유성생식을 통해 운동성을 갖는 플라눌라 유생을 만들며, 이것이 나중에 정착해서 새로운 폴립이 된다. 메두사의 근육세포는 엔토코돈(entocodon)이라 불리는 세포층으로부터 만들어지는데, 엔토코돈은 무성생식을 하는 싹에서 나타나며, *twist*, *snail*, *Mef2*를 비롯한 중배엽형 유전자들을 발현한다. 엔토코돈이 내부 세포층에서 유래하는 한, 이는 내배엽에서 중배엽이 유래하는 진화적 기원에 대한 추가적인 증거로 간주될 수 있다.

기본 동물에 대한 연구에 따르면, 해면동물, 유즐동물 및 털납짝벌레(Trichoplax) 세 그룹은 동물 발생에 특징적인 유전자를 가지고 있지 않다. 자포동물은 대부분을 소유하고 있으며, 일부 상호작용은 동일하다. 자포동물은 좌우대칭형 몸 체제를 갖지 않으며, 자포동물과 후생동물 사이의 몸 축의 상동성도 매우 불확실하므로 이런 유전자의 존재가 자동적으로 좌우대칭동물 몸 체제로 이어지는 것은 아니다. 하지만 다양한 발생 조절 유전자가 좌우대칭 동물의 핵심적인 특징을 정립하도록 수임되는 것과 더불어서, 이러한 몸 체제가 일단 나타난 후에는 매우 안정되어짐을 입증할 수 있었고, 유전체 염기서열 결정이나 발현분석을 통해 알 수 있는 정도의 장거리 상동성으로 이어졌음을 알 수 있다.

진화 과정에서 무슨 일이 실제 일어났나?

진화학적인 문제를 해결하는 데 있어 발생학이 도움을 줄 수 있는 또 하나의 주요 영역은 진화 과정에서 실제로 무슨 일이 일어났는가를 찾아내는 것이다. 이에 대한 몇 가지 증거는 두 가지 서로 다른 형태, 즉 조상의 형태와 유도된 형태를 만들게 하는 핵심적인 발생 유전자들의 발현 패턴을 비교해서 얻을 수 있다. 하지만 이것으로는 충분하지 않다. 왜냐하면, 발생 기전을 밝히기 위해서는 과발현이나 기능 상실 실험을 통해서 그 유전자들의 실제 활성이 무엇인지를 밝혀야 하기 때문이다.

무슨 일이 벌어졌는가를 알아내고자 할 때에는 "설계의 오류(fallacy of design)"를 범하지 않는 것이 중요한데, 다시 말해서 일단 하나의 발생 체계를 이해하고 나면 "여분의 다리("extra legs)"가 생기는 것은 쉬운 일로서, A 유전자가 B 유전자를 활성화하기만 하면 되고, 이것이 진화 과정에서 실제 일어난 일임에 분명하다"고 말하는 경향이 생기기 때문이다. 첫째, 이런 일은 벌어지지 않았을 수 있다. A가 B를 활성화하지 않고도 여분의 다리가 생길 수 있다. 둘째, 새로운 위치에서 A가 B를 실제로 활성화한다고 해도 이런 변화를 유발한 돌연변이는 A나 B가 아닌 다른 유전자에서 벌어진 일일 수 있다. 그런 돌연변이가 생긴 유전자는 완전히 다른 유전자일 수도 있고, 하나의 커다란 돌연변이가 아닌 작은 돌연변이가 여럿 중첩된 것일 수도 있다. 일반적으로 그러한 돌연변이는 자연선택에 의해 나타난 것이므로, 발생 체계는 의식이 있는 주체가 고안했을 때 필요하다고 생각할 만큼보다 훨씬 복잡하기 마련이며, 가장 간단한 경로를 통해서 한 가지 행동에서 다른 행동으로 변한 것일 필요도 없다.

이렇게 생각해 보는 것은 **발생적 제약(developmental constraint)**이라는 사안과 연결된다. 발생 기전을 염두에 두지 않는 생물학자들은 흔히 가능한 돌연변이에는 제한이 없으며, 충분한 돌연변이에 충분한 시간과 충분한 선택만 주어진다면 어떤 것으로부터 그 어떤 것으로라도 진화하는 것이 가능하리라고 암묵적으로 가정하고는 한다. 달팽이를 코끼리로 진화시키고 싶다면 아무 문제없다. 그저 시간과 선택의 문제일 뿐이다. 발생학자들은 다른 쪽 극단으로 치우치는 경향이 있는데, 가능한 돌연변이란 단지 하나의 특정 발생 체계의 이미 알려진 구성요소 각각에서 기능이 획득되거나 상실되는 것일 뿐이라고 말한다. 이런 생각은 달성 가능한 형태의 범위를 좁히게 되는데, 야생형의 패턴으로부터 한 발자국 나아가서 이룰 수 있는 상대적으로 좁은 형태의 집합이 된다. 제브라피시나 생쥐를 돌연변이 스크린해서 얻을 수 있는 표현형의 범주는 그리 크지 않다. 그 이유는 다면발현성(pleiotropic effect)을 갖는 유전자에 돌연변이가 생기면 조기에 사망에 이르는 경우가 많고, 많은 형태학적 변화들은 여러 돌연변이가 한꺼번에 있어야만 나타날 수 있기 때문이다. 팔다리와 더불어 한 쌍의 유용한 날개를 가진 천사처럼 더 큰 적합성을 부여할 수 있음에도 진화하지 못한 모든 몸 체제에 대해 상상해 보는 것도 가능하다. 반면에, 우리는 충분한 시간과 자원만 주어진다면 달팽이를 코끼리로 진화시키는 것이 실제로 가능하리라는 것을 알고 있다. 우선 처음에는 형태를 잃어버리도록 선택해서 달팽이를 원형질덩어리 같은 생명체로 전환시켜야 하고, 그 다음에는 두 번째 선택전략을 써서 커다란 크기에 4개의 다리, 엄니와 몸체를 갖도록 설계해야 한다. 발생적 제약이 진화 이론에 대해 갖는 잠재적인 중요성은 매우 크다. 제약이 아주 적다면 진화 과정은 그저 변화하는 환경에 적응하는 것으로만 결정될 수 있다. 하지만 발생적 제약이 상당한 경우라면 진화의 경로는 대부분 현재 상태에서 가능한 것으로만 결정된다. 현재로서는 발생적 제약이 어느 정도이고 어떤 역할을 하는지 모른다.

일반적으로 잘 알려진 발생 체계에서 알려진 구성요소의 돌연변이, 예컨대 체절의 정체성이나 사지의 패턴을 제어하는 구성요소의 돌연변이는 **대돌연변이(macromutations)**—단 하나의 돌연변이지만 한 번에 상당한 형태적 변화를 유발하는 돌연변이—가 될 것이다. 신다윈주의자는 항상 대돌연변이에 대해 불편해 했는데, 그런 돌연변이는 결국 해로운 것이고 선택에 의해 사라질 것이라고 믿었다. 발생학자는 흔히 말하는 "**전도유망한 괴물(hopeful monster)**", 즉 대돌연변이에 의해 나타나는 생명체에 대해 훨씬 동감하는 편이었는데, 이는 이런 유형의 돌연변이는 발생학적 설명과 부합하기 때문이다. 또한 어떤 형태적 특징은 내재적으로 질적인 것이어서, 작고, 눈에 보이지 않으며, 중간적인 형태를 상상하기 어렵다. 예를 들어, 어느 생명체에 체절이 하나 늘었다면, 그 여분의 체절은 거기에 있든지 아니면 없는 것이며, 여분의 체절을 가진 돌연변이체가 단번에 생겨나서 자연선택의 기회를 엿보았을 가능성이 높은 반면, 아주 작은 새로운 체절이 나타나 여러 세대를 거치면서 점차 커지는 경로를 가능성은 낮다. 하지만 정통 신다윈주의자는 진화가 작고 눈에 보이지 않는 단계들을 거쳐서 일어나고, 이런 변화를 유발하는 돌연변이는 "변경 유전자(modifier genes)", 다시 말해 발생 기구의 바깥에 있으면서도 발생 기구에 양적 효과를 미치는 유전자에서 일어난다고 믿고 싶어 한다. 여전한 사실은 우리가 작은 돌연변이에 비해서 대돌연변이의 상대적 중요성이 얼마인지 아직 모르고 있다는 것이다.

유전체 염기서열 결정이 활발하게 이루어지면서 확립된 한 가지 원칙은 발생 과정에 변화를 유발하는 돌연변이의 대부분이 유전자의 시스-조절 부위(*cis*-regulatory regions)에서 일어났다는 것이다. 이런 돌연변이는 보통 전사인자의 결합 부위가 생기거나 없어지는 것, 그 부위의 친화도가 바뀌는 것, 또는 전위인자(transposable element)의 작용에 의해 조절 부위의 위치가 바뀌는 것으로 이어진다. 그 이유는 대부분의 발생 유전자가 **다면발현성(pleiotropic)**을 갖기 때문이다. 그런 유전자 자체가 기능을 상실한다면 다중의 체계에 영향을 미치게 돼서 그 결과는 치명적일 가능성이 높으며, 적어도 그런 생명체의 적합성이 감소할 것이다. 하지만 조절 부위의 일부가 변경되었다면 발현의 위치나 시기에 작은 변화를 유발할 수 있으며, 다른 곳에 위험을 초래하지 않으면서 단 한 가지 형태의 측면에만 영향을 줄 수 있다. 한 가지 흥미로운 예는 초파리의 종 사이에서 볼 수 있는 모상체(trichomes, 유생의 배쪽 치상체를 포함하는 작은 단세포성 털)의 패턴 변화다. 수백 가지의 유전자가 모상체의 패턴에 영향을 미치지만, 종 사이에서 나타나는 변이는 전적으로 *shavenbaby* 좌위(*ovo*라고도 함)의 조절 부위에서의 변화에 의한 것이다(**그림 23.13**). 그 이유는 이 유전자가 상위 단계에서 작용하는 여러 발생 조절 유전자들—이 유전자들은 다른 기능도 맡고 있다—로부터의 입력을 통합해서 모상체를 만드는 프로그램을 시작하게 하기 때문이다. 더 상위 단계의 유전자에 심각한 기능 획득이나 상실이 일어난 경우라면 다른 체계에도 심각한 결과를 초래했을 것이고, 더 하위 단계의 구성요소에 돌연변이가 일어난 경우라면 개개의 모상체 구성에만 영향을 미칠 뿐 패턴을 변화시키지는 못했을 것이다.

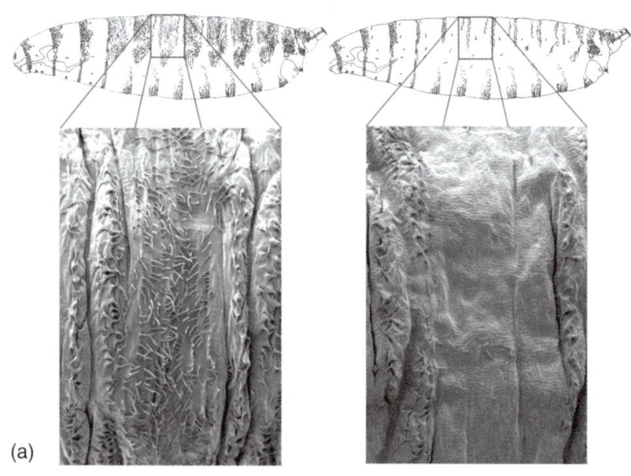

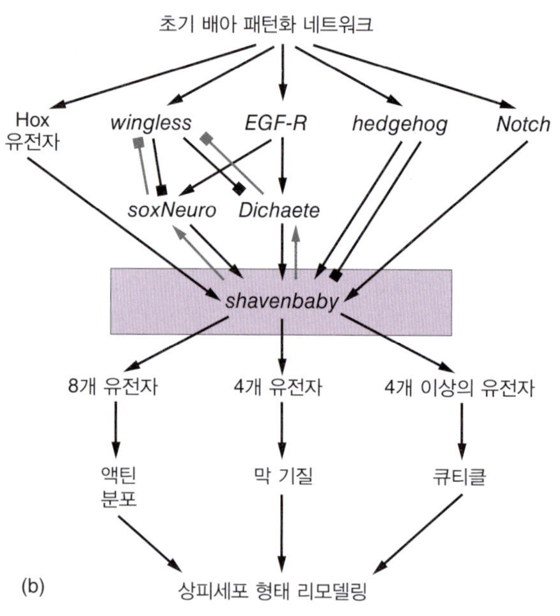

그림 23.13 초파리 종 간의 모용(trichomes) 패턴의 차이는 shavenbaby(ovo) 유전자의 조절 영역에 있는 돌연변이 때문이다. (a) D. melanogaster 및 D. *sechell* 유충. (b) *shavenbaby* 유전자의 *cis*-조절 영역은 많은 상류 유전자들의 정보를 통합하여 모용 형성을 제어하는 *Shavenbaby* 단백질의 프리패턴을 생성한다. (인용) Stern and Orgogozo(2009)에서 발췌. 과학. 323, 746-751, 미국 과학진흥협회의 허가를 받음.

체절화된 몸 체제와 Hox 유전자

절지동물은 매우 큰 동물문으로서 곤충류(insects), 갑각류(crustaceans), 다족류(myriapods, 예: 지네, 노래기) 및 협각류(chelicerates, 예: 거미, 전갈)라는 4개의 강으로 이루어진다. 각각의 강은 몸 체제에 있어 근본적으로 다른 체절의 배열로 구별할 수 있지만, 형태학과 분자계통발생학의 도움으로 모든 절지동물이 하나의 단계통군(clade)을 이루며, 하나의 공통 조상으로부터 진화했다는 것을 알고 있다. Hox 클러스터가 발견되어 체절의 정체성을 제어하는 역할을 한다는 것을 알게 되면서, 신체 패턴의 변화가 Hox 유전자 발현의 변화에 의해 나타날 것이라고 생각하는 것은 당연한 일이었다. 특히 초파리에서는 *Ubx*와 *abdA*라는 유전자가 복부에 다리가 형성되는 것을 억제해서 흉부와 복부 사이의 경계를 효과적으로 결정하는 것으로 알려졌다. *Ubx*와 *abdA*의 발현이 다양한 절지동물에서 조사되었다(그림 23.14). 그 결과 Hox 영역과 신체 부위 사이에 일반적인 관련이 있긴 하지만, 흉부 또는 다리 형성 억제와의 특별한 관련성은 찾을 수 없었다. 갑각류에서는 Hox 유전자가 전체 흉부 체절에 걸쳐서 발현되어 이 체절들이 다리를 갖게 되지만, 이 유전자가 머리나 생식기에서는 발현되지 않는다. 다족류에서는 *Ubx*와 *abdA*가 첫 번째 흉부체절을 제외한 모든 흉부체절에서 발현된다. 협각류(chelicerate)에서는 앞쪽 경계가 후

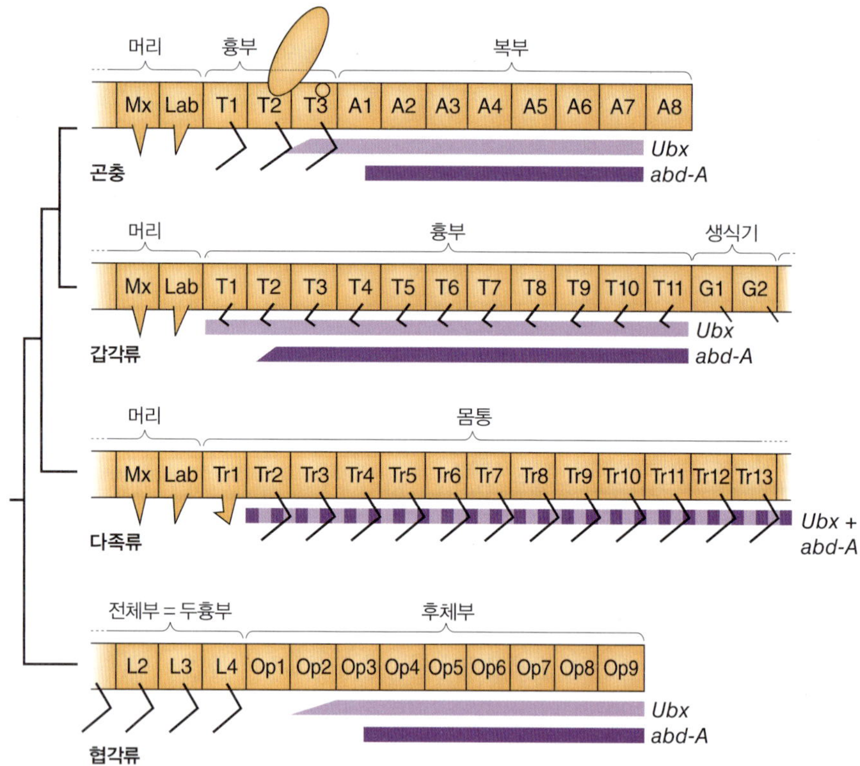

그림 23.14 절지동물의 분절 패턴, 부속지 유형 및 Hox 유전자 발현의 상관관계. (인용) From DNA to Diversity. Blackwell., © 2001 John Wiley & Sons.

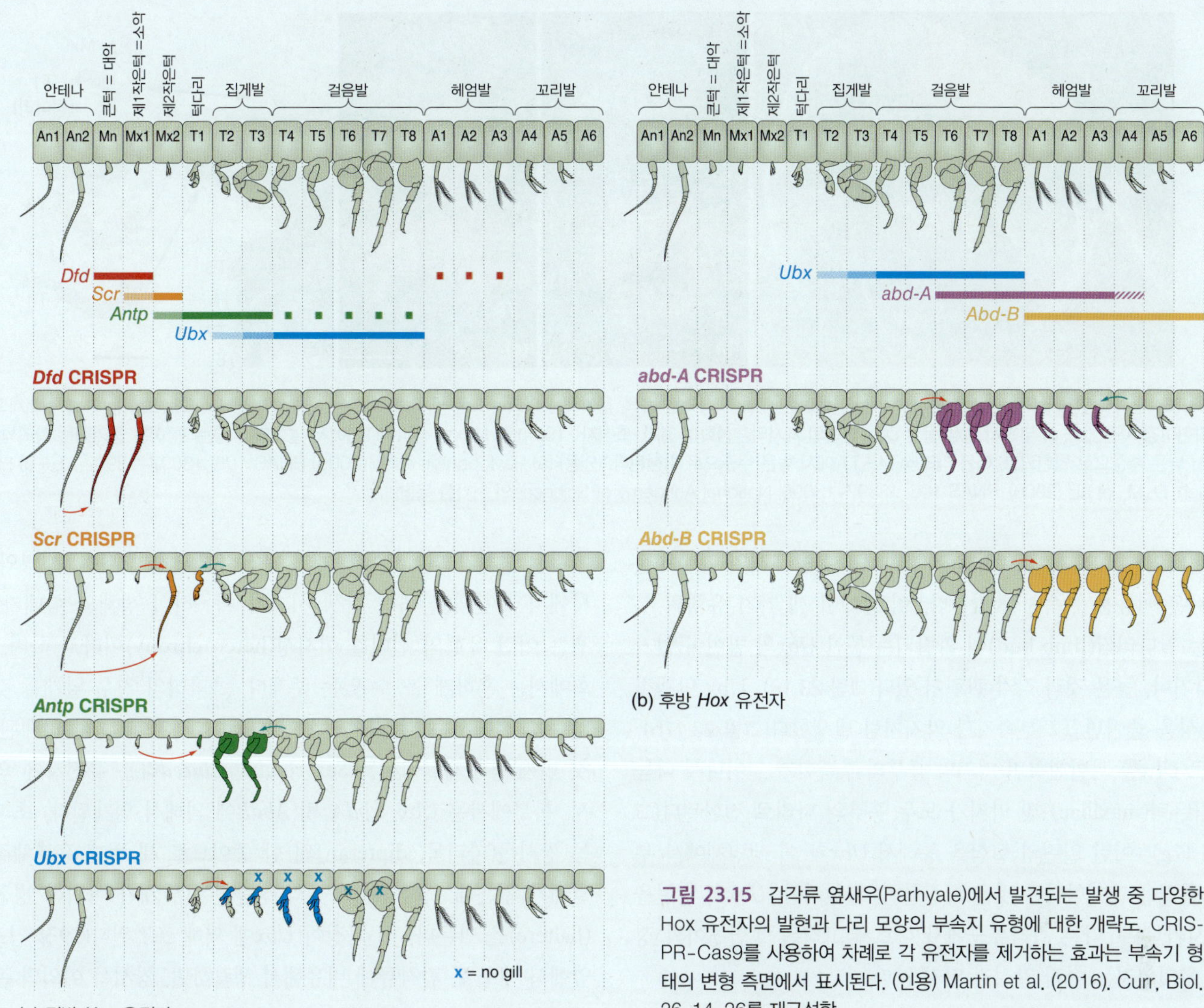

그림 23.15 갑각류 옆새우(Parhyale)에서 발견되는 발생 중 다양한 Hox 유전자의 발현과 다리 모양의 부속지 유형에 대한 개략도. CRISPR-Cas9를 사용하여 차례로 각 유전자를 제거하는 효과는 부속기 형태의 변형 측면에서 표시된다. (인용) Martin et al. (2016). Curr, Biol. 26, 14-26를 재구성함.

체구(ophisthosoma) 내에서 나타나는데, 후체구는 몸의 뒤쪽 부위로서 부속지를 전혀 가지고 있지 않다. 갑각류와 다족류에서는 *distalless*가 초기 다리에서 *Ubx*와 함께 발현되므로, *Ubx*에 의해 억제되지 않는다는 증거가 된다. 이로부터 얻을 수 있는 일반적인 결론이라면, Hox의 경계가 체절 유형의 경계와 어느 정도 관련이 있기는 하지만, 다리 형성을 억제하는 것과 같은 특정한 기능이 보존되지는 않았다는 것이다. 또한 Hox 유전자가 해야 하는 일은 그 생명체에게 일반적인 구성 계획, 다시 말해 **위치정보(positional information)**를 제공하는 것이고, 진화 과정에서 새롭게 나타난 혁신의 대부분은 Hox 유전자의 하위 단계에 있는 조절 네트워크에서 일어난다는 것이다.

특정한 사례에서 Hox 유전자 발현과 특정 유형의 부속지 사이의 밀접한 관련성을 추적할 수 있었다. 단각목(amphipod)의 한 종(*Parhyale hawaiensis*)은 실험실에서 사육할 수 있으며, 제자리 혼성화법, 과발현 기법과 녹다운 기법이 개발되어 있다. Hox 유전자의 정상 발현 도메인이 **그림 23.15**에 표시되어 있는데, 이는 다리 유형과 잘 연관된다. 각 Hox 유전자의 절제가 Cas9 mRNA 또는 단백질을 특정 가이드 RNA와 함께 접합자에 주입하는 방법으로 수행되었다. 결과는 체절 정체성을 결정하는 Hox 유전자의 조합 코드를 기반으로 예측되는 것과 매우 유사하다. *Scr* 또는 *Dfd*를 제거하면 턱 부위에 더듬이가 형성된다. *Antp*를 제거하면 T2,3체절에서 집게다리 대신 걷는다리가 생성된다. *AbdB*를 제거하면 복부에서 걷는다리가 생긴다.

*Ubx*는 또한 수정란에 열 충격 촉진제에 의해 구동되는 *Ubx* 유전자를 주입하여 과발현되었다. 정상적으로는 첫 번째 흉부체절(T1)이 머리에 붙어 있고, 악지를 가지고 있다. 그 다음 2개의 흉

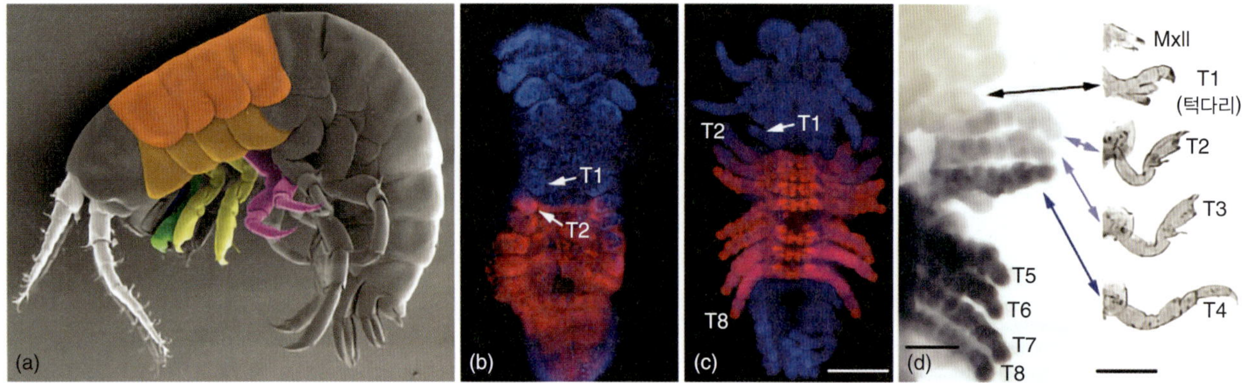

그림 23.16 단각류 옆새우(Parhyale)의 부속지. (a) 더듬이는 흰색, 턱다리는 녹색, 움켜쥐는 다리는 노란색, 이동 다리는 자홍색(마젠타색)으로 보이는 부화한 개체의 주사 전자현미경 사진. (b–d) 부속지 발생 동안 *Ubx* 발현의 제자리혼성화법 결과. 축척자: 100 μm. *Ubx*는 상악싹(T1)에서 발현되지 않는다; 이는 움켜쥐는 다리싹(T2, T3)에서 낮은 수준으로 발현되고, 이동 다리싹(T4–T7)에서 높은 수준으로 발현된다. (인용) (a) Pavlopoulos et al. (2009) PNAS 106, 13897-13902., (b–d) From Liubicich, D. M., et al., (2009). PNAS 106, 13892-13896, National Academy of Sciences의 허가를 득함.

부체절(T2,3)은 집게 부속지를 가지며, 그 다음 5개의 흉부체절(T4-8)은 이동용 부속지를 갖는다. 이 종에서 세 가지 유형의 부속지는 팔다리싹(limb bud)이 확립되는 동안 *Ubx*의 발현이 없거나, 낮거나, 높은 것과 각각 관련이 있다(그림 23.16). Ubx 단백질의 합성을 줄이면 T2 부속지가 악지처럼 발생한다(그림 23.17b). 반대로 *Ubx*를 과발현하면 머리와 흉부의 후측화가 일어나서 더듬이, 작은턱(maxillae) 및 악지가 모두 흉부의 다리로 전환된다(그림 23.17c). 이런 일련의 실험을 통해서 *Ubx*가 이 생명체에서 부속지 특질을 제어한다는 것을 확신할 수 있었지만, *Ubx*의 발현을 변화시켜 서로 다른 갑각류군에서 다르게 고착된 돌연변이의 정체가 무엇인지는 아직 알려져 있지 않다.

곤충의 날개와 다리

초기 화석 곤충 중 일부에서는 유생의 모든 체절에 날개가 달려 있지만, 성체에는 날개가 없다는 것이 알려져 있다. 현대의 곤충에서는 성체가 되어서야 날개가 완전히 발달하게 된다. 생명의 역사에서 사건의 상대적 발생 시기가 이동하여 성체의 형태가 바뀌는 이런 유형의 전이를 **이시성(heterochrony)**이라고 하며, 진화에서는 흔하게 볼 수 있는 주제다. 초파리의 경우 날개를 갖지 않는 체절에서는 날개의 발생이 Hox 유전자에 의해 억제된다. 첫 번째 흉부체절에서는 *Sex combs reduced*라는 유전자에 의해서, 복부에서는 *Ubx*, *abdA* 및 *AbdB*에 의해서 억제된다. 초파리는 쌍시목(파리목, dipteran)의 한 종이므로 세 번째 흉부체절에 날개가 없는데, 그 대신 이곳의 성충판은 날개가 아니라 평균곤(haltere)을 만든다. 이 과정이 *Ubx*에 의해 조절된다(19장 참조). 앞에서 예로 든 갑각류에 비유해서 생각하면, 쌍시목 이외의 곤충에서는 *Ubx* 발현의 앞쪽 한계가 복부로 이동해서 T3에서도 날개가 생성되는 것이 아닌가 생각해 볼 수 있겠다. 하지만 그렇지는 않다. 체절에 대한 Hox 유전자의 발현은 모든 곤충에서 매우 유사하다. 쌍시목에서 날개 형성이 억제된 것은 Hox 유전자 자체의 발현이 변해서 일어난 것이 아니라, *Ubx*의 하위 단계에서 새로운

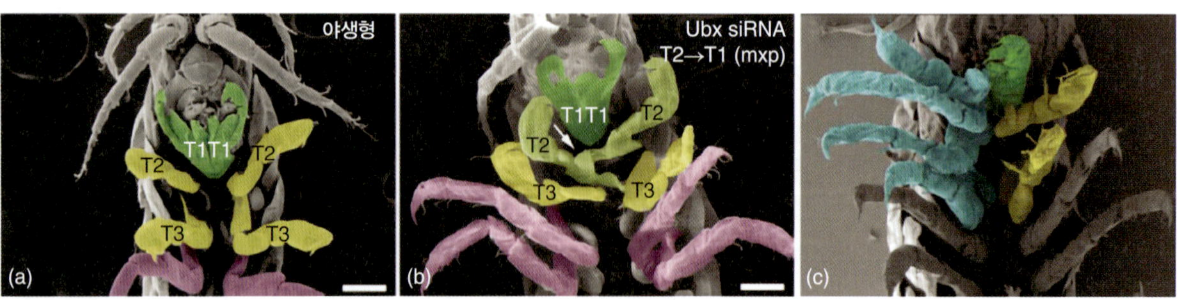

그림 23.17 옆새우에서 부속지 특성에 미치는 Ubx의 효과. (a) 녹색으로 턱다리를 보여주는 야생형 부화체. (b) siRNA를 사용한 *Ubx* 번역 녁다운은 T2 부속지를 턱다리 형태로 변형시켰다. (c) *Ubx* 기능 획득은 이동 다리(파란색)를 향한 T1-4 부속지의 후방화를 유발한다. 이 표본은 영향을 받은 쪽(왼쪽)에 Ubx가 이소적으로 표현된 모자이크이다. 축척자: 50 μm. (인용) Liubicich et al. (2009). PNAS. 106, 13892-13896, National Academy of Sciences의 허가를 득함.

조절 연결이 확립되었기 때문으로 보인다.

격세유전

진화상의 조상 생물이 가지고 있던 형태적 특질을 갖도록 만드는 돌연변이를 **격세유전(atavism)**이라 한다. 절지동물에서 그토록 다양화가 진행된 것이 Hox 유전자의 하위 단계에 있는 조절 연결에 의해 부속지가 억제되는 것에 의존하는 것처럼 보이므로, Hox 유전자의 기능 상실 돌연변이가 격세유전성 표현형을 보인다는 것은 놀라운 일이 아니다. 예를 들어, 평균곤 성충판에서 *Ubx*를 완전히 없앴을 때 나타나는 날개가 4쌍인 초파리는 격세유전의 산물이다(그림 2.17 및 13.28 참조).

때로는 진화 과정에서 격세유전된 것이 야생형으로 굳어져서 부분적으로 진화가 역행된 경우도 있다. 예를 들어, 나비의 애벌레는 복부체절 중 네 곳에 다리가 있다(A3-A6; 그림 23.18). 아마도 원시적인 절지동물은 마치 현대의 다족류처럼 대부분의 체절에 다리를 가졌을 것으로 생각된다. 나비에서 *Ubx*, *abd*A, *Distalless* 유전자의 발현 패턴을 조사해 보면 Hox 유전자가 실제로 다리싹에서는 발현되지 않으며, 따라서 *Distalless* 유전자가 발현되어 격세유전된 다리를 갖는 것으로 추정된다.

이러한 예는 비슷한 진화적 변화가 서로 다른 방식에 의해서도 나타날 수 있음을 보여준다. Hox 발현이 변하면 전체 체절의 특질이 바뀐다. 또 다른 가능성은 나비에서 볼 수 있듯이, 발현이 국부적으로 변해서 체절 내의 구조가 변경되었을 수 있다. 또한 Hox 유전자의 하위 단계에 있는 유전자의 조절 부위에서 돌연변이가 일어나 그런 변경이 나타날 수도 있다. 변화를 낳게 하는 특정한 한 가지 수단이 발생학자의 눈에 우아하고 단순해 보인다고 해서 실제 진화 과정에서 그러한 일이 벌어졌다는 것을 의미하지는 않는다.

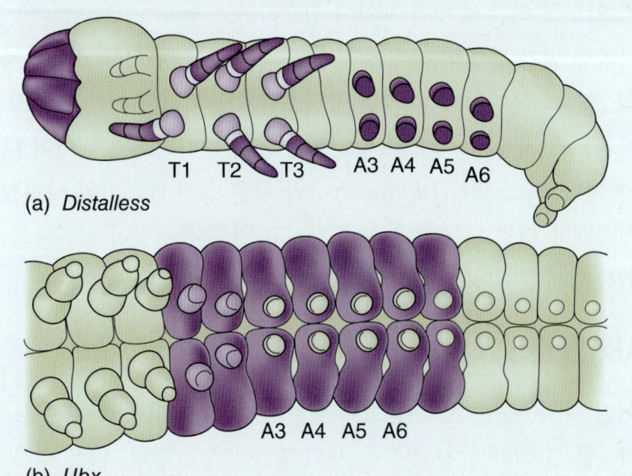

그림 23.18 나비 애벌레의 복부 다리. (a) *Distalless* 발현. (b) 배아 단계에서의 *Ubx* 발현.

척추동물의 사지

척추동물의 사지(팔다리)는 진화생물학에서 특출한 역사를 가지고 있다. 처음에는 사지가 모든 사지동물에 걸쳐 상동구조인 것으로 인식되었다. 사지는 복잡한 골격을 가지고 있어서 화석에 잘 보존되는 경우가 많고, 진화 과정에서 상대성장성 변화를 보여주는 놀라운 예가 된다. **상대성장(allometry)**이란 부분들 사이에서 나타나는 차등적인 성장을 의미한다(21장 참조). 예를 들어, 말의 가운데 발가락은 진화 과정에서 길어져서 현대의 말을 보면 다른 발가락은 흔적만 남은 채 단 하나의 발가락만 가지고 있을 정도다. 이와 대조적으로 박쥐 앞다리의 모든 발가락은 매우 길어져서 피부날개판을 갖는 날개를 구성하게 되었다.

화석기록으로 보면 첫 번째 사지동물은 데본기에 나타났으며, 사지동물의 조상은 판데릭티스(*Panderichthys*)라 불리는 생명체와 유사하다(그림 23.19a). 이 동물은 잎 모양의 지느러미를 갖고 있으며, 현대의 강극어(실러캔스, coelacanth)와 같은 목에 속한다(그림 23.19b). 얕은 물에서 살았던 것으로 보이고, 현대의 메기처럼 물 밖으로 기어 나올 수도 있었던 것 같다. 최근까지도 판데릭티스의 사지에는 **자족(autopodium**, 손 또는 발)이 결여된 것으로 생각했다. 이러한 사실은 *Hoxd13* 유전자의 인핸서가 사지동물에는 있지만 경골어류에는 없다는 것과 연관되었는데, 이 인핸서는 자족이 될 부위에서 *Hoxd13* 유전자가 늦게 발현되게 한다. 이 유전자의 기원이 바로 사지동물에서 팔다리가 진화하는 데에 핵심이었으리라는 생각으로 이어졌다. 하지만 판데릭티스의 화석을 컴퓨터단층촬영(CT)으로 찍어보았을 때, 이 생명체는 원시적인 자족을 닮은 원부의 골격 요소를 갖추고 있음을 알 수 있었다(그림 23.19a). 더구나 기본 경골어류인 폴리오돈(*polyodon*)에서는 *Hoxd13*가 자족에서 발현되는 반면에, 제브라피시 같은 경골어류에서는 발현되지 않는다. 이러한 사실은 사지를 만들어내기 위한 발생학적 기전이 육상 척추동물의 실제 사지가 나타나기 오래 전부터 이미 존재하고 있었음을 시사한다. 그 대신 사지동물에서 자족이 새롭게 나타난 것은 골격 분화의 패턴과 관련된 하위 단계 유전자의 조절이 변한 데에서 비롯되었음이 틀림없다.

제브라피시에서 쌍을 이룬 지느러미가 발생하는 것을 연구해 보면, 매우 상이한 해부학적 구조의 밑바탕에 공통된 발생학적 기전이 있다는 심화된 증거를 얻을 수 있다. 제브라피시의 배아에

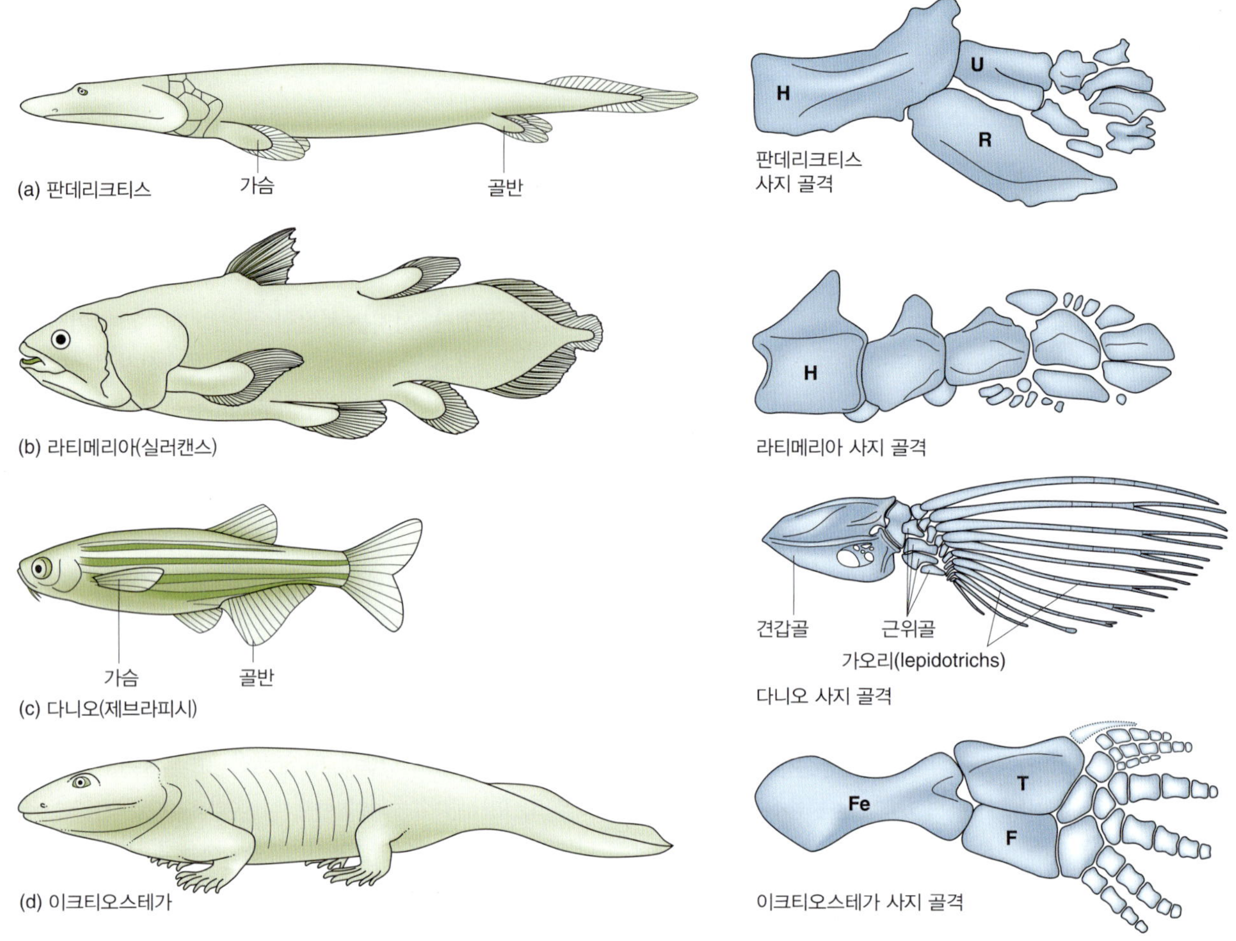

그림 23.19 다리의 기원. (a) 판데리크티스(Panderichthys)와 앞다리 골격. (b) 가슴지느러미 골격이 있는 실러캔스. (c) 가슴지느러미 골격이 있는 제브라피시. (c) 뒷다리 골격이 다지증으로 보이는 이크티오스테가. (인용) (b) Jonathan Slack.

*Wnt2b*나 *Tbx5*에 대한 모폴리노를 주입해서 유전자 발현을 막으면, 고등 척추동물에서처럼 지느러미싹의 형성이 억제된다. 지느러미싹이 자라 나오는 초기 단계에서는 정단외배엽 융기(apical ectodermal ridge)가 *Fgf* 유전자를 발현하고, 뒷부분이 *Shh*를 발현하는 것을 볼 수 있는데, 사지동물의 사지싹과 매우 유사하다. 하지만 이 시기 동안에 4개의 평행한 연골요소가 놓이게 되고, 이것이 나중에 골화되어 지느러미줄이 부착하는 부위가 된다. 이러한 기저부 뼈와 지느러미줄의 패턴은 피부의 골화에 의해 형성되는 것으로서 현대 사지동물의 사지와는 같지 않으며, 심지어 판데릭티스의 사지와도 많이 다르다(그림 23.19c). 따라서 여기서 또 다시 알 수 있는 것은 핵심적인 진화적 변화가 하위 단계의 유전자에서 나타났음에 틀림없으리라는 것이다.

현대 사지동물의 사지가 갖는 가장 명백한 특징 중의 하나는 발가락의 개수가 다섯을 넘는 경우가 매우 드물다는 것이다. **오지성** 다리(**pentadactyl** limb)라는 바로 그 명칭은 원시적인 사지가 5개의 발가락을 가졌으며, 이로부터 더 작은 수의 발가락을 가진 형태가 유래했으리라는 것을 의미한다. 따라서 발가락이 5개를 넘지 않도록 하는 발생적 제약이 있으리라고 추측하기도 했는데, 왜냐하면 발가락 영역 사이에 구별을 지을 수 있는 Hox d 유전자들의 숫자 때문이었다. 하지만 불행스럽게도 이러한 이론은 화석 증거와는 맞지 않는 것으로 밝혀졌는데, 판데릭티스에 뒤이어 나타난 이티크오스테가(*Ichthyostega*)와 같은 초기 데본기의 사지동물이 5개가 훨씬 넘는 발가락을 가지고 있었다는 것이 너무나도 명백하기 때문이다(그림 23.19d).

사지의 존재와 위치

어떤 사지동물은 사지가 크게 줄었거나 모두 잃어버린 경우도 있다. 뱀, 고래와 날지 못하는 새의 앞다리가 그렇다. 많은 경우 기부의 사지 골격 일부분이 남아 있거나 미발육 상태의 띠가 흔적으로 남아 있기에 조상 생물은 현대의 후손보다 훨씬 더 실질적인 사지를 가지고 있었음을 알 수 있다. 측판에서 사지의 위치는 몸 전체의 전-후축 패턴 체계에 의해 특정되어야 한다. 여기에는 17장에 설명된 바와 같이 사지 영역에서 Tbx 유전자를 상향 조절하는 Hox 유전자들이 관련되어 있을 것이다. Hox 발현은 몇몇 뱀에서 연구되었는데, limblessness에 대한 설명은 없다. 사지가 완전히 없는 옥수수뱀(corn snake)에서 전방 경계가 닭의 앞다리 영역을 정의하는 *Hoxb9*는 어떤 특정 구조와도 관련이 없다. 그러나 *Tbx5* 발현 영역이 확장되어 있음은 limblessness가 Hox와 Tbx 유전자 작용의 하류에 있음을 시사한다.

사지 결여에 이르는 사건의 후보 중 하나는 일반적으로 사지싹의 후부 가장자리에서의 발현을 담당하는 *ZRS*라 불리는 *Shh* 유전자의 장거리 인핸서에서 발생한 변화이다. 뱀은 ETS1 전사인자에 대한 결합 부위가 적어도 하나 이상이 없는 변종 인핸서임을 보여준다. **그림 23.20**에는 *ZRS* 인핸서가 여러 다른 종의 인핸서

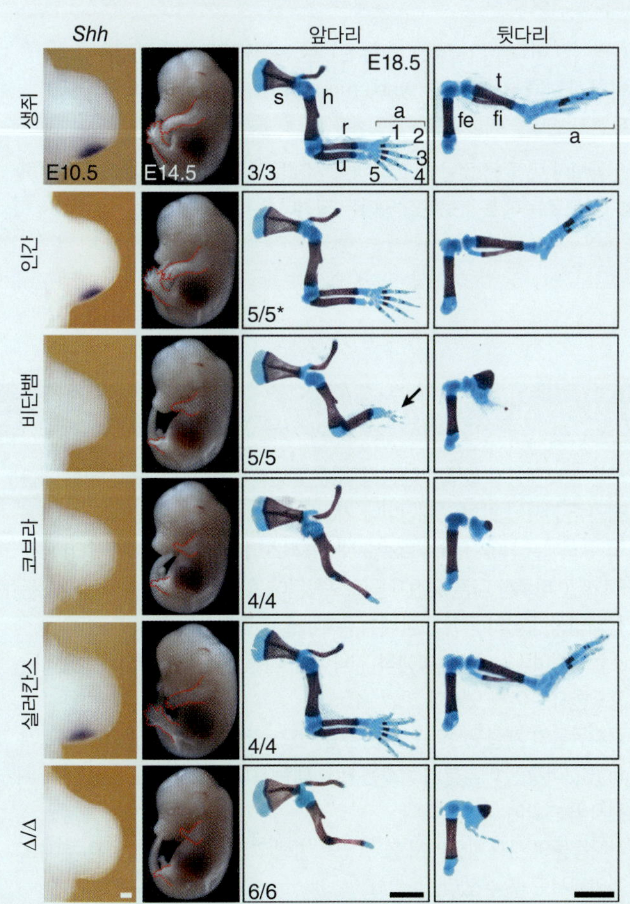

그림 23.20 다양한 종의 *ZRS* 인핸서를 생쥐의 해당 유전자 자리에 끼워 넣는다(Knock-in). 인간 및 실러캔스 인핸서는 생쥐 사지 발생을 돕지만, 뱀 인핸서는 돕지 않는다. 축척자: 사지싹의 경우 0.1 mm, E18.5 사지의 경우 2mm. (인용) Kvon et al. (2016). Cell. 167, 633–642.

로 대체된 녹인(knck-in) 생쥐군이 나와 있다. 인간 서열로 대체되면 생쥐 사지 발달은 완전히 정상이다. 오히려 놀랍게도 실러캔스 염기서열로 대체되면 완전히 정상인데, 이는 데본기의 엽지느러미 물고기 시대로부터 *ZRS* 기능이 보존되었음을 나타낸다. 반면, 뒷다리 흔적을 가진 기본형 뱀인 비단뱀의 *ZRS*는 제한된 활성을 보인다. 사지가 전혀 없는 코브라의 *ZRS*는 활성을 전혀 보이지 않으며, 유전자가 제거된 경우와 구별할 수 없다. 따라서 뱀의 *ZRS*에 일어난 변화는 진화 과정에서 사지가 없는 형태로 이어지는 사건처럼 보인다.

척추동물과 곤충의 날개

앞에서 언급했듯이, 척추동물과 곤충의 날개는 상동이 아닌 상사로 여겨지는데, 왜냐하면 이 두 생물군의 공통 조상은 바다에서 살았고 날개를 가지고 있지 않았기 때문이다. 하지만 두 체계에서 전사인자와 신호분자의 발현 패턴과 기능에서는 상당한 유사성이 나타난다. 두 경우 모두 등쪽에서 발현되는 상동성의 Lim 전사인자(*apterous*와 *Lim1*)에 의해 조절되는 등-배축 패턴을 갖고 있다. 또한 두 체계 모두 등-배축의 경계를 설정하는 데에 *Fringe* 유전자가 관여한다. 둘 다 전-후축 패턴을 결정하는 Hedgehog 신호체계를 가지고 있고, 두 경우 모두 Hedgehog이 BMP/Dpp와 상호작용을 한다. 두 경우 모두 원위부의 성장은 호메오도메인 인자인 Distalless에 의존한다. 이렇게 많은 발생학적 기전을 공유하고 있다면 곤충과 척추동물의 날개는 상동임에 틀림없을 것이다! 이 수수께끼에 대한 해답은 아직 분명하진 않다. 하지만 일반적인 생각은 이런 공통의 특징이 발생 유전자 회로의 모듈을 대변한다는 것이다. 이런 모듈은 원시 좌우대칭 동물에 상응하는 초기 단계에서 진화했고, 그 이후 다양한 목적에 맞게 흡수되었을 것이다. 이 경우의 목적은 3차원 공간에서 비대칭적일 필요가 있는 부속지를 만들어야 한다는 것이다. 이로부터 얻을 수 있는 교훈은 상동이 어느 수준에서 존재하는지를 특정하는 것이 반드시 필요하다는 것이다. 곤충과 척추동물의 날개는 날개로서는 상동이 아니지만, 부속지로서는 상동이 가능하다. 이러한 체계를 통해 만들어진 부속지들 중의 일부는 공통 조상에 있었을 수도 있지만, 아마도 매우 다른 기능을 하고 있었을 것이다. 두 유형의 날개가 서로 상동인 활성 유전자와 유전자 경로를 가지고 있다는 점만은 확실하다. 이런 예는 어려운 개념에 대해 명확한 생각을 갖는 것이 얼마나 중요한지 보여준다. 이 말은 전체 발생학을 통틀어 가치가 있는 말이며, 발생과 유전이라는 복잡한 경계부에서는 특히 더 그렇다.

고전적인 실험

발생 수준에서의 원거리 상동성

처음 두 편의 논문은 생쥐 Hox 유전자 중 앞쪽 발현의 한계를 결정하는 염기서열 순서가 초파리의 경우와 마찬가지임을 밝혀내어 연구의 돌파구를 열었다. 이것은 모든 동물에 공통된 발생 계획이 있으리라는 것을 함축하는 핵심적인 발견이었다. 하지만 이들 논문에서 사용한 Hox 유전자의 명명법이 오늘날 우리가 사용하는 것과는 다르다는 점에 유의해야 한다.

세 번째 논문은 생쥐의 *Small eye* 유전자가 초파리의 *eyeless* 유전자와 상동이며 Pax6라는 단백질을 암호화하고 있음을 보여준다. 초파리나 생쥐의 *Pax6* 유전자를 초파리의 다른 성충판에 과발현시키자 원래의 자리가 아닌 곳에서 안구 조직을 유도할 수 있었다.

Duboule, D. & Dolle, P.(1989) The structure and functional organization of the murine Hox gene family resembles that of *Drosophila* homeotic genes. *EMBO Journal* 8, 1497-1505.

Graham, A., Papalopulu, N. & Krumlauf, R.(1989) The murine and *Drosophila* homeobox gene complexes have common features of organization and expression. *Cell* 57, 367-378.

Hadler, G., Callaerts, P. & Gehring, W.J.(1995) Induction of ectopic eyes by targeted expression of the eyeless gene in *Drosophila. Science* 267, 1788-1792.

새로운 연구방향

진화발생학은 폭넓게 개방되어 있는 분야다. 우리는 진화 과정에서 실제 무슨 일이 벌어져서 동물에서 볼 수 있는 핵심적인 새로운 형태가 나타났는지 잘 모른다. 명확한 결과를 원한다면, 특정 형태학적 변화가 다른 변화들 때문에 가려지지 않을 만큼 유연관계가 높은 두 종을 비교해야 할 것이다.

모델 생명체가 아니어도 필요한 연구를 수행할 수 있게 해 줄 가용한 방법들이 있는데,

1. 전반적인 비교를 가능하게 해 줄 완전한 유전체 염기서열결정법
2. 발현 패턴을 분석을 위한 wholemount in situ hybridization
3. 유전자 변형을 위한 CRISPR-Cas9

이들보다 더 좋은 것은 최고의 과학 저널들이 진화 이야기에 대해 여전히 지칠 줄 모르는 애호를 보이고 있다는 점이다.

기억해야 할 핵심 사항

- 진화는 자연선택에 의해 유발된 적응적 변화와 유전자 부동(genetic drift)에 의해 확립된 중립적 변화 모두를 포함한다. 중립적인 변화는 DNA와 단백질 서열에서 가장 명백하게 나타난다.
- 살아 있는 생명체의 분류는 관련된 생물군의 진화사를 대변하려고 노력하는 것이 보통이다. 이것을 계통분류학 혹은 분지분류학이라 한다.
- 상동인 특질은 공통의 조상에서 유래했기에 유사하다. 상사인 특질은 자연선택에 의해 함께 작동되는 수렴 진화에 의해 유도되었기에 유사하다.
- 동물문 자체에 대한 계통수는 형태를 묘사하는 배아학, 분자분류학 및 화석기록을 통해 얻은 정보로부터 작성할 수 있다. 모든 동물의 공통 조상은 10억 년에서 6억 년 전 사이의 어느 시점에 살았던 것으로 생각된다.
- 계통수에 대한 연대 교정은 궁극적으로 퇴적암의 방사능 연대측정을 통해 얻게 된다. 이를 통해서 화석기록에서 볼 수 있는 계통 사이의 방산이 일어난 절대 시점을 알 수 있다.
- 동물 분류군은 모든 동물군이 최대의 유사성을 보이는 계통형 단계를 갖는 경우가 많다.
- 모든 삼배엽성 동물(좌우대칭 동물)은 전반적인 몸 체제를 설정하는 기본적인 유전자의 발현 도메인이나 기능을 공유하고 있다. 이런 유전자 활성의 구성에는 Hox, ParaHox 및 NK 클러스터가 포함되며, Otx, Emx 및 Pax6을 비롯한 다른 유전자들도 포함된다. 이런 구성, 즉 동물형은 모든 삼배엽성 동물의 공통 조상에서 존재했을 것이다.
- 소돌연변이와는 달리, 발생적 제약이나 대돌연변이가 진화에서 얼마나 중요한지는 아직 모른다.
- 절지동물의 체절구성의 변화는 부분적으로 Hox 유전자 발현의 변화에 의한 것이지만, 대부분의 변화는 Hox 패턴에 의해 조절되는 하위 단계 유전자의 변화에 의한 것이다.
- 사지동물의 사지 발달에서 볼 수 있는 발생 기전은 어류의 쌍을 이룬 지느러미에서도 볼 수 있다.
- 형태학적 상동이 없는 경우에도 유전자 경로나 회로의 수준에서 상동이 존재할 수 있다.

Chapter 24

없어진 부분의 재생

Regeneration of missing parts

재생의 유형

"재생(regeneration)"이라는 단어는 다양한 기전을 가지고 있으며, 다양한 유형의 동물에서 발견되는 많은 현상에 사용된다(그림 24.1). 재생은 다음과 같이 분류될 수 있다:

- 세포 재생(예: 절단된 신경 축삭의 재성장)
- 조직 재생(예: 상처난 표피나 혈관의 성장)
- 기관(장기) 재생(예: 심장, 간 또는 수정체의 재생–이들 장기는 크기를 복원하고자 하는 경향이 있지만 내부 패턴, 즉 정상적 기능까지는 복원하지 못한다)
- 말단 재생(예: 양서류 사지 또는 곤충 부속지의 재생)
- 전신 재생(예: 플라나리아의 재생–플라나리아의 경우 절단면의 방향에 따라 머리나 꼬리가 동일한 개체 수준으로 재생될 수 있다)

이러한 다양한 수준의 재생에는 명확히 다른 기전이 존재한다. 세포 재생에는 세포 성장을 증가시키는 유발인자가 필요하고, 조직 재생에는 세포 복제를 증가시키는 유발인자가 필요하다. 내부 장기 재생은 전체 장기 크기를 감지할 수 있어야 하고, 그 크기가 복원되면 성장을 멈출 수 있어야 한다. 부속지(appendage)의 말단(distal; 먼쪽) 재생은 이들과 더불어 절단면에 존재하지 않는 구조의 패턴을 포함하여 공간적 패턴을 완성할 수 있어야 한다. 전신 재생은 이들 모든 것들을 수행할 수 있어야 하며, 다른 작업을 수행하기 전에 새로운 구조의 극성(머리 혹은 꼬리?) 역시 결정할 수 있어야 한다.

재생 능력의 분포

재생 능력은 진화론적 관점에서 **기저(basal)**로 여겨지는 단순한 동물에서 가장 광범위하게 존재할 것이라고 쉽게 간주되지만, 이는 항상 참은 아니다. 가장 극적인 재생 유형인 전신 재생조차도 동물계의 다양한 문에서 관찰된다. 여기에는 무장류(acoels), 편형동물(platyhelminths), 환형동물(annelids), 극피동물(echinoderms) 및 무척추 척삭동물(chordates) 등에 속하는 일부 동물이 포함된다. 머리를 재생할 수 있는 것으로 알려진 가장 복잡하게 진화적으로 **파생된(derived)** 동물은 바다의 별벌레아재비(acorn worm) 중 하나인 반삭동물(hemichordate) *Ptychodera flava* 그리고 작은 혈관 조각으로부터 완전한 기능을 하는 전체 개체(**개충, zooid**)를 재생할 수 있는 군체 피낭동물(colonial urochordate) *Botrylloides leachi*이다. 진화론적 관점에서 반삭동물은 극피동물과 함께 분류되며, 피낭동물은 척삭동물문에 속한다. 이들은 상대적으로 파생된 동물들이며, 이는 전신 재생조차도 가장 기저인 동물들에 국한되어 일어나지 않는다는 것을 의미한다. 전신 재생은 일반적으로 분열에 의한 무성 생식과 관련이 있으며, 곤충과 선충류가 포함된 탈피동물상문(Ecdysozoa)에 속한 분류군이나 척추동물에서는 전혀 발견되지 않는다.

척추동물과 곤충은 둘 다 무성 생식과는 무관한 부속지의 일부 말단 재생력을 지닌다. 곤충 외부 부속지의 재생은 일련의 애벌레 형태를 거쳐 점진적으로 성충이 되는 **불완전변태류(Hemimetabola)**에 국한되어 나타난다. 이는 번데기 단계에서 급작스러운 변태(metamorphosis)를 보이는 초파리와 같은 **완전변태류**

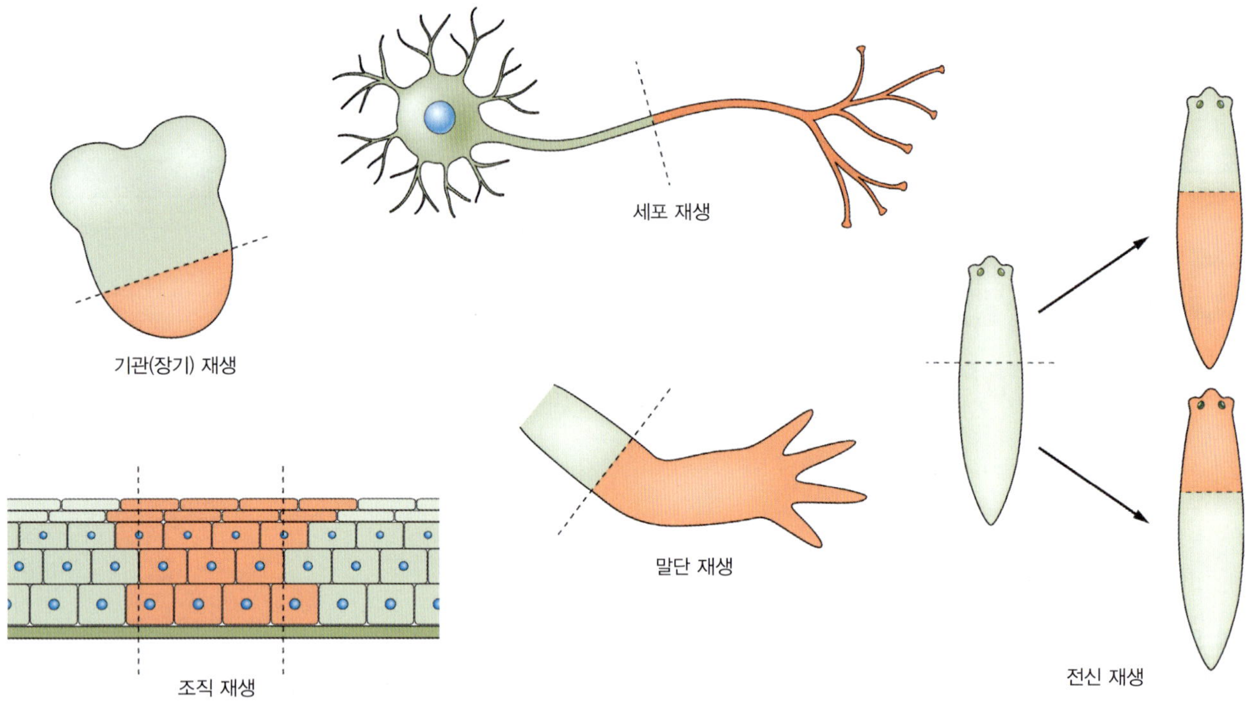

그림 24.1 동물에서 발견되는 다섯 가지 유형의 재생.

(**Holometabola**)에서는 발견되지 않는다. 따라서 초파리는 변태 이전에 성충판(imaginal disc)이 손상될 경우 재생될 수 있지만 (19장 참조), 성체가 된 후에는 어떠한 성체 구조의 재생도 나타나지 않는다. 척추동물의 재생은 주로 양서류에서 발견된다. 유미류 [urodeles; 영원(newts)과 도롱뇽]는 보통 변태 전후에도 다리, 꼬리, 턱 등을 재생할 수 있다. 무미류(anurans; 개구리와 두꺼비)는 올챙이 단계에서는 자주 그렇게 할 수 있지만, 변태 후에는 그 능력을 잃는다. 도마뱀은 꼬리를 재생하는 능력으로 잘 알려졌지만, 새로 재생된 꼬리는 본래의 조직과 구조를 모두 포함하고 있는 것이 아닌 다소 결함이 있는 복제품이다. 제브라피시는 꼬리지느러미를 포함한 지느러미를 재생할 수 있다.

포유류에서 나타나는 큰 외부 부속지의 재생은 사슴의 뿔이 다시 자라는 것이 유일하다. 그러나 포유류에서도 21장에서 언급된 간의 재생과 같은 기관 재생의 예는 몇 가지 존재한다. 한쪽 신장을 제거한 후 남아 있는 다른 신장에서도 이와 다소 유사한 과증식(hyperplasia)이 나타난다. 이를 통해 세포 수가 급격히 증가하지만 아주 어린 동물들에서만 신원(네프론, nephron) 수 증가가 함께 관찰된다. 갓 태어난 생쥐와 돼지의 심장 끝부분은 재생될 수 있지만, 그 능력은 수일 만에 사라진다. 반면에 영원과 제브라피시는 평생 동안 심장 끝부분을 재생시킬 수 있다.

성체 선충이 고정된 세포 수를 가지기 때문인지 예쁜꼬마선충과 기타 선충이 보여주는 재생의 유일한 유형은 손상된 신경 축삭(axon)의 재성장뿐이다.

전신 재생 및 부속지의 재생은 필연적으로 패턴의 국부적 특수화를 수반하고, 관련된 상호작용이 국소적이므로 패턴에 관한 숨은 정보를 해당 부위의 손상 후 바로 불러낼 수 있도록 그 정보가 성숙한 구조 도처에 존재해야 함을 의미한다. 이를 때때로 **위치정보(positional information)**라고 부른다. 이 용어는 한때 발생학적 패턴 정보를 가리키는 용어로 널리 사용되어 왔지만, 배아 발생의 분자적 원리에 대한 이해가 증가함에 따라 사용이 중단되었다. 그러나 여전히 재생을 다룬 문헌에서 자주 접하게 된다.

플라나리아의 재생

플라나리아(planarians)는 독립생활하는 담수 벌레로 편형동물문(Platyhelminthes)에 속한다. 이들은 외배엽, 중배엽, 내배엽의 3배엽을 지니고 있지만 체강과 체절은 없다. 눈이 달린 머리는 있지만 순환계나 호흡계는 없다. 장은 몸의 중앙 부분에 있는 근육성 인두에서 열리고, 별도의 항문이 없는 두 갈래 모양의 끝이 막힌 주머니이다. 세포 종류는 광학 현미경상에서 볼 때 13종으로

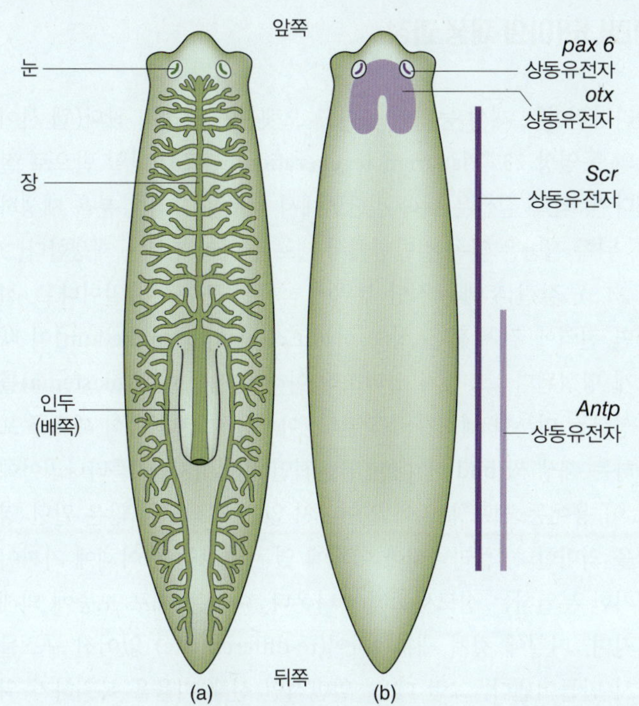

그림 24.2 플라나리아 벌레: (a) 해부학적 특징; (b) 재생 과정에서 보이는 일반적 좌우대칭 동물 특징[**동물형(zootype)**]의 양상.

간주되었지만, 단일세포 RNA 시퀀싱 결과에서 각각 많은 전구세포(progenitor) 상태가 포함된 23종의 구별되는 세포 계통들(lineages)을 가지는 것으로 최근에 밝혀졌다.

상대적으로 단순하지만, 플라나리아는 *Hox* 유전자를 뒤쪽(posterior)에서부터 앞쪽(anterior)으로 중첩된 방식으로 발현하고, *Otx* 상동(homolog)유전자가 머리에서 발현되며, *Pax6* 상동유전자가 눈에서 발현되는 등 동물의 기본적인 특징들을 나타낸다(그림 24.2). 다른 무척추 **선구동물(protostome)**과 마찬가지로, 주신경삭(principal nerve cord)은 배쪽에 위치한다. 다양한 플라나리아의 종들 중 *Schmidtea mediterranea*가 재생연구에서 점차 더 선호되고 있으며 전체 게놈(genome) 염기서열이 밝혀졌음에도, 수많은 다른 종의 플라나리아 역시 재생연구에 사용되어 왔다. 플라나리아는 유성 교배를 이용한 유전 실험에는 적합하지 않지만, 특정 메신저 RNA(mRNA)를 제거하기 위한 **RNA 간섭(RNA interference, RNAi)**법은 잘 작동한다(3장 참조). 서로 마주 보고 있는 두 T7 프로모터 사이에 관심 유전자의 특정 염기서열을 삽입한 플라스미드를 제작해서 박테리오파지 T7 RNA 중합효소를 가진 박테리아에 넣어주면, 박테리아 내에서 양방향으로 그 염기서열이 전사되어 만들어진 두 상보적 RNA 가닥이 서로 결합하여 특정 이중가닥 RNA(dsRNA)를 형성하게 된다. 그 박테리아를 음식에 섞어 플라나리아에게 먹일 수 있으며, 벌레가 그것을 먹으면 특정 dsRNA의 일부가 플라나리아 세포에 흡수된다. 광범위한 스크리닝을 이 방법으로 수행한 결과, 재생에 필요한 많은 유전자를 동정할 수 있었다.

2부에서 설명한 모델 생물들과 달리, 플라나리아는 초기 신체 설계의 패턴을 제어하는 형태형성인자(morphogen)의 농도 구배가 성체 때까지 지속된다는 점에서 "영구적 배아 상태"이다. 기본적으로, 뒤쪽에서부터 앞쪽으로 Wnt와 β-카테닌 활성의 지속적인 구배, 등쪽에서 배쪽으로 뼈형태형성 단백질(bone morphogenetic protein, BMP) 활성의 구배, 중앙에서부터 측면으로 Slit(중앙)-Wnt(측면)의 구배가 존재한다(그림 24.3). 이러한 경로의 구성요소에 대한 RNAi 투여는 예측 가능한 종류의 패턴 이상을 초래한다. 예를 들어, 고전적 Wnt(canonical Wnt) 활성의 억제는 앞쪽화(anteriorization) 및 정규 장소 밖의(ectopic; 이소성) 머리 형성을 유발하고, Wnt5의 억제는 정규 장소 밖의 눈 형성

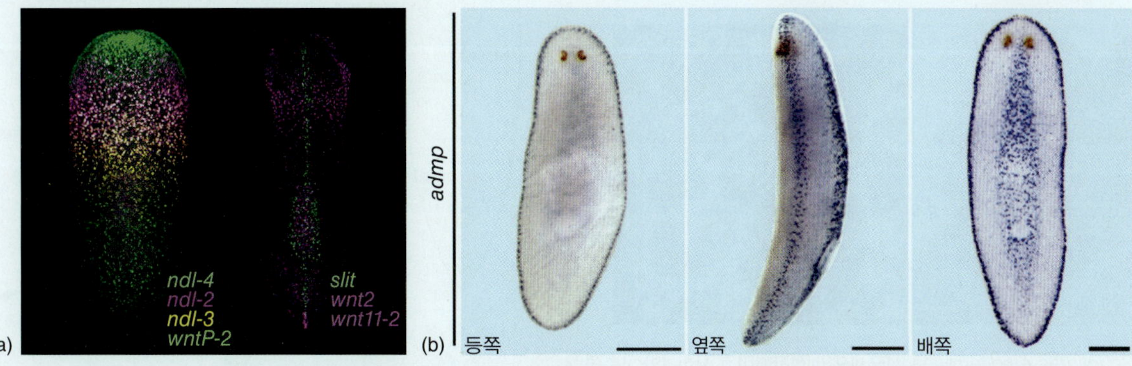

그림 24.3 *Schmidtea mediterranea*의 근육세포에서 나타나는 위치제어유전자의 발현. (a) 앞쪽-뒤쪽 표지유전자의 형광 제자리혼성화법. *ndl* 유전자는 FGFR(FGF 수용체)-유사군에 속한다. 사진의 위가 앞쪽 방향임. (b) 옆쪽 가장자리와 배쪽 정중선에서 BMP 길항제인 ADMP의 유전자 발현. 축적자: 200 μm. (인용) (a) Reddien(2018) Cell. 175, 327-345.; (b) Gavino et al.(2011) Current Biology. 21, 294-299.

과 함께 정중선(midline)의 확장을 유발한다. 이들의 농도 구배에 의해 벌레의 근육층에서 "위치제어유전자(positional control genes)"라 불리는 여러 유전자의 발현이 유지된다. 여기에는 다른 동물에서 앞쪽-뒤쪽(anteroposterior) 방향의 위치 결정 인자로 잘 알려진 *Hox* 유전자가 포함된다. 정상적인 성장과 재생 과정 모두에서 세포 분화의 패턴을 제어하는 것은 위치제어유전자 또는 그중의 일부이다. 이들 중 다수는 *ndl* 유전자군과 같은 신호 분자를 암호화하는데, 이 유전자군은 티로신 인산화효소(tyrosine kinase) 부위가 결여되어 섬유아세포 성장인자(fibroblast growth factor, FGF) 신호전달 과정의 억제 유전자인 FGF 수용체-유사 분자를 암호화한다.

세포 교체와 신모세포

플라나리아는 지속적인 세포 교체(turnover)를 하는 상태이며, 식량 공급에 따라서 매일매일 성장하거나 수축될 수 있다. 이들에는 커다란 핵을 가진 작은 세포이자(그림 24.4) PIWI 단백질의 발현을 특징으로 하는 **신모세포(neoblasts)**라고 불리는 세포 집단이 있는데, 이 PIWI 단백질은 RNA 처리를 담당하며 종종 다른 동물의 생식 세포에서도 발견된다. 신모세포는 크기와 과립상(granularity)을 기준으로 **유세포분석기(FACS)**에 의해 다른 유형의 세포들과 분리될 수 있다. 신모세포는 플라나리아에서 평상시 분열하는 유일한 세포이며, 하나의 벌레는 정상 상태에서 약 20%의 신모세포와 80%의 분화된 세포들로 구성되어 있다. *Schmidtea mediterranea* 신모세포의 단일세포 RNA 시퀀싱 결과에서, 신모세포는 최종적 세포 유형 각각에 대한 전구세포군들로 구성되어 있고, c-신모세포(c-neoblasts)라 불리는 **다능줄기세포(pluripotent stem cells)**의 일종 또한 포함한다는 것을 알게 되었다.

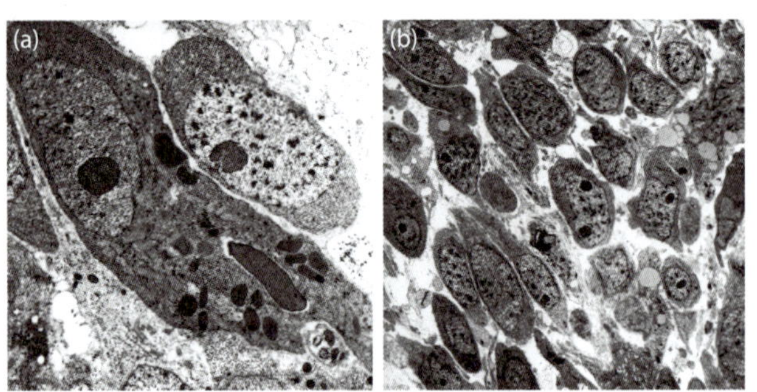

그림 24.4 *Schmidtea mediterranea* 신모세포의 전자현미경 사진. (a) 오른쪽 위가 신모세포, 왼쪽 아래가 분화된 봉상체(rhabdite) 세포. 9,000배율. (b) 3일 동안 재생 중인 *S. mediterranea*의 아체 아래 영역(postblastemal area)에 있는 여러 신모세포. 3,200배율. (인용) Baguña(2012). Int. J. Dev. Biol. 56, 19-37.

플라나리아의 재생 과정

플라나리아는 재생 능력이 높다고 오랫동안 알려져 왔다(웹 사이트의 동영상 23 "Planarian regeneration" 참조). 만일 반으로 잘린다면, 앞쪽 절반은 뒤쪽 절단면에서 새로운 꼬리 부분을 재생하고, 뒤쪽 절반은 앞쪽 절단면에서 새로운 머리 부분을 재생한다(그림 24.5). 잘린 후에는 절단 부위에 국한된 근수축이 일어나고, 절단면 전역에 걸쳐 얇은 상처 상피조직(wound epithelium)이 빠르게 형성된다. 그 상처 상피조직 아래에 재생 **아체(blastema)**를 구성하는 미분화 세포가 축적된다. 아체는 미분화 증식 세포를 포함하는 재생 싹(bud)에 대한 일반적인 용어이지만, 플라나리아에서 이 용어는 세포 분열이 일어나지 않는 착색되지 않은 말단 영역을 의미한다. 플라나리아 아체에 있는 세포들은 아체에 가까이 위치한 분열하는 신모세포에서 나온다. 아체는 세포 보충에 의해 커지며, 며칠에 걸쳐 재분화하여(re-differentiate) 없어진 구조를 다시 만들어낸다. 그런 다음, 일반적인 신체 비율을 복원하기 위해 벌레의 남아 있는 부분을 재구성하는 기간이 이어진다. 재구성 과정은 새로운 세포 생산, 세포 손실 및 세포 이동을 수반하는데, 이 재구성의 과정을 **형태 재편(morphallaxis)**이라고 부른다.

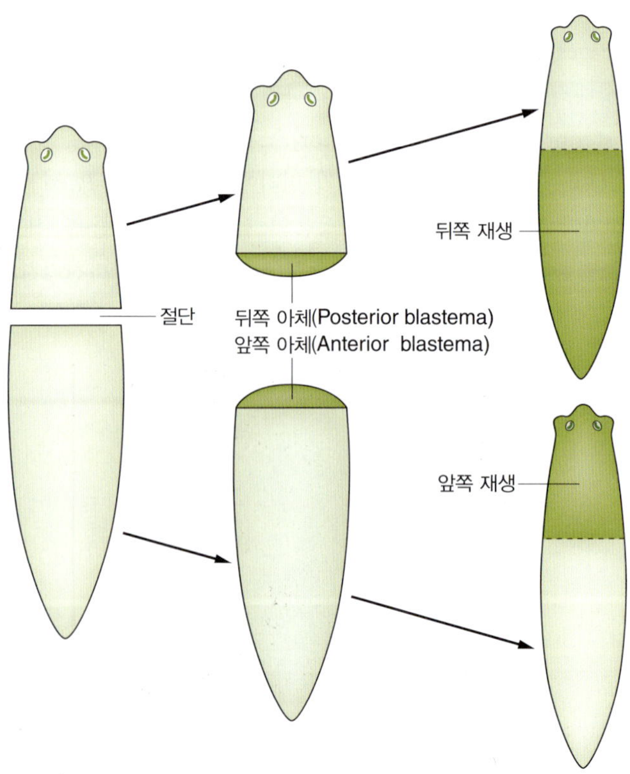

그림 24.5 플라나리아의 앞쪽과 뒤쪽의 재생.

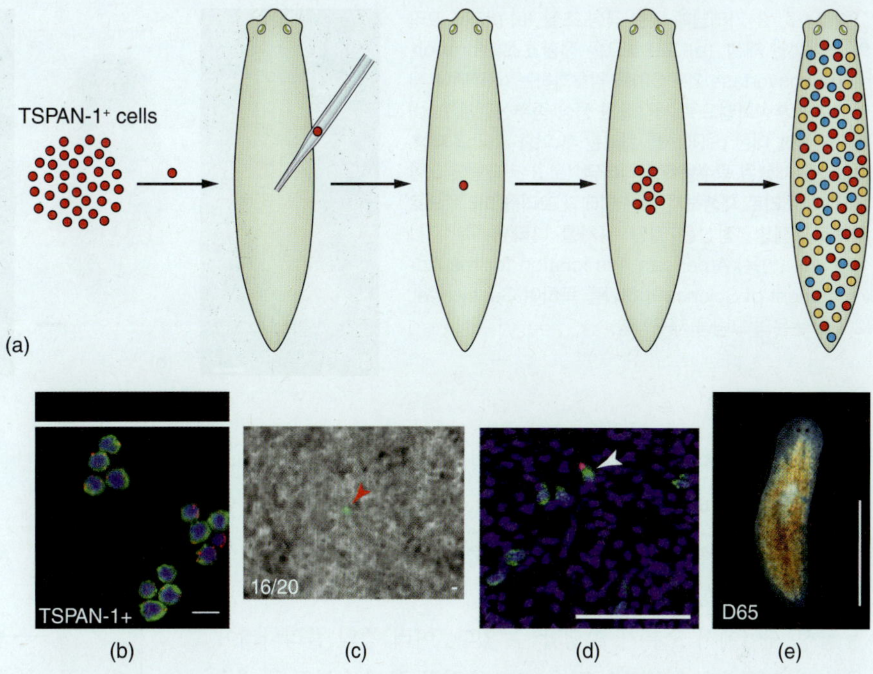

그림 24.6 이식 시 c-신모세포의 다능성 특성에 대한 증거. (a) 단일세포가 방사선 조사된 숙주에 이식되어 재생됨. (b) PIWI-양성 세포(녹색)의 일부는 테트라스파닌(빨간색)을 발현함. 축척자: 10 μm. (c) 이식 직후 테트라스파닌에 대한 형광 항체로 표지된 단일세포. 축척자: 10 μm. (d) 이식 5일 후 PIWI(녹색) 및 체세포분열 표지(빨간색)에 대한 면역염색으로 시각화한 이식된 세포의 자손. 축척자: 100 μm. (e) 단일세포 이식 65일 후 생존 가능한 숙주 벌레. 축척자: 1 mm. (인용) Zeng et al. (2018). Cell. 173, 1593-1608.

신모세포가 재생을 일으킨다는 증거로는 두 가지가 있다. 첫째, 절단 전에 BrdU로 신모세포에 꼬리표를 붙이면(labeled), 절단된 후에 더 이상 분열하지 않으면서도 그 BrdU-꼬리표가 달린 많은 세포들을 포함하는 아체가 만들어진다. 둘째, 벌레의 재생력은 X-선 조사로 인해 사라지는데, 그 후 신모세포가 급속히 없어진다. 이 때문에 새로운 세포가 더 이상 생성되지 않으며, 벌레는 몇 주 후에 죽게 된다. 방사선 조사가 그다지 치명적이지 않으면 소수의 신모세포가 살아남는다. 그런 다음, 그 세포들은 분열하고 분화하는 세포의 집단(colony)을 형성할 수 있는데, 이는 고용량의 방사선을 쬐인 후 포유류 장이나 정소의 줄기세포에 의해 형성된 집단과 원칙적으로 유사하다. 이 집단은 벌레의 모든 조직을 재생시킬 수 있으며, 이는 적어도 일부 플라나리아 신모세포가 포유류 배아줄기세포와 같이 완전한 만능성을 지님을 나타낸다.

만능성 c-신모세포가 테트라스파닌[tetraspanin, 세포막을 4번 통과하는 막관통 단백질(transmembrane protein)]이라는 막 단백질을 발현하고 있으므로, 이들 세포를 테트라스파닌에 대한 형광 항체로 염색한 후 형광-활성 세포분류기(FACS)를 통해 분리할 수 있다는 것이 최근에 밝혀졌다. 테트라스파닌-양성 단일 신모세포를 치명적 방사선이 조사된 숙주(host)에 이식하면, 이식된 세포가 증식하고 분화하여 전체 벌레를 다시 채우게 되고, 결국 이식된 하나의 신모세포가 재생을 통해 벌레의 새로운 무성 생식 군체를 수립한다(그림 24.6). 테트라스파닌을 발현하지 않는 신모세포는 이 능력이 없다. 이것은 c-신모세포가 만능성을 지녔다는 공식적 증거이다.

플라나리아 재생의 패턴

만능성 c-신모세포는 재생을 담당하는 세포이다. 무엇이 없어진 구조를 정확히 만들어낼 수 있도록 c-신모세포의 분화능을 제어하는가? 이것이 표피 아래의 근육층에서 발현되는 위치제어유전자의 역할이다.

아체의 세포가 내려야 하는 첫 번째 결정은 머리 아체인지 또는 꼬리 아체인지에 대한 **극성**(**polarity**)의 결정이며, 이를 위한 중요한 제어 요소는 Wnt와 β-카테닌 경로이다. 절단 후 Wnt 단백질은 양쪽 표면에서 빠르게 발현되고, Wnt 억제 유전자 중 하나인 노툼(notum) 단백질은 앞쪽을 향하는 표면에서만 발현된다. 이것은 Wnt 신호전달 과정이 뒤쪽 발생을 유발한다는 생각과 일치한다. Wnt 신호전달 경로의 구성 요소에 대한 RNAi는 뒤쪽을 향한 절단면에서의 꼬리가 아닌 새로운 머리의 생성을 유발한다(그림 24.7). 비대칭적인 notum 발현의 원인은 불분명하지만, 앞쪽 면과 뒤쪽 면에서의 비대칭적 상처 회복 과정이 한 원인이 될 수 있다. 앞쪽 아체의 상처 상피조직은 등쪽 상피 유래이고, 뒤쪽 아체의 상처 상피조직은 배쪽 상피 유래이다. 물론 수술적으로 등쪽과 배쪽을 맞붙이는 것을 통해서도 새로운 아체 형성이 충분히 시작된다. 예를 들어, 플라나리아 조각의 등쪽-배쪽축을 180° 뒤집

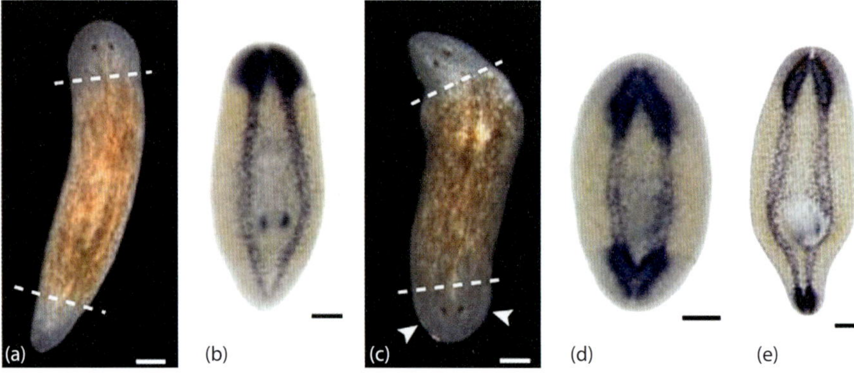

그림 24.7 β-카테닌에 의한 극성 조절. (a) 머리와 꼬리의 정상적인 재생. (b) 프로호르몬 전환효소 2(prohormone convertase 2, PC2)를 암호화하는 mRNA에 대한 제자리혼성화법으로 시각화된 정상 중추신경계. (c,d) β-카테닌에 대한 dsRNA를 처리한 후 이중-머리의 재생. 화살촉은 재생된 광수용체를 나타냄. (e) β-카테닌에 대한 dsRNA 처리로 재생하지 않는 벌레의 꼬리를 머리쪽으로 리프로그래밍. 점선은 절단 위치를 나타냄. 축척자: 100 μm. (인용) American Association for the Advancement of Science의 허가를 득하여 Gurley et al. (2008) 논문의 그림을 재구성함.

어 다른 숙주에 이식한 경우에는 숙주의 등쪽과 이식된 조직의 배쪽 혹은 숙주의 배쪽과 이식된 조직의 등쪽이 각각 인위적으로 옆에서 만나게 되어(즉, 새로운 등쪽-배쪽축이 가로로 형성되어) 새로운 아체가 형성된다.

극성 제어에서 오류가 발생할 수 있다. 여러 종의 플라나리아에서 벌레의 가운데 부분의 짧은 조각이 양쪽 끝에서 앞쪽 아체를 형성해서 야누스 머리를 지닌(Janus-headed) **양극 형태(bipolar form)**로 재생되는 경우는 매우 일반적이며(그림 24.8), 이것은 양쪽 절단면에서의 β-카테닌 활성화와 관련이 있다.

절단 후 2~3일 동안 위치제어유전자의 발현 패턴이 아체와 인접 조직에 걸쳐서 복원된다. 그중에서도 신모세포에서 새롭게 분화된 근육세포는 절단 후 형성된 두 아체 각각의 정중선에서 앞쪽과 뒤쪽의 극(pole) 세포가 된다. 이들 극 세포 집단이 분비하는 신호전달 물질의 농도 구배는 그림 24.9의 이식 위치에 따른 재생 유형에서 보듯이, 위치제어유전자의 발현 패턴을 재지정할 수 있다. 두 번째 머리를 첫 번째 머리 근처에 이식한 다음 첫 번째 머리를 제거하면, 이식된 머리의 존재로 인해 새로운 머리의 재생이 억제된다. 만약 인두 뒤쪽에 머리를 이식하게 되면, 접합부에서 2개의 새로운 인두가 만들어진다.

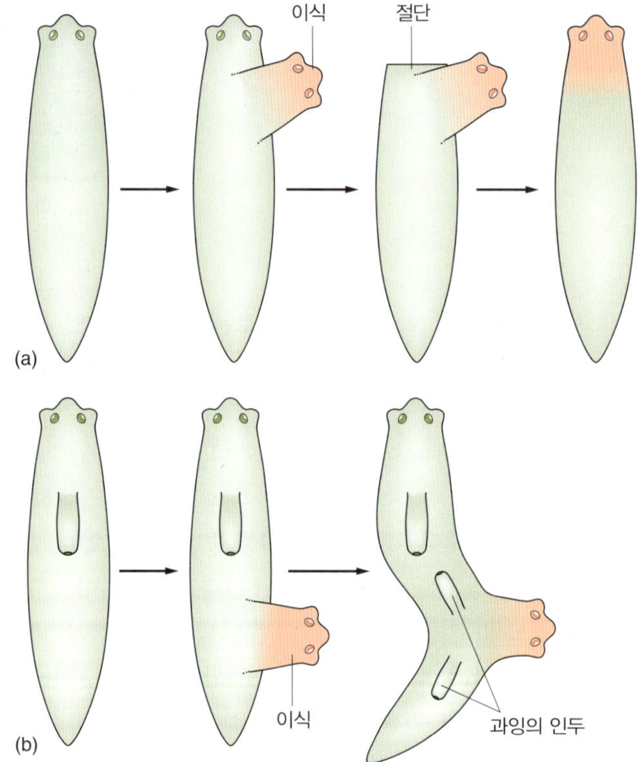

그림 24.9 플라나리아 재생에서 장거리 상호작용에 대한 증거. (a) 이식된 머리에 의한 머리 재생 억제; (b) 이식된 머리에 의한 여분의 인두 유도.

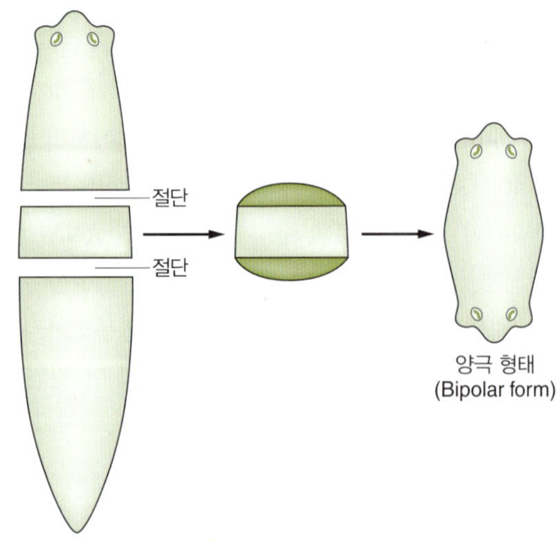

그림 24.8 짧은 신체 조각에서 이중-앞쪽 양극 형태의 재생.

재생에서 각 구조의 형성은 두 단계의 절차를 따르는 것으로 보인다. c-신모세포에서 만들어지는 다양한 전구세포 유형의 비율은 주변 근육에서 발현되는 국소 위치제어유전자에 따라 달라진다. 일단 만들어지면,이들 전구세포는 기존의 장기가 존재하는 경

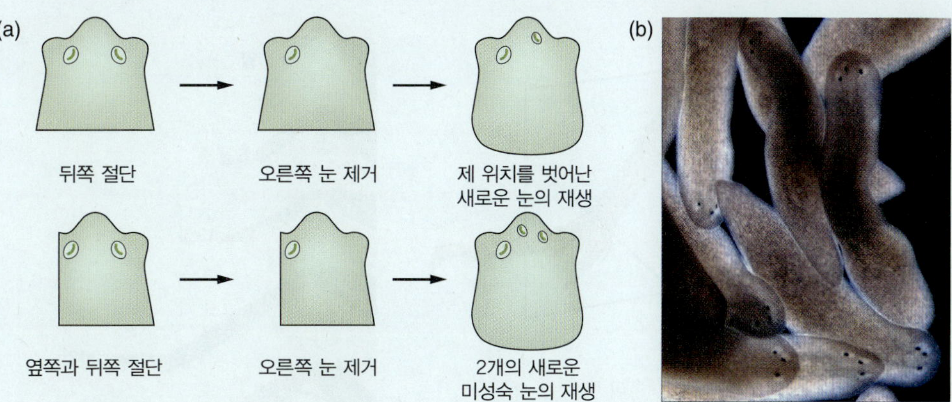

그림 24.10 재생된 눈의 이동. 윗줄의 그림에서, 뒤쪽 절단은 위치제어유전자 발현의 앞쪽으로의 이동을 유발하고, 오른쪽의 새로운 미성숙 눈이 왼쪽의 기존 눈 앞쪽에 형성되게 한다. 아랫줄의 그림에서, 옆쪽과 뒤쪽을 함께 절단하면 두 눈 위치가 원래 눈에서 충분히 멀리 이동하여 세 눈 벌레를 생성한다. 이러한 벌레는 계속 세 눈을 가진 채로 살아간다. (인용) Reddin (2018) 논문의 그림 5에서 발췌.

우에는 기존 장기에 합류하기 위해 이동하고, 존재하지 않는 경우에는 위치제어유전자가 가리키는 정확한 위치로 이동한다. 정상적인 생체 항상성이 유지되고 있는 상태에서는 눈에 보이는 해부학적 구조와 위치제어유전자 발현 패턴이 일치하지만, 재생 초기 단계에서는 이들이 일치하지 않는다. 초기 재생 상황에서 전구세포가 선호하는 이동 위치를 찾는 실험을 했을 때, 기존 구조에 아주 근접하지 않는 한 위치 조절 유전자가 가리키는 위치로 이동한다는 사실을 발견했다. 예를 들어, 그림 24.10은 플라나리아의 뒤쪽 절단 후 오른쪽 눈을 제거하는 실험을 보여준다. 새로운 오른쪽 미성숙 눈이 위치제어유전자를 따라 위쪽으로 이동해 발생된 것처럼 보이지만, 원래의 왼쪽 눈은 여전히 자신의 쪽으로 전구세포를 끌어들이고 있다. 벌레의 옆쪽도 함께 절단해 주어 왼쪽 눈의 영역을 중앙 쪽으로 더 이동시켜서 남아 있는 눈으로부터 더 멀어지게 하면 2개의 미성숙 눈이 재생된다. 그 결과 얻어진 3개의 눈을 가진 벌레는 정상 성장하지만, 머리를 절단하면 위치제어유전자의 정상적인 세트가 복구되어 일반적인 두 눈의 형태로 재생된다.

플라나리아 재생에 대한 이해는 최근 몇 년 동안 상당히 발전했으며, 이것이 다른 동물의 전신 재생 기전 규명 연구에 좋은 모델이 될 것이다. 이렇게 생각하는 이유는 Wnt 및 BMP 신호전달 경로가 발생 과정 동안 뒤쪽-앞쪽 및 등쪽-배쪽의 패턴을 설정하기 위해 모든 좌우대칭 동물에서 사용되기 때문이다. 배아 상태에서의 신호전달 물질의 농도 구배를 성체 때까지 유지시키는 것은 전신 재생과 분열에 의한 무성 생식 모두를 제어하기 위한 방법이라 볼 수 있다. 겉으로 보기에는 플라나리아와 유사한 3배엽성 동물이지만, 게놈 염기서열적 측면에서 볼 때 실제로는 크게 다른 벌레들로 구성된 무장동물문이 또 다른 좋은 예가 되겠다. 무장류인 세줄표범벌레(three-banded panther worm)에서의 연구 결과는 전신 재생이 결국 Wnt 및 BMP의 농도 구배에 의해 플라나리아의 경우와 매우 유사한 방식으로 제어된다는 사실을 암시한다.

곤충 다리의 재생

변태 후, 초파리 및 기타 **완전변태(holometabolous)** 곤충들은 체세포분열이 끝난 상태(postmitotic)의 세포들로 대부분이 구성되어 있기에 재생이 일어나지 않는다. 그러나 메뚜기나 바퀴벌레와 같은 **불완전변태(hemimetabolous)** 곤충에서는 부속지가 재생된다. 이 분류군의 구성원은 알에서 **약충(nymphs)**으로 부화한 다음 연속적인 탈피 과정을 통해 성체로 점진적으로 발생한다. 만일 이들 곤충의 다리나 더듬이가 제거되면 오래된 외피가 떨어져 나가는 다음 탈피 과정에서 제거된 부분이 다시 성장하여 나타나게 될 것이다. 완전한 재생을 위해서는 여러 번의 성장-탈피 주기가 필요한 경우가 종종 있다.

다리 재생은 귀뚜라미 *Gryllus bimaculatus*에서 자세히 연구되었다. 이들의 다리는 내부에 근육과 공기관(tracheae; air tubes)이 있는 단일 층의 표피로 구성된다. 다리의 전체 모양은 표면에서의 돌기와 털 같은 다양한 부속기관의 분포와 마찬가지로 3차원 상에서 비대칭이다(그림 24.11a). 첫 번째, 두 번째 및 세 번째 흉부 체절의 다리 쌍 사이에는 눈에 띄는 약간의 차이가 있다. 3령 약충 초기에 경골 분절의 중간 부분을 절단하면 완전한 재생까지 35~40일의 시간 또는 4~6회의 탈피 과정이 필요하다(그림 24.11b,c).

절단 직후 혈액 중의 혈구는 딱지를 형성한다. 표피는 딱지 아래의 상처 위로 약 2일 동안 자란다. 그런 다음, 상처 표피(wound epidermis)는 아체를 형성하고 먼쪽의 표피 부분(distal epidermal parts)을 형성하도록 성장한다. 이것은 **부가적 재생(epimorphic regeneration; epimorphosis;** 아체의 성장을 통한 새로운 부분의 형성)의 전통적인 예시이다. 물론 세포 분열 역시 플라나

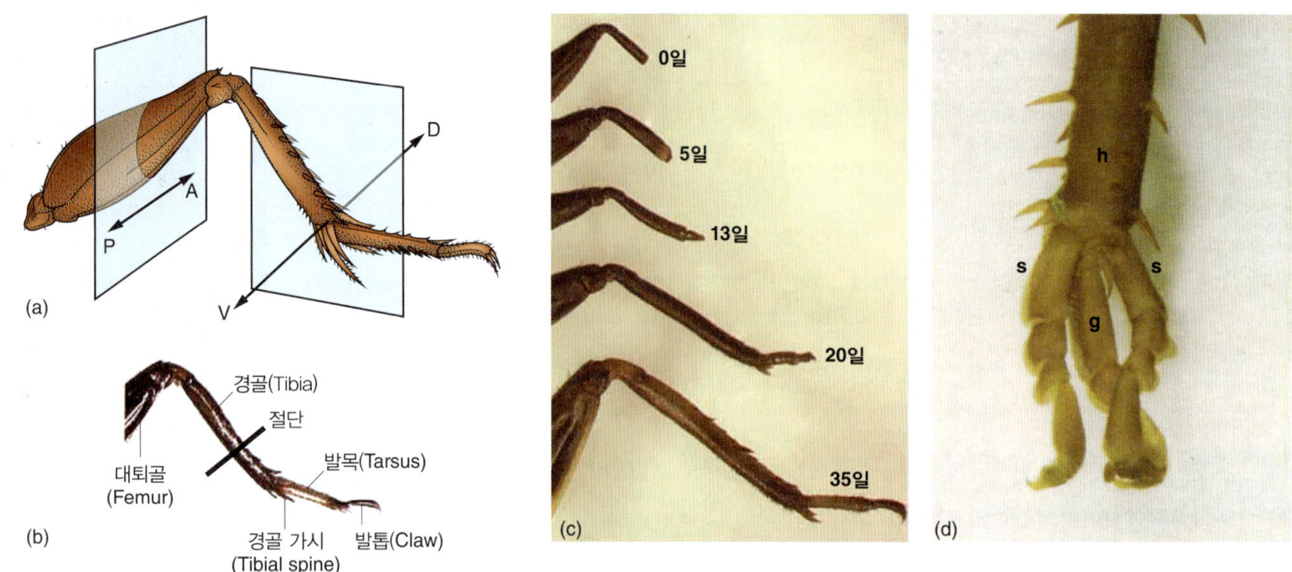

그림 24.11 곤충 다리의 재생. (a) 해부학적 등쪽-배쪽(D-V)축 및 앞쪽-뒤쪽(A-P)축을 보여주는 귀뚜라미의 뒷가슴 다리 구조. (b,c) 경골 중간 부분의 절단 후 귀뚜라미 다리의 재생. (d) 바퀴벌레 다리에 대한 축 반전 실험 결과 얻어진 한 쌍의 과잉 다리. h, 숙주; g, 이식; s, 과잉 다리. (인용) Elsevier의 허가를 득하여 Mito et al. (2002). Mech. Dev. 114, 27-35 논문의 그림을 재구성함.

리아 재생의 핵심 부분이기는 하지만, 부가적 재생은 플라나리아가 보여주는 **형태 재편(morphallaxis)**과 종종 대비된다. 귀뚜라미의 세포 계통에 대한 구체적인 연구는 없었지만, 갑각류 다리 재생연구에 따르면 근육은 잘리고 남은 부분(stump)의 근육위성세포(muscle satellite cells)에서 재생되는 것으로 나타났다. 귀뚜라미에서는 입증되지 않았지만, 근육과 공기관이 각각의 기존 조직으로부터 재생될 가능성이 있다.

귀뚜라미와 기타 불완전변태 곤충에 대한 수년에 걸친 실험은 국부적 특수화(regional specification) 관점에서 다리 재생의 어떤 흥미로운 특성을 밝혀냈다. 우선, 다리 모양에 빠진 부분이 있는 경우(예: 다리의 먼쪽 부분을 잘라 좀 더 몸쪽으로 이식한 경우) **사이 재생(intercalary regeneration**; 두 신체 부위 사이의 재생)이라고 알려진 과정에 의해 그 부분이 메워지게 된다. 귀뚜라미의 경우 새로운 조직이 더 먼쪽의 접합부 쪽에서 발생한다. 재생된 조직이 어느 쪽에서 기원했는지는 다른 흉부 체절에서 유래해 돌기와 털처럼 각자 독특한 특성을 지닌 다리들 간의 이식을 통해서 어림짐작이 가능하다. 사이 재생은 서로 다른 영역이 다리 주위에 나란히 배치되는 경우에도 발생한다. 이것은 왼쪽 다리를 오른쪽 다리가 잘리고 남은 부분에(또는 그 반대로) 하나의 가로축(transverse axis)이 정렬된 상태로 이식하는 잘 알려진 유형의 실험에서 가장 극적으로 설명된다. 예를 들어, 왼쪽 다리를 오른쪽에 이식할 때 등쪽-배쪽축(dorsoventral axis)에 맞게 정렬시키면 이식된 조직과 숙주의 앞쪽-뒤쪽축(anteroposterior axis)이 서로 반대 방향이 된다. 이렇게 되면 최대 패턴 불연속 지점에서 과잉의 다리들(supernumerary limbs)이 완전히 자라난다. 이러한 이식 후 3일까지는 이식된 조직과 숙주의 표피가 함께 치유된다. 첫 번째 탈피(9일) 후에 2개의 아체가 나타나고, 두 번째 탈피(14일) 후에는 2개의 과잉 다리가 명확하게 관찰된다(그림 24.11d).

과잉 다리 생성의 분자적 원리

이러한 놀라운 현상에 대한 분자적 이해는 두 가지 출처에서 기인한다: 정상적인 초파리 다리 원반(leg disc) 발생의 이해와 귀뚜라미에서 유전자 활성을 제거하기 위한 RNAi의 사용. 초파리에서 각 다리 원판의 뒤쪽 구획은 전사인자 Engrailed의 존재에 의해 구별된다. 뒤쪽 구획은 Hedgehog을 분비하는데, 이는 앞쪽 구획의 등쪽에서 Decapentaplegic을 암호화하는 *dpp* 유전자와 앞쪽 구획의 배쪽에서 Wingless를 암호화하는 *wg* 유전자의 발현을 유도한다(19장 참조, 그림 19.17). Dpp와 Wg 단백질을 최대 수준으로 함께 발현하는 영역은 *vein* 유전자 발현의 증가를 보여주는데, 이 유전자는 표피성장인자(epidermal growth factor, EGF) 수용체(EGFR)의 리간드(ligand)를 암호화하고 말단 성장을 촉진한다.

귀뚜라미에는 성충판(imaginal disc)이 없다. 대신 배아에서 형성된 다리 싹(limb buds)이 있다. 그러나 다리 싹의 유전자 발

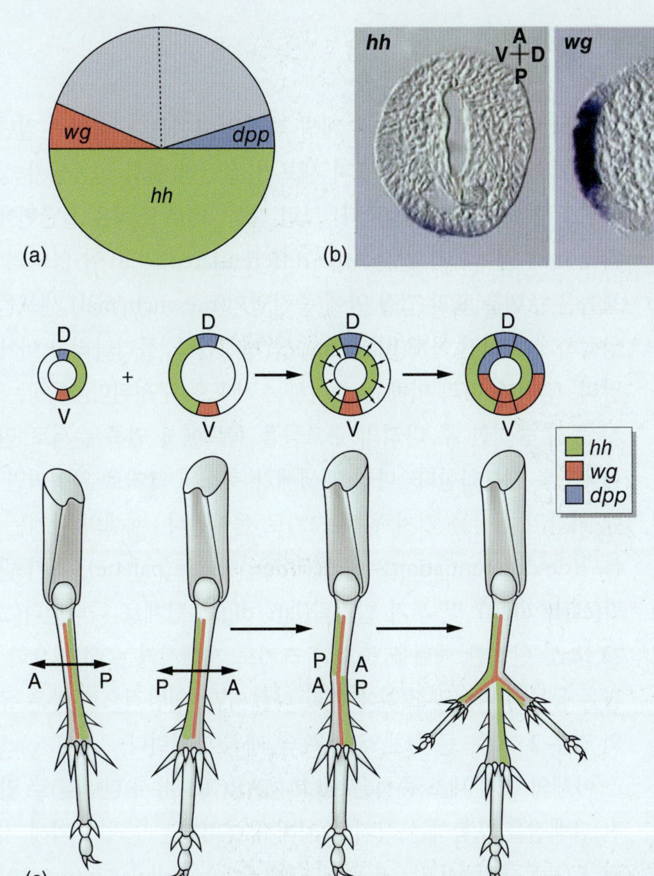

그림 24.12 귀뚜라미 다리의 재생을 조절하는 유전자. (a) 끝에서 바라본 다리 싹의 모식도. (b) 재생 아체에서 *hh*, *wg*, *dpp* 및 *EgfR* 발현의 제자리 혼성화법. (c) 축 반전 후 과잉 다리의 형성에 대한 설명. (인용) (a,c) Campbell and Tomlinson (1995) Development. 121, 619-628 논문의 그림을 재구성함.; (b) Mito, T., Inoue, Y., Kimura, S., Miyawaki, K., Niwa, N., Shinmyo, Y., Ohuchi, H., Noji, S., 2002. Involvement of hedgehog, wingless, and dpp in the initiation of proximodistal axis formation during the regeneration of insect legs, a verification of the modified boundary model. Mechanisms of Development. 114, 27-35.

현 패턴은 국부적 특수화 기전이 초파리 성충판의 그것과 동일함을 나타낸다. 발생 중인 애벌레 다리에서 이러한 영역은 더 낮은 수준의 유전자 발현이기는 하지만 계속 존재한다. 절단하면, 모든 핵심 유전자는 본질적으로 동일한 영역의 아체에서 발현이 증가한다. 뒤쪽 구획에서 분비되는 Hedgehog가 인접한 앞쪽 조직에서 Dpp 및 Wg의 발현을 다시 유도하기 때문에 정상적인 재생이 일어난다는 것과, Dpp와 Wg 단백질이 함께 최대 발현되는 지점이 EGFR 리간드의 발현을 유도해서 말단 끝(distal tip)으로 자라난다는 것을 예측할 수 있다. 앞쪽과 뒤쪽을 뒤집는 실험에서는, 접합부의 양 측면에서 각각 Engrailed-양성 뒤쪽 구획과 앞쪽 조직이 서로 맞닿기 때문에 이러한 현상이 두 번 발생할 것이라고 예측할 수 있다. 따라서 2개의 과잉 다리의 재생이 시작되며, 각각은 숙주 다리와 같은 극성을 가진다(그림 24.12).

이러한 예측은 RNAi를 사용하여 개별 유전자의 발현을 억제함으로써 검증되었다. 귀뚜라미 약충의 복강에 dsRNA를 주입한 후 제자리혼성화법을 통해 표적 RNA 수준이 감소되었는지를 확인할 수 있다. 이 RNAi의 효과는 최대 3번의 탈피를 거치는 기간 동안 지속된다. *hedgehog*, *β-카테닌* 혹은 *Egfr* 유전자에 대한 dsRNA를 주입하면 재생이 억제될 것이다. 그것들은 정상적인 약충 다리 발생을 억제하지는 않는데, 이것은 아마도 낮은 수준의 유전자 발현만으로도 약충의 정상적 다리 발생을 충분히 진행시킬 수 있기 때문일 것이다.

무엇이 아체가 몸쪽-먼쪽(proximodistal)축의 국부적 불연속성을 감지하고 사이 재생을 시작할 수 있게 할까? 아마도 그것은 세포 표면의 상황을 세포 내 히포(Hippo) 신호전달 경로에 전달하여 Yorkie의 성장 촉진 영향을 유발하는 Fat-Dachsous 시스템일 것이다(21장 참조). 정상적 다리 싹에서는 Fat이 몸쪽에, Dachsous가 먼쪽에, Dachs가 전체에 걸쳐 존재한다. 발생 중인 다리의 분절이 관찰되면서는, *fat* 및 *four-jointed* mRNA는 각 분절 내에서 일관되게 몸쪽에 위치하는 반면에, *dachsous*와 *dachs* mRNA는 각 분절 내에서 일관되게 먼쪽에서 발견되는 등 각 분절마다 반복되는 유전자 발현 패턴을 보인다. RNAi를 사용한 *fat* 또는 *dachsous* 유전자의 발현 억제는 아체에서 세포 분열을 촉진하여 짧아지고 두꺼워진 재생체(regenerate)를 생성한다. 반대로 *dachs* 또는 *yorkie* 유전자의 발현 억제는 *fat* 또는 *dachsous* 유전자에 대한 RNAi의 영향을 억제하는데, 이는 그 신호전달 경로에서 *dachs*와 *yorkie* 유전자가 하위(downstream)에 위치함을 나타낸다. 비슷한 실험에서 *fat*과 *dachsous* 유전자가 사이 재생에 필요하지만, 축 반전(axial inversion)에서 발생하는 과잉 다리의 형성에는 필요하지 않음이 밝혀졌다. 이것은 Fat 시스템이 앞쪽-뒤쪽 패턴 형성보다는 몸쪽-먼쪽 패턴 형성에 관련이 있음을 확인시켜준다.

척추동물 다리의 재생

척추동물 중 특정 종의 양서류만이 수술적 제거 후 다리를 재생시킬 수 있다. **무미류(anuran)** 올챙이는 성장과 분화 기간 동안 종종 다리를 재생할 수 있지만 변태 기간 동안 이 능력을 잃는다. 대조적으로 많은 **유미류(urodele)** 종들은 유생기와 성체 시기 내내 다리를 재생시킬 수 있다. 다양한 종들이 과거에 재생을 위한 실험 모델로서 사용되었지만, 최근에는 아홀로틀(axolotl) 모델이 재생연구에서 선호된다. 아홀로틀(*Ambystoma mexicanum*; 그림 24.13)은 평생 유생기의 해부학적 구조를 유지하고 변태하지 않는 도롱뇽의 일종이다. 멕시코의 자연 서식지에서는 거의 멸종되었지만, 실험실에서 아홀로틀을 쉽게 번식시키고 사육할 수 있다. 아홀로틀 게놈의 완전한 염기서열이 밝혀졌는데, 인간 게놈보다 10배나 많은 양의 DNA를 포함하고 있다는 점에서 주목할 만하다. 그러나 유전자의 수는 23,251개로 다른 척추동물들과 비슷하다. 형질전환체(transgenics)의 제조법 및 바이러스 형질도입(viral transduction)이나 전기천공법(electroporation)을 통한 유전자의 일시적 도입법 등과 같은 아홀로틀에 대한 다양한 실험법이 개발되었다. 수정란에 DNA를 주입하여 형질전환체를 만들고, CRISPR-Cas9 시스템을 활용해서 특정 유전자 위치가 치환된(knock-in) 아홀로틀을 만든다. 또한 이용 가능한 다양한 CreER 라인이 있다.

다리 재생의 과정

그림 24.14는 아홀로틀 다리 재생 과정을 보여준다. 다리를 절단하면, 잘리고 남은 부분의 표피 세포가 절단면 위로 이동해서 상처 상피조직을 빠르게 형성한다. 그런 다음, 내부 조직은 절단면에서 약 1 mm 깊이까지 탈분화(de-differentiated)되고 이 영역의 세포들은 두꺼운 표피 껍질 안에 중간엽의(mesenchymal) 세포들이 엉성하게 채워진 **아체(blastema)**를 형성한다. 플라나리아 아체와 달리, 양서류 다리 아체는 증식하는 세포로 구성된다. 아체는 잠시 동안 증식한 후 다리의 구조들을 몸쪽에서 먼쪽 순서로 만들어내도록 재분화한다. 다리 재생체가 축소된 크기로 완성되면 오랜 기간의 성장을 거쳐 원래 크기로 돌아간다. 재생의 단계는 탈분화(de-differentiation), 원뿔(cone), 팔레트(palette), 초기 발가락(early digit) 및 후기 발가락(late digit) 단계로 나타낸다(그림 24.14a). 완전한 패턴을 축소된 크기로 재생시키는 데 필요한 시간은 동물의 나이와 크기에 따라 다르지만, 일반적으로 작은 유생의 경우 2~3주, 큰 성체의 경우 몇 개월이 걸린다.

아체의 초기 세포 증식은 MLP(MARCKS-유사 단백질)로 알려진 단백질을 포함하는 상처 표피에서 분비되는 인자에 의해 지속된다. 포유류의 MLP는 세포 내 단백질(intracellular protein)이지만 아홀로틀에서는 분비되는 단백질이다. 아체 안에 MLP를 주입하면 세포분열이 촉진되지만, MLP에 대한 중화항체(neutralizing antibody)나 특정 모폴리노(morpholino)를 주입하면 세포분열이 억제된다.

세포 분열이 장기적으로 일어나기 위해서는 다리에 분포하는 신경이 필요하다. 신경이 잘린 동물들에서 보면 다리 재생의 초기 단계는 정상적으로 진행되어 아체를 형성했지만, 이 아체가 더 이상 성장하지 못하여 재생에 실패하게 된다. 신경의 주요 기능은 **신경영양인자(neurotrophic factors)**라고 하는 분열촉진인자

그림 24.13 성체 아홀로틀. 일반적으로 유미류 유생의 특징인 지속적인 외부 아가미와 꼬리지느러미에 주목할 것. 이것은 실험적 연구에 자주 선호되는 아홀로틀의 흰색 변종이다. 야생형 아홀로틀은 녹회색이다. (인용) Jonathan Slack.

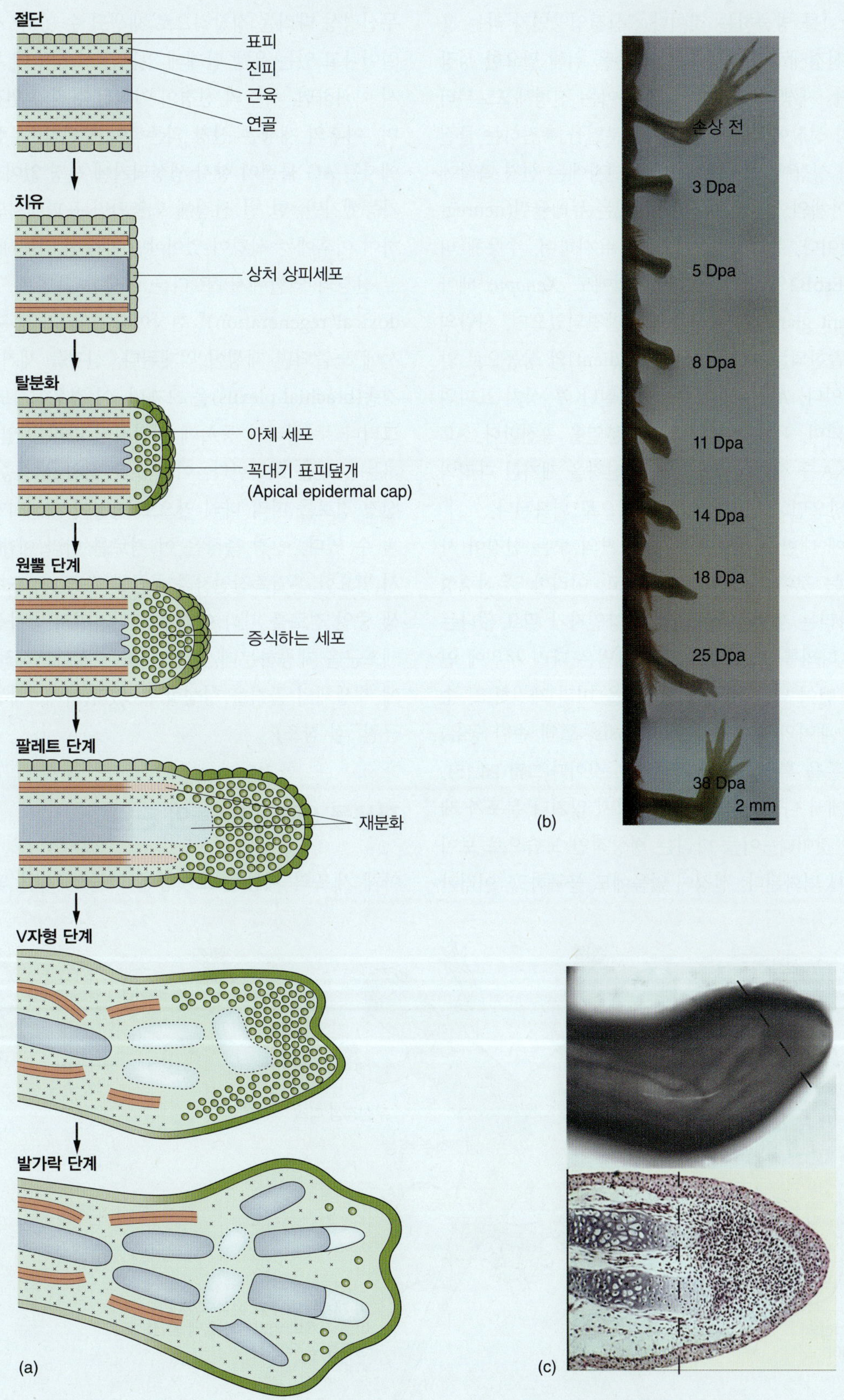

그림 24.14 유미류 다리의 재생 과정. (a) 아체의 형성, 성장 및 재분화의 도식. (b) 5-6 cm 아홀로틀에서 재생된 다리의 전체적인 모습. (c) 중간엽 모양을 보여주는 원뿔 단계 아체의 절편. (인용) (b) Gerber et al.(2018) Science. 362, eaaq0681(Suppl.data).; (c) Simon and Tanaka(2013) WIREs Dev. Biol. 2, 291-300.

(mitogenic factors)를 방출하는 것이다. "신경영양인자"라는 용어는 일반적으로 신경세포의 성장 또는 생존을 위해 필요한 성장인자를 지칭하지만, 재생의 맥락에서 그 용어는 신경세포로부터 유래됐으며 아체의 성장에 필수적인 체세포분열을 촉진하는 물질을 지칭한다. 아체 성장에 중요한 신경영양인자에는 신경 축삭에 풍부하고 고립된 아체의 성장을 촉진할 수 있는 뉴레귤린(neuregulin)이 포함될 것이다. 뉴레귤린은 EGF와 유사하며, 수용체 티로신 인산화효소 ErbB2의 리간드이다. 이외에도, *Xenopus* 배아의 시멘트샘(cement gland)에서 처음으로 발견되었으며, 사람의 종양에서도 종종 발현되는 AG(anterior gradient)와 상동으로 알려진 당단백질이 있다. AG는 신경수초 및 절단 후 상처 표피의 샘 세포에서 합성되며, 아체 세포의 체세포분열을 촉진한다. AG를 암호화하는 DNA를 전기천공법을 통해 신경을 제거한 다리의 아체 안으로 집어넣으면 재생 능력이 부분적으로 회복된다.

신경영양 효과에 대한 흥미로운 사실은 거의 모든 신경이 사라진 다리를 만드는 것이 가능하다는 것이고, 이러한 "무신경성(aneurogenic)" 다리는 재생을 위해 신경영양인자가 필요 없다는 점이다. 무신경성 다리를 만드는 한 가지 방법은 다리 부위에 연결될 신경 축삭이 뻗어 나올 지역의 신경관을 미리 제거하고, 수술된 배아를 정상 배아와 **병체결합**(**parabiosis**, 혈액 순환 공유)으로 연결해서 생존을 확실하게 유지시키는 것이다(그림 24.15). 그러면 수술 부위에서 다리가 신경이 존재하지 않거나 분포가 제한된 채로 자라날 것이다. 이들 다리는 정상적인 모습으로 보이지만 나중에 근육이 퇴화된다. 신경이 없음에도 불구하고, 이러한 무신경성 다리는 정상적으로 재생될 수 있다. 신경 연결이 여전히 일어나고 있는 유생 단계에 있는 정상 숙주에 무신경성 다리를 다시 이식하면, 숙주의 신경이 이식된 다리와 연결되어 이를 지배하며, 이후의 재생은 신경 의존적이게 된다. 무신경성 다리의 표피에서는 AG 물질이 항시 생성되기에 신경 없이도 정상적인 재생이 가능했지만, 한 번 신경에 노출되면 표피에서의 AG 발현이 감소하여 이후에는 신경이 있어야만 재생이 가능해진다.

신경의 역할에서 또 다른 이상한 측면은 "역설적 재생(paradoxical regeneration)" 현상이다. 다리가 충분한 용량의 X-방사선에 노출되면 재생이 억제된다. 신경을 제거하기 위해 상완 신경총(brachial plexus)을 으깨면, 이 경우에서도 재생이 억제된다. 그러나 두 처리가 동시에 이뤄지면 다리는 일정 시간 후에 재생하는 능력을 회복한다. 이 현상은 상완 신경총이 으깨진 다음 옛 신경 경로를 따라 다리 안으로 신경이 재생되기 때문이라고 설명될 수 있다. 신경 축삭은 이 경로를 따라 아래로 성장하고, 따라서 필요한 분열촉진인자를 공급할 수 있다. 또한 섬유아세포는 재생 중인 경로를 따라 아래로 내려가면서 방사선이 조사되지 않은 세포군을 제공하는데, 이들 세포는 결합조직적 특성을 띄기 때문에 재생체의 골격을 형성할 수 있다(아래 "재생을 위한 세포들의 근원" 절 참조).

재생을 위한 세포들의 근원

아체 세포의 계통은 오랫동안 그들의 기원 및 다분화능(multi-

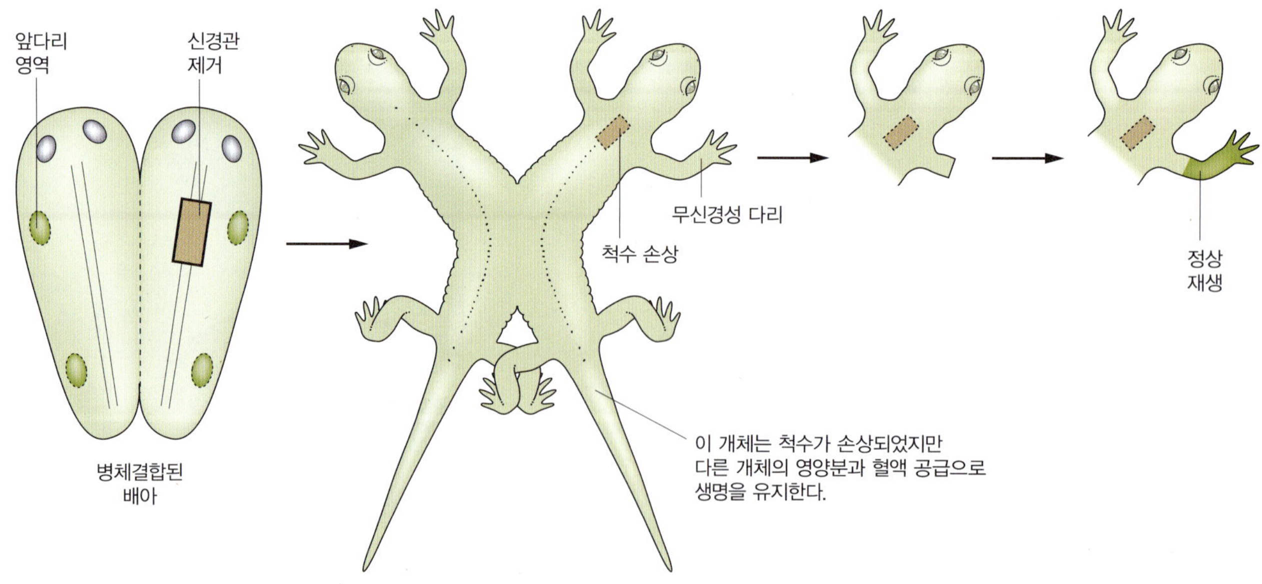

그림 24.15 병체결합 동물의 무신경성 다리 재생. 다리는 배아에서 신경관의 일부를 제거했기에 신경분포가 부족하다. 그럼에도 불구하고 정상적으로 재생된다.

potency) 가능성과 관련하여 논쟁의 원인이 되어 왔다. 그러나 아체 세포는 상처 부위에서 국소적으로 유래하고 재생 중에 어느 정도의 **화생(metaplasia**; 변질 형성)이 발생한다는 것이 이제는 분명해졌다. 21장에서 언급된 바와 같이, 화생은 성숙한 생물에서 어떤 조직 유형이 다른 유형으로 변하는 것을 의미한다. 이러한 세포 계통 관련 논쟁은 세포 표지 기술, 단일세포 RNA 시퀀싱 및 클론 분석 등의 조합을 사용함으로써 이제는 해결되었다.

녹색 형광 단백질(green fluorescent protein, GFP)로 표지된 형질전환 아홀로틀의 조직을 표지되지 않은 숙주에 이식하여 재생 시 화생의 정도를 조사했다. 좀 더 구체적으로 설명하자면, 단일 표지된 조직 유형을 포함하는 다리가 만들어진 다음 절단되어 재생하도록 두고, 표지가 달린 세포들의 분포를 조사했다. 연골 및 표피와 같은 일부 조직 유형의 경우 완전히 표지된 이식체(explant) 조직을 숙주에 이식할 수 있다. 그러나 근육과 신경을 포함한 다른 조직의 이식은 배아 단계에서 이뤄져야 한다. 예를 들어, 단일 표지된 원체절 조직(somitic tissue)을 신경배(neurula) 단계에서 표지되지 않은 숙주에 이식하면 17장에 설명된 대로 인접한 다리 싹에서 표지된 근육을 생성할 것이다. 마찬가지로, 신경관 분절을 이식하면 다리 싹에서 표지된 신경을 생성할 것이다. 그 다리가 성장하면 특정 유형의 조직은 모두 단일 표지되어 있어, 절단 및 재생 후 표지된 세포의 운명을 쉽게 추적할 수 있다.

이러한 실험의 주요 결과는 다음과 같다: 다리의 절단 후 재생 시 표피는 새로운 표피만 생성한다. 근육은 새로운 근육만 생성한다. 신경초(nerve sheaths)의 슈반세포(Schwann cells)는 새로운 슈반세포만 생성한다. 그러나 결합조직군(진피, 연골, 힘줄, 인대, 섬유성 피막 등)을 구성하는 다양한 조직 유형은 광범위한 화생이 발생하여 서로 다른 조직 유형으로 전환될 수 있다(그림 24.16). 따라서 발생 중인 다리에서 적용되는 세포 계통 제한이 재생 중인 다리에도 동일하게 적용되어, 결합조직 유형은 다리 싹 중간엽(mesenchyme)에서, 근육세포는 원체절에서, 슈반세포는 신경능선(neural crest)에서, 표피세포 유형은 다리 싹 표피에서 기인한다.

이들 결과는 단일세포 RNA 염기서열 분석을 사용하여 추가로 조사되었다. 본 실험은 *Prrx1-CreER* 형질전환체를 사용해서 표지하고 FACS로 분리한 결합조직-유래 세포에서 수행되었다. Prrx1은 배아의 다리 싹 중간엽에서 발현되는 전사인자이며, *Prrx1-CreER* 형질전환체가 적절한 리포터 구조체(reporter construct)와 조합될 경우 타목시펜(tamoxifen) 처리를 통해 결합조직-유래 세포를 높은 비율로 표지할 수 있다(이때 근육, 혈구, 혈관, 신경 등은 표지되지 않는다). 단일세포 전사체로부터 가상시간(pseudotime) 및 세포 계통을 생성해 분석한 결과(5장 참조), 절단 후 약 11일까지 결합조직-유래 세포가 유생기의 다리 싹 중간엽과 유사한 상태로 탈분화됨을 알아냈다. 그런 다음, 그것들은 골격 및 비골격 결합조직 모두로 재분화한다. **브레인보우(Brainbow)** 리포터를 사용하면 단일클론의 추적이 가능해져서, 단일세포가 분화하여 골격, 골격 주위, 섬유아세포 및 힘줄과 같은 여러 결합조직 유형이 되는 자손들을 생성한다는 사실을 밝힐 수 있었다. 그러나 다른 조직 유형은 재생 중에 자신의 세포 계통을 유지한다. 아홀로틀의 근섬유(muscle fibers)는 근육위성세포에서 유래하고(영원의 경우 "재생: 물려받은 특성 혹은 진화적 신기성?" 절 참조), 혈관과 신경은 잘리고 남은 부분의 해당 조직에서 유래한다. 결합조직-유래 세포는 아체에서 대부분의 세포를 제공하는 것 외에도 재생체의 공간적 패턴을 생성하는 역할도 한다(아래 "국부적 패턴의 재생" 절 참조).

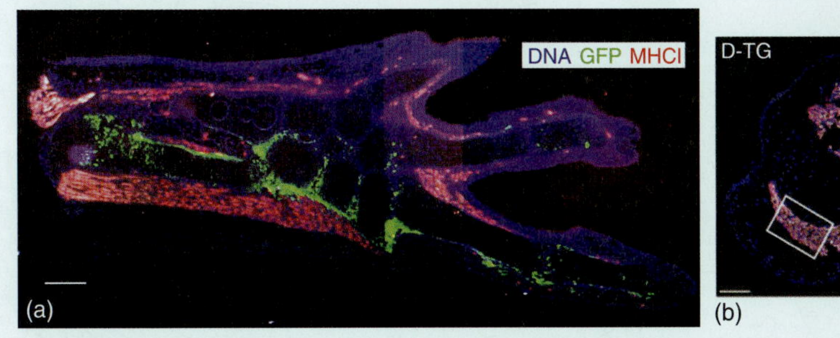

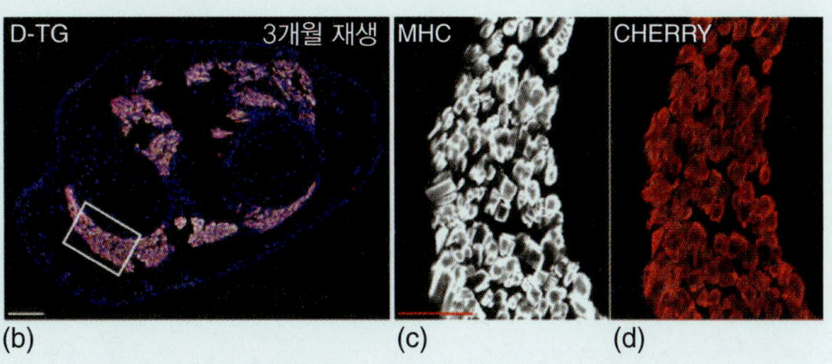

그림 24.16 재생 시 세포 계통 추적. (a) GFP 형질전환체의 연골 이식체를 정상 동물에 이식하고, 이식된 부위를 가로질러 다리를 절단한다. 재생체의 조직 절편은 녹색 이식체-유래 세포가 골격 및 결합조직만 생성하고 근섬유 또는 표피는 생성하지 않음을 보여준다. 축적자: 100 μm. (b-d) 근육위성세포는 *Pax7-CreER; stoplox-Cherry* 형질전환체 다리에 타목시펜을 처리해 표지하였다. 절단 후 만들어진 재생체에서 근섬유는 Cherry 형광(빨간색)으로 표지되었지만, 다른 조직들은 형광 표지되지 않았다. MHC = myosin heavy chain. 축척자: (b)에서 200 μm, (c,d)에서 50 μm. (인용) Nature Publishing Group의 허가를 득하여 Kragl et al. (2009). Nature. 460, 60-65 논문의 그림을 재구성함.

국부적 패턴의 재생

몸쪽-먼쪽 패턴

재생된 구조는 잘리고 남은 부분의 해부학적 패턴을 따르며, 그 결과 잘려나간 모든 먼쪽(distal) 부분을 대체하게 된다. 그림 24.17 또는 웹 사이트의 동영상 24 "Amphibian limb regeneration"의 실험 I에서와 같이, 절단면으로부터 몸쪽 부분의 재생은 심지어 몸쪽(proximal)을 향해 있는 절단면에서도 발생하지 않는다. 이 현상은 재생이 가능한 모든 척추동물과 절지동물의 부속지에 적용되는 "말단 전환의 법칙(law of distal transformation)"으로 잘 알려져 있다. 말단 전환의 법칙은 일반적으로 양서류 다리에서 이웃하지 않는 조직 사이의 접합부에서 발생하는 재생을 의미하는 **사이 재생(intercalary regeneration)**에도 똑같이 적용되지만 곤충 다리의 사이 재생에서는 적용되지 않는다. 아체를 잘라 좀 더 몸쪽의 절단면에 이식할 경우, 재생될 구조의 패턴에서 잠재적인 간극은 잘리고 남은 부분 쪽에서부터 사이 재생에 의해 메워진다. 대조적으로, 아체를 잘라 좀 더 먼쪽의 절단면에 이식하면 곤충 다리 재생에서 볼 수 있었던 반대 방향의 사이 재생(reverse intercalation)은 일어나지 않는 대신 정상적으로 재생되어 패턴의 불연속성을 초래한다(그림 24.18). 이들 실험에서, 조직의 기여도는 피부 색소 침착, 삼배수체(triploidy), 형질전환 표지 등 유전적으로 꼬리표를 단 동물들 사이의 이식을 사용해 측정됐다.

재생에 관한 많은 실험의 결과들은 분화 시 어떤 구조가 형성될지가 명시된 **위치정보(positional information)** 또는 국부적 식별 코드가 다리의 조직들에 포함되어 있음을 시사한다. 이 같은 개념은 다음과 같은 유형의 실험으로 입증될 수 있을 것이다: 다리에 방사선을 조사하여 재생을 방지한 후, 방사선이 조사되지 않은 동물의 앞다리 윗부분(몸쪽)의 피부 띠(cuff)를 조사된 동물의

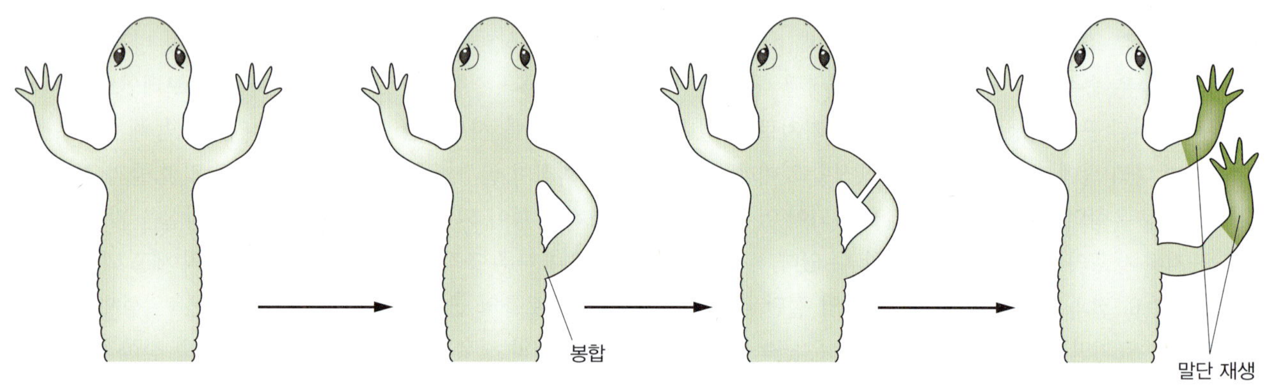

그림 24.17 이 고전적인 실험에서 볼 수 있듯이 절단면이 몸쪽을 향할 때도 말단 재생이 일어난다.

그림 24.18 몸쪽-먼쪽축의 사이 재생. 잘리고 남은 부분은 더 먼쪽 조직을 생성할 수 있지만, 아체는 더 몸쪽 조직을 생성할 수 없다.

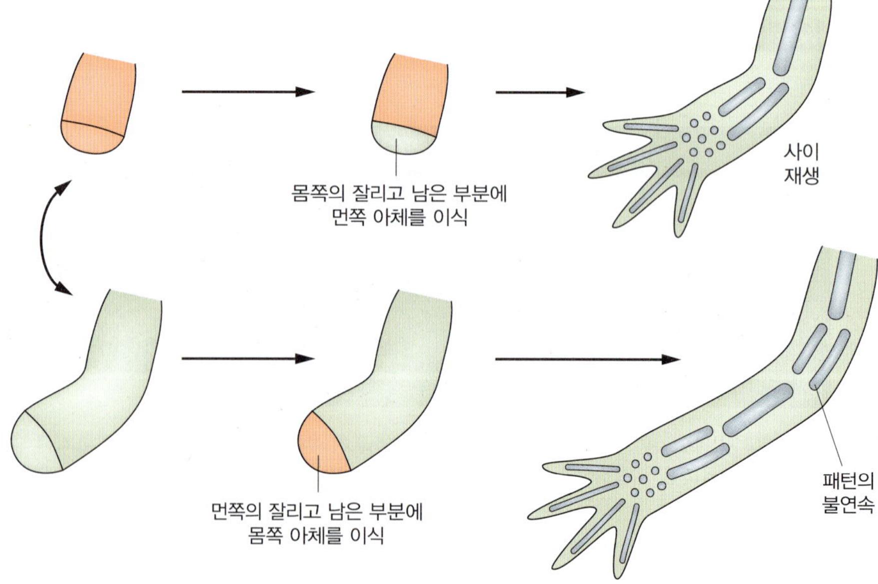

앞다리 아랫부분(먼쪽)에 이식한 후, 이식된 자리를 가로질러 혼성 다리를 절단한다. 그 결과 이식된 조직에서 유래한 재생체가 형성되고, 이식된 조직의 몸쪽-먼쪽 정체성이 표현되므로, 재생된 골격의 패턴은 앞다리 아랫부분이 아닌 윗부분에서 시작할 것이다. 그러나 이렇게 재생된 다리는 모든 세포가 이식된 조직의 진피에서 유래하였기에 근섬유로 분화될 수 없으므로, 근육이 결핍되어 있다.

몸쪽-먼쪽의 국부적인 식별은 세포 부착의 차이와 관련되어 있다. 이것은 한 다리의 아체를 다른 다리의 잘리고 남은 부분과 아체 사이의 접합부에 이식함으로써 보여줄 수 있다. 이러한 "이식체" 숙주 조합의 성장 및 분화 후에 이식된 아체는 숙주 다리에서 분기되는 이소성 다리(ectopic limb)를 형성할 것이다. 놀랍게도, 이소성 다리가 분기되는 위치는 원래 이식된 아체가 가지고 있던 몸쪽-먼쪽 특성에 따른다. 다시 말해, 만약 몸쪽 아체를 이식했으면 이소성 다리가 분기되는 위치가 결국 몸쪽이게 될 것이고, 먼쪽 아체를 이식했으면 이소성 다리가 분기되는 위치가 결국 먼쪽이게 될 것이다(**그림 24.19**; 웹 사이트의 동영상 24 "Amphibian limb regeneration"의 실험 II 참조).

위치정보의 분자적 구성 요소 중 하나로 추정되는 Prod1이라는 단백질이 있는데, 이는 유미양서류에서만 존재하지만 포유류의 보체 활성화 억제제인 CD59와 생화학적 관련성이 일부 있기는 하다. Prod1은 먼쪽 아체보다 몸쪽 아체에 더 많이 존재하고, 레티노산(retinoic acid)에 의해 그 발현이 증가된다("레티노산 효과" 절 참조). 이 세포 표면 단백질은 글리코실포스파티딜이노시톨(glycosylphosphatidylinositol, GPI) 고정 단백질이다. 정상적인 상황에서 몸쪽 아체와 먼쪽 아체를 서로 맞닿게 해 함께 배양하면 몸쪽 아체가 먼쪽 아체를 삼켜버리는 경향이 있으며, 이는 먼쪽 세포가 몸쪽 세포보다 서로 더 강하게 부착되어 있음을 나타낸다(6장 참조). 그러나 Prod1에 대한 중화항체를 사용하면 이러한 현상이 방지되는데, 이는 Prod1의 높은 발현 수준이 몸쪽 세포의 부착력 감소의 원인이 됨을 의미한다. 만약 *Prod1* 유전자를 전기천공법을 통해 아체 안으로 집어넣으면, 그 유전자를 받은 세포는 결국 이식된 몸쪽 아체의 경우와 유사하게 몸쪽에 위치한 세포가 될 것이고, 음성 대조군의 경우 결국 먼쪽에 위치한 세포가 될 것이다(**그림 24.20**).

Meis 단백질은 위치정보와 관련된 전사인자이다. 발생하는 동안, 이들은 척추동물 다리의 몸쪽(stylopodial) 분절과 초파리 다리 원반의 몸쪽 부분에서 발현된다. *Meis* 유전자가 전기천공법을 통해 아홀로틀 아체의 세포들에 도입되면, 이를 발현하는 세포는

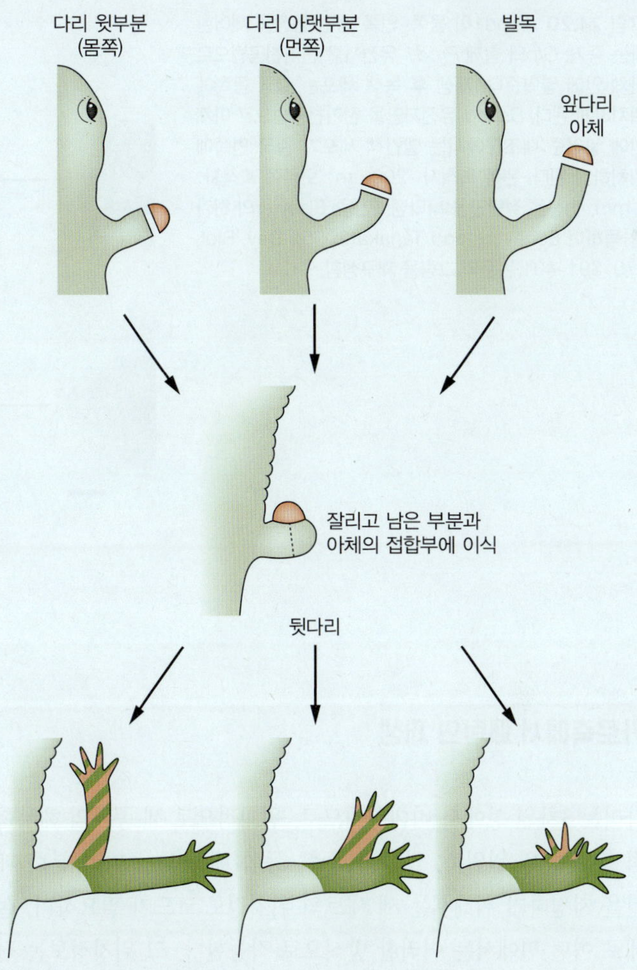

그림 24.19 뒷다리의 잘리고 남은 부분과 아체의 접합부에 이식된 아체의 이동. 몸쪽 아체를 이식하면 이소성 다리가 분기되는 위치가 결국 몸쪽이 되고, 먼쪽 아체를 이식하면 결국 먼쪽 위치가 된다.

Prod1 유전자를 발현하는 세포와 유사하게 대조군 세포보다 더 몸쪽 위치로 이동할 것이다.

다리 발생에서의 중요성 때문에, a- 및 d-직렬상동유전자(paralog)군의 *Hox* 유전자 발현은 양서류 다리 발생 및 재생에서 자세하게 연구되었다. 유생의 다리 싹 발생 동안, 이들 유전자의 발현은 병아리 및 생쥐에서 보이는 것과 유사하다. *Hox-a* 유전자군은 먼쪽에서부터 몸쪽으로 중첩된 방식으로 발현하고, *Hox-d* 유전자군은 뒤쪽에서부터 앞쪽으로 중첩된 방식으로 발현한다. 재생 중에 *Hox-a* 유전자군은 몸쪽에서 먼쪽 순서(즉, 처음에는 *Hox-a9*, 그 다음에는 *a11*, 마지막에는 *a13* 유전자)와 중첩된 배열로 발현된다. 이것은 몸쪽-먼쪽의 재생이 일부 이론적 모델이 예측한 것처럼 가장 먼쪽 코드(즉, *Hox-a13* 유전자의 발현)를 먼저 설정하고 나중에 그 사이를 끼워 넣는 방식으로 일어나지 않음을 시사한다.

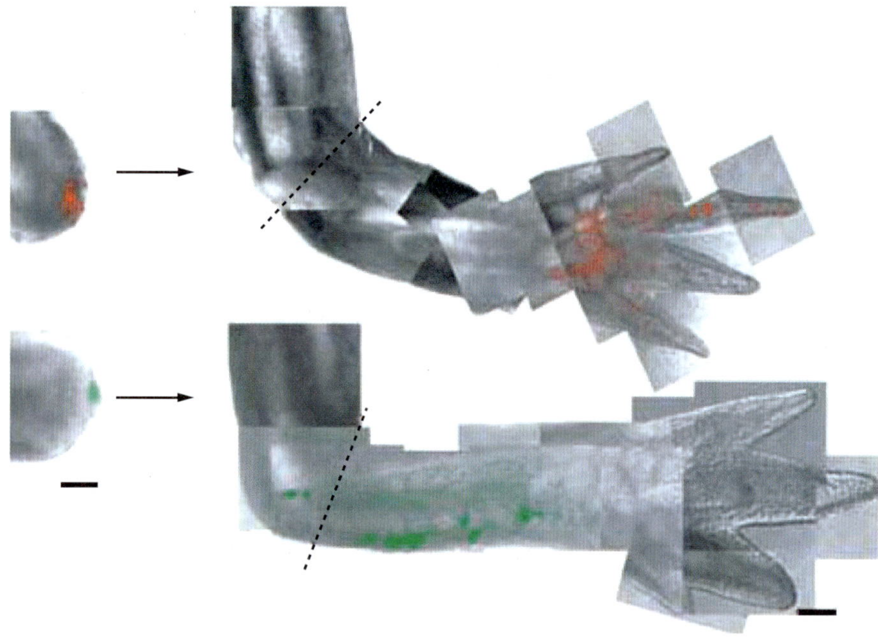

그림 24.20 Prod1이 몸쪽-먼쪽 패턴 형성을 제어한다는 증거. *Gfp*와 함께 *Prod1* 유전자를 전기천공법으로 아체 안에 넣어준다. 재생 후 녹색 세포는 결국 몸쪽에 위치하게 된다. *DsRed* 유전자만을 전기천공법으로 아체 안에 넣어준 대조군에서는 빨간색 세포가 결국 먼쪽에 위치하게 된다. 왼쪽 축척자: 200 μm; 오른쪽 축척자: 1 mm. 점선은 절단면을 나타냄. (인용) Elsevier의 허가를 득하여 Echeverri and Tanaka(2005). Dev. Biol. 279, 391-401 논문의 그림을 재구성함.

가로축에서 패턴의 재생

다리는 3차원 상에서 비대칭이므로, 원칙적으로 세 종류의 해부학적 축(몸근위-원위축, 앞쪽-뒤쪽축, 등쪽-배쪽축)을 따라 분화 패턴을 지정하기 위해서는 세 세트의 위치정보 코드가 필요하며, 실제로 어떤 면에서는 이러한 방식으로 작동한다. 그 위치정보는 절단 혹은 신경 이탈(deviation)에 의해 탈분화와 아체 형성이 유발될 때에만 가로축에서 감지될 수 있다(이 절에서 더 자세히 논의). 일반적으로 사용되는 실험법 중 하나로서, 수술로 다리를 재배열한 후 함께 꿰매어 치유되도록 하는 방법이 있다. 이것은 본질적으로 재생을 유발하지 않는다. 하지만 그렇게 조작된 다리가 절단되면 아체가 절단면에서 생길 것이고, 재생된 구조의 패턴은 절단면에서의 위치정보 코드의 표현과 이들 사이의 상호작용 특성에 따라 달라진다.

이러한 상호작용이 작동하는 방식을 설명하는 잘 확립된 두 가지 원칙이 있다. 첫 번째 원칙은 **사이 재생(intercalation)**의 원칙이라고 한다. 이 원칙은 두 조직이 결합하여 위치정보 코드 사이의 불연속성이 발생한 부위에서 아체가 생성될 때 재생에 의해 두 부위 사이의 빠진 부분이 메워지는 현상을 설명한다. 이 현상은 다리의 한 부분에서 다른 부분으로 피부를 이식한 다음 이식된 조직을 가로질러 다리를 절단할 때 나타날 것이다. 형성되는 새로운 구조는 이식된 조직과 숙주 모두에서 유래된다(그림 24.21). 이러한 실험은 단일 유형의 조직 이식을 통해 그중에서 어떤 조직이 국부적 식별 코드를 지니고 있는지 밝혀낼 수 있다. 정답은 근섬유나 표피가 아니라 결합조직이 국부적 식별 코드를 지니고 있다는 것이다. 따라서 비록 이러한 실험에서 피부 이식이 흔히 사용되더라도 활성이 있는 부분은 **진피(dermis)**뿐이다. 이것은 순수한 진피의 이식이 유사한 효과를 갖는 반면에, 순수한 표피의 이식은 아무런 효과가 없다는 사실에 의해 뒷받침된다.

다른 원칙은 말단 절단면에서 위치정보 코드의 어느 정도의 불연속성이 재생을 시작하기 위해 필요하다는 것이다. 예를 들어, 방사선이 조사되어 더 이상 재생될 수 없는 다리에 정상 다리의 작은 피부 조각을 이식한 다음 이식된 조직을 가로질러 절단하면 매우 제한된 재생체만 형성될 것이다. 그러나 정상 다리의 양 반대편에서 비슷한 크기의 피부 조각 2개를 잘라 방사선이 조사된 다리에 각각 이식한 후 이식된 조직을 가로질러 절단하면 재생체는 훨씬 더 견고해질 것이고 많은 패턴 요소를 포함할 것이다. 하지만 일부 구조가 결여된 부분적이거나 비정상적인 다리도 잘 재생될 수 있기에 모든 정상 코드가 절단면에 존재할 필요는 없다. 예를 들어, 배아에서 **극성화활성대(zone of polarizing activity, ZPA)**의 이식(17장 참조) 또는 성체에서 피부의 이식(그림 24.21)에 의해 만들어진 이중-뒤쪽(double-posterior) 다리는 재생 시 가장 앞쪽의 구조가 결여된 이중-뒤쪽 재생체를 형성할 것이다.

사이 재생 및 가로 위치 불연속성의 두 가지 요구 사항은 "곤충 다리의 재생" 절에서 곤충 다리에 대해 설명된 과정과 매우 유사한 축 반전 실험에서 작동하는 것으로 나타났다. 이 실험은 동

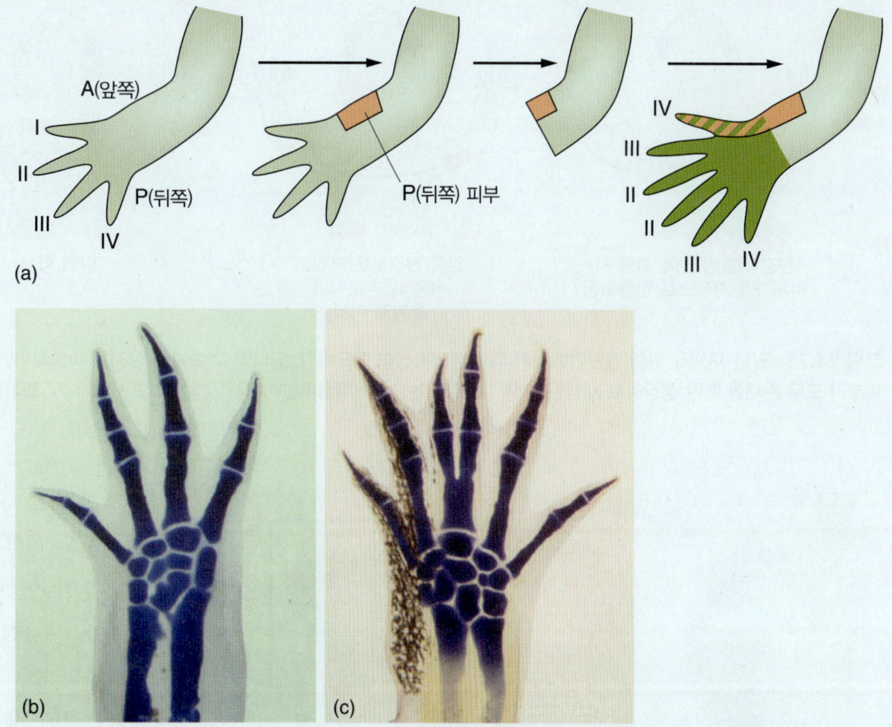

그림 24.21 앞쪽-뒤쪽축의 사이 재생. (a) 뒤쪽 피부 조직의 이식은 수혜자 조직에서 사이를 메우는 발가락의 형성을 유발한다. 이식된 조직은 주황색으로 표시되고 재생된 구조는 올리브색으로 표시되었다. (b,c) 재생 후 이식된 피부 조직으로 인해 발생하는 아홀로틀의 이중-뒤쪽 다리. (b) 대조군 재생체; 4개 발가락의 다른 모양에 주목. (c) 착색된 동물의 뒤쪽 피부를 착색되지 않은 수혜자 다리의 앞쪽에 이식한 후의 재생체. 색소 침착으로 판단하면 여분의 발가락 4와 3은 이식된 조직에서 발생하고 복제된 발가락 2는 수혜자에서 발생하였다. (인용) (b,c) Jonathan Slack.

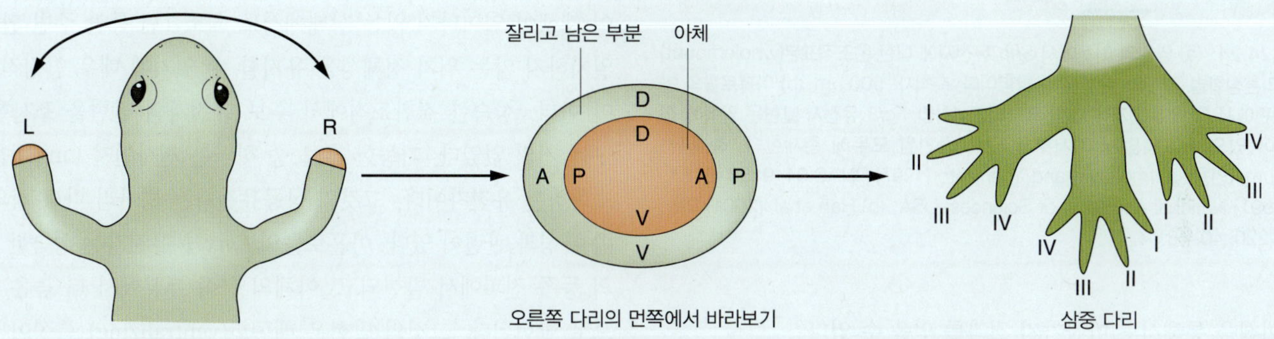

그림 24.22 잘리고 남은 부분에 대한 아체의 축 반전은 1개의 중앙 다리와 2개의 과잉 다리가 있는 삼중 다리를 생성한다.

물의 양쪽 다리를 절단한 후 한쪽의 아체를 반대쪽의 잘리고 남은 부분으로 이식하여 수행한다. 다리는 3차원 상에서 비대칭이기 때문에, 오른쪽 다리를 왼쪽 다리에 완전히 포개놓을 수 없다. 아체를 오른쪽에서 왼쪽 편으로 혹은 왼쪽에서 오른쪽 편으로 이식하면, 숙주의 잘리고 남은 부분과 비교하여 한 축은 필연적으로 반전된다(그림 24.22 참조). 이 이식을 통해 패턴의 최대 불일치 지점에서 한 쌍의 과잉 재생체가 안정적으로 발생하게 된다. 결과적으로 총 3개의 다리가 재생된다(웹 사이트의 동영상 24 "Amphibian limb regeneration"의 실험 III 참조). 하나의 다리는 아체에서 아체가 원래 지니고 있던 극성으로 발생하고, 나머지 둘은 가운데 있는 중앙 다리 기준에서 반전된 극성으로 패턴의 최대 불일치 지점인 잘리고 남은 부분과 아체의 접합부에서 발생한다. 원래 있던 위치에서 아체의 단순한 회전을 통해서도 과잉 다리가 발생하게 할 수 있지만, 코드의 불일치 정도가 다리 둘레 전체에 걸쳐 유사하므로, 만들어진 과잉 다리의 숫자, 위치 및 해부학적 완성도는 훨씬 더 가변적이다.

보다 통제된 상황을 만들기 위해, 최근의 많은 실험에서 신경 이탈법이 사용되었다. 앞다리 신경을 앞다리 위쪽의 피부를 통해 수술적으로 제 위치에서 벗어나게 하면 아체의 형성을 유발하지만, 추가 처리가 없으면 곧 퇴화한다. 앞쪽 신경 이탈이 뒤쪽 피부 이식을 동반하는 경우, 접합부에서 아체가 계속 성장하여 완전한 다리를 형성할 것이다(그림 24.23). 뒤쪽 신경 이탈과 앞쪽 피

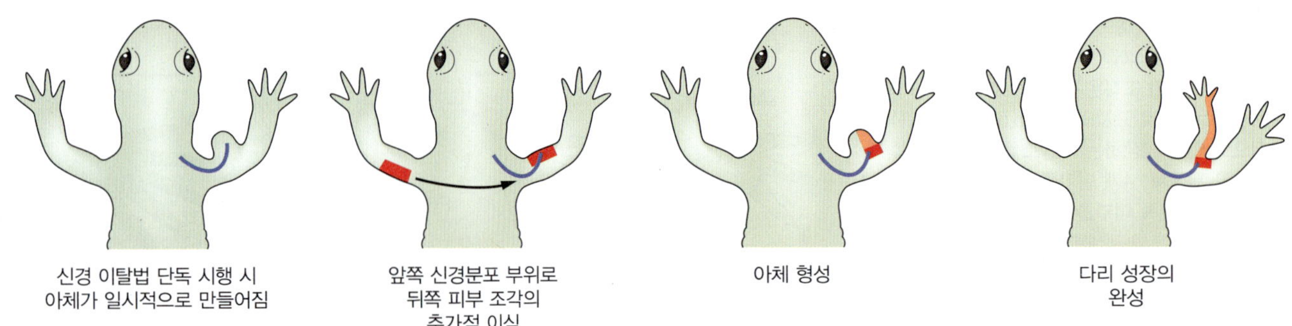

그림 24.23 말단 재생을 위해 절단면에서의 패턴 불연속성이 필요하다. 앞다리 위쪽에서 신경을 이탈시키면 아체가 일시적으로 형성된다. 그러나 이것은 앞쪽 및 뒤쪽 피부가 모두 존재할 때만 성장하고 재생된다. 이 그림에서는 신경 이탈이 앞쪽에서 시행되었고 뒤쪽 피부 조각의 이식이 이뤄졌다.

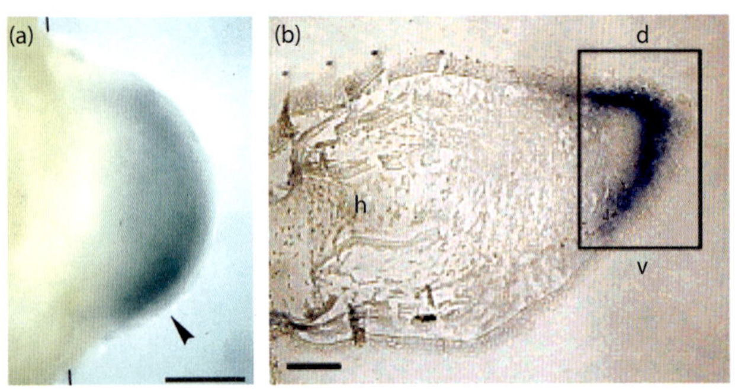

그림 24.24 (a) 영원의 아체에서 *Shh* 유전자에 대한 온조직표본(wholemount) 제자리혼성화법. 사진의 위가 앞쪽 방향이다. 축척자: 500 μm. (b) 아홀로틀의 아체 절편에서 *Fgf8* 유전자에 대한 제자리혼성화법. *Fgf8* 유전자 발현은 앞쪽에 집중되어 있으며 표피덮개 기저부와 먼쪽 중간엽 모두에 존재한다. 축척자: 100 μm. (인용) (a) Imokawa and Yoshizato (1997) PNAS 94, 9159-9164., © (1997) National Academy of Sciences, USA; (b) Han et al. (2001) Dev. Dyn. 220, 40-48.

부 이식을 통해서도 마찬가지 결과를 얻을 수 있다.

앞쪽-뒤쪽 패턴을 제어하는 신호의 본질이 다리 발생에 대한 우리의 지식을 기반으로 연구되어 왔다(17장). 일반적으로, *Shh* 유전자는 아체의 뒤쪽 중간엽에서 발현되고, *Fgf8* 유전자는 아체의 앞쪽 표피덮개(epidermal cap) 및 중간엽에서 발현된다(병아리 다리 싹에서와 같이, 정단부 표피에서만 발현되지는 않음)(그림 24.24). 다리 발생에서와 마찬가지로, 이들 유전자는 그렘린(gremlin) 단백질이 관련된 양성되먹임 고리(positive feedback loop)를 통해 서로의 발현을 유지한다. 재생 시 Shh을 아체의 앞쪽으로 전달하면 이중-뒤쪽 복제가 생성되어 Shh이 다리 발생에서와 유사한 뒤쪽화(posteriorizing) 효과가 있음을 나타낸다. 신경 이탈 모델에서 앞쪽 이탈 부위에 전달된 *Shh* DNA는 뒤쪽 이탈 부위에 전달된 FGF8과 마찬가지로 올바른 다리의 재생을 유발할 수 있다. Shh 특이적 억제제는 뒤쪽 피부 이식을 동반한 앞쪽 신경 이탈로 유발된 재생을 억제할 수 있고, FGF 특이적 억제제는 앞쪽 피부 이식을 동반한 뒤쪽 신경 이탈로 유발된 재생을 억제할 수 있다. 전체적으로, 이러한 실험은 적어도 앞쪽-뒤쪽 패턴이 Shh과 FGF의 상보적 농도 구배에 의해 제어됨을 강력하게 시사한다.

결합조직에 장기간 저장된 위치정보의 본질적인 분자 원리는 상대적으로 덜 명확하게 밝혀졌다. 이 정보는 이식된 피부 조직이 재생이 일어나지 않는 상태에서도 최소 1년 동안 주변 환경과 일치하지 않는 위치 정체성을 유지할 수 있기에 매우 안정적이어야 한다. 성숙한 결합조직에서 후보 유전자의 발현을 조사한 연구는 거의 없었다. 가능한 후보 중 하나는 전사인자 Lmx1b를 암호화하는 유전자이다. 그것의 상동유전자는 병아리 다리 싹의 등쪽 특성과 관련이 있다. 아홀로틀의 *Lmx1b* 유전자는 성숙한 다리의 등쪽 진피에서 발현되고, 아체의 등쪽 부분에서 더 높은 수준으로 발현된다. 그것의 발현은 배쪽화(ventralizing) 특성이 있는 레티노산에 의해 억제된다("레티노산 효과" 절 참조). *Hox-d* 유전자는 다리 발생에서 앞쪽-뒤쪽 패턴과 관련이 있다. 이들의 발현이 아홀로틀에서 조사되었는데, 이들 중 일부는 신체의 어느 부분에서나 일어날 수 있는 상처 반응의 일부로서 발현되므로 재생에 특이적이지 않다.

레티노산 효과

원뿔 단계의 아체에 레티노산을 처리하면 여러 가지 유형의 위치정보 코드를 재특수화(re-specification)시킬 수 있다. 이것은 세 가지 패턴 축 각각에 영향을 미쳐서 몸쪽화(근위화, proximalization), 뒤쪽화 및 배쪽화로 이어진다. 이러한 실험에서는 동물 전체가 레티노산 용액에 담겨지므로, 아체는 약물 처리 중에 균일한 용량의 레티노산에 노출된 것으로 추정된다.

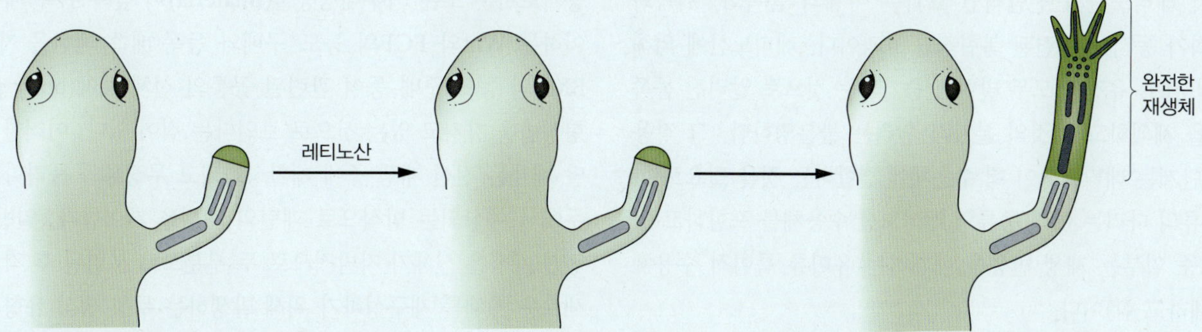

그림 24.25 레티노산 처리에 의한 아체의 몸쪽화.

해부학적으로 정상인 다리를 절단 후 레티노산을 처리하면 몸쪽화된 아체의 발생이 일어나 몸쪽 구조가 연속적으로 반복되게 된다. 그래서, 예를 들어 앞다리 발목 위치 아체에 레티노산을 처리하면 그 위치로부터 완전한 다리 전체가 재생될 수 있다(그림 24.25). 물론 이것은 정상적인 말단 전환의 "법칙"에 맞지 않는다. 처리한 레티노산의 용량이 높을수록 몸쪽화가 더 많이 진행되는 용량-반응 효과(dose-response effect)가 일부 있지만, 특정 용량 이상에서는 성장 억제가 발생해 재생이 완전히 억제된다.

반쪽 다리의 아체에 레티노산을 처리하면 뒤쪽화 효과가 나타난다. 일반적으로, 뒤쪽으로 반쪽인 다리는 종종 완전한 먼쪽 다리를 재생하는 반면에, 앞쪽으로 반쪽인 다리는 거의 재생하지 않거나 전혀 재생하지 않는다. 그러나 이것은 레티노산에 의해 변경되는데, 레티노산을 처리하면 앞쪽으로 반쪽인 다리에서 정상적인 다리 재생을 일으키고 뒤쪽으로 반쪽인 다리에서 재생을 억제한다. 수술을 통해 이중-앞쪽 또는 이중-뒤쪽 형태를 갖는 다리를 만들어내면, 일반적으로 이렇게 만들어진 이중-뒤쪽 다리는 일부 먼쪽 재생체를 생성하는 반면에, 이중-앞쪽 다리는 아무것도 생성하지 않는다. 마찬가지로 레티노산 처리에 의해서 이 현상이 역전되는데, 이중-앞쪽 다리는 2개의 완전한 재생체를 생성하는 반면에, 이중-뒤쪽 다리는 아무것도 생성하지 않는다(그림 24.26). 이러한 결과는 레티노산이 아체를 뒤쪽화시킨다는 가정하에 설명될 수 있다. 레티노산 처리 시 동물 전체가 레티노산 용액에 담겨지므로 균일하게 처리된 레티노산에 의해서 아체의 특성이 온통 뒤쪽이 된다. 잘리고 남은 부분에서 새로 탈분화된 조직과 아체 사이의 상호작용은 앞쪽과 뒤쪽 코드 사이에 불연속성이 있는 곳마다 다리를 발생시킨다.

등쪽으로 반쪽인 다리와 배쪽으로 반쪽인 다리에 레티노산을 처리했을 때도 이와 유사한 결과가 얻어졌다. 레티노산의 처리는

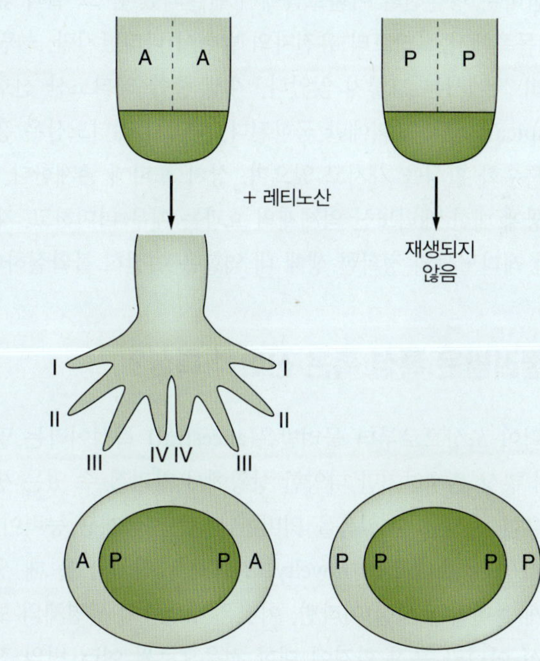

그림 24.26 수술을 통해 생성된 이중-앞쪽 및 이중-뒤쪽 다리에 대한 레티노산의 효과. 이중-앞쪽 다리는 레티노산 처리에 의해 뒤쪽화된 아체와 변하지 않은 잘리고 남은 부분의 상호작용으로 인해 이중 재생체를 형성하게 됨.

등쪽으로 반쪽인 다리에서 재생을 유발하고 이중-등쪽 다리에서 2개의 다리 형성을 유발한다. 이것은 레티노산이 아체를 배쪽화시키는 역할도 한다는 것과, 잘리고 남은 부분에서 새로 탈분화된 조직과 아체 사이의 상호작용은 등쪽과 배쪽 코드 사이에 불연속성이 있는 곳마다 다리를 발생시킨다는 사실을 암시한다. 이러한 해석에 대한 근거로서 잘리고 남은 부분의 탈분화가 끝난 뒤 레티노산을 늦게 처리하면 불완전한 다리 재생을 야기한다는 사실이 있다. 이는 잘리고 남은 부분이 이 단계에서는 더 이상 말단 재생을 시작하는 데 필요한 상호작용이 발생할 수 있게 하는 탈분화된 조직을 제공할 수 없기 때문이다.

따라서 레티노산의 전반적인 효과는 아체의 몸쪽화, 뒤쪽화 및 배쪽화가 동시에 관련된 복합적인 효과이다. 레티노산에 의해 *Prod1* 및 *Meis* 유전자 모두 발현이 증가되는 것으로 알려진 몸쪽화 과정을 제외하고 이것의 분자적 원리는 불분명하다. 그 작용의 초기 단계는 레티노산이 핵 수용체에 결합하는 것을 필요로 한다. 유미류의 다리는 여러 종류의 레티노산 수용체를 포함하고 있는데, 그중 일부는 재생 반응을 매개하는 유미류 특이적 수용체(δ-수용체라고 함)이다.

내인성(endogenous) 레티노산의 활성은 레티노산 반응 인자(retinoic acid response element, *RARE*)에 결합된 리포터 유전자를 포함하는 형질전환 아홀로틀에서 관찰되었다. 그 결과 앞다리 싹의 몸쪽에서는 리포터 유전자의 발현이 나타났지만, 놀랍게도 뒷다리 싹에서는 그렇지 않았다. 재생 중에 레티노산 신호는 꼭대기(apical) 상처 표피에만 국한된다. 따라서 레티노산은 흥미로운 재특수화 활성을 가지고 있으며, 상처 표피에 존재한다. 하지만 재생에 대한 레티노산 억제제의 효과는 매우 미미하고, 재생 과정에서 레티노산의 정확한 생체 내 역할은 여전히 불확실하다.

재생: 물려받은 특성 혹은 진화적 특성?

재생 능력이 조상으로부터 물려받은(ancestral) 특성이라는 말은 재생력이 항상 존재하지만 다양한 상황에서 가려질 수 있는 생명체의 고유한 속성일 수 있음을 의미한다. 반면에 재생 능력이 진화적 신기성(evolutionary novelty; 진화적 관점에서 볼 때 생물에 새롭게 출현하는 성질)이라면, 이것은 재생력이 생명체의 보편적 능력이 아니라 특정 환경에 대한 적응으로써 여러 번의 진화를 거쳐 획득되었다는 것을 의미한다. 본 쟁점은 분명 실용적 가치가 있다. 재생이 실제로 생명체의 본질적인 속성이라면, 최근의 진화 과정에서 꺼졌거나 잃어버린 구성 요소를 복원하여 인간의 재생력을 회복시키는 간단한 방법이 있을 수 있다. 그러나 재생의 모든 사례가 진화적 신기성 때문이라면, 각각의 사례는 어쩌면 새로운 유전자의 탄생이 포함된 새로운 재생 기전의 발생을 수반할지도 모른다. 재생되지 않는 생물에 그러한 재생 기전을 도입하려면 새롭거나 변경된 많은 구성 요소와 이들 사이의 많은 새로운 연결이 필요할 것이다. 물론 두 가지 견해 모두가 어느 정도 옳다는 것이 드러날 수도 있고, 일부 재생 현상은 조상으로부터 물려받은 특성인 반면에 다른 것들은 최근에 발생했다는 것이 판명될 수도 있다.

재생이 조상으로부터 물려받은 특성이라는 의견을 지지하는 증거로서는 모든 좌우대칭동물(Bilateria)이 앞쪽-뒤쪽 패턴을 제어하는 Wnt와 FGF의 농도 구배와 등쪽-배쪽 패턴을 제어하는 BMP의 농도 구배 등이 관련된 공통의 신체 체제(body plan)의 형성법을 가지고 있는 것으로 보인다는 점이 있다. 이러한 신호전달 체계는 전신 재생 중에 재활성화되고 무장류와 플라나리아 모두에서 예상되는 방식으로 패턴의 재생을 제어한다. 일반적으로 전신 재생은 신체가 자발적으로 두 부분으로 분열된 후 각 부분이 새로운 개체를 재구성하기 위해 발생하는 무성 생식 유형과 관련이 있다. 분열에 의한 무성 생식과 전신 재생에 필요한 것들은 당연히 매우 유사하다. 전신 재생은 주요 신체 부위가 만능줄기세포에 의해 끊임없이 교체되는 지속적인 세포 교체와도 관련이 있다.

발생 과정에서의 신체 체제 형성에 대한 기전은 척추동물과 곤충도 동일하게 가지고 있지만 전신 재생을 나타내지는 않는다. 이것은 아마도 이러한 분류군 발생의 계층적 특성 때문일 것이다. 척추동물의 어느 특정 세포 유형은 그것이 성숙되기까지 몇 가지 순차적 발생 결정을 필요로 한다(2장 참조). Wnt, FGF 및 BMP 신호는 발생 중에 여러 번 재사용되는데, 이는 그 신호에 반응하는 세포의 능력이 반복적으로 변해야 함을 의미한다. 성체 플라나리아는 여전히 만능줄기세포를 가지고 있지만, 우리가 아는 한 성체 척추동물은 그렇지 않다. 따라서 전신 재생은 진화적 측면에서 볼 때 조상의 특성이기는 하지만, Wnt와 BMP의 농도 구배와 이에 반응할 수 있는 만능줄기세포를 지속적으로 가진 동물에서만 보존될 수 있다.

재생이 진화적 신기성이라는 의견을 지지하는 증거로서는 영원(도롱뇽의 일종)의 다리나 꼬리처럼 튀어나온 부분이 포식자에게 잡아먹히는 식의 치명적이지 않은 포식 현상이 자연계에서 상당히 흔하게 관찰된다는 점이 있다. 이것은 새로운 재생의 기전이 동물을 취약하게 만드는 생활양식에서 진화되었다는 생각과 일치한다. 어떤 경우에는 재생하는 종에 특이적인 새로운 유전자가 부속지 재생에 핵심적인 역할을 하는 것으로 보인다(예: 유미류의 *Prod1* 유전자와 레티노산 수용체 δ). 더욱이 겉보기에 유사해 보이는 종의 재생 기전들 사이에는 일부 두드러진 차이점이 있다. 영원 *Notophthalamus*의 다리 재생에서 새로운 근육은 다핵 근섬유의 탈분화 및 재분화에 의해 발생하는 반면, 아홀로틀에서는 근육이 위성세포에서 발생한다. 비슷한 종의 동물들임에도 재생 기전 사이에 차이가 있다는 것은 적어도 부속지 재생의 경우 치명적이지 않은 포식에 대한 적응으로써 여러 번의 진화를 거쳐 획득되었음을 시사한다.

재생의 일반적 특성/특징

앞서 강조한 다양한 차이점에도 불구하고, 없어진 부분의 재생에서 어떤 일반적인 특징이 존재하는 것은 분명하다. 재생이 일어나기 위해서는 신체의 손상된 부분에 여전히 분열할 수 있는 세포가 있어야 하고, 성장 및 국부적 특수화를 제어하는 유전자가 여전히 활성 상태이거나 손상이 발생한 뒤에 다시금 활성화될 수 있어야 한다. 재생 시 세포의 탈분화가 일어나는 정도는 이전에 생각했던 것보다 적다. 플라나리아에서 탈분화는 일어나지 않고 재생은 지속적으로 존재하는 만능줄기세포에 의존한다. 유미류 다리에서 결합조직의 탈분화가 일어나기는 하지만 다리-싹-유사(limb-bud-like) 상태까지만 진행된다. 재생을 위해 다시 발현되어야 하는 유전자는 일반적으로 재생되지 않는 상황에서 그 발현을 증가시키기가 어렵다. 예를 들어, 앞쪽-뒤쪽 패턴 형성을 담당하는 *Shh* 유전자의 증폭자(enhancer)는 유미류의 DNA 수준에서는 메틸화되어 있지 않아(unmethylated) 관련 전사조절 단백질들이 쉽게 접근할 수 있는 반면, 변태 후 다리를 재생할 수 없는 무미류에서는 동일한 증폭자가 메틸화되어 있어 *Shh* 유전자가 침묵하게(silent) 된다. 재생은 배아 발생에 사용된 기전을 재사용하는 경향이 있지만, 재생의 시작점과 규모에 따라 항상 약간의 차이가 발생한다.

기억해야 할 핵심 사항

- 일부 무척추동물은 작은 조각으로부터 전신을 재생시킬 수 있다. 이러한 경우에 잘려진 신체는 앞쪽을 향한 절단면에서 새로운 머리를 만들어내고 뒤쪽을 향한 절단면에서 새로운 꼬리를 만들어낸다. 이것은 전신 재생으로 알려졌다. 곤충과 척추동물은 부속지만을 재생할 수 있으며, 이것은 항상 절단면에서 말단 방향으로 진행된다.
- 플라나리아는 전신 재생이 가능한 동물이다. 재생력은 벌레 몸의 약 20%를 차치하는 작고 미분화된 분열하는 세포인 신모세포에 의존한다. 신모세포 중 일부는 만능성줄기세포이다.
- 플라나리아의 국부적 패턴은 Wnt, FGFs 및 BMPs의 지속적인 농도 구배와 함께 그들이 조절하는 유전자에 의해 제어된다.
- 불완전변태 곤충의 다리 재생 현상은 초파리 다리 원반 발생에서 보이는 것과 동일한 상호작용에 기초하여 설명될 수 있다.
- 대부분의 유미양서류는 평생에 걸쳐 다리를 재생할 수 있다. 절단 후에는 외관상 미분화된 세포의 재생 아체가 생성된다. 그것은 성장하고 몸쪽에서 먼쪽의 순서로 분화하여 없어진 부분을 다시 형성한다. 그런 다음 축소된 크기의 다리가 정상적인 크기로 성장한다. 상처 표피와 신경에서 분비하는 성장인자가 아체의 성장을 위해 필요하다.
- 절단면 근처의 세포들로부터 재생체가 형성된다. 결합조직이 다리-싹-유사 상태로 탈분화된다. 재분화 중에 결합조직 유형의 화생이 관찰되지만, 근섬유, 슈반세포 및 표피는 다른 세포 유형으로 전환되지 않는다.
- 다리는 이식실험에서 신체의 각 부분을 표지하는 위치정보 체계를 포함하고 있는 것처럼 반응을 보이는데, 그 위치정보는 재생 과정 중에 형성되는 구조들의 패턴을 조절한다. 말단 재생에는 위치정보의 일부 불연속성이 필요하다. 레티노산은 아체를 몸쪽화, 뒤쪽화 및 배쪽화시킬 수 있다.

고전적인 실험

패턴의 재생

다음의 고전적인 재생연구 논문은 일련의 논리를 형성하고 있으며, 실험적으로 입증되기 전에 이론과학자들에 의해 올바른 결과가 추론되었다는 점에서 매우 이례적이다. 첫 번째 논문은 성충판, 불완전변태 곤충의 다리 및 양서류 다리의 재생에 대한 몇 가지 일반적인 현상학적 규칙을 도출하려고 시도했다. 이 논문은 완전히 정확하지는 않았지만 당시에는 매우 영향력이 컸다. 두 번째 논문은 그 모델의 3차원적 개선을 기술한다. 세 번째 논문은 초파리 다리 원반의 분자 정보를 확립했으며, 마지막 논문은 불완전변태 곤충의 다리 재생에서 예측된 유전자 발현 패턴을 보여준다.

French, V., Bryant, P.J. & Bryant, S.V.(1976) Pattern regulation in epimorphic fields. *Science* **193**, 969-981.

Meinhardt, H.(1983) Cell determination boundaries as organizing regions for secondary embryonic fields. *Developmental Biology* **96**, 375-385.

Campbell, G. & Tomlinson, A. (1995) Initiation of the proximodistal axis in insect legs. *Development* **121**, 619-628.

Mito, T., Inoue, Y., Kimura, S. et al.(2002) Involvement of hedgehog, wing-less, and dpp in the initiation of proximodistal axis formation during the regeneration of insect legs, a verification of the modified boundary model. *Mechanisms of Development* **114**, 27-35.

새로운 연구방향

재생 연구는 여전히 몇 가지 매우 심오한 질문을 제공/제시한다.

1. 일부 구조는 재생될 수 있지만, 다른 유사한 구조는 재생될 수 없는(예: 유미류와 무미류의 다리) 이유는 무엇인가?
2. 플라나리아에서 세포들은 자신이 앞쪽을 향하는 표면에 있는지 뒤쪽을 향하는 표면에 있는지 어떻게 구별하나?
3. 양서류 결합조직의 탈분화의 분자적 기초는 무엇이며, 왜 다리-싹-유사 상태에서 멈추는가?
4. 양서류에서 성숙한 결합조직에 저장된 위치정보의 분자적 기초는 무엇인가?

용어설명

색인을 작성함에 있어 적절한 길이를 유지하기 위해서, 개개의 유전자 또는 유전자 산물의 명을 포함시키지 않았음.

A

abdominal histoblasts: 복(腹)조직 싹. 변태 과정에서 배쪽을 구성하는 큐티클로 되는 완전변태 곤충의 유생시기에 존재하는 세포둥지

acini (singular acinus): 소포, 소엽, 포도상선, 선방. 상피선 내 세포 무리

acrosome: 첨체. 정자에서 발견되는 큰 분비낭

adaptive evolution: 적응진화. 자연선택에 의해 생성된·진화적 변화물

adherens junction: 부착 연접. 칼슘이온이 존재할 때 서로 결합하는 막관통 단백질인 캐드헤린 단백질을 가진 세포 간에 캐드헤린을 매개한 부착. 세포질 부분에서, 캐드헤린은 카테닌을 포함한 단백질 복합체를 매개로 해서액틴 세포골격에 연결됨.

adipose tissue: 지방조직. 지방을 저장하고 합성하는 조직

adult stem cell = tissue specific stem cell: 성체줄기세포 = 조직특이 줄기세포.

aggregation chimera: 응집 키메라. 서로 다른 유전형을 가진 두 배아를 응집시켜 만든 생쥐

AGM region: 대동맥-생식소-중신 부위. 척추동물 배아의 중배엽에 있는 대동맥-생식소-중신 부위

agonist: 작용물질, 작용제. 특정 세포 수용체 또는 반응을 자극할 약물. 종종 내제적 물질의 활성을 흉내냄

allantois: 요막. 비록 생쥐에서 중배엽 뒤쪽 전적으로 형성되지만, 양막류의 뒤쪽 내배엽에서 유래하는 배외막 구조, 조류와 파충류의 경우 호흡과 질소 노폐물을 저장하는 데 사용됨.

allele: 대립유전자, 대립형질. 유전체 내 동일 좌위에 위치하는 대체 가능한 DNA 염기서열을 가지는 유전자

allelic series: 대립유전자 시리즈. 점진적으로 강해지는 표현형을 보이는 대립유전자 세트

allograft, allogeneic graft: 동종이계(同種異系) 이식. 한 성숙한 개체에서 다른 개체로의 이식: 동일 근친계 개체가 아닌 경우 변역 반응이 일어날 수 있음

allometry: 상대성장. 개체의 두 부분 사이에 서로 다른 성장, 또는 서로 다른 개체 사이에서 동일 부분이 서로 다른 성장

allotetraploid: 이질 사배체, 이종사배체, 유사사배체. 다른 종간(보통 유연종) 교배를 통하여 유전체 4사본을 소유

amniocentesis: 양수검사, 양수천자. 사람 배아의 양막강에서 세포를 채취. 이를 이용하여 염색체 이상을 임신 초기에 알아낼 수 있음.

amnion: 양막. 배아를 바라보았을 때 가장자리의 외배엽과 장막을 바라보는 가장자리 중배엽에서 형성되는 양막류의 특징인 배아외막.

amniote: 양막류. 배아가 양막을 가지는 척추동물. 파충류, 조류 그리고 포유류가 여기에 속함

amphioxus: 창고기. 가장 잘 알려진 유형의 두색류 동물. 척삭, 분절된 근육과 인두열을 가지지만 척추골과 두개골을 가지고 있지 않음. 창고기는 척추동물과 공통 조상을 가지고 있는 것으로 여겨지고 있음

ampulla: 팽대부. 관의 확장된 부위. 발생학에서는 보통 소장으로의 췌장관 출구인 바터팽대부(ampulla of Vater) 또는 수정이 일어나는 수란관 부분을 말함.

analogy: 상사(相似) 진화상에서 상동에 의하지 않고 다른 이유들로 달랐던 구조가 유사하게 된 구조

anamniote: 무양막류. 배아 시기에 양막이 없는 척추동물. 어류와 양서류가 이에 속함

anchor cell: 닻세포. 예쁜꼬마선충의 음문 형성 시 신호 중심으로 역할을 하는 세포

androgenetic: 웅성발생의. 유전 물질이 정자로부터만 유래한 배아

aneuploidy: 이수성. 염색체의 획득 또는 상실에 의한 비정상적인 염색체 수

angiogenesis: 혈관신생. 이미 존재하는 혈관으로부터 성장하여 새로운 혈관이 형성됨

animal cap: 동물극 모자. 양서류 또는 어류 배아의 동물극에서 절제해 낸 부분, 보통 유도인자를 분석하는 데 사용됨

animal hemisphere: 동물반구. 알 또는 난자의 위쪽 반구: 보통 수정 후 극체를 형성함

animal model: 동물 모델. 보통 사람의 질환과 유사한 결함을 가지게끔 계획된 형질전환 또는 적중된 생쥐

animal pole: 동물극. 보통 가장 위쪽에 위치하고 있고, 상대적으로 난황이 없

는 세포질을 포함하며, 극체를 가지고 있는 알의 극

animal-vegetal axis: **동-식물극 축.** 알 또는 난자의 동물극과 식물극을 잇는 선

antagonist: **길항제.** 다른 물질의 활동을 억제 또는 차단하는 물질

anterior: **앞, 앞의.** 동물의 머리끝. 사람 해부학에 있어서 주의할 것은 사람은 직립 자세를 가지고 있어 앞이 배쪽과 동일함

anterior intestinal portal: **전장문맥.** 양막류 배아의 중장 강으로 열린 전장문

anterior midgut: **전방 중장.** 곤충배아에서 앞쪽 끝에서 함입하는 장의 부분

anteroposterior or anterior-posterior: **전후방(앞뒤쪽).** 동물의 앞쪽 끝과 뒤쪽 끝을 연결하는 선 또는 앞쪽 끝에서 뒤쪽 끝 쪽으로의 방향. 사람의 해부학에서는 등배(dorsal-ventral)과 동일

antibody: **항체.** 면역계의 B 림프구에서 생산되는 면역글로불린 단백질로 대상 물질에 특이적이고도 높은 친화력을 가지고 결합할 수 있음. 항체는 항원으로 불리는 대상 물질을 한 동물에 면역력을 가지게 함으로써 만들 수 있음

antigen: **항원.** 한 동물에 면역력을 가지게 하여 항체를 만드는 데 사용되는 모든 물질

antimorphic = dominant negative: **반정상 대립인자 = 우성 음성.**

antisense: **안티센스.** 표적 서열에 상보적인 DNA 또는 RNA 서열. 이를 이용하여 표적과 결합하게 할 수 있음

anurans: **무미(양서)류.** 꼬리 없는 양서류: 개구리와 두꺼비

apical: **정단(頂端)의. 정점의.** 상피의 기저막에서 먼 쪽, 보통 강을 면함

apical ectodermal ridge(AER): **정단외배엽 융기.** 척추동물 사지 싹 상의 말단 성장인 몸통에서 먼 쪽으로의 성장에 필요한 상피 부분. 닭 혹은 포유류의 배아에서 다리 원기의 정단(말단)에 형성되는 외배엽성 비후 조직.

apoptosis: **아폽토시스.** 가장 일반적 유형의 프로그램된 세포의 죽음. 캐스파제 효소의 활동이 관여되어 있고 독성 산물을 주변에 방출하지 않음

appositional induction: **병렬 유도; 병치 유도.** 두 세포층의 접촉에 의한 유도

arbor: **나무.** 발생학에서 신경세포의 수상돌기 나무를 나타냄

archenteron: **원장.** 낭배 형성 이동 결과로 형성된 강; 후에 장강이 되거나 또는 장강이 형성되는 데 관여.

area opaca: **암역, 불투명역.** 조류 배반엽의 바깥쪽 배외 지역으로 난황낭 형성과 함께 확장됨

area pellucida: **명역, 투명역.** 조류 배반엽의 중앙 부분으로 그 자체가 배아로 발생함

asexual reproduction: **무성생식.** 두 생식 세포가 융합하여 접합자를 형성하는 것이 없이 진행되는 생식. 출아, 분할, 알로부터의 처녀생식 형태 등으로 일어날 수 있음

aster: **성상체.** 미세소관 배열로 세포 분열 동안 염색체의 분리에 참여

astrocyte: **성상(星狀)세포.** 중추신경계 내 (아)교세포의 한 유형

asymmetrical division: **비대칭분열, 비균등분열** 한 세포가 분열하여 서로 다른 두 딸세포가 형성되는 상황

atavism: **격세유전, 환원유전.** 보통 돌연변이에 의해 형성되는 조상형의 특징과 닮은 형태학적 특징

autologous graft: **자가이식.** 성숙한 개체의 한 부분에서 다른 부분으로의 이식; 어떠한 면역 거부도 없음

autonomic system: **자율계.** 신경계의 하나로 심박수나 위 운동 같은 불수의적 과정을 조절함.

autonomous / cell autonomous: **자율적/세포 자율적.** 주변 세포로부터의 어떠한 정보도 필요로 하지 않는 과정

autopod(= autopodium): **자각(自脚), 오토포드.** 척추동물 사지의 팔 또는 다리

autoradiography: **방사능촬영법, 자기방사법.** 젤 또는 조직학적 절편 상의 방사능을 사진 유제에 노출하여 감지하는 방법

autosomes: **상염색체.** 성염색체가 아닌 염색체

AVE(anterior visceral endoderm) region: **전방 내장 내배엽.** 생쥐 배아에서 배아외 신호 중심

axis: **축.** (1) 전후축처럼 선 또는 방향; (2) 척추동물 배아에서 척삭, 체절, 신경관으로 구성된 중앙선 구조체

B

β-cells: **β-세포.** 췌장의 랑게르한스섬의 인슐린을 분비하는 내분비 세포

β-galactosidase: **β-갈락토시다아제.** *lacZ* 유전자 산물, β-갈락토시다아제의 효소 활성은 생화학적으로 쉽게 감지할 수 있음. 그렇기 때문에 *lacZ* 유전자는 유전자 발현의 리포터로 종종 사용됨

β-geo: **β-지오 단백질.** β-갈락토시다아제와 네오마이신 저항 단백질이 융합된 단백질

B lymphocytes: **B 림프구.** 항체를 생성하고 분비하는 림프구

balancer chromosome: **평형기 염색체. 벨런서 염색체, 균형엽색체.** 상동염색체와 접합하지 않는 염색체로 보통 열성치사 돌연변이와 우성 표지자를 가지고 있음. 특히 돌연변이 유발을 스크린하거나 이질 접합 형태 내 열성치사 돌연변이의 저장을 유지하는 데 사용됨.

Balbiani body: **발비아니체.** 생식질과 관련된 척추동물 난자의 세포질 내 구조. 이 구조는 마이토콘드리아, 골지막, RNA를 포함하고 있음

band shift assay: **밴드 이동 분석.** 핵산에 단백질이 결합하였음을 설명하기 위한 젤 전기영동 기술 중의 하나

basal: **기저(의).** (1) 상피의 기저부로 기저막에 이웃한 면을 의미함; (2) 분류군의 기저로 공통조상에 가장 근연한 것.

basement membrane / basal lumina: **기저막/기저층.** 상피(표피) 밑에 있는 세포외 기질로 구성된 층

bipolar form: **양극형.** 거울상 대칭 복제로서, 특히 플라나리아 또는 히드라의 재생에서 볼 수 있음

birth defects (= congenital defects): **선천성 결함(결손).** 출생시 나타나는 포유동물 배아의 결함. 이는 배아의 유전적 결함에 의해 또는 염색체 이상에 의해 생기거나 기형 형성 자극으로 생김.

bistable switch: **쌍안정 스위치.** 분자 기작으로 어떤 외부 신호에 의해 상호 전환될 수 있는 2개의 안정적인 일정한 상태를 가짐

bivalent: **2가(의).** (1) 모계와 부계의 염색체가 쌍을 이룸으로써 형성된 4개의 염색분체를 가지는 감수분열 단계의 염색체; (2) 2개의 결합 부위를 가지고 있는 어떤 분자의 한 부분

blastema: **아체(芽體).** 세포의 미분화된 싹으로, 플라나리아를 제외하고는 구조를 생성하는 분열을 함

blastocoel: **포배강.** 포배의 중앙에 있는 액체로 채워진 공간.

blastocyst: **포배, 배반포, 주머니배.** 강형성 후의 포유류 배아; 배아외막 분화가 없는 비포유동물과 다름.

blastoderm: 배반엽. 포배와 유사하지만 세포들이 모여 공 모양을 형성하는 것이 아니라 박판 형태를 이룸

blastomere: 할구. 수정난에서 난할을 통해 형성된 큰 세포

blastopore: 원구. 낭배형성 과정 동안에 세포가 안쪽으로 이동하여 형성된 구멍 또는 눌린 부위

blastula: 포배 초기 발생 단계; 수정난의 반복된 난할로 형성되는 크기가 유사한 세포덩어리

blot: 블롯. 전기영동으로 분리한 후 젤에서 막으로 옮겨가 부착시켜 만든 것으로 핵산 혼성(hybridization)이나 항체 결합을 통한 생화학적 분석에 적합함

body plan(= Bauplan): 체제(體制). 한 분류군에 속한 개체의 신체 전체의 주요 특징

border cells: 경계세포, 변연세포. 초파리 난자의 극성을 조절하는 특화된 난포세포

brachial plexus: 상완신경총. 척수신경이 융합과 재분지를 통해서 척추동물의 전지를 지원하도록 형상된 신경 배열

branchial arches(= pharyngeal arches): 인두궁 = 새궁(鰓弓, 아가미궁). 인두낭 사이의 분절형 구조물로서 연골성 궁, 혈관, 뇌신경으로 구성됨

branching morphogenesis: 분지적 형태형성 세포 이동 그리고/또는 상피의 성장에 의한 분지 구조물의 형성

bromodeoxyuridine(BrdU): 브로모디옥시 유리딘. DNA 뉴클레오타이드 유사체로 S기에 있는 세포를 표지하는 데 사용됨.

C

Cambrian: 캄브리아기. 5억 4천 1백만 년에서 4억 8천 8백만 년 전의 초기 지질시대(첫 고생대)로 동물화석이 많이 발견됨

cancer: 암. 신체 구성하는 세포의 제어되지 않는 성장

capacitation: 수정능 획득(수정 능력 획득). 포유동물 정자의 수정이 가능하도록 하는 암컷 생식수관 내에서의 조건화 과정

carcinoma: 암종(癌腫). 상피에서 유래한 암

cardia bifida: 심장이분증(心臟二分症). 2개의 심장을 가지는 선천성 기형

carpals: 완골(腕骨). 팔목뼈.

cartilage model: 연골모델. 연골에서 형성된 골격 요소로 후에 뼈로 치환됨

caudal: 미부(尾部)의. 꼬리와 관련된, 종종 뒤쪽과 동일시되어 사용됨

cavitation: 강 형성. 세포괴 내 강의 형성

CCD(= charge coupled device): 전하결합 소자. 디지털카메라의 광학감지기

cell biology: 세포생물학. 세포의 구조, 기능, 행동에 초점을 두어 접근하는 생물학

cell lineage: 세포 계보. 한 세포군의 가계도로 어떤 세포가 어느 조상 세포로부터 왔는지를 알려줌.

cell type: 세포 유형. 광학현미경 또는 전자현미경 상 어떠한 독특한 모습을 가지는 세포

cellular blastoderm: 세포성 배반엽. 합포성 배반엽이 개별 세포로 나뉘어진 곤충 발생에서의 한 단계

central nervous system: 중추신경계. 척추동물의 뇌와 척수

centriol: 중심소체. 대부분의 진핵세포 내 체세포분열 방추를 구성하는 실린더형의 세포소기관

centromere: 동원체. 세포 분열 때 방추사가 붙고, DNA 복제 후 자매 염색분체가 붙고, 감수분열 동안 상동염색체가 붙는 염색체 부분

cephalochordate: 두색류. 척삭동물의 하단위 분류로 창고기가 포함됨. 현재는 미색류(예, 우렁쉥이)보다 척추동물에 덜 밀접한 것으로 간주됨.

cephalopod: 두족류. 문어와 오징어를 포함하는 연체동물문의 한 강

cerebellum: 소뇌. 움직임을 조절하는 척추동물 뇌의 한 부분으로서 능형분절 1에서 유래함.

chalone: 칼론. 순환과 조직 특이적인 성장 억제제

checkpoint: 점검점. 세포가 세포주기를 지속할 것인가 또는 멈출 것인가를 조절하는 세포 분열 주기 동안의 시간

chemokine: 케모카인. 외부 신호 분자의 한 종류로서 특히 백형구 활성에 중요

chim(a)era: 키메라. (1) 유전적 모자이크, 특히 한 유전형을 가진 세포를 다른 유전형을 가진 배아로 주입한 포유동물 배아; (2) 또한 분자에도 적용하는 용어로서 분자 클로닝을 통하여 여러 분자에서 유래한 것이 결합된 분자에 적용됨: 융합단백질(fusion protein) 도메인 스왑(doamin swap) 참조

ChIP-seq: 칩-씩. DNA와 단백질 간의 상호작용을 연구하는 데 사용되는 한 방법. 결합된 단백질은 특화된 항체를 이용하여 침강시키고 관련된 DNA의 염기서열을 분석. 이 방법을 통하여 전사인자가 결합하는 DNA 염기서열을 알아낼 수 있음.

Choanoflagellates: 편모충류 해면겟솜과 유사한 것으로 간주되는 단세포 및 군집 생물로 구성된 진핵생물 분류군

Cholangiocyte: 담관세포. 담관과 담낭의 안쪽을 덧대고 있는 담 상피세포

chondroblast: 연골모세포, 연골아세포. 유사분열이 활발한 연골세포로서 아직 성숙하지 않은 연골세포

chondrocyte: 연골세포. 성숙한 연골세포

chordate(= chordate): 척삭동물. 미색류와 두색류, 그리고 척추동물을 포함하는 문

chorioallantoic membrane: 장뇨막. 요막과 장막이 융합해서 형성된 조류 배아의 배아 외막

chorion: 융모막, 장막. (1) 양막과 유사하나 바깥 층에 형성된 양막류의 배아외막; (2) 곤충이나 어류 알을 둘러싸고 있는 세포 외층

chromatin: 염색질. 유전자 발현과 유전체 행동 조절을 돕는 역할을 하는 염색체 단백질과 결합된 DNA

chromobox genes: 크로모박스 유전자. Polycomb 유전자의 호모로그(homolog)를 포함하는 유전자로서 염색질 구조를 통하여 Hox 유전자의 발현을 조절함.

clade: 분기군, 계통분기. 공통조상에서 유래한 모든 생명체를 아우르는 분류군

cleavage: 난할. 딸세포가 모세포보다 작은 성장이 없는 세포 분열의 한 유형; 초기 발생 단계에서 발견됨

cloaca: 총배설강. 요생식공과 항문공이 공통인 것

clonal analysis: 클론 분석. 표식된 한 세포의 후손 세포들의 분화와 개체 내 위치에 관한 연구를 통하여 확보된 발생 기전에 대한 정보

clone: 클론. (1) 하나의 전구세포에서 유래하여 유전적으로 동일한 세포 집단; (2) 분자 클로닝을 통하여 준비된 DNA 분자.

cloning: 클로닝, 복제. (1) 제한효소를 이용하여 조립할 DNA 염기서열을 얻고 리가아제(DNA 연결효소)를 이용하여 클로닝 벡터에 넣고서 필요한 양을 얻기 위해 증식함(= 분자 클로닝); (2) 단일세포의 증식에서 유래한 콜로니 성장(= cell cloning); (3) 한 세포를 이용한 개체의 형성(= whole animal cloning 또는 사람의 생식 클로닝)

clonogenic: **클론 형성성.** 적절한 분석 시스템하에서 클론을 형성하고 분열할 수 있는 능력이 있는 세포

cnidarians(= Cnidaria): **자포동물.** 해파리와 말미잘을 포함한 동물문

coelom: **체강.** 중배엽으로 둘러싸인 몸 안의 강

combinational: **조합의.** 서로 다른 상태의 것이 단일 요소로 규정되지 않고 요소의 조합으로 규정되는 상태. 예를 들어, 서로 다른 상태의 세포 약속(수임)은 보통 단일 인자에 의하기 보다는 존재하는 전사인자의 조합에 의함

combinatorial chemistry: **조합화학.** 한 번에 하나의 화합물이 아닌 관련된 화합물을 동시적으로 다 함께하여 거대 라이브러리를 구축하는 방법

commisural neurons: **교차뉴런, 교차신경세포.** 척수의 한쪽 면에서 다른 쪽 면을 연결하는 신경세포

commitment: **수임(受任), 분화 허락, 약속.** 세포 또는 조직 부분이 특정 발생 경로 또는 운명을 따르도록 프로그램화된 상태

compaction: **치밀.** 포유류 상실배의 할구들이 서로 더 밀착하여 보다 빽빽하게 함께 묶여지는 과정

compartment: **구획.** 어떤 세포 클론이 주변으로 이동하지만 경계가 서로 겹치지 않는 배아의 지역

competence: **수용능, 발생 능력.** 유도인자에 반응할 수 있는 능력

complementation test: **상보성 검사.** 두 열성 돌연변이가 한 개의 돌연변이는 모계 염색체 상에서 진행되고, 다른 돌연변이는 부계 염색체 상에서 진행되어 동일 유전자 상에 위치할 때 이를 찾아내기 위한 유전자 검사. 만약 이들이 다른 유전자에서 일어났다면, 야생형 대립유전자는 보완적이어서 정상적인 표현형을 보일 것임. 반면에 동일 유전자 상에서 일어났다면, 서로 보완적이지 않아서 돌연변이형이 나타남.

compound microscope: **복합현미경.** 절편 또는 매우 얇은 물체를 관찰하는데 사용되는 광학현미경 유형

conceptus: **수태물, (포유류의) 태아.** 포유류에서 수정란에서 유래하여 형성된 모든 배아 외막과 배아

condensation: **밀집물, 응축물, 응축/축합.** (1) 간충직 내 세포가 밀집된 부분; (2) 밀집된 또는 뭉친 부분의 형성

conditional knockout: **조건부 유전자 적중(녹아웃).** 실험자가 조절적으로 형성하는 특정 환경에 의해 유전자 절제가 진행되는 적중 생쥐

confocal(scanning) microscope: **공초점현미경.** 표본을 레이저로 스캔하여 특정 광학 절편의 디지털 상을 만드는 현미경

connective tissue: **결합조직.** 섬유아세포에 의해 콜라겐을 풍부하게 함유하고 있는 세포외 기질을 상당한 양으로 가지고 있는 조직을 이름. 때때로 보다 광의적으로 상피 이외의 모든 조직을 지칭함.

constitutive: **상시적인, 구성하는.** 지속적으로 활동하는 유전자 또는 유저자 산물을 묘사함

convergent extension: **수렴 확장.** 세포 시트를 구성하고 있는 세포가 전체적인 묶음 배열의 변화를 위해 활동적으로 움직이면서 그 시트의 폭이 길어지고 좁아지는 형태로 진행되는 형태형성 이동

coronal section(= frontal section): **관상단면, 전두단면, 전두절편**

corpus allatum: **알라타체.** 곤충에서 발견되는 내분비선으로 유충 호르몬을 분비함. 유충 발생 동안에 변태를 방지함.

corpus luteum: **황체.** 포유류 난자의 배란 후 난소에서 형성되는 구조

cortex: **피질.** 세포의 바깥 부위로서, 특히 알 또는 난자에서의 원형질막 하부의 몇 마이크로 미터 두께 부분임

cortical granules: **피질 과립.** 난황막 구성물를 포함하고 있는 분비낭으로서, 수정 시 난자로부터 분비되어 나감.

cortical rotation: **피층회전, 피질회전.** 수정난 피층이 내부 세포질을 중심으로 하는 회전

cranial: **뇌의, 두 개(頭蓋)의.** 머리와 관련된, 종종 앞쪽과 동일하게 사용됨

cranial nerves: **뇌신경.** 뇌에서 시작하여 오는 신경

Cre-lox: **크레-록스.** DNA 재조합 또는 조절된 상황하에서 특정 부분에서 DNA 부분 제거를 하는 데 쓰이는 시스템

CRISPR-Cas9: **크리스퍼-카아스9.** 높은 효율로 유전체 DNA 상의 기능 상실 돌연변이를 만들어 낼 수 있는 유전자 표적 방법. 또한 변형 부분에 새로운 염기서열을 넣을 때 사용할 수 있음. CRISPR는 "clustered regularly interspaced short palindromic repeats"로 이 시스템이 발견된 박테리아와 고세균류의 유전체 상에 있는 염기서열. Cas9은 관련된 뉴클레아제 효소.

crossing over: **교차.** 감수분열 시 모계 염색분체와 부계 염색분체의 재조합; 정상적인 체세포분열 주기상 4가닥 단계에 인위적으로 유도할 수 있음

cryostat(= cryotome): **저온유지장치 = 냉동절편기.** 냉동된 표본을 이용하여 절편을 얻기 위해 어는점 미만에서 작동하는 박편절단기(마이크로톰).

cumulus: **난구세포.** 포유류의 성숙한 난자와 함께 배란되는 난포세포

cystoblast: **낭모세포, 양막강배질.** 초파리에서 난자 1 + 영양세포 15개를 만들기 위한 선구세포

cytoplasmic determinant: **세포질 결정인자;** 결정인자 참조

cytoskeleton: **세포골격.** 세포의 세포질을 구조적으로 지지하기 위해 만들 미세섬유와 미세소관계

cytotrophoblast: **세포성 영양 배엽, 세포체 영양 배엽.** 합포체가 되는 합포성 영양 배엽과는 달리 세포로 남아 있는 사람의 영양 배엽 부분

D

dauer larva: **영속유충.** 예쁜꼬마선충에서 휴면기 상태를 잘 버티는 시기

deciduum: **탈락막.** 착상하는 배아에 반응하여 형성된 부푼 자궁움

deep cells: **심층 세포.** 초기 배아, 특히 어류 배아의 안쪽에 위치한 세포

definitive endoderm: **완성 내배엽, 최종 내배엽.** 양막류 배아에서 배아 외배엽과 상반되는 배아 내배엽

dehydration: **탈수.** 물 제거

delamination: 한 세포층으로부터 개개 세포의 분리

denticles: **복모/치상돌기.** 초파리 유충의 배쪽에 있는 작은 세포 돌기

derived: **유래된.** 분류군 중 공통 조상과 가장 다른 분류군

dermal papilla: **진피유두.** 특히 모낭에서 진피 세포의 더미

dermatome: **진피분절, 피부분절.** 배진피를 형성하는 체절 부분

dermis: **진피.** 피부의 결합조직 층

dermomyotome: **진피근분절, 피부근육분절, 피부근절.** 진피분절과 근분절을 형성하는 체절 부분

desmosome: **접착반.** 원형질막의 세포질 쪽 상에 있는 고밀도 전자 판과 이 판이 중간섬유 다발에 연결되어 있는 것이 특징인 세포 간 연접의 한 유형

determinant(= cytoplasmic determinant): 결정인자/결정소. 알 또는 할구의 특정 부위에 위치한 물질로서 이것을 물려받은 세포는 특정 발생 수임(약속)을 획득하게 되는 원인이 됨

determination: 결정 세포 또는 조직의 발생 수임(약속)의 한 유형으로 배아의 어느 다른 부위로 이식되더라도 되돌려지지 않음, 즉 운명이 고착된 상태

Deuterostomia: 후구동물. 방사형 난할, 조절 발생, 원구에서 항문이 형성되는 것으로 특징지어지는 동물문에 속하는 그룹

developmental constraint: 발생 제한. 일부 유형의 돌연변이의 다양화를 막는 발생 기작의 한 양상

diaphysis: 골간(骨幹). 장골의 골간

diencephalon: 간뇌(間腦). 척추동물 전뇌의 뒷부분

differentiation: 분화. 성숙한 기능을 가지는 세포의 특성으로 발생 동안에 획득한 것. 이 용어는 보통 수임이 되는 초기 단계보다는 발생의 마지막 단계를 의미함.

dil, diO: 지용성 형광생체염색시약. 지용성 형광 생염료로 운명지도 작성에 사용됨.

diploblasts: 2배엽성. 2개의 배엽만을 가지고 발생하는 동물군: 자포동물과 빗해파리

diploid: 2배체. 두 세트, 즉 한 세트는 부체에서 그리고 다른 한 세트는 모체에서 유래한 염색체를 가짐

directive axis: 지시축. 네마토스텔라(Nematostella)와 다른 해양 아네모네의 폴립을 묘사하는 데 사용하는 축. 구-반구축(입-입의 반대축)에서 오른쪽으로 틀어져 존재함

dissecting microscope: 해부현미경. 상대적으로 큰 고형 물체를 조작하고 관찰하기 위한 현미경의 한 종류

distal: 원위부, 먼 부분. 체에서 가장 먼

distal tip cell: 원위단부세포, 먼 쪽 끝 세포, 말단세포. 예쁜꼬마선충의 생식계열의 발생에 필요한 신호 중심으로 작용하는 세포

DNA sequencing: DNA 염기서열. DNA 상의 염기서열 결정

domain swap: 도메인 교환. 다른 단백질 상에 있는 기능 도메인이 조합된 단백질을 암호화하고 있는 유전자. 예를 들면, 다른 단백질로부터 유래한 DNA 결합부와 호르몬 결합 부위

dominant: 우성(의). 야생형 대립유전자가 있는 상태에서 돌연변이 표현형이 생성되는 돌연변이 유형

dominant negative: 우성 음성. 야생형 대립유전자 역할에 길항적으로 작동하는 돌연변이 유형

dorsal: 배(背)의, 등쪽의. 동물의 위쪽 표면(또는 등). 사람의 해부학에서는 뒤쪽과 같음

dorsal closure: 등쪽 닫힘. 곤충 배아에서 난황덩어리를 배쪽에 위치한 배대로 감싸는 형태형성 이동을 의미

dorsalization: 배화(背化), 등쪽화(~化). 개구리의 슈페만 형성체(Spemann's organizer), 어류에서의 배순, 양막류에서의 결절(node)과 같은 낭배 형성체의 영향하에서 등쪽 상태로 될 수 있도록 수임된 특화

dorsal lip: 원구배순(부). 양서류 배아에서 환 모양 원구의 등쪽 부분. 원구배순 바로 위 조직이 슈페만 형성체임.

dorsal root ganglia(DRG): 배근신경절. 척수신경의 등쪽 가지 상에 있는 감각 신경절

dorsoventral or dorsal-ventral: 배(背)-복(腹)의. 등쪽-배쪽의. 동물의 등쪽 맨끝과 배쪽 맨끝을 연결하는 선 또는 방향

driver mutation: 추진자 돌연변이. 암생물학에서 세포가 악성으로 되는 또는 보다 공격적인 형태로 되는 체세포 돌연변이

dsRNA: 이중가닥 RNA. 이중가닥 RNA로서, RNA 간섭에 이용됨

ductus arteriosus: 동맥관. 포유류 태아에서 대동맥과 폐동맥의 접합부

dysplasia: 이형성(異形性), 형성이상. 성장과 분화의 변형 패턴

E

Ecdysozoa: 탈피동물상문. 일차 염기서열 데이터를 기반한 상문; 다른 군 중 절지동물과 선충을 포함함

echinus rudiment: 성게원기. 성게 유생에 있는 싹으로 변태 과정 중에 성체로 됨

ectoderm: 외배엽. 3개의 배아 배엽 중 바깥쪽 것

ectopic: 이소성(異巢性)의. 이소성 구조 또는 이소적 유전자 발현처럼 일상적 상황이나 위치에 있지 않음

Ediacaran: 에디아카라기. 6억 3천5백만 년에서 5억 4천1백만 년 전 사이의 가장 이른 지질기로 동물 화석이 발견됨

egg: 알. 엄격히 말하면 제2차 감수분열을 완개한 암컷 배우자(= 난, ovum). 또한 수정난(= 접합자, zygote). 종종 넓게 제2차 감수분열 난모세포와 초기 배아를 지칭하는 데 사용되기도 함

egg chamber: 난방. 암컷 초파리 내 난자와 그 영양세포가 난포세포로 둘러싸여 있는 구조

egg cylinder: 난원통. 설치류에서 컵 모양으로 배치된 두 층(상배엽, 장측 내배엽)으로 구성된 배아 단계

electron microscope: 전자현미경. 전자빔을 사용하여 상을 형성시키는 현미경으로 광학현미경에 비해서 매우 큰 해상력과 배율을 가짐.

electroporation: 전기천공(법). 전기장 펄스를 이용하여 물질을(일반적으로는 DNA) 세포질 내로 도입함.

embryoid bodies: 배상체(胚狀體), 배아 유사 세포덩어리, 배아체. 배아줄기세포 또는 기형 암종 세포를 이용하여 배양 중에 성장 촉진 배양액을 제거하여 만든 배아와 닮은 구조체

embryonic induction: 배아 유도. 한 그룹의 세포, 즉 유능한 영역의 발달이 다른 그룹의 세포, 즉 신호 중심 또는 형성체라고 불리는 유도 인자에 의해 변경되는 과정

embryonic shield: 배순(胚盾). 어류 배아에서 배환의 등쪽 부분의 두꺼워진 부분

embryonic stem cells(= ES cells): 배아줄기세포. 포유동물의 초기 배아에서 성장한 세포로 발생학적으로 다능성을 가짐

emission: 배출, 방출. 형광색소에서 방출되는 특정 특이 파장대의 빛

endocardial cushions: 심장속막 융기, 심장내 융기. 심장의 방실 차단과 심실 중격에 기여하는 구조

endocardium: 심(장)내막. 심장의 안쪽 내상피 층

endochondral bone: 연골내골. 연골 모형으로 우선적으로 만들어졌던 뼈. 쇄골, 막성골인 두개골을 포함한 척추동물을 구성하는 대부분의 골이 이로 구성되어 있음.

endocrine: 내분비의. 물질을 혈액으로 분비하는 관이 없는 샘의

endoderm: 내배엽. 배아의 3배엽 중 가장 안쪽에 위치한 것

endothelial cells: 내상피세포, 내피세포. 혈관의 안쪽을 덧대고 모세혈관을 형성하는 세포

enhancer: 인핸서. DNA의 조절 부위로서 종종 유전자와의 정확한 위치와는 무관한 형태로 유전자의 발현을 조절함

enhancer trap: 인핸서 포획. 세포의 내재적 인핸서에 의해 조절되어 활성화되는 리포트 유전자를 포함하는 형질전환 계

enteric nervous system: 신경능선에서 유래한 장벽의 자율신경세포

enterocoely: 장체강형성(腸體腔形成). 장에서 출아한 중배엽 원기에서의 체강 형성

enterocytes: 장세포. 소장상피의 흡수세포

enteroendocrine cells: 장내분비세포. 장상피 상의 내분비세포

enveloping layer(EVL): 외피층. 어류의 초기배아에서 편평한 세포로 구성된 가장 바깥층

ependyma: 상의(上衣), 뇌실막. 척추동물 중추신경계의 뇌실을 덧대는 세포

epiblast: 상배엽 포유류 또는 조류 배반엽 또는 어류 배아 배환의 위쪽 층

epiboly: 외적. 세포 박판 면적의 활발한 증가와 퍼짐

epidermis: 표피. 피부의 상피 부분

epigenetic: 후성설의. 발생과 관련된 개념으로 사용되었지만, 최근 들어 DNA 메틸화 또는 염색질의 구조를 기반한 유전자 조절 기작을 일컫는 데 더 많이 사용되고 있음

epiphysis(plural epiphyses): (1) 골단(骨端), (2) 송과선. (1) 장골의 넓어진 끝부분; (2) 송과샘

epistasis: 상위성(上位性). 일반적으로 한 유전자의 표현형에 있는 다른 유전자의 활성 효과. 특히 한 돌연변이 형질이 다른 유전자의 돌연변이에 의해 억제됨을 묘사하는 데 사용됨

epithelium (plural epitherlia): 상피. 기저막 위에 한 층 또는 다층의 박판으로 위치하도록 세포가 배열된 조직의 유형

epitope: 항원결정부. 항체에 의해 인식되는 분자의 부분

equivalance group: (수용능) 동등 그룹. 동일 조성을 가진 세포 세트

erythrocyte: 적혈구. 혈액 순환에서 산소를 조직에 운반하는 성숙한 붉은색 혈액세포

euchromatin: 진정염색질. 탈응축된 활성 있는 염색질

excitation: (형광) 여기(勵起). 형광색소에서 형광을 내도록 하기 위해 필요한 에너지의 투입

exocrine: 외분비. 관으로 물질을 분비하는 샘의

exogastrula: 외낭배(外囊胚). 내배엽과 중배엽이 외배엽 내로 함입되지 않고 외배엽으로부터 분리된 비정상 낭배

experimental embryology: 실험발생학. 미세수술 방법을 통한 발생 연구

extended germ band: 확장된 배대(胚帶). 곤충 발생에서 종족(계통) 전형적인 단계

extracellular matrix(ECM): 세포외 기질. 세포 사이의 공간을 메꾸는 물질 또는 기저막과 난황막과 같은 구조

extraembryonic: 배외의, 배아외의. 수정난에서 유래한 것으로 배아 자체를 구성하는 것은 아니지만 배아를 구조적으로 지원하거나 영양분 공급을 하는 것과 관련된 구조의

FACS(fluorescence-activated cell sorting): 유세포분석기. 세포군을 형광 표지의 차이에 따라 서로 다른 세포 유형별로 구분할 수 있는 것

Fallopian tube: 나팔관. 사람의 수란관

fasicle: 근속. 신경축삭다발로 종종 결합조직으로 둘러싸여져 있음

fate: 운명. 배아의 특정 부위가 무엇이 될 것인가를 나타냄. 운명은 때때로 실험적 조작으로 변할 수 있음

fate map: 운명지도. 배아 또는 기관 원기에 어느 부분이 움직여 나아가고 정상발생 과정에서 무엇이 될 것인가를 보여주는 도해

feeder layer: 배양보조세포층, 영양세포층, 영양지지세포층, 영양공급세포층. 분역이 되지 않도록 조치한 조직배양 세포로서, 표준 배양액 상에서 증식을 할 수 없는 다른 세포의 성장을 가능하게 하는 환경을 준비함

femur: 대퇴골(大腿骨). 척추동물 뒷다리 윗부분의 뼈 (또한 곤충 다리의 위쪽 부분)

fertilized egg: 수정란. 정자가 들어간 시간부터 제1 난할까지 시기의 알

fibroblast: 섬유모세포, 섬유아세포. 방사상 세포로 결합조직의 주된 세포 유형이며 콜라겐을 분비함

fibula: 비골(腓骨), 종아리뼈. 척추동물의 후지 아래 부분의 뒤쪽 뼈

filopodium(Plural filopodia): 사상위족(絲狀僞足). 세포에서 길고 가늘고 손가락처럼 뻗은 것

fixation: 고정. 샘플을 보존하고 염색이나 절편화와 같은 그 이후의 처리에 견딜 수 있게 하기 위한 샘플의 처리

fixative: 고정제 고정에 사용되는 화학물질. 예) 포름알데하이드, 글루타르알데하이드

floor plate: 바닥판. 척추동물 배아의 척수 배쪽 중앙 부분

floxed: 플록스트가 들어간. loxP 부위를 포함하는 DNA 염기서열로 Cre를 매개한 재조합 기질이 됨.

FLP system: FLP 시스템(초파리 유전자재조합 방법). 원하는 유전체 부위에 재조합을 유도하는 방법; 특히 초파리에서 많이 사용됨

fluorescence: 형광. 짧은 파장대의 다른 빛을 흡수한 이후 한 파장의 빛 방출

fluorochrome: 형광염료, 형광색소. 단백질, 항체, 기타 여러 물질에 부착할 수 있는 형광 물질

follicle cells: 난포세포, 갑상선의 경우 여포세포. 난소의 체상피세포

foramen ovale: 난원공(卵圓孔). 포유동물 태아 심장의 심방중격 내 틈

forebrain/prosencephalon: 전뇌. 단뇌와 간뇌가 될 척추동물 배아 뇌의 부분

foregut: 전장(前腸). 척추동물 배아에서, 배아 앞쪽에서 장문 앞부분까지의 장부분

forward genetics: 순방향 유전학. 돌연변이 표현형으로부터 시작하여 생물학적 현상을 분석함

foster mother: 대리모. 착상전 배아가 그 이후 발생이 가능하도록 이들 배아를 이식받은 암컷 생쥐

frontal: 전면의, 앞쪽의. 신체의 등 부분과 배 부분을 구분하는 면 또는 단면의

functional genomics: 기능유전체학. 유전자 기능의 이해, 특히 대부분의 유전자 기능이 알려져 있지 않은 전장유전체 염기서열 맥락에서

functional proteomics: 기능단백체학. 단백질 기능의 이해, 특히 단백질의 복잡한 군집의 비교라는 맥락에서

fusion protein: **융합단백질.** 분자 클로닝과 발현으로 생성된 2개 또는 그 이상의 기능 도메인으로 구성된 단백질

G

gain of function: **기능 획득.** 유전자 산물에 추가적인 또는 변형된 작용이 주어진 돌연변이의

gametes: **배우자.** 배우체의 생식세포; 정자와 난자

gametogenesis: **배우자형성과정.** 생식세포에에서 배우자의 발생

ganciclovir: **간시클로비르.** 조직 배양에서 목적한 제조합이 이루어진 것을 선택하기 위해 상용하는 약

ganglion(plural ganglia): **신경절.** 신경세포를 함유한 말초신경계에 있는 구조체

gap genes: **간극유전자.** 초파리 배아에서 발현을 통하여 한 신체 부위를 규정하는 개념의 유전자

gap junctions: **간극연접.** 세포 사이에 분자량이 작은 물질의 이동이 되는 세포 접촉

gastrula: **낭배.** 낭배형성이 진행되는 발생 단계

gastrulation: **낭배형성.** 3개의 배엽 형성을 가져오는 초기 발생에서 형태형성 이동 단계

gene duplication: **유전자 중복.** 유전체에서 존재하고 있는 한 유전자의 복제가 출현

genetherapy: **유전자 치료.** 환자의 신체 내로 한 유전자를 넣는 것을 포함하는 치료

gene trap: **유전자 올가미법.** 리포터 유전자를 내재하는 유전자 좌위 내로 도입하는 삽입 돌연변이의 유형. 내재하는 유전자의 기능은 보통 파괴되지만 그 조절 인자는 정상 발현형으로 리포터를 발현시킨다.

genetic marker: **표지 유전자 참조**

genetic mosaic: **유전적 모자이크.** 유전적으로 서로 다른 2개 또는 그 이상의 유형 세포로 구성된 어떤 개체

genetic regulatory network(GRN): **유전적 조절망.** 함께 공동의 기능을 행하는 유전자 세트 간의 또는 이들 연결을 모사하는 모델 간의 조절 연결

genital ridge: **생식 융기.** 척추동물 배아에서 생식소를 형성하는 중배엽 부분. 생식소 융기라 불리기도 함

genome: **유전체.** 한 개체의 전체 핵 DNA

genotype: **유전형.** 단일 개체 또는 유전적 계열과 관계된 것으로, 특정 유전자 좌상에 특정 대립유전자가 있는 것을 의미함

germ cells: **생식세포.** 생식 계보에 속한 세포

germ layers: **배엽.** 외배엽, 중배엽, 내배엽

germ line: **생식세포 계열.** 배우자를 형성할 세포 계보로 원시생식세포, 정원세포, 난원세포, 영양세포와 같은 클론 자손을 다 포함함. 생식세포 계열은 세포질 결정인자의 작용으로 종종 발생 초반에 형성됨

germ plasm: **생식질.** 원시생식세포의 형성 원인이 되는 보이는 세포질 결정인자

germ ring: **배환(胚環).** 어류 배아의 배반엽에서 두꺼워진 부분

germinal vesicle: **난핵포(난자의 핵막).** 제1난모세포의 핵

GFP: **녹색 형광 단백질.** 녹색 형광 단백질 참조

gizzard: **모래주머니.** 조류 위의 근육 부분

glial cells: **신경교세포. 아교세포, 교세포.** 중추신경계와 말초 신경절의 비신경성 세포

gliogenesis: **교세포 형성.**

gnathal segments: **턱마디.** 머리 후방에 위치하며 구기가 있는 곤충 배아의 절

goblet cell: **배상(杯狀)세포.** 큰 점액낭을 소유하고 있는 분비세포로 소장 상피 등에서 발견됨

gonad: **생식소.** 생식세포를 담고 있는 체성 구조

gradient: **구배.** 일정 위치 특성을 가지는 연속적 변화. 형태형성인자의 농도 구배를 나타내는 데 보통 사용됨

graft: **이식, 이식물.** 한 곳에서 다른 곳으로 이식된 조직 조각 또는 조직 이식을 하는 행위

graft-versus-host disease: **이식편대숙주병.** 동종이계 조혈조직의 이식에서, 이식조직에 대한 이식받은 개체의 면역세포에 의한 공격

granulocytes: **과립구, 과립백혈구.** 과립을 가지고 있는 특징이 있는 혈액세포로 호산구, 호중구, 호염구가 있음

gyay(=grey) crescent: **회색신월환.** 양서류 난자의 등쪽에 있는 중간 색소층 부분으로 피질회절로 나타남.

green fluorescent protein(GFP): **녹색 형광 단백질.** 특정 해파리에서 자연적으로 발견되는 단백질로서, 리포터로 종종 사용되는 형광 단백질

growth cone: **성장원추.** 성장하는 신경 축삭의 끝 부분에 있는 구조

growth factors: **성장인자.** 대부분의 배아 유도 인자를 포함하는 단거리 내에서 생물학적으로 활동을 하는 세포외 단백질의 속칭

growth plate: **성장판.** 발생 중인 척추동물의 장골에서 골단과 골간 사이에 있는 체세포분열이 지속되는 연골 지역

gynogenetic diploid: **여성 유전자 배수 염색체.** 난자의 유전체(게놈)가 복제되고 부계 유전체가 없어 2배체가 된 어떤 개체

H

^{3}H-thymidine(tritiated thymidine): **^{3}H-표지 티미딘.** 방사성 표지가 된 티미딘으로 S 단계에 있는 세포를 표시하는 데 사용됨

halteres: **평형곤(平衡棍).** 파리의 후흉(제3흉절)에서 관찰되는 작은 균형기관으로 다른 곤충의 경우에서는 두 번째 날개 쌍부분에 있음

haploid: **반수체(半數體)의.** 감수분열의 결과로 단일 세트의 염색체를 가지는

haploinsufficient: **반가불충분성(半價不充分性)의.** 한 개의 유전자 복제본을 상실하여 생긴 유전적 우성형로서 돌연변이 표현형을 나타내기에는 생산량이 불충분함.

Hayflick limit: **헤이플릭 분열한계.** 어떤 일차 세포가 계속하여 성장할 수 있는 조직 배양에서의 계대수

head fold: **머리주름, 두습, 두측주름.** 양막류 배아의 머리 끝에 있는 배반엽의 주름짐. 이것에 의해 전장이 형성됨

head process: **두돌기, 머리돌기.** 양막류 낭뱅형성 동안에 결절을 거쳐 이동한 두부(머리 부분) 중배엽

hemangioblast: **혈관모세포, 혈관아세포.** 내상피세포와 조혈줄기세포 둘 다를 형성하는 복능성 세포

hematopoietic(=hemapoietic): **조혈의.** 혈액 형성의

Hemimetabola: **불완전변태류(不完全變態類).** 탈피와 구분된 유충 단계가 있어 점진적 변태를 거치는 곤충 부류

hemogeicendothelium: **혈액형성 내상피.** 조혈줄기세포를 만들어 내는 내상피

hemolymph: 혈림프. 절지류의 혈액

Hensen's node: 헨센결절. 조류배아의 원조 앞쪽 끝 부분에 세포가 밀집되어 있는 곳

hepatoblast: 간모세포. 발생하는 간에 있는 쌍능성 세포로 간세포 또는 담관 세포가 됨.

hepatocyte: 간세포. 간의 주된 세포 유형

hermaphrodite: 암수한몸, 자웅동체. 자성 배우자와 웅성 배우자 모두를 생성하는 개체

heterochromatin: 이질(異質)염색질. 응축되어 있고 불활성화 상태의 염색질

heterochrony: 이시성(異時性). 발생 과정에서 어떤 일이 일어나는 상대적 타이밍의 진화적 변화

heterotopic: 이소성(異所性). 공여자에서 온 이식할 조직이 유래한 부분과 수여자에서 이식된 부분이 다른 이식 유형

hindbrain/rhombencephalon: 후뇌. 소뇌와 연수가 될 척추동물의 뇌 부분

hindgut: 후장(後腸), 뒤창자. 후장문 뒤쪽에 위치한 척추동물 배아의 장 부분

histological sections: 조직학적 절편. 다양한 방법으로 염색하여 세포의 배열과 구조를 볼 수 있게 생물 표본을 얇게 썬 것

holoblastic: 완전난할. 접합자 전체가 할구로 나뉘어지는 난할 유형

Holometabola: 완전변태류(完全變態類). 완전 변태를 하는 곤충 그룹

homeobox: 호메오박스. 전사 인자의 중요한 부류를 정의하는 60개의 아미노산으로 이루어진 DNA 결합 도메인인 호메오도메인을 암호화하는 DNA 서열

homeodomain: 호메오도메인. 호메오박스에 의해 암호화된 단백질 서열

homeotic gene(= selector gene): 호메오틱 유전자(= 선택유전자). 두 신체 부분을 구분하는 양상의 발현을 보이는 유전자. 만약에 돌연변이가 일어나면, 한쪽 신체 부분이 다른 쪽을 덥게 됨. 즉 다른 쪽의 특성이 없게 됨

homologous recombination: 상동재조합. 이식유전자의 재조합으로 정확히 동일한 서열을 가지고 있는 유전체 내의 유전좌위로 되는 것

homolog: (1) 상동, (2) 상동염색체. (1) 서로 상동(공통 조상에서 유래함)이기 때문에 서로 닮은 구조 또는 유전자. (2) 감수분열때 쌍을 이루는 모계 또는 부계에서 온 염색체

homology: 상동성. 공통조상으로부터 유래함으로 인한 유사성.

homophilic: 동종친화성의. 한 분자가 동일 유형의 다른 분자에 결합

hopeful monster: 대돌연변이의 결과로 초래된(긍정적인) 개체. 표현형에 큰 변화를 가져온 복합돌연변이의 결과로 생긴 개체

horseradish peroxidase(HRP): 겨자무과산화효소. 세포 표지와 신경 추적에 사용하는 한 효소

Hox genes: Hox 유전자. 동물에서 신체 전-후축을 따라 특화하는 호메오박스 유전자의 일부

humerus: 상완골(上腕骨), 위팔뼈. 척추동물 전지의 윗부분 뼈

hydrid dysgenesis: 교잡증후군. 초파리의 P 인자에 따른 조건으로, 전이인자의 이동에 의한 자손의 생존 감소

hybridization: (1) 혼성화, (2) 교잡. (1) 핵산의 두 상보적 서열 간의 이중가닥의 형성; (2) 동물의 한 종과 다른 종의 교미를 통하여 잡종 자손을 생산, 이 잡종 자손은 보통의 경우 생존이 불가하거나 불임임.

hybridoma: 하이브리도마, 혼성세포. 단클론 항체를 생성하는 세포주

hydroids: 히드로이드류. 보통 고착생활을 하고, 수 많은 폴립이 바위에 연결되어 군집하고 있는 자포동물문에 속하는 동물의 강

hyperdorsalized: 과배방화(過背方化); 2개 이상의 등쪽이 형성된. 등쪽 형태의 구조가 과하게 나타남

hypermorph: 정상상위대립인자(正常上位對立因子). 기능 획득을 보이는 돌연변이 대립유전자

hyperplasia: 과(다)형성, 비후. 과한 성장

hypertrophy: 비대. 과한 성장

hypoblast: 하배엽. 조류 또는 다른 양막류 배반엽에서 하단에 있는 층 또는 어류 배아의 배환의 하단에 있는 층

hypodermis: 피하조직, 예쁜꼬마선충의 융합된 바깥층. 예쁜꼬마선충의 융합한 가장 바깥쪽 층

hypomorph: 정상하위대립인자(定常下位對立因子). 특정 기능 상실을 보이는 돌연변이 대립유전자

hypophysis: 뇌하수체.

imaginal discs: 성충판. 초파리와 다른 완전변태 곤충의 유충 내 표피 구조로서 변태 시점에 성체 큐티클을 형성함

imago: 성충. 완전변태 곤충의 성충 모습

immunoprecipitation: 면역침강(반응). 특이 항체와 시료를 반응시키고 고체상으로 항체-물질 복합체를 회수하여 특정 물질을 분리함

immunostaining: 면역염색. 특이 항체를 이용하여 절편 또는 온조직 상에 항원의 위치를 시각화하는 절차

imprinting: 각인. 부모 유전체의 하나로부터 온 하나만의 유전자 발현

induced pluripotent stem cell: 유도만능줄기세포, 유도다능성줄기세포. 체세포를 다능성 유전자 네트워크 상의 선택된 유전자를 도입함으로써 재프로그램화하여 다능성 상태가 된 세포

inducible: 유도될 수 있는. 어떤 실험적 방법으로 발현 또는 활성이 조절될 수 있는 유전자 또는 유전자 산물에 관한 것

inducing factor: 유도(성)인자. 배아의 유도를 하는 신호물질

induction: 유도. (1) 배아 유도; (2) 어떤 유전자 발현의 상향조절을 나타낼 수 있음

inner cell mass(ICM): 내세포덩어리, 내세포괴. 포유류 포배 내부에 있는 배아 전체와 일부 배아 외막을 형성할 수 있는 세포

insertional mutagenesis: 삽입 돌연변이 유도. 유전체에 비특이적으로 끼어들어가 내재하는 유전자를 파괴하는 트랜스포존이나 레트로바이러스와 같은 DNA 요소를 이용하여 돌연변이 만듦

***in situ* hybridization: 제자리혼성화법.** 생체 시료에서 특이 탐침으로 혼성화하고 적합한 검출 방법으로 탐침을 시각화하여 특이 RNA 탐지 또는 가끔 DNA 탐지

instar: 영(齡). 개체 생애주기에서 탈피와 탈피 사이의 기간

instructive induction: 지시적 유도. 반응 세포가 신호의 농도에 따라 2개 또는 그 이상의 가능한 경로로 발생할 수 있어 배아의 복잡성을 증가시키는 유도 과정

intercalary regeneration(= intercalation): 절간재생(節間再生). 일반적으로 두 신체 부위 사이에 위치하는 구조물의 접합부에서 재생이 이루어짐

intermediate filaments: 중간섬유. 세포골격의 구성물; 미세소관과 미세섬유 사이 크기의 세포 내 섬유로 여러 유형의 단백질로 구성됨

intermediate mesoderm: 중간중배엽. 체절과 체측판 사이에 위치하고 있는 척추동물 배아의 중배엽 부분

invagination: 함입. 세포 벽판이 내부로의 돌출 또는 주머니를 만들기 위해 안으로 폭 들어감

***in vitro* fertilization(IVF): 체외수정.** 모체 밖에서 수정난을 만듦. 특히 난자와 정자를 실험접시 상에서 만나게 함

involution: 회절. 세포 벽판이 자유변에 이끌려 세포층 표면 위로 퍼져 나가듯이 내부로 들어감

Islets of Langerhans: 랑게르한스섬. 췌장에서 발견되는 내분비세포의 무리

isomerism: (1) 좌우비대칭 상실 (2) 이성(異性). (1) 한 동물의 정상적인 좌-우 비대칭을 상실함; (2) 화학에서 이성은 동일한 분자식을 가지나 다른 구조를 가지고 있는 두 물질을 말함

isthmus: 협부. 척추동물 배아의 중뇌와 후뇌 사이의 좁아진 부분

K

Keller explant: 켈러 이식절편. 형태형성 이동을 위한 연구에 사용되는 제노푸스 낭배에서 배외식편

keratinocyte: 각질세포. 표피의 주된 세포 유형

knock-in: 녹인. 이식 유전자를 상동재조합법으로 유전체 내 특정 좌위에로의 도입

knock-out: (유전자) 적중. 표적 돌연변이 유도를 통해 만들어진 적중 돌연변이

Kollar's sickle: 켈러 낫, 콜러 낫. 조류의 초기 배반엽의 암역 뒤쪽 부분에 두꺼워진 부분

Kupffer's vesicle: 쿠퍼낭. 제브라피시 배아에서 좌우 유형 형성에 관련된 일시적인 섬모기관

***lacZ*: *lacZ* 유전자.** 대장균의 베타-갈락토시다아제를 암호화하는 유전자로 종종 리포터 유전자로 사용됨

lamellipodium(plural lamellipodia): 박판족, 층상위족, 접착용 세포족. 운동신경세포의 최첨단 부위의 편평한 확장 구조

lampbrush chromosome: 솔 염색체, 램프브러시 염색체, 램프솔 염색체. 양서류나 어류 난자의 난핵포 내 큰 이가염색체

lateral inhibition: 측면 억제. 세포 또는 세포군을 주변 부위와 다르게 특정 방향으로 분화함에 관여하는 부위 특화 기작으로서, 주변 세포들이 동질화되지 않도록 억제하는 유도인자를 분비함.

lateral plate: 측판, 옆판. 체절과 중간중배엽의 측면에 위치한 척추동물 배아의 중배엽 부분

left-right asymmetry: 좌-우 비대칭. 유전자 발현, 형태형성 이동, 분화라는 면에서 신체의 좌우면 간의 차이

Leydig cells: 레이디히 세포. 정소의 내분비 세포

lineage: 계보. 세포계보(cell lineage) 참조

lineage label: 계보 표지. 세포 또는 세포군 염색 방법으로 그 후손 세포들을 전부 동정할 수 있음

locus(plural loci): 유전자 좌위. 특정 유전자가 차지하고 있는 유전체 상의 위치

longitudinal section: 종단면. 개체의 장축에 평행하게 형성된 면, 종종 정중면(sagittal plane)을 말하기도 함

long terminal repeat(LTR): 긴말단반복서열, 장형반복말단. 레트로바이러스의 강력한 프로모터로 종종 유전자를 전이하도록 드라이브하는 데 사용됨

Lophotrochozoa: 촉수담륜동물상문. 일차 염기서열 데이터에 기반하여 분류한 상문; 환형동물, 연체동물, 편형동물을 포함함

loss of function: 기능 상실. 통상 유전자 산물 단백질이 불활성화되거나 또는 야생형에 비하여 훨씬 낮은 활성을 가지는 돌연변이를 말함

luciferase: 루시퍼레이즈, 루시퍼라제. 인광을 내는 반응을 촉매하는 효소로 종종 리포터로 사용됨.

lumbosacral plexus: 요천추신경총. 척수신경의 융합과 가지치기로 형성된 척추동물 뒷다리에 분포하는 신경의 배열

lumen: 내강. 기관 내의 강으로 종종 상피로 덧대어 있음.

lymphocytes: 림프구. 특이 면역을 담당하는 세포: T 세포와 B 세포

MARCM(Mosaic Analysis with a Repressible Cell Marker): 억제할 수 있는 세포 표식자를 이용한 혼합 염색체 분석 양성 표식이 있는 동형접합 돌연변이 클론을 이용하는 복제적 표시 방법. 이전 방법에서는 동형접합 돌연변이 클론의 표식된 야생형 유전자에 상응하는 돌연변이 유전자를 표식할 수 없었음.

macroevolution: 대진화. 종 수준보다 높은 분류군의 진화

macromeres: 대할구. 큰 할구로 종종 배아의 식물극에 있는 것

macromutation: 대돌연변이. 매우 큰 형태학적 영향을 낳는 돌연변이

macrophage: 대식세포. 면역력과 염증에 관련된 세포; 조혈줄기세포에서 유래한, 조직에서 발견됨

mantle layer: 외투층. 배아시기 척추동물의 중추신경계의 뇌실대에 이웃한 세포가 풍부한 층

marginal zone: 주변대, 주변구역. (1) 양서류 배아에서, 낭배형성 동안에 함입하는 포배 주변의 고리 모양; (2) 닭 배아에서, 투명역과 암역 연결 지점; (3) 배아 단계 척추동물의 중추신경계에서, 연막 표면 근처의 세포가 희박한 부분

marker gene: 표지 유전자. 이식 유전자 또는 내재 유전자의 대립형질로서, 이것을 가지고 있는 세포를 눈으로 동정할 수 있음.

mass spectrometry: 질량분석법. 어떤 분자의 또는 분자 분해 파편의 분자질량을 매우 정확하게 측정하는 기술

maternal effect: 모계 효과. 배아의 표현형이 배아 자체의 유전체보다는 모계의 유전자형에 부합하는 상태. 이는 난자의 소기관 조립의 결함에 의해 나타남.

matrigel: 매트리겔. 상업적으로 조제된 세포외 기질로서, 세포나 기관 배양에 사용됨

matrix: (1) 모구(毛球) 증식부, (2) 세포외 기질, (3) 기질. (1) 모낭에서 상피세포가 증식하는 부분; (2) 세포외 기질과 동의어

medial(= median): 중앙의, 가운데의. 개체의 정중선에 관련된

mediolateral: 정중측방의. 동물의 정중선으로부터 측지 쪽으로의 방향 또는 정중선과 측지가 만나는 방향

medulla oblongata: 연수. 자율적 기능(숨쉬기와 심박동 수)을 수행하는 뇌간의 일부분. 후뇌의 뒷부분에서 형성됨

medusa: 메두사. 자포동물의 생활사 중 해파리 단계

megakaryocytes: **거핵세포.** 혈소판을 형성하는 골수 유래 세포

meiosis: **감수분열.** 배우자를 형성하는 최종 분열로 염색체 전체 수가 절반이 됨

melanocytes: **멜라닌 세포.** 멜라닌 색소를 만드는 세포로서, 검은색을 띰

membrane bone: **막골(膜骨), 막성골(膜性骨)** 연골 모형 없이 진피에서 직접 발달한 뼈

meroblastic: **부분할(의).** 접합자의 일부분만 나뉘어지고, 나머지는 난황인 난할의 유형

mesenchyme, mesenchymal: **간충직, 간충직의** 성상 세포들이 세포외 기질 내에 흩어져 분포하고 있는 조직 유형.

mesoderm: **중배엽.** 3개의 배아엽중 중간의 엽

mesoderm induction: **중배엽 유도.** 유도인자에 반응해서 중배엽의 형성

mesometrium: **자궁간막(子宮間膜), 자궁원인대(子宮圓靭帶).** 생쥐의 자궁을 체벽에 부착시키는 막

mesonephros: **중신(中腎).** 발생 중인 신장의 중간 부분

mesothorax: **가운데 가슴, 중흉(中胸).** 곤충의 두 번째 흉절

metacarpals: **중수골(中手骨), 손바닥뼈.** 척추동물 앞다리(손)의 근위골

metamorphosis: **변태.** 발생의 후반 단계에 주된 신체의 개조

metanephros: **후신(後腎).** 발생 중인 신장의 뒷부분; 포유류에서 최종 신장이 됨

metaplasia: **화생(化生).** 한 조직 유형이 다른 유형으로 변환

metastasis(plural metastases): **전이.** 암세포가 신체 내 다른 곳으로 이동, 착상, 성장함

metatarsals: **중족골(中足骨), 발허리뼈.** 척추동물 뒷다리의 원위골

metathorax: **후흉(後胸), 뒷가슴.** 곤충의 흉절로 가장 뒤쪽에 위치한 세 번째 흉절

microarray: **마이크로어레이.** 상보적 DNA 또는 올리고뉴클레오타이드를 점으로 하여 격자 형태로 심어 놓은 작은 슬라이드. 연구 대상의 세포 유형을 이용하여 cDNA를 만들고 혼성화하여 유전자 발현 양상을 알아내는 데에 사용됨

microfilaments: **미세섬유.** 세포골격의 구성물; 액틴으로 구성된 세포 내 얇은 섬유

micromeres: **소할구.** 작은 할구로 배아의 동물반구 쪽에 있는 할구

microtome: **(조직)절편기.** 생체 시료를 얇은 절편으로 만들기 위한 기기

microtubule organizing center: **미세소관형성중심.** 중심체 또는 기저체와 같은 미세소관이 성장하기 시작하는 세포 내 장소

microtubules: **미세소관.** 세포골격의 구성물; 세포 내 막대 형태와 유사한 구조물로 미세섬유와 중간섬유보다 두껍고 튜불린으로 구성되어 있음.

microvilli: **미세융모.** 세포의 작은 돌기로서, 보통 흡수상피의 정단 표면에서 발견됨

midblastula transition(MBT): **중기포배 이행, 포배중기 전이.** 후기 포배에서 진행되는 일련의 조정된 변화로서, 수정난 유전체 전사의 시작을 포함함.

midbrain: **중뇌.** 배아 단계 척추동물의 뇌에서 시각 피질 또는 이와 유사한 일부 구조가 될 부위를 의미함

midgut: **중장(中腸).** 양막류 배아에서 전장 장문과 후장 장문 사이에 위치한 내배엽 부분; 결과적으로 제대에 포함됨

mirror-symmetry: **거울대칭.** 한 물체의 거울상처럼 대칭적인 두 세트 부분

mitotic index: **분열지수(分裂指數).** 한 시료내 체세포분열을 하고 있는 세포의 비율

model: **모델.** (1) 모델 생물: 기술 접목이 용이하여 실험에 사용되는 종. 발생학에서는 모델 종에서 얻은 결과를 그 종 이외의 다른 종에게 접목하는 데에 유용성이 있음; (2) 사람 질병 동물 모델; (3) 한 연골 모형은 연골로 구성된 골격 요소로 후에 뼈로 치환됨

molecular clock: **분자시계.** 중립 돌연변이 집단 내 고정 기작: 이는 공통조상에서 분기 시점에 비례하는 두 후손계가 정해진 중립 돌연변이 수를 예측할 수 있음

molecular cloning: **분자 클로닝.** 클론 벡터 내로 핵산서열을 끼어 넣음. 보통 박테리아 플라즈미드가 사용되는데, 이는 필요한 양만큼 충분히 증폭시킬 수 있음.

monoclonal: **단일클론(성), 단클론성.** 단일 세포 클론에서 생성된 또는 단일세포 클론으로 구성된 것

monoclonal antibody: **단일 클론 항체.** 단일 클론 림프 부위에서 생성된 항체. 단일 클론 항체는 단일 분자류임. 반면 신체 내에서 형성되는 정상 항체(다중 클론 항체)는 많은 약간 다른 분자류의 혼합체임.

monocytes: **단핵구.** 혈액 내 대식세포와 같은 세포

morphogen: **형태형성인자.** 능력을 갖춘 세포는 적어도 서로 다른 농도 역치에 따라 적어도 2개 이상의 다른 반응을 만들어 내는 유도인자의 한 유형. 이는 반응 세포는 인자의 농도구배에 반응하는 일련의 서로 다른 능력을 갖춘 영역을 형성함을 의미

morphogenesis: **형태형성 또는 형태 발생.** 세포 또는 세포판의 이동이 구조의 형성과 관련된 발생 양상

morpholino: **모폴리노.** 뉴클레아제 효소에 저항성이 있고 핵산과 혼성화할 수 있는 올리고뉴클레오타이드 유사체의 일종에 이름을 붙인 화학적 그룹

morphology: **형태학.** 기관의 구조 (해부학)

morula: **상실배.** 보통 포유류 배아에서 다세포의 포배 전 배아 단계

mosaic: **모자이크.** (1) 배아 각 부분을 떼어낸 후 이 떼어내진 것이 배양시 운명지도에 따라 지속적으로 발생하는 배아의 한 유형; (2) 유전적 모자이크

motor proteins: **운동 단백질.** 미세소관 또는 미세섬유를 따라 이동하는 단백질

MSC: **간충직줄기세포(Mesenchymal stem cell)/골수줄기세포치료(Marrow stem cell).** 뼈의 전구세포인 골수의 줄기세포. 다양한 조직에서 잘못 특징지어진 세포로 이부는 복능성을 가짐.

mucosa: **점막.** 촉촉한 체내 상피와 연결된 바로 하단의 결합조직

Mullerian duct(= paramesonephric duct): **뮐러관.** 암컷에서 생식수관이 되고, 수컷에서는 퇴화되는 관

mutagen: **돌연변이 유발원.** 유전적 돌연변이를 유발하는 물질

mutagenesis screens: **돌연변이 검사.** 개체의 특정 특성에 영향을 미치는 많은 수의 돌연변이를 동정하는 과정. 이는 배아의 또는 특정 기관이나 세포 유형의 종합적인 해부학임.

mutant: **돌연변이체.** 돌연변이를 가지고 있는 개체

mutation: **돌연변이.** 유전체 DNA 상의 변화

myeloid cells: **골수세포.** 혈액의 비림프구성 세포로 백혈구, 단핵구, 과립구, 거핵구를 포함함

myoblast: **근육모세포.** 근육으로 분화하도록 수임된 단핵세포

myocardium: **심장근육층.** 심장의 벽 근육

myoepithelial cell: **근상피세포.** 수축할 수 있는 상피세포

myofiber: 근섬유. 골격근의 다핵섬유

myogenic: 근원성의. 근육 형성과 연계된

myotome: 근분절, 근육분절. 가로무늬근을 형성하는 체절 부위

myotube: 근관(筋管). 조직 배양에서 근모세포에 의해 형성된 근섬유 유사 구조

N

nauplius: 노플리우스(갑각류 초기 유생). 갑각류의 독특한 유생형

neoblasts: 신생아세포(新生芽細胞) 플라나리아 성충의 분열 세포로 조직 갱생과 재생에 필요함. 일부가 다능성 줄기세포임

neocortex: 신피질, 신피층. 다른 척추동물과 비교하여 포유류의 대뇌피질에 추가적으로 존재하는 신경세포 층

neomycin: 네오마이신. 조직 배양에서 요구된 제조합이 일어난 것을 선택하는 데에 사용되는 약

neoplasm: 신생세포(新生細胞), 신생물(新生物). 모든 새로운 성장; 악성이 됨에 필요한 것으로 요구되지는 않음

nephric duct(= Wolffian duct): 신관. 신장의 집합 시스템을 형성하는 관, 그리고 수컷에서 수정관

nephrogenic: 신장조직의, 신장조직을 형성하는, 신장 형성의. 신장 형성과 연계된

nephron: 네프론, 신단위. 척추동물 신장의 기본적인 기능 단위

nerve: 신경. 대부분 신경세포의 축삭돌기와 결합 조직 피막으로 둘러싸인 슈반세포, 섬유아세포를 포함하는 길어진 구조체

neural crest: 신경능선. 척추동물 배아의 신경과 등쪽에서 유래하는 이동성 세포로서, 다양한 세포 유형을 형성함

neural plate: 신경판. 편평한 판형의 신경상피로 척추동물 배아의 신경관 형성시 말려올라감.

neural stem cell: 신경줄기세포. 신경을 생성할 수 있는 중추신경계에 있는 줄기세포

neural tube: 신경관. 척추동물 중추신경계의 원기

neuroblast: 신경모세포. 신경세포를 생성하기 위해 증식하는 세포

neuroenteric canal: 신경-소화관공. 척추동물 배아의 신경관 내강과 후장 사이의 일시적인 연결

neuroepithelium: 신경상피. 신경관을 구성하는 조직

neurogenesis: 신경 발생. 신경세포의 형성

neuromuscular junction: 신경근 접합부. 운동신경의 축삭과 그들의 표적 근섬유 사이에 형성된 특수화된 시냅스

neurospheres: 신경세포구(球), 신경구. 배아 시기의 척추동물 중추신경계로부터 유래된 구조로서, 신경줄기세포를 포함하고 있으며 부유배양법으로 배양시 성장함

neurotrophin or neutrophicfactor: 뉴로트로핀. (1) 성장인자의 하나로 신경세포의 성장과 생존에 관련됨; (2) 신경에서 분비되는 물질로 다른 구조의 재생에 필요로 함

neurula: 신경배. 신경관이 형성되는 척추동물 발생 동안의 단계

neurulation: 신경관 형성. 척추동물 배아의 형태형성 이동으로 신경판과 신경관을 만듬

neutral evolution: 중립진화. 도움이 되지도 해가 되지도 않는 돌연변이의 점진적 축적에 의해 유래된 진화

neutralizing antibody: 중화항체. 그 표적에 부착할 뿐만 아니라 생물학적 활동을 억제하는 항체

neutral mutations: 중립 돌연변이. 도움이 되지도 해가 되지도 않는 돌연변이

Nieuwkoop center: 뉴쿱 센터. 초기 양서류 배아의 등쪽의 식물극 부분으로 슈페만 형성체를 유도함

nodal cilia: 노달 섬모. 발생 중인 배아에서만 관찰되는 것으로서, 이들 섬모의 시계 방향 회전은 배아의 좌측면에서 노달 신호를 활성화함. 좌우 비대칭형성을 주관적 역할을 하며, 생쥐의 결절, 제노프스의 원장, 제브라피시의 쿠퍼스 낭에서 발견됨

node: 결절. 생쥐 배아 원조의 앞쪽 끝부분에 위치한 세포들의 응축체로서, 닭의 헨젠 결절과 유사함.

nonautonomous: 비자율적인. 주변 세포 사건에 의해 영향받은 과정

nonpermissive: 비허용적인. 온도-민감 돌연변이에서 돌연변이 표현형의 발현원인이 되는 온도

normal development: 정상 발생. 실험적 조작에 의해 방해받지 않은 배아의 발생 과정에서 일어나는 현상

Northern blot: 노던 블롯. 대상 시료를 젤 전기영동으로 크기에 따라 분산시키고, 이 분산된 것들을 막으로 이동시킨 후 표지된 탐침과 혼성화하여 특정 mRNA를 검출하는 방법

notochord: 척삭. 척추동물 또는 무척추 척색동물 배아의 등쪽 대부분을 차지하고 있는 중배엽의 일부인 연골-유사 막대기형 구조

nucleic acid hybridization: 핵산 혼성화법. 염기 상보성을 통한 DNA 또는 RNA 가닥의 제휴(A는 T/U에 C는 G에 결합). 혼성화의 특이성은 상보적인 표지 프로브를 사용하여 특정 염기서열의 위치나 양을 측정할 수 있게 해줌

nucleus (plural nuclei): 핵. (1) 세포의 유전체 DNA를 함유하고 있는 것; (2) 중추신경계에서 신경세포가 밀집한 지역

nude mouse: 누드 마우스. 흉선이 없는 생쥐로 다양한 유형의 동종 이식편에 대한 내성을 가짐

null: 기능 상실. 기능을 완전히 상실한 돌연변이를 표현

nurse cells: 영양세포. 곤충 난자의 자매 세포; 난원세포가 4번의 연속적인 체세포분열을 통해서 15개의 영양세포와 1개의 난자를 형성함.

nymph: 유충. 불완전변태 곤충의 미성숙 단계

O

oligodendrocyte: 희소돌기아교세포, 희소수지상세포. 축삭 주변에 수초를 형성하는 중추신경계 내 아교세포의 일종

oncogene: 발암유전자. 조직배양 세포에서 과발현하는 경우, 암과 같은 행동을 하게 할 수 있는 산물을 암호화하고 있는 유전자

oocyte: 난자, 난모세포 체세포분열을 완전히 마친 암컷 생식세포는 재1난모세포, 제1차 감수분열을 마친 후의 것은 제2난모세포

oogenesis: 난자형성. 난자의 발생

oogonia: 난원세포. 체세포분열을 하는 생식세포로 이후 난자(난모세포가)됨

optic tecta (singular tectum): 시개(視蓋). 척추동물중 비포유류의 중뇌 지역으로 시신경 축삭 말단이 위치함

optic vesicles: 안포, 눈소포. 척추동물 배아의 전뇌에서 눈을 형성하는 돌출부

organ: 기관(장기). 동물에서 특정한 기능을 가지는 해부학적으로 규정되는 구조. 일반적으로 기관은 여러 조직 유형으로 구성됨

organ culture: 기관배양. 배아의 기관 잔기를 체외에서 키움

organizer(= signaling center): **형성체 (신호 중심)** 유도인자를 방출하는 세포 집단

organogenesis: **기관형성, 장기형성.** 척추동물 발생에서 개개의 기관이 형성되는 단계 또는 과정

organoid: **오가노이드, 장기유사체.** 보통 줄기세포의 자동적 조직화와 분화에 의한 체외에서 형성된 기관과 유사한 조직학적 구성을 가지고 있는 구조

ortholog: **이종상동성유전자(異種相同性遺傳子).** 다른 종에 존재하는 동질성을 가진 유전자로서 직접적인 상동으로 또는 이와는 대비적으로 두 종이 나뉘어지기 전에 일어난 복제된 좌위에 의함

orthotopic graft: **동소(同所)이식(편).** 숙주의 신체 위치와 동일한 위치에서 공여자로부터 얻은 조직으로 하는 이식의 한 유형

osteoblast: **조골세포(造骨)=골아세포(骨芽).** 뼈 기질을 분비하는 세포; -blast는 접미사로 보통 증식하는 세포 유형을 나타내지만, 조골세포의 경우는 더 이상 분열하지 않음

osteoclast: **파골세포.** 조혈세포에서 유래한 다핵세포로서, 뼈를 재흡수하고 뼈의 리모델링에 중요함

osteocyte: **골세포, 뼈세포.** 성숙한 뼈의 세포.

otic placodes: **귀기원판** 이포를 형성하는 표피조직

oviduct: **난관.** 여성 생식수관의 일부: 성숙한 난자를 난소에서 자궁으로 이송함

ovulation: **배란.** 난자의 방출로 보통 제1차 감수분열 후에 진행됨

P

P-element: **P (전이)인자.** 초파리의 전이인자

P-grannules(= polar granules): **P과립 = 극과립.** 참조 = polar granules

pair-rule genes: **쌍지배유전자.** 초파리의 분절 유형을 조절하는 유전자로 후방 쪽에 위치하는 각 체절쌍을 하나씩 건너뛰어 발현함

Paneth cells: **파네스 세포.** 다양한 항균 물질을 분비하는 소장 움의 기저에 있는 호중성-유사 세포

parabiosis: **병체(竝體) 결합, 개체 연결법(個體連結法), 파라비오시스.** 동일 순환계를 공유하는 형식으로 서로 연결된 두 동물

paralog group: **유사유전자 그룹.** 유전자 복제로 만들어진 동일 유전체 내 유사 유전자 세트. 특히 척추동물 Hox 클루스터 내 Hox 유전자의 상동 유전자 세트에 사용됨.

parasagittal: **부시상단면.** 시상단면에 좌우로 평행한 단면

parasegments: **부체절.** 곤충 배아에서 반복된 초기 분절 구조

paraxial mesoderm: **축축 중배엽.** 척추동물 배아에서 체절을 형성하는 중배엽판

parietal endoderm: **체측 내배엽.** 생쥐 배아의 영양배엽을 감싸고 있는 배아외배엽.

parthenogenesis: **단위생식.** 정자의 유전적 기여 없이 난자만에 의한 무성생식 발생

passenger mutation: **과객변이.** 암생물학에서, 종양 내 악성 행위와 관련 없는 체세포 돌연변이

pentadactyl: **5지의.** 5개의 손발가락을 가지고 있음

perdurance: **(유전자 활성) 지속기.** 유전자 발현이 마친 후 유전자 작용이 지속됨. 이는 유전자 산물인 단백질이 계속 존재함에 의함

perichondrium: **연골막(軟骨膜), 연골초(軟骨鞘)** 연골 구조를 둘러싼 결합조직초(감싸개)

pericytes: **혈관 주위 세포.** 혈관에 있는 간충직 세포로 내막 상피세포 주변 또는 내막 상피세포를 따라 쭉 뻗어 있음

periosteum: **골막.** 뼈를 감싸는 결합조직초(감싸개)

peripheral nervous system: **말초신경.** 뇌와 척수 바깥쪽에 위치하는 척추동물 신경계의 한 부분

permissive: **허용적인.** (1) 한 신호가 특정 발생 경로에 지속적으로 필요하지만, 다른 방향으로의 발생 운명을 조절하지 않는 유도의; (2) 온도-민감 돌연변이 표현형이 발현되지 않는 온도의

phalanges: **지골(指骨), 손가락뼈.** 척추동물의 전지와 후지에 있는 지골(손발가락 뼈)

pharyngeal arches: **인두궁. 세궁(branchial arches) 참조**

pharyngeal pouches: **인두낭.** 척추동물 배아의 인두 부분에 분절적으로 반독되어 외부로 열린 구멍 또는 움푹 들어간 소

phenocopy: **표현형 모사(模寫).** 돌연변이에 의해 생성되지만 어느 정도 다른 수단에 의해 생성되는 동일 표현형

phenotype: **표현형.** 한 개체의 종합적인 특징. 특히 동종의 다른 개체와 비교하여 보이는 한 개체의 종합적 특징을 이름. 이는 개체의 유전형에 의해 대부분 결정됨

phosphorescence: **인광(燐光).** 화학 반응 과정에서 빛의 방출

phylogenetic tree: **계통수.** 분류군 간의 직접적인 관계로 분류군을 나타낸 분류체계

phylotypic stage: **계통형 시기.** 한 동물군의 구성체가 서로 매우 근접하게 닮은 발생 단계

phylum (plural phyla): **문(門).** 동물분류에서 최상위 분류 단위

pial surface: **연뇌막 표면 *pia = 연뇌막(軟腦膜), 유막(柔膜).** 척추동물 중추신경계의 외부 표면

pigment epithelium: **색소상피.** 망막색소상피 참조

pituitary gland(= hypophysis): **뇌하수체.** 뇌 시상하부의 기저부에 위치한 척추동물의 내분비샘. 성장, 생식, 스트레스에 대한 반응을 포함한 여러 기능을 조절함.

placode: **기원판.** 상피의 두꺼워진 부분으로 보통 감각 기관으로 될 원기 부분의 구조임

planar cell polarity: **평면세포극성.** 세포판 내에서 이웃한 세포에 의해 나타나는 극성

planaria: **플라나리아.** 편형동물문에 속한 자유유형을 하는 편형동물군. 이들은 열린 부분이 하나인 장을 가지며 체강이 없음.

platyhelminthes: **편형동물(문).** 자유유형을 하며 기생하는 편형동물과 촌충을 포함하는 문

pleiotorpic: **다면발현성의.** 한 개 이상의 효과를 가지고 있는 돌연변이의

ploidy: **(염색체의) 배수성(倍數性).** 핵당 부모 염색체 세트의 수를 나타냄. 동물은 정상적으로 이배체(두 세트로 부모에게서 옴)지만, 특별한 조건에서 반수체(한 개의 세트), 삼배체(세 개의 세트), 사배체(네 개의 세트) 등등이 될 수 있음

pluripotent: **다능성(多能性)의.** 신체의 모든 유형을 세포로 분화할 수 있는 능력

polar body: **극체.** 난자의 감수분열 결과로 형성된 염색체 세트로 작은 낭으로 난자로부터 방출됨

polar granules(= P-granules): **극과립.** 예쁜꼬마선충의 생식질과 연관됨

polarity: **극성.** (1) 세포에서, 한쪽 끝과 다른쪽 끝이 서로 다름. 예로 정-단 극성; (2) 배아 또는 배아의 일부에서, 수임(약속)이 특정 축을 따른 부분에서의 차이. 예로서 동물극-식물극 극성.

pole cells: **극세포.** 배아 부분이 세포화되기 이전의 초파리 생식 주세포

pole plasm: **극형질(極形質).** 초파리의 생식질과 관련된

polyclonal: **다(중)클론성.** 단클론보다 많은 다클론에서 형성된

polydactyly: **다지증.** 매우 많은 손발가락을 가짐

polymerase chain reaction(PCR): **중합효소 연쇄반응.** DNA 가닥이 떨어지고 이때 프라이머 혼성화와 복제가 반복 주기적으로 진행됨에 따른 DNA 셈플의 증폭

polyp: **폴립.** (1) 자포동물의 고착 단계; (2) 분화된 신생물의 돌출물로 보통 양성임

polyploidy: **다배수체, 다배수성.** 전체 염색체 세트의 복제 또는 그 이상의 많은 증식

polyspermy: **다수정, 다정자수정.** 2개 이상의 정자가 한 난자로의 수정

polytene, polyteny: **다사염색체, 다사성.** 염색체 분리 없이 DNA의 반복된 복제; 거대염색체가 됨

positional cloning: **위치추적 클로닝.** 돌연변이를 통한 유전자의 클로닝. 이 유전자의 위치를 매우 높은 해상력으로 찾아 지도화할 수 있음

positional information: **위치 정보.** 신체 내 정상적 위치 각각이 일대일 관계로 동물 조직에 관련이 있다는 가설적 특성으로, 재생 과정 동안에 소환되어 사용됨.

posterior: **후장문(後腸門).** 동물의 꼬리 끝

posterior(= caudal) intestinal portal: **후장문.** 양막류 배아의 후장이 배하강(중장)으로 열린 개구부

posterior midgut: **후위 중장.** 곤충 배아 장에서 뒤쪽 끝으로부터 함입하는 장

postmitotic: **체세포분열 후.** 더 이상 부열하지 않는 세포

potency: **능(能).** 세포 또는 조직 부분이 분화 환경에 처했을 때 될 수 있는 세포 유형 또는 조직 전범주를 나타내는 것.

prenatal screening: **산전 선별검사.** 유전적으로 또는 저절로 일어나는 이상 발생을 출생 전에 검출하는 검사

primary cell line: **1차 세포계.** 조직 배양체를 이용하여 체외에서 직접 성장시킨 세포주

primary oocyte: **제1난모세포.** 난자(oocyt) 참조

primitive ectoderm/epiblast: **시원 외배엽/상배엽.** 포유류 배아의 상배엽

primitive endoderm: **시원 내배엽/1차 내배엽.** 포유류 배아에서 처음 형성된 내배엽 층; 배아외배엽의 일부가 됨

primitive streak: **원조/원시선.** 낭배형성 과정의 양막류 배아에서 세포가 만나 함입하는 부분

primordial germ cells(PGCs): **원시생식세포.** 난원세포 또는 정원세포가 되기 이전의 초기 발생 단계 때의 생식세포 계열 세포

probe: **탐침.** 표지된 안티센스 핵산으로 블롯 방법 또는 제자리혼성화와 같은 생화학적 방법으로 혼성화하여 상보적인 핵산을 검출하는 데 사용될 수 있음

procephalon: **전뇌(前腦), 전두(前頭).** 앞머리를 형성하는 곤충 배아의 부분

proctod(a)eum: **원시항문(原始肛門), 항문오목.** 장의 가장 뒷부분으로 보통 외배엽이 덧댐

progenitor: **전구세포.** 일정 제한 시간 동안 특이 유형의 분화된 세포를 형성하도록 수임(약속)된 분열하는 세포

programmed cell death(= apoptosis): **예정세포사, 프로그램화된 세포사.** 정상 발생 과정 동안에 진행되는 정상적인 세포의 죽음으로서 보통 아폽토시스(apoptosis)로 진행됨

promoter: **프로모터/전사촉진 조절 부위.** 유전자의 5′쪽 부분으로 RNA 중합효소가 결합하는 암호화 서열. 유전자 발현을 조절하는 전사인자 결합하는 조절 서열을 가짐.

pronephros: **전신(前腎).** 발생 중인 신장의 앞쪽 분절

proneural cluster: **전신경세포 집단, 전신경 클러스터.** 신경세포를 형성하는 모든 능력을 가지고 있는 세포의 집단이지만, 측면 억제에 의해 이중 하나 또는 몇 개의 세포만 이를 지님

pronucleus: **전핵.** 난자 또는 정자의 염색체를 함유하는 수정란의 일시적인 핵과 같은 구조

proteomics: **단백체학.** 혼합물을 분석하기 위해 2차원 전기영동 기술을 이용하고 이후 질량분석기를 이용해서 각각의 구성물을 동정하는 대규모 단백질 분석

prothorax: **전흉(前胸), 앞가슴.** 곤충의 3 가슴 분절 중 가장 앞쪽 분절

prothoraci gland: **전흉선.** 곤충의 내분비샘. 스테로이드 호르몬인 엑디손을 분비하여 탈피를 조절함.

protochordate: **원색동물(原索動物).** 척추동물이 아닌 척색동물문 내 강의 하나; 예를 들어, 활유어는 두족류이고 우렁쉥이는 미색류임

Protostomia: **전구동물(前口動物).** 나선난할, 모자이크 발생, 배아조직으로 체강을 만드는 동물 분류군

proventriculus: **새의 전위(前胃).** 조류 위의 샘 부분

proximal: **근위부의.** 신체 가까운 쪽의

pseudoalleles: **위대립유전자(僞對立遺傳子)** 대립유전자처럼 서열이 매우 유사한 유전자이지만, 실질적으로는 다른 유전좌위에 위치함. 정상적으로 이는 유전자의 복제에 의한 결과임

pseudocoelom: **의체강(疑體腔).** 진짜 체강과 다른 체내 빈 공간이며, 이는 이 빈 공간이 중배엽으로 완전히 둘러싸여 있지 않기 때문임

pseudopregnant: **가(상)임신의, 사상임신의** 생쥐에서, 불임인 수컷과 교미를 한 결과로서 임신한 것과 같은 호르몬 상태

pseudotime: **모의시간.** 단일세포 mRNA 서열 데이터로 계산된 기간. 추정은 전사체가 유사하게 명령을 받을 때를 기준하는데, 이는 발생 진척을 나타냄

pupa: **번데기.** 완전변태 곤충 발생에서 변태가 일어나는 단계

R

radial cleavage: **방사형 난할** 대칭적 유형의 난할

radial glia: **방사상 신경교, 방사교** 발생 과정의 뇌 전체, 즉 뇌실에서 유막 표면(연뇌막 표면)까지 뻗어 있는 세포

radius: **요골(橈骨), 노뼈.** 척추동물 전지의 아랫부분의 앞쪽 뼈

RCAS virus: **RCAS 바이러스.** 조류 특이적인 복제능 레트로바이러스, 닭 배아에서 과발현 실험에 사용됨

real time PCR: **실시간 PCR.** 정량형의 중합효소 연쇄반응(PCR)으로 산물이 증폭 반응 동안에 지속적으로 추적 관찰됨

receptor: **수용체.** 유도인자와 같은 특정 리간드를 인식하여 작동하는 분자 유형

recessive: **열성의.** 야생형의 대립유전자와 함께 있을 때 비정상적인 표현형을 생성하지 않는 돌연변이. 그러나 두 상동 대립유전좌위에 이 돌연변이가 모두 있는 경우에는 표현형이 생성됨

redundancy: **중복성.** 2개 또는 그이상의 유전자 기능이 부분적으로 또는 완전히 겹침

regeneration: **재생.** 성체 또는 발생 후기 단계에서 신체의 없어진 부분이 다시 자람

regenerative medicine: **재생의학.** 줄기세포 이식, 조직공학, 유전자 치료를 기반한 치료

regional specification: **부위 특화.** 유사한 세포군에서 시작하여 다른 구조 또는 다른 유형의 세포가 되도록 각각 수임된 세포에 의해 영역 형성

regulative: **조절(의).** 하나가 다른 것을 조절하는 일반적 의미에 더하여, 조절 배아는 배아에서 떼어낸 부분이 운명지도에 따른 발생에서 필요하지 않은 배아임. 즉 운명지도 상에 나타난 것보다 더 많은 구조를 만들어 냄.

renewal tissue: **재생조직.** 세포가 지속적으로 턴오버하는 조직, 이는 조직 특이적인 줄기세포군에 의해 지원됨

reporter gene: **리포터 유전자.** 매우 쉽게 검출할 수 있는 산물을 생성하는 이식된 유전자로서 조절환경과 특성을 나타냄

reproductive cloning: **재생 클로닝, 생식복제.** 아마도 가능하지만 현재로서는 불법인 단일 세포를 이용하여 완전한 사람을 형성함

retinal pigment epitherium: **망막색소상피.** 안배에서 형성된 눈에서 색을 띠는 층

retrovirus: **레트로바이러스.** RNA 유전체를 가지는 바이러스 유형. 감염 과정에서 DNA로 역으로 전사됨.

reverse genetics: **역방향유전학.** 기능 상실 돌연변이를 이용한 알려진 유전자에 대한 연구

reverse transcription polymerase chain reaction(RT-PCR): **역전사중합효소 연쇄반응.** DNA로 역전사하고 연쇄중합반응을 통해서 알고자 하는 특정 서열을 증폭하는 방법으로 샘플 내 특이 mRNA 검출

rhombomeres: **능형분절, 능뇌절, 마름뇌분절, 능형할구.** 척추동물 배아의 후뇌에 있는 분절 구조

RNA interference(= RNAi): **RNA 간섭.** 짧은 상보적 이중가닥의 RNA를 도입하여 특이 mRNAf를 불활성화시키는 방법

RNA polymerase II: **RNA 중합효소 2.** 단백질을 암호화하고 있는 유전자를 전사하는 RNA 중합효소

RNAse protection: **RNA 분해효소 보호.** 표지된 탐침과 샘플 간의 혼성화. 이후 RNA 분해효소 처리를 통한 혼성화하지 않은 RNA 제거 그리고 분해되지 않고 보호된 RNA를 전기영동하여 특정 mRNA를 검출하는 방법

RNA-seq: **RNA-식.** 특정 시점의 전사체 정보를 준비하는 세포군이나 단일 세포를 대상으로 한 RNA 서열분석 방법

roof plate: **천장판 = 상개판.** 척추동물 배아의 척삭의 중간 등쪽 부분

Rosa26: **로사26.** 모든 조직에서 β-갈락토시다아제를 발현하는 유전자 올가미 생쥐계

rostral: **부리쪽의.** 대부분의 경우에 있어서는 신경생물학에서 사용되며, 앞쪽을 의미함. 사람의 해부학에 있어서는 머리의 앞쪽을 가리킴.

S phase: **S기, DNA 합성기.** DNA 복제를 하는 세포주기의 한 부분

sagittal: **시상(矢狀)의.** 신체를 좌우 반으로 나누는 한 개체의 정중면

sarcoma: **육종(肉腫).** 결합조직(넓은 의미에서)에서 유래한 세포

satellite cells: **위성세포.** 척추동물 근육과 관련된 단핵세포로 근원세포가 될 수 있으며, 적절한 자극에 반응하여 새로운 근섬유를 형성함

scaffold: **지지틀, 비계.** 조직공학에서 이용하는 3차원의 세포외 기질; 자연의 세포외 기질보다는 합성 중합체로 만듦

schizocoely: **열체강형성(裂體腔形成)** 기존 중배엽덩어리 내 강 형성을 통한 체강 형성

Schwann cells: **슈반세포** 말초신경 축삭의 수초를 형성하는 세포

sclerotome: **골분절 = 뼈분절** 척추를 형성하는 체절 부분

secondary oocyte: **제2난모세포. 난자 참조**

sections: **절편들.** 조직학적 절편 참조

segment polarity genes: **체절극성유전자.** 예정 체절 내 줄무늬에 발현하는 초파리의 유전자

segmental plate: **체절판.** 측축중배엽

segmentation: **체절형성.** 신체의 일부 또는 부속기관이 반복되는 구조적 단위로 분할되는 것으로, 일반적으로 모든 배아층이 관여한다. 예전 문헌에서는 분할과 동의어로 사용되기도 함

selector gene: **선택유전자.** 호메오 유전자

septum intermedium: **중간 중격, 가운데 사이막.** 심장의 심실중격 부분

septum transversum: **횡중격, 가로사이막.** 간싹이 자라나가는 장측중배엽 부분

Sertoli cells: **서톨리세포, 서톨라이세포** 정소의 지지세포

sex chromosome: **성염색체.** 두 성 간에 다른 염색체. 일례로, 포유동물의 X-염색체와 Y-염색체

sex determination: **성결정.** 어떤 개체는 수컷 어떤 개체는 암컷이 되게 함을 보장하는 기작

sex linked: **성염색체 연관의, 반성(伴性)의.** 성염색체 상에 있는 유전자의 또는 돌연변이의

signaling center(=organizer): **신호중심(형성체).** 유도인자를 배출하는 세포군

signal transduction pathways: **신호전달 경로.** 세포 표면 수용체를 세포 내 실행기(유전자, 세포골격, 분비계)로 연결하는 대사경로

sink: **함몰, 제거 부위, 싱크.** 파괴되는 세포 부분, 그 외에는 유도인자 제거

situs inversus: **역위(逆位), 내장역위증.** 정상적인 좌우 비대칭의 도치

situs solitus: **정위(正位).** 어떤 기관의 정상적인 신체 좌우 비대칭적 배열

somatic: **체성(體性)의.** 생식세포 계열이 아닌 다른 모든 조직을 나타냄

somatic cells nuclear transfer(SCNT): **체세포 핵 이식.** 체세포의 핵을 난자 내로 이식.

somatic cell: **체세포.** 생식세포 계열이 아닌 개체의 모든 세포; soma로 종합하여 말하기도 함

somatic mesoderm: **체측 중배엽.** 체강의 몸통 쪽으로 위치하는 측판중배엽의 층

somatopleure: **체측판(體側板).** 양막류 배아에서 옆쪽 부분으로 체측중배엽과 이를 덮고 있는 표피로 구성됨

somites: **체절.** 척추동물 배아의 분절된 중배엽 구조로 척추와 골격근 등을 만듦

source: **(유도인자) 생산 원천.** 유도인자를 생성하는 부위의 세포

Southern blot: **서던블롯.** 젤 전기영동으로 샘플을 전개하고 막으로 옮긴 후 혼성화로 특정 DNA 염기서열을 표지된 탐침으로 찾는 검출 방법(Ed Southern이 개발)

specification: **특(성)화, 특정화** 떼어내어 배양하더라도 회귀하지 않는 특성을 가지는 세포나 조직의 발생 수임(약속)의 유형

Spemann's organizer: **슈페만 형성체.** 양서류 배아의 원구 상순부로서, BMP 억제제를 내고 주변 조직을 등쪽화시킴

spermatogonia: **정원(精原)세포.** 증식하는 세포로 후에 정자를 형성함

spinal nerves: **척수신경.** 척추동물의 척수에서 나오는 분절적 신경

spiral cleavage: **나선형 난할.** 4개의 소할구가 다른 방향으로 나뉘어 나가는 비대칭 유형의 난할

splanchnic mesoderm: **장측 중배엽.** 체강의 안쪽에 위치하는 측판중배엽 층

splanchnopleure: **장측판(臟側板).** 장측중배엽과 이와 접하는 내배엽을 통칭함

squamous: **편평.** 얇고 편평한 유형의 세포를 묘사함

stage series: **연속 단계.** 외부로 뚜렷한 특징을 보여 구분할 수 있는 수많은 표준화된 단계로 나누는 한 종의 정상적인 발생의 묘사

stem cell: **줄기세포.** 미분화된 세포로 오랜 기간 생존하고 자기 복제를 하는 분열과 분화로 운명지어지는 분열을 함

stem cell niche: **줄기세포 삶터. 줄기세포 미세환경, 줄기세포 보금자리.** 줄기세포의 기능과 생존을 지원하는 미세환경

stroma: **기질(基質), 간질(間質)** 기관에서 상피가 아닌 부분으로 결합조직, 혈과, 면역세포를 주요 구성분으로 하여 구성됨. 암종과 관련하여 이야기할 때 많이 사용함.

superficial cleavage: **표할.** 세포 형성 없이 핵이 난할함.

symmetry breaking: **대칭 파괴.** 동일 상황에서 출발하여 2개 또는 그 이상의 서로 다른 상황의 세포가 만들어지기 시작하는 과정

syncytiotrophoblast: **합포체 영양배엽, 합포성 영양배엽, 합포체성 영양배엽** 융합하여 합포한 사람의 영양배엽 부분

syncytium (adj. syncytial): **합포체, 다핵체.** 많은 핵을 포함하고 있는 세포질 덩어리

T

T lymphocyte: **T 림프구, T 세포** 이식편대 거부와 같은 세포-매개 면역을 담당하는 림프구

tailbud: **꼬리싹, 꼬리원기.** (1) 척추동물 배아의 뒤쪽 부분으로서, 꼬리의 일부 또는 전체가 만들어짐; (2) 척추동물 배아의 종족 전형적인 단계

TALEN(transcription activator-like effector nucleases): **탈렌.** 이미 정해진 염기서열 부분에서 DNA를 자르는 인공 제한효소

tarsals: **족근골(足根骨), 발목뼈.** 발목뼈

taxon (plural taxa): **분류군.** 생물체 집단

taxonomy: **분류학.** 생물체를 분류하는 과학

telencephalon: **단뇌(端腦), 끝뇌.** 척추동물 전뇌의 앞부분

telomerase: **말단소체복원효소 = 텔로머라아제.** DNA 복제후 염색체의 말단소체를 복원하는 효소-RNA 복합체

telomeres: **말단소체.** 염색체의 끝부분으로 많은 수의 짧은 DNA 서열이 반복되어 있음

telson: **꼬리마디.** 곤충배아의 체절화되지 않은 가장 뒤쪽 부분

temperature sensitive(ts): **온도 민감성.** 어떤 온도(보통 높은 온도)에서는 민감하지만, 다른 온도(보통 낮은 온도)에서는 민감하지 않은 돌연변일를 묘사함

teratogenic: **기형발생성.** 기형형성 효과를 이끄는

teratology: **기형학.** 배아가 독성물질, 방사선, 감염 등의 유해한 자극에 노출돼서 비정상적인 발생이 되는 것에 대한 연구

teratoma, teratocarcinoma: **기형종, 기형암종.** 생식세포 또는 다능성 줄기세포에서 유래하는 다능성 종양

terminal system: **말단(활성) 시스템.** 초파리 배아의 양쪽 끝에 특정 유전자를 활성화시키는 시스템

tet-off: **테트라싸이클린-억제.** 테트라사이클린을 중단하면 활성화되는 유도성 유전자 발현 시스템

tet-on: **테트라싸이클린-작동.** 테트라사이클린을 첨가하면 활성화되는 유도성 유전자 발현 시스템

tetraploid: **4배체.** 유전체가 복제됨으로 2개의 모계 염색체와 2개의 부계 염색체를 가지는 개체

tetrapods: **사지동물.** 4지 척추동물; 양서류, 파충류, 조류, 포유류

thecal cells: **난포막세포.** 난소의 내분비 세포

therapeutic cloning: **치료 클로닝.** 복제된 사람 포배로 만든 배아줄기세포를 이용하여 이식 목적으로 진행된 분화된 세포의 조직배양

therapeutic targets: **치료용 표적.** 작용을 억제하거나 강화하는 약물 개발에 적합한 표적으로의 유전자 산물

threshold response: **역치 반응, 임계치 반응.** 특정 농도의 유도 인자에서 발생하는 세포 상태의 급격하고 불연속적인 변화

tibia: **경골(脛骨), 정강이뼈.** 척추동물 후지의 하부 앞쪽 뼈

tight junctions: **밀착 연접.** 표피의 정단 쪽 세포 내 밴드와 같은 세포 연접으로 상피세포와 세포 사이를 거쳐 물질이 이동하는 것을 방지함

tissue: **조직.** 한 특정 유형의 줄기세포 또는 배아의 전구세포에서 유래한 세포의 조합

tissue culture: **조직배양.** 세포의 체외 증식으로 보통 단층으로 세포가 자람

tissue engineering: **조직공학.** 조직과 기관의 체외 성장. 때때로 이식 또는 임시적으로 손상받은 기관의 기능을 대체하기 위해 3차원 비계를 이용하여 배양함

tissue specific stem cell(= adult stem cell): **조직특이적 줄기세포 = 성체줄기세포.** 갱신 조직에서 발견되는 줄기세포; 정상적으로 그 조직 내에서 발견되는 세포 유형으로 수임(약속)됨

topographic: **매칭지세도의** 한 구조와 다른 구조 간의 1대 1의 매핑을 나타냄; 특히 신경 연결 형성에서 의미가 큼

totipotent: **전능한.** 그 자체로 한 개체 전체를 형성할 수 있는 능력. 이 용어는 배아줄기세포에 사용되어 왔지만 현재는 수정란 그 자체만을 의미함

tracheae: **기관(氣管).** 곤충의 호흡계

transcription factor: **전사인자.** 특정 유전자의 전사를 조절하는 DNA 결합 단백질

transcriptome: **전사체.** 특정 세포 유형 또는 세포 집단에서 합성된 mRNA 전체

transdetermination: **결정 전환, 세포 운명 전환** 초파리 한 성충판의 특성화 상태가 다른 성충판 유형으로 변화

transdifferentiation: **전환분화.** 엄격히 말해서 한 분화된 세포 유형이 미분화 단계로 되는 과정 없이 바로 다른 유형으로 변함. 그러나 가끔 유의어로 화생(metaplasia)이 사용됨

transfilter: **여과막 통과.** 신호를 주는 조직과 반응하는 조직이 특정 투과 특성이 있는 막으로 나누어진 실험 설정

transgene: **형질전환 유전자, 이식 유전자** 한 개체로 도입된 복제된 유전자

transgenesis: **형질전환, 유전자 변형.** 한 개체로 새로운 유전자의 도입. 정상적으로는 생식세포 계보로 도입됨

transit-amplifying cells: **변화-증폭 세포, 이행(移行)-증폭 세포.** 갱신 조직 내 전구세포. 이들은 줄기세포에서 유래하지만 분화하기 전 제한된 횟수의 세포분열을 할 수 있음

transplantation: **이식.** 한 개체의 한 부분의 조직을 다른 개체로 이동. 이는 현미경을 이용한 배아에서의 미세 이식과 성체에서 기관 이식을 모두 의미함.

transposable element or transposon: **전위인자 또는 트랜스포존.** 유전체의 한 부분에서 다른 부분으로 옮겨 갈 수 있는 DNA 조각

transverse section: **횡단면** 유기체의 전후축에 지각으로 만든 단면

triploblasts: **3배엽체.** 외배엽, 중배엽, 내배엽, 즉 3개의 배엽을 가지고 있는 동물군; 대부분의 동물은 3배엽체임

triploid: **3배(수)체.** 핵당 3개의 염색체 세트를 가짐

trochophore: **트로코포아(연체·환형동물 중 해수 생물의 유충).** 환형동물과 연체동물 모두에서 발견되는 유생형

trophectoderm: **영양외배엽.** 포유류 포배의 바깥 층; 태반의 한부분을 형성함

trophoblast: **영양막(세포).** 사람 배아나 태아의 영양외배엽

truncoconal swellings: **트룬코코날 팽창 = 몸통쪽-원뿔 모양 팽윤.** 심장 유출 경로에서 폐순환과 체순환 가지로 나누게 하는 유출로의 안으로 자람

ts = temperature sensitive: **온도 민감성의.**

tumor suppressor gene: **종양억제유전자.** 성장억제자를 암호화하고 있는 유전자로 이 유전자를 제거할 경우 제어가 없는 성장이 유발됨

turning: **회전, 선회, 굴곡.** 설치류의 머리주름 단계의 배아에서 진행되는 형태 형성 관련 이동 그리고/또는 등쪽 중선 구조가 그 옆쪽을 따라 C자 모양으로 휘는 것과 같은 굴곡

U

ulna: **척골(尺骨).** 척추동물 전지의 하단에 있는 뒤쪽 뼈

umbilical tube: **제대(臍帶, 탯줄) 관.** 양막류 배아를 난황덩어리 또는 태반에 연결하는 관

unfertilized egg: **미수정란.** 엄격하게 하자면 제2차 감수분열의 결과로 만들어진 알. 사실, 대부분의 척추동물은 제2차 감수분열 중기 때 수정을 하므로, 이 용어는 제2 난모세포를 지칭하는 데 사용되기도 함

ureteric bud: **요관싹.** 신관의 돌출 성장한 것으로 후신의 관계를 형성함

urochorates: **유삭류.** 척삭동물(脊索動物)의 아문

urodeles: **유미류.** 영원, 도롱뇽 같은 꼬리를 가진 양서류

vasculogenesis: **혈관형성.** 중배엽의 신생 분화를 통한 새로운 혈관의 형성

vegetal hemisphere: **식물반구.** 알 또는 난자의 아래 반구

veliger: **벨리저 유생(두족류를 제외한 연체동물의 유생형).** 두족류를 제외한 연체동물강의 유생형

ventral: **배쪽의, 복부의.** 동물의 하부쪽 표면. 사람 해부학에서는 복부면을 전면 또는 앞쪽으로 부름

ventral furrow: **배쪽 홈, 복곡(腹谷)** 곤충 배아에서 예정 중배엽의 배아 내부로 함입부

ventricular septum: **심실중격.** 심장의 좌우 심실 사이의 벽

ventricular zone: **뇌실대.** 척추동물에서 중추신경계 내 뇌실 옆쪽 세포들

visceral endoderm: **내장 내배엽.** 난원통 단계 설치류 배아의 하부층에서 형성되기 시작하는 배아외 내배엽

vital dye(= vital stain): **생체염료, 생염료** 살아 있는 표본에 적용할 수 있는 염료

vitelline membrane: **난막 = 난황막.** 접합자(수정란) 주변의 세포 외막

vitellointerestinal duct: **난황-장 관.** 양막류 배아에서 중장이 제대관 내로 돌출한 것

viviparous: **태생(胎生)의.** 모체 내에서 배아나 태아가 태반을 통해 영양분을 받으며 발생하는 과정

Western blot: **웨스턴블롯.** 젤 전기영동으로 샘플을 전개한 후 막으로 옮겨 항체를 이용하여 특이 단백질를 검출함

wholemount: **전표본(全標本), 온조직표본, 전조직표본.** 3차원 상으로 보이게 한 검체(표본)

wild type: **야생형.** 유전자위에 정상적으로 존재하는 대립유전자 또는 개체의 정상 표현형

Wilson cells: **윌슨세포.** 제브라피시 배아에서 난황과 연결된 세포들이 모여 형성하는 세포층으로, 쿠퍼의 소포를 형성하기도 함

Wolffian duct: **볼프관.** 참조: 신관(nephric duct)

X-chromosome: **X-염색체.** 성결정 염색체: 포유류에서 암컷은 XX, 수컷은 XY

X-inactivation: **X-염색체 불활성화.** 암컷 포유류에서 두 X-염색체 중의 하나가 활성을 멈춤

yolk: **난황.** 난자 내에 배아의 영양분으로 쓰이는 식량을 축적하는 과립. 난황과립은 어느 정도의 주요 단백질과 지질을 함께 포함함

yolk sac: **난황막.** 조류 배아에서 난황덩어리에 부착된 배아 외막으로서, 배아외 중배엽과 배아외 내배엽으로 구성됨; 설치류 배아에서 이에 해당하는 구조는 3개의 막 중앙이며, 결과적으로 배아를 감쌈, 외태반과 난원통을 연결하는 내배엽과 중배엽에서 유래함.

yolk syncytial layer(YSL): **난황합포층 = 난황다핵층.** 어류 배아의 난황세포 연접부와 세포 부분에 있는 융합된 부위

Z

zinc(Zn) finger: 아연집게, 아연손가락, 아연핑거, 징크핑거 일부 전사인자에서 반견되는 DNA 결합 모티프

zona pellucida: 투명대. 포유류의 초기 배아를 둘러싼 투명한 세포외층

zone of polarizing activity(ZPA): 극성화 활성대. 척추동물 사지싹의 후방부에 있는 신호중심으로서, 앞뒤 유형으로의 부위별 특화를 조절함.

zooid: 개충(個蟲), 주오이드. 무성 출아법으로 생성된 큰 군체를 이루는 한 마리의 동물

zootype: 원시동물형. 모든 3배엽성 동물의 공통 유형을 결정하는 계통시기에 유전자 발현 도메인(gene expression domain)의 배열

zygote: 접합자, 수정란. 명확히 규정한다면, 웅성과 자성 전핵이 융합한 단계 이후

zygotic: 접합자의, 수정란의. 모계의 유전체가 아닌 배아의 유전체와 관련되어 있음

찾아보기

ㄱ

D

E

기타